统计天气预报原理与方法

孔玉寿　钱建明　臧增亮　编著

气象出版社
China Meteorological Press

U0814545

内 容 简 介

本书介绍了天气分析预报的统计学原理与方法，内容包括：概率统计中的几个基本概念、因子筛选、回归分析、判别分析、聚类分析、时间序列及其谱分析、主分量分析、统计天气预报的几种新方法以及预报的综合集成和质量评定等。

本书既注重基本原理的阐述，更侧重于实际应用方法的介绍，不但可作为高等院校大气科学专业及相关专业的教材，也可供广大从事天气预报及相关领域的科研和业务人员参考。

图书在版编目(CIP)数据

统计天气预报原理与方法/孔玉寿，钱建明，臧增亮编著.
北京：气象出版社，2010.11
ISBN 978-7-5029-5079-8

Ⅰ.①统… Ⅱ.①孔… ②钱… ③臧… Ⅲ.①天气预报-气象资料-统计分析 Ⅳ.①P468.0

中国版本图书馆 CIP 数据核字(2010)第 214714 号

出版发行：气象出版社
地　　址：北京市海淀区中关村南大街 46 号　　**邮政编码**：100081
总 编 室：010-68407112　　**发 行 部**：010-68409198
网　　址：http://www.cmp.cma.gov.cn　　**E-mail**：qxcbs@cma.gov.cn
责任编辑：林雨晨　　**终　　审**：章澄昌
封面设计：博雅思企划　　**责任技编**：吴庭芳
责任校对：永　通
印　　刷：北京京科印刷有限公司
开　　本：720 mm×960 mm　1/16　　**印　　张**：36.5
字　　数：715 千字　　**版　　次**：2010 年 12 月第 1 版
印　　次：2010 年 12 月第 1 次印刷　　**定　　价**：60.00 元

本书如存在文字不清、漏印以及缺页、倒页、脱页等，请与本社发行部联系调换

前言

统计天气预报亦称概率统计天气预报，是运用概率统计理论和方法，从大量的历史气象资料中寻找出气象要素或物理量(预报因子)与未来天气(预报量)之间的统计关系，建立预报方程，作预报时用当时可获得的预报因子值代入预报方程，经计算作出天气预报的方法。

一、统计天气预报在大气科学中的作用和地位

大气科学是以全球大气为对象，研究发生在大气中的各种现象及其演变规律，以及如何利用这些规律为人类服务的一门学科。它的主要目的是掌握大气状态的变化规律，预测天气、气候变化，最终达到控制和人工影响天气、气候。大气科学的研究内容十分广泛，它依据物理学和化学的基本原理，运用各种技术手段和数学工具，研究大气的物理和化学特性、大气运动的各种能量及其转换过程、各种天气气候现象及其演变过程、天气气候现象的预报方法、影响天气气候过程的技术措施、大气现象各种信息的观测和获取以及传递的方法和手段等。其中统计天气预报所依据的方法是揭示大气运动规律、预测天气和气候变化的主要方法之一。因此，它在大气科学中的作用和地位，也主要表现在以下两个方面：

1. 统计天气预报所依据的方法是揭示大气运动规律的一种有效工具

分析研究大气运动规律的方法，大体上可分为三大类：理论分析法、统计分析法和实验分析法。

应用理论分析法研究问题的代表学科是天气学和动力气象学。它依据天气观测的事实，应用天气分析方法和热力学、流体力学的概念与原理，分析天气系统的分布和空间结构、演变过程及其与天气变化的关系，从而揭示大气热力、动力过程的基本规律，为制作天气预报提供了基本的理论依据和定性的预报方法。

实验分析法包括实验室模拟实验(也叫物理模式法)和数值模拟实验。理论研究为复杂的大气现象建立了符合物理定律的数学模式，因而可以通过实验室实验，或在计算机上对模式进行时间积分，来仿真地研究其变化情况，这就是实验室“物理模拟”和计算机“数值模拟”。尤其是数值模拟，已经成为当今揭示大气运动规律的主要方法。在此基础上发展起来的数值天气预报，已成为当今天气预报的主要技术。

但是，理论分析法和实验分析法（包括数值模拟）都有一定的局限性，它们难以担当揭示大气运动规律的全部责任。统计天气预报所依据的统计分析原理和方法，则从另一条途经加入揭示大气运动规律的行列。

统计分析法运用概率统计理论和回归分析、判别分析、聚类分析、时间序列分析、主分量分析、谱分析等方法，从大量的历史气象资料中，寻找大气现象间的统计规律或相互关系。比如，平均的气候状况，前期的气象要素或物理量与未来天气的关系，等等，都可以用统计分析法得到。统计分析法还能从统计的意义上，找出影响某种天气或天气过程的主要因素，甚至可以发现一些理论分析中难以推断出的事实和规律。统计分析法还可以为检验数值模拟与数值预报模式的性能，或调整模式中的有关参数提供依据，卡尔曼滤波、动态相似统计等方法还可用于资料的变分同化与补缺，改善数值预报初始场，因此也是改进数值模拟、数值预报所不可缺少的分析研究方法。所以，随着概率统计理论和方法的发展，可以通过对大气运动的统计规律的了解和分析，进一步加深对大气动力学、热力学规律的认识，促进数值预报和天气学预报方法的发展。因此我们说，统计天气预报所依据的方法是揭示大气运动规律的一种有效工具。

2. 统计天气预报是预测天气和气候变化的一种主要方法

天气预报技术发展到今天，逐渐形成了三类基本模式：根据天气学原理和经验建立的、以物理定性关系描述为主的天气学模式；由当前气象要素与未来天气之间的统计关系建立的统计学模式；利用当前气象要素的分布与未来天气之间的物理定量关系建立的动力学（数值）模式。与这三类预报模式相应的基本预报方法也有三种：天气图方法、统计预报方法和数值预报方法。

现在，天气形势的预报，尤其是短期形势预报，基本上可以依赖数值预报了；中期形势预报也已经从梦想变为现实；部分气象要素预报，也可以直接由数值预报制作出来了。数值预报已成为制作天气预报的主要方法甚至是基础。但是，毕竟数值预报的优势是形势预报。以定性推理判断为主要特征的天气图预报，虽有其难以替代的作用，但其主观定性且强烈依赖经验的特点大大限制了它的发展。

统计天气预报却具有其他预报方法无法比拟的优越性。尤其在制作客观定量的要素预报和中、长期天气预报方面，有着独特的优势。它与动力学方法结合形成的统计-动力预报方法，更为数值天气预报的发展和数值预报产品的应用开辟了一条新的途径。统计天气预报的基本原理和方法，也是作为现代天气预报技术的一个重点发展方向——数值预报产品解释应用技术的主要基础。因此，天气图方法、数值预报方法和统计预报方法三者互相配合、取长补短，是使天气预报的准确率不断提高的主要技术途经。

二、统计天气预报的发展

首先值得指出，迄今为止，还没有看到一本比较权威的著作对统计天气预报的发展历史做过系统的介绍。也许，这是因为统计天气预报的发展是渐进的，没有出现过像其他学科那样的有公认里程碑意义的成就；或许，因它本身就是气象学、概率论和数理统计等多学科知识融合的产物，人们对它的历史反而熟视无睹。因此，我们也不可能对此进行详细而系统的论述。

实际上可以认为，统计天气预报的历史能追溯到遥远的古代。我们知道，自古以来，人类就有对天气现象和物候的观测，并在此基础上总结出诸如“朝霞不出门，晚霞行千里”、“八月十五云遮月，正月十五雪打灯”之类的大量天气谚语，人们根据这些天气谚语制作天气预报。这种天气谚语通常认为是经验性的，但从统计学的观点看，实际上都是统计规律的总结。因为，任何经得起实践检验的经验，都是以大量的观测事实为依据而总结出来的，也许这种“总结”只是无意识地运用了统计学原理。

自从气象学成为一门学科以来，概率论和统计学的应用更是始终伴随着大气科学的发展。1820 年德国气象学家布兰德斯(H. W. Brands)绘制了世界上第一张(地面)天气图，人们“统计”了大量地面天气图上气压系统与天气分布的关系，得出“高压多晴天，低压多雨天”的粗浅认识，开始采用非常简单的外推法预报高、低压系统的移动来制作天气预报。到了 20 世纪 20—30 年代，中外气象学家开始更广泛地应用相关和回归分析方法来研究涛动、季风及旱涝等大气现象的演变规律，并取得了许多有意义的成果。有人将 20 世纪 50 年代后期 Ponotsky 的专著《The Application of Statistic in Meteorology》的出版，看做天气预报的概率统计方法成为一门学科的标志，可惜该书现已难以查证。其后，统计预报逐渐成为制作天气预报的一种主要方法。我国自 20 世纪 60 年代开始使用和发展统计天气预报技术，在 70 年代前期达到了高潮，并逐渐发展，至今仍是广大预报员很熟悉也很常用的一种天气预报方法。

在统计天气预报技术的发展过程中，有一个因素起着重要的促进作用，那就是数值预报产品的统计解释应用。自 1950 年数值天气预报获得成功以后，如何弥补数值预报在制作气象要素预报方面的缺陷而更好发挥其效益，成为亟待解决的现实问题。以 1959 年克莱因(W. H. Klein)提出的完全预报(Perfect Prediction，PP)法和 1972 年格莱恩(H. R. Glahn)和劳里(D. A. Lowry)提出的模式输出统计(Model Output Statistics，MOS)预报法为代表，统计学方法成为数值预报产品定量解释应用的基本工具，并形成了动力-统计这一统计天气预报新的学科方向。卡尔曼滤波等新方法的应用不但使数值预报产品定量解释应用有了更多的方法，而且也促进了统计天气预报技术本身的发展。

经过长期的预报实践，人们发现了传统统计学方法的若干不足，于是借鉴现代控制论等新理论中的有关观点和方法不断加以改进和完善，使其预报能力更强，形成了统计学预报技术发展的两个最显著的特点：一是从线性统计向非线性统计发展，适应了解决天气预报中大量非线性问题的需要；二是从静态、非时变、固定参数的预报模型向动态、时变、具有自适应能力的预报模型发展，为解决大气系统这一高度动态、时变的系统的预测问题提供了技术途经。多层递阶预报、卡尔曼滤波方法的应用、灰色预测、动态相似统计预报等基于统计学理论的新预报方法相继开发出来，统计天气预报的技术方法不断进步，预报能力不断提高。

三、统计天气预报的特点

从科学内涵、学习研究和技术应用等方面看，统计天气预报有如下一些显著的特点：

1. 统计天气预报处理的对象是气象中的随机现象和随机过程

我们知道，对客观世界的认识存在着两种截然不同的观点，这就是确定论的观点和随机论（不确定论）的观点。在气象领域也是如此。确定论的观点认为，各种物理系统的变化遵循一定的自然法则，系统的未来状态就由这些法则和初始状态所确定。作为宇宙间一个物理系统的大气系统，它的状态可用一组四个变量的函数（包括三个空间变量，一个时间变量）来描述。因此，对大气运动在空间和时间上的变化的研究，就转化为求解方程组在给定的边界条件和初始条件下的解的问题。也就是说，大气在未来任何时刻的状态，完全是由其现在的状态和方程组所描述的法则决定的。数值天气预报就是确定论观点的典型例子。

随机论的观点则认为，大气运动是随机的，不确定的，但具有统计规律，即可用统计学方法揭示其演变的一般规律。这就是统计天气预报的理论依据。

实际上，大气运动既有随机性的特征，也有确定性的规律（数值天气预报的成功就是例证）。因此，把两种观点有机地结合起来，是全面深刻掌握大气运动规律的科学的方法。天气-统计和动力-统计方法的出现，就是这种结合的很好体现。从大气运动的可预报性来看，统计学方法的运用，将可大大延长其可预报期限。

2. 统计天气预报依赖于多学科知识的融合

概率论和数理统计是统计天气预报的基本工具和基础，气象中的随机现象和随机过程则是其处理的对象，而电子计算机的应用是有效处理海量气象资料、实现统计天气预报业务化的重要条件，所以说统计天气预报涉及众多学科领域知识的应用。这一特点反映在教科书上，表现为概念多、符号多、公式多、知识点多、公式推导复杂、理论联系实际突出、学生掌握困难等显著特点。因此，学习和研究统计天气预报技术，不但需要扎实的数理基础（包括概率论、数理统计和线性代数等知识）和一定的计算机应用能力，还必须掌握相应的天气学和大气动力学知识。只有与天气学和大气动力学分析结合起来，才能将概率统计方法正确地运用到天气预报中去，这就是所谓的统计预报物理化问题。预报因子的选取和统计预报方程的建立，都必须具有明确的物理意义，这一统计天气预报的基本要求，强调了气象专业知识在统计天气预报中的作用。

3. 统计分析得到的结果是统计对象的期望值

由于基于不确定论观点的统计天气预报处理的对象是气象中的随机现象和随机过程，因此其统计分析得到的结果只是统计对象的统计规律——期望值，或说平均状况，它难以有效地揭示那些偏离期望值较远的、特殊的小概率事件以及转折性天气过程这些统计特性不稳定的大气现象。

为此，在充分理解统计天气预报在大气科学中的作用和地位，从而重视其研究和应用的基础上，强调一下其局限性是必要的。事实表明，对用概率统计方法难以解决的小概率或转折性天气的预报，结合天气学和动力学(数值预报)方法进行分析判断，是提高预报准确率的有效途径。所以说，综合应用多种预报方法和气象信息，而不片面强调某种方法的作用，是解决天气预报问题的科学态度。

四、本书内容简介

本书是作者在多年教学实践和从事相关科学研究的基础上，汲取了国内外同类教材的优点和相关科研成果编写而成的。全书共分十章，大致内容如下：

第 1 章介绍了概率统计中的几个基本概念，包括基本统计量、数理统计中的几个常用分布以及统计假设检验与应用等。主要为了解决“概率论与数理统计”与“统计天气预报”这两门课程的衔接问题，便于读者对后续内容的学习和掌握。

第 2 章介绍了统计预报制作的一般过程，使读者对使用统计学方法制作天气预报有一个初步的认识。在此基础上，着重介绍作为建立统计预报模型基础工作的因子分析和筛选的一般思路、原则与方法。

第 3 章至第 5 章介绍的是在气象要素场分析和预报上常用的几种主要多元分析方法，包括回归分析、判别分析和聚类分析等。

第 6 章与第 7 章均属时间序列分析的内容，主要介绍气象要素随时间变化的规律性的分析和预报方法。

第 8 章介绍的主分量分析与要素场的正交函数展开方法，作为气象信息分析和提取的重要手段，可与其他方法结合用来分析气象要素场的变化规律和制作预报。

第 9 章和第 10 章主要为反映学科的发展，着重介绍统计天气预报技术发展中出现的几种有代表性的新方法，并针对日益增多的预报方法，介绍了如何评估它们的预报质量以及如何通过集成预报来提高它们的综合预报能力的方法。

本书前言及第 9、10 章由孔玉寿编写，第 1—3 和第 6—8 章由钱建明编写，第 4、

第 5 章及计算程序的编写和实例的计算由臧增亮完成。

本书介绍的统计预报的原理和方法虽然主要是针对天气预报这个专业方向的，但在大气科学的其他方向也可广泛应用。甚至，其基本的技术原理和方法，还可用于如股市预测等凡是涉及信息分析和预测的其他领域。因此，本书主要作为高等院校大气科学本科专业的教材，也可供从事天气预报及相关领域的科研和业务人员参考。

由于笔者学识有限，相关资料收集也不够齐全，加之篇幅所限，难以将不断发展中的统计天气预报技术给予更全面的概括和介绍，不当之处敬请读者批评指正。

本书的出版得到解放军理工大学气象学院各级领导的大力支持，得到黄思训教授、费建芳教授、章东华教授和南京大学陈星教授等的热情关心和指导，得到气象出版社陶国庆主任的全力帮助，在此表示衷心的感谢。并对所有为本书的编写、出版提供过帮助的单位和个人，一并致以深切的谢意！

编著者

二〇〇九年十二月于南京

目录

第4章　判别分析

第1章　概率统计中的几个基本概念

由于大气运动存在非常复杂的过程，人们对大气运动规律的认识，一直存在两种看起来截然相反的基本观点：一是确定论的观点，认为只要有足够多的资料，根据流体力学和热力学原理，借助于大型计算机，就可以对大气的运动进行较为完整的数学描述；另一种是随机论（不确定论）的观点，认为大气是一个开放系统，大气运动是随机的、不确定的，但具有统计规律，即可用概率统计的方法揭示其演变的一般规律，得出未来天气出现的可能性预报。这两种观点，实际上是从不同的角度，道出了大气运动本身内在的不同特征，即大气运动既有随机性的一面，也具有确定性的一面。为了对大气运动的这种随机性（不确定性）作出科学而又客观的判断，我们需要求助于统计学方法来解决。

用统计学方法作天气的分析和预报，要依据大量的气象观测资料来进行。我们把某个气象要素及其变化称为一个变量（或随机变量），它的全体称为总体，而把收集到的该要素的实际资料称为样本。从统计学的观点看，统计天气预报就是通过对样本的分析来估计和推断总体的规律性。因此，在学习具体的统计预报技术之前，本章首先介绍概率统计中涉及的几个基本概念，包括常用的一些统计量及其检验和应用等。

1.1　基本统计量

统计量是统计学中用来表征样本资料统计特性（分布特点）的参量。基本的统计量主要包括平均值、标准差、方差、协方差、相关系数、峰度系数、偏度系数等。

1.1.1　平均值

平均值是统计学中最常用的一个重要统计量。如月平均气温、年平均降水量等都是这种统计量。平均值作为总体数学期望的一个估计值，其计算是针对具体样本的，描述的是样本资料数值变化的平均状态，是样本的函数。

对某个具体气象要素 x 而言，若在某个时间段的 n 次观测样本资料为 $\{x_t, t=\overline{1,n}\}$，则在该时间段内要素 x 的平均值计算式为：

$$\bar{x}=\frac{1}{n}\sum_{t=1}^{n}x_t \tag{1.1.1}$$

对多个气象要素变量，如 m 个气象要素 $\{x_i, i=\overline{1,m}\}$ 而言，则其各自的平均值可分别表示为：$\bar{x}_1, \bar{x}_2, \cdots, \bar{x}_m$。由 m 个要素变量的平均值可构成一个 $m\times1$ 的矩阵：

$$\bar{\boldsymbol{x}}=\begin{pmatrix}\bar{x}_1\\ \bar{x}_2\\ \vdots\\ \bar{x}_m\end{pmatrix}$$

这样的矩阵也可看成是 m 维空间中的一个(列)向量，故也称其为平均列向量。此处的 m 既可以看做 m 个气象要素变量，也可以视为某个气象要素 x 在某个面上的 m 个格(站)点。

若用 x_{it} 表示某个气象要素 x_i 在 t 时刻的观测值，或要素 x 在第 i 个格(站)点上 t 时刻的观测值，则对资料 $x_{it}(i=\overline{1,m}, t=\overline{1,n})$ 可用矩阵或列向量的形式表示为：

$$\boldsymbol{X}=\begin{pmatrix}x_{11} & x_{12} & \cdots & x_{1n}\\ x_{21} & x_{22} & \cdots & x_{2n}\\ \vdots & \vdots & \vdots & \vdots\\ x_{m1} & x_{m2} & \cdots & x_{mn}\end{pmatrix}=\begin{pmatrix}\boldsymbol{x}_1\\ \boldsymbol{x}_2\\ \vdots\\ \boldsymbol{x}_m\end{pmatrix}$$

称之为资料阵。其中 $\boldsymbol{x}_i=(x_{i1}\quad x_{i2}\quad \cdots\quad x_{in})$ 为某个变量的样本，也可以看成向量或矩阵，是一个行向量或一个 $1\times n$ 的矩阵。有了资料阵 $\boldsymbol{X}$，式(1.1.1)还可以表示成：

$$\bar{\boldsymbol{x}}=\frac{1}{n}\boldsymbol{X}\boldsymbol{1}$$

其中 $\boldsymbol{1}$ 为 n 个以 1 为元素组成的列向量。

依此类推，对不同要素在不同测站的不同时刻的观测资料的表示，只需在 x_{it} 的下标中添加一个变量即可。在计算编程中，用一个多维数组即可表达你想表达的各种复杂情形。

如表 1.1 为南京 2009 年 1 月份温度 x_1(℃)、相对湿度 x_2(%)、能见度 x_3(km) 08 时的观测记录值，可用矩阵的形式将其表示为：

$$\boldsymbol{X}=\begin{pmatrix}-3 & -4.3 & 0 & 1.4 & \cdots & 1.9\\ 66 & 84 & 74 & 97 & \cdots & 96\\ 10 & 15 & 5 & 1.2 & \cdots & 2.5\end{pmatrix}$$

表 1.1　南京 2009 年 1 月份各要素资料表

日期	x_1	x_2	x_3	x_{d1}	x_{d2}	x_{d3}	x_{z1}	x_{z2}	x_{z3}
1月1日	−3	66	10	−2.9	−12.5	3.2	−0.74	−0.78	0.62
1月2日	−4.3	84	15	−4.2	5.5	8.2	−1.08	0.35	1.57
1月3日	0	74	5	0.1	−4.5	−1.8	0.04	−0.28	−0.34
1月4日	1.4	97	1.2	1.5	18.5	−5.6	0.40	1.16	−1.07
1月5日	2.6	92	1.3	2.7	13.5	−5.5	0.71	0.84	−1.05
1月6日	0.9	95	1.5	1.0	16.5	−5.3	0.27	1.03	−1.01
1月7日	0.5	91	2	0.6	12.5	−4.8	0.17	0.78	−0.92
1月8日	−0.5	96	0.4	−0.4	17.5	−6.4	−0.09	1.09	−1.22
1月9日	−0.6	86	1.5	−0.5	7.5	−5.3	−0.12	0.47	−1.01
1月10日	−5.2	65	11	−5.1	−13.5	4.2	−1.32	−0.84	0.81
1月11日	−3.8	78	10	−3.7	−0.5	3.2	−0.95	−0.03	0.62
1月12日	−4.3	54	15	−4.2	−24.5	8.2	−1.08	−1.52	1.57
1月13日	−6.3	80	10	−6.2	1.5	3.2	−1.60	0.10	0.62
1月14日	−3	68	10	−2.9	−10.5	3.2	−0.74	−0.65	0.62
1月15日	−3.4	73	15	−3.3	−5.5	8.2	−0.85	−0.34	1.57
1月16日	−0.8	81	5	−0.7	2.5	−1.8	−0.17	0.16	−0.34
1月17日	2.3	66	7	2.4	−12.5	0.2	0.64	−0.78	0.04
1月18日	5.5	71	2	5.6	−7.5	−4.8	1.47	−0.46	−0.92
1月19日	2.1	65	5	2.2	−13.5	−1.8	0.58	−0.84	−0.34
1月20日	4.1	86	5	4.2	7.5	−1.8	1.11	0.47	−0.34
1月21日	5.5	93	2	5.6	14.5	−4.8	1.47	0.91	−0.92
1月22日	3.8	98	0	3.9	19.5	−6.8	1.03	1.22	−1.30
1月23日	−1.2	31	17	−1.1	−47.5	10.2	−0.28	−2.96	1.96
1月24日	−6.9	50	14	−6.8	−28.5	7.2	−1.76	−1.77	1.38
1月25日	−5.2	75	16	−5.1	−3.5	9.2	−1.32	−0.21	1.76
1月26日	−0.7	78	5	−0.6	−0.5	−1.8	−0.15	−0.03	−0.34
1月27日	−2.1	60	9	−2.0	−18.5	2.2	−0.51	−1.15	0.42
1月28日	1.5	91	6	1.6	12.5	−0.8	0.43	0.78	−0.15
1月29日	7.9	96	2	8.0	17.5	−4.8	2.10	1.09	−0.92
1月30日	6.9	96	4	7.0	17.5	−2.8	1.84	1.09	−0.53
1月31日	1.9	96	2.5	2.0	17.5	−4.3	0.53	1.09	−0.82
平均	−0.14	78.5	6.8						
标准差	3.90	16.06	5.22						

统计上还经常要考虑资料的异常变化，即针对平均值（代表正常情况）的偏差。这种偏差称之为距平，即资料中的某一个数据与平均值的差。如某变量 x_i 在 t 时刻的距平可表示为：$x_{dit}=x_{it}-\bar{x}_i$ 或 $\mathring{x}_{it}=x_{it}-\bar{x}_i$（不同的书有不同的表示符号，有时也

混用)。表 1.1 中,5 至 7 列即为各天对应的距平值。

为了计算需要,常常将资料阵转换为距平阵,或称为横距平资料阵:

$$\boldsymbol{X}_d=\begin{pmatrix} x_{d11} & x_{d12} & \cdots & x_{d1n} \\ x_{d21} & x_{d22} & \cdots & x_{d2n} \\ \vdots & \vdots & \vdots & \vdots \\ x_{dm1} & x_{dm2} & \cdots & x_{dmn} \end{pmatrix}=\begin{pmatrix} \boldsymbol{x}_{d1} \\ \boldsymbol{x}_{d2} \\ \vdots \\ \boldsymbol{x}_{dm} \end{pmatrix}$$

不难证明,距平阵有性质:$\bar{\boldsymbol{x}}_{di}=\boldsymbol{0}$。

1.1.2 标准差与方差

标准差是衡量样本资料围绕平均值的平均变化幅度的统计量,描述的是要素变量的数据资料与其平均值差异的平均状况。如属于大陆性气候的地区的气温日变化比属于海洋性气候的地区的气温日变化要大,而这种差异大小的比较就是用它们的标准差来进行衡量的。

某含有 n 个样本资料的气象要素(变量)x 的标准差计算公式为:

$$s_x=\sqrt{\frac{1}{n}\sum_{t=1}^{n}(x_t-\bar{x})^2} \tag{1.1.2}$$

而标准差的平方,称之为方差,记为:

$$s_x^2=\frac{1}{n}\sum_{t=1}^{n}(x_t-\bar{x})^2=\frac{1}{n}\sum_{t=1}^{n}x_{dt}^2=\frac{1}{n}\boldsymbol{x}_d\boldsymbol{x}'_d \tag{1.1.3}$$

其中 $\boldsymbol{x}'_d$ 为距平阵 $\boldsymbol{x}_d$ 的转置矩阵。例如表 1.1 中相对湿度 x_2 的标准差:

$$s_2=s_{x_2}=\sqrt{\frac{1}{31}\sum_{t=1}^{31}(x_{2t}-\bar{x}_2)^2}=16.06$$

同理,可计算得到其他两变量的标准差,结果见表 1.1 中最后一行,分别为 $s_1=3.90$,$s_3=5.22$。

上述两个公式一般作为样本的标准差与方差的计算公式,当 n 很大时也可作为要素总体的标准差与方差的估计公式,但也有人用如下公式对要素总体进行估计:

$$\begin{cases} (s_x^*)^2=\dfrac{1}{n-1}\displaystyle\sum_{t=1}^{n}(x_t-\bar{x})^2=\dfrac{n}{n-1}s_x^2 \\ s_x^*=\sqrt{\dfrac{1}{n-1}\displaystyle\sum_{t=1}^{n}(x_t-\bar{x})^2}=\sqrt{\dfrac{n}{n-1}}s_x \end{cases} \tag{1.1.4}$$

称之为总体的无偏估计量,该式常用于统计量的显著性检验中。

在气象预报中,各个要素变量对预报对象的影响大小不同,而这种影响力的相对强弱并不能简单地从各变量的量值比较或它与预报对象之间的各种统计量值的大小比较中精确地得到,因为这些量值受到变量量纲的影响(变量的单位不同,相应的平均值及标准差也不同)。为了消除量纲的这种影响,我们还常常需要对变量作无量纲化处理,得到所谓的无量纲化量或标准化变量,其处理公式如下:

$$x_{zt}=\frac{x_t-\bar{x}}{s_x}$$

表 1.1 中,8 至 10 列即为各天对应的标准化值。标准化变量有两个重要性质:

(1)其均值为 0;

(2)其方差为 1。

经过无量纲化处理后的资料阵构成(横)标准化资料阵,记为 $\boldsymbol{X}_{z(m\times n)}$,即:

$$\boldsymbol{X}_z=\begin{pmatrix} x_{z11} & x_{z12} & \cdots & x_{z1n} \\ x_{z21} & x_{z22} & \cdots & x_{z2n} \\ \vdots & \vdots & \vdots & \vdots \\ x_{zm1} & x_{zm2} & \cdots & x_{zmn} \end{pmatrix}=\begin{pmatrix} \boldsymbol{x}_{z1} \\ \boldsymbol{x}_{z2} \\ \vdots \\ \boldsymbol{x}_{zm} \end{pmatrix}$$

也可采用竖距平资料阵,表示为:

$$\boldsymbol{X}_d^*=\begin{pmatrix} x_{d11} & x_{d12} & \cdots & x_{d1m} \\ x_{d21} & x_{d22} & \cdots & x_{d2m} \\ \vdots & \vdots & \vdots & \vdots \\ x_{dn1} & x_{dn2} & \cdots & x_{dnm} \end{pmatrix}=(\boldsymbol{x}_{d1} \quad \boldsymbol{x}_{d2} \quad \cdots \quad \boldsymbol{x}_{dm})$$

或:

$$\boldsymbol{X}_z^*=\begin{pmatrix} x_{z11} & x_{z12} & \cdots & x_{z1m} \\ x_{z21} & x_{z22} & \cdots & x_{z2m} \\ \vdots & \vdots & \vdots & \vdots \\ x_{zn1} & x_{zn2} & \cdots & x_{znm} \end{pmatrix}=(\boldsymbol{x}_{z1} \quad \boldsymbol{x}_{z2} \quad \cdots \quad \boldsymbol{x}_{zm})$$

1.1.3　协方差与相关系数

协方差与相关系数是用于描述两个气象要素(变量)之间线性相互关系程度的两个统计量。对 n 个样本资料的变量 x_k 与 x_l,它们的协方差定义为:

$$s_{kl}=\frac{1}{n}\sum_{t=1}^{n}(x_{kt}-\bar{x}_k)(x_{lt}-\bar{x}_l)=\frac{1}{n}\sum_{t=1}^{n}x_{dkt}x_{dlt}=\frac{1}{n}\boldsymbol{x}_{dk}\boldsymbol{x}'_{dl} \tag{1.1.5}$$

它反映了两个气象要素线性相互关系的平均状况。不难看出,变量自身对自身的协方差就是该变量的方差。协方差是一个带量纲的量,在比较不同量纲物理量的相互关系时有很大不便,为此对其作标准化处理,得到另一个用途更广泛的统计量——相关系数:

$$r_{kl}=\frac{1}{n}\sum_{t=1}^{n}\left(\frac{x_{kt}-\bar{x}_k}{s_k}\right)\left(\frac{x_{lt}-\bar{x}_l}{s_l}\right)=\frac{1}{n}\sum_{t=1}^{n}x_{zkt}x_{zlt}=\frac{1}{n}\boldsymbol{x}_{zk}\boldsymbol{x}'_{zl} \tag{1.1.6}$$

它还可表示为：

$$r_{kl}=\frac{\sum_{t=1}^{n}(x_{kt}-\bar{x}_k)(x_{lt}-\bar{x}_l)}{\sqrt{\sum_{t=1}^{n}(x_{kt}-\bar{x}_k)^2}\sqrt{\sum_{t=1}^{n}(x_{lt}-\bar{x}_l)^2}}=\frac{\boldsymbol{x}_{dk}\boldsymbol{x'}_{dl}}{\sqrt{\boldsymbol{x}_{dk}\boldsymbol{x'}_{dk}}\sqrt{\boldsymbol{x}_{dl}\boldsymbol{x'}_{dl}}}=\frac{s_{kl}}{s_k s_l} \tag{1.1.7}$$

及常用的计算式：

$$r_{kl}=\frac{\sum_{t=1}^{n}x_{kt}x_{lt}-n\bar{x}_k\bar{x}_l}{\sqrt{\sum_{t=1}^{n}x_{kt}^2-n(\bar{x}_k)^2}\sqrt{\sum_{t=1}^{n}x_{lt}^2-n(\bar{x}_l)^2}} \tag{1.1.8}$$

表 1.2 分别给出了表 1.1 中三变量的协方差和对应的相关系数。

表 1.2　南京 2009 年 1 月份温度、相对湿度及能见度间的协方差和相关系数

s_{12}	s_{13}	s_{23}	r_{12}	r_{13}	r_{23}
32.48	−14.92	−62.56	0.53	−0.74	−0.75

相关系数有两个重要性质：

(1)变量自身对自身的相关系数为 1，即：$r_{kk}=1$；

(2)相关系数的绝对值在 0～1 之间变化，即：$0\leqslant|r|\leqslant 1$。

需要说明的是，相关系数 r 也是样本的函数，即统计样本不同计算出的相关系数通常也不同，故它只能反映所取样本条件下两变量之间的线性相关关系，而不能完全反映两变量在总体上的线性相关程度。

有时为了考虑诸变量之间的相互关系以及计算方便，需要建立由诸变量间的协方差为元素组成的矩阵，即协方差矩阵，m 个变量的协方差矩阵可表示为：

$$\boldsymbol{S}=\begin{pmatrix} s_{11} & s_{12} & \cdots & s_{1m} \\ s_{21} & s_{22} & \cdots & s_{2m} \\ \vdots & \vdots & \vdots & \vdots \\ s_{m1} & s_{m2} & \cdots & s_{mm} \end{pmatrix}=\frac{1}{n}\boldsymbol{X}_d\boldsymbol{X'}_d=\frac{1}{n}\boldsymbol{X}_d^{*\prime}\boldsymbol{X}_d^{*}$$

同理，由相关系数组成的矩阵即为相关阵：

$$\boldsymbol{R}=\begin{pmatrix} r_{11} & r_{12} & \cdots & r_{1m} \\ r_{21} & r_{22} & \cdots & r_{2m} \\ \vdots & \vdots & \vdots & \vdots \\ r_{m1} & r_{m2} & \cdots & r_{mm} \end{pmatrix}=\frac{1}{n}\boldsymbol{X}_z\boldsymbol{X'}_z=\frac{1}{n}\boldsymbol{X}_z^{*\prime}\boldsymbol{X}_z^{*}$$

1.1.4　分级相关系数与 χ^2 统计量

有些天气现象或要素，无法或有时无需用数值的形式来描述，如沙尘暴、云量、雾以及降水量、台风强度、空气污染程度等。为了适应预报需要，常根据数据分布情况对资料进行分级处理，并用自然数来表示其级别大小。表 1.3 给出了变量按正态分布分 3 级、5 级时的分级结果；表 1.4 给出了变量按均匀分布分别分 3 级、5 级和 30 级时的分级结果。为了描述这种分级变量之间的相关密切程度，常用分级相关及列联表作为数学手段。

对两个气象要素变量 y 与 x，在它们都分 k 级时，两级别变量之间的相关系数计算公式为：

$$r_{xy} = 1 - \frac{1}{2ns^2}\sum_{t=1}^{n} d_t^2 \tag{1.1.9}$$

其中 d_t 为第 t 个样品两变量的级别数之差，s 为级别变量的标准差。

当各级事件出现的概率都遵循均匀分布，则在变量均分为 k 级时，相关系数的计算公式简化为：

$$r_{xy} = 1 - \frac{6}{n(k^2-1)}\sum_{t=1}^{n} d_t^2 \tag{1.1.10}$$

在此基础上，若分级数与样本容量相等（即 $k=n$）时，分级相关系数又称为序数相关系数，或 Specman 相关系数，其计算式为：

$$r_{xy} = 1 - \frac{6}{n(n^2-1)}\sum_{t=1}^{n} d_t^2 \tag{1.1.11}$$

两个不同级别（强度）的变量之间的相关关系还可以用列联表来反映。将变量 y 与 x 分别划分为 s 级和 k 级，它们之间关系的列联表形式见表 1.5。

表 1.3　南京 2009 年 1 月各要素按正态分布分 3 级、5 级的逐日分布

日期	3 级			5 级		
	温度	相对湿度	能见度	温度	相对湿度	能见度
1	1	1	3	2	2	4
2	1	2	3	2	3	5
3	2	2	2	3	3	3
4	2	3	1	3	4	2
5	3	3	1	4	4	2
6	2	3	1	3	4	2
7	2	3	1	3	4	2
8	2	3	1	3	4	2
9	2	2	1	3	3	2
10	1	1	3	1	2	4
11	1	2	3	2	3	4

续表

日期	3级			5级		
	温度	相对湿度	能见度	温度	相对湿度	能见度
12	1	1	3	2	1	5
13	1	2	3	1	3	4
14	1	1	3	2	2	4
15	1	2	3	2	3	5
16	2	2	2	3	3	3
17	3	1	2	4	2	3
18	3	2	1	5	3	2
19	3	1	2	4	2	3
20	3	2	2	4	3	3
21	3	3	1	5	4	2
22	3	3	1	4	4	1
23	2	1	3	3	1	5
24	1	1	3	1	1	5
25	1	2	3	1	3	5
26	2	2	2	3	3	3
27	2	1	2	3	2	3
28	2	3	2	3	4	3
29	3	3	1	5	4	2
30	3	3	2	5	4	3
31	2	3	1	3	4	2

表 1.4　南京 2009 年 1 月各要素按均匀分布分 3 级、5 级、30 级的逐日分布

日期	3级			5级			30级		
	温度	相对湿度	能见度	温度	相对湿度	能见度	温度	相对湿度	能见度
1	1	1	3	2	2	4	9	7	21
2	1	2	3	1	3	5	6	18	27
3	2	2	2	3	2	3	17	12	13
4	2	3	1	4	5	1	20	30	3
5	3	3	1	5	4	1	25	23	4
6	2	3	1	4	5	1	19	25	5
7	2	3	1	3	4	2	18	21	7
8	2	3	1	3	5	1	16	26	2
9	2	2	1	3	4	1	15	19	6

续表

日期	3 级			5 级			30 级		
	温度	相对湿度	能见度	温度	相对湿度	能见度	温度	相对湿度	能见度
10	1	1	3	1	1	5	3	5	25
11	1	2	3	2	3	4	7	15	22
12	1	1	3	1	1	5	5	3	28
13	1	2	3	1	3	4	2	16	23
14	1	1	3	2	2	4	10	9	24
15	1	2	3	2	2	5	8	11	29
16	2	2	2	3	3	3	13	17	14
17	3	1	2	4	2	4	24	8	19
18	3	1	1	5	2	2	28	10	8
19	3	1	2	4	1	3	23	6	15
20	3	2	2	5	4	3	27	20	16
21	3	3	1	5	4	2	29	24	9
22	3	3	1	5	5	1	26	31	1
23	2	1	3	2	1	5	12	1	31
24	1	1	3	1	1	5	1	2	26
25	1	2	3	1	3	5	4	13	30
26	2	2	2	3	3	3	14	14	17
27	2	1	2	2	1	4	11	4	20
28	3	3	2	4	4	3	21	22	18
29	3	3	1	5	5	2	31	27	10
30	3	3	2	5	5	2	30	28	12
31	3	3	2	4	5	2	22	29	11

表 1.5　列联表

		y				
		1	2	…	s	合计
x	1	n_{11}	n_{12}	…	n_{1s}	$n_{1.}$
	2	n_{21}	n_{22}	…	n_{2s}	$n_{2.}$
	⋮	⋮	⋮	⋮	⋮	⋮
	k	n_{k1}	n_{k2}	…	n_{ks}	$n_{k.}$
	合计	n_1	n_2	…	n_s	n

根据表 1.3 及表 1.4 中的数据，我们可分别计算出按正态分布和均匀分布分级后各要素之间的相关系数，以及相对湿度和能见度的 5 级列联表，其结果见表 1.6、

表 1.7 和表 1.8。

表 1.6 按正态分布分级后各要素之间的相关系数

分级数	r_{12}	r_{13}	r_{23}
3	0.4133	−0.8112	−0.5836
5	0.5495	−0.6441	−0.3991

表 1.7 按均匀分布分级后各要素之间的相关系数

分级数	r_{12}	r_{13}	r_{23}
3	0.4194	−0.7419	−0.6452
5	0.5968	−0.8387	−0.8387
30	0.5923	−0.7185	−0.7444

表 1.8 相对湿度和能见度的 5 级列联表

能见度	相对湿度					合计
	1	2	3	4	5	
1	0	0	0	0	3	3
2	0	0	3	3	0	6
3	0	2	4	2	3	11
4	1	8	2	0	0	11
5	0	0	0	0	0	0
合计	1	10	9	5	6	31

表 1.6 中的结果告诉我们，根据正态分布给出分级临界值进行分级时，分 3 级时 x_1 与 x_3 及 x_2 与 x_3 的分级相关比分 5 级时要好，而 x_1 与 x_2 的分级相关却正好相反。但按均匀分布给出分级临界值进行分级时，情况又有所不同，表 1.7 中的结果表明，总体上分 5 级时各变量的分级相关系数较大，比较理想。可见，不同的变量(研究对象)应采用不同的分级方法、分为不同的级数。

变量 y 与 x 的关系密切程度还可用 χ^2 统计量的值来度量，它表示为：

$$\chi^2 = \sum_{i=1}^{k}\sum_{j=1}^{s}\frac{\left(n_{ij}-\frac{n_{i.}n_{.j}}{n}\right)^2}{\frac{n_{i.}n_{.j}}{n}} = \sum_{i=1}^{k}\sum_{j=1}^{s}\frac{(n_{ij}-n_{i.}p_{.j})^2}{n_{i.}p_{.j}} \tag{1.1.12}$$

式中 n_{ij} 为变量 x 出现 i 级时对应变量 y 出现 j 级的频数；$n_{i.}$ 表示变量 x 出现 i 级的总频数；$n_{.j}$ 表示变量 y 出现 j 级的总频数；$p_{.j}$ 为变量 y 出现 j 级的频率。该统计量遵从自由度为 $\upsilon=(k-1)(s-1)$ 的 χ^2 分布。对 $k=s=2$ 的二级变量的特殊情况，$\upsilon=1$，此时一般需对该统计量进行修正，其修正式为：

$$\chi^2 = \sum_{i=1}^{2}\sum_{j=1}^{2} \frac{(|n_{ij} - n_{i.}p_{.j}| - 0.5)^2}{n_{i.}p_{.j}} \tag{1.1.13}$$

当两变量划分级别数相同，例如均分为 k 级的情况下，可以证明，χ^2 值在 0 与 $n(k-1)$ 之间，即：$0 \leqslant \chi^2 \leqslant n(k-1)$。

对两变量都分为 k 级时，我们还可用：

$$FR = \sqrt{\frac{\chi^2}{n(k-1)}} \tag{1.1.14}$$

来度量两变量之间的相关程度，称之为关联系数，其值变化在 0～1 之间。

除此之外，列联表还能反映变量之间的非线性相关特征。

1.1.5　自协方差与自相关系数

自协方差与自相关系数用于衡量同一气象要素不同时刻之间的相关程度。

若已知某一平稳且具遍历性随机过程的一个时间序列为 $\{x_t, t=\overline{1,n}\}$，其时间间隔（又称时间落后步长）为 τ。则该序列的自协方差为：

$$s(\tau) = \frac{1}{n-\tau}\sum_{t=1}^{n-\tau}(x_t - \bar{x})(x_{t+\tau} - \bar{x}) \tag{1.1.15}$$

对应的自相关系数为：

$$r(\tau) = \frac{s(\tau)}{s^2} = \frac{1}{n-\tau}\sum_{t=1}^{n-\tau}\left(\frac{x_t - \bar{x}}{s}\right)\left(\frac{x_{t+\tau} - \bar{x}}{s}\right) \tag{1.1.16}$$

当 $\tau > 0$ 时称为落后（滞后）相关系数；反之，称为超前相关系数。也有人将自协方差与自相关系数用如下公式计算：

$$s^*(\tau) = \frac{1}{n}\sum_{t=1}^{n-\tau}(x_t - \bar{x})(x_{t+\tau} - \bar{x})$$

对应的自相关系数为：

$$r^*(\tau) = \frac{1}{n}\sum_{t=1}^{n-\tau}\left(\frac{x_t - \bar{x}}{s}\right)\left(\frac{x_{t+\tau} - \bar{x}}{s}\right)$$

根据式(1.1.15)和式(1.1.16)，可计算出表 1.1 中三变量间的自协方差与自相关系数，其结果见表 1.9 和表 1.10。表中 $s_1(\tau)$、$s_2(\tau)$ 和 $s_3(\tau)$ 分别表示温度、相对湿度和能见度落后 τ 天的自协方差；自相关系数 $r_i(\tau)$ 的含义类似。

表 1.9　自协方差

τ	1	2	3	4	5	6	7	8	9
$s_1(\tau)$	10.42	4.21	−0.17	−4.18	−8.07	−9.02	−6.38	−1.82	1.43
$s_2(\tau)$	78.44	19.79	−23.25	1.67	−45.57	−60.13	−44.42	−35.16	46.70
$s_3(\tau)$	12.21	6.12	−2.94	−5.89	−10.60	−18.66	−16.69	−4.28	0.97

表 1.10 自相关系数

τ	1	2	3	4	5	6	7	8	9
$r_1(\tau)$	0.71	0.29	−0.01	−0.28	−0.55	−0.61	−0.43	−0.12	0.10
$r_2(\tau)$	0.30	0.08	−0.09	0.01	−0.18	−0.23	−0.17	−0.14	0.18
$r_3(\tau)$	0.45	0.22	−0.11	−0.22	−0.39	−0.68	−0.61	−0.16	0.04

1.1.6 落后交叉协方差与落后交叉相关系数

落后交叉协方差和落后交叉相关系数用于衡量两个变量不同时刻之间的相关程度。

设有两个满足平稳及遍历性条件的序列 x_t 及 $y_t(t=\overline{1,n})$，则对时间间隔为 τ 的落后交叉协方差为：

$$s_{xy}(\tau)=\frac{1}{n-\tau}\sum_{t=1}^{n-\tau}(x_t-\bar{x})(y_{t+\tau}-\bar{y}) \tag{1.1.17}$$

对应的落后交叉相关系数为：

$$r_{xy}(\tau)=\frac{s_{xy}(\tau)}{s_x s_y}=\frac{1}{n-\tau}\sum_{t=1}^{n-\tau}\left(\frac{x_t-\bar{x}}{s_x}\right)\left(\frac{y_{t+\tau}-\bar{y}}{s_y}\right) \tag{1.1.18}$$

也有人用如下公式：

$$s_{xy}^*(\tau)=\frac{1}{n}\sum_{t=1}^{n-\tau}(x_t-\bar{x})(y_{t+\tau}-\bar{y})$$

$$r_{xy}^*(\tau)=\frac{s_{xy}^*(\tau)}{s_x s_y}=\frac{1}{n}\sum_{t=1}^{n-\tau}\left(\frac{x_t-\bar{x}}{s_x}\right)\left(\frac{y_{t+\tau}-\bar{y}}{s_y}\right)$$

利用公式(1.1.17)和(1.1.18)，计算出表 1.1 中三变量间的落后交叉协方差和落后交叉相关系数见表 1.11 和表 1.12。表中 $s_{12}(\tau)$、$s_{23}(\tau)$、$s_{31}(\tau)$分别表示落后 τ 天的温度与相对湿度、相对湿度与能见度、能见度与温度的(落后)交叉协方差；落后交叉相关系数 $r_{ij}(\tau)$的含义类似。

表 1.11 落后交叉协方差

τ	1	2	3	4	5	6	7	8	9
$s_{12}(\tau)$	16.91	8.03	−3.84	−6.15	−23.77	−26.00	−12.30	9.79	12.28
$s_{23}(\tau)$	−42.81	−16.23	9.92	12.65	13.11	25.98	25.47	20.63	−1.01
$s_{31}(\tau)$	−10.16	−2.38	4.02	7.97	14.10	17.56	11.76	3.45	−1.69

表 1.12 落后交叉相关系数

τ	1	2	3	4	5	6	7	8	9
$r_{12}(\tau)$	0.27	0.13	−0.06	−0.10	−0.39	−0.42	−0.20	0.16	0.20
$r_{23}(\tau)$	−0.51	−0.19	0.12	0.15	0.16	0.31	0.30	0.25	−0.01
$r_{31}(\tau)$	−0.50	−0.12	0.20	0.39	0.69	0.86	0.58	0.17	−0.08

1.1.7　峰度系数与偏度系数

峰度系数和偏度系数是用来描述随机变量分布密度曲线形状的特征量。峰度系数是描述曲线渐近于横轴时的陡度；偏度系数则是描述曲线峰点相对于期望值的偏离程度。

若记偏度系数为 g_1，峰度系数为 g_2，则它们与样本中心矩的关系为：

$$g_1=\frac{m_3}{m_2^{3/2}} \tag{1.1.19}$$

$$g_2=\frac{m_4}{m_2^2} \tag{1.1.20}$$

式中 m_2,m_3,m_4 分别为二阶、三阶及四阶中心矩，k 阶中心矩表示为：

$$m_k=\frac{1}{n}\sum_{t=1}^{n}(x_t-\overline{x})^k \quad (k=2,3,4) \tag{1.1.21}$$

当 $\overline{x}=0$ 时称为样本 k 阶（原点）距。不难看出，二阶中心矩即为方差；而三阶中心矩则是用来描述变量概率密度分布的非对称性的，若其大于零，则表明密度分布曲线的峰点在平均值的左侧，否则在右侧；四阶中心矩用来描述分布密度曲线的陡度，若其计算值偏小，则反映观测值与平均值接近，分布曲线较陡，反之表明分布曲线较为平缓。对严格遵循正态分布的变量而言，对应的峰度和偏度值为零。由此可考察数据资料的分布是否接近正态分布，为资料的初值化处理和结果的误差分析提供必要的依据。

1.2　数理统计中的几种常用分布

对上述计算得到的平均值、方差、相关系数等统计量，能否代表变量总体的统计规律，常需用下一节介绍的方法进行显著性检验，而检验要在假设统计量服从某种分布规律的前提下进行，本节就介绍其中最常用的几种分布。

1.2.1　χ^2 分布

对 n 个相互独立且服从标准正态分布的随机变量 $x_t(t=1,2,\cdots,n)$，我们称 $\sum_{t=1}^{n}x_t^2$ 所服从的分布为自由度是 n 的 χ^2 分布，记为 $\chi^2(n)$。

χ^2 分布的概率密度函数为：

$$\varphi(x)=\begin{cases}\dfrac{1}{2^{\frac{n}{2}}\Gamma\left(\dfrac{n}{2}\right)}x^{\frac{n}{2}-1}\mathrm{e}^{-\frac{x}{2}}, & x>0\\[2ex] 0, & x\leqslant 0\end{cases} \tag{1.2.1}$$

χ^2 分布的概率密度分布如图 1.1 所示，其中：

$$\Gamma(r)=\int_0^{\infty} x^{r-1}\mathrm{e}^{-x}\mathrm{d}x$$

概率密度具有如下性质：

(1)当 $x\leqslant 0$ 时，$\varphi(x)=0$；

(2)当 $x\to+\infty$ 时，$\varphi(x)\to 0$；

(3)当 $x=n-2\geqslant 0$ 时，$\varphi(x)$ 取得最大值。

由此可见，对相互独立的正态变量，其平方和的分布遵循 χ^2 分布。由于气象上的很多变量都近似服从正态分布，当根据要素变量构作的统计量符合平方的和这一特征时，该统计量就应该近似服从 χ^2 分布，如 1.1.4 中所述的分级相关问题，就可以用 χ^2 检验来验证样本的规律是否具有普遍性。

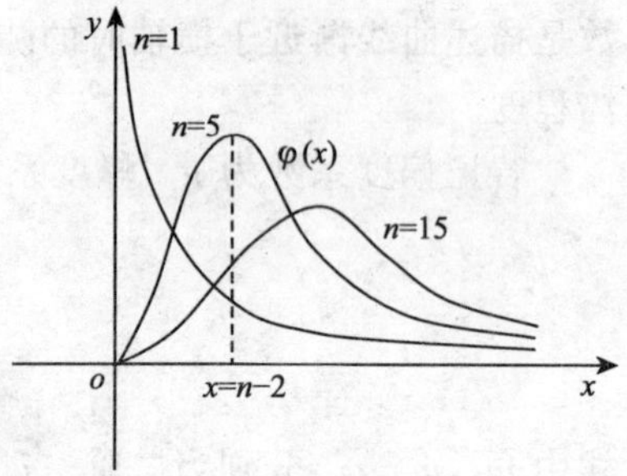

图 1.1

对于给定的显著性水平 α，称满足条件：

$$P\{\chi^2>\chi_\alpha^2(n)\}=\int_{\chi_\alpha^2(n)}^{\infty} y\mathrm{d}x=\alpha$$

的点 $\chi_\alpha^2(n)$ 为 $\chi^2(n)$ 分布的上 α 分位点，如图 1.2 所示。

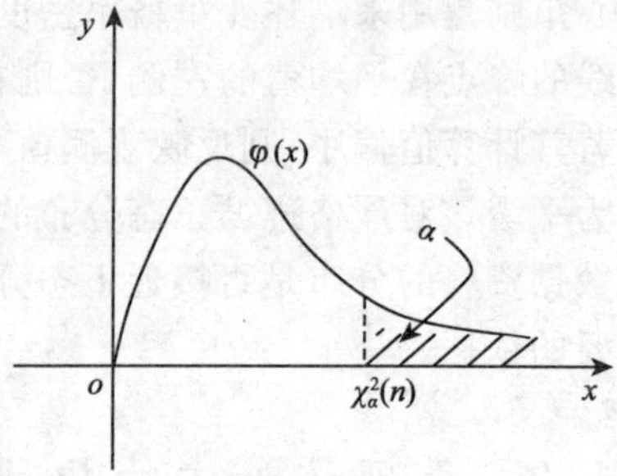

图 1.2

1.2.2　t 分布

若 $\xi\sim N(0,1)$，$\eta\sim\chi^2(n)$，且 ξ,η 相互独立，则称 $\dfrac{\xi}{\sqrt{\eta/n}}$ 所服从的分布为自由度是 n 的 t 分布，记为：$t(n)$。

其概率分布密度函数为：

$$\varphi(t)=\frac{\Gamma[(n+1)/2]}{\sqrt{n\pi}\Gamma(n/2)}\left(1+\frac{t^2}{n}\right)^{-\frac{n+1}{2}}$$

该分布的图像见图 1.3。

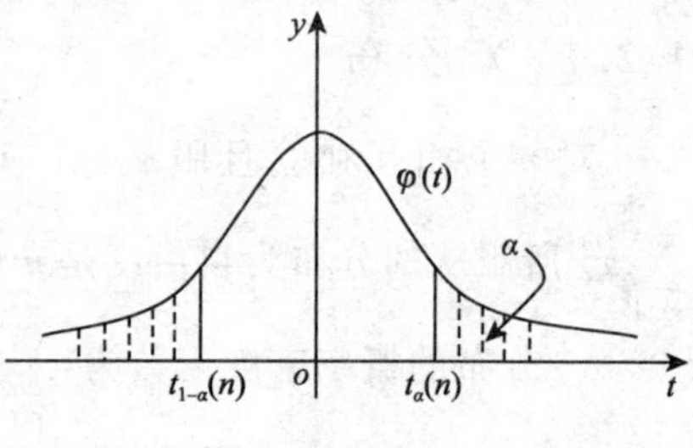

图 1.3

其概率密度性质如下：

(1)$\varphi(t)$ 关于 $t=0$ 对称，且在 $t=0$ 处取得最大值；

(2)当 $t\to\pm\infty$ 时，$\varphi(t)\to 0$；

(3)当 $n\to\infty$ 时，$t(n)$ 分布的极限就是标准

正态分布(当 $n>45$ 时,可用正态分布近似)。

对近似服从正态分布的气象要素变量,当构作的统计量满足 $t(n)$ 分布特征时,该统计量就应该近似服从 t 分布(如对相关系数的检验中构作的统计量

$$t=\frac{r}{\sqrt{1-r^2}}\sqrt{n-2}),$$

并可以用 t 检验来验证该样本的规律是否具有普遍性。

对于给定的信度 α,称满足条件:

$$P\{t>t_\alpha(n)\}=\int_{t_\alpha(n)}^{\infty}\varphi(t)\mathrm{d}t=\alpha$$

的点 $t_\alpha(n)$ 为 $t(n)$ 分布的上 α 分位点,见图 1.3。

1.2.3　F 分布

若 $\xi\sim\chi^2(m)$, $\eta\sim\chi^2(n)$,且 ξ,η 相互独立,则称 $\frac{\xi/m}{\eta/n}$ 所服从的分布为自由度是 (m,n) 的 F 分布,记为:$F(m,n)$。

其概率分布密度函数为:

$$\varphi(x)=\begin{cases}\dfrac{\Gamma[(n+1)/2]}{\Gamma(m/2)\Gamma(n/2)}m^{\frac{m}{2}}n^{\frac{n}{2}}\dfrac{x^{\frac{m}{2}-1}}{(mx+n)^{\frac{m+n}{2}}}, & \text{当 } x>0 \text{ 时}\\ 0, & \text{当 } x\leqslant 0 \text{ 时}\end{cases}$$

该分布的图像见图 1.4。其概率密度性质如下:

(1)当 $x\leqslant 0$ 时,$\varphi(x)=0$;

(2)当 $x\to+\infty$ 时,$\varphi(x)\to 0$;

(3)当 $x=\frac{1-2/m}{1+2/n}\geqslant 0$ 时,$\varphi(x)$ 取得最大值。

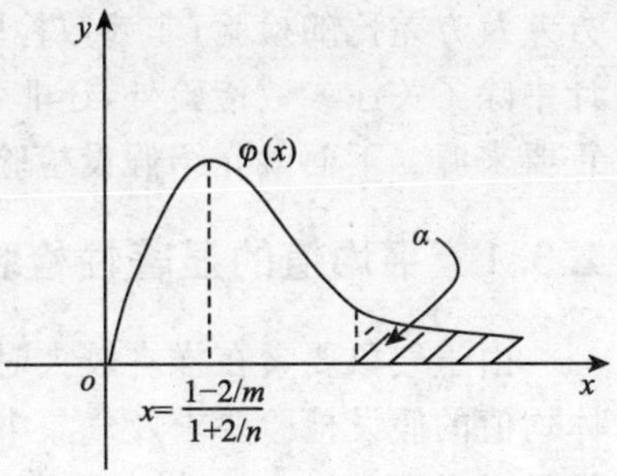

图 1.4

对近似服从 χ^2 分布的气象要素变量,当构作的统计量满足 F 分布特征时,该统计量就应该近似服从 F 分布(如方差的显著性检验中所构作的相关统计量),并可以用 F 检验来验证该样本的规律是否具有普遍性。

对于给定的显著性水平 α,称满足条件:

$$P\{F>F_\alpha(m,n)\}=\int_{F_\alpha(m,n)}^{\infty}\varphi(x)\mathrm{d}x=\alpha$$

的点 $F_\alpha(m,n)$ 为 $F(m,n)$ 分布的上 α 分位点,见图 1.4。

1.3 统计量的检验及其应用

在作统计量的计算时,我们都是通过对随机抽取的一定样本进行的,得到的是该样本所反映出来的统计规律,而该规律是否就是总体的规律,即能否反映总体,或者说,通过随机抽样的偶然性结果是否具有必然性,则是我们最为关心的问题。而这只有通过概率统计中的统计假设检验,即显著性检验来解决了。

一般的假设检验过程是:首先给定一个对总体的原假设,然后寻找与假设有关的统计量及其所遵循的概率分布函数,即在假设条件下所构造的统计量满足某个已知分布;然后再计算出一次具体的抽样样本数据所对应的统计量值,最后在给定的显著性水平下(气象上常取 $\alpha=0.05$)作出对原假设接受或拒绝的判定。当然,这种判定也有一定的错判概率,即所谓的第Ⅰ类错误(否定假设时发生的错误,弃真错误)和第Ⅱ类错误(接受假设时发生的错误,取伪错误),而这两类错误发生的概率并不相等,且已证明,第Ⅰ类错误发生的概率较小,故一般情况下对总体的原假设通常采用反面假设,从而减小犯错误的可能性。

理想的检验方法应使犯两类错误的概率都很小,但在样本的容量给定的情形下,不可能使两者都很小,降低一个,往往使另一个增大。为了尽量避免这一问题,在实际应用中,假设检验的指导思想是尽可能控制犯第Ⅰ类错误的概率(不超过 α),然后(若有必要),通过增大样本容量的方法减小犯第Ⅱ类错误的概率。

假设检验一般分参数检验和非参数检验。参数检验包括总体的均值及均值差、方差及方差比的检验;非参数检验包括分布拟合检验、符号检验及秩和检验。气象统计中除了关注参数检验外,还非常关注变量分布的检验,因为它也是预报误差的一个重要来源。下面就介绍假设检验在气象统计中的应用方法。

1.3.1 平均值的显著性检验及应用

由于气象要素在样本较大时一般都近似服从正态分布,根据数理统计中正态总体均值的假设检验要求及气象中使用的样本容量一般情况下都不会太大的情况,通常只考虑用小样本检验(统计量遵从 t 分布)。例如在气候变化的研究中,既要研究气候变化的平均趋势,更要研究某些特殊年份有何显著特点。常用的方法是将这些特殊年份的气象要素与其他年份的平均值进行比较,看是否具有显著差异,以此来揭示气候的渐变和突变规律。而气候资料的样本容量通常是有限的,故这种差异显著与否的检验通常用 t 分布统计量进行。

例如,设 x_0 为某试验年的某一统计量(通常为某一时间段某一要素的平均值),用它与其他年份同一对象的统计量进行比较。设抽取 n 年样品,记为 $x_1,x_2,\cdots,x_n$,假设 $x_0,x_1,x_2,\cdots,x_n$ 所对应的随机变量为独立的正态分布变量,具有同一数学期望。根据单个正态总体方差未知时均值检验构作的统计量：

$$t=\frac{\bar{x}-\mu_0}{s^*/\sqrt{n}},$$

Trenberth 为了检验在全球天气试验年间不同统计量与其他年份的差异，将上式进行了改进，得：

$$t=\frac{x_0-\bar{x}_n}{s_n}\sqrt{\frac{n-1}{n+2}} \tag{1.3.1}$$

遵从自由度为$(n-1)$的 t 分布，其中：

$$\bar{x}_n=\frac{1}{n}\sum_{i=1}^{n}x_i;\quad s_n=\sqrt{\frac{1}{n}\sum_{i=1}^{n}(x_i-\bar{x})^2}$$

对于给定的显著性水平 α 和自由度 ν，根据 t 分布表即可查出对应的临界值 t_α，若 $|t|>t_\alpha$，就拒绝原假设，认为 x_0 与其他年份有显著性差异。

对于标准化资料，可对式(1.3.1)作适当修改，若令：

$$\begin{cases} t_z=t\left(\dfrac{n-1}{n+2}\right)^{-\frac{1}{2}} \\ x_{z0}=\dfrac{x_0-\bar{x}_n}{s_n} \end{cases} \tag{1.3.2}$$

则有：

$$\begin{cases} x_{z0}=t_z \\ t_{z\alpha}=t_\alpha\left(\dfrac{n-1}{n+2}\right)^{-\frac{1}{2}} \end{cases} \tag{1.3.3}$$

显然，若 $|x_{z0}|>t_{z\alpha}$，则拒绝原假设，认为 x_0 与其他年份有显著性差异。

例如，我们若要检验南京 2009 年 1 月份某天(如 9 日、29 日和 31 日)的气温，相对于该月平均状态是否异常，就可用 t 检验。

通过公式(1.3.1)，并利用表 1.1 中均值及均方差数据，可分别计算出 9 日、29 日和 31 日气温对应的 t 统计量，其结果见表 1.13(其中 $\bar{x}_i$，s_i 分别为 31 天中去除第 i 日气温数据后剩余气温资料的平均值和均方差)。

若取 $\alpha=0.05$，查 t 分布表(附录 F)则 $t_{0.05}(30)\approx2.042$，比较可知，29 日的气温与月平均气温有显著性差异；其余两天的气温属于正常。

表 1.13　平均值的显著性检验值

日期	9	29	31
x_i	−0.6	7.9	1.9
$\bar{x}_i$	−0.1267	−0.41	−0.21
s_i	3.8997	3.6137	3.8827
t	−0.1157	2.1926	0.5181

以 29 日为例，其详细检验步骤为：

(1)提出假设 H_0：假设 1 月 29 日的气温与该月其余 30 天的气温无显著性差异。

(2)构作统计量：
$$t=\frac{x_0-\bar{x}_n}{s_n}\sqrt{\frac{n-1}{n+2}}$$

该统计量在假设 H_0 成立的前提下满足自由度为 $(n-1)$ 的 t 分布。

(3)给定信度 $\alpha=0.05$，查表求统计量的临界值：$t_{0.05}(29)=2.042$。

(4)求样本的统计量值，并与临界值比较，判断 H_0：
$$t=\frac{x_0-\bar{x}_n}{s_n}\sqrt{\frac{n-1}{n+2}}=\frac{7.9-(-0.41)}{3.6137}\sqrt{\frac{30-1}{30+2}}\approx 2.1926$$

即：
$$|t|=2.1926>t_{0.05}(29)=2.045$$

故拒绝假设，即 1 月 29 日的气温与该月其余 30 天的气温有显著性差异，气温偏离正常值。

若把检验年份资料加入到样本中来估计总体期望和方差的话，式(1.3.1)中的统计量要做适当改变，并使用一般平均值的 t 统计量来检验即可，此时：
$$t=\frac{x_0-\bar{x}_{n+1}}{s_{n+1}}\left(\frac{n}{n+3}\right)^{\frac{1}{2}}$$

若分别重新计算 9 日、29 日和 31 日气温对应的 t 统计量，公式中资料的均值和均方差就是常数，其结果见表 1.14。

表 1.14 平均值的显著性检验值

日期	9	29	31	$\bar{x}$	s_x
x_t	−0.6	7.9	1.9	−0.14	3.90
t	−0.1125	1.9656	0.4987		

比较发现，这两种计算在样本容量不大时还是有一定区别的，读者不妨细细体会。

1.3.2 两组样本平均值差异的显著性检验及应用

1.3.2.1 在单变量样本平均值差异性检验中的应用

在气象问题的统计分析研究中，常会遇到异常年份与一般年份差异的显著性检验问题。设一般年份有 m 年，特殊年份有 n 年，某气象要素在这两种年份中的平均值分别为 $\overline{x^c}$ 与 $\overline{x^a}$。根据两个正态总体的总体方差未知但相等时均值是否相等的检验所构作的统计量，有：
$$t=\frac{(\bar{x}-\bar{y})-(\overline{\mu_x}-\overline{\mu_y})}{s_w\sqrt{\frac{1}{n}+\frac{1}{m}}}$$

其中：

$$s_w=\sqrt{\frac{ns_x^2+ms_y^2}{n+m-2}}$$

对同一个变量，可以假设两总体平均值无显著性差异，在此条件下，我们构作统计量：

$$t=\frac{\overline{x^a}-\overline{x^c}}{s\sqrt{\dfrac{1}{n}+\dfrac{1}{m}}} \tag{1.3.4}$$

服从自由度为 $\nu=n+m-2$ 的 t 分布；式中 s^2 为两总体间差值方差的无偏估计量：

$$s^2=\frac{\sum_{t=1}^{n}(x_t^a-\overline{x^a})^2+\sum_{t=1}^{m}(x_t^c-\overline{x^c})^2}{n+m-2} \tag{1.3.5}$$

其中 x_t^c，x_t^a 分别为一般年份与特殊年份的要素值。请读者自行证明，上式也可表示为：

$$s^2=\frac{\sum_{t=1}^{m+n}(x_t-\overline{x})^2}{n+m-2}$$

其中 x_t，$\overline{x}$ 分别为一般年份与特殊年份所构成的总样本对应的要素值及其均值。

1.3.2.2　在多变量样本平均值差异性检验中的应用

如果检验的不是单个要素变量，而是多个气象要素或某一气象要素场的时间平均差异，这时可在单个要素变量两种总体平均值差异的检验基础上外推，利用矩阵及向量相关知识，得到多变量两种总体平均值差异的检验统计量。同样，在假设一般年份与特殊年份总体平均向量无差异的条件下，令：

$$T^2=\left(\frac{1}{m}+\frac{1}{n}\right)^{-1}(\overline{\boldsymbol{x}^a}-\overline{\boldsymbol{x}^c})'\boldsymbol{S}^{-1}(\overline{\boldsymbol{x}^a}-\overline{\boldsymbol{x}^c}) \tag{1.3.6}$$

其中“′”表示矩阵转置，$\overline{\boldsymbol{x}^c}$、$\overline{\boldsymbol{x}^a}$分别为 p 个变量（或测站点、网格点要素）在一般年份与特殊年份的平均列向量，$\boldsymbol{S}$ 为它们间的无偏协方差阵估计，即：

$$\boldsymbol{S}=\frac{1}{m+n-2}\left\{\sum_{t=1}^{n}(\boldsymbol{x}_t^a-\overline{\boldsymbol{x}^a})(\boldsymbol{x}_t^a-\overline{\boldsymbol{x}^a})'+\sum_{t=1}^{m}(\boldsymbol{x}_t^c-\overline{\boldsymbol{x}^c})(\boldsymbol{x}_t^c-\overline{\boldsymbol{x}^c})'\right\} \tag{1.3.7}$$

其中 $\boldsymbol{x}_t^c$、$\boldsymbol{x}_t^a$ 分别为 p 个变量在一般年份与异常年份样品的列向量，此时统计量：

$$F=\frac{m+n-p-1}{(m+n-2)\cdot p}T^2 \tag{1.3.8}$$

服从第一自由度为 $\nu_1=p$，第二自由度为 $\nu_2=m+n-p-1$ 的 F 分布。其检验步骤同 t 检验，但计算量增加了很多。

1.3.3 方差的显著性检验及应用

1.3.3.1 在两组样本差异性检验中的应用

例如用某种气候模型试验臭氧、二氧化碳含量变化或其他因素变化对未来气候的影响，试验中得到两种气候状态 x 及 y，为检验这两种气候状态的变化是否存在显著差别，就可以用其方差比构作一个 F 统计量进行检验。

设两种气候状态的总体平均未知，但其方差分别为 s_x^2 及 s_y^2（样本容量为 n），则由概率论与数理统计知识可知：

$$F(\nu_1,\nu_2)=\frac{s_y^2}{s_x^2} \tag{1.3.9}$$

服从第一自由度为 $\nu_1=n-1$，第二自由度为 $\nu_2=n-1$ 的 F 分布。在给定显著性水平 α 条件下，若所计算的样本统计量值为 F，则当 $F>F_\alpha(\nu_1,\nu_2)$ 时，表明两种气候状态的变率差异是显著的，从而帮助找出气候变化的诱因；反之，表明气候差异不明显。

为检验上述两种气候状态的差异，有些气象学家还根据数理统计中在原假设（$\Delta\bar{z}=\bar{y}-\bar{x}=0$，且 $\sigma(x)=\sigma(y)=\sigma$ 未知）成立的前提下所构作的统计量：

$$t=\frac{\bar{x}-\bar{y}}{s\sqrt{\frac{1}{n_x}+\frac{1}{n_y}}}$$

其中：

$$s^2=\frac{\sum_{t=1}^{n_x}(x_t-\bar{x})^2+\sum_{t=1}^{n_y}(y_t-\bar{y})^2}{n_x+n_y-2}$$

构作了一新变量——信噪比：

$$r_H=\frac{\Delta\bar{z}}{\sigma(\Delta z)} \tag{1.3.10}$$

其中，$\Delta\bar{z}=\bar{y}-\bar{x}$，$\Delta z=y-x$。

因为任何一个气候状态 z，可以分解成它的总体平均值 $\bar{z}$ 与偏差 e 之和，即 $z=\bar{z}+e$，则有 $\Delta z=\Delta\bar{z}+\Delta e$，该式两边同时取方差，有（因为总体平均值是一个常数，其方差为零）：

$$\sigma^2(\Delta z)=\sigma^2(\Delta e)$$

因此，$\sigma(\Delta z)$ 是两种气候状态差值的总体标准差，反映其差值的平均波动状态，亦即偏差部分的平均波动程度，即噪声部分；而 $\Delta\bar{z}$ 是两种气候状态总体平均值之差，是信号部分，故称它们的比值为信号噪声比。信号噪声比的大小反映了气候状态变化的显著程度，这种程度也是可以通过显著性检验来区分的。

在原假设气候状态变化 $\Delta\bar{z}=0$，$\sigma(x)=\sigma(y)$，且 $n_x=n_y=n$ 的情况下，统计量 $t=$

$\Delta\bar{z}/s$ 服从自由度为 $\nu=2n-2$ 的 t 分布。其中：

$$\Delta\bar{z}=\frac{1}{n}\sum_{t=1}^{n}(y_t-x_t),s^2=\frac{1}{n}[(s_y^*)^2+(s_x^*)^2]$$

而 $(s_x^*)^2$ 及 $(s_y^*)^2$ 分别为两种气候状态样本方差的无偏估计量：

$$(s_x^*)^2=\frac{1}{n-1}\sum_{t=1}^{n}(x_t-\bar{x})^2,(s_y^*)^2=\frac{1}{n-1}\sum_{t=1}^{n}(y_t-\bar{y})^2$$

1.3.3.2　在时间序列周期性分析中的应用

方差检验还可以用作寻找气象要素时间序列中的周期性，并习惯称之为（周期性）方差分析。这种周期性分析方法的主要原理是：把时间序列资料的数据按假设的周期长度进行分段后再按同位相分组，并根据组内方差与组间方差构作 F 统计量，通过比较不同分组的 F 统计量值大小，最后对其中最大值分组所对应的假设周期长度进行方差的统计假设检验，以此确定周期存在的可能性。

对 n 个时间序列样本数据，假设其存在某一周期长度为 T（整数）的周期，将其分为 T 组，每组的样本容量为 $n_k(k=\overline{1,T})$（且 $\sum_{k=1}^{T}n_k=n$），每组数据记为 x_{kj} $(k=\overline{1,T},j=\overline{1,n_k})$，则原序列均值为：

$$\bar{x}=\frac{1}{n}\sum_{t=1}^{n}x_t=\frac{1}{n}\sum_{k=1}^{T}\sum_{j=1}^{n_k}x_{kj}$$

第 k 组数据的均值为：

$$\bar{x}_k=\frac{1}{n_k}\sum_{j=1}^{n_k}x_{kj}$$

容易证明，n 个数据资料的总离差平方和可分解为：

$$\sum_{k=1}^{T}\sum_{j=1}^{n_k}(x_{kj}-\bar{x})^2=\sum_{k=1}^{T}\sum_{j=1}^{n_k}(x_{kj}-\bar{x}_k)^2+\sum_{k=1}^{T}n_k(\bar{x}_k-\bar{x})^2$$

其中 $\sum_{k=1}^{T}\sum_{j=1}^{n_k}(x_{kj}-\bar{x}_k)^2=Q_2$ 称为组内离差平方和，$\sum_{k=1}^{T}n_k(\bar{x}_k-\bar{x})^2=Q_1$ 称为组间离差平方和，这两项分别除以 $(n-T)$ 及 $(T-1)$，就可得到组内方差及组间方差的无偏估计量。类似（1.3.9）式，我们可得到统计量：

$$F(\nu_1,\nu_2)=\frac{\sum_{k=1}^{T}\frac{n_k(\bar{x}_k-\bar{x})^2}{T-1}}{\sum_{k=1}^{T}\sum_{j=1}^{n_k}\frac{(x_{kj}-\bar{x}_k)^2}{n-T}}=\frac{Q_1/T-1}{Q_2/n-T}\tag{1.3.11}$$

且其服从第一自由度为 $\nu_1=T-1$，第二自由度为 $\nu_2=n-T$ 的 F 分布。

该方法的具体应用详见时间序列分析中的方差分析。

1.3.4　相关系数的检验

相关系数是衡量两个变量间线性相关密切程度的统计量，该量在统计分析中有着广泛的应用，其大小是否显著也需作统计检验。对于总体不相关的两个随机变量（总体相关系数 $\rho=0$），其抽样样本的相关系数 r 的计算值，在一般情况下都不等于零，因而样本的相关系数也是一个随机变量。Mises 于 1964 年推导出在假设 $\rho=0$ 成立的条件下，样本相关系数 r 的概率密度函数：

$$f(r)=\frac{1}{\sqrt{\pi}}\cdot\frac{\Gamma\left(\frac{n-1}{2}\right)}{\Gamma\left(\frac{n-2}{2}\right)}\cdot(1-r^2)^{\frac{n-4}{2}}$$

若令：

$$r=\frac{t/\sqrt{\nu}}{\sqrt{1+\frac{t^2}{\nu}}}\quad(\text{其中自由度 }\nu=n-2)$$

则有：

$$f(r)\mathrm{d}r=\frac{1}{\sqrt{\pi}}\cdot\frac{\Gamma\left(\frac{\nu+1}{2}\right)}{\Gamma\left(\frac{\nu}{2}\right)}\cdot\left[1-\frac{\frac{t^2}{\nu}}{1+\frac{t^2}{\nu}}\right]^{\frac{\nu-2}{2}}\cdot\frac{\mathrm{d}t}{\sqrt{\nu}(1+\frac{t^2}{\nu})^{\frac{3}{2}}}$$

$$=\frac{1}{\sqrt{\nu\pi}}\cdot\frac{\Gamma\left(\frac{\nu+1}{2}\right)}{\Gamma\left(\frac{\nu}{2}\right)}\cdot\left(1+\frac{t^2}{2}\right)^{-\frac{\nu+1}{2}}\mathrm{d}t$$

上式正好就是 t 分布的密度函数。故可用 t 检验法来检验相关系数 r。

在原假设 $H_0:\rho=0$ 成立的条件下，统计量：

$$t=\frac{r}{\sqrt{1-r^2}}\sqrt{n-2}\tag{1.3.12}$$

服从自由度为 $\nu=n-2$ 的 t 分布。

根据表 1.1 南京地区 2009 年 1 月份温度 x_1、相对湿度 x_2、能见度 x_3 资料，该三变量间的线性相关系数，见表 1.15 第 2 行。由式(1.3.12)可得到相应的 t 统计量值，见表 1.15 中第三行。

表 1.15　相关系数的显著性检验值

	$x_1\cdot x_2$	$x_1\cdot x_3$	$x_2\cdot x_3$
r	0.53	0.74	0.75
t	3.3657	5.9247	6.1062

以变量 x_2 与 x_3 的相关系数的显著性检验为例，说明检验的详细步骤：

(1)提出假设 H_0：假设变量 x_2 与 x_3 的线性相关不显著(或两变量间线性无关)。

(2)构作统计量：$t=\frac{r}{\sqrt{1-r^2}}\sqrt{n-2}$

该统计量在假设 H_0 成立的前提下满足自由度为$(n-2)$的 t 分布。

(3)给定信度 $\alpha=0.05$，查表求统计量的临界值 $t_{0.05}(29)=2.042$。

(4)求样本的统计量值，并与临界值比较，判断 H_0：

$$t=\frac{r}{\sqrt{1-r^2}}\sqrt{n-2}=\frac{0.75}{\sqrt{1-0.75^2}}\sqrt{31-2}\approx 6.1062$$

即
$$|t|=6.1062>t_{0.05}(29)=2.045$$

故拒绝假设，即变量 x_2 与 x_3 的线性相关显著。

1.3.5　变量分布的检验

由于统计(特别是对于气象统计)方法中的随机变量大多假设为服从正态分布，所以有必要对所研究的变量进行分布检验，为所用的统计方法符合这种假设条件提供保证，也为结果的误差分析提供依据。

在样本容量很大的情况下，随机变量若服从正态分布，则其偏度系数及峰度系数也近似服从正态分布，即有：

$$g_1\sim N\left(0,\frac{6(n-2)}{(n+1)(n+3)}\right)$$

$$g_2\sim N\left(3-\frac{6}{n+1},\frac{24n(n-2)(n-3)}{(n+1)^2(n+3)(n+5)}\right)$$

故偏度系数及峰度系数的方差分别为：

$$s_{g_1}=\sqrt{\frac{6(n-2)}{(n+1)(n+3)}} \tag{1.3.13}$$

及

$$s_{g_2}=\sqrt{\frac{24n(n-2)(n-3)}{(n+1)^2(n+3)(n+5)}} \tag{1.3.14}$$

假设要检验的变量是服从正态分布的，然后分别用一次抽样的样本计算其偏度系数及峰度系数，再给定信度 α，若：

$$|g_1|>N_{\alpha/2}\cdot s_{g_1} \tag{1.3.15}$$

或

$$|g_2|>N_{\alpha/2}\cdot s_{g_2} \tag{1.3.16}$$

则拒绝假设，认为变量不服从正态分布；否则认为变量服从正态分布。

参考文献

黄嘉佑. 2004. 气象统计分析与预报方法[M]. 北京：气象出版社.

铃木荣一. 1968. 气象统计学[M]. 地人书馆.
刘剑平，陆元鸿，曹宵临. 2004. 概率论与数理统计方法[M]. 上海：华东理工大学出版社.
盛骤，谢式千，潘承毅. 1979. 概率论与数理统计[M]. 北京：高等教育出版社.
浙江大学数学系. 1979. 概率论与数理统计[M]. 北京：人民教育出版社.
Mises R V. 1964. Mathematical Theory of Probability and Statistics[M]. New York: Academic Press.

第2章 因子筛选

由于统计天气预报就是要从大量的历史气象资料中，寻找出预报因子与未来天气(预报量)之间的统计规律或关系，建立预报方程，来制作预报的，因此预报因子的筛选是制作统计预报的关键工作之一。后面将会看到，能否筛选出适当的预报因子，直接关系到统计预报的效果甚至成败。为了更好地理解因子筛选在统计预报中的作用和地位，本章首先介绍制作统计预报的一般过程，然后详细介绍因子筛选的具体方法。

2.1 制作统计天气预报的一般过程

统计预报的一般制作过程可归纳为如下几个步骤：

(1)确定预报对象(预报量)；

(2)提供、筛选预报因子；

(3)建立预报模型(方程)；

(4)检验、修改预报模型；

(5)输入因子资料得到预报结果。

2.1.1 确定预报对象

那些需要预报的气象因素或天气现象就是我们所要确定的预报对象(即预报量)。

预报对象有的能用数量表征，如气压、降水量、云高、气温、风速等；有的则不能或不需要直接用实际数量来表征，如雾、雷暴等天气现象的出现与否，小雨、中雨、大雨还是暴雨，长期预报中雨量、雨日是偏多还是偏少，气温是偏高还是偏低，预报对象是分类或分级等。因此，预报对象，包括对该预报对象作定量预报还是分类预报，要根据预报使用单位的需要来确定。

2.1.2 提供、筛选预报因子

所谓预报因子是指对所确定的预报对象的预报具有指示作用的气象条件(要

素）。预报因子的优劣是直接决定统计预报成败的一个至关重要的因素。由于影响预报对象的因素很多，但对预报对象的影响程度大小却相差很大，为了抓住主要矛盾，我们需要提供大量的备选因子，并遵循一定的原则，按不同的方法筛选因子，为预报对象提供高质量的预报因子，以此获取足够多的预报信息。

2.1.2.1 提供备选因子的一般思路

某种天气现象、要素的产生、变化是由其物理机制所决定的。大量的气象资料中蕴藏着某种天气是否会出现的各种信息，所以预报员为了寻找预报因子，就必须在所学的专业理论基础上，分析预报对象产生的物理机制，以预报经验为线索，通过普查、对比、统计历史资料，筛选出与预报对象密切相关的预报因子。

(1)根据预报对象产生的物理过程寻找预报因子

从天气学原理和气象学的其他课程可以知道，不同的天气现象有不同的物理机制，即预报对象出现的条件是各不相同的，亦即不同的预报对象有不同的预报因子。所谓提供、寻找备选预报因子，就是要求给出能够反映某预报对象产生的物理过程的物理量或数量化指标。

为了进一步认识预报对象产生的物理机制，有必要确定出其背景场——环流形势的模式，因为不同的天气形势包含着不同的天气物理过程，也对应于不同的天气表现。如果把形势相似的天气形势归为一类，则该类形势所包含的天气物理过程也应大体相似，这就为我们在相同条件下选取物理意义明确的因子创造了良好条件。这种环境背景场的出现，虽然不能完全确定某种天气现象一定发生，但它突出了在这种特定环流条件下不同因子的不同作用。

例如南京盛夏季节的雷暴预报。从历史天气图中找相似，我们归纳出几种形势模式，其中有一种背景场称为副高西部冷锋型（如图 2.1）。此型的特点是：在太原、西安以东，30°N 以北地区，地面天气图上有冷锋或 850 hPa 图上有槽线；南京位于西太平洋副高西侧，受暖湿空气影响，在 850 hPa、700 hPa 及 500 hPa 中有两层以上吹偏南风。环流属该型时，若在太原、西安一线以东有冷空气向东南来袭，则南京地区非常有利于雷暴产生。因此，在该型的环流背景下，冷空气的变化特征就成了预报雷暴产生与否的主要因子。而在该型下的水汽条件一般是具备的，所以反映水汽的因子，相对而言，就成为次要因子。重要的是释放不稳定能量的多少会直接影响到雷暴的强度大小。因此，表征不稳定能量的物理量就成了预报雷暴强度的主要因子。

也可通过直接分析预报对象产生的物理机制来寻找预报因子。例如，雷暴是强烈的对流天气过程，而造成大气中强烈对流的动能是由大气中的不稳定能量转化而来的。大气中的不稳定能量是由大气的层结状况所决定的，它可用 $T-\ln p$ 图来分析，在实际工作中也可采用各种不稳定指数来反映不稳定能量的大小。考虑到积云顶一般要发展到 5～6 km 以上才能形成积雨云或产生雷暴，且获得强烈对流发展的空气块来自大气下层（地面或 850 hPa），所以可用一种称为沙氏指数的稳定度指数作为雷暴预报的备选因子：

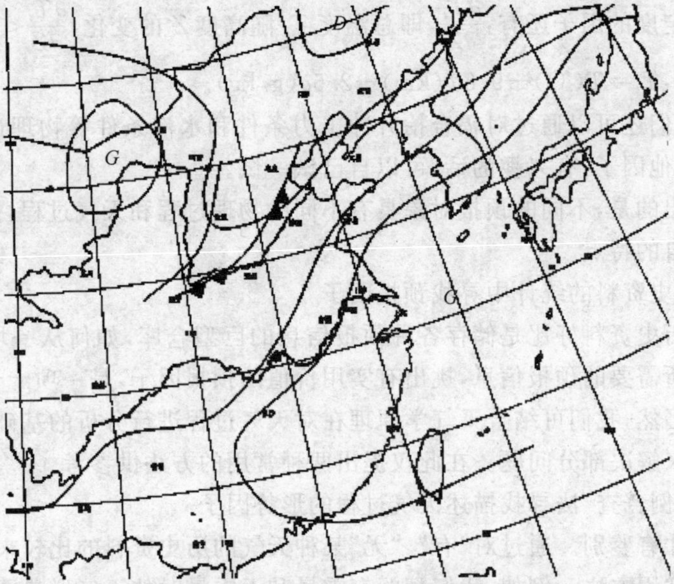

图 2.1　南京盛夏雷暴预报的副高西部冷锋型

用探空资料分析 $T-\ln p$ 图，气块状态从地面沿干绝热上升到凝结高度后，再沿湿绝热上升到 500 hPa，取 500 hPa 上层结温度减去状态温度，得：

$$S=(T_{层结}-T_{状态})_{地\nearrow 500}\quad (S<0\ 表示不稳定)$$

由于沙氏指数只考虑单层湿度会带来一定的误差，故可改用整层湿度，从而引进指数 A：

$$A=(T_{850}-T_{500})-\sum_{850}^{500}(T-T_{\mathrm{d}})$$

A 越大，越不稳定。

以上两个指数仅判断当时一小块空气单元受外力作用后的稳定度情况，对于像锋面等具有系统性上升气流的天气系统，系统性上升运动使整层大气达到饱和以后的层结，究竟是稳定的（$\gamma<\gamma_m$）还是不稳定的（$\gamma>\gamma_m$），此时可采用对流性不稳定指数：

$$\frac{\partial\theta_{se}}{\partial Z}\begin{cases}>0 & 稳定\\ =0 & 中性\\ <0 & 不稳定\end{cases}$$

其中 θ_{se} 是假相当位温。为计算方便，对流性不稳定指数也可用如下因子表示：

$(\Delta\theta_{se})_{700-850}$：即 700 hPa 与 850 hPa 的 θ_{se} 之差(℃/150 hPa)。

$(\Delta\theta_{se})_{700-850}<0$ 表示上干下湿，是对流性不稳定。

表示稳定度的因子还有：$\frac{\partial T_t}{\partial Z}$，即总温度 T_t 随高度 Z 的变化，$\frac{\partial T_t}{\partial Z}<0$ 表示对流性不稳定，其中：$T_t=T(℃)+9.8\Phi(\text{km})+2.5q(\text{g/kg})$。

当然，我们还可以通过对辐合抬升冲击力条件和水汽条件等物理过程的进一步分析，提供其他因子，有兴趣的话，可以自己试一试。

需要指出的是，不同的预报对象具有不同的物理过程和天气过程，提供因子时必须考虑其各自的特点。

(2)从历史资料的统计中寻找预报因子

大量的历史资料好比是储存各种预报信息的巨型仓库，如何从一堆堆原始资料中提取我们所需要的预报信息，挑出有实用价值的预报因子，是一项十分艰巨而又复杂的工作。当然，我们可结合天气学原理在对天气过程进行分析的基础上，借助于数理统计方法来解决部分问题。在此仅提出两种常用的方法供参考。

①用"个例普查"法寻找描述天气过程的形势因子

有比较才有鉴别。通过对"有"、"无"某种天气的历史资料的比较来发现因子，是寻找因子的常用方法。例如，我们翻阅有雷暴和无雷暴时的天气形势图，并把天气形势简绘在一种小天气图上进行比较，就会一目了然地发现它们在形势上的差别。如将南京盛夏冷锋型的各个样本个例的 500 hPa 形势描绘在小天气图上就会发现，在大多数情况下，南京未来 24 小时内有雷暴天气时，500 hPa 河套地区偏北风强，西太平洋副高偏东(如图 2.2)；无雷暴时，500 hPa 河套地区为偏南风(主要是西南风)，西太平洋副高西伸北挺，郑州站在副高控制之下(如图 2.3)。从天气意义上来讲这也是很明显的，若高空副高偏北偏西，南京必在强副高控制之下，抑制了对流的发展，不利于雷暴天气的产生；如果 500 hPa 河套地区有强冷空气南下(偏北风强)，即使副高西伸，也会迅速东撤，利于南京地区产生雷暴天气。基于以上的分析对比，可提出如下因子：

$$\Delta\Phi_{500}=(\Phi_{延安}-\Phi_{二连})_{500}$$

$$\begin{cases}\zeta_{郑州}=(\Phi_{汉口}+\Phi_{徐州}+\Phi_{太原}+\Phi_{西安}-4\Phi_{郑州})_{500}\\ \Delta H_{500}=(H_{上海}+H_{巨州})_{500}-(H_{青岛}+H_{郑州})_{500}\end{cases}$$

其中 $\Delta\Phi_{500}$ 反映河套地区冷空气强度，$\zeta_{郑州}$ 和 ΔH_{500} 均反映 500 hPa 副高的强度。

上述例子告诉我们：要用"个例普查"法寻找描述天气过程的形势因子时，应在仔细分析、确实弄清某预报对象形成的天气过程、物理机制的基础上，从大量的历史个例中归纳出：

a. 产生该种天气的典型形势是什么；

b. 有该种天气与无该种天气的天气形势的主要区别在哪里；

c. 找出产生该种天气的主要条件(因素)及影响系统的具体指标。

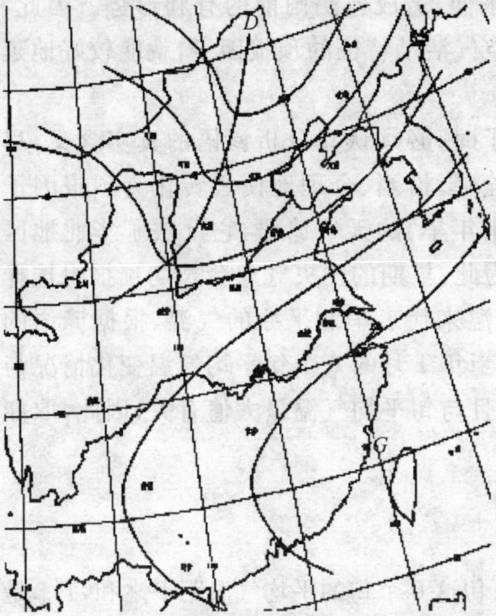

图 2.2　南京盛夏冷锋型雷暴 500 hPa 形势

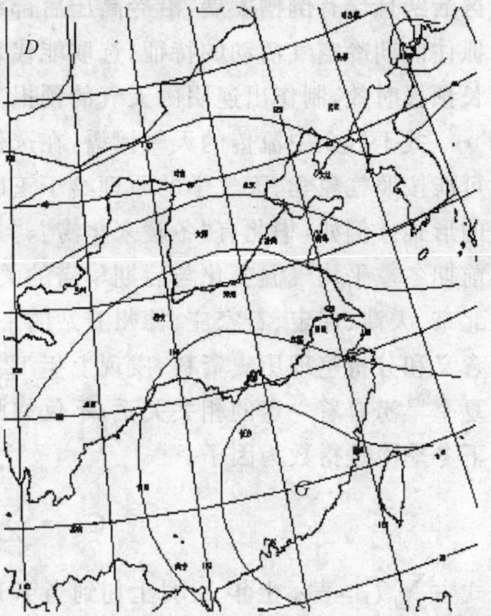

图 2.3　无雷暴时 500 hPa 形势

②从单站要素的资料统计中寻找备选因子

单站要素的项目很多，有气温、气压、湿度、风和天空状况等，对未来天气的变化都可以提供很多有用的信息。例如，雷雨天气出现前有闷热的感觉，这是高温高湿及气压降低的综合反映，因此，单站的 T、P、e 及其增量都可以作为备选的预报因子。单站要素，既可选取本站要素，也可选取周边指标站的要素；既可选地面要素，也可选不同高度上的要素资料；既可选观测资料，也可选数值预报产品资料。

例如，单站资料统计表明，南京盛夏当 850 hPa 上的 $T-T_d \leqslant 8$℃，且地面冷锋有高空槽配合时，则冷锋过南京出现雷暴的可能性达到 95%。

又如，当 700 hPa 上的槽在徐州和蚌埠之间，南京的 $T_{d700} \geqslant 4$℃，同时高山站华山、五台山吹 NW 风，而庐山、黄山、天目山均吹 SW 风且风速大于 8 m/s，则南京站未来 12～24 h 内将有雷暴。

(3)以预报经验和天气谚语为线索寻找预报因子

预报员的经验和群众中流传的天气谚语常常是提供备选因子直接而又重要的线索。对于一个有经验的预报员来讲，通过长期的预报实践，他已把某种天气演变的特点和规律基本掌握，在脑中有了清晰的形势概念和定量的预报指标，以此为出发点，用大量的历史资料去验证、总结，就会得到很有实用价值的各种因子。例如，浙江省台在制作连阴雨天气预报时，预报员有这样的经验：在连阴雨开始前，常有一次较强的冷空气南下影响长江流域，此后东移入海；随着冷高压东移入海，华西地区南支锋区活跃且伴有倒槽发展，沿冷高压后部缓慢东伸，造成连阴雨前的有利形势。因此，抓住前期冷空气活动的特征，选取能代表冷空气活动特征的预报因子，就能较好地延长预报时效，制作出连阴雨天气的预报。

关于群众中流传的天气谚语，在选作因子时，必须认真分析谚语的真实含义，尽可能按照气象学、天气学的原理给予正确的诠释，恰当、合理地使之转化为预报因子的形式。例如，华北有“冬暖来年涝”、“冬寒来年旱”的天气谚语，它反映了华北地区前期冬季平均气温变化与后期旱涝的关系，为此，早期的中央气象台长期预报组选择北京、天津、保定、石家庄、德州五站的平均气温来代表华北平原的气温，根据谚语的含义和分析整理历史资料，发现上年 12 月到当年 1 月的 6 个旬平均气温变化情况与夏季旱涝有着一定的相关关系，不仅如此，而且与旬平均气温最大值有关，因此，取如下冬季冷暖指数为因子：

$$C_w = \sum_{t=1}^{6} T_{wt} + (T'_w)$$

式中 $\sum T_{wt}$ 表示上年 12 月上旬到当年 1 月下旬这 6 个旬的平均气温距平之和，T'_w 是 6 个旬的平均气温距平中的最大值。经过如此处理，就能比较具体地提供出预报因子。

2.1.2.2　提供备选因子时应注意的几个问题

(1)对因子的要求

为了提高因子的效力和使用的方便，我们要求所提供的因子既能较准确地反映天气过程的特点和预报对象演变的物理机制，又尽可能客观定量、计算简单。

(2)因子的组合

实践表明，有些因子单独使用效果并不理想，但经几个因子组合后，预报效力有明显的提高。我们应该尽可能地选取相互独立的备选因子进行组合，才能起到取长补短、增加预报信息量的作用。常用的组合形式有线性组合、点聚组合和物理组合等。

(3)既取观测量，又用导出量

提供因子时，一方面应包括历史资料中各种气象要素的观测值，另一方面还应包括各种各样的导出量。如表示空间分布的梯度、涡度、垂直风切变、层结稳定度等；表示大范围水平分布的一些指数如环流指数；由气象要素水平分布和流场配置关系决定的平流输送量，如温度平流、水汽平流等；以及表示气象要素随时间的变化量如 24 h变压、变高、变温，及平均量、累积量等。

2.1.2.3 筛选因子的原则

要为预报提供尽可能多的预报信息，足够数量的预报因子是必要的。但预报因子并非越多越好。因子太多，既会影响预报方程的稳定性，增加计算量，还会让不良因子混杂其中，起到干扰和掩盖优良因子的作用，反而使预报效果变差。所以要对提供的备选因子进行筛选。

筛选因子一般分为初选和精选两步进行。初选是挑选单个与预报对象关系较好的因子，精选则是在一大批已初选出的因子中再进行逐个审核，淘汰一些效果较差或其作用已被其他因子替代了的重复因子，从而筛选出一些相对少而精的优良因子。

由于因子的好坏直接影响到所建方程的稳定性和预报精度，所以，筛选因子对于我们建立预报模型至关重要，其思想贯穿于我们整个统计预报的始终。在筛选因子的过程中，应遵循如下两个原则：

(1)因子与预报对象间的相关要好，且要相关稳定

要获得较好的预报效果，预报方程中的因子与预报对象间就必须有较密切的相关关系。但有时仅满足这一点，预报的实际效果也并不一定太好，其原因之一就在于因子与预报对象间的相关性不稳定。由于气候变化或某两个气象要素的物理联系并不紧密，那么它们的相关系数就会随着时间的推移而可能发生变化。例如，用某 20 年资料统计计算得到两个气象要素的相关系数为 0.6，可通过显著性检验要求。但分别用前、后 10 年资料统计的相关系数分别为 0.8 和 0.4，相关系数随时间变小，说明这两个气象要素的相关性不稳定。相关系数不稳定是预报效果不稳定的重要原因之一。所以要找到相关稳定的因子，从根本上说，就是要选择与预报对象有明确物理意义的因子；另外，要达到相关稳定，还必须要求样本容量足够大，这样才能尽可能减小随机因素的影响。当样本容量一定时，预报因子数目不宜过多，一般最好不超过样本容量的 1/10；但这并非是说因子数越少相关越稳定。因子数太少，所提供的预报信息就不够充足，预报效果自然也会受到影响。即使是所选的某一个因子的拟合程度为 100%，也不能排除其他因子的作用，因为这个拟合度仅仅是针对某个具体样本而言，是样本的函数，而且从气象学和天气学的角度来看，任何一个预报对象几乎都是受多种因素影响的，所以为了求得相关稳定还需考虑其他因子的作用。

(2)因子间相互配合要好

要求每个因子都与预报对象相关好，不仅困难不现实，也没有必要。如果每个因子都与预报对象相关好，因子间的相关性可能也是较好的，它们在对预报对象提供的预报信息方面的作用在很大程度上是重复的，起不到相互补充的作用。为此，我们可以先选择一个与预报对象相关好且相关稳定的因子作为基础，然后再选择一些与该因子相互配合得好的因子。其具体要求是，某些个例如果少数因子报错了，而多数因

子能够报对，通过全部因子的综合仍能报对。物理联系紧密的几个因子间，它们的作用在很大程度上是重复的，不宜同时选进一个预报方程中。例如，同一个月的平均气温和平均最高温度；夏季同一个月的平均气温与降水量；冬季同一个月的平均气压与平均气温，其间联系密切，一般不宜同时采用。

以两个因子时的情况为例，两个因子与预报对象的关系不外乎三种：同时报对、同时报错及交叉对错。根据筛选因子的原则和对预报效果的期盼，在样本容量一定的情况下，三种情况出现的次数之和一定。对第一种情况，我们希望同时报对的次数不能太少，否则因子与预报对象间的相关性得不到保证，也不能太多，否则这两个因子就可能是重复因子；对第二种情况，我们希望出现的次数越少越好，因为这样能最大限度地提高方程预报的准确率；那么，在样本容量一定的情况下我们自然希望第三种情况出现的次数要尽可能地多，即有的因子尽管与预报对象的相关性不是很好，但其作用无法被别的因子替代，选用这样的因子常可提高预报效果。当然，我们同时还希望各个因子，特别是先选取的因子，与预报对象间的相关要好。

由于因子的筛选是如此重要，下一节将详细介绍筛选因子的具体方法。

2.1.3　建立预报模型(方程)

所谓统计预报模型是指在制作统计预报时所使用的反映预报因子与预报对象之间统计相关规律的一种数学关系式，常称之为统计预报方程。由于预报因子与预报对象间的关系有线性与非线性之分，故建立的预报模型也有线性统计预报模型与非线性统计预报模型之分。通常非线性统计预报模型比较复杂，且常采用各种数学手段将其作线性化处理，解决线性问题也是解决其他复杂非线性问题的基础。为此，我们先从解决线性问题入手，建立线性统计预报模型，其常见形式如下：

$$y=b_0+b_1x_1+b_2x_2+\cdots+b_mx_m \tag{2.1.1}$$

式中 y 表示某预报时段内的预报量值；$b_0,b_1,\cdots,b_m$ 是待定系数，由样本资料根据一定的原则、方法求得；$x_1,x_2,\cdots,x_m$ 表示 m 个预报因子，是与预报对象有相关关系的一些气象要素或物理量值。它们可以是同一气象要素（物理量）或不同的气象要素（物理量）在不同时刻（包括某预报时段前期及与预报时段同期）或不同站点（网格点上）的值。

比如，y 代表要预报的 24 h 降水量，$x_1,x_2,\cdots,x_m$ 可以是 24 h 前的水汽含量、垂直速度、辐合辐散等前期因子，也可以是由数值预报提供的与降水量同时段的环流形势、涡度场等同期因子。若用前期的因子作预报，就是经典的统计预报；若用数值预报产品得到的因子作预报，就属于动力-统计预报。

随着所采用的预报模型的不同，统计计算方法也有很大的不同。采用何种预报模型，要根据气象问题的性质或气象保障的需要而定。如分类预报可用判别分析、聚类分析模型；对连续变量的预报一般用回归分析模型；单变量自身的预报可用方差分析周期叠加外推法等时间序列分析模型。

2.1.4　检验、修改预报模型

在预报模型建立以后，应首先用建立模型时的历史样本资料（建模样本）进行回报试验，看其历史拟合率（简称拟合率，又称概括率）$p_{拟}$ 是否足够高。$p_{拟}$ 的计算公式是：

$$p_{拟}=\frac{m_{回报对}}{n_{建模}} \tag{2.1.2}$$

式中 $n_{建模}$ 表示建立模型所用样本的容量；$m_{回报对}$ 表示用建模样本回代到模型中去预报时，预报对的次数。

显然，如果 $p_{拟}$ 很低，说明所建模型连历史资料的拟合能力都很差，不应采用。

但在另一方面，由于建模样本是历史资料总体中随机抽取的部分资料，由其得到的规律，即预报模型，能否代表总体，我们不得而知，所以，即使 $p_{拟}$ 很高，也不能说明模型的实际业务使用价值很高，有必要对其进行进一步考核。方法是：

用独立于建模样本资料之外的其他历史资料代入预报模型中进行试验。假如我们所抽取的独立样本资料的样本容量为 $n_{试报}$，试报中报对的次数用 $m_{试报对}$ 表示，则只有当试报准确率：

$$p_{试}=\frac{m_{试报对}}{n_{试报}} \tag{2.1.3}$$

较高时，才能考虑将预报模型投入实际业务使用。

如果试报时发现预报模型的效果较差（$p_{试}$ 较低）时，应回过头去重新审查前面的三个步骤，特别是看所选因子是否理想，若因子不好就应及时更换，从而提高改进方程的性能。

2.1.5　输入因子资料得到预报结果

当预报模型经试报检验投入业务使用后，就可以将实况因子资料输入到模型中，得到我们所需要的预报结果。

对已投入实际业务使用的预报模型，还需跟踪其使用情况，以便对预报模型及时进行改进。方法是计算并分析实报准确率 $p_{实}$ 的情况。

$$p_{实}=\frac{m_{实报对}}{n_{实报}} \tag{2.1.4}$$

式中 $n_{实报}$ 表示在某个实际业务使用时段中模型实际使用的次数，$m_{实报对}$ 表示其中报对的次数。

由于某些未知或已知的原因，造成模型实际预报准确率下降的，应及时对模型中的因子或其权重进行调整，所以跟踪 $p_{实}$ 的变化是有必要的。

统计预报模型，不仅能作形势预报，更能作要素预报；不仅能作短、中期预报，也能作长期、超长期预报；而且预报结果客观、定量，不会因人而异；预报时计算简单、使用方便。统计预报方法的这些特点和优点是其他预报方法难以比拟的。

由于统计预报方法是在概率论、数理统计方法基础上发展起来的，是针对大量数据资料而言的，所以其结论是一个统计的结果，是大量数据的平均规律，故该方法对平均趋势的预报更加合适。当然，通过一定的数学手段，我们可以实现对要素定时、定点的预报，但由此而产生的误差是显而易见的。

2.2 预报因子的筛选方法

根据预报对象及预报因子的取值情况，我们分下列几种不同的情况来介绍筛选因子的方法。

2.2.1 因子与预报对象都分两级时的因子筛选

在进行因子筛选前，要先对数据资料作 0—1 化处理。

2.2.1.1 资料的 0—1 化处理

下面通过一个简例来说明因子与预报对象 0—1 化处理的方法。

表 2.1

序号(t)	1	2	3	4	5	6	7	8	9	10
y(降水)	有	无	有	有	无	有	有	无	无	无
$x_1=T-T_d$(℃)	2.5	3.5	1.0	1.5	2.0	2.5	4.0	4.5	3.5	1.5
$x_2=e$ (hPa)	33	30	29	32	29	32	29	32	29	27

设预报对象 y 为有、无降水，因子 $x_1=T-T_{\mathrm{d}}$(温度露点差)，x_2 为绝对湿度 e。有 10 组观测资料列成表 2.1。

(1)对预报对象资料作 0—1 化处理

由于预报对象只分有、无两种情况，故可按以下规定进行 0—1 化处理：

$$\begin{cases} y=1, \text{有雨} \\ y=0, \text{无雨} \end{cases}$$

处理结果见表 2.2 第二行。

表 2.2

序号(t)	1	2	3	4	5	6	7	8	9	10	拟合率
y	1	0	1	1	0	1	1	0	0	0	
x_1	1	0	1	1	1	1	0	0	0	1	7/10
x_2	1	0	0	1	0	1	0	1	0	0	7/10
$x_3(x_1 \sim x_2)$	1	0	1	1	0	1	0	0	0	0	9/10

(2)单因子资料的0—1化处理

对单因子,即一个因子的资料进行0—1化处理的方法,一般用单轴坐标(一维坐标)点聚法。首先,将x_i(i是因子的编号)的原始观测数据逐个按y为0和1两级用不同符号点于x_i为横坐标轴的图上。例如,将表2.1中x_1的样本资料根据$y=1$和$y=0$分别用"·"和"×"点绘在图2.4上。图中的横坐标轴为x_1。由图2.4可以看出,"·"多数集中在图的左侧,而"×"多数集中于图的右侧。在这左右两个区间之间可确定一个分界点,即临界值x_{1c}。

x_{1c}一般根据历史拟合率最高原则来确定。但同时又要注意到尽量使x_{1c}落在两区之间的"空当"较大处,而不能片面追求高的历史拟合率。本例中x_{1c}应定在2.5~3.5之间,其具体数值应定在预报$y=0$中实际预报对的最小值3.5和预报$y=1$中实际报对的最大值2.5这两个实数值之间,取其平均值为临界值:

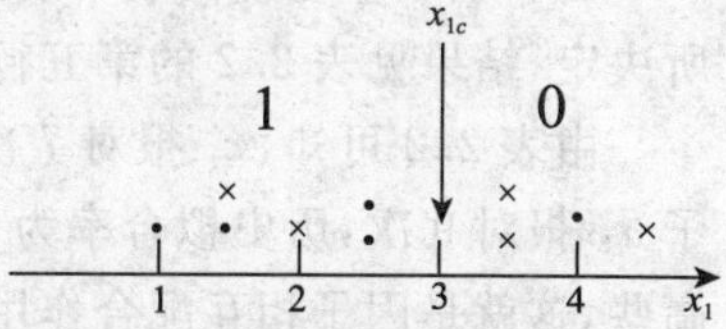

图 2.4

$$x_{1c}=(3.5+2.5)\ /\ 2=3.0$$

定出临界值后,在临界值x_{1c}的左侧(即"·"多的一侧)应报$y=1$区,其右侧(即"×"多的一侧)应报$y=0$区,所以,因子x_1的0—1化处理规定为:

$$\begin{cases} x_1=0, 当(T-T_d)\geqslant 3.0℃时 \\ x_1=1, 当(T-T_d)<3.0℃时 \end{cases}$$

处理结果见表2.2第三行。

根据上述方法,可得到x_2的临界值为$x_{2c}=31$,x_2的0—1化处理规定为:

$$\begin{cases} x_2=0, 当 e\leqslant 31\ \text{hPa}时 \\ x_2=1, 当 e>31\ \text{hPa}时 \end{cases}$$

处理结果见表2.2第四行。

(3)双因子组合资料的0-1化处理

双因子组合时,资料0-1化处理一般用直角坐标点聚的方法。首先将两个因子分别取为直角坐标系中的纵、横轴坐标,然后,将其原始观测数据逐个依次按y是0或1用不同的符号点绘在直角坐标系中,如图2.5所示即是根据表2.1中的数据点绘而成。由图可以看出，“·”和“×”大多能区分开来。根据“·”和“×”的分布情况以及确定临界值的历史拟合率最高原则，同时注意因子所代表的物理意义，用直线、折线、平滑曲线等规则曲线将散布图中的各点划分在“0”和“1”两个区域中。

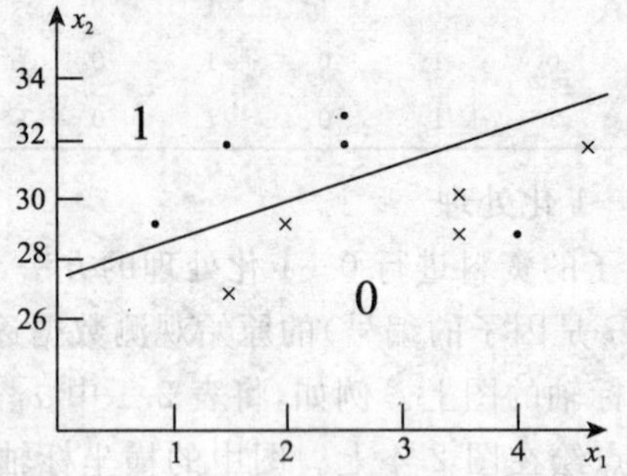

图 2.5

由 x_1 和 x_2 组合而成的新因子 x_3，其 0、1 化值由图 2.5 中的“0”和“1”两个区域所决定，结果见表 2.2 的第五行。

由表 2.2 可知，x_1 报对 7 次，x_2 也报对 7 次，其历史拟合率皆为 70%，而组合因子 x_3 报对 9 次，历史拟合率为 90%。可见，组合因子一般比单因子的历史拟合率要高些，这就是因子相互配合作用的结果，其优点不言而喻。

2.2.1.2　相关概率(条件概率)法

由概率论可知，在事件 A 发生的条件下，事件 B 发生的概率称为条件概率，记为 $p_{B|A}$。若 A 表示某一预报因子出现某一级(1 级或 0 级)的事件，B 为预报对象出现某一级(1 级或 0 级)的事件；p_B 表示 B 出现的气候概率。所谓预报对象出现某一级的气候概率，是在不考虑任何因子对其影响时，预报对象本身出现的概率大小，是它本身在历史上发生的可能性大小，也可视其为盲目预报的准确率。若有等式：

$$p_{B|A}=p_B \tag{2.2.1}$$

成立，则说明 A 与 B 是相互独立的，因子对预报对象没有丝毫作用，不能当选为预报因子。只有当 $p_{B|A}>p_B$ 时，A 才有可能当选为预报因子。究竟条件概率要比气候概率大多少时，因子才能当选，还需要作具体的计算和检验。

例如，某气象台 6 月份多年平均出现雨日 18 天，则雨日出现的气候概率为：

$$p_1=p_B=18/30=0.6$$

无雨日的气候概率为：

$$p_0=p_{\bar{B}}=1-0.6=0.4$$

该台根据“今天热得很，明天下得稳”的天气谚语，初步定出当天的最高气温大于 28℃为次日有雨的前兆特征。历史上这种情况出现了 $n_1=20$ 次，次日有雨共有 $m=$

16 次，因此：

$$p_{B|A}=m/n_1=16/20=0.8$$

由上述计算可知 $p_{B|A}>p_B$，那么，是否真的可把当天最高气温大于 28℃ 作为次日有雨的预报因子，还需用 χ^2 检验来判断。其检验步骤如下：

①提出假设 H_0：总体的条件概率与气候概率相等(即因子不起作用)。

②构造统计量：

$$\chi^2=\sum_{i=0}^{1}\frac{(|\mu_i-n_1p_i|-0.5)^2}{n_1p_i} \tag{2.2.2}$$

式中 μ_i 是实际出现的次数(即 μ_1 为实际有雨的次数，μ_0 为实际无雨的次数)，n_1 是因子为 1 级的次数(注意 n_1 不是样本容量 n)，本例中 $n_1=20$ 即是 $T_{\max}>28$℃ 的次数，p_B 是 B 的气候概率，p_1 即是有雨的气候概率，p_0 是无雨的气候概率，n_1p_i 是按气候概率算得的理论频数。当自由度为 1 时，χ^2 统计量中需考虑经验订正系数 0.5。在假设成立时，此统计量服从自由度为 1 的 χ^2 分布。

③给定显著性水平 $\alpha=0.05$，查 χ^2 分布表得临界值 $\chi^2_{0.05}(1)=3.841$。

④计算一个实测样本的 χ^2 统计量(见表 2.3)，并与临界值比较，从而判断 H_0 是否成立。

表 2.3

预报量 \ 因子	因子为 1 级的次数($n_1=20$)		$\sum$
	无雨($i=0$)	有雨($i=1$)	
实际频数	$\mu_0=4$	$\mu_1=16$	20
理论频数	$n_1p_0=20\times0.4=8$	$n_1p_1=20\times0.6=12$	20

根据表 2.3 中的数据可算出 χ^2 统计量值：

$$\chi^2=\frac{(|4-8|-0.5)^2}{8}+\frac{(|16-12|-0.5)^2}{12}=2.55$$

可见，$\chi^2<\chi^2_{0.05}(1)=3.841$，所以假设 H_0 成立，即对总体而言，A 与 B 是相互独立的，尽管 $p_{B|A}$ 与 p_B 之间存在差异，但它是由随机因素的作用造成的，故 $T_{\max}>28$℃ 不能作为预报下雨的因子。

从降水的物理过程分析可知，降水与前期气温之间通常存在着一定的相关关系，而上述例子的结果看上去似乎有违这一认识。不妨请读者分析一下其中的原因(可参考第 1 章列联表的含义和式(1.1.12))。

以上是用相关概率法(条件概率)法初选因子的步骤。若有 m 个因子，则应对它们逐个计算出 χ^2 值，凡是 $\chi^2>\chi^2_\alpha$ 的因子都可作为初选选中的因子，而以其中 χ^2 值较大的几个因子为较好的单因子。

2.2.1.3 中心极限定理法

用相关概率法初选因子是通过与气候概率比较得到结果的，而在实际计算某种天气的气候概率时，是用一定时间长度（通常取 30 年以上）的历史资料中该种天气的出现几率近似代替的。因此，随着所取资料时间长度或年代的不同，该种天气的气候概率（实际上是出现几率！）会有一定幅度的变化。所以，应该要求预报因子与预报对象的相关概率高于气候概率变化的上限，这个因子才可能有有效的预报信息。另外，不仅希望一个因子的预报准确率高，同时希望它有高的概括率，即出现的次数多，报的也准。例如分别具有 6/8，15/20，60/80，75/100 四个相同准确率的因子，显然，以最后一个因子为最优，因为它出现的次数最多，可靠性大，准确率稳定。

根据以上考虑，我们采用中心极限定理，求出某天气的气候概率在一定保证率下的理论摆动值，然后以其上限作为选取因子的标准。

概率论中心极限定理的 DeMoiver-Laplace 推论指出：已知发生概率为 p 的事件 B，若在 n 次重复独立试验中的出现次数 k，则必须满足下述结论：变量

$$\frac{k-np}{\sqrt{npq}} \quad (q=1-p)$$

在 $n\to\infty$ 时，趋于数学期望为 0，方差为 1 的标准正态分布 $N(0,1)$，即：

$$P\left[a\leqslant\frac{k-np}{\sqrt{npq}}\leqslant b\right]\to\frac{1}{\sqrt{2\pi}}\int_a^b e^{-\frac{1}{2}t^2}\,dt$$

据此，可对预报对象 y 出现某状态的次数 k_y 的最大可能的取值范围作出估计。在 $n\geqslant 30$，显著性水平为 α 时有：

$$\left|\frac{k_y-np}{\sqrt{npq}}\right|\leqslant N_{\alpha/2}$$

即：

$$np-N_{\alpha/2}\sqrt{npq}\leqslant k_y\leqslant np+N_{\alpha/2}\sqrt{npq} \qquad (2.2.3)$$

除以 n 后变为：

$$p-N_{\alpha/2}\sqrt{\frac{pq}{n}}\leqslant\frac{k_y}{n}\leqslant p+N_{\alpha/2}\sqrt{\frac{pq}{n}} \qquad (2.2.3)'$$

上式表明，n 次独立观测中，气候概率 $\frac{k_y}{n}$ 应在闭区域 $\left[p-N_{\alpha/2}\sqrt{\frac{pq}{n}},p+N_{\alpha/2}\sqrt{\frac{pq}{n}}\right]$ 内摆动，若取显著性水平 $\alpha=0.05$，则有：

$$p-1.96\sqrt{\frac{pq}{n}}\leqslant\frac{k_y}{n}\leqslant p+1.96\sqrt{\frac{pq}{n}}$$

若预报因子 x 出现 n 次，也可视为 y 的 n 次重复独立试验，因此，y 的出现次数 k_y 应满足式(2.2.3)′。假设预报因子报对了 k_x 次(即准确率为 k_x/n)，如果 k_x/n 在 $\left[p-N_{\alpha/2}\sqrt{\frac{pq}{n}},p+N_{\alpha/2}\sqrt{\frac{pq}{n}}\right]$ 范围内，那么可以认为因子 x 没有任何预报价值。即用 x 作预报，相当于用气候概率作预报。当 k_x/n 在上述范围之外时，我们有：

(1)当 $k_x \geqslant np+N_{\alpha/2}\sqrt{npq}$ 时，显然，因子 x 的预报比气候预报好，所以，应以 $np+N_{\alpha/2}\sqrt{npq}$ 作为选取因子的最低标准。表 2.4 给出了大于 $np+N_{\alpha/2}\sqrt{npq}$ 的最小整数 $k(n)$ 及其对于 n 的百分率。

表 2.4

$p(y)$	60%		50%		40%	
n \ α \ $k(n)$；$\frac{k(n)}{n}$%	0.05	0.01	0.05	0.01	0.05	0.01
20*	17;85	16;80	15;75	14;70	13;65	12;60
25*	20;80	20;80	18;72	17;68	15;60	15;60
30	24;80	23;77	21;70	20;67	18;60	17;57
40	31;78	30;75	27;68	26;65	23;58	22;55
50	37;74	36;72	32;64	31;62	27;54	26;52
60	44;73	43;72	38;63	37;62	32;53	31;52
70	51;73	49;70	44;63	42;60	37;53	35;50
80	57;71	56;70	49;61	48;60	41;51	40;50
90	64;71	62;69	55;61	53;59	46;51	44;49
100	70;70	69;69	60;60	59;59	50;50	49;49
110	77;70	75;68	66;60	64;58	55;50	53;48
120	83;69	81;68	71;59	70;58	59;49	57;48

注：表中 $p(y)$ 为预报对象 y 的气候概率；n 为因子出现的次数；$k(n)$ 为大于 $np+N_{\alpha/2}\sqrt{npq}$ 的最小整数，$\frac{k(n)}{n}$% 为相对百分率，其值为表内分号后的数字；中心极限定理 $n<30$ 时会产生较大误差，* 处对应的数字仅供参考。

(2)当 $k_x \leqslant np-N_{\alpha/2}\sqrt{npq}$ 时，则因子 x 可作为预报 y 不出现($\bar{y}$)的因子。$\bar{y}$ 的概率为 $q=1-p$，而 $\bar{y}$ 出现的次数 $k_{\bar{y}}$ 的区间估计为：

$$nq-N_{\alpha/2}\sqrt{nq(1-q)} \leqslant k_{\bar{y}} \leqslant nq+N_{\alpha/2}\sqrt{nq(1-q)}$$

$$n-np-N_{\alpha/2}\sqrt{npq} \leqslant k_{\bar{y}} \leqslant n-np+N_{\alpha/2}\sqrt{npq} \tag{2.2.4}$$

在不等式右边代入条件：$k_x<np-N_{\alpha/2}\sqrt{npq}$，得：

$$n-(np-N_{\alpha/2}\sqrt{npq})<n-k_x \qquad (2.2.5)$$

又，在因子 x 出现的 n 次中，对 y 报对了 k_x 次，还有 $n-k_x$ 次没报对，这 $n-k_x$ 次也就是 y 不出现（即 $\bar{y}$）的次数，比较式(2.2.4)和式(2.2.5)即知用 x 来预报 $\bar{y}$ 比每次总是报 $\bar{y}$ 更准确。实际上(2)相当于对因子 x 划分 0、1 时倒置，所以在具体问题中不再考虑这种情况。使用本法挑选因子时，只要知道预报对象的气候概率 $p(y)$、因子出现的次数 n、查表 2.4 得 $k(n)/n$，比较因子报对次数 k_x 是否大于 $k(n)$，大于者即入选。

从理论上可以证明，用中心极限定理法筛选因子比用相关概率法要严格些，下面就来证明此结论。

通常在选择预报因子时，采用 χ^2 独立性检验，当结果表明因子与对象不独立时，则因子被认为选中。

用作 χ^2 检验的 x 与 y 的列联表如下：

表 2.5

因子 / 次数 / 对象	x	$\bar{x}$	$\sum$
y	k_x	n_y-k_x	n_y
$\bar{y}$	$n-k_x$	$N+k_x-n-n_y$	$N-n_y$
$\sum$	n	$N-n$	N

表中 $\bar{x}$、$\bar{y}$ 分别表示 x、y 不出现；N 为资料总数；n 为 x 出现的次数；k_x 为用 x 报 y 报对的次数；n_y 为 y 出现的次数；气候概率 $p(y)=n_y/N$。

对上表的 χ^2 检验应有：

$$\chi^2=\frac{[k_x(N+k_x-n-n_y)-(n_y-k_x)(n-k_x)]^2N}{n(N-n)n_y(N-n_y)}\geqslant\chi^2_\alpha$$

即：
$$(k_xN-nn_y)^2\geqslant\chi^2_\alpha n(N-n)n_y(N-n_y)/N$$

两边开方后再同时除以 N，得：

$$\left|k_x-\frac{nn_y}{N}\right|\geqslant\sqrt{\chi^2_\alpha}\sqrt{n\frac{n_y}{N}(1-\frac{n_y}{N})(1-\frac{n}{N})}$$

令 $p(y)=n_y/N$ 作为 y 发生的概率 p 的估计，当自由度 $\nu=1$ 时，$N_{\alpha/2}=\sqrt{\chi^2_\alpha}$，则上式变为：
$$|k_x-np|\geqslant N_{\alpha/2}\sqrt{npq(1-\frac{n}{N})}$$

此条件即：
$$k_x\geqslant np+N_{\alpha/2}\sqrt{npq(1-\frac{n}{N})} \qquad (2.2.6)$$

$$k_x\leqslant np-N_{\alpha/2}\sqrt{npq(1-\frac{n}{N})} \qquad (2.2.7)$$

这就是 χ^2 检验要求的因子 x 应报对的次数。由于 $0\leqslant n\leqslant N$，故 $\sqrt{1-\frac{n}{N}}\leqslant 1$，因此有：

$$\sqrt{npq}\geqslant\sqrt{npq}\sqrt{1-\frac{n}{N}}$$

对比式(2.2.3)和以上两式，凡满足式(2.2.3)的预报因子必能通过 χ^2 检验；反之，则不然。这就证明了用气候概率摆动上限来筛选因子比相关概率法中的 χ^2 检验要严格些。

2.2.1.4　分级相关系数法

前面所介绍的筛选因子的方法中，都给出了取舍因子的标准，可没有给出一个度量因子与预报对象之间相关程度的标准，这里就介绍按照分级相关系数的大小来筛选因子的一些方法。

(1)品质相关系数

此法适用于因子和预报对象分两级的情况。这时可将一个状态用“＋”表示，另一个状态用“－”表示。若 n 为样本容量，E 为 x 与 y 状态相同的个数，F 两者状态不同的个数，则称：

$$r=\pm\sqrt{\frac{|E-F|}{n}} \tag{2.2.8}$$

为品质相关系数。其中，当 $(E-F)>0$ 为正相关，r 取正值；$(E-F)<0$ 时为负相关，r 取负值，$|r|$ 值越大，说明 x 与 y 之间的相关越好。

x 与 y 的“＋”、“－”符号可以是距平符号，这时的 r 就表示距平相关系数；x 与 y 的符号也可以是要素的升降趋势，若令要素上升趋势用“＋”表示，则“－”就表示下降趋势，此时的 r 就是趋势相关系数，它是利用因子与预报对象各自前后变化趋势来说明其间的相关程度。

例如，某气象台在制作当年 7 月的雨量比头一年同期升还是降的趋势预报中，考虑的 6 个因子分别为同年 1—6 月的雨量。由原始数据可得出各因子的升降趋势“＋”或“－”，并根据所给资料得出 E、F 之值见表 2.6。再根据式(2.2.8)计算出 r 值填入表中。该台认为只有 $|r|>0.6$ 时才能选为预报因子，因此，从表中看出，仅 x_4 当选。

表 2.6

	x_1	x_2	x_3	x_4	x_5	x_6
E	7	9	8	4	8	5
F	8	6	7	11	7	10
r	－0.258	0.447	0.258	－0.683	0.258	－0.577

表 2.7

要素	年份序号															
	1	2	3	4	5	6	7	8	9	10	11	12	13	14	15	B
	要素分级															
x_1 月平均气温	2	2	2	2	−2	−3	2	3	−1	−3	−3	2	−1	−3	2	25
x_2 平均最高气温	1	3	2	3	1	−3	2	3	1	−2	−3	2	−2	−3	−1	18
x_3 平均最低气温	2	2	2	−1	−2	−2	2	2	−1	−3	−3	1	−1	−2	3	25
x_4 极端最高气温	−2	2	−1	3	2	−3	1	3	2	−2	2	3	−2	−3	−2	−14
x_5 极端最低气温	3	3	−1	1	−2	−1	2	−2	1	−2	−3	2	−2	−1	3	8
x_6 月平均气压		−1	−2	−2	2	3	−2	−3	2	3	2	−1	−1	−1	−2	−14
x_7 最高气压		2	−3	2	−3	2	−2	3	2	2	3	−1	−2	−3	3	0
x_8 最低气压		1	2	−1	2	3	−2	−3	−3	3	−2	−1	1	2	−2	13
x_9 月雨量	3	−2	−2	−1	−2	2	1	−3	−1	−3	−1	3	1	2	2	−1
x_{10} 月雨日	1	−2	−2	−2	−3	2	2	−1	1	−3	2	1	−1	3	3	−18
x_{11} 平均绝对湿度	3	2	1	2	−2	−2	2	3	−1	−3	−2	1	−1	−2	3	24
x_{12} 最大绝对湿度	1	−1	1	2	−3	−2	2	2	3	−2	3	−1	−1	−2	1	0
x_{13} 最小绝对湿度	1	2	−2	1	−3	−2	−1	1	1	−2	−1	−2	−2	2	3	1
x_{14} 平均相对湿度	3	1	−1	1	−2	2	2	1	−1	−3	2	−1	−1	2	3	9
x_{15} 极小相对湿度	3	1	−2	−2	−3	2	1	−1	−2	−3	3	−3	−2	2	2	6
x_{16} 平均风速		3	1	2	−1	3	2	1	1	−2	3	2	1	−1	1	−2
y7 月平均气温	2	2	2	1	−1	3	−1	1	−1	−3	−3	−3	3	−3	−1	

(2)近似相关系数

若变量 x 与 y 的均值为 0,则样本容量为 n 时的相关系数由式(1.1.7)蜕化为:

$$r=\sum_{t=1}^{n} x_t y_t \Bigg/ \sqrt{\sum_{t=1}^{n} x_t^2 \cdot \sum_{t=1}^{n} y_t^2}$$

进一步分析可知,上式计算的相关系数值与分子值成正比,若令:

$$B=\sum_{t=1}^{n} x_t y_t$$

则 $|B|$ 的大小近似反映 x 与 y 之间的相关性。当 $|B|$ 值越大则表明相关性越好,因此,我们可将 B 值作为 x 是否入选的度量。但要注意使用 B 值选因子的前提是 x 与 y 的均值为 0,所以需要对原始资料作适当处理。方法是对 x 与 y 皆分级(取正级和负级),使各要素分级值的平均数接近于零。

例如某气象台作 7 月份月平均气温(y)的预报,用 2 月份 16 个要素作备选因子,这些量都分为 6 级,分别以 3,2,1,−1,−2,−3 表示,根据 15 年的资料分级后的值列于表 2.7 中。

然后根据 $|B|$ 的大小来选因子,$|B|$ 的大小与样本容量、分级数有关,可根据经验对各具体问题定出筛选因子的临界值。此例中,$n=15$,分 6 级,取 $|B|\geqslant 20$ 为标准,显然,有 x_1、x_3 及 x_{11} 三个因子当选。

2.2.1.5　*级差法*

由于某个变量在不同时刻所属的级别不同,如果用抽象空间的距离来描述,则某变量(对象或因子)在两个不同个例间距离的绝对值，就称为该变量在这两个个例间的级差。对第 m 个因子而言，它的第 i 与第 j 个序号间的级差可用下式表示：

$$d_{ij}^{(m)}=|x_{im}-x_{jm}| \tag{2.2.9}$$

对预报对象而言，其级差可表示为：

$$D_{ij}=|y_i-y_j| \tag{2.2.10}$$

$d_{ij}^{(m)}$ 与 D_{ij} 可以排成 $N\times N$(N 为样本容量)的上三角阵：

$$\boldsymbol{d}^{(m)}=\begin{pmatrix} 0 & d_{12}^{(m)} & d_{13}^{(m)} & \cdots & d_{1N}^{(m)} \\ & 0 & d_{23}^{(m)} & \cdots & d_{2N}^{(m)} \\ & & \vdots & \vdots & \vdots \\ & & & 0 & d_{N-1,N}^{(m)} \\ & & & & 0 \end{pmatrix};\boldsymbol{D}=\begin{pmatrix} 0 & D_{12} & D_{13} & \cdots & D_{1N} \\ & 0 & D_{23} & \cdots & D_{2N} \\ & & \vdots & \vdots & \vdots \\ & & & 0 & D_{N-1,N} \\ & & & & 0 \end{pmatrix}$$

分别称为因子 x_m 和预报量 y 的级差矩阵。

例如，有 y 与 4 个因子的分级资料如表 2.8。

表 2.8

序号	1	2	3	4	5	6	7	8	9	10	11	12
y	1	1	3	2	1	3	1	3	3	2	2	3
x_1	3	3	1	2	3	1	3	1	3	3	2	3
x_2	1	1	3	2	1	3	1	3	3	1	3	3
x_3	2	3	1	2	3	1	1	1	1	2	1	1
x_4	2	2	2	1	3	3	1	1	1	3	3	3

由此我们很容易得到 x_1 及 y 的级差阵：

$$\boldsymbol{d}^{(1)}=\begin{pmatrix} 0 & 0 & 2 & 1 & 0 & 2 & 0 & 2 & 0 & 0 & 1 & 0 \\ & 0 & 2 & 1 & 0 & 2 & 0 & 2 & 0 & 0 & 1 & 0 \\ & & 0 & 1 & 2 & 0 & 2 & 0 & 2 & 2 & 1 & 2 \\ & & & 0 & 1 & 1 & 1 & 1 & 1 & 1 & 0 & 1 \\ & & & & 0 & 2 & 0 & 2 & 0 & 0 & 1 & 0 \\ & & & & & 0 & 2 & 0 & 2 & 2 & 1 & 2 \\ & & & & & & 0 & 2 & 0 & 0 & 1 & 0 \\ & & & & & & & 0 & 2 & 2 & 1 & 2 \\ & & & & & & & & 0 & 0 & 1 & 0 \\ & & & & & & & & & 0 & 1 & 0 \\ & & & & & & & & & & 0 & 1 \\ & & & & & & & & & & & 0 \end{pmatrix}$$

$$
\boldsymbol{D}=\begin{bmatrix}
0 & 0 & 2 & 1 & 0 & 2 & 0 & 2 & 2 & 1 & 1 & 2 \\
 & 0 & 2 & 1 & 0 & 2 & 0 & 2 & 2 & 1 & 1 & 2 \\
 & & 0 & 1 & 2 & 0 & 2 & 0 & 0 & 1 & 1 & 0 \\
 & & & 0 & 1 & 1 & 1 & 1 & 1 & 0 & 0 & 1 \\
 & & & & 0 & 2 & 0 & 2 & 2 & 1 & 1 & 2 \\
 & & & & & 0 & 2 & 0 & 0 & 1 & 1 & 0 \\
 & & & & & & 0 & 2 & 2 & 1 & 1 & 2 \\
 & & & & & & & 0 & 0 & 1 & 1 & 0 \\
 & & & & & & & & 0 & 1 & 1 & 0 \\
 & & & & & & & & & 0 & 0 & 1 \\
 & & & & & & & & & & 0 & 1 \\
 & & & & & & & & & & & 0
\end{bmatrix}
$$

当预报量与因子的分级数为 l 时，级差阵 $\boldsymbol{d}^{(m)}$ 与 $\boldsymbol{D}$ 的元素个数(对角线上的零元素除外)为 $Q=\dfrac{N(N-1)}{2}$，其中 N 为样本容量。则第 m 个因子的级差指数 I_m 定义为：

$$
I_m=\frac{1}{Q(l-1)}\sum_{j=2}^{N}\sum_{i=1}^{j-1}\left|d_{ij}^{(m)}-D_{ij}\right| \tag{2.2.11}
$$

上式的意义很清楚。如果不同个例 y 的级差大，则希望相应的 x_m 的级差也大；个例 y 的级差小，则希望相应的 x_m 的级差也小。这样才能通过 x_m 把预报量 y 的级差区分出来。满足这一要求时，I_m 的值较小；反之则较大。由式(2.2.11)求得上例中各因子的级差指数分别为：

$$
I_1=0.30,\quad I_2=0.16,\quad I_3=0.24,\quad I_4=0.48
$$

因此，这四个因子的好坏顺序为：x_2,x_3,x_1,x_4。若以 0.2 为 I_m 的临界值，则只有 x_2 被选中。

级差法充分利用了每一个数据所提供的信息，因此它能给出因子优劣的顺序。但当 N 较大时，级差阵的计算量是很大的。

2.2.2 因子值离散，预报量连续时的因子筛选

2.2.2.1 极差分析法

设每个因子都是离散状态，不同的因子所分的状态数可以不一样，如果因子 x 分为 s 级，将 x 处于 1 级时所对应的 y 值之和除以 x 为 1 级时的资料个数，得出 x 为 1 级时对 y 平均贡献 k_1，同样可求出 $k_2,k_3,\cdots,k_s$。然后计算极差：

$$
R=\max\{k_1,k_2,\cdots,k_s\}-\min\{k_1,k_2,\cdots,k_s\} \tag{2.2.12}
$$

极差 R 值越大，说明因子与预报量间关系越好，故挑选 R 值较大的作为因子。

表 2.9

序号	x_1	x_2	x_3	x_4	x_5	x_6	x_7	x_8	x_9	x_{10}	x_{11}	x_{12}	y
1	2	1	1	2	2	2	3	3	3	2	2	2	171.2
2	2	2	2	2	2	2	3	3	2	1	1	3	32.3
3	2	2	1	1	1	1	3	2	1	2	3	3	162.1
4	1	2	1	2	2	2	2	2	3	2	1	3	157.2
5	1	1	1	1	1	2	2	1	3	1	3	3	127.8
6	2	1	2	2	1	2	1	2	2	3	2	1	48.9
7	2	1	1	1	1	1	3	3	1	3	2	2	360.9
8	1	2	2	1	1	2	2	3	1	2	3	1	56.2
9	2	2	2	1	1	2	3	1	3	2	2	3	95.8
10	2	2	2	2	2	2	3	1	2	1	1	3	40.2
11	1	2	2	1	1	2	2	1	1	3	1	1	311.8
12	1	1	2	1	2	1	1	1	2	3	3	3	41.5
13	2	1	2	2	1	1	3	2	1	3	3	2	23.1
14	2	2	2	1	2	1	1	3	1	3	1	1	133.1
15	2	2	2	1	1	2	3	1	3	3	1	2	112.5
16	1	1	2	1	2	2	1	1	2	3	3	1	144.5
17	1	1	2	1	1	1	2	1	1	2	2	1	124.1
18	1	1	1	2	2	1	3	2	2	2	2	1	303.3
19	1	2	1	1	1	1	1	2	2	1	2	1	341.3
20	1	1	1	1	2	2	2	2	1	1	3	3	101.9
21	2	1	2	1	1	1	1	3	3	1	1	3	29.6
22	2	2	2	2	1	1	2	3	2	2	2	2	28.5
23	1	1	1	2	2	1	3	2	1	1	3	2	317.2
24	2	2	2	1	1	1	3	3	1	3	1	3	209.1
25	1	2	1	1	2	1	1	2	2	3	2	2	121.5
26	1	1	2	2	1	1	3	1	3	3	3	2	170.5
27	2	1	1	2	2	2	3	1	2	1	2	1	87.8
k_1	169.1	146.6	204.7	154.6	146.8	169.0	122.9	125.7	180.0	134.8	128.2	172.3	
k_2	114.3	138.6	100.1	125.5	137.6	114.5	129.6	175.2	119.0	137.3	168.3	163.2	
k_3							160.5	127.6	123.5	152.5	127.2	99.8	
R	54.8	8.0	104.6	29.1	8.2	54.5	37.6	49.5	59.0	17.7	41.1	72.5	

例如，某站在制作 7 月份雨量 y 的预报时，提供了 12 个因子(表 2.9)，前 6 个因子为该站 1—6 月平均气温，皆分为 2 级；$x_7 \sim x_{12}$ 为该站 1—6 月份月降水量，皆分为 3 级，根据各因子分级的数值和对应的 y 值，便可算得 $x_1 \sim x_6$ 的 k_1，k_2 值及 $x_7 \sim x_{12}$

的 k_1,k_2,k_3 值，从而能算得各因子的极差 R，若以 $R\geqslant 50.0$ 为因子入选的标准，则有 x_3,x_{12},x_9,x_1,x_6 五个因子被选中。

2.2.2.2 方差分析法

方差分析是通过对试验（观测）数据的分析来辨别矛盾主次的一种应用及其广泛的数学方法。在后面有关章节还要作进一步的介绍，这里仅简单介绍用它来筛选因子的步骤。

为了判断因子对预报量 y 的影响大小，首先将因子进行分组，y 的分组则由 x 的分组所决定，若 y 组内差异很小而组间差异很大，则说明 y 受因子的影响大，定量计算就是进行 F 检验。

例如，某测站预报6月份降水量 y 时，考察1月份最高气温 x 能否选中为预报因子时，先将 x 分为5组（状态），见表2.10，而历年（共15年）因子的离散状态（分5组）与 y 的数值列于表2.11。

表 2.10

x	$(-\infty,-5.0]$	$(-5.0,-2.0]$	$(-2.0,0]$	$(0,2.0]$	$(2.0,\infty]$
组别	1	2	3	4	5

表 2.11

t	1	2	3	4	5	6	7	8	9	10	11	12	13	14	15
x	4	4	2	3	5	1	3	2	2	5	3	1	1	4	5
y	119.2	169.9	35.8	40.1	35.9	56.0	26.6	64.1	67.3	27.7	25.3	25.2	30.2	85.5	86.3

对应 x 的每个状态（组），y 都有几个数据。将同一状态 x 对应的 y 的数据归为一组，共分5组，见表2.12。

表 2.12

组号 j / 组内样本号 i	1	2	3	4	5	$\sum$
1	56	35.8	40.1	119.2	35.9	
2	25.2	64.1	26.6	169.9	27.7	
3	30.2	67.3	25.3	85.5	86.3	
$\sum$	111.4	167.2	92	374.6	149.9	895.1
组平均 $\bar{y}_j$	37.1	55.7	30.7	124.9	50	$59.7=\bar{y}$

为了进行 F 检验，判断因子对 y 影响的显著性，其步骤如下：

(1)提出假设 $H_0: m_1=m_2=m_3=m_4=m_5$。此假设即表示 x 对 y 的影响不显著。

(2)构作统计量：

$$F=\frac{Q_1/(b-1)}{Q_2/b(a-1)} \tag{2.2.13}$$

式中 b 为分组组数，a 为组内元素个数。

$$Q_1=\sum_{j=1}^{b}\sum_{i=1}^{a}(\bar{y}_j-\bar{y}_i)^2 \sim \text{组间离差平方和} \tag{2.2.14}$$

$$Q_2=\sum_{j=1}^{b}\sum_{i=1}^{a}(y_{ij}-\bar{y}_j)^2 \sim \text{组内离差平方和} \tag{2.2.15}$$

统计量 F 在 H_0 成立时，遵从自由度 $\nu_1=b-1$，　$\nu_2=n-b$ 的 F 分布。

(3)由给定的显著性水平 α 及查 F 分布表得临界值 F_α；

(4)由样本值计算 F 统计量值，并与 F_α 比较，判断 H_0 是否成立。

本例中，$Q_1\approx17198$，$Q_2=6819.4$，$b=5$，　$\alpha=3$，从而得到 $F=6.295$，显然有：$F>F_{0.01}(4,10)=5.99$，说明 H_0 不成立，即 x 对 y 的影响是显著的，应将 x 选为预报因子。

方差方法克服了极差分析中选因子标准不客观的缺点，只要显著性水平给定，就可以得到客观的结论，从而决定因子的取舍。

2.2.3　因子连续，预报量离散时的因子筛选

因子连续，预报量离散时的因子筛选可采用判别法进行。判别法与方差分析法不同之处在于因子分组由预报对象的分类所决定，仍是构造 F 统计量，来判断因子对 y 的分类性能好坏。

$$F=\frac{\sum_{g=1}^{G}N_g(\bar{x}_g-\bar{x})^2/(G-1)}{\sum_{g=1}^{G}\sum_{k=1}^{N_g}(x_{gk}-\bar{x}_g)^2/(N-G)} \tag{2.2.16}$$

式中 $\bar{x}_g=\dfrac{1}{N_g}\sum_{k=1}^{N_g}x_{gk}$，$\bar{x}=\dfrac{1}{N}\sum_{g=1}^{G}\sum_{k=1}^{N_g}x_{gk}$ 分别表示因子各组的组平均值和因子的总平均值；G 为分类数，N_g 为第 g 类的样本数，N 是总样本数，x_{gk} 是第 k 个因子的第 g 类观测值。

表 2.13

小雨(Ⅰ)		中雨(Ⅱ)		大～暴雨(Ⅲ)	
x_{1k}	$(x_{1k}-\bar{x}_1)^2$	x_{2k}	$(x_{2k}-\bar{x}_2)^2$	x_{3k}	$(x_{3k}-\bar{x}_3)^2$
共 N_1 个 $N_1=30$ { 2.2	4.00	共 N_2 个 $N_2=12$ { 0.6	4.41	共 N_3 个 $N_3=15$ { −0.4	2.56
2.8	6.76	−4.7	10.24	5.2	16.00
0.3	0.01	1.0	6.25	3.8	6.76
⋮	⋮	⋮	⋮	⋮	⋮
1.7	2.25	0.2	2.89	−1.5	7.29
$\bar{x}_1=0.2$		$\bar{x}_2=-1.5$		$\bar{x}_3=1.2$	
Σ	194.67		101.12		201.87

例如,某气象台作 6—7 月份的逐日雨量预报,日雨量 R 按大小分三类,即:

$0.1\leqslant R\leqslant 10.0$～小雨;$10.0<R\leqslant 25.0$～中雨;$R>25.0$～大到暴雨

现考虑将预报日前 2 天日平均气温的一级变量 x 作为备选因子,对应三种情况,x 的资料分为三组,见表 2.13。

由表中的数据可计算得到 $F=2.668$,而 $F_{0.01}(2,54)=2.41$,故 $F>F_{0.01}$ 表示 x 可选中为预报因子。

显然,F 统计量中的分子值越大,则表明因子的类间差异越大;而分母越小表明因子的类内差异越小,从而使得 F 值越大,即表示因子的分类预报本领越大,当其超过临界值 F_α 时,则表明分类的本领是显著的。

2.2.4 因子和预报量值都连续时的因子筛选

预报因子和预报量值均为连续变量时,因子的筛选可用相关系数法、秩相关系数法和点聚图等方法进行。

2.2.4.1 相关系数法

由概率论可知,相关系数能表示两个连续型随机变量间线性相关的密切程度。相关系数的绝对值小于或等于 1.0。其绝对值越大,则表明两随机变量的线性相关程度越大。其值等于 1.0 时表示两变量间存在确定的线性函数关系;其值等于 0 时表示两变量间无线性相关关系(也许存在非线性相关或两者毫无关系)。其值大于 0 表示正相关,即两变量间的变化趋势一致;其值小于 0 表示负相关,即两变量间的变化趋势相反。其理论公式为:

$$\rho_{XY}=\frac{M[(X-MX)(Y-MY)]}{\sqrt{M[(X-MX)^2]\cdot M[(Y-MY)^2]}} \tag{2.2.17}$$

当用样本$\{(x_t,y_t),\quad t=\overline{1,n}\quad\}$来对其估计时,有:

$$r_{xy}=\frac{\sum_{t=1}^{n}(x_t-\bar{x})(y_t-\bar{y})}{\sqrt{\sum_{t=1}^{n}(x_t-\bar{x})^2\cdot\sum_{t=1}^{n}(y_t-\bar{y})^2}} \tag{2.2.18}$$

或简化为计算式：

$$r_{xy}=\frac{\sum_{t=1}^{n}x_ty_t-\frac{1}{n}\sum_{t=1}^{n}x_t\cdot\sum_{t=1}^{n}y_t}{\sqrt{\left[\sum_{t=1}^{n}x_t{}^2-\frac{1}{n}\left(\sum_{t=1}^{n}x_t\right)^2\right]\cdot\left[\sum_{t=1}^{n}y_t{}^2-\frac{1}{n}\left(\sum_{t=1}^{n}y_t\right)^2\right]}} \tag{2.2.19}$$

因为：

$$\begin{aligned}\sum_{t=1}^{n}(x_t-\bar{x})(y_t-\bar{y})&=\sum_{t=1}^{n}(x_ty_t-\bar{x}y_t-x_t\bar{y}+\bar{x}\cdot\bar{y})\\&=\sum_{t=1}^{n}x_ty_t-\bar{y}\sum_{t=1}^{n}x_t-\bar{x}\sum_{t=1}^{n}y_t+\sum_{t=1}^{n}(\bar{x}\cdot\bar{y})\\&=\sum_{t=1}^{n}x_ty_t-\frac{1}{n}\sum_{t=1}^{n}y_t\cdot\sum_{t=1}^{n}x_t-\frac{1}{n}\sum_{t=1}^{n}x_t\sum_{t=1}^{n}y_t+\frac{1}{n}\sum_{t=1}^{n}x_t\sum_{t=1}^{n}y_t\\&=\sum_{t=1}^{n}x_ty_t-\frac{1}{n}\sum_{t=1}^{n}x_t\cdot\sum_{t=1}^{n}y_t\end{aligned}$$

例如，现有(X,Y)的一组观测资料(表 2.14)，试求 r_{xy}。

表 2.14

t	1	2	3	4	5	6	7	8	9	$\sum$
x_t	4	11	10	7	8	7	6	12	7	72
y_t	15	23	24	21	22	22	17	26	19	189
x_ty_t	60	253	240	147	176	154	102	312	133	1577
x_t^2	16	121	100	49	64	49	36	144	49	628
y_t^2	225	529	576	441	484	484	289	676	361	4065

先算出有关数据，见表中第 4 至第 6 行及最后一列。

再根据式(2.2.19)，计算所求量：

$$r_{xy}=\frac{1577-\frac{1}{9}\times72\times189}{\sqrt{\left(628-\frac{1}{9}\times5184\right)\cdot\left(4065-\frac{1}{9}\times35721\right)}}\approx0.921$$

这个结果表明 X 与 Y 间的样本相关系数较大，但该数据能否代表两随机变量的总体之间存在线性相关呢？要回答此问题，还需用 t 检验才能得到答案。其具体检验步骤如下：

(1)提出假设 $H_0:\rho=0$。即 X 与 Y 间不存在线性相关。

(2)构作统计量 t:

$$t=\frac{r}{\sqrt{1-r^2}}\sqrt{n-2}$$

在 H_0 成立时,t 统计量服从自由度为 $n-2$ 的 t 分布。

(3)根据给定的显著性水平 $\alpha=0.01$,查 t 分布表得临界值 $t_{0.01}(7)=3.499$。

(4)一次抽样,计算样本的 t 统计量值,并与临界值 t_α 比较,判断 H_0 真伪。

$$t=\frac{0.921}{\sqrt{1-0.921^2}}\sqrt{9-2}\approx 6.26>t_{0.01}(7)$$

所以拒绝假设 H_0,即 X 与 Y 间的线性相关是明显的。

2.2.4.2　秩相关系数法

为了简化相关系数的检验,我们可以计算两变量间的秩相关。如果把因子 x 与预报量 y 的数值由大到小排列,则把排列的秩序数称为秩。如果 X 与 Y 均采用其秩数,则有:

$$\sum_{t=1}^{n}x_t^2=\sum_{t=1}^{n}y_t^2=\sum_{t=1}^{n}t^2=\frac{1}{6}n(n+1)(2n+1)$$

$$\bar{x}=\bar{y}=\frac{n+1}{2}$$

则:

$$r=\frac{\sum_{t=1}^{n}x_ty_t-n\bar{x}\cdot\bar{y}}{\sqrt{\left(\sum_{t=1}^{n}x_t^2-n\bar{x}^2\right)\cdot\left(\sum_{t=1}^{n}y_t^2-n\bar{y}^2\right)}}$$

$$=\frac{\frac{1}{2}\left(\sum_{t=1}^{n}x_t^2+\sum_{t=1}^{n}y_t^2-\sum_{t=1}^{n}(x_t-y_t)^2\right)-n\bar{x}\cdot\bar{y}}{\sum_{t=1}^{n}x_t^2-n\bar{x}^2}$$

$$=\frac{\frac{1}{6}n(n+1)(2n+1)-\frac{1}{4}n(n+1)^2-\frac{1}{2}\sum_{t=1}^{n}(x_t-y_t)^2}{\frac{1}{6}n(n+1)(2n+1)-\frac{1}{4}n(n+1)^2}$$

$$=1-\frac{\frac{1}{2}\sum_{t=1}^{n}(x_t-y_t)^2}{\frac{1}{6}n(n+1)(2n+1)-\frac{1}{4}n(n+1)^2}$$

$$=1-\frac{6}{n(n^2-1)}\sum_{t=1}^{n}(x_t-y_t)^2$$

即：
$$r = 1 - \frac{6}{n(n^2-1)}\sum_{t=1}^{n}(x_t - y_t)^2 \qquad (2.2.20)$$

表 2.15

t	1	2	3	4	5	6	7	8	9
x_t	4	11	10	7	8	7	6	12	7
x_t 的秩	1	8	7	4	6	4	2	9	4
y_t	15	23	24	21	22	22	17	26	19
y_t 的秩	1	7	8	4	5.5	5.5	2	9	3
两秩差的平方	0	1	1	0	0.25	2.25	0	0	1

用上述公式，根据表 2.15 中的数据，计算秩相关系数，得：

$$r = 1 - \frac{6}{n(n^2-1)}\sum_{t=1}^{n}(x_t - y_t)^2 = 1 - \frac{6 \times 5.5}{9 \times (81-1)} \approx 0.954$$

与相关系数比较，两者仅差 0.033，而秩相关系数的计算要简单得多，故在基层台站普查因子中，使用此公式选因子的较多。

2.2.4.3　点聚图法

当预报对象连续，要挑选连续取值的因子，最简单的方法要算点聚图法了。

点聚图是用图形来分析因子与预报对象间的相关关系，从中选择相关好的作为预报因子。点聚图可以用直角坐标系，也可用极坐标系，这由预报因子的性质而定。比如，某些因子具有方向性特点（如风），就以极坐标系方便；无方向的因子，以采用直角坐标系为宜。

制作点聚图之前，应对预报对象和因子间的相关性进行较为详细的物理分析，注意到对象的具体条件（如季节、环流型、地方性特点等），再做出明确的规定（如制作雷雨预报应分清什么类型的雷雨）。通过认真分析，依据相当数量的历史资料来制作点聚图，从中挑选出那些物理意义清楚、具有明显规律性的作为预报因子。

点聚图可分为单因子和双因子两种。单因子点聚图是以预报量为纵坐标轴，前兆因子为横坐标轴，把历史资料点在一张坐标纸上，如图 2.6 所示。

当点子密集于一条不与坐标轴平行的直线或曲线附近时，则表示两者相关关系较好，可被选为线性模型或非线性模型的预报因子。

在双因子 x_1 与 x_2 的情况下，可将 x_1 与 x_2 分别作为横、纵坐标轴。x_1 与 x_2 的一组值在图上对应于一点，把相应的 y 值记在该点的旁边，得出 y 在平面 x_1ox_2 上的散布情况。分析等值线，若 y 值散布的规律明显，则认为 x_1、x_2 与 y 的关系密切，具有预报意义。如图 2.7 是某站用来预报晴转雨概率的点聚图，纵轴为 08 时的 24 小时变压 ΔP_{24}，横轴为 08 时的 24 小时变温 ΔT_{24}。通过对某资料点（ΔT_{24}，ΔP_{24}）的晴转雨概率统计，将其概率值标注在该点上，再根据点的数值，画出等值线。图中可以看出，这种散布比较有规律，因此 ΔP_{24}、ΔT_{24} 可选为预报因子。图 2.5 就是这样的一张点聚图，它反映了 x_1、x_2 与 y 的关系密切，故可选为预报因子。

点聚图法虽有简单之优点，但毕竟比较粗糙，因子入选时的主观因素较多，也没给出因子入选时的客观、定量的标准。

以上介绍的方法，都是逐个初选因子时所使用的方法。为了挑选一批较好因子建立模型，还必须对初选出来的因子进行进一步精选，下面就介绍 0—1 化因子的精选方法。

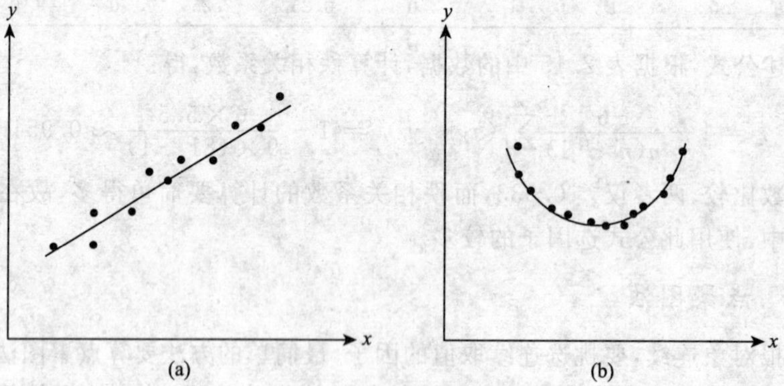

图 2.6　单因子点聚图

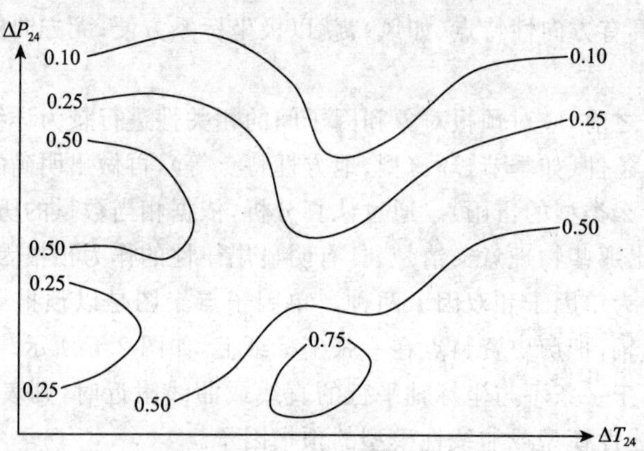

图 2.7　双因子点聚图

2.2.5　精选多个因子的方法

精选预报因子是在初选因子的基础上进行的，其方法有如下几种：

2.2.5.1　主因子筛选法

该法的基本思想是：首先选出一个最好的主因子，然后再挑选出一些与主因子配合适宜的其他因子。下面举一实例说明该方法。

某气象台为了建立春播天气长期预报模型，根据经验和资料统计定出了冷春和暖春的标准。暖春年适于春播，冷春年则相反。记冷春年 y 为 1，暖春年 y 为 0，见表 2.16 第 2 列。从资料普查中获得较好的因子有 5 个，将其 0－1 化后的值填入表 2.16 中。其中：x_1 是前一年 8 月平均气温，x_2 是前一年 11 月 14 时平均气温，x_3 是前一年 6 月平均气温，x_4 是前一年雷暴日数，x_5 是前一年 9 月上旬平均绝对湿度。现以 x_1 来说明表 2.16 其余各列的意义。

表 2.16

t	y	x_1			x_2			x_3			x_4			x_5		
		数值	拟合	10 年 $P_{拟}$	数值	拟合	10 年 $P_{拟}$	数值	拟合	10 年 $P_{拟}$	数值	拟合	10 年 $P_{拟}$	数值	拟合	10 年 $P_{拟}$
1	1	1	√		1	√		1	√		1	√		1	√	
2	1	0	×		1	√		1	√		1	√		1	√	
3	1	1	√		1	√		1	√		1	√		1	√	
4	0	0	√		1	×		1	×		0	√		0	√	
5	1	1	√		1	√		1	√		0	×		1	√	
6	1	1	√		1	√		1	√		1	√		1	√	
7	0	0	√		1	×		0	√		0	√		0	√	
8	1	1	√		1	√		1	√		1	√		1	√	
9	1	1	√		1	√		1	√		1	√		1	√	
10	1	0	×	0.8	1	√	0.8	1	√	0.9	0	×	0.8	1	√	1.0
11	1	1	√	0.8	1	√	0.8	1	√	0.9	0	√	0.8	0	×	0.9
12	0	1	×	0.8	0	√	0.8	0	√	0.9	0	√	0.8	0	√	0.9
13	1	1	√	0.8	1	√	0.8	1	√	0.9	1	√	0.8	1	√	0.9
14	0	1	×	0.7	0	√	0.9	1	×	0.9	0	√	0.8	0	√	0.9
15	1	1	√	0.7	1	√	0.9	0	×	0.8	1	√	0.9	1	√	0.9
16	0	0	√	0.7	0	√	0.9	0	√	0.8	0	√	0.9	1	×	0.8
17	1	1	√	0.7	1	√	1.0	1	√	0.8	1	√	0.9	1	√	0.8
17 年 $P_{拟}$			$\frac{13}{17}$			$\frac{15}{17}$			$\frac{14}{17}$			$\frac{15}{17}$			$\frac{15}{17}$	

将 x_1 的逐年数值与 y 对照，符号相同的在“拟合”一列记“√”，符号不同的记“×”，计算出拟合率记在最后一行。为了考察 x_1 与 y 的相关稳定性，计算“10 年拟

合率”记入第5列。第1—10年 x_1 与 y 符号相同的有8次，故10年拟合率为0.8，记入第10行第5列；第2—11年的拟合率仍为0.8，记入第11行第5列；……，第8—17年的拟合率为0.7，记入第17行第5列。x_1 的10年拟合率随时间的推移顺次是：0.8、0.8、0.8、0.8、0.7、0.7、0.7、0.7，这表明 x_1 与 y 的相关稳定性是随时间推移而下降的。其他因子也可以作出同样的统计。

选择因子的步骤如下：

①比较各因子的17年拟合率，以 x_2、x_4、x_5 较高，都是15/17，在表2.17中的“拟合率较高”一栏的对应格子中记上“√”符号。

表 2.17

因子	x_1	x_2	x_3	x_4	x_5
拟合率较高		√		√	√
相关稳定性上升		√		√	
尺度适宜	√	√	√	√	
主要因子		√			
搭配因子				√	√

②比较各因子与预报对象的相关稳定性。从“10年拟合率”看，x_2、x_4 与 y 的相关是上升的，在表中“相关稳定性上升”一行对应的因子格中打上“√”符号。

③从天气学角度评价因子的优劣。本例很难从物理意义解释各因子与预报对象的物理联系，只考虑了尺度对应问题。大气过程的尺度理论，有这样的观点：预报因子的尺度与预报对象的尺度最好能同一层次，即基本上是对应的；此外，尺度比预报对象高一个层次的因子能反映预报对象发生的背景，也是需要的。本例预报春播时期天气总趋势，时间尺度约为一个月，预报时效也在一个月以上，取时间尺度较长的因子为宜。x_1、x_2、x_3 的时间尺度都是一个月，故在“尺度适宜”一行对应的格子中上打“√”，x_4 是全年雷暴日数，属于较高层次，也打“√”。

④综合考虑以上三个方面，以 x_2、x_4 较好，特别是 x_2 与 y 尺度属同一层次，故选 x_2 作为主要因子。

⑤在 x_2 的基础上，再选一些与它能搭配良好的因子。本例 $N=17$，因子不宜超过三个。由表中可以看出，x_4 本身较好，且它报错的年份(第5、第10年)与 x_2 报错的年份(第4、第7年)是错开的，可以相互弥补，属于搭配较好的。所以首选因子 x_4。其余三个因子的质量相差不大，考虑到 x_5 报错的年份(第11、第16年)与 x_2、x_4 报错的年份是错开的，三个因子可以相互弥补，使任一年至少有两个因子可以报对，按最简单的投票表决法也可以把历史上17年全部拟合，因此，选定 x_2、x_4、x_5 三个因子。

此法选取主要因子时，不仅从统计学的角度比较了因子的拟合率和相关稳定性，还从天气学角度作了考虑，有可能避免单纯从某一角度选择因子所产生的片面性。

这种筛选法有一定的客观性，又在某些方面容许人们加入经验性的判断，具有一定的灵活性。但是，当对因子的天气学要求和统计学要求发生矛盾时(如物理意义比较明确但拟合率不够高，或拟合率较高而天气学不能解释)，如何取舍因子就没了严格的标准。前面的例子把拟合率、相关稳定性及尺度对应的三个方面作为选择因子的平等因素，是否应当有所侧重，还可进一步探讨。

表 2.18

序号	预报量	预报因子									
		x_1		x_3	x_4	x_5	x_6	x_7	x_8	x_9	x_{10}
1	1	1	1	0	0	1	0	1	0	1	0
2	1	1	0	1	1	1	1	1	1	1	1
3	0	0	0	1	1	0	0	0	1	0	0
4	0	1	0	0	0	1	0	0	1	0	0
5	0	0	1	0	1	0	1	0	1	0	0
6	1	1	1	0	1	0	1	0	1	0	0
7	0	0	0	1	0	1	0	1	0	1	0
8	0	1	0	0	0	0	0	1	0	1	1
9	1	0	1	1	0	1	0	1	1	1	1
10	0	0	0	0	0	0	0	0	0	0	0
11	1	1	1	1	1	1	1	1	1	1	1
12	0	0	1	0	1	0	1	0	1	0	0
13	0	0	0	1	0	1	0	1	0	0	1
14	0	0	0	0	0	0	0	0	0	0	0
15	1	1	0	1	1	1	1	1	1	0	1
16	0	0	1	0	0	0	0	1	0	1	0
17	1	1	1	0	0	1	0	1	0	1	0
18	1	0	1	1	1	0	1	0	1	0	1
19	0	0	0	1	0	0	1	0	0	0	0
20	0	1	1	0	0	1	0	1	0	0	1
n_j		15	14	13	14	14	14	13	14	14	14

2.2.5.2　逐个引入因子法

设经过初选后得到 m 个因子，精选时应遵循筛选因子的原则，即因子与预报对象相关好且稳定及因子间相互配合也好来挑选因子。令 $n_j(j=\overline{1,m})$表示第 j 个因子与预报对象的相关频数，n_{ij} 表示 x_i 与 $x_j(i,j=\overline{1,m})$同时报错的次数。经$(l-1)$步筛选后得到$(l-1)$个因子，在第 l 步表示尚未选中的每个因子对预报对象的预报能力之大小的特征量，可用经验判据式表示：

$$V_j^{(l)} = \frac{n_j}{\sum_{i=1}^{l-1} n_{k_i j} + 1} \quad (j \neq k_i) \tag{2.2.21}$$

式中 k_i 为选中因子的重新编号($k_i=1,2,\cdots,l-1$)，显然 x_j 表示没有被选中的各因子，而 x_{k_i} 是已选中的因子，所以 $j \neq k_i$。分母表示各选中因子与待选因子同时报错之频数的总和再加上 1。此处加 1 是为了防止分母出现 0 的情况。由判据式可知，$V_j^{(l)}$ 越大，该因子 x_j 的预报能力越强。

表 2.19

x_i \ n_{ij} \ x_j	x_1	x_2	x_3	x_4	x_5	x_6	x_7	x_8	x_9	x_{10}	选中因子
x_1		1	0	1	3	1	3	1	2	2	
x_2	1		0	2	1	2	2	2	2	1	
x_3	0	0		3	3	3	3	3	2	4	
x_4	1	2	3		0	5	0	5	0	2	
x_5	3	1	3	0		0	5	1	3	3	
x_6	1	2	3	5	0		0	4	0	2	
x_7	3	2	3	0	5	0		0	5	4	
x_8	1	2	3	5	1	4	0		0	2	
x_9	2	2	2	0	3	0	5	0		2	
x_{10}	2	1	4	2	3	2	4	2	2		
n_j	15	14	13	14	14	14	13	14	14	14	
$V_j^{(1)}$	max										$x_{k_1}=x_1$
$V_j^{(2)}$		14/2	$\underline{13/1}$	14/2	14/4	14/2	13/4	14/2	14/3	14/3	$x_{k_2}=x_3$
$V_j^{(3)}$		$\underline{14/2}$		14/5	14/7	14/5	13/7	14/5	14/5	14/7	$x_{k_3}=x_2$
$V_j^{(4)}$				$\underline{14/7}$	14/8	$\underline{14/7}$	13/9	$\underline{14/7}$	$\underline{14/7}$	14/8	不唯一

下面给出一组特征样本资料(见表 2.18)，介绍逐个引入因子法的步骤：

①($l=1$)，取 n_j 值最大的因子作为第一步引进的因子。因此时 n_1 最大，故有 $x_{k_1}=x_1$，且 $k_1=1$。

②($l=2$)，计算 $V_j^{(2)}$，$j \neq k_1$。此时分母为：$n_{1j}+1$，$j=2,3,\cdots,10$，n_{1j} 的具体数值见表 2.19。由此通过公式(2.2.21)，我们可得到 9 个 $V_j^{(2)}$，找出最大值：$V_3^{(2)}$，即：

$x_{k_2}=x_3$，至此已选中 2 个因子。

③($l=3$)，计算 $V_j^{(3)}$。此时分母为：$n_{1j}+n_{3j}+1, j=2,4,5,\cdots,10$，可得到 8 个 $V_j^{(3)}$。找出其中最大值：$V_2^{(3)}$，即：$x_{k_3}=x_2$。

④($l=4$)，计算 $V_j^{(4)}$。此时分母为：$n_{1j}+n_{3j}+n_{2j}+1, j=4,5,\cdots,10$，可得到 7 个 $V_j^{(4)}$。

此时，我们发现，$V_j^{(4)}$ 的最大值不唯一，问题一下子变复杂了。如何解决？为此我们可以把各个因子都分别与已选中的因子一起，用投票法或编码法等进行试报，以其中历史拟合率最高的那个因子作为选中的因子。这样做很麻烦，也正是本方法的缺陷之一。

2.2.5.3　相关稳定性因子筛选法

预报因子的好坏，不仅由该因子与预报对象的相关程度所决定，而且还与相关稳定性有关。为使选中的因子具有一定程度的稳定性，可采用多年(如 10 年)平均拟合率 u_j 作为某个因子与预报对象相关稳定性指标。表 2.20 给出 5 个因子 x_1、x_2、x_3、x_4、x_5 的 10 年滑动拟合率，它们的平均值分别为：0.77、0.75、0.72、0.72、0.74。

在筛选中，先由 $\max H_j$ 选出主要因子，这里 $H_j=n_j\cdot u_j$。其中 n_j 为相关频数，u_j 是平均拟合率(表示相关稳定性指标)，称 H_j 为相关稳定度。当选中主因子后，继续筛选配合较好的其他因子，其经验判据式为：

$$\rho_j^{(l)}=\frac{n_j\cdot u_j}{\sum_{i=1}^{l-1}n_{k_ij}+1}\quad(j\neq k_i)\tag{2.2.22}$$

上式称稳定相关判据式，$\rho_j^{(l)}$ 越大，则因子应被优先选中。具体筛选步骤：

①计算 $H_j=n_j\cdot u_j$，取 H_j 最大值作为主要因子。从表 2.21 中可见，H_1 最大，选中 $x_{k_1}=x_1$，它即为主要因子。

②计算 $\rho_j^{(2)}=\dfrac{H_j}{n_{1j}+1}$，$n_{1j}$ 是 x_1 报错 x_j 亦报错，即它们同时报错的次数，此数据可从表 2.20 中查得。由表 2.21 第 6 行可知：$\max\limits_j\rho_j^{(2)}=\rho_3^{(2)}=9.36$，故取 $x_{k_2}=x_3$，即选中 x_3。

③ 计算 $\rho_j^{(3)}=\dfrac{H_j}{\sum_{i=1}^{2}n_{k_ij}+1}=\dfrac{H_j}{n_{1j}+n_{3j}+1}$，计算结果填入表 2.21 第 9 行中。可见：$\max\limits_j\rho_j^{(3)}=\rho_2^{(3)}=5.25$，故选中 x_2。

重复上述步骤，共选出 5 个因子，它们是：x_1、x_3、x_2、x_8、x_9。若用投票法作预报，其历史拟合率为 100%。

表 2.20

t	y	x_1			x_2			x_3			x_4			x_5		
		数值	拟合	10 年 $P_{拟}$	数值	拟合	10 年 $P_{拟}$	数值	拟合	10 年 $P_{拟}$	数值	拟合	10 年 $P_{拟}$	数值	拟合	10 年 $P_{拟}$
1	1	1	√		1	√		0	×		0	×		1	√	
2	1	1	√		0	×		1	√		1	√		1	√	
3	0	0	√		0	√		1	×		1	×		0	√	
4	0	1	×		0	√		0	√		0	√		1	×	
5	0	0	√		1	×		0	√		1	×		0	√	
6	1	1	√		1	√		0	×		1	√		0	×	
7	0	0	√		0	√		1	×		0	√		1	×	
8	0	1	×		0	√		0	√		0	√		0	√	
9	1	0	×		1	√		1	√		0	×		1	√	
10	0	0	√	0.7	0	√	0.8	0	√	0.6	0	√	0.6	0	√	0.7
11	1	1	√	0.7	1	√	0.8	1	√	0.7	1	√	0.7	1	√	0.7
12	0	0	√	0.7	1	×	0.8	0	√	0.7	1	×	0.6	0	√	0.7
13	0	0	√	0.7	0	√	0.8	1	×	0.7	0	√	0.7	1	×	0.6
14	0	0	√	0.8	0	√	0.8	0	√	0.7	0	√	0.7	0	√	0.7
15	1	1	√	0.8	0	×	0.8	1	√	0.7	1	√	0.8	1	√	0.7
16	0	0	√	0.8	1	×	0.7	0	√	0.8	0	√	0.8	0	√	0.8
17	1	1	√	0.8	1	√	0.7	0	×	0.8	0	×	0.7	1	√	0.9
18	1	0	×	0.8	1	√	0.7	1	√	0.8	1	√	0.7	0	×	0.8
19	0	0	√	0.9	0	√	0.7	1	×	0.7	0	√	0.8	0	√	0.8
20	0	1	×	0.8	1	×	0.6	0	√	0.7	0	√	0.8	1	×	0.7
10 年平均 $P_{拟}$			$u_1=$ 0.77			$u_2=$ 0.75			$u_3=$ 0.72			$u_4=$ 0.72			$u_5=$ 0.74	

表 2.21

指标	x_1	x_2	x_3	x_4	x_5	x_6	x_7	x_8	x_9	x_{10}	x_{11}	x_{12}	选中
n_j	15	14	13	14	14	14	13	14	14	14	14	13	
u_i	0.77	0.75	0.72	0.72	0.74	0.73	0.65	0.76	0.68	0.75	0.69	0.75	
$H_j=\rho_j^{(1)}$	11.6	11.5	9.4	10.1	10.4	10.2	8.5	10.6	9.5	10.5	9.7	9.8	x_1
$n_{1j}+1$		2	1	2	4	2	4	2	3	3	2	2	
$\rho_j^{(2)}$		5.25	9.36	5.04	2.59	5.11	2.11	5.32	3.17	3.5	4.83	4.88	x_3
n_{3j}		0		3	3	3	3	3	2	4	4	5	

续表

指标	x_1	x_2	x_3	x_4	x_5	x_6	x_7	x_8	x_9	x_{10}	x_{11}	x_{12}	选中
$\sum_{i=1}^{2} n_{k_i j}+1$		2		5	7	5	7	5	5	7	6	7	
$\rho_j^{(3)}$		5.25		2.02	1.48	2.04	1.21	2.13	1.9	1.5	1.61	1.39	x_2
n_{2j}				2	1	2	2	2	2	1	1	2	
$\sum_{i=1}^{3} n_{k_i j}+1$				7	8	7	9	7	7	8	7	9	
$\rho_j^{(4)}$				1.44	1.3	1.46	0.94	1.52	1.36	1.31	1.38	1.08	x_8
n_{8j}				5	1	4	0		0	2	3	4	
$\sum_{i=1}^{4} n_{k_i j}+1$				12	9	11	9		7	10	10	13	
$\rho_j^{(5)}$				0.84	1.15	0.93	0.94		1.36	1.05	0.97	0.75	x_9

2.2.5.4 编码法

编码法既是一种简便快捷的预报方法，又是考虑因子间相互配合的一种精选因子的方法。在预报因子和预报对象都用特征资料“0、1”表示的情况下，根据几个因子特征资料的不同“组合”在样本资料中出现的情况，以及对因子组合的分析，按一定原则可作出每种组合的预报规定，然后排成编码预报表，只需直接查表就可作出预报。对不同的因子组合，可作出不同的编码预报表，从中挑选出历史拟合率最高的一组因子，作为选中的最佳因子。

(1)基本原理

在预报因子和预报对象分为 0、1 两级的情况下，编码法是利用“二进位”制和“八进位”制的关系进行统计分析的，为此我们先回顾一下数的进位制问题。

①二进位制与八进位制的关系

我们以三位的二进位制数为例。

一个三位的二进位制数的排列只有八种可能，而一位的八进位制数也有八种可能，它们的对应关系见表 2.22。

表 2.22

二进位制	000	001	010	011	100	101	110	111
八进位制	0	1	2	3	4	5	6	7

即任意一个“二进位”制数都唯一对应于一个“八进位”制数，反之亦然。如：

$(110)_2 \leftrightarrow (6)_8$；$(1001)_2 \leftrightarrow (\underline{001}\,\underline{001})_2 \leftrightarrow (11)_8$；

$(101)_2 \leftrightarrow (5)_8$；$(10011)_2 \leftrightarrow (\underline{010}\,\underline{011})_2 \leftrightarrow (23)_8$

$(100111)_2 \leftrightarrow (\underline{100}\underline{111})_2 \leftrightarrow (47)_8$

$(1010110)_2 \leftrightarrow (\underline{001}\underline{010}\underline{110})_2 \leftrightarrow (126)_8, \cdots\cdots$

可见,二进位制数可用八进位制数简练地表示出来。而若干个 0—1 化因子的一个组合,在形式上,就可以视为一个二进位制数,继而又可以用一个八进位制数简练地表示出来,这就是所谓的"编码"。

②编码法原理

我们知道,任一时刻 t,预报因子的观测资料($x_{t1},x_{t2},\cdots,x_{tm}$)唯一对应于此时的预报对象的值 y_t,不可能有两个或两个以上的数值与之对应,所以,我们可以把预报对象 y 看成是预报因子 $x_1,x_2,\cdots,x_m$ 的单值函数:

$$y=f(x_1,x_2,\cdots,x_m)$$

即预报因子可能的任何一种组合都对应、确定一个预报结果。

对 0—1 化因子而言,当预报因子的排列顺序固定不变时,如按照其自然顺序:$x_1x_2x_3\cdots x_m$,则其任一时刻的观测数据($x_{t1}x_{t2}x_{t3}\cdots x_{tm}$),即因子的任何一种可能组合,在形式上就是一个二进位制数(或八进位制编码),也只能有一个预报对象的值(0 或 1)与之对应。当所有的资料都进行了编码后,通过对编码与预报对象对应关系的统计,并按照历史拟合率最高原则,对各种编码作出预报规定,然后排成编码预报表,作预报时只需查该表即可得到预报结果。

(2)制作步骤

为了掌握编码法的制作步骤,现以南京 6 月偏东风非降水性低云 24 小时预报为例加以说明。

①资料处理

首先将预报对象和因子作 0—1 化处理,转换成 0、1 特征资料,其转换规定为:

预报对象:

y——当日 02 时后出现云量≥4,云高<500 m,为有低云,定 y 为"1";否则为无低云,定 y 为"0"。

预报因子:

x_1——本站前一日 17 时气温与绝对湿度落在点聚图 2.8 斜线区时定为"1",否则为"0"。

x_2——在前一日 14 时地面图上:

Ⅰ. 高压中心落在图 2.9 的斜线区定为"1",否则为"0";

Ⅱ. 在图 2.10 斜线区的高压脊线自偏东经南京以北向西伸定为"1",经南京以东自北向南伸定为"0";

Ⅲ. 若切变线、静止锋在南京与杭州之间定为"1",否则定为"0"。

以上三种情况每次只能出现其中之一。

x_3——本站前一日 17 时的 ΔT_{24} 与 ΔT_{d24} 落在点聚图 2.11 斜线区内定为“1”，否则定为“0”。

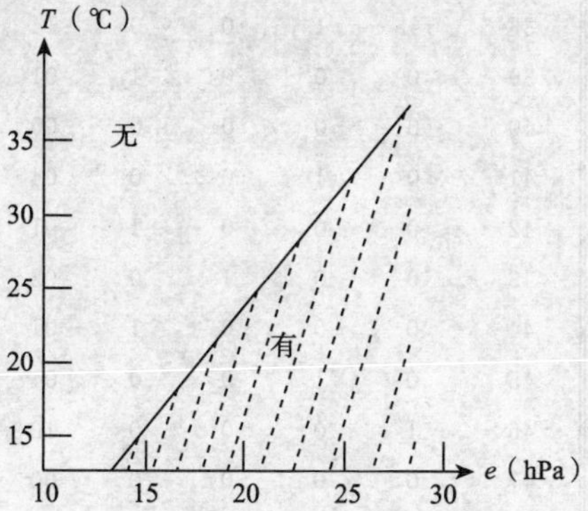

图 2.8　点聚图

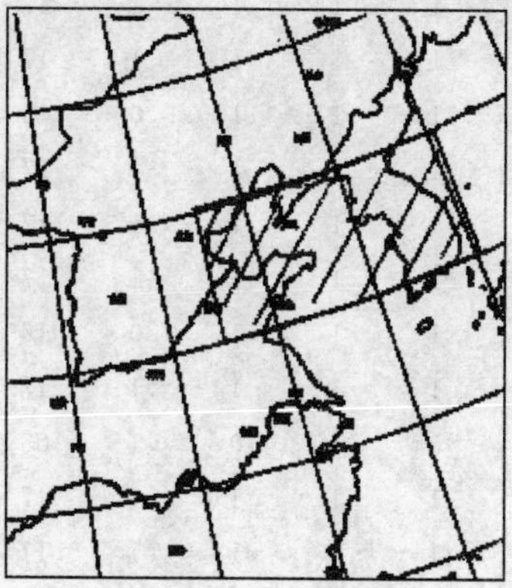

图 2.9　地面图

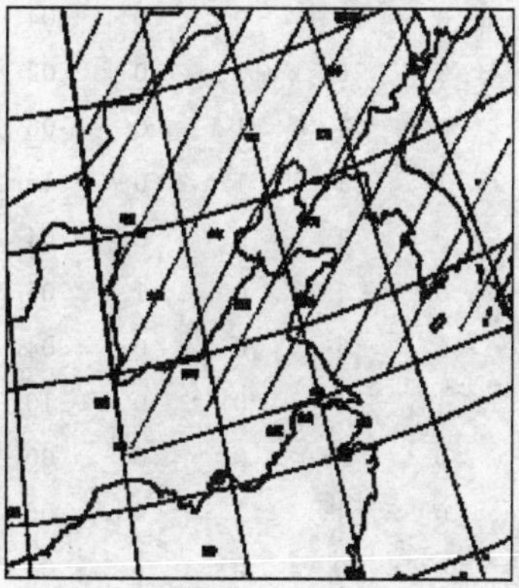

图 2.10

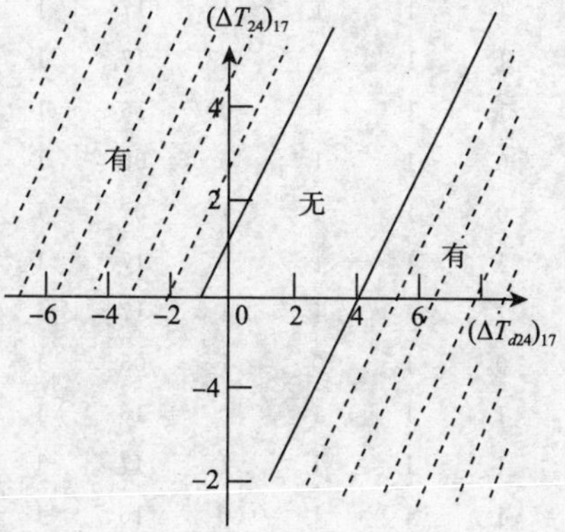

图 2.11

x_4——前一日 08 时 850 hPa 等压面上，上游站气温减去本站气温的差大于或等于 0℃定为“1”，否则定为“0”。

按上述规定，将历史资料整理转换成 0、1 特征资料，得出表 2.23 第 2—5 列的数据。

②编码统计

Ⅰ. 编码

将表 2.23 中的每个样本个例按二～八进位制关系用八进位制数代替，称之为编码（见表 2.23 第 6 列）。

表 2.23

序号	x_1	x_2	x_3	x_4	编码	y	序号	x_1	x_2	x_3	x_4	编码	y
1	1	1	1	1	17	1	37	0	0	0	0	00	0
2	1	1	1	1	17	1	38	1	1	0	0	14	0
3	1	1	1	0	16	1	39	0	0	0	1	01	0
4	1	1	1	1	17	1	40	0	0	0	0	00	0
5	1	1	1	1	17	1	41	0	1	0	0	04	0
6	1	1	1	1	17	1	42	0	0	0	1	01	0
7	1	1	1	0	16	1	43	0	0	1	0	02	0
8	1	1	1	1	17	1	44	0	0	0	1	01	0
9	0	1	0	1	05	1	45	0	1	0	0	04	0
10	1	1	1	1	17	1	46	1	0	0	0	10	0
11	1	1	1	1	17	1	47	0	0	0	0	00	0
12	1	1	1	1	17	1	48	0	1	0	1	05	0
13	0	1	1	1	07	1	49	0	0	0	0	00	0
14	1	1	1	1	17	1	50	0	1	0	0	04	0
15	1	1	1	1	17	1	51	0	0	1	0	02	0
16	1	1	1	0	16	1	52	0	1	1	0	06	0
17	0	1	1	0	06	1	53	1	1	1	0	16	0
18	0	1	1	1	07	1	54	0	1	0	0	04	0
19	1	1	1	1	17	1	55	0	1	0	1	05	0
20	1	1	1	1	17	1	56	0	1	0	0	04	0
21	0	1	0	1	05	1	57	1	0	0	0	10	0
22	1	1	1	0	16	1	58	0	0	0	0	00	0
23	1	1	1	1	17	1	59	0	1	1	0	06	0
24	1	1	1	0	16	1	60	0	0	0	1	01	0
25	0	0	1	0	02	1	61	0	0	0	0	00	0
26	1	0	1	0	12	1	62	0	0	0	1	01	0
27	0	0	0	0	00	1	63	0	0	1	0	02	0
28	1	1	1	0	16	1	64	0	0	0	0	00	0
29	1	1	0	1	15	1	65	0	0	1	0	02	0
30	1	1	1	1	17	1	66	0	0	0	1	01	0
31	1	1	1	0	16	1	67	0	0	1	0	02	0
32	1	1	1	1	17	1	68	0	0	0	0	00	0
33	0	0	1	1	03	0	69	0	0	0	0	00	0
34	0	0	0	0	00	0	70	1	1	1	1	17	0
35	0	1	1	0	06	0	71	1	0	0	0	10	0
36	0	0	1	0	02	0							

Ⅱ. 统计

各样本个例都进行编码后，分别统计每个编码下出现的样本个例。为便于作出预报判断，注意用不同的记号将 $y=1$ 和 $y=0$ 的个例代号区别开来，见表2.24（表中 $y=1$ 的个例代号用倾斜的粗体字标出）。

③编码预报规定

总的是按历史拟合率最高原则确定编码的预报规定，其具体规定如下：

Ⅰ. 对于样本资料中已出现的编码规定

a. 若编码中 $y=1$ 与 $y=0$ 的个例数不等时，直接用投票法决定。

凡同一编码所对应的个例中，$y=1$ 的个例数大于 $y=0$ 的个例数者，这种编码预报规定为 $y=1$，反之预报规定为 $y=0$。如表2.24中07、12、15、16、17的预报规定为 $y=1$，即报有低云；而编码00、01、02、03、04、06、10、14的预报规定为 $y=0$，即报无低云。

表 2.24

编码	个例代码	预报规定	编码	个例代码	预报规定
00	***27***, 34, 37, 40, 49, 58, 61, 64, 68, 69	0	02	***25***, 36, 43, 51, 63, 65, 67	0
01	39, 42, 44, 60, 62, 66	0	03	33	0
04	41, 45, 50, 54, 56	0	12	***26***	1
05	***9***, ***21***, 48, 55	0	13	（空码）	1
06	***17***, 35, 52, 59	0	14	38	0
07	***13***, ***18***	1	15	***29***	1
10	46, 47, 71	0	16	***3***, ***7***, ***16***, ***22***, ***24***, ***28***, ***31***, 53	1
11	（空码）	0	17	***1***, ***2***, ***4***, ***5***, ***6***, ***8***, ***10***, ***11***, ***12***, ***14***, ***15***, ***19***, ***20***, ***23***, ***30***, ***32***, 70	1

b. 若编码中 $y=1$ 与 $y=0$ 的个例数相等时

此时需分析编码中每个因子的作用大小，然后确定预报规定。如表2.24中编码05，$y=1$ 与 $y=0$ 各出现2个个例，因此需分析该编码中各个因子的作用大小。$(05)_8 \leftrightarrow (0101)_2$，即 $x_1=0$，$x_2=1$，$x_3=0$，$x_4=1$，当某因子作用大时，用该因子作预报的拟合率就高，它与 y 的相关性好。x_1 预报的历史拟合率为 $58/71=81.7\%$；x_2 与 x_3 预报的历史拟合率均为 $55/71=77.5\%$；x_4 的历史拟合率为 $50/71=70.4\%$。由此可见，x_1 的作用最大，x_2、x_3 介于中间。05编码中 $x_1=0$，$x_4=1$，由因子作用大小可得预报规定 $y=0$。

特别要提醒的是，在制作危险天气预报时，我们希望漏报要少，所以当 $y=1$ 与 $y=0$ 的个例数相等时，可直接规定预报 $y=1$，即宁空报勿漏报。

Ⅱ. 对于样本资料中未出现的编码之规定

在样本资料表 2.23 中，编码 11 和 13 都未出现（见表 2.24），但在未使用过的历史资料中和未来预报中都是可能出现的，故对该种编码也要作出相应的预报规定。其弥补办法是在未出现编码的因子组合中，分析各因子的重要性，从而给出预报规定。

如编码 11 对应于因子组合为 1001，四个因子中有两个因子出现 1，但 x_4 是作用最差的因子，根据③. Ⅰ. b 的分析，可规定 $y=0$。

也可以这样考虑，对四个因子而言，在两个 1、两个 0 组合的非空码中进行比较：

$(03)_8 \leftrightarrow (0011)_2 \Rightarrow$ 预报规定 $y=0$；

$(06)_8 \leftrightarrow (0110)_2 \Rightarrow$ 预报规定 $y=0$；

$(12)_8 \leftrightarrow (1010)_2 \Rightarrow$ 预报规定 $y=1$；

$(14)_8 \leftrightarrow (1100)_2 \Rightarrow$ 预报规定 $y=0$；

上述有个例对应的编码组合有四种，大多数（三个编码）的预报规定为 $y=0$，仅一个例外，编码 11 与它们比较，仍确定预报规定为 $y=0$ 较为合适。

比较发现，上述两种方法的结果都一样。当然也有特例。

编码 13 对应的因子组合为 1011，四个因子中有三个因子都出现 1，故按投票法应规定预报编码 13 报 $y=1$。

各种编码的预报规定确定后，就可以制作编码预报表。上例中四因子低云编码预报表为表 2.25。

表 2.25　预报规定表（$x_1 x_2 x_3 x_4$）

$y=0$（无低云）	00,01,02,03,04,05,06,10,11,14
$y=1$（低云）	07,12,13,15,16,17

④查表作预报

在作预报时，先按制作编码预报表时因子的固定顺序将因子排列，然后将各因子作 0—1 化处理，并将 0—1 化数据按因子的固定顺序组成一个二进位制数，再转换成八进位制编码，最后对照预报规定表得出预报结果。

如用编码预报表 2.25 回报表 2.23 中的所有个例，71 例中有 64 例报对，故其历史拟合率为：64/71=90％。

最后还要稍带说明一点，在对样本资料作编码预报规定时，所使用的方法不同，则得到的拟合率就会有所差别，实际使用中不要盲目追求过高的拟合率，而要考虑其稳定性。

2.3　因子分析

在统计预报中，需要寻找许多与预报对象有关的气象要素变量作为预报因子，来建立预报模型并进行预报。由于这些要素变量之间或多或少存在着相关关系，它们对预报量的信息贡献存在着交叉现象，为了提高因子的利用效率，有必要将它们交叉的各公共信息和其他各种独立信息尽可能多地加以分离，并以此为新的变量建立预报方程，从而达到减少因子数量，进而减少计算量、减少计算误差，提高预报准确率的效果。这种从数量较多的因子变量中分离出数量较少的新因子的方法，就叫因子分析。理论上，由于分离出来的各种信息都相互独立，且信息总量一定，所以这种新变量不仅具有正交的性质，还可以对其作标准化处理，使之更具有普遍性。

因子分析还常被用于对气象要素场的分析及分类（分型）研究上。它与自然正交分解有着密切的关系。

2.3.1　因子分析的一般数学模型

对 p 个气象要素变量作因子分析的目的是为了研究它们有哪些公共信息和独立于公共信息外的各种特殊信息，且这些信息在变量分析中有什么作用。为此设这 p 个气象要素变量已经无量纲化，记作：$x_1, x_2, \cdots, x_p$，或表示为向量形式：$\boldsymbol{x}=(x_1\ x_2 \cdots x_p)'$。

这 p 个要素变量（因子）中存在的公共信息，称之为公共因子（假设有 m 个，一般 $m<p$），并记作：$f_1, f_2, \cdots, f_m$，或用向量表示为：$\boldsymbol{f}=(f_1 f_2 \cdots f_m)'$。而那些独立于公共信息外的各种特殊信息，称之为特殊因子。由于因子分析的主要目的是提取主要信息，即公共因子部分，故将所有特殊因子定义为一个复合变量，记作 e。

借助于变量场的正交函数分解的概念和方法，我们将因子分析看成是一种对变量在空间点上的分解，即分解为相互正交的因子的线性组合。如对第 k 个因子 x_k，有因子模型：

$$x_k = \sum_{j=1}^{m} a_{kj} f_j + e_k \qquad (k=\overline{1,p}) \tag{2.3.1}$$

或：

$$x_k = a_{k1} f_1 + a_{k2} f_2 + \cdots + a_{km} f_m + e_k \qquad (k=\overline{1,p}) \tag{2.3.1$'$}$$

p 个因子的向量式因子模型为：

$$\underset{p\times 1}{\boldsymbol{x}} = \underset{p\times m}{\boldsymbol{A}}\ \underset{m\times 1}{\boldsymbol{f}} + \underset{p\times 1}{\boldsymbol{e}} \tag{2.3.2}$$

其中：$a_{k1}, a_{k2}, \cdots, a_{km}$ 称为 m 个公共因子的荷载；e_k 称为第 k 个变量的特殊因子，而 $\boldsymbol{e}=(e_1\ e_2 \cdots\ e_p)'$ 称为特殊因子向量；矩阵 $\boldsymbol{A}$ 称为因子荷载阵，其元素的列向量 $\boldsymbol{a}_j$ 叫作荷载向量：

$$
\boldsymbol{A}=\begin{bmatrix} a_{11} & a_{12} & \cdots & a_{1m} \\ a_{21} & a_{22} & \cdots & a_{2m} \\ \vdots & \vdots & \vdots & \vdots \\ a_{p1} & a_{p2} & \cdots & a_{pm} \end{bmatrix}
$$

因此，因子分析的主要工作是确定因子荷载阵 $\boldsymbol{A}$。为此，需假设模型应满足下列条件（在样本容量为 n 情况下）：

$$
\begin{cases} m \leqslant p \\ \mathrm{cov}(\boldsymbol{f},\boldsymbol{e})=0 \\ \mathrm{var}(\boldsymbol{f})=\boldsymbol{I}_m \\ \mathrm{var}(\boldsymbol{e})=\begin{bmatrix} \sigma_1^2 & & 0 \\ & \ddots & \\ 0 & & \sigma_p^2 \end{bmatrix} \end{cases}
$$

其中 cov(·)，var(·)分别表示协方差、方差运算。

或者说：

(1)公共因子与特殊因子是无关的，即：

$$
\boldsymbol{f}\boldsymbol{e}'=\boldsymbol{e}\boldsymbol{f}'=0 \tag{2.3.3}
$$

(2)公共因子是标准化变量，它们之间是无关的，它们的协方差阵为单位阵，即：

$$
\frac{1}{n}\boldsymbol{f}\ \boldsymbol{f}'=\frac{\boldsymbol{f}}{\sqrt{n}}\cdot\frac{\boldsymbol{f}'}{\sqrt{n}}=\boldsymbol{I} \tag{2.3.4}
$$

(3)各特殊因子之间无关。若令第 k 个特殊因子的方差为 $\sigma_k^2(\sigma_k^2=c_{kk}^2)$，其协方差阵为 $\boldsymbol{C}$，则：

$$
\frac{1}{n}\boldsymbol{e}\boldsymbol{e}'=\boldsymbol{C} \tag{2.3.5}
$$

在此假设条件下，我们称 $\boldsymbol{x}$ 具有因子结构。公共因子 $\boldsymbol{f}$ 对 $\boldsymbol{x}$ 的每一个分量都起作用，特殊因子 e_k 只对 x_k 起作用。公共因子的数目 m 可根据实际问题中要求的精度来确定。

2.3.2　主因子分析

2.3.2.1　荷载矩阵 $\boldsymbol{A}$

(1)$\boldsymbol{A}$ 阵的统计意义

根据模型，假定 $M(\boldsymbol{x})=0, M(\boldsymbol{f})=0, \mathrm{M}(\boldsymbol{e})=0, M(\cdot)$表示数学期望。若用 $\boldsymbol{R}$ 表示 $\boldsymbol{x}$ 的相关矩阵，则由矩阵模型和上述性质，有：

$$
\begin{aligned} \boldsymbol{R}=\mathrm{var}(\boldsymbol{x}) &= M\{[(\boldsymbol{A}\boldsymbol{f}+\boldsymbol{e})-0][(\boldsymbol{A}\boldsymbol{f}+\boldsymbol{e})-0]'\} \\ &= \boldsymbol{A}\boldsymbol{A}'+\mathrm{var}(\boldsymbol{e})=\boldsymbol{A}\boldsymbol{A}'+\boldsymbol{C} \end{aligned} \tag{2.3.6}
$$

上述相关矩阵中第 k 行第 k 列的对角线元素为 1，故可表示为：

$$r_{kk}=\sum_{j=1}^{m}a_{kj}^{2}+c_{kk}^{2}=1 \tag{2.3.7}$$

该式表明第 k 个变量的方差可表示为 m 个公共部分的方差与特殊部分的方差之和。若令公共部分的方差为：

$$h_{k}^{2}=\sum_{j=1}^{m}a_{kj}^{2} \tag{2.3.8}$$

则式(2.3.7)可改写成：　$h_{k}^{2}+\sigma_{k}^{2}=1\quad (k=\overline{1,p})$　(2.3.7)′

h_k^2 称为第 k 个变量 x_k 的公共性，它反映了第 k 个变量 x_k 被公共因子所解释的那部分方差；或理解为所有公共因子对 x_k 的影响，故可称为公共因子对 x_k 的“贡献”。当 $h_k^2=1$ 时，$\sigma_k^2=0$，即 x_k 能被公共因子的线性组合来表示；当 $h_k^2\to 0$ 时，表明公共因子对 x_k 的影响不大，x_k 主要是由其他的随机因子(特殊因子)e_k 来描述。因此 h_k^2 反映了变量 x_k 对公共因子 $\boldsymbol{f}$ 的依赖程度。

从几何意义上来说，模型(2.3.1)′表明，因子荷载 a_{kj} 可看成第 k 个变量 x_k 在 m 个公共因子空间中第 j 个因子轴上的投影，变量(数据)可看成在该空间中的一个向量；式(2.3.8)可看成第 k 个变量在该空间中的向量长度的平方。第 k 个变量在第 l 个公共因子轴上的投影就是第 k 个变量与第 l 个公共因子之间的相关系数，因为：

$$\begin{aligned}r_{kl}&=\frac{1}{n}\sum_{t=1}^{n}x_{kt}f_{lt}=\frac{1}{n}\sum_{t=1}^{n}\left(\sum_{j=1}^{m}a_{kj}f_{jt}\right)f_{lt}\\&=\frac{1}{n}\sum_{t=1}^{n}(a_{k1}f_{1t}+a_{k2}f_{2t}+\cdots+a_{km}f_{mt}+e_{kt})f_{lt}\end{aligned}$$

再根据因子模型的假设条件，我们可以得到：

$$r_{kl}=a_{kl} \tag{2.3.9}$$

它表明，对标准化变量，变量 x_k 与公共因子 f_l 之间的协方差就是它们之间的相关系数。

我们还可以从矢量分析的角度来进一步理解公共因子。

从 p 个变量的相关矩阵 $\boldsymbol{R}$ 出发，根据对称阵分解定理，有：

$$\boldsymbol{R}=\boldsymbol{V}'\boldsymbol{\Lambda}\boldsymbol{V} \tag{2.3.10}$$

其中 $\boldsymbol{\Lambda}$ 为 $\boldsymbol{R}$ 阵的特征值所组成的对角阵，$\boldsymbol{V}$ 为 $\boldsymbol{R}$ 阵的特征向量组成的矩阵。对 $\boldsymbol{\Lambda}$ 及 $\boldsymbol{V}$ 阵进一步分解，可得到由 m 个特征向量为列向量所组成的 $p\times m$ 矩阵 $\boldsymbol{V}_1$ 和由余下的 $p-m$ 个特征向量所组成的 $p\times(p-m)$ 矩阵 $\boldsymbol{V}_2$，即：

$$\boldsymbol{V}=(\boldsymbol{V}_1\boldsymbol{V}_2) \tag{2.3.11}$$

类似地，特征值矩阵 $\boldsymbol{\Lambda}$ 也有相应的分解形式：

$$\boldsymbol{\Lambda}=\begin{bmatrix}\boldsymbol{\Lambda}_1 & 0\\ 0 & \boldsymbol{\Lambda}_2\end{bmatrix} \tag{2.3.12}$$

代入式(2.3.10),得:

$$\boldsymbol{R}=(\boldsymbol{V}_1\quad \boldsymbol{V}_2)\begin{pmatrix}\boldsymbol{\Lambda}_1 & 0\\ 0 & \boldsymbol{\Lambda}_2\end{pmatrix}\begin{pmatrix}\boldsymbol{V}'_1\\ \boldsymbol{V}'_2\end{pmatrix}=(\boldsymbol{V}_1\quad \boldsymbol{V}_2)\begin{pmatrix}\boldsymbol{\Lambda}_1^{1/2} & 0\\ 0 & \boldsymbol{\Lambda}_2^{1/2}\end{pmatrix}\begin{pmatrix}\boldsymbol{\Lambda}_1^{1/2} & 0\\ 0 & \boldsymbol{\Lambda}_2^{1/2}\end{pmatrix}\begin{pmatrix}\boldsymbol{V}'_1\\ \boldsymbol{V}'_2\end{pmatrix}$$

$$=\boldsymbol{V}_1\boldsymbol{\Lambda}_1^{1/2}\boldsymbol{\Lambda}_1^{1/2}\boldsymbol{V}'_1+\boldsymbol{V}_2\boldsymbol{\Lambda}_2^{1/2}\boldsymbol{\Lambda}_2^{1/2}\boldsymbol{V}'_2$$

与式(2.3.6)比较,得:

$$\begin{cases}\boldsymbol{A}=\boldsymbol{V}_1\boldsymbol{\Lambda}_1^{1/2} & (2.3.13)\\ \boldsymbol{C}=\boldsymbol{V}_2\boldsymbol{\Lambda}_2^{1/2}\boldsymbol{\Lambda}_2^{1/2}\boldsymbol{V}'_2 & (2.3.14)\end{cases}$$

由此可见,因子荷载阵 $\boldsymbol{A}$ 可通过对原变量相关矩阵的分解得到,即由 $\boldsymbol{R}$ 阵的头 m 个特征值与特征向量组成,余下的 $\boldsymbol{R}$ 阵的特征值与特征向量构成了特殊因子的方差阵,这与主分量分析类似(在第 8 章我们将详细讨论)。

对一般的气象变量要素场,假设场中有 p 个空间点,其样本容量为 n,记 p 个空间点上的变量为:$x_1,x_2,\cdots,x_p$,其观测值为:x_{kt} $(t=1,n,k=1,p)$,则由 p 个变量线性组合的新变量为:

$$y=v_1x_1+v_2x_2+\cdots+v_px_p=\sum_{k=1}^{p}v_kx_k$$

当变量为标准化形式时,上式写为:

$$y_z=v_{z1}x_{z1}+v_{z2}x_{z2}+\cdots+v_{zp}x_{zp}=\sum_{k=1}^{p}v_{zk}x_{zk}$$

其中,前 m 个主分量 $\boldsymbol{y}_z=(y_{z1}\,y_{z2}\cdots y_{zm})'$ 的向量形式可表示为 $\boldsymbol{y}_z=\boldsymbol{V}'_1\boldsymbol{x}$,其中第 k 个主分量为:$\boldsymbol{y}_{zk}=\boldsymbol{v}'_k\boldsymbol{x}$。

若公共因子 f_k 表示为:

$$f_k=\frac{1}{\sqrt{\lambda_k}}y_{zk} \tag{2.3.15}$$

其中 λ_k 为 $\boldsymbol{R}$ 阵(前 m 个特征值中)的第 k 个特征值。则 f_k 的方差可表示为:

$$\frac{1}{n}\sum_{j=1}^{m}(f_{kj}-\overline{f}_k)^2=\frac{1}{\lambda_k}\frac{1}{n}\sum_{j=1}^{m}(y_{zkj})^2=\frac{1}{\lambda_k}\frac{1}{n}\sum_{j=1}^{m}(\boldsymbol{v}'_k\boldsymbol{x}_j)(\boldsymbol{v}'_k\boldsymbol{x}_j)'$$

$$=\frac{1}{\lambda_k}\boldsymbol{v}'_k\left(\frac{1}{n}\sum_{j=1}^{m}\boldsymbol{x}_j\boldsymbol{x}_j\right)\boldsymbol{v}_k=\frac{1}{\lambda_k}\boldsymbol{v}'_k\boldsymbol{R}\boldsymbol{v}_k=\frac{1}{\lambda_k}\boldsymbol{v}'_k\lambda_k\boldsymbol{v}_k=1$$

即公共因子 f_k 是具有均值为 0,方差为 1 的标准化变量。

另一方面,考虑给定的一个公共因子 f_k,它对各个变量 x_i 的影响由 $\boldsymbol{A}$ 中第 k 列元素来描述,于是引进一个新变量:

$$g_k^2=\sum_{i=1}^{p}a_{ik}^2 \tag{2.3.16}$$

称之为公共因子 f_k 对 $\boldsymbol{x}$ 的贡献。显然,g_k^2 的值越大,反映了 f_k 对 $\boldsymbol{x}$ 的影响越大,即

g_k^2 是衡量公共因子重要性的一个尺度。从模型式(2.3.1)及其四个假设条件,我们还可以得到:

$$\operatorname{cov}(x_i, f_j) = \sum_{k=1}^{m} a_{ik} \operatorname{cov}(f_k, f_j) + \operatorname{Cov}(e_i, f_j) = a_{ij}$$

又由于 $\operatorname{var}(x_i)=1, \operatorname{var}(f_j)=1$,于是有:$a_{ij}=\rho(x_i, f_j)$。

总结以上讨论,我们可得到 **A** 阵的统计意义:

①a_{ij} 是因子 x_i 与公共因子 f_j 的相关系数;

② $\sum_{k=1}^{m} a_{ik}^2$ 是 x_i 对公共因子 f 的依赖程度;

③ $\sum_{i=1}^{p} a_{ik}^2$ 是指定的 f_k 对 $\boldsymbol{x}$ 各分量的总的影响,也是 f_k 对 $\boldsymbol{x}$ 的"贡献"。

(2)因子荷载矩阵 **A** 的推算

公式(2.3.6)还可以改写成:

$$\boldsymbol{R} - \operatorname{var}(\boldsymbol{e}) = \boldsymbol{A}\boldsymbol{A}' \equiv \boldsymbol{R}^* \tag{2.3.16$'$}$$

$\boldsymbol{R}^*$ 称为约相关阵,$\boldsymbol{R}^*$ 中的主对角线元素是 h_i^2,不是 1,而非对角线元素与 $\boldsymbol{R}$ 中的却是完全一样($r_{ij}^*=r_{ij}$),很明显 $\boldsymbol{R}^*$ 还是非负定的。现在我们依次来求 **A** 阵中的各列,使相应的"贡献"有顺序:$g_1^2 \geqslant g_2^2 \geqslant \cdots \geqslant g_m^2$。对于 $\boldsymbol{R}^* \equiv \boldsymbol{A}\boldsymbol{A}'$,有:

$$r_{ij}^* = \sum_{k=1}^{m} a_{ik} a_{jk} \qquad (i,j=\overline{1,p}) \tag{2.3.17}$$

而对于 $g_1^2 = \sum_{i=1}^{p} a_{i1}^2$ 达到最大值问题,它必须满足上式条件,对这样的条件极值问题,我们令:

$$T = \frac{1}{2} g_1^2 - \frac{1}{2} \sum_{i,j=1}^{p} L_{ij} \left(\sum_{k=1}^{m} a_{ik} a_{jk} - r_{ij}^* \right)$$

式中 L_{ij} 为拉格朗日乘子,且 $L_{ij}=L_{ji}$。利用极值原理,有:

$$\begin{cases} 0 = \dfrac{\partial T}{\partial a_{s1}} = a_{s1} - \displaystyle\sum_{j=1}^{p} L_{sj} a_{j1} & s=1,2,\cdots,p \\ 0 = \dfrac{\partial T}{\partial a_{sl}} = -\displaystyle\sum_{j=1}^{p} L_{sj} a_{jl} & l \neq 1 \end{cases} \tag{2.3.18}$$

利用 δ 函数,将两式合并,得:

$$\delta_{1l} a_{s1} - \sum_{j=1}^{p} L_{sj} a_{jl} = 0 \qquad (s=\overline{1,p}; l=\overline{1,m}) \tag{2.3.18$'$}$$

用 a_{s1} 乘以上式两端并求和,得:

$$\delta_{1l} \sum_{s=1}^{p} a_{s1}^2 - \sum_{s=1}^{p} \sum_{j=1}^{p} L_{sj} a_{jl} a_{s1} = 0$$

再利用式(2.3.18)中第1式,有:

$$\delta_{1l} g_1^2 - \sum_{j=1}^{p} a_{j1} a_{jl} = 0 \qquad (l=\overline{1,m})$$

用 a_{il} 乘以上式两端并对 l 求和,得:

$$\delta_{11} a_{i1} g_1^2 + \sum_{l=2}^{m} \delta_{1l} g_1^2 a_{il} - \sum_{j=1}^{p} \left(\sum_{l=1}^{m} a_{il} a_{jl} \right) a_{j1} = 0$$

即:
$$a_{i1} g_1^2 - \sum_{j=1}^{p} r_{ij}^* a_{j1} = 0, \qquad i=1,2,\cdots,p$$

写成矩阵的形式:

$$(r_{i1}^* \cdots r_{ip}^*) \begin{pmatrix} a_{11} \\ \vdots \\ a_{p1} \end{pmatrix} = g_1^2 a_{i1}, \qquad i=1,2,\cdots,p$$

或:
$$\begin{pmatrix} r_{11}^* & \cdots & r_{1p}^* \\ \vdots & \ddots & \vdots \\ r_{p1}^* & \cdots & r_{pp}^* \end{pmatrix} \begin{pmatrix} a_{11} \\ \vdots \\ a_{p1} \end{pmatrix} = g_1^2 \begin{pmatrix} a_{11} \\ \vdots \\ a_{p1} \end{pmatrix} \tag{2.3.19}$$

可见 g_1^2 是 $\boldsymbol{R}^*$ 的最大特征根,$(a_{11} \cdots a_{p1})'$ 就是 g_1^2 所对应的特征向量,记为:$\boldsymbol{a}_1$。令 $g_1^2 = \lambda_1$,则上式还可以写成矢量形式:

$$\boldsymbol{R}^* \boldsymbol{a}_1 = \lambda_1 \boldsymbol{a}_1 \tag{2.3.19$'$}$$

如果我们用谱分析中的结论,即取 $\boldsymbol{R}^*$ 的谱分解中最大特征根 λ_1 及其对应的标准化特征向量 $\boldsymbol{r}_1$,则 $\boldsymbol{r}_1$ 显然不能满足:$\boldsymbol{r}'_1 \boldsymbol{r}_1 = \lambda_1$(因为 $\boldsymbol{r}'_1 \boldsymbol{r}_1 = 1$)的条件。但根据特征向量的性质,对任意给定的常数 c,$c\boldsymbol{r}_1$ 仍然是 λ_1 对应的特征向量。因此,我们只要取 $\boldsymbol{a}_1 = \sqrt{\lambda_1} \boldsymbol{r}_1$,那么就有:

$$\boldsymbol{a}_1 \boldsymbol{a}'_1 = \lambda_1 \boldsymbol{r}'_1 \boldsymbol{r}_1 = \lambda_1 = g_1^2$$

这样就满足了我们的要求,得到 $\boldsymbol{A}$ 阵中的第一列 $\boldsymbol{a}_1$。

此时如果我们采用 $\boldsymbol{R}^*$ 的谱分解式:

$$\boldsymbol{R}^* = \sum_{i=1}^{p} \lambda_i \boldsymbol{r}_i \boldsymbol{r}'_i = \boldsymbol{a}_1 \boldsymbol{a}'_1 + \sum_{i=2}^{p} \lambda_i \boldsymbol{r}_i \boldsymbol{r}'_i \tag{2.3.20}$$

同时注意到:
$$\boldsymbol{R}^* = \boldsymbol{A}\boldsymbol{A}' = (\boldsymbol{a}_1 \cdots \boldsymbol{a}_m) \begin{pmatrix} \boldsymbol{a}'_1 \\ \vdots \\ \boldsymbol{a}'_m \end{pmatrix} = \sum_{k=1}^{m} \boldsymbol{a}_k \boldsymbol{a}'_k$$

那么在求出 $\boldsymbol{a}_1$ 后,将 $\boldsymbol{R}^*$ 减去 $\boldsymbol{a}_1 \boldsymbol{a}'_1$ 就可以得到一余差阵:

$$\boldsymbol{R}^* - \boldsymbol{a}_1 \boldsymbol{a}'_1 = \sum_{k=2}^{m} \boldsymbol{a}_k \boldsymbol{a}'_k$$

在新矩阵中,已经不含最主要信息,即公共因子 f_1 对 $\boldsymbol{x}$ 的影响。

由于新矩阵中已不含公共因子 f_1 对 $\boldsymbol{x}$ 的影响，那么对新矩阵 $\boldsymbol{R}^*-\boldsymbol{a}_1\boldsymbol{a}'_1$，我们重复上述求 $\boldsymbol{a}_1$ 的过程，就可以得到相应满足要求的 $g_2^2=\lambda_2$ 和 $\boldsymbol{a}_2=\sqrt{\lambda_2}\boldsymbol{r}_2$。依次类推，就可以得到所有的特征值与特征向量：$g_k^2=\lambda_k$，$\boldsymbol{a}_k=\sqrt{\lambda_k}\boldsymbol{r}_k(k=1,2,\cdots,m)$。这样，我们就解决了求 **A** 阵的问题。

实际上，只要对 **A** 阵进行谱分解，一切问题就都迎刃而解，无须上述那样麻烦：

$$\boldsymbol{R}^*=(\boldsymbol{r}_1\quad\cdots\quad\boldsymbol{r}_p)\begin{pmatrix}\lambda_1 & & 0\\ & \ddots & \\ 0 & & \lambda_p\end{pmatrix}\begin{pmatrix}\boldsymbol{r}'_1\\ \vdots\\ \boldsymbol{r}'_p\end{pmatrix}$$

即：
$$\boldsymbol{R}^*=(\boldsymbol{r}_1\quad\cdots\quad\boldsymbol{r}_p)\begin{pmatrix}\sqrt{\lambda_1} & & 0\\ & \ddots & \\ 0 & & \sqrt{\lambda_p}\end{pmatrix}\begin{pmatrix}\sqrt{\lambda_1} & & 0\\ & \ddots & \\ 0 & & \sqrt{\lambda_p}\end{pmatrix}\begin{pmatrix}\boldsymbol{r}'_1\\ \vdots\\ \boldsymbol{r}'_p\end{pmatrix}\tag{2.3.21}$$

由假设知：$\boldsymbol{R}^*=\underset{p\times m}{\boldsymbol{A}}\,\underset{m\times p}{\boldsymbol{A}'}$，所以其秩 $rk(\boldsymbol{R}^*)=m$，从而上式中只有前 m 个 λ_i 不为 0。取：

$$\boldsymbol{A}=(\boldsymbol{r}_1\quad\cdots\quad\boldsymbol{r}_m)\begin{pmatrix}\sqrt{\lambda_1} & & 0\\ & \ddots & \\ 0 & & \sqrt{\lambda_m}\end{pmatrix}\tag{2.3.22}$$

该式即是我们要求的解。

虽然变量的样本相关阵 **R** 阵是可求的，但 $\boldsymbol{R}^*$ 阵却是未知的，又如何去求 **A** 呢？

2.3.2.2　因子分析法步骤

1. 求变量样本的相关阵 **R**

若已知样本资料阵：

$$\boldsymbol{x}=\begin{pmatrix}x_{11} & \cdots & x_{1p}\\ \vdots & \ddots & \vdots\\ x_{n1} & \cdots & x_{np}\end{pmatrix}$$

对应相关矩阵中的元素为：

$$r_{ij}=\frac{\sum_{t=1}^{n}(x_{it}-\bar{x}_i)(x_{jt}-\bar{x}_j)}{\sqrt{\sum_{t=1}^{n}(x_{it}-\bar{x}_i)^2\sum_{t=1}^{n}(x_{jt}-\bar{x}_j)^2}}\qquad(i,j=\overline{1,p})$$

即得到相关阵 $\boldsymbol{R}=(r_{ij})_{p\times p}$。

2. 求相关的特征值及特征向量：λ_i，$\boldsymbol{r}_i$（$i=1,2,\cdots,p$）

3. 确定公共因子数目

对求得的 $\boldsymbol{R}$ 进行谱分解：

$$\boldsymbol{R}=\sum_{i=1}^{p}\lambda_i\boldsymbol{r}_i\boldsymbol{r}'_i$$

其中 $\lambda_1\geqslant\lambda_2\geqslant\cdots\geqslant\lambda_p\geqslant0$，可先取前若干个特征值 λ_i 及相应的特征向量。但取多少个为宜？我们先取：$\boldsymbol{a}_1=\boldsymbol{r}_1\sqrt{\lambda_1}$，然后看 $\boldsymbol{R}-\boldsymbol{a}_1\boldsymbol{a}'_1$ 是否接近对角阵。如果接近了，就表明剩下的都是特殊因子的影响了，公共因子只有一个；如果不够接近，那就还应考虑取：$\boldsymbol{a}_2=\boldsymbol{r}_2\sqrt{\lambda_2}$，然后看 $\boldsymbol{R}-\boldsymbol{a}_1\boldsymbol{a}'_1-\boldsymbol{a}_2\boldsymbol{a}'_2$ 是否接近对角阵，如果接近了就停止再取，否则继续取：$\boldsymbol{a}_3=\boldsymbol{r}_3\sqrt{\lambda_3}\cdots$，如此下去，直到接近对角矩阵为止。由于矩阵比较对照是件很麻烦的事，所以在实际问题中，通常是直接取头 m 个特征值及特征向量，使得它们的特征根之和占全部特征根之和的 85%以上，所求 m 即为公共因子数目（此时的精度在 85%以上）。

4. 计算公共因子的贡献（荷载），并分析其结果

当求得公共因子数为 m 时，因子分析模型可写为：

$$\hat{x}_i=a_{i1}f_1+a_{i2}f_2+\cdots+a_{im}f_m \tag{2.3.23}$$

此时原 p 个变量在第 k 个公共因子上的荷载就相当于在这因子上的回归系数。由于 m 个公共因子是正交的，且长度为 1，所以可把它视为 m 维空间的一个正交基底。$a_{i1},a_{i2},\cdots,a_{im}$ 也可看成空间点变量 x_i 在 m 个公共因子轴上的投影，或把 $a_{i1},a_{i2},\cdots,a_{im}$ 看做 m 维公共因子空间中一个点 i 的坐标。而 p 个变量就对应于 p 个点，并根据点间的相对位置，对要素场进行分型、对数据资料进行聚类。

对因子模型进行方差分析，借助于回归分析中的回归平方和公式，不难得出：

$$U_k=\sum_{j=1}^{m}a_{kj}r_{kj}$$

其中 r_{kj} 表示 f_j 与 x_k 之间的相关系数，由上述 $\boldsymbol{A}$ 的统计学意义或式(2.3.9)可知：$a_{kj}=r_{kj}$，从而有：

$$U_k=\sum_{j=1}^{m}a_{kj}a_{kj}=h_k^2 \tag{2.3.24}$$

由该式我们还可以说明上述决定公共因子数目的特征根方法的依据。

$$U_k=\sum_{j=1}^{m}a_{kj}a_{kj}=\sum_{j=1}^{m}(a_{kj})^2=\sum_{j=1}^{m}(a_{jk})^2=g_k^2=\lambda_k \tag{2.3.25}$$

$$U=\sum_{k=1}^{p}U_k=\sum_{k=1}^{p}\lambda_k$$

由于公共因子 f_k 是具有均值为 0，方差为 1 的标准化变量，故对 p 个公共因子

变量，其总方差为 p，即：

$$U=\sum_{k=1}^{p}U_k=\sum_{k=1}^{p}\lambda_k=p \tag{2.3.26}$$

从而 m 个公共因子的累积解释方差，即它们对总方差的相对贡献为：

$$G(m)=\frac{\sum_{k=1}^{m}U_k}{\sum_{k=1}^{p}U_k}=\frac{\sum_{k=1}^{m}\lambda_k}{p}=\frac{1}{p}\sum_{k=1}^{m}\lambda_k \tag{2.3.27}$$

并以此作为确定公共因子数目的依据。

2.3.2.3　因子分析法举例

【例】对北京冬季(12 月、1 月及 2 月)26 年(1951—1976 年)气温资料进行因子分析。

这是研究时间点之间的相互关系问题，即不同时间点间的相互影响，把求空间点的相关矩阵改为时间点的相似矩阵即可解决此类问题。

我们先研究 26 个时间点间的关系。

(1)计算 26 个时间点间的相似系数 $\cos\theta_{ij}$ $(i,j=1,2,\cdots,26)$，求得相似阵：

$$\cos\theta_{ij}=\frac{\sum_{k=1}^{26}x_{ik}x_{jk}}{\sqrt{\sum_{k=1}^{26}x_{ik}^2\cdot\sum_{k=1}^{26}x_{jk}^2}}$$

$$\underset{26\times 26}{\boldsymbol{Q}}=\begin{pmatrix}1.00 & 0.57 & 0.51 & \cdots & 0.64\\ 0.57 & 1.00 & 0.96 & \cdots & 0.91\\ 0.51 & 0.96 & 1.00 & \cdots & 0.97\\ \vdots & \vdots & \vdots & \ddots & \vdots\\ 0.64 & 0.91 & 0.97 & \cdots & 1.00\end{pmatrix}$$

(2)求上述矩阵的特征根及其特征向量：

$$\lambda_1=22.17,\lambda_2=2.18,\lambda_3=1.65,\cdots\cdots,\lambda_{26}=0.00$$

由于：
$$\sum_{i=1}^{2}\lambda_i\Big/\sum_{i=1}^{26}\lambda_i=24.35/26=93\%\geqslant 85\%$$

故仅取前两个公共因子即可。λ_1，λ_2 对应的特征向量为 $\boldsymbol{r}_1$，$\boldsymbol{r}_2$，其具体数据见表 2.26。

表 2.26

序号	年	r_1	r_2	a_{i1}	a_{i2}	h_i^2	序号	年	r_1	r_2	a_{i1}	a_{i2}	h_i^2
1	51	0.14	0.47	0.66	0.69	0.91	14	64	0.21	−0.01	0.99	−0.02	0.98
2	52	0.21	0.01	0.99	0.02	0.98	15	65	0.21	−0.02	0.99	−0.04	0.98
3	53	0.21	−0.12	0.99	−0.18	1.00	16	66	0.21	0.04	0.99	0.06	0.98
4	54	0.19	−0.17	0.91	−0.25	0.89	17	67	0.20	0.09	0.94	0.14	0.90
5	55	0.20	0.22	0.93	0.33	0.97	18	68	0.20	0.21	0.94	0.31	0.98
6	56	0.20	0.17	0.93	0.25	0.93	19	69	0.21	−0.06	0.99	−0.08	0.99
7	57	0.21	−0.05	0.99	−0.07	0.99	20	70	0.21	0.08	0.99	0.12	0.99
8	58	0.15	−0.17	0.72	−0.25	0.58	21	71	0.21	0.11	0.99	0.17	0.99
9	59	0.16	−0.41	0.74	−0.60	0.91	22	72	0.21	0.08	0.99	0.11	0.99
10	60	0.17	−0.41	0.78	−0.60	0.97	23	73	0.21	0.04	0.99	0.06	0.98
11	61	0.20	−0.14	0.93	−0.21	0.95	24	74	0.20	−0.01	0.94	−0.01	0.88
12	62	0.14	0.01	0.66	0.01	0.76	25	75	0.19	−0.27	0.92	−0.04	1.00
13	63	0.18	0.34	0.85	0.50	0.97	26	76	0.21	−0.05	0.99	−0.07	0.99

再计算 26 个时间点在前两个公共因子上的荷载向量：

$$\boldsymbol{a}_1=\sqrt{\lambda_1}\boldsymbol{r}_1=\sqrt{22.17}\begin{pmatrix}0.14\\0.21\\\vdots\\0.21\end{pmatrix}=\begin{pmatrix}0.66\\0.99\\\vdots\\0.99\end{pmatrix}=\begin{pmatrix}a_{1,1}\\a_{2,1}\\\vdots\\a_{26,1}\end{pmatrix}$$

$$\boldsymbol{a}_2=\sqrt{\lambda_2}\boldsymbol{r}_2=\sqrt{2.18}\begin{pmatrix}0.47\\0.01\\\vdots\\-0.05\end{pmatrix}=\begin{pmatrix}0.69\\0.02\\\vdots\\-0.07\end{pmatrix}=\begin{pmatrix}a_{1,2}\\a_{2,2}\\\vdots\\a_{26,2}\end{pmatrix}$$

(3)计算公共因子对 x_i 的贡献 h_i^2

$$h_1^2=a_{11}^2+a_{12}^2=0.66^2+0.69^2=0.91$$

$$h_2^2=a_{21}^2+a_{22}^2=0.99^2+0.02^2=0.98$$

…

$$h_{26}^2=a_{26,1}^2+a_{26,2}^2=0.99^2+(-0.07)^2=0.99$$

(4)以 f_1,f_2 为轴将点子(a_{i1},a_{i2})点在坐标系内，并在图中进行点聚。

根据点子聚集情况，可分为三类(如图 2.12 所示)：

第一类是 1951、1955、1956、1963、1968 年共 5 个时间点，这一类冬季气温变化特点属于下降型。从各月距平变化上呈现出的是负距平越来越大，反映出前冬暖、后冬冷的特点。从 h_i^2 值看，以1968年为最大，可视为代表性的时间点。

第二类是1952、1957、1962、1964、1966、1967、1969、1970、1971、1972、1973、1974、1976年共13个时间点，这一类冬季气温变化特点属于降后升型。其距平曲线变化上呈现出的是V字形，反映出前后暖、中间冷的特点。从 h_i^2 值看，以1957、1969、1970、1971、1972年这几年为最具代表性的时间点。

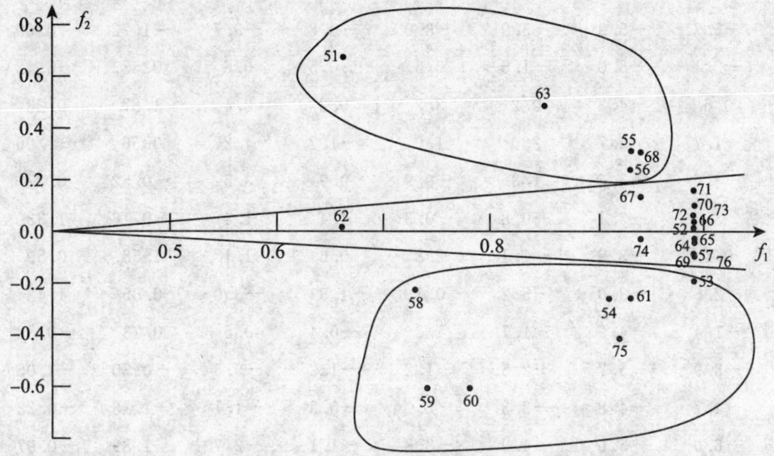

图2.12

第三类是1953、1954、1958、1959、1960、1961、1965、1975年共8个时间点，这一类冬季气温变化特点属于上升型。反映出前冬冷、后冬暖的特点。从 h_i^2 值看，以1953、1975年为最具代表性的时间点。

上例我们还可以从另一个角度来分析，即视三个月的气温要素为三个变量，通过分析气温月平均资料间的相关来研究公共因子的提取问题。

(1)计算三个变量的相关阵：

$$\boldsymbol{R}=\begin{bmatrix}1.00 & 0.328 & 0.277\\ 0.328 & 1.00 & 0.159\\ 0.277 & 0.159 & 1.00\end{bmatrix}$$

(2)求 $\boldsymbol{R}$ 的特征值及对应的特征向量：

$$\lambda_1=1.516,\boldsymbol{v}_1=(0.641\quad 0.566\quad 0.518)'$$

$$\lambda_2=0.844,\boldsymbol{v}_2=(-0.084\quad -0.619\quad 0.781)'$$

$$\lambda_3=0.640,\boldsymbol{v}_3=(-0.763\quad 0.544\quad 0.349)'$$

为了便于在二维坐标系解释，同时由于前两个特征值的解释方差：

表 2.27

年份	x_1	x_2	x_3	x_{d1}	x_{d2}	x_{d3}	x_{z1}	x_{z2}	x_{z3}
1951	1.0	−2.7	−4.3	3.7	1.8	−2.1	2.10	1.69	−1.14
1952	−5.3	−5.9	−3.5	−2.6	−1.4	−1.3	−1.49	−1.24	−0.71
1953	−2.0	−3.4	−0.8	0.7	1.1	1.4	0.39	1.05	0.76
1954	−5.7	−4.7	−1.1	−3.0	−0.2	1.1	−1.72	−0.14	0.59
1955	−0.9	−3.8	−3.1	1.8	0.7	−0.9	1.01	0.68	−0.49
1956	−5.7	−5.3	−5.9	−3.0	−0.8	−3.7	−1.72	−0.69	−2.01
1957	−2.1	−5.0	−1.6	0.6	−0.5	0.6	0.33	−0.42	0.32
1958	0.6	−4.3	0.2	3.3	0.2	2.4	1.87	0.23	1.30
1959	−1.7	−5.7	2.0	1.0	−1.2	4.2	0.56	−1.06	2.27
1960	−3.6	−3.6	1.3	−0.9	0.9	3.5	−0.52	0.87	1.89
1961	−3.0	−3.1	−0.8	−0.3	1.4	1.4	−0.18	1.33	0.76
1962	0.1	−3.9	−1.1	2.8	0.6	1.1	1.58	0.59	0.59
1963	−2.6	−3.0	−5.2	0.1	1.5	−3.0	0.05	1.42	−1.63
1964	−1.4	−4.9	−1.7	1.3	−0.4	0.5	0.73	−0.32	0.27
1965	−3.9	−5.7	−2.5	−1.2	−1.2	−0.3	−0.70	−1.06	−0.17
1966	−4.7	−4.8	−3.3	−2.0	−0.3	−1.1	−1.15	−0.23	−0.60
1967	−6.0	−5.6	−4.9	−3.3	−1.1	−2.7	−1.89	−0.97	−1.47
1968	−1.7	−6.4	−5.1	1.0	−1.9	−2.9	0.56	−1.70	−1.58
1969	−3.4	−5.6	−2.0	−0.7	−1.1	0.2	−0.41	−0.97	0.10
1970	−3.1	−4.2	−2.9	−0.4	0.3	−0.7	−0.24	0.32	−0.38
1971	−3.8	−4.9	−3.9	−1.1	−0.4	−1.7	−0.64	−0.32	−0.93
1972	−2.0	−4.1	−2.4	0.7	0.4	−0.2	0.39	0.41	−0.11
1973	−1.7	−4.2	−2.0	1.0	0.3	0.2	0.56	0.32	0.10
1974	−3.6	−3.3	−2.0	−0.9	1.2	0.2	−0.52	1.14	0.10
1975	−2.7	−3.7	0.1	0.0	0.8	2.3	−0.01	0.78	1.24
1976	−2.4	−7.6	−2.2	0.3	−3.1	0.0	0.16	−2.80	0.00
1977	−0.9	−3.5	−2.3	1.8	1.0	−0.1	1.01	0.96	−0.06
1978	−2.7	−4.2	−0.5	0.0	0.3	1.7	−0.01	0.32	0.92
1979	−1.6	−4.5	−2.9	1.1	0.0	−0.7	0.62	0.04	−0.38
1980	−3.9	−4.8	−1.4	−1.2	−0.3	0.8	−0.70	−0.23	0.43
平均	−2.7	−4.5	−2.2						
标准差	1.75	1.09	1.84						

注:表中第 2 至 4 列为北京各月(12 月、1 月及 2 月)月平均气温(℃)数据,5 至 7 列为各月对应的距平值,8 至 10 列为各月对应的标准化值。

$$\frac{\lambda_1+\lambda_2}{\lambda_1+\lambda_2+\lambda_3}=\frac{1.516+0.844}{1.516+0.844+0.640}=78.6\%$$

接近于 80%，故取 $m=2$ 作为公共因子数目。

(3)求前两个公共因子荷载阵：

$$\boldsymbol{A}=\begin{bmatrix}0.641 & -0.084\\0.566 & -0.619\\0.518 & 0.781\end{bmatrix}\begin{bmatrix}\sqrt{1.516} & 0\\0 & \sqrt{0.844}\end{bmatrix}=\begin{bmatrix}0.789 & -0.077\\0.697 & -0.569\\0.638 & 0.718\end{bmatrix}$$

(4)求前两个公共因子：

$$f_1=\frac{1}{\sqrt{1.516}}y_{z1}=\frac{1}{\sqrt{1.516}}\boldsymbol{v}'_1\boldsymbol{x}$$

$$f_2=\frac{1}{\sqrt{0.844}}y_{z2}=\frac{1}{\sqrt{0.844}}\boldsymbol{v}'_2\boldsymbol{x}$$

将要素变量在各年的标准化值代入上式，即可计算出两公共因子在各年的因子值：

表 2.28

年份	f_1	f_2	年份	f_1	f_2
1951	1.38	−2.17	1964	0.37	0.38
1952	−1.52	0.36	1965	−0.82	0.69
1953	1.00	−0.07	1966	−0.87	−0.23
1954	−0.64	0.74	1967	−1.90	−0.39
1955	0.67	−0.91	1968	−1.04	−0.21
1956	−1.92	−1.01	1969	−0.54	0.75
1957	0.16	0.52	1970	−0.08	−0.48
1958	1.60	0.76	1971	−0.77	−0.47
1959	0.80	2.49	1972	0.39	−0.36
1960	0.92	1.02	1973	0.51	−0.16
1961	0.83	−0.20	1974	0.32	−0.59
1962	1.35	−0.02	1975	0.88	0.52
1963	0.02	−2.21	1976	−1.09	1.78

(5)变量的公共性：

$$h_1^2=a_{11}^2+a_{12}^2=0.789^2+(-0.077)^2=0.628$$

$$h_2^2=a_{21}^2+a_{22}^2=0.697^2+(-0.569)^2=0.810$$

$$h_3^2=a_{31}^2+a_{32}^2=0.638^2+0.718^2=0.923$$

由此可见，2 月份的公共性最大，说明 2 月份最具代表性，这与传统认为 1 月份平均气温代表冬季有所不同。从因子荷载矩阵的数据大小分布来看，第一公共因子与 12 月份变量相关系数最大($a_{11}=0.789$),可以说第一公共因子主要反映 12 月份;而第二公共因子则较多地反映 2 月份的气温变化($a_{32}=0.718$)。同样我们还可以作各变量因子荷载图(图 2.13),图中点子分布比较分散,但还是可以人为地分为三类。

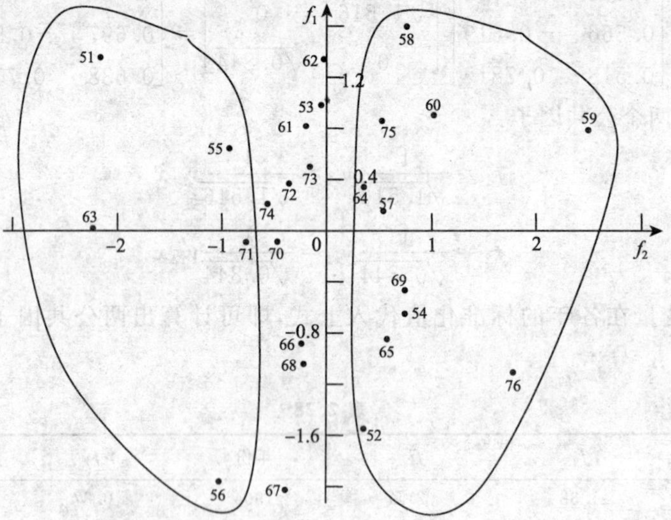

图 2.13

2.3.3　特殊因子方差阵的迭代估计

上面我们仅考虑了模型中的前 m 个公共因子的作用,而未考虑剩下的$(p-m)$个正交因子线性组合而成的残差部分对变量的影响,下面我们就来简单地介绍一下对其估计的方案。

一般取下式作为特殊因子方差阵 $\boldsymbol{C}$ 的初估计:

$$\boldsymbol{C}^{(0)}=(\mathrm{diag}\boldsymbol{R}^{-1})^{-1} \tag{2.3.28}$$

其中 $\mathrm{diag}\boldsymbol{R}^{-1}$ 表示相关阵逆阵中对角线元素组成的对角阵,若令:

$$\boldsymbol{R}^{(1)}=\boldsymbol{R}-\boldsymbol{C}^{(0)}$$

然后求出矩阵 $\boldsymbol{R}^{(1)}$ 的 m 个公共因子荷载阵的第一次估计 $\boldsymbol{A}^{(1)}$,再用:

$$\boldsymbol{C}^{(1)}=\mathrm{diag}(\boldsymbol{R}-\boldsymbol{A}^{(1)}\boldsymbol{A}^{(1)\prime}) \tag{2.3.29}$$

作为下一次特殊因子方差阵 $\boldsymbol{C}$ 的估计,再令:

$$\boldsymbol{R}^{(2)}=\boldsymbol{R}^{(1)}-\boldsymbol{C}^{(1)} \tag{2.3.30}$$

同样,再次求 $\boldsymbol{R}^{(2)}$ 的因子荷载阵估计 $\boldsymbol{A}^{(2)}$,……,如此反复应用上述求解过程,直至因子荷载阵内元素稳定为止。

为了减少迭代对尺度的影响，有人对方程(2.3.6)作进一步改进。

用 $\boldsymbol{C}^{-1/2}$ 左乘和右乘式(2.3.6)两边，有：

$$\begin{aligned}\boldsymbol{C}^{-1/2}\boldsymbol{R}\boldsymbol{C}^{-1/2}-\boldsymbol{I}&=\boldsymbol{C}^{-1/2}\boldsymbol{A}\boldsymbol{A}'\boldsymbol{C}^{-1/2}\\&=(\boldsymbol{C}^{-1/2}\boldsymbol{A})(\boldsymbol{C}^{-1/2}\boldsymbol{A})'\\&\triangleq(\boldsymbol{A}^{*})(\boldsymbol{A}^{*})'\end{aligned}$$

将式(2.3.28)代入上式，得：

$$(\mathrm{diag}\boldsymbol{R}^{-1})^{-1/2}\boldsymbol{R}(\mathrm{diag}\boldsymbol{R}^{-1})^{-1/2}-\boldsymbol{I}=\boldsymbol{A}^{*}\boldsymbol{A}^{*} \tag{2.3.31}$$

通过上式，我们可以求出因子荷载阵 $\boldsymbol{A}^{*}$，并有下式：

$$\boldsymbol{A}^{*}=\boldsymbol{C}^{-1/2}\boldsymbol{A} \tag{2.3.32}$$

得到一个新因子荷载阵的估计：

$$\boldsymbol{A}=\boldsymbol{C}^{1/2}\boldsymbol{A}^{*} \tag*{(2.3.32)$'$}$$

有时还为了减少式(2.3.12)尺度太大的影响，使用下式：

$$\hat{C}=\theta(\mathrm{diag}\boldsymbol{R}^{-1})^{-1}$$

作为初估计，其中 θ 是特定的小于 1 的常系数，其估计式为：

$$\hat{\theta}=\frac{1}{p-m}\sum_{k=m+1}^{p}\lambda_k^{*} \tag{2.3.33}$$

其中 λ_k^{*} 为矩阵 $\boldsymbol{R}^{*}=(\mathrm{diag}\boldsymbol{R}^{-1})^{-1/2}\boldsymbol{R}(\mathrm{diag}\boldsymbol{R}^{-1})^{-1/2}$ 的第 k 个特征值。

2.3.4　因子轴的转动

根据线性代数的相关知识我们知道，满足式(2.3.10)因子荷载阵 $\boldsymbol{A}$ 的解并不唯一，因而满足要求的公共因子也很多，为了能找到更恰当的公共因子，对气象变量有合适的物理解释，即找到有利于气象意义上的对数据分析结果的合理解释，我们采用转动因子轴的方法来尽可能达到相应的目的。

2.3.4.1　因子轴转动原理

设 $\boldsymbol{f}=(f_1\quad f_2\quad\cdots\quad f_m)'$(为原 m 个公共因子向量，它们构成了因子空间的坐标基底，将其围绕原点转动得到一个新坐标系，转动过程相当于对老坐标作了一次线性变换，即新因子空间坐标基 $\boldsymbol{f}^{*}=(f_1^{*}\ f_2^{*}\cdots f_m^{*})'$ 由变换矩阵 $\boldsymbol{G}$ 对原因子坐标基作变换得到，可表示为：

$$\boldsymbol{f}^{*}=\boldsymbol{G}\boldsymbol{f} \tag{2.3.34}$$

原因子荷载阵 $\boldsymbol{A}$ 也可以通过线性变换矩阵 $\boldsymbol{T}$ 变换为新的因子荷载阵：

$$\boldsymbol{A}^{*}=\boldsymbol{A}\boldsymbol{T} \tag{2.3.35}$$

假设经过转动后，新因子荷载阵 $\boldsymbol{A}^{*}$ 及新因子向量 $\boldsymbol{f}^{*}$ 仍满足式(2.3.2)，即：

$$\boldsymbol{x}=\boldsymbol{A}^{*}\boldsymbol{f}^{*}+\boldsymbol{e}$$

则有：

$$\boldsymbol{R}=(\boldsymbol{A}^{*}\boldsymbol{f}^{*}\boldsymbol{f}^{*\prime}\boldsymbol{A}^{*\prime}+\boldsymbol{ee}')/n=\boldsymbol{A}^{*}\boldsymbol{G}\left(\frac{1}{n}\boldsymbol{ff}'\right)\boldsymbol{G}'\boldsymbol{A}^{*\prime}+\boldsymbol{C}$$
$$=\boldsymbol{A}^{*}\boldsymbol{GG}'\boldsymbol{A}^{*\prime}+\boldsymbol{C}=\boldsymbol{A}(\boldsymbol{TG})(\boldsymbol{TG})'\boldsymbol{A}'+\boldsymbol{C}$$

若令：

$$(\boldsymbol{TG})(\boldsymbol{TG})'=\boldsymbol{I} \tag{2.3.36}$$

则有：

$$\boldsymbol{R}=\boldsymbol{AA}'+\boldsymbol{C}$$

即满足模型式(2.3.6)。从而说明在因子轴转动过程中，所使用的变换矩阵必须满足式(2.3.36)要求，该式表明在因子轴转动过程中，矩阵组合($\boldsymbol{TG}$)必须满足正交要求，但对于 $\boldsymbol{T}$ 及 $\boldsymbol{G}$ 它们本身而言不一定满足正交要求。

如果在因子轴转动过程中要求因子轴保持**刚性转动**，即保持新因子轴也是正交的话，即：

$$\frac{1}{n}\boldsymbol{f}^{*}\boldsymbol{f}^{*\prime}=\boldsymbol{G}\left(\frac{1}{n}\boldsymbol{ff}'\right)\boldsymbol{G}'=\boldsymbol{GG}'=\boldsymbol{I} \tag{2.3.37}$$

那么就必须要求 $\boldsymbol{G}$ 阵也满足正交条件，从而有：

$$(\boldsymbol{TG})(\boldsymbol{TG})'=\boldsymbol{TT}'=\boldsymbol{I} \tag{2.3.38}$$

即 $\boldsymbol{T}$ 阵也必须满足正交条件，所以矩阵 $\boldsymbol{T}$ 及 $\boldsymbol{G}$ 都是正交阵。为了计算方便，通常令：

$$\boldsymbol{G}=\boldsymbol{T}^{-1} \tag{2.3.39}$$

如果在因子轴转动过程中不要求因子轴满足正交条件，即：

$$\frac{1}{n}\boldsymbol{f}^{*}\boldsymbol{f}^{*\prime}\neq\boldsymbol{I} \tag{2.3.40}$$

则称这种转动为斜交转动或仿射转动。

2.3.4.2　极大方差转动

在气象上用得较多的一种正交转动是极大方差转动，它转动的结果能使少数变量在某个公共因子轴上有较高的荷载。

通过对式(2.3.16)的分析，我们知道，$\sum_{i} a_{ik}^{2}$ 是指定的 f_k 对 $\boldsymbol{x}$ 各分量的总的影响，也是 f_k 对 $\boldsymbol{x}$ 的“贡献”，而对某一个变量 x_i 而言，第 k 个公共因子荷载的平方 a_{ik}^{2} 实际上反映了该公共因子对原变量 x_i 的方差贡献(因为 $a_{ik}=r_{ik}$)。要使得 p 个变量在新的公共因子轴 f_k 上有较高的荷载，这就要求它们在因子的荷载分布上有较大的散布(f_k 更具有代表性)，而这种散布在第 k 个公共因子上表现为 p 个荷载平方的方差：

$$s_k^2=\frac{p\sum_{i=1}^{p}(a_{ik}^{*2})^2-\left(\sum_{i=1}^{p}a_{ik}^{*2}\right)^2}{p^2} \tag{2.3.41}$$

式中 a_{ik}^* 表示第 k 个新公共因子上第 i 个变量的新因子荷载。

为了使所有新公共因子都尽可能更具有代表性，自然希望在新坐标系中上述方差的总体数值达到极大，即：

$$s^2=\sum_{k=1}^{m} s_k^2 \to 极大$$

又由于各变量的公共性 h_i^2 不等，为了消除变量公共性不同的影响，同时也为了使转动中变量点相对于原点的位置保持不变和计算上的便利，我们假设在转动过程中各变量的公共性 h_i^2 保持不变，那么可将上式变为以下判据：

$$s^2=\sum_{k=1}^{m}\frac{p\sum\limits_{i=1}^{p}\left(\frac{a_{ik}^{*2}}{h_i^2}\right)^2-\left(\sum\limits_{i=1}^{p}\frac{a_{ik}^{*2}}{h_i^2}\right)^2}{p^2}\to 极大 \qquad (2.3.42)$$

为了实现上述要求，我们对判据 s^2 连续使用三角函数序列来使其达到极大化，其具体方法是：每次仅转动两个因子轴，且每次转动的两个因子轴都满足正交条件，即每次都是刚性转动。开始时，任选两个因子轴，如 f_1,f_2，使其转动满足上述判据，得到两个新因子轴：f_1^* 与 f_2^*，然后用所得新因子轴中的第一个 f_1^* 与第三因子轴 f_3 正交转动，同样满足上述判据条件，并得到更新的因子轴：f_1^{**} 与 f_3^*，再用刚得到更新的第一因子轴 f_1^{**} 与第四因子轴 f_4 正交转动，得到 $f_1^{(3)}$ 与 f_4^*，……，如此下去，直至与最后一个因子 f_m 组成因子对并进行正交转动，得到 $f_1^{(m-1)}$ 与 f_m^*；然后再将第二个新因子轴 f_2^* 与第三个新因子轴 f_3^* 组成对进行正交转动，得到 f_2^{**} 与 f_3^{**}，再把 f_2^{**} 与 f_4^* 组成对进行正交转动，得到 $f_2^{(3)}$ 与 f_4^{**}，……，如此下去，直至与最后一个新因子 f_m^* 组成因子对并进行正交转动，得到 $f_2^{(m-1)}$ 与 f_m^{**}；……，以此类推，直至所有可能的因子对都满足式(2.3.42)为止。

上述转动所应用的三角函数序列公式如下：

如果求得转动角 θ，则转动后在第 p 个及第 q 个公共因子上的新荷载可表示为：

$$\begin{cases}a_{ip}^*=a_{ip}\cos\theta+a_{iq}\sin\theta\\ a_{iq}^*=-a_{ip}\sin\theta+a_{iq}\cos\theta\end{cases} \qquad (2.3.43)$$

将上式代入式(2.3.42)，并利用极值原理，令 $\partial s/\partial\theta=0$，即可得到：

$$\tan 4\theta=\frac{2\sum\limits_{i=1}^{p}u_iv_i-\frac{2}{p}\left(\sum\limits_{i=1}^{p}u_i\right)\left(\sum\limits_{i=1}^{p}v_i\right)}{\sum\limits_{i=1}^{p}(u_i^2-v_i^2)-\frac{1}{p}\left[\left(\sum\limits_{i=1}^{p}u_i\right)^2-\left(\sum\limits_{i=1}^{p}v_i\right)^2\right]} \qquad (2.3.44)$$

其中：
$$u_i=\frac{a_{ip}^2-a_{iq}^2}{h_i^2},\quad v_i=\frac{2a_{ip}a_{iq}}{h_i^2}$$

注意，我们还必须利用式(2.3.44)中分子与分母的正、负号来确定角度 θ 的象限，从而准确地得到每一次转动角度的具体数值。

假设现在有三个公共因子：f_1,f_2,f_3，根据式(2.3.44)找到头两个因子轴 f_1、f_2 的转动角度 θ_{12}，则转动矩阵为：

$$T_{12}=\begin{pmatrix}\cos\theta_{12} & \sin\theta_{12} & 0\\ -\sin\theta_{12} & \cos\theta_{12} & 0\\ 0 & 0 & 1\end{pmatrix} \tag{2.3.45}$$

不难发现，该矩阵类似于雅可比法求矩阵特征值中的变换矩阵。利用此矩阵把 f_1、f_2 转到新因子轴 f_1^*,f_2^* 上，再以 f_1^*,f_3 为基础，找到 $\boldsymbol{T}_{13}$，把它们转到新因子轴 f_1^{**},f_3^* 上，然后又以 f_2^*,f_3^* 为基础，找到 $\boldsymbol{T}_{23}$，再次转动到新因子轴 f_2^{**},f_3^{**} 上，此时就完成了从 f_1,f_2,f_3 到 $f_1^{**},f_2^{**},f_3^{**}$ 的转动。这一过程详见表 2.29。

表 2.29　因子轴正交转动过程

原因子轴	转动角	新因子轴	矩阵表示
$f_1 f_2$	θ_{12}	$f_1^* f_2^*$	$\boldsymbol{A}^*=\boldsymbol{A}\boldsymbol{T}_{12}$
$f_1^* f_3$	θ_{13}	$f_1^{**} f_3^*$	$\boldsymbol{A}^{**}=\boldsymbol{A}^*\boldsymbol{T}_{13}$
$f_2^* f_3^*$	θ_{23}	$f_2^{**} f_3^{**}$	$\boldsymbol{A}^{(3)}=\boldsymbol{A}^{**}\boldsymbol{T}_{23}$

从表 2.29 中可以看到，转动后新因子荷载阵 $\boldsymbol{A}^{(3)}$ 可以从如下关系中表示出来：

$$\boldsymbol{A}^{(3)}=\boldsymbol{A}^*\boldsymbol{T}_{13}\boldsymbol{T}_{23}=\boldsymbol{A}\boldsymbol{T}_{12}\boldsymbol{T}_{13}\boldsymbol{T}_{23}$$

若令：

$$\boldsymbol{T}=\boldsymbol{T}_{12}\boldsymbol{T}_{13}\boldsymbol{T}_{23}$$

则有：

$$\boldsymbol{A}^{(3)}=\boldsymbol{A}\boldsymbol{T}$$

下面我们以 8 个变量的相关阵为例：

$$\boldsymbol{R}=\begin{pmatrix}1.000 & 0.140 & 0.987 & 0.168 & 0.931 & 0.804 & 0.597 & 0.980\\ 0.140 & 1.000 & 0.100 & 0.930 & 0.491 & 0.693 & 0.877 & 0.331\\ 0.987 & 0.100 & 1.000 & 0.185 & 0.927 & 0.807 & 0.608 & 0.972\\ 0.168 & 0.930 & 0.185 & 1.000 & 0.489 & 0.671 & 0.835 & 0.347\\ 0.931 & 0.491 & 0.927 & 0.489 & 1.000 & 0.962 & 0.848 & 0.984\\ 0.804 & 0.693 & 0.807 & 0.671 & 0.962 & 1.000 & 0.950 & 0.903\\ 0.597 & 0.877 & 0.608 & 0.835 & 0.848 & 0.950 & 1.000 & 0.743\\ 0.980 & 0.331 & 0.972 & 0.347 & 0.984 & 0.903 & 0.743 & 1.000\end{pmatrix}$$

我们可先求出 $\boldsymbol{R}$ 阵的前几个特征值：$\lambda_1=5.96$，$\lambda_2=1.93$，此时 $\lambda_1+\lambda_2$ 已占总方差的 98.5%，故仅取前两个公共因子即可；并求出相应的因子荷载向量 $\boldsymbol{a}_1,\boldsymbol{a}_2$（见表 2.30）。

表 2.30

变量	a_1	a_2	a_1^*	a_2^*
1	0.863	−0.519	0.997	0.058
2	0.634	0.762	0.089	0.987
3	0.858	−0.500	0.989	0.076
4	0.633	0.736	0.103	0.965
5	0.984	−0.176	0.909	0.414
6	0.993	0.078	0.772	0.627
7	0.926	0.366	0.554	0.828
8	0.939	−0.342	0.967	0.252

对其作极大方差转动时首先要计算转动角度：

$$\tan 4\theta=\frac{2\times(-1.3292)-2\times 4.043\times 0.064/8}{3.4858-4.5159-(4.043^2-0.064^2)/8}=\frac{-2.723}{-3.073}\approx 0.8862$$

查三角函数值表，得角度为 41.55°，注意分子、分母的符号，得知该角在第三象限，即角度变化在−180°～−90°之间（假如坐标系顺时针方向旋转），于是：

$$4\theta=-180°+41.55°=-138.45°$$

即：

$$\theta=-138.45/4\approx-34.6°$$

将该值代入式(2.3.43)，即可计算出各变量新因子荷载的值，例如：

$$\begin{cases}a_{51}^*=0.984\times\cos(-34.6)+(-0.176)\times\sin(-34.6)\approx 0.772\\ a_{52}^*=-0.984\times\sin(-34.6)+(-0.176)\times\cos(-34.6)\approx 0.627\end{cases}$$

具体计算结果见表 2.30 最后两列。

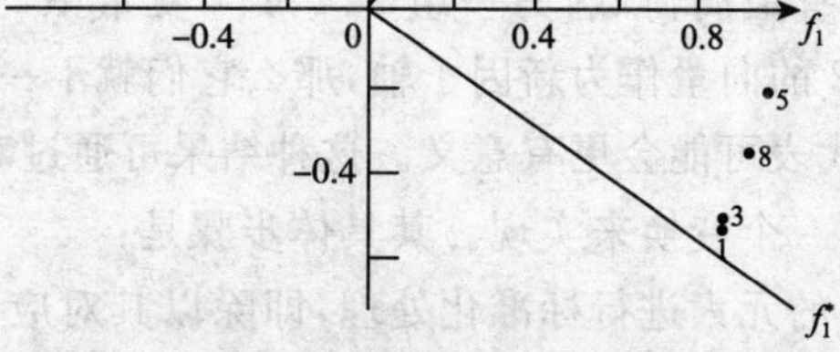

图 2.14　因子轴转动示意图

因子轴转动如图 2.14 所示。由于因子轴是刚性转动，所以 8 个变量在新、旧坐标系中的相对位置，即其分布并没有发生变化，因子轴仅仅绕原点顺时针转动了 34.6°，但变量在新、旧因子轴上荷载的方差数值却发生了变化，根据公式(2.3.41)可分别求出：

$$s^2=s_1^2+s_2^2=0.0470+0.0416=0.0886$$

$$s^{*2}=s_1^{*2}+s_2^{*2}=0.1554+0.1465=0.3019$$

即变量在新、旧因子轴上荷载的方差数值从原来的 0.0886 增加到 0.3019。公共因子也得到了新的解释，如第 1、3、5、8 这四个变量在第一新因子轴上较其他变量有更高的荷载，因而可以认为第一新公共因子主要代表这几个变量，而第二个公共因子则主要代表第 2、4 等变量，这些特点在原因子轴上是不容易区别的。

2.3.4.3 因子轴的斜交转动

因子轴的斜交转动，是指转动后的新因子轴并不一定满足正交条件。但从因子荷载方差解释或公共因子的解释上似乎明白了这样一个道理，所有这些新的数学手段的应用，目的只有一个，就是从不同的角度来分析数据资料本身的分布结构，找出其内在的可能存在的主要规律，尽可能多地提取各种有用信息，为预测或预报服务；而一种新方法的应用，往往又是以另一种已知的数学手段为前提，逐步完善、发展而来。斜交转动也不例外，Richman 认为，对某些气象要素场，其因子荷载矩阵在经过斜交转动后具有更明确的气象意义。由于斜交转动方法很多，在此我们仅介绍与上述正交转动有关的两种方法。

(1)Promax 方法

该法认为，极大方差正交转动的结果虽然已经比较理想，也有美中不足的地方，我们可以对其稍作改变，把不同变量在某个因子轴上的荷载在数值上的差距进一步拉大，从而将所需要的信息更准确地提取出来，但这种改变可能会破坏原来的正交性。

我们以上述因子轴转交转动结果为例来加以解释、说明。如图 2.14 所示，1、3、5、8 变量组中，变量 1 有最高荷载，另一组 2、4、6、7 变量中，变量 2 具有最大荷载。如果以变量 1 及变量 2 的向量作为新因子轴，那么它们就不一定正交，而这两个新因子作为两个变量组的代表可能会更有意义。这种结果可通过对经过极大方差转动后的因子荷载矩阵 $\boldsymbol{A}^*$ 作一个变换来实现。其具体步骤是：

①首先对 $\boldsymbol{A}^*$ 阵中的元素进行标准化处理，即除以其对应的公共性的开方，得到另一个新矩阵 $\boldsymbol{G}$，其中的元素为：

$$g_{ij}=a_{ij}^*/h_i \qquad (2.3.46)$$

②再将矩阵 $\boldsymbol{G}$ 进行变换，生成一个新的荷载阵 $\boldsymbol{B}$，其对应的元素为：

$$b_{ij}=g_{ij}/w_j \tag{2.3.47}$$

式中：$w_j=\max\limits_i\{g_{ij}\}$。这一变换过程保证了在某一因子中有最高荷载为 1.0 的变量，其余所有变量的值均小于 1.0。

③为了将不同变量在某个因子轴上的荷载在数值上的差距进一步拉大，同时使得新因子轴附近的变量在新因子轴上有较高的荷载，而远离该因子轴的变量在该因子轴上的荷载尽可能地小，我们用元素的高次幂的乘方来达到这一目的（因为 $b_{ij}<1$），即最终所求取的新因子荷载阵 C 的元素由下式决定：

$$c_{ij}=\frac{|b_{ij}^{m+1}|}{b_{ij}} \tag{2.3.48}$$

上式不难看出，在上述由 $\boldsymbol{B}$ 到 $\boldsymbol{C}$ 的过程中，除原阵中只有 1.0 的元素没有变化外，其他元素间的数值差异都拉大了，而接近于 0 的较小元素，经过高次幂作用后迅速减小，一般我们取 $m=4$ 即可。经过这样处理得到的新荷载阵 $\boldsymbol{C}$ 正是我们所期望的。

④那么，如何构作转换矩阵 $\boldsymbol{T}$ 对 $\boldsymbol{A}^*$ 阵作变换得到 $\boldsymbol{C}$ 阵呢？令：

$$\boldsymbol{C}=\boldsymbol{A}^*\boldsymbol{T}+\boldsymbol{E} \tag{2.3.49}$$

其中 $\boldsymbol{E}$ 阵中的元素是估计 $\boldsymbol{C}$ 阵时的误差元素，希望其值尽可能地小。这样我们就可以利用矩阵的迹（$tr(\cdot)$）通过最小二乘法求出 $\boldsymbol{T}$ 阵，即：

$$\mathrm{tr}(\boldsymbol{E}'\boldsymbol{E})=\mathrm{Tr}[(C-\boldsymbol{A}^*\boldsymbol{T})'(C-\boldsymbol{A}^*\boldsymbol{T})]\rightarrow\min$$

对其求偏导，有：

$$\frac{\partial\mathrm{tr}(\boldsymbol{E}'\boldsymbol{E})}{\partial\boldsymbol{T}}=-2\boldsymbol{A}^*C+2\boldsymbol{A}^{*\prime}\boldsymbol{A}^*\boldsymbol{T}=0$$

即：
$$\boldsymbol{A}^{*\prime}\boldsymbol{A}^*\boldsymbol{T}=\boldsymbol{A}^{*\prime}C$$

解得：
$$\boldsymbol{T}=(\boldsymbol{A}^{*\prime}\boldsymbol{A}^*)^{-1}\boldsymbol{A}^{*\prime}C \tag{2.3.50}$$

⑤由于转动后的新因子要求有单位长度，而 $\boldsymbol{A}^*\boldsymbol{T}$ 一般不能保证这一要求，所以又令：

$$\boldsymbol{T}_1=\boldsymbol{T}\boldsymbol{D}_1$$

其中：
$$\boldsymbol{D}_1^2=[\mathrm{diag}(\boldsymbol{T}'\boldsymbol{T})^{-1}]$$

可理解为对矩阵 $\boldsymbol{T}$ 作标准化处理。所得到的 $\boldsymbol{T}_1$ 阵才是最后要求的转换矩阵。

⑥阵 $\boldsymbol{A}^*$ 斜交转动的新因子荷载矩阵：

$$\hat{\boldsymbol{C}}=\boldsymbol{A}^*\boldsymbol{T}_1 \tag{2.3.51}$$

$\hat{\boldsymbol{C}}$ 即是所求的斜交转动的新的因子荷载矩阵，是对 $\boldsymbol{C}$ 阵最好的估计。

（2）Harris-Kaiser 方法

该法是根据线性代数理论，通过矩阵变换方法来达到用正交矩阵来求斜交转动矩阵的目的，故又称正交斜交法。

由线性代数可知，任何一个 $m\times m$ 转换矩阵 $\boldsymbol{T}$ 都可以分解成如下形式：

$$\boldsymbol{T}=\boldsymbol{P}\boldsymbol{D}_2\boldsymbol{Q}\boldsymbol{D}_1 \tag{2.3.52}$$

其中 $\boldsymbol{P}$、$\boldsymbol{Q}$ 为 $m\times m$ 正交矩阵，$\boldsymbol{D}_2$、$\boldsymbol{D}_1$ 为 $m\times m$ 对角矩阵，$\boldsymbol{D}_1$ 也是一个保证转动后的新因子具有单位长度的尺度阵。转动后的因子荷载矩阵 $\boldsymbol{C}$ 可表示为：

$$\boldsymbol{C}=\boldsymbol{A}\boldsymbol{T} \tag{2.3.53}$$

其中 $\boldsymbol{A}$ 为转动前的因子荷载阵。将式(2.3.13)、式(2.3.52)代入上式，有：

$$\boldsymbol{C}=\boldsymbol{V}\boldsymbol{\Lambda}^{1/2}\boldsymbol{P}\boldsymbol{D}_2\boldsymbol{Q}\boldsymbol{D}_1$$

式中 $\boldsymbol{V}$ 为变量相关阵 $\boldsymbol{R}$ 的特征向量中所保留部分组成的矩阵，$\boldsymbol{\Lambda}^{1/2}$ 为对应特征值开方值所组成的对角阵。在斜交转动中，可令矩阵 $\boldsymbol{P}$ 为单位阵，而矩阵 $\boldsymbol{D}_2$ 可选取与 $\boldsymbol{\Lambda}$ 阵的幂次成比例的对角阵，一般选 $\boldsymbol{D}_2$ 为 $\boldsymbol{\Lambda}^{1/2}$，于是上式变为：

$$\boldsymbol{C}=\boldsymbol{V}\boldsymbol{\Lambda}\boldsymbol{Q}\boldsymbol{D}_1 \tag{2.3.54}$$

如果把 $\boldsymbol{V}\boldsymbol{\Lambda}$ 看成为一个因子荷载阵，那么，我们可用极大方差正交转动的方法来求它的转换矩阵，这个矩阵就是上式中的 $\boldsymbol{Q}$ 阵，而矩阵 $\boldsymbol{D}_1$ 可用上述斜交转动中的方法类似求出。

2.3.5 因子分析法在天气预报中的应用举例

从因子分析的数学模型知道，它把变量分解为相互正交的因子的线性组合，并将变量中的公共信息无重叠交叉地提取出来，即所谓的公共因子，换而言之，就是将原有的 p 个因子变量经过数学处理，变成 $m(m<p)$ 个相互独立的新因子，并以此建立回归模型。由于这些新因子相互独立，所以建立的模型实际上是 m 个一元回归模型，其回归系数可单独计算。与逐步回归相比，其优越性还表现在即使只有一个组合因子组成的回归方程，实际上它也用到了各原始因子的主要信息，而在逐步回归中，如果某个因子与预报量的相关性达不到标准，该因子就会被剔除，从而删除了该因子提供的信息。

现以制作江苏某地 3 月份的逐日最低气温预报为例，来说明因子分析法的应用。

(1)确定预报因子

使用日本数值预报产品中 *FXFE* 782 温度预报(该站附近若干格点上的 850 hPa 温度预报值)及该站前一天 17 时实测温度为原始预报因子：

x_1：前一天该站 17 时温度实测值；

x_2：*FXFE* 782 温度预报上第 19 个格点的温度预报值；

x_3 *FXFE* 782 温度预报上第 23 个格点的温度预报值；

x_4 *FXFE* 782 温度预报上第 20 个格点的温度预报值；

x_5 *FXFE* 782 温度预报上第 27 个格点的温度预报值；

(2)样本资料

1982 年、1983 年 3 月份共 60 天的资数据料。

(3)建模

①首先计算因子资料 $\boldsymbol{X}=(x_{ij})_{60\times 5}$ 的相关阵 $\boldsymbol{R}=(r_{ij})_{5\times 5}$。

②求相关阵 $\boldsymbol{R}$ 的特征根,并将其依从大到小的顺序排列:$\lambda_1\geqslant\lambda_2\geqslant\lambda_3\geqslant\lambda_4\geqslant\lambda_5$;再据此得到相应顺序的特征向量阵:$\boldsymbol{V}=(v_{ij})_{5\times 5}$。

③组建新因子矩阵

若令某一天的因子的数据资料为 $x_i(i=1,2,3,4,5)$,则此时根据特征向量构作的新因子样本资料可由:

$$z_i=\sum_{i=1}^{5} v_{ij}x_i \tag{2.3.55}$$

给出,由此得到新组合因子阵:$\boldsymbol{Z}=(z_1,z_2,z_3,z_4,z_5)$。

④建立预报模型

$$\hat{y}=\bar{y}+\sqrt{s_{yy}}(b_1z_1+\cdots+b_5z_5) \tag{2.3.56}$$

或:

$$\hat{y}=\bar{y}+\sqrt{s_{yy}}\sum_{i=1}^{5}\frac{r_{iy}^*}{\sqrt{\lambda_i}}z_i \tag{2.3.56$'$}$$

式中:

$$r_{iy}^*=\frac{\sum_{t=1}^{n}(z_{ti}-\bar{z}_i)(y_t-\bar{y})}{\sqrt{\sum_{t=1}^{n}(z_{ti}-\bar{z}_i)^2\sum_{t=1}^{n}(y_t-\bar{y})^2}}=\frac{1}{\sqrt{\lambda_i}}\sum_{j=1}^{5}v_{ij}r_{jy} \tag{2.3.57}$$

r_{jy} 为原始因子与预报量 y 的相关系数。

经过计算,得到对应的回归系数,相应的预报方程为:

$$\hat{y}=\frac{1}{10}[17.532+0.142x_1+1.249x_2+1.185x_3+1.187x_4+1.224x_5]$$

(4)预报效果分析

复相关系数:

$$R^*=\sqrt{\sum_{i=1}^{5}(r_{iy}^*)^2}=0.84$$

是新因子与预报量之间的相关系数。

经 1984 年预报结果分析,它比一般回归(非正交组合)要好,平均误差小,预报得分高。

表 2.31　预报效果比较

	平均绝对误差	预报得分
正交组合回归	1.09℃	74.2 分
一般回归	1.2℃	71 分

参考文献

陈谋国.1987.统计天气预报原理和方法.空军气象学院教材.

陈小丽,吴慧.2004.海南近42年气候变化特征[J].气象,(8):27-30.

黄嘉佑.1981.北京冬季气温的对应分析研究[J].大气科学,**5**:207-213.

黄嘉佑.2000.气象统计分析与预报方法[M].北京:气象出版社.

铃木荣一.1968.气象统计学[M].地人书馆.

严华生,王学仁.1991.多因变量及要素场统计预报[M].北京:气象出版社.

袁晓燕,闻余华.2007.苏北沿海地区降水量的统计分析[J].水文,**27**(1).

浙江大学数学系.1979.概率论与数理统计[M].北京:人民教育出版社.

Eischeid J K, Baker C B, Karl T R, *et al*. 1995. The quality control of long-term climatological data using objective data analysis[J]. *J. Appl. Meteor.*, **34**:2787-2795.

Hans von Storch, Zweiers F W. 2002. *Statistical Analysis in Climate Research* [M]. London: Cambridge University Press, 289-357.

Jacqueline Diaz-Nieto, Robert L. 2005. A comparison of statistical downscaling and climate change factor methods: Impact on lowflows in the river Thames. Unified Kingdom. [J] *Climatic Chang*, **69**:245-268.

Johns T C, Carnell R E, Crossley J F, *et al*. 1997. The second Hadley Centre coupled ocean-atmosphere GCM: Model description, spin up and validation [J]. *Climate Dynamics*, **13**: 103-134.

Karl T R. 1985. Intraseasonal variability of extremely cold and warm months in the contiguous United States[J]. *J. Climate and Appl. Meteor.*, **24**:215-227.

Lanzante J R. 1996. Resistant robust and non-parametric techniques for the analysis of climate data: Theory and examples, including applications to historical radiosonde station data [J]. *Int. J. Climatol.*, **16**:1197-1226.

Mobley C D, Preiseudorfer R W. 1985. Statistical analysis of historical climate data sets[J]. *J. Climate and Appl. Meteor.*, **24**:555-567.

Murakami T, Nakazawa T. 1984. Tropical 45 day oscillations during the 1979 Northern Hemicphere summer[J]. *J. Atmos. Sci.*, **42**:1107-1122.

Richman M B. 1981. Obliquely rotated principal components an improved meteorological map typing technique[J]. *J. Appl. Meteoro.*, **20**:1145-1159.

Schickedanz P T. 1977. Application of factor analysis in weather modification research[J]. *Amer. Met. Soc.*, 190-195.

Wetterhall F, Halldin S, Xu C Y. 2007. Seasonality properties of four statistical-downscaling methods in central Sweden[J]. *Theor. Appl. Climatol.*, **87**:123-137.

第 3 章　回归分析

在概率论中我们知道，虽然随机变量在某时刻可能取各种不同的值，但大多数随机变量都有自己确定的分布；变量之间虽不一定存在完全确定的函数关系，却可能存在某种统计相关关系。从大量的气象资料中去寻找这种统计相关规律就叫回归分析。

回归分析是气象统计分析与预报中最为常用的一种经典方法，尤其在台站的气象业务预报中更为广泛应用。经常用它来分析某一气象要素（即要预报的预报量或称预报对象），如：降水、能见度、平均气温等和其他气象变量（即预报因子），如：温、压、湿、风等要素之间的统计相关，建立相应的统计关系方程式，并以此对未来某一时刻的预报对象作出估计。

本章主要讨论回归的概念、回归方程的建立和回归效果的分析等。其中心问题是如何使变量间的非确定性关系在一定条件下转化成确定性关系。

3.1　回归函数

如果存在两个变量 Y 与 x，其中因变量 Y 的取值依赖于自变量 x 的值，但又不完全依赖于 x 的值，Y 是随机变量，x 是可以精确观测或严格控制的非随机变量；对某一个 x 的固定取值，Y 的取值事先是不能完全确定的，但任一个 x 的固定取值所对应的 Y 的概率分布是确定的，即 Y 关于 x 的条件期望 $\mathrm{M}[Y|x]$ 是 x 的函数，记为：

$$\mathrm{M}(Y|x) \triangleq m(x) \tag{3.1.1}$$

我们称上式为 Y 对 x 的回归函数或回归方程。

从概率论的角度来看气象要素变量，它们中的大多数都有自己确定的条件概率分布，可以用回归分析的方法找出其统计规律，并作出相应的估计。

例如，影响冷锋移动速度 Y 的因素是很多的：高空引导气流，冷暖平流，下垫面情况，锋后冷高压强度及其垂直于锋面的风速分量等。如果仅考虑锋后冷高压强度因素 x 对锋面移动速度 Y 的影响，很明显，在气象历史资料的不同个例中，Y 与 x 之间并非一一对应的确定关系，但 Y 对应于 x 的条件概率分布是确定的。对南京冬季月份西路冷锋 50 个观测个例的移动速度进行统计，得表 3.1。

表 3.1

冷锋移速 Y (km/h) / 条件概率 $p_{j/i}$ / 锋后冷高强度(hPa/纬距)		组界				冷锋移速的条件平均数
		25—35	35—45	45—55	55—65	
		y_j 组中值				
组界	x_1 组中值	$y_1=30$	$y_2=40$	$y_3=50$	$y_4=60$	
(1.0—1.4)	1.25	2/2	0	0	0	30.0
[1.4—1.7)	1.55	5/14	9/14	0	0	36.4
[1.7—2.0)	1.85	0	10/20	9/20	1/20	45.5
(2.0—2.3)	2.15	0	1/9	5/9	3/9	52.2
(2.3—2.5)	2.45	0	0	1/5	4/5	58.0

表 3.1 中 y 的条件平均数 $\hat{y}_i$ 由公式：

$$\hat{y}_i=\sum_j y_j p_{j/i}$$

算得。如锋后冷高强度为 1.85 hPa/纬距时，冷锋的条件平均数为：

$$\hat{y}_3=\sum_{j=1}^{4} y_j p_{\frac{j}{i}}=30\times\frac{0}{20}+40\times\frac{10}{20}+50\times\frac{9}{20}+60\times\frac{1}{20}=45.5(\mathrm{km/h})$$

同样可求得表 3.1 中的其他数据。由此可见，$\hat{y}$ 值的大小随 x 的变化而变化，$\hat{y}$ 是 x 的函数，但 y 不是 x 的函数，虽然 y 与 x 之间存在着相关关系。

一般而言，随机变量 Y 的可能取值 y 与自变量 x 的关系，由(3.1.1)可得到：

$$y=m(x)+\varepsilon \tag{3.1.2}$$

对任意的 x，式中 ε 为相互独立且数学期望为零、方差为 σ^2 的正态随机变量。ε 是 x 以外的其他各种因素所造成 y 的随机误差。由式(3.1.2)可知，随机变量 $y\sim N[m(x),\sigma^2]$。

回归函数式(3.1.1)给出了 x 不同取值(条件)时随机变量 Y 平均状态的变化规律，即 Y 对 x 的回归函数就是 Y 对 x 的条件期望函数，也称为第一类回归。而把式(3.1.1)和式(3.1.2)一起考虑，就会发现，我们可以用因变量的(条件)平均变化趋势来对因变量本身作估计(误差为 ε)，所以，只要找出因变量平均趋势变化与自变量变化之间的关系，就可以对因变量进行估计。这正是我们回归分析的目的和任务。

为什么我们可以用回归函数来对因变量作估计呢？回顾一下概率论和数理统计我们可以发现，回归函数有一个重要的最小性质：对任意的函数 $g(x)$，恒有

$$M[Y-g(x)]^2\geqslant M[Y-m(x)]^2 \tag{3.1.3}$$

当且仅当 $g(x)=m(x)$时，上式等号成立。

事实上，对于任意固定的 x，存在函数 $C(x)$，使得：

$$M(Y|x)=MY+C(x)$$

又：$$M[Y-m(x)]^2=M[Y-M(Y|x)]^2=M\{Y-[MY+C(x)]\}^2$$

$$
\begin{aligned}
&=M[Y]^2-2MY\cdot[MY+C(x)]+[MY+C(x)]^2\\
&=M[Y]^2+C^2(x)-[MY]^2\\
&\quad\leqslant M[Y]^2+C^2(x)\\
&\quad\triangleq M[Y-g(x)]^2
\end{aligned}
$$

且仅当 $g(x)=m(x)$时，上式等号成立。

这说明，在 x 的一切函数中，只有用回归函数 $m(x)$作为 Y 的估计才能使估计的偏差平方和达到最小。理论上我们可以找到这么一个回归函数，但实际上是非常困难的，为了便于寻找、简化计算和说明问题，常常限制 $g(x)$为某一类函数，如线性函数，并从中找出使估计偏差最小的 $g(x)$，可得如下形式回归方程：

$$m(x)=B_0+Bx$$

则式(3.1.2)又可表示成：

$$y=B_0+Bx+\varepsilon \tag{3.1.4}$$

对多个非随机的自变量 $x_1,x_2,\cdots,x_m$，回归函数可表示为：

$$M[Y\mid x_1,x_2,\cdots,x_m]=m(x_1,x_2,\cdots,x_m)$$

而 Y 的可能值 y 与 $x_1,x_2,\cdots,x_m$ 的关系可表示为：

$$y=m(x_1,x_2,\cdots,x_m)+\varepsilon$$

且数理统计中已证明，当$(Y,X_1,X_2,\cdots,X_m)$服从联合正态分布时，多元回归函数 $m(x_1,x_2,\cdots,x_m)$具有线性形式：

$$m(x_1,x_2,\cdots,x_m)=B_0+B_1x_1+B_2x_2+\cdots+B_mx_m$$

则式(3.1.2)还可表示成：

$$y=B_0+B_1x_1+B_2x_2+\cdots+B_mx_m+\varepsilon \tag{3.1.5}$$

由于实际问题中的许多气象要素变量都近似服从联合正态分布，并且正态回归方程的计算简单，所以线性回归在气象上有着非常广泛的应用。因此，本章主要讨论线性回归问题。

3.2　一元线性回归

一元线性回归仅处理两个变量即预报量与一个预报因子之间的关系。它可以帮助我们理解和掌握回归分析中的许多基本概念和处理问题的思路及方法，特别是结果的误差分析，并以此触类旁通、举一反三，提高处理复杂问题的能力。

3.2.1　一元线性回归模型

我们在数理统计中已经对线性回归有了一个初步的了解，为了更好地理解其意义，不妨对一元线性回归模型的以下 4 种形式作一分析：

模型 1：　$y=B_0+Bx+\varepsilon$　(3.2.1)

模型 2：　$M(Y|x)=B_0+Bx=m(x)$　(3.2.2)

模型 3：　$\hat{y}=m(x)=B_0+Bx$

模型 4：　$\hat{y}=\hat{m}(x)=b_0+bx$　(3.2.3)

模型 1 从理论上描述了 y 与 x 两者的关系：x 与 y 是原因与结果的性质，即存在着相关关系，但又无确定的函数关系；模型 2 是对模型 1 求期望得到的，它表明 Y 的条件期望，即 Y 的平均趋势与 x 间在理论上存在着确定的函数关系，是可描述的；又根据 $m(x)$ 的最小性质，可以得到模型 3，即可以用回归函数对预报量作估计。由于上述 3 种模型都是从理论即总体上来讨论变量间相互关系的，而实际工作中都只能得到有限的、局部的样本资料，所以利用有限的资料，通过模型 3 计算得到的只能是待定系数 B_0、B 的估计值 b_0、b（即 $\hat{B}_0=b_0$，$\hat{B}=b$）和条件期望 $M(Y|x)$ 的估计值 $\hat{m}(x)$，并以此对预报量 y 作估计，得到其估计值 $\hat{y}$。模型 4 就是这样的实用模型，对某一个观测时刻 t 而言，有：

$$y_t=b_0+bx_t+e_t \quad (t=\overline{1,n}) \tag{3.2.4}$$

其中，e_t 表示对 y 进行第 t 次观测时所产生的随机误差，又称“残差”或“偏差”。由(3.2.3)式和(3.2.4)式容易得到用 $\hat{y}$ 对 y 作估计时的误差：

$$e_t=y_t-\hat{y}_t=y_t-(b_0+bx_t)$$

它主要由以下 3 个部分组成：(1)x 对 y 的非线性贡献和 x 以外的其他各种因素所造成 y 的随机误差，即用平均趋势对预报对象进行估计所产生的误差；(2)用抽样样本资料对资料总体进行估计时的估计误差；(3)数值计算时的各种截断误差，即计算误差。

显然，我们不可能使得用 $\hat{y}$ 对 y 作估计时的每一次估计误差 e_t 都达到最小，而只能要求在对 n 个样本的估计中，总误差达到最小。但这一要求不能用 $\sum_{t=1}^{n}e_t$ 来表示（因为 $\sum_{t=1}^{n}e_t\approx 0$），也不宜用 $\sum_{t=1}^{n}|e_t|$ 表示（因为绝对值符号的处理比较困难），而可用残差平方和达到最小的方法来解决，即令：

$$Q\triangleq\sum_t(y_t-\hat{y}_t)^2=\sum_t e_t^2=\sum_t[y_t-(b_0+bx_t)]^2=\min \tag{3.2.5}$$

这种用全部观测值 y_t 与回归估计值 $\hat{y}_t$ 的残差平方和 Q 达到最小来求待定系数 b_0 和 b 的方法称为最小二乘法。由此得到的 b_0，b 所绘出的相关直线能客观地、最佳地表示出 Y 与 X 间的线性相关关系，这种最佳的相关直线称为回归直线，Q 的大小则反映了全部观测值与回归直线的偏离程度。从这点出发，我们进一步理解到回归与最小二乘法是密不可分的。有人因此又给回归下了另外一种定义：

对任意 x，如果存在这样的函数 $g(x)$，使得 $M[Y-g(x)]^2=\min$ 成立，则称函数

$g(x)$为 Y 对 X 的第二类回归。

为了有所区别，我们把前面定义的“Y 对 X 的条件期望函数”称为 Y 对 X 的第一类回归。第一类回归是从变量之间的不确定性而用条件概率分布的方法来定义的；第二类回归则是从计算偏差最小的角度来定义的。虽然两个定义的出发点不同，但目的是一个：对预报对象作最佳估计。

那么，如何根据已有的抽样样本资料$\{(x_t,y_t),t=\overline{1,n}\}$，利用最小二乘法来对预报对象作最佳估计呢？当 x_t 和 y_t 已知时，(3.2.5)式中 Q 就是待定系数b_0 和 b 的二元、二次非负函数，它存在最小值，且可以用极值原理来求出待定系数之值，其步骤如下：

(1)视 Q 是待定系数 b_0 和 b 的函数。由式(3.2.5)有：

$$Q=\sum_t[y_t-(b_0+bx_t)]^2=Q(b_0,b)$$

(2)根据极值原理，令：

$$\begin{cases}\dfrac{\partial Q}{\partial b_0}=0 & ①\\[2mm] \dfrac{\partial Q}{\partial b}=0 & ②\end{cases}$$

(3)由①，得：

$$2\sum_t(y_t-b_0-bx_t)(-1)=0$$

$$\sum_t y_t-\sum_t b_0-\sum_t bx_t=0$$

$$\sum_t y_t-nb_0-b\sum_t x_t=0$$

简化可得：

$$b_0=\bar{y}-b\bar{x} \tag{3.2.6}$$

为了方便，引入下列符号：

$$\begin{cases}S_{xx}\triangleq\sum_t(x_t-\bar{x})^2=\sum_t\dot{x}_t^2\\ S_{xy}\triangleq\sum_t(x_t-\bar{x})(y_t-\bar{y})=\sum_t\dot{x}_t\dot{y}_t\end{cases} \tag{3.2.7}$$

将式(3.2.6)代入式(3.2.5)，得：

$$Q=\sum_t[(y_t-\bar{y})-b(x_t-\bar{x})]^2=\sum_t(\dot{y}_t-b\dot{x}_t)^2$$

(4)由②，得：

$$2\sum_t(\dot{y}_t-b\dot{x}_t)(-\dot{x}_t)=0$$

将式(3.2.7)代入，整理后可得：

$$b\sum_t\dot{x}_t^2=\sum_t\dot{x}_t\dot{y}_t$$

即：

$$S_{xx}b=S_{xy}\tag{3.2.8}$$

上式称为求解回归系数的“正规方程”。

(5)解正规方程得：

$$b=S_{xy}/S_{xx}=\frac{\sum_t x_t y_t-n\bar{x}\bar{y}}{\sum_t x_t^2-n\bar{x}^2}\tag{3.2.9}$$

将式(3.2.6)代入回归模型3，我们便可以得到不含 b_0 的回归模型的距平形式：

$$\hat{y}-\bar{y}=b(x-\bar{x})\tag{3.2.10}$$

很显然，该回归直线经过样本资料的散点重心$(\bar{x},\bar{y})$，截距为 b_0。

3.2.2　回归计算举例

为了预报冬季西路冷锋对南京地区的影响，我们把西路冷锋的移动速度作为预报对象 y，取地面冷锋刚过银川站时的高空 700 hPa 图上东胜与锡林浩特两站的位势高度差(ΔH)作为高空引导气流强弱的预报因子 x，选取 50 个观测资料(见表 3.2 中的 y_t 与 x_t，该表由 3.2 得到)，建立一元线性回归方程，并以此对预报对象进行预报。其步骤如下：

(1)根据观测资料$\{(x_t,y_t),t=\overline{1,n}\}$，计算出相应的数据。

表 3.2

序号 t	y_t	x_t	$x_t y_t$	x_t^2
1	47	69	3243	4761
2	61	119	7259	14161
3	62	132	8184	17424
⋮	⋮	⋮	⋮	⋮
50	42	81	3402	6561
$\sum$	2272	4940	230279	508534
$\frac{1}{n}\sum$	45.4	98.8		

(2)解正规方程，确定回归系数

由表 3.2 的数据和式(3.2.7)可得：

$$S_{xy}=\sum_t x_t y_t-\frac{1}{n}(\sum_t x_t)(\sum_t y_t)=230279-\frac{1}{50}\times 4940\times 2272=5805.4$$

$$S_{xx}=\sum_t x_t^2-\frac{1}{n}(\sum_t x_t)^2=508534-\frac{1}{50}\times(4940)^2=20462.0$$

由
$$S_{xx}b=S_{xy}$$

得
$$b=\frac{S_{xy}}{S_{xx}}=5805.4\div 20462.0\approx 0.28$$

(3)建立回归方程

将上述结果代入距平式回归方程，得：

$$\hat{y}=\bar{y}+b(x-\bar{x})=45.4+0.28\times(x-98.8)$$

$$\hat{y}=0.28x+17.78$$

(4)预报

已知当年 1 月 16 日 08 时的 $\Delta H=121$(位势米)，代入上述预报方程，即有：

$$\hat{y}=0.28\times 121+17.78=51.7(\text{km/h})$$

即预报冷锋的移速为 51.7 km/h，而实况是 45.0 km/h。

该例中地面冷锋是 1 月 16 日 08 时进入河套地区，距离南京的直线距离是 860 km，依据上述预报方程，仅考虑 700 hPa 上反映引导气流的这一个因子对锋面移速的影响，预计冷锋在 1 月 17 日 0 时 38 分左右过南京站，实况是 1 月 17 日 3 时过南京站。预报与实况相差 2 小时 22 分，从预报精度的高要求角度，这个结果并不令人满意。所以还应该考虑其他因子的作用，这正是下一节多元线性回归中将讨论的内容。

3.2.3　回归效果分析

一元线性回归研究的是变量 Y 的条件期望 $M[Y|x]$ 与变量 x 间的相关规律，所得方程在一定程度上揭示了两个变量间的内在规律；其规律性强不强，即方程的效果如何，如预报精度、方程的稳定性等，都是我们最关心的问题。下面就对这些问题进行讨论分析。

3.2.3.1　方差分析——衡量回归效果的几个数量指标

回归分析中是用预报对象 y 的条件期望(即平均状态)对预报对象进行估计，它研究的是 y 的数据分布和平均趋势的情况，因而由抽样样本得出的 $\hat{y}$ 与实况值 y 之间就有差异，只有在 y 与 $\hat{y}$ 的分布相同或相近的情况下，预报值与实况值接近的可能性才较大，所以必须研究它们的分布及其差异情况。我们知道，一个变量的数据分布特性可以用其方差，即变量围绕其均值的波动情况来表示，预报对象及其估计值的方差分别为：

$$s_y^2 = \frac{1}{n}\sum_{t=1}^{n}(y_t - \bar{y})^2 \tag{3.2.11}$$

和：
$$s_{\hat{y}}^2 = \frac{1}{n}\sum_{t=1}^{n}(\hat{y}_t - \bar{\hat{y}})^2$$

又：
$$\bar{\hat{y}} = \frac{1}{n}\sum_{t=1}^{n}\hat{y}_t = \frac{1}{n}\sum_{t=1}^{n}[\bar{y} + b(x_t - \bar{x})] = \frac{1}{n}\sum_{t=1}^{n}\bar{y} + \frac{b}{n}\sum_{t=1}^{n}(x_t - \bar{x}) = \bar{y} + 0 = \bar{y} \tag{3.2.12}$$

所以有：
$$s_{\hat{y}}^2 = \frac{1}{n}\sum_{t=1}^{n}(\hat{y}_t - \bar{y})^2 \tag{3.2.13}$$

不难看出，s_y^2 与 $s_{\hat{y}}^2$ 分别表示预报对象的实况值与预报估计值围绕同一均值 $\bar{y}$ 的波动情况，这为实况值与预报估计值的比较提供了同一个标准。我们希望这两个方差越接近越好。

另一方面，我们更希望预报对象的实况值与预报估计值的差异：$e = y - \hat{y}$ 越小越好。而用方程进行预报时的误差不可能每次都最小或很小，我们只能要求用方程进行预报时的总体误差达到最小(对抽样样本而言)，即 $Q \triangleq \sum_t e_t^2 = \sum_t (y_t - \hat{y}_t)^2 = \min$。

为此，我们来分析一下 Q 的构成：

$$\begin{aligned} Q &= \sum_t (y_t - \hat{y}_t)^2 = \sum_t [(y_t - \bar{y}) - (\hat{y}_t - \bar{y})]^2 \\ &= \sum_t (y_t - \bar{y})^2 + \sum_t (\hat{y}_t - \bar{y})^2 - 2\sum_t (y_t - \bar{y})(\hat{y}_t - \bar{y}) \end{aligned}$$

其中的交叉项：

$$\sum_t (y_t - \bar{y})(\hat{y}_t - \bar{y}) = \sum_t b(y_t - \bar{y})(x_t - \bar{x}) = b\sum_t (x_t - \bar{x})(y_t - \bar{y}) = bS_{xy}$$

又：
$$\begin{aligned} \sum_t (\hat{y}_t - \bar{y})^2 &= \sum_t [b(x_t - \bar{x})]^2 = \sum_t b^2(x_t - \bar{x})^2 = b^2\sum_t (x_t - \bar{x})^2 \\ &= b \cdot bS_{xx} = bS_{xy} \end{aligned} \tag{3.2.14}$$

故：
$$Q = \sum_t (y_t - \bar{y})^2 - \sum_t (\hat{y}_t - \bar{y})^2$$

即：
$$\sum_t (y_t - \hat{y}_t)^2 = \sum_t (y_t - \bar{y})^2 - \sum_t (\hat{y}_t - \bar{y})^2$$

$$\sum_t (y_t - \bar{y})^2 = \sum_t (\hat{y}_t - \bar{y})^2 + \sum_t (y_t - \hat{y}_t)^2$$

所以：
$$\frac{1}{n}\sum_t (y_t - \bar{y})^2 = \frac{1}{n}\sum_t (\hat{y}_t - \bar{y})^2 + \frac{1}{n}\sum_t (y_t - \hat{y}_t)^2 \tag{3.2.15}$$

即：
$$s_y^2 = s_{\hat{y}}^2 + s_e^2 \tag{3.2.16}$$

上式表明预报量的方差可以表示为回归估计值的方差与误差方差之和。回归估计值的方差与误差方差又分别称为回归方差与残差方差。为了方便，对式(3.2.15)

两边同乘以样本容量 n，得到变量 y 的离差平方和的关系式：

$$S_{yy}=U+Q \tag{3.2.17}$$

其中 $S_{yy}=\sum_{t=1}^{n}(y_t-\bar{y})^2$ 称为总离差平方和，它反映了 y 的总波动大小和 y 的数据分布结构；当预报对象的样本资料固定时，其值也被确定，是一个与因子（更换或增减变化）无关的常数。$U=\sum_{t=1}^{n}(\hat{y}_t-\bar{y})^2$ 称为回归平方和，它表示当 y 与 x 间完全按线性函数关系变化时，因子 x 在 $\bar{x}$ 周围变化而引起 y 对 $\bar{y}$ 的波动部分；其大小（与误差相比）反映了因子 x 在方程中对预报对象的贡献大小，亦简称为因子的线性贡献。$Q=\sum_{t=1}^{n}(y_t-\hat{y}_t)^2$，即残差平方和或称剩余平方和，它表示 x 对 y 线性作用之外的其他一切因素所产生的不可避免的总误差部分，包括 x 对 y 的非线性贡献部分。式(3.2.17)亦称为总离差平方和的分解式。

由式(3.2.14)可知：

$$U=\sum_{t=1}^{n}(\hat{y}_t-\bar{y})^2=bS_{xy} \tag{3.2.18}$$

又：

$$\frac{U}{S_{yy}}=\frac{bS_{xy}}{S_{yy}}=\frac{S_{xy}^2}{S_{xx}S_{yy}}=\left(\frac{S_{xy}}{\sqrt{S_{xx}S_{yy}}}\right)^2=r_{xy}^2$$

故：

$$U=r^2S_{yy} \tag{3.2.19}$$

且：

$$r^2=\frac{\frac{1}{n}U}{\frac{1}{n}S_{yy}}=\frac{\frac{1}{n}\sum_{t=1}^{n}(\hat{y}_t-\bar{y})^2}{\frac{1}{n}\sum_{t=1}^{n}(y_t-\bar{y})^2}=\frac{s_{\hat{y}}^2}{s_y^2} \tag{3.2.20}$$

$$Q=S_{yy}-bS_{xy}=(1-r^2)S_{yy} \tag{3.2.21}$$

由式(3.2.19)及式(3.2.20)，我们可以清楚地看出回归平方和的物理意义：回归方差与预报量方差之比，这一比值又称为解释方差，即相关系数的平方，反映了预报因子 x 对预报量 y 的方差的线性关联程度，因为这一切都是建立在 y 对 x 的线性方程之上的。

由式(3.2.18)及式(3.2.19)，得：

$$bS_{xy}=r^2S_{yy},\ b=r^2S_{yy}/S_{xy}=r\frac{S_{xy}}{\sqrt{S_{xx}S_{yy}}}S_{yy}/S_{xy}=r\sqrt{\frac{S_{yy}}{S_{xx}}}=r\frac{s_y}{s_x},$$

该式告诉我们，b 与 r 的符号一致，在散布图上，当 $b<0$ 时，回归直线斜率为负；否则 y 随 x 的增加而增加，是正相关。

3.2.3.2　回归方程的显著性检验——F 检验

方程的回归效果是从方差的角度来分析的，而方程方差的显著性检验是通过 F

检验来实现的。它分四个步骤：

(1)提出假设 H_0:$B=0$。即假设 Y 与 X 间无线性关系;亦即回归方程效果不著性。

(2)构造统计量 F：
$$F=\frac{U/1}{Q/(n-2)} \tag{3.2.22}$$

此 F 统计量(它是一个变量)在 H_0 成立的条件下,服从第一自由度为 1,第二自由度为$(n-2)$的 F 分布(已知分布);或简写成:$F=\dfrac{U/1}{Q/(n-2)}\sim F(1,n-2)$

(3)给定信度 α,查 F 分布表求临界值 $F_\alpha(1,n-2)$。

(4)计算样本的 F 统计量,并与临界值 $F_\alpha(1,n-2)$比较,判断 H_0 是否成立：若 $F>F_\alpha(1,n-2)$,则 H_0 不成立,表明方程效果显著性;反之,若 $F\leqslant F_\alpha(1,n-2)$,则 H_0 成立,表明方程效果不显著性,即 Y 与 X 间无线性关系。

F 统计量中,分子 $U/1$ 称为回归方差;分母 $Q/(n-2)$称为剩余方差,记为：
$$s_y^{*2}=\frac{Q}{n-2} \tag{3.2.23}$$

它可以看成是在不考虑 x 对 y 的线性影响时,衡量 y 随机波动大小的一个估计量,是衡量回归效果好坏的又一个指标。而其开方值又是方差 σ 的无偏估计量,即：
$$\hat{\sigma}=s_y^*=\sqrt{Q/(n-2)} \tag{3.2.24}$$

称为剩余标准方差,可用以衡量所有随机因素对观测值 y 的平均偏离的大小,即回归方程的平均误差,其值越小,方程的精度越高。

3.2.3.3 回归方程的稳定性

回归方程及其误差分析是建立在实测资料的随机抽样样本之上的,不同的抽样样本资料所得到的回归系数 b 虽然都是对总体参数 B 的估计,但其具体数值大小毕竟并不相同,仍然是一个随机变量。当然,我们希望由不同随机取样资料计算得到的回归系数相对于 B 的波动越小越好,只有这样,所得到的预报估计值的波动才会越小,方程才会较稳定。而我们通常用其方差来衡量其波动即稳定性大小。

3.2.3.3.1 衡量回归方程稳定性的方差公式

已知:$y_t=B_0+Bx_t+\varepsilon_t$, $\varepsilon_t\sim N(0,\sigma^2)$,且 $\mathrm{Cov}(\varepsilon_t,\varepsilon_l)=0$,$(t\neq l)$,其中:$l,t=1,2,\cdots,n$。这表明 $y_1,y_2,\cdots,y_n$ 也是相互独立的正态随机变量,故理论上有：

期望：
$$M(y_t)=M(B_0+Bx_t+\varepsilon_t)=B_0+Bx_t \tag{3.2.25}$$
方差：
$$D(y_t)=D(B_0+Bx_t+\varepsilon_t)=\sigma^2 \tag{3.2.26}$$
故：
$$y_t\sim N(B_0+Bx_t,\sigma^2) \tag{3.2.27}$$

由于
$$b=S_{xy}/S_{xx}=\frac{1}{S_{xx}}\Big[\sum_t(x_t-\bar{x})(y_t-\bar{y})\Big]=\frac{1}{S_{xx}}\sum_t(x_t-\bar{x})y_t$$

故：
$$D(b)=D\left(\sum_t \frac{(x_t-\bar{x})}{S_{xx}}y_t\right)=\frac{\sum_t (x_t-\bar{x})^2}{S_{xx}^2}D(y_t)=\frac{\sigma^2}{S_{xx}} \tag{3.2.28}$$

对独立于抽样样本的资料(x_l,y_l)，$l\neq t$，有：

$$\hat{y}_l=\frac{1}{n}\sum_t y_t+b(x_l-\bar{x})$$

$$\begin{aligned}D(\hat{y}_l)&=D\left(\frac{1}{n}\sum_t y_t\right)+D(b(x_l-\bar{x}))+\mathrm{cov}\left\{\frac{1}{n}\sum_t y_t,\frac{x_l-\bar{x}}{S_{xx}}\sum_t (x_t-\bar{x})y_t\right\}\\&=\frac{1}{n^2}\sum_t D(y_t)+(x_l-\bar{x})^2D(b)+\sum_t\left(\frac{1}{n}\right)\cdot\frac{x_l-\bar{x}}{S_{xx}}(x_t-\bar{x})\mathrm{cov}(y_t,y_t)\\&=\frac{1}{n}\sigma^2+(x_l-\bar{x})^2\frac{\sigma^2}{S_{xx}}+\frac{\sigma^2(x_t-\bar{x})}{nS_{xx}}\sum_t(x_t-\bar{x})\end{aligned}$$

即：
$$D(\hat{y}_l)=\frac{1}{n}\sigma^2+(x_l-\bar{x})^2\frac{\sigma^2}{S_{xx}}=\sigma^2\left[\frac{1}{n}+\frac{(x_l-\bar{x})^2}{S_{xx}}\right] \tag{3.2.29}$$

3.2.3.3.2　因素分析

从式(3.2.29)可以看出，影响预报估计值的因素有四个：误差的方差σ^2、样本容量n、反映预报因子x取值范围的S_{xx}和评估时的预报因子值x_l与建模样本的平均值$\bar{x}$的差值大小。即为了获得稳定的预报效果，我们必须减小随机误差、增加样本容量、扩大因子的取值范围和预报因子取值接近于均值。

对于减小随机误差σ^2｛因为$\hat{\sigma}^2=Q/(n-2)$｝，我们可通过筛选好的因子(单因子不行就根据筛选因子的原则多选几个，这是下一节多元回归要讨论的内容)及其他途径来实现；对于样本容量n、预报因子x的取值范围，我们可以通过增加样本容量及合理的取样，扩大样本的取值范围来使S_{xx}的值变大，亦即使样本更具有代表性，更能反映总体的统计学特征即规律性；对于x_l，由于其随机性，我们只能说，当其接近均值时预报结果较稳定，反之则预报效果不理想。在气象上，出现灾害性天气时的x_l就可能偏离均值较远，因此对应的预报效果常不稳定，使用时均值应该引起足够的重视。

3.2.3.4　预报量的置信区间——y的区间估计

用回归方法作预报时，我们都希望知道预报的精度(误差大小)，也就是要求出预报对象落在某个区间上的概率，根据预报准确度的要求(置信度、显著性水平等)估计出预报值的置信区间(或称区间估计)。用数学的语言，即在一定的显著性水平α下，寻找一正数δ，使预报对象的实测值满足：

$$P\{\hat{y}_l-\delta<y_l<\hat{y}_l+\delta\}=1-\alpha \tag{3.2.30}$$

或
$$P\{|y_l-\hat{y}_l|<\delta\}=1-\alpha \tag{3.2.30$'$}$$

为此需求出$(y_l-\hat{y}_l)$的分布。因：

$$y_l=B_0+Bx_l+\varepsilon_l;\qquad \hat{y}_l=b_0+bx_l$$

都服从正态分布，故$(y_l-\hat{y}_l)$也服从正态分布，且其数学期望与方差分别为：

$$M(y_l-\hat{y}_l)=0\ ;D(y_l-\hat{y}_l)=\sigma^2\left[1+\frac{1}{n}+\frac{(x_l-\bar{x})^2}{S_{xx}}\right]$$

因为：

$$(1)M(b)=M\left(\frac{\sum_t(x_t-\bar{x})(y_t-\bar{y})}{\sum_t(x_t-\bar{x})^2}\right)=\frac{\sum_t(x_t-\bar{x})M(y_t-\bar{y})}{\sum_t(x_t-\bar{x})^2}$$

$$=\frac{\sum_t(x_t-\bar{x})[(B_0+Bx_t)-(B_0+B\bar{x})]}{\sum_t(x_t-\bar{x})^2}=B$$

$$(2)M(b_0)=M(\bar{y}-b\bar{x})=(B_0+B\bar{x})-B\bar{x}=B_0$$

$$(3)\ M(y_l-\hat{y}_l)=M(y_l)-M(\hat{y}_l)=(B_0+Bx_l)-M(b_0+bx_l)$$
$$=(B_0+Bx_l)-(B_0+Bx_l)=0$$

$$(4)\ D(y_l-\hat{y}_l)=M[y_l-\hat{y}_l]^2=M[B_0+Bx_l+\varepsilon_l-b_0-bx_l]^2$$
$$=M[(B_0-b_0)+(B-b)x_l+\varepsilon_l]^2$$
$$=M(B_0-b_0)^2+x_l{}^2M(B-b)^2+M(\varepsilon_l{}^2)+2x_lM(B_0-b_0)(B-b)$$
$$=D(b_0)+x_l{}^2D(b)+\sigma^2+2x_l\operatorname{cov}(b_0,b)$$

$$\because\ D(b_0)=D(\bar{y}-b\bar{x})=D\left(\frac{1}{n}\sum_t y_t-\sum_t\frac{\bar{x}(x_t-\bar{x})y_t}{S_{xx}}\right)$$
$$=\sum_t\left[\frac{1}{n}-\frac{\bar{x}(x_t-x)}{S_{xx}}\right]y_t$$
$$=\sum_t\left[\frac{1}{n}-\frac{\bar{x}(x_t-\bar{x})}{S_{xx}}\right]^2D(y_t)=\sigma^2\left[\frac{1}{n}+\frac{\bar{x}^2}{S_{xx}}\right]\tag{3.2.31}$$

$$\operatorname{cov}(b_0,b)=\operatorname{cov}\left[\sum_t\left(\frac{x_t-\bar{x}}{S_{xx}}\right)y_t,\sum_t\left(\frac{1}{n}-\frac{\bar{x}(x_t-\bar{x})}{S_{xx}}\right)y_t\right]$$
$$=\sum_t\left[\frac{x_t-\bar{x}}{S_{xx}}\right]\left[\frac{1}{n}-\frac{\bar{x}(x_t-\bar{x})}{S_{xx}}\right]\operatorname{cov}(y_t,y_t)$$
$$=\frac{\sigma^2}{S_{xx}}\left[\frac{\sum_t(x_t-x)}{n}-\frac{\bar{x}\sum_t(x_t-\bar{x})^2}{S_{xx}}\right]=-\frac{\bar{x}}{S_{xx}}\sigma^2\tag{3.2.32}$$

$$\therefore D(y_l-\hat{y}_l)=\left(\frac{1}{n}+\frac{\bar{x}^2}{S_{xx}}\right)\sigma^2+\frac{x_l^2}{S_{xx}}\sigma^2+\sigma^2-2x_l\frac{\bar{x}}{S_{xx}}\sigma^2$$
$$=\sigma^2\left[1+\frac{1}{n}+\frac{(x_l-\bar{x})^2}{S_{xx}}\right]\tag{3.2.33}$$

所以：
$$(y_l-\hat{y}_l)\sim N\left(0,\sigma^2\left[1+\frac{1}{n}+\frac{(x_l-\bar{x})^2}{S_{xx}}\right]\right)$$

由于上式中 σ 未知，故还不能立即求出 δ。但可先求出其估计值的平方 $\hat{\sigma}^2$，并用随机变量 $(y_l-\hat{y}_l)$ 与 $\hat{\sigma}^2$ 构成 F 统计量，然后由如下 F 分布：

$$\frac{(y_l-\hat{y}_l)^2\Big/\left[1+\dfrac{1}{n}+\dfrac{(x_l-\bar{x})^2}{S_{xx}}\right]}{\hat{\sigma}^2}\sim F(1,n-2)$$

即：
$$\frac{(y_l-\hat{y}_l)^2}{\left[1+\dfrac{1}{n}+\dfrac{(x_l-\bar{x})^2}{S_{xx}}\right]\hat{\sigma}^2}\sim F(1,n-2)$$

求出 $\hat{y}_l$ 的 $1-\alpha$ 置信区间：$\hat{y}_l-\delta<y_l<\hat{y}_l+\delta$

或：
$$P(\hat{y}_l-\delta\leqslant y_l\leqslant\hat{y}_l+\delta)\approx 1-\alpha$$

其中：
$$\delta=\sqrt{F_\alpha(1,n-2)\cdot\hat{\sigma}^2\left(1+\frac{1}{n}+\frac{(x_l-\bar{x})^2}{S_{xx}}\right)} \tag{3.2.34}$$

上式表明，利用回归方程对实际观测值 y_l 作预报的偏差 δ，其值大小不仅与显著性水平 α 有关（α 越小，偏差 δ 就越大），与 n 有关（n 越大，取值范围越大，δ 越小），还与预报时的因子值 x_l 有关（当 $x_l\rightarrow\bar{x}$ 时，δ 越小；否则越大，即 $\delta=\delta(x_l)$）。y、$\hat{y}$ 及 δ 间的关系如图 3.1 所示，$y=\hat{y}\pm\delta$ 图形的两头都呈喇叭形，而回归直线夹在其间。

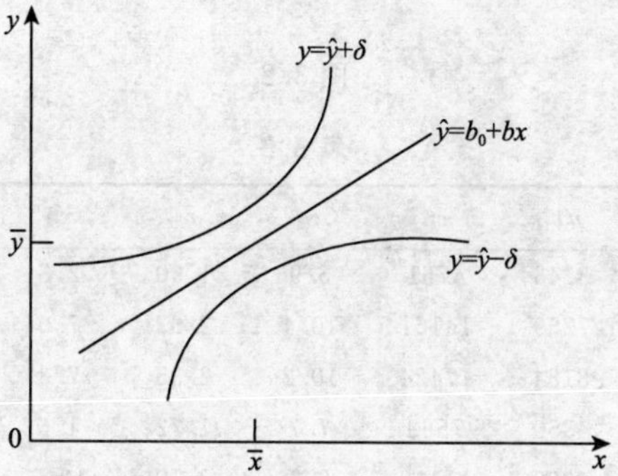

图 3.1

由于式(3.2.34)计算的复杂性，在实际预报时还需对其进一步简化：当实际资料比较接近因子的平均状况（$x_l\rightarrow\bar{x}$），且样本容量 n 又较大时，我们有：$1+\dfrac{1}{n}+\dfrac{(x_l-\bar{x})^2}{S_{xx}}\approx 1$，因此，$(y_l-\hat{y}_l)$ 近似服从 $N(0,\hat{\sigma}^2)$ 分布，故有：$\dfrac{y_l-\hat{y}_l}{\hat{\sigma}}\sim N(0,1)$。这样就可得到 y_l 的区间估计公式：

$$P\left(-N_{\frac{\alpha}{2}}\leqslant\frac{y_l-\hat{y}_l}{s_y^*}\leqslant N_{\frac{\alpha}{2}}\right)\approx 1-\alpha \tag{3.2.35}$$

$$P(\hat{y}_l-N_{\frac{\alpha}{2}}s_y^*\leqslant y_l\leqslant\hat{y}_l+N_{\frac{\alpha}{2}}s_y^*)\approx 1-\alpha \tag{3.2.36}$$

当 $\alpha=0.05$ 时，我们可以得到“1.96σ 原则”：

$$P(\hat{y}_l-1.96s_y^*\leqslant y_l\leqslant\hat{y}_l+1.96s_y^*)\approx95\% \tag{3.2.37}$$

上式的几何意义如图 3.2 所示。根据上述分析，当预报量 y 是正态变量时，则各实际观测点 y_l 以其条件平均值 $\hat{y}_l$ 为中心呈对称的正态分布，出现在（$-1.96s_y^*$，$1.96s_y^*$）上的概率为 95%；且越靠近回归直线 $\hat{y}$ 的地方出现的概率越大；而区间宽度的决定因素是剩余标准差 s_y^*，其值越大，区间越宽、误差越大、回归效果越差。具体数据见表 3.3。

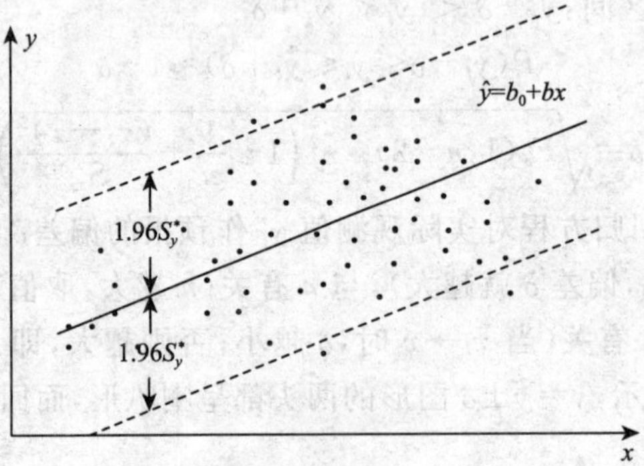

图 3.2

表 3.3

t	y_t	x_{t1}	y_tx_{t1}	x_{t1}^2	x_{t2}	x_{t3}	x_{t4}	x_{t2}^2	x_{t3}^2	x_{t4}^2
1	47	69	3243	4761	5.9	1.90	2.8	34.81	3.6100	7.84
2	61	119	7259	14161	10.4	2.32	7.0	108.16	5.3824	49.00
3	62	132	8184	17424	10.2	2.35	7.3	104.04	5.5225	53.29
4	50	87	4350	7569	7.7	1.72	1.6	59.29	2.9584	2.56
5	57	107	6099	11449	9.9	2.10	10.9	98.01	4.4100	118.81
6	34	90	3060	8100	6.2	1.52	3.1	38.44	2.3104	9.61
7	48	115	5520	13225	8.0	1.80	7.1	64.00	3.2400	50.41
8	43	84	3612	7056	9.0	1.83	14.2	81.00	3.3489	201.64
9	37	100	3700	10000	7.0	1.68	5.0	49.00	2.8224	25.00
10	54	99	5346	9801	7.7	2.25	9.9	59.29	5.0625	98.01
11	61	123	7503	15129	8.7	2.17	8.6	75.69	4.7089	73.96
12	31	85	2720	7225	6.2	1.52	1.7	38.44	2.3104	2.89
13	43	99	4257	9801	7.0	2.00	3.8	49.00	4.0000	14.44
14	55	127	6985	16129	11.5	2.09	11.1	132.25	4.3681	123.21
15	48	95	4560	9025	9.2	2.13	8.8	84.64	4.5369	77.44
16	40	104	4160	10816	7.7	1.78	5.3	59.29	3.1684	28.09

续表

t	y_t	x_{t1}	y_tx_{t1}	x_{t1}^2	x_{t2}	x_{t3}	x_{t4}	x_{t2}^2	x_{t3}^2	x_{t4}^2
17	42	90	3780	8100	7.9	1.59	4.1	62.41	2.5281	16.81
18	38	85	3230	7225	6.2	1.77	3.1	38.44	3.1329	9.61
19	55	97	5335	9409	10.0	2.00	10.9	100.00	4.0000	118.81
20	39	120	4680	14400	6.4	1.54	11.4	40.96	2.3716	129.96
21	36	90	3240	8100	7.5	1.60	4.6	56.25	2.5600	21.16
22	42	80	3360	6400	6.0	1.75	4.4	36.00	3.0625	19.36
23	51	92	4692	8464	7.7	1.86	6.8	59.29	3.4596	46.24
24	40	86	3440	7396	9.2	1.98	4.9	84.64	3.9204	24.01
25	55	124	6820	15376	10.2	2.38	11.1	104.04	5.6644	1123.21
26	65	124	8060	15376	12.0	2.45	12.4	144.00	6.0025	153.76
27	48	115	5520	13225	9.9	2.00	7.1	98.01	4.0000	50.41
28	43	95	4085	9025	7.5	1.93	3.6	56.25	3.7249	12.96
29	39	97	3783	9409	6.4	1.61	4.0	40.96	2.5921	16.00
30	32	75	2400	5625	3.9	1.66	1.4	15.21	2.7556	1.96
31	59	145	8555	21052	12.8	2.20	8.8	163.84	4.8400	11.44
32	41	133	5453	17689	7.9	1.54	3.1	62.41	2.3716	9.61
33	63	98	6174	9604	12.3	2.61	12.7	151.29	6.8121	161.29
34	52	106	5512	11236	7.9	2.17	9.0	62.41	4.7089	81.00
35	38	80	3040	6400	5.1	1.68	1.5	26.02	2.8224	2.25
36	49	112	5488	12544	8.5	1.76	8.4	72.25	3.0976	70.56
37	33	84	2772	7056	5.1	1.58	4.3	26.01	2.4964	18.49
38	56	97	5432	9409	7.7	1.92	5.0	59.29	3.6864	25.00
39	43	105	4515	11025	9.6	1.95	8.0	92.16	3.8025	64.00
40	44	80	3520	6400	6.0	1.60	3.8	36.00	2.5600	14.44
41	48	82	3936	6724	5.2	1.94	4.3	27.04	3.7636	18.49
42	37	67	2479	4489	6.6	1.85	6.4	43.56	3.4225	40.96
43	55	105	5775	11025	10.9	2.15	15.2	118.81	4.6225	231.04
44	28	63	1764	3969	3.0	1.16	1.4	9.00	1.3456	1.96
45	32	54	1728	2916	5.0	1.34	0.8	25.00	1.7956	0.64
46	29	80	2320	6400	5.2	1.54	4.3	27.04	2.3716	18.49
47	42	108	4536	11664	7.7	1.92	5.7	59.29	3.6864	32.49
48	37	100	4033	11881	7.7	1.53	4.4	59.29	2.3409	19.36
49	47	146	6862	21316	9.6	1.82	10.2	92.16	3.3124	104.04
50	42	81	3402	6561	7.7	2.10	8.8	59.29	4.4100	77.44
$\sum$	2272	4940	230279	508534	394.6	93.64	324.1	3343.96	179.7100	2748.82
$\bar{x}$	45.4	98.8			7.9	1.87	6.5			

续表

t	$x_{t1}x_{t2}$	$x_{t1}x_{t3}$	$x_{t1}x_{t4}$	$x_{t2}x_{t3}$	$x_{t2}x_{t4}$	$x_{t3}x_{t4}$	y_tx_{t2}	y_tx_{t3}	y_tx_{t4}	y_t^2
1	407.1	131.10	193.2	11.210	16.52	5.320	277.3	89.30	131.6	2209
2	1237.6	276.08	833.0	24.128	72.80	16.240	634.4	141.52	427.0	3721
3	1346.4	310.20	963.6	23.970	74.46	17.155	632.4	145.70	425.6	3844
4	669.9	149.64	139.2	13.244	12.32	2.752	385.0	86.00	80.0	2500
5	1059.3	224.70	1166.3	20.790	107.91	22.890	564.3	119.70	621.3	3249
6	558.0	136.80	279.0	9.424	19.22	4.712	210.8	51.68	105.4	1156
7	920.0	207.00	816.5	14.400	56.80	12.780	384.0	86.40	340.8	2304
8	756.0	153.72	1192.8	16.470	127.80	25.986	387.0	78.69	610.6	1849
9	700.0	168.00	500.0	11.760	35.00	8.400	259.0	62.16	185.0	1369
10	762.3	222.75	980.1	17.325	76.23	22.275	415.8	121.50	534.6	2916
11	1070.1	266.91	1057.8	18.879	74.82	18.662	530.7	132.37	524.6	3721
12	527.0	129.20	144.5	9.424	10.54	2.584	198.4	48.64	54.4	1024
13	693.0	198.00	376.2	14.000	26.60	7.600	301.0	86.00	163.4	1849
14	1460.5	265.43	1409.7	24.035	127.65	23.199	632.5	114.95	610.5	3025
15	874.0	202.35	836.0	19.596	80.96	18.744	441.6	102.24	422.4	2304
16	800.8	185.12	551.2	13.706	40.81	9.434	308.0	71.20	212.0	1600
17	711.0	143.10	369.0	12.561	32.39	6.519	331.8	66.78	172.2	1764
18	527.0	150.45	263.5	10.974	19.22	5.487	235.6	67.26	117.8	1444
19	970.0	194.00	1057.3	20.000	109.00	21.800	550.0	110.00	599.5	3025
20	768.0	184.80	1368.0	9.856	72.96	17.556	249.6	60.06	444.6	1521
21	675.0	144.00	414.0	12.000	34.50	7.360	270.0	57.60	165.6	1296
22	480.0	140.00	352.0	10.500	26.40	7.700	252.0	73.50	184.8	1764
23	708.4	171.12	625.6	14.322	52.36	12.648	302.7	94.86	346.8	2601
24	791.2	170.28	421.4	18.216	45.08	9.702	368.0	79.20	196.0	1600
25	1264.8	295.12	1376.4	24.278	113.22	26.418	561.0	130.90	610.5	3025
26	1488.0	303.80	1537.6	29.400	148.80	30.380	780.0	159.25	806.0	4225
27	1138.5	230.00	816.5	19.800	70.29	14.200	475.2	96.00	340.8	2304
28	712.5	183.35	342.0	14.457	27.00	6.948	322.5	82.99	154.8	1849
29	620.8	156.17	388.0	10.304	26.50	6.440	249.6	62.79	156.0	1521
30	292.5	124.50	105.0	6.474	5.46	2.324	124.8	53.12	44.8	1021
31	1856.0	319.00	1276.0	28.160	112.64	19.360	755.2	129.80	519.2	3481
32	1050.7	204.82	412.3	12.166	24.49	4.774	323.9	63.14	127.1	1681
33	1205.4	255.78	1244.6	32.103	156.21	33.147	774.9	164.43	800.1	3969
34	837.4	230.02	954.0	17.143	71.10	19.530	410.8	112.84	468.0	2704
35	408.0	134.40	120.0	8.569	7.65	2.520	193.8	63.84	57.0	1444

续表

t	$x_{t1}x_{t2}$	$x_{t1}x_{t3}$	$x_{t1}x_{t4}$	$x_{t2}x_{t3}$	$x_{t2}x_{t4}$	$x_{t3}x_{t4}$	y_tx_{t2}	y_tx_{t3}	y_tx_{t4}	y_t^2
36	925.0	179.12	940.8	14.960	71.40	14.784	416.5	86.24	411.6	2401
37	428.4	132.72	361.2	8.058	21.93	6.794	168.3	52.14	141.9	1089
38	746.9	186.24	485.0	14.784	38.50	9.600	431.2	107.52	280.0	3136
39	1008.0	204.75	840.0	18.720	76.80	15.600	412.8	83.85	344.0	1849
40	480.0	128.00	304.0	9.600	22.80	6.080	264.0	70.40	167.2	1939
41	426.4	159.08	352.6	10.088	22.36	8.342	249.6	93.12	206.4	2304
42	442.2	123.95	428.8	12.210	42.24	11.840	244.2	68.45	236.8	1369
43	1144.5	225.75	1596.0	23.435	165.68	32.680	599.5	118.25	836.0	3025
44	189.0	73.08	88.2	3.480	4.20	1.642	84.0	32.48	39.2	784
45	270.0	72.36	43.2	6.700	4.00	1.072	160.0	42.88	25.6	1024
46	416.0	123.20	344.0	8.008	22.36	6.622	150.8	44.66	124.7	841
47	831.6	207.36	615.6	14.784	43.89	10.944	323.4	80.64	239.4	1764
48	839.3	166.77	479.6	11.781	33.88	6.732	284.9	56.61	162.8	1369
49	1401.6	265.72	1489.2	17.472	97.92	18.564	451.2	85.54	479.4	2209
50	623.7	170.10	712.8	16.170	67.76	18.480	323.4	88.20	369.6	1764
$\sum$	40546.8	9397.91	33963.3	763.91	2850.23	643.304	18747.4	4377.39	15852.4	107746

3.3 多元线性回归方程

在统计预报中，用一元线性回归方程作预报通常不能得到理想的效果。这是因为实际的气象要素的变化决不是仅受一个因素的影响，而是受多个因子的共同影响，如雷暴的出现决定于大气层结、湿度、冲击力等多个条件因素的影响。因此，为了提高预报效果就必须研究多个因子与预报量间的定量统计相关，即复相关（也称多元相关或多重相关），并建立多元回归方程，其中最简单的即是多元线性回归方程，其基本原理与一元线性回归分析完全相同。

3.3.1 多元线性回归模型

假定预报量 y 与 m 个因子（$x_1,x_2,\cdots,x_m$）的关系是线性的，为研究其间的联系，任取 n 次抽样，抽样的预报量之值为：$y_1,y_2,\cdots,y_n$。它们是在因子值已取定的条件下随机发生的，是 n 个随机变量。而第 t 次观测的因子值记为：$x_{t1},x_{t2},\cdots,x_{tm}$（$t=\overline{1,n}$）。类似于一元线性回归，当用 m 个因子的总体资料对预报量进行估计时，我们有：

模型 1： $$y = B_0 + \sum_{i=1}^{m} B_i x_i + \varepsilon \tag{3.3.1}$$

$$y_t = B_0 + \sum_{i=1}^{m} B_i x_{ti} + \varepsilon_t (t = \overline{1,n}) \tag{3.3.1$'$}$$

式中 y_t 是预报量 y 的第 t 次抽样值；B_0、B_1、…、B_m 称为偏回归系数(待求)；ε 是随机变量，它是除去 $x_1,x_2,\cdots,x_m$ 以外其他因素对 y 影响造成的随机误差。$\varepsilon_1,\varepsilon_2,\cdots,\varepsilon_n$ 是一组相互独立的且遵从同一正态分布 $N(0,\sigma^2)$ 的随机变量。故有：

$$M(y_t) = B_0 + \sum_{i=1}^{m} B_i x_{ti}, D(y_t) = \sigma^2, y_t \sim N(B_0 + \sum_{i=1}^{m} B_i x_{ti}, \sigma^2)$$

式(3.3.1)$'$也可用矩阵的形式简洁地表示为：

$$\boldsymbol{Y} = \boldsymbol{XB} + \boldsymbol{E} \tag{3.3.1$''$}$$

其中：

$$\boldsymbol{Y} = \begin{bmatrix} y_1 \\ y_2 \\ \vdots \\ y_n \end{bmatrix}, \boldsymbol{X} = \begin{bmatrix} 1 & x_{11} & \cdots & x_{1m} \\ 1 & x_{21} & \cdots & x_{2m} \\ \vdots & \vdots & \vdots & \vdots \\ 1 & x_{n1} & \cdots & x_{nm} \end{bmatrix}, \boldsymbol{B} = \begin{bmatrix} B_0 \\ B_1 \\ \vdots \\ B_m \end{bmatrix}, \boldsymbol{E} = \begin{bmatrix} \varepsilon_1 \\ \varepsilon_2 \\ \vdots \\ \varepsilon_n \end{bmatrix}$$

且：

$$M[\boldsymbol{E}] = \begin{bmatrix} M(\varepsilon_1) \\ M(\varepsilon_2) \\ \vdots \\ M(\varepsilon_n) \end{bmatrix} = \boldsymbol{0}, M[\boldsymbol{EE}'] = \mathrm{cov}[\boldsymbol{E}, \boldsymbol{E}'] = D[\boldsymbol{E}] = \begin{bmatrix} \sigma^2 & 0 & \cdots & 0 \\ 0 & \sigma^2 & \cdots & 0 \\ \vdots & \vdots & \vdots & \vdots \\ 0 & 0 & \cdots & \sigma^2 \end{bmatrix} = \sigma^2 \boldsymbol{I}$$

模型 2： $$M(Y \mid x_1, \cdots, x_m) = B_0 + \sum_{i=1}^{m} B_i x_i \tag{3.3.2}$$

当用一组实测样本资料对预报量进行估计时得到的方程即为多元线性回归方程(模型 3)。

模型 3： $$\hat{y} = b_0 + \sum_{i=1}^{m} b_i x_i \tag{3.3.3}$$

$$\hat{y}_t = b_0 + \sum_{i=1}^{m} b_i x_{ti} (t = \overline{1,n}) \tag{3.3.3$'$}$$

矩阵形式为： $$\hat{\boldsymbol{Y}} = \boldsymbol{Xb} \tag{3.3.3$''$}$$

式中：$\hat{y} = \hat{M}(Y \mid x_1, \cdots, x_m) = \hat{m}(x_1, \cdots, x_m)$，$b_0, b_1, b_1, \cdots, b_m$ 分别为偏回归系数 $B_0, B_1, \cdots, B_m$ 的估计(常简称为偏回归系数)，即：$\hat{B}_i = b_i$。

$$\hat{\boldsymbol{Y}}=\begin{bmatrix}\hat{y}_1\\ \hat{y}_2\\ \vdots\\ \hat{y}_n\end{bmatrix},\quad \boldsymbol{b}=\begin{bmatrix}b_0\\ b_1\\ \vdots\\ b_m\end{bmatrix}$$

若通过某种途径求出 $b_i(i=0,1,2,\cdots,m)$，则有：

$$y_t=b_0+\sum_{i=1}^{m}b_ix_{ti}+e_t(t=\overline{1,n}) \tag{3.3.4}$$

即：

$$y_t=\hat{y}_t+e_t(t=\overline{1,n}) \tag{3.3.4$'$}$$

或：

$$e_t=y_t-\hat{y}_t(t=\overline{1,n}) \tag{3.3.4$''$}$$

其中：$\hat{\varepsilon}_t=e_t$，称其为残差。

3.3.2　偏回归系数的最小二乘估计

多元线性回归中偏回归系数 b_i 的求取原则和步骤与一元线性回归基本一致，即求 b_i 的原则也是最小二乘法：$Q=\sum_{t=1}^{n}[y_t-\hat{y}_t]^2=\min$。下面给出正规方程的推导过程。

3.3.2.1　正规方程的推导

(1)视 Q 为 $b_0,b_1,\cdots,b_m$ 的函数

$$Q=\sum_{t=1}^{n}[y_t-\hat{y}_t]^2=\sum_t[y_t-b_0-\sum_{i=1}^{m}b_ix_{ti}]^2=\min \tag{3.3.5}$$

(2)由极值原理：$\partial Q/\partial b_i=0$，有：

$$\frac{\partial Q}{\partial b_0}=0$$

得：

$$2\sum_t[y_t-b_0-\sum_i b_ix_{ti}]\times(-1)=0$$

即：

$$b_0=\bar{y}-\sum_i b_i\bar{x}_i \tag{3.3.6}$$

将上式代入式(3.3.5)，并令：

$$\begin{cases}\mathring{x}_{ti}=x_{ti}-\bar{x}_i\\ \mathring{y}_t=y_t-\bar{y}\end{cases}\quad\begin{pmatrix}i=\overline{1,m}\\ t=\overline{1,n}\end{pmatrix} \tag{3.3.7}$$

得：

$$Q=\sum_t[\mathring{y}_t-\sum_i b_i\mathring{x}_{ti}]^2=\min \tag{3.3.8}$$

再令：

$$\begin{cases}S_{ij}=\sum_t\mathring{x}_{ti}\mathring{x}_{tj}=\sum_t(x_{ti}-\bar{x}_i)(x_{tj}-\bar{x}_j)=S_{ji}\\ S_{iy}=\sum_t\mathring{x}_{ti}\mathring{y}_t=\sum_t(x_{ti}-\bar{x}_i)(y_t-\bar{y})\end{cases} \tag{3.3.9}$$

由$\partial Q/\partial b_j=0(j=\overline{1,m})$，得：

$$2\sum_t[\mathring{y}_t-\sum_i b_i\mathring{x}_{ti}][-\mathring{x}_{tj}]=0$$

$$\sum_t\sum_i b_i\mathring{x}_{ti}\mathring{x}_{tj}=\sum_t\mathring{x}_{tj}\mathring{y}_t$$

$$\sum_i b_i\sum_t\mathring{x}_{ti}\mathring{x}_{tj}=\sum_t\mathring{x}_{tj}\mathring{y}_t$$

整理得正规方程：
$$\sum_i b_i S_{ij}=S_{jy}\qquad(j=\overline{1,m})\tag{3.3.10}$$

其展开式：

$$\begin{cases}b_1S_{11}+b_2S_{12}+\cdots+b_mS_{1m}=S_{1y}\\ b_1S_{21}+b_2S_{22}+\cdots+b_mS_{2m}=S_{2y}\\ \cdots\cdots\\ b_1S_{m1}+b_2S_{m2}+\cdots+b_mS_{mm}=S_{my}\end{cases}\tag{3.3.11}$$

或：

$$\begin{cases}b_1\sum_t\mathring{x}_{t1}\mathring{x}_{t1}+b_2\sum_t\mathring{x}_{t1}\mathring{x}_{t2}+\cdots+b_m\sum_t\mathring{x}_{t1}\mathring{x}_{tm}=\sum_t\mathring{x}_{t1}\mathring{y}_t\\ b_1\sum_t\mathring{x}_{t2}\mathring{x}_{t1}+b_2\sum_t\mathring{x}_{t2}\mathring{x}_{t2}+\cdots+b_m\sum_t\mathring{x}_{t2}\mathring{x}_{tm}=\sum_t\mathring{x}_{t2}\mathring{y}_t\\ \cdots\cdots\\ b_1\sum_t\mathring{x}_{tm}\mathring{x}_{t1}+b_2\sum_t\mathring{x}_{tm}\mathring{x}_{t2}+\cdots+b_m\sum_t\mathring{x}_{tm}\mathring{x}_{tm}=\sum_t\mathring{x}_{tm}\mathring{y}_t\end{cases}\tag{3.3.11$'$}$$

在观测资料给定的情况下，方程组的系数 S_{ij} 与 S_{jy} 可由式(3.3.9)预先求出，这样，式(3.3.11)便是求解偏回归系数的 m 阶线性方程组。解出 b_i 后代入式(3.3.6)即求出 b_0 值。这种用最小二乘法求得 B_0、B_1、…、B_m 的估计值 $b_0,b_1,b_1,\cdots,b_m$，称为偏回归系数的最小二乘估计。

将 b_0 的表达式(3.3.6)代入式(3.3.3)及式(3.3.3)′，便可得到不含 b_0 的回归方程：

$$\hat{y}=\bar{y}+\sum_{i=1}^m b_i(x_i-\bar{x}_i)=\bar{y}+\sum_i b_i\mathring{x}_i\tag{3.3.12}$$

$$\hat{\mathring{y}}=\sum_i b_i\mathring{x}_i\tag{3.3.12$'$}$$

$$\hat{y}_t=\bar{y}+\sum_i b_i\mathring{x}_{ti}\tag{3.3.12$''$}$$

3.3.2.2 正规方程的标准化形式

因各因子的量纲不同，式(3.3.11)中的系数 S_{ij} 之间的差异可以很大，这将在计算中导致较大的舍入误差。为了减小这种舍入误差，就必须去掉量纲的影响，即对资料进行无量纲化(标准化)处理：

将式(3.3.10)的两边同时除以$\sqrt{S_{jj}}\sqrt{S_{yy}}$，有：

$$\sum_i \frac{S_{ij}}{\sqrt{S_{jj}S_{yy}}}b_i = \frac{S_{jy}}{\sqrt{S_{jj}S_{yy}}}$$

将上式左端的分子分母同乘$\sqrt{S_{ii}}$，得：

$$\sum_i \frac{S_{ij}}{\sqrt{S_{ii}S_{jj}}}\sqrt{\frac{S_{ii}}{S_{yy}}}b_i = \frac{S_{jy}}{\sqrt{S_{jj}S_{yy}}}$$

若令：
$$b'_i=\sqrt{\frac{S_{ii}}{S_{yy}}}b_i \qquad (i=\overline{1,m}) \tag{3.3.13}$$

则得标准化正规方程：
$$\sum_i r_{ij}b'_i = r_{jy} \qquad (j=\overline{1,m}) \tag{3.3.14}$$

式中 $r_{ij}=\frac{S_{ij}}{\sqrt{S_{ii}S_{jj}}}=r_{ji}$，$r_{jy}=\frac{S_{jy}}{\sqrt{S_{jj}S_{yy}}}$，$b'_i$ 称为标准偏回归系数。

求出 b'_i 后，回归方程中的偏回归系数即可求得：

$$b_i=\sqrt{\frac{S_{yy}}{S_{ii}}}b'_i \qquad (i=\overline{1,m}) \tag{3.3.13$'$}$$

3.3.2.3　正规方程的矩阵形式

矩阵形式回归方程为：　$\hat{\boldsymbol{Y}}=\boldsymbol{Xb}$

由 $Q=\sum_{t=1}^{n}[y_t-\hat{y}_t]^2=\min$，得：

$$Q=\sum_{t=1}^{n}[y_t-\hat{y}_t]^2=(\boldsymbol{Y}-\hat{\boldsymbol{Y}})'(\boldsymbol{Y}-\hat{\boldsymbol{Y}})=(\boldsymbol{Y}-\boldsymbol{Xb})'(\boldsymbol{Y}-\boldsymbol{Xb})$$
$$=\boldsymbol{Y}'\boldsymbol{Y}-\boldsymbol{b}'(\boldsymbol{X}'\boldsymbol{Y})-(\boldsymbol{Y}'\boldsymbol{X})\boldsymbol{b}+\boldsymbol{b}'(\boldsymbol{X}'\boldsymbol{X})\boldsymbol{b}$$

根据极值原理，有：
$$\frac{\partial Q}{\partial b}=0$$

即：
$$0-\boldsymbol{X}'\boldsymbol{Y}-\boldsymbol{X}'\boldsymbol{Y}+2(\boldsymbol{X}'\boldsymbol{X})\boldsymbol{b}=0$$

由此可得矩阵式正规方程：
$$(\boldsymbol{X}'\boldsymbol{X})\boldsymbol{b}=\boldsymbol{X}'\boldsymbol{Y} \tag{3.3.15}$$

当$(\boldsymbol{X}'\boldsymbol{X})$满秩有逆时，可直接求出偏回归系数：

$$\boldsymbol{b}=(\boldsymbol{X}'\boldsymbol{X})^{-1}\boldsymbol{X}'\boldsymbol{Y} \tag{3.3.16}$$

式中：$\boldsymbol{b}=(b_0\quad b_1\quad b_2\quad\cdots\quad b_m)'$，$(\boldsymbol{X}'\boldsymbol{X})$称为正规方程的系数矩阵，(3.3.16)展开得：

$$\begin{cases} nb_0 + b_1\sum_t x_{t1} + \cdots + b_m\sum_t x_{tm} = \sum_t y_t \\ b_0\sum_t x_{t1} + b_1\sum_t x_{t1}^2 + \cdots + b_m\sum_t x_{t1}x_{tm} = \sum_t x_{t1}y_t \\ b_0\sum_t x_{t2} + b_1\sum_t x_{t2}x_{t1} + \cdots + b_m\sum_t x_{t2}x_{tm} = \sum_t x_{t2}y_t \\ \cdots\cdots \\ b_0\sum_t x_{tm} + b_1\sum_t x_{tm}x_{t1} + \cdots + b_m\sum_t x_{tm}^2 = \sum_t x_{tm}y_t \end{cases} \quad (3.3.15)'$$

3.3.2.4　回归系数向量 $\boldsymbol{b}$ 的统计性质

(1)$M[\boldsymbol{b}]=\boldsymbol{B}$，即 $M(b_i)=B_i(i=\overline{1,m})$。

因为：$M[\boldsymbol{b}]=M[(\boldsymbol{X}'\boldsymbol{X})^{-1}\boldsymbol{X}'\boldsymbol{Y}]=(\boldsymbol{X}'\boldsymbol{X})^{-1}\boldsymbol{X}'M[\boldsymbol{Y}]=(\boldsymbol{X}'\boldsymbol{X})^{-1}\boldsymbol{X}'M[\boldsymbol{XB}+\varepsilon]$

$$=(\boldsymbol{X}'\boldsymbol{X})^{-1}\boldsymbol{X}'[\boldsymbol{XB}+M(\varepsilon)]=(\boldsymbol{X}'\boldsymbol{X})^{-1}(\boldsymbol{X}'\boldsymbol{X})\boldsymbol{B}+\boldsymbol{0}=\boldsymbol{B}$$

上式说明最小二乘估计的回归系数是参数 $\boldsymbol{B}$ 的无偏估计量。

(2)$\mathrm{cov}[\boldsymbol{b},\boldsymbol{b}]=D[\boldsymbol{b}]=\sigma^2(\boldsymbol{X}'\boldsymbol{X})^{-1}=\sigma^2\boldsymbol{C}$

其中：$\boldsymbol{C}=(\boldsymbol{X}'\boldsymbol{X})^{-1}$。

因为：

$$\begin{aligned} D[\boldsymbol{b}] &= D[(\boldsymbol{X}'\boldsymbol{X})^{-1}\boldsymbol{X}'(\boldsymbol{XB}+\varepsilon)]=D[(\boldsymbol{X}'\boldsymbol{X})^{-1}\boldsymbol{X}'\varepsilon] \\ &= \mathrm{cov}[(\boldsymbol{X}'\boldsymbol{X})^{-1}\boldsymbol{X}'\varepsilon,(\boldsymbol{X}'\boldsymbol{X})^{-1}\boldsymbol{X}'\varepsilon] \\ &= [(\boldsymbol{X}'\boldsymbol{X})^{-1}\boldsymbol{X}'][(\boldsymbol{X}'\boldsymbol{X})^{-1}\boldsymbol{X}']\mathrm{cov}[\varepsilon,\varepsilon] \\ &= (\boldsymbol{X}'\boldsymbol{X})^{-1}(\boldsymbol{X}'\boldsymbol{X})(\boldsymbol{X}'\boldsymbol{X})^{-1}\sigma^2\boldsymbol{I}=(\boldsymbol{X}'\boldsymbol{X})^{-1}\sigma^2=\sigma^2\boldsymbol{C} \end{aligned}$$

即：

$$\begin{bmatrix} D(b_0) & \mathrm{cov}(b_0,b_1) & \cdots & \mathrm{cov}(b_0,b_m) \\ \mathrm{cov}(b_1,b_0) & D(b_1) & \cdots & \mathrm{cov}(b_1,b_m) \\ \mathrm{cov}(b_2,b_0) & \mathrm{cov}(b_2,b_1) & \cdots & \mathrm{cov}(b_2,b_m) \\ \vdots & \vdots & \vdots & \vdots \\ \mathrm{cov}(b_m,b_0) & \mathrm{cov}(b_m,b_1) & \cdots & D(b_m) \end{bmatrix} = \sigma^2 \begin{bmatrix} C_{00} & C_{01} & \cdots & C_{0m} \\ C_{10} & C_{11} & \cdots & C_{1m} \\ C_{20} & C_{21} & \cdots & C_{2m} \\ \vdots & \vdots & \vdots & \vdots \\ C_{m0} & C_{m1} & \cdots & C_{mm} \end{bmatrix}$$

因此

$$\begin{cases} D(b_i)=\sigma^2 C_{ii} & (i=\overline{1,m}) \\ \mathrm{cov}(b_i,b_j)=\sigma^2 C_{ij} & (i\neq j;i,j=\overline{1,m}) \end{cases} \quad (3.3.17)$$

由此可见，用最小二乘法求出的诸回归系数之间存在着相关性。所以，式(3.3.16)又可以写成：

$$\boldsymbol{b}=\boldsymbol{CX}'\boldsymbol{Y} \quad (3.3.16)'$$

3.3.2.5　“矩阵式”正规方程的另一种形式

如果用距平资料代替原始资料建立回归方程，则其矩阵形式为：$\mathring{\boldsymbol{Y}}=\mathring{\boldsymbol{X}}\boldsymbol{b}$，其中：

$$\mathring{\hat{Y}}=\begin{bmatrix}\mathring{\hat{y}}_1\\ \vdots\\ \mathring{\hat{y}}_n\end{bmatrix};\boldsymbol{b}=\begin{bmatrix}b_1\\ \vdots\\ b_m\end{bmatrix};\mathring{\boldsymbol{X}}=\begin{bmatrix}\mathring{x}_{11} & \mathring{x}_{12} & \cdots & \mathring{x}_{1m}\\ \mathring{x}_{21} & \mathring{x}_{22} & \cdots & \mathring{x}_{2m}\\ \vdots & \vdots & \vdots & \vdots\\ \mathring{x}_{n1} & \mathring{x}_{n2} & \cdots & \mathring{x}_{nm}\end{bmatrix}$$

同样可以用最小二乘法得出求偏回归系数的正规方程：

$$\mathring{\boldsymbol{X}}'\mathring{\boldsymbol{X}}\boldsymbol{b}=\mathring{\boldsymbol{X}}'\mathring{\boldsymbol{Y}} \tag{3.3.18}$$

其展开式为：

$$\begin{cases} b_1\sum_t \mathring{x}_{t1}^2+b_2\sum_t \mathring{x}_{t1}\,\mathring{x}_{t2}+\cdots+b_m\sum_t \mathring{x}_{t1}\,\mathring{x}_{tm}=\sum_t \mathring{x}_{t1}y_t\\ b_1\sum_t \mathring{x}_{t2}\,\mathring{x}_{t1}+b_2\sum_t \mathring{x}_{t2}^2+\cdots+b_m\sum_t \mathring{x}_{t2}\,\mathring{x}_{tm}=\sum_t \mathring{x}_{t2}y_t\\ \cdots\cdots\\ b_1\sum_t \mathring{x}_{tm}\,\mathring{x}_{t1}+b_2\sum_t \mathring{x}_{tm}\,\mathring{x}_{t2}+\cdots+b_m\sum_t \mathring{x}_{tm}^2=\sum_t \mathring{x}_{tm}y_t \end{cases}$$

亦即式(3.3.11)的形式：

$$\begin{cases} b_1S_{11}+b_2S_{12}+\cdots+b_mS_{1m}=S_{1y}\\ b_1S_{21}+b_2S_{22}+\cdots+b_mS_{2m}=S_{2y}\\ \cdots\cdots\\ b_1S_{m1}+b_2S_{m2}+\cdots+b_mS_{mm}=S_{my} \end{cases} \tag{3.3.11}$$

或简单地写成：

$$\boldsymbol{S}\boldsymbol{b}=\boldsymbol{S}_{xy} \tag{3.3.11)''$$

其中：

$$\boldsymbol{S}=\begin{bmatrix}S_{11} & \cdots & S_{1m}\\ \vdots & \vdots & \vdots\\ S_{m1} & \cdots & S_{mm}\end{bmatrix};\boldsymbol{S}_{xy}=\begin{bmatrix}S_{1y}\\ \vdots\\ S_{my}\end{bmatrix}$$

当等式(3.3.11)″两边同时除以样本容量 n 时，$\boldsymbol{S}$ 阵就变成因子协方差阵，S_{iy} 就是因子 x_i 与预报对象 y 的协方差。

对等式(3.3.11)″作变换，可得到偏回归系数的解：

$$\boldsymbol{b}=\boldsymbol{S}^{-1}\boldsymbol{S}_{xy}$$

若令：$\boldsymbol{C}=\boldsymbol{S}^{-1}$，则上式可改写为：

$$\boldsymbol{b}=\boldsymbol{C}\boldsymbol{S}_{xy}$$

或：

$$b_i=\sum_{j=1}^{m}C_{ij}S_{jy} \tag{3.3.16)''$$

该式在后面讨论单因子在方程中的作用时会用到。

对式(3.3.11)″进行无量纲化处理，就得到：

$$\boldsymbol{R}\boldsymbol{b}_z=\boldsymbol{r}_{xy} \tag{3.3.14)'$$

此即式(3.3.14)的向量形式。其中 $\boldsymbol{b}_z$ 为标准化的回归系数向量；

$$\boldsymbol{R}=\begin{bmatrix} r_{11} & \cdots & r_{1m} \\ \vdots & \vdots & \vdots \\ r_{m1} & \cdots & r_{mm} \end{bmatrix}=\frac{1}{n}\boldsymbol{X}'_z\boldsymbol{X}_z\,;\boldsymbol{r}_{xy}=\begin{bmatrix} r_{1y} \\ \vdots \\ r_{my} \end{bmatrix}=\frac{1}{n}\boldsymbol{X}'_z\boldsymbol{Y}_z$$

其展开式如下：

$$\begin{cases} r_{11}b_{z1}+r_{12}b_{z2}+\cdots+r_{1m}b_{zm}=r_{1y} \\ r_{21}b_{z1}+r_{22}b_{z2}+\cdots+r_{2m}b_{zm}=r_{2y} \\ \quad\vdots \qquad \vdots \qquad \vdots \qquad \vdots \qquad \vdots \\ r_{m1}b_{z1}+r_{m2}b_{z2}+\cdots+r_{mm}b_{zm}=r_{my} \end{cases} \tag{3.3.14$''$}$$

该式也可以通过对方程：$\mathring{\hat{\boldsymbol{Y}}}=\mathring{\boldsymbol{X}}b$ 的无量纲化形式：$\hat{\boldsymbol{Y}}_z=\boldsymbol{X}_z\boldsymbol{b}_z$ 用最小二乘法导出。

3.3.3 回归效果分析

类似于一元线性回归问题的分析，仍然可以从方差的角度来进行讨论和分析。

3.3.3.1 预报量的离差平方和分解

在一元线性回归中已知：

$$\sum_{t=1}^{n}(y_t-\bar{y})^2=\sum_{t=1}^{n}(y_t-\hat{y}_t)^2+\sum_{t=1}^{n}(\hat{y}_t-\bar{y})^2 \tag{3.3.19}$$

即
$$S_{yy}=U+Q \tag{3.3.19$'$}$$

多元线性回归中要证明式(3.3.19)仍成立，只需证明上式左端展开后的交叉项为零即可。若令交叉项为 I，即：

$$I=\sum_t(y_t-\hat{y}_t)(\hat{y}_t-\bar{y})$$

将回归方程模型：$\hat{y}_t=\bar{y}+\sum_i b_i\mathring{x}_{ti}$ 代入，有：

$$\begin{aligned} I &= \sum_t[(y_t-\bar{y}-\sum_i b_i\mathring{x}_{ti})(\sum_j b_j\mathring{x}_{tj})]=\sum_j b_j\{\sum_t[(\mathring{y}_t-\sum_i b_i\mathring{x}_{ti})(\mathring{x}_{tj})]\} \\ &= \sum_j b_j[(\sum_t\mathring{x}_{tj}\mathring{y}_t)-\sum_i b_i(\sum_t\mathring{x}_{ti}\mathring{x}_{tj})]=\sum_j b_j[S_{jy}-\sum_i b_iS_{ij}] \\ &= \sum_j b_j(S_{jy}-S_{jy})=0 \end{aligned}$$

故等式(3.2.17)在多元线性回归中仍然成立。

式(3.3.19)$'$中回归平方和 U 是反映 m 个因子与预报量间线性关系部分，也称为因子对预报量离差平方和的线性解释部分，其相应的方差称为回归方差，可表述如下：

$$s_y^2=\frac{1}{n}U \tag{3.3.20}$$

在回归系数已求得的情况下，U,Q 很容易求取：

$$U=\sum_t(\hat{y}_t-\bar{y})^2=\sum_t\left(\sum_i b_i\mathring{x}_{ti}\right)^2=\sum_t\sum_i\sum_j b_ib_j\mathring{x}_{ti}\mathring{x}_{tj}$$

$$=\sum_i b_i\sum_j b_j\sum_t\mathring{x}_{ti}\mathring{x}_{tj}=\sum_i b_i\sum_j b_jS_{ij}=\sum_i b_iS_{iy}$$

即：

$$U=\sum_i b_iS_{iy} \tag{3.3.21}$$

$$Q=S_{yy}-U \tag{3.3.19$''$}$$

对一个给定的预报对象样本资料，S_{yy} 是一定的。当选取不同的因子时，回归平方和 U 的值是不同的，U 大 Q 则小，U 小 Q 则大，两者都可用来衡量回归方程效果的好坏。

3.3.3.2　回归效果的数量指标

U,Q 的大小，在一定程度上可作为衡量回归方程效果好坏的指标，但它们既受样本容量的影响，又与预报量本身离散程度有关，故不便于样本容量不同或预报量离散程度不同时的相互比较，为此引入剩余(均)方差与复相关系数这两个常用的回归效果统计指标。

3.3.3.2.1　剩余(均)方差

预报量 Y 的实测值对其估计值(回归值)偏差的大小，总体上可用它的方差(在因子取某一值条件下)σ^2 来表示。在 Y 的 m 元线性回归方程中，σ^2 的无偏估计量：

$$S_y^{*2}=\frac{1}{n-m-1}\sum_t(y_t-\hat{y}_t)^2=\frac{Q}{n-m-1} \tag{3.3.22}$$

称之为剩余方差，而 S_y^* 称为剩余均方差或剩余标准差：

$$S_y^*=\sqrt{\frac{Q}{n-m-1}} \tag{3.3.22$'$}$$

因为对于残差平方和：

$$Q=(\boldsymbol{Y}-\hat{\boldsymbol{Y}})'(\boldsymbol{Y}-\hat{\boldsymbol{Y}})=(\boldsymbol{Y}-\boldsymbol{Xb})'(\boldsymbol{Y}-\boldsymbol{Xb})$$

由式(3.3.16)：$\boldsymbol{b}=(\boldsymbol{X}'\boldsymbol{X})^{-1}\boldsymbol{X}'\boldsymbol{Y}$，代入上式：

$$Q=[\boldsymbol{Y}-\boldsymbol{X}(\boldsymbol{X}'\boldsymbol{X})^{-1}\boldsymbol{X}'\boldsymbol{Y}]'[\boldsymbol{Y}-\boldsymbol{X}(\boldsymbol{X}'\boldsymbol{X})^{-1}\boldsymbol{X}'\boldsymbol{Y}]$$

若引入帽子矩阵：

$$\boldsymbol{H}=\boldsymbol{X}(\boldsymbol{X}'\boldsymbol{X})^{-1}\boldsymbol{X}',$$

它是$(m+1)\times(m+1)$幂等阵，满足：

$$\boldsymbol{H}^2=\boldsymbol{H},\boldsymbol{H}'=\boldsymbol{H}$$

则有：
$$Q=(\boldsymbol{Y}-\boldsymbol{HY})'(\boldsymbol{Y}-\boldsymbol{HY})=\boldsymbol{Y}'(\boldsymbol{I}-\boldsymbol{H})(\boldsymbol{I}-\boldsymbol{H})\boldsymbol{Y}=\boldsymbol{Y}'(\boldsymbol{I}-\boldsymbol{H})\boldsymbol{Y}$$

将回归模型 1 的矩阵式：$\boldsymbol{Y}=\boldsymbol{XB}+\boldsymbol{E}$ 代入上式：

$$Q=(\boldsymbol{XB})'(\boldsymbol{I}-\boldsymbol{H})(\boldsymbol{XB})+\boldsymbol{E}'(\boldsymbol{I}-\boldsymbol{H})\boldsymbol{E}+\boldsymbol{B}'\boldsymbol{X}'(\boldsymbol{I}-\boldsymbol{H})\boldsymbol{E}+\boldsymbol{E}'(\boldsymbol{I}-\boldsymbol{H})\boldsymbol{XB}$$

而：

$$(\boldsymbol{XB})'(\boldsymbol{I}-\boldsymbol{H})(\boldsymbol{XB})=\boldsymbol{B}'\boldsymbol{X}'\boldsymbol{XB}-\boldsymbol{B}'\boldsymbol{X}'\boldsymbol{HXB}$$
$$=\boldsymbol{B}'\boldsymbol{X}'\boldsymbol{XB}-\boldsymbol{B}'\boldsymbol{X}'\boldsymbol{X}(\boldsymbol{X}'\boldsymbol{X})^{-1}\boldsymbol{X}'\boldsymbol{XB}=\boldsymbol{0}$$

同理：

$$\boldsymbol{B}'\boldsymbol{X}'(\boldsymbol{I}-\boldsymbol{H})\boldsymbol{E}=\boldsymbol{0};\boldsymbol{E}'(\boldsymbol{I}-\boldsymbol{H})\boldsymbol{X}'\boldsymbol{B}'=0$$

所以：

$$Q=\boldsymbol{E}'(\boldsymbol{I}-\boldsymbol{H})\boldsymbol{E}$$

$$M(Q)=M[\boldsymbol{E}'(\boldsymbol{I}-\boldsymbol{H})\boldsymbol{E}]=M(\boldsymbol{E}'\boldsymbol{IE})-M(\boldsymbol{E}'\boldsymbol{HE})$$

又：$M(\boldsymbol{E}'\boldsymbol{HE})=M(\sum_{i=1}^{n}\sum_{j=1}^{n}\varepsilon_i\varepsilon_j h_{ij})$，其中 h_{ij} 为矩阵 $\boldsymbol{H}$ 中的元素，且有：

$$M(\varepsilon_i\varepsilon_j)=\begin{cases}0 & (i\neq j)\\ \sigma^2 & (i=j)\end{cases}$$

故有：

$$M(\boldsymbol{E}'\boldsymbol{HE})=M\Big(\sum_{i=1}^{n}h_{ii}\varepsilon_i^2\Big)=\sigma^2 Tr(\boldsymbol{H})$$

且：

$$M(\boldsymbol{E}'\boldsymbol{IE})=\sigma^2 Tr(\boldsymbol{I})$$

代入，得：

$$M(Q)=\sigma^2 Tr(\boldsymbol{I})-\sigma^2 Tr(\boldsymbol{H})$$

式中 Tr 是矩阵迹的符号，并且：

$$Tr(\boldsymbol{H})=Tr[\boldsymbol{X}(\boldsymbol{X}'\boldsymbol{X})^{-1}\boldsymbol{X}']=Tr[(\boldsymbol{X}'\boldsymbol{X})^{-1}\boldsymbol{X}'\boldsymbol{X}]$$

由于$(\boldsymbol{X}'\boldsymbol{X})$是$(m+1)\times(m+1)$矩阵，在满秩的情况下是$(m+1)$阶矩阵，$\boldsymbol{I}$ 是$(n\times n)$单位阵，于是有：$M(Q)=\sigma^2(n-m-1)$。这样就可以得到残差方差的无偏估计量：

$$\hat{\sigma}^2=Q/(n-m-1)$$

即式(3.3.22)。

剩余方差表示实测值与其估计值(即条件平均值)偏差平方值的平均，亦即 S_y^{*2} 是表示除 m 个因子的线性影响之外其他随机因素对 y 的方差贡献，其值越小，回归效果越好，反之越差。而 S_y^* 可看做是“回归均方误差”，即回归误差的某种平均值，它是多元回归中衡量回归方程效果的一个重要指标。

值得一提的是，每增加一个因子，Q 值或多或少都会减小一些，但 S_y^{*2}(即 S_y^*)并不一定减少。因为 S_y^{*2} 还与因子的个数 m 有关，尤其是样本容量 n 较小时，m 的影响就更为突出。在一些特殊情况下，当增加的因子质量较差或因子对 y 的非线性贡献大而线性贡献小时，反而会使平均误差增大。在这种情况下，我们就要对因子进行分析，不该要的不要，该改进的改进。

3.3.3.2.2 复相关系数

由于 S_y^{*2} 的大小受预报量量纲的影响，用其衡量方程回归效果时不便于不同预报量之间的比较，为此引用一个相对指标：复相关系数 R，以消除单位的影响。

$$R=\sqrt{\frac{U}{S_{yy}}}=\sqrt{1-\frac{Q}{S_{yy}}} \qquad (3.3.23)$$

复相关系数 R 是常用的表示多元回归方程效果的相对指标，使用十分广泛。它是回归方程中所有因子对 y 的"方差贡献"在 y 的总方差中所占比例，亦即预报量 y 与方程中全部因子 $x_1,x_2,\cdots,x_m$ 间线性相关程度的量度，其值越大越好；复相关系数 R 是不区分正相关与负相关的，其变化区间为：[0,1]。

复相关系数 R 是衡量一个变量（预报量）与多个变量（m 个因子）之间的线性相关程度的量，为了强调这一点，常记 R 为 $R_{y|1,2,\cdots m}$，因此，复相关系数 R 又被人称为全相关。

由于多元线性回归方程从形式上看，可以把 $\hat{y}$ 看成是 m 个因子的线性组合，即 m 个因子的线性组合可以用一个变量 $\hat{y}$ 来表示，所以从另外一个角度看，复相关系数 R 又是 y 与 $\hat{y}$ 之间的单相关系数，即：

$$R = r_{y\hat{y}} = \frac{\sum_t (y_t - \bar{y})(\hat{y}_t - \bar{\hat{y}})}{\sqrt{\sum_t (y_t - \bar{y})^2 \sum_t (\hat{y}_t - \bar{\hat{y}})^2}} \tag{3.3.24}$$

因为：

(1) $$\bar{\hat{y}} = \frac{1}{n}\sum_t \hat{y}_t = \frac{1}{n}\sum_t [\bar{y} + \sum_i b_i \dot{x}_{ti}] = \frac{1}{n}\sum_t \bar{y} + \frac{1}{n}\sum_i b_i \sum_t \dot{x}_{ti}$$
$$= \bar{y} + 0 = \bar{y}$$

(2) $$\sum_t (y_t - \bar{y})(\hat{y}_t - \bar{\hat{y}}) = \sum_t (y_t - \bar{y})(\hat{y}_t - \bar{y})$$
$$= \sum_t [\dot{y}_t \sum_i b_i \dot{x}_{ti}] = \sum_i b_i \sum_t \dot{x}_{ti}\dot{y}_t = \sum_i b_i S_{iy} = U$$

(3) $$\sqrt{\sum_t (y_t - \bar{y})^2 \sum_t (\hat{y}_t - \bar{\hat{y}})^2} = \sqrt{\sum_t (y_t - \bar{y})^2 \sum_t (\hat{y}_t - \bar{y})^2} = \sqrt{S_{yy}U}$$

(4) $$r_{y\hat{y}} = \frac{\sum_t (y_t - \bar{y})(\hat{y}_t - \bar{\hat{y}})}{\sqrt{\sum_t (y_t - \bar{y})^2 \sum_t (\hat{y}_t - \bar{\hat{y}})^2}} = \frac{\sum_t (y_t - \bar{y})(\hat{y}_t - \bar{y})}{\sqrt{\sum_t (y_t - \bar{y})^2 \sum_t (\hat{y}_t - \bar{y})^2}} \tag{3.3.24$'$}$$
$$= \frac{U}{\sqrt{S_{yy}U}} = \sqrt{\frac{U}{S_{yy}}} = R$$

由式(3.3.23)，复相关系数 R 还可以表示成：

$$R^2 = 1 - \frac{Q}{S_{yy}} \tag{3.3.24$''$}$$

理论上，复相关系数给出了因子与预报量在总体上的相关程度，但对具体抽样样本而言，所得到的是其估计值，为此，引入其无偏估计量。

在 3.3.3.2.1 中，给出了 m 元线性回归方程残差方差的无偏估计量为：$S_y^{*2} = Q/(n-m-1)$，同样，可以得到预报量 y 方差的无偏估计量：$\hat{\sigma}_y^2 = S_{yy}/(n-1)$，把它们代

入式(3.3.24)″,就从方差的角度得到一个新的物理量——调整复相关系数,即:

$$R_a^2=1-\frac{\hat{\sigma}_\varepsilon^2}{\hat{\sigma}_y^2}=1-\frac{Q/(n-m-1)}{S_{yy}/(n-1)}=1-\frac{n-1}{n-m-1}(1-R^2) \quad (3.3.25)$$

调整复相关系数的平方,实际上是对总体复相关系数的一种估计,也是对总体回归关系解释方差的一种估计。

3.3.3.2.3　偏相关系数

多元回归中,变量之间的相关关系往往是很复杂的,不仅预报量与因子之间存在相关性,因子之间通常也存在相关性。因此,在研究多元回归方程中某一因子与预报量间的相关性时,复相关系数显然是不能确切表达其间的复杂关系的。例如,若 Y 与因子 x_1 和 x_2 都存在正相关,但 x_1 与 x_2 间又存在负相关。当 x_1 取较大值时,有利于 Y 取较大值,而此时又伴随着 x_2 取较小值,又有利于 Y 取较小值,这两种相反的影响随机叠加在一起,使 Y 与 x_1、x_2 的关系都变得不清楚了。因此,在多元问题中,若要考察其中一个因子与因变量的相关,就必须要把其他因子对该因子和其他因子对因变量的线性影响除去,通过这种方法计算出来的相关系数称为偏相关系数。以 2 个因子时的情况为例,要分析因子 x_1 与 Y 的相关性(记作 $r_{y1|2}$),可用单相关系数 r_{1y},r_{2y},r_{12} 来表示,其数学表达式为:

$$r_{y1|2}=\frac{r_{1y}-r_{12}r_{2y}}{\sqrt{(1-r_{12}^2)(1-r_{2y}^2)}} \quad (3.3.26)$$

例如,地形总体上呈南高北低的某省一月平均气温(y)同时受海拔高度(x_1)和纬度(x_2)的影响。根据观测资料计算出它们之间的单相关系数阵如下:

$$R=\begin{bmatrix} r_{11} & r_{12} & r_{1y} \\ r_{21} & r_{22} & r_{2y} \\ r_{y1} & r_{y2} & r_{yy} \end{bmatrix}=\begin{bmatrix} 1 & -0.4795 & -0.7434 \\ -0.4795 & 1 & -0.1745 \\ -0.7434 & -0.1745 & 1 \end{bmatrix}$$

由式(3.3.26),得:

$$r_{y1|2}=\frac{-0.7434-(-0.4795)\times(-0.1745)}{\sqrt{(1-0.4795^2)\times(1-0.1745^2)}}=-0.9573$$

$$r_{y2|1}=\frac{-0.1745-(-0.4795)\times(-0.7434)}{\sqrt{(1-0.4795^2)\times(1-0.7434^2)}}=-0.9046$$

上述计算结果表明,虽然因子与预报量间的偏相关性都很好,但由于两因子之间的相关性(反相关),使每个因子与气温的单相关反而不明显。这给我们一个启示,在选择预报因子时,不能片面追求单相关系数高,而要充分考虑因子的物理意义及因子间的相互配合关系。

3.3.3.3　回归效果的显著性检验

对于任意给定的预报量和因子的样本资料,我们总可以建立起一个回归方程。

通常，方程中的偏回归系数 b_i 随着样本资料的变化（m、n 的变化）而变化，是样本的函数，因此也是随机变量。一般而言，即使引进回归方程中的因子与预报量之间毫无线性联系（即所有的 B_i 都等于零或在 m 个因子中有若干个 B_i 等于零），但由于抽样的随机性，由一个具体样本求出的偏回归系数 b_i 也可以都不或不都等于零。也就是说，回归方程所反映的因子与预报量的线性相关在一定程度上是不真实的，为了鉴别这种随机因素造成的假象，需要对回归方程进行显著性检验。

回归方程显著性检验，根据不同要求有两种形式。一种是检验所有回归系数的总体值 $B_i(i=\overline{1,m})$ 是否都等于零，即检验全体因子是否与预报量有线性关系；另一种是分别检验回归方程中各个因子的回归系数 B_i 是否等于零，或者说检验回归方程中某个因子是否有必要保留。

3.3.3.3.1　全体因子回归效果的显著性检验

如同一元线性回归，检验仍分四个步骤：

(1)提出假设 $H_0: B_1=B_2=\cdots=B_m=0$。

此假设表示所有因子 $x_1,x_2,\cdots,x_m$ 与 y 均无线性相关，若假设 H_0 成立，则表明回归方程的效果不显著；否则表示回归方程中至少有一个因子与 y 间存在线性相关，此时称回归方程效果显著。

(2)构造统计量：

$$F=\frac{U/m}{Q/(n-m-1)} \tag{3.3.27}$$

在假设 H_0 成立（且矩阵 $\boldsymbol{X}$ 满秩）时，统计量 F 服从第一自由度为 m、第二自由度为 $(n-m-1)$ 的 F 分布。

因为在假设 H_0 成立、且矩阵 $\boldsymbol{X}$ 满秩时可以证明，统计量 U/σ^2 服从自由度为 m 的 χ^2 分布；而统计量 Q/σ^2 服从自由度为 $(n-m-1)$ 的 χ^2 分布，且 Q 与 U 相互独立，故而统计量：

$$F=\frac{\dfrac{U}{\sigma^2}/m}{\dfrac{Q}{\sigma^2}/(n-m-1)}=\frac{U/m}{Q/(n-m-1)}$$

遵从分子自由度为 m、分母自由度为 $(n-m-1)$ 的 F 分布。不难发现，简化后的 F 统计量，其分子、分母分别为回归方差和剩余方差，显然，F 值越大说明 m 个因子对 y 的线性贡献越大。

(3)给定信度 α，查 F 分布表得临界值：$F_\alpha(m,n-m-1)$。

(4)一次抽样，计算样本的 F 值，并与 $F_\alpha(m,n-m-1)$ 比较，判断 H_0。

若 $F>F_\alpha$，则拒绝假设 H_0，认为因子的全体与 y 的线性关系是显著的，即回归方程显著；反之，$F\leqslant F_\alpha$，则接受 H_0，说明回归方程不显著，认为即使有的 $b_i\neq0$，也是随机因素造成的。需要提醒的是，回归方程显著并不代表方程中各因子的作用都显著。

将式(3.3.27)中的 Q,U 通过式(3.3.23)用 R 来表示，有：

$$F=\frac{R^2/m}{(1-R^2)/(n-m-1)} \tag{3.3.27$'$}$$

所以在检验时也可以用上式直接代入复相关系数求取 F 值。

对上式作进一步变换，得到：

$$R=\sqrt{\frac{mF}{mF+(n-m-1)}} \tag{3.3.27$''$}$$

对应于 F_α，可求出相应的复相关系数的置信限 R_α：

$$R_\alpha=\sqrt{\frac{mF_\alpha}{mF_\alpha+(n-m-1)}}$$

且 $R>R_\alpha$ 等价于 $F>F_\alpha$，通过查 R 检验表便可直接给出相同的结论。

3.3.3.3.2　单因子回归效果的显著性检验

在多元回归方程中引进的两个以上的因子，其间通常并不相互独立，某一因子与预报量的线性联系常常可以部分或全部通过另一些因子与预报量的线性联系得到体现。如果一个因子对预报量的线性(方差)贡献，从总体上看，完全可以在另外一些因子对预报量的线性(方差)贡献中得到反映，那么，尽管这个因子与预报量的单相关是显著的，但在回归方程中保留该因子却是多余的，因为此时它对回归平方和并无什么贡献。因此，检验每个因子的回归效果并不能通过对各个因子与预报量的单相关系数的显著性来实现，而必须研究其在回归方程中方差贡献。

应该指出，从回归方程中剔除一个因子，绝不是简单地把 $b_i x_i$ 项从方程中去掉，而应该从剩余的 $m-1$ 个因子 $x_1, x_2 \cdots, x_{i-1}, x_{i+1}, \cdots, x_m$ 着手，重新计算新的偏回归系数 $b_j^*(j\neq i)$，写出新的方程：

$$\hat{y}^* = b_o^* + b_1^* x_1 + \cdots + b_{i-1}^* x_{i-1} + b_{i+1}^* x_{i+1} + \cdots + b_m^* x_m = \bar{y} + \sum_{\substack{j=1\\ j\neq i}}^{m} b_j^* \dot{x}_j \tag{3.3.28}$$

一般而言，$b_j^*\neq b_j$，因为当从原方程中剔除一个因子，剩下因子间的配合关系就发生了改变，其他因子，特别是与被剔除因子关系密切的一些因子的偏回归系数就会受到较大影响，甚至变号，所以在进行 F 检验时应特别注意。

由于重新建立回归方程需要进行大量的计算，所以有必要给出新老回归系数之间的关系。根据雅可比定理，我们可以推出如下关系式：

$$b_j^* = b_j - \frac{C_{ij}}{C_{ii}} b_i \quad (j\neq i) \tag{3.3.29}$$

式中 C_{ij}、C_{ii} 为系数矩阵逆矩阵 $\boldsymbol{C}=(\boldsymbol{X}'\boldsymbol{X})^{-1}$ 中的元素。

为了进一步研究因子 x_i 在方程中的重要性，我们可以通过比较 $m-1$ 个因子与

m 个因子对预报对象的回归平方和来实现。

设 U 是 m 个因子 $x_1,x_2,\cdots,x_m$ 所产生的回归平方和，U' 是 x_i 之外的 $m-1$ 个因子 $x_1,x_2\cdots,x_{i-1},x_{i+1},\cdots,x_m$ 所产生的回归平方和，其差：

$$V_i=U-U' \tag{3.3.30}$$

就是去掉因子 x_i 后回归平方和的减少量，称其为因子 x_i 的偏回归平方和或方差贡献。它是衡量因子在给定回归方程中对预报量 y 的作用大小，即因子重要性的数量指标。

对回归模型式(3.3.12)

$$\hat{y}=\bar{y}+\sum_{i=1}^{m}b_i(x_i-\bar{x}_i)=\bar{y}+\sum_{i}b_i\mathring{x}_i$$

而言，m 个因子的回归平方和 $U=\sum\limits_{j=1}^{m}b_jS_{jy}$；同理，我们可以得到不含因子 x_i 的方程式(3.3.28)中 $m-1$ 个因子的回归平方和 $U'=\sum\limits_{\substack{j=1\\j\neq i}}^{m}b_j^*S_{jy}$，于是 x_i 的方差贡献为：

$$V_i=U-U'=\sum_{j=1}^{m}b_jS_{jy}-\sum_{\substack{j=1\\j\neq i}}^{m}b_j^*S_{jy}$$

将式(3.3.29)代入上式。得：

$$\begin{aligned}V_i&=\sum_{j=1}^{m}b_jS_{jy}-\sum_{\substack{j=1\\j\neq i}}^{m}b_jS_{jy}+\frac{b_i}{C_{ii}}\sum_{\substack{j=1\\j\neq i}}^{m}C_{ij}S_{jy}\\&=b_iS_{iy}+\frac{b_i}{C_{ii}}\sum_{\substack{j=1\\j\neq i}}^{m}C_{ij}S_{jy}=\frac{b_i}{C_{ii}}\sum_{j=1}^{m}C_{ij}S_{jy}\end{aligned}$$

将式(3.3.16)″：$b_i=\sum\limits_{j=1}^{m}C_{ij}S_{jy}$ 代入上式，有：

$$V_i=b_i^2/C_{ii} \tag{3.3.31}$$

值得注意的是，V_i 值的大小不仅与该因子 x_i 本身的情况有关，还与方程中其他因子的配合有关，因为方程中因子的种类和数目一旦发生变化，各因子对应的偏回归系数的值也会发生变化，从而导致 b_i、C_{ii} 都发生变化而改变 V_i 的值，所以 V_i 仅针对某个具体方程。

另外，在理论上，由于单因子对预报量的贡献存在重复交叉部分，故回归方程中各因子的方差贡献之和是大于等于回归平方和；只有当各因子相互独立时下式中的等号才成立，即：

$$U=\sum_i b_i S_{iy}\leqslant \sum_i V_i$$

解决了某个因子在回归方程中对回归平方和的贡献，我们就可以讨论它在方程中的显著性了。同样，对 x_i 的回归效果检验也分四个步骤：

(1)提出假设 $H_0: B_i=0$。

此假设成立表示因子 x_i 与 y 线性独立；H_0 不成立，即 $B_i\neq 0$，则表明 x_i 回归效果显著。

(2)构造统计量：

$$F_i=\frac{V_i/1}{Q/(n-m-1)}=\frac{b_i^2/C_{ii}}{Q/(n-m-1)} \tag{3.3.32}$$

此 F 统计量在假设 H_0 成立(且矩阵 $\boldsymbol{X}$ 满秩)时，服从第一自由度为 1、第二自由度为$(n-m-1)$的 F 分布。

因为由 $\boldsymbol{b}$ 的统计学性质：$M(b_i)=B_i, D(b_i)=\sigma^2 C_{ii}$ 可知：

$$\frac{b_i-B_i}{\sigma\sqrt{C_{ii}}}\sim N(0,1);\frac{(b_i-B_i)^2}{C_{ii}\sigma^2}\sim\chi^2(1)$$

又 b_i 与 Q 相互独立，且 $Q/\sigma^2\sim\chi^2(n-m-1)$，故在 H_0 成立时，有：

$$F_i=\frac{V_i/1}{Q/(n-m-1)}=\frac{V_i/\sigma^2}{Q/\sigma^2(n-m-1)}\sim\frac{\chi^2/1}{\chi^2/(n-m-1)} \tag{3.3.33}$$

即在假设 H_0 成立条件下，统计量 F_i 服从自由度为$(1,n-m-1)$的 F 分布。

(3)给定信度 α，查 F 分布表得临界值：$F_\alpha(1,n-m-1)$。

(4)一次抽样，计算样本的 F 值，并与 $F_\alpha(1,n-m-1)$ 比较，判断 H_0。

若 $F_i>F_\alpha$，则拒绝假设 H_0，认为因子 x_i 与 y 的线性关系显著；反之，$F_i\leqslant F_\alpha$，则接受 H_0，承认因子 x_i 不显著，可以从方程中剔除，重新建立更简单的线性回归方程。关于这一点，在本章下一节(逐步回归)中还将进行更详细的讨论。

3.3.3.4 预报值的置信区间——y 的区间估计

与一元线性回归一样，预报量的实际值(观测值)与回归值(预报值)之间的偏差$(y_l-\hat{y}_l)$服从正态分布，且：

$$M(y_l-\hat{y}_l)=0, D(y_l-\hat{y}_l)=\delta^2$$

即：

$$y_l-\hat{y}_l\sim N(0,\delta^2), \frac{y_l-\hat{y}_l}{\delta}\sim N(0,1)$$

故有：

$$P[|y_l-\hat{y}_l|\leqslant\delta N_{\frac{\alpha}{2}}]=1-\alpha \tag{3.3.34}$$

其中：

$$\delta=\sigma\sqrt{1+\frac{1}{n}+\sum_{i=1}^{m}\sum_{j=1}^{m}C_{ij}(x_{li}-\bar{x}_i)(x_{lj}-\bar{x}_j)} \tag{3.3.35}$$

l 表示某一时刻，(x_l, y_l)既可以是建模样本资料，也可以是独立于建模样本之外的资料。

因为：

$$\delta^2 = D(y_l - \hat{y}_l) = D(y_l) + D(\hat{y}_l) \quad (y_l \text{ 与 } \hat{y}_l \text{ 独立})$$

而 $\hat{y}_l = \bar{y} + \sum_{i=1}^{m} b_i(x_{li} - \bar{x}_i)$，且 $\bar{y}$ 与 b_i 独立，

故：

$$\begin{aligned}
D(\hat{y}_l) &= D(\bar{y}) + D\Big[\sum_{i=1}^{m} b_i(x_{li} - \bar{x}_i)\Big] \\
&= \frac{1}{n}\sigma^2 + D[b_1(x_{l1} - \bar{x}_1) + \cdots + b_m(x_{lm} - \bar{x}_m)] \\
&= \frac{1}{n}\sigma^2 + [(x_{l1} - \bar{x}_1)^2 D(b_1) + \cdots + (x_{lm} - \bar{x}_m)^2 D(b_m)] \\
&\quad + 2\sum_{i=1}^{m}\sum_{j=i+1}^{m}(x_{li} - \bar{x}_i)(x_{lj} - \bar{x}_j)\mathrm{cov}(b_i, b_j) \\
&= \frac{1}{n}\sigma^2 + \sum_{i=1}^{m}(x_{li} - \bar{x}_i)^2\sigma^2 C_{ii} + 2\sum_{i=1}^{m}\sum_{j=i+1}^{m}(x_{li} - \bar{x}_i)(x_{lj} - \bar{x}_j)\sigma^2 C_{ij} \\
&= \sigma^2\Big[\frac{1}{n} + \sum_{i=1}^{m}\sum_{j=1}^{m}(x_{li} - \bar{x}_i)(x_{lj} - \bar{x}_j)C_{ij}\Big]
\end{aligned}$$

所以：$\delta^2 = D(y_l) + D(\hat{y}_l) = \sigma^2\Big[1 + \frac{1}{n} + \sum_{i=1}^{m}\sum_{j=1}^{m}(x_{li} - \bar{x}_i)(x_{lj} - \bar{x}_j)C_{ij}\Big]$

当样本容量很大时，且因子值接近其均值时，$\delta \approx \sigma$，若用 σ 的无偏估计值 S_y^* 对其估计时，式(3.3.34)可近似写为：

$$P[|y_l - \hat{y}_l| \leqslant N_{\frac{\alpha}{2}} S_y^*] = 1 - \alpha \qquad (3.3.36)$$

当 $\alpha = 0.05$ 时，根据"1.96σ 原则"有：

$$P[|y_l - \hat{y}_l| \leqslant 1.96 S_y^*] \approx 0.95 \qquad (3.3.37)$$

即：

$$P[\hat{y}_l - 1.96 S_y^* \leqslant y_l \leqslant \hat{y}_l + 1.96 S_y^*] \approx 0.95 \qquad (3.3.37)'$$

3.3.4　预报计算举例

以四个因子组成的四元线性回归方程预报南京冬季月份西路冷锋移动速度为例。

y：南京西路冷锋移动速度(km/h)；

x_1：ΔH_{700}。700 hPa 图上东胜与锡林浩特的位势高度差，它反映了引导气流强弱。

x_2：$V_\perp$。850 hPa 图上地面冷锋锋后风速的垂直分量。

x_3：$\Delta P/\Delta n$。冷锋过银川站时锋后的气压梯度，取自锋线到锋后冷高压中心

(hPa/纬距)，以反映锋后冷高压的强度对冷锋移速的影响。

x_4：A_T。700 hPa 图上东胜与锡林浩特的位势高度差(即 ΔH_{700})乘以 700 hPa 图上太原与二连浩特站的温度差 ΔT_{700} 和等温线与等高线夹角的正弦 $\sin\alpha$。它反映了高空冷平流对冷锋移速的影响。

根据 50 个观测个例样本资料，建立回归方程、讨论回归效果并制作预报。步骤如下：

3.3.4.1 计算各有关数据

计算所依据的数据见表 3.3 所列。

对公式(3.3.9)进行简化，得：

$$\begin{cases} S_{ij} = S_{ji} = \sum_t x_{ti}x_{tj} - \frac{1}{n}\sum_t x_{ti}\sum_t x_{tj} \\ S_{iy} = S_{yi} = \sum_t x_{ti}y_t - \frac{1}{n}\sum_t x_{ti}\sum_t y_t \end{cases} \quad (i,j=\overline{1,4})$$

将因子与预报量数据代入上述公式，有：

$S_{11}=20462.00$， $S_{12}=S_{21}=1560.32$， $S_{13}=S_{31}=146.28$

$S_{14}=S_{41}=1942.22$， $S_{1y}=5805.40$， $S_{22}=229.78$

$S_{23}=S_{32}=24.90$， $S_{24}=S_{42}=292.73$， $S_{2y}=816.78$

$S_{33}=4.34$， $S_{34}=S_{43}=36.33$， $S_{3y}=122.39$

$S_{44}=648.00$， $S_{4y}=1125.30$， $S_{yy}=4506.32$

3.3.4.2 正规方程及其求解

根据公式(3.3.11)及上述数据，得正规方程组(四元线性方程组)：

$$\begin{cases} 20462.0b_1+1560.32b_2+146.28b_3+1942.22b_4=5805.4 \\ 1560.32b_1+229.78b_2+24.90b_3+292.73b_4=816.78 \\ 146.28b_1+24.90b_2+4.34b_3+36.33b_4=122.39 \\ 1942.22b_1+292.73b_2+36.33b_3+648.00b_4=1125.3 \end{cases}$$

用消元法解得：

$$b_1=0.08,b_2=0.71,b_3=21.85,b_4=-0.05$$

以及：$b_0=\bar{y}-\sum_{i=1}^{4}b_i\bar{x}_i=45.4-(7.90+5.61+40.86-0.32)=-8.65$

3.3.4.3 确定回归方程及其效果

1. 回归方程：

$$\hat{y}=-8.65+0.08x_1+0.71x_2+21.85x_3-0.05x_4$$

2. 回归效果：

(1)方差分析(表 3.4)

表 3.4

离差来源	平方和	自由度	方差	方差比
回归	$U=\sum_i b_i S_{iy}=3662.30$	$m=4$	$U/m=915.58$	$F=\dfrac{U/m}{Q/(n-m-1)}$ $=48.82$
剩余	$Q=S_{yy}-U=844.02$	$n-m-1=45$	$Q/(n-m-1)=18.76$	
总和	$S_{yy}=\sum_t y_t^2-n\bar{y}^2=4506.32$	$n-1=49$		

方程的回归效果检验，仍分四个步骤：

①提出假设 $H_0: B_1=B_2=B_3=B_4=0$，即方程回归效果不显著。

②构造统计量：

$$F=\frac{U/m}{Q/(n-m-1)} \tag{3.3.27}$$

在假设 H_0 成立时，统计量 F 服从第一自由度为 m、第二自由度为 $(n-m-1)$ 的 F 分布。

③给定显著性水平 $\alpha=0.01$，查 F 分布表得临界值：$F_{0.01}(4,45)=3.80$。

④一次抽样，计算样本的 F 值，并与 $F_{0.01}(4,45)$ 比较，判断 H_0：

因为 $F=48.82>F_{0.01}(4,45)=3.80$，故拒绝假设 H_0，即方程回归效果显著。

(2)复相关系数：

$$R_{y|1,2,3,4}=\sqrt{\frac{U}{S_{yy}}}=\sqrt{\frac{3662.30}{4506.32}}\approx 0.902$$

(3)y 的区间估计：

$$S_y^*=\sqrt{Q/(n-m-1)}=\sqrt{18.76}\approx 4.33(\mathrm{km/h})$$

$$1.96S_y^*=1.96\times 4.33\approx 8.5(\mathrm{km/h})$$

所以：
$$P[\hat{y}_l-8.5\leqslant y_l\leqslant \hat{y}_l+8.5]=0.95$$

3.3.4.4　制作预报

若某年 1 月 16 日 08 时的因子值通过计算为：

$$\Delta H_{700}=121, V_{\perp}=9.6, \Delta P/\Delta n=1.84, A_T=6.19$$

代入回归方程，得：

$$\begin{aligned}\hat{y}&=-8.65+0.08\times 121+0.71\times 9.6+21.85\times 1.84-0.05\times 6.19\\&=47.7(\mathrm{km/h})\end{aligned}$$

按上述估计的锋面移速，距南京 860 km 的冷锋将于 17 日 2 时过南京站，而实况是冷锋在次日凌晨 3 时经过南京站的。这个结果比一元线性回归中用一个因子 x_1

作预报准确多了。

3.4 逐步回归

在多元线性回归中，我们通常根据第 2 章介绍的提供因子的思路，且为了避免遗漏掉对预报对象有影响的因子，而挑选出与预报量有一定物理联系且存在着相关的许多因子。这些因子的数量有时可达几十个、几百个甚至更多，尤其在挑选数值预报产品作为预报因子时更是如此。根据因子相关分析可知，它们在方程中多少都对预报量有一定的方差贡献，但是，是不是方程中的因子数目越多，回归方程的预报效果就越好呢？我们从多元线性回归的效果分析中已经知道，回归方程中所包含的因子越多，确实它们对预报量的贡献 U 就越大，Q 就越小，从而使得方程对样本资料的拟合误差减小。但一方面由于因子之间或多或少都存在着相关关系，那么它们对预报量的贡献多少也存在着交叉现象，当它们出现在同一个方程中时，某个(些)因子的方差贡献 V_i 就变得很小而使得它(们)在方程中变得不显著，甚至可能被其他因子所全部(或几乎全部)覆盖，因此，从方差贡献角度来看，这个(些)因子在方程中就无存在的必要。另一方面，对 $S_{yy}=U+Q$ 而言，由于 S_{yy} 是常数，U 增加的速度则在因子数目达到一定量时而变缓，且越来越小，因此 Q 的减小也越来越小，这一点已被 W. H. Klein 和 J. E. Walsh 在 1983 年的工作所证实；相反地，由于因子的增加(m 增大)，反映回归方程平均误差的剩余均方差 $S_y^*=\sqrt{Q/(n-m-1)}$ 反而可能增大。此外，从计算的角度还发现，当因子数目不断增加而使得计算量越来越大时，计算的截断误差在计算过程中也在不断(积累)增长，当误差的积累超过回归平方和 U 的增加时，因子数目的增加，就不再会提高方程预报的精度，反而会降低方程的预报准确率，还延长了运算时间，正所谓吃力不讨好。

那么，如何找到一个即省时省力又能确保预报精度的最佳方程——“最优”回归方程呢？首先，要确保“最优”回归方程中的每个因子都必须是显著的，不能包含对 y 贡献不显著的因子；其次，方程的剩余方差 S_y^{*2} 要较小，以保证方程的精度。

3.4.1 “最优”回归方程的选择

下面通过一个例子来说明“最优”回归方程的选择方法。

表 3.5 给出了 y 与 x_1,x_2,x_3,x_4 的一组观测数据($n=13$)。

表 3.5

i	1	2	3	4	5	6	7	8	9	10	11	12	13
x_1	7	1	11	11	7	11	3	1	2	21	1	11	10
x_2	26	29	56	31	52	55	71	31	54	47	40	66	68

续表

i	1	2	3	4	5	6	7	8	9	10	11	12	13
x_3	6	15	8	8	6	9	17	22	18	4	23	9	8
x_4	60	52	20	47	33	22	6	44	22	26	34	12	12
y	78.5	74.3	104.3	87.6	95.9	109.2	102.7	72.5	93.1	115.9	83.8	113.3	109.4

3.4.1.1　从所有可能因子组合的方程中择优

方法是把包含 1 个、2 个、…，直至所有因子不同组合条件下的所有回归方程全部一个不漏地计算出来(共 15 个)，并对每个方程作方差分析，对各个因子作方差贡献(偏回归平方和)的显著性检验，见表 3.6。

从这 15 个方程中可以看出，S_y^{*2} 最小的为第(12)个方程，但此方程含有不显著因子 x_4，因而它不是“最优”的。而全部因子都显著、且 S_y^{*2} 又相对较小的应该是第(5)个方程，即：

$$\hat{y}=52.5773+1.4683x_1+0.6623x_2$$

用这种方法总可以找到一个“最优”方程，但工作量实在是太大了，因为方程的个数是 2^m-1，当因子数 m 较大时，方程的个数呈指数增长，其工作量可想而知，这实在是既笨又不实用的方法。

从上述的择优过程中还可以看出，所谓的“最优”也是相对的。

表 3.6

方程序号	b_0	b_1	b_2	b_3	b_4	Q	自由度	$S_y^{*2}=\hat{\sigma}^2$
						2715.76	12	
(1)	81.479	1.869*				1265.69	11	115.06
(2)	57.424		0.789*			906.34	11	82.39
(3)	110.203			−1.256(*)		1939.40	11	176.31
(4)	117.568				−0.738**	883.87	11	80.35
(5)	52.577	1.468**	0.662**			57.90	10	5.79
(6)	72.349	2.313*		0.495		1227.07	10	122.71
(7)	103.097	1.440**			−0.614**	74.76	10	7.48
(8)	72.075		0.731**	−1.008**		415.44	10	41.54
(9)	94.160		0.311		−0.457	868.88	10	86.89
(10)	131.282			−1.200**	−0.725**	175.74	10	17.57
(11)	48.194	1.696**	0.657**	0.250		48.11	9	5.35

续表

方程序号	b_0	b_1	b_2	b_3	b_4	Q	自由度	$S_y^{*2}=\hat{\sigma}^2$
						2715.76	12	
(12)	71.648	1.452^{**}	$0.416^{(*)}$		-0.237	47.97	9	5.33
(13)	111.684	1.052^{**}		$-0.410^{(*)}$	-0.643^{**}	50.84	9	5.65
(14)	203.642		-0.923^{**}	-1.448^{**}	-1.557^{**}	73.82	9	8.20
(15)	62.405	1.551^{*}	0.510	0.102	-0.144	47.86	8	5.98

注：数字右上角注＊为在 $\alpha=0.05$ 水平上显著，注＊＊为在 $\alpha=0.01$ 水平上显著，注(＊)为在 $\alpha=0.10$ 水平上显著

3.4.1.2　逐个剔除因子方案

例如上例中，先建立包含全部因子的全回归方程(15)，然后对其中因子逐个作显著性检验，剔除不显著者。即计算出所有因子的方差贡献 V_i，找出其中最小值所对应的因子，并对该因子进行显著性检验。如果显著，则说明该方程中所有因子都显著；如果不著性，则剔除该因子(第一次剔除 x_3)，重新计算剩下因子的回归系数，建立方程(12)；重复上述过程(第二次剔除因子 x_4)，直至方程中所有的因子都显著，即建立的方程(5)为“最优”。

3.4.1.3　逐个引入因子方案

首先，计算所有待选因子的方差贡献，挑选方差贡献最大且显著的因子建立一元线性回归方程；然后在剩下的因子中筛选下一个因子，即依次计算待选因子中的每一个因子进入回归方程后在方程中的方差贡献，挑选出方差贡献最大者进行显著性检验，如果显著，则引入方程中，再在剩下的因子中进行下一个因子的引入；如果不显著，引进到此结束。

虽然方案 3.4.1.2、3.4.1.3 似乎都可以得到“最优”回归方程，但因需反复地计算回归系数，其计算量可想而知；另外，由于因子之间存在着相互关系，每引进或剔除一个因子，方程中因子间的相互配合关系都会发生改变，方程中每个因子方差贡献的量值也都发生了变化，那么，已经被剔除的因子通过几步“淘汰”剔除变换后，如果再放入方程中就有可能变得显著；而方程中原来显著的因子通过几步“择优”引进变换后也有可能变得不显著。所以为了保证方程中的因子在经过“择优去劣”变换后始终都显著、而剩余因子中再无可选之显著因子，我们可以综合上述两个方案的优点而克服其缺点，重新设计一套全新的方案——进出双重检验的逐步回归方案。

3.4.1.4　逐步回归法得“最优”回归方程

逐步回归法的基本思想：根据所有待选因子(包括先前从回归方程中剔除的因

子)方差贡献的大小,挑选其中方差贡献最大且显著的因子逐个引入回归方程;同时,每引进一个因子后,都要对方程中的老因子逐个检验,将方程中方差贡献变得不显著的因子逐个剔除,直至方程中所有的因子都显著为止;这时才能考虑下一个因子的引进。如此重复,保证方程中始终只保留对预报量方差贡献显著的因子,即最终已引入方程的所有因子都显著,未引入方程的所有剩下因子都不显著。此时的方程就是我们想要的"最优"回归方程。

值得一提的是,从上述基本思想可以看出,逐步回归的基本原理与前面介绍的多元线性回归完全相同,不同的只是具体计算技巧的改进。

3.4.2　逐步回归的基本运算工具

从逐步回归法的基本思想中不难发现,在逐个引入与剔除因子过程中,过渡回归方程中的偏回归系数是在不断变化的,其对应的正规方程组也是在不断变化的,即动态的,但它们都是含有全部因子的全回归方程所对应的正规方程组的子方程组。要对因子进行检验,就必须求出每一个过渡回归方程所对应的正规方程组的解与逆及过渡回归方程的残差平方和。求解与逆,可通过求解线性方程组中求解求逆同时并行的方法来实现;而残差平方和,只要对求解求逆并行方案作适当的处理,可同时得到。

3.4.2.1　*求解求逆并行方案*

为了说明该方案,根据线性代数求解过程,举例了解求解求逆并行方案的全过程。

设有一正规方程:

$$\begin{cases}10b_1+7b_2+4b_3=4\\7b_1+7b_2+3b_3=4\\4b_1+3b_2+4b_3=3\end{cases}$$

其系数增广阵:

$$\boldsymbol{S}^{(0)}=\begin{bmatrix}10&7&4&4&1&0&0\\7&7&3&4&0&1&0\\4&3&4&3&0&0&1\end{bmatrix}$$

若依次将第 3、1、2 列(即变化顺序为:$k_1=3,k_2=1,k_3=2$)变为单位阵元素,有:

$$\boldsymbol{S}^{(1)}=\begin{bmatrix}6&4&0&1&1&0&-1\\4&\dfrac{19}{4}&0&\dfrac{7}{4}&0&1&-3/4\\1&\dfrac{3}{4}&1&\dfrac{3}{4}&0&0&1/4\end{bmatrix}$$

对应于：
$$\begin{cases}6b_1+4b_2+0b_3=1\\4b_1+\dfrac{19}{4}b_2+0b_3=\dfrac{7}{4}\\b_1+\dfrac{3}{4}b_2+b_3=\dfrac{3}{4}\end{cases}$$

$$\boldsymbol{S}^{(2)}=\begin{bmatrix}1 & \frac{2}{3} & 0 & \frac{1}{6} & \frac{1}{6} & 0 & -1/6\\0 & \frac{25}{12} & 0 & \frac{13}{12} & -\frac{2}{3} & 1 & -1/12\\0 & \frac{1}{12} & 1 & \frac{7}{12} & -\frac{1}{6} & 0 & 5/12\end{bmatrix}$$

对应于：
$$\begin{cases}b_1+\dfrac{2}{3}b_2+0b_3=\dfrac{1}{6}\\0b_1+\dfrac{25}{12}b_2+0b_3=\dfrac{13}{12}\\0b_1+\dfrac{1}{12}b_2+b_3=\dfrac{7}{12}\end{cases}$$

$$\boldsymbol{S}^{(3)}=\begin{bmatrix}1 & 0 & 0 & -0.18 & 0.38 & -0.32 & -0.14\\0 & 1 & 0 & 0.52 & -0.32 & 0.48 & -0.04\\0 & 0 & 1 & 0.54 & -0.14 & -0.04 & 0.42\end{bmatrix}$$

对应于：
$$\begin{cases}b_1+0b_2+0b_3=-0.18\\0b_1+b_2+0b_3=0.52\\0b_1+0b_2+b_3=0.54\end{cases}$$

即解与逆分别为：

$$\begin{bmatrix}b_1\\b_2\\b_3\end{bmatrix}=\begin{bmatrix}-0.18\\0.52\\0.54\end{bmatrix},\quad \boldsymbol{S}^{-1}=\begin{bmatrix}0.38 & -0.32 & -0.14\\-0.32 & 0.48 & -0.04\\-0.14 & -0.04 & 0.42\end{bmatrix}$$

则预报方程为：

$$\hat{y}_{dt}=-0.18x_{d1}+0.52x_{d2}+0.54x_{d3}$$

那么，该方案除了求解求逆，在回归分析中还有何作用呢？事实上，它可以帮助我们在数学上避免大量的重复运算而轻松地实现对全回归方程中因子的筛选，得到最为简练的回归模型！为了说明这一问题，下面我们就先从形式上来比较该方案与不同因子组成的回归方程所对应的正规方程及其系数阵的逆矩阵之间的关系。

3.4.2.2 求解求逆并行方案与因子挑选的关系

第一步($l=1$)：我们可任意挑选一个因子建立一元线性回归方程。假如先挑选

因子 x_3，则有：$\hat{y}_d = b_3^{(1)} x_{d3}$

则其对应的正规方程为：$S_{33} b_3^{(1)} = S_{3y}$，解：$b_3^{(1)} = S_{3y}/S_{33} = 3/4$，逆：$S_{33}^{-1} = 1/S_{33} = 1/4$。此结果正好对应于把 $S^{(0)}$ 矩阵中的第三列变换为单位阵元素以后的中间过渡矩阵 $S^{(1)}$ 中第三行解与逆所在位置上元素的值。所建立的一元线性回归方程为：$\hat{y}_d = \frac{3}{4} x_{d3}$。

即该变换(将第三列变换为单位阵元素)的结果相当于建立了由第三个因子 x_3 组成的回归方程，并同时得到了该因子相关的回归系数的解和对应的正规方程系数矩阵的逆。

第二步($l=2$)：若建立由因子 x_1，x_3 组成的二元线性回归方程：

$$\hat{y} = \bar{y} + b_1^{(2)}(x_1 - \bar{x}_1) + b_3^{(2)}(x_3 - \bar{x}_3)$$

或：

$$\hat{y}_d = b_1^{(2)} x_{d1} + b_3^{(2)} x_{d3}$$

该方程对应的正规方程(组)为：

$$\begin{cases} S_{11} b_1^{(2)} + S_{13} b_3^{(2)} = S_{1y} \\ S_{31} b_1^{(2)} + S_{33} b_3^{(2)} = S_{3y} \end{cases}, \quad 即：\begin{cases} 10 b_1^{(2)} + 4 b_3^{(2)} = 4 \\ 4 b_1^{(2)} + 4 b_3^{(2)} = 3 \end{cases}$$

显然它是全回归方程所对应的正规方程(组)的子方程组，对其求解求逆，有：

$$\begin{bmatrix} 10 & 4 & 4 & 1 & 0 \\ 4 & 4 & 3 & 0 & 1 \end{bmatrix} \Rightarrow \begin{bmatrix} 1 & 0 & 1/6 & 1/6 & -1/6 \\ 0 & 1 & 7/12 & -1/6 & 5/12 \end{bmatrix}$$

所以：

$$\hat{y} = \bar{y} + \frac{1}{6}(x_1 - \bar{x}_1) + \frac{7}{12}(x_3 - \bar{x}_3)$$

$$\begin{bmatrix} b_1^{(2)} \\ b_3^{(2)} \end{bmatrix} = \begin{bmatrix} 1/6 \\ 7/12 \end{bmatrix}; \begin{bmatrix} 10 & 4 \\ 4 & 4 \end{bmatrix}^{-1} = \begin{bmatrix} 1/6 & -1/6 \\ -1/6 & 5/12 \end{bmatrix}$$

此结果正好对应于把 $S^{(0)}$ 矩阵中的第一、三列变换为单位阵元素(或理解为再将 $S^{(1)}$ 矩阵中的第三列变换为单位阵元素)以后的中间过渡矩阵 $S^{(2)}$ 中第一、三行解与逆所在位置上元素的值。所建立的二元线性回归方程为：

$$\hat{y}_d = \frac{1}{6} x_{d1} + \frac{7}{12} x_{d3}$$

此结果表明，通过对原始正规方程系数增广矩阵相应列的变换，当相应列变为单位阵元素时，其对应的行中就包含了相应变量组成回归方程所对应的正规方程组的解及其系数矩阵的逆。

或者说，该解与逆对应于把矩阵 $S^{(0)}$ 中的第一、三两列变为单位阵元素以后的中间过渡矩阵 $S^{(2)}$ 中第一、三两行解与逆所在位置上元素的值。

由此不难发现，在全回归方程对应的正规方程系数增广矩阵中，只要将指定因子对应的列变换成单位阵元素，即变换所选因子对应的列，就能求出指定因子所建立的回归方程对应的正规方程(组)的解与逆,从而给出想要的回归方程。

由此可见,我们可以从全回归方程出发,借助于求解求逆并行方案,就可得到任意指定因子变量所建立的新的回归方程及其对应正规方程系数矩阵的逆矩阵。

值得注意的是,由于正规方程(组)中的每一个数值都有自己特定的物理意义,即在一定程度上反映了两个特定变量之间的相关关系,所以,正规方程(组)不同于一般的线性方程(组),方程组中各个线性方程的位置是不能改变的。

3.4.2.3 求解求逆紧凑方案

由于在计算过程中单位阵的元素始终存在,它们不仅占去很多计算机内存,还影响了计算速度,为此对其改进:将系数矩阵中单位阵元素去除,其所在位置用逆阵位置上对应的元素补上,如上例中:

$$\boldsymbol{S}^{(0)}=\begin{bmatrix}10 & 7 & 4 & 4 & 1 & 0 & 0\\ 7 & 7 & 3 & 4 & 0 & 1 & 0\\ 4 & 3 & 4 & 3 & 0 & 0 & 1\end{bmatrix}\rightarrow\boldsymbol{S}^{(0)}=\begin{bmatrix}10 & 7 & 4 & 4\\ 7 & 7 & 3 & 4\\ 4 & 3 & 4 & 3\end{bmatrix}$$

$$\boldsymbol{S}^{(1)}=\begin{bmatrix}6 & 4 & 0 & 1 & 1 & 0 & -1\\ 4 & 19/4 & 0 & 7/4 & 0 & 1 & -3/4\\ 1 & 3/4 & 1 & 3/4 & 0 & 0 & 1/4\end{bmatrix}\rightarrow\boldsymbol{S}^{(1)}=\begin{bmatrix}6 & 4 & -1 & 1\\ 4 & 19/4 & -3/4 & 7/4\\ 1 & 3/4 & 1/4 & 3/4\end{bmatrix}$$

$$\boldsymbol{S}^{(2)}=\begin{bmatrix}1 & 2/3 & 0 & 1/6 & 1/6 & 0 & -1/6\\ 0 & 25/12 & 0 & 13/12 & -2/3 & 1 & -1/12\\ 0 & 1/12 & 1 & 7/12 & -1/6 & 0 & 5/12\end{bmatrix}\rightarrow\boldsymbol{S}^{(2)}=\begin{bmatrix}1/6 & 2/3 & -1/6 & 1/6\\ -2/3 & 25/12 & -1/12 & 13/12\\ -1/6 & 1/12 & 5/12 & 7/12\end{bmatrix}$$

$$\boldsymbol{S}^{(3)}=\begin{bmatrix}1 & 0 & 0 & -0.18 & 0.38 & -0.32 & -0.14\\ 0 & 1 & 0 & 0.52 & -0.32 & 0.48 & -0.04\\ 0 & 0 & 1 & 0.54 & -0.14 & -0.04 & 0.42\end{bmatrix}$$

$$\rightarrow\boldsymbol{S}^{(3)}=\begin{bmatrix}0.38 & -0.32 & -0.14 & -0.18\\ -0.32 & 0.48 & -0.04 & 0.52\\ -0.14 & -0.04 & 0.42 & 0.54\end{bmatrix}$$

其一般形式表示为:

$$\boldsymbol{S}^{(0)}=\begin{bmatrix}S_{11} & S_{12} & \cdots & S_{1m} & S_{1y}\\ S_{21} & S_{22} & \cdots & S_{2m} & S_{2y}\\ \vdots & \vdots & \vdots & \vdots & \vdots\\ S_{m1} & S_{m2} & \cdots & S_{mm} & S_{my}\end{bmatrix}=\begin{bmatrix}S_{11}^{(0)} & S_{12}^{(0)} & \cdots & S_{1m}^{(0)} & S_{1y}^{(0)}\\ S_{21}^{(0)} & S_{22}^{(0)} & \cdots & S_{2m}^{(0)} & S_{2y}^{(0)}\\ \vdots & \vdots & \vdots & \vdots & \vdots\\ S_{m1}^{(0)} & S_{m2}^{(0)} & \cdots & S_{mm}^{(0)} & S_{my}^{(0)}\end{bmatrix}$$

$$\boldsymbol{S}^{(l-1)}=\begin{bmatrix} S_{11}^{(l-1)} & S_{12}^{(l-1)} & \cdots & S_{1m}^{(l-1)} & S_{1y}^{(l-1)} \\ S_{21}^{(l-1)} & S_{22}^{(l-1)} & \cdots & S_{2m}^{(l-1)} & S_{2y}^{(l-1)} \\ \vdots & \vdots & \vdots & \vdots & \vdots \\ S_{m1}^{(l-1)} & S_{m2}^{(l-1)} & \cdots & S_{mm}^{(l-1)} & S_{my}^{(l-1)} \end{bmatrix};\boldsymbol{S}^{(l)}=\begin{bmatrix} S_{11}^{(l)} & S_{12}^{(l)} & \cdots & S_{1m}^{(l)} & S_{1y}^{(l)} \\ S_{21}^{(l)} & S_{22}^{(l)} & \cdots & S_{2m}^{(l)} & S_{2y}^{(l)} \\ \vdots & \vdots & \vdots & \vdots & \vdots \\ S_{m1}^{(l)} & S_{m2}^{(l)} & \cdots & S_{mm}^{(l)} & S_{my}^{(l)} \end{bmatrix}$$

得到如下求解求逆紧凑方案公式：

$$\begin{cases} (1)S_{ij}^{(l)}=S_{ij}^{(l-1)}-S_{ik}^{(l-1)}S_{kj}^{(l-1)}/S_{kk}^{(l-1)} & (i\neq k,j\neq k) \\ (2)S_{kj}^{(l)}=S_{kj}^{(l-1)}/S_{kk}^{(l-1)} & (j\neq k) \\ (3)S_{ik}^{(l)}=-S_{ik}^{(l-1)}/S_{kk}^{(l-1)} & (i\neq k) \\ (4)S_{kk}^{(l)}=1/S_{kk}^{(l-1)} & (i=j=k) \end{cases} \tag{3.4.1}$$

其中 k 表示指定因子的下标。如果因子 x_k 已经被引进方程，则其在第 l 步变换后所对应的过渡回归方程中的偏回归系数为：$b_k^{(l)}=S_{ky}^{(l)}$。

为了书写方便，引入符号 L，表示求解求逆紧凑方案。$LS^{(0)}=S^{(1)}$，表示对矩阵 $S^{(0)}$ 实施一次变换，其结果为 $S^{(1)}$；为了更具有针对性，说明是对 $S^{(0)}$ 中的哪一列，即哪一个因子实施了变换，或者说明要引进哪一个因子，又将其改进为：$L_kS^{(l-1)}=S^{(l)}$，表示对第$(l-1)$步矩阵中的第 k 列作变换，即引进因子 x_k，得到第 l 步矩阵 $S^{(l)}$。在矩阵 $S^{(l)}$ 中就包含了因子 x_k 的解与逆。所以，求解求逆紧凑方案有时又称为 L 方案，而这种变换也就称为 L 变换。

通过 L 变换，我们有：

$$\boldsymbol{S}^{(0)}=\begin{bmatrix} 10 & 7 & 4 & 4 \\ 7 & 7 & 3 & 4 \\ 4 & 3 & 4 & 3 \end{bmatrix}$$

$$\boldsymbol{S}^{(1)}=L_3\boldsymbol{S}^{(0)}=\begin{bmatrix} 6 & 4 & -1 & 1 \\ 4 & 19/4 & -3/4 & 7/4 \\ 1 & 3/4 & 1/4 & 3/4 \end{bmatrix}$$

$$\boldsymbol{S}^{(2)}=L_1\boldsymbol{S}^{(1)}=\begin{bmatrix} 1/6 & 2/3 & -1/6 & 1/6 \\ -2/3 & 25/12 & -1/12 & 13/12 \\ -1/6 & 1/12 & 5/12 & 7/12 \end{bmatrix}$$

$$\boldsymbol{S}^{(3)}=L_2\boldsymbol{S}^{(2)}=\begin{bmatrix} 0.38 & -0.32 & -0.14 & -0.18 \\ -0.32 & 0.48 & -0.04 & 0.52 \\ -0.14 & -0.04 & 0.42 & 0.54 \end{bmatrix}$$

3.4.2.4　求解求逆紧凑方案的几个性质

1. 解和逆的最终结果与变换顺序无关

任何一个线性方程组及其子方程组，它们的解与逆都是固定不变的，不会因为先变换哪一列、后变换哪一列而影响(子)方程组的解与逆。这一性质可以保证在逐步、逐个筛选因子时不必考虑因子的自然顺序,而根据各个因子的相对重要性(即因子方差贡献的大小顺序),逐个挑选显著因子。显然,若挑选的是同样的因子,尽管中间的计算过程可能有别,但最终回归方程的系数应该是一样的。

2. 随时得到解和逆的中间结果

由上述分析可知,每作一次变换 L_k,就得到一个子方程组的解及该子方程组系数阵的逆矩阵,这种中间结果,也就是在逐步引进因子过程中所建立的过渡回归方程的偏回归系数的解及其对应正规方程(组)系数矩阵的逆。由于"最优"回归方程本身可视为一个中间过渡方程,所以该性质为建立"最优"回归方程及研究回归方程的效果奠定了基础。

3. L 变换具有回复能力

即:$L_k[L_k S^{(l-1)}]=L_k S^{(l)}=S^{(l+1)}=S^{(l-1)}$。

只要利用公式(3.4.1)证明对所有元素都有 $S_{ij}^{(l-1)}=S_{ij}^{(l+1)}$ 即得证。

①当 $i=j=k$ 时

$$S_{kk}^{(l+1)}=1/S_{kk}^{(l)}=\frac{1}{1/S_{kk}^{(l-1)}}=S_{kk}^{(l-1)}$$

②当 $i\neq k, j=k$ 时

$$S_{ik}^{(l+1)}=-S_{ik}^{(l)}/S_{kk}^{(l)}=-\frac{-S_{ik}^{(l-1)}/S_{kk}^{(l-1)}}{1/S_{kk}^{(l-1)}}=S_{ik}^{(l-1)}$$

③当 $i=k, j\neq k$ 时

$$S_{kj}^{(l+1)}=S_{kj}^{(l)}/S_{kk}^{(l)}=\frac{S_{kj}^{(l-1)}/S_{kk}^{(l-1)}}{1/S_{kk}^{(l-1)}}=S_{kj}^{(l-1)}$$

④当 $i\neq k, j\neq k$ 时

$$S_{ij}^{(l+1)}=S_{ij}^{(l)}-S_{ik}^{(l)}S_{kj}^{(l)}/S_{kk}^{(l)}$$

$$=[S_{ij}^{(l-1)}-S_{ik}^{(l-1)}S_{kj}^{(l-1)}/S_{kk}^{(l-1)}]-\frac{\left(-\frac{S_{ik}^{(l-1)}}{S_{kk}^{(l-1)}}\right)\left(\frac{S_{kj}^{(l-1)}}{S_{kk}^{(l-1)}}\right)}{1/S_{kk}^{(l-1)}}=S_{ij}^{(l-1)}$$

该性质表明,对已经变换的列再进行一次 L 变换,或者说,对同一列进行两次相邻的变换,该列能恢复到原来未变换前的状态。对变量而言,所谓回复能力就是指主元如果再重复选择一次,就和这个主元从没有选到过一样;对因子而言,就是对先前已经引进的任何一个因子,只要对它再作一次 L 变换,就相当于将该因子又剔除出回归方程,对应的正规方程(组)系数矩阵中不再含有该因子所对应的解与逆(因为对矩阵本身而言,该变换就是把逆矩阵中的元素变回单位阵元素,即矩阵中不再含有对应因子的解与逆)。该性质能保证在引进因子的同时,又不至于因为方程中原先显著的因子由于新因子的引进而变得不显著后仍然留在方程中,即通过剔除因子而保证

过渡方程中的每一个因子都是显著的。

4. $S^{(l)}$ 中的元素有如下对称性：

$$S_{ij}^{(l)}=\begin{cases}S_{ji}^{(l)}, & i,j\in K \text{ 或 } i,j\notin K\\ -S_{ji}^{(l)}, & i\in K,j\notin K \text{ 或 } i\notin K,j\in K\end{cases} \tag{3.4.2}$$

式中 $K=\{k_1,k_2,\cdots,k_l,\cdots,k_p\}$，表示已经引入方程中因子下标的集合，即代表已引进的因子。该性质可用数学归纳法证明。

当 $l=0$ 时，所有因子均不在"0"步方程中($i,j\notin K$)，式(3.4.2)显然成立。

设 $l=M$ 时，式(3.4.2))成立，则要证明 $l=M+1$ 时仍成立。

若第 M 步方程中已含变量 $x_{k_1},x_{k_2},\cdots,x_{k_p}$，且在第 $M+1$ 步处理的变量为 x_k。当 $x_k\neq x_{k_1},x_{k_2},\cdots,x_{k_p}$，即第 $M+1$ 步为增加因子时，利用式(3.4.1)与式(3.4.2)，此时 $k\notin T(T=\{k_1,k_2,\cdots,k_p\})$。

①当 $i\neq k,j\neq k$ 时，

$$S_{ij}^{(M+1)}=S_{ij}^{(M)}-S_{ik}^{(M)}S_{kj}^{M}/S_{kk}^{(M)}$$

$$S_{ij}^{(M+1)}=\begin{cases}S_{ji}^{(M)}-S_{ki}^{(M)}S_{jk}^{(M)}/S_{kk}^{(M)}=S_{ji}^{(M+1)}, & (i,j\notin T)\\ -S_{ji}^{(M)}-(-S_{ki}^{(M)})S_{jk}^{(M)}/S_{kk}^{(M)}=-S_{ji}^{(M+1)}, & (i\in T,j\notin T)\\ -S_{ji}^{(M)}-S_{ki}^{(M)}(-S_{jk}^{(M)})/S_{kk}^{(M)}=-S_{ji}^{(M+1)}, & (i\notin T,j\in T)\\ S_{ji}^{(M)}-(-S_{ki}^{(M)})(-S_{jk}^{(M)})/S_{kk}^{(M)}=S_{ji}^{(M+1)}, & (i,j\in T)\end{cases}$$

②当 $i=k,j\neq k$ 时，

$$S_{kj}^{(M+1)}=\frac{S_{kj}^{(M)}}{S_{kk}^{(M)}}=\begin{cases}S_{jk}^{(M)}/S_{kk}^{(M)}=-S_{jk}^{(M+1)}, (j\notin T)\\ -S_{jk}^{(M)}/S_{kk}^{(M)}=S_{jk}^{(M+1)}, (j\in T)\end{cases}$$

③当 $i\neq k,j=k$ 时，

$$S_{ik}^{(M+1)}=\frac{-S_{ik}^{(M)}}{S_{kk}^{(M)}}=\begin{cases}-S_{ki}^{(M)}/S_{kk}^{(M)}=-S_{ki}^{(M+1)}, (i\notin T)\\ -(-S_{ki}^{(M)})/S_{kk}^{(M)}=S_{ki}^{(M+1)}, (i\in T)\end{cases}$$

④当 $i=j=k$ 时，

$$S_{kk}^{(M+1)}=\frac{1}{S_{kk}^{(M)}}=S_{kk}^{(M+1)}$$

检查上述结果，都满足式(3.4.2)，故性质 4 得证。该性质可使计算简便，只需计算矩阵中上三角阵的元素即可，而下三角阵元素之值，按式(3.4.2)即可取得。

3.4.3　逐步回归的计算公式与步骤

3.4.3.1　逐步回归中的有关计算公式

每一个中间过渡回归方程通过求解求逆紧凑方案可以求出，但由于方程中因子的不断变化，各因子的方差贡献也在不断变化，其在方程中的显著性程度自然也就变

了。虽然方程中各因子的方差贡献 $V_j^{(l)}=(S_{jy}^{(l)})^2/S_{jj}^{(l)}$ 可以很快求出，但在对因子进行显著性检验时还需要知道过渡回归方程的残差平方和 $Q^{(l)}$。当然，利用恒等式 $S_{yy}=Q+U$ 及 $U=\sum_i b_i S_{iy}$ 可以解决，但太麻烦，能否有更简便的方法？这是考虑剔除；而对于因子的引进，我们在将第 l 步矩阵 $S^{(l)}$ 变换到第 $l+1$ 步矩阵 $S^{(l+1)}$ 过程中需要决定对哪一个因子进行变换，即不仅需要计算所有因子的方差贡献 $V_i^{(l+1)}$，找出方差贡献最大者，更重要的是对所要考虑引进的因子进行显著性检验，这就涉及如何求出第 $l+1$ 步矩阵所对应的过渡回归方程的残差平方和 $Q^{(l+1)}$。下面，我们就来讨论这些问题所涉及的有关计算公式。

1. 引入对称的增广矩阵

在求解求逆过程中用的是正规方程系数阵的增广矩阵，但该矩阵不是对称矩阵，而系数矩阵本身是一个对称矩阵，为了保持其对称性及应用 L 方案的对称性质，不妨将其变成对称矩阵，将其最后一列复制到第 $m+1$ 行，对角线上的最后一个元素就用 S_{yy} 补上。即有：

$$\boldsymbol{S}^{(0)}=\begin{bmatrix} S_{11} & S_{12} & \cdots & S_{1m} & S_{1y} \\ S_{21} & S_{22} & \cdots & S_{2m} & S_{2y} \\ \vdots & \vdots & \vdots & \vdots & \vdots \\ S_{m1} & S_{m2} & \cdots & S_{mm} & S_{my} \\ S_{y1} & S_{y2} & \cdots & S_{ym} & S_{yy} \end{bmatrix}=\begin{bmatrix} S_{11}^{(0)} & S_{12}^{(0)} & \cdots & S_{1m}^{(0)} & S_{1y}^{(0)} \\ S_{21}^{(0)} & S_{22}^{(0)} & \cdots & S_{2m}^{(0)} & S_{2y}^{(0)} \\ \vdots & \vdots & \vdots & \vdots & \vdots \\ S_{m1}^{(0)} & S_{m2}^{(0)} & \cdots & S_{mm}^{(0)} & S_{my}^{(0)} \\ S_{y1}^{(0)} & S_{y2}^{(0)} & \cdots & S_{ym}^{(0)} & S_{yy}^{(0)} \end{bmatrix}$$

如果因子是经过标准化处理过的无量纲化量，那么，建立的方程就是标准化的回归方程，对应的正规方程系数增广阵就是相关矩阵 R：

$$\boldsymbol{R}^{(0)}=\begin{bmatrix} r_{11} & r_{12} & \cdots & r_{1m} & r_{1y} \\ r_{21} & r_{22} & \cdots & r_{2m} & r_{2y} \\ \vdots & \vdots & \vdots & \vdots & \vdots \\ r_{m1} & r_{m2} & \cdots & r_{mm} & r_{my} \\ r_{y1} & r_{y2} & \cdots & r_{ym} & r_{yy} \end{bmatrix}=\begin{bmatrix} 1 & r_{12}^{(0)} & \cdots & r_{1m}^{(0)} & r_{1y}^{(0)} \\ r_{21}^{(0)} & 1 & \cdots & r_{2m}^{(0)} & r_{2y}^{(0)} \\ \vdots & \vdots & \vdots & \vdots & \vdots \\ r_{m1}^{(0)} & r_{m2}^{(0)} & \cdots & 1 & r_{my}^{(0)} \\ r_{y1}^{(0)} & r_{y2}^{(0)} & \cdots & r_{ym}^{(0)} & 1 \end{bmatrix}$$

它们经过变换后有：

$$\boldsymbol{S}^{(l)}=\begin{bmatrix} S_{11}^{(l)} & S_{12}^{(l)} & \cdots & S_{1m}^{(l)} & S_{1y}^{(l)} \\ S_{21}^{(l)} & S_{22}^{(l)} & \cdots & S_{2m}^{(l)} & S_{2y}^{(l)} \\ \vdots & \vdots & \vdots & \vdots & \vdots \\ S_{m1}^{(l)} & S_{m2}^{(l)} & \cdots & S_{mm}^{(l)} & S_{my}^{(l)} \\ S_{y1}^{(l)} & S_{y2}^{(l)} & \cdots & S_{ym}^{(l)} & S_{yy}^{(l)} \end{bmatrix};\boldsymbol{S}^{(l+1)}=\begin{bmatrix} S_{11}^{(l+1)} & S_{12}^{(l+1)} & \cdots & S_{1m}^{(l+1)} & S_{1y}^{(l+1)} \\ S_{21}^{(l+1)} & S_{22}^{(l+1)} & \cdots & S_{2m}^{(l+1)} & S_{2y}^{(l+1)} \\ \vdots & \vdots & \vdots & \vdots & \vdots \\ S_{m1}^{(l+1)} & S_{m2}^{(l+1)} & \cdots & S_{mm}^{(l+1)} & S_{my}^{(l+1)} \\ S_{y1}^{(l+1)} & S_{y2}^{(l+1)} & \cdots & S_{ym}^{(l+1)} & S_{yy}^{(l+1)} \end{bmatrix}$$

$$\boldsymbol{R}^{(l)}=\begin{bmatrix} r_{11}^{(l)} & r_{12}^{(l)} & \cdots & r_{1m}^{(l)} & r_{1y}^{(l)} \\ r_{21}^{(l)} & r_{22}^{(l)} & \cdots & r_{2m}^{(l)} & r_{2y}^{(l)} \\ \vdots & \vdots & \vdots & \vdots & \vdots \\ r_{m1}^{(l)} & r_{m2}^{(l)} & \cdots & r_{mm}^{(l)} & r_{my}^{(l)} \\ r_{y1}^{(l)} & r_{y2}^{(l)} & \cdots & r_{ym}^{(l)} & r_{yy}^{(l)} \end{bmatrix};\boldsymbol{R}^{(l+1)}=\begin{bmatrix} r_{11}^{(l+1)} & r_{12}^{(l+1)} & \cdots & r_{1m}^{(l+1)} & r_{1y}^{(l+1)} \\ r_{21}^{(l+1)} & r_{22}^{(l+1)} & \cdots & r_{2m}^{(l+1)} & r_{2y}^{(l+1)} \\ \vdots & \vdots & \vdots & \vdots & \vdots \\ r_{m1}^{(l+1)} & r_{m2}^{(l+1)} & \cdots & r_{mm}^{(l+1)} & r_{my}^{(l+1)} \\ r_{y1}^{(l+1)} & r_{y2}^{(l+1)} & \cdots & r_{ym}^{(l+1)} & r_{yy}^{(l+1)} \end{bmatrix}$$

2. 对称的增广矩阵与 L 方案的对称性

在 L 方案的对称性讨论中，我们规定 K 为已引进方程中因子下标的集合，即：$K=\{k_1,k_2,\cdots,k_l,\cdots,k_p\}$，显然，作为预报对象的 y，有：$y\notin K$。所以，只要比较 $S_{iy}^{(l)}$ 与 $S_{yi}^{(l)}$ 的符号，就能确定 i 的归属，即有：

$$S_{iy}^{(l)}=\begin{cases} S_{yi}^{(l)}, & i\notin K \\ -S_{yi}^{(l)}, & i\in K \end{cases} \tag{3.4.3}$$

3. 因子引进时的方差贡献

$$S^{(l)}:V_i^{(l+1)}=(S_{iy}^{(l)})^2/S_{ii}^{(l)} \tag{3.4.4}$$

$$R^{(l)}:V_i^{(l+1)}=(r_{iy}^{(l)})^2/r_{ii}^{(l)} \tag{3.4.4$'$}$$

在考虑方程中因子的剔除时，对 $S^{(l)}$ 而言，可以用公式 $V_i=b_i^2/C_{ii}$ 即 $V_i^{(l)}=(S_{iy}^{(l)})^2/S_{ii}^{(l)}$ 直接计算其方差贡献(对 $R^{(l)}$ 而言，同样有 $V_i^{(l)}=(r_{iy}^{(l)})^2/r_{ii}^{(l)}$)，但在考虑引进因子时，是考虑某一因子假如已经进入方程后它可能的方差贡献，即第 $l+1$ 步时的方差贡献 $V_i^{(l+1)}$，此时第 $l+1$ 步矩阵还未计算出来。为了推导 $V_i^{(l+1)}$ 的计算式，我们先假设 $S^{(l+1)}$ 已经存在，那么，假如第 $l+1$ 步时 x_i 已经进入方程，即 $L_iS^{(l)}=S^{(l+1)}$。利用公式(3.4.1)有：

$$V_i^{(l+1)}=(S_{iy}^{(l+1)})^2/S_{ii}^{(l+1)}=\frac{(S_{iy}^{(l)}/S_{ii}^{(l)})^2}{1/S_{ii}^{(l)}}=(S_{iy}^{(l)})^2/S_{ii}^{(l)}$$

(对 $\boldsymbol{R}^{(l)}$ 而言，同样有 $V_i^{(l+1)}=(r_{iy}^{(l+1)})^2/r_{ii}^{(l+1)}=\dfrac{(r_{iy}^{(l)}/r_{ii}^{(l)})^2}{1/r_{ii}^{(l)}}=(r_{iy}^{(l)})^2/r_{ii}^{(l)}$)

该式表明，所考虑引进因子的方差贡献可以借助于上一步矩阵中的元素来计算，而无须对原矩阵进行 L 变换。值得注意的是，$i\notin K$，所以上式与 $V_j^{(l)}=(S_{jy}^{(l)})^2/S_{jj}^{(l)}$，虽然在形式上完全一样，但其物理意义是不同的，因为它们考虑的对象是不一样的，前者是考虑未引进的因子，而后者针对的是已引进到方程中的因子。

4. 第 l 步“最优”回归方程的残差平方和

$$S^{(l)}:Q^{(l)}=S_{yy}^{(l)} \tag{3.4.5}$$

$$R^{(l)}:Q^{(l)}=r_{yy}^{(l)} \tag{3.4.5$'$}$$

为了证明 $Q^{(l)}=S_{yy}^{(l)}$，还必须先弄清楚 $S_{yy}^{(0)}$ 即 S_{yy} 与“最优”回归方程的关系。当“最优”回归方程还没有建立时，“最优”回归方程中是没有因子的，此时的 $U=U^{(0)}=0$，即有：$Q^{(0)}=S_{yy}^{(0)}-U^{(0)}=S_{yy}^{(0)}-0=S_{yy}^{(0)}=S_{yy}$，此时“最优”回归方程的残差平方和等于原

来全回归方程的离差平方和。下面就来用数学归纳法来证明。

(1)当 $l=1$ 时($l=0$ 时,$k\notin K$;$l=1$ 时 $k\in K$),

$$Q^{(1)}=Q^{(0)}-V_k^{(1)}=S_{yy}^{(0)}-(S_{ky}^{(0)})^2/S_{kk}^{(0)}=S_{yy}^{(0)}-S_{yk}^{(0)}S_{ky}^{(0)}/S_{kk}^{(0)}=S_{yy}^{(1)}$$

(2)设 $Q^{(l)}=S_{yy}^{(l)}$ 在前$(l-1)$步均成立,即有:$Q^{(l-1)}=S_{yy}^{(l-1)}$。

则当考虑引进因子时:

$$Q^{(l)}=Q^{(l-1)}-V^{(l)}=S_{yy}^{(l-1)}-(S_{ky}^{(l-1)})^2/S_{kk}^{(l-1)}$$

$$=S_{yy}^{(l-1)}-\frac{S_{yk}^{(l-1)}S_{ky}^{(l-1)}}{S_{kk}^{(l-1)}}=S_{yy}^{(l)}$$

则当考虑剔除因子时:

$$Q^{(l)}=Q^{(l-1)}+V^{(l)}=S_{yy}^{(l-1)}+(S_{ky}^{(l-1)})^2/S_{kk}^{(l-1)}$$

$$=S_{yy}^{(l-1)}-\frac{S_{yk}^{(l-1)}S_{ky}^{(l-1)}}{S_{kk}^{(l-1)}}=S_{yy}^{(l)}$$

故不论是引进还是剔除因子,都有:$Q^{(l)}=S_{yy}^{(l)}$

(3)由(1)、(2)可知,$Q^{(l)}=S_{yy}^{(l)}$ 对任何 l 都成立。

5. 第$(l+1)$步"最优"回归方程的残差平方和

$$S^{(l)}:Q^{(l+1)}=S_{yy}^{(l)}-V_k^{(l+1)} \tag{3.4.6}$$

$$R^{(l)}:Q^{(l+1)}=r_{yy}^{(l)}-V_k^{(l+1)} \tag{3.4.6$'$}$$

由上述证明容易看出,当方程中增加因子时,方程的残差平方和减小,其减小的量等于方程所引入因子在方程中的方差贡献,即:$Q^{(l+1)}=S_{yy}^{(l)}-V_k^{(l+1)}$;同理,对于 $R^{(l)}$ 阵,有:$Q^{(l+1)}=r_{yy}^{(l)}-V_k^{(l+1)}$。

6. 引、剔因子时 F 统计量的数学表达式

假设第 l 步过渡回归方程中已经有 p 个因子,为了有所区别,设待剔除的因子为 $x_j(j\in K)$,待引进的因子为 $x_i(i\notin K)$;F_1 表示引进,F_2 表示剔除。则:

因子剔除时:

$$F(剔)=F_{2j}=\frac{V_j^{(l)}/1}{Q^{(l)}/(n-p-1)}=\frac{V_j^{(l)}}{S_{yy}^{(l)}}(n-p-1) \tag{3.4.7}$$

或:
$$F(剔)=F_{2j}=\frac{V_j^{(l)}/1}{Q^{(l)}/(n-p-1)}=\frac{V_j^{(l)}}{r_{yy}^{(l)}}(n-p-1) \tag{3.4.7$'$}$$

因子引进时:

$$F(引)=F_{1i}=\frac{V_i^{(l+1)}/1}{Q^{(l+1)}/[n-(p+1)-1]}$$

$$=\frac{V_i^{(l+1)}}{S_{yy}^{(l)}-V_i^{(l+1)}}(n-p-2) \tag{3.4.8}$$

或:
$$F(引)=F_{1i}=\frac{V_i^{(l+1)}}{r_{yy}^{(l)}-V_i^{(l+1)}}(n-p-2) \tag{3.4.8$'$}$$

3.4.3.2　逐步回归的计算步骤

由于全回归方程及其对应的正规方程较全面地反映了各因子之间的配合关系和因子与预报量之间的相关关系，所以它可以帮助我们逐步逐个地筛选因子，逐步建立"最优"回归方程。当方程还未建立时，首先是考虑引进因子，建立一元回归方程。为了减小计算误差，通常习惯从标准化变量出发，假设给定的是标准化回归方程，其对应的正规方程系数阵的增广矩阵便是相关矩阵 $R^{(0)}$，并以此为出发点，开始逐步回归。

1. 引进因子

从 m 个因子 $x_1, x_2, \cdots, x_m$ 中挑选一个因子进入回归方程，为此，必须借助于 $R^{(0)}$ 阵计算每一个因子 $x_i(i=\overline{1,m})$ 的方差贡献 $V_i^{(1)}$，并选取方差贡献最大者作为首选因子，若 $V_{k_1}^{(1)} = \max\limits_{i\notin K}\{V_i^{(1)}\}$，则考虑引进因子 x_{k_1}；能否引进？还要计算 F_{1k_1}：

$$F_{1k_1} = \frac{V_{k_1}^{(1)}}{r_{yy}^{(0)} - V_{k_1}^{(1)}}(n-0-2) = \frac{V_{k_1}^{(1)}}{r_{yy}^{(0)} - V_{k_1}^{(1)}}(n-2)$$

如果 $F_{1k_1} > F_\alpha(1, n-2)$，则说明因子 x_{k_1} 可以引进。只要对 $R^{(0)}$ 阵作一次 L 变换：$L_{k_1} R^{(0)} = R^{(1)}$，在 $R^{(1)}$ 中因子 x_{k_1} 已进入了回归方程。此时方程中不包含不显著的因子，所以无须考虑方程中因子的剔除。其对应的回归方程为：$\hat{y}_z = b_{zk_1}^{(1)} x_{zk_1} = r_{k_1 y}^{(1)} x_{zk_1}$，其中变量下标带 z 表示是该变量的标准化量，如 b_{zk_1} 表示因子 x_{k_1} 所对应的标准回归系数。

接着继续从剩下的 $m-1$ 个因子中挑选第二个因子并引进。重复上述步骤，以 $R^{(1)}$ 为起点，计算剩下的 $m-1$ 个因子的方差贡献 $V_i^{(2)}$，找出其最大者 $V_{k_2}^{(2)} = \max\limits_{i\notin K}\{V_i^{(2)}\}$ 及所对应因子 x_{k_2}，并计算其 F 统计量 F_{1k_2}：

$$F_{1k_2} = \frac{V_{k_2}^{(2)}}{r_{yy}^{(1)} - V_{k_2}^{(2)}}(n-1-2) = \frac{V_{k_2}^{(2)}}{r_{yy}^{(1)} - V_{k_2}^{(2)}}(n-3)$$

若 $F_{1k_2} > F_\alpha(1, n-3)$，则继续引进 x_{k_2}，即对 $R^{(1)}$ 阵作变换：$L_{k_2} R^{(1)} = R^{(2)}$，那么，在 $R^{(2)}$ 中就已经包含了 x_{k_1} 与 x_{k_2} 的解与逆，其对应的标准化回归方程为：$\hat{y}_z = b_{zk_1}^{(2)} x_{zk_1} + b_{zk_2}^{(2)} x_{zk_2}$，即：$\hat{y}_z = r_{k_1 y}^{(2)} x_{zk_1} + r_{k_2 y}^{(2)} x_{zk_2}$。

由于第二个因子的引进，是否会使第一个因子变得不显著而需要对其进行剔除检验呢？我们可从方程本身的变化来加以分析。如果由于第二个因子的引进而使第一个因子变得不显著，那么就必须将第一个因子剔除出回归方程，即经过 $L_{k_1} R^{(2)} = R^{(3)}$ 的变换，此时方程就变成仅由剩下一个因子 x_{k_2} 所建立的一元线性回归方程，这相当于回到了引进第一个因子时的最初状态，而此时的 $V_{k_2}^{(3)} = V_{k_2}^{(1)}$。显然，这个结论与第一步的结果：$V_{k_1}^{(1)} = \max\limits_{i\notin K}\{V_i^{(1)}\}$，即 $V_{k_1}^{(1)} > V_{k_2}^{(1)}$ 相矛盾，所以在引进第二个因子后无需对方程进行剔除检验，可以继续引进第三个因子。

紧跟着继续从剩下的 $m-2$ 个因子中挑选第三个因子。同样重复引进因子的步骤，以 $R^{(2)}$ 为基础，计算所有剩下因子的方差贡献 $V_i^{(3)}$，找出其最大者 $V_{k_3}^{(3)}=\max\limits_{i\notin K}\{V_i^{(3)}\}$ 及所对应因子 x_{k_3}，并计算其 F 统计量 F_{1k_3}：

$$F_{1k_3}=\frac{V_{k_3}^{(3)}}{r_{yy}^{(2)}-V_{k_3}^{(3)}}(n-p-2)=\frac{V_{k_3}^{(3)}}{r_{yy}^{(2)}-V_{k_3}^{(3)}}(n-4)$$

若 $F_{1k_3}>F_\alpha(1,n-4)$，则继续引进 x_{k_3}，即对 $R^{(2)}$ 阵作变换：$L_{k_3}R^{(2)}=R^{(3)}$，那么，在 $R^{(3)}$ 中就已经包含了 x_{k_1}、x_{k_2} 与 x_{k_3} 的解与逆，其对应的标准化回归方程为：

$$\hat{y}_z=b_{zk_1}^{(3)}x_{zk_1}+b_{zk_2}^{(3)}x_{zk_2}+b_{zk_3}^{(3)}x_{zk_3}\text{，即：}\hat{y}_z=r_{k_1y}^{(3)}x_{zk_1}+r_{k_2y}^{(3)}x_{zk_2}+r_{k_3y}^{(3)}x_{zk_3}$$

2. 剔除因子

方程中引进三个因子以后，就必须考虑方程中因子的剔除了。当然，其前提仍然是要先计算出方程中各个因子的方差贡献 $V_j^{(l)}(j\in K)$，找出其最小值及对应的因子，然后对该因子进行显著性检验，即计算其 F 统计量值并与 F_α 进行比较，以此决定剔除与否。为了说明整个剔除过程，我们不妨从第 l 步开始讨论。若已知 $R^{(l)}$ 矩阵，且其对应的方程中有 p 个因子，即经过 l 步变换后方程中已经引进了 p 个因子 $(l\geqslant p)$。

首先计算方程中 p 个因子的方差贡献 $V_j^{(l)}(j\in K,j=\overline{1,p})$，并进行比较，找出其最小值 $V_k^{(l)}=\min\{V_j^{(l)},j\in K\}$ 及对应的因子 x_k。

如果 x_k 为第 $l-1$ 步，即上一步刚刚引进的因子，而此时它在方程中的方差贡献又最小，且已经过检验其效果显著，那么此时的方程中不包含不显著的因子，即方程中无因子可剔除。既然如此，我们就考虑方程中下一个因子的引进，即回到引进因子的过程。

如果 x_k 不是上一步刚刚引进的因子，则计算其 F 统计量值 F_{2k} 并与 $F_\alpha(1,n-p-1)$ 进行比较，以此决定剔除与否。其中：

$$F_{2k}=\frac{V_k^{(l)}/1}{r_{ky}^{(l)}/(n-p-1)}=\frac{V_k^{(l)}}{r_{ky}^{(l)}}(n-p-1),$$

当 $F_{2k}>F_\alpha(1,n-p-1)$，则不剔除，即方程中方差贡献最小的那个因子都不剔除，所以方程中无因子可剔除，此时就考虑方程中下一个因子的引进，即又回到引进因子的过程。

当 $F_{2k}<F_\alpha(1,n-p-1)$，则说明因子 x_k 由于上一步因子的引进，它在方程中已由原来的显著而在此时已变得不显著，所以必须将其剔除出回归方程，即对矩阵 $R^{(l)}$ 作一次 L 变换，即 $L_kR^{(l)}=R^{(l+1)}$，在 $R^{(l+1)}$ 中就不再包含因子 x_k 所对应的解与逆。方程中少了一个因子，因子之间的相互配合关系又发生了改变，其方差也随之而改变，原来显著的因子在此时可能会变得不显著，所以，方程中所有因子的方差贡献都

必须重新计算：

$$V_j^{(l+1)}=\frac{(b_j^{(l+1)})^2}{c_{jj}^{(l+1)}}=\frac{(r_{jy}^{(l+1)})^2}{r_{jj}^{(l+1)}}$$

找出其中的最小值 $V_{\min}=\{V_j^{(l+1)},j\in K\}$（此时 K 中不再是 p 个因子，而是 $p-1$ 个因子，也就是说，集合 K 中因子的数目是在不停地改变着的）及对应的因子 x_s，并计算其 F 统计量值 F_{2s} 并与 $F_\alpha(1,n-p)$ 进行比较，以此决定剔除与否。其中：

$$F_{2s}=\frac{V_s^{(l+1)}/1}{r_{sy}^{(l+1)}/[n-(p-1)-1]}=\frac{V_s^{(l+1)}}{r_{sy}^{(l+1)}}(n-p)$$

当无剔除，就进行下一个因子的引进；当有剔除，就继续剔除下去，直到方程中没有可剔除的因子为止，即方程中所有的因子都显著为止。

由此可见，在逐步回归中，每引进一个因子就要考虑方程中因子的剔除，引进是逐个进行的，不是批量的；而剔除虽然也是逐个进行的，但因子剔除是个连续的过程，直到方程中无因子可剔为止，这时才考虑下一个因子的引进。如此反复，直到既无因子剔除，又无因子引进，逐步回归的计算过程才算结束，也只有到这时才能写出“最优”回归方程。所以，它的特点是：引一转剔，刚引不剔；无剔方引，先剔后引；逐个引剔。

3.4.3.3　关于逐步回归的几点讨论

1. 关于过渡回归方程

在逐步回归过程中，每引进和剔除一个因子，都要对 $R^{(l)}$ 阵进行变换，而把相邻的两次变换所对应的过渡回归方程进行比较，可以发现：后一步方程是对前一步方程的“优化”。因此，逐步回归过程的过程，就是方程的不断“优化”过程，后一步方程相对前若干步方程而言，是“最优”的。所以，可把逐步回归过程中的所有过渡回归方程都称为“最优”回归方程，而不是将“最优”回归方程定格为最终结果所得到的方程。

2. 关于临界值 F_α 的问题

$F_\alpha=F_\alpha(1,n-p-1)$，由于过渡回归方程中的因子数是在不断变化着的，即 $F_\alpha(1,n-p-1)$ 中的 p 不是一个常量，而是一个变量，所以 F_α 在逐步回归过程中也是不断变化的，即在对不同因子作引进检验时的标准一般是不一样的；同样，在对不同因子作剔除检验时的标准一般也是不一样的；即使是同一个因子，对其引进与剔除时的标准也是不一样的。

但由于 F_α 值的变化给检验工作带来诸多不便，且一般情况下样本容量 n 远远大于方程中的因子数 p，即 p 的变化对 F_α 的变化影响并不大，所以为了计算方便，通常取 $F_\alpha=F^*=$ 常数。

$F_\alpha=F^*$ 的取值与最终被选进入方程的因子数目有关。当取 $F_\alpha=F^*=0$ 时，则全部因子将全被选入，这时逐步回归与一般回归（全回归）的结果相同；当取 $F_\alpha = F^* \infty$时，则一个因子也不能选入。因此，通常情况下，可根据样本数的大小，欲多选因子则取较小的 F_α，反之，欲少选因子则取较大的 F_α。

3. 方程显著性检验问题

由于方程中每个因子都是显著的，所以我们无须对回归方程进行显著性检验。

4. 因子对预报量的贡献问题

由于逐步回归建立的是线性回归方程，所以方程中因子对预报量的贡献仅仅是线性贡献。在筛选因子时，我们注重的是因子与预报量间的相关性，这种相关不仅包含了因子对预报量的线性相关，还包含了非线性相关。所以在逐步回归中被剔除的因子不一定就是不好的因子，而留在方程中方差贡献较小的因子也不一定对预报量的影响就小，主要是它们对预报量的非线性贡献在方程中无法得到体现。故为了提高预报的准确率，还必须通过非线性研究，提取出因子中的非线性相关信息，从而使预报方程进一步完善，本书第 9 章将对此作专门的介绍。

3.4.3.4 计算举例

以南京地区冬季西路冷锋移动速度的预报为例，根据表 3.3 的资料，说明实施逐步回归的计算过程，并取 $F^* = 1.0$。其步骤如下：

1. 计算相关系数矩阵增广阵 $\boldsymbol{R}^{(0)}$：

$$\boldsymbol{R}^{(0)} = \begin{bmatrix} 1 & 0.7196 & 0.4909 & 0.5334 & 0.6046 \\ 0.7196 & 1 & 0.7885 & 0.7586 & 0.8026 \\ 0.4909 & 0.7885 & 1 & 0.6851 & 0.8752 \\ 0.5334 & 0.7586 & 0.6851 & 1 & 0.6585 \\ 0.6046 & 0.8026 & 0.8751 & 0.6585 & 1 \end{bmatrix}$$

2. 按两个标准（方差贡献最大及贡献显著）逐个引入因子

(1)求待选因子 x_1, x_2, x_3, x_4 的方差贡献 $V_i^{(1)}$ $(i=\overline{1,4})$：

$$V_1^{(1)} = (r_{1y}^{(0)})^2 / r_{11}^{(0)} = (r_{15}^{(0)})^2 / r_{11}^{(0)} = (0.6046)^2 = 0.36554$$

$$V_2^{(1)} = (r_{2y}^{(0)})^2 / r_{22}^{(0)} = (r_{25}^{(0)})^2 / r_{22}^{(0)} = (0.8026)^2 = 0.64417$$

$$V_3^{(1)} = (r_{3y}^{(0)})^2 / r_{33}^{(0)} = (r_{35}^{(0)})^2 / r_{33}^{(0)} = (0.8752)^2 = 0.76598$$

$$V_4^{(1)} = (r_{4y}^{(0)})^2 / r_{44}^{(0)} = (r_{45}^{(0)})^2 / r_{44}^{(0)} = (0.6585)^2 = 0.43362$$

比较得：$V_3^{(1)} = \max\{V_i^{(1)}, i=\overline{1,4}\} = 0.76598$，故对因子 x_3 作引进检验：

$$F_{1,3} = \frac{V_3^{(1)}}{r_{55}^{(0)} - V_3^{(1)}} \times (n-0-2) = \frac{0.76598}{1-0.76598} \times (50-2) = 157.11 > F^* = 1.0$$

故可以引进因子 x_3。对 $\boldsymbol{R}^{(0)}$ 作 L 变换，引进 x_3：$L_3 \boldsymbol{R}^{(0)} = \boldsymbol{R}^{(1)}$

$$R^{(1)}=\begin{bmatrix} 0.7590 & 0.3325 & -0.4909 & 0.1971 & 0.1750 \\ 0.3325 & 0.3783 & -0.7885 & 0.2184 & 0.1125 \\ 0.4909 & 0.7885 & 1 & 0.6851 & 0.8752 \\ 0.1971 & 0.2184 & -0.6851 & 0.5306 & 0.0589 \\ 0.1750 & 0.1125 & -0.8752 & 0.0589 & 0.2340 \end{bmatrix}$$

(2)在剩下的因子中引进第二个因子，即计算剩下三因子的方差贡献：

$$V_1^{(2)}=(r_{15}^{(1)})^2/r_{11}^{(1)}=(0.1750)^2/0.7590=0.0404$$

$$V_2^{(2)}=(r_{25}^{(1)})^2/r_{22}^{(1)}=(0.1125)^2/0.3783=0.0335$$

$$V_4^{(2)}=(r_{45}^{(1)})^2/r_{44}^{(1)}=(0.0589)^2/0.5306=0.0065$$

比较得：$V_1^{(1)}=\max\{V_i^{(2)},i=1,2,4\}=0.0404$，故对因子 x_1 作引进检验：

$$F_{1,1}=\frac{V_1^{(2)}}{r_{55}^{(1)}-V_1^{(2)}}\times(n-1-2)=\frac{0.0404}{0.2340-0.0404}\times(50-3)=9.79>F^*=1.0$$

故可以引进因子 x_1，即对 $R^{(1)}$ 作 L 变换，引进 x_1：$L_1R^{(1)}=R^{(2)}$

$$R^{(2)}=\begin{bmatrix} 1.3175 & 0.4381 & -0.6468 & 0.2597 & 0.2306 \\ -0.4381 & 0.2326 & -0.5734 & 0.1321 & 0.0358 \\ -0.6468 & 0.5734 & 1.3175 & 0.5576 & 0.7620 \\ -0.2597 & 0.1321 & -0.5576 & 0.4794 & 0.0135 \\ -0.2306 & 0.0358 & -0.7620 & 0.0135 & 0.1937 \end{bmatrix}$$

(3)继续引进第三个因子，即计算剩下二因子的方差贡献：

$$V_2^{(3)}=(r_{25}^{(2)})^2/r_{22}^{(2)}=(0.0358)^2/0.2326=0.0055$$

$$V_4^{(3)}=(r_{45}^{(2)})^2/r_{44}^{(2)}=(0.0135)^2/0.4794=0.0002$$

显然，$V_2^{(3)}$ 最大，故考虑引进因子 x_2，计算其统计量，并作检验：

$$F_{1,2}=\frac{V_2^{(3)}}{r_{55}^{(2)}-V_2^{(3)}}\times(n-2-2)=\frac{0.0055}{0.1937-0.0055}\times(50-4)=1.34>F^*$$

故因子 x_2 显著，可以引进。对 $R^{(2)}$ 作 L 变换，引进 x_2：$L_2R^{(2)}=R^{(3)}$

$$R^{(3)}=\begin{bmatrix} 2.1427 & -1.8835 & 0.4332 & 0.0109 & 0.1632 \\ -1.8835 & 4.2992 & -2.4652 & 0.5679 & 0.1539 \\ 0.4332 & -2.4652 & 2.9120 & 0.2320 & 0.6737 \\ -0.0109 & -0.5679 & -0.2320 & 0.4044 & -0.0068 \\ -0.1632 & -0.1539 & -0.6737 & -0.0068 & 0.1882 \end{bmatrix}$$

3. 按两个标准(方差贡献最小且贡献不显著)逐个剔除因子

当矩阵变换至 $R^{(3)}$ 后，应先对已进入回归方程中的三个因子作剔除检验，若无剔除才考虑新因子的引进，即执行“先剔后引”原则。

(1)对方程中的因子作剔除检验

先计算因子 x_1,x_3 的方差贡献(因子 x_2 的方差贡献在上一步已算出)

$$V_1^{(3)}=(r_{15}^{(3)})^2/r_{11}^{(3)}=(0.1632)^2/2.1427=0.015$$

$$V_2^{(3)}=(r_{25}^{(2)})^2/r_{22}^{(2)}=(0.0358)^2/0.2326=0.0055)$$

$$V_2^{(3)}=(r_{25}^{(3)})^2/r_{22}^{(3)}=(0.1539)^2/4.2992=0.0055$$

$$V_3^{(3)}=(r_{35}^{(3)})^2/r_{33}^{(3)}=(0.6737)^2/2.9120=0.1559$$

显然,因子 x_2 的方差贡献最小,根据"刚引不剔"的原则,方程中无因子可剔。也可以对 x_2 再作一次剔除检验,可得到同样的结果:

$$F_{2,2}=\frac{V_2^{(3)}}{r_{55}^{(3)}}\times(n-3-1)=\frac{0.0055}{0.1882}\times(50-4)=1.34>F^*$$

故方差贡献最小的因子 x_2 显著,不能剔除,所以方程中因子皆显著,无剔除。

(2)对方程外的因子 x_4 作引进检验:

$$V_4^{(4)}=(r_{45}^{(3)})^2/r_{44}^{(3)}=(-0.0068)^2/0.4044=0.0001$$

$$F_{1,4}=\frac{V_4^{(4)}}{r_{55}^{(3)}-V_4^{(4)}}\times(n-3-2)=\frac{0.0001}{0.1882-0.0001}\times(50-5)=0.03<F^*$$

故因子 x_4 不显著,不能引进。

至此,方程既无因子可剔,也无因子可引,逐步回归的引、剔因子过程到此结束。

4. 建立最终的"最优"回归方程,并求其效果

(1)"最优"标准化回归方程为:

$$\hat{y}_z=r_{15}^{(3)}x_{z1}+r_{25}^{(3)}x_{z2}+r_{35}^{(3)}x_{z3}$$

即:
$$\hat{y}_z=0.1632x_{z1}+0.1539x_{z2}+0.6737x_{z3}$$

又:
$$\bar{x}_1=98.80,\bar{x}_2=7.90,\bar{x}_3=1.87,\bar{x}_4=6.48,\bar{y}=45.40$$

且:$\sqrt{S_{11}}=143.0455$,$\sqrt{S_{22}}=15.1586$,$\sqrt{S_{33}}=2.0833$,$\sqrt{S_{44}}=25.4558$,$\sqrt{S_{yy}}=67.1291$。

根据公式:$b_i=\frac{\sqrt{S_{yy}}}{\sqrt{S_{ii}}}b_{zi}$,将标准偏回归系数转化为偏回归系数,并写出回归方程:

$$\hat{y}=-8.47+0.08x_1+0.68x_2+21.71x_3$$

(2)回归效果

①$\hat{\sigma}_y=S_y^*=\sqrt{S_{yy}}\cdot\sqrt{r_{yy}^{(3)}/(n-3-1)}=67.1291\sqrt{0.1882/46}\approx4.29$

②$R_{y|1,2,3}=\sqrt{1-r_{yy}^{(3)}}=\sqrt{1-0.1882}\approx0.901$

在多元线性回归中,$S_y^*=4.33$,$R_{y|1,2,3,4}=0.9015$。可见四个因子复相关系数与三个因子几乎相等,或者说因子 x_4 在方程中无足轻重,它的出现反而使 S_y^* 略有所增大,剔除它显然是有益无害的。

3.5　非线性回归

在前几节讨论的一元、多元和逐步回归问题中，最基本的一点是把预报量的条件期望看成是预报因子的线性函数，即建立的是线性回归方程。然而，在现实世界中，还存在大量预报量的条件期望并不是预报因子的线性函数的情况。例如，在近地层数十米内，风速随高度通常并非线性增大而是呈对数形式变化。所谓的非线性回归，就是考虑因子对预报量的非线性贡献，建立非线性回归模型，即找出预报量本身或预报量与因子间具体的非线性函数表达式。无论是回归模型的选择还是具体的计算，非线性回归都比线性回归复杂得多，因此只有当非线性回归的回归效果较线性回归有明显改进时才考虑采用。非线性问题的处理，必须借助于适当的数学手段，通常的方法是将其转化为线性问题或通过迭代运算等方法来实现。在本节，仅介绍非线性回归的常用方法，对非线性统计模型的进一步讨论将在9.3节中进行。

3.5.1　函数变换法

解决非线性回归问题，首先要解决回归模型的选择问题，即确定因子与预报量间的非线性函数表达式，或者说回归曲线到底是什么形状。对多元非线性问题，无论在理论还是实践上，确定回归模型都是相当困难的。为此，在这里仅讨论一元非线性回归问题。

确定一元非线性回归曲线，通常有两个途径：第一，研究气象上现有的理论公式来得到，并通过回归分析确定函数表达式中的待定参数；第二，将观测资料在二维坐标系中点绘成相关散布图，并通过分析和与已知函数曲线比对，找出曲线形状近似的函数作为非线性回归模型。

为了便于曲线比对，下面给出一些常见的非线性函数表达式，这些函数形式，经过适当的变换就可以化为线性函数，继而通过线性回归来处理非线性问题。

1. 双曲线函数：$\frac{1}{y}=a+\frac{b}{x}$

令：$y'=\frac{1}{y}$，$x'=\frac{1}{x}$，则原方程可化为：$y'=a+bx'$

双曲线函数的其他表达式为：$y=\frac{1}{a+bx}$，$xy+ax+by+c=0$ 等。

2. 幂函数：$y=cx^b$

令：$y'=\ln y$，$x'=\ln x$，$a=\ln c$，则原方程可化为：$y'=a+bx'$

3. 指数函数：$y=ce^{bx}$

令：$y'=\ln y$，$x'=x$，$a=\ln c$，则原方程可化为：$y'=a+bx'$

指数函数的其他表达式为：$y=ce^{b/x}$，$y=\dfrac{1}{a+be^{-x}}$等。

4. 对数函数：$y=a+b\lg x$

令：$y'=y$，$x'=\lg x$，则原方程可化为：$y'=a+bx'$

为了判断回归曲线的选择是否合适，可将变换后的因变量与自变量值作成相关散布图。如果所有点子集中在一条直线附近，则说明回归模型选择得当；反之则有必要调整回归模型。

例如，现观测得7个高度的风速资料如表3.7。试配合风速随高度变化的回归方程。

先将表3.7中的数据 x、y 值点绘成相关散布图。从图3.3中不难看出，点子分布近似于对数曲线，于是选择回归曲线为对数曲线：

$$y=a+b\ln x$$

表 3.7

观测序号	1	2	3	4	5	6	7	$\sum$	平均
高度(m)：x	2.5	5.0	10.0	25.0	50.0	100.0	200.0	392.5	56.1
风速(m/s)：y	1.7	2.3	3.0	3.7	4.3	4.7	5.3	25.0	3.57
$x'=\ln x$	0.9	1.6	2.3	3.2	3.9	4.6	5.0	21.5	3.07
x'^2	0.81	2.56	5.23	10.24	15.21	21.16	25.00	80.27	
$x'y'$	1.53	3.68	6.90	10.84	16.77	21.62	26.50	88.84	

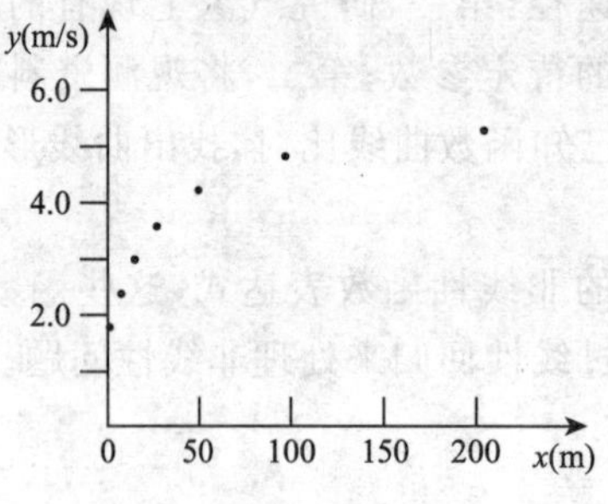

图 3.3

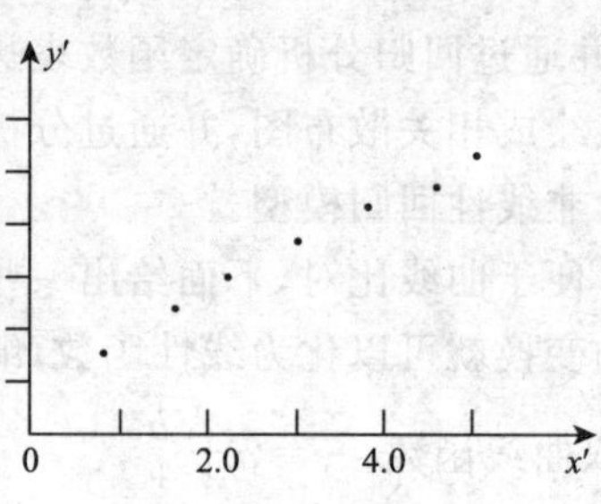

图 3.4

对自变量和因变量作变换：$y'=y$，$x'=\lg x$，则回归方程可化为：$y'=a+bx'$。

作 y'，x' 值的相关散布图(图3.4)，全部点子集中在一条直线附近，可见回归模型的选择是恰当的。

用一元线性回归分析的方法，可得其解：

$$b=\frac{\sum_t x'_t y'_t-\frac{1}{n}\sum_t x'_t\sum_t y'_t}{\sum_t x'^2_t-(\sum_t x'_t)^2/n}=\frac{88.84-\frac{1}{7}\times 21.5\times 25.0}{80.27-(21.50)^2/7}\approx 0.85$$

$$a=\overline{y'}-b\overline{x'}=3.57-0.85\times 3.07\approx 0.96$$

故有：
$$\hat{y}'=0.96+0.85x'$$

即：
$$\hat{y}'=0.96+0.85\ln x$$

Gagin 等用非线性回归研究美国佛罗里达州夏季降水与对流云的关系发现，若用 H，h 分别表示云顶与云底高度，降水总量 RV 与 $(H-h)$ 之间也是一种对数关系：

$$\lg RV=a+b\lg(H-h)$$

通过选取 349 个样本的计算，得出关系式：$RV=0.96(H-h)^{2.44}$。

类似地，有人研究发现，山坡上的降水量随海拔高度的变化呈抛物线关系，等等。这些研究成果对回归模型的选择有很好的启示作用。

对多元问题，作为一种近似或简单化处理，可对各个变量分别建立一元非线性回归方程，并将其作为各自变量的经验变换函数，对自变量作经验变换，然后建立因变量依变换后的自变量的多元线性回归方程。

用函数变换法建立非线性回归方程虽然简单，但在回归模型选取上有一定的主观性；同时，也常常会遇到很难找到合适经验函数的情况。

3.5.2 多项式展开法

我们知道，当自变量在一定范围内变化时，函数 $G(x)$ 总可以用一个 x 的多项式来逼近，即：$G(x)=B_0+B_1x+B_2x^2+B_3x^3+\cdots$

对一元非线性回归问题，由于预报对象 y 与因子 x 间存在着相关关系，于是我们有：

$$y=B_0+B_1x+B_2x^2+B_3x^3+\cdots+e=G(x)+e$$
$$M(y|x)=B_0+B_1x+B_2x^2+B_3x^3+\cdots$$

用样本对其估计，有：

$$\hat{y}=b_0+b_1x+b_2x^2+b_3x^3+\cdots \tag{3.5.1}$$

对多元非线性回归，类似地有：

$$\begin{aligned}\hat{y}&=b_0+b_1x_1+b_2x_2+\cdots+b_mx_m+b_{1,1}x_1^2+\cdots+b_{m,m}x_m^2+b_{1,2}x_1x_2+\cdots\\&\quad+b_{m-1,m}x_{m-1}x_m+\cdots=b_0+\sum_{i=1}^{m}b_ix_i+\sum_{i=1}^{m}\sum_{j=1}^{m}b_{i,j}x_ix_j\\&\quad+\sum_{i=1}^{m}\sum_{j=1}^{m}\sum_{k=1}^{m}b_{i,j,k}x_ix_jx_k+\cdots\end{aligned} \tag{3.5.2}$$

在一元非线性回归中，若令：$x_1=x, x_2=x^2, x_3=x^3, \cdots$，则一元非线性回归问题就可化为多元线性回归问题：

$$\hat{y}=b_0+b_1x_1+b_2x_2+b_3x_3+\cdots \tag{3.5.3}$$

对一般的气象问题而言，通常取上式中的前三项即可。

类似地，对二元非线性回归，有：

$$\hat{y}=b_0+b_1x_1+b_2x_1^2+b_3x_1x_2+b_4x_2+b_5x_2^2+\cdots \tag{3.5.4}$$

通常仅取前六项即可。若令：$z_1=x_1, z_2=x_1^2, z_3=x_1x_2, z_4=x_2, z_5=x_2^2$，则有：

$$\hat{y}=b_0+b_1z_1+b_2z_2+b_3z_3+b_4z_4+b_5z_5 \tag{3.5.5}$$

多项式展开法避免了回归曲线选择的主观性，但计算量较大。为了保证回归方程的稳定性，对相同个数的自变量来说，它比线性回归要求更大的独立样本。

例：表 3.8 给出了某山脉南侧一组测站年降水量 y 随海拔高度 x 变化的观测值，试建立年降水量依海拔高度的非线性回归方程。

解：据经验，降水量(mm)与海拔高度(hm)的关系用二次曲线即可得到较满意的描写，故建立如下非线性回归方程：

$$\hat{y}=b_0+b_1x+b_2x^2$$

即：

$$\hat{y}=b_0+b_1x_1+b_2x_2$$

表 3.8

t	y_t	x_{t1}	x_{t2}	Δy_t	Δx_{t1}	Δx_{t2}	$\Delta x_{t1}\Delta y_t$	$\Delta x_{t2}\Delta y_t$	$\Delta x_{t1}\Delta x_{t2}$	$(\Delta x_{t1})^2$	$(\Delta x_{t2})^2$
1	480	2.2	4.84	−468	−7.9	−129.08	2697.2	60499.44	1019.73	62.41	16661.6
2	660	3.5	12.25	−288	−6.6	−121.67	1900.8	35040.96	803.02	43.56	14803.6
3	691	4.7	22.09	−257	−5.4	−111.83	1387.3	26740.31	603.83	29.10	12505.9
4	727	5.1	26.01	−221	−5.0	−107.91	1105.0	23848.11	539.55	25.00	11644.6
5	831	6.4	40.96	−117	−3.7	−92.96	432.9	10876.32	343.95	13.69	8641.6
6	958	8.3	63.89	10	−1.8	−65.03	−18.0	−650.30	117.05	3.24	4228.9
7	982	10.4	108.16	34	3.0	−25.76	10.2	−875.84	−7.73	0.09	663.6
8	1168	12.8	163.84	160	2.7	29.92	432.0	4787.20	80.78	7.29	895.2
9	1022	14.4	207.36	74	4.3	73.44	313.2	5434.56	315.79	18.49	5393.4
10	987	16.7	278.89	39	6.6	144.97	257.4	5653.83	956.80	43.56	21015.3
11	894	17.9	320.41	−51	7.8	186.49	−421.2	−16070.5	1454.62	60.84	34778.5
12	832	18.8	353.44	−116	8.7	219.52	−1009.2	−25401.3	1909.82	75.69	48189.0
$\sum$	10172	121.2	1607.1				8093.1	137729.8	8137.28	383.02	179424.2
均值	948	10.1	133.92								

表中 $\Delta y=y-\bar{y}, \Delta x=x-\bar{x}$。根据上表计算结果，我们得到 S_{ij} 及相应的正规方程：

$$S_{11}=\sum(\Delta x_{t1})^2=383.02,S_{12}=\sum\Delta x_{t1}\Delta x_{t2}=8137.28,$$

$$S_{22}=\sum(\Delta x_{t2})^2=179424.2$$

$$S_{1y}=\sum\Delta x_{t1}\Delta y_t=8093.1,S_{2y}=\sum\Delta x_{t2}\Delta y_t=137729.8\text{。}$$

$$\begin{cases}383.02b_1+8137.28b_2=8093.10\\8137.28b_1+179424.2b_2=137729.8\end{cases}$$

解得：

$$b_1=132.1,b_2=-5.22$$

$$b_0=\bar{y}-b_1\bar{x}_1-b_2\bar{x}_2=948-132.1\times10.1+5.22\times133.9=313.15$$

由此得年降水量随海拔高度变化的经验公式：

$$\hat{y}=313.15+132.1x-5.22x^2$$

根据求极值的方法，可解得 $x=12.6$ 时年降水量达到最大，故上式也可写成：

$$\hat{y}=1141.88-5.22(x-12.6)^2$$

气象上有些要素随时间的变化趋势规律非常明显，在这种情况下，常用时间多项式来建立回归估计方程进行拟合：

$$\hat{y}=b_0+b_1t+b_2t^2+b_3t^3+\cdots+b_mt^m \tag{3.5.6}$$

由于时间变化总可以化为自然数列的形式，若令：$x_i=t^i$，则有：

$$\hat{y}=b_0+b_1x_1+b_2x_2+b_3x_3+\cdots+b_mx_m$$

且正规方程系数阵的元素都变成了自然数列各种方次的求和。如对于 3 阶时间多项式：

$\hat{y}=b_0+b_1t+b_2t^2+b_3t^3$，即：$\hat{y}=b_0+b_1x_1+b_2x_2+b_3x_3$。对于 n 个样品的样本，时间 t 总可以化为 $1,2,3,\cdots,n$ 的自然数列，于是系数阵 $\boldsymbol{X'X}$ 及其增广阵变为：

$$\begin{bmatrix} n & \sum_{t=1}^n t & \sum_{t=1}^n t^2 & \sum_{t=1}^n t^3 \\ \sum_{t=1}^n t & \sum_{t=1}^n t^2 & \sum_{t=1}^n t^3 & \sum_{t=1}^n t^4 \\ \sum_{t=1}^n t^2 & \sum_{t=1}^n t^3 & \sum_{t=1}^n t^4 & \sum_{t=1}^n t^5 \\ \sum_{t=1}^n t^3 & \sum_{t=1}^n t^4 & \sum_{t=1}^n t^5 & \sum_{t=1}^n t^6 \end{bmatrix},\begin{bmatrix} n & \sum_{t=1}^n t & \sum_{t=1}^n t^2 & \sum_{t=1}^n t^3 & \sum_{t=1}^n y_t \\ \sum_{t=1}^n t & \sum_{t=1}^n t^2 & \sum_{t=1}^n t^3 & \sum_{t=1}^n t^4 & \sum_{t=1}^n ty_t \\ \sum_{t=1}^n t^2 & \sum_{t=1}^n t^3 & \sum_{t=1}^n t^4 & \sum_{t=1}^n t^5 & \sum_{t=1}^n t^2y_t \\ \sum_{t=1}^n t^3 & \sum_{t=1}^n t^4 & \sum_{t=1}^n t^5 & \sum_{t=1}^n t^6 & \sum_{t=1}^n t^3y_t \\ \sum_{t=1}^n y_t & \sum_{t=1}^n ty_t & \sum_{t=1}^n t^2y_t & \sum_{t=1}^n t^3y_t & \sum_{t=1}^n y_t^2 \end{bmatrix}$$

由此可得到相对应的正规方程并求解。

3.5.3 一般的非线性回归模型

非线性回归模型可一般的表述为：

$$y=f(\boldsymbol{x},\boldsymbol{\gamma})+e \tag{3.5.7}$$

或：

$$y_t=f(\boldsymbol{x}_t,\boldsymbol{\gamma})+e_t \tag{3.5.7$'$}$$

式中 $\boldsymbol{x}_t$ 为包含 m 个因子变量的第 t 个样品向量，$\boldsymbol{\gamma}$ 为非线性回归系数向量，e_t 为误差，y_t 为第 t 个样品的预报量，$f(\boldsymbol{x}_t,\boldsymbol{\gamma})$ 为 $\boldsymbol{x}_t$ 的任意非线性函数。

确定非线性回归系数向量 $\boldsymbol{\gamma}$ 可用 Gauss-Newton 方法；非线性函数 $f(\boldsymbol{x}_t,\boldsymbol{\gamma})$ 的确定可通过 Taylor 展开来实现。在回归系数的 $(m+1)$ 维空间中的某一点 $\boldsymbol{\gamma}^{(0)}$ 的一个邻域内对 $f(\boldsymbol{x}_t,\boldsymbol{\gamma})$ 作 Taylor 展开，有：

$$f(\boldsymbol{x}_t,\boldsymbol{\gamma})\approx f(\boldsymbol{x}_t,\boldsymbol{\gamma}^{(0)})+\sum_{i=0}^{m}\left[\frac{\partial f(x_t,\gamma)}{\partial\gamma_i}\right]_{\gamma=\gamma^{(0)}}\cdot(\boldsymbol{\gamma}-\boldsymbol{\gamma}^{(0)}) \tag{3.5.8}$$

其中：$\boldsymbol{\gamma}^{(0)}=[\boldsymbol{\gamma}_0^{(0)}\quad \boldsymbol{\gamma}_1^{(0)}\quad \cdots\quad \boldsymbol{\gamma}_m^{(0)}]'$

并令：

$$\begin{cases}f_t^{(0)}=f(\boldsymbol{x}_t,\boldsymbol{\gamma}^{(0)})\\ \boldsymbol{B}_i^{(0)}=\boldsymbol{\gamma}_i-\boldsymbol{\gamma}_i^{(0)}\qquad (i=0,1,2,\cdots,m)\\ D_{ti}^{(0)}=\left[\dfrac{\partial f(\boldsymbol{x}_t,\boldsymbol{\gamma})}{\partial\boldsymbol{\gamma}_i}\right]_{\gamma=\gamma^{(0)}}\end{cases} \tag{3.5.9}$$

则式(3.5.8)又可表示为：

$$f(\boldsymbol{x}_t,\boldsymbol{\gamma})\approx f_t^{(0)}+\sum_{i=0}^{m}D_{ti}^{(0)}\boldsymbol{B}_i^{(0)}$$

代入式(3.5.7)′，得：

$$y_t=f_t^{(0)}+\sum_{i=0}^{m}D_{ti}^{(0)}\boldsymbol{B}_i^{(0)}+e_t \tag{3.5.10}$$

若令：

$$y_t^{(0)}=y_t-f_t^{(0)} \tag{3.5.11}$$

则式(3.5.10)变为：

$$y_t^{(0)}=\sum_{i=0}^{m}D_{ti}^{(0)}\boldsymbol{B}_i^{(0)}+e_t \tag{3.5.12}$$

上式就是我们熟悉的一般线性回归理论模型的形式。其中 $D_i^{(0)}$ 可视为 $(m+1)$ 个变量，那么，我们可以采用线性回归的方法，用一个样本容量为 n 的样本来对其估计，得到 $\boldsymbol{B}_i^{(0)}$ 的估计值 $\boldsymbol{b}_i^{(0)}$。而对非线性问题的求解一般用迭代的方法，其步骤如下：

(1)先给定非线性回归系数向量 $\hat{\boldsymbol{\gamma}}^{(0)}$ 的一个初值；

(2)再根据(事先给定的、可能的、试验的)非线性函数求出：$f_t^{(0)}$ $(\boldsymbol{t}=\overline{1,\boldsymbol{n}})$；

(3)根据式(3.5.9)求出：$D_{ti}^{(0)}$ $(i=0,1,2,\cdots,p)$；

(4)根据式(3.5.11)求出：$y_t^{(0)}$；

(5)根据式(3.5.12)用最小二乘法解出线性回归系数估计 $\boldsymbol{b}_i^{(0)}$ $(i=0,1,2,\cdots,p)$；

(6)通过式(3.5.9)中的 $\boldsymbol{B}_i^{(0)}$ 关系式求出下一次回归系数估计：$\hat{\boldsymbol{\gamma}}_i^{(1)}=\hat{\boldsymbol{\gamma}}_i^{(0)}+\boldsymbol{b}_i^{(0)}$ $(i=0,1,2,\cdots,p)$

(7)根据残差平方和的计算，控制迭代的次数。

对非线性回归问题，其残差平方和仍可表示为：

$$Q=\sum_{t=1}^{n}(y_t-f(x_t,\hat{\gamma}))^2 \tag{3.5.13}$$

刚开始迭代时的残差平方和为：　$Q^{(0)}=\sum_{t=1}^{n}(y_t-f_t^{(0)})^2$

下一步迭代时的残差平方和为：　$Q^{(1)}=\sum_{t=1}^{n}(y_t-f_t^{(1)})^2$

类似地，第 l 步迭代时的残差平方和为：$Q^{(l)}=\sum_{t=1}^{n}(y_t-f_t^{(l)})^2$

同线性回归一样，利用残差平方和 $Q^{(l)}$ 达到最小来求取第 l 步的线性回归系数估计 $\boldsymbol{b}_i^{(l)}$，并由此求出下一步迭代时所需的非线性回归系数估计：$\hat{\boldsymbol{\gamma}}_i^{(l+1)}=\hat{\boldsymbol{\gamma}}_i^{(l)}+\boldsymbol{b}_i^{(l)}$；以此类推，直至两次相邻的残差平方和之差：$Q^{(l+1)}-Q^{(l)}$ 的绝对值达到所需的拟合精度为止。

下面用 Logit 模型为例，来说明这一方法的计算过程。

3.5.4　Logit 模型

分对数(Logit)模型是一种非线性回归模型，它是假设因子变量 x 是连续型变量，在自变量事件 x 出现的条件下，预报量事件出现，即"$y=1$"时的概率回归方程：

$$P(y=1\mid x)=\frac{\exp(\alpha+\beta x)}{1+\exp(\alpha+\beta x)}+e \tag{3.5.14}$$

其概率回归估计方程为：

$$\hat{P}(y=1\mid x)=\frac{\exp(\alpha+\beta x)}{1+\exp(\alpha+\beta x)} \tag{3.5.15}$$

显然其值的变化区间：$0<\hat{P}(y=1\mid x)<1$。而式(3.5.15)即为单变量 Logit 模型。

如何确定该模型中的回归系数 α、β，我们可以借助于 3.5.3 的方法。令：

$$f(x;\alpha,\beta)=\frac{\exp(\alpha+\beta x)}{1+\exp(\alpha+\beta x)}=\frac{1}{1+\exp[-(\alpha+\beta x)]}$$

设定初值$(\alpha^{(0)},\beta^{(0)})$，将函数 $f(x;\alpha,\beta)$在该点处做一阶 Taylor 展开：

$$f(x;\alpha,\beta)=f(x;\alpha^{(0)},\beta^{(0)})+\frac{\partial f(x;\alpha^{(0)},\beta^{(0)})}{\partial\alpha}(\alpha-\alpha^{(0)})$$

$$+\frac{\partial f(x;\alpha^{(0)},\beta^{(0)})}{\partial \beta}(\beta-\beta^{(0)}) \tag{3.5.16}$$

$$\frac{\partial f(x;\alpha^{(0)},\beta^{(0)})}{\partial \alpha}=\frac{\exp[-(\alpha+\beta x)]}{\{1+\exp[-(\alpha+\beta x)]\}^2}\bigg|_{\substack{\alpha=\alpha^{(0)}\\ \beta=\beta^{(0)}}}$$

$$=\left(\frac{1}{1+\exp[-(\alpha+\beta x)]}\times\frac{1+\exp[-(\alpha+\beta x)]-1}{1+\exp[-(\alpha+\beta x)]}\right)\bigg|_{\substack{\alpha=\alpha^{(0)}\\ \beta=\beta^{(0)}}}$$

$$=f(x;\alpha^{(0)},\beta^{(0)})[1-f(x;\alpha^{(0)},\beta^{(0)})]$$

同理,得:$\dfrac{\partial f(x;\alpha^{(0)},\beta^{(0)})}{\partial \beta}=xf(x;\alpha^{(0)},\beta^{(0)})[1-f(x;\alpha^{(0)},\beta^{(0)})]$

代入展开式,有:

$$\frac{f(x;\alpha,\beta)-f(x;\alpha^{(0)},\beta^{(0)})}{f(x;\alpha^{(0)},\beta^{(0)})[1-f(x;\alpha^{(0)},\beta^{(0)})]}=(\alpha-\alpha^{(0)})+(\beta-\beta^{(0)})x \tag{3.5.17}$$

若令:

$$\hat{y}^{(0)}=\frac{f(x;\alpha,\beta)-f(x;\alpha^{(0)},\beta^{(0)})}{f(x;\alpha^{(0)},\beta^{(0)})[1-f(x;\alpha^{(0)},\beta^{(0)})]} \tag{3.5.18}$$

且:

$$a^{(0)}=\alpha-\alpha^{(0)},b^{(0)}=\beta-\beta^{(0)}$$

则式(3.5.17)可写成一元线性回归方程的形式:$\hat{y}^{(0)}=a^{(0)}+b^{(0)}x$。

由于假设因子变量 x 是连续型变量,所以对预报对象出现的概率而言,不是 0 就是 1,即对预报对象进行 0—1 化处理(如果将因子变量 x 离散成若干小区间,则预报对象在不同区间出现的概率也可以统计出来)。由于 $f(x;\alpha,\beta)$ 是 $P(y=1|x)$ 的估计值,若用预报对象(真值)的 0—1 化值代替 $f(x;\alpha,\beta)$,则 $\hat{y}^{(0)}$ 就变为相应的 $y^{(0)}$,再根据一元线性回归,由最小二乘法估计,即:$\sum_t(y_t^{(0)}-\hat{y}_t^{(0)})^2=\min$ 求出 $a^{(0)}$、$b^{(0)}$ 的值。为了迭代能继续进行下去,还必须以此求出下一步迭代的 α、β 值。为此,令其第 l 步的值为:$\alpha^{(l)}$、$\beta^{(l)}$,且相对应的 a、b 之值为:$a^{(l)}$、$b^{(l)}$。则 α、β 第 $l+1$ 步的值为:

$$\alpha^{(l+1)}=\alpha^{(l)}+a^{(l)},\beta^{(l+1)}=\beta^{(l)}+b^{(l)} \tag{3.5.19}$$

且根据式(3.5.18),对其作适当变化,有:

$$\hat{y}^{(l+1)}=\frac{f(x;\alpha^{(l+1)},\beta^{(l+1)})-f(x;\alpha^{(l)},\beta^{(l)})}{f(x;\alpha^{(l)},\beta^{(l)})[1-f(x;\alpha^{(l)},\beta^{(l)})]} \tag{3.5.20}$$

由式(3.5.19)得:$\alpha^{(1)}=\alpha^{(0)}+a^{(0)}$、$\beta^{(1)}=\beta^{(0)}+b^{(0)}$;由式(3.5.20)得到下一步迭代所需的 $y^{(1)}$ 值,并由相应的回归方程:$\hat{y}^{(1)}=a^{(1)}+b^{(1)}x$,解出 $a^{(1)}$、$b^{(1)}$。由此又可得到下一步的 $\alpha^{(2)}$,$\beta^{(2)}$,以此类推,直至相邻两步的残差平方和的变化达到需要的精度。为此,我们还必须定义迭代过程中第 l 步的残差平方和 $Q^{(l)}$ 及相邻两步值的变化量 $Q_c^{(l)}$ 的公式:

$$Q^{(l)}=\sum_{t=1}^{n}[P(y=1|x_t)-f(x_t;\alpha^{(l)},\beta^{(l)})]^2 \tag{3.5.21}$$

$$Q_c^{(l)}=Q^{(l)}-Q^{(l-1)} \tag{3.5.22}$$

3.6　事件概率回归

事件概率回归,是一种简化的多元回归分析法。实际天气预报中,有时无须估计预报量的具体数值,而只要估计其在某一范围或状态的概率,例如雷暴出现、汛期降水量偏多的概率,等等。此时,可把预报量和因子进行特征化(0—1 化)处理,当预报量在某一范围或状态出现时其值取为 1,否则取为 0;对所有因子也按此方法转化为 0 或 1 两个数值的变量。经这样的转换后,描述预报量 y 与 m 个因子 $x_1,x_2,\cdots,x_m$ 之间关系的回归值,就是 m 个因子出现在某一范围或状态时(0 或 1)预报量 y 出现在某一范围或状态这一事件的概率估计值,故称此种回归为事件概率回归。

3.6.1　预报模型

假定预报量 y 的条件期望与 m 个因子($x_1,x_2,\cdots,x_m$)事件的关系是线性的。如同多元线性理论模型,我们有:

模型 1:
$$M(y\,|\,x_1,x_2,\cdots,x_m) = B_0 + \sum_{i=1}^{m} B_i x_i \tag{3.6.1}$$

式中 $B_0,B_1,\cdots,B_m$ 称为事件概率回归系数。

由于我们仅关注事件出现,即 $y=1$ 的情况,所以模型 1 又演化为:

模型 2:
$$P(y=1\,|\,x_1,x_2,\cdots,x_m) = B_0 + \sum_{i=1}^{m} B_i x_i \tag{3.6.2}$$

当用一组实测样本资料对上式进行估计时即得到事件概率回归的实用模型,记为:

模型 3:
$$\hat{P}(y=1\,|\,x_1,x_2,\cdots,x_m) = b_0 + \sum_{i=1}^{m} b_i x_i \tag{3.6.3}$$

该式体现了概率回归的全部关系,即事件概率的回归估计(regression estimation of event probability, REEP)。其中 $b_0,b_1,b_1,\cdots,b_m$ 为事件概率回归系数(估计值)。

3.6.2　概率回归系数的最小二乘估计

事件概率回归系数(估计值)的求取原则和步骤与多元回归基本一致,仍然由最小二乘法原则推导求得。其步骤(以四个因子为例):

1. 数据资料的 0—1 化处理

预报对象的 0—1 化标准根据实际需要来确定;因子资料的 0—1 化则一般应由历史拟合率最高原则来确定。

2. 求预报因子的各种可能组合(数)

四个因子的可能组合数为：$N_4=2^4=16$（m 个因子的可能组合数为 $N_m=2^m$）（表 3.9）。

表 3.9

C_i	C_1	C_2	C_3	C_4	C_5	C_6	C_7	C_8	C_9	C_{10}	C_{11}	C_{12}	C_{13}	C_{14}	C_{15}	C_{16}
x_1	0	0	0	0	0	0	0	0	1	1	1	1	1	1	1	1
x_2	0	0	0	0	1	1	1	1	0	0	0	0	1	1	1	1
x_3	0	0	1	1	0	0	1	1	0	0	1	1	0	0	1	1
x_4	0	1	0	1	0	1	0	1	0	1	0	1	0	1	0	1

3. 由样本资料求出诸因子在各种可能组合 C_i 的条件下 $y=1$ 的条件概率（频率）p_{1i}：

$$p_{1i}=P(y=1\mid x_{i1},x_{i2},\cdots,x_{im})=\frac{\text{在 } C_i \text{ 时}, y=1 \text{ 的次数}}{\text{在 } C_i \text{ 时}, y=1 \text{ 与 } y=0 \text{ 次数之和}} \tag{3.6.4}$$

4. 由最小二乘法求 $b_0,b_1,b_2,\cdots,b_m$

$$Q=\sum_{i=1}^{N'_m}(p_{1i}-\hat{p}_{1i})^2=\min \tag{3.6.5}$$

即：
$$Q=\sum_{i=1}^{N'_m}[p_{1i}-(b_0+b_1x_{i1}+\cdots+b_mx_{im})]^2=\min \qquad (3.6.5)'$$

注意：式中 N'_m 表示 m 个 0-1 化因子的实际组合数，$N'_m\leqslant N_m=2^m$。

由于
$$Q=Q(b_0,b_1,\cdots,b_m)$$

为了与回归方程中的正规方程对应，令：

$$\begin{cases} S_{kl}=\sum_i x_{ik}x_{il} \\ S_{kp}=\sum_i x_{ik}p_{1i} \end{cases} \quad (k,l=0,1,2,\cdots,m) \tag{3.6.6}$$

且：
$$x_{i0}\equiv 1,\ \frac{\partial Q}{\partial b_j}=0,\ (j=0,1,2,\cdots,m)$$

则得由$(m+1)$个线性方程组成的方程组：

$$\begin{cases} b_0\sum_i x_{i0}x_{i0}+b_1\sum_i x_{i0}x_{i1}+b_2\sum_i x_{i0}x_{i2}+\cdots+b_m\sum_i x_{i0}x_{im}=\sum_i x_{i0}p_{1i} \\ b_0\sum_i x_{i1}x_{i0}+b_1\sum_i x_{i1}x_{i1}+b_2\sum_i x_{i1}x_{i2}+\cdots+b_m\sum_i x_{i1}x_{im}=\sum_i x_{i1}p_{1i} \\ \cdots\cdots \\ b_0\sum_i x_{im}x_{i0}+b_1\sum_i x_{im}x_{i1}+b_2\sum_i x_{im}x_{i2}+\cdots+b_m\sum_i x_{im}x_{im}=\sum_i x_{im}p_{1i} \end{cases} \tag{3.6.7}$$

即：
$$\begin{cases} S_{00}b_0+S_{01}b_1+\cdots+S_{0m}b_m=S_{0p} \\ S_{10}b_0+S_{11}b_1+\cdots+S_{1m}b_m=S_{1p} \\ \cdots\cdots \\ S_{m0}b_0+S_{m1}b_1+\cdots+S_{mm}b_m=S_{mp} \end{cases} \tag{3.6.7$'$}$$

求解上述方程组得：$b_0, b_1, b_1, \cdots, b_m$，于是事件概率的回归模型为：

$$\hat{p}_1=b_0+b_1x_1+\cdots+b_mx_m \tag{3.6.8}$$

通过样本计算出的 $\hat{p}_1$ 值，有时可能出现大于 1 或小于 0 的情形，此时规定超过 1 的值为 1，小于 0 的值为 0，以保证概率值变化在 0～1 之间。

3.6.3　确定临界值作预报

有了事件概率回归方程尚不能直接作预报，还必须以历史概括率最高原则来确定一个预报临界值 p_c，当 $\hat{p}_1>p_c$，则预报未来 y 为 1 级(类)天气；反之为 0 级(天气类)。

而当 p_c 为 y 的气候概率时，则可用来帮助我们近似地判断方程的显著性。

3.6.4　预报计算举例

以南京 6 月份偏东风非降水性低云 24 小时预报为例，来说明事件概率回归预报的具体计算步骤。

第一步：首先将样本资料 0—1 化处理，见表 3.9。

预报量 y：当日 02 时后出现低云量≥4 成，云高<500 m 时，规定 $y=1$，表示有低云；否则规定 $y=0$，表示无低云。

选取四个预报因子：

x_1：本站前一天 17 时的气温 T_{17} 与绝对湿度 e_{17} 用点聚图组合而成的组合因子。点聚图分界线之右侧为 $x_1=1$，左侧为 $x_1=0$(见图 3.5)。

x_2：本站前一天 14 时的地面气压场形势。凡系统高压中心、脊线、静止锋的具体位置有利于出低云的，$x_2=1$，否则为 $x_2=0$。

(高压中心在区域 31°～40°N，118°～130°E 内规定 $x_2=1$，否则为 $x_2=0$；当无高压中心时，考虑 32°N 以北，110°E 以东区域，当高压脊线自偏东经南京以北向西伸时定为 $x_2=1$，否则为 $x_2=0$；若无高压，考虑切变线、静止锋在南京与杭州之间定为 $x_2=1$，否则为 $x_2=0$。)

x_3：本站前一天 17 时的 ΔT_{24} 与 ΔT_{d24} 的组合因子。值在斜线区域内的定 $x_3=1$，否则为 $x_3=0$(见图 3.6)。

x_4：前一天 08 时 850 hPa 图上游站气温减去本站气温，其差值 $\Delta T\geq 0$ 定为 $x_4=1$，否则定为 $x_4=0$。

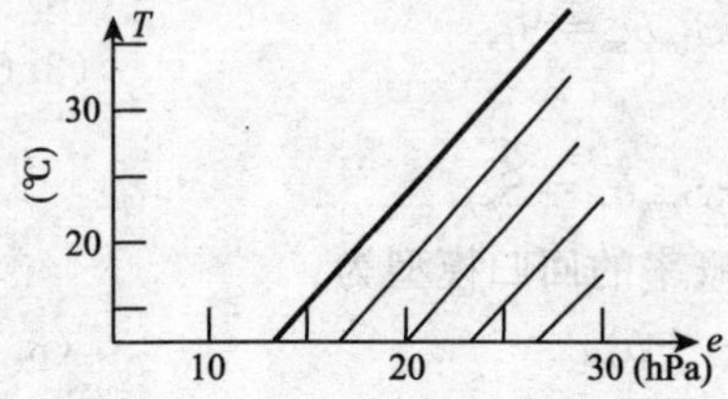

图 3.5

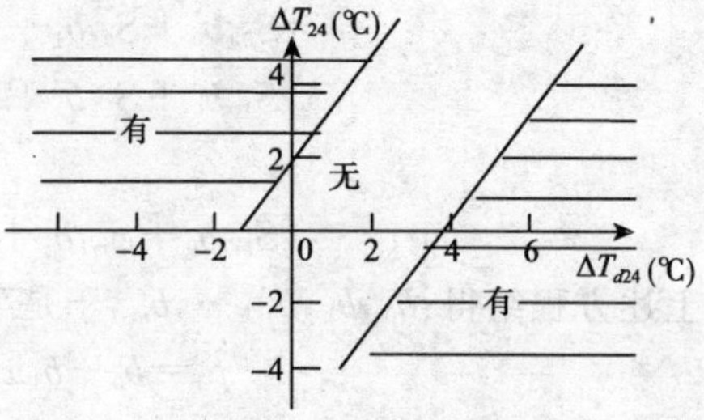

图 3.6

第二步:求因子各种组合条件下的条件概率,见表 3.10。

表 3.10

C_i	x_1	x_2	x_3	x_4	$y=1$ 的次数	$y=1$ 与 $y=0$ 的总次数	实际条件概率 p_{1i}	条件概率估计值 $\hat{p}_{1i}$
C_1	1	1	1	1	16	17	16/17=0.941	1.000
C_2	1	1	1	0	7	8	7/8=0.875	0.804
C_3	0	1	0	1	2	4	2/4=0.500	0.335
C_4	0	1	1	1	2	2	2/2=1.000	0.710
C_5	0	1	1	0	1	4	1/4=0.250	0.406
C_6	0	0	1	0	1	7	1/7=0.143	0.157
C_7	0	0	0	0	1	11	1/11=0.091	0.000
C_8	1	1	0	1	1	1	1/1=1.000	0.733
C_9	1	0	1	0	1	1	1/1=1.000	0.555
C_{10}	0	0	1	1	0	1	0/1=0.000	0.461
C_{11}	1	1	0	0	0	1	0/1=0.000	0.429
C_{12}	0	0	0	1	0	6	0/6=0.000	0.086
C_{13}	0	1	0	0	0	5	0/5=0.000	0.031
C_{14}	1	0	0	0	0	3	0/3=0.000	0.180

表 3.10 没有(1001)及(1011)两种组合,故 $N'_4=14<N_4=2^4=16$。

第三步:求解正规方程组

根据表中数据计算 S_{kl},S_{kp}:

$$S_{00}=\sum_{i=1}^{14}x_{i0}^2=14,S_{01}=S_{10}=\sum_i x_{i0}x_{i1}=6,S_{02}=S_{20}=\sum_i x_{i0}x_{i2}=8,$$

$$S_{03}=S_{30}=\sum_i x_{i0}x_{i3}=7,S_{04}=S_{40}=\sum_i x_{i0}x_{i4}=6,S_{0p}=\sum_i x_{i0}p_{1i}=5.8,$$

$$S_{11}=\sum_i {x_{i1}}^2=6,S_{12}=S_{21}=\sum_i x_{i1}x_{i2}=4,S_{31}=S_{13}=\sum_I x_{i1}x_{i3}=3,$$

$$S_{14}=S_{41}=\sum_i x_{i1}x_{i4}=2, S_{1p}=\sum_i x_{i1}p_{1i}=3.816, S_{22}=\sum_i x_{i2}{}^2=8,$$

同理，有：
$$S_{23}=S_{32}=4, S_{24}=S_{42}=4, S_{2P}=4.566, S_{33}=7,$$
$$S_{34}=S_{43}=3, S_{3p}=4.209, S_{44}=6, S_{4p}=3.441。$$

正规方程组为：
$$\begin{cases}14b_0+6b_1+8b_2+7b_3+6b_4=5.800\\6b_0+6b_1+4b_2+3b_3+2b_4=3.816\\8b_0+4b_1+8b_2+4b_3+4b_4=4.566\\7b_0+3b_1+4b_2+7b_3+3b_4=4.209\\6b_0+2b_1+4b_2+3b_3+6b_4=3.441\end{cases}$$

其解为：$b_0=-0.218, b_1=0.398, b_2=0.249, b_3=0.375, b_4=0.304$

概率回归方程为：　$\hat{p}_1=-0.218+0.398x_1+0.249x_2+0.375x_3+0.304x_4$

根据上述方程，可以计算出每一种因子组合所对应的条件概率估计值 $\hat{p}_{1i}$（见表3.11），并在一维数轴上点聚（预报对象有低云时用·来表示，无低云时用×来表示）（见图3.7）。

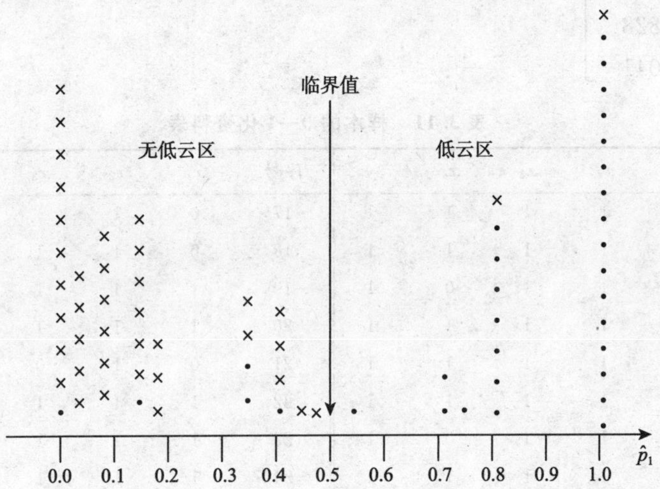

图3.7

从点聚图上可清楚地看到，有无低云以 $p_c=(0.555+0.461)\div 2=0.508$ 为临界值，当 $\hat{p}_1>p_c$，报有低云，否则报无低云，且此时历史拟合率最高，为 64/71＝90%。

该方法中各种组合的统计比较繁琐，为了方便，有人直接采用多元回归的方法，将样本的0—1化资料代入矩阵式正规方程(3.3.15)：$(\boldsymbol{X}'\boldsymbol{X})\boldsymbol{b}=\boldsymbol{X}'\boldsymbol{Y}$，直接计算出 $\boldsymbol{b}=(b_0\quad b_1\quad b_2\quad \cdots\quad b_m)'$，从而得出概率回归方程。通过这样计算出的 $\hat{p}_1$ 值，也可能出现大于1或小于0的情形，所以仍然规定超过1的值为1，小于0的值为0，以保证概率值变化在0～1之间。其步骤如下：

根据上述 71 个样本资料及公式(3.3.15),计算:

$$X'X=\begin{bmatrix}71&31&42&40&31\\31&31&27&26&18\\42&27&42&31&24\\40&26&31&40&20\\31&18&24&20&31\end{bmatrix},X'Y=\begin{bmatrix}32\\25\\29\\28\\21\end{bmatrix}$$

$$b=\begin{bmatrix}b_0\\b_1\\b_2\\b_3\\b_4\end{bmatrix}=\begin{bmatrix}0.0449&-0.0008&-0.0200&-0.0213&-0.0152\\-0.0008&0.0884&-0.0290&-0.0297&-0.0089\\-0.0200&-0.0290&0.0875&-0.0200&-0.0180\\-0.0213&-0.0297&-0.0200&0.0798&0.0025\\-0.0152&-0.0089&-0.0180&0.0025&0.0650\end{bmatrix}\begin{bmatrix}32\\25\\29\\28\\21\end{bmatrix}$$

$$=\begin{bmatrix}-0.0788\\0.3249\\0.2373\\0.2828\\0.2041\end{bmatrix}$$

表 3.11 样本的 0—1 化资料表

序号	x_1	x_2	x_3	x_4	y	序号	x_1	x_2	x_3	x_4	y
1	1	1	1	1	1	17	0	1	1	0	1
2	1	1	1	1	1	18	0	1	1	1	1
3	1	1	1	0	1	19	1	1	1	1	1
4	1	1	1	1	1	20	1	1	1	1	1
5	1	1	1	1	1	21	0	1	0	1	1
6	1	1	1	1	1	22	1	1	1	0	1
7	1	1	1	0	1	23	1	1	1	1	1
8	1	1	1	1	1	24	1	1	1	0	1
9	0	1	0	1	1	25	0	0	1	0	1
10	1	1	1	1	1	26	1	0	1	0	1
11	1	1	1	1	1	27	0	0	0	0	1
12	1	1	1	1	1	28	1	1	1	0	1
13	0	1	1	1	1	29	1	1	0	1	1
14	1	1	1	1	1	30	1	1	1	1	1
15	1	1	1	1	1	31	1	1	1	0	1
16	1	1	1	0	1	32	1	1	1	1	1

续表

序号	x_1	x_2	x_3	x_4	y	序号	x_1	x_2	x_3	x_4	y
33	0	0	1	1	0	53	1	1	1	0	0
34	0	0	0	0	0	54	0	1	0	0	0
35	0	1	1	0	0	55	0	1	0	1	0
36	0	0	1	0	0	56	0	1	0	0	0
37	0	0	0	0	0	57	1	0	0	0	0
38	1	1	0	0	0	58	0	0	0	0	0
39	0	0	0	1	0	59	0	1	1	0	0
40	0	0	0	0	0	60	0	0	0	1	0
41	0	1	0	0	0	61	0	0	0	0	0
42	0	0	0	1	0	62	0	0	0	1	0
43	0	0	1	0	0	63	0	0	1	0	0
44	0	0	0	1	0	64	0	0	0	0	0
45	0	1	0	0	0	65	0	0	1	0	0
46	1	0	0	0	0	66	0	0	0	1	0
47	0	0	0	0	0	67	0	0	1	0	0
48	0	1	0	1	0	68	0	0	0	0	0
49	0	0	0	0	0	69	0	0	0	0	0
50	0	1	0	0	0	70	1	1	1	1	0
51	0	0	1	0	0	71	1	0	0	0	0
52	0	1	1	0	0						

则事件概率回归估计方程为：

$$\hat{p}_1 = -0.0788 + 0.3249x_1 + 0.2373x_2 + 0.2828x_3 + 0.2041x_4$$

根据上述方程，将因子 0—1 化资料代入即可以计算出某时刻所对应的 $y=1$ 事件概率估计值，并做出相应的（概率）预报。

上述因子资料都是 0—1 化的，资料在信息上有所损失，J. N. Paegle 的试验表明，当预报量资料为 0—1 化值时，使用连续型因子资料对预报会有所改善。

参考文献

陈创买，周文，林爱兰．2009．气候场的主分量逐步回归预测模型及应用[J]．热带气象学报，**25**(2)：196-203．

陈红玉．2005．多层递阶回归分析法在短期气候预测中的应用[J]．云南气象，(1)：13-16．

陈谋国．1987．统计天气预报原理和方法．空军气象学院教材．

福建省气象台，福州大学数学系，1973．逐步回归在两季长期预报中的应用[C]//数值预报和数理统计预报会议文集，129-141．

郭慧,张存杰,董安祥,等. 1998. 用多元回归和 EOF 方法预报西北地区东部 9—10 月降水趋势[J]. 甘肃气象,(3):15-18.

黄浩辉,宋丽莉,植石群,等. 2007. 多元回归法在复杂地形风资源微尺度模拟中的应用[J]. 气象,**33**(7):98-106.

黄嘉佑. 2004. 气象统计分析与预报方法[M]. 北京:气象出版社.

纪玲玲,林振山,王昌雨,张志华. 2009. 最小二乘回归支持向量机对非线性时间序列预测的试验分析[J]. 解放军理工大学学报,**10**(1):92-97.

孔玉寿,章东华. 2008. 现代天气预报技术[M]. 北京:气象出版社.

李华昭,李春光,王延贵,等. 2004. 济宁市近 40 年降水特征分析[J]. 山东气象,**24**(4):25-26.

铃木荣一. 1968. 气象统计学[M]. 地人书馆.

孙凤华,班显秀,张文兴. 2001. 沈阳市城市效应对气温的影响及气温预报方法[J]. 气象,**27**(9):35-38.

严华生,谢应齐,曹杰. 1998. 非线性统计预报方法及其应用[M]. 昆明:云南科技出版社.

臧增亮,包军,赵建宇,张铭. 2005. ENSO 对东亚夏季风和我国夏季降水的影响研究进展[J]. 解放军理工大学学报,**6**(2):394-398.

Arango H G, de Souza A C Z, Lambert-Torres G, *et al*. 2000. Difference between regular and deterministic chaos processes based on time analysis of load: An example using CEMIG data[J]. *Electric Power Systems Research*, **56**(1): 35-41.

Cotos-Yanez T R, Rodriguez-Rajo F J, Jato M V. 2004. Short-term prediction of Betula airborne pollen concentration in Vigo (NW Spain) using logistic addttive models and partially linear models[J]. *Int J Biometeorol*, **48**(4):179-185.

Fan J Q. 1993. Local linear regression smoothers and their minimax efficiencies[J]. *Annals of Statistics*, **21**(1):196-216.

Fan J. 1992. Design-adaptive nonparametric regression[J]. *Journal of American Statistical Association*, **87**:998-1004.

Glahn H R. 1982. Comments on an average correlation coefficient[J]. *Appl. Meteor.*, **21**: 1202-1203.

Klein W H, Walsh J E W. 1983. A comparison of pointwise screening and empirical orthogonal function in specifying monthly temperature from 700mb data[J]. *Mon. Wea. Rev.*, **111**: 669-673

Kleinbaum D G, Kupper L L, Muller K E. 2003. Applied Regression Analysis and Other Multivariable Methods (third edition) [M]. 北京:机械工业出版社, 250-251.

Montgomery D C, Peck E. A. 1982. *Introduction to Linear Regression Analysis*[M]. John Wiley & Sons.

Ohlmacher G C, Davis J C. 2003. Using multiple logistic regression and GIS technology to predict landslide hazard in northeast Kansas, USA[J]. *Engineering Geology*, **69**:331-343.

Ruppert D, Wand M P. 1994. Multivariate locally weighted least squares regression[J]. *Annals of*

Statistics, **22**(3):1346-1370.

Vapnik V, Golowich S E, Smola A. 1996. Support vector method for function approximation, regression estimation, and signal processing[C]. San Mateo: In Advances in Neural Information Processing Systems 8, Morgan Kaufmann Publishers.

Wold S, Albano C, Dunn M, Esbensen K, Hederg S. 1983. Pattern Regression Finding and Using Regularities in Multivariate Data[M]. In Martens J In Proc IUFOST Conf"Food Research and Data",London Analysis Applied Science Publication.

Yatchew A. 1998. Nonparametric regression techniques in economics[J]. *Journal of Economic Literature*, **35**:669-721.

Zhang Y, Niu S J. 2009. The characteristics of thunderstorm frequency variation and their possible relation with the adjustment of crop distribution in the LEIZHOU peninsula[J]. *J. Tropical Meteorology*, **15**(1):89-92.

第4章 判别分析

在气象预报的实际工作中，对有些要素的预报，不是预报具体的数值而是预报其等级或类别。如降水预报，通常只预报有（雨）或无（雨）两类，再详细一点，还要预报出是暴雨、大雨、中雨、小雨还是无雨等不同的级别；再如台风路径的预报，有西路、西北路、北路，有时还有原地打转等。这种做法，并不是我们对其具体数值的预报不感兴趣，而是因为技术手段等原因达不到所要求的预报精度，或在某种程度上分级（分类）预报已能满足实际气象保障工作的需要。因此，预报要素的级别或类别，一般情况下都是根据实际气象保障工作的需要和技术上可能达到的精度而事先确定的，如上述降水分五个级别，台风路径主要有三个类别，预报的任务就是要确定预报对象在未来某个时刻所属的类别。很显然，与回归分析一样，要预报某个要素未来的情况，就必须找出影响该要素（分类）的其他要素，即影响它的因子，并找出因子资料与预报量分类之间的相关规律，建立针对不同类别的预报方程式，再选择适当的判别规则，最终依托方程式和判别规则，通过判别某时次因子观测样品资料所属类别来实现对预报量类别的预报。这种预报分析方法就称为判别分析，或称为分辨法。

设预报对象划分为 G 个不同的类别，选择 m 个因子，由预报量不同类别所对应的因子构成 G 个不同的总体，判别分析的基本作法是要寻找一个由因子构成的（线性）函数（方程），使之能有效地对每一个样品都尽可能地判别出其所属的总体类别。这类函数就称为判别函数或判别方程。

这类判别函数尽管和回归模型类似，也是由因子的各种组合构成，但主要不同点在于：回归模型中由因子组合构成的是预报量的估计值；而判别分析中的因子组合构成的是一种与预报量的类别有密切关系的判别信息，它和预报量值的大小可以毫无关系。所以，两者有明显的区别。

判别分析是多元统计分析中应用比较广泛的一个分支。在进行判别分类时，由于假设前提、类别依据以及处理手法的不同，会有不同的数学表达式。对于最简单的判别，即如果判别对象只有两种可能的类别时，我们称之为二级判别。其余超过两类的判别称为多级判别。

本章将从最简单的二级判别讨论起，然后详细介绍多级判别方程的推导和显著性检验，并用具体例子给出各种判别的算法；在贝叶斯（Bayes）公式的基础上提出

Bayes 准则，并用它来作正态总体的判别；最后通过与逐步回归的比较，详细讨论单个因子的判别能力大小的计算公式、逐步判别的基本思想、计算步骤以及具体计算的全过程。

4.1　二级判别

4.1.1　问题的提出

为了作未来 24 h 的晴、雨预报，今用两个预报因子的历史资料绘制点聚图（图 4.1），纵坐标 x_1 为 14 时的 Δp_{24}，横坐标 x_2 为 14 时的 $T-e$。只要我们在图上根据点子散布情况，大致地划出一条分界线，问题就算初步解决了。但为了客观地进行分类预报，上述点聚图仍存在一些问题：第一，当有一些晴天和雨天的点子交错混杂在一起，或两类点子之间的过渡区很宽时，晴、雨两区的分界线如何划分为好？有人把分界线画成弯弯曲曲的，尽量使两类点子隔开，或在宽阔的过渡区间任意划一条直线，只要达到历史拟合率最高就行。其实，这种划分分界线的方法既主观任意，又不定量化，且预报效果也会因人而异；第二，当需要用三个以上因子作分类预报时，就无法绘制一张点聚图进行预报。

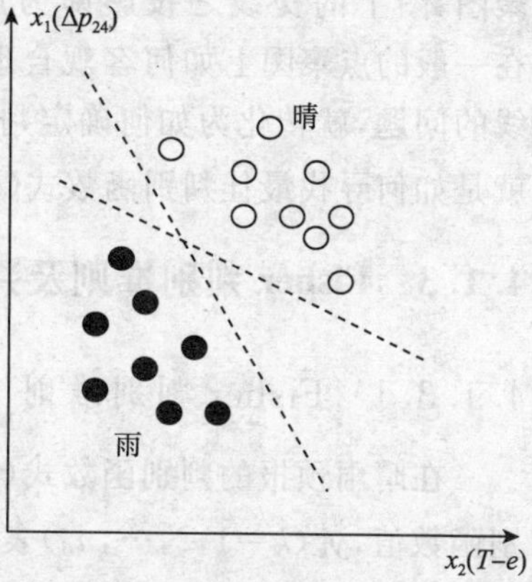

图 4.1

4.1.2　判别函数

为了合理地解决上述问题，可用判别分析的方法来处理。因此从某种意义上来说，判别分析是点聚图方法的提炼和扩展，它能利用多个因子对预报量作出不以人的意志为转移的两级或多级的客观预报。为了表示各因子对预报对象的综合判别能力，我们设计一个判别函数：$y=c_1x_1+c_2x_2+\cdots+c_mx_m$。只要能将待定的判别系数 $c_1,c_2,\cdots,c_m$ 求出，那么如何进行判别分析的预报问题就迎刃而解了。

对上述晴雨预报中的两个因子来说，判别函数为：

$$y=c_1x_1+c_2x_2 \tag{4.1.1}$$

显然，x_1,x_2 之值较大时，未来多为晴天；反之，x_1,x_2 之值较小时，未来多为雨天，即 y 值较大时，未来多为晴天，y 值较小时，未来多为雨天。那么，总存在一个临界值 y_c，能将晴天的 y 和雨天的 y 分辨开来。

上述判别函数表示三维空间中的一个平面，称为判别平面(见图 4.2)，平面上的点满足式(4.1.1)。图 4.2 中判别平面上的"○"点表示未来为晴天类的 y 值点，记为 $y(A)$；"●"点表示未来为雨天类的 y 值点，记为 $y(B)$。我们总可以找到一个平行于 x_1ox_2 的平面 $y=y_c$，它把判别平面分为两部分，使上半部 $y>y_c$ 为晴天类，下半部 $y<y_c$ 为雨天类。如果把三维空间平面中的点都投影到 x_1ox_2 平面上，$y=y_c$ 与 $y=c_1x_1+c_2x_2$ 及其交线投影到 x_1ox_2 就组成习惯上用的点聚图，图上的交线之投影即为点聚图的分界线。在一般的点聚图上如何客观合理地找到这条分界线的问题，就转化为如何确定判别平面的问题，也就是如何寻找最佳判别函数式(4.1.1)中的系数 c_1，c_2 的问题。

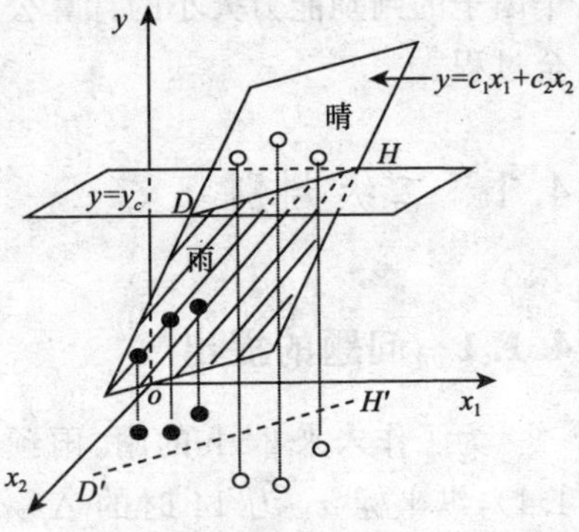

图 4.2

4.1.3 Fisher 判别准则及判别系数的确定

4.1.3.1 Fisher 判别准则

在晴雨预报的判别函数式(4.1.1)中，$y_k^A(k=1,2,\cdots,n_A)$表示晴天(A 类)的判别函数值，$y_k^B(k=1,2,\cdots,n_B)$表示雨天(B 类)的判别函数值，n_A，n_B 分别是晴天和雨天的点子数。我们总希望构成这样的判别平面，使得在平面上晴天的判别函数值对应的点子比较集中，雨天的点子亦比较集中，即：

$$\sum_{k=1}^{n_A}(y_k^A-\overline{y^A})^2+\sum_{k=1}^{n_B}(y_k^B-\overline{y^B})^2$$

的值愈小愈好；另外，两类点子之间的距离愈远愈好，即$(\overline{y^A}-\overline{y^B})^2$ 的值愈大愈好。综合上述两点，可得到一个确定最佳判别平面的参量 λ，且其满足：

$$\lambda=\frac{(\overline{y^A}-\overline{y^B})^2}{\sum_{k=1}^{n_A}(y_k^A-\overline{y^A})^2+\sum_{k=1}^{n_B}(y_k^B-\overline{y^B})^2}=\max \qquad (4.1.2)$$

上式就是二级判别中 Fisher 准则的数学表达式。

Fisher 准则的内容也可以从概率统计理论上加以解释。

设以 A、B 分别表示判别对象两种可能出现的结局，X 是与它们相关的某一随机变量(相当于判别因子)，则其分布函数 $F(x)$及分布密度 $f(x)$显然有：

$$F(x|\mathrm{A})\neq F(x|B),f(x|\mathrm{A})\neq f(x|B)$$

若记：

$$P(A|x)=P(A|x<X<x+\Delta x),P(B|x)=P(B|x<X<x+\Delta x)$$

则根据概率乘法定理,有:

$$P(A|x)f(x)\Delta x=f(x|A)\Delta xP(A),P(B|x)f(x)\Delta x=f(x|B)\Delta xP(B)$$

即有:

$$P(A|x)=f(x|A)P(A)/f(x),P(B|x)=f(x|B)P(B)/f(x)$$

当 X 在 x 附近取值时,A 和 B 的发生概率之差为:

$$\begin{aligned}P(A|x)-P(B|x)&=\frac{f(x|A)}{f(x)}P(A)-\frac{f(x|B)}{f(x)}P(B)\\&=\frac{[f(x|A)-f(x|B)]P(A)}{f(x)}+\frac{f(x|B)}{f(x)}[P(A)-P(B)]\end{aligned}$$

若 $P(A)=P(B)$成立,则有:

$$P(A|x)-P(B|x)=[f(x|A)-f(x|B)]\frac{P(A)}{f(x)} \tag{4.1.3}$$

从上式可以看到,$f(x|A)$与 $f(x|B)$的差别越大,则 X 在 x 附近取值时 A 与 B 出现的概率之差越大,显然,此时若根据 X 的取值来估计 A、B 出现时作出错误判断的可能性就减小。

影响 $f(x|A)-f(x|B)$的数值大小有两方面因素。其一是两个条件分布集中位置(即期望或均值位置)的差异大小;其二是两个条件分布的集中程度的差异。图4.3与图4.4比较清楚地表示出这两个因素对 $f(x|A)-f(x|B)$的影响。图中线段 LM 的长度表示 $f(x|B)$,线段 LN 表示 $f(x|A)$,而线段 MN 表示 $f(x|A)-f(x|B)$。从图4.3中可见,如果 X 的条件分布离散程度不变($\sigma_{x|A}^2=\sigma_{x|B}^2$),即曲线 $f(x|A)$和 $f(x|B)$的形状不变,显然,X 的条件分布集中位置的差别越大,线段 MN 越长,亦即 $f(x|A)$和 $f(x|B)$的差别越大。从图4.4中可见,如果 X 条件分布的集中位置不变[$M(x|A)=M(x|B)$],则 X 的条件分布的离散程度越小,线段 MN 越长,即 $f(x|A)$和 $f(x|B)$的差别越大。

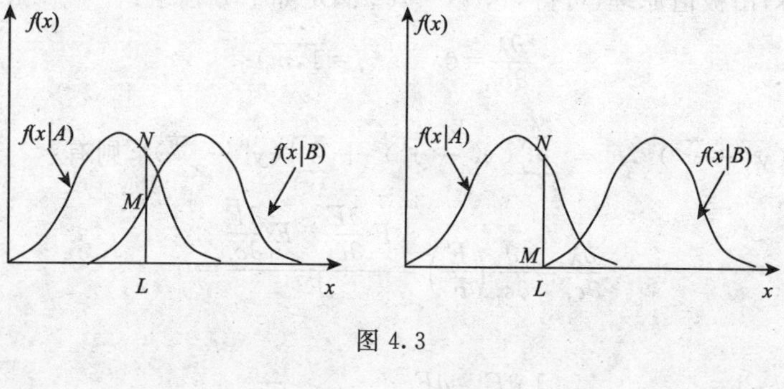

图 4.3

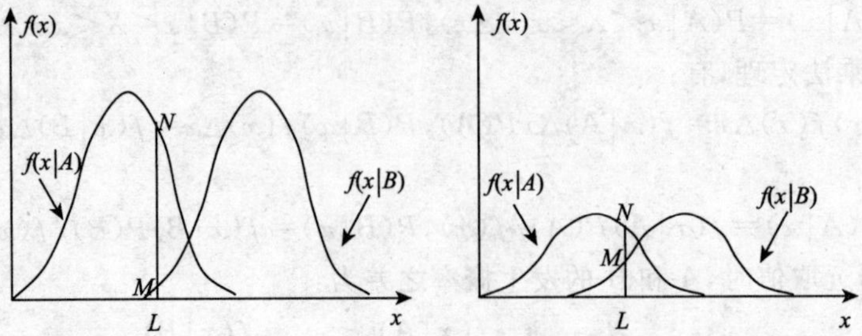

图 4.4

当我们要根据 m 个与判别对象有着统计相关的变量(因子)判断 A、B 是否出现时,可以将诸判别因子进行线性组合而得到判别函数 y,使得 y 的条件分布集中位置差别尽可能大,即 $(\overline{y^A}-\overline{y^B})^2$ 尽可能大,离散程度(即 $\sigma_{y|A}^2+\sigma_{y|B}^2$)尽可能小,只有这样才能使判断尽可能少出错误,从而满足式(4.1.2)。

4.1.3.2　判别系数的确定

今有 A、B 两类的判别函数:

$$y=c_1x_1+c_2x_2+\cdots+c_mx_m=\boldsymbol{C}'\boldsymbol{X} \tag{4.1.4}$$

其中:$\boldsymbol{C}'=(c_1,c_2,\cdots,c_m)$,$\boldsymbol{X}=(x_1,x_2,\cdots,x_m)'$。而 $c_1,c_2,\cdots,c_m$ 正是我们所要求的判别系数。

已知 $x_{ki}^A(i=\overline{1,m},k=\overline{1,n_A})$ 及 $x_{ki}^B(i=\overline{1,m},k=\overline{1,n_B})$ 为两类因子的观测值,其相应的判别函数值为 $y_k^A(k=\overline{1,n_A})$,$y_k^B(k=\overline{1,n_B})$,且:

$$\begin{cases}\overline{y^A}=\dfrac{1}{n_A}\sum\limits_{k=1}^{n_A}y_k^A\\[2ex]\overline{y^B}=\dfrac{1}{n_B}\sum\limits_{k=1}^{n_B}y_k^B\end{cases} \tag{4.1.5}$$

要使 $\lambda=\max$,由极值原理,可得 $c_1,c_2,\cdots,c_m$ 满足如下方程组:

$$\frac{\partial\lambda}{\partial c_j}=0\qquad(j=\overline{1,m}) \tag{4.1.6}$$

若令:$E=(\overline{y^A}-\overline{y^B})^2,F=\sum\limits_{k=1}^{n_A}(y_k^A-\overline{y^A})^2+\sum\limits_{k=1}^{n_B}(y_k^B-\overline{y^B})^2$,则有:

$$\frac{\partial\lambda}{\partial c_j}=\frac{\partial}{\partial c_j}\left(\frac{E}{F}\right)=\frac{F\dfrac{\partial E}{\partial c_j}-E\dfrac{\partial F}{\partial c_j}}{F^2}=0$$

整理,得:

$$\frac{1}{\lambda}\frac{\partial E}{\partial c_j}=\frac{\partial F}{\partial c_j}\qquad(j=\overline{1,m}) \tag{4.1.7}$$

将
$$y_k^A = \sum_{i=1}^{m} c_i x_{ki}^A, y_k^B = \sum_{i=1}^{m} c_i x_{ki}^B$$
代入 E、F 中，有：
$$E = \Big[\sum_{i=1}^{m} c_i(\overline{x_i^A} - \overline{x_i^B})\Big]^2, \tag{4.1.8}$$
$$F = \sum_{k=1}^{n_A}\Big[\sum_{i=1}^{m} c_i(x_{ki}^A - \overline{x_i^A})\Big]^2 + \sum_{k=1}^{n_B}\Big[\sum_{i=1}^{m} c_i(x_{ki}^B - \overline{x_i^B})\Big]^2 \tag{4.1.9}$$
式中：
$$\begin{cases}\overline{x_i^A} = \dfrac{1}{n_A}\sum\limits_{k=1}^{n_A} x_{ki}^A \\ \overline{x_i^B} = \dfrac{1}{n_B}\sum\limits_{k=1}^{n_B} x_{ki}^B\end{cases} \quad i = \overline{1,m} \tag{4.1.10}$$
分别为判别因子在 A、B 发生条件下的条件平均值。

再令：
$$\begin{cases} d_i = \overline{x_i^A} - \overline{x_i^B} \\ x_{dki}^A = x_{ki}^A - \overline{x_i^A} \\ x_{dki}^B = x_{ki}^B - \overline{x_i^B}\end{cases} \tag{4.1.11}$$
$$\begin{cases} s_{ij}^A = \sum\limits_{k=1}^{n_A} x_{dki}^A x_{dkj}^A, s_{ij}^B = \sum\limits_{k=1}^{n_B} x_{dki}^B x_{dkj}^B \\ s'_{ij} = s_{ij}^A + s_{ij}^B\end{cases} \tag{4.1.12}$$
那么式(4.1.8)、式(4.1.9)可改写成：
$$E = \Big[\sum_{i=1}^{m} c_i d_i\Big]^2, F = \sum_{i=1}^{m}\Big[\sum_{k=1}^{n_A} c_i x_{dki}^A\Big]^2 + \sum_{i=1}^{m}\Big[\sum_{k=1}^{n_B} c_i x_{dki}^B\Big]^2$$
则有：
$$\frac{\partial E}{\partial c_j} = 2\Big(\sum_{i=1}^{m} c_i d_i\Big) d_j \quad j = \overline{1,m} \tag{4.1.13}$$
$$\begin{aligned}\frac{\partial F}{\partial c_j} &= 2\sum_{k=1}^{n_A}\sum_{i=1}^{m} c_i x_{dki}^A x_{dkj}^A + 2\sum_{k=1}^{n_B}\sum_{i=1}^{m} c_i x_{dki}^B x_{dkj}^B \\ &= 2\sum_{i=1}^{m} c_i\Big(\sum_{k=1}^{n_A} x_{dki}^A x_{dkj}^A + \sum_{k=1}^{n_B} x_{dki}^B x_{dkj}^B\Big) \\ &= 2(c_1 s'_{1j} + c_2 s'_{2j} + \cdots + c_m s'_{mj}) \\ &= 2\sum_{i=1}^{m} c_i s'_{ij}\end{aligned} \tag{4.1.14}$$
将式(4.1.13)、式(4.1.14)代入式(4.1.7)，得：
$$c_1 s'_{1j} + c_2 s'_{2j} + \cdots + c_m s'_{mj} = d_j\Big(\frac{1}{\lambda}\sum_{i=1}^{m} c_i d_i\Big)$$

若令：
$$\beta=\frac{1}{\lambda}\sum_{i=1}^{m}c_i d_i \tag{4.1.15}$$

则有：
$$c_1 s'_{1j}+c_2 s'_{2j}+\cdots+c_m s'_{mj}=\beta d_j\,,\qquad j=\overline{1,m} \tag{4.1.16}$$

上式是一个 m 阶线性方程组，式中 β 是个与下标 j 无关的系数，即每个方程的右端都同乘了一个相同的系数，由线性代数知识可知，它的出现仅仅对方程组的解起到一个放大或缩小的作用，不改变解 $c_1,c_2,\cdots,c_m$ 之间的相对大小，所以称之为放大系数，故而并不影响方程的判别效果。所以，为了解题方便，可令：$\beta=1$。此时式(4.1.16)又可简洁地写成：

$$c_1 s'_{1j}+c_2 s'_{2j}+\cdots+c_m s'_{mj}=d_j\,,\qquad j=\overline{1,m} \tag{4.1.17}$$

其展开式为：

$$\begin{cases} s'_{11}c_1+s'_{12}c_2+\cdots+s'_{1m}c_m=d_1\\ s'_{21}c_1+s'_{22}c_2+\cdots+s'_{2m}c_m=d_2\\ \cdots\cdots\\ s'_{m1}c_1+s'_{m2}c_2+\cdots+s'_{mm}c_m=d_m \end{cases} \tag{4.1.17$'$}$$

不难看出，该方程组的左端与回归分析中的正规方程具有相同的形式，而右端也是与预报对象(的分类)有关的一个参量。但该方程组是根据 Fisher 准则及极值原理推出的，虽然式中的 s'_{ij} 与回归分析中的 s_{ij} 的定义并不全同，但其计算公式却可参考回归分析：

$$\begin{aligned} s'_{ij} &= \sum_{k=1}^{n_A}x_{ki}^{A}x_{kj}^{A}+\sum_{k=1}^{n_B}x_{ki}^{B}x_{kj}^{B}-\frac{1}{n_A}\Big(\sum_{k=1}^{n_A}x_{ki}^{A}\Big)\Big(\sum_{k=1}^{n_A}x_{kj}^{A}\Big)-\frac{1}{n_B}\Big(\sum_{k=1}^{n_B}x_{ki}^{B}\Big)\Big(\sum_{k=1}^{n_B}x_{kj}^{B}\Big)\\ &= \sum_{k=1}^{n_A}x_{ki}^{A}x_{kj}^{A}+\sum_{k=1}^{n_B}x_{ki}^{B}x_{kj}^{B}-n_A\,\overline{x_i^A}\cdot\overline{x_j^A}-n_B\,\overline{x_i^B}\cdot\overline{x_j^B} \end{aligned} \tag{4.1.18}$$

$$\begin{aligned} s'_{ii} &= \sum_{k=1}^{n_A}(x_{ki}^{A})^2+\sum_{k=1}^{n_B}(x_{ki}^{B})^2-\frac{1}{n_A}\Big(\sum_{k=1}^{n_A}x_{ki}^{A}\Big)^2-\frac{1}{n_B}\Big(\sum_{k=1}^{n_B}x_{ki}^{B}\Big)^2\\ &= \sum_{k=1}^{n_A}(x_{ki}^{A})^2+\sum_{k=1}^{n_B}(x_{ki}^{B})^2-n_A(\overline{x_i^A})^2-n_B(\overline{x_i^B})^2 \end{aligned} \tag{4.1.19}$$

根据因子分类的观测资料 x_{ki}^{A}、x_{ki}^{B}，由式(4.1.18)、式(4.1.19)及式(4.1.11)，算得 s'_{ij}、s'_{ii}、d_j 后，代入式(4.1.17)$'$即可解出 $c_1,c_2,\cdots,c_m$，从而得到由 Fisher 准则所确定的判别函数：$y=c_1x_1+c_2x_2+\cdots+c_mx_m$。但如何根据因子值来进行二级分类预报，还需通过 y 和 y_c(临界值)比较才能得到答案。

4.1.4 求判别临界值 y_c

确定 y_c 的方法常用的有两种：

4.1.4.1 加权平均法

y_c 是介于$\overline{y^A}$与$\overline{y^B}$之间的一个临界值，称它为二级判别中的判别指标。可由$\overline{y^A}$和

$\overline{y^B}$的样本数 n_A 和 n_B 为权重的加权平均确定。由：

$$\overline{y^A}=\sum_{i=1}^{m}c_i\,\overline{x_i^A},\ \overline{y^B}=\sum_{i=1}^{m}c_i\,\overline{x_i^B}$$

有：

$$y_c=\frac{n_A\,\overline{y^A}+n_B\,\overline{y^B}}{n_A+n_B} \tag{4.1.20}$$

或：

$$y_c=\frac{1}{n}\Big(\sum_{k=1}^{n_A}y_k^A+\sum_{k=1}^{n_B}y_k^B\Big)=\frac{1}{n}\sum_{k=1}^{n}y_k=\frac{1}{n}\sum_{k=1}^{n}\sum_{i=1}^{m}c_i x_{ki}=\sum_{i=1}^{m}c_i\frac{1}{n}\sum_{k=1}^{n}x_{ki}$$

即：

$$y_c=\frac{1}{n}\sum_{i=1}^{m}c_i\Big(\sum_{k=1}^{n}x_{ki}\Big)=\sum_{i=1}^{m}c_i\,\overline{x}_i \tag{4.1.21}$$

求出 y_c 后，按下列判别规则进行判别预报。

①当$\overline{y^A}>\overline{y^B}$时，有：$\overline{y^A}>y_c>\overline{y^B}$。若某次算得 $y>y_c$，则预报未来出现 A 类天气，即样品(因子观测值)划归为 A 类总体。

②当$\overline{y^B}>y_c>\overline{y^A}$时，若某次算得 $y>y_c$，则预报未来出现 B 类天气；反之，若 $y<y_c$ 时，应预报出现 A 类天气。

4.1.4.2　由历史拟合率最高原则求 y_c

当 A、B 两类天气出现的个例数 n_A 与 n_B 相差较悬殊时，用加权平均法求 y_c 作预报的拟合率显然是不会理想的，为了使预报的历史拟合率提高，可对历史资料中的每一个例都计算出 y 值，并与实际出现的天气类别作对照，用跟单因子资料 0－1 化相同的处理方法来确定一个合适的 y_c，这就是历史拟合率最高的方法。

4.1.5　应用举例

为了进一步理解二级判别的原理，掌握计算步骤，现以预报南京 8 月份降水量是否小于 150 mm 为例加以说明。

南京 1952—1972 年 8 月份降水量见表 4.1，并以 150 mm 为界，将它们分为 A、B 两类。A 类为降水量≥150 mm；B 类为降水量＜150 mm。

表 4.1　南京历年 8 月份降水量

年份	降水量	分类	年份	降水量	分类	年份	降水量	分类
1952	150.4	A	1959	37.2	B	1966	16.5	B
1953	51.6	B	1960	47.9	B	1967	35.6	B
1954	90.6	B	1961	72.4	B	1968	141.6	B
1955	54.9	B	1962	273.7	A	1969	83.1	B
1956	196.5	A	1963	226.7	A	1970	155.2	A
1957	70.6	B	1964	58.7	B	1971	38.8	B
1958	204.5	A	1965	374.2	A	1972	178.9	A

计算步骤如下：

第一步：选择因子，并进行资料分级

根据预报实践与经验，选择了对预报 8 月降水量比较有指示意义的三个因子：

x_1：为 4 月 500 hPa 高度平均图上 $(G-f)$ 值，这里：$G=H_1-H_2$，H_1 为 20°N，140°E 处的高度值；H_2 为 30°N，140°E 处的高度值；$f=H_3-H_4$，H_3 为 20°N，120°E 处的高度值；H_4 为 30°N，120°E 处的高度值。

x_2：为南京一月份降水量。

x_3：为 3 月份 500 hPa 高度平均图上的 G。

当因子选好后，将所给资料(1952—1972 年)分为 A、B 两类。从表 4.1 可知：A 类(≥150 mm)的有 8 组($n_A=8$)，B 类(<150 mm)的共有 13 组($n_B=13$)。对应 A、B 两类的预报因子 x_1、x_2 及 x_3 的数据分类见表 4.2 和表 4.3。

表 4.2　A 类因子 x_1、x_2 及 x_3 统计表($n_A=8$)

统计值 \ 项目 / 年	x_1		x_2		x_3		相互乘积		
	x_{1i}	x_{1i}^2	x_{2i}	x_{2i}^2	x_{3i}	x_{3i}^2	$x_{1i}x_{2i}$	$x_{1i}x_{3i}$	$x_{2i}x_{3i}$
1952	1	1	16.8	282.24	18	324	16.8	18	302.4
1956	1	1	39.8	1584.04	14	196	39.8	14	557.2
1958	−1	1	13.8	190.44	18	324	−13.8	−18	248.4
1962	1	1	11.5	132.25	19	361	11.5	19	218.5
1963	1	1	0.0	0.00	19	361	0.0	19	0.0
1965	2	4	16.1	259.21	21	441	32.2	42	338.1
1970	1	1	9.3	86.49	19	361	9.3	19	176.7
1972	1	1	28.9	835.21	16	256	28.9	16	462.4
合计	7	11	136.2	3369.88	144	2624	124.7	129	2303.7

第二步，计算各因子的自相关、互相关

由式(4.1.18)、式(4.1.19)及表 4.2、表 4.3 中的数据，得到：

$$s'_{11}=11+52-\frac{1}{8}\times 7^2-\frac{1}{13}\times(-16)^2\approx 37.183$$

$$s'_{12}=124.7-708.8-119.175+603.569\approx -99.706$$

$$s'_{13}=129-267-126+254.769=-9.231$$

$$s'_{23}=2303.7+8128.3-2451.6-7808.677=171.723$$

$$s'_{22}=3369.88+25009.7-2318.805-18499.397=7561.378$$

$$s'_{33}=2624+3357-2592-3296.077=92.923$$

第三步，列出方程组并求解系数 c_1,c_2,c_3

将上述数据代入式(4.1.17)′中，有：

表 4.3　B 类因子 x_1、x_2 及 x_3 统计表($n_B=13$)

统计值 / 项目 / 年	x_1		x_2		x_3		相互乘积		
	x_{1i}	x_{1i}^2	x_{2i}	x_{2i}^2	x_{3i}	x_{3i}^2	$x_{1i}x_{2i}$	$x_{1i}x_{3i}$	$x_{2i}x_{3i}$
1953	−5	25	38.4	1474.56	15	225	−192.0	−75	576.0
1954	−2	4	95.4	9101.16	17	289	−190.8	−34	1621.8
1955	−1	1	29.7	882.09	12	144	−29.7	−12	356.4
1957	−2	4	54.9	3014.01	21	441	−109.8	−42	1152.9
1959	−3	9	33.0	1089.00	17	289	−99.0	−51	561.0
1960	1	1	33.3	1108.89	16	256	33.3	16	532.8
1961	−1	1	29.3	858.49	16	256	−29.3	−16	468.8
1964	−2	4	40.4	1632.16	18	324	−80.8	−36	727.2
1966	1	1	54.4	2959.36	15	225	54.4	15	816.0
1967	0	0	12.3	151.29	15	225	0	0	184.5
1968	0	0	4.2	17.64	13	169	0	0	54.6
1969	−1	1	49.9	2490.01	17	289	−49.9	−17	848.3
1971	−1	1	15.2	231.04	15	225	−15.2	−15	228.0
合计	−16	52	490.4	25009.7	207	3357	−708.8	−267	8128.3

$$\begin{cases}37.183c_1-99.706c_2-9.231c_3=2.1\\-99.706c_1+7561.378c_2+171.723c_3=-20.7\\-9.231c_1+171.723c_2+92.923c_3=2.0\end{cases}$$

用消去法求得：$c_1=0.057$，$c_2=-0.003$，$c_3=0.032$。将其放大 100 倍，得：$c_1=5.7$，$c_2=-0.3$，$c_3=3.2$，并由此得到判别方程：

$$y=5.7x_1-0.3x_2+3.2x_3$$

第四步，求出判别指标 y_c

由式(4.1.20)得到：

$$\begin{aligned}y_c&=\frac{1}{n}\sum_{i=1}^{m}c_i\left(\sum_{k=1}^{n}x_{ki}\right)\\&=\frac{1}{21}[5.7\times(7-16)-0.3\times(136.2+490.4)+3.2\times(144+207)]\\&\approx 42.091\end{aligned}$$

第五步，作出预报

现已知 1973 年的三个因子值分别为：$x_1=-3$，$x_2=28.8$，$x_3=20$，试问该年 8 月份的降水量是否小于 150 mm？

将因子值代入所求判别方程：

$$y=5.7\times(-3)-0.3\times28.8+3.2\times20=38.26<y_c=42.091$$

又已知：$\overline{y^A}=57.63>\overline{y^B}=33.05$，故预报未来降水量属于 B 类，即报该年 8 月份的降水量小于 150 mm。而实况是 29.6 mm，所以，从分级预报的角度来看，预报结果是正确的。

表 4.4

地区	测站	x_1	x_2	x_3
华北地区 A类	天津	2.45	8.9	12.1
	北京	3.46	9.7	14.3
	保定	3.26	9.0	12.5
	石家庄	3.39	8.5	13.0
	太原	2.13	10.6	13.3
	五台山	1.80	16.4	18.1
	兴县	3.01	10.1	13.3
	榆林	3.70	7.8	12.5
	张家口	1.82	11.4	12.7
	大同	2.05	11.6	12.7
长江中下游地区 B类	上海	0.74	13.1	10.0
	东山	1.01	12.5	11.7
	南京	0.87	10.9	11.5
	合肥	1.18	10.3	10.1
	安庆	0.44	12.3	9.5
	九江	0.47	13.6	9.4
	汉口	0.61	11.7	8.5
	芜湖	0.76	10.5	10.9
	溧阳	0.75	11.3	12.2
	黄石	0.64	14.0	10.4
判别对象	青岛	1.68	13.7	11.6
	兖州	1.75	13.7	10.5
	临沂	1.65	10.0	12.0
	徐州	1.48	8.3	11.1
	阜阳	1.07	8.6	10.9

下面再举一个气候分类预报的例子。

华北地区与长江中下游地区降水的年变化有明显不同的特点。表 4.4 给出了华北与长江中下游地区测站 8 月和 6 月降水量之比以及两个月的降水天数。同时还给出了上述两地区中间地带的一些测站相应的观测资料，试用判别函数确定这些中间地带的测站各属于何种降水年变化类型。

我们记华北地区降水年变化类型为 A 型，长江中下游地区为 B 型。根据两地区代表测站观测资料建立判别方程，并用下列符号标记判别因子：

x_1：为 8 月和 6 月降水量之比；

x_2：为 6 月的降水天数；

x_3：为 8 月的降水天数。

根据表中资料，计算 $d_j(j=1,2,3)$ 及 $s'_{ij}(i,j=1,2,3)$，有：

$$d_1=\overline{x_1^A}-\overline{x_1^B}=2.71-0.75=1.96$$

$$d_2=\overline{x_2^A}-\overline{x_2^B}=10.4-12.0=-1.60$$

$$d_3=\overline{x_3^A}-\overline{x_3^B}=13.5-10.4=3.10$$

$$s'_{11}=s_{11}^A+s_{11}^B=4.8573+0.4735=5.3306$$

$$s'_{12}=s_{12}^A+s_{12}^B=-12.119-1.478=-13.597$$

$$s'_{13}=s_{13}^A+s_{13}^B=-3.806+1.175=-2.631$$

$$s'_{22}=s_{22}^A+s_{22}^B=53.64+15.04=68.68$$

$$s'_{23}=s_{23}^A+s_{23}^B=32.35-3.80=28.55$$

$$s'_{33}=s_{33}^A+s_{33}^B=27.37+12.06=39.43$$

由此得到求解判别系数的方程组：

$$\begin{cases}5.3306c_1-13.597c_2-2.631c_3=1.96\\-13.597c_1+68.68c_2+28.55c_3=-1.60\\-2.631c_1+28.55c_2+39.43c_3=3.10\end{cases}$$

解得：　$c_1=0.5332, c_2=0.0498, c_3=0.0781$

对应的判别方程为：

$$y=0.5332x_1+0.0498x_2+0.0781x_3$$

判别函数的条件平均值为：

$$\overline{y^A}=3.0117, \overline{y^B}=1.8107$$

临界值为：

$$y_c=\frac{1}{20}(10\,\overline{y^A}+10\,\overline{y^B})=\frac{30.117+18.107}{20}=2.41$$

将过渡地区测站的观测资料代入判别方程，得：

y(青岛)$=2.4858$，y(兖州)$=2.4354$

y(临沂)$=2.3149$，y(徐州)$=2.1396$，y(阜阳)$=1.8499$

由于$\overline{y^A}>\overline{y^B}$，所以青岛、兖州两站属 A 型，即华北型；而临沂、徐州及阜阳三站属 B 型，即长江中下游型。

在实际工作中，应用判别函数进行客观气候分类时，应从天气气候学意义考虑选择判别因子。从不同的因子出发，可建立不同的判别函数，就可能得到不同的分类结果。

4.1.6 判别函数的显著性检验

在下面的假设条件下，可以对二级判别函数作显著性检验：

(1)每类(组)的观测值是随机抽样的；

(2)一个未知的样品来自两类中任一类的概率是相等的；

(3)在每一类(组)内变量是遵从正态分布的；

(4)两类(组)组内的协方差是相等的；

(5)用于判别函数的观测值没有一个是错分的(即判别函数的临界值完全将两类点子分开，而没有错分的)。

我们知道，某一变量 x_i 来自两类总体中的一个，由于上述假设，这两个总体的均方差是一样的，再假设两总体的数学期望也一样，这样变量 x_i 就如同来自同一个总体。现从中抽取两组样本，一组容量为 n_A，另一组容量为 n_B，它们各自的均值分别为 $\overline{x_i^A}$ 和 $\overline{x_i^B}$，则统计量：

$$t=\sqrt{\frac{n_A n_B(n_A+n_B-2)}{n_A+n_B}}\cdot\frac{\overline{x_i^A}-\overline{x_i^B}}{\sqrt{n_A(s_i^A)^2+n_B(s_i^B)^2}} \tag{4.1.22}$$

服从自由度为 (n_A+n_B-2) 的 t 分布。其中：

$$\begin{cases}(s_i^A)^2=\dfrac{1}{n_A}\sum\limits_{k=1}^{n_A}(x_{ki}^A-\overline{x_i^A})^2\\(s_i^B)^2=\dfrac{1}{n_B}\sum\limits_{k=1}^{n_B}(x_{ki}^B-\overline{x_i^B})^2\end{cases} \tag{4.1.23}$$

为 x_i 在两组样本中的方差。

根据 t 分布与 F 分布的关系，t^2 遵从 F 分布，那么，对于 m 个因子，也可以检验它们来自两类总体是否有显著性差异。假设它们来自的两类总体无显著性差异，即各因子在两类中的平均值相等，第 i 个因子在两类中平均值差值 d_i 的数学期望为 0：

$$H_0:\mathrm{M}(d_i)=0\quad(i=\overline{1,m})$$

则类似地有统计量：

$$F=\left(\frac{n_A+n_B-m-1}{(n_A+n_B-2)m}\right)\cdot\left(\frac{n_A n_B}{n_A+n_B}\right)D^2 \tag{4.1.24}$$

遵从分子自由度为 m，分母自由度为 (n_A+n_B-m-1) 的 F 分布。式中：

$$D^2=(\overline{\boldsymbol{x}_A}-\overline{\boldsymbol{x}_B})'\boldsymbol{S}^{-1}(\overline{\boldsymbol{x}_A}-\overline{\boldsymbol{x}_B}) \tag{4.1.25}$$

称为 Mahalanobis 距离，简称马氏距离。式中：

$$\overline{\boldsymbol{x}_A}=(\overline{x_1^A},\overline{x_2^A},\cdots,\overline{x_m^A})',\overline{\boldsymbol{x}_B}=(\overline{x_1^B},\overline{x_2^B},\cdots,\overline{x_m^B})'$$

分别为 m 个因子在两类中的平均向量，$\boldsymbol{S}$ 为类内协方差阵的无偏估计矩阵，为：

$$\boldsymbol{S}=\frac{1}{n_A+n_B-2}\boldsymbol{S}'=\frac{1}{n-2}\boldsymbol{S}'$$

$\boldsymbol{S}'$ 为方程组式(4.1.17)′中左端系数阵，即类内离差交叉积阵(阵中元素为 s'_{ij})。实际上 D^2 的计算不必通过类内离差交叉积阵 $\boldsymbol{S}'$ 来得到。因为由式(4.1.17)的矩阵形式 $\boldsymbol{S}'\boldsymbol{c}=\boldsymbol{d}$，可得：$\boldsymbol{c}=(\boldsymbol{S}')^{-1}\boldsymbol{d}$。其中：$\boldsymbol{c}=(c_1,c_2,\cdots,c_m)'$，$\boldsymbol{d}=(d_1,d_2,\cdots,d_m)'$，则式(4.1.25)变为：

$$\boldsymbol{D}^2=(n-2)\boldsymbol{d}'(\boldsymbol{S}')^{-1}\boldsymbol{d}=(n-2)\boldsymbol{d}'\boldsymbol{c}=(n-2)\sum_{i=1}^{m}c_id_i \qquad (4.1.26)$$

根据上式，我们还可以得到衡量第 j 个因子在判别方程中判别效能的贡献指标：D_j^2/D^2。其中：$D_j^2=(n-2)c_jd_j$。例如，在南京 8 月份降水量预报中，三个因子判别效能的贡献分别为：

$$x_1:\frac{c_1d_1}{\sum\limits_{i=1}^{3}c_id_i}=\frac{119.7}{245.8}=49\%；\qquad x_2:\frac{c_2d_2}{\sum\limits_{i=1}^{3}c_id_i}=\frac{62.1}{245.8}=25\%；$$

$$x_3:\frac{c_3d_3}{\sum\limits_{i=1}^{3}c_id_i}=\frac{64}{245.8}=26\%。$$

可见，第一个因子的贡献最大，几乎为其余两个因子贡献之和。由式(4.1.24)可得到该例中的 $F=6898\gg F_{0.01}(3,17)=5.19$，故判别效果十分显著。

4.1.7　判别因子的筛选

对一批待选因子，同回归分析一样，如何挑选有效的因子进入方程是我们最关心的问题，下面就介绍三种常用的方法。

(1)点聚图方法

将因子两两组成一对，作出许多不同对因子的一张张点聚图，在这些图中两类预报对象能用某种方式分开，且分辨率达到 70%左右，就可以作为预报因子，或选取其中分辨率较高的一些作为预报因子。当两类预报对象能用一根直线分开，且分辨率较高时，可直接用于判别方程；当不能用直线而是能用规则曲线分开，且分开的间隔较大、分辨率也较高时，可用数学手段将这种非线性关系转化为线性问题再解决。

(2)距离法

由式(4.1.17)′的右端及式(4.1.25)我们知道，因子在不同类间的距离大小 d_i 在很大程度上也影响到预报对象的分类，所以，对根据预报对象的类别进行分类的因子资料，我们可以先计算出所有因子在不同类间平均距离，即均值间的距离 d_i，并根据其值的大小顺序筛选出较为满意的判别因子。当然，为了便于不同量纲因子之间的相互比较，也可以事先对因子资料作无量纲化处理。

(3)按 Fisher 准则求取

把 Fisher 准则应用于单因子，通过建立各单因子的判别方程，我们就可以得到不同因子 x_i 所对应的不同的 λ_i 之值。即将 $y=c_ix_i$ 代入 Fisher 准则的表达式(4.1.2)，有：

$$\lambda_i=\frac{(\overline{x_i^A}-\overline{x_i^B})^2}{\sum_{k=1}^{n_A}(x_{ki}^A-\overline{x_i^A})^2+\sum_{k=1}^{n_B}(x_{ki}^B-\overline{x_i^B})^2}=\frac{d_i^2}{s'_{ii}} \tag{4.1.27}$$

把待选因子实测数据代入上式计算，就可得到不同因子的 λ_i，将其排序，取其中量值较大的一些作为预报因子。从上式明显看出，只有不同类的平均值差别大且同类中距离小的因子才是良好的因子。

4.2 多级判别

在天气预报中，除了需要预报某种天气现象是否会发生等"有"、"无"问题外，往往还需要进一步的细分，如降水量的预报可分为：特大暴雨、大暴雨、暴雨、大雨、中雨、小雨及无雨等多个级别。因此，在实际应用中，除了二级判别外，还常用到多级判别。二级判别仅是多级判别中最简单的特殊情况。

4.2.1 判别函数离差平方和的分解

假设根据需要，将预报对象分为 G 类，并根据不同类别把所取的 m 个因子 $x_1, x_2, \cdots, x_m$ 的容量为 n 的全部样本分为 G 组，每组的样本容量分别为：$n_1, n_2, \cdots, n_G$。那么，类似于二级判别，可用这些因子的组合建立一个判别函数。为了说明问题，我们仅以其中最简单的组合，即线性组合为例，构作一个判别函数：

$$y=c_1x_1+c_2x_2+\cdots+c_mx_m=\boldsymbol{C}'\boldsymbol{X} \tag{4.2.1}$$

其中：$\boldsymbol{C}'=(c_1,c_2,\cdots,c_m)$，$\boldsymbol{X}=(x_1,x_2,\cdots,x_m)'$，待定系数 $c_1,c_2,\cdots,c_m$ 就是我们所要求的判别系数。则 G 类中的任一类第 g 类(组)由 m 个因子组成的第 k 个样品向量为：

$$\boldsymbol{X}_k^g=(x_{1k}^g,x_{2k}^g,\cdots,x_{mk}^g)' \quad k=\overline{1,n_g}, g=\overline{1,G}$$

用第 g 组第 k 个样品的 m 个因子观测值代入判别方程，就可得到第 g 组第 k 个判别函数值：

$$y_k^g=c_1x_{1k}^g+c_2x_{2k}^g+\cdots+c_mx_{mk}^g=\boldsymbol{C}'\boldsymbol{X}_k^g \tag{4.2.2}$$

则第 g 组判别函数值的平均值可表示为：

$$\overline{y^g} = \frac{1}{n_g}\sum_{k=1}^{n_g} y_k^g = c_1\,\overline{x_1^g} + c_2\,\overline{x_2^g} + \cdots + c_m\,\overline{x_m^g} \tag{4.2.3}$$

式中：$\overline{x_i^g} = \frac{1}{n_g}\sum_{k=1}^{n_g} x_{ik}^g$，表示 i 个因子在第 g 组中的均值。因此，对 G 组所有判别函数值的平均值，就是针对所有 m 个因子、n 个样本的总体平均值：

$$\overline{y} = \frac{1}{n}\sum_{k=1}^{n} y_k = \frac{1}{n}\sum_{k=1}^{n}\sum_{i=1}^{m} c_i x_{ik} = \sum_{i=1}^{m} c_i\,\frac{1}{n}\sum_{k=1}^{n} x_{ik}$$

即：

$$\overline{y} = \sum_{i=1}^{m} c_i\,\overline{x_i} = \boldsymbol{C}'\,\overline{\boldsymbol{X}} \tag{4.2.4}$$

其中：$\overline{\boldsymbol{X}} = (\overline{x_1}, \overline{x_2}, \cdots, \overline{x_m})'$。而 $\overline{x_i}$ 为第 i 个因子 n 个样本的总体平均值：

$$\overline{x_i} = \frac{1}{n}\sum_{k=1}^{n} x_{ik} = \frac{1}{n}\sum_{g=1}^{G}\sum_{k=1}^{n_g} x_{ik}^g \tag{4.2.5}$$

有了上述关系式，我们就可以讨论判别函数围绕平均值的变动情况以及与因子的分组有何关系。在回归分析里我们知道，衡量变量变动情况是用方差或离差平方和来表示的，类似地，我们也可用离差平方和来分析判别函数值的变动情况。由于判别函数由 m 个因子分为 G 组而建立，所以判别函数值的总离差平方和可以分解为组内判别函数的离差平方和与组间判别函数的离差平方和之和，即：

$$\sum_{g=1}^{G}\sum_{k=1}^{n_g}(y_k^g - \overline{y})^2 = \sum_{g=1}^{G}\sum_{k=1}^{n_g}(y_k^g - \overline{y^g})^2 + \sum_{g=1}^{G}\sum_{k=1}^{n_g}(\overline{y^g} - \overline{y})^2 \tag{4.2.6}$$

为了方便，令：

$$\begin{cases} E = \sum_{g=1}^{G}\sum_{k=1}^{n_g}(\overline{y^g} - \overline{y})^2 & \text{组间离差平方和} \\ F = \sum_{g=1}^{G}\sum_{k=1}^{n_g}(y_k^g - \overline{y^g})^2 & \text{组内离差平方和} \end{cases} \tag{4.2.7}$$

因为：

$$\begin{aligned}
\sum_{g=1}^{G}\sum_{k=1}^{n_g}(y_k^g - \overline{y})^2 &= \sum_{g=1}^{G}\sum_{k=1}^{n_g}[(y_k^g - \overline{y^g}) + (\overline{y^g} - \overline{y})]^2 \\
&= E + F + 2\sum_{g=1}^{G}\sum_{k=1}^{n_g}[(y_k^g - \overline{y^g})(\overline{y^g} - \overline{y})] \\
&= E + F + 2\Big[\sum_{g=1}^{G}\sum_{k=1}^{n_g} y_k^g\,\overline{y^g} - \sum_{g=1}^{G}\sum_{k=1}^{n_g}\overline{y^g}^2 - \sum_{g=1}^{G}\sum_{k=1}^{n_g} y_k^g\,\overline{y} + \sum_{g=1}^{G}\sum_{k=1}^{n_g}\overline{y^g}\,\overline{y}\Big] \\
&= E + F + 2\Big[\sum_{g=1}^{G} n_g\,\overline{y^g}^2 - \sum_{g=1}^{G} n_g\,\overline{y^g}^2 - \sum_{g=1}^{G} n_g\,\overline{y^g}\,\overline{y} + \sum_{g=1}^{G} n_g\,\overline{y^g}\,\overline{y}\Big] \\
&= E + F
\end{aligned}$$

故式(4.2.6)成立。

下面我们来分析判别函数的总离差平方和的分解及其与因子的关系。

根据式(4.2.2)及式(4.2.4)，把判别函数的总离差平方和写成矢量的形式：

$$\sum_{g=1}^{G}\sum_{k=1}^{n_g}(y_k^g-\overline{y})^2=\sum_{g=1}^{G}\sum_{k=1}^{n_g}(\boldsymbol{C}'\boldsymbol{X}_k^g-\boldsymbol{C}'\overline{\boldsymbol{X}})(\boldsymbol{C}'\boldsymbol{X}_k^g-\boldsymbol{C}'\overline{\boldsymbol{X}})'$$

$$=\boldsymbol{C}'\Big[\sum_{g=1}^{G}\sum_{k=1}^{n_g}(\boldsymbol{X}_k^g-\overline{\boldsymbol{X}})(\boldsymbol{X}_k^g-\overline{\boldsymbol{X}})'\Big]\boldsymbol{C}$$

若令：

$$\boldsymbol{T}=\sum_{g=1}^{G}\sum_{k=1}^{n_g}(\boldsymbol{X}_k^g-\overline{\boldsymbol{X}})(\boldsymbol{X}_k^g-\overline{\boldsymbol{X}})' \tag{4.2.8}$$

称 $\boldsymbol{T}$ 为 m 个因子的总离差平方和阵，而第 i 个因子与第 j 个因子的交叉距平乘积就是阵中第 i 行第 j 列的元素 t_{ij}：

$$t_{ij}=\sum_{g=1}^{G}\sum_{k=1}^{n_g}(x_{ik}^g-\overline{x_i})(x_{jk}^g-\overline{x_j}) \tag{4.2.8$'$}$$

类似地，有判别函数的组间离差平方和：

$$E=\sum_{g=1}^{G}\sum_{k=1}^{n_g}(\overline{y^g}-\overline{y})^2=\sum_{g=1}^{G}n_g(\boldsymbol{C}'\overline{\boldsymbol{X}^g}-\boldsymbol{C}'\overline{\boldsymbol{X}})(\boldsymbol{C}'\overline{\boldsymbol{X}^g}-\boldsymbol{C}'\overline{\boldsymbol{X}})'$$

$$=\boldsymbol{C}'\Big[\sum_{g=1}^{G}n_g(\overline{\boldsymbol{X}^g}-\overline{\boldsymbol{X}})(\overline{\boldsymbol{X}^g}-\overline{\boldsymbol{X}})'\Big]\boldsymbol{C}=\boldsymbol{C}'\boldsymbol{B}\boldsymbol{C}$$

其中：

$$\boldsymbol{B}=\sum_{g=1}^{G}n_g(\overline{\boldsymbol{X}^g}-\overline{\boldsymbol{X}})(\overline{\boldsymbol{X}^g}-\overline{\boldsymbol{X}})' \tag{4.2.9}$$

称矩阵 $\boldsymbol{B}$ 为 m 个因子的组间离差交叉积阵，即组间离差平方和阵，其中第 i 行第 j 列的元素 b_{ij} 可表示为：

$$b_{ij}=\sum_{g=1}^{G}n_g(\overline{x_i^g}-\overline{x_i})(\overline{x_j^g}-\overline{x_j}) \tag{4.2.9$'$}$$

判别函数的组内离差平方和为：

$$F=\sum_{g=1}^{G}\sum_{k=1}^{n_g}(y_k^g-\overline{y^g})^2=\sum_{g=1}^{G}\sum_{k=1}^{n_g}(\boldsymbol{C}'\boldsymbol{X}_k^g-\boldsymbol{C}'\overline{\boldsymbol{X}^g})(\boldsymbol{C}'\boldsymbol{X}_k^g-\boldsymbol{C}'\overline{\boldsymbol{X}^g})'$$

$$=\boldsymbol{C}'\Big[\sum_{g=1}^{G}\sum_{k=1}^{n_g}(\boldsymbol{X}_k^g-\overline{\boldsymbol{X}^g})(\boldsymbol{X}_k^g-\overline{\boldsymbol{X}^g})'\Big]\boldsymbol{C}=\boldsymbol{C}'\boldsymbol{S}\boldsymbol{C}$$

其中：

$$\boldsymbol{S}=\sum_{g=1}^{G}\sum_{k=1}^{n_g}(\boldsymbol{X}_k^g-\overline{\boldsymbol{X}^g})(\boldsymbol{X}_k^g-\overline{\boldsymbol{X}^g})' \tag{4.2.10}$$

称矩阵 $\boldsymbol{S}$ 为 m 个因子的组内离差交叉积阵，即组内离差平方和阵，其中第 i 行第 j 列的元素 s'_{ij} 可表示为：

$$s'_{ij}=\sum_{g=1}^{G}\sum_{k=1}^{n_g}(x_{ik}^g-\overline{x_i^g})(x_{jk}^g-\overline{x_j^g}) \tag{4.2.10$'$}$$

此时式(4.2.6)可改写成：

$$\boldsymbol{C'TC}=\boldsymbol{C'BC}+\boldsymbol{C'SC}=\boldsymbol{C'}(\boldsymbol{B}+\boldsymbol{S})\boldsymbol{C} \tag{4.2.6$'$}$$

由上式可知，因子总离差平方和阵 $\boldsymbol{T}$ 亦可分解为因子组内离差平方和阵 $\boldsymbol{S}$ 与因子组间离差平方和阵 $\boldsymbol{B}$ 之和，即：

$$\boldsymbol{T}=\boldsymbol{B}+\boldsymbol{S} \tag{4.2.11}$$

4.2.2　多级判别的 Fisher 准则

对于模型式(4.2.1)，如何找到合适的 $c_1,c_2,\cdots,c_m$，而得到最佳区分 G 个不同类别的判别函数呢？

类似于二级判别，把判别函数的 m 个因子的样本值 $\boldsymbol{X}=(x_1,x_2,\cdots,x_m)'$ 看做是 m 维抽象空间中的一个点，按方差分析的思想将点 $\boldsymbol{X}$ 投影到 m 维因子空间的超平面上，并通过投影方向的选择，使得不同类的点子尽可能分离开来，而同类点子尽量集中。如图 4.5 所示，$\boldsymbol{C}_1$ 为所寻找的最佳投影方向。从方差的角度，就是使得判别函数的组内离差平方和 $\boldsymbol{F}$ 越小越好，而组间离差平方和 $\boldsymbol{E}$ 越大越好，即：

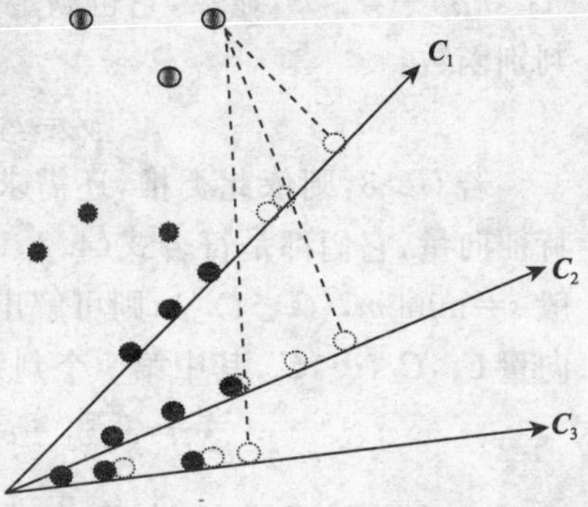

图 4.5

$$\lambda(\boldsymbol{C})=\frac{\boldsymbol{E}}{\boldsymbol{F}}=\frac{\boldsymbol{C'BC}}{\boldsymbol{C'SC}}\rightarrow\max \tag{4.2.12}$$

上式就是多级判别的 Fisher 准则的数学表达式。二级判别仅是它的一个特殊情况。于是根据极值原理 $\frac{\partial\lambda}{\partial\boldsymbol{C}}=0$，得：

$$\lambda\frac{\partial\boldsymbol{F}}{\partial\boldsymbol{C}}=\frac{\partial\boldsymbol{E}}{\partial\boldsymbol{C}}$$

即：

$$\lambda\frac{\partial(\boldsymbol{C'SC})}{\partial\boldsymbol{C}}=\frac{\partial(\boldsymbol{C'BC})}{\partial\boldsymbol{C}}$$

根据矢量求导法则，有：

$$2\lambda\boldsymbol{SC}=2\boldsymbol{BC}$$

从而，有：

$$(\boldsymbol{B}-\lambda\boldsymbol{S})\boldsymbol{C}=0 \tag{4.2.13}$$

上式中的 λ 是 $\boldsymbol{B}$ 相对于 $\boldsymbol{S}$ 的广义特征根。$\boldsymbol{C}$ 则是 λ 相对应的特征向量。为求解方便，将等式两边同乘以 $\boldsymbol{S}$ 的逆矩阵，即有：

$$(\boldsymbol{S}^{-1}\boldsymbol{B}-\lambda\boldsymbol{I})\boldsymbol{C}=0 \tag{4.2.14}$$

那么，求向量 $\boldsymbol{C}$ 的问题就转化为求解 $\boldsymbol{S}^{-1}\boldsymbol{B}$ 矩阵的特征向量问题。尽管矩阵 $\boldsymbol{S}^{-1}$ 及 $\boldsymbol{B}$ 是对称阵，但 $\boldsymbol{S}^{-1}\boldsymbol{B}$ 阵一般却不是对称的，可用附录 C 中方法四的求解过程。

根据统计理论有定理：在 Fisher 准则下的线性判别函数 $y=\boldsymbol{C}'\boldsymbol{X}$，其 $\boldsymbol{C}$ 是方程 $|\boldsymbol{B}-\lambda\boldsymbol{S}|=0$ 的最大特征根 λ_1 所对应的特征向量 $\boldsymbol{C}_1=(c_{11},c_{21},\cdots,c_{m1})'$。因此，我们所要寻找的具有最佳判别效果的判别系数 $\boldsymbol{C}$ 即是选中的最佳投影方向，它的特征值能满足式(4.2.12)。而式(4.2.14)求解时，只需求出 λ_1 及其对应的特征向量 $\boldsymbol{C}_1=(c_{11},c_{21},\cdots,c_{m1})'$即可(当 $G=2$)，将其代入判别函数表达式就可得到一个满足 Fisher 判别准则的判别函数 y_1：

$$y_1=c_{11}x_1+c_{21}x_2+\cdots+c_{m1}x_m$$

若 $G=3$ 时，还需求出式(4.2.14)的第二大特征根 λ_2 及其对应的特征向量 $\boldsymbol{C}_2=(c_{12},c_{22},\cdots,c_{m2})'$，显然，它也满足 Fisher 准则，于是我们又可得到符合要求的第二个判别函数：

$$y_2=c_{12}x_1+c_{22}x_2+\cdots+c_{m2}x_m$$

若 $G>3$，则依此类推，还需求出式(4.2.14)的第三、四、…大特征根及其对应的特征向量，它们都是符合式(4.2.12)要求的解。一般而言，若 $\boldsymbol{S}^{-1}\boldsymbol{B}$ 矩阵的秩为 s(一般 $s=\min[m,(G-1)]$)，则可解出 s 个非零特征值 $\lambda_1\geqslant\lambda_2\geqslant\cdots\geqslant\lambda_s$ 及其对应的特征向量 $\boldsymbol{C}_1,\boldsymbol{C}_2,\cdots,\boldsymbol{C}_s$，其中第 j 个判别函数可表示为：

$$y_j=c_{1j}x_1+c_{2j}x_2+\cdots+c_{mj}x_m\qquad(j=\overline{1,s})$$

4.2.3　判别函数的性质

4.2.3.1　函数的离差平方和与矩阵 $\boldsymbol{S}^{-1}\boldsymbol{B}$ 的特征值有关

每一个判别函数，对于 n 个观测资料，都有 n 个值与之对应。那么，对第 j 个判别函数，其离差平方和为：

$$\sum_{k=1}^{n}(y_{jk}-\overline{y_j})^2=\sum_{k=1}^{n}(\boldsymbol{C}'_j\boldsymbol{X}_k-\boldsymbol{C}'_j\overline{\boldsymbol{X}})(\boldsymbol{C}'_j\boldsymbol{X}_k-\boldsymbol{C}'_j\overline{\boldsymbol{X}})'$$
$$=\boldsymbol{C}'_j\boldsymbol{T}\boldsymbol{C}_j=\boldsymbol{C}'_j\boldsymbol{B}\boldsymbol{C}_j+\boldsymbol{C}'_j\boldsymbol{S}\boldsymbol{C}_j$$

根据附录 C 中非对称矩阵特征向量求解过程中的性质式(C.17)、式(C.18)，有关系式：

$$\boldsymbol{C}'_j\boldsymbol{B}\boldsymbol{C}_j=\lambda_j,\boldsymbol{C}'_j\boldsymbol{S}\boldsymbol{C}_j=1\qquad(4.2.15)$$

因此，第 j 个判别函数的离差平方和与矩阵 $\boldsymbol{S}^{-1}\boldsymbol{B}$ 的第 j 个特征值 λ_j 有如下关系：

$$\sum_{k=1}^{n}(y_{jk}-\overline{y_j})^2=1+\lambda_j\qquad(4.2.16)$$

4.2.3.2　函数之间是相互无关的

第 i 个判别函数与第 j 个判别函数之间的协方差为：

$$\frac{1}{n}\sum_{k=1}^{n}(y_{ik}-\overline{y_i})(y_{jk}-\overline{y_j})=\frac{1}{n}\sum_{g=1}^{G}\sum_{k=1}^{n_g}(y_{ik}^g-\overline{y_i})(y_{jk}^g-\overline{y_j})$$

$$= \frac{1}{n}\sum_{g=1}^{G}\sum_{k=1}^{n_g}(\boldsymbol{C'}_i\boldsymbol{X}_k^g - \boldsymbol{C'}_i\overline{\boldsymbol{X}})(\boldsymbol{C'}_j\boldsymbol{X}_k^g - \boldsymbol{C'}_j\overline{\boldsymbol{X}})'$$

$$= \frac{1}{n}\boldsymbol{C'}_i\Big[\sum_{g=1}^{G}\sum_{k=1}^{n_g}(\boldsymbol{X}_k^g - \overline{\boldsymbol{X}})(\boldsymbol{X}_k^g - \overline{\boldsymbol{X}})'\Big]\boldsymbol{C}_j$$

$$= \frac{1}{n}\boldsymbol{C'}_i\boldsymbol{T}\boldsymbol{C}_j = \frac{1}{n}\boldsymbol{C'}_i\boldsymbol{B}\boldsymbol{C}_j + \frac{1}{n}\boldsymbol{C'}_i\boldsymbol{S}\boldsymbol{C}_j$$

根据附录 C 中非对称矩阵特征向量求解过程中的性质式($C.17$)、式($C.18$)，有：

$$\boldsymbol{C'SC} = \boldsymbol{I} \text{ 与 } \boldsymbol{C'BC} = \boldsymbol{\Lambda}$$

即：

$$\frac{1}{n}\boldsymbol{C'}_i\boldsymbol{B}\boldsymbol{C}_j + \frac{1}{n}\boldsymbol{C'}_i\boldsymbol{S}\boldsymbol{C}_j = 0 \quad (i \neq j)$$

故当 $i \neq j$ 时，有：

$$\frac{1}{n}\sum_{k=1}^{n}(y_{ik} - \overline{y_i})(y_{jk} - \overline{y_j}) = 0$$

4.2.4　判别函数的显著性检验

要判断所求判别函数中哪一个重要些，需要通过假设检验来确定。

设 m 个因子样本来自 G 个具有相同协方差阵的 m 维正态总体 $N(\boldsymbol{\mu}^{(g)}, \boldsymbol{\Sigma})$，$g = \overline{1, G}$。要检验 G 个总体的数学期望是否满足 $H_0: \boldsymbol{\mu}^{(1)} = \boldsymbol{\mu}^{(2)} = \cdots = \boldsymbol{\mu}^{(G)}$，或：

$$\begin{pmatrix}\mu_1^{(1)}\\ \mu_2^{(1)}\\ \vdots\\ \mu_m^{(1)}\end{pmatrix} = \begin{pmatrix}\mu_1^{(2)}\\ \mu_2^{(2)}\\ \vdots\\ \mu_m^{(2)}\end{pmatrix} = \cdots = \begin{pmatrix}\mu_1^{(G)}\\ \mu_2^{(G)}\\ \vdots\\ \mu_m^{(G)}\end{pmatrix} = \begin{pmatrix}\mu_1\\ \mu_2\\ \vdots\\ \mu_m\end{pmatrix}$$

即假设 m 个因子对 G 类总体的区分能力不显著。此时可构作统计量(wilks 量)：

$$\Lambda = \frac{|\boldsymbol{S}|}{|\boldsymbol{B}+\boldsymbol{S}|} = \frac{|\boldsymbol{S}|}{|\boldsymbol{T}|} \tag{4.2.17}$$

式中 $|\boldsymbol{S}|$、$|\boldsymbol{T}|$ 分别是矩阵 $\boldsymbol{S}$、$\boldsymbol{T}$ 的行列式。在因子种类及其样本资料固定的情况下，因子总离差平方和 $|\boldsymbol{T}|$ 是不变的。当组内离差平方和 $|\boldsymbol{S}|$ 较小时，即样本点在各组内比较集中时，Λ 值就较小，由于 $|\boldsymbol{T}|$ 是不变的，所以此时组间离差平方和就较大，它又表明组间的重心点之间距离较大。由于因子线性组合而成的判别函数也具有这样的特点，因而判别函数的判别能力就很强，所以，Λ 可以看做判别函数对 G 类总体"判别能力"的一种度量。

Λ 是两个行列式之比，它有三个自由度($m, G-1, n-G$)，在单个因子的情况下，Λ 就是组内离差平方和与总离差平方和之比。但统计量 Λ 的分布是由 m 个独立的具有 β 分布的随机变量的乘积所决定的，其分布函数的计算十分困难，实际使用时，常用近似的分布函数，如 χ^2 分布来代替。例如当 n 较大时，可用 Bartlett 近似公式代替：

$$\chi^2 \approx -\left[n-1-\frac{1}{2}(m+G)\right]\ln\Lambda \tag{4.2.18}$$

该统计量遵从自由度为的 χ^2 分布。

另外还有 Rao 近似公式：

在假设成立的条件下，统计量：

$$F \approx \frac{1-\Lambda^{1/\alpha}}{\Lambda^{1/\alpha}} \cdot \frac{\beta}{m(G-1)} \tag{4.2.19}$$

遵从分子自由度为 $m(G-1)$、分母自由度为 β 的 F 分布。其中：

$$\alpha=\begin{cases}\sqrt{\dfrac{m^2(G-1)^2-4}{m^2+(G-1)^2-5}} & \text{当 } m^2+(G-1)^2-5\neq 0 \text{ 时；}\\ 1 & \text{当 } m^2+(G-1)^2-5=0 \text{ 时}\end{cases} \tag{4.2.20}$$

$$\begin{cases}\beta=K\alpha-\dfrac{1}{2}m(G-1)+1\\ K=n-1-\dfrac{1}{2}(m+G)\end{cases} \tag{4.2.21}$$

F 分布的近似式看起来复杂，但精度很高，特别当 $m=1,2$（任意的 G）或 $G=2,3$（任意的 m）时。以 $m=1$ 为例，此时 $\alpha=1,\beta=n-G$，F 统计量简化为：

$$F=\frac{1-\Lambda}{\Lambda} \cdot \frac{n-G}{G-1} \tag{4.2.22}$$

即：

$$F=\frac{|\boldsymbol{B}|}{|\boldsymbol{S}|} \cdot \frac{n-G}{G-1} \tag{4.2.22$'$}$$

F 就是组间方差与组内方差之比。显然，这就是单因子方差分析最基本的统计量。

可见，F 统计量可以近似代替 Λ，用于检验 m 个因子对 G 类总体的区分判别能力，Λ 越小则 F 越大，判别能力越显著。

实际计算时，Λ 的计算可化为用矩阵 $\boldsymbol{S}^{-1}\boldsymbol{B}$ 的特征值来表示，其证明如下：

根据附录 C 中矩阵特征值的性质，有：

$$\boldsymbol{S}^{-1}\boldsymbol{BC}=\boldsymbol{CL} \tag{4.2.23}$$

其中 $\boldsymbol{L}$ 为 $\boldsymbol{S}^{-1}\boldsymbol{B}$ 阵的特征值组成的对角阵：

$$\boldsymbol{L}=\begin{pmatrix}\lambda_1 & 0 & \cdots & 0\\ 0 & \lambda_2 & \cdots & 0\\ \vdots & \vdots & \vdots & \vdots\\ 0 & 0 & \cdots & \lambda_s\end{pmatrix} \tag{4.2.24}$$

$\boldsymbol{C}$ 为特征值所对应的特征向量作为列向量组成的矩阵：

$$C=\begin{bmatrix} c_{11} & c_{12} & \cdots & c_{1s} \\ c_{21} & c_{22} & \cdots & c_{2s} \\ \vdots & \vdots & \vdots & \vdots \\ c_{m1} & c_{m2} & \cdots & c_{ms} \end{bmatrix} \tag{4.2.25}$$

矩阵中 s 为 $\boldsymbol{S}^{-1}\boldsymbol{B}$ 的秩数。用 $\boldsymbol{C}'$ 左乘式(4.2.23)，有：

$$\boldsymbol{C}'\boldsymbol{S}^{-1}\boldsymbol{BC}=\boldsymbol{C}'\boldsymbol{CL}=\boldsymbol{L}$$

再根据式(4.2.15)，有：

$$\boldsymbol{C}'\boldsymbol{S}^{-1}(\boldsymbol{B}+\boldsymbol{S})\boldsymbol{C}=\boldsymbol{C}'\boldsymbol{S}^{-1}\boldsymbol{TC}=\boldsymbol{L}+\boldsymbol{I}$$

即：

$$\boldsymbol{C}'\boldsymbol{S}^{-1}\boldsymbol{TC}=\boldsymbol{L}+\boldsymbol{I}$$

对上述矩阵方程式两边同时取行列式运算，有：

$$|\boldsymbol{C}'\boldsymbol{S}^{-1}\boldsymbol{TC}|=|\boldsymbol{L}+\boldsymbol{I}|$$

即：

$$|\boldsymbol{C}'|\,|\boldsymbol{S}^{-1}|\,|\boldsymbol{T}|\,|\boldsymbol{C}|=\prod_{k=1}^{s}(1+\lambda_k)$$

所以：

$$\frac{|\boldsymbol{T}|}{|\boldsymbol{S}|}=\prod_{k=1}^{s}(1+\lambda_k)$$

由式(4.2.17)：

$$\Lambda=\frac{|\boldsymbol{S}|}{|\boldsymbol{B}+\boldsymbol{S}|}=\frac{|\boldsymbol{S}|}{|\boldsymbol{T}|}$$

有：

$$\Lambda=\frac{|\boldsymbol{S}|}{|\boldsymbol{T}|}=\frac{1}{\prod_{k=1}^{s}(1+\lambda_k)} \tag{4.2.26}$$

由于在分组数较多时，F 统计量中 Λ 的指数计算比较麻烦，通常在要求精度不高的情况下，使用相对简单的检验公式，即用 χ^2 统计量公式，它在自由度不断变化时也使用方便。在实际检验时，一般按判别函数的重要性逐个进行。一开始检验头一个特征值所对应的判别函数，这时使用的统计量：

$$\chi^2=-\left[n-1-\frac{1}{2}(m+G)\right]\ln\Lambda_1$$

遵从自由度为 $m(G-1)$ 的 χ^2 分布，其中 Λ_1 就是用全部特征值表示的 Λ 值，即：

$$\Lambda_1=\left[\prod_{k=1}^{s}(1+\lambda_k)\right]^{-1}=\Lambda \tag{4.2.27}$$

如果对第一个特征值所对应的判别函数的检验结果是显著的($\chi^2>\chi^2_\alpha$)，然后再检验第二个判别函数，此时的统计量为：

$$\chi^2=-\left[n-1-\frac{1}{2}(m+G)\right]\ln\Lambda_2$$

遵从自由度为$(m-1)(G-2)$的 χ^2 分布，其中 Λ_2：

$$\Lambda_2 = \left[\prod_{k=2}^{s}(1+\lambda_k)\right]^{-1} \tag{4.2.28}$$

为去掉第一个特征值 λ_1 所计算的 Λ 统计量。如果第二个判别函数通过检验，就再逐个检验下去，直至某一个判别函数不显著为止。一般在第 l 个判别函数检验通过后，继续检验第 $l+1$ 个判别函数时，其构作的统计量为：

$$\chi^2 = -\left[n-1-\frac{1}{2}(m+G)\right]\ln\Lambda_{l+1}$$

遵从自由度为 $(m-l)(G-l-1)$ 的 χ^2 分布，其中：

$$\Lambda_{l+1} = \frac{1}{\prod\limits_{k=l+1}^{s}(1+\lambda_k)} \tag{4.2.29}$$

4.2.5　决策规则

得到判别函数之后，要作出预报还需要给出或制定预报判据，统计学上称之为决策规则。常用的有如下两种。

4.2.5.1　Bayes 判别法

对于 m 个因子已出现的一个样品 $\boldsymbol{X}_0$，它们的实测值为：$x_{10}, x_{20}, \cdots, x_{m0}$。那么如何判定其所属的类别呢？

从理论上说，若将 m 个与判别类别有着统计联系的自变量看成 m 维空间 $\boldsymbol{R}$ 中的向量，则 Fisher 判别就是将 m 维向量空间的各点（即判别变量 X 的每一个体），由高维空间向低维空间投影，而投影方向的选择就是使得不同总体的点在被投影空间分离开来。二级判别就是选择一最佳投影方向，使 m 维空间的点投影到一维（直线）空间上去的问题。当类别较多时，若被投影空间仍为一维，必使分类结果较差，而选取二维或多维空间，又涉及较为复杂的空间划分问题。为此，可用另一种判别方法——Bayes 判别法来解决。

1. Bayes 判别准则

首先我们把 m 个因子的样品与预报量的 G 个级别对应地分为 G 组，并把它们看成从 G 个总体中抽取的样本。然后假设由 m 个因子 $x_1, x_2, \cdots, x_m$ 组成的每一个体都来自 G 个总体 $A_1, A_2, \cdots, A_G$ 中的一个。现在任给一个体，记为：

$$\boldsymbol{X}_0 = (x_{10}, x_{20}, \cdots, x_{m0})'$$

要判断该个体来自哪一个总体，即需要按一定规则把 $\boldsymbol{X}_0$ 划归 G 个总体中的某一个 $A_g\ (g=1,2,\cdots,G)$。

我们把个体 X_0 看做是 m 维欧氏空间中的一个点，于是每个总体都可以看做是该空间中的一个子空间。由上述假设可知，这些子空间是相互排斥的，且它们的全体组成全部空间，对某一个体 $\boldsymbol{X}_0$ 只能来自它们其中之一。如果有一种方法，能把全部空间划分为 G 个子空间，则对空间中的任一点 $\boldsymbol{X}_0$，都可以知道它所属的子空间，从而可以作出准确的判别。

对于空间的任一种划分方法，都可能存在着错分现象，即 $\boldsymbol{X}_0$ 本来是来自 A_g 的总体，现在却判它属于 A_h 总体，这样对预报就会造成一定的损失。我们把这种损失记为 $L(h|g)$，并约定：

$$\begin{cases} L(h|g)=0, & h=g \\ L(h|g)>0, & h\neq g \end{cases} \tag{4.2.30}$$

当已知各总体的事前概率 $P_g(g=\overline{1,G})$（事前概率又称为先验概率或气候概率）时，根据 Bayes 公式，对于给定的任一个体 $\boldsymbol{X}_0$，来自总体 A_g 的条件概率为：

$$P(g|\boldsymbol{X}_0)=\frac{p_g f_g(\boldsymbol{X}_0)}{\sum_{i=1}^{G} p_i f_i(\boldsymbol{X}_0)} \tag{4.2.31}$$

其中 $f_g(\boldsymbol{X})=f(\boldsymbol{X}|g)$ 是某个总体属于 g 类时的概率密度函数。那么，如果把这一来自总体 A_g 的个体 $\boldsymbol{X}$ 错分到总体 A_h 中，就会造成一定损失，$\boldsymbol{X}$ 来自 A_g 的相关概率 $P(g|\boldsymbol{X})$ 越大，所造成的损失就越大，但对于来自总体 A_g 而错分到不同类别的损失是不一样的，于是可以用下式表示其损失程度：

$$P(g|\boldsymbol{X})L(h|g)$$

上式表示错归到总体 A_h 中所带来的损失。由上式可估计出个体 $\boldsymbol{X}$ 来自 A_g 而错归到 A_h 中的损失，则对于来自于不同总体 $A_g(g=1,2,\cdots,G$ 且 $g\neq h)$ 归到总体 A_h 中的损失就有大有小，其平均损失为：

$$\mathrm{M}[h(\boldsymbol{X})]=\sum_{\substack{g=1\\g\neq h}}^{G} L(h|g)P(g|\boldsymbol{X})=\sum_{\substack{g=1\\g\neq h}}^{G}\frac{p_g f_g(\boldsymbol{X})}{\sum_{i=1}^{G} p_i f_i(\boldsymbol{X})}L(h|g) \tag{4.2.32}$$

我们希望在判别过程中，这种错分的平均损失达到最小。但在实际问题中，要精确地给出损失 $L(h|g)$ 的值，是非常困难的。因此，我们通常不考虑其差别，而假设各类错分的损失完全相同，故令：

$$L(h|g)=1 \quad (h\neq g) \tag{4.2.33}$$

于是式(4.2.32)简化为：

$$M[h(\boldsymbol{X})]=\sum_{\substack{g=1\\g\neq h}}^{G}\frac{p_g f_g(\boldsymbol{X})}{\sum_{i=1}^{G} p_i f_i(\boldsymbol{X})} \tag{4.2.34}$$

要使上式（平均损失）的值达到最小，根据式(4.2.33)的假设，有：

$$\frac{p_h f_h(\boldsymbol{X})}{\sum_{i=1}^{G} p_i f_i(\boldsymbol{X})}=\max \tag{4.2.35}$$

因为：

$$1=\frac{\sum_{\substack{g=1\\g\neq h}}^{G}p_g f_g(\boldsymbol{X})+p_h f_h(\boldsymbol{X})}{\sum_{i=1}^{G}p_i f_i(\boldsymbol{X})}=\sum_{\substack{g=1\\g\neq h}}^{G}\frac{p_g f_g(\boldsymbol{X})}{\sum_{i=1}^{G}p_i f_i(\boldsymbol{X})}+\frac{p_h f_h(\boldsymbol{X})}{\sum_{i=1}^{G}p_i f_i(\boldsymbol{X})}$$

所以，当(4.2.34)之计算值达到最小时，有式(4.2.35)成立。这样，判别分类中，使平均损失达到最小的原则就变成直接根据 Bayes 公式，使后验概率达到最大的原则，即根据式(4.2.35)来分类。对任一给定个体 X_0，如果它来自第 h 个子空间的条件概率最大，则认为它来自该总体 A_h。由于在比较时，式(4.2.35)的分母项对各类都相等，所以，式(4.2.35)又简化为：

$$p_h f_h(\boldsymbol{X})=\max \tag{4.2.36}$$

综上所述，我们得到 Bayes 判别准则的完整描述：

假设各总体 $A_g(g=1,2,\cdots,G)$ 的概率分布密度函数 $f_g(\boldsymbol{X})$ 为已知，又知其先验概率为 p_g，在错分损失相等的前提下，可建立判别函数：

$$p_g f_g(\boldsymbol{X})\quad (g=1,2,\cdots,G) \tag{4.2.37}$$

如果：

$$p_h f_h(\boldsymbol{X})=\max_{1\leqslant g\leqslant G}[p_g f_g(\boldsymbol{X})] \tag{4.2.38}$$

则把个体 X_0 划归总体 A_h。

2. 正态总体的判别

在上述判别准则中，$f_g(\boldsymbol{X})$ 是任意的，不便于计算，而我们知道，大多气象要素变量的分布基本上满足(准)正态分布，因此，可假设各总体的分布是等协方差的，且遵从多元正态分布，对第 g 个总体 A_g，遵从正态分布 $N(\boldsymbol{\mu}^{(g)},\boldsymbol{\Sigma})$，其分布密度函数为：

$$f_g(\boldsymbol{X})=\frac{|\boldsymbol{\Sigma}^{-1}|^{1/2}}{(2\pi)^{m/2}}\exp\left[-\frac{1}{2}(\boldsymbol{X}-\boldsymbol{\mu}^{(g)})'\boldsymbol{\Sigma}^{-1}(\boldsymbol{X}-\boldsymbol{\mu}^{(g)})\right] \tag{4.2.39}$$

其中 $\boldsymbol{\Sigma}$ 为各总体的协方差阵：

$$\boldsymbol{\Sigma}=\begin{pmatrix}\sigma_{11} & \sigma_{12} & \cdots & \sigma_{1m}\\ \sigma_{21} & \sigma_{22} & \cdots & \sigma_{2m}\\ \vdots & \vdots & \vdots & \vdots\\ \sigma_{m1} & \sigma_{m2} & \cdots & \sigma_{mm}\end{pmatrix} \tag{4.2.40}$$

σ_{ij} 为因子 x_i 与 x_j 的协方差。$\boldsymbol{\Sigma}^{-1}$ 为 $\boldsymbol{\Sigma}$ 阵的逆矩阵，$|\boldsymbol{\Sigma}^{-1}|$ 为 $\boldsymbol{\Sigma}^{-1}$ 阵的行列式，$\boldsymbol{X}=(x_1,x_2,\cdots,x_m)'$ 是 m 维因子向量，$\boldsymbol{\mu}^{(g)}=(\mu_1^{(g)},\mu_2^{(g)},\cdots,\mu_m^{(g)})'$ 是第 g 个总体中 m 个因子的数学期望向量。

为了计算方便，将式(4.2.37)的最大问题转换为对数形式：

$$\ln[p_g f_g(\boldsymbol{X})]=\max \tag{4.2.41}$$

将式(4.2.39)代入上式，得：

$$\begin{aligned}\ln[p_g f_g(\boldsymbol{X})] &= \ln p_g + \ln[(2\pi)^{-\frac{m}{2}}|\boldsymbol{\Sigma}^{-1}|^{\frac{1}{2}}] - \frac{1}{2}(\boldsymbol{X}-\boldsymbol{\mu}^{(g)})'\boldsymbol{\Sigma}^{-1}(\boldsymbol{X}-\boldsymbol{\mu}^{(g)})\\ &= \ln p_g + \ln[(2\pi)^{-\frac{m}{2}}|\boldsymbol{\Sigma}^{-1}|^{\frac{1}{2}}] - \frac{1}{2}\boldsymbol{X}'\boldsymbol{\Sigma}^{-1}\boldsymbol{X}\\ &\quad + \frac{1}{2}\boldsymbol{X}'\boldsymbol{\Sigma}^{-1}\boldsymbol{\mu}^{(g)} + \frac{1}{2}[\boldsymbol{\mu}^{(g)}]'\boldsymbol{\Sigma}^{-1}\boldsymbol{X} - \frac{1}{2}[\boldsymbol{\mu}^{(g)}]'\boldsymbol{\Sigma}^{-1}\boldsymbol{\mu}^{(g)}\end{aligned}$$

根据协方差阵 $\boldsymbol{\Sigma}$ 的对称性，有：

$$\boldsymbol{X}'\boldsymbol{\Sigma}^{-1}\boldsymbol{\mu}^{(g)} = [\boldsymbol{\mu}^{(g)}]'\boldsymbol{\Sigma}^{-1}\boldsymbol{X}$$

则上式可简化为：

$$\begin{aligned}\ln[p_g f_g(\boldsymbol{X})] &= \ln p_g + \ln[(2\pi)^{-m/2}|\boldsymbol{\Sigma}^{-1}|^{1/2}] - \frac{1}{2}\boldsymbol{X}'\boldsymbol{\Sigma}^{-1}\boldsymbol{X}\\ &\quad + \boldsymbol{X}'\boldsymbol{\Sigma}^{-1}\boldsymbol{\mu}^{(g)} - \frac{1}{2}[\boldsymbol{\mu}^{(g)}]'\boldsymbol{\Sigma}^{-1}\boldsymbol{\mu}^{(g)}\end{aligned} \tag{4.2.42}$$

又因为我们只寻找 $p_g f_g(\boldsymbol{X})$ 随 g 变化的最大值，故上式中与 g 无关的项可当做常量而不加考虑。所以我们又据此引入与总体 A_g 有关的新的判别函数：

$$y^{(g)} = \ln p_g + \boldsymbol{X}'\boldsymbol{\Sigma}^{-1}\boldsymbol{\mu}^{(g)} - \frac{1}{2}[\boldsymbol{\mu}^{(g)}]'\boldsymbol{\Sigma}^{-1}\boldsymbol{\mu}^{(g)} \tag{4.2.43}$$

由于 $\boldsymbol{X}$ 遵从某个已知的正态分布 $N(\boldsymbol{\mu}^{(g)},\boldsymbol{\Sigma})$，故 $\boldsymbol{\mu}^{(g)},\boldsymbol{\Sigma}$ 为已知量，所以上式中的项 $\boldsymbol{\Sigma}^{-1}\boldsymbol{\mu}^{(g)}$ 及最后一项 $-\frac{1}{2}[\boldsymbol{\mu}^{(g)}]'\boldsymbol{\Sigma}^{-1}\boldsymbol{\mu}^{(g)}$ 为常数项。若令：

常向量：$\boldsymbol{C}^{(g)} = \boldsymbol{\Sigma}^{-1}\boldsymbol{\mu}^{(g)}, [\boldsymbol{C}^{(g)}]' = (c_1^{(g)}, c_2^{(g)}, \cdots, c_m^{(g)})$

常数项：$c_0^{(g)} = -\frac{1}{2}[\boldsymbol{\mu}^{(g)}]'\boldsymbol{\Sigma}^{-1}\boldsymbol{\mu}^{(g)}$

则判别函数 $y^{(g)}$ 可写为：

$$y^{(g)} = \ln p_g + c_0^{(g)} + [\boldsymbol{C}^{(g)}]'\boldsymbol{X} \tag{4.2.44}$$

或：

$$y^{(g)} = \ln p_g + c_0^{(g)} + c_1^{(g)}x_1 + c_2^{(g)}x_2 + \cdots + c_m^{(g)}x_m, \quad (g=1,2,\cdots,G) \tag{4.2.44$'$}$$

进行判别时，可把某一个体 $\boldsymbol{X}_0$ 代入上式，得到 G 个判别函数值。若：

$$y^{(h)}(\boldsymbol{X}_0) = \max_{1\leqslant g\leqslant G}\{y^{(g)}(\boldsymbol{X}_0)\} \tag{4.2.45}$$

则把 $\boldsymbol{X}_0$ 划归第 h 类。

上面讨论的是总体的情况。若对某具体抽样样本：有 m 个因子，容量为 n 的样本。根据预报对象分为 G 组，每组样本容量为：$n_1, n_2, \cdots, n_G$。m 个因子在不同组别的观测值为：$x_{ik}^{(g)}(i=\overline{1,m}, k=\overline{1,n_g}, g=\overline{1,G})$。若用样本值去估计总体分布的参数，则有：

$$\begin{cases}\hat{\boldsymbol{\mu}}^{(g)} = \overline{\boldsymbol{X}^{(g)}} = (\overline{x_1^{(g)}}, \overline{x_2^{(g)}}, \cdots, \overline{x_m^{(g)}})'\\ \hat{\boldsymbol{\Sigma}} = \dfrac{1}{n-G}\boldsymbol{S}\end{cases} \tag{4.2.46}$$

式中 $\boldsymbol{S}$ 见公式(4.2.10)。于是式(4.2.44)′中的系数的计算式为：

$$\begin{cases} \boldsymbol{C}^{(g)}=(n-G)\boldsymbol{S}^{-1}\overline{\boldsymbol{X}^{(g)}} \\ c_0^{(g)}=-\dfrac{n-G}{2}(\overline{\boldsymbol{X}^{(g)}})'\boldsymbol{S}^{-1}\overline{\boldsymbol{X}^{(g)}} \\ p_g=n_g/n \end{cases} \tag{4.2.47}$$

由这些系数建立 G 个判别函数，其表达式为：

$$y^{(g)}=\ln(n_g/n)+c_0^{(g)}+[\boldsymbol{C}^{(g)}]'\boldsymbol{X} \tag{4.2.48}$$

对任一个体 $\boldsymbol{X}_0$ 而言，若 $y^{(h)}(\boldsymbol{X}_0)=\max\limits_{1\leqslant g\leqslant G}\{y^{(g)}(\boldsymbol{X}_0)\}$，则 $\boldsymbol{X}_0$ 归属于第 h 类总体。

4.2.5.2　距离判别规则

根据判别函数的性质，我们可把 s 个判别函数看成是 s 个正交基底，它是由 m 维因子通过转换得到的。那么，s 个判别函数就构成了 s 维判别空间。而对于任一已知的因子观测资料样本 $\boldsymbol{X}_0=(x_{10},x_{20},\cdots,x_{m0})'$，将其代入 s 个判别函数中，就可得到 s 个判别函数值：$(y_{10},y_{20},\cdots,y_{s0})$，这 s 个值在 s 维判别空间中就是一个点，用向量形式表示为：$\boldsymbol{Y}_0=(y_{10},y_{20},\cdots,y_{s0})'$。

而对于 G 组中的任一类，如第 g 类中的任一样品点 $\boldsymbol{X}_k^{(g)}$，将其代入判别方程后，就能求出该样品点所对应的判别函数点 $y_k^{(g)}$，在 s 维判别空间中的坐标为：

$$(y_{1k}^{(g)},y_{2k}^{(g)},\cdots,y_{sk}^{(g)}) \tag{4.2.49}$$

或写成：

$$(\boldsymbol{C}'_1\boldsymbol{X}_k^{(g)},\boldsymbol{C}'_2\boldsymbol{X}_k^{(g)},\cdots,\boldsymbol{C}'_s\boldsymbol{X}_k^{(g)})$$

对于第 g 类而言，$k=\overline{1,n_g}$，即 g 类在 s 维判别空间中有 n_g 个点，由于属于同一类，具有相同的统计学特性，反映在抽象的 s 维判别空间中点与点之间的相互关系上，就是它们的距离较近，分布相对比较集中，所以对同一类在 s 维判别空间中的点集又称其为群集点。那么，对 G 类而言，各类判别函数点在 s 维判别空间中就构成了 G 组群集点。对每组(类)群集点而言，它都有一个重心(点)，该重心点所对应的 s 个判别函数值(s 个坐标)，就是所有(s 个)判别函数在该类中各自的平均值，即：

$$\overline{y_1^{(g)}}=\frac{1}{n_g}\sum_{k=1}^{n_g}y_{1k}^{(g)},\overline{y_2^{(g)}}=\frac{1}{n_g}\sum_{k=1}^{n_g}y_{2k}^{(g)},\cdots,\overline{y_s^{(g)}}=\frac{1}{n_g}\sum_{k=1}^{n_g}y_{sk}^{(g)} \tag{4.2.50}$$

该重心点的向量形式为：

$$\overline{\boldsymbol{Y}^{(g)}}=(\overline{y_1^{(g)}},\overline{y_2^{(g)}},\cdots,\overline{y_s^{(g)}})'\quad(g=\overline{1,G}) \tag{4.2.51}$$

这样，s 维判别空间中就有 G 个组别，每个组别都有一个重心点，我们只需把要判别的样品点放到该空间中，看看它距离哪个重心点比较近，就可判别该样品点来自哪类。在高维空间中，点与点之间的距离定义有多种数学方法，这在聚类分析中将会讲到，在此我们仅用欧氏距离来衡量，即任意两点间的距离用它们各自分量元素之差的平方和来表示。于是要判别的点 $\boldsymbol{Y}_0$ 与第 g 类重心点之间的距离为：

$$D_{0g} = \sum_{r=1}^{s} (y_{r0} - \overline{y_r^{(g)}})^2 \quad (g = \overline{1,G}) \tag{4.2.52}$$

或用向量表示为：

$$D_{0g} = (\boldsymbol{Y}_0 - \overline{\boldsymbol{Y}^{(g)}})'(\boldsymbol{Y}_0 - \overline{\boldsymbol{Y}^{(g)}}) \tag{4.2.52$'$}$$

若：

$$D_{0h} = \min_{1 \leqslant g \leqslant G} \{D_{0g}\} \tag{4.2.53}$$

则判别样本 $\boldsymbol{X}_0$ 所对应的 $\boldsymbol{Y}_0$ 属于第 h 组(类)。

为了计算方便,我们把上述的距离计算直接表示为因子(资料)的形式,因为：

$$\boldsymbol{Y}_0 = \boldsymbol{C}'\boldsymbol{X}_0, \quad \overline{\boldsymbol{Y}^{(g)}} = \boldsymbol{C}'\overline{\boldsymbol{X}^{(g)}}$$

其中：

$$\boldsymbol{C} = \begin{pmatrix} c_{11} & c_{12} & \cdots & c_{1s} \\ c_{21} & c_{22} & \cdots & c_{2s} \\ \vdots & \vdots & \vdots & \vdots \\ c_{m1} & c_{m2} & \cdots & c_{ms} \end{pmatrix}$$

向量 $\boldsymbol{C}$ 为 $\boldsymbol{S}^{-1}\boldsymbol{B}$ 矩阵的特征向量组成的列向量。所以：

$$D_{0g} = (\boldsymbol{C}'\boldsymbol{X}_0 - \boldsymbol{C}'\overline{\boldsymbol{X}^{(g)}})'(\boldsymbol{C}'\boldsymbol{X}_0 - \boldsymbol{C}'\overline{\boldsymbol{X}^{(g)}})$$

即：

$$D_{0g} = (\boldsymbol{X}_0 - \overline{\boldsymbol{X}^{(g)}})'\boldsymbol{C}\boldsymbol{C}'(\boldsymbol{X}_0 - \overline{\boldsymbol{X}^{(g)}}) \tag{4.2.54}$$

4.2.6　多级判别计算举例

利用 Fisher 准则建立多级判别函数并进行判别分类的具体计算步骤如下：

(1)准备阶段

首先根据预报量的分类选择适当的判别因子,然后通过预报量的类别将因子分为相应的组别,并计算各组因子的平均值 $\overline{x_i^{(g)}}$ 和总平均值 $\overline{x_i}$。

(2)建立判别函数

①计算因子的组内离差平方和(组内离差交叉积)阵 $\boldsymbol{S}$、组间离差平方和(组间离差交叉积)阵 $\boldsymbol{B}$ 及总离差平方和(离差交叉积)阵 $\boldsymbol{T}$。

②求矩阵 $\boldsymbol{S}^{-1}\boldsymbol{B}$ 的特征值($\lambda_1, \lambda_2, \cdots, \lambda_s$)及对应的特征向量 $\boldsymbol{C}_1, \boldsymbol{C}_2, , \boldsymbol{C}_s$。即根据附录 C 求解下列矩阵方程：

$$(\boldsymbol{B} - \lambda\boldsymbol{S})\boldsymbol{C} = 0$$

③检验各特征值的显著性,以便选择确定构作判别空间的判别函数个数,从而建立判别函数表达式(即判别方程)。

(3)计算各样品点与各组重心的距离,并进行判别分类

为了清楚上述步骤的算法,下面给出一个例子加以说明。

【例】已知某预报量分为三级,即 $G=3$,选择 4 个判别因子：x_1, x_2, x_3, x_4。样本容量 $n=17$,资料见表 4.5。

将表 4.5 整理,对应三类预报量,把因子分为三组,各组样本容量分别为：$n_1=7$,

$n_2=4, n_3=6$,见表 4.6。

表 4.5

$x_{ik}^{(g)}$ k	x_1	x_2	x_3	x_4	原分类
1	6	−11.5	19	90	1
2	−11	−18.5	25	−36	3
3	90.2	−17.2	17	3	2
4	−4	−15	13	54	1
5	0	−14	20	35	2
6	0.5	−11.5	19	37	3
7	−10	−19	21	−42	3
8	0	−23	5	−35	1
9	20	−22	8	−20	3
10	−100	−21.4	7	−15	1
11	−100	−21.5	15	−40	2
12	13	−17.2	18	2	2
13	−5	−18.5	15	18	1
14	10	−18	14	50	1
15	−8	−14	16	56	1
16	0.6	−13	26	21	3
17	−40	−20	22	−50	3

表 4.6

$x_{ik}^{(g)}$ k	k′	x_1	x_2	x_3	x_4	原分类
1	1	6	−11.5	19	90	1
4	2	−4	−15	13	54	1
8	3	0	−23	5	−35	1
10	4	−100	−21.4	7	−15	1
13	5	−5	−18.5	15	18	1
14	6	10	−18	14	50	1
15	7	−8	−14	16	56	1
3	1	90.2	−17.2	17	3	2
5	2	0	−14	20	35	2
11	3	−100	−21.5	15	−40	2
12	4	13	−17.2	18	2	2
2	1	−11	−18.5	25	−36	3
6	2	0.5	−11.5	19	37	3
7	3	−10	−19	21	−42	3
9	4	20	−22	8	−20	3
16	5	0.6	−13	26	21	3
17	6	−40	−20	22	−50	3

1. 计算四个因子的各组平均值$\overline{x_i^{(g)}}$和总平均值$\overline{x_i}$，结果见表 4.7。

表 4.7

因子		x_1	x_2	x_3	x_4
分类均值	1 类	−14.4	−17.3	12.7	31.1
	2 类	0.8	−17.4	17.5	0.0
	3 类	−6.7	−17.3	20.2	−15.0
总均值		−8.1	−17.36	16.5	7.5

2. 建立判别函数

(1)计算因子的总离差平方和阵 $\boldsymbol{T}$，例如求第一个因子的离差平方和：

$$
\begin{aligned}
t_{11} &= \sum_{g=1}^{3}\sum_{k=1}^{n_g}(x_{1k}^{(g)}-\overline{x_1})^2 = \sum_{k=1}^{17}(x_{1k}-\overline{x_1})^2 \\
&= (6+8.1)^2+(-11+8.1)^2+(90.2+8.1)^2+\cdots+(-40+8.1)^2 \\
&= 29652.3
\end{aligned}
$$

第一、第二因子的离差交叉积和元素 t_{12} 为：

$$
\begin{aligned}
t_{12} &= \sum_{g=1}^{3}\sum_{k=1}^{n_g}(x_{1k}^{(g)}-\overline{x_1})(x_{2k}^{(g)}-\overline{x_2}) \\
&= (6+8.1)(-11.5+17.36)+(-11+8.1)(-18.5+17.36) \\
&\quad +(90.2+8.1)(-17.0+17.36)+\cdots+(-40+8.1)(-20+17.36) \\
&= 898.1
\end{aligned}
$$

以此类推，可得到 $\boldsymbol{T}$ 阵中的各个元素：

$$
\boldsymbol{T}=\begin{pmatrix}
29652.3 & 898.1 & 654.5 & 9566.5 \\
898.1 & 215.5 & 193.6 & 1976.0 \\
654.5 & 193.6 & 558.2 & 283.8 \\
9566.5 & 1976.0 & 283.8 & 28070.2
\end{pmatrix}
$$

再计算组内离差平方和阵 $\boldsymbol{S}$ 中的第一及第二个元素：

$$
\begin{aligned}
s'_{11} &= \sum_{g=1}^{3}\sum_{k=1}^{n_g}(x_{1k}^{(g)}-\overline{x_1^{(g)}})^2 \\
&= (6+14.4)^2+(-4+14.4)^2+(0+14.4)^2+(-100+14.4)^2+(-5+14.4)^2 \\
&\quad +(10+14.4)^2+(-8+14.4)^2+(90.2-0.8)^2+(0-0.8)^2+(-100-0.8)^2 \\
&\quad +(13-0.8)^2+(-11+6.7)^2+(0.5+6.7)^2+(-10+6.7)^2+(20+6.7)^2 \\
&\quad +(0.6+6.7)^2+(-40+6.7)^2 \\
&= 29042.5
\end{aligned}
$$

$$
s'_{12} = \sum_{g=1}^{3}\sum_{k=1}^{n_g}(x_{1k}^{(g)}-\overline{x_1^{(g)}})(x_{2k}^{(g)}-\overline{x_2^{(g)}})
$$

$$
\begin{aligned}
&=(6+14.4)(-11.5+17.3)+(-4+14.4)(-15+17.3)\\
&\quad+(0+14.4)(-23+17.3)+(-100+14.4)(-21.4+17.3)\\
&\quad+(-5+14.4)(-18.5+17.3)+(10+14.4)(-18+17.3)\\
&\quad+(-8+14.4)(-14+17.3)+(90.2-0.8)(-17+14.4)\\
&\quad+(0-0.8)(-14+17.4)+(-100-0.8)(-21.5+17.4)\\
&\quad+(13-0.8)(-17.2+17.4)+(-11+6.7)(-18.5+17.3)\\
&\quad+(0.5+6.7)(-11.5+17.3)+(-10+6.7)(-19+17.3)\\
&\quad+(20+6.7)(-22+17.3)+(0.6+6.7)(-13+17.3)\\
&\quad+(-40+6.7)(-20+17.3)\\
&=901.0
\end{aligned}
$$

以此类推，可得到 $\boldsymbol{S}$ 阵中的各个元素：

$$
\boldsymbol{S}=\begin{pmatrix}
29042.5 & 901.0 & 419.3 & 11076.6\\
901.0 & 215.4 & 193.7 & 1974.8\\
419.3 & 193.7 & 373.3 & 1435.3\\
11076.6 & 1974.8 & 1435.3 & 20894.9
\end{pmatrix}
$$

由公式 $\boldsymbol{B}=\boldsymbol{T}-\boldsymbol{S}$，得组间离差平方和阵 $\boldsymbol{B}$：

$$
\boldsymbol{B}=\begin{pmatrix}
609.8 & -2.9 & 235.2 & -1510.1\\
-2.9 & 0.1 & -0.1 & 1.2\\
235.2 & -0.1 & 184.9 & -1151.5\\
-1510.1 & 1.2 & -1151.5 & 7175.3
\end{pmatrix}
$$

(2)求矩阵 $\boldsymbol{S}^{-1}\boldsymbol{B}$ 的特征值及对应的特征向量。即根据附录 C 求解下列矩阵方程：

$$(\boldsymbol{B}-\lambda\boldsymbol{S})\boldsymbol{C}=0$$

由于矩阵 $\boldsymbol{S}^{-1}\boldsymbol{B}$ 的秩是 $(G-1)$ 与 m 的最小值，即秩为 2。所以有两个非零特征值，解之，得：

$$\lambda_1=3.116,\lambda_2=0.0124$$

其对应的特征向量组成的列向量矩阵为：

$$
\boldsymbol{C}=\begin{pmatrix}
c_{11} & c_{12}\\
c_{21} & c_{22}\\
c_{31} & c_{32}\\
c_{41} & c_{42}
\end{pmatrix}=\begin{pmatrix}
0.0026 & -0.0061\\
0.1451 & 0.0285\\
0.0127 & 0.0065\\
-0.0183 & -0.0003
\end{pmatrix}
$$

(3)检验判别函数的显著性，即检验各特征值的显著性

对第一个判别函数 y_1：

$$\Lambda_1=\frac{1}{(1+\lambda_1)(1+\lambda_2)}=\frac{1}{(1+3.116)(1+0.0124)}\approx 0.240$$

$$\chi^2=-[17-\frac{4+3+2}{2}]\ln 0.240\approx 17.84$$

自由度 $\nu=m(G-1)=4\times(3-1)=8$，若 $\alpha=0.05$，查表得 $\chi^2_{0.05}(8)=15.507$，故 $\chi^2=17.84>\chi^2_{0.05}(8)=15.507$，即第一个判别函数显著。

对第二个判别函数 y_1：

$$\Lambda_2=\frac{1}{1+\lambda_2}=\frac{1}{1+0.0124}\approx 0.988$$

$$\chi^2=-\left[17-\frac{4+3+2}{2}\right]\ln 0.988\approx 0.15$$

自由度 $\nu=(m-1)(G-2)=(4-1)\times(3-2)=3$，若 $\alpha=0.05$，查表得 $\chi^2_{0.05}(3)=7.8$，故 $\chi^2=0.15$，$\chi^2_{0.05}(3)=7.8$，即第二个判别函数不显著。

事实上，第一特征值占矩阵 $\boldsymbol{S}^{-1}\boldsymbol{B}$ 迹(即对角线元素之和)的百分率为：

$$\frac{\lambda_1}{\lambda_1+\lambda_2}=\frac{3.116}{3.116+0.0124}=99.6\%$$

由此可见，第二特征值的作用可以略去不计，故仅取第一特征值即可，从而得到我们所需要的判别函数：

$$y_1=0.0026x_1+0.1451x_2+0.0127x_3-0.0183x_4$$

3. 计算每一样品点与各组判别函数重心之间的距离

例如计算第一个样品点与第一组判别函数重心的距离。记第一个样品点向量为 $\boldsymbol{X}_1$，第一类均值向量为$\overline{\boldsymbol{X}^{(1)}}$，则有：

$$\boldsymbol{X}_1-\overline{\boldsymbol{X}^{(1)}}=\begin{pmatrix}6\\-11.5\\19\\90\end{pmatrix}-\begin{pmatrix}-14.4\\-17.3\\12.7\\31.1\end{pmatrix}=\begin{pmatrix}20.4\\5.8\\6.3\\58.9\end{pmatrix}$$

$$D_{11}=(\boldsymbol{X}_1-\overline{\boldsymbol{X}^{(1)}})'\boldsymbol{C}_1\boldsymbol{C}'_1(\boldsymbol{X}_1-\overline{\boldsymbol{X}^{(1)}})$$

$$=(2.04\quad 5.8\quad 6.3\quad 58.9)\begin{pmatrix}0.0026\\0.1451\\0.0127\\-0.0183\end{pmatrix}(0.0026\quad 0.1451\quad 0.0127\quad -0.0183)\begin{pmatrix}20.4\\5.8\\6.3\\58.9\end{pmatrix}$$

$$=0.009$$

然后再求该样品点与第二组重心间的距离：

$$D_{12}=(\boldsymbol{X}_1-\overline{\boldsymbol{X}^{(2)}})'\boldsymbol{C}_1\boldsymbol{C}'_1(\boldsymbol{X}_1-\overline{\boldsymbol{X}^{(2)}})=0.57$$

最后求：
$$D_{13}=(\boldsymbol{X}_1-\overline{\boldsymbol{X}^{(3)}})'\boldsymbol{C}_1\boldsymbol{C}'_1(\boldsymbol{X}_1-\overline{\boldsymbol{X}^{(3)}})=1.12$$

其余各样品点的计算与上述计算类似，从而得到所有样品点与各组重心的距离，其结果见表 4.8。据此对各样品点所对应的预报对象进行判别分类，从表中可知，仅有两例与原始分类不同。

表 4.8

样品	D_1	D_2	D_3	y
1	0.01	0.57	1.12	1
2	1.50	0.32	0.07	3
3	0.80	0.06	0.01	3×
4	0.00	0.50	1.01	1
5	0.30	0.01	0.17	2
6	0.74	0.04	0.01	3
7	1.47	0.31	0.07	3
8	0.10	0.11	0.40	1
9	0.08	0.14	0.45	1×
10	0.00	0.49	1.01	1
11	0.25	0.03	0.21	2
12	0.48	0.00	0.07	2
13	0.02	0.28	0.70	1
14	0.13	1.04	1.73	1
15	0.01	0.32	0.76	1
16	1.05	0.13	0.01	3
17	1.32	0.24	0.04	3

4.3 逐步判别

正如回归分析一样，由于判别因子间存在相关关系，判别方程的判别效果不会因为因子数量的不断增加而越来越好，甚至会导致判别效果的下降，为此必须通过筛选因子来建立所谓的最佳判别方程，使得在因子数目不太多的情况下，方程也有比较显著的判别效果。借助于逐步回归的思想，逐步判别的基本做法是：通过对因子的逐个筛选建立起最优判别方程。逐步判别的计算步骤和方法，和逐步回归完全相似。不同的是，判别分析中衡量因子重要性的标准不是对预报对象的方差贡献，而是各因子对不同类别总体分辨能力的标准问题，这是逐步判别中的最基本问题。

4.3.1 单因子的判别能力及其显著性检验

和逐步回归一样，逐步判别的因子也是逐个进出的。因此，我们先假设在判别方程中已进入 l 个因子，然后考虑在余下的 $m-l$ 个因子中是否可以选择第 k 个因子进入方程，而衡量其能否进入判别方程的原则就是其判别能力贡献是否显著。

4.3.1.1　判别贡献及其检验统计量

上一节中我们讲过，衡量判别方程的判别效果是用 Λ 统计量。对含 l 个因子的判别方程，其判别效果统计量为：

$$\Lambda_l = |\boldsymbol{S}_l| / |\boldsymbol{T}_l| \tag{4.3.1}$$

式中 $\boldsymbol{S}_l$、$\boldsymbol{T}_l$ 分别为 l 个因子组内离差交叉积阵与总离差交叉积阵，都是 l 阶方阵。Λ_l 愈小，表明该方程(l 个因子)的总判别效果愈好，总判别能力愈强。

当在原 l 个因子的方程中引入因子 x_k 后，方程中就含有$(l+1)$个因子，则新方程的判别效果统计量为：

$$\Lambda_{l+1} = |\boldsymbol{S}_{l+1}| / |\boldsymbol{T}_{l+1}| \tag{4.3.2}$$

式中 $\boldsymbol{S}_{l+1}$、$\boldsymbol{T}_{l+1}$ 分别为$(l+1)$个因子的组内的、总的离差交叉积阵，都是$(l+1)$阶方阵。而实际上，$(l+1)$个因子的判别效果统计量 Λ_{l+1} 与 l 个因子的判别效果统计量 Λ_l 有如下关系：

$$\Lambda_{l+1} = \Lambda_l \cdot \Lambda_{k|l} \tag{4.3.3}$$

其中：

$$\Lambda_{k|l} = s_{kk}^{(l)} / t_{kk}^{(l)} \tag{4.3.4}$$

$\Lambda_{k|l}$ 表示方程含有 l 个因子条件下，假如引进 x_k 后对 G 类总体原判别能力的影响程度，简称为判别贡献。根据 Λ_l 的性质，其值愈小愈好，显然，$\Lambda_{k|l}$ 的值也是愈小愈好。因此，$\Lambda_{k|l}$ 可作为衡量单个因子判别能力的量度。它相当于回归分析中单因子的方差贡献，但在数值量度上却是相反的。

下面就来证明式(4.3.3)及式(4.3.4)，并给出其中各项的数学表达式。

我们可以对$(l+1)$阶方阵 $\boldsymbol{S}_{l+1}$ 进行分块降阶，找出它与 $\boldsymbol{S}_l$ 在数学上的相互关系。根据 $\boldsymbol{S}_{l+1}$ 为组内离差交叉积阵的定义，有：

$$\boldsymbol{S}_{l+1} = \begin{bmatrix} \boldsymbol{S}_l & \boldsymbol{S}_{lk} \\ \boldsymbol{S}_{kl} & s_{kk} \end{bmatrix} \tag{4.3.5}$$

其中：$\boldsymbol{S}_{lk}$ 为一向量，它表示为：

$$\boldsymbol{S}_{lk} = (s_{1k}, s_{2k}, \cdots, s_{lk})' = \boldsymbol{S}'_{kl} \tag{4.3.6}$$

s_{lk} 表示第 l 个因子与第 k 个因子的组内离差交叉积，即：

$$\begin{cases} s_{lk} = \sum\limits_{g=1}^{G} \sum\limits_{i=1}^{n_g} (x_{ki}^{(g)} - \overline{x_k^{(g)}})(x_{li}^{(g)} - \overline{x_l^{(g)}}) \\ s_{kk} = \sum\limits_{g=1}^{G} \sum\limits_{i=1}^{n_g} (x_{ki}^{(g)} - \overline{x_k^{(g)}})^2 \end{cases} \tag{4.3.7}$$

根据分块矩阵，我们有：

$$\begin{pmatrix} \boldsymbol{I}_l & 0 \\ -\boldsymbol{S}_{kl}\boldsymbol{S}_l^{-1} & 1 \end{pmatrix}\begin{pmatrix} \boldsymbol{S}_l & \boldsymbol{S}_{lk} \\ \boldsymbol{S}_{kl} & s_{kk} \end{pmatrix}=\begin{pmatrix} \boldsymbol{S}_l & \boldsymbol{S}_{lk} \\ 0 & s_{kk}-\boldsymbol{S}_{kl}\boldsymbol{S}_l^{-1}\boldsymbol{S}_{lk} \end{pmatrix} \tag{4.3.8}$$

对上式两边分块矩阵取行列式，有：

$$\begin{vmatrix} \boldsymbol{I}_l & 0 \\ -\boldsymbol{S}_{kl}\boldsymbol{S}_l^{-1} & 1 \end{vmatrix}\begin{vmatrix} \boldsymbol{S}_l & \boldsymbol{S}_{lk} \\ \boldsymbol{S}_{kl} & s_{kk} \end{vmatrix}=\begin{vmatrix} \boldsymbol{S}_l & \boldsymbol{S}_{lk} \\ 0 & s_{kk}-\boldsymbol{S}_{kl}\boldsymbol{S}_l^{-1}\boldsymbol{S}_{lk} \end{vmatrix} \tag{4.3.9}$$

又：$\begin{vmatrix} \boldsymbol{I}_l & 0 \\ -\boldsymbol{S}_{kl}\boldsymbol{S}_l^{-1} & 1 \end{vmatrix}=1,\quad \begin{vmatrix} \boldsymbol{S}_l & \boldsymbol{S}_{lk} \\ \boldsymbol{S}_{kl} & s_{kk} \end{vmatrix}=|\boldsymbol{S}_{l+1}|$

故有：
$$|\boldsymbol{S}_{l+1}|=|\boldsymbol{S}_l|\,|s_{kk}-\boldsymbol{S}_{kl}\boldsymbol{S}_l^{-1}\boldsymbol{S}_{lk}|=|\boldsymbol{S}_l|(s_{kk}-\boldsymbol{S}_{kl}\boldsymbol{S}_l^{-1}\boldsymbol{S}_{lk}) \tag{4.3.10}$$

若令：
$$s_{kk}^{(l)}=s_{kk}-\boldsymbol{S}_{kl}\boldsymbol{S}_l^{-1}\boldsymbol{S}_{lk} \tag{4.3.11}$$

则得：
$$|\boldsymbol{S}_{l+1}|=|\boldsymbol{S}_l|\,s_{kk}^{(l)} \tag{4.3.12}$$

同理，我们可推导出：

$$|\boldsymbol{T}_{l+1}|=|\boldsymbol{T}_l|\,t_{kk}^{(l)} \tag{4.3.13}$$

其中：
$$t_{kk}^{(l)}=t_{kk}-\boldsymbol{T}_{kl}\boldsymbol{T}_l^{-1}\boldsymbol{T}_{lk} \tag{4.3.14}$$

将上述公式代入式(4.3.2)中，有：

$$\Lambda_{l+1}=\frac{|\boldsymbol{S}_{l+1}|}{|\boldsymbol{T}_{l+1}|}=\frac{|\boldsymbol{S}_l|}{|\boldsymbol{T}_l|}\frac{s_{kk}^{(l)}}{t_{kk}^{(l)}}=\Lambda_l\Lambda_{k\mid l}$$

既然 $\Lambda_{k\mid l}$ 反映了待选的单个因子 x_k 的判别能力，那么，这种判别能力是否显著，能否进行统计检验？可以证明，$\Lambda_{k\mid l}$ 也是一个 Λ 统计量，在 G 个总体数学期望相同的假设条件下，即：

$$H_0:\boldsymbol{\mu}_{1\mid l}=\boldsymbol{\mu}_{2\mid l}=\cdots=\boldsymbol{\mu}_{G\mid l}$$

或用向量形式表示为：

$$\begin{pmatrix} \mu_{1\mid l}^{(1)} \\ \mu_{2\mid l}^{(1)} \\ \cdots \\ \mu_{l+1\mid l}^{(1)} \end{pmatrix}=\begin{pmatrix} \mu_{1\mid l}^{(2)} \\ \mu_{2\mid l}^{(2)} \\ \cdots \\ \mu_{l+1\mid l}^{(2)} \end{pmatrix}=\cdots=\begin{pmatrix} \mu_{1\mid l}^{(G)} \\ \mu_{2\mid l}^{(G)} \\ \cdots \\ \mu_{l+1\mid l}^{(G)} \end{pmatrix}$$

上述的 $\boldsymbol{\mu}_{g\mid l}$ 是第 g 类总体[$(l+1)$维]在 $x_1,x_2,\cdots,x_l$ 因子已引进给定时，由 x_k(即 x_{l+1})所判别的条件分布的数学期望向量。当假设成立时，说明因子 x_k 对 G 类总体的判别能力不显著，故 x_k 不能引入判别方程；反之，则说明 x_k 的判别能力显著，应该引入方程。在检验计算过程中，为避开 Λ 分布函数的计算，也仿照式(4.2.22)建立与 $\Lambda_{k\mid l}$ 等价的 $\boldsymbol{F}$ 统计量：

$$F=\frac{1-\Lambda_{k\mid l}}{\Lambda_{k\mid l}}\cdot\frac{n-G-l}{G-1} \tag{4.3.15}$$

遵从分子自由度为 $G-1$，分母自由度为 $n-G-1$ 的 F 分布。在实际计算时常将 $\Lambda_{k\mid l}$ 的表达式代入，为：

$$F=\frac{t_{kk}^{(l)}-s_{kk}^{(l)}}{s_{kk}^{(l)}}\cdot\frac{n-G-l}{G-1} \tag{4.3.16}$$

和逐步回归类似，在 l 个因子的判别方程中，除了刚引进的那个因子外，还要检查原先引进的 $l-1$ 个因子中的任意一个因子 x_k，在剩下的其余 $l-1$ 个因子的方程条件下，其判别能力的显著性。此时，检验因子 x_k 判别能力显著性的统计量公式为：

$$\Lambda_l=\Lambda_{l-1}\cdot\Lambda_{k\mid l-1} \tag{4.3.17}$$

其中 k 是判别方程中 l 个因子里需要考虑剔除的因子下标。Λ_{l-1} 为除去因子 x_k 后剩下的 $l-1$ 个因子的新方程对应的 Λ 值，$\Lambda_{k\mid l-1}$ 表示在 $l-1$ 个因子条件下，引进 x_k 时对 Λ_{l-1} 的影响程度，它反映了因子 x_k 在 l 个因子的判别方程中的判别能力。

式(4.3.17)的证明过程类似于式(4.3.12)、式(4.3.13)，我们得到：

$$\begin{cases}|\boldsymbol{S}_l|=|\boldsymbol{S}_{l-1}|\,s_{kk}^{(l-1)}\\ |\boldsymbol{T}_l|=|\boldsymbol{T}_{l-1}|\,t_{kk}^{(l-1)}\end{cases} \tag{4.3.18}$$

其中：

$$\begin{cases}s_{kk}^{(l-1)}=s_{kk}-\boldsymbol{S}_{k,l-1}\boldsymbol{S}_{l-1}^{-1}\boldsymbol{S}_{l-1,k}\\ t_{kk}^{(l-1)}=t_{kk}-\boldsymbol{T}_{k,l-1}\boldsymbol{T}_{l-1}^{-1}\boldsymbol{T}_{l-1,k}\end{cases} \tag{4.3.19}$$

将上述公式代入式(4.3.1)中，有：

$$\Lambda_l=\frac{|\boldsymbol{S}_l|}{|\boldsymbol{T}_l|}=\frac{|\boldsymbol{S}_{l-1}|\,s_{kk}^{(l-1)}}{|\boldsymbol{T}_{l-1}|\,t_{kk}^{(l-1)}}=\Lambda_{l-1}\frac{s_{kk}^{(l-1)}}{t_{kk}^{(l-1)}} \tag{4.3.20}$$

若令：

$$\Lambda_{k\mid l-1}=\frac{s_{kk}^{(l-1)}}{t_{kk}^{(l-1)}} \tag{4.3.21}$$

则得到式(4.3.17)。

通过比较式(4.3.4)与式(4.3.21)不难发现，它们在形式上完全一样。但通过对式(4.3.20)的进一步分析后我们发现它们有着完全不一样的物理意义：对同一个方程 Λ_l 是相同的，而要求剔除因子后 Λ_{l-1} 变小，则 $\Lambda_{k\mid l-1}$ 就必须增加，这与引进因子时对被考虑因子的要求恰好相反；而且，对不同的因子，其针对的 $l-1$ 个因子也是不完全一样的，引进时则不一样，对不同的因子，其针对的 l 个因子是完全一样的。为了加以区别，将引进时的统计量写为 $\Lambda_{1k\mid l}$，剔除时的统计量写为 $\Lambda_{2k\mid l}$。此外，在每考虑剔除一个因子时，都要计算式(4.3.19)中的量，不难看出，其计算量还是较大的，也很麻烦，为此，有必要给出一个简单的实用公式。容易证明：

$$\Lambda_{2k\mid l-1}=\frac{s_{kk}^{(l-1)}}{t_{kk}^{(l-1)}}=\frac{t_{kk}^{(l)}}{s_{kk}^{(l)}} \tag{4.3.22}$$

在类似的假设条件：$H_0:\boldsymbol{\mu}_{1\mid l-1}=\boldsymbol{\mu}_{2\mid l-1}=\cdots=\boldsymbol{\mu}_{G\mid l-1}$ 下，对统计量 $\Lambda_{2k\mid l-1}$ 的检验的 $\boldsymbol{F}$ 统计量为：

$$F_{2k}=\frac{1-\Lambda_{2k\mid l-1}}{\Lambda_{2k\mid l-1}}\cdot\frac{n-G-(l-1)}{G-1} \tag{4.3.23}$$

或：
$$F_{2k}=\frac{s_{kk}^{(l)}-t_{kk}^{(l)}}{t_{kk}^{(l)}}\cdot\frac{n-G-(l-1)}{G-1} \tag{4.3.23$'$}$$

遵从分子自由度 $G-1$，分母自由度为 $(n-G-2)$ 的 F 分布。

4.3.1.2　判别贡献 Λ 的具体计算

无论是考察整个方程的判别能力还是某个因子对方程判别能力的贡献，均需作 Λ 统计量的计算。利用线性方程求解求逆紧凑方案公式进行计算，可以起到既节省存储空间，又减少计算量，方便省时。

回顾一下逐步回归，在筛选因子过程中，我们只需通过求解求逆紧凑方案得到正规方程组系数阵增广矩阵在某一步的解与逆（中间结果）即可实现引进或剔除因子的目的。而对于判别分析，我们发现其预报对象是隐含的，主要分析的对象是判别因子的分布（对预报对象分类的影响），逐步判别关注的则是 m 个因子中的若干个不同因子的组合所对应的分布对分类结果的影响。它不仅要分析 m 个因子间的相互关系，即因子的总离差交叉积矩阵 $\boldsymbol{T}$（相当于回归分析中的正规方程组系数矩阵），还要研究因子的组内离差交叉积矩阵 $\boldsymbol{S}$，以及它们在因子筛选过程中的变化。但它们也有共同点，就是我们所得到的中间过渡方程（组）永远都是由部分因子组成的原方程的子方程（组），而不同系数矩阵所对应的各种逆也都是原矩阵中的子矩阵所对应的逆。

(1)为了更直观地理解引进与剔除因子的过程及其中的统计量与求解求逆紧凑方案中公式之间的相互关系，我们以 3×3 的矩阵为例，用消去法计算行列式值的过程来加以说明：

$$|\boldsymbol{S}_3|=\begin{vmatrix} s_{11} & s_{12} & s_{13}\\ s_{21} & s_{22} & s_{23}\\ s_{31} & s_{32} & s_{33}\end{vmatrix}$$

$$|\boldsymbol{S}_3|=s_{11}\begin{vmatrix} 1 & \frac{s_{12}}{s_{11}} & \frac{s_{13}}{s_{11}}\\ 0 & s_{22}-\frac{s_{21}s_{12}}{s_{11}} & s_{23}-\frac{s_{21}s_{13}}{s_{11}}\\ 0 & s_{32}-\frac{s_{31}s_{12}}{s_{11}} & s_{33}-\frac{s_{31}s_{13}}{s_{11}}\end{vmatrix}=s_{11}\begin{vmatrix} 1 & s_{12}^{(1)} & s_{13}^{(1)}\\ 0 & s_{22}^{(1)} & s_{23}^{(1)}\\ 0 & s_{32}^{(1)} & s_{33}^{(1)}\end{vmatrix}$$

然后作第二列消去，并把 $s_{22}^{(1)}$ 提出行列式之外，有：

$$|\boldsymbol{S}_3|=s_{11}s_{22}^{(1)}\begin{vmatrix} 1 & 0 & s_{13}^{(1)}-\frac{s_{12}^{(1)}s_{23}^{(1)}}{s_{22}^{(1)}}\\ 0 & 1 & \frac{s_{23}^{(1)}}{s_{22}^{(1)}}\\ 0 & 0 & s_{33}^{(1)}-\frac{s_{32}^{(1)}s_{23}^{(1)}}{s_{22}^{(1)}}\end{vmatrix}=s_{11}s_{22}^{(1)}\begin{vmatrix} 1 & 0 & s_{13}^{(2)}\\ 0 & 1 & s_{23}^{(2)}\\ 0 & 0 & s_{33}^{(2)}\end{vmatrix}$$

最后作第三列消去，并把 $s_{33}^{(2)}$ 提出行列式之外，有：

$$|\boldsymbol{S}_3|=s_{11}s_{22}^{(1)}s_{33}^{(2)}\begin{vmatrix}1&0&0\\0&1&0\\0&0&1\end{vmatrix}=s_{11}s_{22}^{(1)}s_{33}^{(2)}$$

不难得到：

$$|\boldsymbol{S}_3|=s_{11}s_{22}^{(1)}s_{33}^{(2)}=s_{33}s_{22}^{(1)}s_{11}^{(2)}=s_{11}s_{33}^{(1)}s_{22}^{(2)}=s_{22}s_{33}^{(1)}s_{11}^{(2)}=\cdots$$

而其中的 $s_{kk}^{(l)}$ 由求解求逆紧凑方案公式给出，如对于 $|\boldsymbol{S}_3|=s_{11}s_{33}^{(1)}s_{22}^{(2)}$，有：

$$s_{33}^{(1)}=s_{33}^{(0)}-s_{31}^{(0)}s_{13}^{(0)}/s_{11}^{(0)}, s_{22}^{(2)}=s_{22}^{(1)}-s_{23}^{(1)}s_{32}^{(1)}/s_{33}^{(1)}$$

且：

$$s_{22}^{(1)}=s_{22}^{(0)}-s_{21}^{(0)}s_{12}^{(0)}/s_{11}^{(0)}, s_{23}^{(1)}=s_{23}^{(0)}-s_{21}^{(0)}s_{13}^{(0)}/s_{11}^{(0)}, s_{32}^{(1)}=s_{32}^{(0)}-s_{31}^{(0)}s_{12}^{(0)}/s_{11}^{(0)}$$

又如 $|\boldsymbol{S}_3|=s_{22}s_{33}^{(1)}s_{11}^{(2)}$，有：

$$s_{33}^{(1)}=s_{33}^{(0)}-s_{32}^{(0)}s_{23}^{(0)}/s_{22}^{(0)}, s_{11}^{(2)}=s_{11}^{(1)}-s_{13}^{(1)}s_{31}^{(1)}/s_{33}^{(1)}$$

且：

$$s_{11}^{(1)}=s_{11}^{(0)}-s_{12}^{(0)}s_{21}^{(0)}/s_{22}^{(0)}, s_{13}^{(1)}=s_{13}^{(0)}-s_{12}^{(0)}s_{23}^{(0)}/s_{22}^{(0)}, s_{31}^{(1)}=s_{31}^{(0)}-s_{32}^{(0)}s_{23}^{(0)}/s_{22}^{(0)}$$

(2)引入因子判别贡献的计算。设判别方程中已进入 l 个因子，计算余下的 $m-l$ 个因子对进入方程时的贡献能力大小公式为：

$$\Lambda_{l+1}=\Lambda_l\cdot\Lambda_{k|l}=\Lambda_l\cdot\frac{s_{kk}^{(l)}}{t_{kk}^{(l)}}\quad(k=l+1,l+2,\cdots,m)\tag{4.3.24}$$

其中：

$$\Lambda_l=\frac{s_{11}^{(0)}s_{22}^{(1)}\cdots s_{ll}^{(l-1)}}{t_{11}^{(0)}t_{22}^{(1)}\cdots t_{ll}^{(l-1)}}\tag{4.3.25}$$

由此可见，在逐步判别中每步仅需计算当步矩阵中的元素即可。

(3)剔除时单因子判别能力的计算。剔除因子的过程与逐步回归一样，剔除因子后的逆矩阵及相应的行列式值无需再从头计算，只需用 L 方案对因子所在的列再进行一次变换即可。因为对相邻的两次变换，从第 $l+1$ 步要剔除的因子 x_k 是在第 $l-1$ 步时引入的，如果在第 $l+1$ 步时对第 k 列进行消去计算，容易证明消去后的矩阵中的元素与第 $l-1$ 步时完全一样，就好像 x_k 从未被引入过一样，即具有可逆性。这样，在引进和剔除时，单因子判别能力的计算就应该具有可逆性，它们的计算公式也应当是一种互逆运算形式，即互为倒数，见公式(4.3.22)。当然在实际计算中不会出现刚被引进的因子又马上被剔除的现象，且由于计算机的截断误差的关系，矩阵经过引进再剔除的计算后矩阵中的元素的数值，一般不可能完全恢复到没有经过变换前的数值状态。

对逐步判别的中间结果而言，由于我们所得到的中间过渡方程(组)永远都是由部分因子组成的原方程的子方程(组)，且其解唯一，而不同系数矩阵所对应的各种逆也都是原矩阵中的子矩阵所对应的逆，也满足唯一性。所以无论对哪一个因子而言，也无论它在哪一步引进，又在哪一步被剔除，对其被剔除的该步结果即不含该因子的该步方程而言，由线性代数可知其解具有唯一性。既然如此，对某个因子来说，将其引进了再剔除或剔除了再引进，虽然不是在相邻的两步变换，但都不会影响我们所需要的结果。

4.3.2 逐步判别的基本思想及其计算过程

4.3.2.1 基本思想

与逐步回归相似，它是以各因子的判别能力大小为标准，并通过 **F** 检验，将其中判别能力显著的因子逐个引入判别方程；且在某阶段起，每引入新因子前都要对已经进入方程中的各因子逐个检验其显著性，当发现有某个因子由于新因子的引入而变得不显著时，就将其剔除，直至判别方程中只剩下判别能力都显著的因子为止，才考虑下一个因子的引进。这种筛选过程一直到所有可供选择的因子中既无引进，又无剔除为止。

4.3.2.2 挑选因子的过程

(1)对所有待选因子分别计算 Λ 值：

$$\Lambda_{1k\mid 0}=\frac{|\boldsymbol{S}_1|}{|\boldsymbol{T}_1|}=\frac{s_{kk}^{(0)}}{t_{kk}^{(0)}}\quad (k=1,2,\cdots,m)$$

其中 $|\boldsymbol{T}_1|$、$|\boldsymbol{S}_1|$ 表示仅一个因子的总离差交叉积阵与组内离差交叉积阵的行列式。

挑选 $\Lambda_{1k\mid 0}(k=1,2,\cdots,m)$ 中的最小值者进行 F 检验，若显著，就作为首选因子进入判别方程。

(2)设第一步已选入因子为 x_1。在除 x_1 以外的待选因子 $x_k(k\neq 1)$ 的判别贡献：

$$\Lambda_{1k\mid 1}=\frac{s_{kk}^{(1)}}{t_{kk}^{(1)}}\quad (k=2,3,\cdots,m)$$

中挑选最小者进行 F 检验，若显著，就作为第二因子进入判别方程。

如此下去，一直进行到第 l 步(一般 $l=3$)时，才考虑判别方程中因子的剔除。设已选中因子为：$x_1,x_2,\cdots,x_l$。在第 $l+1$ 步时，计算方程中所有因子在考虑剔除时的判别能力：

$$\Lambda_{2k\mid 1}=\frac{t_{kk}^{(l)}}{s_{kk}^{(l)}}\quad (k=1,2,\cdots,l)$$

找出其中的最大者进行剔除检验，若不显著，就对 $\boldsymbol{T}_l$、$\boldsymbol{S}_l$ 应用求解求逆紧凑方案，对该因子所对应的列进行变换，得到下一步矩阵，在该矩阵中不显著的因子已被剔除。在剩下的因子中继续剔除检验，直至方程中所有的因子都显著为止。

4.3.2.3　逐步判别的计算步骤与举例

(一)计算步骤

将 m 个待选入判别方程的因子,根据预报量 G 个类别分成 G 组,其中第 g 组的样本容量为 n_g,总样本容量 $n=\sum_{g=1}^{G}n_g$。因子的观测数据为:

$$x_{ki}^{(g)}\quad(k=\overline{1,n_g},i=\overline{1,m},g=\overline{1,G})$$

计算步骤共分为三个阶段进行:

(1)第一阶段:准备工作

①计算各组因子的平均值和总平均值

$$\overline{x_i^{(g)}}=\frac{1}{n_g}\sum_{k=1}^{n_g}x_{ki}^{(g)}\quad(i=\overline{1,m};g=\overline{1,G})$$

$$\overline{x_i}=\frac{1}{n}\sum_{g=1}^{G}\sum_{k=1}^{n_g}x_{ki}^{(g)}\quad(i=\overline{1,m})$$

②计算组内离差交叉积阵 $\boldsymbol{S}^{(0)}$ 和总离差交叉积阵 $\boldsymbol{T}^{(0)}$,其中元素为:

$$s_{ij}^{(0)}=\sum_{g=1}^{G}\sum_{k=1}^{n_g}[x_{ki}^{(g)}-\overline{x_i^{(g)}}][x_{kj}^{(g)}-\overline{x_j^{(g)}}]$$

$$t_{ij}^{(0)}=\sum_{g=1}^{G}\sum_{k=1}^{n_g}(x_{ki}^{(g)}-\overline{x_i})(x_{kj}^{(g)}-\overline{x_j})$$

(2)第二阶段:逐步计算

假设已计算了 l 步(包括 $l=0$),判别方程中已引进了 l 个因子,则在第 $l+1$ 步的计算时的计算内容有:

①计算出全部因子的判别能力:

若 x_k 是未进入方程的因子,则计算:

$$\Lambda_{k\mid l}=s_{kk}^{(l)}/t_{kk}^{(l)}\tag{4.3.26}$$

若 x_k 是已选入方程的因子,则计算:

$$\Lambda_{k\mid l-1}=t_{kk}^{(l)}/s_{kk}^{(l)}\tag{4.3.27}$$

②首先,在已选因子中考虑可能被剔除的最不显著的因子,这时从已选因子中寻找最大的 $\Lambda_{2i\mid p-1}=\max\limits_{k\in p}\{\Lambda_{2k\mid p-1}\}$,并对 $\Lambda_{2i\mid p-1}$ 作 F 检验:

$$F_{2i}=\frac{1-\Lambda_{2i\mid p-1}}{\Lambda_{2i\mid p-1}}\cdot\frac{n-G-(p-1)}{G-1}\tag{4.3.28}$$

或:

$$F_{2i}=\frac{s_{ii}^{(l)}-t_{ii}^{(l)}}{t_{ii}^{(l)}}\cdot\frac{n-G-(p-1)}{G-1}\tag{4.3.28$'$}$$

若 $F_{2i}<F_\alpha$,则应将 x_i 从判别方程中剔除,即可以用求解求逆紧凑方案公式对 $\boldsymbol{T}_l$、$\boldsymbol{S}_l$

阵的第 i 列作消去变换;在变换结果中便不再含有因子 x_i。若 $F_{2i}>F_\alpha$,则不能将 x_i 剔除。

将此过程连续循环下去,直至判别方程中不再含有不显著的因子为止,然后才考虑下一个因子的引进。

③在待选因子(包括从方程中被剔除的因子,最后一个被剔除的不在此列)中考虑引进最显著的因子。计算待选因子引进时的判别能力 $\Lambda_{1k|p}$,并找出其中最小者 $\Lambda_{1j|p}$:

$$\Lambda_{1j|p}=\min_{k\notin p}\{\Lambda_{1k|p}\}$$

并对其作 F 检验:

$$F_{1j}=\frac{1-\Lambda_{1j|p}}{\Lambda_{1j|p}}\cdot\frac{n-G-p}{G-1} \tag{4.3.29}$$

或:

$$F_{1j}=\frac{t_{jj}^{(l)}-s_{jj}^{(l)}}{s_{jj}^{(l)}}\cdot\frac{n-G-p)}{G-1} \tag{4.3.29$'$}$$

若 $F_{1j}>F_\alpha$,则可以将 x_j 引进判别方程,即用求解求逆紧凑方案公式对 $\boldsymbol{T}_l$、$\boldsymbol{S}_l$ 阵的第 j 列作变换;在变换后的结果中便含有因子 x_j。若 $F_{1j}<F_\alpha$,则不能将 x_j 引进。至此待选因子中再无可引进的因子。

应用求解求逆紧凑方案公式对 $\boldsymbol{T}_l$、$\boldsymbol{S}_l$ 阵作变换时,无论是引进还是剔除,其变换公式都是一样的,对任何一个要考虑(引进或剔除)的因子 x_k,矩阵中的任何一个元素 s_{ij} 或 t_{ij},有:

$$s_{ij}^{(l+1)}=\begin{cases}s_{ij}^{(l)}-s_{ik}^{(l)}s_{kj}^{(l)}/s_{kk}^{(l)} & (i,j\neq k)\\ s_{kj}^{(l)}/s_{kk}^{(l)} & (i=k,j\neq k)\\ -s_{ik}^{(l)}s_{kk}^{(l)} & (i\neq k,j=k)\\ 1/s_{kk}^{(l)} & (i=j=k)\end{cases} \tag{4.3.30}$$

$$t_{ij}^{(l+1)}=\begin{cases}t_{ij}^{(l)}-t_{ik}^{(l)}t_{kj}^{(l)}/t_{kk}^{(l)} & (i,j\neq k)\\ t_{kj}^{(l)}/t_{kk}^{(l)} & (i=k,j\neq k)\\ -t_{ik}^{(l)}/t_{kk}^{(l)} & (i\neq k,j=k)\\ 1/t_{kk}^{(l)} & (i=j=k)\end{cases} \tag{4.3.31}$$

当判别方程中无因子可以剔除,而待选因子中也无因子可引进时,逐步判别的计算就结束了。上述步骤表明,其筛选因子的过程与逐步回归一样,都遵循“先剔后引”的原则,且一般在引进三个因子后才考虑剔除。

(3)第三阶段:判别分类

在逐步判别的计算结束后,我们便得到原始矩阵 $\boldsymbol{T}$、$\boldsymbol{S}$ 的第 l 步矩阵 $\boldsymbol{T}_l$、$\boldsymbol{S}_l$,在第 l 步矩阵 $\boldsymbol{T}_l$、$\boldsymbol{S}_l$ 中,我们可得到新判别方程对应的“正规方程”系数阵的逆矩阵中的元素。假设在第 l 步时我们已经引入 p 个因子,将这 p 个因子重新排序,得:$x_1,x_2,\cdots,x_p$,则有:

$$\begin{bmatrix} s_{11}^{(l)} & s_{12}^{(l)} & \cdots & s_{1p}^{(l)} \\ s_{21}^{(l)} & s_{22}^{(l)} & \cdots & s_{2p}^{(l)} \\ \vdots & \vdots & \vdots & \vdots \\ s_{p1}^{(l)} & s_{p2}^{(l)} & \cdots & s_{pp}^{(l)} \end{bmatrix} = \begin{bmatrix} s_{11}^{(0)} & s_{12}^{(0)} & \cdots & s_{1p}^{(0)} \\ s_{21}^{(0)} & s_{22}^{(0)} & \cdots & s_{2p}^{(0)} \\ \vdots & \vdots & \vdots & \vdots \\ s_{p1}^{(0)} & s_{p2}^{(0)} & \cdots & s_{pp}^{(0)} \end{bmatrix}^{-1}$$

①计算判别系数$[\boldsymbol{C}^{(g)}]'=(c_1^{(g)},c_2^{(g)},\cdots,c_p^{(g)})$。

根据公式(4.2.47),有:

$$\begin{cases} \boldsymbol{C}^{(g)}=(n-G)\boldsymbol{S}_{l(p)}^{-1}\overline{\boldsymbol{X}_p^{(g)}} \\ c_0^{(g)}=-\dfrac{n-G}{2}(\overline{\boldsymbol{X}_p^{(g)}})'\boldsymbol{S}_{l(p)}^{-1}\overline{\boldsymbol{X}_p^{(g)}} \\ p_g=\dfrac{n_g}{n}, \quad g=\overline{1,G} \end{cases} \tag{4.3.32}$$

或:

$$\begin{cases} c_i^{(g)} = (n-G)\sum\limits_{j\in p} s_{ij}^{(l)}\overline{x_j^{(g)}} \\ c_0^{(g)} = -\dfrac{1}{2}\sum\limits_{i\in p} c_i^{(g)}\overline{x_i^{(g)}} \qquad (i,j=\overline{1,p},g=\overline{1,G}) \\ p_g = n_g/n \end{cases} \tag{4.3.32$'$}$$

②检验由 p 个因子组成的判别方程的判别效果

对 G 个总体的判别效果可用 χ^2 检验来完成:

$$\chi^2 \approx -\left[n-1-\frac{1}{2}(G+p)\right]\ln\Lambda_p \tag{4.3.33}$$

其自由度为:$\nu=p(G-1)$。若 $\chi^2>\chi_\alpha^2$,则 p 个因子组成的判别方程对 G 类总体的判别效果是显著的;否则,不显著。

③判别规则与分类

对任给的一个个体 $\boldsymbol{X}_0$(它可以是样本资料,也可以是作预报时获得的实测资料),找出由逐步判别方程所选定的 p 个因子的资料值 $\boldsymbol{X}_{0(p)}=(x_{10},x_{20},\cdots,x_{p0})'$,将其代入判别方程,计算出判别函数值:

$$y_g = \ln p_g + c_0^{(g)} + \sum_{i\in p} c_i^{(g)} x_i, \qquad g=\overline{1,G} \tag{4.3.34}$$

若 $y_h=\max\limits_{1\leqslant g\leqslant G}\{y_g\}$,则把 $\boldsymbol{X}_0$ 划归第 h 个总体,即预报未来出现 h 类天气。

(二)计算举例

要预报某一要素(分三类),选择四个因子 x_1,x_2,x_3,x_4,样本容量为 $n=17$,资料见表 4.5。现在需要从这四个因子中选出重要且显著的判别因子建立判别函数,组成最优判别方程,并且取 $F_\alpha=F^*=2.0$。由表 4.5 可以得到:$n_1=7,n_2=4,n_3=6$,$m=4,G=3$。样本中各类发生的频率作为三类总体的气候概率估计,其值分别为:

$$p_1=\frac{7}{17}, \quad p_2=\frac{4}{17},p_3=\frac{6}{17}$$

1. 第一阶段:准备工作

各类因子的平均值与总平均值见表 4.7。而因子的组内离差交叉积阵 $\boldsymbol{S}$ 及总离差交叉积阵 $\boldsymbol{T}$ 的计算结果在上一节中已经给出(上标 0 表示起始矩阵):

$$\boldsymbol{T}=\boldsymbol{T}^{(0)}=\begin{pmatrix}29652.3 & 898.1 & 654.5 & 9566.5\\ 898.1 & 215.5 & 193.6 & 1976.0\\ 654.5 & 193.6 & 558.2 & 283.8\\ 9566.5 & 1976.0 & 283.8 & 28070.2\end{pmatrix}$$

$$\boldsymbol{S}=\boldsymbol{S}^{(0)}=\begin{pmatrix}29042.5 & 901.0 & 419.3 & 11076.6\\ 901.0 & 215.4 & 193.7 & 1974.8\\ 419.3 & 193.7 & 373.3 & 1435.3\\ 11076.6 & 1974.8 & 1435.3 & 20894.9\end{pmatrix}$$

2. 第二阶段:开始逐步判别的计算

(1)第一步($l=p=0$)

①计算各因子的判别能力 $\Lambda_{1k\mid 0}=s_{kk}^{(0)}/t_{kk}^{(0)}$(其中:$k=1,2,3,4$):

$$\Lambda_{1,1\mid 0}=\frac{29042.5}{29652.3}\approx 0.979,\qquad \Lambda_{1,2\mid 0}=\frac{215.4}{215.5}\approx 0.999,$$

$$\Lambda_{1,3\mid 0}=\frac{373.3}{558.2}\approx 0.669(\min),\qquad \Lambda_{1,4\mid 0}=\frac{20894.8}{28070.2}\approx 0.744$$

进行 F 检验:

$$F=\frac{1-\Lambda_{1,3\mid 0}}{\Lambda_{1,3\mid 0}}\cdot\frac{n-G-p}{G-1}=\frac{1-0.669}{0.669}\cdot\frac{17-3-0}{3-1}\approx 3.47>F^{*}=2.0$$

所以因子 x_3 显著,故将其引进判别方程。

②对矩阵 $\boldsymbol{T}_0=\boldsymbol{T}^{(0)}$ 、$\boldsymbol{S}_0=\boldsymbol{S}^{(0)}$,应用式(4.3.30)、式(4.3.31)式(其中 $k=3$),有:

$$\boldsymbol{S}^{(1)}=\begin{pmatrix}28571.5 & 683.4 & 1.12 & 9464.3\\ 683.4 & 114.9 & -0.519 & 1230.0\\ 1.12 & 0.519 & 0.0027 & 3.85\\ 9464.3 & 1230.0 & -3.85 & 15375.8\end{pmatrix}$$

$$\boldsymbol{T}^{(1)}=\begin{pmatrix}28884.9 & 671.2 & -1.17 & 9233.8\\ 671.2 & 148.3 & -0.347 & 1877.6\\ 1.17 & 0.347 & 0.0018 & 0.508\\ 9233.8 & 1877.6 & -0.508 & 27926.0\end{pmatrix}$$

(2)第二步($l=p=1$)

①计算余下因子的判别能力 $\Lambda_{1k\mid 1}=s_{kk}^{(1)}/t_{kk}^{(1)}$($k=1,2,4$):

$$\Lambda_{1,1\mid 1}=\frac{28571.5}{28884.9}\approx 0.989,\quad \Lambda_{1,2\mid 1}=\frac{114.9}{148.3}\approx 0.775,$$

$$\Lambda_{1,4|1}=\frac{15375.8}{27926.0}\approx 0.551(\min)$$

$$F=\frac{1-\Lambda_{1,4|1}}{\Lambda_{1,4|1}}\cdot\frac{n-G-p}{G-1}=\frac{1-0.551}{0.551}\cdot\frac{17-3-1}{3-1}\approx 5.31>F^*=2.0$$

所以因子 x_4 显著,引进 x_4。

②对矩阵 $\boldsymbol{T}_1=\boldsymbol{T}^{(1)}$ 、$\boldsymbol{S}_1=\boldsymbol{S}^{(1)}$,应用式(4.3.30)、式(4.3.31)式(其中 $k=4$),有:

$$\boldsymbol{S}^{(2)}=\begin{pmatrix}22745.9 & -73.7 & 1.24 & -6.16\\ -73.7 & 16.52 & -0.211 & -0.080\\ -1.24 & 0.211 & 0.0036 & -0.00025\\ 6.16 & 0.080 & -0.00025 & -0.000065\end{pmatrix}$$

$$\boldsymbol{T}^{(2)}=\begin{pmatrix}25831.7 & 50.35 & -1.004 & -0.331\\ 50.35 & 22.10 & -0.331 & -0.0672\\ 1.004 & 0.313 & 0.0018 & -0.000018\\ 0.331 & 0.0672 & -0.000018 & 0.000036\end{pmatrix}$$

(3)第三步($l=p=2$)

①计算余下因子的判别能力 $\Lambda_{1k|2}=s_{kk}^{(2)}/t_{kk}^{(2)}\ (k=1,2)$:

$$\Lambda_{1,1|2}=\frac{22745.9}{25831.7}\approx 0.881,\quad \Lambda_{1,2|2}=\frac{16.52}{22.10}\approx 0.748(\min),$$

$$F=\frac{1-\Lambda_{1,2|2}}{\Lambda_{1,2|2}}\cdot\frac{n-G-p}{G-1}=\frac{1-0.748}{0.748}\cdot\frac{17-3-2}{3-1}\approx 2.02>F^*=2.0$$

所以因子 x_2 显著,引进 x_2。

②对矩阵 $\boldsymbol{T}_2=\boldsymbol{T}^{(2)}$ 、$\boldsymbol{S}_2=\boldsymbol{S}^{(2)}$,应用式(4.3.30)、(4.3.31)式(其中 $k=2$),有:

$$\boldsymbol{S}^{(3)}=\begin{pmatrix}22416.9 & 4.46 & 0.3006 & -0.972\\ -4.46 & 0.0605 & -0.0128 & -0.0048\\ -0.30 & -0.0128 & 0.00634 & 0.00077\\ 0.972 & -0.0048 & 0.00077 & 0.00045\end{pmatrix}$$

$$\boldsymbol{T}^{(3)}=\begin{pmatrix}25717 & -2.28 & -0.292 & -0.177\\ 2.28 & 0.045 & -0.014 & -0.003\\ 0.292 & -0.014 & 0.00622 & 0.00093\\ 0.177 & -0.003 & 0.00093 & 0.00024\end{pmatrix}$$

(4)第四步($l=p=3$)

①计算判别方程中因子的判别能力 $\Lambda_{2k|3-1}=t_{kk}^{(3)}/s_{kk}^{(3)}\ (k=2,3,4)$:

$$\Lambda_{2,2|2}=\frac{0.045}{0.0605}\approx 0.748,\quad \Lambda_{2,3|2}=\frac{0.00622}{0.00634}\approx 0.981(\max)$$

$$\Lambda_{2,4|2}=\frac{0.00024}{0.00045}\approx 0.532$$

$$F=\frac{1-\Lambda_{2,3|2}}{\Lambda_{2,3|2}}\cdot\frac{n-G-(p-1)}{G-1}=\frac{1-0.981}{0.981}\cdot\frac{17-3-2}{3-1}\approx 0.117<F^*=2.0$$

故应剔除 x_3。

②对矩阵 $\boldsymbol{T}_3=\boldsymbol{T}^{(3)}$、$\boldsymbol{S}_3=\boldsymbol{S}^{(3)}$，应用式(4.3.30)、式(4.3.31)式(其中 $k=3$)，有：

$$\boldsymbol{S}^{(4)}=\begin{bmatrix}2243.1 & 5.07 & -47.4 & -1.009\\ -5.07 & 0.035 & 2.02 & -0.0033\\ -47.4 & -2.02 & 157.6 & 0.122\\ 1.009 & -0.0033 & -0.122 & 0.00036\end{bmatrix}$$

$$\boldsymbol{T}^{(4)}=\begin{bmatrix}25730.7 & -2.94 & 46.9 & -0.134\\ 2.94 & 0.0131 & 2.27 & -0.00092\\ 46.9 & -2.27 & 160.7 & -0.1499\\ 0.134 & -0.00092 & -0.1499 & 0.00010\end{bmatrix}$$

$$\Lambda_{2,2|1}=\frac{0.0131}{0.035}\approx 0.3743(\max),\quad \Lambda_{2,4|1}=\frac{0.0001}{0.00036}\approx 0.278$$

$$F=\frac{1-\Lambda_{2,2|1}}{\Lambda_{2,2|1}}\cdot\frac{n-G-(p-1)}{G-1}=\frac{1-0.3743}{0.3743}\cdot\frac{17-3-1}{3-1}\approx 10.866>F^*=2.0$$

故在判别方程中无因子可剔。所以考虑下一个因子的引进。

(5)第五步($l=4,p=2$)

计算待选因子的判别能力 $\Lambda_{1k|2}=s_{kk}^{(4)}/t_{kk}^{(4)}(k=1,3)$：

$$\Lambda_{1,1|2}=\frac{22431.1}{25730.7}\approx 0.872(\min),\quad \Lambda_{1,3|2}=\frac{157.6}{160.7}\approx 0.981,$$

$$F=\frac{1-\Lambda_{1,1|2}}{\Lambda_{1,1|2}}\cdot\frac{n-G-p}{G-1}=\frac{1-0.872}{0.872}\cdot\frac{17-3-2}{3-1}\approx 0.88<F^*=2.0$$

故 x_1 不能引进。

至此，判别方程中无因子可剔，待选因子无因子可引，逐步判别的计算就此结束。此时仅筛选了两个因子：x_2,x_4。

3. 第三阶段：判别系数的计算

考虑到估计的无偏性，用组内离差交叉积阵估计各类正态总体方差阵。$\boldsymbol{S}_{l(p)}^{-1}$ 阵就是最后引入的 x_2,x_4 的 $\boldsymbol{S}^{(4)}$ 阵中已消去的子矩阵，即：

$$\boldsymbol{S}_{l(p)}^{-1}=\begin{bmatrix}s_{22}^{(4)} & s_{24}^{(4)}\\ s_{42}^{(4)} & s_{44}^{(4)}\end{bmatrix}=\begin{pmatrix}0.035 & -0.0033\\ -0.0033 & 0.00036\end{pmatrix}$$

$$\boldsymbol{C}^{(1)}=(n-G)S_{l(p)}^{-1}\overline{\boldsymbol{X}_p^{(1)}}=(17-3)\begin{pmatrix}0.035 & -0.0033\\ -0.0033 & 0.00036\end{pmatrix}\begin{pmatrix}-17.3\\ 31.1\end{pmatrix}=\begin{pmatrix}-9.87\\ 0.95\end{pmatrix}$$

同理，可得：

$$\boldsymbol{C}^{(2)}=(n-G)\boldsymbol{S}_{l(p)}^{-1}\overline{\boldsymbol{X}_p^{(2)}}=\begin{pmatrix}-8.47\\0.80\end{pmatrix}$$

$$\boldsymbol{C}^{(3)}=(n-G)\boldsymbol{S}_{l(p)}^{-1}\overline{\boldsymbol{X}_p^{(3)}}=\begin{pmatrix}-7.74\\0.72\end{pmatrix}$$

因为：
$$c_0^{(g)}=-\frac{n-G}{2}(\overline{\boldsymbol{X}_p^{(g)}})'\boldsymbol{S}_{l(p)}^{-1}\overline{\boldsymbol{X}_p^{(g)}}$$

故有：

$$c_0^{(1)}=-\frac{1}{2}(\boldsymbol{C}^{(1)})'\overline{\boldsymbol{X}_p^{(1)}}=-\frac{1}{2}(-17.3\quad 31.1)\begin{pmatrix}-9.87\\0.95\end{pmatrix}=-100.4$$

$$c_0^{(2)}=-\frac{1}{2}(\boldsymbol{C}^{(2)})'\overline{\boldsymbol{X}_p^{(2)}}=-73.8$$

$$c_0^{(3)}=-\frac{1}{2}(\boldsymbol{C}^{(3)})'\overline{\boldsymbol{X}_p^{(3)}}=-61.7$$

由此得到三类的判别方程：

$$y^{(g)}=\ln p_g+c_0^{(g)}+c_2^{(g)}x_2+c_4^{(g)}x_4\quad (g=1,2,3)$$

所以：
$$y_1=\ln p_1+c_0^{(1)}+c_2^{(1)}x_2+c_4^{(1)}x_4$$

即：
$$y_1=\ln(\frac{7}{17})-100.4-9.87x_2+0.95x_4$$

同理，有：
$$y_2=\ln(\frac{4}{17})-73.8-8.47x_2+0.80x_4$$

$$y_3=\ln(\frac{6}{17})-61.7-7.74x_2+0.72x_4$$

4. 第四阶段：判别方程的显著性检验

首先计算方程的判别能力为：

$$\Lambda_p=\frac{s_{33}^{(0)}}{t_{33}^{(0)}}\cdot\frac{s_{44}^{(1)}}{t_{44}^{(1)}}\cdot\frac{s_{22}^{(2)}}{t_{22}^{(2)}}\cdot\frac{s_{33}^{(3)}}{t_{33}^{(3)}}=0.669\times 0.551\times 0.748\times 0.981^{-1}=0.28$$

再计算 χ^2 统计量：

$$\chi^2=-\left(n-1-\frac{p+G}{2}\right)\ln\Lambda_p=-(17-1-\frac{2+3}{2})\ln 0.28\approx 17.2$$

当 $\alpha=0.05$ 时，自由度 $\nu=p(G-1)=2(3-1)=4$。查表得：$\chi^2_{0.05}(4)=9.488$。所以，$\chi^2\approx 17.2>\chi^2_{0.05}(4)=9.488$，即判别方程显著。

5. 第五阶段：计算样品点的判别函数值，并作出判别预报

以第三个样品点为例：

$$y_1(\boldsymbol{X}_3)=\ln(\frac{7}{17})-100.4-9.87\times(-17.0)+0.95\times 3=69.3$$

$$y_2(\boldsymbol{X}_3)=\ln(\frac{4}{17})-73.8-8.47\times(-17.0)+0.80\times 3=71.2$$

$$y_3(\boldsymbol{X}_3)=\ln\left(\frac{6}{17}\right)-61.7-7.74\times(-17.0)+0.72\times 3=71.0$$

因为 $y_2(\boldsymbol{X}_3)$ 最大，故判 $\boldsymbol{X}_3$ 来自第二类。以此类推，得到全部样品点的预报类别（见表 4.9），与实况不符者用×标出。

表 4.9

样品	y_1	y_2	y_3	预报	样品	y_1	y_2	y_3	预报
1	98	94.2	91.2	1	10	95.5	94.1	92.1	1
2	46.9	52.7	54.5	3	11	72.7	74.9	74.8	2
3	69.3	71.2	71.0	2	12	70.3	72.1	71.9	2
4	98.2	95.1	92.4	1	13	98.4	95.9	73.5	1
5	70.2	71.4	70.9	2	14	124.0	117.3	112.7	1
6	47.4	51.8	53.0	3	15	90.2	88.2	86.1	1
7	46.1	52.1	54.1	3	16	47.0	51.7	53.1	3
8	92.3	91.6	90.1	1	17	48.4	54.2	56.0	3
9	96.7	95.1	93.1	1×					

4.3.3 逐步判别中一些问题的讨论

（1）逐步判别的筛选因子过程中，判别因子的数目是逐步增加的，由于抽样的非代表性等问题，最终选出的 p 个因子不一定是所有 m 个因子的各种组合中唯一的最佳组合，但经过计算的经验表明，这种差异不是本质的，特别是当 m 不太大时，它们往往就是 m 个因子的各种组合中 Λ 值最小的最优组合。

（2）上文中我们所说的"判别效果"实际上是指 Λ_p 或 $\Lambda_{k|p}$，且认为其值越小效果越好。而在实际计算中，人们关心的却是"错划分个数"（即计算分类不符合原分类的样本个数）。错划分个数越少，则认为判别效果越好。应该指出，Λ 值与错划分个数虽有密切关系，但它们却并非一回事。最明显的区别是，Λ 值依赖于 $|\boldsymbol{S}|$ 与 $|\boldsymbol{T}|$，而分类仅依赖于 $|\boldsymbol{S}|$。其次，Λ 不依赖于先验概率，而分类却依赖于先验概率。此外，Λ 显著并不意味着 G 个总体中任意两个都能显著地区分开来。

（3）在 $\Lambda_{k|p}$ 的检验中，若 F_α 取值足够小，在一般情况下，全部待选因子都会被选中，这时逐步判别之结果与一般判别分析结果相同；但当各因子之间的不独立性引起 $|\boldsymbol{S}|=0$（或接近于零）时，逐步判别将自动放弃一些因子，从而避免了计算上的困难，这比一般判别方法优越。

（4）在 $\Lambda_{k|p}$ 的检验中，临界值 F_α 既依赖于显著性水平 α，也依赖于 n,G,p。特别随着已选因子个数的变化。但当 n 较大时，这种变化甚微。为方便，在逐步计算过程中通常令 F_α 是常数，对 F_α 的调整可以控制进入判别方程的因子个数。

（5）和多级判别类似，因子资料是使用距平变量还是标准化变量，判别方程是不一样的，因而判别分类结果也有所差别。因为这时 $\boldsymbol{S}$ 及 $\boldsymbol{T}$ 矩阵的内容是不同的。但是使用原始值和距平值出发作判别分析的结果是一致的。

(6)Fisher 准则要求总体的多元协方差阵是相等的；而 Bayes 准则要求各类总体遵循多元正态分布，且协方差相等。这些假设条件满足与否，直接关系到最终预报的准确性。

4.3.4　非线性逐步判别

前面所介绍的是判别分析中最简单的、最基本的内容，并没有考虑因子对预报对象分类的非线性贡献。而由判别因子的非线性组合构成的判别函数，在判别分析中就称为非线性判别。在上一节的决策规则中，我们介绍了如何用 Bayes 准则来构作判别函数，其中假设了 G 类总体的分布遵循正态分布，且有相同的协方差，而当假设改变为具有不同的协方差 $\sum_g$ $(g=\overline{1,G})$时，各类总体的正态概率密度函数的表示与式(4.2.39)就略有不同。而将其代入式(4.2.42)后就可得到如下表达式：

$$\ln[p_g f_g(\boldsymbol{X})] = \ln p_g + \ln[(2\pi)^{-\frac{m}{2}}\left|\sum\nolimits_g^{-1}\right|^{\frac{1}{2}}] - \frac{1}{2}\boldsymbol{X}'\sum\nolimits_g^{-1}\boldsymbol{X} + \frac{1}{2}\boldsymbol{X}'\sum\nolimits_g^{-1}\boldsymbol{\mu}^{(g)} + \frac{1}{2}[\boldsymbol{\mu}^{(g)}]'\sum\nolimits_g^{-1}\boldsymbol{X} - \frac{1}{2}[\boldsymbol{\mu}^{(g)}]'\sum\nolimits_g^{-1}\boldsymbol{\mu}^{(g)}$$

若令：$c_0^{(g)} = -\frac{1}{2}[\boldsymbol{\mu}^{(g)}]'\sum\nolimits_g^{-1}\boldsymbol{\mu}^{(g)} - \frac{1}{2}\ln\left|\sum\nolimits_g^{-1}\right|$，$c^{(g)} = \sum\nolimits_g^{-1}\boldsymbol{\mu}^{(g)}$，

$$\frac{1}{2}\sum\nolimits_g^{-1} = \begin{bmatrix} c_{11}^{(g)} & c_{12}^{(g)} & \cdots & c_{1s}^{(g)} \\ c_{21}^{(g)} & c_{22}^{(g)} & \cdots & c_{2s}^{(g)} \\ \vdots & \vdots & \vdots & \vdots \\ c_{m1}^{(g)} & c_{m2}^{(g)} & \cdots & c_{ms}^{(g)} \end{bmatrix}$$

则判别函数可写为：

$$y^{(g)} = \ln p_g + c_0^{(g)} + \sum_{k=1}^{m} c_k^{(g)} x_k + \sum_{k=1}^{m}\sum_{l=1}^{m} c_{kl}^{(g)} x_k x_l \tag{4.3.35}$$

不难看出，上式不但含有判别因子的线性项，还含有判别因子的交叉乘积的非线性项，故式(4.3.35)是一个非线性判别方程。在求解时把非线性项看做一个新因子项，则非线性方程就转换为线性方程了。仍用上述介绍的逐步判别方法求解判别函数，试验的结果表明，非线性处理方法相对于线性方法而言，判别结果有一定程度的改进。

4.3.5　回归逐步判别

回归逐步判别是利用逐步回归方法建立判别函数来进行判别预报对象类别的方法。把要建立的 G 类判别函数看做 G 个新预报量，记为 $\boldsymbol{y}=(y_1\ y_2\cdots y_G)$，而这 G 个

新预报量的序列是由原预报量序列产生的。例如建立 $y_g(g=\overline{1,G})$ 的序列是这样的：在预报对象样本中，如果发现某一样品点属于第 g 类时，相应的 y_g 值取为 1，否则取为 0。于是 y_g 序列为仅含 0 或 1 的二值变量序列。类似地建立 $y_1, y_2, \cdots, y_G$ 的其他序列，每个序列都含 n 个样品的二值变量序列。但为了使这些新预报对象与因子建立的回归方程具有较简明的形式，使用距平值较为方便，因此又将其作变换，满足距平要求，故令：

$$y_{hi}^{(g)}=\begin{cases}1-\dfrac{n_g}{n}, & h=g\\ -\dfrac{n_g}{n}, & h\neq g\end{cases} \tag{4.3.36}$$

其中 n_g 表示第 g 类的样品数，$y_{hi}^{(g)}$ 表示第 g 个新预报量在第 i 个样品时的值，下标 h 变化在 1 至 G 之间，$i=\overline{1,n}$。

这一变量转换，使得第 g 个新预报量具有平均值为零的特点，因为：

$$\sum_{i=1}^{n} y_i^{(g)} = (1-\frac{n_g}{n})n_g + (-\frac{n_g}{n})(n-n_g) = 0$$

此时$(1-\dfrac{n_g}{n})$之值就作为第 g 类事件发生的代表值，它代替了原二值变量中的“1”的位置，从而由此可建立 G 个新预报量序列。由于它们具有距平变量的特点，就可以用它们与 m 个因子 $x_k(k=\overline{1,m})$ 建立回归方程来对预报对象进行估计，而实际上由于：

$$\hat{y}_G=-\sum_{h=1}^{G-1}\hat{y}_h$$

估计时仅需对 $G^*=G-1$ 个 y 作估计：

$$\hat{y}^{(g)}=b_1^{(g)}x_1+b_2^{(g)}x_2+\cdots+b_m^{(g)}x_m \quad (g=\overline{1,G^*}) \tag{4.3.37}$$

或写成矩阵形式：

$$\hat{\boldsymbol{Y}}=\boldsymbol{XB} \tag{4.3.38}$$

其中 $\hat{\boldsymbol{Y}}$ 表示预报量的估计矩阵；$\boldsymbol{X}$ 为因子资料的距平值矩阵；$\boldsymbol{B}$ 为回归系数矩阵。它们分别为：

$$\boldsymbol{X}=\begin{pmatrix} x_{d11} & x_{d12} & \cdots & x_{d1m}\\ x_{d21} & x_{d22} & \cdots & x_{d2m}\\ \vdots & \vdots & \vdots & \vdots\\ x_{dn1} & x_{dn2} & \cdots & x_{dnm}\end{pmatrix},\quad \boldsymbol{B}=\begin{pmatrix} b_1^{(1)} & b_1^{(2)} & \cdots & b_1^{(G^*)}\\ b_2^{(1)} & b_2^{(2)} & \cdots & b_2^{(G^*)}\\ \vdots & \vdots & \vdots & \vdots\\ b_m^{(1)} & b_m^{(2)} & \cdots & b_m^{(G^*)}\end{pmatrix},$$

$$\hat{\boldsymbol{Y}}=\begin{pmatrix} \hat{y}_1^{(1)} & \hat{y}_1^{(2)} & \cdots & \hat{y}_1^{(G^*)} \\ \hat{y}_2^{(1)} & \hat{y}_2^{(2)} & \cdots & \hat{y}_2^{(G^*)} \\ \vdots & \vdots & \vdots & \vdots \\ \hat{y}_n^{(1)} & \hat{y}_n^{(2)} & \cdots & \hat{y}_n^{(G^*)} \end{pmatrix}$$

由式(4.3.38)就可得到 G^* 个预报量的估计。用一实测因子样品资料向量 $\boldsymbol{X}_0=(x_{10},x_{20},\cdots,x_{m0})'$ 代入方程，就可得到：$\bar{y}_{10},\bar{y}_{20},\cdots,\bar{y}_{G0}$。再计算各类的估计值与各类代表值之差的绝对值，该值反映了样品点与各类代表点之间的距离，并以“距离最近”作为判定类别的规定。例如若满足：

$$\left|\hat{y}^{(h)}-(1-\frac{n_h}{n})\right|=\min_{1\leqslant g\leqslant G}\left|\hat{y}_0^{(g)}-\frac{n_g}{n})\right|$$

则判定样品来自第 h 类。

回归系数阵 $\boldsymbol{B}$ 可用最小二乘法从下面的矩阵标准方程组：

$$\boldsymbol{S}_{xx}\boldsymbol{B}=\boldsymbol{S}_{xy} \tag{4.3.39}$$

解出：

$$\boldsymbol{B}=\boldsymbol{S}_{xx}^{-1}\boldsymbol{S}_{xy} \tag{4.3.40}$$

其中 $\boldsymbol{S}_{xx}$ 为 p 个因子的交叉积阵，即：

$$\boldsymbol{S}_{xx}=\boldsymbol{X}'\boldsymbol{X} \tag{4.3.41}$$

$\boldsymbol{S}_{xy}$ 为 p 个因子与 G^* 个预报量的交叉积阵，即：

$$\boldsymbol{S}_{xy}=\boldsymbol{X}'\boldsymbol{Y} \tag{4.3.42}$$

$\boldsymbol{Y}$ 为 G^* 个新预报量的资料阵，阵中元素由式(4.3.36)计算得到。求解系数阵 $\boldsymbol{B}$ 时，还可类似地采用逐步回归的方法，对进入 G^* 个回归方程的因子进行逐步筛选，筛选时出发矩阵为一分块矩阵，表示为：

$$\boldsymbol{S}^{(0)}=\begin{pmatrix} \boldsymbol{S}_{xx} & \boldsymbol{S}_{xy} \\ \boldsymbol{S}_{yx} & \boldsymbol{S}_{yy} \end{pmatrix} \tag{4.3.43}$$

其中 $\boldsymbol{S}_{yx}$ 为 $\boldsymbol{S}_{xy}$ 的转置矩阵，$\boldsymbol{S}_{yy}$ 为 G^* 个预报量的交叉积阵：

$$\boldsymbol{S}_{yy}=\boldsymbol{Y}'\boldsymbol{Y} \tag{4.3.44}$$

对 $\boldsymbol{S}$ 阵进行逐步地消去求逆过程。筛选因子的原则仍然是 F 统计量(遵从 $\boldsymbol{F}$ 分布)，其计算式：

$$F(\nu_1,\nu_2)=\frac{\nu_2}{\nu_1}\frac{[\boldsymbol{S}_i^{(t)}]'[\boldsymbol{S}_{yy}^{(t)}]^{-1}\boldsymbol{S}_i^{(t)}}{s_{ii}^{(t)}-[\boldsymbol{S}_i^{(t)}]'[\boldsymbol{S}_{yy}^{(t)}]^{-1}\boldsymbol{S}_i^{(t)}}$$

式中 ν_1,ν_2 分别为分子及分母自由度，且 $\nu_1=G^*-1,\nu_2=n-(m+1)-\nu_1$；$(t)$ 表示逐步回归过程的步数；$\boldsymbol{S}_i^{(t)}$ 为第 t 步消去阵 $\boldsymbol{S}^{(t)}$ 中的分块矩阵 $\boldsymbol{S}_{xy}$ 中的第 i 行元素所组成的向量，这些元素相当于引入变量 x_i 进入 G^* 个回归方程中的相应回归系数；$s_{ii}^{(t)}$ 为 $\boldsymbol{S}^{(t)}$ 中 $\boldsymbol{S}_{xx}$ 分块阵中第 i 行第 i 列中的元素；$[\boldsymbol{S}_{yy}^{(t)}]^{-1}$ 表示在第 t 步时矩阵 $\boldsymbol{S}_{yy}$ 的逆矩

阵,阵中元素可以在消去求逆过程中求得。上述所有过程类似于逐步回归。

参考文献

陈谋国. 1987. 统计天气预报原理和方法[M]. 空军气象学院教材.

铃木荣一. 1968. 气象统计学[M]. 地人书馆.

李庆祥,黄嘉佑,鞠晓慧. 2008. 上海地区最高气温资料的恢复试验[J]. 热带气象学报,**24**(4):349-353.

农孟松,等. 2008. 基于环流分型的广西冰雹潜势预报研究[J]. 气象,**34**(6):47-52.

奥野忠一,久米均,芳贺敏郎,吉泽正. 1971. 多变量解析法[J]. 日科技连.

宋煜,曲晓波,隋洪起,等. 2008. 大连沙尘天气及预报模型分析[J]. 气象,**34**(11):54-61.

姚棣荣、不同方案对几种概率方法预报效果的比较[J]. 气象科技,**7**,11-14,(1977).

姚棣荣,刘月贞. 1985. 非线性判别函数中预报因子逐步筛选方案[J]. 大气科学,**9**:54-61.

袁志发,周静芋. 2002. 多元统计分析[M]. 北京:科学出版社,230-235.

赵东彦,白洁. 2007. 多普勒天气雷达识别和预警下击暴流[J]. 气象科技,**35**(5):631-636.

臧增亮,张铭,吴海燕. 2006. 边界层 Scorer 参数对背风波波长的影响[J]. 气候与环境研究,**11**(2):209-214.

Agnew T. 1979. A comparision of two statistical techniques for forecasting probability of precipitation amount[C]. *Preprints 6th Conf. on Probability and Statistics in Atmos. Sci.* , Amer. Meteor. Soc. ,87-92.

Cao H X, Yang Z. 1955. Multi-dichotomy variant of stepwise discriminant and its application to long-range weather forecasting[C]. *Preprints 8th Conf. on Probability and Statistics in Atmos. Sci.*, Amer. Met. Soc. ,144-147.

Folland C K, Colman A. 1985. A multivariate technique for use in long-range forecasting, programme on Long-range Forecasting Research. WMO/TD,(87):628-636.

Hand D, Mamnila A H, Smith P. 2001. *Principles of data mining*[M]. Cambrige: MIT Press.

Keenan T D. 1986. Forecasting tropical cyclone motion using a discriminatory analysis procedure [J]. *Mon. Wea. Rev.* ,**114**:431-441.

Kocsor A, Csirik J. 2001. *Fast independent component analysis in kernel feature spaces*[C]//Proc of SOFSEM. [S. l.]: Springer-Verlag, 271-281.

Peterson T, David R E, Karl T R, *et al*. 1998. Homogeneity adjustments of in site atmospheric climate data: A review[J]. *Int J Climatol* ,**18**:1493-1517.

Raggio R F, Keith L T Jr. 1979. Using discriminant analysis to predict rainshower in the Texas Hiplex area[C], *Preprints 6th Conf. on Probability and Statistics in Atmos. Sci.* , Amer. Meteor. Soc. ,74-79.

Randerson D. 1977. Determining the relative frequency of occurrence of local cumulonimbus activity through discriminant analysis[J]. *Mon. Wea. Rev.* ,**105**:709-712.

Shi Z W, Tang H W, Tang Y Y. 2005. A fast fixed-point algorithm for complexity pursuit[J].

Neurocomputing, **64**: 529-536.

Weisman M L, Klemp J B. 1984. The structure and classification of numerically simuiated convective storms indirectionally varying wind shears[J]. *Mon. Wea. Rev.*, **112**: 2479-2489.

Younk K C. 1992. A three-way model for interpolating for monthly precipitation values[J]. *Mon. Wea. Rev.*, **120**(11): 2561-2569.

Zhao S J, Zhang L X, Zhang Z J. 2008. Design and test of a new truck-mounted microwave radiometer for remote sensing research[C]//Proceedings of IGARSS'2008, 1192-1195.

第5章　聚类分析

上一章中所讨论的判别分析，它是按事先规定好的类别数来对事物进行分类的，并且需要一批事先知道类别的训练样本。如果我们对于环流形势、天气过程没有进行过深入的分析研究，总共该分为哪几种类型都不能确定，或者想要找出与某天500 hPa形势相似的日期，显然用判别分析是不能收到预期效果的。为此引进一个新的分类方法——聚类分析。

聚类分析是一种与判别分析截然不同的统计分析分类方法。它运用数学方法，根据某些相似性指标，对不同的样品进行数字分类，定量地确定样品之间的亲疏关系，并按照它们之间的相似程度，客观地进行归组并类，即通过对个体进行联合、分裂或添加的方法进行聚类或串组，故有时也称为串组分析。它并不需要充当分类依据的"历史资料"作为分类的指导，而只根据事物本身的"性质"来进行分类，将"性质"相近(相似)的分在同一类，而将"性质"差异比较大的分在不同的类。这就是聚类分析所遵循的基本原则——相似性原则。

聚类分析是气象统计中的重要方法之一，在天气分型、气候区划、集合预报中广泛应用，而且在图像识别、基因匹配、经济评价、土地利用等领域也有重要应用，是目前一门新兴学科"数据挖掘"的重要内容之一。

本章将首先介绍聚类分析中常用的相似系数和距离的各种表达式，然后分别介绍系统聚类法与逐步修改聚类法的基本思想、制作步骤和计算例子。第4节介绍有序样品的两种最优分割分类法及其在气象中的应用。在本章的末尾还对各种聚类方法的特点作了简要的比较与归纳。

5.1　聚类分析中的统计量

5.1.1　样品与指标

设对 m 个变量(如气象要素)作 n 次观测，得到一组样本，用矩阵 $\boldsymbol{X}$ 记为：

$$\boldsymbol{X}=\begin{vmatrix} x_{11} & x_{12} & \cdots & x_{1j} & \cdots & x_{1m} \\ x_{21} & x_{22} & \cdots & x_{2j} & \cdots & x_{2m} \\ \vdots & \vdots & \vdots & \vdots & \vdots & \vdots \\ x_{i1} & x_{i2} & \cdots & x_{ij} & \cdots & x_{im} \\ \vdots & \vdots & \vdots & \vdots & \vdots & \vdots \\ x_{n1} & x_{n2} & \cdots & x_{nj} & \cdots & x_{nm} \end{vmatrix}$$

称 $\boldsymbol{X}$ 中的每一行为一个样品，如 $x_{i1},x_{i2},\cdots,x_{im}$ 为第 i 个样品，而矩阵 $\boldsymbol{X}$ 中的每一列的元素都属一个指标，如第 j 个指标为 $x_{1j},x_{2j},\cdots,x_{nj}$。分类的对象是就样品而言的，即每个样品应包括 m 个指标的成员，换言之，我们研究的对象——样品，其特征可用 m 个指标来描述，从向量空间的观点看，样品实质上就是 m 维空间的一个点。指标就是分类的依据。例如对于第1章表1.1中2009年1月08时的观测数据，每一天是一个样品，温度、相对湿度等是指标。

5.1.2　相似系数和距离

为了将样品进行分类，就需要研究样品之间的关系。一种方法是将每一个样品看作 m 维空间的一个点，并在空间定义距离，距离较近的点归为一类，距离较远的点应归为不同的类。另一种方法是用相似系数，性质越接近的样品，它们的相似系数越接近于1，性质相反的接近于−1，而彼此无关的样品相似系数则接近于0，相似系数高的样品归为一类，相似系数低的样品归为不同的类。

5.1.2.1　距离

(1)距离的性质

用 x_{ik} 表示第 i 个样品的第 k 个指标，数据矩阵见表5.1，第 k 个指标的均值和标准差记作 $\bar{x}_k$ 和 S_k。用 d_{ij} 表示第 i 个样品与第 j 个样品之间的距离，一般要求距离满足四个条件：

① 非负性：$\forall i,j \quad \exists d_{ij}\geqslant 0$；

② 唯一性：$d_{ij}=0\Leftrightarrow$样品 i 与样品 j 的各指标相同；

②′单一性：$d_{ii}=0$；

③ 对称性：$\forall i,j \quad \exists d_{ij}=d_{ji}$；

④ 距离三角不等式：$\forall i,j,h \quad \exists d_{ij}\leqslant d_{ih}+d_{hj}$。

在聚类分析中有些距离并不满足④，在广义角度上也称它为距离。在有些场合④加强为：

④′ $$\forall i,j,h \quad \exists d_{ij}\leqslant \max\{d_{ih},d_{hj}\}$$

因为： $$\forall i,j,h \quad \exists d_{ij}\leqslant \max\{d_{ih},d_{hj}\}\leqslant d_{ih}+d_{hj}$$

故④′比④更强，满足④′的距离称为极端距离。

表 5.1

样品＼指标	x_1	x_2	…	x_k	…	x_m
1	x_{11}	x_{12}	…	x_{1k}	…	x_{1m}
2	x_{21}	x_{22}	…	x_{2k}	…	x_{2m}
⋮	⋮	⋮	⋮	⋮	⋮	⋮
i	x_{i1}	x_{i2}	…	x_{ik}	…	x_{im}
⋮	⋮	⋮	⋮	⋮	⋮	⋮
n	x_{n1}	x_{n2}	…	x_{nk}	…	x_{nm}
均值	$\bar{x}_1$	$\bar{x}_2$	…	$\bar{x}_k$	…	$\bar{x}_m$
标准差	S_1	S_2	…	S_k	…	S_m

(2)距离种类

可用来描述"距离"的算法种类很多，主要的有：

① 绝对值距离：
$$d_{ij}(1)=\sum_{k=1}^{m}\left|x_{ik}-x_{jk}\right| \tag{5.1.1}$$

② 欧氏距离：
$$d_{ij}(2)=\left[\sum_{k=1}^{m}(x_{ik}-x_{jk})^2\right]^{\frac{1}{2}} \tag{5.1.2}$$

③ 平均距离：
$$d_{ij}(2')=\left[\frac{1}{m}\sum_{k=1}^{m}(x_{ik}-x_{jk})^2\right]^{\frac{1}{2}} \tag{5.1.3}$$

④ 明考斯基(Minkowski) 距离：
$$d_{ij}(q)=\left[\sum_{k=1}^{m}(x_{ik}-x_{jk})^q\right]^{\frac{1}{q}} \tag{5.1.4}$$

明考斯基距离可以看做是空间距离的拓展形式，当 $q=1$ 和 $q=2$ 时，就分别是绝对值距离和欧氏距离。

⑤切比雪夫距离：
$$d_{ij}(\infty)=\max_{1\leqslant k\leqslant m}\left|x_{ik}-x_{jk}\right| \tag{5.1.5}$$

因为，若令：
$$\omega=\max_{1\leqslant k\leqslant m}\left|x_{ik}-x_{jk}\right|$$

则：
$$\left\{\sum_{k=1}^{m}\left|x_{ik}-x_{jk}\right|^q\right\}^{\frac{1}{q}}=\omega\left[\sum_{k=1}^{m}\beta_k^q\right]^{\frac{1}{q}}$$

其中：
$$\beta_k=\left|\frac{\left|x_{ik}-x_{jk}\right|}{\omega}\right|\leqslant 1,\ \sum_{k=1}^{m}\beta_k^q\leqslant m$$

因此：
$$\lim_{q\to\infty}\left(\sum_{k=1}^{m}\beta_k^q\right)^{\frac{1}{q}}=1$$

所以：
$$d_{ij}(\infty)=\omega=\max_{1\leqslant k\leqslant m}\left|x_{ik}-x_{jk}\right|$$

上述各类距离中的共同缺点是没有考虑到指标的量纲，从而导致量纲较大的指标在距离的计算中起决定作用，如对于第 1 章表 1.1 中的 3 个指标而言，样本之间的距离就主要取决于相对湿度。一种改进方法是先对各变量进行标准化，在标准化后再利用上面的公式计算距离，这样就可以克服量纲的影响，如下面的 Pearson 距离就是基于这种思想而设计的。

⑥Pearson 距离：

$$d_{ij}(2)=\sum_{k=1}^{m}\frac{(x_{ik}-x_{jk})^2}{s_k^2} \tag{5.1.6}$$

⑦马氏(Mahalanobis)距离：

$$d_{ij}{}^2(M)=(X_i-X_j)'\sum{}^{-1}(X_i-X_j) \tag{5.1.7}$$

其中 X_i 表示数据矩阵中的列向量，$\sum^{-1}$ 是数据阵的协方差阵之逆。不难看出，当 $\sum$ 取单位阵 I 时，马氏距离就变成了欧氏距离。这意味着，使用欧氏距离或绝对值距离等，都要求变量间相互独立。若变量间相关性很强(如能见度和温度露点差)，计算距离就要用式(5.1.7)。

例如，已知一个二维正态总体 G 的分布为：$G\sim N(\mu,\sum)$，且：

$$G\sim N\left(\begin{pmatrix}0\\0\end{pmatrix},\begin{pmatrix}1 & 0.9\\0.9 & 1\end{pmatrix}\right)$$

试求点 $A=\begin{pmatrix}1\\1\end{pmatrix}$ 和 $B=\begin{pmatrix}-1\\1\end{pmatrix}$ 到均值 $\mu=\begin{pmatrix}0\\0\end{pmatrix}$ 的距离。

根据假设条件可算得：

$$\sum{}^{-1}=\frac{1}{1-0.9^2}\begin{bmatrix}1 & -0.9\\-0.9 & 1\end{bmatrix}=\frac{1}{0.19}\begin{bmatrix}1 & -0.9\\-0.9 & 1\end{bmatrix}$$

从而：

$$d_{A\mu}^2=(1,1)\sum{}^{-1}\begin{pmatrix}1\\1\end{pmatrix}=0.2/0.19=1.053$$

$$d_{B\mu}^2=(1,-1)\sum{}^{-1}\begin{pmatrix}1\\1\end{pmatrix}=3.8/0.19=20$$

如果用欧氏距离：

$$d_{A\mu}^2(2)=1^2+1^2=2\ ,\ d_{B\mu}^2(2)=1^2+1^2=2$$

两者相等。而按马氏距离两者差 $\sqrt{19}$ 倍之多。

由分布密度公式知本例中有：

$$f(x_1,x_2)=\frac{1}{2\pi\sqrt{0.19}}\exp\left\{-\frac{1}{0.38}\left[x_1^2-1.8x_1x_2+x_2^2\right]\right\}$$

于是，A、B 两点的密度值分别是：$f(1,1)=0.2157$，$f(1,-1)=0.00001658$。

说明前者应当离均值近，后者离均值远，马氏距离正确地反映了这一情况，而欧氏距离则不然。可见，正确地选择距离是非常重要的一件事。

当 $x_{ij}\geqslant 0$ 时，有时用：

⑧ 兰氏距离：　　$$d_{ij}(L)=\sum_{k=1}^{m}\frac{|x_{ik}-x_{jk}|}{x_{ik}+x_{jk}}$$

它是由 Lance 和 Williams 最早提出的，故称兰氏距离。这个距离消除了量纲影响，但仍未考虑指标间的相关性。

5.1.2.2　相似系数

(1)相似系数的性质

在聚类分析中不仅需要将样品分类，也需要将变量(指标、因子)分类，在变量之间也可以定义距离，更常用的是相似系数，用 C_{ij} 表示 X_i 与 X_j 的相似系数，有性质：

①$C_{ij}=\pm1\Leftrightarrow x_i=ax_j+b, a\neq0$ 及 b 常数

②$\forall i,j\quad |C_{ij}|\leqslant1$，

③$\forall i,j\quad C_{ij}=C_{ji}$。

$|C_{ij}|$越接近于 1，X_i 与 X_j 的关系越密切。

(2)相似系数的种类

对于间隔尺度的变量，常用的相似系数有：

①夹角余弦

这是受相似形的启发而得的。图 5.1 中曲线 AB 和 CD 尽管长度不一，但形状相似。当长度不是主要矛盾时，应定义一种相似系数使 AB 和 CD 呈现出比较密切的关系，而夹角余弦正适合这一要求。它的定义式为：

$$C_{ij}(1)=\frac{\sum_{k=1}^{m}x_{ki}x_{kj}}{\sqrt{\left(\sum_{k=1}^{m}x_{ki}^{2}\right)\left(\sum_{k=1}^{m}x_{kj}^{2}\right)}}\tag{5.1.8}$$

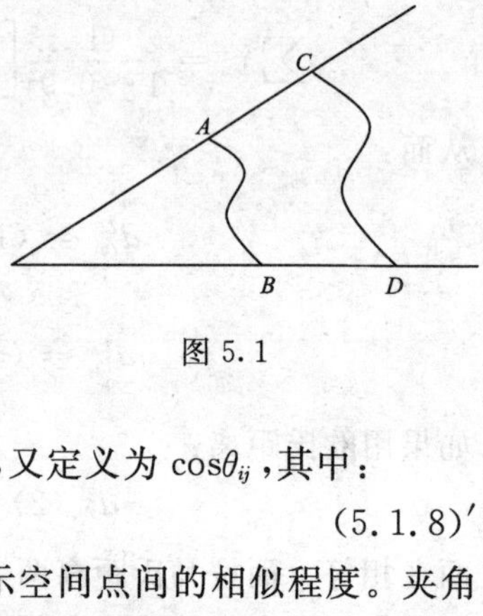

图 5.1

它是向量$(x_{1i},x_{2i},\cdots,x_{ni})$和$(x_{1j},x_{2j},\cdots,x_{nj})$之间的夹角余弦，它有时也用 r_{ij} 表示，但为了与相关系数区别，又定义为 $\cos\theta_{ij}$，其中：

$$\theta_{ij}=\arccos r_{ij}\tag{5.1.8$'$}$$

故形象地称之为夹角余弦，也称为相关距离系数，常表示空间点间的相似程度。夹角余弦在图像识别中很有用，A 和 A 应当识别出同一个字而不管其大小。

②相关系数

这是一个常用的统计量，在第 1 章中已有介绍，它是将数据距平化(使均值为 0)后的夹角余弦。相关系数常用 r_{ij} 表示，为了和其他相似系数记号统一，这里记为 $r_{ij}=C_{ij}(2)$，即：

$$C_{ij}(2)=\frac{\sum_{k=1}^{m}(x_{ki}-\bar{x}_i)(x_{kj}-\bar{x}_j)}{\sqrt{\left(\sum_{k=1}^{m}(x_{ki}-\bar{x}_i)^2\right)\left(\sum_{k=1}^{m}(x_{kj}-\bar{x}_j)^2\right)}} \tag{5.1.9}$$

变量之间常借助于相似系数来定义距离,例如可令:

$$d_{ij}^2=1-C_{ij}^2 \tag{5.1.10}$$

样品之间也要用到相似系数,除了上述的 $C_{ij}(1)$ 和 $C_{ij}(2)$ 外,还有指数相似系数。

③指数相似系数

第 i 个变量和第 j 个变量的相似系数为:

$$C_{ij}(3)=\frac{1}{m}\sum_{k=1}^{m}\mathrm{e}^{-\frac{3}{4}\left(\frac{x_{ik}-x_{jk}}{s_k}\right)} \tag{5.1.11}$$

它不受变量量纲的影响。

④非参数方法

令:

$$x_{d,ij}=x_{ij}-\bar{x},$$

$$n_+=\{x_{d,ik}x_{d,jk}(k=1,2,\cdots m)\text{大于 0 的个数}\},$$

$$n_-=\{x_{d,ik}x_{d,jk}(k=1,2,\cdots m)\text{小于 0 的个数}\},$$

相似系数定义为:

$$C_{ij}(4)=\frac{n_+-n_-}{n_++n_-} \tag{5.1.12}$$

5.2　系统聚类法

5.2.1　系统聚类法的基本思想

上一节中的距离定义是不同样品间的距离,但一类中通常包含多个样品,类与类、类与样品之间的距离如何计算呢?以及如何在此基础上进行样品的归属、类的合并呢?这就要用到系统聚类法。

系统聚类法是聚类分析中使用最多的一种方法。其基本思想是:先将 n 个样品各自看成一类,然后规定样品之间的距离和类与类之间的距离。开始,因每个样品自成一类,类与类之间的距离与样品点间的距离是相等的,选择距离最小的并成一个新类,计算新类和其他类的距离,再将距离最近的两类合并,这样每次减少一类,直至所有样品都成为一类,或在达到所要求的分类数目时终止合并。

5.2.2 最短距离法

用 d_{ij} 表示样品 i 和样品 j 的距离，$G_1,G_2,\cdots$ 表示不同类，定义类与类之间的距离为两类最近样品的距离，用 D_{pq} 表示 G_p 与 G_q 类间距离，则：

$$D_{pq}=\min_{i\in G_p,j\in G_q}\{d_{ij}\} \tag{5.2.1}$$

用最小距离法作系统聚类的步骤如下：

(1) 规定样品之间的距离，计算样品两两距离的对称阵，记作 $D^{(0)}$。开始每个样品自成一类，这时显然 $D_{pq}=d_{pq}$。

(2) 选择 $D^{(0)}$ 的最小元素，设为 D_{pq}，则将 G_p 和 G_q 合并成一新类，记为 G_r，$G_r=\{G_p,G_q\}$。

(3) 计算新类与其他类的距离：

$$D_{rk}=\min_{i\in G_r,j\in G_k}\{d_{ij}\}=\min\{\min_{i\in G_p,j\in G_k}d_{ij},\ \min_{i\in G_q,j\in G_k}d_{ij}\}$$

即：

$$D_{rk}=\min\{D_{pk},D_{qk}\} \tag{5.2.2}$$

将 $D^{(0)}$ 中 p,q 行，p,q 列用式(5.2.2)并成一个新行列式，新行新列对应 G_r，得到的矩阵记为 $D^{(1)}$。

(4)对 $D^{(1)}$ 重复上述 $D^{(0)}$ 的第二步得 $D^{(2)}$，如此下去直到所有的元素成为一类为止。

如果某一步 $D^{(k)}$ 中最小的元素不止一个，则对应这些最小元素的类可以同时合并。

例如，设抽了六个样品，为方便起见，每个样品均只测了一个指标，样品间的距离采用绝对值距离，每个样品的指标为：1,2,5,7,9,10，试用最短距离法给他们分类。

(1)采用绝对值距离计算样品间的距离 $D^{(0)}$ 列于表 5.2。

表 5.2 $D^{(0)}$

	G_1	G_2	G_3	G_4	G_5
G_2	1				
G_3	4	3			
G_4	6	5	2		
G_5	8	7	4	2	
G_6	9	8	5	3	1

(2) $D^{(0)}$ 中最小的元素是 1，即 $D_{12}=D_{56}=1$，则将 G_1 和 G_2 合并成 G_7，G_5 与 G_6 并成 G_8。

(3) 计算 G_7，G_8 与其他类的距离，利用公式(5.2.2)算得表 5.3。

(4) 找 $D^{(1)}$ 中最小的元素，它是 $D_{34}=D_{48}=2$，于是将 G_3，G_4，G_8 并成 G_9，然后计算 G_9 与其他类（只剩下 G_7）的距离，得 $D^{(2)}$，列于表 5.4，最后将 G_7 和 G_9 并为 G_{10}，这时所有样品成为一类，过程终止。

表 5.3　$D^{(1)}$

	G_7	G_3	G_4
G_3	3		
G_4	5	2	
G_8	7	4	2

表 5.4　$D^{(2)}$

	G_7
G_9	3

这个聚类的过程可以画成一张图（图 5.2），横坐标的刻度是并类的距离，由图上看出分成两类比较合适。在实际问题中有时给出一个临界值 D^*，要求类与类之间的距离要小于 D^*，从而样品可能在归并为若干类后就终止。如果每个样品有多个指标，还可以用欧氏距离、Pearson 距离等方法计算样品间的距离，然后再利用最短距离法进行聚类，需要注意的是如果用相似系数计算样品间的距离，则在聚类过程中应找最大的元素并类。

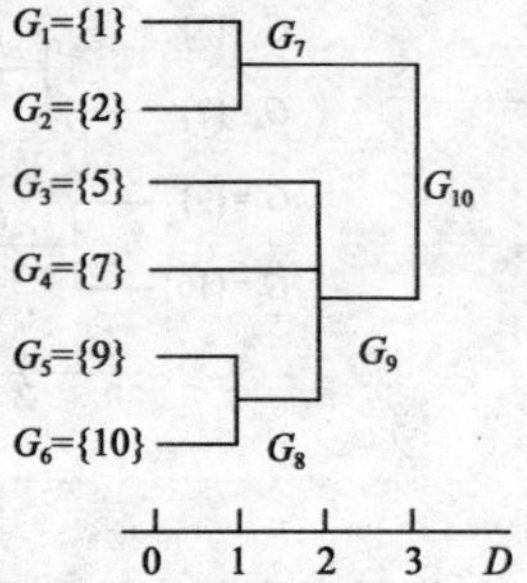

图 5.2

可见，系统聚类法不是绝对值距离法、欧氏距离法等之外新的计算方法，而是定义样品归属、类的合并的一种方式，下面介绍其他系统聚类的定义方式。

5.2.3　最长距离法和中间距离法

如果类与类之间的距离用两类之间的最远距离来表示，即

$$D_{pq}=\max_{i\in G_p,j\in G_q}\{d_{ij}\} \tag{5.2.3}$$

最长距离法和最短距离法的并类步骤完全一致，也是各样品先自成一类，然后将最小距离的两类合并。设某一步将类 G_p 和 G_q 合并成 G_r，则 G_r 与 G_k 的距离为

$$G_r=\max\{G_{pk},G_{qk}\} \tag{5.2.4}$$

再找最小距离并类，直到所有的样品为一类。

可以看出，最长距离法与最短距离法只有两点不同：(a)定义类与类的距离不同，(b)计算新类与其他类的距离所用的递推公式不同，一个是式(5.2.2)，一个是式(5.2.4)。后面将要介绍的其他系统聚类法互相之间的差异也都在这两方面。

对样品资料：1,2,5,7,9,10 运用最长距离法，得到聚类图 5.3，它与图 5.2 大体相似，但也有些差异。

如果类与类之间的距离既不采用两类之间的最近距离，也不采用两类之间最长的距离，而采用介于两类之间的距离，而从递推公式入手。

设某一步将 G_p 和 G_q 合并成 G_r，那么 G_r 与 G_k 的距离如何计算呢？不失一般性，可设 $D_{kq}>D_{kp}$，按最短距离法 $D_{kr}=D_{kp}$，按最长距离法 $D_{kr}=D_{kq}$。图 5.4 的三角形的三个边是 D_{kp}，D_{kq}，D_{pq}。介于 D_{kp} 和 D_{kq} 之间的线，直观上以 D_{pq} 边的中线为好，由初等几何可知这个中线的平方等于 $\frac{1}{2}D_{kp}^2+\frac{1}{2}D_{kq}^2-\frac{1}{4}D_{pq}^2$，如将这个中线作为 D_{kr}，则

$$D_{kr}^2=\frac{1}{2}D_{kp}^2+\frac{1}{2}D_{kq}^2-\frac{1}{4}D_{pq}^2 \tag{5.2.5}$$

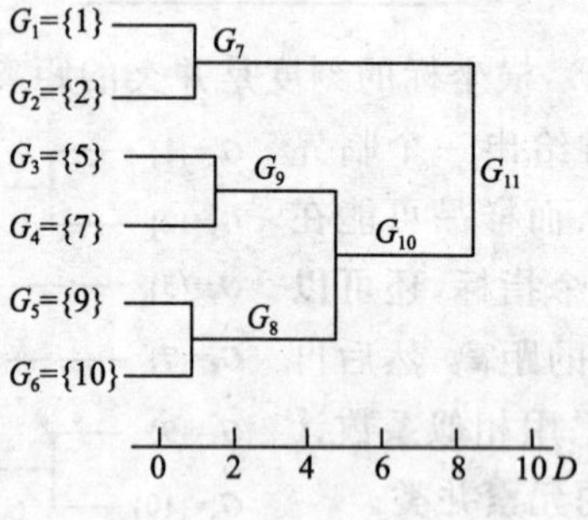

图 5.3

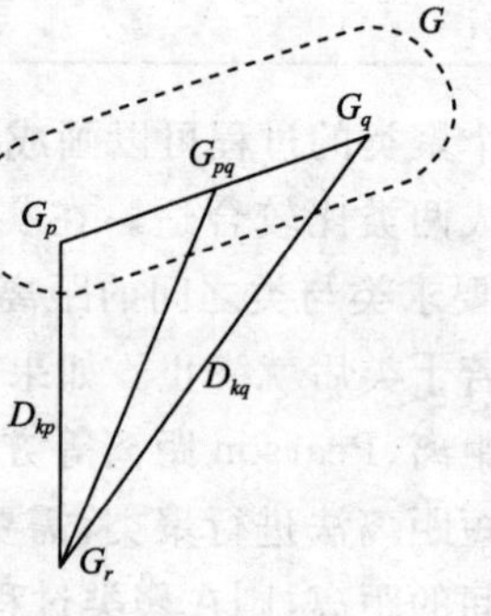

图 5.4

由此所产生的方法叫中间距离法，式(5.2.5)就是它的递推公式。开始各样品自成一类，$D_{pq}=d_{pq}$，利用式(5.2.5)不难得到任何两类之间的距离。

由于公式(5.2.5)中出现的全是距离的平方，为了计算方便，开始 $D^{(0)}$ 的元素改为 d_{ij}^2，$D^{(l)}(l>1)$的元素改为 D_{pq}^2，相应的矩阵为，$D^{(0)^2}$，$D^{(1)^2}$，…。

中间距离法还可以推广为更一般的情形，这时式(5.2.5)成为

$$D_{kr}^2=\frac{1}{2}D_{kp}^2+\frac{1}{2}D_{kq}^2+\beta D_{pq}^2 \tag{5.2.6}$$

其中：$-\frac{1}{4}\leqslant\beta\leqslant 0$。

5.2.4　重心法和类平均法

从物理的观点来看，一个类用它的重心(该类样品的均值)做代表比较合理，类与类之间的距离就用重心之间的距离来代表，设 G_p 和 G_q 的重心分别是 $\overline{X_p}$ 和 $\overline{X_q}$，则 G_p 和 G_q 之间的距离是：

$$D_{pq}=d_{\overline{x_p}\,\overline{x_q}} \tag{5.2.7}$$

对应于这种定义的系统聚类法叫重心法，其递推公式为：

$$D_{kr}^2=\frac{n_p}{n_r}D_{kp}^2+\frac{n_q}{n_r}D_{kq}^2-\frac{n_p}{n_r}\frac{n_q}{n_r}D_{pq}^2 \tag{5.2.8}$$

式中 $n_r=n_p+n_q$（n_p、n_q 分别为 G_p、G_q 两类的样品数）。

现在用重心法对表5.2的资料进行系统聚类。

(1)计算各类样品之间的平方距离，即把表5.2的各类数值平方，得表5.5。

(2)在 $D^{(0)^2}$ 中找最小的数，他们是 $D_{12}^2=D_{56}^2=1$，为了清楚起见先将 G_1 和 G_2 并成为 G_7；G_5 和 G_6 先不并。

(3)计算新类 G_7 和各类的距离。这时 $n_p=n_q=1,n_r=2$，当 $k=3$ 时用式(5.2.8)：

$$D_{37}^{(1)^2}=\frac{1}{2}D_{31}^2+\frac{1}{2}D_{32}^2-\frac{1}{2}\times\frac{1}{2}D_{12}^2=\frac{1}{2}\times 16+\frac{1}{2}\times 9-\frac{1}{4}=12.25$$

同样，可算得 $D_{47}^{(1)^2}=30.25$，$D_{57}^{(1)^2}=56.25$，$D_{67}^{(1)^2}=72.25$，计算结果列于表5.6中。

表5.5　$D^{(0)^2}$

	G_1	G_2	G_3	G_4	G_5
G_2	1				
G_3	16	9			
G_4	36	25	4		
G_5	64	49	16	4	
G_6	81	64	25	9	1

表5.6　$D^{(1)^2}$

	G_7	G_3	G_4	G_5
G_3	12.25			
G_4	30.25	4		
G_5	56.25	16	4	
G_6	72.25	25	9	1

(4)对 $D^{(1)^2}$ 重复上述步骤，将 G_5 和 G_6 并成 G_8，平方距离阵变为 $D^{(2)^2}$（表5.7）。将 G_3，G_4 并成 G_9，得 $D^{(3)^2}$（表5.8）；再将 G_8，G_9 并成 G_{10} 得 $D^{(4)^2}$（表5.9），最后将 G_7 和 G_{10} 并成 G_{11}，这时所有样品均成一类，过程终止。此例的聚类图类似于最长距离法。

表5.7　$D^{(2)^2}$

	G_7	G_3	G_4
G_3	12.25		
G_4	30.25	4.00	
G_8	64.00	20.25	6.25

表 5.8 $D^{(3)^2}$

	G_7	G_9
G_9	20.25	
G_8	64	12.25

表 5.9 $D^{(4)^2}$

	G_7
G_{13}	39.0625

重心虽然有很好的代表性,但并未充分利用个样本的信息,可以将两类之间的距离平方定义为这两类元素两两之间的平均平方距离,即

$$D_{pq}^2 = \frac{1}{n_p n_q} \sum_{i \in G_p, j \in G_q} d_{ij}^2 \tag{5.2.9}$$

用这个定义的类间距离做系统聚类称为类平均法。类平均法的递推公式是

$$D_{kr}^2 = \frac{n_p}{n_r} D_{kp}^2 + \frac{n_q}{n_r} D_{kq}^2 \tag{5.2.10}$$

类平均法是系统聚类法中比较有效的方法之一。

5.2.5 离差平方和法

用此法定义类间距离是采用了方差分析的思想,即如果分类分得恰当,同类样品之间的离差平方和应当比较小,而类于类之间的离差平方和应当比较大。

设将 n 个样品分成 k 类:$G_1, \cdots, G_k$,用 $\boldsymbol{X}_{it}$ 表示 G_t 中的第 i 个样品(注意 $\boldsymbol{X}_{it}$ 是 m 维向量),n_t 表示 G_t 中的样品个数,$\overline{X_t}$ 是 G_t 的重心,则在 G_t 中的样品的离差平方和是:

$$S_t = \sum_{i=1}^{n_t} (\boldsymbol{X}_{it} - \overline{\boldsymbol{X}}_t)'(\boldsymbol{X}_{it} - \overline{\boldsymbol{X}}_t)$$

整个类内平方和是:

$$S = \sum_{t=1}^{k} S_t = \sum_{t=1}^{k} \sum_{i=1}^{n_t} (\boldsymbol{X}_{it} - \overline{\boldsymbol{X}}_t)'(\boldsymbol{X}_{it} - \overline{\boldsymbol{X}}_t) \tag{5.2.11}$$

当 k 固定时,要选择使 S 达到极小的分类。n 个样品,分成 k 类,一切可能的分法有:

$$R(n,k) = \frac{1}{k!} \sum_{i=0}^{k} (-1)^{k-i} C_k^i i^n$$

例如当 $n=21, k=2$ 时 $R(21,2) = 2^{21} - 1 = 1048575$,当 n, k 更大时就达到了天文数字。因此要比较这么多分类来选择最小的 S,一般是不可能的。于是只好放弃在一切分类中求 S 的极小值的要求,而是设计出某种计算方案,找到一个局部最优解。

其思想是:先将最小的两类合并,直到所有样品归为一类。

下面就最短距离法例子的数据来看离差平方和法的步骤。首先将六个样品分成六类,这时 $S=0$。然后将其中任两类合并,例如将 $G_1=\{1\}$ 和 $G_2=\{2\}$ 合并,则新类的离差平方和为 $(1-1.5)^2+(2-1.5)^2=0.5$;如将 G_1 和 $G_3=\{5\}$ 合并,它的离差平方和为 $(1-3)^2+(5-3)^2=8$。一切可能并类所增加的离差平方和列于表 5.10。以 G_1 和 G_2 合并或 G_5 和 G_6 合并时,S 的增量最小,将 G_1 和 G_2 并为 G_7,将 G_5 和 G_6 并为 G_8,然后重复上述步骤,直到所有样品归为一类为止。计算结果列于表 5.11,它很类似于系统聚类的其他方法,如果用增加的离差平方和代替平方距离,也可以画出聚类图。

表 5.10

	G_1	G_2	G_3	G_4	G_5
G_2	0.5				
G_3	8.0	4.5			
G_4	18.0	12.5	2.0		
G_5	32.0	24.5	8.0	2.0	

表 5.11

分类数目		S
6	{1}{2}{5}{7}{9}{10}	0
5	{1,2}{5}{7}{9}{10}	0.5
4	{1,2}{5}{7}{9,10}	1.0
3	{1,2}{5,7}{9,10}	3.0
2	{1,2}{5,7,9,10}	15.25
1	{1,2,5,7,9,10}	67.33

可以证明,离差平方和法有如下递推公式:

$$D_{kr}^2=\frac{n_k+n_p}{n_r+n_k}D_{kp}^2+\frac{n_k+n_q}{n_r+n_k}D_{kq}^2-\frac{n_k}{n_r+n_k}D_{pq}^2 \tag{5.2.12}$$

以上介绍的几种系统聚类法,并类的原则和步骤是完全一样的,所不同的是类与类之间的距离有不同的定义,从而得到不同的递推公式。能否将它们更有机地统一起来呢?维希特在 1969 年发现它们的递推公式可以统一起来,统一的形式是:

$$D_{kr}^2=\alpha_p D_{kp}^2+\alpha_q D_{kq}^2+\beta D_{pq}^2+\gamma\left|D_{kp}^2-D_{kq}^2\right| \tag{5.2.13}$$

其中系数 $\alpha_p,\alpha_q,\beta,\gamma$ 对于不同的方法有不同的取值,表 5.12 列出了上述几种方法四参量的取值。递推公式的统一使这几种方法的共性完全统一起来了,对于计算机程序的实现提供了极大的方便。

表 5.12

方法	类 G_p 与 G_q 间的距离	递推公式参数			
		α_p	α_q	β	γ
最短距离法	$D_{rk}=\min\limits_{X_i\in G_r,X_j\in G_k}\{dij\}$	$\frac{1}{2}$	$\frac{1}{2}$	0	$-\frac{1}{2}$
最长距离法	$D_{rk}=\max\limits_{X_i\in G_r,X_j\in G_k}\{dij\}$	$\frac{1}{2}$	$\frac{1}{2}$	0	$\frac{1}{2}$
重心法	$D_{pq}=d_{\overline{x}_p\overline{x}_q}$	$\frac{n_p}{n_r}$	$\frac{n_q}{n_r}$	$-\frac{n_pn_q}{n_r^{\ 2}}$	0
类平均法	$D_{pq}^2=\frac{1}{n_pn_q}\sum\limits_{X_i\in G_p}\sum\limits_{X_j\in G_q}d_{ij}^2$	$\frac{n_p}{n_r}$	$\frac{n_q}{n_r}$	0	0
离差平方和法	$D_{pq}^2=\frac{n_pn_q}{n_r}(\overline{X}_p-\overline{X}_q)'(\overline{X}_p-\overline{X}_q)$	$\frac{n_i+n_p}{n_r+n_i}$	$\frac{n_i+n_q}{n_r+n_i}$	$-\frac{n_i}{n_r+n_i}$	0

系统聚类法的步骤归纳起来有三步：

(1)计算样品间的距离(绝对值距离公式最简便)；

(2)可采用各种方法来定义类与类间的距离(见表 5.12)；

(3)以类间距最小(即相似性程度最高)为准则进行逐级归类，直至所有样品都归成一类。此种归类计算较为简便，但并未考虑若干样品综合后相互之间的相似关系，因此可能忽略样品之间的某种内在联系。

这几种方法对解决实际问题的效果是否一样呢？下面来看一个具体的例子。

例如，从 21 个工厂抽了同类样品，每个产品测了两个指标，欲将各厂的质量情况进行分类。测得的数据如下(已作了适当变换，其中 N_i 为密度)：

表 5.13

i	1	2	3	4	5	6	7	8	9	10	11	12	13	14	15	16	17	18	19	20	21
x_{i1}	0	0	2	2	4	4	5	6	6	7	−4	−2	−3	−3	−5	1	0	0	−1	−1	−3
x_{i2}	6	5	5	3	4	3	1	2	1	0	3	2	2	0	2	1	−1	−2	−1	3	−5
N_i	1	2	2	2	1	2	2	2	3	1	2	1	4	1	2	0	2	3	2	1	0

表 5.13 中样品的散点图如图 5.5。这里有 x_1，x_2 两个指标，采用欧氏距离法计算样品间的距离，即为图 5.5 中样品点间的连线距离。然后再由最短距离法、最长距离法、重心法、类平均法、离差平方和法得到的聚类图如图 5.6 所示。

由图 5.6 可以看出，不同的方法分类结果是不完全一样的。从直观上看，最短距离法分成四类，{1,2,3,4,5,6}，{7,8,9,10}，{11,12,13,14,15}，{17,18,19,20}，16 和 21 归不了类；最长距离法分成{1,2,3,4,5,6,16}，{7,8,9,

10},{11,12,13,14,15},{17,18,19,20,21}四类;重心和类平均法的结果是:{1,2,3,4,5,6},{7,8,9,10},{11,12,13,14,15},{16,17,18,19,20},21 归不了类;离差平方和法与重心法前三类一致,而将 21 归为最后一类,归类情况可用示意图(图 5.7)的形式直观表现。五种方法产生了四种结果,可见这些方法的分类结果是有差异的。那么究竟采用哪一种分类为好呢?一种方法是根据分类问题本身的知识来决定取舍。另一类方法是将几种方法的共性取出来,有争议的样品先放到一边,如此例五种方法都是分成四类,有争议的 16 和 21 去掉后,再用上述五种方法,则分类的结果完全一样。对于孤立点的处理是聚类分析中一项重要的工作,可以先根据距离准则和密度分布(即样品点周围点的疏密)将孤立点去除,关于这方面的研究可参考相应文献。

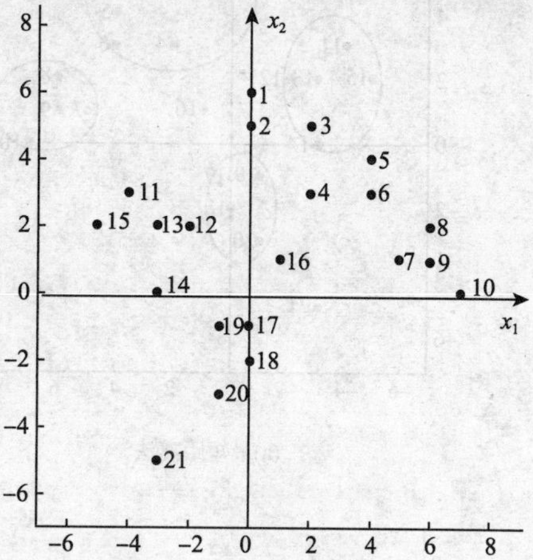

图 5.5　样品散点图

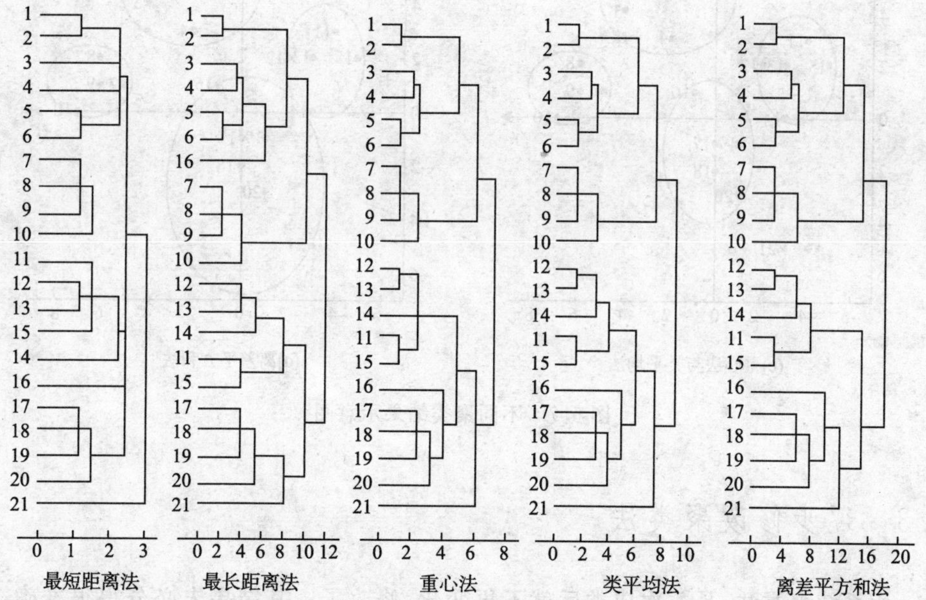

图 5.6　聚类图

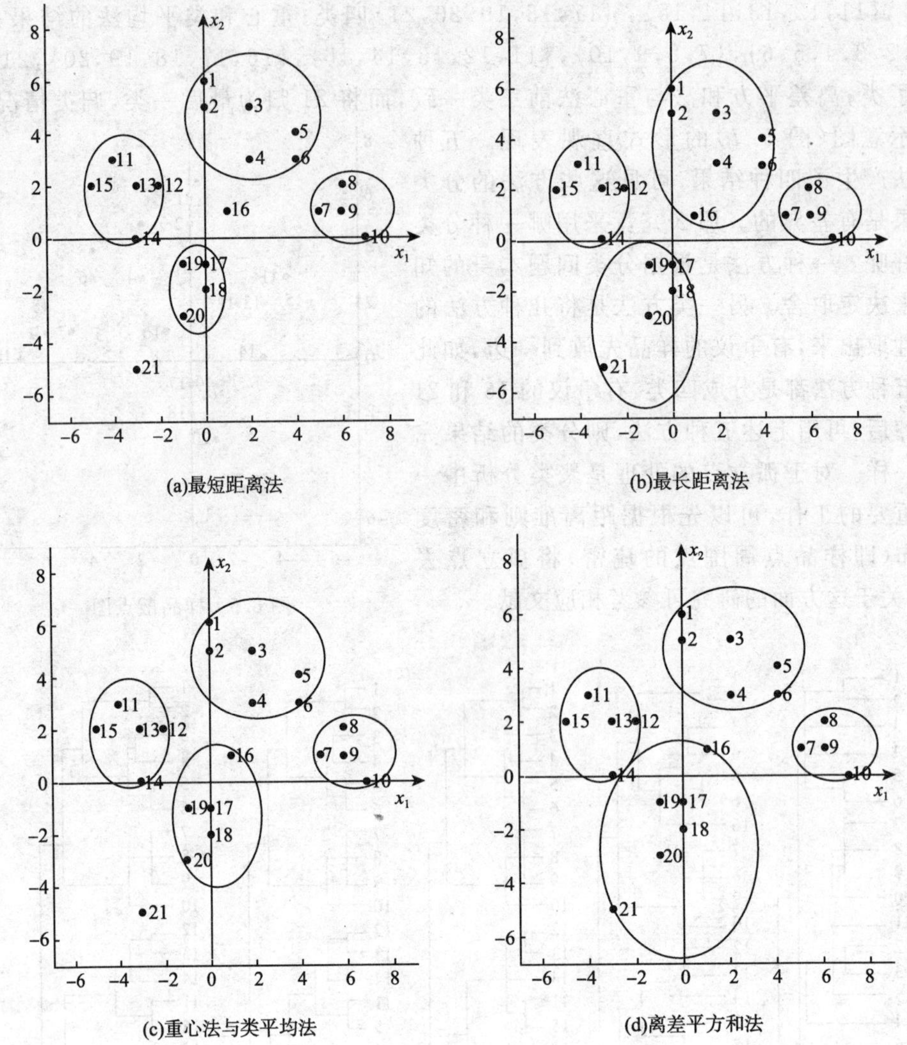

图 5.7　不同聚类结果示意图

5.3　逐步修改聚类法

用系统聚类法，是一次成类后就不再变化、修改了。其结果未必分得很准确、合理。此外，系统聚类法要存入距离阵 $D^{(0)}$ 或 $D^{(0)^2}$，当 n 较大时占用内存太多，甚至超过计算机容量。为此，可用逐步修改聚类的方法加以改进。计算方法中的迭代算法的思想给我们以启示，能否先给出一个粗糙的初始分类，然后用某种原则进行修改，直至分类比较合理为止。

为了得到初始分类，可设法选择一些凝聚点，让样品按某种原则向凝聚点凝聚。其基本思想可用图 5.8 来表示。

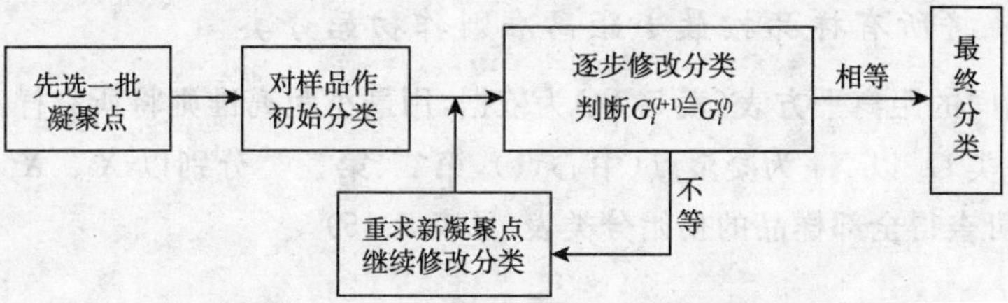

图 5.8　逐步修改聚类法基本思想示意图

在逐步修改聚类过程中，"凝聚点"是经常要用到的一个概念。顾名思义，它就是样品中一批有代表性的假设的点，是性质很相似的样品将归并成新类的中心点。以这批中心点为核心让其他样品点向最近的凝聚点凝聚，这样由点凝聚成了类。凝聚点可以由性质很相似的各样品点相应的指标之平均数所确定，此时各类的重心点就是凝聚点。凝聚点还可由别的方法确定之。但要注意，凝聚点选择是否恰当，直接决定了初始分类，同样对最终分类也有相当影响，所以凝聚点的选择要相当慎重。

逐步修改聚类的方法可分为整批修改聚类法和逐个修改聚类法两种，下面分别介绍。

5.3.1　整批修改聚类法

根据逐步修改聚类法的基本思想，整批修改聚类法主要由以下步骤完成：

5.3.1.1　用密度法选择一批凝聚点

所谓"密度法"，是事先给定两个正数 d_1 和 d_2，以每个样品点为球心，以 d_1 为半径，落在这个球内的样品数(不包括作为球心的样品)就叫做样品的密度，半径 d_1 不同，则密度不同，因此密度是 d_1 和样品点的函数。

首先选择具有最大密度的样品点作为第一凝聚点。再选择次大密度的凝聚点，它和第一凝聚点的距离如果小于 d_2，该点取消；如果大于 d_2，该点作为第二凝聚点。用这个方法按照样品的密度由大到小地选下去，每次和已选的任一凝聚点的距离不小于 d_2 的样品作为新的凝聚点。常取 $d_2=2d_1$。

例如，根据表 5.13 的资料，用密度法取 $d_1=2, d_2=4$，各样品点的密度如表 5.13 的末行所列。

首先选择密度最大的 X_{13} 作为第一凝聚点，密度其次的是 X_9 和 X_{18}，它们与 X_{13} 的距离平方

$$d_{9,13}^2=82, d_{9,18}^2=45, d_{13,18}^2=25$$

均大于 $d_2^2=16$(见表 5.14),将 X_9 和 X_{18} 作为第二和第三凝聚点。故有 X_9,X_{13},X_{18} 共三个凝聚点。有了这三个分类中心点,就可对全体样品点进行初始分类了。

5.3.1.2 将所有样品按最小距离准则作初始分类

以样品间的距离平方表(表 5.14)为依据,用最小距离准则将所有样品分类归入三类。第一类 G_1 以 X_9 为凝聚点(中心点),第二、第三类分别以 X_{13}、X_{18} 为凝聚点,由表 5.14 可查得全部样品的初始分类表(见表 5.15)。

表 5.14

d_{ij}^2 i \ j	1	2	3	4	5	6	7	8	9	10	11	12	13	14	15	16	17	18	19	20	21
1	0																				
2	1	0																			
3	5	4	0																		
4	13	8	4	0																	
5	20	17	5	5	0																
6	25	20	8	4	1	0															
7	50	41	25	13	10	5	0														
8	52	45	25	17	8	5	2	0													
9	61	52	32	20	13	8	1	1	0												
10	85	74	50	34	25	18	5	5	2	0											
11	25	20	40	36	65	64	85	101	104	130	0										
12	20	13	25	17	40	37	50	64	65	85	5	0									
13	25	18	34	26	53	50	65	81	82	104	2	1	0								
14	45	34	50	34	65	58	65	85	82	100	10	5	4	0							
15	41	34	58	50	85	82	101	121	122	148	2	9	4	8	0						
16	26	17	17	5	18	13	16	26	25	37	29	10	17	17	37	0					
17	49	36	0	20	41	32	29	45	40	50	32	13	18	10	34	5	0				
18	64	49	53	29	52	41	34	52	45	53	41	20	25	13	41	10	1	0			
19	50	37	45	25	50	41	40	58	53	65	25	10	13	5	25	8	1	2	0		
20	82	65	73	45	74	61	52	74	65	73	45	26	29	12	41	20	5	2	4	0	
21	130	109	125	89	130	113	100	130	117	125	65	50	49	25	53	52	25	18	20	8	0

在表 5.15 中,每个样品 x_i 以与每类的凝聚点的距离平方最小为依据都能归入 $G_1^{(0)}$、$G_2^{(0)}$、$G_3^{(0)}$ 的某一类里。以 x_5 为例,它与第一类中心点 x_9 的距离平方 $d_{5,9}^2=13$,与第二类中心点 x_{13} 的 $d_{5,13}^2=53$,与第三类中心点 x_{18} 的 $d_{5,19}^2=52$,因 $d_{5,9}^2=\min$,所以

x_5 应归入以 x_9 为中心的第一类。同理 x_2 应属第二类 $G_2^{(0)}$，其他各类样品均照此准则归类，得到：

表 5.15　各样品点与三类聚类点距离的平方

样品点	x_1	x_2	x_3	x_4	x_5	x_6	x_7	x_8	x_9	x_{10}	x_{11}	x_{12}	x_{13}	x_{14}	x_{15}	x_{16}	x_{17}	x_{18}	x_{19}	x_{20}	x_{21}
$G_1^{(0)}$类	61	52	32	20	13	8	1	1	0	2	104	65	82	82	122	25	40	45	53	65	117
			√	√	√	√	√	√	√	√											
$G_2^{(0)}$类	25	18	34	26	53	50	65	81	82	104	2	1	0	4	4	17	18	25	13	29	49
	√	√									√	√	√	√	√						
$G_3^{(0)}$类	61	49	53	29	52	41	34	52	45	53	41	20	25	13	41	10	1	0	2	2	13
																√	√	√	√	√	√

初始第一类：　$G_1^{(0)}=\{x_3, x_4, x_5, x_6, x_7, x_8, x_9, x_{10}\}$

初始第二类：　$G_2^{(0)}=\{x_1, x_2, x_{11}, x_{12}, x_{13}, x_{14}, x_{15}\}$

初始第三类：　$G_3^{(0)}=\{x_{16}, x_{17}, x_{18}, x_{19}, x_{20}, x_{21}\}$

5.3.1.3　以各类重心为凝聚点对全部样品进行整批修改分类

(1)分别算出 $G_1^{(0)}$、$G_2^{(0)}$、$G_3^{(0)}$ 这三类的重心。即要算出三类的纵、横坐标的平均值。

$G_1^{(0)}$ 的横坐标的平均值为$\frac{1}{8}(2+2+4+4+5+6+6+7)=4.5$

$G_1^{(0)}$ 的纵坐标的平均值为$\frac{1}{8}(5+3+4+3+1+2+1+0)=2.375$

故 $G_1^{(0)}$ 的重心是(4.5,2.375)。同理，$G_2^{(0)}$ 重心是(−2.43,2.86)，$G_3^{(0)}$ 的重心是(−0.67,−1.83)。

(2)以这三类的重心作为新凝聚点，再按“最小距离准则”将所有样品重新归类。以 x_1 为例，它与这三类的距离平方分别为：

$$D^2\{G_1^{(0)}\ x_1\}=(0-4.5)^2+(6-2.4)^2=4.5^2+3.6^2=33.2$$

$$D^2\{G_2^{(0)}\ x_1\}=(0-(-2.43))^2+(6-2.86)^2=2.4^2+3.1^2=15.4$$

$$D^2\{G_3^{(0)}\ x_1\}=(0-(-0.67))^2+(6-(-1.83))^2=0.7^2+7.8^2=61.3$$

从中知 x_1 应归属于 $G_2^{(1)}$ 类。同理可得其他样品的归属。于是得到第一次修改分类的结果是：

$$G_1^{(1)}=\{x_3, x_4, x_5, x_6, x_7, x_8, x_9, x_{10}\}$$

$$G_2^{(1)}=\{x_1, x_2, x_{11}, x_{12}, x_{13}, x_{14}, x_{15}\}$$

$$G_3^{(1)}=\{x_{16}, x_{17}, x_{18}, x_{19}, x_{20}, x_{21}\}$$

即新凝聚点与上一次的老凝聚点重合(重心不变)，所有修改分类的过程结束。全体样品点分成三类的情况如图 5.9 所示。

讨论：

①此法的优点是计算量较小，速度快，但它的分类结果依赖于凝聚点的选择。如果不选上述 x_9，x_{13}，x_{18} 三个凝聚点，而选 x_4，x_{13}，x_{17} 为凝聚点，则最终分类是：

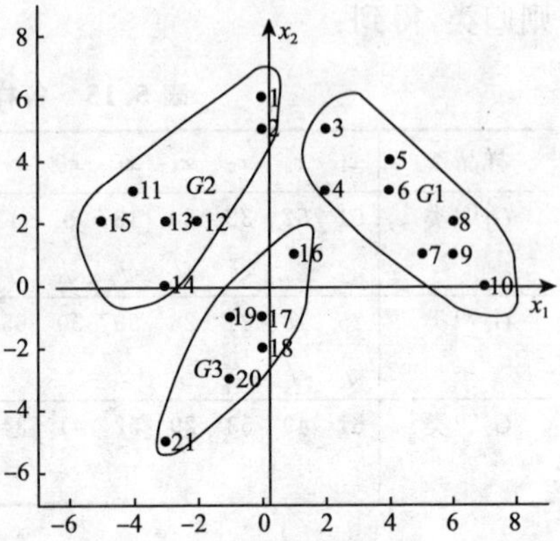

图 5.9

$$G_1 = \{x_1, x_2, x_3, x_4, x_5, x_6, x_7, x_8, x_9, x_{10}, x_{18}\};$$

$$G_2 = \{x_{11}, x_{12}, x_{13}, x_{14}, x_{15}\};$$

$$G_3 = \{x_{17}, x_{18}, x_{19}, x_{20}, x_{21}\}。$$

这与原来的分类有所不同。如果凝聚点选四个：x_4，x_8，x_{13}，x_{17}，则分类结果变成：

$$G_1 = \{x_1, x_2, x_3, x_4, x_5, x_6\};$$

$$G_2 = \{x_7, x_8, x_9, x_{10}\};$$

$$G_3 = \{x_{11}, x_{12}, x_{13}, x_{14}, x_{15}\};$$

$$G_4 = \{x_{16}, x_{17}, x_{18}, x_{19}, x_{20}, x_{21}\}。$$

如果凝聚点改成 x_4，x_8，x_{13}，x_{18}，则最终分类是：

$$G_1 = \{x_1, x_2, x_3, x_4, x_5, x_6, x_{16}\};$$

$$G_2 = \{x_7, x_8, x_9, x_{10}\};$$

$$G_3 = \{x_{11}, x_{12}, x_{13}, x_{14}, x_{15}\};$$

$$G_4 = \{x_{17}, x_{18}, x_{19}, x_{20}, x_{21}\}。$$

②凝聚点可以改变。不直接取重心为凝聚点，而取老凝聚点与重心连线的对称点为新凝聚点，再用最小距离准则归类，直到某一次计算的重心与老凝聚点完全相同，则修改分类终止。这样做，在某些场合会得到更好的分类。

5.3.2 逐个修改聚类法

整批修改聚类法是让全部样品都归了类以后才改变聚类点，再重新归类。为了使修改过程收敛更快，可采取每进一个样品到类中来就改变凝聚点重新归类的方法，这就是所谓逐个修改聚类法，许多书上称为“K—means”方法（K—均值法），最早是由 MacQueen 在 1967 年首次提出来的，后来许多人对此又作了改进。其计算步骤是：

5.3.2.1 先进行初始聚类

(1)根据实际问题的需要或经验，给定三个参数 K、C、R。

K：是初始分类的凝聚点个数。为方便起见，一般可取前 K 个样品点作为初始凝聚点。若取 $K = 4$，则将 x_1，x_2，x_3，x_4，作为初始凝骤点。

C:凝聚点间距离的临界值。若 $D_{G_i,G_j} \geqslant C$,则 G_i 与 G_j 代表性质不同的两类;反之,若 $D_{G_i,G_j} < C$,则 G_i 与 G_j 两类性质相近,其两类的凝聚点应合并成一新的凝聚点。

R:样品点与凝聚点间距离的临界值。若 $d_{x_i G_j} > R$ 则此 x_i 为新类的凝聚点,即 $x_i \notin G_j$。反之,若 $d_{x_i G_j} \leqslant R$,则 $x_i \in G_j$,x_i 不是新凝聚点。

(2)以 C 为临界值,归并凝聚点,直到所有 $d_{ij} \geqslant C$ 止。

按欧氏距离公式算出 K 个初始凝聚点两两之间的距离 d_{ij}。当 $\min\{d_{ij}\} \geqslant C(i, j=1,2,\cdots,K)$,则的确为 K 个初始凝聚点;当 $\min\{d_{ij}\} < C$,x_i 与 x_j 两凝聚点合并,用这两点的重心作新凝聚点,对此 $K-1$ 个凝聚点,重复上述计算,直到所有初始凝聚点的距离 $d_{ij} \geqslant C$ 为止。

(3)将剩下的 $n-K$ 个样品点逐个进行归类,同时改变凝聚点,直到所有的样品都归了类。

①当 $\min\{d_{x_j,G_i}\} > R$,则 x_j 为新凝聚点($j=K+1,K+2,\cdots,n$)。当 $\min\{d_{x_j,G_i}\} \leqslant R$,则 x_j 归入与它最近的凝聚点那一类,使得分解的误差最小,同时重算这类重心,并以此重心为新凝聚点。

②若凝聚点间距离 d_{G_i,G_j} 都 $\geqslant C$,则归并下一个样品 x_{j+1}。否则,合并后再进入下一个样品,直到所有样品点都归了类为止。

5.3.2.2 第二次……多次凝聚

由于一次归并各凝聚点可能不太稳定,还需按照初始分类的步骤,将各样品从头到尾再逐个进入,归并聚类。若聚类中某个样品点进入后与原来分类不同,则两类凝聚点(均值)都要重算。当多次逐个进入与上一次分类全同时,聚类过程结束。

下面以表 5.13 中的 21 个样品为例,说明 $K-$均值法的计算全过程。

(1)初始聚类

①采用欧氏距离公式,今给出 $K=4$,$C=2.5$,$R=4.5$。取 $x_4 \in G_1$,$x_8 \in G_2$,$x_{13} \in G_3$,$x_{17} \in G_4$ 作为初始凝聚点。

②以 C 为界归并凝聚点。

x_4:(2,3),x_8:(6,2),x_{13}:(−3,2),x_{17}:(0,−1)。

表 5.16

d_{ij}^2 (i \ j)	x_4	x_8	x_{13}	x_{17}
x_4	0			
x_8	17	0		
x_{13}	26	81	0	
x_{17}	20	45	18	0

各凝聚点间的距离平方如表 5.16 所列，因 $\min\{d_{ij}^2\}=17$，而 $C^2=(2.5^2)=6.25$，故 $\min\{d_{ij}^2\}>C^2$，凝聚点没有要归并的，仍为 x_4,x_8,x_{13},x_{17} 共四个。

③将剩下的 21－4＝17 个样品点逐个进行归类。

1)进入 $x_1:(0,6)$

$\min\{d_{x_1,G_i}^2\}=13<R^2=20.25$，则 x_1 归入 G_1 类，此时 $G_1=\{x_1,x_4\}$，其重心为(1,4.5)，是个新凝聚点。见表 5.17。

表 5.17

样品 \ d_{ij}^2,G_j \ 凝聚点	$G_1=(2,3)$	$G_2=(6,2)$	$G_3=(-3,2)$	$G_1=(0,-1)$
x_1	$2^2+3^2=13$	$6^2+4^2=52$	$3^2+4^2=25$	$0+49=49$

再计算各凝聚点间(类间)的距离平方与 C^2 比较，从表 5.18 中知，$\min\{D_{G_i,G_j}^2\}=18>C^2$，故凝聚点无归并，仍为四个。

表 5.18

G_i \ $D_{G_iG_j}^2$ \ G_j	G_1	G_2	G_3	G_1
$G_1=\{x_1,x_4\}$	0			
$G_2=\{x_8\}$	31.25	0		
$G_3=\{x_{13}\}$	22.25	81	0	
$G_4=\{x_{17}\}$	31.25	45	18	0

2)进入 $x_2,x_3,x_5,x_6,x_7,x_9,\cdots,x_{21}$。

分别用 $\min\{d_{x_j,G_i}^2\}$ 与 R^2 比较决定 x_j 的类属。$\min\{D_{G_i,G_j}^2\}$ 与 C^2 比较，决定凝聚点有无归并，计算结果得初始分类是：

$G_1^{(0)}=\{x_1,x_2,x_3,x_4\}$　　重心为：　(1,4.75)

$G_2^{(0)}=\{x_5,x_6,x_7,x_8,x_9,x_{10}\}$　　重心为：　(5.33,1.83)

$G_3^{(0)}=\{x_{11},x_{12},x_{13},x_{14},x_{15}\}$　　重心为：　(－3.4,1.8)

$G_4^{(0)}=\{x_{18},x_{17},x_{16},x_{19},x_{20}\}$　　重心为：　(－0.2,－1.2)

$G_5^{(0)}=\{x_{21}\}$　　重心为：　(－3,－5)

样品点分类图的图形见图 5.10 所示。

(2)将样品从头到尾输入一次，进行第二次聚类。

以 $G_1=(1,4.75)$，$G_2=(5.33,1.83)$，$G_3=(-3.4,1.8)$，$G_4=(-0.2,-1.2)$，$G_5=(-3,-5)$ 五个第一次聚类得的凝聚点为出发点，将 $x_1\rightarrow x_{21}$ 第二次逐个输入。

①进入 x_1：(0,6)

因 $d_{1,G_1}^2 = 1 + 1.25^2 < R^2$，$d_{1,G_2}^2 = 5.35^2 + 3.03^2 > R^2$，$d_{1,G_3}^2 = 3.4^2 + 4.2^2 > R^2$，$d_{1,G_4}^2 = 0.2^2 + 7.2^2 > R^2$，$d_{1,G_5}^2 = 3^2 + 11^2 > R^2$，故 $x_1 \in G_1$，重心未变，不改变凝聚点。

②进入 x_2：(0,5)

因　　$d_{2,G_1}^2 = 1^2 + 0.25^2 < R^2$，$d_{2,G_i}^2 > R^2 (i=2,3,4,5)$，

故　　$x_2 \in G_1$ 重心未变。

③依次进入 $x_3, x_4, \cdots, x_{21}$ 重心都未变化。

由于第二次逐个输入时与第一次逐个输入的聚类结果相同，故修改聚类的过程结束，得到的最终分类仍是：

$$G_1^{(1)} = \{x_1, \cdots, x_4\}, G_2^{(1)} = \{x_5, \cdots, x_{19}\}, G_3^{(1)} = \{x_{11}, \cdots, x_{15}\},$$

$$G_4^{(1)} = \{x_{16}, \cdots, x_{20}\}, G_5^{(1)} = \{x_{21}\}。$$

讨论：

①逐个修改法的最终分类与凝聚点的选择有关。若取前 4 个样品作凝聚点：x_1, x_2, x_3, x_4。而三个参数 C, R, K 仍不变，则经过四次逐个输入，得到最终分类：

$$G_1 = \{x_1, x_2, x_3, x_4\};$$

$$G_2 = \{x_5, x_6, x_7, x_8, x_9, x_{10}\};$$

$$G_3 = \{x_{11}, x_{12}, x_{13}, x_{14}, x_{15}, x_{16}, x_{17}, x_{18}, x_{19}\};$$

$$G_4 = \{x_{20}, x_{21}\}。$$

其图形见图 5.11 所示。

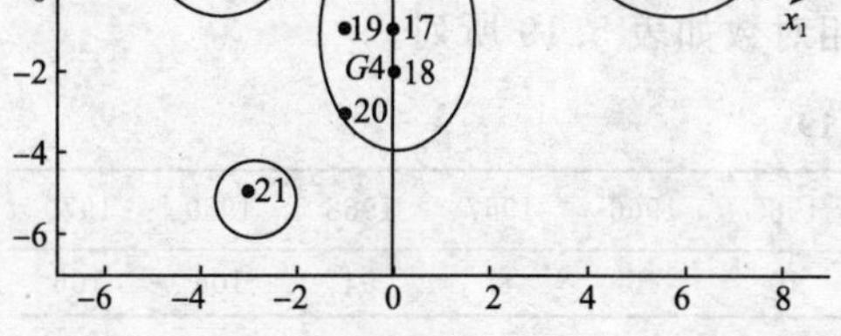

图 5.10

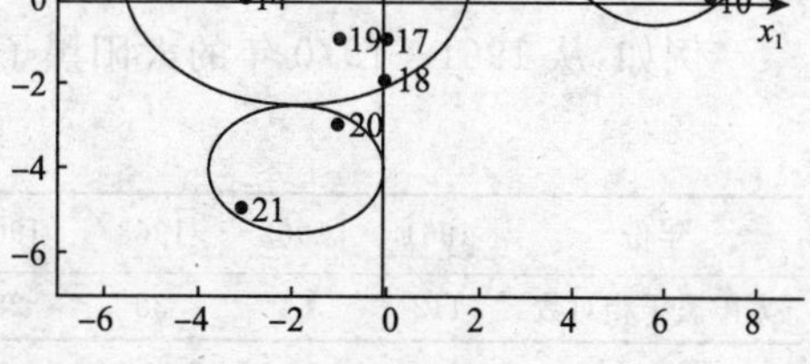

图 5.11

若选四个凝聚点：$x_{21}, x_{20}, x_{19}, x_{18}$。$C, R, K$ 都不改变。其分类结果为：

$$G_1 = \{x_1, x_2, x_3\};$$

$$G_2 = \{x_4, x_5, x_6, x_7, x_8, x_9, x_{10}\};$$

$$G_3=\{x_{11},x_{12},x_{13},x_{14},x_{15}\};$$
$$G_4=\{x_{16},x_{17},x_{18},x_{19},x_{20}\};$$
$$G_5=\{x_{21}\}。$$

②逐个修改法的最终分类与三个参数的取值有关。

若取 $K=4,C=3,R=6$，初始凝聚点为 x_4,x_8,x_{13},x_{17}，则最终分类是：

$$G_1=\{x_1,x_2,x_3,x_4\};$$
$$G_2=\{x_5,x_6,x_7,x_8,x_9,x_{10}\};$$
$$G_3=\{x_{11},x_{12},x_{13},x_{14},x_{15}\};$$
$$G_4=\{x_{16},x_{17},x_{18},x_{19},x_{20},x_{21}\}。$$

若取 $K=4,C=4.2,R=4.5$，初始凝聚点仍为 x_4,x_8,x_{13},x_{17}，最终分类分成三类：

$$G_1=\{x_1,x_2,x_3,x_{11},x_{12},x_{13},x_{16}\};$$
$$G_2=\{x_4,x_5,x_6,x_7,x_8,x_9,x_{10}\};$$
$$G_3=\{x_{14},x_{15},x_{17},x_{18},x_{19},x_{20},x_{21}\}。$$

若取 $K=4,C=6,R=3$，(注意这里 $R<C$)，初始凝聚点 x_4,x_8,x_{13},x_{17}，则聚类的最终结果是所有样品都归成一类，这就等于没进行聚类。从此例说明在逐个修改法中必须满足条件：$R>C$，即样品点与凝聚点间距离的临界值必须大于凝聚点间距离的临界值。

5.4　最优分割法

前面介绍过的各种聚类方法，在分类时都是将样品混在一起的。样品间是彼此平等的，可以打乱其顺序来进行分类。即属于无序样品的分类法。但有些样品的分类，其分类结果与次序相关，如研究的对象是一时间序列，就不能打乱样品的次序来进行分类。

例如，从 1961—1970 年的太阳黑子的相对数如表 5.19 所列。

表 5.19

年份	1961	1962	1963	1964	1965	1966	1967	1968	1969	1970
太阳黑子相对数	112	54	38	28	10	15	47	94	106	106

分析太阳黑子的多少是否有阶段性，若打乱时间顺序，把黑子相对数较多的 1961 年、1969 年、1970 年归为一类，把较少的 1962 年、1967 年又归为一类，那样做，就看不出变化的阶段性了。为此需要讨论一种与顺序有关的分类方法，即要求同一类样品的次序是互相邻接的。其分类的方法称最优分割法，也称为有序样品分类法。

它是将一长串有顺序(可以是时间顺序也可以是空间顺序)的资料分割成几段,挑选出最优的分割。如分成二段或三段、… 、K 段,则分别称最优二分割、最优三分割、… 、最优 K 分割。这里介绍两种最优分割法:极差分割法和方差分割法。

5.4.1　极差分割法

一组数据 $x_1, x_2, \cdots, x_n$ 的极差就是这组数据中的最大值与最小值之差。即

$$R=\max_{1\leqslant i\leqslant n}\{x_i\}-\min_{1\leqslant i\leqslant n}\{x_i\} \tag{5.4.1}$$

它反映了这一组数据内部不整齐的程度。如果一组数据的极差是 0,这组数据都是同样的值。

对 n 个有顺序的数据 $x_1, x_2, \cdots, x_n$ 作一个 K 分割:

$$(x_1, x_2, \cdots, x_{a_1})$$
$$(x_{a_1+1}, x_{a_1+2}, \cdots, x_{a_2})$$
$$(x_{a_2+1}, x_{a_2+2}, \cdots, x_{a_3})$$
$$\cdots\cdots$$
$$(x_{a_{K-1}+1}, x_{a_{K-1}+2}, \cdots, x_n)$$

则可用符号: $S_n(K\,|\,a_1, a_2, a_3, \cdots, a_{K-1})$

表示对 n 个有顺序的数组作的 K 分割。

如:有数组 $x_1, x_2, \cdots, x_{10}$,则:

$S_{10}(2\,|\,3)$表二分割:$(x_1, x_2, x_3), (x_4, x_5, \cdots, x_{10})$,

$S_{10}(3\,|\,6,8)$表三分割:$(x_1, x_2, \cdots, x_6), (x_7, x_8), (x_9, x_{10})$,

$S_{10}(4\,|\,2,3,5)$表四分割:$(x_1, x_2), (x_3), (x_4, x_5), (x_6, x_7, \cdots, x_{10})$。

对于表 5.19 中 1961—1966 年这 6 个数据,先考虑全部可能的 2 分割,并计算其极差 R,找出最大值。见表 5.20。

表 5.20

2 分割	R_1 第一段极差	R_2 第二段极差	R_1, R_2 中最大值
$S_6(2\|1)$:(112),(54,38,28,10,15)	$R_1=0$	$R_2=54-10=44$	44
$S_6(2\|2)$:(112,54),(38,28,10,15)	$R_1=112-54=58$	$R_2=38-10=28$	58
$S_6(2\|3)$:(112,54,38),(28,10,15)	$R_1=112-38=74$	$R_2=28-10=18$	74
$S_6(2\|4)$:(112,54,38,28),(10,15)	$R_1=112-28=84$	$R_2=15-10=5$	84
$S_6(2\|5)$:(112,54,38,28,10),(15)	$R_1=112-10=102$	$R_2=0$	102

我们希望分段后,每一段内部数据之间的差异是越小越好,即 R_1, R_2 同时越小越好,或它们之中的最大值越小越好。可见最优分割是 $S_6(2\,|\,1)$:

$$\begin{pmatrix}1961\\112\end{pmatrix},\begin{pmatrix}1962 & 1963 & 1964 & 1965 & 1966\\54 & 38 & 28 & 10 & 15\end{pmatrix}$$

如果要找最优 3 分割，当然也可以将全部可能的 3 分割都写出来，求出各段的极差 R 并把 $\max R_i(i=1,2,3)$ 作为判断分割好坏的依据，找到使 $\max R_i$ 达到最小的那个 3 分割，这样就可求出最优的 3 分割。但这样做较麻烦，现在用间接方法来计算，即先求 5 个、4 个、3 个数据的各种 2 分割，然后在最优二分割基础上求 3 分割。

二分割	R_1	R_2	$\max R_i$
$S_5(2\|1)$:(112),(54,38,28,10)	0	44	44
$S_5(2\|2)$:(112,54),(38,28,10)	58	28	58
$S_5(2\|3)$:(112,54,38),(28,10)	74	18	71
$S_5(2\|4)$:(112,54,38,28),(10)	84	0	84

以上最优 2 分割是 $S_5(2|1)$。

二分割	R_1	R_2	$\max R_i$
$S_4(2\|1)$:(112),(54,38,28)	0	26	26
$S_4(2\|2)$:(112,54),(38,28)	58	10	58
$S_4(2\|3)$:(112,54,38),(28)	74	0	74

以上最优 2 分割是 $S_4(2|1)$。

二分割	R_1	R_2	$\max R_i$
$S_3(2\|1)$:(112),(54,38)	0	16	16
$S_3(2\|2)$:(112,54),(38)	58	0	58

以上最优 2 分割是 $S_3(2|1)$。

已求出的各种数据的最优 2 分割是 $S_5(2|1)$，$S_4(2|1)$，$S_3(2|1)$。

令： $S_5^*(2)=S_5(2|1)$， $S_4^*(2)=S_4(2|1)$， $S_3^*(2)=S_3(2|1)$

于是要比较的 6 个数据的三分割见表 5.21。

表 5.21

三分割	R_1	R_2	R_3	$\max R_i$
$S_6(3\|S_5{}^*(2))$:(112),(54,38,28,10),(15)	0	44	0	44
$S_6(3\|S_4{}^*(2))$:(112),(54,38,28),(10,15)	0	26	5	26
$S_6(3\|S_3{}^*(2))$:(112),(54,38),(28,10,15)	0	16	18	18√
$S_6(3\|S_2{}^*(2))$:(112),(54),(38,28,10,15)	0	0	28	28

这里的 $S_2(2)$ 即是对二个数据的分割，自然只有一种，当然也是最优的。这样就找到了最优 3 分割是 $S_6(3|S_3^*(2))=S_6^*(3)$。

对于最优 4 分割，先求出：

三分割	R_1	R_2	R_3	$\max R_i$
$S_5(3\mid S_4^*(2))$:(112),(54,38,28),(10)	0	26	0	26
$S_5(3\mid S_3^*(2))$:(112),(54,38),(28,10)	0	16	18	18
$S_5(3\mid S_2(2))$:(112),(54),(38,28,10)	0	0	28	28
$S_4(3\mid S_3^*(2))$:(112),(54,38),(28)	0	16	0	16
$S_4(3\mid S_2(2))$:(112),(54),(38,28)	0	0	10	10

然后再由 3 分割求 4 分割：

四分割	R_1	R_2	R_3	R_4	$\max R_i$
$S_6(4\mid S_5^*(3))$:(112),(54,38),(28,10),(15)	0	16	18	0	18
$S_6(4\mid S_4^*(3))$:(112),(54),(38,28),(10,15)	0	0	10	5	10
$S_6(4\mid S_3(3))$:(112),(54),(38),(28,10,15)	0	0	0	18	18
$S_5(4\mid S_4^*(3))$:(112),(54),(38,28),(10)	0	0	10	0	10
$S_5(4\mid S_3(3))$:(112),(54),(38),(28,10)	0	0	0	18	18

所以，最优 4 分割是 $S_6(4\mid S_4^*(3))=S_6^*(4)$。

同理，可得最优 5 分割 $S_6(5\mid S_4(4))=S_6^*(5)$。

最后算得的各段最优分割为：

	最优分割	$\max R_i$
$S_6{}^*(2)$	(112),(54,38,28,10,15)	44
$S_6{}^*(3)$	(112),(54,38),(28,10,15)	18
$S_6{}^*(4)$	(112),(54),(38,28),(10,15)	10
$S_6{}^*(5)$	(112),(54),(38),(28),(10,15)	5

这样求得的结果与我们的直观感觉也是符合的，分割的段数越多，最大极差越小，从图 5.12 也可清楚看出 $\max R_i$ 随分割数的不同而异，曲线的转折点在分割数是 3 处，因此分成三段比较合适。

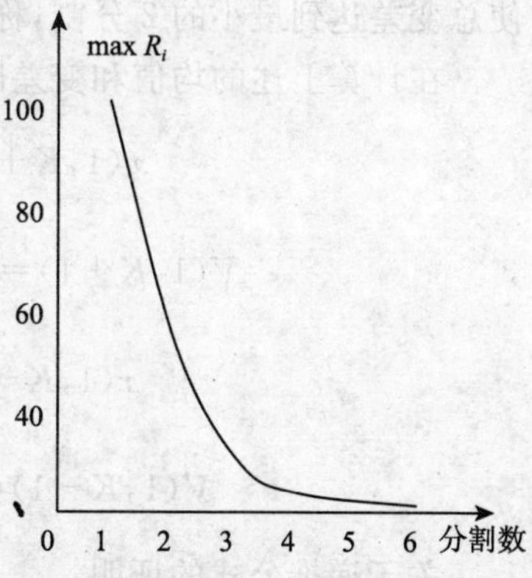

图 5.12

5.4.2　方差(变差)分割法

对有序数据 $x_1,x_2,\cdots,x_n$ 来说，分割成两段 $(x_1,x_2,\cdots,x_a)$，$(x_{a+1},x_{a+2},\cdots,x_n)$ 后，可以计算各段的均值与方差：

第一段 $(x_1,x_2,\cdots,x_a)$ 的均值与方差：

$$\bar{x}(1,a)=\frac{1}{a}\sum_{i=1}^{a}x_i$$

$$S^2(1,a)=\frac{1}{a}\sum_{i=1}^{a}(x_i-\bar{x}(1,a))^2$$

第二段$(x_{a+1},x_{a+2},\cdots,x_n)$的均值与方差：

$$\bar{x}(a+1,n)=\frac{1}{n-a}\sum_{i=a+1}^{n}x_i$$

$$S^2(a+1,n)=\frac{1}{n-a}\sum_{i=a+1}^{n}(x_i-\bar{x}(a+1,n))^2$$

为表述方便，$1\leqslant i\leqslant j\leqslant n$ 时，用$\bar{x}(i,j)$表示数据 $x_i,x_{i+1},\cdots,x_j$ 的均值，$S^2(i,j)$表示数据 $x_i,x_{i+1},\cdots,x_j$ 的方差。因总数 n 一定，用变差(离差平方和)比方差更为方便，记 $V(i,j)$为数据 $x_i,x_{i+1},\cdots,x_j$ 的变差：

$$V(i,j)=\sum_{h=i}^{j}(x_h-\bar{x}(i,j))^2$$

自然有：

$$V(i,j)=(j-i+1)S^2(i,j)$$

对 $x_1,x_2,\cdots,x_n$ 作所有可能的 2 分割，求出相应的两段均值、变差和总变差，可有：

$$\begin{array}{llllll}
S_n(2|1), & \bar{x}(1,1), & \bar{x}(2,n), V(1,1), & V(2,n), V_{总}=V(1,1)+V(2,n)\\
S_n(2|2), & \bar{x}(1,2), & \bar{x}(3,n), V(1,2), & V(3,n), V_{总}=V(1,2)+V(3,n)\\
\vdots & \vdots & \vdots & \vdots\\
S_n(2|n-1), & \bar{x}(1,n-1), & \bar{x}(n,n), V(1,n-1), & V(n,n), V_{总}=V(1,n-1)+V(n,n)
\end{array}$$

使总变差达到最小的 2 分割，称最优的 2 分割。

在计算上述的均值和变差时，可以应用递推公式：

$$\bar{x}(1,K+1)=\frac{1}{K+1}[K\bar{x}(1,K)+x_{K+1}] \tag{5.4.2}$$

$$V(1,K+1)=V(1,K)+\frac{K}{K+1}[\bar{x}(1,K)-x_{K+1}]^2; \tag{5.4.3}$$

$$\bar{x}(1,K-1)=\frac{1}{K-1}[K\bar{x}(1,K)-x_K]; \tag{5.4.4}$$

$$V(1,K-1)=V(1,K)-\frac{K}{K-1}[\bar{x}(1,K)-x_K]^2 \tag{5.4.5}$$

关于递推公式的证明：

(1)式(5.4.2)的证明

因为

$$\bar{x}(1,K+1)=\frac{1}{K+1}\sum_{i=1}^{K+1}x_i=\frac{1}{K+1}\left(\sum_{i=1}^{K}x_i+x_{K+1}\right)$$

$$=\frac{1}{K+1}\left(\frac{K}{K}\sum_{i=1}^{K}x_i+x_{K+1}\right)=\frac{K}{K+1}\bar{x}(1,K)+\frac{1}{K+1}x_{K+1}$$

$$=\frac{1}{K+1}[K\bar{x}(1,K)+x_{K+1}]$$

故式(5.4.2)得证。

(2)式(5.4.3)的证明

因为：

$$V(1,K+1)=\sum_{i=1}^{K+1}[x_i-\bar{x}(1,K+1)]^2$$

$$=\sum_{i=1}^{K}[x_i-\bar{x}(1,K+1)]^2+[x_{K+1}-\bar{x}(1,K+1)]^2 \quad \text{(a)}$$

而

$$\sum_{i=1}^{K}(x_i-\bar{x}(1,K+1))^2=\sum_{i=1}^{K}[(x_i-\bar{x}(1,K))+(\bar{x}(1,K)-\bar{x}(1,K+1))]^2$$

$$=\sum_{i=1}^{K}(x_i-\bar{x}(1,K))^2+2(\bar{x}(1,K)-\bar{x}(1,K+1))\sum_{i=1}^{K}(x_i-\bar{x}(1,K))+\sum_{i=1}^{K}(\bar{x}(1,K)-\bar{x}(1,K+1))^2$$

$$=\sum_{i=1}^{K}(x_i-\bar{x}(1,K))^2+K(\bar{x}(1,K)-\bar{x}(1,K+1))^2$$

又

$$\bar{x}(1,K+1)=\frac{1}{K+1}[K\bar{x}(1,K)+x_{K+1}]$$

由于

$$\bar{x}(1,K)-\bar{x}(1,K+1)=\bar{x}(1,K)-\frac{K}{K+1}\bar{x}(1,K)-\frac{1}{K+1}x_{K+1}$$

$$=\frac{1}{K+1}(\bar{x}(1,K)-x_{K+1})$$

因此

$$\sum_{i=1}^{K}(x_i-\bar{x}(1,K+1))^2=V(1,K)+\frac{K}{(K+1)^2}(\bar{x}(1,K)-x_{K+1})^2 \quad \text{(b)}$$

又

$$x_{K+1}-\bar{x}(1,K+1)=x_{K+1}-\frac{K}{K+1}\bar{x}(1,K)-\frac{1}{K+1}x_{K+1}$$

$$=\frac{K}{K+1}(x_{K+1}-\bar{x}(1,K))$$

故

$$(x_{K+1}-\bar{x}(1,K+1))^2=\frac{K^2}{(K+1)^2}(x_{K+1}-\bar{x}(1,K))^2 \quad \text{(c)}$$

将(b)、(c)代入(a)，得到

$$V(1,K+1)=V(1,K)+\frac{K}{(K+1)^2}(x_{K+1}-\bar{x}(1,K))^2+\frac{K^2}{(K+1)^2}(x_{K+1}-\bar{x}(1,K))^2$$

$$=V(1,K)+\frac{K}{K+1}(\bar{x}(1,K)-x_{K+1})^2$$

故式(5.4.3)得证。

用类似的方法也可证明式(5.4.4)、式(5.4.5)成立。对(5.4.4)、(5.4.5)两式实际上是采用：

$$\bar{x}(i+1,n)=\frac{1}{n-i}[(n-i+1)\bar{x}(i,n)-x_i] \qquad (5.4.4)'$$

$$V(i+1,n)=V(i,n)-\frac{n-i+1}{n-i}(\bar{x}(i,n)-x_i)^2 \qquad (5.4.5)'$$

下面以太阳黑子数的前 6 个样品资料为例(表 5.22)，说明计算的全过程。

表 5.22

年　份	1961	1962	1963	1964	1965	1966
太阳黑子相对数	112	54	38	28	10	15

计算各段的均值、变差和总变差的值、列于表 5.23 中。

表 5.23

2 分割法	第一段均值	第二段均值	第一段变差	第二段变差	总变差
$S_6(2\|1)$	112	29	0	1264	1264
$S_6(2\|2)$	83	22.75	1682	483	2165
$S_6(2\|3)$	68	17.67	3032	173	3205
$S_6(2\|4)$	58	12.5	4232	12.5	4244.5
$S_6(2\|5)$	48.5	15	6075	0	6075

从表中可见，以 $S_6(2|1)$ 的总变差最小，即它是最优的 2 分割。

下一步要找最优 3 分割，我们先作一般性讨论，然后从讨论中归纳出应有的计算步骤，最后用数字来实际计算。假设对 $x_1,x_2,\cdots,x_n$ 的最优 3 分割已求出，它是$S_n(3|a_1,a_2)$：

$$(x_1,x_2,\cdots,x_{a_1}),(x_{a_1+1},x_{a_1+2},\cdots,x_{a_2}),(x_{a_2+1},x_{a_2+2},\cdots,x_n)$$

其总变差是：

$$V_{总}[S_n(3|a_1,a_2)]=V(1,a_1)+V(a_1+1,a_2)+V(a_2+1,n)。$$

如果不看 3 分割中的最末一段，上式中前两项就是对$(x_1,x_2,\cdots,x_{a_2})$的一个 2 分割的变差，简写为 $S_{a2}(2|a_1)$。现在我们可以断言：

如果 $S_n(3|a_1,a_2)$是最优 3 分割(最优是指总变差达到最小)，那么 $S_{a_2}(2|a_1)$一

定是最优 2 分割。

下面用反证法来证明这个结论。

【证明】假设该结论不成立，即对$(x_1, x_2, \cdots, x_{a_2})$一定有一个 2 分割 $S_{a_2}(2|\beta_1)$：$(x_1, \cdots, x_{\beta_1}), (x_{\beta_1+1}, \cdots, x_{a_2})$它相应的总变差 $V(1,\beta_1)+V(\beta_1+1,a_2)$比 $S_{a_2}(2|a_1)$小，于是考察 $x_1, x_2, \cdots, x_n$ 的 3 分割 $S_n(3|\beta_1,a_2)$：$(x_1, \cdots, x_{\beta_1}), (x_{\beta_1+1}, \cdots, x_{a_2}), (x_{a_2+1}, \cdots, x_n)$它相应的总变差：

$$
\begin{aligned}
V_{\text{总}}(S_n(3|\beta_1,a_2)) &= V(1,\beta_1)+V(\beta_1+1,a_2)+V(a_2+1,n) \\
&< V(1,a_1)+V(a_1+1,a_2)+V(a_2+1,n) \\
&= V_{\text{总}}[S_n(3|a_1,a_2)]
\end{aligned}
$$

可见 $S_n(3|a_1,a_2)$就不是使总变差达到最小的最优 3 分割，这样就证明了以上结论。

此结论告诉我们：$x_1, x_2, \cdots, x_n$ 的最优 3 分割一定对应$(x_1, x_2, \cdots, x_{a_2})$的一个最优 2 分割。因而在寻找最优 3 分割时，不需要去比较所有的 3 分割，只要比较对 $x_1, \cdots, x_{n-1}$；$x_1, \cdots, x_{n-2}$；……；x_1, x_2, x_3；x_1, x_2 的最优 2 分割基础上形成的 3 分割就可以了，这样就大大地节省了比较的次数(这一点也就是前述极差分割法的一种依据)。

类似地，可以推出一般结论：如果 $S_n(K|a_1,a_2,a_3,\cdots,a_{K-1})$是对 $x_1,x_2,\cdots,x_n$ 的最优 K 分割，那么 $S_{a_{K-1}}(K-1|a_1,a_2,a_3,\cdots,a_{K-2})$一定是对 $x_1,x_2,\cdots,x_{a_{K-1}}$ 的最优 $K-1$ 分割。

这样，就给出了一个寻找最优分割的简便算法，这个算法就称为最优分割法。

进一步再分析一下，不论计算那一个分割的总变差，它总是某些 $V(i,j)$加起来的，$V(i,j)$的值是基本的数据，应先算出来。

$$
V=\begin{pmatrix}
V(1,2) & V(1,3) & V(1,4) & \cdots & V(1,n) \\
 & V(2,3) & V(2,4) & \cdots & V(2,n) \\
 & & V(3,4) & \cdots & V(3,n) \\
 & & & \cdots & \cdots \\
 & & & & V(n-1,n)
\end{pmatrix}
$$

于是全部 2 分割相应的各个总变差可由 V 矩阵求得。

$$
\left.\begin{array}{ll}
S_n(2|1) & V(1,1)+V(2,n) \\
S_n(2|2) & V(1,2)+V(3,n) \\
\vdots & \vdots \\
S_n(2|n-1) & V(1,n-1)+V(n,n)
\end{array}\right\}\text{求最小值，得到最优的 2 分割，记为 } S_n^*(2)\text{，相应的总变差记为 } V_n(2)
$$

$$
\left.\begin{array}{ll}
S_{n-1}(2|1) & V(1,1)+V(2,n-1) \\
\vdots & \vdots \\
S_{n-1}(2|n-2) & V(1,n-2)+V(n-1,n-1)
\end{array}\right\}\text{求最小值，得到最优的 2 分割，记为 } S_{n-1}^*(2)\text{，相应的总变差记为 } V_{n-1}(2)\text{。}
$$

$$
\begin{array}{ll}
\vdots & \vdots
\end{array}
$$

$S_3(2|1)$　$V(1,1)+V(2,3)$　}　求最小值，得到 x_1,x_2,x_3 最优分割，

$S_3(2|2)$　$V(1,2)+V(3,3)$　}　记为 $S_3^*(2)$，相应的总变差记为 $V_3(2)$。

以 $S_{n-1}^*(2),S_{n-2}^*(2),\cdots,S_3^*(2),S_2^*(2)$ 为基础的 $x_1,x_2,\cdots,x_n$ 得 3 分割分别为

$S_n(3|S_{n-1}^*(2))$、$S_n(3|S_{n-2}^*(2))$，……，$S_n(3|S_3^*(2))$，$S_n(3|S_2(2))$。

比较这些 3 分割的总变差，使总变差达到最小的就是最优 3 分割。因此，可作如下计算：

分割	$V_{总}$	
$S_n(3\|S_{n-1}^*(2))$	$V_{n-1}(2)+V(n,n)$	求最小值，得出 $x_1,x_2,\cdots,x_n$ 的最优 3 分割，记为 $S_n^*(3)$，相应的总变差记为 $V_n(3)$。
$S_n(3\|S_{n-2}^*(2))$	$V_{n-2}(2)+V(n-1,n)$	
⋮	⋮	
$S_n(3\|S_3^*(2))$	$V_3(2)+V(4,n-1)$	
$S_n(3\|S_2(2))$	$V(1,1)+V(2,2)+V(3,n)$	

同样可得：

$S_{n-1}(3\|S_{n-2}^*(2))$	$V_{n-2}(2)+V(n-1,n-1)$	求最小值，得出 $x_1,x_2,\cdots,x_{n-1}$ 的最优 3 分割，记为 $x_{n-1}^*(3)$，相应的总变差记为 $V_{n-1}(3)$。
$S_{n-1}(3\|S_{n-3}^*(2))$	$V_{n-3}(2)+V(n-2,n-1)$	
⋮	⋮	
$S_{n-1}(3\|S_3^*(2))$	$V_3(2)+V(4,n-1)$	
$S_{n-1}(3\|S_2(2))$	$V(1,1)+V(2,2)+V(3,n-1)$	

$S_4(3\|S_3^*(2))$	$V_3(2)+V(4,4)$	求最小值，得出 x_1,x_2,x_3,x_4 的最优 3 分割，记为 $S_4^*(3)$，相应的总变差记为 $V_4(3)$。
$S_4(3\|S_2(2))$	$V(1,1)+V(2,2)+V(3,4)$	

继续这样算下去，总是比较以 $S_{n-1}^*(K-1),S_{n-2}^*(K-1),\cdots,S_K^*(K-1),S_{K-1}^*(K-1)$ 为基础的 $x_1,x_2,\cdots,x_n$ 的 K 分割就求出最优 K 分割。这样，就逐步地找到了最优 $S_n^*(2),S_n^*(3),\cdots,S_n^*(n-1)$，以及相应的总变差 $V_n(2),V_n(3),\cdots,V_n(n-1)$。

下面以太阳黑子数的 6 个数据为例，给出全部的计算过程。先算出变差矩阵 V 为：

$$V=\begin{pmatrix} 0 & 1682 & 3032 & 4232 & 6075 & 7005 \\ & 0 & 128 & 344 & 1019.1 & 1264 \\ & & 0 & 50 & 403.8 & 483 \\ & & & 0 & 162 & 173 \\ & & & & 0 & 12.5 \\ & & & & & 0 \end{pmatrix}$$

再依次算各分割的 $V_{总}$，其最小者为最优分割。

$$
\begin{array}{ll}
\text{分割} & V_{总}
\end{array}
$$

$$
\left.\begin{array}{ll}
S_6(2|1) & 0+1264=1264 \\
S_6(2|2) & 1682+483=2165 \\
S_6(2|3) & 3032+173=3205 \\
S_6(2|4) & 4232+12.5=4244.5 \\
S_6(2|5) & 6075+0=6075
\end{array}\right\} S_6^*(2), V_6(2)=1264
$$

$$
\left.\begin{array}{ll}
S_5(2|1) & 0+1019.1=1019.1 \\
S_5(2|2) & 1682+403.8=2085.8 \\
S_5(2|3) & 3032+162=3194 \\
S_5(2|4) & 4232+0=4232
\end{array}\right\} S_5^*(2), V_5(2)=1019
$$

$$
\left.\begin{array}{ll}
S_4(2|1) & 0+344=344 \\
S_4(2|2) & 1682+50=1732 \\
S_4(2|3) & 3032+0=3032
\end{array}\right\} S_4^*(2), V_4(2)=344
$$

$$
\left.\begin{array}{ll}
S_3(2|1) & 0+128=128 \\
S_3(2|2) & 1682+0=1682
\end{array}\right\} S_3^*(2), V_3(2)=128
$$

$$
\left.\begin{array}{ll}
S_6(3|S_5^*(2)) & 1019.1+0=1019.1 \\
S_6(3|S_4^*(2)) & 344+12.5=356.5 \\
S_6(3|S_3^*(2)) & 128+173=301 \\
S_6(3|S_2^*(2)) & 0+0+483=483
\end{array}\right\} S_6^*(3), V_6(3)=301
$$

$$
\left.\begin{array}{ll}
S_5(3|S_4^*(2)) & 344+0=344 \\
S_5(3|S_3^*(2)) & 128+162=290 \\
S_5(3|S_2(2)) & 0+0+403.8=403.8
\end{array}\right\} S_5^*(3), V_5(3)=290
$$

$$
\left.\begin{array}{ll}
S_4(3|S_3^*(2)) & 128+0=128 \\
S_4(3|S_2(2)) & 0+0+50=50
\end{array}\right\} S_4^*(3), V_4(3)=50
$$

$$
\left.\begin{array}{ll}
S_6(4|S_5^*(3)) & 290+0=290 \\
S_6(4|S_4^*(3)) & 50+12.5=62.5 \\
S_6(4|S_3(3)) & 0+0+173=173
\end{array}\right\} S_6^*(4), V_6(4)=62.5
$$

$$
\left.\begin{array}{ll}
S_5(4|S_4^*(3)) & 50+0=50 \\
S_5(4|S_3(3)) & 0+0+0+162=162
\end{array}\right\} S_5^*(4), V_5(4)=50
$$

$$
\left.\begin{array}{ll}
S_6(5|S_5^*(4)) & 50+0=50 \\
S_6(5|S_4(4)) & 0+0+0+12.5=12.5
\end{array}\right\} S_6^*(5), V_6(5)=12.5
$$

这样就求得各种分割的最优分割：

$S_6^*(2)$：(112),(54,38,28,10,15)　　$V_6(2)=1264$

$S_6^*(3)$：(112),(54,38),(28,10,15)　　$V_6(3)=301$

$S_6^*(4)$：(112),(54),(38),(28,10,15)　　$V_6(4)=62.5$

$S_6^*(5)$：(112),(54),(38),(28),(10,15)　　$V_6(5)=12.5$

所得的结果与极差分割法完全一致。很明显,极差分割的计算要比方差分割简单得多。

这里还要进一步指出的是:

第一,离差分割法中,分割的总离差是各段离差之和。因此,最优 K 分割 $S_n^*(k)$ 一定是在某一个子段的最优 $K-1$ 分割后,再添加一段形成的。

$V(i,j)$的计算还可用下面这些算式代替:

$$V(i,j)=\sum_{s=1}^{p}\sum_{a=1}^{j}\left|x_{as}-\overline{x}_s(i,j)\right|$$

$$V(i,j)=\sum_{s=1}^{p}\left[\max_{i\leqslant a\leqslant j}\{x_{as}\}-\min_{i\leqslant a\leqslant j}\{x_{as}\}\right]$$

$$V(i,j)=\frac{1}{p(j-i+1)}\sum_{s=1}^{p}\sum_{a=i}^{j}\left[x_{as}-\overline{x}_s(i,j)\right]$$

$$V(i,j)=\frac{1}{p(j-i+1)}\sum_{s=1}^{p}\sum_{a=i}^{j}\left[x_{as}-\overline{x}_s(i,j)^2)\right]$$

上面这些式子都是在处理多指标时使用的,式中 x_{as} 表第 a 年第 s 个要素值($s=1,2,\cdots,p$),$\overline{x}(i,j)$表示 $x_{is},\cdots,x_{js}$ 的均值。当各指标单位不同时,最好先将原始数据都标准化后再使用,以免某个要素在分割中实际上处于特殊地位,不能真实反映一组有序数据波动的程度。

第二,哪种"最优分割"最合适呢?

分割法好坏的衡量可从两个方面来考虑:(1)分段后,每一段内的数据要尽可能均匀,波动要小;(2)分段后,段与段之间的差别要大,这才使分段的意义更明显。反映后种情况的量,就要用到组内差与组间差的概念,把分割后的每一段看成一组,K 分割就把 n 个数据 $x_1,\cdots,x_n$(或 n 个 p 维向量 $\boldsymbol{X}_1,\cdots,\boldsymbol{X}_n$)分割成 K 段,就是依顺序分成 K 组,$V_{总}$ 反映了这 K 组数据的组内差。K 组的各自的均值记为 $\mu(1),\cdots,\mu(K)$(或 K 个 p 维向量),用 μ 表示 $x_1,\cdots,x_n$ 的总平均,n_i 表示 K 分割中第 i 段数据的个数,于是有等式:

$n_1+n_2+\cdots+n_K=n$。而:

$$F_K = \frac{\dfrac{\sum_{i=1}^{k} n_i(\mu(i)-\mu)^2}{p(k-1)}}{\dfrac{V_{总}}{p(n-k)}} = \frac{\dfrac{\sum_{i=1}^{k} n_i(\mu(i)-\mu)^2}{(k-1)}}{\dfrac{V_{总}}{(n-k)}} \tag{5.4.6}$$

这反映了组间差(分子)与组内差(分母)之比,这个比值越大表明这种分段的统计意义越明显。因此,可以用式(5.4.6)计算 $F_2, F_3, \cdots, F_{n-1}$,如果 F_i 最大,就说明分割数是 i 最合适。如果 $X_1, \cdots, X_n$ 是 p 维向量,自然 K 分割后相应的 $\mu(1), \cdots, \mu(K)$ 及 μ 也都是 p 维向量,记为:

$$\boldsymbol{\mu}(i) = (\mu_{i1}, \mu_{i2}, \cdots, \mu_{ip})' \quad i=1,2,\cdots,k$$

$$\boldsymbol{\mu} = (\mu_1, \mu_2, \cdots, \mu_p)'$$

K 分割后,n_i 表示第 i 段中向量的个数,于是有:

$$F_K = \frac{\dfrac{\sum_{s=1}^{p}\sum_{i=1}^{k} n_i(\mu_{is}-\mu_i)^2}{(k-1)}}{\dfrac{V_{总}}{(n-k)}} \tag{5.4.7}$$

5.4.3 用最优分割法作预报

(一)以预报对象大小为顺序,对因子进行最优分割

例如,以长江中下游五站 5—8 月总降水量为预报对象 y,选取 5 个预报因子 x_1, x_2, x_3, x_4, x_5,共有 11 年(1966—1976 年)的资料,这些资料依年份先后有一个顺序,但这些顺序对降水的预报并不一定有意义。此时,我们依降水量大小,由小到大排列给出这些资料的一个顺序(见表 5.24)。

表 5.24

编号	1	2	3	4	5	6	7	8	9	10	11
降水量	365	390	429	478	492	510	568	659	667	714	1009
年份	1966	1968	1967	1972	1976	1971	1973	1970	1974	1975	1969
x_1	−8	−16	−21	−29	−8	−13	20	20	19	6	33
x_2	5	0	1	9	0	5	3	12	17	8	15
x_3	30.1	22.2	19.8	25.9	24.6	25.6	27.2	16.2	18.8	33.1	15.0
x_4	−13	46	−29	−62	82	−79	−71	15	−10	2.1	−25.4
x_5	47.0	105.9	93.8	68.9	13.0	66.6	38.2	104.5	34.5	15.5	105.9

依表 5.24 的顺序,如果把 y 依雨量大小分成三段:

取值范围：　$y \leqslant 450$　　$450 < y < 700$　　$y \geqslant 700$

分段序号：　1—3　　4—9　　10—11

我们就可对 $x_1, x_2, \cdots, x_5$ 的这组资料进行最优 3 分割，看它们的最优 3 分割是否与 y 的 3 分割一致，若一致，则表明这些因子确与降水量的多少密切相关，应取这些因子来作预报；反之，不宜作预报因子。即通过最优分割可考察因子的作用大小，从而为筛选因子提供依据。

为求各因子的 3 分割，需先求出它们的离差阵，x_1 的离差阵 V_1 是：

$$V_1 = \begin{bmatrix} 0 & 8 & 13 & 21 & 21 & 21 & 49 & 49 & 49 & 49 & 62 \\ & 0 & 5 & 13 & 21 & 21 & 49 & 49 & 49 & 49 & 62 \\ & & 0 & 8 & 21 & 21 & 49 & 49 & 49 & 49 & 62 \\ & & & 0 & 21 & 21 & 49 & 49 & 49 & 49 & 62 \\ & & & & 0 & 5 & 33 & 33 & 33 & 33 & 46 \\ & & & & & 0 & 33 & 33 & 33 & 33 & 16 \\ & & & & & & 0 & 0 & 1 & 14 & 27 \\ & & & & & & & 0 & 1 & 14 & 27 \\ & & & & & & & & 0 & 13 & 27 \\ & & & & & & & & & 0 & 27 \\ & & & & & & & & & & 0 \end{bmatrix}$$

用极差分割法，容易得出 x_1 的最优分割是 $S_{11}^{*}(3|6,10)$：(1—6)、(7—10)、(11)。

将它与 y 的 3 分割(1—3)、(4—9)、(10—11)相比较知：错分 4 个资料，即 4 年的资料归类不对。

对 x_2 求最优 3 分割是：(1—5)、(6—7)、(8—11)，同样也错分 4 个资料。

对 x_3 求最优 3 分割是：(1—9)、(10)、(11)，共错分 7 个资料。

对 x_4 求得最优 3 分割是：(1—5)、(6—10)、(11)，错分 3 个资料。

对 x_5 求得最优 3 分割是：(1—4)、(5—7)、(8—11)，错分 3 个资料。

由此可见，x_4、x_5 与 y 的关系比前 3 个因子要较为密切。因此，可以将 x_4、x_5 作为选中因子。再将剩下的因子与 x_4、x_5 进行组合，看是否能增加新的预报信息。考虑因子组合：①(x_4, x_5, x_1)，②(x_4, x_5, x_2)，③(x_4, x_5, x_3)。如果某种组合的最优 3 分割的错分个数比 (x_4, x_5) 少，则可用这种组合因子来作预报；如果各种组合都不如 (x_4, x_5) 好，则停止筛选，仍用 (x_4, x_5) 的组合因子来作预报。预报时，看新观测到的入选因子资料与历史资料哪一年比较接近，就以最接近的那一年所在的段相应的降水量作为预报值。

(二)按因子的大小顺序来对预报量进行最优分割

例如，今有 6 个因子及某地 8—9 月降水量资料(见表 5.25)。

进行分割预报的步骤如下：

(1)逐个考察因子 x_i 与 y 的关系。

按 x_i 之值由小到大为序，将 y 也按这个顺序排列，对 y 考虑最优 2 分割。

①依 x_1 为序，用极差分割法对 y 进行最优 2 分割是(年份)：

(1957,1959,1970,1956,1965,1962)、(1967,1966,1968,1963,…,1961,1971)，相应的最大极差是 519.2－182.9＝336.3(见表 5.26)。

②对 x_2 和 y 而言，y 只有一个 2 分割，即按入梅日期是单日还是双日分组，得相应的最大极差是 519.2－32.7＝486.5。

③对 x_3,x_4,x_5,x_6 各与 y 的关系，可分别得出 y 的最优 2 分割。

按 x_3 的分割是：

(1955，1956，1957，1958，1960，1961，1962，1963，1965，1968，1970，1971)

(1959，1964，1967，1954，1966，1969)

$\max R_i = 519.2-140.2=379.2$

表 5.25

年份	x_1：上一年小雪—大雪降水	x_2：入梅日期	x_3：12 月—当年 1 月雷暴日数	x_4：上一年阴历十月降水	x_5：上一年谷雨节气降水	x_6：上一年白露节气降水	y：8—9 月总的降水量
1954	45.6(15)	双日(2)	2 (3)	118.1(17)	28.0(1)	79.1(15)	94.2
1955	51.8(16)	双日(2)	0 (1)	59.2(8)	112.9(10)	3.3(2)	169.9
1956	2.0(4)	双日(2)	0 (1)	64.5(10)	79.5(7)	63.4(13)	381.5
1957	0.3(1)	单日(1)	0 (1)	8.6(2)	73.5(5)	88.6(16)	519.2
1958	24.2(11)	单日(1)	0 (1)	58.8(7)	248.7(17)	105.3(17)	170.1
1959	1.0(2)	单日(1)	1 (2)	19.3(3)	249.4(18)	35.7(8)	182.9
1960	33.7(14)	单日(1)	0 (1)	97.3(15)	63.1(3)	52.9(11)	270.2
1961	65.8(17)	单日(1)	0 (1)	65.6(11)	71.5(4)	46.6(9)	234.8
1962	6.9(6)	单日(1)	0 (1)	59.4(9)	75.3(6)	50.9(10)	280.0
1963	23.2(10)	单日(1)	0 (1)	48.1(4)	127.6(12)	17.7(5)	207.2
1964	27.2(12)	双日(2)	1 (2)	52.9(5)	133.2(13)	33.8(7)	100.2
1965	3.4(5)	单日(1)	0 (1)	3.4(1)	118.7(11)	66.5(14)	396.7
1966	14.2(8)	双日(2)	2 (3)	107.3(16)	153.5(15)	4.3(3)	45.5
1967	10.6(7)	单日(1)	1 (2)	90.6(13)	147.9(14)	0.0(1)	32.7
1968	19.5(9)	单日(1)	0 (1)	89.5(12)	211.7(16)	11.4(4)	140.0
1969	28.1(13)	双日(2)	5 (4)	133.2(18)	49.7(2)	58.5(12)	235.7
1970	1.0(3)	单日(1)	0 (1)	55.9(6)	103.6(8)	21.0(6)	200.1
1971	80.3(18)	双日(2)	0 (1)	93.0(14)	110.2(9)	109.1(18)	219.3

表 5.26

x_1	0.3	1.0	1.0	2.0	3.4	6.9	10.6	14.2	19.5	23.2	24.2	27.2	28.1	33.7	45.6	51.8	65.8	80.3
	(1)	(2)	(3)	(4)	(5)	(6)	(7)	(8)	(9)	(10)	(11)	(12)	(13)	(14)	(15)	(16)	(17)	(18)
年份	(1957	59	70	56	65	62)	(67	66	68	63	58	64	69	60	54	55	61	71)
y	(519.2	182.9	200.1	381.5	396.7	280)	(32.7	45.5	140	207.2	170.1	100.2	235.7	270.2	94.2	169.0	234.8	219.3)
极差	$R_1=519.2-182.9=336.3$						$R_2=270.2-32.7=237.5$											

按 x_4 的分割是：

(1965，1957)(1959，1963，1964，1970，1958，1955，1962，1956，1961，1968，1967，1971，1960，1966，1954，1969)

$$\max R_i=381.5-32.7=348.8$$

按 x_5 的分割是：

(1954，1969，1960，1961，1957，1962，1956，1970，1955，1965，1963)(1964，1967，1966，1968，1958，1959)

$$\max R_i=519.2-94.2=425$$

按 x_6 的分割是：

(1967，1955，1966，1968，1963，1970，1964，1959，1961，1962，1960，1969，1956，1965，1954)(1957，1958，1971)

$$\max R_i=396.7-32.7=364$$

在这 6 个最大极差中以按 x_1 为序而得的最优分割之极差最小，于是采用这个最优 2 分割，把全部 18 年资料分成两小组。分组后提取因子 x_1，以下只考虑其余 5 个因子。

(2)分类后继续筛选因子。

对每一小组(类)资料单独进行与第一步完全相似的计算。

①第一小组有 1957，1959，1970，1956，1965，1962 共 6 年资料，分别算得如下结果：按 x_2 的大小排列的分割是：

年份：(1957，1959，1970，1965，1962)(1956)

y (519.2,182.9,200,1,396.7,280.0)(381.5)

$$\max R_i=519.2-182.9=336.3$$

按 x_3 的大小排列的分割是：

年份：(1956，1957，1965，1970，1962)(1959)

y (381.5,519.2,396.7,200.1,280.0)(182.9)

$$\max R_i=519.2-200.1=319.1$$

按 x_4 的大小排列的分割是：

年份：(1965，1957)(1959，1970，1962，1956)

y　(396.7,519.2)(182.9,200.1,280.0,381.5)

$$\max R_i = 381.5 - 182.9 = 198.6$$

按 x_5 的大小排列的分割是：

年份：(1957)(1962，1956，1970，1965，1959)

y　(519.2)(280.0,381.5,200.1,396.7,182.9)

$$\max R_i = 396.7 - 182.9 = 213.8$$

按 x_6 的大小排列的分割是：

年份：(1970，1959，1962)(1956，1965，1957)

y　(200.1,182.9,280.0)(381.5,396.7,519.2)

$$\max R_i = 519.2 - 381.5 = 137.7$$

由以上五个最大极差中知 x_6 的极差最小，故应以 x_6 的大小来分割 y 值，得两小组：

(1970,1959,1962)(1956,1965,1957)

因两小组内部的降水量已很接近，就不必再往下分割了。

②第二小组(类)共有 12 年资料，分别按 $x_2,\cdots,x_6$ 值的大小为序，对 y 进行 2 分割，得下列数据，见表 5.27

表 5.27

依 x_i 的大小	最优 2 分割(年份)	最大极差
x_2	(58,60,61,63,67,68) (54,55,64,66,69,71)	270.2−32.7=237.5
x_3	(55,58,60,61,63,68,71) (64,67,54,66,69)	235.7−32.7=203.0
x_4	(63,64,58,55,61,68,67) (71,60,66,54,69)	270.2−45.5=224.7
x_5	(54,69,60,61,71) (55,63,64,67,66,68,58)	207.2−32.7=174.5
x_6	(67,55,66,68) (63,64,61,60,69,54,58,71)	270.2−94.2=176.0

由表 5.27 可见，依 x_5 的最优 2 分割，把第 2 组分成 2(a) 组和 2(b) 组：

2(a)组：1954,1960,1961,1969,1971

2(b)组：1955,1963,1964,1967,1966,1968,1958

将上面 2(a)组和 2(b)组，再按 x_2,x_3,x_4,x_6 各因子值的顺序对 y 进行 2 分割得表 5.28。

表 5.28

组号	依 x_i 的大小	最优 2 分割	最大极差
2(*a*)	x_2	(60,61)(54,69,71)	141.5
	x_3	(54,69)(60,61,71)	141.5
	x_4	(54,69)(60,61,71)	141.5
	x_6	(60,61,69)(54,71)	125.1
2(*b*)	x_2	(58,63,67,68)(55,64,66)	174.5
	x_3	(55,58,63,64)(67,66)	107
	x_4	(63,64,58,55,68)(67,66)	107
	x_6	(67)(55,66,68,63,64,58)	161.7

显然依 x_6 将 2(*a*)组又分割成两小组，而第二小组(1954,1971)尽管只有两年，但 $R=219.3-94.2=125.1$ 仍差别较大，还应分割开，依 x_3 或 x_4 都可以分开，其效果相同，为了便于判断就用 x_3(即冬天有无雷暴)将它们分开。同样，可用 x_4 将 2(*b*)组再分成两个小组，此时，内部数据已相差不大，就不再分割了。最后将 y 的全部资料按 x_i 与它相关的好坏，逐段分割所得的结果是：

- 按 x_1 分
  - 按 x_6 分
    - {70,59,62}
    - ($x_6<68.8$)降水量:180—280
    - {56,65,57}
    - ($x_6<68.8$)降水量:381—519
  - ($x_1<8.75$)
  - 按 x_5 分
    - 按 x_4 分
      - {67,66}降水量:30—40
      - ($x_4>90.05$)
      - {63,64,58,55,68}降水量:100—210
      - ($x_4<90.05$)
    - ($x_5>111.55$)
    - 按 x_6 分
      - 按 x_3 分
        - {71}降水量:219.3
        - ($x_3=0$)
        - {54}降水量:94.2
        - $x_3>0$
      - ($x_6>68.8$)
      - {60,61,69}降水量:230—270
      - ($x_6<68.8$)
    - ($x_5<111.55$)
  - ($x_1>8.75$)

其中各临界值是由最优 2 分割中第一段(组)的最后一个点与第二段(组)的最前一个点的数据的平均。如 8.75 就是 1962 年、1967 年两年 x_1 的值 6.9 和 10.6 的均值。

其余类似。从该结果可看出，将历史资料分成了七种情况(类别)，直接用此分割结果即可作出降水量的预报：

$$
x_1\begin{cases} x_6\begin{cases}\text{报 1 类降水}\\ \text{报 2 类降水}\end{cases}\\ x_5\begin{cases} x_4\begin{cases}\text{报 3 类降水}\\ \text{报 4 类降水}\end{cases}\\ x_6\begin{cases} x_3\begin{cases}\text{报 6 类降水}\\ \text{报 7 类降水}\end{cases}\\ \text{报 5 类降水}\end{cases}\end{cases}\end{cases}
$$

这里选中的因子是 x_1, x_3, x_4, x_5, x_6，而 x_2 在分割过程中被淘汰了。

若有某两年 5 个因子的值，见表 5.29。

表 5.29

因　子	x_1	x_3	x_4	x_5	x_6
临界值	8.75	0	90.00	111.55	68.8
第一年观测值	9.4	0	10.5	77.4	102.3
第二年观测值	6.3	2	34.3	112.4	42.7

对第一年而言，$x_1 > 8.75$，$x_5 < 111.55$，$x_3 = 0$，$x_6 > 68.8$，可知该年与 1971 年(219.3 mm)相似，可预报降水量在 220 mm 左右。第二年 $x_1 < 8.75$，$x_6 < 68.8$，因此它与 1970 年，1959 年，1962 年这些年份相似，故预报其降水量在 180～280 mm 之间。

参考文献

艾晶，宋自林，赵靓，赵文飞. 2009. 聚类思想在挖掘关联规则中的运用[J]. 广西师范大学学报(自然科学版)，**27**(1)：117-120.

曹杰，陶云. 2000. 层次聚类方法及其在气候跃变分析中的应用[J]. 云南大学学报，**22**(4)：285-288.

陈谋国. 1987. 统计天气预报原理和方法. 空军气象学院教材.

房彬，肖辉，班显秀. 2008. CA-FCM 方案与其他几种人工增雨评估方案的比较[J]. 气象科技，**36**(5)：612-621.

房彬，肖辉，王振会，孙海燕，黄美元. 2005. 聚类分析在人工增雨效果检验中的应用[J]. 南京气象学院学报，**28**(6)：739-745.

铃木栄一. 1968. 气象统计学[M]. 地人书馆.

史芸燕，潘晓滨，臧增亮，等. 2009. 一次华南暴雨过程中不同区域降水特征的模拟分析[J]. 气象科学，**29**(1)：58-63.

苏州地区气象台. 1975. 多维空间点聚方法预报月降水量[J]. 气象，(6).
王学山，牟春晖，张祖陆. 2005. 区域自然灾害综合区划的二次聚类法及其在山东省的应用[J]. 干旱区研究，**22**(4)：491-496.
王莉萍，沈桐立，崔晓东，张素美. 2006. 一次冷涡暴雨的中尺度对流云团分析及数值模拟研究[J]. 气象科技，**34**(1)：22-28.
杨淑群，郁淑华. 1999. 用聚类分析方法对四川盆地降水区域的划分[J]. 四川气象，**19**(2).
郑祖光. 1984. 变 K 变 N 聚类方案在气象场分析中的应用[J]. 气象，(10).
臧增亮，张铭，张瑰. 2007. 三维三层背风波的理论和数值研究[J]. 大气科学，**31**(3)：547-552.
Crutcher M L, Joiner R L. 1977. Another look at the upper winds of the tropics[J]. *J. Appl. Meteor.*, **16**:462-481
Fang Z Y. 1985. The preliminary study of medium－scale cloud clusters over the Changjiang basin in summer[J]. *Advanced in Atmospheric Sciences*, **2**(3): 122-128.
Han J W, Micheline K. 2001. Data mining—concepts and techniques[M]. 北京：高等教育出版社，73-117.
Jiang X Y, Liu W D. 2007. Numerical Simulations of Impacts of Urbanization on Heavy Rainfall in Beijing Using Different Land－Use Data[J]. *ACTA Meteoroligica Sinca*, **21**(2):245-255.
Liang J, Chen L S, Li Y, Zhu J. 2009. Impacts of two tropical cyclones experiencing extratropical transing during northward progression on the rainfall of Liaodong Peninsula[J]. *J. of Tropical Meteorology*, **15**(1):49-53.
Ren H L, Gao L, Zhang P Q, *et al*. 2006. Further study on identifying anomalous large-scale rainfall regimes in phase space[J]. *ACTA Meteoroligica Sinca*, **20**(1):62-71.
Tabami Y. 1981. Microscale airflow patterns in the Japanese islands. Geographical Reports of Tokyo Metroplitan University, **16**:49-65
Tan P N, Michael S, Vipin K. 2006. 数据挖掘导论[M]. 范明，范宏建，译. 北京：人民邮电出版社，67.

第 6 章　时间序列分析

天气预报必须着眼于天气系统的形成、发展及消亡的演变过程，而前几章所介绍的方法皆属于多元分析，是把气象要素作为一定条件下的随机变量，用“静态”相关的方法来研究其规律的。而对“动态”大气气象要素随时间变化规律的研究，是通过对其时间观测资料所形成的一组有序数据，即时间序列（资料）进行研究来实现的。我们知道，某一时刻气象要素的变化具有随机性，通常视其为随机变量；那么，气象要素随时间的连续变化过程就可视为一随机过程；时间序列资料就又可视为这一过程的离散化处理。对离散的时间序列资料，我们处理的方法大体有两种：一是从“时域”的角度分析，称为时间序列分析或时序分析；另一种是从“频域”的角度进行分析，称为频谱分析或谱分析。本章主要介绍时序分析。为了便于理解、掌握，我们先回顾一下随机过程中的一些基本概念及其与实际气象要素时间序列的关系，然后介绍用平稳时间序列作预报的方法，再详细介绍实际气象时间序列的分析方法，最后介绍几种常见的平稳随机序列线性模型。

6.1　随机过程及其基本概念

6.1.1　随机过程的定义

以南京若干年 5 月份逐日平均气温演变曲线（图 6.1）为例。由图可见，不同年份同一天的气温取值是各种各样的，而不同年份的温度变化曲线也是千差万别的。在不考虑气温的年际变化差异的前提下，假定将不同年份 5 月的同一天视为在相同条件下所通过的重复独立试验，那么，该天的气温值事先是无法确切知道的，显然这就表明某一天的气温，即逐日气温是受随机因素影响的随机变量。其频数分布、均值及方差等统计特征就可以通过样本资料统计出来，而这些特征随时间的变化也就很清楚地显示出来了。不仅气温，其他气象要素也都具有这些特性。为此，我们把这种随时间 t 或其他参数的变化而变化的随机变量族就称为随机过程。

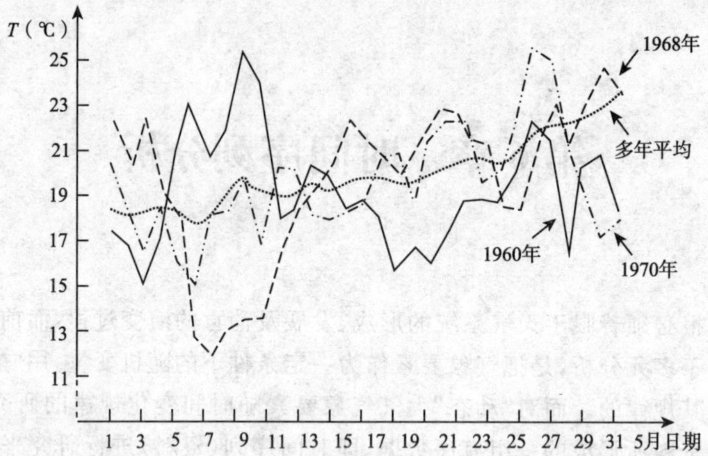

图 6.1

随机过程通常记为：$\{X(t),t\in T\}$，其中 T 是一无穷集合；当 T 属于整数或自然数集合时，$X(t)$也称为随机序列，它是一种（参数）离散的随机过程；当 T 为一连续数集的区间时，$X(t)$称为连续参数的随机过程。由于实况资料均为离散的序列资料，如图 6.1 所示，因此表示的是一个（参数）离散的随机过程。若将 $X(t)$的具体观测结果（图 6.1 中不同年份的观测数据）记为 $x_i(t)(i=1,2,\cdots,n)$，则称 $x_i(t)$为随机过程的一个现实，且它是时间 t 的一个非随机函数。而对于某个固定的时刻 t 来说，随机过程就表现为随机变量，通常称任一固定时刻 t 为随机过程的一个截口。所以，随机过程具有随机性和函数性的双重性质。随机过程又可理解为一族无穷多个、且相互关联的随机变量；也可以看成是具有一定统计特征的诸现实的集合。

6.1.2　随机过程的统计描述

一个随机过程 $X(t)$，对于固定时刻 t，是一个随机变量，其在时刻 t 对应的一维分布函数为：$F(x,t)=P\{X(t)<x\}$，它描述了 $X(t)$在各个孤立时刻的统计特征，而不能反映其在不同时刻的状态间的相互联系。为此，我们有必要给出随机过程 $X(t)$在两个任意不同时刻 t_1,t_2 的随机变量 $X(t_1)$，$X(t_2)$所对应的二维联合分布函数：

$$F(x_1,x_2;t_1,t_2)=P\{X(t_1)<x_1,X(t_2)<x_2\}$$

由于一般随机过程的复杂性，是找不出一个二维联合分布函数能够完整描述一个随机过程的，如果能找到，也是非常复杂的。对任意 n 个时刻而言，更难找出一个 n 维联合分布函数。而对多数实际问题来说，也并无必要找出这样的联合分布函数，和随机变量的统计描述一样，只要抓住其主要统计特征即可。

(一)均值函数(期望函数)

设随机过程 $X(t)$在任意时刻 t 的概率密度函数为 $f(x,t)$，则其均值函数(或称期望函数)为：

$$M[X(t)]=\int_{-\infty}^{\infty}xf(x,t)\mathrm{d}x=m_x(t) \tag{6.1.1}$$

图 6.1 中的粗实线，就是南京 5 月逐日平均气温随时间变化过程的期望函数曲线。从图中不难看出，各个现实(样本函数)都围绕着它摆动，这说明期望函数反映了随机过程的每一个截口取值的集中位置或各时刻 $X(t)$的摆动中心，它是 $X(t)$的所有现实在时刻 t 的总体平均。

(二)方差函数

与随机变量的方差定义相似，随机过程 $X(t)$的方差函数为：

$$D[X(t)]=M[X(t)-m_x(t)]^2=\int_{-\infty}^{\infty}[x-m_x(t)]^2f(x,t)\mathrm{d}x=\sigma_x^2(t) \tag{6.1.2}$$

方差函数反映了随机过程的每一个截口取值的变动情况，即相对于期望函数的离散程度。

即使两个随机过程的期望函数与方差函数完全一样，但它们却可能有完全不同的显著特点。图 6.2 与图 6.3 分别给出的是两个随机过程 $X_1(t)$和 $X_2(t)$的现实，它们有几乎相同的期望函数与方差函数，但 $X_1(t)$的变化平滑、缓慢，t_1 与 t_2 时刻的取值具有明显的相关性(均高于平均值)，而 $X_2(t)$的特点却是不规则的大幅度波动，即它们的内部结构是完全不同的。而这种内部结构的描述只有通过相关函数来实现。

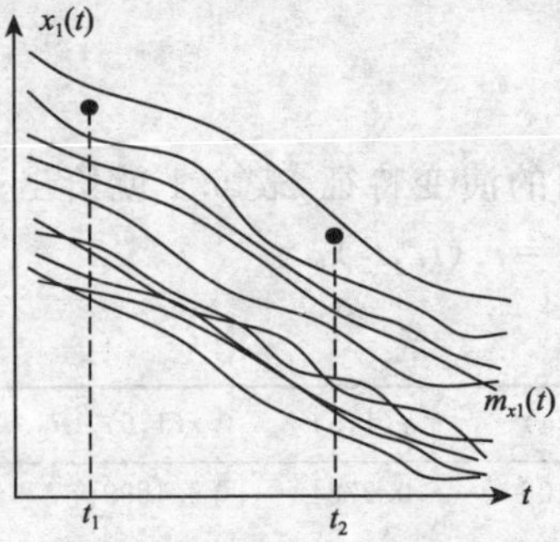

图 6.2

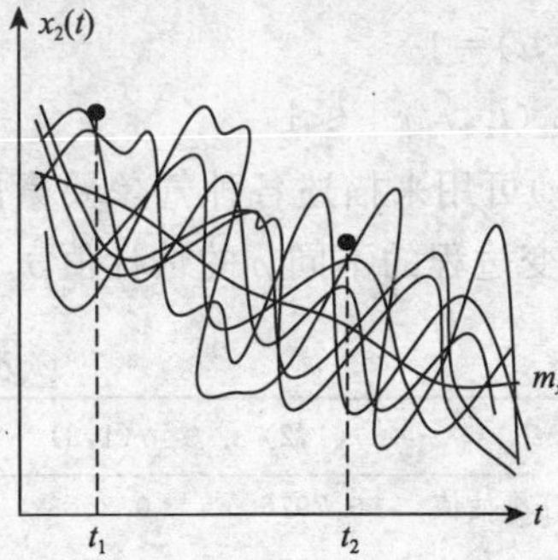

图 6.3

(三)相关函数(协方差函数)

我们知道，随机过程的内部结构是通过其两个任意不同时刻(截口)t_1，t_2 的随机变量 $X(t_1)$，$X(t_2)$之间的相互关系即相关性来体现的，而这种相关性又可以用两个随机变量的协方差来描述。由于这种相关是随机过程自身的相关，且是时刻 t_1，t_2 的函数，故又称其为自相关函数或自协方差函数，用 $R_x(t_1,t_2)$ 表示，即：

$$R_x(t_1,t_2)=\mathrm{M}\{[X(t_1)-m_x(t_1)][X(t_2)-m_x(t_2)]\} \tag{6.1.3}$$

若 $X(t)$ 为复随机过程，则其协方差函数定义为：

$$R_x(s,t)=\mathrm{M}\{[X(s)-m_x(s)][\overline{X(t)-m_x(t)}]\} \tag{6.1.4}$$

其中符号“—”表示“共轭”。

若 $X(t)$ 的二维联合分布密度存在，式(6.1.3)又可表述为：

$$R_x(t_1,t_2)=\int_{-\infty}^{\infty}\int_{-\infty}^{\infty}[x_1-m_x(t_1)][x_2-m_x(t_2)]f(x_1,x_2;t_1,t_2)\mathrm{d}x_1\mathrm{d}x_2 \tag{6.1.5}$$

$R_x(t_1,t_2)$ 具有对称性和非负定性，即：

$$R_x(t_1,t_2)=R_x(t_2,t_1) \tag{6.1.6}$$

$$\sum_{i=1}^{n}\sum_{j=1}^{n}R_x(t_i,t_j)a(t_i)\overline{a(t_j)}\geqslant 0 \tag{6.1.7}$$

式中 $a(t)$，$t\in T$ 为任意普通函数，$\forall\, t_1,t_2,\cdots,t_n\in T$。

有时为了比较不同变量在不同时刻之间的相关，消除变量本身量级的影响，需要对相关函数作无量纲化处理，得到标准自相关函数，即：

$$\rho_x(t_1,t_2)=\frac{R_x(t_1,t_2)}{\sigma_x(t_1)\sigma_x(t_2)} \tag{6.1.8}$$

该式实际上表示随机过程 $X(t)$ 在两个不同时刻之间自身线性相关的强弱及变化，也是两个不同时刻随机变量的相关系数，它有如下性质：

(1) $\rho_x(t_1,t_2)=\rho_x(t_2,t_1)$

(2) $\rho_x(t,t)=1$

(3) $|\rho_x(t_1,t_2)|\leqslant 1$

$\rho_x(t_1,t_2)$ 可用来描述各种气象要素随时间的演变特征，表 6.1 就给出了南京气压和气温演变过程的不同 ρ 的估计值 $\hat{\rho}_x(t_1,t_2)=r_x(t_1,t_2)$。

表 6.1

要素	$r(1,2)$	$r(1,3)$	$r(1,4)$	$r(1,5)$	$r(1,6)$	$r(1,7)$
6 月 1—7 日气压 ρ 估值	0.7976	0.3553	0.2106	0.2784	0.1299	0.0804
5 月 1—7 日气温 ρ 估值	0.6552	0.3538	0.2382	−0.0564	−0.1586	−0.1607

从表 6.1 中可以看出，两个过程的标准自相关函数基本上是随时间间隔的增加而减小的，但减小的速度是不一样的。可见，这两种气象要素随机过程的内部相关性是不同的。

值得一提的是，当 $t_1=t_2=t$ 时，自协方差函数就是随机过程的方差函数，即：

$$R(t,t)=\mathrm{M}[X(t)-m_x(t)]^2=D[X(t)]=\sigma_x^2(t) \tag{6.1.9}$$

方差函数仅是自协方差函数的时间间隔为零时的特例，因此，只需考察随机过程的均值函数 $M[X(t)]$ 和自协方差函数 $R_x(t_1,t_2)$ 两个特征函数，而无须专门计算方差函数就能很好地描述一个随机过程的统计性质了。

（四）互协方差函数

在实际问题中，有时还必须同时考察两个或两个以上的随机过程。如考察两个气象要素在不同时刻的相互影响，因此，需要对两个以上随机过程的联合统计特征进行研究。

设 $X(t)$，$Y(s)$ 为两个随机过程，若 $t=\overline{t_1,t_n}$ 和 $s=\overline{s_1,s_m}$ 是任意两组实数，则 $X(t_1),X(t_2),\cdots,X(t_n);Y(s_1),Y(s_2),\cdots,Y(s_m)$ 是一个 $n+m$ 维随机变量，其分布函数：

$$F_{n,m}(x_1,x_2,\cdots,x_n;t_1,t_2,\cdots,t_n;y_1,y_2,\cdots,y_m;s_1,s_2,\cdots,s_m)$$

为 $X(t)$，$Y(s)$ 的 $n+m$ 维联合分布函数。

如同单个随机过程一样，我们感兴趣的是它们的主要数字特征，如描述两个随机过程 $X(t)$ 和 $Y(s)$ 不同截口之间的相关性数字特征：

$$R_{x,y}(t,s)=M\{[X(t)-m_x(t)][Y(s)-m_y(s)]\}$$

该式称为两随机过程的互相关函数、互协方差函数或落后交叉协方差函数。对其进行标准化处理，有：

$$\rho_{x,y}(t,s)=\frac{R_{x,y}(t,s)}{\sigma_x(t)\sigma_y(s)}$$

称之为标准互相关函数或落后交叉相关函数。

值得注意的是，互协方差函数 $R_{x,y}(t,s)$ 不具有时间对称性，但有如下性质：

$$R_{x,y}(t,s)=R_{y,x}(s,t)$$

若对任意的 s,t，都有：$R_{x,y}(t,s)=0$，则称随机过程 $X(t)$ 和 $Y(s)$ 是不相关的随机过程。如果两个随机过程相互独立，则其必不相关；反之，从不相关却一般不能推断出两随机过程相互独立。

6.1.3　平稳随机过程及其遍历性

6.1.3.1　平稳随机过程

（一）定义

若随机过程的所有有穷维分布律不随时间而变化的随机过程称为平稳随机过程。即对任意的 n 和 τ，若下列等式成立：

$$f_n(x_1,x_2,\cdots,x_n;t_1,t_2,\cdots,t_n)=f_n(x_1,x_2,\cdots,x_n;t_1+\tau,t_2+\tau,\cdots,t_n+\tau) \quad (6.1.10)$$

则称随机过程 $X(t)$ 为平稳随机过程。即平稳随机过程的全部概率特性都不因自变

量 t 的起点的推移而改变，这就是所谓的狭义平稳过程，又称严平稳过程。对气象要素的变化过程而言，严平稳过程的条件是难以满足的，而从实际应用的意义上说，我们往往并不需要考虑其全部概率特征的平稳性，只要考虑其主要概率特征的平稳性就够了。

由式(6.1.10)可知，平稳过程的所有一维分布密度 $f(x,t)$ 与 t 无关，而二维分布密度 $f(x_1,x_2;t_1,t_2)$ 只与 $t_2-t_1=\tau$ 有关，与起点 t_1 无关。即：

(1) $f_1(x,t)=f_1(x)$

(2) $f_2(x_1,x_2;t_1,t_2)=f_2(x_1,x_2;\tau)$

因为：对一维分布密度，$f(x,t)=f(x,t+\tau)$，当令 $\tau=-t$，即有式(1)。

对二维分布密度，$f(x_1,x_2;t_1,t_2)=f(x_1,x_2;t_1+\tau',t_2+\tau')$，若令 $\tau'=-t_1$，且 $\tau=t_2-t_1$，则有式(2)。

因为：
$$f(x_1,x_2;t_1,t_2)=f(x_1,x_2;0,t_2-t_1)=f(x_1,x_2;\tau)$$

此时：
$$\mathrm{M}[X(t)]=\int_{-\infty}^{\infty}xf_1(x,t)\mathrm{d}x=m_x \tag{6.1.11}$$

即对平稳过程，其均值函数若存在，则必为与 t 无关的常数。

而：
$$R_x(t,t+\tau)=\mathrm{M}\{[X(t)-m_x][X(t+\tau)-m_x]\}$$
$$=\int_{-\infty}^{\infty}\int_{-\infty}^{\infty}(x_1-m_x)(x_2-m_x)f_2(x_1,x_2;\tau)\mathrm{d}x_1\mathrm{d}x_2=R_x(\tau)$$

即：
$$R_x(t,t+\tau)=R_x(\tau) \tag{6.1.12}$$

所以，对平稳过程，其协方差函数若存在，则其仅仅与时间间隔 τ 有关，而与起点 t 无关。满足式(6.1.11)与式(6.1.12)的平稳过程称为广义平稳过程或宽平稳过程。

事实上，由于宽平稳过程的局限性，它不一定是严平稳过程；反之，一般的严平稳过程也不一定是宽平稳过程，两者并无包含和被包含的关系。如柯西分布的均值和方差都不存在，所以它不是宽平稳过程；再如均匀分布的均值和协方差函数都可求得，但其联合分布密度却是随时间推移而变化的。只有当一平稳过程为正态平稳过程时，即一平稳过程的任一 n 维联合分布密度都是正态的，其分布由它的一、二阶矩所完全确定时，广义平稳和狭义平稳对正态过程而言，才是等价的。我们今后讨论的过程皆为宽平稳随机过程。

在平稳过程中还有一个应用较广泛的随机过程——白噪声过程。对一个零均值的平稳过程 $a(t)$，若其协方差函数满足：
$$R_a(t,t+\tau)=\sigma_a^2\delta_\tau \tag{6.1.13}$$

其中：
$$\delta_\tau=\begin{cases}1,\tau=0\\0,\tau\neq0\end{cases}$$

则称平稳过程 $a(t)$ 为白噪声过程，并常用其表示随机误差。σ_a^2 为其方差，当资料为序列资料时，又称其为白噪声序列。白噪声过程表示不含有任何规律性波动的纯随机过程，类似于物理上的白色光，白色光是由强度相同的各种波长颜色的谐波共同组成而得名，白噪声就是由强度相同的各种频率振动共同组成的随机序列。

气象上还经常使用另一种与白噪声相对应的随机过程——红色噪声过程，即红噪声。它是泛指一种含有极长波长，即波长为无穷大的红外光所组成的波动，所以它实际上是一种直线趋势的过程，或者是表示一种无任何周期波动存在的噪声过程。它将与白噪声一起在谱分析的周期性检验中得到使用。

红噪声又称为马尔可夫随机过程，即这样一种随机过程 $X(t)$：在时刻 t 系统处于状态 X 的条件下，时刻 $\tau(\tau>t)$ 时系统所处的状态与时刻 t 以前系统所处的状态无关。简单地说，马尔可夫过程中的某一状态仅与它相邻的前一时刻的状态有关。许多气象要素，如逐日气压、气温及降水等都可近似看成是马尔可夫过程，它常用在讨论大气过程的持续性和可预报性问题中。

（二）协方差函数的重要特性

若 $X(t)$ 和 $Y(t)$ 是平稳随机过程，则其自协方差函数 $R_x(\tau)$、$R_y(\tau)$ 和互协方差函数 $R_{xy}(\tau)$ 有如下重要特性：

(1) $$R_x(0)=\mathrm{M}\{[X(t)-m_x]^2\}=\sigma_x^2>0 \tag{6.1.14}$$

(2) $$R_x(\tau)=R_x(-\tau);R_{xy}(-\tau)=R_{yx}(\tau) \tag{6.1.15}$$

即 $R_x(\tau)$ 是时间间隔 τ 的偶函数，而互协方差函数既非偶函数也非奇函数。

(3) $$|R_x(\tau)|\leqslant R_x(0),\text{且}|R_{xy}(\tau)|^2\leqslant R_x(0)R_y(0) \tag{6.1.16}$$

因为，对任意的实数 λ 都有：

$$\mathrm{M}\{[X(t)-m_x]+\lambda[X(t+\tau)-m_x]\}^2$$
$$=\mathrm{M}\{[X(t)-m_x]^2+2\lambda[X(t)-m_x][X(t+\tau)-m_x]+\lambda^2[X(t+\tau)-m_x]^2\}$$

即：
$$R_x(0)+2\lambda R_x(\tau)+\lambda^2R_x(0)\geqslant 0$$

整理，得：
$$\left[\lambda+\frac{R_x(\tau)}{R_x(0)}\right]^2+\frac{R_x^2(0)-R_x^2(\tau)}{R_x^2(0)}\geqslant 0$$

要使上式对任意的实数 λ 都成立，则不等式左端第二项必须大于等于零。

由(1)，得：$R_x(0)>0$，所以有：

$$R_x^2(0)-R_x^2(\tau)\geqslant 0$$

即：
$$|R_x(\tau)|\leqslant R_x(0)$$

同理可得：　$|R_y(\tau)|\leqslant R_y(0)$ 及 $|R_{xy}(\tau)|^2\leqslant R_x(0)R_y(0)$.

(4) $\forall\, t_1,t_2,\cdots,t_n\in T$，由 $R_x(\tau)$ 所构成的二次型都是非负定的，即：

$$\sum_{i=1}^{n}\sum_{j=1}^{n}R_x(t_i-t_j)b(t_i)b(t_j)\geqslant 0 \tag{6.1.17}$$

其中 $b(t_i)$，$b(t_j)$ 为任意函数 $b(t)$ 在 t_i，t_j 的值。这一性质对于理论研究和实际分析都有重要意义。

(5)若平稳过程 $X(t)$ 满足 $X(t)=X(t+T)$,则称它为周期平稳过程(T 为过程的周期)。其自相关函数也是周期函数,周期与过程的周期相同。这一特性使我们有可能运用平稳过程的谱分解来检测过程的周期性。

(三)证明

一个随机过程是否平稳,要通过计算其均值函数和自协方差函数,看它们是否都满足条件式(6.1.11)和式(6.1.12)。若满足这两个条件,则过程为平稳过程。

【例】随机过程 $X(t)=\eta\cos(\omega t+\varphi)$,其中 ω 为常量,η 为 $N(0,\sigma_x^2)$ 变量,φ 均匀分布在$(0,2\pi)$上,即 $f(\varphi)=\dfrac{1}{2\pi}$,$(0<\varphi<2\pi)$,又设 η 和 φ 相互独立。试证明 $X(t)$ 为宽平稳过程。

【解】根据随机变量 η 和 φ 间的独立性,有:

①$\mathrm{M}[X(t)]=\mathrm{M}[\eta\cos(\omega t+\varphi)]=\mathrm{M}[\eta]\cdot\mathrm{M}[\cos(\omega t+\varphi)]=0$

$$
\begin{aligned}
②R_x(t,t+\tau)&=\mathrm{M}\{[X(t)-m_x(t)][X(t+\tau)-m_x(t+\tau)]\}\\
&=\mathrm{M}\{[\eta\cos(\omega t+\varphi)-0][\eta\cos(\omega(t+\tau)+\varphi)-0]\}\\
&=\mathrm{M}[\eta^2]\cdot\mathrm{M}[\cos(\omega t+\varphi)\cdot\cos(\omega t+\varphi+\omega\tau)]\\
&=\sigma_x^2\cdot\mathrm{M}\{[\cos\omega\tau+\cos(2\omega t+\omega\tau+2\varphi)]/2\}\\
&=\frac{1}{2}\sigma_x^2\cos\omega\tau+\frac{1}{2}\sigma_x^2\int_0^{2\pi}\cos(2\omega t+\omega\tau+2\varphi)\cdot f(\varphi)\mathrm{d}\varphi\\
&=\frac{1}{2}\sigma_x^2\cos\omega\tau+\frac{1}{4\pi}\sigma_x^2\int_0^{2\pi}\cos(2\omega t+\omega\tau+2\varphi)\mathrm{d}\varphi\\
&=\frac{1}{2}\sigma_x^2\cos\omega\tau=R_x(\tau)
\end{aligned}
$$

因

$$
\begin{aligned}
R_x(\tau)=R_x(0,\tau)&=\mathrm{M}[\eta\cos\varphi\cdot\eta\cos(\omega\tau+\varphi)]\\
&=\sigma_x^2\mathrm{M}[\cos\omega\tau+\cos(\omega\tau+2\varphi)/2]\\
&=\frac{1}{2}\sigma_x^2\cos\omega\tau
\end{aligned}
$$

这样,我们就分别证明了随机过程 $X(t)$ 满足宽平稳过程的两个条件,即它是宽平稳过程。

6.1.3.2 平稳随机过程的遍历性

根据宽平稳过程的性质,我们可以求出其均值函数、方差函数及协方差函数。例如已经观测到 n 个现实,则不难得到如下几个估计式:

$$
\hat{m}_x(t_i)=\frac{1}{n}\sum_{k=1}^{n}x_k(t_i) \qquad (6.1.18)
$$

式中 $x_k(t_i)$是指 $X(t)$的第 k 个现实在 t_i 截口(时刻)的取值。类似有:

$$\hat{D}_x(t_i)=\frac{1}{n-1}\sum_{k=1}^{n}[x_k(t_i)-m_x(t_i)]^2 \tag{6.1.19}$$

$$\hat{R}_x(t_i,t_j)=\frac{1}{n-1}\sum_{k=1}^{n}[x_k(t_i)-m_x(t_i)][x_k(t_j)-m_x(t_j)] \tag{6.1.20}$$

$$r_x(t_i,t_j)=\frac{\hat{R}_x(t_i,t_j)}{\hat{\sigma}_x(t_i)\hat{\sigma}_x(t_j)} \tag{6.1.21}$$

求出所有截口的均值和方差后，再求出其平均值，就可作为平稳过程均值和方差的估计值。同样，我们可以求出所有具有相同时间间隔、而不同截口间协方差值的平均值，即得到平稳过程协方差函数的估计值或其近似表达式。这些都是平稳过程的总体平均值，是随机过程多维随机变量的集合，其统计特征也是多维随机变量统计特征的集合。其统计意义虽明确，但计算繁琐，且对实际问题，尤其是复杂的气象问题中，能观测到的现实（资料）非常有限，常常仅是一个现实的序列资料而已，如年平均气温、季降水量等。为了研究某随机过程的统计学特征，我们自然希望能用一个现实资料的统计特征代表该随机过程，即用一个现实来代替多个现实，以弥补资料不足的缺陷。

如同研究协方差函数的必要性一样，具有相同均值函数和协方差函数的两个随机过程，其内部结构仍可能有较大的差异。图 6.4 和图 6.5 分别表示两种类型的平稳随机过程 $X_1(t)$和 $X_2(t)$。

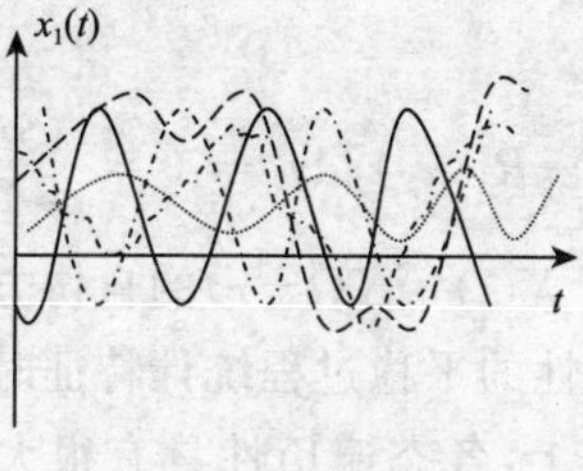

图 6.4

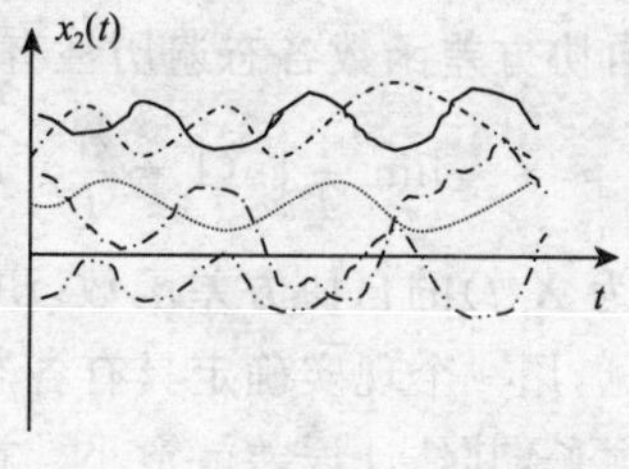

图 6.5

从图 6.4 可见，$X_1(t)$的每一个现实都围绕数学期望波动，且它们的平均振幅都差不多。随着时间的外推或观测时间的延长，显然，其中任意一个现实都可以近似地代表整个平稳过程的属性。所以，它的任一现实的时间平均都可作为过程总体平均值的近似值。具有这种性质的平稳过程就称其具有各态遍历性。由此可见，各态遍历性是建立在平稳随机过程的每一个现实几乎都能代表所有可能的现实的基础上的，或者说，一个充分长时期的现实能近似代替同一时期各现实的总体。

严格地说，所谓平稳过程满足各态遍历性，就是指用它的一个现实求平均后得到的统计特征，当求平均的区间长度 T 增大时，能以任意接近于 1 的概率逼近用各次现实的整个集合求平均得到的相应统计特征。对宽平稳过程 $X(t)$，有：

(1) 若：
$$P\left\{\lim_{T\to\infty}\frac{1}{T}\int_0^T x(t)\mathrm{d}t=\mathrm{M}[X(t)]\right\}=1 \tag{6.1.22}$$
则称 $X(t)$的均值具有各态遍历性。

(2)若：
$$P[R^*(\tau)=R_x(\tau)]=1 \tag{6.1.23}$$
则称 $X(t)$的自协方差具有各态遍历性。而 $\tau=0$ 时，称过程的方差具有遍历性。

其中：
$$R^*(\tau)=\lim_{T\to\infty}\frac{1}{T}\int_0^T[x(t)-m^*][x(t+\tau)-m^*]\mathrm{d}t \tag{6.1.24}$$
$$m^*=\lim_{T\to\infty}\frac{1}{T}\int_0^T x(t)\mathrm{d}t \tag{6.1.25}$$

当一个平稳过程的 m^*,$R^*(\tau)$存在，且其满足式(6.1.22)和式(6.1.23)两个条件时，就称该平稳过程具有各态遍历性。

图 6.5 表示的平稳随机过程 $X_2(t)$虽也是一个宽平稳过程，但很显然，其中各个现实对时间的平均值是不相等的，且与现实总体的平均值也不同，这样的平稳过程就不具有各态遍历性。可见，只有平稳过程才具有各态遍历性，但并非所有的平稳过程都具有各态遍历性。

还可以证明，一个平稳过程满足各态遍历性的充要条件是：

①对于均值各态遍历性有：
$$\lim_{T\to\infty}\frac{1}{T}\int_0^T(1-\frac{\tau}{T})[R_x(\tau)-m_x^2]\mathrm{d}\tau=0 \tag{6.1.26}$$

②对于自协方差函数各态遍历性有：
$$\lim_{T\to\infty}\frac{1}{T}\int_0^T(1-\frac{\tau_1}{T})[B(\tau_1)-R_x^2(\tau_1)]\mathrm{d}\tau_1=0 \tag{6.1.27}$$
其中 $R_x(\tau_1)$为 $X(t)$的自协方差函数，$B(\tau_1)$为 $X(t)\cdot X(t+\tau)$的自协方差函数。

由上可见，用一个现实确定具有各态遍历性的平稳过程统计特征时，求平均的时间区间取得愈长，其估计误差就愈小。在气象上，各态遍历性具有很大的实践意义，凡是具有各态遍历性的平稳过程，就可以用一个充分长的现实来代替多个现实，在计算统计特征时，其数学期望和协方差函数就可由一个现实的时间平均代替多个现实的总体平均，即有：
$$m^*\approx m_x, R_x^*(\tau)\approx R_x(\tau)$$

具体地说，若有各态遍历性的平稳过程 $X(t)$的充分长时间现实的离散等距观测值 $x_1,x_2,\cdots,x_n$，则其均值函数和协方差函数的估计值分别为：
$$\hat{m}_x=\frac{1}{n}\sum_{t=1}^{n}x_t=\bar{x} \tag{6.1.28}$$
$$\hat{R}_x(\tau)=\frac{1}{n-\tau}\sum_{t=1}^{n-\tau}[(x_t-\bar{x})(x_{t+\tau}-\bar{x})] \tag{6.1.29}$$

协方差函数的标准化估计式为：

$$r_x(\tau)=\frac{\hat{R}_x(\tau)}{\hat{R}_x(0)}=\frac{\frac{1}{n-\tau}\sum_{t=1}^{n-\tau}(x_t-\bar{x})(x_{t+\tau}-\bar{x})}{\frac{1}{n}\sum_{t=1}^{n}(x_t-\bar{x})^2} \tag{6.1.30}$$

式中 τ 为时间间隔，以观测时距为单位。由于遍历性在实践中验证较为困难，通常总是事先假设所研究的随机过程具有各态遍历性，对由此出发而产生的各种资料进行分析、处理，看所得结论是否与实际相符而肯定其合理性。

目前，平稳过程的理论和方法发展已较为成熟，其相关理论、谱理论及线性模型在许多技术部门都有广泛的应用。由于实际气象过程的复杂性，一般大气中的随机过程，在时间间隔不大时才具有一定的平稳性，而随着时间变化区间的增大，其平稳性往往遭到破坏。如气象要素有明显的年（日）周期变化和受到其他系统等因素的影响，对这样一个开放系统，其要素的均值往往是时间 t 的函数，不是常数；其协方差函数也并不完全是 τ 的函数。所以，在气象问题中，严格意义上的平稳过程是不存在的。由于非平稳过程的复杂性，在处理实际气象问题时，总是通过各种数学手段，对原始资料作初值化处理，使其尽可能满足平稳条件的要求，从而运用平稳过程的理论和方法加以研究；而这种经过处理后的过程就称为准平稳过程。对一个实际非平稳过程 $Y(t)$，设 $X(t)$ 是均值为零、协方差函数为 $R(\tau)$ 的平稳过程，$d_1(t)$，$d_2(t)$ 为非随机函数，则我们可得到如下混合模型：

$$Y(t)=d_1(t)X(t)+d_2(t) \tag{6.1.31}$$

不难得到：

$$\mathrm{M}[Y(t)]=d_2(t)$$

$$R_Y(t_1,t_2)=d_1(t_1)d_1(t_2)R(t_1-t_2)$$

可见，$Y(t)$ 是一个均值函数非零、协方差函数不是仅与 τ 有关的非平稳过程。

另一种处理非平稳过程的方法是差分法。对非平稳过程 $Y(t)$，令：

$$X(t)=\nabla^d Y(t) \tag{6.1.32}$$

其中 ∇^d 为差分算子，当 $d=1$ 时，上式变为：

$$X(t)=\nabla Y(t)=Y(t)-Y(t-1)=(1-B)Y(t) \tag{6.1.33}$$

这样经过 d 阶差分处理的非平稳过程就可化为平稳过程，其中 B 是延迟算子。

6.1.4　平稳时间序列

假设某一气象要素的变化过程 $X(t)$ 是具有遍历性的平稳过程，那么，抽取其中一个现实，即具有代表性的一个样本函数 $x(t)$，并对其作离散化处理，就是在不同时刻 $t_1<t_2<\cdots<t_n<\cdots<t_N$ 上获得一串以时间 t 为自变量的、相依有序的、离散的观

测数据的集合：

$$x(t_1),x(t_2),\cdots,x(t_n),\cdots,x(t_N) \tag{6.1.34}$$

即称为时间序列，它是具有遍历性的平稳序列。

由于气象资料都是进行定时观测的，如温、压、湿、风等序列资料都是采用等距时间间隔 Δt 观测得到的，此时时间序列又可表示为如下形式：

$$x_1,x_2,\cdots,x_n,\cdots,x_N \tag{6.1.35}$$

其中 $x_n=x(t_n)=x(t_0+n\cdot\Delta t)$，$n=1,2,\cdots,N$。而 t_0 为测量的起始时刻。由于 t_0 和 Δt 只具有相对意义，所以一般情况下它们并不在分析、计算公式中出现。但不同的 Δt 可以在同一过程中构作不同的时间序列，因此，合理地选择 Δt 是一个十分重要的问题，它关系到如何反映大气物理过程的时间尺度问题。

对时间序列现实 $x(t)$ 的离散化过程称为时间序列采样，常用方法有：

(1)直接采样

它把时间序列 $X(t)$ 的现实曲线在 $t_0+n\Delta t(n=1,2,\cdots,N)$ 的点上取值，如图 6.6 所示，直接取为数字时间序列(6.1.35)中的 x_n。在计算机上处理各种波动(地震波、脑电波、海浪等)序列，各种系统的输出、输入函数序列等，大多是经过模拟(*AD* 转换)—数字转换装置，用直接采样方法给出的。

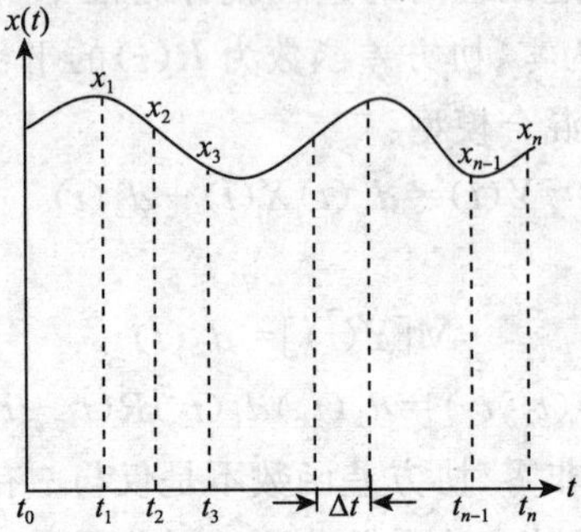

图 6.6

(2)累积采样

如某地区的月降水量，地球上某一地震带上年释放能量序列等，都是累积采样，给出采样时间间隔 Δt，把 $x(t)$ 在 $[t_0+(n-1)\Delta t,t_0+n\Delta t]$ 上的累积值：

$$\int_{(n-1)\Delta t}^{n\Delta t} x(t_0+t)\mathrm{d}t=x_n$$

取为数字时间序列的采样值。

(3)特征采样

给出采样时间间隔 Δt，按照预先约定的规则，选取 $x(t)$ 在 $[t_0+(n-1)\Delta t,t_0+$

$n\Delta t$]上的特征值，如最大(小)值、平均值等作为时间序列中的采样值 x_n，像旬平均气温序列、水文上的河流月最高水位序列等都属于特征采样序列。

6.2　平稳时间序列的预报

对平稳时间序列作预报时，使用较多的是自回归模型。其基本思想是：考虑平稳的要素序列前后期变量间有相关关系，以前期某些间隔的要素作为预报因子，后期某一时刻的该要素为预报对象，通过计算要素序列的各阶标准自相关函数，用回归的方法建立起线性回归方程，并用线性外推作预报。

6.2.1　一维平稳时间序列的预报

6.2.1.1　预报模型

为了推导和计算方便，通常采用具有遍历性平稳序列观测值的距平资料：

$$x_{d,1},x_{d,2},\cdots,x_{d,n-k},\cdots,x_{d,n-l},\cdots,x_{d,n-m},\cdots,x_{d,n-1}$$

现在要通过该序列不同时间间隔的自相关性来预报下一时刻的 x_n 之值。

如果通过计算得到各阶 $r(\tau)$ 之值，发现有 $n-k,n-l,n-m$ 三个时间间隔的 $|r(\tau)|$ 较其他值大得多，则可用这三个前期变量作为因子，建立起求 $\hat{x}_{d,n}$ 的预报方程(自回归方程)：

$$\hat{x}_{d,n}=b_k x_{d,n-k}+b_l x_{d,n-l}+b_m x_{d,n-m} \tag{6.2.1}$$

仿照多元线性回归求偏回归系数的方法，得到求解自回归系数的正规方程组为：

$$\begin{cases}b_kR(k-k)+b_lR(k-l)+b_mR(k-m)=R(k)\\b_kR(l-k)+b_lR(l-l)+b_mR(l-m)=R(l)\\b_kR(m-k)+b_lR(m-l)+b_mR(m-m)=R(m)\end{cases} \tag{6.2.2}$$

式中自相关函数 $R(\tau)$ 为：

$$R(\tau)=\frac{1}{n-\tau}\sum_{i=1}^{n-\tau}(x_i-\bar{x})(x_{i+\tau}-\bar{x}) \tag{6.2.3}$$

当用 $R(0)=\sigma_x^2$ 除以式(6.2.2)中各方程两端时，有：

$$\begin{cases}b_kr(0)+b_lr(k-l)+b_mr(k-m)=r(k)\\b_kr(l-k)+b_lr(0)+b_mr(l-m)=r(l)\\b_kr(m-k)+b_lr(m-l)+b_mr(0)=r(m)\end{cases} \tag{6.2.4}$$

或：

$$\begin{cases}b_k+b_lr(k-l)+b_mr(k-m)=r(k)\\b_kr(l-k)+b_l+b_mr(l-m)=r(l)\\b_kr(m-k)+b_lr(m-l)+b_m=r(m)\end{cases} \tag{6.2.4$'$}$$

式中标准自相关函数的估计值为：

$$r(\tau)=\frac{\frac{1}{n-\tau}\sum_{i=1}^{n-\tau}(x_i-\bar{x})(x_{i+\tau}-\bar{x})}{\frac{1}{n}\sum_{i=1}^{n}(x_i-\bar{x})^2} \tag{6.2.5}$$

且 $r(k-l)=r(l-k),r(k-m)=r(m-k),r(l-m)=r(m-l)$。由(6.2.4)′可解出自回归系数 b_k,b_l,b_m，将其代入(6.2.1)即可得到预报值 $\hat{x}_{d,n}$。

若要预报 x_n 项后的第 h 项 x_{n+h}，则自回归方程可写成：

$$\hat{x}_{d,n+h}=b_k x_{d,n-k}+b_l x_{d,n-l}+b_m x_{d,n-m} \tag{6.2.6}$$

其对应的正规方程为：

$$\begin{cases}b_k+b_l r(k-l)+b_m r(k-m)=r(k+h)\\ b_k r(l-k)+b_l+b_m r(l-m)=r(l+h)\\ b_k r(m-k)+b_l r(m-l)+b_m=r(m+h)\end{cases} \tag{6.2.7}$$

经过处理后的实际气象序列作为准平稳、遍历性序列，其平稳、遍历性并不稳定，故对其作外推预报时的时间间隔不宜过长。

6.2.1.2　预报举例

以某站 15 年 6—8 月降水量（常用单位为 mm，这里取 cm）资料为例，给出用平稳序列制作预报的四个步骤：

(1)资料处理

首先将原始序列数据变成距平序列 $\mathring{x}_i=x_i-\bar{x}$，然后计算出计算自相关函数 $r(\tau)$ 所需的 $\mathring{x}_i\cdot\mathring{x}_i$ 等值（见表 6.2）。

(2)计算各阶 $r(\tau)$

利用公式(6.2.5)，根据表 6.2 中的数据，分别计算出 $r(\tau)$（其中，一般取 $\tau\leqslant\frac{n}{2}$，即：$\tau=1,2,3,\cdots,n/2$），其结果见表 6.2。并选出 $|r(\tau)|$ 较大者 $r(4),r(7),r(1)$ 所对应的前期时刻之要素变量 $\mathring{x}_{n-4},\mathring{x}_{n-7},\mathring{x}_{n-1}$（或写成 $x_{d,n-4},x_{d,n-7},x_{d,n-1}$）作为因子。此时有：$k=1,l=4,m=7$。

表 6.2　$r(\tau)$ 计算表

t	x_i	$\mathring{x}_i$	$\mathring{x}_{i+1}$	$\mathring{x}_{i+2}$	$\mathring{x}_{i+3}$	$\mathring{x}_{i+4}$	$\mathring{x}_{i+5}$	$\mathring{x}_{i+6}$	$\mathring{x}_{i+7}$	$\mathring{x}_{i+8}$	$\mathring{x}_i\mathring{x}_i$	$\mathring{x}_i\mathring{x}_{i+1}$	$\mathring{x}_i\mathring{x}_{i+2}$	$\mathring{x}_i\mathring{x}_{i+3}$	$\mathring{x}_i\mathring{x}_{i+4}$	$\mathring{x}_i\mathring{x}_{i+5}$	$\mathring{x}_i\mathring{x}_{i+6}$	$\mathring{x}_i\mathring{x}_{i+7}$
1	59.0	−5	−10	−10	−2	9	3	3	−1	−17	25	50	50	10	−45	−15	−15	5
2	54.0	−10	−10	−2	9	3	3	−1	−17	−13	100	100	20	−90	−30	−30	10	170
3	54.0	−10	−2	9	3	3	−1	−17	−13	−9	100	20	−90	−30	−30	10	170	130

续表

t	x_i	$\dot{x}_i$	$\dot{x}_{i+1}$	$\dot{x}_{i+2}$	$\dot{x}_{i+3}$	$\dot{x}_{i+4}$	$\dot{x}_{i+5}$	$\dot{x}_{i+6}$	$\dot{x}_{i+7}$	$\dot{x}_{i+8}$	$\dot{x}_i\dot{x}_i$	$\dot{x}_i\dot{x}_{i+1}$	$\dot{x}_i\dot{x}_{i+2}$	$\dot{x}_i\dot{x}_{i+3}$	$\dot{x}_i\dot{x}_{i+4}$	$\dot{x}_i\dot{x}_{i+5}$	$\dot{x}_i\dot{x}_{i+6}$	$\dot{x}_i\dot{x}_{i+7}$
4	61.7	−2	9	3	3	−1	−17	−13	−9	19	4	−18	−6	−6	2	34	26	18
5	72.4	9	3	3	−1	−17	−13	−9	19	19	81	27	27	−9	−153	−117	−81	171
6	66.1	3	3	−1	−17	−13	−9	19	19	3	9	9	−3	−51	−39	−27	57	57
7	66.2	3	−1	−17	−13	−9	19	19	3	11	9	−3	−51	−39	−27	57	57	9
8	62.2	−1	−17	−13	−9	19	19	3	11		1	17	13	9	−19	−19	−3	−11
9	46.9	−17	−13	−9	19	19	3	11			289	221	153	−323	−323	−51	−181	
10	50.5	−13	−9	19	19	3	11				169	117	−247	−247	−39	−143		
11	54.7	−9	19	19	3	11					81	−171	−171	−27	−99			
12	83.0	19	19	3	11						361	361	57	209				
13	82.2	19	3	11							361	57	209					
14	66.2	3	11								9	33						
15	74.6	11									121							
$\sum$	954										1720	820	−39	−594	−802	−301	40	549
$\bar{x}_i$	63.6										114.7	58.6	−3.0	−49.5	−72.9	−30.1	4.4	68.6
$r(\tau)$											$r(0)$	$r(1)$	$r(2)$	$r(3)$	$r(4)$	$r(5)$	$r(6)$	$r(7)$
												0.51	−0.03	−0.43	−0.64	−0.26	0.04	0.60

(3)由正规方程组确定预报方程的偏回归系数 $b_i(i=1,4,7)$

由式(6.2.4)′，得：

$$\begin{cases} b_1+b_4r(1-4)+b_7r(1-7)=r(1) \\ b_1r(4-1)+b_4+b_7r(4-7)=r(4) \\ b_1r(7-1)+b_4r(7-4)+b_7=r(7) \end{cases}$$

即：

$$\begin{cases} b_1+b_4r(3)+b_7r(6)=r(1) \\ b_1r(3)+b_4+b_7r(3)=r(4) \\ b_1r(6)+b_4r(3)+b_7=r(7) \end{cases} \tag{6.2.8}$$

将各 $r(\tau)$ 代入，得：

$$\begin{cases} b_1-0.43b_4+0.04b_7=0.51 \\ -0.43b_1+b_4-0.43b_7=-0.64 \\ 0.04b_1-0.43b_4+b_7=0.60 \end{cases}$$

解得：$b_1=0.3606$，$b_4=-0.2733$，$b_7=0.4519$

(4)建立自回归预报方程，作出预报

$$\hat{x}_{d,n}=0.3606x_{d,n-1}-0.2733x_{d,n-4}+0.4519x_{d,n-7} \tag{6.2.9}$$

由方程(6.2.9)可以知道，一旦确定了 n 值，就可以从历史资料中找出对应时刻的因子资料，将其代入方程即可预报出所求年份的预报值。例如，计算第 8 年的 $\hat{x}_{d,n}$ 值，其因子值便是前 1 年(第 7 年)、前 4 年(第 4 年)、前 7 年(第 1 年)的因子距平值，即：$x_{d,7}=3$，$x_{d,4}=-2$，$x_{d,1}=-5$，代入(6.2.9)，得：$\hat{x}_{d,8}=-0.63$。同理，我们可计算出其他时刻的估计值，见表 6.3。将表中数据点绘出曲线图(见图 6.7)，可以看出，变量的预报值与实况值在量上有一定的差距，但在变化趋势上拟合得较好。由于该预报是根据整个时期的标准化自相关函数建立的自回归方程，而整个时期内不同时段的要素演变特征可能不同，因此如果近期的拟合情况不佳的话，用此法作的预报就可能不可靠了。

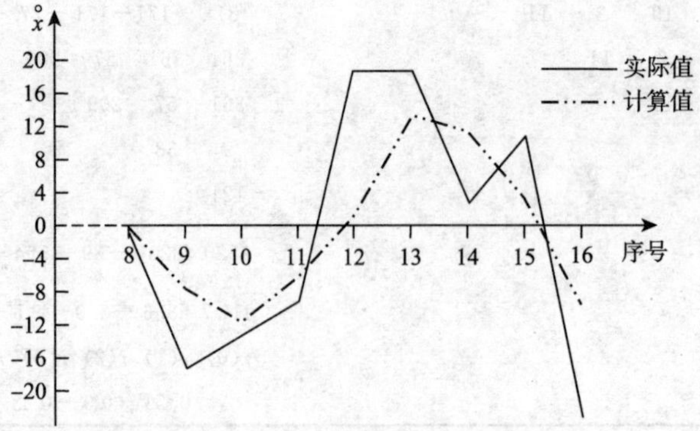

图 6.7

大量的计算实例表明，该法的计算结果一般比实况值更接近于总体平均，即计算振幅比实际的要小。这是由于自回归方程是以最小二乘法为基础的，在正态平稳假设下，方程的计算值是在各因子出现在某一确定数值条件下预报对象的条件期望值；另一方面，由于有平稳遍历性假设，因此该法不能预报出特大值和特小值，虽然是定量计算，但也只能作为趋势预报使用较好。

表 6.3

年代序号	8	9	10	11	12	13	14	15	16
预报值 $\hat{x}_d$	－0.67	－7.50	－11.95	－6.67	1.09	13.19	12.11	3.09	－8.9
实况值 x_d	－1	－17	－13	－9	19	19	3	11	－23

6.2.2　多维平稳时间序列的预报

由于要素间存在着相互制约、相互影响，故在对时间序列作预报时，除了考虑单要素自身的前后相关，还须考虑各要素间的互相关性，这就是多维时间序列的预报问题。例如，用气压、气温和绝对湿度的时间序列预报降水量演变的时间序列，就是一个四维随机过程问题。对一个多维随机过程问题，我们采用矩阵的形式来表达和研究，矩阵中每个元素（矢量）通常用第 t 天的 N 年资料数据组成。

一般 l 维的随机过程表示为：

$$\boldsymbol{X}(t)=\begin{bmatrix} X_1(t) \\ X_2(t) \\ \vdots \\ X_l(t) \end{bmatrix} \tag{6.2.10}$$

预报系数（偏回归系数）组成的矩阵为（为强调矩阵的维数，加注了下标）：

$${}_l\boldsymbol{B}_l{}^{(j)}=\begin{bmatrix} b_{11}{}^{(j)} & b_{12}{}^{(j)} & \cdots & b_{1l}{}^{(j)} \\ b_{21}{}^{(j)} & b_{22}{}^{(j)} & \cdots & b_{2l}{}^{(j)} \\ \vdots & \vdots & \vdots & \vdots \\ b_{l1}{}^{(j)} & b_{l2}{}^{(j)} & \cdots & b_{ll}{}^{(j)} \end{bmatrix} \tag{6.2.11}$$

$j=1,2,\cdots,p$，p 称为预报阶数（即预报时所用资料的总数）。

标准自相关函数组成的相关矩阵为：

$${}_l\boldsymbol{R}_l(\tau)=\begin{bmatrix} r_{11}(\tau) & r_{12}(\tau) & \cdots & r_{1l}(\tau) \\ r_{21}(\tau) & r_{22}(\tau) & \cdots & r_{2l}(\tau) \\ \vdots & \vdots & \vdots & \vdots \\ r_{l1}(\tau) & r_{l2}(\tau) & \cdots & r_{ll}(\tau) \end{bmatrix} \tag{6.2.12}$$

$\tau=0,1,2,\cdots\leqslant\frac{N}{4}$，$N$ 为样本总数，即起报点。其中元素

$$r_{sq}(\tau)=\frac{1}{N-\tau}\sum_{i=1}^{N-\tau}\frac{x_{d,si}(t)\cdot x_{d,qi}(t+\tau)}{\sigma_s\cdot\sigma_q} \tag{6.2.13}$$

其中 $s,q=1,2,\cdots,l$。式(6.2.13)表示要素序列 X_s 在 t 截口处的资料与要素序列 X_q 在 $(t+\tau)$ 截口处的资料对应项乘积之和的平均除以它们的均方差。当 $s=q$ 时，即矩阵中对角线上的元素都是标准自相关函数；当 $s\neq q$ 时，非对角线元素即是两要素序列间的标准互相关函数。

当系数阵 ${}_l\boldsymbol{B}_l{}^{(j)}$ 由最小二乘法通过相关矩阵 ${}_l\boldsymbol{R}_l(\tau)$ 所含的正规方程组解出时，则得 l 维 p 阶预报方程：

$$\boldsymbol{X}_d(t)={}_l\boldsymbol{B}_l{}^{(1)}\boldsymbol{X}_d(t-1)+{}_l\boldsymbol{B}_l{}^{(2)}\boldsymbol{X}_d(t-2)+\cdots+{}_l\boldsymbol{B}_l{}^{(p)}\boldsymbol{X}_d(t-p) \tag{6.2.14}$$

为了书写方便，上式也可写成如下形式：

$$\boldsymbol{X}_d(t)=\boldsymbol{B}^{(1)}\boldsymbol{X}_d(t-1)+\boldsymbol{B}^{(2)}\boldsymbol{X}_d(t-2)+\cdots+\boldsymbol{B}^{(p)}\boldsymbol{X}_d(t-p) \tag{6.2.14$'$}$$

当 $l=3,p=3$ 时，有三维三阶回归预报方程：

$$\begin{bmatrix} X_{d,1}(t) \\ X_{d,2}(t) \\ X_{d,3}(t) \end{bmatrix} = \begin{bmatrix} b_{11}^{(1)} & b_{12}^{(1)} & b_{13}^{(1)} \\ b_{21}^{(1)} & b_{22}^{(1)} & b_{23}^{(1)} \\ b_{31}^{(1)} & b_{32}^{(1)} & b_{33}^{(1)} \end{bmatrix} \begin{bmatrix} X_{d,1}(t-1) \\ X_{d,2}(t-1) \\ X_{d,3}(t-1) \end{bmatrix} + \begin{bmatrix} b_{11}^{(2)} & b_{12}^{(2)} & b_{13}^{(2)} \\ b_{21}^{(2)} & b_{22}^{(2)} & b_{23}^{(2)} \\ b_{31}^{(2)} & b_{32}^{(2)} & b_{33}^{(2)} \end{bmatrix} \begin{bmatrix} X_{d,1}(t-2) \\ X_{d,2}(t-2) \\ X_{d,3}(t-2) \end{bmatrix}$$

$$+ \begin{bmatrix} b_{11}^{(3)} & b_{12}^{(3)} & b_{13}^{(3)} \\ b_{21}^{(3)} & b_{22}^{(3)} & b_{23}^{(3)} \\ b_{31}^{(3)} & b_{32}^{(3)} & b_{33}^{(3)} \end{bmatrix} \begin{bmatrix} X_{d,1}(t-3) \\ X_{d,2}(t-3) \\ X_{d,3}(t-3) \end{bmatrix} \tag{6.2.15}$$

下面推导出求解系数 $\boldsymbol{B}$ 的方程组。

为了推导方便，不妨先将资料进行无量纲化处理，得到对应的无量纲化资料矩阵 $\boldsymbol{X}_z$，则式(6.2.14)′可改写成：

$$\boldsymbol{X}_z(t) = \boldsymbol{B}^{(1)}\boldsymbol{X}_z(t-1) + \boldsymbol{B}^{(2)}\boldsymbol{X}_z(t-2) + \cdots + \boldsymbol{B}^{(p)}\boldsymbol{X}_z(t-p) \qquad (6.2.14)''$$

将方程(6.2.14)两端同时乘以 $\boldsymbol{X'}_z(t-i)$，有：

$$\boldsymbol{X}_z(t)\boldsymbol{X'}_z(t-i) = \sum_{j=1}^{p}[\boldsymbol{B}^{(j)}\boldsymbol{X}_z(t-j)\boldsymbol{X'}_z(t-i)]$$

再对上式两端取期望，有：

$$\mathrm{M}[\boldsymbol{X}_z(t)\boldsymbol{X'}_z(t-i)] = \sum_{j=1}^{p}\boldsymbol{B}^{(j)}\mathrm{M}[\boldsymbol{X}_z(t-j)\boldsymbol{X'}_z(t-i)]$$

由相关系数的定义，有：

$$\boldsymbol{R}(-i) = \sum_{j=1}^{p}\boldsymbol{B}^{(j)}\cdot\boldsymbol{R}(j-i) \tag{6.2.16}$$

将上式两端转置：

$$\boldsymbol{R}'(-i) = \sum_{j=1}^{p}\boldsymbol{R}'(j-i)\cdot\boldsymbol{B}'^{(j)} \tag{6.2.17}$$

因为：　$\boldsymbol{R}(\tau) = \mathrm{M}[\boldsymbol{X}_z(t)\boldsymbol{X'}_z(t+\tau)]$

于是有：　$\boldsymbol{R}'(\tau) = \mathrm{M}[\boldsymbol{X}_z(t+\tau)\boldsymbol{X'}_z(t)] = \boldsymbol{R}(-\tau)$

所以式(6.2.17)可写成：

$$\boldsymbol{R}(i) = \sum_{j=1}^{p}\boldsymbol{R}(i-j)\cdot\boldsymbol{B}'^{(j)} \tag{6.2.18}$$

当 $p=3$ 时，上式可展开为：

$$\begin{bmatrix} r_{11}(i) & r_{12}(i) & r_{13}(i) \\ r_{21}(i) & r_{22}(i) & r_{23}(i) \\ r_{31}(i) & r_{32}(i) & r_{33}(i) \end{bmatrix}$$

$$= \sum_{j=1}^{3}\begin{bmatrix} r_{11}(i-j) & r_{12}(i-j) & r_{13}(i-j) \\ r_{21}(i-j) & r_{22}(i-j) & r_{23}(i-j) \\ r_{31}(i-j) & r_{32}(i-j) & r_{33}(i-j) \end{bmatrix}\cdot\begin{bmatrix} b_{11}^{(j)} & b_{12}^{(j)} & b_{13}^{(j)} \\ b_{21}^{(j)} & b_{22}^{(j)} & b_{23}^{(j)} \\ b_{31}^{(j)} & b_{32}^{(j)} & b_{33}^{(j)} \end{bmatrix}' \tag{6.2.19}$$

当 $i=1,2,3$ 时，上式进一步展开为：

$$\begin{bmatrix} r_{11}(1) & r_{12}(1) & r_{13}(1) \\ r_{21}(1) & r_{22}(1) & r_{23}(1) \\ r_{31}(1) & r_{32}(1) & r_{33}(1) \\ r_{11}(2) & r_{12}(2) & r_{13}(2) \\ r_{21}(2) & r_{22}(2) & r_{23}(2) \\ r_{31}(2) & r_{32}(2) & r_{33}(2) \\ r_{11}(3) & r_{12}(3) & r_{13}(3) \\ r_{21}(3) & r_{22}(3) & r_{23}(3) \\ r_{31}(3) & r_{32}(3) & r_{33}(3) \end{bmatrix} = \begin{bmatrix} \boldsymbol{R}_1 \\ \boldsymbol{R}_2 \\ \boldsymbol{R}_3 \end{bmatrix}' \times \boldsymbol{B}' \tag{6.2.20}$$

其中：$\boldsymbol{R}_1=\begin{bmatrix} r_{11}(0) & r_{12}(0) & r_{13}(0) \\ r_{21}(0) & r_{22}(0) & r_{23}(0) \\ r_{31}(0) & r_{32}(0) & r_{33}(0) \\ r_{11}(1) & r_{12}(1) & r_{13}(1) \\ r_{21}(1) & r_{22}(1) & r_{23}(1) \\ r_{31}(1) & r_{32}(1) & r_{33}(1) \\ r_{11}(2) & r_{12}(2) & r_{13}(2) \\ r_{21}(2) & r_{22}(2) & r_{23}(2) \\ r_{31}(2) & r_{32}(2) & r_{33}(2) \end{bmatrix}$；$\boldsymbol{R}_2=\begin{bmatrix} r_{11}(-1) & r_{12}(-1) & r_{13}(-1) \\ r_{21}(-1) & r_{22}(-1) & r_{23}(-1) \\ r_{31}(-1) & r_{32}(-1) & r_{33}(-1) \\ r_{11}(0) & r_{12}(0) & r_{13}(0) \\ r_{21}(0) & r_{22}(0) & r_{23}(0) \\ r_{31}(0) & r_{32}(0) & r_{33}(0) \\ r_{11}(1) & r_{12}(1) & r_{13}(1) \\ r_{21}(1) & r_{22}(1) & r_{23}(1) \\ r_{31}(1) & r_{32}(1) & r_{33}(1) \end{bmatrix}$；

$\boldsymbol{R}_3=\begin{bmatrix} r_{11}(-2) & r_{12}(-2) & r_{13}(-2) \\ r_{21}(-2) & r_{22}(-2) & r_{23}(-2) \\ r_{31}(-2) & r_{32}(-2) & r_{33}(-2) \\ r_{11}(-1) & r_{12}(-1) & r_{13}(-1) \\ r_{21}(-1) & r_{22}(-1) & r_{23}(-1) \\ r_{31}(-1) & r_{32}(-1) & r_{33}(-1) \\ r_{11}(0) & r_{12}(0) & r_{13}(0) \\ r_{21}(0) & r_{22}(0) & r_{23}(0) \\ r_{31}(0) & r_{32}(0) & r_{33}(0) \end{bmatrix}$；$\boldsymbol{B}=\begin{bmatrix} b_{11}^{(1)} & b_{12}^{(1)} & b_{13}^{(1)} \\ b_{21}^{(1)} & b_{22}^{(1)} & b_{23}^{(1)} \\ b_{31}^{(1)} & b_{32}^{(1)} & b_{33}^{(1)} \\ b_{11}^{(2)} & b_{12}^{(2)} & b_{13}^{(2)} \\ b_{21}^{(2)} & b_{22}^{(2)} & b_{23}^{(2)} \\ b_{31}^{(2)} & b_{32}^{(2)} & b_{33}^{(2)} \\ b_{11}^{(3)} & b_{12}^{(3)} & b_{13}^{(3)} \\ b_{21}^{(3)} & b_{22}^{(3)} & b_{23}^{(3)} \\ b_{31}^{(3)} & b_{32}^{(3)} & b_{33}^{(3)} \end{bmatrix}$

借助于分块矩阵，式(6.2.20)还可表示为：

$$\begin{bmatrix} {}_3\boldsymbol{R}_3(1) \\ {}_3\boldsymbol{R}_3(2) \\ {}_3\boldsymbol{R}_3(3) \end{bmatrix} = \begin{bmatrix} {}_3\boldsymbol{R}_3(0) & {}_3\boldsymbol{R}_3(-1) & {}_3\boldsymbol{R}_3(-2) \\ {}_3\boldsymbol{R}_3(1) & {}_3\boldsymbol{R}_3(0) & {}_3\boldsymbol{R}_3(-1) \\ {}_3\boldsymbol{R}_3(2) & {}_3\boldsymbol{R}_3(1) & {}_3\boldsymbol{R}_3(0) \end{bmatrix} \times \begin{bmatrix} {}_3\boldsymbol{B'}_3{}^{(1)} \\ {}_3\boldsymbol{B'}_3{}^{(2)} \\ {}_3\boldsymbol{B'}_3{}^{(3)} \end{bmatrix} \tag{6.2.21}$$

上式能较清楚地反映了不同要素在不同时刻间的相互影响。由此可解出 $\boldsymbol{B}$：

$$\begin{bmatrix} \boldsymbol{B'}^{(1)} \\ \boldsymbol{B'}^{(2)} \\ \boldsymbol{B'}^{(3)} \end{bmatrix} = \begin{bmatrix} \boldsymbol{R}(0) & R(-1) & \boldsymbol{R}(-2) \\ \boldsymbol{R}(1) & \boldsymbol{R}(0) & \boldsymbol{R}(-1) \\ \boldsymbol{R}(2) & \boldsymbol{R}(1) & \boldsymbol{R}(0) \end{bmatrix}^{-1} \times \begin{bmatrix} \boldsymbol{R}(1) \\ \boldsymbol{R}(2) \\ \boldsymbol{R}(3) \end{bmatrix} \tag{6.2.22}$$

从上式就可解出 $\boldsymbol{B}^{(j)}(j=1,2,3)$。将其代入方程(6.2.15)，就可得到三要素的预报值。由此可见，多维序列预报的计算量是很大的，要解出 $\boldsymbol{B}^{(j)}(j=1,2,3)$，就必须解 $3^2\times3=27$ 个线性方程。一般对 l 个要素 p 阶的预报方程而言，则有 $l^2\times p$ 个线性方程需要求解。

6.3　实际气象时间序列的分析

以上介绍的平稳序列都是理想的情况，而实际上影响某气象要素的主要因素也是随时间不停地变化着的，因此，我们平常所观测到的实际气象要素序列通常是一个非平稳过程，它们的特征也是千差万别的。不过，从随机过程的观点来看，无论哪一种时间序列，其表现都不外乎如下几种特点。

(1)均值函数随着时间变化

如气温的日变化、年周期变化(如图 6.8)，以及越来越受到人们关注的气候变暖现象等，都反映了随机过程的均值函数随时间的变化，它们并不是常数。

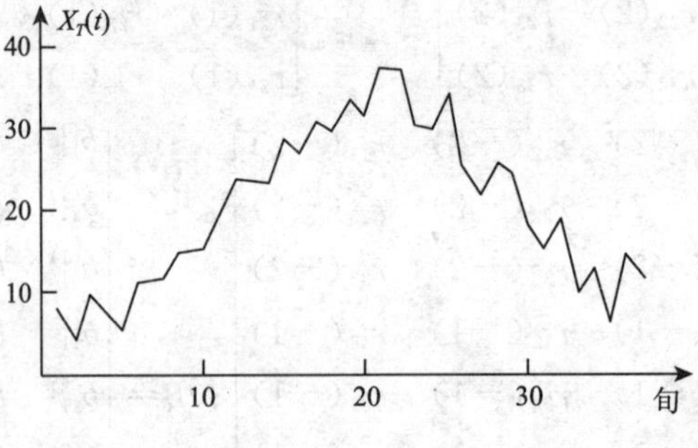

图 6.8

(2)方差函数随时间变化

如南京某年逐旬降水量的距平值的时间序列(见图 6.9)，它虽在一固定水平线(0 值线)上摆动，但摆动并不均匀，振幅变化较大，即方差随时间而异。从图中可以看出，旬降水量的距平值在冬夏两个半年具有明显的差异。

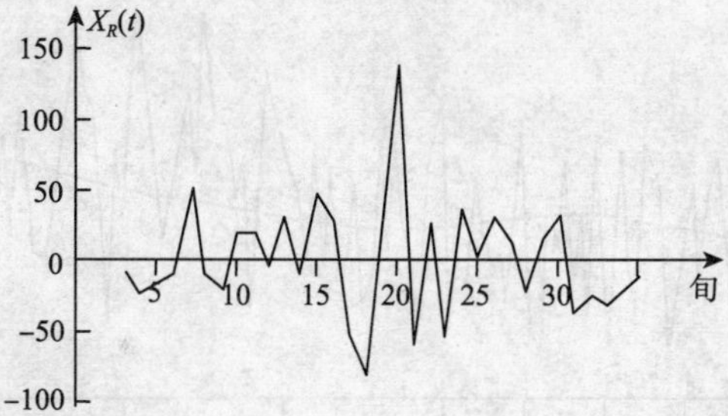

图 6.9

(3)自协方差函数随着时间变化

以南京 5—9 月逐日平均气压组成的时间序列为例，如图 6.10 所示。这种时间曲线的摆动频率随时间的不同而异，它表明 $X(t)$ 和 $X(t+\tau)$ 的统计性质，将随 t 和 $t+\tau$ 的不同而异，各时刻之间的相关性不再只是 τ 的函数。从图中可以看出，5 月至 7 月上旬以短波为主，而 7 月下旬至 9 月多长波。

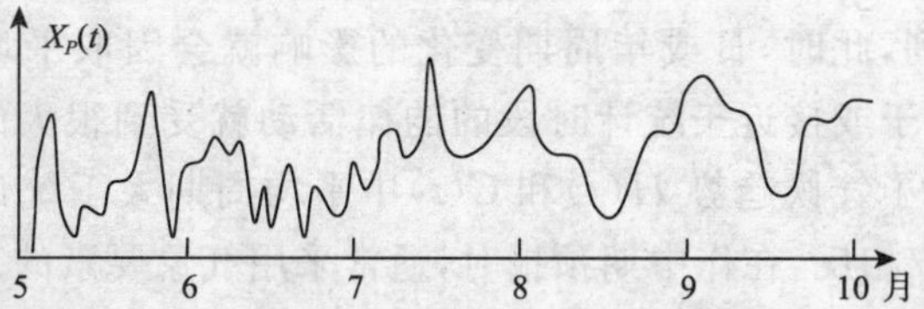

图 6.10

为了采用平稳随机过程的理论和方法来解决气象时间序列的实际问题，我们往往对具体时间序列进行一些适当的数学处理，使其转化为平稳序列。为了达到这一目的，也为了研究方便，我们通常把任意一个气象时间序列 $y(t)$ 进行分解，即把它看成是由如下几个分量构成：

$$y(t)=H(t)+P(t)+C(t)+X(t) \tag{6.3.1}$$

式中 $H(t)$ 为气候趋势变化项，它表示气象要素在几十年以上的时间尺度内显示出来的渐升或渐降的趋势变化。如图 6.11 绘出的上海年平均气温的序列（100 年）所表现的上升趋势。$P(t)$ 称为固定周期（如年、日等）的周期性变化项，它表示气象要素因受天文、地理等气候因素影响所产生的固有的年或日等变化，如在图 6.8 中所表现出的南京旬最高气温的年变化趋势。$C(t)$ 称为循环变化或韵律变化项，它表示周期长度不是很严格的周期性振动，它通常是周期长度未知的波动，要通过对隐含周期的分析，才能找到周期的长度。这种周期短的为几天、几十天，长则为几年或几十年。$X(t)$ 称为随机过程，一般都认为它是（准或近似的）平稳随机序列。

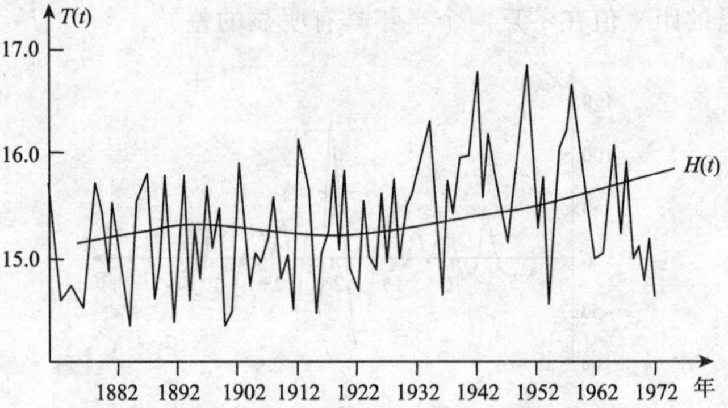

图 6.11　上海年平均气温曲线及趋势线

对于一具体时间序列而言，上述的各分量不一定都存在，或在不同的过程中所起的作用大小不同。我们必须根据所研究的不同对象及其时间尺度，采用不同的数学处理方法，将各种分量分离出来，或使有的分量清楚地显现出来，而另一些分量受到削弱或从序列中滤掉，即消除。例如，在作超长期预报时，因为预报时效都在一年以上，通常用要素的年平均资料、年总量或某一指定时段（如某一候、旬、月、季）的平均值、总量等构成序列，此时，日或年周期变化的影响就会因取平均或总量而消失；而 $C(t)$ 中平均周期小于或接近于统计时段的韵律活动就受到很大的削弱。因此，在这样的序列中只保留了气候趋势 $H(t)$ 和 $C(t)$ 中平均周期大于统计时段的循环振动，以及随机项 $X(t)$。相反，在作中期预报时，通常采用气象要素的日平均、旬平均或指定时刻的定时观测值，这时，序列中的气候趋势 $H(t)$ 或平均周期超过一年的循环变化就可以忽略，而只需考虑年变化及平均周期短于一年的循环变化和随机过程的影响。显然，如果我们能分别作出序列中各个分量的预报，也就不难得到要素序列的预报了。

下面我们就来介绍各分量的具体处理分析方法。

6.3.1　气候趋势的分析

气候趋势既可以反映大范围的气候变迁，也能反映由于人类活动造成的气候改变的结果。

为了从气象时间序列中分离出气候趋势，一般先用年总量、年平均值或指定的月、季的总量（或平均值）构成时间序列，以消除周期变化 $P(t)$ 的影响。然后通过适当处理再设法消去或减弱循环变化 $C(t)$、平稳随机过程 $X(t)$ 的影响，从而显示出趋势变化 $H(t)$ 来。常用的方法有作图法、滑动平均法和最小二乘法。

(1)作图法

这是一种最简单的方法，我们以上海 1873—1972 年年平均温度为例（见图

6.11)来说明其方法。

先在二维坐标系中点绘出温度序列的时间演变曲线,然后通过对实测点群的中心目估,作出一条平均曲线,这条曲线就代表了上海年温度变化趋势。如果为了更准确,就要用滑动平均法。

(2)滑动平均法

滑动平均法是用一连串部分重叠的序列的平均值构成新序列的一种方法。在这里,新序列可以构成我们所要确定的趋势值。现仍以上海 1873—1972 年年平均温度为例(见图 6.11)来说明这一方法的具体过程。

先求出上海年平均温度序列的 3 年滑动平均,见表 6.4 所列。用 y_t 表示年平均温度值,$H(t+1)$表示 3 年滑动平均值。

表 6.4

年份	1873	1874	1875	1876	1877	1878	1879	1880
y_t	15.8	15.5	14.8	15.0	14.7	14.8	15.8	14.7
$H(t+1)$		15.3	15.1	14.8	14.8	15.1	15.1	15.4
年份	1881	1882	1883	1884	1885	1886	…	
y_t	15.6	15.3	15.2	14.6	14.6	14.9	…	
$H(t+1)$	15.2	15.4	15.0	14.8	14.7	…	…	

3 年滑动平均就是以 3 年为一序列(包括重叠部分)求其平均值。这些平均值又组成了一个新的序列,如 1874 年所对应的滑动平均值为 1873—1875 年的平均,即 $H(1874)=(15.8+15.5+14.8)/3=15.3$,同样有 $H(1882)=(15.6+15.3+15.2)/3=15.4$,以此类推。

一般说来,如果气象要素序列为:$y_1,y_2,\cdots,y_t,\cdots,y_N$,则从 t 时刻起,取 m 项作平均,有:

$$H\left(t+\frac{m-1}{2}\right)=\frac{1}{m}(y_t+y_{t+1}+\cdots+y_{t+m-1}) \tag{6.3.2}$$

式中 $H\left(t+\frac{m-1}{2}\right)$表示该平均值为时刻 $t+\frac{m-1}{2}$时的趋势值。显然,当 t 取 1,2,3,…,$N-m+1$ 时,我们就得到整个序列的 m 项滑动平均值。为了使滑动平均值所对应的时刻为整数,通常取 m 为奇数。

下面,我们来说明滑动平均法为何能显示出气象要素的趋势变化来。

假设有一种简单过程 $y(t)$,其中仅含一个直线趋势和一个正弦波,即:

$$y(t)=a+bt+c\cdot\sin\left(\frac{2\pi}{T}t+\varphi\right) \tag{6.3.3}$$

式中 c、T、φ 分别为周期振动的振幅、周期和初位相。若从 t 时刻起,以时段 τ 为长度求滑动平均。因该过程是一个连续的时间过程，故我们以积分代替式(6.3.2)中的求和，则有：

$$H\left(t+\frac{\tau}{2}\right)=\frac{1}{\tau}\int_{t}^{t+\tau}\left[a+bt+c\cdot\sin\left(\frac{2\pi}{T}t+\varphi\right)\right]\mathrm{d}t$$
$$=\frac{1}{\tau}\left[at+\frac{1}{2}bt^{2}-\frac{cT}{2\pi}\cos\left(\frac{2\pi}{T}t+\varphi\right)\right]_{t}^{t+\tau}$$
$$=a+b\left(t+\frac{\tau}{2}\right)+\frac{Tc}{\pi\tau}\sin\frac{\pi\tau}{T}\sin\left[\frac{2\pi}{T}\left(t+\frac{\tau}{2}\right)+\varphi\right]$$

若令：

$$C'=\frac{Tc}{\pi\tau}\sin\frac{\pi\tau}{T} \tag{6.3.4}$$

则有：

$$H\left(t+\frac{\tau}{2}\right)=a+b\left(t+\frac{\tau}{2}\right)+C'\sin\left[\frac{2\pi}{T}\left(t+\frac{\tau}{2}\right)+\varphi\right] \tag{6.3.5}$$

由此可见，滑动平均后的新过程中仍含有直线趋势和以 T 为周期的周期振动。但直线趋势保持不变，而周期振动的振幅发生了变化，它与原振幅之比为：

$$\frac{C'}{c}=\frac{T}{\pi\tau}\sin\frac{\pi\tau}{T} \tag{6.3.6}$$

从式(6.3.6)中可以看出以下几点事实：

①当 τ/T 从 0 变化到无穷大时，等号右边一项的绝对值总是在 1 与 0 之间变化的。因为：$\lim\limits_{\tau\pi/T\to 0}\frac{T}{\tau\pi}\sin\frac{\tau\pi}{T}=\lim\limits_{\tau\pi/T\to 0}\frac{\sin\frac{\tau\pi}{T}}{\frac{\tau\pi}{T}}=1$，$\lim\limits_{\tau\pi/T\to\infty}\frac{T}{\tau\pi}\sin\frac{\tau\pi}{T}=0$

由此可见，不管原波的周期有多长，经过滑动平均后，其振幅总是被削弱的。其中当然也包括随机波动项的振幅也总是受到削弱的。

②当 τ/T 为整数时，有 $C'=0$，这就是说，当滑动平均的时段长度正好等于波动周期的整数倍时，该种周期对应的振动经平滑后将彻底消失，即被滤掉。如果滑动平均的时段长度接近于波动周期的整数倍时，那么这种波动经平滑后将会被大大削弱，即周期接近于滑动平均时段长度的波动也将同时受到削弱。所以，滑动平均也是一种滤波方法。

③当 τ/T 很小时，等式右边以 1 为极限，而当 τ/T 很大时，等式右边以 0 为极限。这说明，如果振动周期大大超过平均时段，即对长波或低频振荡，其经过滑动平均后受到的影响(削弱)很小；而当振动周期远小于平均时段，即对短波或高频振荡，其振幅在经过滑动平均后将削弱得很厉害。

由上述可知，如果滑动平均的时段长度选取得当，就能过滤掉过程中的周期性振荡而显示出其趋势变化项。图 6.12 分别给出了上海年降水量 11 年和 35 年的滑动平均曲线，从 11 年的滑动平均曲线可清楚地看到，上海年降水量在 100 年间大致呈三个完整的波动；但在 35 年滑动平均曲线上，由于滑动平均时段的长度与实际周期（约 33 年）相近，这三个波动就基本看不出来了。从 35 年滑动平均曲线可以看出，上海年降水量在过去 100 年间既无明显增加趋势，也无明显的减小趋势。

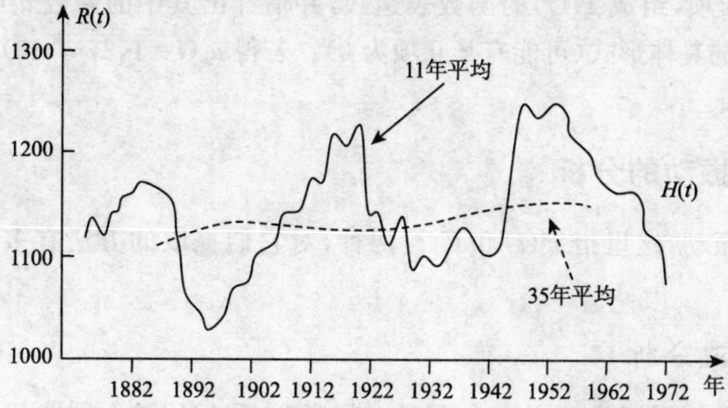

图 6.12　上海年降水量 35 年和 11 年滑动平均曲线

(3)经验函数拟合法

无论是滑动平均法还是作图法，都没有给出趋势的数学函数表达式，这对于进一步的分析和预报都是不方便的。为此，需要以函数表达式来描述序列资料包含的气候趋势。

对于离散时刻 $t_0<t_1<t_2<\cdots<t_n<\cdots<t_N$，对应的观测气象序列资料为：$y_0, y_1, y_2, \cdots, y_n, \cdots, y_N$，总可以用一个多项式来表达，即：

$$H(t)=a_0+a_1t+a_2t^2+\cdots\cdots+a_mt^m(m<N) \tag{6.3.7}$$

并且该式满足：

$$\sum_{t=0}^{N}[y_t-H(t)]^2=\min \tag{6.3.8}$$

由此可求出系数 $a_0, a_1, a_2, \cdots, a_m$，从而得到趋势函数 $H(t)$的表达式。这实际上就是建立以 $t, t^2, t^3, \cdots$为自变量的多元线性回归方程。

如在式(6.3.7)中，取 $m=1$，则所得到的趋势为直线；若取 $m>1$ 则为一曲线。一般说来，对气温和降水，用直线或二次曲线来拟合趋势方程即已足够。根据实况资料，可求出图 6.11 中的趋势曲线 $H(t)$的经验函数：

$$H(t)=15.34+0.0041t+0.000026t^2$$

该结果表明，二次项系数很小，故上海年温度序列趋势基本上是时间的线性函数，如图 6.11 所示。

经验函数的拟合还可用逐步回归法求系数。取趋势函数的一般解析式：

$$H(t)=a_0+a_1t+a_2t^2+a_3t^3+a_4t^4+a_5t^{-1}+a_6t^{-2}$$

$$+a_7t^{1/2}+a_8t^{-1/2}+a_9e^{-t}+a_{10}\ln t \qquad (6.3.9)$$

为了计算上的方便，可以选用相对的时间单位，如取 $t_0=1,\Delta t=1/N,t=t_0+n\Delta t=1+n/N,(n=1,2,\cdots,N)$，在给定舍取预报因子的 F 检验值 $F_{1\alpha}$、$F_{2\alpha}$后，用逐步回归法挑选其中的若干项，组成 $H(t)$的函数表达式，并估计出其中的系数 $a_i(i=0,1,2,\cdots,10)$，给出 $H(t)$的具体形式(可能有某几项为 0)。若得 $a_i(i=1,2,\cdots,10)$全为 0，则认为该序列无趋势项。

6.3.2 周期振动的分析

所谓周期振动，这里指 $P(t)$和 $C(t)$两种，对它们提取的方法有多种。下面仅介绍三种方法。

6.3.2.1 谐波分析

设有一个已知周期为 T 的气象要素时间序列，我们用整个周期 T 内的 n 个等距观测资料 $x_0,x_1,x_2,\cdots,x_{n-1}$ 来表示。例如，重庆累年逐旬降水量序列(见表 6.5)可表示为：$x_0,x_1,x_2,\cdots,x_{35},n=36$。

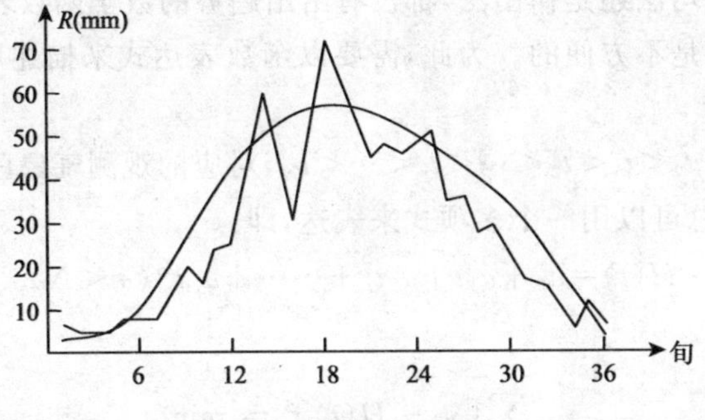

图 6.13

虽然该序列有明显的年变化，但其观测序列曲线(见图 6.13)并非一光滑曲线，而是围绕着期望函数的不规则波动曲线。也就是说，我们要揭示的周期上还叠加了许多其他的周期波动或扰动，因此，整个序列表现出一个复杂的振动曲线。如何从一条错综复杂的曲线上判断其周期性？谐波分析可以帮助我们达到这一目的。它的基本思想是将任何一个序列分解为一系列的、频率成倍增加的正弦波。这些波的最长周期等于序列长度，称之为基(本)波；其余各波称为谐波，它们的频率分别为基波频率的 2,3,4,…倍，则其周期为基波的 1/2,1/3,1/4,…。最短的周期为资料间隔的 2 倍。对上述重庆累年逐旬降水量序列资料，$n=36$，所以其基本周期为 36 旬，即一年，其谐波周期分别为：36/2,36/3,36/4,…,36/18=2。众波动的叠加就构成了对原序列的估计，用公式可表示为：

$$\hat{x}_t = A_0 + \sum_{i=1}^{K} A_i \cdot \sin\left(\frac{2\pi i}{T}t + \varphi_i\right) \tag{6.3.10}$$

当序列长度 n 为偶数时，$K=n/2$，当 n 为奇数时，$K=(n-1)/2$；基波周期 $T=n$，每个谐波的周期 $T_i=\frac{2\pi}{i\omega}$，显然，$i=1$ 时，$T=\frac{2\pi}{\omega}$，即为基波，而 ω 称为基频，$\omega=\frac{2\pi}{n}$，或 $\omega n=2\pi$；A_0 为序列中各项的算术平均值，$A_1,A_2,\cdots,A_K$ 为各谐波的振幅，$\varphi_1,\varphi_2,\cdots,\varphi_K$ 为各谐波的相角。

对式(6.3.10)作展开变换，有：

$$\hat{x}_t = A_0 + \sum_{i=1}^{K}\left(A_i\cos\varphi_i \cdot \sin\frac{2\pi i}{T}t + A_i\sin\varphi_i \cdot \cos\frac{2\pi i}{T}t\right)$$

$$\hat{x}_t = a_0 + \sum_{i=1}^{K}\left(a_i\cos\frac{2\pi i}{T}t + b_i\sin\frac{2\pi i}{T}t\right) \tag{6.3.11}$$

其中：

$$a_0=A_0,a_i=A_i\sin\varphi_i,b_i=A_i\cos\varphi_i \tag{6.3.12}$$

谐波分析的目的就是要确定待定系数 a_0,a_i,b_i，以便使用三角级数来逼近原序列。

与回归分析一样，利用最小二乘法原理及三角函数的正交性，确定待定系数。

令：

$$Q=\int_0^n (x_t-\hat{x}_t)^2\mathrm{d}t=\min$$

及：

$$\frac{\partial Q}{\partial a_0}=0,\frac{\partial Q}{\partial a_i}=0,\frac{\partial Q}{\partial b_i}=0$$

即可得到 a_0,a_i,b_i 的解。

我们以 $\frac{\partial Q}{\partial a_i}=0$ 为例。

$$\begin{aligned}\frac{\partial Q}{\partial a_i} &= 2\int_0^n\Big[x_t-a_0-\sum_{j=1}^{K}(a_j\cos(j\omega t)+b_j\sin(j\omega t))\Big]\cdot\cos(i\omega t)\mathrm{d}t\\ &= 2\int_0^n x_t\cos(i\omega t)\mathrm{d}t-2a_0\int_0^n\cos(i\omega t)\mathrm{d}t\\ &\quad -2\sum_{j=1}^{K}\int_0^n[a_j\cos(j\omega t)\cos(i\omega t)+b_j\cos(i\omega t)\sin(j\omega t)]\mathrm{d}t\\ &= 2\int_0^n x_t\cos(i\omega t)\mathrm{d}t-0-2\sum_{j=1}^{K}\left\{a_j\int_0^n\cos(i\omega t)\cos(j\omega t)\mathrm{d}t+b_j\int_0^n\cos(i\omega t)\sin(j\omega t)\mathrm{d}t\right\}\end{aligned}$$

利用三角函数的正交性，有：

$$\begin{aligned}\frac{\partial Q}{\partial a_i} &= 2\int_0^n x_t\cos(i\omega t)\mathrm{d}t-2a_i\int_0^n\cos^2(i\omega t)\mathrm{d}t-0\\ &= 2\int_0^n x_t\cos(i\omega t)\mathrm{d}t-2a_i\int_0^n\frac{\cos(2i\omega t)+1}{2}\mathrm{d}t\end{aligned}$$

$$= 2\int_0^n x_t\cos(i\omega t)\mathrm{d}t - a_i\int_0^n \mathrm{d}t = 2\int_0^n x_t\cos(i\omega t)\mathrm{d}t - na_i = 0$$

所以有：

$$a_i = \frac{2}{n}\int_0^n x_t\cos(i\omega t)\mathrm{d}t$$

同理,我们可以得到其他两个参数,即有：

$$\begin{cases} a_0 = \dfrac{1}{n}\displaystyle\int_0^n x_t\mathrm{d}t \\ a_i = \dfrac{2}{n}\displaystyle\int_0^n x_t\cos(i\omega t)\mathrm{d}t \\ b_i = \dfrac{2}{n}\displaystyle\int_0^n x_t\sin(i\omega t)\mathrm{d}t \end{cases} \tag{6.3.13}$$

对有限的离散资料,可将上式改为有限的求和公式：

$$\begin{cases} a_0 = \dfrac{1}{n}\displaystyle\sum_{t=0}^{n-1} x_t \\ a_i = \dfrac{2}{n}\displaystyle\sum_{t=0}^{n-1} x_t\cos(i\omega t) \\ b_i = \dfrac{2}{n}\displaystyle\sum_{t=0}^{n-1} x_t\sin(i\omega t) \end{cases} \tag{6.3.14}$$

现以重庆 20 年累年逐旬降水量为例,说明上述计算方法(资料见表 6.5)

表 6.5　重庆累年逐旬降水量谐波分析计算表

ωt	0°	10°	20°	30°	40°	50°	60°	70°	80°	90°	$\sum$
$\cos\omega t$	1.000	0.9848	0.9397	0.8660	0.7660	0.6428	0.5000	0.3420	0.1736	0.0000	
$\sin\omega t$	0.000	0.1736	0.3420	0.5000	0.6428	0.7660	0.8660	0.9397	0.9848	1.0000	
x_t	x_0 7.5	x_1 5.5	x_2 5.8	x_3 5.1	x_4 8.8	x_5 7.0	x_6 8.7	x_7 9.4	x_8 25.1	x_9 19.8	1075.3
	x_{18} 61.0	x_{17} 74.9	x_{16} 56.8	x_{15} 33.7	x_{14} 63.7	x_{13} 53.8	x_{12} 37.8	x_{11} 25.5	x_{10} 27.1		
		x_{19} 44.8	x_{20} 44.9	x_{21} 46.7	x_{22} 43.2	x_{23} 51.1	x_{24} 36.6	x_{25} 54.5	x_{26} 41.2	x_{27} 33.0	
	x_{35} 5.8	x_{34} 12.3	x_{33} 6.7	x_{32} 13.1	x_{31} 16.0	x_{30} 22.2	x_{29} 31.8	x_{28} 34.4			
$x_t\cos\omega t$	7.500	5.416	5.450	4.417	6.741	4.500	4.350	3.215	4.357	0.000	−452.528
	−61.0	−73.762	−53.375	−29.184	−48.794	−34.583	−18.900	−8.721	−4.705		
		−44.119	−42.193	−48.442	−33.091	−32.847	−18.300	−18.639	−7.152	−0.000	
		5.712	11.558	5.802	0.035	10.285	11.100	10.876	5.792		

续表

ωt	0°	10°	20°	30°	40°	50°	60°	70°	80°	90°	$\sum$
	0.000	0.955	1.984	2.550	5.657	5.362	7.534	8.833	24.719	19.800	
$x_t\sin\omega t$	0.000	13.003	19.426	16.850	40.946	41.211	32.735	23.962	26.688		−89.888
		−7.777	−15.356	−23.350	−27.769	−39.143	−31.696	−51.214	−40.574	−33.00	
		−1.007	−4.207	−3.350	−8.421	−12.256	−19.225	−29.883	−33.877		

设序列 x_t 为 $x_0, x_1, x_2, \cdots, x_{35}$ ($n=36$) 表示各相应旬次的降水量，若将 x_t 展开成：

$$\hat{x}_t = a_0 + \sum_{i=1}^{K}(a_i \cos i\omega t + b_i \sin i\omega t)$$

其中，$K=n/2=18$，$\omega=2\pi/n=\pi/18$。根据三角函数的对称性将降水量资料分段，并与之对应，详见表 6.5 的格式，表中列出 $i\omega t, \cos i\omega t, \sin i\omega t, x_t\cos i\omega t, x_t\sin i\omega t$ 各值。最后根据表格，计算式(6.3.14)所需中间结果：

$$\sum_{t=0}^{35} x_t \cdot \cos(\omega t) = -452.5276, \sum_{t=0}^{35} x_t\cos(2\omega t) = 11.2408$$

$$\sum_{t=0}^{35} x_t \cdot \sin(\omega t) = -89.8879, \sum_{t=0}^{35} x_t\sin(2\omega t) = -55.1440$$

利用式(6.3.14)，计算系数：

$$a_0 = \frac{1}{36}\sum_{t=0}^{35} x_t = 1075.2 \div 36 \approx 29.9$$

$$a_1 = \frac{1}{18}\sum_{t=0}^{35} x_t\cos(\omega t) = -452.5214 \div 18 \approx -25.1$$

$$b_1 = \frac{1}{18}\sum_{t=0}^{35} x_t\sin(\omega t) = -89.8892 \div 18 \approx -5.0$$

$$a_2 = \frac{1}{18}\sum_{t=0}^{35} x_t\cos(2\omega t) = 11.2408 \div 18 \approx 0.6$$

$$b_2 = \frac{1}{18}\sum_{t=0}^{35} x_t\sin(2\omega t) = -55.1432 \div 18 \approx -3.1$$

于是，重庆逐旬降水量的年与半年周期的谐波展开式为：

$$\hat{x}_t = 29.9 - 25.1\cos\left(\frac{\pi t}{18}\right) - 5.0\sin\left(\frac{\pi t}{18}\right) + 0.6\cos\left(\frac{\pi t}{9}\right) - 3.1\sin\left(\frac{\pi t}{9}\right)$$

我们这里仅取了 $K=2$ 的拟合，可以验证，其对原序列的逼近程度就已经很好了。由此可见，我们可以通过谐波分析，将序列中的一些基本周期为已知的周期振动分离出来，同时，又由于其振幅和位相分开，更易比较各种周期振动。

谐波分析可用来研究各要素的年、日变化的具体情况，也可用来滤掉年、日变化的影响而研究更短的周期性变化；还可用来分析空间场，如高空等压面高度沿纬圈可以分解为一些谐波，视各谐波的振幅大小与位相，作出它们的预报，即预报空间场未来的情况。

对任意相邻的两个正弦波，假设其周期分别为 T_i 和 T_{i+1}，则：

$$\Delta T = T_i - T_{i+1} = \frac{2\pi}{\omega_i} - \frac{2\pi}{\omega_{i+1}} = \frac{2\pi}{i\omega} - \frac{2\pi}{(i+1)\omega} = \frac{2\pi}{\omega} \cdot \frac{1}{i(i+1)}$$

由于当 i 较小时，T_i 代表的是低频（长周期）波动，i 较大时，T_i 代表的是高频（短周期）波动。那么，由上式我们知道：i 越小，ΔT 越大，反之，i 越大，ΔT 越小。由此推断，两个相邻低频波动的周期差异比两个相邻高频波动的周期差异要大得多，换而言之，用谐波分析对序列进行分解时，对高频考虑得较多，描述得较仔细，而对低频则不然，对 T_i 和 T_{i+1} 之间的其他低频波动考虑得较少或根本就没有考虑。所以，这种方法比较适合对高频波动的分析处理。

6.3.2.2　周期图分析

谐波分析中的波动周期都是已知的，但实际序列中的许多波动周期则是未知的，为了方便用于预报，我们不妨对其稍作改变，不事先确定固定周期，而是先假定一些试验周期，用与谐波分析同样的方法去计算各试验周期振幅的平方，然后挑选出振幅大的波动合成，并以此作外推预报。由于这样得到的周期波动是根据实际序列资料算得的，同时又与序列资料的长度无关，所以就避免了谐波分析的主要缺陷。

对已知周期长度为 T 的周期函数：

$$Z_t = C \cdot \sin\left(\frac{2\pi}{T}t + \varphi\right) \tag{6.3.15}$$

假设我们在相等的时间间隔，对其作观测，并得到一组序列资料：

$$Z_1, Z_2, \cdots, Z_n$$

如果我们取各种不同的 τ 作为试验周期，并且计算出：

$$\begin{cases} A_\tau = \dfrac{2}{K\tau}\sum\limits_{t=1}^{K\tau} Z_t \cdot \cos\left(\dfrac{2\pi t}{\tau}\right) \\ B_\tau = \dfrac{2}{K\tau}\sum\limits_{t=1}^{K\tau} Z_t \cdot \sin\left(\dfrac{2\pi t}{\tau}\right) \\ S_\tau^2 = A_\tau^2 + B_\tau^2 \end{cases} \tag{6.3.16}$$

那么，在各种试验周期中，只有 $\tau = T$ 时所对应波动的波动强度最大，即振幅最大。式(6.3.16)中，K 为序列长度 n 所包含的 τ 的最大整倍数，A_τ，B_τ 是 Z_t 展开式中傅里叶系数，而 S_τ^2 称为试验周期的强度，它是试验周期为 τ 的波动的振幅平方。根据傅里叶级数知识，有：

$$\begin{cases}\varphi_\tau=\arctan\left(\dfrac{A_\tau}{B_\tau}\right)\\ C_\tau=S_\tau=\sqrt{A_\tau^2+B_\tau^2}\end{cases} \tag{6.3.17}$$

由此可知,S_τ^2 随 τ 而变化,当 S_τ^2 达到极大值时,有:$\tau=T$。

为了说明上述问题,我们举一简例。设有已知函数:

$$Z=4\sin\left(\frac{2\pi}{T}t\right)$$

并已得到其 20 次的等时间间隔的序列观测值(取整):

3,4,3,0,−3,−4,−3,0,3,4,3,0,−3,−4,−3,0,3,4,3,0

现分别取 $\tau=4,5,6,\cdots$,按式(6.3.16)分别计算其相应的 A_τ,B_τ 及 S_τ^2,将结果填入表 6.6 中。

表 6.6

τ	4	5	6	7	8	9	10
K	5	4	3	2	2	2	2
A_τ	−0.40	−0.72	−0.56	−0.28	0.00	2.97	2.87
B_τ	0.00	0.00	−0.96	2.76	4.12	2.49	0.00
S_τ^2	0.16	0.52	1.24	15.30	16.99	15.06	8.21

由表可见,S_τ^2 随 τ 值的不同而变化,当 $\tau=8$ 时,S_τ^2 取得最大值,即 $S_8\approx4$,且有 $A_8/B_8=0.0=\tan0°$。这个试验中还可以看出:试验周期强度的最大值正好对应于已知函数周期的振幅、周期和位相。那么,该试验周期强度的最大值所表示的波动,是由真正存在的周期所造成的,还是由原序列中随机因素的影响造成的呢?这就需要对其进行显著性检验。

假设序列中并无周期振动存在,则对任意试验周期波动所计算得到的试验周期强度 S_τ^2 可构成统计量:

$$J=\frac{S_\tau^2K\tau}{4\sigma^2} \tag{6.3.18}$$

其中 σ^2 为序列 x_t 的方差,K 是在长度为 n 的序列 x_t 中包含的某试验周期 τ 的最大整倍数。既然假设序列中并无周期振动,则 S_τ^2 为一个纯的随机变量,通过给定的信度 α 可求出 J 的临界值 J_α,即有:

$$P(J\geqslant J_\alpha)=\alpha=\mathrm{e}^{-J_\alpha} \tag{6.3.19}$$

则:

$$J_\alpha=-\ln\alpha \tag{6.3.20}$$

由上式可算出不同 α 所对应的 J_α 值(见表 6.7)。如果由样本实际算得 $J\geqslant J_\alpha$,则拒绝假设,即认为周期振动是显著的。

表 6.7

α	0.01	0.05	0.10	0.20	0.50
J_α	4.605	2.996	2.303	1.609	0.693

综上所述，周期图的分析计算步骤如下：

(1)绘制周期图，即计算 A_τ，B_τ 及 S_τ^2，作出 S_τ^2 随 τ 变化的曲线；

(2)从周期图上找出满足 $S_\tau^2=\max$ 的 τ，并检验 S_τ^2 的显著性；

(3)如果 S_τ^2 是显著的，则由式(6.3.17)计算振动周期的振幅与位相，同时求出振动周期的分量解析式：

$$C(t)=C\cdot\sin\left(\frac{2\pi}{T}t+\varphi\right) \tag{6.3.21}$$

由于实际序列中常常可能有多个周期的分量，为此，我们需要对它进行分解，通常步骤是：

①先求出原序列 x_t 中的最主要的周期振动：第一周期分量。即用上述周期图方法，求出序列中最大的 S_τ^2 所对应的值 $S_{T_1}^2$ 及相应的周期 T_1，就是原序列的第一周期分量 $C_{T_1}(t)$：

$$C_{T_1}(t)=C_{T_1}\cdot\sin\left(\frac{2\pi}{T_1}t+\varphi_1\right) \tag{6.3.22}$$

②求第一余差序列 x'_t 及其第一周期分量，即原序列的第二周期分量 $C_{T_2}(t)$：

$$x'_t=x_t-C_{T_1}(t)=x_t-C_{T_1}\cdot\sin\left(\frac{2\pi}{T_1}t+\varphi_1\right) \tag{6.3.23}$$

对第一余差序列 x'_t 实施周期图分析，重复周期图分析的三个步骤，根据第一余差序列 x'_t 周期图中最大的 S_τ^2 值，令其为 $S_{T_2}^2$，其所对应的第一周期即为原序列的第二周期 T_2。从而有：

$$C_{T_2}(t)=C_{T_2}\cdot\sin\left(\frac{2\pi}{T_2}t+\varphi_2\right) \tag{6.3.24}$$

③以此类推，我们可以得到第二余差序列 x''_t、第三余差序列 x'''_t、…及其相应的周期分量，即原序列的第三周期分量 $C_{T_3}(t)$、第四周期分量 $C_{T_4}(t)$、…，直至下一个余差序列中再无可分离的显著周期振动为止。

④根据上述结果，我们就可以把原序列 x_t 中的周期振动 $C(t)$ 看成是所有可分离出来的各周期振动 $C_{T_1}(t)$、$C_{T_2}(t)$、$C_{T_3}(t)$、$C_{T_4}(t)$、…的叠加，即：

$$C(t)=C_{T_1}(t)+C_{T_2}(t)+C_{T_3}(t)+C_{T_4}(t)+\cdots=\sum_i C_{T_i}(t) \tag{6.3.25}$$

下面用一个具体例子来说明周期图分析方法。贵州省气象局统计出 1944—1975 年共 32a 西南季风在 6 月份的暴发日期(见表 6.8 第二列所示)，试分析其周期振动。

【解】(1)我们可以用滑动平均法，先求出序列的 10a 滑动平均新序列，并作出 10a 滑动平均曲线图(图略)，从新序列或滑动平均曲线图上可以看出，序列并无明显的升降趋势存在，因此我们可以近似地认为其趋势项 $H(t)$为一常数，即等于序列平均值 $H(t)=20$(取整)。从原序列 $x(t)$中减去 $H(t)$，即得到 $x_t=x(t)-H(t)$，将所得结果填入表 6.8 中第五列，并求出其方差，为 $\sigma^2=50.4$。

表 6.8　西南季风暴发日期周期分析

年 t	日期 $x(t)$	$H(t+5)$	趋势 $H(t)$	x_t	(T_1) $C_5(t)$	x'_t	(T_2) $C_8(t)$	x''_t	(T_3) $C_4(t)$	$H(t)+C(t)$
1944	26		20	6	4.0	2.0	0.3	1.7	−1.9	22
1945	6		20	−14	−2.6	−11.4	−2.4	−9.0	−2.6	12
1946	11		20	−9	−5.6	−3.4	−3.7	0.3	1.9	13
1947	24		20	4	−0.9	4.9	−2.9	7.8	2.6	19
1948	18		20	−2	5.1	−7.1	−0.3	−6.8	−1.9	23
1949	31	19.5	20	11	4.0	7.0	2.4	4.6	−2.6	24
1950	22	20.2	20	2	−2.6	4.6	3.7	0.9	1.9	23
1951	20	21.3	20	0	−5.6	5.6	2.9	2.7	2.6	20
1952	23	20.8	20	3	−0.9	3.9	0.3	3.6	−1.9	18
1953	14	21.2	20	−6	5.1	−11.1	−2.4	−8.7	−2.6	20
1954	33	22.0	20	13	4.0	9.0	−3.7	12.7	1.9	22
1955	17	21.4	20	−3	−2.6	−0.4	−2.9	2.5	2.6	17
1956	6	20.9	20	−14	−5.6	−8.4	−0.3	−8.1	−1.9	12
1957	28	19.3	20	8	−0.9	8.9	2.4	6.5	−2.6	19
1958	26	19.0	20	6	5.1	0.9	3.7	−2.8	1.9	31
1959	25	19.7	20	5	4.0	1.0	2.9	−1.9	2.6	30
1960	17	18.7	20	−3	−2.6	−0.4	0.3	−0.7	−1.9	16
1961	4	19.2	20	−16	−5.6	−10.4	−2.4	−8.0	−2.6	9
1962	20	21.0	20	0	−0.9	0.9	−3.7	4.6	1.9	17
1963	21	20.6	20	1	5.1	−4.1	−2.9	−1.2	2.6	25
1964	23	20.7	20	3	4.0	−1.0	−0.3	−0.7	−1.9	22
1965	22	20.5	20	2	−2.6	4.6	2.4	2.2	−2.6	17
1966	24	20.3	20	4	−5.6	9.6	3.7	5.9	1.9	20
1967	24	20.7	20	4	−0.9	4.9	2.9	2.0	2.6	25
1968	27	20.7	20	7	5.1	1.9	0.3	1.6	−1.9	24
1969	23	20.1	20	3	4.0	−1.0	−2.4	1.4	−2.6	19
1970	15	20.5	20	−5	−2.6	−2.4	−3.7	1.3	1.9	16
1971	8	20.3	20	−12	−5.6	−6.4	−2.9	−3.5	2.6	14

续表

年 t	日期 $x(t)$	$H(t+5)$	趋势 $H(t)$	x_t	(T_1) $C_5(t)$	x'_t	(T_2) $C_8(t)$	x''_t	(T_3) $C_4(t)$	$H(t)$ $+C(t)$
1972	20		20	0	−0.9	0.9	−0.3	1.2	−1.9	17
1973	15		20	−5	5.1	−10.1	2.4	−12.5	−2.6	25
1974	27		20	7	4.0	3.0	3.7	−0.7	1.9	30
1975	20		20	0	−2.6	2.6	2.9	−0.3	2.6	23
1976			20		−5.6		0.3		−1.9	13
1977			20		−0.9		−2.4		−2.6	14
1978			20		5.1		−3.7		1.9	23
1979			20		4.0		−2.9		2.6	24
1980			20		−2.6		−0.3		−1.9	15

(2)对 x_t 进行周期分析,求其第一周期分量。取试验周期 $\tau=3,4,5,6,7,8,9,10$,利用式(6.3.16),计算各试验周期的周期强度,并列于表 6.9 中。

表 6.9

τ	3	4	5	6	7	8	9	10
K	10	8	6	5	4	4	3	3
A_τ	−0.87	1.00	5.03	0.27	0.84	2.34	−1.73	−2.31
B_τ	−0.92	0.13	2.60	−0.35	0.49	−3.68	−3.39	0.63
S_τ^2	1.60	0.02	32.06	0.20	0.95	19.02	14.49	5.73

为了计算方便起见,将序列依次排成每行 τ 个数据的形式,并计算各列之和 $g_i\left(\text{其中 } K=\left[\frac{n}{\tau}\right]=\left[\frac{32}{\tau}\right]\right)$:

$$
\begin{array}{ccccccc}
x_1 & x_2 & x_3 & \cdots & x_j & \cdots & x_\tau \\
x_{\tau+1} & x_{\tau+2} & x_{\tau+3} & \cdots & x_{\tau+j} & \cdots & x_{2\tau} \\
\vdots & \vdots & \vdots & \vdots & \vdots & \vdots & \vdots \\
x_{(K-1)\tau+1} & x_{(K-1)\tau+2} & x_{(K-1)\tau+3} & \cdots & x_{(K-1)\tau+j} & \cdots & x_{K\tau} \\
\hline
g_1 & g_2 & g_3 & \cdots & g_j & \cdots & g_\tau
\end{array}
$$

根据三角函数的周期性,A_τ,B_τ 可由 g_i 计算

$$
\begin{cases}
A_\tau = \dfrac{2}{K\tau}\sum_{t=1}^{K\tau} x_t \cdot \cos\dfrac{2\pi t}{\tau} = \dfrac{2}{K\tau}\sum_{j=1}^{\tau} g_j \cdot \cos\dfrac{2\pi j}{\tau} \\
B_\tau = \dfrac{2}{K\tau}\sum_{t=1}^{K\tau} x_t \cdot \sin\dfrac{2\pi t}{\tau} = \dfrac{2}{K\tau}\sum_{j=1}^{\tau} g_j \cdot \sin\dfrac{2\pi j}{\tau}
\end{cases}
\tag{6.3.26}
$$

例如,当 $\tau=3$ 时,将 x_t 排成三个数一行的形式(最后余下的两个数值排不满一

行应舍去)如下：

6	−14	−9
4	−2	11
2	0	3
−6	13	−3
−14	8	6
5	−3	−16
0	1	3
2	4	4
7	3	−5
−12	0	−5
g_j　−6	10	−11

$\frac{2\pi j}{\tau}$	120°	240°	360°
$\cos\frac{2\pi j}{\tau}$	−0.500	−0.500	1.000
$g_j\cos\frac{2\pi j}{\tau}$	3.00	−5.00	−11.00
$\sin\frac{2\pi j}{\tau}$	0.866	−0.866	0.00
$g_j\sin\frac{2\pi j}{\tau}$	−5.20	−8.66	0.00

因此，有：

$$A_3=\frac{2}{30}\times(-13.00)=-0.87, B_3=\frac{2}{30}\times(-13.86)=-0.92, S_3^2=1.60$$

当 $\tau=4,5,\cdots$ 等其他值时，可用类似的方法计算。将计算得到的 S_τ^2 制成周期图(见图 6.14)。由图 6.14(或表 6.9)可见，$\tau=5$ 时 S_τ^2 达到最大值，且有：

$$J=\frac{S_5^2K\tau}{4\sigma^2}=\frac{32.06\times6\times5}{4\times50.4}\approx4.77>J_{\alpha=0.05}=2.996$$

故第一周期 $T_1=5$(年)，且：

$$C_\tau=S_5=\sqrt{32.06}\approx5.66, \varphi_1=\arctan(A_5/B_5)=\arctan(5.03/2.60)=\arctan1.935\approx63°$$

$$C_5(t)=5.66\sin\left(\frac{2\pi}{5}t+63°\right)。$$

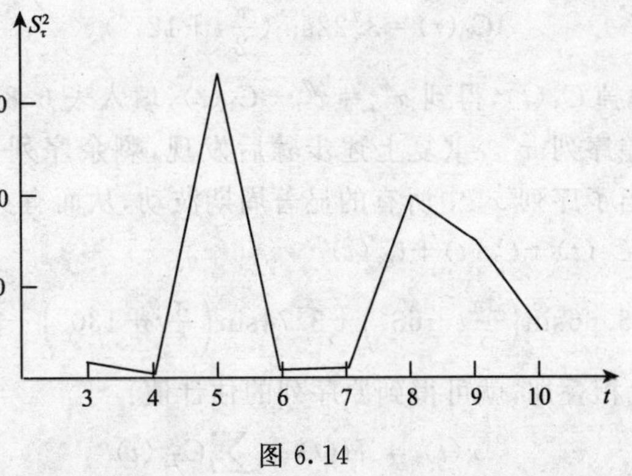

图 6.14

从 1944 年开始，依次取 $t=1,2,3,4,5$，将计算到的 $C_5(t)$ 列于表 6.8 的第 6 列，同时将新序列 $x'_t=x_t-C_5(t)$ 之值列于表 6.8 的第 7 列，并计算出相应的 $\sigma^2=35.21$。

(3)对第一余差序列 x'_t 再进行周期分析。重复上述(2)的计算步骤：取试验周期 $\tau=3,4,6,7,8,9,10$，利用式(6.3.73)，计算各试验周期的周期强度，并列于表6.10中。其中 $S_8^2=13.97=\max$，且

表 6.10

τ	3	4	6	7	8	9	10
K	10	8	5	4	4	3	3
A_τ	−0.38	2.60	0.27	1.04	2.89	−2.04	−2.30
B_τ	−0.50	−1.90	−0.35	1.44	−2.37	−3.00	0.63
S_τ^2	0.39	10.37	0.20	3.16	13.97	13.16	5.69

$$J=\frac{S_8^2K\tau}{4\sigma^2}=\frac{13.97\times 8\times 4}{4\times 35.21}\approx 3.18>J_{\alpha=0.05}=2.996$$

故原序列第二周期波动的周期为 $T_2=8$。同样，我们可以求出其振幅、位相和第二周期分量的数学表达式：

$$C_8=S_8=\sqrt{13.97}\approx 3.74,$$

$$\varphi_2=\arctan(A_8/B_8)=\arctan(-2.89/2.37)=\arctan(-1.2194)\approx 130°$$

$$C_8(t)=3.74\sin\left(\frac{\pi}{4}t+130°\right)。$$

计算第二周期分量的具体数据，填入表6.8中的第8列，并算出第二余差序列 $x''_t=x'_t-C_8(t)$ 的具体值，填入表6.8中的第9列。

(4)对第二余差序列 x''_t，重复上述步骤，找出原序列的第三显著周期的长度 T_3 及相应的各种数据：

$$T_3=4, C_4=3.22, \varphi_3=127°$$

$$C_4(t)=3.22\sin(\frac{\pi}{2}t+127°)$$

同样，再从 x''_t 中滤掉 $C_4(t)$，得到 $x'''_t=x''_t-C_4(t)$，填入表6.8中。

(5)对第三余差序列 x'''_t，重复上述步骤后发现，剩余序列 x'''_t 中再无显著周期了。至此，我们找出了序列 x_t 中所有的显著周期波动，从而有：

$$\begin{aligned}C(t)&=C_5(t)+C_8(t)+C_4(t)\\&=5.66\sin\left(\frac{2\pi}{5}t+63°\right)+3.74\sin\left(\frac{\pi}{4}t+130°\right)+3.22\sin(\frac{\pi}{2}t+127°)\end{aligned}$$

将 $C(t)$ 与趋势变化相叠加，就可得到原序列的估计值：

$$\hat{x}(t)=H(t)+\sum_i C_{T_i}(t) \qquad (6.3.27)$$

式(6.3.27)也是用来对未来时段作预报的预报公式。

表 6.8 和图 6.15 分别给出了用式(6.3.27)对原序列资料进行预报的估计值和对比曲线。

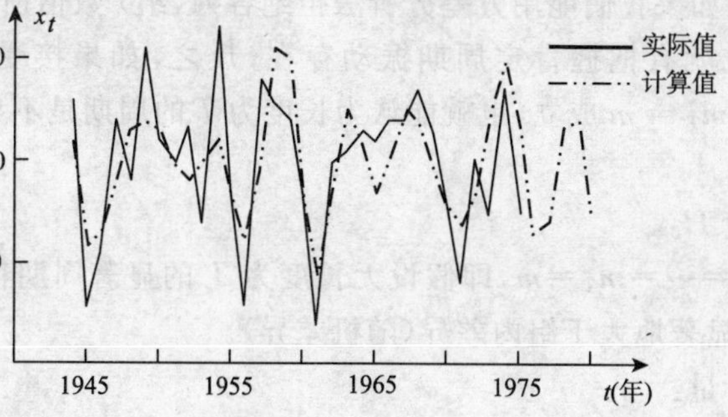

图 6.15

6.3.2.3　*方差分析*

周期图方法可以给出显著循环振动周期分量的解析式，能较详尽地描述各种可能存在的波动。还有一种方法——方差分析法，也能找出显著循环振动周期的分量。该法认为：在气象时间序列的变化过程中，如果存在着某种长度的周期振动，那么，在周期的不同位相(阶段)，各观测值间将有显著差异，此种差异可以是造成周期性振动的条件不同而产生的系统性差异(即非随机性差异)，也就是说，其间的数学期望应该是不相等的。因此可以通过 F 检验判断某一假设周期各个位相的气象要素的数学期望是否相等来推断假设周期是否存在。

设有一气象要素的时间序列观测资料：

$$x_1, x_2, \cdots, x_n$$

若序列中存在周期长度为 T 的周期振动，则我们将观测数据按 T 周期长度排列：每一行为一个 T 周期，每一列(组)的数值(设有 a 个)必然是同一位相(即同一条件)的观测值，而同一行不同列(组)的数值分别为周期内不同位相的观测值，即有如下形式的数表：

$$\begin{array}{cccccc}
x_{11} & x_{12} & \cdots & x_{1j} & \cdots & x_{1T} \\
x_{21} & x_{22} & \cdots & x_{2j} & \cdots & x_{2T} \\
\vdots & \vdots & \vdots & \vdots & \vdots & \vdots \\
x_{i1} & x_{i2} & \cdots & x_{ij} & \cdots & x_{iT} \\
\vdots & \vdots & \vdots & \vdots & \vdots & \vdots \\
x_{a1} & x_{a2} & \cdots & x_{aj} & \cdots & x_{aT} \\
\hline
\overline{x}_1 & \overline{x}_2 & \cdots & \overline{x}_j & \cdots & \overline{x}_T
\end{array}$$

其中 $\bar{x}_j = \frac{1}{a}\sum_{i=1}^{a} x_{ij}$ 为组平均(值)。表中各列(组)观测值所代表的总体数学期望 m_j 应该是不相等的。如果我们能用方差分析法拒绝各列(组)数值所代表的总体数学期望相等的假设,也就有把握肯定周期振动存在;反之,如果接受上述假设,即 H_0:$m_1 = m_2 = \cdots = m_T = m$ 成立,也就能认为长度为 T 的周期是不显著的。其具体步骤为:

(1)提出假设 H_0。

H_0:$m_1 = m_2 = \cdots = m_T = m$,即假设无长度为 T 的显著周期存在;或说组间差异(条件差异)不是显著地大于组内差异(随机差异)。

(2)选择统计量:

$$F = \frac{\dfrac{Q_1}{(T-1)}}{\dfrac{Q_2}{(n-T)}} = \frac{\dfrac{a\sum_{j=1}^{T}(\bar{x}_j - \bar{x})^2}{(T-1)}}{\dfrac{\sum_{j=1}^{T}\sum_{i=1}^{a}(x_{ij} - \bar{x}_j)^2}{(n-T)}} \tag{6.3.28}$$

统计量 F 在 H_0 成立时是服从自由度 $\nu_1 = T-1$,$\nu_2 = n-T$ 的 F 分布的。

(3)由给定的显著性水平 α 及 ν_1,ν_2,查 F 分布表得到临界值 F_α。

(4)一次抽样,计算样本的 F 值,并与 F_α 比较,判断假设是否成立。

若 $F \geqslant F_\alpha$,则 H_0 不成立,即各组数学期望 m_j 不相等,说明总体的长度为 T 的周期显著,其置信度为 $1-\alpha$。反之,H_0 成立,长度为 T 的周期不显著。

为了找出实际序列中真实存在的周期,我们可从小到大依次假设序列中存在着 $T=2,3,4,\cdots\cdots$ 的周期振动,分别按 T 的大小将序列资料排出如上的数表,并计算各种假设周期的 F 值,在 $F \geqslant F_\alpha$ 中选取最大的 F_T 所对应的周期为最显著周期,又称为原序列的第一主周期,同时将相应的组平均值序列作为第一主周期的周期分量。

由于原序列可能存在多个周期振动,如同周期图中求其余主周期的方法,从原序列中减去即滤掉第一主周期得到第一余差序列,并继续寻找第一余差序列的主周期,即原序列的第二周期及其周期分量。依次类推,直至下一余差序列中再无显著周期为止。最后将余差序列的各主周期分量外延叠加,就可得到原序列的拟合值。

表 6.11

$x(t)$	26	6	11	24	18	$\sum\limits_{j=1}^{5}\sum\limits_{i=1}^{a_j} x_{ij}^2 = 14414$
	31	22	20	23	14	
	33	17	6	28	26	
	25	17	4	20	21	
	23	22	24	24	27	
	23	15	8	20	15	
	27	20				
各列之和 g_j	188	119	73	139	121	$\sum\limits_{j=1}^{5} g_j = 640$
数据个数 a_j	7	7	6	6	6	
各组平均 $\bar{x}_j$	26.86	17.00	12.17	23.17	20.17	
g_j^2	35344	14161	5329	19321	14641	
$\dfrac{g_j^2}{a_j}$	5049.14	2023.00	888.17	3220.17	2440.17	$\sum\limits_{j=1}^{5} \dfrac{g_j^2}{a_j} = 13620.65$

下面仍用西南季风爆发日期为例来说明方差分析的具体做法。

依次假设表 6.8 的序列 $x(t)$ 中存在着周期 $T=2,3,4,\cdots,10$，且取 $\alpha=0.05$。计算各假设周期的组间离差平方和(Q_1)，组内离差平方和(Q_2)及相应的 F_T 值，填入表 6.11 中(为了说明计算过程，仅以 $T=5$ 为例)。

当组内资料个数 a_j 不相等时，Q_1、Q_2 的计算公式为：

$$\begin{cases} Q_1 = \sum\limits_{j=1}^{T}\sum\limits_{i=1}^{a_j}(\bar{x}_j - \bar{x})^2 = \sum\limits_{j=1}^{T}\dfrac{g_j^2}{a_j} - \dfrac{1}{n}\Big(\sum\limits_{j=1}^{T} g_j\Big)^2 \\ Q_2 = \sum\limits_{j=1}^{T}\sum\limits_{i=1}^{a_j}(x_{ij} - \bar{x}_j)^2 = \sum\limits_{j=1}^{T}\sum\limits_{i=1}^{a_j} x_{ij}^2 - \sum\limits_{j=1}^{T}\dfrac{g_j^2}{a_j} \\ g_j = a_j\bar{x}_j = \sum\limits_{i=1}^{a_j} x_{ij} \end{cases} \tag{6.3.29}$$

将表 6.11 中的数据代入式(6.3.29)中，得到：

$$Q_1 = \sum_{j=1}^{5}\frac{g_j^2}{a_j} - \frac{1}{n}\Big(\sum_{j=1}^{5} g_j\Big)^2 = 13620.65 - 640^2/32 = 820.64$$

$$Q_2 = \sum_{j=1}^{5}\sum_{i=1}^{a_j} x_{ij}^2 - \sum_{j=1}^{5}\frac{g_j^2}{a_j} = 14414 - 13620.65 = 793.36$$

由式(6.3.28)得其值：

$$F_5 = \frac{Q_1/(5-1)}{Q_2/(32-5)} = \frac{832.65}{793.36} \times \frac{27}{4} \approx 6.98$$

仿照上述计算过程，可计算出 $T=2,3,4,6,\cdots,10$ 的 $Q_1(T)$、$Q_2(T)$ 及 F_T 的值，将其列入表 6.12 中。

表 6.12

假设周期 T	2	3	4	5	6	7	8	9	10
组间差异 Q_1	40.50	21.28	76.75	820.64	66.93	85.10	556.50	430.58	942.50
组内差异 Q_2	1573.5	1592.7	1537.3	793.4	1547.1	1528.9	1057.5	1183.4	671.5
统计量 F_T	0.772	0.194	0.466	6.982	0.225	0.232	1.804	1.046	3.431

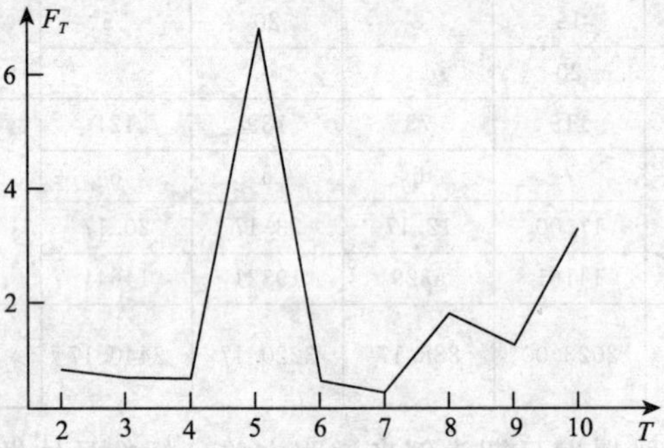

图 6.16　各试验周期的 F

根据表 6.12 可得到图 6.16，从图中可以看出，F_5 和 F_8 分别为曲线上的极大值点，且有 $F_5=6.982$ 为最大值，而 $F_\alpha(\nu_1,\nu_2)=F_{0.05}(5-1,32-5)=2.72$，故 $F_5>F_\alpha$。所以原序列的第一主周期为 $T_1=5$，其对应的五组平均值序列即为相应主周期的周期分量 $C_5(t)$：(27,17,12,23,20)。从图中还可以看出，序列中可能存在 8 年周期的振动。

由于原序列可能存在多个波动，为此，我们需将第一主周期的影响滤掉，即将原序列减去第一主周期的周期分量 $C_5(t)$，得到第一余差序列 $x'_t=x(t)-C_5(t)$，即：$x'_1,x'_2,x'_3,\cdots,x'_n$。

用同样的方法，再求出第一余差序列的第一主周期，即原序列的第二主周期 T_2 及其周期分量 $C_{T_2}(t)$。

依次再假设余差序列存在周期 $T=2,3,4,6,\cdots,10$ 的周期波动，并计算出各试验周期的 $Q_1(T)$、$Q_2(T)$ 及 F_T 的值，将其列入表 6.13 中。

表 6.13 可看见：$F_8=4.578$ 为最大值，而 $F_\alpha(\nu_1,\nu_2)=F_{0.05}(8-1,32-8)=2.42$，故 $F_8>F_\alpha$。所以该余差序列的第一主周期，即原序列的第二主周期为 $T_2=8$，其对应的八组平均值序列即为相应主周期的周期分量 $C_8(t)$：(2,−7,0,−1,−4,2,6,3)。

表 6.13

假设周期 T	2	3	4	6	7	8	9	10
组间差异 Q_1	21.25	30.01	134.25	55.33	99.10	454.00	279.58	122.50
组内差异 Q_2	772.75	763.99	659.75	738.67	694.90	340.00	514.42	671.50
统计量 F_T	0.825	0.570	1.899	0.390	0.594	4.578	1.562	0.446

重复上述过程，继续计算第二余差序列 $x''_t = x'_t - C_{T_2}(t) = x'_t - C_8(t)$，即有：

$$x''_1, x''_2, x''_3, \cdots, x''_n$$

并计算各试验周期所对应的 $Q_1(T)$、$Q_2(T)$及 F_T 的值，将其列入表 6.14 中。

表 6.14 中 $F_3=3.804$ 为最大值，而 $F_\alpha(\nu_1,\nu_2)=F_{0.05}(3-1,32-3)=3.33$，故 $F_3>F_\alpha$。所以该余差序列的第一主周期，即原序列的第三主周期为 $T_3=3$，其对应的三组平均值序列即为相应主周期的周期分量 $C_3(t)$：(−1,2,−1)。

表 6.14

假设周期 T	2	3	4	6	7	9	10
组间差异 Q_1	0.25	71.49	0.25	79.57	87.30	87.67	43.91
组内差异 Q_2	343.75	272.51	343.75	264.43	256.70	253.33	300.08
统计量 F_T	0.002	3.804	0.007	1.565	1.417	0.983	0.358

重复上述过程，继续计算第三余差序列 $x'''_t = x''_t - C_{T_3}(t) = x''_t - C_3(t)$，即有：

$$x'''_1, x'''_2, x'''_3, \cdots, x'''_n$$

并计算各试验周期所对应的 $Q_1(T)$、$Q_2(T)$及 F_T 的值，将其列入表 6.15 中。

表 6.15

假设周期 T	2	4	6	7	9	10
组间差异 Q_1	0.31	0.88	8.57	76.30	16.67	43.67
组内差异 Q_2	272.69	272.13	264.43	196.70	256.33	229.33
统计量 F_T	0.003	0.003	0.168	1.616	0.187	0.465

表 6.15 中 $F_7=1.616$ 为最大值，而 $F_\alpha(\nu_1,\nu_2)=F_{0.05}(7-1,32-7)=2.49$，故 $F_7<F_\alpha$。所以该余差序列中没有满足条件的显著周期。

这样，我们就找到了原序列中的 3 个显著周期振动：第一主周期 $T_1=5$、第二主周期 $T_2=8$ 和第三主周期 $T_3=3$。

在进行计算时，对于不同的假设周期，同一序列的全体观测数据对 $\bar{x}$ 的离差平方和 Q 保持不变，由 $Q_1+Q_2=Q$，可得 $Q_2=Q-Q_1$，因此对每一个假设周期，只要计算 Q_1 就可很容易得到 Q_2，这样方差分析的计算量可以减少很多。此外，为了进一步减小计算量，克服盲目性，可在进行 F 检验前，先将各序列点绘成时间曲线图，从图上直观地看出大致有多长的时间周期，然后再按最可能的长度分组并进行检验，从而以较小的计算量和较快的速度找到最显著的周期波动。

在把各种长度的显著周期的组平均值(周期分量)都分别求出以后，再外延、叠加，则可得到预报对象的拟合值(预报值)，见表 6.16 的最末一列。并把它点绘成曲线(图 6.17)。

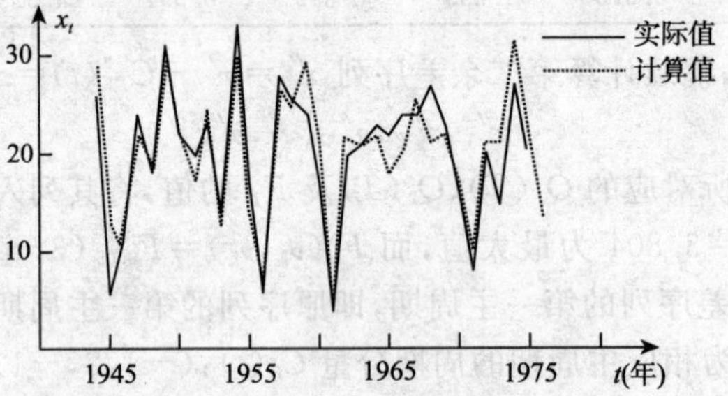

图 6.17

由图 6.17 中可以看出，用两个周期分量叠加的估计值与实况观测值是比较接近的。预报 1976 年的季风爆发日期是 6 月 14 日前后，其平均误差为：

$$\hat{\sigma}=\sqrt{\frac{1}{32}\sum_{t=1}^{32}(x_t-\hat{x}_t)^2}=\sqrt{273/32}\approx 2.92(\mathrm{d})$$

表 6.16

年	x_t	$C_5(t)$	x'_t	$C_8(t)$	x''_t	$C_3(t)$	x'''_t	$\hat{x}_t$
1944	26	27	−1	2	−3	−1	−2	28
1945	6	17	−11	−7	−4	2	−6	12
1946	11	12	−1	0	−1	−1	0	11
1947	24	23	1	−1	2	−1	3	21
1948	18	20	−2	−4	2	2	0	18
1949	31	27	4	2	2	−1	3	28
1950	22	17	5	6	−1	−1	0	22
1951	20	12	8	3	5	2	3	17
1952	23	23	0	2	−2	−1	−1	24
1953	14	20	−6	−7	1	−1	2	12
1954	33	27	6	0	6	2	4	29
1955	17	17	0	−1	1	−1	2	15
1956	6	12	−6	−4	−2	−1	−1	7
1957	28	23	5	2	3	2	1	27
1958	26	20	6	6	0	−1	1	25

续表

年	x_t	$C_5(t)$	x'_t	$C_8(t)$	x''_t	$C_3(t)$	x'''_t	$\hat{x}_t$
1959	25	27	−2	3	−5	−1	−4	29
1960	17	17	0	2	−2	2	−4	21
1961	4	12	−8	−7	−1	−1	0	4
1962	20	23	−3	0	−3	−1	−2	22
1963	21	20	1	−1	2	2	0	21
1964	23	27	−4	−4	0	−1	1	22
1965	22	17	5	2	3	−1	4	18
1966	24	12	12	6	6	2	4	20
1967	24	23	1	3	−2	−1	−1	25
1968	27	20	7	2	5	−1	6	21
1969	23	27	−4	−7	3	2	1	22
1970	15	17	−2	0	−2	−1	−1	16
1971	8	12	−4	−1	−3	−1	−2	10
1972	20	23	−3	−4	1	2	−1	21
1973	15	20	−5	2	−7	−1	−6	21
1974	27	27	0	6	−6	−1	−5	32
1975	20	17	3	3	0	2	−2	22
1976		12		2		−1		13

6.4　平稳随机序列的线性模型

在对气象资料的处理中发现，气象要素的距平序列资料和无量纲化序列资料的一些统计学特征非常接近于平稳时间序列，而国内外的统计学先驱们也早就发现平稳时间序列在各个领域的普遍性，非常重视于平稳时间序列在时域分析方面的研究，而随着计算机技术的飞速发展，相关的时间序列的线性和非线性模型也在不断发展、完善，并在各个学科得到广泛的应用，如最简单的自回归模型、滑动平均模型及其混合模型在气象历史资料的分析处理和预报中已得到普遍的使用。

由于线性模型理论涉及较多的数学知识，加之其内容相当丰富，远非一个章节所能概括，因而本节仅从概念和总体上作一些介绍。

6.4.1　自回归模型(AR)

6.4.1.1　模型

平稳过程自协方差函数 $R(\tau)$ 实质上是描述了平稳过程内部存在的相关性。现假设一已知平稳序列$\{x_t\}$，$t=\overline{1,n}$，根据回归理论及随机过程的特性，将序列各个不同时刻的取值视为不同的随机变量，则自然可以建立形如：

$$x_t=\varphi_0+\varphi_1 x_{t-1}+\cdots+\varphi_p x_{t-p}+a_t \tag{6.4.1}$$

的线性回归模型。因为这种回归模型中的变量为同一序列自身不同时刻（即随机过程不同的截口）的取值，故称为自回归模型。为了叙述方便，今假设随机过程 $X(t)$在各个时刻（可能取值）的均值为零、方差为 σ_x^2，则上述自回归模型可改写成：

$$x_t=\varphi_1 x_{t-1}+\cdots+\varphi_p x_{t-p}+a_t \tag{6.4.2}$$

其中 a_t 为模型的残差，一般将$\{a_t\}$视为白噪声序列，且 $M[a_t,x_s]=0(s<t)$，即未来的输入不影响现在的输出。p 为模型所取的自变量个数，即 x_t 以前 p 个时刻的变量作为回归模型的自变量，当 $\varphi_p\neq 0$ 时，则称上式为 p 阶自回归模型，记为 Autoregresive Model(p)，简记为 $AR(p)$。式中 $\varphi_1,\varphi_2,\cdots,\varphi_p$ 称为自回归系数。为了使线性模型式(6.4.2)的表达更加简练，引入运算符即算子 B。

定义算子 B 为：

$$Bx_t=x_{t-1},B^2x_t=B(Bx_t)=x_{t-2},\cdots,B^lx_t=x_{t-l}$$

B^l 称为 l 后移（延迟）算子。

取算子多项式：

$$\varphi(B)=1-\varphi_1 B-\varphi_2 B^2-\cdots-\varphi_p B^p \tag{6.4.3}$$

则式(6.4.2)改写成：

$$x_t-\varphi_1 Bx_t-\varphi_2 B^2 x_t-\cdots-\varphi_p B^p x_t=a_t$$

即：

$$(1-\varphi_1 B-\varphi_2 B^2-\cdots-\varphi_p B^p)x_t=a_t \tag{6.4.4}$$

或：

$$\varphi(B)x_t=a_t \tag{6.4.4$'$}$$

下面简要讨论自回归模型的有关特点。

(1)一阶自回归模型

当 $p=1$ 时，一阶自回归模型 $AR(1)$：

$$(1-\varphi_1 B)x_t=a_t \tag{6.4.5}$$

亦可表示为：

$$x_t=\varphi_1 x_{t-1}+a_t \tag{6.4.5$'$}$$

或：

$$x_t=(1-\varphi_1 B)^{-1}a_t \tag{6.4.5$''$}$$

满足式(6.4.5)$'$的 x_t 也符合马尔科夫过程的定义，故也称之为一阶马尔科夫过程。该过程的自相关函数具有这样的特点：落后 τ 时刻与落后 1 个时刻的自相关函数关系为：

$$\rho_\tau=\rho_1^{|\tau|} \tag{6.4.6}$$

对式(6.4.5)$'$两边同乘 x_{t-1}，并取数学期望，且假设 $M(a_t x_{t-1})=0$（即后一个时刻的残差变量与其前的要素变量无关），则有：

$$M(x_t x_{t-1})=\varphi_1 M(x_{t-1}x_{t-1})+M(x_{t-1}a_t)$$

根据平稳序列的性质，上式用自协方差形式可表示为：

$$R(1)=\varphi_1 R(0)=\varphi_1\sigma_x^2$$

上式经标准化处理后，有：

$$\rho_1=\varphi_1 \tag{6.4.7}$$

代入式(6.4.5)′，得：

$$x_t=\rho_1 x_{t-1}+a_t$$

同理，有：

$$x_{t-1}=\rho_1 x_{t-2}+a_{t-1}$$

代入式(6.4.5)′，得：

$$x_t=\rho_1^2 x_{t-2}+\tilde{a}_t$$

依此类推，容易得出：

$$x_t=\rho_1^k x_{t-k}+\tilde{a}_t \tag{6.4.8}$$

其中 k 为时间间隔，$\tilde{a}_t$ 含白噪声其他项。

对式(6.4.5)″利用泰勒展开，有：

$$x_t=(1+\varphi_1 B+\varphi_1^2 B^2+\cdots)a_t=a_t+\varphi_1 a_{t-1}+\varphi_1^2 a_{t-2}+\cdots=\sum_{j=0}^{\infty}\varphi_1^j a_{t-j} \tag{6.4.9}$$

该展开式称为一阶自回归模型式(6.4.5)的逆形式。它表明气象要素现在时刻的取值，不仅与其以前各时刻的取值有关，还可看成是受到前期无穷多时刻的白噪声的影响。根据白噪声的性质，对逆形式方程(6.4.9)的两边取方差，有：

$$D(x_t)=\sigma_a^2+\varphi_1^2\sigma_a^2+\varphi_1^4\sigma_a^2+\cdots=\sigma_a^2\sum_{j=0}^{\infty}\varphi_1^{2j}=\sigma_a^2\left(\frac{1}{1-\varphi_1^2}\right)$$

即要使 x_t 的方差有限，必须要求 $\varphi_1^2<1$，这就是 $AR(1)$ 系统稳定的条件。

(2)二阶自回归模型

当 $p=2$ 时，有二阶自回归模型 $AR(2)$：

$$x_t=\varphi_1 x_{t-1}+\varphi_2 x_{t-2}+a_t \tag{6.4.10}$$

或：

$$(1-\varphi_1 B-\varphi_2 B^2)x_t=a_t \tag*{(6.4.10)′}$$

对上式两边同乘 a_t，并取数学期望，根据假设 $M(a_t x_{t-1})=0$，则有：

$$M(a_t x_t)=\sigma_a^2$$

对式(6.4.10)两边同乘 x_t，并取数学期望，并利用上式结果，有：

$$\sigma_x^2=\varphi_1 R(1)+\varphi_2 R(2)+\sigma_a^2$$

整理得：

$$\sigma_x^2(1-\varphi_1\rho_1-\varphi_2\rho_2)=\sigma_a^2 \tag{6.4.11}$$

同理，对式(6.4.10)两边同乘 x_{t-1}，取数学期望后再除以 σ_x^2，有：

$$\rho_1=\varphi_1+\varphi_2\rho_1 \tag{6.4.12}$$

对式(6.4.10)两边同乘 x_{t-2}，取数学期望后再除以 σ_x^2，有：

$$\rho_2=\varphi_1\rho_1+\varphi_2\rho_0 \tag{6.4.13}$$

由式(6.4.12)及式(6.4.13)就可解出 φ_1、φ_2。

对式(6.4.10)′左边关于 B 的多项式可进行因式分解,得:

$$(1-\lambda_1 B)(1-\lambda_2 B)x_t=a_t$$

式中 λ_1、λ_2 为 B 的多项式的特征方程($\lambda^2-\varphi_1\lambda-\varphi_2=0$)的特征根。于是:

$$x_t=\frac{1}{(1-\lambda_1 B)(1-\lambda_2 B)}a_t=\frac{1}{\lambda_1-\lambda_2}\left(\frac{\lambda_1}{1-\lambda_1 B}-\frac{\lambda_2}{1-\lambda_2 B}\right)a_t$$

$$=\frac{1}{\lambda_1-\lambda_2}\left(\sum_{j=0}^{\infty}(\lambda_1^{j+1}-\lambda_2^{j+1})B^j\right)a_t=\frac{1}{\lambda_1-\lambda_2}\left(\sum_{j=0}^{\infty}(\lambda_1^{j+1}-\lambda_2^{j+1})a_{t-j}\right)$$

由此可见,根据级数收敛的性质,得 $AR(2)$ 的稳定条件是:$|\lambda_1|<1$ 及 $|\lambda_2|<1$。

(3)p 阶自回归模型 $AR(p)$

对式(6.4.4)左边 B 的 p 阶多项式进行因式分解,可得到 $AR(p)$ 的另一种表达式:

$$\left[\prod_{k=1}^{p}(1-\lambda_k B)\right]x_t=a_t \tag{6.4.4″}$$

根据上述讨论及线性代数的知识可知,λ_k 为 B 的多项式的特征方程的根,从而得到 $AR(p)$ 系统的稳定性条件:$|\lambda_k|<1(k=1,2,\cdots,p)$。此时称方程:

$$\varphi(B)x_t=a_t \tag{6.4.4′}$$

为平稳自回归模型,其解 x_t 称为平稳自回归序列。

6.4.1.2 自回归模型的参数估计

下面用矩估计的方法推导出求解参数 $\hat{\varphi}_k(k=\overline{1,p})$ 的 Yule-Walker 方程:

$$\begin{pmatrix}\hat{\varphi}_1\\ \hat{\varphi}_2\\ \vdots\\ \hat{\varphi}_p\end{pmatrix}=\begin{pmatrix}1 & r_1 & \cdots & r_{p-1}\\ r_1 & 1 & \cdots & r_{p-2}\\ \vdots & \vdots & \vdots & \vdots\\ r_{p-1} & r_{p-2} & \cdots & 1\end{pmatrix}^{-1}\begin{pmatrix}r_1\\ r_2\\ \vdots\\ r_p\end{pmatrix} \tag{6.4.14}$$

先在式(6.4.2)两端同乘以 $x_{t-k}(k>0)$,再求各自的期望函数,则有:

$$R(k)=\varphi_1 R(k-1)+\varphi_2 R(k-2)+\cdots+\varphi_p R(k-p)$$

也可写成:
$$R_k=\varphi_1 R_{k-1}+\varphi_2 R_{k-2}+\cdots+\varphi_p R_{k-p}$$

或:
$$R_k=\sum_{j=1}^{p}\varphi_j R_{k-j}$$

再对其无量纲化处理,得正规方程:

$$\rho_k=\varphi_1\rho_{k-1}+\varphi_2\rho_{k-2}+\cdots+\varphi_p\rho_{k-p}(k=\overline{1,p})$$

或写成如下方程组的形式:

$$\begin{pmatrix}\rho_1\\ \rho_2\\ \vdots\\ \rho_p\end{pmatrix}=\begin{pmatrix}1 & \rho_1 & \cdots & \rho_{p-1}\\ \rho_1 & 1 & \cdots & \rho_{p-2}\\ \vdots & \vdots & \vdots & \vdots\\ \rho_{p-1} & \rho_{p-2} & \cdots & 1\end{pmatrix}\begin{pmatrix}\varphi_1\\ \varphi_2\\ \vdots\\ \varphi_p\end{pmatrix}$$

其解为：

$$\begin{pmatrix}\varphi_1\\ \varphi_2\\ \vdots\\ \varphi_p\end{pmatrix}=\begin{pmatrix}1 & \rho_1 & \cdots & \rho_{p-1}\\ \rho_1 & 1 & \cdots & \rho_{p-2}\\ \vdots & \vdots & \vdots & \vdots\\ \rho_{p-1} & \rho_{p-2} & \cdots & 1\end{pmatrix}^{-1}\begin{pmatrix}\rho_1\\ \rho_2\\ \vdots\\ \rho_p\end{pmatrix}$$

上式中若用 $r_k=\hat{\rho}_k$ 代替 ρ_k，可得到所求解的估计值 $\hat{\varphi}_k\ (k=\overline{1,p})$，即是式(6.4.14)。其系数矩阵：

$$R=\begin{pmatrix}1 & r_1 & \cdots & r_{p-1}\\ r_1 & 1 & \cdots & r_{p-2}\\ \vdots & \vdots & \vdots & \vdots\\ r_{p-1} & r_{p-2} & \cdots & 1\end{pmatrix} \tag{6.4.15}$$

称为 Toplitz 矩阵。它与一般多元线性回归的正规方程系数阵相比，具有更显著的特点：实对称、非奇异矩阵；不但依主对角线呈对称，而且依次对角线也呈一一对称，即主对角线上元素以及与之平行的对角线上各元素均相等。

先在式(6.4.2)两端同乘以 $x_t(k>0)$，取其期望并再除以 σ_x^2，我们又有：

$$\sigma_x^2\left(1-\sum_{k=1}^{p}\varphi_k\rho_k\right)=\sigma_a^2 \tag{6.4.16}$$

上述正规方程组的求解，需解 p 阶的线性方程组，我们也可用逆推算法来求解。其步骤如下：

当 $p=1$ 时，有：$\hat{\varphi}_1^{(1)}=r_1$，系数右上角(1)表示自回归模型阶数为 1。

设已经算得最大后延 $p=2$ 和 $p=3$ 的自回归系数正规方程，即有：

$$\begin{cases}1\cdot\hat{\varphi}_1^{(2)}+r_1\hat{\varphi}_2^{(2)}=r_1\\ r_1\hat{\varphi}_1^{(2)}+1\cdot\hat{\varphi}_2^{(2)}=r_2\end{cases} \tag{6.4.17}$$

及：

$$\begin{cases}1\cdot\hat{\varphi}_1^{(3)}+r_1\hat{\varphi}_2^{(3)}+r_2\hat{\varphi}_3^{(3)}=r_1\\ r_1\hat{\varphi}_1^{(3)}+1\cdot\hat{\varphi}_2^{(3)}+r_1\hat{\varphi}_3^{(3)}=r_2\\ r_2\hat{\varphi}_1^{(3)}+r_1\hat{\varphi}_2^{(3)}+1\cdot\hat{\varphi}_3^{(3)}=r_3\end{cases} \tag{6.4.18}$$

上述两式中 $\hat{\varphi}_j^{(i)}$ 表示 i 阶自回归的第 j 个回归系数。在 3 阶回归方程组中，前两个方程可改写成：

$$\begin{cases}\hat{\varphi}_1^{(3)}+r_1\hat{\varphi}_2^{(3)}=r_1-\hat{\varphi}_3^{(3)}r_2\\ r_1\hat{\varphi}_1^{(3)}+\hat{\varphi}_2^{(3)}=r_2-\hat{\varphi}_3^{(3)}r_1\end{cases}$$

即：

$$\begin{pmatrix}\hat{\varphi}_1^{(3)}\\ \hat{\varphi}_2^{(3)}\end{pmatrix}=\begin{pmatrix}1 & r_1\\ r_1 & 1\end{pmatrix}^{-1}\begin{pmatrix}r_1-\hat{\varphi}_3^{(3)}r_2\\ r_2-\hat{\varphi}_3^{(3)}r_1\end{pmatrix}=\begin{pmatrix}1 & r_1\\ r_1 & 1\end{pmatrix}^{-1}\begin{pmatrix}r_1\\ r_2\end{pmatrix}-\begin{pmatrix}1 & r_1\\ r_1 & 1\end{pmatrix}^{-1}\begin{pmatrix}\hat{\varphi}_3^{(3)}r_2\\ \hat{\varphi}_3^{(3)}r_1\end{pmatrix}$$

整理，得：

$$\begin{pmatrix}\hat{\varphi}_1^{(3)}\\ \hat{\varphi}_2^{(3)}\end{pmatrix}=\begin{pmatrix}1 & r_1\\ r_1 & 1\end{pmatrix}^{-1}\begin{pmatrix}r_1\\ r_2\end{pmatrix}-\hat{\varphi}_3^{(3)}\begin{pmatrix}1 & r_1\\ r_1 & 1\end{pmatrix}^{-1}\begin{pmatrix}r_2\\ r_1\end{pmatrix}\tag{6.4.19}$$

又由 2 阶回归方程组，得：

$$\begin{pmatrix}\hat{\varphi}_1^{(2)}\\ \hat{\varphi}_2^{(2)}\end{pmatrix}=\begin{pmatrix}1 & r_1\\ r_1 & 1\end{pmatrix}^{-1}\begin{pmatrix}r_1\\ r_2\end{pmatrix}=\begin{pmatrix}\dfrac{r_1(1-r_2)}{1-r_1^2}\\ \dfrac{r_2-r_1^2}{1-r_1^2}\end{pmatrix}\tag{6.4.20}$$

于是有：

$$\begin{pmatrix}\hat{\varphi}_1^{(3)}\\ \hat{\varphi}_2^{(3)}\end{pmatrix}=\begin{pmatrix}\hat{\varphi}_1^{(2)}\\ \hat{\varphi}_2^{(2)}\end{pmatrix}-\hat{\varphi}_3^{(3)}\begin{pmatrix}\hat{\varphi}_2^{(2)}\\ \hat{\varphi}_1^{(2)}\end{pmatrix}\tag{6.4.21}$$

即：

$$\begin{cases}\hat{\varphi}_1^{(3)}=\hat{\varphi}_1^{(2)}-\hat{\varphi}_3^{(3)}\hat{\varphi}_2^{(2)}\\ \hat{\varphi}_2^{(3)}=\hat{\varphi}_2^{(2)}-\hat{\varphi}_3^{(3)}\hat{\varphi}_1^{(2)}\end{cases}\tag{6.4.21$'$}$$

代入 3 阶回归方程组中的第 3 个方程：

$$r_2\hat{\varphi}_1^{(3)}+r_1\hat{\varphi}_2^{(3)}+\hat{\varphi}_3^{(3)}=r_3$$

经整理，我们有：

$$\hat{\varphi}_3^{(3)}=\frac{r_3-\hat{\varphi}_1^{(2)}r_2-\hat{\varphi}_2^{(2)}r_1}{1-\hat{\varphi}_1^{(2)}r_1-\hat{\varphi}_2^{(2)}r_2}\tag{6.4.22}$$

由此可见，只要算出 $\hat{\varphi}_1^{(2)}$，$\hat{\varphi}_2^{(2)}$ 即可递推得到 $\hat{\varphi}_3^{(3)}$，$\hat{\varphi}_1^{(3)}$，$\hat{\varphi}_2^{(3)}$。上述算法不难推广到$(m+1)$阶方程：

$$\begin{cases}\hat{\varphi}_1+r_1\hat{\varphi}_2+\cdots+r_{m-1}\hat{\varphi}_m+r_m\hat{\varphi}_{m+1}=r_1\\ r_1\hat{\varphi}_1+\hat{\varphi}_2+\cdots+r_{m-2}\hat{\varphi}_m+r_{m-1}\hat{\varphi}_{m+1}=r_2\\ \cdots\cdots\\ r_m\hat{\varphi}_1+r_{m-1}\hat{\varphi}_2+\cdots+r_1\hat{\varphi}_m+\hat{\varphi}_{m+1}=r_{m+1}\end{cases}\tag{6.4.23}$$

$$\begin{cases}\hat{\varphi}_{m+1}^{(m+1)}=\dfrac{r_{m+1}-\sum\limits_{j=1}^{m}\hat{\varphi}_j^{(m)}r_{m+1-j}}{1-\sum\limits_{j=1}^{m}\hat{\varphi}_j^{(m)}r_j} \qquad j=1,2,\cdots,m\\ \hat{\varphi}_j^{(m+1)}=\hat{\varphi}_j^{(m)}-\hat{\varphi}_{m+1}^{(m+1)}\hat{\varphi}_{m+1-j}^{(m)}\end{cases}\tag{6.4.24}$$

则 p 阶自回归系数逐阶递推公式为：

$$\begin{cases} \hat{\varphi}_p^{(p)} = \dfrac{r_p - \sum\limits_{j=1}^{p-1} \hat{\varphi}_j^{(p-1)} r_{p-j}}{1 - \sum\limits_{j=1}^{p-1} \hat{\varphi}_j^{(p-1)} r_j} \qquad j = 1,2,\cdots,p-1 \\ \hat{\varphi}_j^{(p)} = \hat{\varphi}_j^{(p-1)} - \hat{\varphi}_p^{(p)} \hat{\varphi}_{p-j}^{(p-1)} \end{cases} \tag{6.4.24$'$}$$

在气象预报中，往往要预报要素在未来多个时刻的值，因此，$AR(p)$可近似地改为：

$$\hat{x}_{t+g} = \hat{\varphi}_1 x_t + \hat{\varphi}_2 x_{t-1} + \cdots + \hat{\varphi}_p x_{t-p+1} \tag{6.4.25}$$

对于解 p 阶跳过 $g(g=1,2,\cdots,k)$时刻的自回归系数递推公式，我们有：

$$\begin{cases} \hat{\varphi}_p^{(p)} = \dfrac{r_{p+g} - \sum\limits_{j=1}^{p-1} \hat{\varphi}_j^{(p-1)} r_{p-j}}{1 - \sum\limits_{j=1}^{p-1} \hat{\varphi}_{j,0}^{(p-1)} r_j} \qquad (j = 1,2,\cdots,p-1) \\ \hat{\varphi}_j^{(p)} = \hat{\varphi}_j^{(p-1)} - \hat{\varphi}_{p,0}^{(p)} \hat{\varphi}_{p-j}^{(p-1)} \end{cases} \tag{6.4.26}$$

式中 $\hat{\varphi}_{j,0}^{(p-1)}$，$\hat{\varphi}_{p,0}^{(p)}$，$(j=1,2,\cdots,p-1)$表示不跳点$(g=0)$时的自回归系数。

6.4.1.3　自回归预报方程

利用样本对 $AR(p)$模型作估计的部分，称为 p 阶自回归预报方程，由式(6.4.2)得到其表达式：

$$\hat{x}_t = \hat{\varphi}_1 x_{t-1} + \hat{\varphi}_2 x_{t-2} + \cdots + \hat{\varphi}_p x_{t-p} \tag{6.4.27}$$

由于用自回归模型求解，需要计算一连串的自相关函数，而这些自相关中，有一些相关并不密切，为了简便起见，常对完整的自回归方程进行因子筛选，选择其中的某些时刻建立方程，这种方法实际上是以预报时刻 $t+g$ 以前的若干时刻(各时刻不一定等间隔排列)组成回归方程，这在一维序列的自回归预报已讲过。筛选的方法完全可以用逐步回归或根据$|r(\tau)|$的大小来挑选因子建立自回归预报方程。

自回归模型 $AR(p)$中，a_t 项相当于回归分析里的残差部分，而对应于不同的 t，序列$\{a_t\}$是一个白噪声序列，它在不同时刻是不相关的随机变量，它与 x_t 以前的各个时刻的 $x_k(k<t)$不相关，为叙述方便，称之为拟合残差。于是拟合残差的方差估计可利用式(6.4.7)得到，记为：

$$s_a^2 = s_x^2 \left(1 - \sum_{k=1}^{p} \hat{\varphi}_k r_k\right) \tag{6.4.28}$$

式中 s_x^2 为现实 x_t 的样本方差。因而自回归方程的复相关系数为：

$$R^2 = 1 - \frac{s_a^2}{s_x^2} = \sum_{k=1}^{p} \hat{\varphi}_k r_k \tag{6.4.29}$$

所以，我们可以用式(6.4.27)作出时间序列未来时刻的预报，而方程的残差及复相关系数则可由式(6.4.28)、式(6.4.29)分别给出。

6.4.2　自回归—滑动平均模型(*ARMA*(*p*,*q*))

我们建立自回归模型的目的,如同线性回归一样,总希望方程的拟合残差越小越好,为了得到实际序列的满意拟合模型,往往企图取较大的参数 p,如同线性回归中取较大的因子数目一样,但事实证明,这种想法是不可取的。参数 p 值取得很大,拟合残差 a_t 的值却不一定减小多少,甚至还可能增加。因此,为了建立更贴近于实况序列的模型,就有必要进一步认识 a_t 和重新审视 $AR(p)$ 模型本身。

6.4.2.1　模型

在建模时,我们假设 a_t 是一个白噪声序列,并由此推出 $AR(p)$ 模型。如果建立的模型不能达到满意的拟合效果,从一个侧面说明 a_t 可能不是一个真正的白噪声序列,所以要改进模型,必须对 a_t 作进一步的分析。既然 a_t 不是一个真正的白噪声序列,那么时刻 t 前的各个不同时刻的 $a_k(k<t)$ 中就存在对 x_t 产生影响的部分,即我们可将原来的 a_t 分解为两个部分:对 x_t 产生影响的部分($a_{t-1},a_{t-2},\cdots,a_{t-q}$)以及与时刻 t 前各时刻不相关的部分 a_t,即残差部分。那么,式(6.4.2)就可以改写成:

$$x_t=\varphi_1x_{t-1}+\varphi_2x_{t-2}+\cdots+\varphi_px_{t-p}-\theta_1a_{t-1}-\theta_2a_{t-2}-\cdots-\theta_qa_{t-q}+a_t \tag{6.4.30}$$

或:

$$x_t-\varphi_1x_{t-1}+\varphi_2x_{t-2}+\cdots+\varphi_px_{t-p}=a_t-\theta_1a_{t-1}-\theta_2a_{t-2}-\cdots-\theta_qa_{t-q} \tag{6.4.31}$$

如同式(6.4.3)考虑两相邻时刻变量间的相互关系引入算子多项式一样,对 a_t,我们引入另一算子多项式,即令:

$$\theta(B)=1-\theta_1B-\theta_2B^2-\cdots-\theta_qB^q \tag{6.4.32}$$

则由式(6.4.3)、式(6.4.31)及式(6.4.32),得:

$$\varphi(B)x_t=\theta(B)a_t \tag{6.4.33}$$

若式(6.4.31)和式(6.4.33)满足如下四个条件:

①$\varphi_p\neq0,\theta_q\neq0$;

②$\varphi(B)$与 $\theta(B)$无公共因子;

③$\{a_t\}$为白噪声序列;

④$M[a_tx_s]=0(s<t)$。

则称它们为自回归—滑动平均混合模型,即 Mixed Autoregressive－Moving Average Model,简记为 $ARMA(p,q)$模型。称 p,q 为自回归与滑动平均的阶数,$\varphi_1,\varphi_2,\cdots,\varphi_p$ 为自回归系数,$\theta_1,\theta_2,\cdots,\theta_q$ 为滑动平均系数。

当 $p=0$ 时式(6.4.31)蜕化成另一种形式:

$$x_t=a_t-\theta_1 a_{t-1}-\theta_2 a_{t-2}-\cdots-\theta_q a_{t-q} \tag{6.4.34}$$

或
$$x_t=\theta(B)a_t \tag{6.4.34$'$}$$

称之为阶数为 q 的滑动平均模型，简记为 $MA(q)$。

为了更好地了解 $ARMA(p,q)$ 模型，我们有必要对 $MA(q)$ 模型作进一步的讨论。

(1)一阶滑动模型

当 $q=1$ 时，得一阶滑动模型 $MA(1)$：

$$x_t=a_t-\theta_1 a_{t-1} \tag{6.4.35}$$

对式(6.4.35)两边同乘 x_t，有：

$$x_t x_t=(a_t-\theta_1 a_{t-1})(a_t-\theta_1 a_{t-1})$$

取其数学期望，得：

$$\sigma_x^2=(1+\theta_1^2)\sigma_a^2 \tag{6.4.36}$$

对式(6.4.35)两边同乘 x_{t-1}，取期望并除以 σ_x^2，有：

$$\rho_1=-\frac{\theta_1\sigma_a^2}{\sigma_x^2}=-\frac{\theta_1}{1+\theta_1^2} \tag{6.4.37}$$

由上式可解得系数 θ_1。

由式(6.4.35)还可以得到：

$$a_t=\frac{1}{1-\theta_1 B}x_t=\sum_{j=0}^{\infty}\theta_1^j B^j x_t=\sum_{j=0}^{\infty}\theta_1^j x_{t-j} \tag{6.4.38}$$

上式表明，白噪声也可用前期无穷时刻的随机序列 $\{x_t\}$ 来表示。类似于 $AR(1)$ 的讨论，欲使 a_t 的方差有限，必须满足条件：$|\theta_1|<1$，此时称 $MA(1)$ 系统是可逆的。

(2)二阶滑动模型

当 $q=2$ 时，得二阶滑动模型 $MA(2)$：

$$x_t=a_t-\theta_1 a_{t-1}-\theta_2 a_{t-2} \tag{6.4.39}$$

对上式两边同乘以 $x_{t-k}(k=0,1,2)$，并取数学期望，有：

$$\begin{cases}\sigma_x^2=(1+\theta_1^2+\theta_2^2)\sigma_a^2\\ \rho_1\sigma_x^2=(-\theta_1+\theta_1\theta_2)\sigma_a^2\\ \rho_2\sigma_x^2=-\theta_2\sigma_a^2\end{cases} \tag{6.4.40}$$

解此方程组，得自相关系数与模型系数的关系式：

$$\begin{cases}\rho_1=\dfrac{-\theta_1+\theta_1\theta_2}{1+\theta_1^2+\theta_2^2}\\ \rho_2=\dfrac{-\theta_2}{1+\theta_1^2+\theta_2^2}\end{cases} \tag{6.4.41}$$

仿照二阶自回归模型的推导方法，令：

$$\theta(B)=1-\theta_1 B-\theta_2 B^2=(1-\nu_1 B)(1-\nu_2 B)$$

则可同样导出 $MA(2)$ 系统的可逆性条件为：$|\nu_k|<1(k=1,2)$，其中 ν_k 为 B 的多项式的特征方程的特征根。

(3) q 阶滑动平均模型 $MA(q)$

将式(6.4.34)两边同乘以 $x_{t-k}(k=0,1,\cdots,q-1)$，并取数学期望，有：

$$\begin{cases}\sigma_x^2=(1+\theta_1^2+\cdots+\theta_q^2)\sigma_a^2\\ \rho_k=\dfrac{-\theta_k+\theta_1\theta_{k+1}+\cdots+\theta_{q-k}\theta_q}{1+\theta_1^2+\theta_2^2+\cdots+\theta_q^2}(k=1,2,\cdots,q)\end{cases}\tag{6.4.42}$$

而 $MA(q)$ 系统的可逆性条件是多项式：

$$\theta(B)=1-\theta_1 B-\cdots-\theta_q B^q$$

所对应的特征方程：

$$\nu^q-\theta_1\nu^{q-1}-\cdots-\theta_q=0\tag{6.4.43}$$

的特征根 ν_k 满足条件：$|\nu_k|<1(k=1,2,\cdots,q)$。此时的滑动平均模型：

$$x_t=\theta(B)a_t\tag*{(6.4.34)$'$}$$

称为可逆滑动平均模型，而 x_t 称为可逆滑动平均序列。

(4)滑动平均模型的系数估计

利用一组实测样本 $x_t(t=\overline{1,n})$ 的自相关系数作为 $\rho_1,\rho_2,\cdots,\rho_q$ 的估计，再利用自相关函数与自相关系数的关系，可作出 $MA(q)$ 模型的系数估计。

如当 $q=1$ 时，对式(6.4.37)作估计，有：

$$\hat{\rho}_1=-\frac{\hat{\theta}_1\hat{\sigma}_a^2}{\hat{\sigma}_x^2}=r_1$$

即：

$$\hat{\theta}_1=-\frac{r_1\hat{\sigma}_x^2}{\hat{\sigma}_a^2}\tag{6.4.44}$$

代入式(6.4.36)，得：

$$\hat{\sigma}_a^4-\hat{\sigma}_x^2\hat{\sigma}_a^2+r_1^2\hat{\sigma}_x^4=0$$

解得：

$$\hat{\sigma}_a^2=\hat{\sigma}_x^2\,\frac{1\pm\sqrt{1-4r_1^2}}{2}\tag{6.4.45}$$

代入式(6.4.44)，得：

$$\hat{\theta}_1=-\frac{2r_1}{1\pm\sqrt{1-4r_1^2}}=-\frac{1\pm\sqrt{1-4r_1^2}}{2r_1}\tag{6.4.46}$$

上式中根式前正、负号的选取取决于可逆性条件：$|\theta_1|<1$，即所取的符号必须保证 $|\hat{\theta}_1|<1$。

当 $q=2$ 时，将得到一个关于 $\hat{\sigma}_a^2$ 的四次方程。由于对高次代数方程的求解较困难，一般在 $q\geqslant 2$ 时不用上述方法，而是采用迭代法来估计模型中的系数。其具体步骤如下：

将式(6.4.42)改写成：

$$\begin{cases}(\hat{\sigma}_a^2)^{(l+1)}=\hat{\sigma}_x^2[1+(\hat{\theta}_1^2)^{(l)}+\cdots+(\hat{\theta}_q^2)^{(l)}]^{-1}\\(\hat{\theta}_k)^{(l+1)}=-\left(\dfrac{r_k\hat{\sigma}_x^2}{(\hat{\sigma}_a^2)^{(l+1)}}-(\hat{\theta}_1)^{(l)}(\hat{\theta}_{k+1})^{(l)}-\cdots-(\hat{\theta}_{q-k})^{(l)}(\hat{\theta}_q)^{(l)}\right),(k=1,2,\cdots,q)\end{cases}\tag{6.4.47}$$

然后给出 $\hat{\theta}_1,\hat{\theta}_2,\cdots,\hat{\theta}_q$ 及 $\hat{\sigma}_a^2$ 的一组初值(如：$\theta_1^{(0)}=\hat{\theta}_2^{(0)}=\cdots=\hat{\theta}_q=0$)，并将其代入式(6.4.47)右边，计算出相应的 $(\hat{\sigma}_a^2)^{(1)}$ 及 $\hat{\theta}_k^{(1)}(k=\overline{1,q})$ 之值。

将所得第一步的值 $(\hat{\sigma}_a^2)^{(1)}$ 及 $\hat{\theta}_k^{(1)}(k=\overline{1,q})$ 继续代入式(6.4.47)右边，并计算出下一步相应的 $(\hat{\sigma}_a^2)^{(2)}$ 及 $\hat{\theta}_k^{(2)}(k=\overline{1,q})$ 之值。

依此类推，不停地迭代下去，直至所计算的值达到稳定为止。

根据上述对自回归模型及滑动平均模型的讨论可知：当系数多项式 $\varphi(B)$ 和 $\theta(B)$ 无公共因子，且分别满足平稳性和可逆性条件时，我们称模型式(6.4.33)为平稳自回归—可逆滑动平均混合模型。

同理，对一个给定的形如式(6.4.31)或式(6.4.33)的随机模型，我们可以求出相应方程 $\varphi(B)=0$ 和 $\theta(B)=0$ 的根，并根据平稳性和可逆性条件来判断模型是否是平稳和可逆的。

6.4.2.2 ARMA 模型的另外两种等价形式

(1)ARMA 模型的传递形式与格林函数

由模型式(6.4.33)可得：

$$x_t=\theta(B)\varphi^{-1}(B)a_t=G(B)a_t=\sum_{j=0}^{\infty}G_ja_{t-j}\tag{6.4.48}$$

其中：
$$G(B)=\theta(B)\varphi^{-1}(B)=\sum_{J=0}^{\infty}G_jB^j=G_0+G_1B+G_2B^2+\cdots\tag{6.4.49}$$

易见 $G_0=1$，其他的 $G_1,G_2,\cdots$ 可由递推形式逐个获得。如：由 $\varphi(B)G(B)=\theta(B)$ 可知等式右边 B 的系数是 $(-\theta_1)$，等式左边的系数是 $(G_1-\varphi_1)$，则由 $-\theta_1=G_1-\varphi_1$ 得到：$G_1=\varphi_1-\theta_1$。所以称式(6.4.48)是 *ARMA* 模型式(6.4.33)的传递形式，其平稳解 x_t 用白噪声 a_t 的无穷滑动和的形式表达出来。而 $\{G_j\}$ 称为传递函数或格林函数。

对纯滑动平均模型 $MA(q)$ 而言，其本身就是传递形式。因为此时 $\varphi(B)$ 恒等于 1，即：$\varphi(B)\equiv1$，所以 $G(B)=\theta(B)$，故有：

$$1+G_1B+G_2B^2+\cdots=1-\theta_1B-\theta_2B^2-\cdots-\theta_qB^q$$

即：
$$G_j=\begin{cases}-\theta_j & 1\leqslant j\leqslant q\\0 & j>q\end{cases}\tag{6.4.50}$$

此时我们称$\{G_j\}$是q步截尾的。

对于一般的$ARMA$模型式(6.4.48),为了保证无穷滑动和是在均方意义下收敛的,就必须要求$\sum_j G_j^2<\infty$。事实上我们有一个更强的结论:当$j\to\infty$时,$|G_j|$依负指数律趋于零。其证明如下:

由$\theta(B)=\varphi(B)G(B)$得

$$\begin{aligned}1-\theta_1B-\theta_2B^2-\cdots-\theta_qB^q &= (1-\sum_{j=1}^{p}\varphi_jB^j)(\sum_{j=0}^{\infty}G_jB^j)\\ &= \sum_{j=0}^{\infty}G_jB^j-\sum_{j=0}^{\infty}\sum_{k=1}^{p}\varphi_kG_jB^{j+k}\\ &= \sum_{j=0}^{\infty}G_jB^j-\sum_{l=1}^{\infty}\sum_{k=1}^{\min(p,l)}\varphi_kG_{l-k}B^l\\ &= 1-\sum_{l=1}^{\infty}(G_l-\sum_{k=1}^{\min(p,l)}\varphi_kG_{l-k})B^l\end{aligned}$$

比较可知,当$l>q$时,有:

$$G_l-\sum_{k=1}^{\min(p,l)}\varphi_kG_{l-k}=0$$

特别当$l>\max(p,q)$时,上式又可简记为:

$$\varphi(B)G_l=0,\text{当 } l>\max(p,q)\text{时}$$

这说明当$l>\max(p,q)$时,G_l满足上述差分方程。根据常系数线性差分方程的性质,对上述普通的常系数线性差分方程,可以知道$G_0,G_1,\cdots,G_{\max(p,q)}$都是有穷值;由于多项式$\varphi(B)$满足平稳性条件,根据差分方程理论,应该存在正常数$C_1,C_2$满足:

$$|G_l|\leqslant C_1e^{-C_2l},l\geqslant 0 \tag{6.4.51}$$

即$|G_l|$被一负指数函数所控制而趋于零,称为拖尾。

(2)ARMA模型的逆转形式与逆函数

逆转形式与传递形式相反,是以随机序列的加权和去表示白噪声序列:

$$a_t=\theta^{-1}(B)\varphi(B)x_t=\Pi(B)x_t=-\sum_{j=0}^{\infty}\pi_jx_{t-j}=x_t-\sum_{j=1}^{\infty}\pi_jx_{t-j} \tag{6.4.52}$$

其中$\pi_0=-1$。我们称上式为$ARMA$模型的逆转形式,而$\Pi(B)$称为逆函数,其表达式为:

$$\Pi(B)=\theta^{-1}(B)\varphi(B) \tag{6.4.53}$$

即:　$$\Pi(B)=-\sum_{j=0}^{\infty}\pi_jB^j=1-\sum_{j=1}^{\infty}\pi_jB^j=-\pi_0-\pi_1B-\pi_2B^2-\cdots \tag{6.4.53$'$}$$

对$ARMA(p,0)$模型,即$AR(p)$模型,式(6.4.4)′本身就是逆转形式,因此有:

$$\pi_j=\begin{cases}\varphi_j & 1\leqslant j\leqslant p\\ 0 & j>p\end{cases} \tag{6.4.54}$$

可见其逆函数为 p 步截尾的。

对 $ARMA(p,q)$ 模型，当 $l>\max(p,q)$ 时，π_l 也满足差分方程：

$$\theta(B)\pi_l=0$$

类似于传递函数的讨论，当 $\theta(B)$ 满足可逆性条件时，也被负指数所控制，即有：

$$|\pi_j|<g_1e^{-g_2j},j\geqslant 0,g_1,g_2\text{ 为正常数} \tag{6.4.55}$$

与格林函数一样，逆函数一般也由比较等式两边 B 的同次幂的系数求得。

对于 $MA(1)$，因 $x_t=(1-\theta_1B)a_t$，故有：

$$\Pi(B)=(1-\theta_1B)^{-1}=\sum_{j=0}^{\infty}\theta_1^jB^j=1-\sum_{j=1}^{\infty}(-\theta_1^j)B^j$$

比较系数，有 $\pi_0=-1,\pi_j=-\theta_1^j(j\geqslant 1)$。当 $|\theta_1|<1$ 时，显然有幂级数 $\Pi(B)$ 收敛。

对于 $MA(2)$，因 $x_t=(1-\theta_1B-\theta_2B^2)a_t$，故有：

$$\theta(B)\Pi(B)=1$$

即：
$$(1-\theta_1B-\theta_2B^2)(1-\pi_1B-\pi_2B^2)=1$$

则：
$$\pi_0=-1,\pi_1=-\theta_1,\pi_k=\theta_1\pi_{k-1}+\theta_2\pi_{k-2}(k\geqslant 2)$$

对于 $ARMA(1,1)$，因 $(1-\varphi_1B)x_t=(1-\theta_1B)a_t$，故其逆形式为：

$$a_t=(1-\theta_1B)^{-1}(1-\varphi_1B)x_t=(1-\varphi_1B)\sum_{j=0}^{\infty}\theta_1^jB^jx_t=(1-\sum_{j=1}^{\infty}\pi_jB^j)x_t$$

于是有 $\pi_0=-1,\pi_k=-\theta_1^{k-1}(\theta_1-\varphi_1),(k\geqslant 1)$。

6.4.2.3　ARMA 序列的自相关函数

利用 $ARMA$ 序列的传递形式 $x_t=\sum_{j=0}^{\infty}G_ja_{t-j}$ 及白噪声 a_t 的性质，可得到 x_t 的自协方差函数：

$$R_k=M[x_tx_{t+k}]=\sigma_a^2\sum_{j=0}^{\infty}G_jG_{k+j}=R_{-k},k\geqslant 0 \tag{6.4.56}$$

x_t 的自相关函数：

$$\rho_k=\frac{M[x_tx_{t+k}]}{\sqrt{M[x_t^2]M[x_{t+k}^2]}}=[\sum_{j=0}^{\infty}G_jG_{j+k}][\sum_{j=0}^{\infty}G_j^2]^{-1}=\rho_{-k},k\geqslant 0 \tag{6.4.57}$$

由以上两式可知，$ARMA$ 序列的自协方差函数 R_k 与格林函数确实是自协方差函数的本质，$ARMA$ 序列的自协方差函数与格林函数一样在平稳条件下也是负指数衰减的，所以从理论上说，如果一个随机序列的自协方差函数不服从负指数衰减，就可以判定序列不是 $ARMA$ 序列。

以上给出的只是 R_k 和 ρ_k 的表达形式之一，下面将分别讨论 $AR(p)$、$MA(q)$、$ARMA(p,q)$ 序列的自相关函数的具体性质及其他表达方式。

(1)$MA(q)$序列的自相关函数

将 $x_t=\theta(B)a_t$ 代入式(6.4.56)和式(6.4.57),可得:

$$R_k=\begin{cases}\sigma_a^2(1+\theta_1^2+\theta_2^2+\cdots+\theta_q^2) & k=0\\ \sigma_a^2(-\theta_k+\theta_1\theta_{k+1}+\cdots+\theta_{q-k}\theta_q) & 1\leqslant k\leqslant q\\ 0 & k>q\end{cases}\tag{6.4.58}$$

$$\rho_k=\begin{cases}1 & k=0\\ \dfrac{-\theta_k+\theta_1\theta_{k+1}+\cdots+\theta_{q-k}\theta_q}{1+\theta_1^2+\theta_2^2+\cdots+\theta_q^2} & 1\leqslant k\leqslant q\\ 0 & k>q\end{cases}\tag{6.4.59}$$

式(6.4.58)和式(6.4.59)表明当 x_t 与 $x_{t+\tau}$ 之间的时间间隔 $|\tau|>q$ 时,x_t 和 $x_{t+\tau}$ 不相关,即 $MA(q)$序列的自协方差函数 R_k 或自相关函数 ρ_k 在 $k>q$ 以后全部为零,也就是说它们具有"截尾"性质;反之,也可证明,若一平稳序列的自协方差(或自相关)函数为截尾,则该序列必为 $MA(q)$序列。因此,自相关函数是否 q 步截尾可判定序列是否为 $MA(q)$模型。

此外,式(6.4.58)和式(6.4.59)表明 R_k 和 ρ_k 与模型参数$(\theta_1,\theta_2,\cdots,\theta_q)$,$\sigma_a^2$ 的相互关系,根据这些关系,由 R_k 或 ρ_k 也可反解出 $\theta_1,\theta_2,\cdots,\theta_q$ 和 σ_a^2 来。

(2)$AR(p)$序列的自相关函数

$AR(p)$序列的自相关函数没有 $MA(q)$序列那样的截尾性质。在本节开始的自回归模型介绍中,我们得到如下结果:

$$\rho_k=\varphi_1\rho_{k-1}+\varphi_2\rho_{k-2}+\cdots+\varphi_p\rho_{k-p}\ (k>0)\tag{6.4.60}$$

即:

$$\varphi(B)\rho_k=0\ (k>0)\tag{6.4.61}$$

和:

$$\begin{pmatrix}\varphi_1\\ \varphi_2\\ \vdots\\ \varphi_p\end{pmatrix}=\begin{pmatrix}1 & \rho_1 & \cdots & \rho_{p-1}\\ \rho_1 & 1 & \cdots & \rho_{p-2}\\ \vdots & \vdots & \vdots & \vdots\\ \rho_{p-1} & \rho_{p-2} & \cdots & 1\end{pmatrix}^{-1}\begin{pmatrix}\rho_1\\ \rho_2\\ \vdots\\ \rho_p\end{pmatrix}\tag{6.4.62}$$

式(6.4.61)就是自相关函数所满足的差分方程。由差分方程求根理论可知,自相关函数和自协方差函数在平稳条件下是被负指数控制的,是一种指数衰减序列,故说 $AR(p)$模型的 R_k 和 ρ_k 是"拖尾"的。

式(6.4.62)说明从 ρ_k 还可以解出模型参数 φ_i 的估计值 $\hat{\varphi}_i$,其求解方法见自回归模型的介绍。

在知道了模型参数 φ_i 和 R_k 或 ρ_k 后,我们还可以通过式(6.4.16)计算出另一个重要 参数 σ_a^2:

$$\sigma_a^2=\sigma_x^2(1-\sum_{k=1}^{p}\varphi_k\rho_k)\tag{6.4.16}$$

还可利用：
$$R_k = \sum_{j=1}^{p} \varphi_j R_{k-j} \tag{6.4.63}$$
将其改写为：
$$\sigma_a^2 = \sigma_x^2 - \sum_{i=1}^{p} \varphi_i \rho_i \sigma_x^2 = R_0 - \sum_{i=1}^{p} \varphi_i R_i = R_0 - \sum_{i=1}^{p} \sum_{j=1}^{p} \varphi_i \varphi_j R_{i-j} \tag{6.4.64}$$

(3)$ARMA(p,q)$序列的自相关函数

对于 $ARMA(p,q)$序列，其自相关函数要复杂一些，一般先求出 x_t 与 a_t 的落后交叉协方差函数，即互协方差函数 $R_{xa}(k)$，$k(k>0)$为落后的阶数。并利用 x_t 的传递形式，可得：
$$R_{xa}(k) = M[x_t a_{t+k}] = M\left\{\left[\sum_{j=0}^{\infty} G_j a_{t-j}\right] \cdot a_{t+k}\right\}$$
$$= \sum_{j=0}^{\infty} G_j M[a_{t-j} a_{t+k}] = \begin{cases} \sigma_a^2 G_{-k} & k \leqslant 0 \\ 0 & k > 0 \end{cases} \tag{6.4.65}$$
再对 $ARMA(p,q)$模型，即式(6.4.31)：
$$x_t - \varphi_1 x_{t-1} - \varphi_2 x_{t-2} - \cdots - \varphi_p x_{t-p} = a_t - \theta_1 a_{t-1} - \theta_2 a_{t-2} - \cdots - \theta_q a_{t-q}$$
两边左乘 x_{t-k}再求期望，有：
$$R_k - \varphi_1 R_{k-1} - \cdots - \varphi_p R_{k-p} = R_{xa}(k) - \theta_1 R_{xa}(k-1) - \cdots - \theta_q R_{xa}(k-q) \tag{6.4.66}$$

由于已假定 x_t 与后期时刻的 a_{t+k} 无关，所以当 $k \geqslant q+1$ 时，将式(6.4.65)代入式(6.4.66)，上式变为：
$$\rho_k = \varphi_1 \rho_{k-1} + \varphi_2 \rho_{k-2} + \cdots + \varphi_p \rho_{k-p} \tag{6.4.67}$$
将上式两边同除以 R_0，即 σ_x^2，得：
$$\rho_k = \varphi_1 \rho_{k-1} + \varphi_2 \rho_{k-2} + \cdots + \varphi_p \rho_{k-p} \tag{6.4.68}$$
即：
$$\varphi(B)\rho_k = 0, k \geqslant q+1 \tag{6.4.69}$$
这样就得到与 $AR(p)$模型的自相关函数相同形式的差分方程，但这里的 k 不是从 $k=1$ 开始，而是从 $k=q+1$ 开始。同样，这里的 ρ_k 也是以指数衰减形式的拖尾序列。

式(6.4.68)从另一个角度告诉我们如何通过自相关函数 ρ_k 来求 $ARMA(p,q)$模型中参数 φ_i 的途径。

6.4.2.4　ARMA 模型的系数估计

(1)$ARMA(p,q)$模型的系数估计

与对 $AR(p)$模型的讨论相似，利用式(6.4.68)，取 $k=q+1,q+2,\cdots,q+p$，我们可建立 $k \geqslant q+1$ 时求解模型参数 φ_i 的 p 阶线性方程组：

$$\begin{cases}\rho_{q+1}=\varphi_1\rho_q+\varphi_2\rho_{q-1}+\cdots+\varphi_p\rho_{q-p+1}\\ \rho_{q+2}=\varphi_1\rho_{q+1}+\varphi_2\rho_q+\cdots+\varphi_p\rho_{q-p+2}\\ \cdots\cdots\\ \rho_{q+p}=\varphi_1\rho_{q+p-1}+\varphi_2\rho_{q+p-2}+\cdots+\varphi_p\rho_q\end{cases}\tag{6.4.70}$$

由此可解出 $\varphi_1,\varphi_2,\cdots,\varphi_p$。若再令：

$$y_t=x_t-\varphi_1 x_{t-1}-\varphi_2 x_{t-2}-\cdots-\varphi_p x_{t-p}\tag{6.4.71}$$

则 $ARMA(p,q)$模型可改写成：

$$y_t=a_t-\theta_1 a_{t-1}-\theta_2 a_{t-2}-\cdots-\theta_q a_{t-q}\tag{6.4.72}$$

此时的$\{y_t\}$就变成一个纯 $MA(q)$序列，故可用 $MA(q)$模型系数估计方法得到 θ_1，$\theta_2,\cdots,\theta_q$ 的估计值。

但在估计 $\theta_1,\theta_2,\cdots,\theta_q$ 时要用到 y_t 的自相关函数和自协方差函数。为了便于计算，下面就介绍如何用原序列$\{x_t\}$的自相关函数来计算序列$\{y_t\}$的自协方差函数。

由于已假设 $M[x_t]=0$，显然有 $M[y_t]=0$。于是序列$\{y_t\}$落后 k 时刻的自协方差函数可表示为：

$$\begin{aligned}R_y(k)&=M[y_t y_{t+k}]\\ &=M[(x_t-\sum_{j=1}^{p}\varphi_j x_{t-j})(x_{t+k}-\sum_{i=1}^{p}\varphi_i x_{t+k-i})]\\ &=R_x(k)-\sum_{j=1}^{p}\varphi_j R_x(k+j)-\sum_{i=1}^{p}\varphi_i R_x(k-i)+\sum_{i=1}^{p}\sum_{j=1}^{p}\varphi_i\varphi_j R_x(k+j-i)\end{aligned}$$

将其简化为：

$$R_y(k)=R_k-\sum_{j=1}^{p}\varphi_j R_{k+j}-\sum_{i=1}^{p}\varphi_i R_{k-i}+\sum_{i=1}^{p}\sum_{j=1}^{p}\varphi_i\varphi_j R_{k+j-i}\tag{6.4.73}$$

如果令：$\varphi_0=-1$，上式还可以简化成：

$$R_y(k)=\sum_{i=0}^{p}\sum_{j=0}^{p}\varphi_i\varphi_j R_{k+j-i}(k=0,1,2,\cdots,q)\tag{6.4.74}$$

若用 x_t 的自相关函数表示，则对上式两边同除以 σ_x^2 即可：

$$R'_y(k)=\frac{R_y(k)}{\sigma_x^2}=\sum_{i=0}^{p}\sum_{j=0}^{p}\varphi_i\varphi_j\rho_{k+j-i}(k=0,1,2,\cdots,q)\tag{6.4.75}$$

所以 y_t 的自协方差函数又可表示为：

$$R_y(k)=\sigma_x^2\sum_{i=0}^{p}\sum_{j=0}^{p}\varphi_i\varphi_j\rho_{k+j-i}(k=0,1,2,\cdots,q)\tag{6.4.76}$$

或：

$$R_y(k)=\sum_{i=0}^{p}\varphi_i^2 R_k+\sum_{j=1}^{p}(\varphi_0\varphi_i+\varphi_1\varphi_{i+1}+\cdots+\varphi_{p-i}\varphi_p)d_k\tag{6.4.77}$$

其中：

$$d_k=R_{k+i}+R_{k-i}\tag{6.4.78}$$

再利用 $MA(q)$模型系数的估计方法，有：

$$\begin{cases}\sigma_a^2=\dfrac{R_y(0)}{1+\theta_1^2+\cdots+\theta_q^2}\\ \theta_k=-\left(\dfrac{R_y(k)}{\sigma_a^2}-\theta_1\theta_{k+1}-\theta_2\theta_{k+2}-\cdots-\theta_{q-k}\theta_q\right)\end{cases} \tag{6.4.79}$$

依此作为求 σ_a^2 和 θ_k 的迭代公式，于是 $ARMA(p,q)$ 模型的系数就可用上述方法求出。由于是分别计算 φ_i 与 θ_k，所以又称其为分离法。

【例 1】以北京 1 月月平均气温资料为例(见表 6.17 中变量 x_2)，用 $ARMA(2,1)$ 模型建模。利用表 6.17 中的资料可得到表 6.18，把其中 1 月份的落后自相关系数 $r_2(\tau)$ 作为 x_t 的自相关函数估计。

【解】①求出 $AR(2)$ 的自回归系数。由于 $q=1$，由式(6.4.70)，有：

$$\begin{cases}\hat{\varphi}_1 r_1+\hat{\varphi}_2 r_0=r_2\\ \hat{\varphi}_1 r_2+\hat{\varphi}_2 r_1=r_3\end{cases}$$

即：

$$\begin{cases}-0.082\hat{\varphi}_1+\hat{\varphi}_2=0.065\\ 0.065\hat{\varphi}_1-0.082\hat{\varphi}_2=0.023\end{cases}$$

解得：$\hat{\varphi}_1=0.489$，$\hat{\varphi}_2=0.105$。

表 6.17　北京 12—2 月份月平均气温资料及其对应距平和标准化值

年	x_1	x_2	x_3	x_{d1}	x_{d2}	x_{d3}	x_{z1}	x_{z2}	x_{z3}
1951	1.0	−2.7	−4.3	3.7	1.8	−2.1	2.10	1.69	−1.14
1952	−5.3	−5.9	−3.5	−2.6	−1.4	−1.3	−1.49	−1.24	−0.71
1953	−2.0	−3.4	−0.8	0.7	1.1	1.4	0.39	1.05	0.76
1954	−5.7	−4.7	−1.1	−3.0	−0.2	1.1	−1.72	−0.14	0.59
1955	−0.9	−3.8	−3.1	1.8	0.7	−0.9	1.01	0.68	−0.49
1956	−5.7	−5.3	−5.9	−3.0	−0.8	−3.7	−1.72	−0.69	−2.01
1957	−2.1	−5.0	−1.6	0.6	−0.5	0.6	0.33	−0.42	0.32
1958	0.6	−4.3	0.2	3.3	0.2	2.4	1.87	0.23	1.30
1959	−1.7	−5.7	2.0	1.0	−1.2	4.2	0.56	−1.06	2.27
1960	−3.6	−3.6	1.3	−0.9	0.9	3.5	−0.52	0.87	1.89
1961	−3.0	−3.1	−0.8	−0.3	1.4	1.4	−0.18	1.33	0.76
1962	0.1	−3.9	−1.1	2.8	0.6	1.1	1.58	0.59	0.59
1963	−2.6	−3.0	−5.2	0.1	1.5	−3.0	0.05	1.42	−1.63
1964	−1.4	−4.9	−1.7	1.3	−0.4	0.5	0.73	−0.32	0.27
1965	−3.9	−5.7	−2.5	−1.2	−1.2	−0.3	−0.70	−1.06	−0.17
1966	−4.7	−4.8	−3.3	−2.0	−0.3	−1.1	−1.15	−0.23	−0.60
1967	−6.0	−5.6	−4.9	−3.3	−1.1	−2.7	−1.89	−0.97	−1.47
1968	−1.7	−6.4	−5.1	1.0	−1.9	−2.9	0.56	−1.70	−1.58

续表

年	x_1	x_2	x_3	x_{d1}	x_{d2}	x_{d3}	x_{z1}	x_{z2}	x_{z3}
1969	−3.4	−5.6	−2.0	−0.7	−1.1	0.2	−0.41	−0.97	0.10
1970	−3.1	−4.2	−2.9	−0.4	0.3	−0.7	−0.24	0.32	−0.38
1971	−3.8	−4.9	−3.9	−1.1	−0.4	−1.7	−0.64	−0.32	−0.93
1972	−2.0	−4.1	−2.4	0.7	0.4	−0.2	0.39	0.41	−0.11
1973	−1.7	−4.2	−2.0	1.0	0.3	0.2	0.56	0.32	0.10
1974	−3.6	−3.3	−2.0	−0.9	1.2	0.2	−0.52	1.14	0.10
1975	−2.7	−3.7	0.1	0.0	0.8	2.3	−0.01	0.78	1.24
1976	−2.4	−7.6	−2.2	0.3	−3.1	0.0	0.16	−2.80	0.00
1977	−0.9	−3.5	−2.3	1.8	1.0	−0.1	1.01	0.96	−0.06
1978	−2.7	−4.2	−0.5	0.0	0.3	1.7	−0.01	0.32	0.92
1979	−1.6	−4.5	−2.9	1.1	0.0	−0.7	0.62	0.04	−0.38
1980	−3.9	−4.8	−1.4	−1.2	−0.3	0.8	−0.70	−0.23	0.43
均值	−2.7	−4.5	−2.2						
标准差	1.75	1.09	1.84						

表 6.18　自相关系数表

τ	0	1	2	3	4	5	6	7	8	9
$r_1(\tau)$	3.078	−0.218	0.138	−0.318	0.256	−0.223	−0.108	0.105	−0.299	−0.064
$r_2(\tau)$	1.190	−0.082	0.065	0.023	−0.144	−0.194	−0.387	−0.052	0.016	0.084
$r_3(\tau)$	3.402	0.413	0.050	−0.122	−0.094	0.094	−0.168	−0.267	−0.478	−0.474

②求 $MA(1)$的系数。由式(6.4.75),可得：

$$R'_y(0)=(\hat{\varphi}_0^2+\hat{\varphi}_1^2+\hat{\varphi}_2^2)r_0+2(\hat{\varphi}_1\hat{\varphi}_0+\hat{\varphi}_1\hat{\varphi}_2)r_1+2\hat{\varphi}_0\hat{\varphi}_2r_2=1.308$$

$$R'_y(1)=(\hat{\varphi}_0^2+\hat{\varphi}_1^2+\hat{\varphi}_2^2)r_1+2(\hat{\varphi}_1\hat{\varphi}_0+\hat{\varphi}_1\hat{\varphi}_2)(r_2+r_0)+2\hat{\varphi}_0\hat{\varphi}_2(r_3+r_1)=-0.562$$

故：$\hat{R}_y(0)=1.308\times1.19=1.557$，$\hat{R}_y(1)=-0.562\times1.19=-0.669$

利用公式(6.4.79),有：

$$\begin{cases}(\hat{\sigma}_a^2)^{(l+1)}=\dfrac{\hat{R}_y(0)}{1+(\hat{\theta}_1^2)^{(l)}}\\[2ex](\hat{\theta}_1^2)^{(l+1)}=-\dfrac{\hat{R}_y(1)}{(\hat{\sigma}_a^2)^{(l+1)}}\end{cases}$$

取初值$(\hat{\theta}_1^2)^{(0)}=0$,迭代过程见表 6.19,最终结果为 $\hat{\sigma}_a^2=1.177$，$\hat{\theta}_1=0.568$。

表 6.19　迭代过程

迭代次数	$\hat{\sigma}_a^2$	$\hat{\theta}_1$	迭代次数	$\hat{\sigma}_a^2$	$\hat{\theta}_1$
1	1.557	0.430	6	1.183	0.565
2	1.314	0.509	7	1.180	0.567
3	1.237	0.541	8	1.178	0.568
4	1.205	0.555	9	1.177	0.568
5	1.190	0.562	10	1.177	0.568

于是得到北京 1 月份月平均气温的 $ARMA(2,1)$模型为：

$$x_t=0.489x_{t-1}+0.105x_{t-2}-0.568a_{t-1}+a_t$$

另外，$ARMA(p,q)$模型的参数还可通过非线性最小二乘法估计。以 $ARMA(2,1)$模型为例：

$$x_t=\varphi_1 x_{t-1}+\varphi_2 x_{t-2}+a_t-\theta_1 a_{t-1} \tag{6.4.80}$$

令
$$\hat{x}_t=\varphi_1 x_{t-1}+\varphi_2 x_{t-2}-\theta_1 a_{t-1} \tag{6.4.81}$$

则
$$x_t=\hat{x}_t+a_t \tag{6.4.82}$$

或
$$a_t=x_t-\hat{x}_t \tag{6.4.82$'$}$$

视 a_t 为估计 x_t 的残差，那么式(6.4.81)就可以看成回归模型。再利用 $ARMA$ 模型的逆转形式，即公式(6.4.52)，视 a_{t-1}为 x_t 不同时刻的线性组合，其系数为 π_i，且 π_i 是 φ_j 与 θ_k 的函数，将其代入式(6.4.81)就可得到非线性系数的回归方程，从而可用非线性最小二乘法估计其系数。

(2)$ARMA(p,q)$模型系数的另一种估计方法——逆函数估计法

由式(6.4.52)可知：

$$\varphi(B)=\theta(B)\Pi(B) \tag{6.4.83}$$

将上式展开，我们有：

$$\begin{aligned}&1-\varphi_1 B-\varphi_2 B^2-\cdots-\varphi_p B^p\\&=(1-\theta_1 B-\theta_2 B^2-\cdots-\theta_q B^q)(1-\pi_1 B-\pi_2 B^2-\cdots)\end{aligned} \tag{6.4.84}$$

令等式两边 B 的同次幂的系数相等，有：

$$\begin{cases}\varphi_1=\pi_1+\theta_1\\ \varphi_2=\pi_2-\theta_1\pi_1+\theta_2\\ \varphi_3=\pi_3-\theta_1\pi_2-\theta_2\pi_1+\theta_3\\ \cdots\cdots\\ \varphi_j=\pi_j-\theta_1\pi_{j-1}-\theta_2\pi_{j-2}-\cdots+\theta_j\end{cases} \tag{6.4.85}$$

若令：
$$\begin{cases}\theta_0=-1\\ \pi_0=-1\end{cases} \tag{6.4.86}$$

则式(6.4.85)可简写成：
$$\varphi_j=-\sum_{i=0}^{j}\theta_i\pi_{j-i} \tag{6.4.85$'$}$$
根据 $ARMA(p,q)$ 模型中自相关函数的性质可知，当 $j>q$ 时仅有式(6.4.70)的形式存在，即仅存在 $AR(p)$ 模型，所以可令 $\theta_j=0$，从而有：$\pi_j=\varphi_j(j=\overline{1,p})$ 和 $\pi_j=0(j>p)$。虽然这结果对 $ARMA(p,q)$ 模型并不严格成立，但可逆性条件保证了当 j 足够大时 π_j 趋于零。所以当 p 足够大时可先求出 $AR(p)$ 模型的 φ_j 值，并以此作为 π_j 的估计值；然后再假定 $j>p,\varphi_j=0$，将 π_j 的估计值代入式(6.4.85)，求出 θ_i 的估计值；最后用 π_j 和 θ_i 的估计值再次代入式(6.4.85)，求出 φ_k 的估计值。如此反复迭代，直至参数迭代稳定为止。

在参数迭代求解过程中，θ_i 的估计值可能不一定满足可逆性条件，为此，可将结果代入 $(1-\theta_1B-\theta_2B^2-\cdots-\theta_qB^q)$，并进行因式分解，即：
$$(1-\theta_1B-\theta_2B^2-\cdots-\theta_qB^q)=(1-\nu_1B)(1-\nu_2B)\cdots(1-\nu_qB)$$
若其中有某个 $|\nu_k|>1$，则取其倒数重新对 ν_k 赋值，再代入上式求出满足可逆性条件的新的 θ_i 估计值，并以此返回迭代过程。

6.4.2.5 $ARMA(p,q)$ 模型的预报

从 $ARMA(p,q)$ 模型的传递形式出发，可以得到未来 l 时刻的 x_{t+l}：
$$x_{t+l}=G(B)a_{t+l}=a_{t+l}+G_1a_{t+l-1}+\cdots+G_{l-1}a_{t+1}+G_la_t+G_{l+1}a_{t-1}+\cdots$$
上式可分解为两个部分，其中一部分与未来时刻的白噪声值 $(a_{t+1},a_{t+2},\cdots,a_{t+l})$ 有关，记为：
$$e_t(l)=a_{t+l}+G_1a_{t+l-1}+\cdots+G_{l-1}a_{t+1} \tag{6.4.87}$$
称之为预报未来 l 时刻的预报误差。

另一部分与目前及其过去的白噪声值有关，记为：
$$\hat{x}_t(l)=G_la_t+G_{l+1}a_{t-1}+\cdots \tag{6.4.88}$$
称之为预报未来 l 时刻的估计。

于是 x_{t+l} 可表示为：
$$x_{t+l}=\hat{x}_t(l)+e_t(l) \tag{6.4.89}$$

根据白噪声的性质，我们很容易证明预报误差具有如下特点：
$$\begin{cases}M[e_t(l)]=0\\ D[e_t(l)]=(1+G_1^2+G_2^2+\cdots+G_{l-1}^2)\sigma_a^2\end{cases} \tag{6.4.90}$$

在具体预报时，模型还必须遵循如下条件：

①现在或过去的观测值的条件期望就是同此测值(同已知样本资料)；

②未来观测资料的条件期望就是它的预报值；

③现在或过去的白噪声的条件期望就是 a_t 本身，它是可以计算出来的；

④未来白噪声的条件期望为零。

【例 2】利用例 1 已经建立的北京 1 月份月气温距平预报模型 $ARMA(2,1)$，对 1981 年的月平均气温作预报。

已知模型：

$$x_t = 0.489x_{t-1} + 0.105x_{t-2} - 0.568a_{t-1} + a_t$$

对上式稍作变换，并用过去的实测值代替预报值，且设 $a_{t-3}=0$ 作为对 a_t 计算的截断，就可得到对不同时刻 a_t 的表达式：

$$a_t = x_t - 0.489x_{t-1} - 0.105x_{t-2} + 0.568a_{t-1}$$

$$a_{t-1} = x_{t-1} - 0.489x_{t-2} - 0.105x_{t-3} + 0.568a_{t-2}$$

$$a_{t-2} = x_{t-2} - 0.489x_{t-3} - 0.105x_{t-4} + 0.568a_{t-3}$$

若令 $t=1980$ 年，代入表 6.17 中 1 月份月气温的距平值，则可得到 1978 年、1979 年及 1980 年三时刻白噪声的估计值：

$$\hat{a}_{t-2} = 0.3 - 0.489\times 1.0 - 0.105\times(-3.1) = 0.137$$

$$\hat{a}_{t-1} = 0.0 - 0.489\times 0.3 - 0.105\times 1.0 + 0.568\times 0.137 = -0.174$$

$$\hat{a}_t = -0.3 - 0.489\times 0.0 - 0.105\times 0.3 + 0.568\times(-0.174) = -0.430$$

则下一个时刻的预报估计值为：

$$\hat{x}_{t+1} = \hat{x}_t(1) = 0.489x_t + 0.105x_{t-1} - 0.568\hat{a}_t$$
$$= 0.489\times(-0.3) + 0.105\times(0) - 0.568\times(-0.430) = 0.098$$

由于上述结果是距平预报值，而北京 1 月份气温月平均值为 −4.5℃，所以，1981 年北京 1 月份的月平均气温估计值为：−4.5℃ + 0.098℃ = −4.402℃（实况为 −4.3℃）。

根据式(6.4.90)，此时方程预报的平均误差估计为：$\hat{D}[e_t(1)] = \hat{\sigma}_a^2 = 1.177$；由"$1.96\sigma$ 原则"可得到其 95％置信区间为：$-4.402 \pm 1.96\sqrt{1.177}$，即有：

$P[-6.6 \leqslant y(t+1) \leqslant -2.3] = 95\%$（其中 $y(t+1)$ 为 $(t+1)$ 时刻的实况值）。

当要作 $\hat{x}_{t+l}(l>1)$ 的预报时，仍要先算出 $\hat{x}_{t+1}$，并视其为 $(t+1)$ 时刻的实况距平值 x_{t+1}；由此求出下一时刻的 $\hat{x}_{t+2}$，依此类推，得到 $\hat{x}_{t+l}$。但在误差估计时，要用到 $G(B)$ 多项式中的系数 G_j，而求 G_j 时可通过模型中的参数进行估计。因为：

$$G(B) = \varphi^{-1}(B)\theta(B)$$

所以：

$$\varphi(B)G(B) = \theta(B) \tag{6.4.91}$$

即：$(1-\varphi_1 B - \varphi_2 B^2 - \cdots - \varphi_p B^p)(1 + G_1 B + G_2 B^2 + \cdots) = 1 - \theta_1 B - \theta_2 B^2 - \cdots - \theta_q B^q$

比较等式两边 B 的同次幂系数即可得到如下关系式：

$$\begin{cases} G_1 - \varphi_1 = -\theta_1 \\ G_2 - \varphi_1 G_1 - \varphi_2 = -\theta_2 \\ \cdots\cdots \\ G_{q-1} - \varphi_1 G_{q-2} - \cdots - \varphi_{q-1} = -\theta_{q-1} \end{cases} \tag{6.4.92}$$

由 φ_i、θ_j 可解出系数 $G_1, G_2, \cdots, G_{q-1}$。将其代入式(6.4.90)，即可得到各步长预报残差的方差估计。

还可以从 $ARMA$ 模型的逆形式出发，用 x_t 的过去实测值进行预报。根据式(6.4.52)，可得到：

$$x_t = \sum_{j=1}^{\infty} \pi_j x_{t-j} + a_t \tag{6.4.93}$$

若视 a_t 为误差部分，则可得到 x_t 的预报模型：

$$\hat{x}_t = \sum_{j=1}^{\infty} \pi_j x_{t-j} \tag{6.4.94}$$

其中待定系数 π_j 可通过 $ARMA$ 模型的系数及等式(6.4.53)求出。

以 $ARMA(2,2)$ 模型为例，导出 φ_i、θ_i 及 π_j 之间的关系式。

根据式(6.4.53)：　$\Pi(B) = \theta^{-1}(B)\varphi(B)$

有：

$$\begin{cases} \pi_1 = \varphi_1 - \theta_1 \\ \pi_2 = \varphi_2 + \theta_1 \pi_1 - \theta_2 \\ \pi_3 = \varphi_3 + \theta_2 \pi_1 + \theta_1 \pi_2 - \theta_3 \end{cases} \tag{6.4.95}$$

为保证求解过程中模型的可逆性条件，要求：

$$\theta(B) = 1 - \theta_1 B - \theta_2 B^2 = (1 - \nu_1 B)(1 - \nu_2 B)$$

所对应的特征方程的根 $|\nu_1| < 1$ 及 $|\nu_2| < 1$。当 θ_i 的值不满足可逆性条件时，必须用类似于迭代方法中处理特征根的数学手段，对其作适当的调整，使其满足可逆性条件。最后求出 θ_1、θ_2 与 ν_1、ν_2 的关系式，并代入式(6.4.95)，以此解出 π_i 的表达式。其过程为：

根据线性方程，有：

$$\begin{cases} \theta_1 = \nu_1 + \nu_2 \\ \theta_2 = -\nu_1 \nu_2 \end{cases}$$

将其代入式(6.4.95)，分别有：

$$\begin{aligned} \pi_1 &= \varphi_1 - (\nu_1 + \nu_2) \\ \pi_2 &= \varphi_2 + \theta_1(\varphi_1 - \theta_1) - \theta_2 \\ &= \varphi_2 + \varphi_1(\nu_1 + \nu_2) - (\nu_1 + \nu_2)^2 + \nu_1 \nu_2 \\ &= \varphi_2 + \varphi_1(\nu_1 + \nu_2) - [\nu_1^2 + \nu_1 \nu_2 + \nu_2^2] \\ \pi_3 &= \theta_2(\varphi_1 - \theta_1) + \theta_1 \{\varphi_2 + \varphi_1(\nu_1 + \nu_2) - [\nu_1^2 + \nu_1 \nu_2 + \nu_2^2]\} \\ &= \varphi_2(\nu_1 + \nu_2) + \varphi_1(\nu_1 + \nu_2)^2 - \varphi_1 \nu_1 \nu_2 - (\nu_1 + \nu_2)(\nu_1^2 + \nu_2^2) \\ &= \varphi_2(\nu_1 + \nu_2) + \varphi_1[(\nu_1^2 + \nu_1 \nu_2 + \nu_2^2)] - [\nu_1^3 + \nu_1 \nu_2 + \nu_1^2 \nu_2 + \nu_2^3] \end{aligned}$$

下面以一个 $ARMA(2,2)$ 模型为例，说明上述计算过程。

【例 3】已知 $ARMA(2,2)$ 模型：$x_t=1.344x_{t-1}-0.431x_{t-2}+a_t-0.419a_{t-1}-0.034a_{t-2}$

试求出其预报模型。

【解】由模型可知：$\varphi_1=1.344,\varphi_2=-0.431,\theta_1=0.419,\theta_2=0.034$。据此可解出：$\nu_1=0.489,\nu_2=-0.070$。由此可见，其解满足可逆性条件，将其代入上述 π_i 计算公式，有：

$\hat{\pi}_1=1.344-(0.489-0.070)=0.925$

$\hat{\pi}_2=-0.431+1.344(0.489-0.070)-[0.489^2-0.489\times0.070+0.070^2]=-0.078$

$$\begin{aligned}\hat{\pi}_3&=-0.431\times(0.489-0.07)+1.344\times(0.489^2-0.489\times0.07+0.07^2)\\&\quad-(0.489^3-0.489\times0.07-0.489^2\times0.07-0.07^3)\\&=-0.0009\end{aligned}$$

由于 $\hat{\pi}_3=-0.0009$ 太小，可考虑略去。所以给出的 $ARMA(2,2)$ 模型可变为：

$$x_t\approx0.925x_{t-1}-0.078x_{t-2}+a_t$$

相应的预报模型为：　$\hat{x}_t\approx0.925x_{t-1}-0.078x_{t-2}$

对【例 1】的结果：$x_t=0.489x_{t-1}+0.105x_{t-2}-0.568a_{t-1}+a_t$

由于 $\nu_1=\theta_1=0.568<1$ 满足可逆性条件，所以将上述数据直接代入 π_i 计算公式，有：

$\pi_1=-0.079,\pi_2=0.060,\pi_3=0.034,\pi_4=0.019$。略去 π_4 以后的项，得到的预报方程为：

$$\hat{x}_t=-0.079x_{t-1}+0.060x_{t-2}+0.034x_{t-3}+0.019x_{t-4}$$

用 1 月气温距平值代入上式，就可得到 1981 年 1 月气温预报距平为 0.266，故有 1981 年 1 月气温偏暖的结果。

6.4.2.6　ARMA 模型阶数的选取

通过上述对 $ARMA(p,q)$ 模型的讨论不难发现，参数 p、q 的大小直接关系到计算的繁简，还与预报的精确度有关，很显然，p、q 数值大小的选取是个很重要的问题。那么如何得到合适的 p、q 值呢？

首先从误差的角度来考虑。以模型预报时的残差方差达到最小为准则构造统计量，即：

$$\hat{\sigma}_a^2=[n-(p+q+1)]^{-1}\sum_{t=1}^{n}(x_t-\hat{x}_t)^2=\min \tag{6.4.96}$$

但试验表明，残差方差最小时的模型并不一定是最佳模型，即其预报效果并不一定最佳。因而有的气象学家从信息最大化原则出发，用最小信息（损失）准则(AIC)及贝叶斯信息准则(BIC)来寻找合适的 p、q 值。其数学表达式分别为：

$$\mathrm{AIC}=n\ln\hat{\sigma}_a^2+2(p+q+1)=\min \tag{6.4.97}$$

$$\mathrm{BIC}=n\ln\hat{\sigma}_a^2+(p+q+1)\ln n=\min \tag{6.4.98}$$

其次从误差减小的幅度来考虑。这是一种动态的建模方案，它的主要思想是：通过 m 数值的逐步增加来考察 $ARMA(m,m-1)$ 模型残差平方和减小的速度，当模型残差平方和减小的幅度没有明显改变时，此时的 m 及 $m-1$ 就是我们要找的 p、q 值；实验还表明，如果 m 每次增加的幅度不是 1 而是 2 时，即 $ARMA(2m,2m-1)$ 模型在计算机上运行时收敛的速度会更快。

为什么建模试验是在 $p=m,q=m-1$ 的阶数上，而非其他任意阶数上进行呢？这是因为可以利用传递函数 $G(B)$、逆函数 $\Pi(B)$，把 $ARMA(p,q)$ 模型转化为 $AR(p)$ 及 $MA(q)$ 模型，从而便于对 $ARMA(p,q)$ 模型的求解。例如对例 1 的 $ARMA(2,1)$ 模型，利用 G_i、φ_i 及 θ_i 的相互关系，有：

$$G_0=1,$$

$$G_1=\varphi_1-\theta_1=0.489-0.568=-0.079$$

$$G_2=\varphi_1^2-\varphi_1\theta_1+\varphi_2=0.489^2-0.489\times0.568+0.105=0.066$$

$$G_3=\varphi_1G_2+\varphi_2G_1=0.489\times0.066+0.105\times(-0.079)=0.024$$

所以 $ARMA(2,1)$ 模型就变成 $MA(3)$ 模型，即：

$$x_t=a_t-0.079a_{t-1}+0.066a_{t-2}+0.024a_{t-3}$$

当然我们也可以用上一节的方法，将 $ARMA(p,q)$ 模型变为 $AR(p)$ 模型；同理，我们也可以根据系数间的关系，将 $AR(p)$ 模型或 $MA(q)$ 模型转换为 $ARMA(p,q)$ 模型。由此可见，$ARMA(2,1)$ 模型是一种基本模型，而为了提高运算速度，通常采用 $ARMA(2m,2m-1)$ 模型作为试验模型，观察当参数 m 每增加 1 时，残差平方和的减小量是否超过显著性标准，其检验的假设统计量为：

$$F=\frac{\dfrac{(Q_m-Q_{m+1})}{\nu_1}}{\dfrac{Q_{m+1}}{\nu_2}} \tag{6.4.99}$$

遵从第一自由度为 ν_1、第二自由度为 ν_2 的 F 分布。其中 Q_{m+1} 为要检验模型的残差平方和，Q_m 为前一模型的残差平方和，ν_1 为模型 Q_m 与模型 Q_{m+1} 的参数个数之差，$\nu_2=n-c$，而 c 为模型 Q_{m+1} 的参数个数。以模型 Q_m，即 $ARMA(2m,2m-1)$ 模型与模型 Q_{m+1}，即 $ARMA(2m+2,2m+1)$ 模型为例，有：

$$c=2m+2+2m+1=4m+3$$

$$\nu_1=(4m+3)-(4m-1)=4$$

$$F=\frac{\dfrac{(Q_m-Q_{m+1})}{4}}{\dfrac{Q_{m+1}}{(n-4m-3)}} \tag{6.4.100}$$

在计算出由 $ARMA(2m,2m-1)$ 模型变为 $ARMA(2m+2,2m+1)$ 模型时的 F 统计量值

F_{m+1}后，再根据所给显著性水平 α 的大小查 F 分布表得出临界值 $F_\alpha(4,n-4m-3)$；通过比较 F_{m+1} 与 $F_\alpha(4,n-4m-3)$的大小，来判断模型残差平方和改变的显著性。如果 $F_{m+1}>F_\alpha(4,n-4m-3)$，则拒绝 $ARMA(2m,2m-1)$模型适用的假设，模型由 $ARMA(2m+2,2m+1)$继续向 $ARMA(2m+4,2m+2)$改变，直至 $F_{m+1}<F_\alpha(4,n-4m-3)$时才认为在该显著性水平上的模型是适用的。

由于模型的阶数是以 2 的幅度变化的，所以当我们用上述方法得到 m 值时还必须考虑模型阶数的奇偶性即考虑阶数为奇数的模型，如 $ARMA(2m-1,2m-2)$模型及滑动平均阶数小一些的，如阶数小于 $2m-2$、$2m-1$ 的其他 $ARMA(p,q)$模型，是否也适用（如固定 $p=2m-1$，考虑 q 变化时模型残差平方和改变的显著性）。

由于 p 和 q 间不存在相互约束，故不难设想我们所求的适用模型并非唯一，所以对同一个标准，F 准则还可以用来判断其他类型的模型，如 $AR(p)$是否也适用。对 $AR(p)$模型，可通过 x_j 的系数 π_j 接近于零时的 j 值来确定 p 值，并比较 $AR(p)$模型与 $AR(p+1)$模型残差平方和改变的显著性最终确定 $AR(p)$模型是否适用。

参考文献

陈谋国. 1987. 统计天气预报原理和方法. 空军气象学院教材.

陈小丽，吴慧. 2004. 海南近 42 年气候变化特征[J]. 气象，(8)：27-30.

华东师范大学数学系. 1981. 概率论与数理统计教程[M]. 北京：人民教育出版社.

黄嘉佑. 2004. 气象统计分析与预报方法[M]. 北京：气象出版社.

山东省气象台. 1974. 利用自然正交函数制作大一暴雨日数预报[C]//华北区域 1974 年汛期降水会议材料选，44-53.

史久恩，徐群. 1962. 长江中下游夏季降水长期预报的初步研究[J]. 气象学报，**32**：129-139.

袁晓燕，闻余华. 2007. 苏北沿海地区降水量的统计分析[J]. 水文，27(1).

Brier G W, Meltesen G T. 1976. Eigenvector analysis for prediction of time series[J], *J. Appl. Metero.* , **15**: 1307-1312.

Eischeid J K, Baker C B, Karl T R, *et al*. 1995. The quality control of long-term climatological data using objective data analysis[J]. *J. Appl. Meteor.* , **34**: 2787-2795.

Hans von Storch, Zweiers F W. 2002. *Statistical Analysis in Climate Research* [M]. London: Cambridge University Press, 289-357.

Hasselmann K. 1976. Stochastic climate models[J]. *Tellus*, **28**: 473-485.

Jacqueline Diaz-Nieto, Robert L. 2005. A comparison of statistical downscaling and climate change factor methods: Impact on lowflows in the river Thames. Unified Kingdom. [J] *Climatic Chang*, **69**: 245-268.

Johns T C, Carnell R E, Crossley J F, *et al*. 1997. The second Hadley Centre coupled ocean-atmosphere GCM: Model description, spin up and validation[J]. *Climate Dynamics*, **13**: 103-134.

Jones R H. 1964. Prediction of multivariate time series[J]. *J. Appl. Metero.*, **15**:1307-1312.

Karl T R. 1985. Intraseasonal variability of extremely cold and warm months in the contiguous United States[J]. *J. Climate and Appl. Meteor.*, **24**:215-227.

Katz R W. 1983. Statistical procedures for making inferences about precipitation changes simulated by atmospheric general circulation model[J]. *J. Atmos. Sci.*, **40**:2193-2201.

Lanzante J R. 1996. Resistant robust and non-parametric techniques for the analysis of climate data: Theory and examples, including applications to historical radiosonde station data [J]. *Int. J. Climatol.*, **16**:1197-1226.

Mobley C D, Preiseudorfer R W. 1985. Statistical analysis of historical climate data sets[J]. *J. Climate and Appl. Meteor.*, **24**:555-567.

Rao A R. 1980. Stochastic analysis of annual rainfall affected by urbanization[J]. *J. Appl. Metero.*, **19**:41-52.

Wadsworth G P, *et al*. 1982. 应用概率[M]. 林少宫,等译. 北京:高等教育出版社.

Wetterhall F, Halldin S, Xu C Y. 2007. Seasonality properties of four statistical-downscaling methods in central Sweden[J]. *Theor. Appl. Climatol.*, **87**:123-137.

第 7 章　时间序列谱分析

在上一章中，我们从时间域的角度讨论了时间序列的周期性变化问题。为了进一步寻找其变化的物理成因，可以用能量的观点，从频率域的角度来研究时间序列的周期性演变，提取主要信息，选取主要周期，达到研究大气运动规律的目的，这就是所谓的波谱分析或（频）谱分析，亦称谱分解。它可以从天气图以外的另一个层面帮助我们认识、研究大气运动规律，如在对大气超长波、热带天气系统运动规律及对要素场进行客观分类、平滑分析等的研究中，都有广泛的应用。

本章以傅氏级数及傅氏积分为工具给出谱的有关概念及谱分析的基本公式、周期分析的计算方法、频率振动的显著性检验，还介绍了如何对序列进行滤波处理，如何求两个序列的交叉谱，以及时空谱在气象上的应用。

7.1　谱的基本概念

在谐波分析中我们已知，任何一个气象要素的时间变化曲线，都可以看成是不同频率的规则波动叠加而成，如果我们在频率域上比较不同频率波动的方差贡献，就有可能分析出序列中的主要波动及其频率或周期。这种从频率域上对气象要素时间序列进行分析的方法就称为谱分析。

由谐波分析可知，对任一以周期 T 变化的时间函数 $f(t)$，在其满足狄氏条件下，可以展开成如下傅里叶级数的形式：

$$f(t) = a_0 + \sum_{k=1}^{\infty}(a_k\cos\omega_k t + b_k\sin\omega_k t) \tag{7.1.1}$$

式中 k 称为谐波波数；$\omega_k = 2\pi k/T$，称为第个 k 谐波的圆频率；a_k、b_k 称为傅氏系数，其表达式为：

$$\begin{cases} a_0 = \dfrac{1}{T}\displaystyle\int_{-\frac{T}{2}}^{\frac{T}{2}} f(t)\,\mathrm{d}t \\ a_k = \dfrac{2}{T}\displaystyle\int_{-\frac{T}{2}}^{\frac{T}{2}} f(t)\cos\omega_k t\,\mathrm{d}t \\ b_k = \dfrac{2}{T}\displaystyle\int_{-\frac{T}{2}}^{\frac{T}{2}} f(t)\sin\omega_k t\,\mathrm{d}t \end{cases} \tag{7.1.2}$$

实际使用中还常使用频率 f_k，它与 ω_k 的关系是：

$$f_k=\omega_k/2\pi=k/T \tag{7.1.3}$$

为简便起见，今后把频率与圆频率统称为频率。

式(7.1.1)表明，一般的时间函数都可以看成是无穷多个不同频率的波动叠加而成，而在实际分析中我们更感兴趣的是其振幅与位相，为此利用欧拉公式容易把式(7.1.1)改写成：

$$f(t)=a_0+\sum_{k=1}^{\infty}\left(\frac{a_k-\mathrm{i}b_k}{2}\mathrm{e}^{\mathrm{i}\omega_k t}+\frac{a_k+\mathrm{i}b_k}{2}\mathrm{e}^{-\mathrm{i}\omega_k t}\right) \tag{7.1.4}$$

若令：

$$c_0=a_0,c_k=(a_k-\mathrm{i}b_k)/2 \tag{7.1.5}$$

则上式可改写成：

$$f(t)=\sum_{k=-\infty}^{\infty}c_k e^{\mathrm{i}\omega_k t} \tag{7.1.6}$$

c_k 称为 $f(t)$ 的复谱，它又可以表示成振幅 A_k 和位相 θ_k 的形式：

$$c_k=A_k\mathrm{e}^{-\mathrm{i}\theta_k} \tag{7.1.7}$$

其中：

$$A_k=\frac{1}{2}\sqrt{a_k^2+b_k^2},\theta_k=\tan^{-1}\frac{b_k}{a_k} \tag{7.1.8}$$

式中 A_k 称为振幅谱，θ_k 称为位相谱。θ_k 的变化在 0°～360°或 0～2π 之间，具体计算时 θ_k 所在的象限由 a_k、b_k 的符号来确定。若以 k 或 ω 为横坐标，A_k、θ_k 分别为纵坐标作二维平面图，就可得到所谓的振幅谱图和位相谱图。由于 k 是整数，所以谱图上的直线不是连续的，故这种谱又称为线谱或离散谱。形如图 7.1。

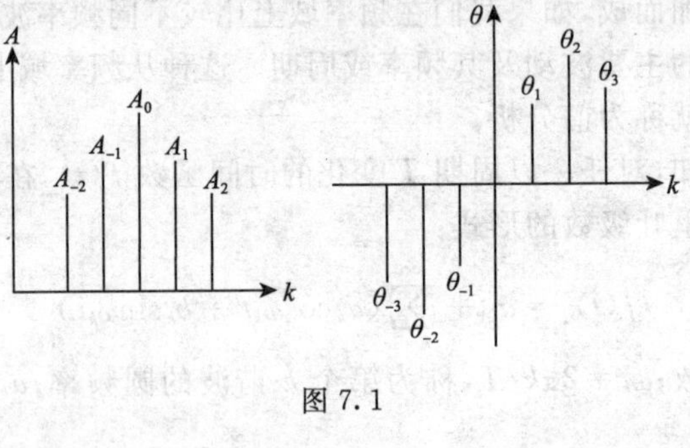

图 7.1

复谱与时间函数是可以相互表示的。对式(7.1.6)两边同乘以 $\mathrm{e}^{-\mathrm{i}\omega_{k'}t}$，并在一个周期 T 上积分，有：

$$\int_{-T/2}^{T/2}f(t)\mathrm{e}^{-\mathrm{i}\omega_{k'}t}\,\mathrm{d}t=\sum_{k=-\infty}^{\infty}c_k\int_{-T/2}^{T/2}\mathrm{e}^{\mathrm{i}(\omega_k-\omega_{k'})t}\,\mathrm{d}t$$

再利用函数的正交性：

$$\int_{-T/2}^{T/2}\mathrm{e}^{\mathrm{i}(\omega_k-\omega_{k'})t}\,\mathrm{d}t=\begin{cases}T & (k=k')\\0 & (k\neq k')\end{cases}$$

有：
$$c_k = \frac{1}{T}\int_{-T/2}^{T/2} f(t)\mathrm{e}^{-\mathrm{i}\omega_k t}\mathrm{d}t \tag{7.1.9}$$
式(7.1.6)与式(7.1.9)构成时间函数与复谱的一一对应关系，这种关系我们称之为傅氏变换关系。

在气象分析中，仅了解某一时间间隔 T 内的波动情况是远远不够的，还希望了解在无限时间序列中各种连续频率的波动结构，这就有必要把离散谱推广到连续谱上去，即只需把周期 T 延伸至无穷大即可。

把式(7.1.2)代入式(7.1.1)，并利用三角函数和差化积公式，有：
$$f(t) = \frac{1}{T}\int_{-T/2}^{T/2} f(\lambda)\mathrm{d}\lambda + \sum_{k=1}^{\infty}\frac{2}{T}\int_{-T/2}^{T/2} f(\lambda)\cos[\omega_k(t-\lambda)]\mathrm{d}\lambda$$
由于
$$\omega_k = 2\pi k/T,\omega_{k-1} = 2\pi(k-1)/T$$
则任意两个相邻谱波间的频率差为：
$$\Delta\omega = \omega_k - \omega_{k-1} = 2\pi/T, T = 2\pi/\Delta\omega \tag{7.1.10}$$
于是有：
$$f(t) = \frac{\Delta\omega}{2\pi}\int_{-T/2}^{T/2} f(\lambda)\mathrm{d}\lambda + \sum_{k=1}^{\infty}\frac{\Delta\omega}{\pi}\int_{-T/2}^{T/2} f(\lambda)\cos[\omega_k(t-\lambda)]\mathrm{d}\lambda \tag{7.1.11}$$
当 $T\to\infty$ 时，$\Delta\omega\to 0$，它对应离散波数的离散频率就变为连续的，从而得到连续频率波动与 $f(t)$ 的关系式：
$$\begin{aligned} f(t) &= \frac{1}{\pi}\int_0^{\infty}\mathrm{d}\omega\int_{-\infty}^{\infty} f(\lambda)\cos[\omega(t-\lambda)]\mathrm{d}\lambda \\ &= \frac{1}{\pi}\int_0^{\infty}\left[\int_{-\infty}^{\infty} f(\lambda)\cos\omega\lambda\cos\omega t\,\mathrm{d}\lambda + \int_{-\infty}^{\infty} f(\lambda)\sin\omega\lambda\sin\omega t d\lambda\right]\mathrm{d}\omega \\ &= \frac{1}{\pi}\int_0^{\infty}\left[\cos\omega t\int_{-\infty}^{\infty} f(\lambda)\cos\omega\lambda\,\mathrm{d}\lambda + \sin\omega t\int_{-\infty}^{\infty} f(\lambda)\sin\omega\lambda d\lambda\right]\mathrm{d}\omega \end{aligned}$$
若令：
$$\begin{cases} a(\omega) = \int_{-\infty}^{\infty} f(\lambda)\cos\omega\lambda\,\mathrm{d}\lambda \\ b(\omega) = \int_{-\infty}^{\infty} f(\lambda)\sin\omega\lambda\,\mathrm{d}\lambda \end{cases} \tag{7.1.12}$$
则：
$$f(t) = \frac{1}{\pi}\int_0^{\infty}[a(\omega)\cos\omega t + b(\omega)\sin\omega t]\mathrm{d}\omega \tag{7.1.13}$$
若令：
$$\begin{cases} a(\omega) = \sqrt{a^2(\omega)+b^2(\omega)}\cos[\theta(\omega)] = A(\omega)\cos[\theta(\omega)] \\ b(\omega) = \sqrt{a^2(\omega)+b^2(\omega)}\sin[\theta(\omega)] = A(\omega)\sin[\theta(\omega)] \end{cases} \tag{7.1.14}$$
其中：
$$\begin{cases} A(\omega) = \sqrt{a^2(\omega)+b^2(\omega)} \\ \theta(\omega) = \tan^{-1}\dfrac{b(\omega)}{a(\omega)} \end{cases} \tag{7.1.15}$$
显然有：
$$\theta(-\omega) = -\theta(\omega) \tag{7.1.16}$$
$\theta(\omega)$相当于离散谱的位相，称其为连续谱中的位相谱。而 $A(\omega)$则称为(相应的)连续振幅谱。则式(7.1.13)可改写成为：

$$f(t)=\frac{1}{\pi}\int_0^\infty A(\omega)[\cos\theta(\omega)\cos\omega t+\sin\theta(\omega)\sin\omega t]\mathrm{d}\omega$$

$$=\frac{1}{\pi}\int_0^\infty A(\omega)[\cos[\theta(\omega)-\omega t]\mathrm{d}\omega$$

$$=\frac{1}{\pi}\int_0^\infty A(\omega)[\cos[\omega t-\theta(\omega)]\mathrm{d}\omega$$

利用欧拉公式，上式又变为：

$$f(t)=\frac{1}{2\pi}\int_0^\infty A(\omega)\{\mathrm{e}^{\mathrm{i}[\omega t-\theta(\omega)]}+\mathrm{e}^{-\mathrm{i}[\omega t-\theta(\omega)]}\}\mathrm{d}\omega$$

$$=\frac{1}{2\pi}\int_0^\infty A(\omega)\{\mathrm{e}^{\mathrm{i}[\omega t-\theta(\omega)]}+\mathrm{e}^{\mathrm{i}[(-\omega)t-\theta(-\omega)]}\}\mathrm{d}\omega$$

$$=\frac{1}{2\pi}\int_0^\infty A(\omega)\mathrm{e}^{\mathrm{i}[\omega t-\theta(\omega)]}\mathrm{d}\omega-\frac{1}{2\pi}\int_0^\infty A(\omega)\mathrm{e}^{\mathrm{i}[(-\omega)t-\theta(-\omega)]}\mathrm{d}(-\omega)$$

$$=\frac{1}{2\pi}\int_0^\infty A(\omega)\mathrm{e}^{\mathrm{i}[\omega t-\theta(\omega)]}\mathrm{d}\omega+\frac{1}{2\pi}\int_{-\infty}^0 A(\omega)\mathrm{e}^{\mathrm{i}[\omega t-\theta(\omega)]}\mathrm{d}\omega$$

$$=\frac{1}{2\pi}\int_{-\infty}^\infty A(\omega)\mathrm{e}^{\mathrm{i}[\omega t-\theta(\omega)]}\mathrm{d}\omega$$

$$=\frac{1}{2\pi}\int_{-\infty}^\infty [A(\omega)\mathrm{e}^{-\mathrm{i}\theta(\omega)}]\mathrm{e}^{\mathrm{i}\omega t}\mathrm{d}\omega$$

若令：

$$F(\omega)=A(\omega)\mathrm{e}^{-\mathrm{i}\theta(\omega)} \tag{7.1.17}$$

则有：

$$f(t)=\frac{1}{2\pi}\int_{-\infty}^\infty F(\omega)\mathrm{e}^{\mathrm{i}\omega t}\mathrm{d}\omega \tag{7.1.18}$$

$F(\omega)$称为时间函数的(复)谱，还可表示为：

$$F(\omega)=A(\omega)\mathrm{e}^{-\mathrm{i}\theta(\omega)}=A(\omega)\cos\theta(\omega)-\mathrm{i}A(\omega)\sin\theta(\omega)$$

即：

$$F(\omega)=a(\omega)-\mathrm{i}b(\omega) \tag{7.1.19}$$

复谱的实部相当于离散谱中的傅里叶系数 a_k，虚部相当于 b_k，而振幅谱 $A(\omega)$相当于离散谱的振幅谱 A_k，位相谱 $\theta(\omega)$相当于 θ_k。若将式(7.1.12)代入式(7.1.19)，有：

$$F(\omega)=\int_{-\infty}^\infty f(\lambda)\cos\omega\lambda\,\mathrm{d}\lambda-\mathrm{i}\int_{-\infty}^\infty f(\lambda)\sin\omega\lambda\,\mathrm{d}\lambda$$

$$=\int_{-\infty}^\infty f(t)(\cos\omega t-\mathrm{i}\sin\omega t)\mathrm{d}t$$

即：

$$F(\omega)=\int_{-\infty}^\infty f(t)\mathrm{e}^{-\mathrm{i}\omega t}\mathrm{d}t \tag{7.1.20}$$

且：

$$F(-\omega)=F^*(\omega) \tag{7.1.21}$$

其中 $F^*(\omega)$为 $F(\omega)$的共轭复谱。可以看出，式(7.1.18)与式(7.1.20)反映了复谱 $F(\omega)$与时间函数 $f(t)$间的相互关系，它们构成了一个相互变换对，称之为傅氏变换对，其变换公式仅差一个比例常数。

时间函数及其复谱的数学关系式本可以作为时间序列的分析工具，但由于复谱是复数，使用多有不便；再者，对组成时间序列的各种波动而言，我们更感兴趣的是某些起主要作用的周期波动，即仅对波动的方差感兴趣。因而在一般气象要素的时间序列周期分析中常用的是功率谱分析，也有人称其为方差谱分析，简称为谱分析。

7.2　功率谱与相关函数

7.2.1　功率谱的概念

按照一般的物理模型，若其电阻为1个单位，瞬时电压用 $f(t)$ 表示，则其瞬时功率为 $f^2(t)$，它的总能量为：

$$\int_{-\infty}^{\infty} f^2(t)\mathrm{d}t \tag{7.2.1}$$

从统计学观点上看，上式就表示以**数学期望为零**的 $f(t)$ 的方差。借助于傅氏变换，我们总可以将这种总能量或总方差分解为各种波动的部分能量或方差之和。功率谱分析就是在这样的概念下产生的。它和时间函数本身的谱相对应，也有离散功率谱与连续功率谱之分。下面我们就来分别介绍。

7.2.1.1　离散功率谱

设时间函数 $f(t)$ 及 $g(t)$ 具有相同的周期 T，根据式(7.1.6)，我们分别有：

$$f(t) = \sum_{k=-\infty}^{\infty} c_k \mathrm{e}^{\mathrm{i}\omega_k t}, \quad g(t) = \sum_{k'=-\infty}^{\infty} d_{k'} \mathrm{e}^{\mathrm{i}\omega_{k'} t}$$

将上述两等式的两边对应项相乘并取积分，得：

$$\begin{aligned}\frac{1}{T}\int_{-T/2}^{T/2} f(t)g(t)\mathrm{d}t &= \frac{1}{T}\int_{-T/2}^{T/2}\sum_{k=-\infty}^{\infty}\sum_{k'=-\infty}^{\infty} c_k d_{k'}\mathrm{e}^{\mathrm{i}(\omega_k+\omega_{k'})t}\mathrm{d}t \\ &= \sum_{k=-\infty}^{\infty}\sum_{k'=-\infty}^{\infty} c_k \mathrm{d}_{k'}\ \frac{1}{T}\int_{-\frac{T}{2}}^{\frac{T}{2}} \mathrm{e}^{\mathrm{i}(\omega_k+\omega_{k'})t}\mathrm{d}t\end{aligned}$$

利用正交性：

$$\frac{1}{T}\int_{-T/2}^{T/2} \mathrm{e}^{\mathrm{i}(\omega_k+\omega_{k'})t}\mathrm{d}t = \begin{cases}1 & (k+k'=0) \\ 0 & (k+k'\neq 0)\end{cases} \tag{7.2.2}$$

可得：

$$\frac{1}{T}\int_{-T/2}^{T/2} f(t)g(t)\mathrm{d}t = \sum_{k=-\infty}^{\infty} c_k d_{-k} \tag{7.2.3}$$

由于负波数的复谱就等于正波数复谱的共轭，故有：

$$d_{-k} = d_k^*$$

从而有：
$$\frac{1}{T}\int_{-T/2}^{T/2} f(t)g(t)\mathrm{d}t = \sum_{k=-\infty}^{\infty} c_k d_k^* \tag{7.2.4}$$
当取 $g(t)=f(t)$时，我们就可以得到时间函数 $f(t)$的方差或平均功率：
$$\frac{1}{T}\int_{-T/2}^{T/2} [f(t)]^2\mathrm{d}t = \sum_{k=-\infty}^{\infty} c_k c_k^* = \sum_{k=-\infty}^{\infty} |c_k|^2 \tag{7.2.5}$$
若令：
$$|c_k|^2 = \frac{1}{4}(a_k^2+b_k^2) \tag{7.2.6}$$
由于$|c_k|^2$表示第 k 个谐波振幅的平方，故上式表明，时间函数 $f(t)$的平均功率（或方差）可以用各谐波振幅平方（或各谐波方差）之和表示。这就是时间函数功率在频率域上的分解，因而称$|c_k|^2$为时间函数 $f(t)$的离散功率谱。作$|c_k|^2$的离散功率谱图可以发现，它也是一种线谱，且关于正负半轴对称，即振幅谱$|c_{-k}|^2$与$|c_k|^2$相同，不妨集中表示在 $k>0$ 的谱图上，故令：
$$S_k^2 = 2|c_k|^2 = \frac{1}{2}(a_k^2+b_k^2) \tag{7.2.7}$$
有：
$$\frac{1}{T}\int_{-T/2}^{T/2} [f(t)]^2\mathrm{d}t = 2\sum_{k=0}^{\infty} |c_k|^2 = \sum_{k=0}^{\infty} S_k{}^2 \tag{7.2.5$'$}$$
上式表明，各谐波方差与时间函数总方差的关系。所以，我们有时也称 S_k^2 为时间函数 $f(t)$的离散功率谱。从而就可以利用谱图上各谐波方差大小的比较，来确定包含在时间函数中的主要周期，这一周期的长度可用下式求出：
$$T_k = T/k \tag{7.2.8}$$
式中 T_k 表示波数为 k 的谐波所对应的周期，T 为时间函数 $f(t)$定义的基本周期。

7.2.1.2　连续功率谱

为了了解连续频率对应振动波动的方差贡献，还需研究时间函数的连续功率谱。利用式(7.1.18)，时间函数的总能量或总方差可表示为：
$$\int_{-\infty}^{\infty}[f(t)]^2\mathrm{d}t = \int_{-\infty}^{\infty} f(t)\left[\frac{1}{2\pi}\int_{-\infty}^{\infty}F(\omega)\mathrm{e}^{\mathrm{i}\omega t}\mathrm{d}\omega\right]\mathrm{d}t$$
$$= \frac{1}{2\pi}\int_{-\infty}^{\infty}F(\omega)\left[\int_{-\infty}^{\infty}f(t)\mathrm{e}^{\mathrm{i}\omega t}\mathrm{d}t\right]\mathrm{d}\omega$$
再利用式(7.1.20)及式(7.1.21)，有：
$$\int_{-\infty}^{\infty}[f(t)]^2\mathrm{d}t = \frac{1}{2\pi}\int_{-\infty}^{\infty}F(\omega)F(-\omega)\mathrm{d}\omega$$
$$= \frac{1}{2\pi}\int_{-\infty}^{\infty}F(\omega)F^*(\omega)\mathrm{d}\omega$$
即：
$$\int_{-\infty}^{\infty}[f(t)]^2\mathrm{d}t = \frac{1}{2\pi}\int_{-\infty}^{\infty}|F(\omega)|^2\mathrm{d}\omega \tag{7.2.9}$$

或记为：
$$S(\omega)\cdot|F(\omega)|^2=F(\omega)F^*(\omega) \tag{7.2.10}$$
习惯上称$|F(\omega)|^2$为能量谱密度或功率谱密度。式(7.2.9)表明：时间函数 $f(t)$的总能量或总方差等于功率谱密度对所有频率的积分。

7.2.2　功率谱与相关函数

7.2.2.1　基本公式

由于实测资料的非连续性，故对某一实测气象要素时间序列资料 $x_t(t=\overline{1,n})$作连续功率谱估计时并非从定义出发，而是通过时间函数作间接估计。

假定时间函数 $x(t)$为一**标准化时间函数**，即其数学期望为 0，方差为 1，则它的自相关函数可表示为：
$$\rho(\tau)=\int_{-\infty}^{\infty}x(t)x(t+\tau)\mathrm{d}t \tag{7.2.11}$$
式中 τ 为落后时间间隔长度。利用式(7.1.18)及式(7.1.20)，有：
$$\begin{aligned}\rho(\tau)&=\int_{-\infty}^{\infty}x(t)\left[\frac{1}{2\pi}\int_{-\infty}^{\infty}F(\omega)\mathrm{e}^{\mathrm{i}\omega(t+\tau)}\mathrm{d}\omega\right]\mathrm{d}t\\&=\int_{-\infty}^{\infty}x(t)\left[\frac{1}{2\pi}\int_{-\infty}^{\infty}F(\omega)\mathrm{e}^{\mathrm{i}\omega t}\cdot\mathrm{e}^{\mathrm{i}\omega\tau}\mathrm{d}\omega\right]\mathrm{d}t\\&=\int_{-\infty}^{\infty}F(\omega)\left[\frac{1}{2\pi}\int_{-\infty}^{\infty}x(t)\mathrm{e}^{\mathrm{i}\omega t}\mathrm{d}t\right]\cdot\mathrm{e}^{\mathrm{i}\omega\tau}\mathrm{d}\omega\\&=\frac{1}{2\pi}\int_{-\infty}^{\infty}F(\omega)F(-\omega)\mathrm{e}^{\mathrm{i}\omega\tau}\mathrm{d}\omega\end{aligned}$$
若定义：
$$E(\omega)=F(\omega)F(-\omega) \tag{7.2.12}$$
则有：
$$\rho(\tau)=\frac{1}{2\pi}\int_{-\infty}^{\infty}E(\omega)\mathrm{e}^{\mathrm{i}\omega\tau}\mathrm{d}\omega \tag{7.2.13}$$
由傅里叶逆变换又可导出其傅氏变换对：
$$E(\omega)=\int_{-\infty}^{\infty}\rho(\tau)\mathrm{e}^{-\mathrm{i}\omega\tau}\mathrm{d}\tau \tag{7.2.14}$$
故间接估计连续功率谱就是根据上式进行的。值得注意的是：式(7.2.14)是**标准化的功率谱**，也有人称其为能量谱。对于时间函数仅是距平值(其期望为 0，方差不为 1，而是 σ_x^2)时，上述傅氏变换对将改写为：
$$\begin{cases}S(\omega)=\int_{-\infty}^{\infty}R(\tau)\mathrm{e}^{-\mathrm{i}\omega\tau}\mathrm{d}\tau & (7.2.15)\\R(\tau)=\dfrac{1}{2\pi}\int_{-\infty}^{\infty}S(\omega)\mathrm{e}^{\mathrm{i}\omega\tau}\mathrm{d}\omega & (7.2.16)\end{cases}$$
由于 $R(\tau)$是偶函数，上述傅氏变换对还可改写为：

$$\begin{cases} S(\omega) = 2\int_0^{\infty} R(\tau)\cos\omega\tau \mathrm{d}\tau & (7.2.17) \\ R(\tau) = \dfrac{1}{\pi}\int_0^{\infty} S(\omega)\cos\omega\tau \mathrm{d}\omega & (7.2.18) \end{cases}$$

上式表明，连续功率谱函数是实值，且在正、负半轴上对称。故类似于离散谱的做法，通常只绘出正半轴上的连续功率谱函数。

式(7.2.17)与式(7.2.18)揭示了从频率域描述平稳随机过程 $X(t)$ 的统计规律与从时间域描述平稳随机过程 $X(t)$ 的统计规律之间的联系，$S(\omega)$ 与 $R(\tau)$ 间一一对应的关系。

7.2.2.2 功率谱估计

7.2.2.2.1 离散功率谱的估计

首先对公式(7.1.2)进行离散化处理，有：

$$\begin{cases} a_k = \dfrac{2}{n}\sum_{t=1}^{n} x_t \cos\dfrac{2\pi k}{n}(t-1) \\ b_k = \dfrac{2}{n}\sum_{t=1}^{n} x_t \sin\dfrac{2\pi k}{n}(t-1) \end{cases} \quad (7.2.19)$$

式中 $k=1,2,\cdots,\mathrm{int}(n/2)$，$a_0=\bar{x}$。

然后针对某一实测气象要素时间序列的现实资料 $x_t(t=\overline{1,n})$，利用式(7.2.19)计算出其不同波数 k 的傅里叶系数 a_k、b_k 的估计值。

由 a_k、b_k 得到不同波数的功率谱值：

$$S_k^2=(a_k^2+b_k^2)/2 \quad (7.2.20)$$

并以波数 k 为横轴(同时标注相应的振动周期值 T_k 或频率值 ω_k 以备用)、离散功率谱为纵轴，用 S_k^2 值作谱图。其中：

$$T_k=T/k=n/k \quad (7.2.21)$$

【例 1】对北京 1 月上旬最低温度作功率谱估计，资料取自 1951—1970 年，见表 7.1。

【解】首先根据谱分析要求，对原始资料作距平处理得其距平值(见表 7.1)。

然后根据公式(7.2.19)的要求，求出计算所需的正、余弦函数值，同样列入表 7.1 中。

再由公式(7.2.19)计算出 a_k、b_k 的值。如：

$$\begin{cases} a_1 = \dfrac{2}{20}\sum_{t=1}^{20} x_t \cos\dfrac{2\pi}{20}(t-1) = -1.38 \\ b_1 = \dfrac{2}{20}\sum_{t=1}^{20} x_t \sin\dfrac{2\pi}{20}(t-1) = 0.45 \end{cases}; \begin{cases} a_2 = \dfrac{2}{20}\sum_{t=1}^{20} x_t \cos\dfrac{4\pi}{20}(t-1) = 0.23 \\ b_2 = \dfrac{2}{20}\sum_{t=1}^{20} x_t \sin\dfrac{4\pi}{20}(t-1) = 0.80 \end{cases};$$

$$\begin{cases} a_3 = \dfrac{2}{20}\sum_{t=1}^{20} x_t \cos\dfrac{6\pi}{20}(t-1) = 0.75 \\ b_3 = \dfrac{2}{20}\sum_{t=1}^{20} x_t \sin\dfrac{6\pi}{20}(t-1) = -0.05 \end{cases}$$

最后利用式(7.2.20)计算出功率谱估计 S_k^2(见表 7.2),并据此作出谱图,见图 7.2。

表 7.1　离散功率谱计算资料

1950+t	$t-1$	原序列	距平	cos$\left[\frac{2\pi}{20}(t-1)\right]$	sin$\left[\frac{2\pi}{20}(t-1)\right]$	cos$\left[\frac{4\pi}{20}(t-1)\right]$	sin$\left[\frac{4\pi}{20}(t-1)\right]$	cos$\left[\frac{6\pi}{20}(t-1)\right]$	sin$\left[\frac{6\pi}{20}(t-1)\right]$
1951	0	−12.6	−2.52	1.00	0.00	1.00	0.00	1.00	0.00
1952	1	−8.9	1.19	0.95	0.31	0.81	0.59	0.59	0.81
1953	2	−11.5	−1.42	0.81	0.59	0.31	0.95	−0.31	0.95
1954	3	−7.9	2.19	0.59	0.81	−0.31	0.95	−0.95	0.31
1955	4	−13.1	−3.02	0.31	0.95	−0.81	0.59	−0.81	−0.59
1956	5	−8.9	1.19	0.00	1.00	−1.00	0.00	0.00	−1.00
1957	6	−9.8	0.29	−0.31	0.95	−0.81	−0.59	0.81	−0.59
1958	7	−7.5	2.59	−0.59	0.81	−0.31	−0.95	0.95	0.31
1959	8	−10.9	−0.82	−0.81	0.59	0.31	−0.95	0.31	0.95
1960	9	−8.0	2.09	−0.95	0.31	0.81	−0.59	−0.59	0.81
1961	10	−9.9	0.19	−1.00	0.00	1.00	0.00	−1.00	0.00
1962	11	−9.9	0.19	−0.95	−0.31	0.81	0.59	−0.59	−0.81
1963	12	−6.2	3.89	−0.81	−0.59	0.31	0.95	0.31	−0.95
1964	13	−8.6	1.49	−0.59	−0.81	−0.31	0.95	0.95	−0.31
1965	14	−9.7	0.39	−0.31	−0.95	−0.81	0.59	0.81	0.59
1966	15	−10.9	−0.82	0.00	−1.00	−1.00	0.00	0.00	1.00
1967	16	−12.3	−2.22	0.31	−0.95	−0.81	−0.59	−0.81	0.59
1968	17	−12.2	−2.12	0.59	−0.81	−0.31	−0.95	−0.95	−0.31
1969	18	−12.8	−2.82	0.81	−0.59	0.31	−0.95	−0.31	−0.95
1970	19	−10.1	−0.01	0.95	−0.31	0.81	−0.59	0.59	−0.81
均值		−10.09							

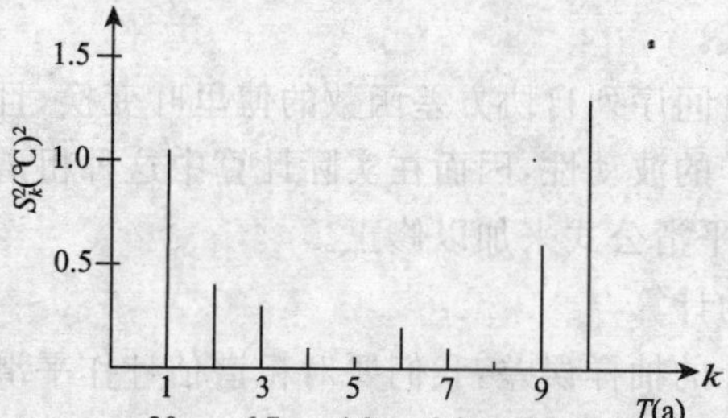

图 7.2

表 7.2　离散功率谱值

k	a_k	b_k	S_k^2	k	a_k	b_k	S_k^2
1	−1.38	0.45	1.06	6	−0.10	−0.66	0.22
2	0.23	0.80	0.34	7	0.11	0.50	0.13
3	0.75	−0.05	0.28	8	−0.02	−0.26	0.03
4	−0.48	0.17	0.13	9	−0.70	1.02	0.77
5	−0.14	−0.02	0.01	10	−1.59	0.00	1.27

7.2.2.2.2　连续功率谱的估计

对于某一实测气象要素时间序列 $x_t(t=\overline{1,n})$，其连续功率谱估计的步骤如下：

(一)计算样本落后自协方差函数 $R(\tau)$：

$$R(\tau)=\frac{1}{n-\tau}\sum_{t=1}^{n-\tau}(x_t-\bar{x})(x_{t+\tau}-\bar{x}) \tag{7.2.22}$$

式中 $\tau=0,1,2,\cdots,m$，m 为最大时间间隔，又称最大时间后延。

(二)求粗谱估计 $\hat{S}_k$

利用近似积分中的梯形公式，将式(7.2.17)变为有限项的求和公式：

$$\hat{S}_k=2\left\{\frac{1}{m}\left[\frac{1}{2}R(0)+\sum_{\tau=1}^{m-1}R(\tau)\cos\omega_k\tau+\frac{1}{2}R(m)\cos\omega_k m\right]\right\} \tag{7.2.23}$$

由于时间序列 $x_t(t=\overline{1,n})$ 是离散的数据，其最短周期为 2(单位为抽样时间间隔)，周期变化范围从 2 到无穷大，频率变化范围从 0.5 到 0，圆频率的变化范围从 π 到 0。因而由波数与圆频率的关系，在取样点数为时，有：

$$\omega_k=2\pi k/m \tag{7.2.24}$$

波数 k 最大可取到 $m/2$。习惯上，令 $l=2k$，则波数 l 取值点可从 0 到 m 之间的任意一整数。于是，式(7.2.23)可改写成：

$$\hat{S}_l=\frac{1}{m}\left[R_0+2\sum_{\tau=1}^{m-1}R_\tau\cos\frac{\pi l}{m}\tau+R_m\cos l\pi\right] \tag{7.2.25}$$

上式即为粗谱估计公式。

由于上式为离散时间序列自协方差函数的傅里叶变换，且在有限区间上被截断，加之谱估计值随机抽样的波动性，因而在实际计算中这种粗谱估计带有很大的误差，为此，常用在频率上的平滑公式来加以修正。

(三)平滑功率谱的计算

为了消除粗谱估计的抽样误差，我们要对粗谱估计作平滑处理，作为对功率谱的最后估计。而常用的平滑是二项系数平滑公式：

$$\begin{cases}\overline{S}_0=\frac{1}{2}\hat{S}_0+\frac{1}{2}\hat{S}_1\\ \overline{S}_l=\frac{1}{4}\hat{S}_{l-1}+\frac{1}{2}\hat{S}_l+\frac{1}{4}\hat{S}_{l+1}\quad(1\leqslant l\leqslant m-1)\\ \overline{S}_m=\frac{1}{2}\hat{S}_{m-1}+\frac{1}{2}\hat{S}_m\end{cases}\tag{7.2.26}$$

上式的平滑效果相当于对式(7.2.25)各项乘上一个权重窗函数：$\frac{1}{2}\left(1+\cos\frac{\pi\tau}{m}\right)$，其中 $\tau=0,1,2,\cdots,m$，则式(7.2.25)变为：

$$\overline{S}_l=\frac{1}{m}\left[R_0+\sum_{\tau=1}^{m-1}R_\tau\left(1+\cos\frac{\pi\tau}{m}\right)\cos\frac{\pi l}{m}\tau\right]\quad(l=0,1,2,\cdots,m)\tag{7.2.27}$$

另外，在平滑过程中，由于在两个端点处是采用的两点平滑，而其余点都是三点平滑，为了保持权重一致，对端点处的谱值估计公式分别乘上了0.5。综上所述，得下面平滑功率谱密度估计公式：

$$\overline{S}_l=\frac{B_l}{m}\left[R_0+\sum_{\tau=1}^{m-1}R_\tau\left(1+\cos\frac{\pi\tau}{m}\right)\cos\frac{\pi l}{m}\tau\right]\quad(l=0,1,2,\cdots,m)\tag{7.2.28}$$

其中：

$$B_l=\begin{cases}1 & (l\neq 0,m)\\ 0.5 & (l=0,m)\end{cases}\tag{7.2.29}$$

其证明如下：

对粗谱序列 $\hat{S}_l$，$(l=1,2,\cdots,m-1)$，有：

$$\begin{aligned}\overline{S}_l&=\frac{1}{4}\hat{S}_{l-1}+\frac{1}{2}\hat{S}_l+\frac{1}{4}\hat{S}_{l+1}\\&=\frac{1}{4}\times\frac{1}{m}\left[R_0+2\sum_{\tau=1}^{m-1}R_\tau\cos\frac{\pi(l-1)}{m}\tau+R_m\cos(l-1)\pi\right]\\&\quad+\frac{1}{2}\,\frac{1}{m}\left[R_0+2\sum_{\tau=1}^{m-1}R_\tau\cos\frac{\pi l}{m}\tau+R_m\cos l\pi\right]\\&\quad+\frac{1}{4}\times\frac{1}{m}\left[R_0+2\sum_{\tau=1}^{m-1}R_\tau\cos\frac{\pi(l+1)}{m}\tau+R_m\cos(l+1)\pi\right]\\&=\frac{1}{m}\left\{R_0+2\sum_{\tau=1}^{m-1}R_\tau\left[\frac{1}{4}\cos\frac{\pi(l-1)}{m}\tau+\frac{1}{2}\cos\frac{\pi l}{m}\tau+\frac{1}{4}\cos\frac{\pi(l+1)}{m}\tau\right]\right.\\&\quad\left.+R_m\left[\frac{1}{4}\cos(l-1)\pi+\frac{1}{2}\cos l\pi+\frac{1}{4}\cos(l+1)\pi\right]\right\}\\&=\frac{1}{m}\left\{R_0+2\sum_{\tau=1}^{m-1}R_\tau\left[\frac{1}{4}\cos\left(\frac{\pi l\tau}{m}-\frac{\pi\tau}{m}\right)+\frac{1}{4}\cos\left(\frac{\pi l\tau}{m}+\frac{\pi\tau}{m}\right)+\frac{1}{2}\cos\frac{\pi l\tau}{m}\right]\right.\\&\quad\left.+R_m\left[\frac{1}{4}\cos(l\pi-\pi)+\frac{1}{4}\cos(l\pi+\pi)+\frac{1}{2}\cos l\pi\right]\right\}\end{aligned}$$

$$= \frac{1}{m}\left[R_0 + 2\sum_{\tau=1}^{m-1} R_\tau \left(\frac{1}{2}\cos\frac{\pi l\tau}{m} + \frac{1}{2}\cos\frac{\pi l\tau}{m}\cos\frac{\pi\tau}{m}\right)\right]$$

在 $l=0$ 时，对 $\bar{S}_0$，有：

$$\bar{S}_0 = \frac{1}{2}\hat{S}_0 + \frac{1}{2}\hat{S}_1$$

$$= \frac{1}{2}\times\frac{1}{m}\left[R_0 + 2\sum_{\tau=1}^{m-1} R_\tau + R_m\right] + \frac{1}{2}\times\frac{1}{m}\left[R_0 + 2\sum_{\tau=1}^{m-1} R_\tau \cos\frac{\pi\tau}{m} - R_m\right]$$

$$= \frac{1}{2m}\left[2R_0 + 2\sum_{\tau=1}^{m-1} R_\tau \left(1 + \cos\frac{\pi\tau}{m}\right)\right]$$

$$= \frac{1}{m}\left[R_0 + \sum_{\tau=1}^{m-1} R_\tau \left(1 + \cos\frac{\pi\tau}{m}\right)\right]$$

在 $l=m$ 时，对 $\bar{S}_m$，有：

$$\bar{S}_m = \frac{1}{2}\hat{S}_{m-1} + \frac{1}{2}\hat{S}_m$$

$$= \frac{1}{2m}\left[R_0 + 2\sum_{\tau=1}^{m-1} R_\tau \cos\frac{\pi(m-1)}{m}\tau + R_m\cos(m-1)\pi\right]$$

$$+ \frac{1}{2m}\left[R_0 + 2\sum_{\tau=1}^{m-1} R_\tau \cos\frac{\pi m}{m}\tau + R_m\cos m\pi\right]$$

$$= \frac{1}{2m}\left\{2R_0 + 2\sum_{\tau=1}^{m-1} R_\tau \left[\cos\left(\pi\tau - \frac{\pi\tau}{m}\right) + \cos\pi\tau\right]\right\}$$

$$= \frac{1}{m}\left[R_0 + \sum_{\tau=1}^{m-1} R_\tau \left(1 + \cos\frac{\pi\tau}{m}\right)\cos\pi\tau\right]$$

综合以上各点上的平滑谱估计可直接写成式(7.2.28)。

(四)作谱图

以波数为横轴，平滑功率谱密度估计值为纵轴作图即可，如图 7.3。在谱图横轴上，同时也标出了对应的周期(频率)，它们与波数的关系为：

$$\begin{cases} \omega_l = \pi l/m \\ T_l = 2m/l \end{cases} \tag{7.2.30}$$

由于在计算过程中 m 的选择有人为性，所以 m 的不同也会使谱估计曲线发生变化。当 m 的取值越小，谱曲线的平滑效果越大；当 m 取值较大时，谱曲线本身的波动也会出现很多峰。这些峰值并不意味着有对应的周期现象存在，而是由于平滑效果不佳造成对真实谱的估计偏差波动，这种峰又称为虚假峰，它在 m 取值变小的过程中得到消除。但若 m 取值过小，谱估计曲线就变得十分光滑，也就不容易确定主要的峰点，从而直接影响到寻找真正的主要周期。所以，最大的时间间隔 m 的选取应大小适当，一般取为序列长度 n 的 1/10～1/3。

（五）用谱分析检测振动周期

【例 2】以时间序列分析中的西南季风爆发日期为例来说明用谱分析检测平稳序列中存在的主要振动的具体计算过程。

【解】首先根据西南季风爆发日期，先计算出资料的 R_τ。令 $m=n/4=32$，则可求得 $R_0,R_1,\cdots,R_8$，见表 7.3。

然后计算出公式在不同 l 值时所对应的 $\cos\dfrac{l\pi\tau}{m}$ 及 $R_\tau\cos\dfrac{l\pi\tau}{m}$ 值，并对 τ 求和，见表 7.4。

再根据式(7.2.25)，我们可计算出 $\hat{S}_0,\hat{S}_1,\cdots,\hat{S}_8$，结果见表 7.5。由于功率谱都大于零，所以，当结果小于零时将其规定为零。再根据式(7.2.26)，得平滑谱 $\bar{S}_l$ 一并填入表 7.5。

最后将平滑谱数值点成图 7.3 所示的谱图曲线。从谱图上可找到峰值所对应的振动周期，当 $l=2,3,6$ 时有峰值相对应，这些 l 值所对应的周期 T_l 分别为 5.3a、8a 及 2.7a。因为峰值是针对其他频率而言的，这些峰值是否是随机因素造成的，还需对其隐含周期作显著性检验。

表 7.3　西南季风爆发日期资料的自协方差值

t	$x(t)$	x_t	x_tx_t	x_tx_{t+1}	x_tx_{t+2}	x_tx_{t+3}	x_tx_{t+4}	x_tx_{t+5}	x_tx_{t+6}	x_tx_{t+7}	x_tx_{t+8}
1	26	6	36	−84	−54	24	−12	66	12	0	18
2	6	−14	196	126	−56	28	−154	−28	0	−42	84
3	11	−9	81	−36	18	−99	−18	0	−27	54	−117
4	24	4	16	−8	44	8	0	12	−24	52	−12
5	18	−2	4	−22	−4	0	−6	12	−26	6	28
6	31	11	121	22	0	33	−66	143	−33	−154	88
7	22	2	4	0	6	−12	26	−6	−28	16	12
8	20	0	0	0	0	0	0	0	0	0	0
9	23	3	9	−18	39	−9	−42	24	18	15	−9
10	14	−6	36	−78	18	84	−48	−36	−30	18	96
11	33	13	169	−39	−182	104	78	65	−39	−208	0
12	17	−3	9	42	−24	−18	−15	9	48	0	−3
13	6	−14	196	−112	−84	−70	42	224	0	−14	−42
14	28	8	64	48	40	−24	−128	0	8	24	16
15	26	6	36	30	−18	−96	0	6	18	12	24
16	25	5	25	−15	−80	0	5	15	10	20	20
17	17	−3	9	48	0	−3	−9	−6	−12	−12	−21
18	4	−16	256	0	−16	−48	−32	−64	−64	−112	−48
19	20	0	0	0	0	0	0	0	0	0	0

续表

t	$x(t)$	x_t	x_tx_t	x_tx_{t+1}	x_tx_{t+2}	x_tx_{t+3}	x_tx_{t+4}	x_tx_{t+5}	x_tx_{t+6}	x_tx_{t+7}	x_tx_{t+8}
20	21	1	1	3	2	4	4	7	3	−5	−12
21	23	3	9	6	12	12	21	9	−15	−36	0
22	22	2	4	8	8	14	6	−10	−24	0	−10
23	24	4	16	16	28	12	−20	−48	0	−20	28
24	24	4	16	28	12	−20	−48	0	−20	28	0
25	27	7	49	21	−35	−84	0	−35	49	0	
26	23	3	9	−15	−36	0	−15	21	0		
27	15	−5	25	60	0	25	−35	0			
28	8	−12	144	0	60	−84	0				
29	20	0	0	0	0	0					
30	15	−5	25	−35	0						
31	27	7	49	0							
32	20	0	0								
Σ	640		1614	−4	−302	−219	−466	380	−176	−358	140
$\overline{x}$	20										
R_τ			50.44	−0.129	−10.067	−7.552	−16.643	14.074	−6.769	−14.320	5.833

表 7.4

R_τ	R_0	R_1	R_2	R_3	R_4	R_5	R_6	R_7	R_8	$\sum_{\tau=1}^{m-1}$
	50.44	−0.129	−10.067	−7.552	−16.643	14.074	−6.769	−14.32	5.833	
$\cos\frac{l\pi\tau}{8}$	$\frac{\pi\tau}{8}$	$\frac{\pi}{8}$	$\frac{2\pi}{8}$	$\frac{3\pi}{8}$	$\frac{4\pi}{8}$	$\frac{5\pi}{8}$	$\frac{6\pi}{8}$	$\frac{7\pi}{8}$	$\frac{8\pi}{8}$	$\sum_{\tau=1}^{7}R_\tau$
l	1	0.9239	0.7071	0.3827	0.000	−0.3827	−0.7071	−0.9239	−1.000	−41.406
	2	0.7071	0.0000	−0.7071	−1.000	−0.7071	0.0000	0.7071	1.000	
	3	0.3827	−0.7071	−0.9239	0.000	0.9239	0.7071	−0.3827	−1.000	
	4	0.0000	−1.0000	0.0000	1.000	0.0000	−1.0000	0.0000	1.000	
	5	−0.3827	−0.7071	0.9239	0.000	−0.9239	0.7071	0.3827	−1.000	
	6	−0.7071	0.0000	0.7071	−1.000	0.7071	0.0000	−0.7071	1.000	
	7	−0.9239	0.7071	−0.3827	0.000	0.3827	−0.7071	0.9239	−1.000	
1	$R_\tau\cdot\cos\frac{l\pi\tau}{8}$	−0.1192	−7.1184	−2.8902	0.000	−5.3861	4.7864	13.2302	−5.833	2.5028
2		−0.0912	0.0000	5.3400	16.643	−9.9517	0.0000	−10.1257	5.833	1.8144
3		−0.0494	7.1184	6.9773	0.000	13.0030	−4.7864	5.4803	−5.833	27.7432
4		0	10.0670	0.0000	−16.643	0.0000	6.7690	0.0000	5.833	0.1930
5		0.0494	7.1184	−6.9773	0.000	−13.0030	−4.7864	−5.4803	−5.833	−23.0791
6		0.0912	0.0000	−5.3400	16.643	9.9517	0.0000	10.1257	5.833	−31.4716
7		0.1192	−7.1184	2.8902	0.000	5.3861	4.7864	−13.2302	−5.833	−7.1668

表 7.5

l	0	1	2	3	4	5	6	7	8
$\hat{S}_l$	−3.318	6.201	7.487	12.511	7.034	−0.194	14.902	3.784	0.646
$\hat{S}_l$	0.000	6.201	7.487	12.511	7.034	−0.194	14.902	3.784	0.646
$\bar{S}_l$	3.100	4.972	8.422	9.886	6.596	5.387	8.349	5.779	2.215

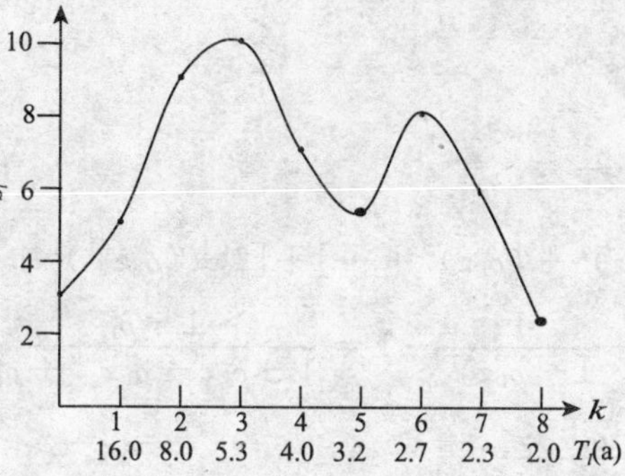

图 7.3

(六)周期的著性检验

由于功率谱图已经显示出不同频率振动的功率大小,同时也是方差贡献的大小,因而可从谱曲线中的谱值最大者来确定主要振动及其对应的周期。但这一确认是否有统计学意义还需要作显著性检验。

1. 离散功率谱检验

由式(7.2.7)可知,序列 $x_t(t=\overline{1,n})$ 的总方差可分解为 $n/2$ 个波动的方差之和,我们可根据方差检验的方法来进行:首先假设 H_0:$\mathrm{M}(a_k)=\mathrm{M}(b_k)=0$;在此假设条件下,构作统计量:

$$F=\frac{\frac{1}{2}(a_k^2+b_k^2)/2}{\left[\sigma_x^2-\frac{1}{2}(a_k^2+b_k^2)\right]\Big/(n-2-1)} \tag{7.2.31}$$

该统计量服从第一自由度为 2,第二自由度为($n-3$)的 F 分布。其中 σ_x^2 为原序列的方差。

2. 连续功率谱检验

连续功率谱的检验是通过与非周期性随机过程作比较来进行的。所谓非周期性的随机过程一般指两种过程:白噪声过程和红噪声过程。这种比较可以用谱曲线进行。因此,我们先介绍这两种过程的谱。

①红噪声过程的功率谱。红噪声过程即一阶马尔科夫过程或一阶自回归模型。

利用式(6.4.6)代入式(7.2.14),得红噪声(的功率)谱:

$$E(\omega) = \int_{-\infty}^{\infty} \rho(\tau) e^{-i\omega\tau} d\tau$$
$$= \int_{-\infty}^{\infty} \rho_1^{|\tau|} e^{-i\omega\tau} d\tau$$

将其改写为求和级数,并令 $z = e^{i\omega}$,则有:

$$\begin{aligned} E(\omega) &= \sum_{\tau=-\infty}^{\infty} \rho_1^{|\tau|} e^{-i\omega\tau} \\ &= \sum_{\tau=-\infty}^{\infty} \rho_1^{|\tau|} z^{-\tau} \\ &= [1 + (\rho_1 z)^1 + (\rho_1 z)^2 + \cdots] + [1 + (\rho_1 z^{-1})^1 + (\rho_1 z^{-1})^2 + \cdots] - 1 \\ &= \frac{1}{1-\rho_1 z} + \frac{1}{1-\rho_1 z^{-1}} - 1 = \frac{1-\rho_1^2}{1-\rho_1 z - \rho_1 z^{-1} + \rho_1^2} \\ &= \frac{1-\rho_1^2}{1-2\rho_1\cos\omega + \rho_1^2} \end{aligned} \tag{7.2.32}$$

上式表明,只有在 $\omega=0$ 时,红噪声谱取得最大值,即只有线性直趋势而无其他周期振动。

对某一具体序列资料,有:$r_1 = \hat{\rho}_1$,则上式又改写成:

$$E(\omega) = \frac{1-r_1^2}{1-2r_1\cos\omega + r_1^2} \tag{7.2.33}$$

②白噪声过程的功率谱。根据时序分析中白噪声的性质,有:

$$E(\omega) = \int_{-\infty}^{\infty} \rho(\tau) e^{-i\omega\tau} d\tau = \rho_{(0)} = 1 \tag{7.2.34}$$

即白噪声过程是另一种非周期过程。

③显著性检验。

设统计量 $\chi^2(\nu)$ 是服从自由度为 ν 的 χ^2 分布,则根据概率论关于 χ^2 分布的数学期望和方差的讨论,有:

$$M[\chi^2(\nu)] = \nu$$
$$D[\chi^2(\nu)] = 2\nu$$

若令:
$$a\chi^2(\nu) = Y$$

则:
$$M(Y) = a\nu$$

所以:
$$\frac{Y}{a} = \frac{Y}{M(Y)/\nu} = \chi^2(\nu) \tag{7.2.35}$$

如果设 Y 是时间函数的谱估计 $\overline{S}_l$,且假设总体谱是某一随机过程的谱,记为 $M(\overline{S}_l)$,则有:

$$\frac{\overline{S}_l}{M(\overline{S}_l)/\nu}=\chi^2(\nu) \tag{7.2.36}$$

服从自由度为 ν 的 χ^2 分布。对用最大后延长度为 m 的自相关系数计算的功率谱，其自由度为 ν，其值与样本容量 n 及所取的最大时间间隔 m 有关：

$$\nu=\frac{2n-m/2}{m} \tag{7.2.37}$$

检验时，若序列的落后自相关系数 r_1 接近于零或是负值，则说明序列不是红噪声过程。因为红噪声过程具有：$r_1>0, r_2=r_1^2>0, r_3=r_1^3>0, \cdots$ 的关系。但 r_1 是否接近于零，必须通过相关系数的检验来决定。若序列的落后自相关系数 r_1 大于零，则序列有可能来自红噪声过程，即其期望谱为红噪声谱，那么，公式(7.2.33)中 $M(\overline{S}_l)$ 的估计就不仅仅是 $\overline{S}_l$ 的平均值 $\overline{S}$，还需乘上红噪声谱 $E(\omega)$，即：

$$M(\overline{S}_l)=\overline{S}\cdot E(\omega)=\overline{S}\left[\frac{1-r_1^2}{1-2r_1\cos\dfrac{l\pi}{m}+r_1^2}\right] \tag{7.2.38}$$

【例 3】我们以例 2 中的谱峰值作检验为例，说明检验过程。

首先，提出假设 H_0：设所需检验的该要素的总体谱在各频率带上是以非周期性的随机过程的谱，即假设要素的总体谱的分布完全均一，与白噪声随机过程的谱曲线无显著性差别，个别峰值仅是由于随机因素造成的。

其次，构造统计量 $\chi^2(\nu)$：

$$\chi^2(\nu)=\overline{S}_l\nu/\overline{S} \tag{7.2.39}$$

式中 $\overline{S}_l$ 为第 l 个波数的样本谱估计值，$\overline{S}$ 是整个频率域上平滑谱之均值。

在假设 H_0 成立时，统计量 $\chi^2(\nu)$ 服从自由度为 ν 的 χ^2 分布。当 $\chi^2(\nu)>\chi^2_\alpha$ 时，H_0 不成立，有显著周期存在；当 $\chi^2(\nu)<\chi^2_\alpha$ 时，H_0 成立，无显著周期存在。

利用此检验，我们可找到一定显著性水平 α 下的显著周期。由表 7.5 算得 $\overline{S}=54.71/9=6.078$，而自由度 $\nu=(2\times32-8/2)/8\approx8$，那么，由表 7.5 中的数据，还可分别得到谱图中相对峰值处的 S 值：

$$l=2, S=\nu\overline{S}_2/\overline{S}=8\times8.422/6.078\approx11.085$$

$$l=3, S=\nu\overline{S}_3/\overline{S}=8\times9.886/6.078\approx13.012$$

$$l=6, S=\nu\overline{S}_6/\overline{S}=8\times8.349/6.078\approx10.989$$

当 $\alpha=0.20$ 时，查表，得：$\chi^2_{0.20}=11.030$。故我们认为，谱图中的三个峰值都具有相对意义的显著性，其中以 $l=3$(即相当于 5.3a 周期)最为显著。

用谱分析与时间序列分析中的周期图方法和方差分析所求得的西南季风爆发日期的周期振动结果来看，基本上是一致的，即 5a 周期最显著，8a 和 3a 周期次之。这并非巧合，而是说明谱分析方法也是一种检验时间序列中有无显著性周期的方法。

不过，谱分析只是从频率域上检测周期振动，而不同于周期图和方差分析方法是从时间域上分离出周期振动。

7.3　滤波

用谱分析的方法可以分析出时序的周期性，但只能指出哪一个波段最明显，而不能反映出变化的细节，如给不出相位；其次，对气象要素作谱分析的过程中，一些已知的规则波动（如日变化、年变化）占有很大的分量，例如对月平均资料作分析，结果其年变化周期却是主要周期。这种周期的存在，抑制了我们所研究的或需要的其他周期的表现，所以需用某种方法将所需要的某种波长的波分离出来，或将不需要的某些波长的波去掉后进行专门研究。如大气中存在着的各种不同尺度的运动有着不同的特征，当我们对某种尺度的运动感兴趣时，就可以将其提取出来，或将其他不需要的波动滤掉，这种方法就称为滤波，或称数字滤波。实现数字滤波的数学工具称为滤波器。

所谓数字滤波实际上是一种数据处理的方法。日常所观测到的数据一般可视其由两部分组成：一部分是我们要研究的，称其为信息；另一部分不是要研究的，称其为干扰。而滤波的任务，就是要用数学的手段，突出信息，抑制、减少干扰，即尽可能将信息与干扰分离。最常用的滑动平均实际上就是一种最简单的滤波器，资料经过滑动平均后的新序列中，长期趋势突出了，而短期波动减小了，这在时序分析中已经作过分析。

7.3.1　滤波的概念

为说明滤波器的概念，我们需要先介绍一下线性系统及其特征。

7.3.1.1　线性系统

从数学的角度看，大凡能反映原因与结果关系的物理装置或数学运算都称为系统，如电子放大器、微分方程等都是系统。如果对这些系统输入信号 $f(t)$，它就有输出 $g(t)$，从而可找到输入信号与输出信号间的对应关系。从应用的角度看，一般在研究系统时我们并不关注系统的内部构造，只关心输入与输出间的关系，一旦清楚了这种关系，系统的性质就完全确定了。在数学上，我们用图 7.4 表示系统的输入与输出间的关系。

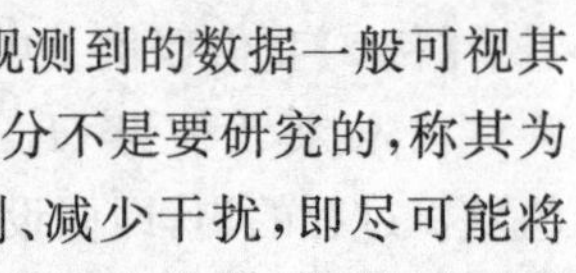

图 7.4　滤波器

研究任意系统是很复杂的，必须知道任意输入时的输出。但若系统具有一些特殊性质，研究起来就容易多了。为此我们仅介绍最简单的系统：线性系统。

(一)线性系统的三个特征

1. 线性

若用 L 表示线性系统由 $f(t)$ 到 $g(t)$ 的变换，a_1 和 a_2 为任意常数，则系统的线性可表示为：

$$\begin{cases} L[f_1(t)] = g_1(t) \\ L[f_2(t)] = g_2(t) \\ L[a_1 f_1(t) + a_2 f_2(t)] = a_1 g_1(t) + a_2 g_2(t) \end{cases} \tag{7.3.1}$$

2. 非时变性

若一个系统的参数不随时间变化，则称其具有时间不变性，常表示为：

$$L[f(t-t_1)] = g(t-t_1) \tag{7.3.2}$$

其中 t_1 为任意常数。

3. 稳定性

若一个系统，对任意有界输入，其输出也是有界的，则此系统具有稳定性，可表示为：

若：

$$|f(t)| < M$$

则有：

$$|g(t)| < BM$$

其中 B 是与输入无关的常数。

我们把具有线性、时间不变性和稳定性的系统简称为**线性系统**。

(二)系统的脉冲响应

若把系统对单位脉冲函数 $\delta(t)$ 的输出记为 $h(t)$，则有：

$$L[\delta(t)] = h(t) \tag{7.3.3}$$

称 $h(t)$ 为线性系统的脉冲响应函数、权函数或滤波函数。根据系统的线性和时间不变性，可以用 $h(t)$ 表示出任意函数 $f(t)$ 的输出 $g(t)$。因为 $f(t)$ 可表示成一系列单位脉冲之和：

$$f(t) = \int_{-\infty}^{\infty} f(\tau)\delta(t-\tau)\mathrm{d}\tau \tag{7.3.4}$$

根据系统的线性和非时变性，有：

$$\begin{aligned} g(t) = L[f(t)] &= \int_{-\infty}^{\infty} f(\tau) L[\delta(t-\tau)]\mathrm{d}\tau \\ &= \int_{-\infty}^{\infty} f(\tau) h(t-\tau)\mathrm{d}\tau \end{aligned}$$

即：

$$g(t) = \int_{-\infty}^{\infty} f(\tau) h(t-\tau)\mathrm{d}\tau \tag{7.3.5}$$

由此可见，线性系统唯一地决定于系统的脉冲响应函数 $h(t)$。

(三)系统函数

根据式(7.2.15)，可得到脉冲响应函数的谱，记为 $H(\omega)$：

$$H(\omega)=\int_{-\infty}^{\infty}h(t)\mathrm{e}^{-\mathrm{i}\omega t}\mathrm{d}t \tag{7.3.6}$$

并称之为线性系统的系统函数，由于它由 $h(t)$ 的傅氏变换求得，故又称为响应函数、传递函数或频率响应。该函数描述了系统本身的特性。若记 $F(\omega)$ 及 $G(\omega)$ 分别为输入及输出谱，则对输出谱，有：

$$\begin{aligned}G(\omega)&=\int_{-\infty}^{\infty}g(t)\mathrm{e}^{-\mathrm{i}\omega t}\mathrm{d}t=\int_{-\infty}^{\infty}\left[\int_{-\infty}^{\infty}f(\tau)h(t-\tau)\mathrm{d}\tau\right]\mathrm{e}^{-\mathrm{i}\omega t}\mathrm{d}t\\&=\int_{-\infty}^{\infty}f(\tau)\left[\int_{-\infty}^{\infty}h(t-\tau)\mathrm{e}^{-\mathrm{i}\omega(t-\tau)}\mathrm{d}(t-\tau)\right]\mathrm{e}^{-\mathrm{i}\omega\tau}\mathrm{d}\tau\\&=H(\omega)\int_{-\infty}^{\infty}f(\tau)\mathrm{e}^{-\mathrm{i}\omega\tau}\mathrm{d}\tau=H(\omega)F(\omega)\end{aligned}$$

即：

$$G(\omega)=H(\omega)F(\omega) \tag{7.3.7}$$

所以系统函数是对系统的完全描述。

对于输出 $g(t)$ 的功率谱，根据式(7.2.10)，有：

$$S_g(\omega)=|G(\omega)|^2=|H(\omega)|^2|F(\omega)|^2=|H(\omega)|^2S_f(\omega) \tag{7.3.8}$$

通常对某一频率的振动，经过过滤后，它的方差有所削弱，其削弱量就是输入与输出的功率比，即：

$$\frac{S_g(\omega)}{S_f(\omega)}=|H(\omega)|^2 \tag{7.3.9}$$

7.3.1.2 滤波器

脉冲响应函数 $h(t)$ 和频率响应函数 $H(\omega)$ 是从时间域及频率域两个方面来描述线性系统的动态特性的。而滤波器是线性系统的特殊情况，是当系统的响应函数 $H(\omega)$ 在某个频率区域里其振幅为零或近似于零时的特殊情况，此时就称系统是具有某种性质的滤波器。所以，滤波器并不一定是物理上可实现的，而是一类数学运算的总称。通俗地讲，滤波就是对已知数据序列进行平滑和频率过滤，以期得到属于某种频率范围的数据序列(输出序列)。

式(7.3.5)表明输出函数 $g(t)$ 是由输入函数 $f(t)$ 在整个时间区间上的线性加权和来确定的；式(7.3.7)表明输入的频谱 $F(\omega)$，经过滤波器的作用后，输出的频谱变成了 $H(\omega)\cdot F(\omega)$。由此可见，$h(t)$ 或 $H(\omega)$ 都能很好地描述滤波器的特性，一旦 $h(t)$ 确定，滤波器的特性也就被确定了，即知道输入和 $h(t)$，输出也就被完全确定。

一般而言，输入中包含“信息”和“干扰”两部分，而滤波器的作用就是突出“信息”，即传输有用的“信息”部分，而抑制“干扰”成分，即过滤掉无用的“噪声干扰”。我们可以根据不同的需要来设计滤波器，即建立输入与输出之间的动态关系，来满足我们的需求。

通常把滤波器分为三类：低通、高通和带通三种滤波器。“低通滤波器”是指将某

一频率以上的高频波尽量滤掉，即设计系统函数 $H(\omega)$ 的振幅在 $|\omega|>\omega_c$（截止频率）时趋于零，亦即低频通过、高频衰竭；对气象而言，就是尽量保留大气中的低频振荡部分，滤掉其中的短周期变化，即突出中、长期或气候变化的趋势，为中、长期预报或气候预测的研究服务。显然，“高通滤波器”与“低通滤波器”的作用相反，滤掉低频信号，突出高频信号，为短期天气预报服务。而“带通滤波器”则是要保留某两个指定频率间，即某一指定波段带内的波动信号，滤掉带外的其余波动。下面我们就来分别介绍这几种滤波方法。

7.3.2　几种常见的滤波方法

7.3.2.1　低通滤波

（一）滑动平均法

关于滑动平均法的数学原理，我们在上一章中已作过介绍，这儿我们从另一个角度——“滤波器”系统特征的角度来阐述。

若输入函数为 $x(t)$，脉冲响应函数为 $h(t)$，输出函数为 $y(t)$，则由式(7.3.5)，有：

$$y(t)=\int_{-\infty}^{\infty}x(\tau)h(t-\tau)\mathrm{d}\tau=\int_{-\infty}^{\infty}h(\tau)x(t-\tau)\mathrm{d}\tau \tag{7.3.10}$$

由于原始气象要素的观测资料都是离散的序列资料，故必须对上式进行离散化处理。令原始气象要素的时间序列为 x_t，脉冲响应函数离散化后变为 h_j，输出的滑动平均序列为 y_t，则对上式离散化后有：

$$y(t)=\sum_{\tau=-\infty}^{\infty}h(\tau)x(t-\tau)\Delta\tau$$

若取截断（对称）滑动长度为 N，且令：$\Delta\tau=1$，$h_{-j}=h_j$，则有：

$$y(t)=\sum_{j=-N}^{N}h_j x_{t-j} \tag{7.3.11}$$

容易看出，h_j 就是一般的滑动权重系数，上式就是对要素序列的滑动求和过程。由脉冲响应函数的性质，要求其有界，系统才稳定。故为保证系统稳定，要求滑动区间上的权重系数满足：

$$\sum_{j=-N}^{N}h_j=1 \tag{7.3.12}$$

由式(7.3.8)可知，对过滤后的序列，不同频率的方差削弱情况可以从它的频率响应来考察。对于离散的脉冲响应函数 h_j，根据式(7.1.20)，将 $H(\omega)$ 谱的表示式改写成离散的形式：

$$H(\omega)=\sum_{j=-N}^{N}h_j\mathrm{e}^{-\mathrm{i}\omega j}$$

由于包含余弦函数和正弦函数，且根据在对称区间上奇函数积分为 0 的性质，有：

$$H(\omega)=h_0+2\sum_{j=1}^{N}h_j\cos\omega j \tag{7.3.12)'}$$

或写成：

$$H(f)=h_0+2\sum_{j=1}^{N}h_j\cos2\pi fj \tag{7.3.12)''}$$

对一般的等权重滑动过程，滑动权重系数 h_j 为：

$$h_j=\frac{1}{2N+1} \tag{7.3.13}$$

若时间间隔取 $m=2N+1$，则又有：$h_j=1/m$。对以年为时间间隔的气象序列，这种过程又称为 m 年滑动平均。考察这种过程对原序列所含的各种周期振动的影响，有：

$$H(f)=\frac{1}{m}\left(1+2\sum_{j=1}^{N}\cos2\pi fj\right) \tag{7.3.14}$$

利用三角函数积化和差的公式，有：

$$\begin{aligned}2\sum_{j=1}^{N}\cos2\pi fj&=\frac{\sin\pi f\times2\sum_{j=1}^{N}\cos2\pi fj}{\sin\pi f}\\&=\frac{\sum_{j=1}^{N}2\cos2\pi fj\sin\pi f}{\sin\pi f}=\frac{\sum_{j=1}^{N}[\sin\pi f(2j+1)-\sin\pi f(2j-1)]}{\sin\pi f}\\&=\frac{\sin\pi f(2N+1)-\sin\pi f}{\sin\pi f}=\frac{\sin\pi fm}{\sin\pi f}-1\end{aligned}$$

即：

$$1+2\sum_{j=1}^{N}\cos2\pi fj=\frac{\sin\pi fm}{\sin\pi f}$$

所以式(7.3.14)变为：

$$H(f)=\frac{\sin\pi fm}{m\cdot\sin\pi f} \tag{7.3.15}$$

对于低频振荡，当 πf 足够小时，有：$\sin\pi f\approx\pi f$，此时上式变为：

$$H(f)\approx\frac{\sin m\pi f}{m\pi f} \tag{7.3.16}$$

从上式可见，在通常的等权重滑动平均中，对于无限大的周期($f\to0$)，频率响应 $H(f)\to1$，表示这种周期的波动在过滤后基本没有任何削弱；对于周期等于滑动间隔为 m 的周期振动，由于 $f=1/m$，故有 $H(f)=0$，表示该种周期的波动被完全滤掉，至于 $f=k/m$(k 为整数)，即对滑动间隔 m 成倍数的周期振动，仍有 $H(f)=0$，对这类周期振动亦有完全的过滤效果；对于大于滑动间隔 m 的周期振动，由于 $f<1/m$，

使得 $H(f)$ 总小于 1，这类周期振动则有不同程度的方差或振幅的削弱，周期越大，削弱程度越小。

【例 4】图 7.5 给出一个例子，曲线 a 是哈尔滨近 50 年旱涝级别（共 5 级），曲线 b 是 5a 滑动平均。从中可以看出，虽经过滤，长期（主要信息）突出了，但一些 2～3a 的小波动（干扰）也还有所表现，曲线并不很光滑。5a 滑动平均的公式由式（7.3.11）可写成：

$$y_t = \sum_{j=-2}^{2} h_j x_{t-j} = \frac{1}{5}\sum_{j=-2}^{2} x_{t-j}$$
$$= 0.2x_{t-2} + 0.2x_{t-1} + 0.2x_t + 0.2x_{t+1} + 0.2x_{t+2}$$

这里的滑动权重系数 $h_j = 1/m = 0.2$，是与 j 无关的常数。

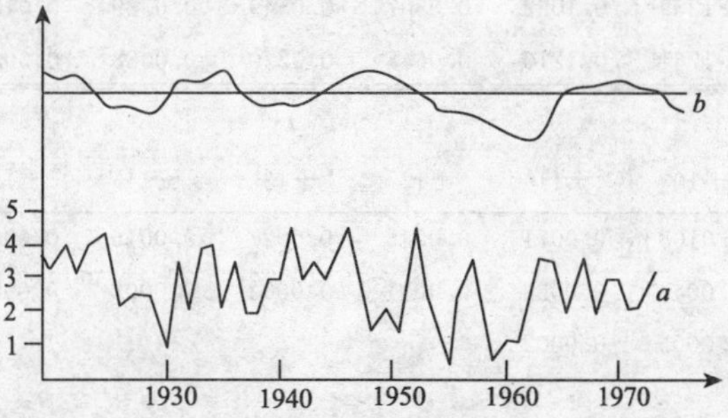

图 7.5

（二）高斯坐标平滑法

上述的等权重平滑，固然可以滤掉滑动间隔以内的周期振动，但大于滑动间隔的各种周期振动中亦有很大削弱，为对其改进，一般采用不等权的高斯坐标平滑。

高斯坐标平滑法是把权重函数在滑动间隔内看成是正态分布（高斯分布），即以滑动时间点 t 上的权重最大，远离 t 的正负间隔时间的权重以正态分布概率密度曲线形式递减。其权重函数 h_j 的计算方法如下：

$$h_j = \frac{1}{\sigma\sqrt{2\pi}} e^{-\frac{j^2}{2\sigma^2}} \quad j = 0, \pm 1, \pm 2, \cdots, \pm N \tag{7.3.17}$$

式中 σ、N 都是待定参数，一般先调整 σ 的值，从而选定一个 N 值，并通过查正态分布的概率密度函数表 $\varphi(u)$ 求出权重函数 h_j：

$$h_j = \frac{1}{\sigma}\varphi(u) = \frac{1}{\sigma\sqrt{2\pi}} e^{-\frac{u^2}{2}} = \frac{1}{\sigma\sqrt{2\pi}} e^{-\frac{1}{2}\left(\frac{j}{\sigma}\right)^2} \tag{7.3.18}$$

例如，取 $\sigma = 4$，由 $u = j/\sigma$ 及 $j = 0, \pm 1, \pm 2, \cdots, \pm N$ 得到 u 值：$0, \pm\frac{1}{4}, \pm\frac{2}{4}, \cdots, \pm\frac{N}{4}$。查标准正态分布密度函数表得：$\varphi(0) = 0.3989$，$\varphi\left(\pm\frac{1}{4}\right) = 0.3867$，$\varphi\left(\pm\frac{2}{4}\right) =$

0.3521,…。将其代入式(7.3.18),有:$h_0=\frac{0.3989}{4}=0.0997$,$h_{\pm1}=\frac{0.3867}{4}=0.0967$,$h_{\pm2}=\frac{0.3521}{4}=0.0880$,…。

表 7.6 给出了 σ 分别取 5,4,3,2 时的权重函数 h_j 之值。

表 7.6

σ	j: 0	±1	±2	±3	±4	±5	±6	±7	±8
5	0.0789	0.0782	0.0737	0.0666	0.0579	0.0484	0.0388	0.0299	0.0222
4	0.0997	0.0967	0.0880	0.0753	0.0605	0.0457	0.0324	0.0216	0.0135
3	0.1330	0.1259	0.1062	0.0807	0.0549	0.0329	0.0180	0.0088	0.0038
2	0.1995	0.1761	0.1210	0.0648	0.0270	0.0088	0.0022		

σ	j: ±9	±10	±11	±12	±13	±14	±15	±16	±17
5	0.0158	0.0108	0.0071	0.0045	0.0027	0.0016	0.0009	0.0008	0.0008
4	0.0079	0.0044	0.0023	0.0011	0.0002	0.0002	0.0001		
3	0.0015	0.0005	0.0002						
2									

高斯平滑的响应函数为:

$$H(f)=\exp(-2\pi^2\sigma^2 f^2) \tag{7.3.19}$$

上式可知,对无限大的周期,原序列经过高斯滤波后与滤波前几乎一样,此时 $H(f)\approx 1$,频率 f 越大,周期越短的波动削弱越多,显然,它是一种低通滤波。

(三)二项式系数滑动法

它是与高斯坐标平滑法类似的一种低通滤波器,它选择的滤波函数与二项式系数成正比,相当于进行加权滑动平均,其 h_j 按下式计算:

$$h_j=\frac{(m-1)!}{j!(m-j-1)!}\times\frac{1}{\sum_{j=0}^{m-1}C_{m-1}^{j}}\quad j=0,1,2,\cdots,m-1 \tag{7.3.20}$$

其中:$m=2N+1$。一旦 N 确定,h_j 就可以完全确定,且关于 h_N 对称。为了使用方便,表 7.7 给出了不同 N 值的 h_j 之值。

由表 7.7 可以看出,当 m(即 N)增大时,系数的项数也在增加,此时列表就比较困难,而事实上,m 较大时,二项式系数近似地具有正态分布的特征,故在 m 较大时一般采用高斯坐标平滑滤波法。

二项式系数平滑的频率响应函数为:

$$H(f)=\cos^m(\pi f) \tag{7.3.21}$$

由于 f 在 0～1/2 之间变化，从上式可以看出：$f=0$ 时是响应函数取极大值，$f=0.5$ 时，响应函数取极小值，所以它对高频有很大的削弱；而由计算可知，当 $f\geqslant\frac{1}{6\sigma}$ 时，$H(f)<0.5$。由此可见，它与等权滤波相比，是更有效的低通滤波器，比等权滤波器通过更多的低频信号，而高频信号过滤掉很多。

表 7.7

N	j								
	0	1	2	3	4	5	6	7	8
2	0.0625	0.250	0.375						
3	0.313	0.234	0.094	0.016					
4	0.273	0.219	0.109	0.031	0.004				
5	0.246	0.205	0.117	0.044	0.009	0.001			
6	0.226	0.193	0.121	0.054	0.016	0.003	0.0002		
7	0.209	0.183	0.122	0.061	0.022	0.006	0.0009	0.0001	
8	0.196	0.175	0.122	0.067	0.028	0.0085	0.0018	0.0002	0.00001

7.3.2.2　高通滤波

常用的高通滤波是差分滤波。

对标准化的时间序列 x_t，其一阶差分滤波表达式为：

$$y_t=x_t-x_{t-1}=\nabla x_t \tag{7.3.22}$$

用后移算子 B，上式又可表示为：

$$y_t=(1-B)x_t \tag{7.3.22$'$}$$

对 q 阶差分滤波，其表达式为：

$$y_t=\nabla^q x_t=(1-B)^q x_t \tag{7.3.23}$$

设关于 B 的多项式为：

$$\Psi(B)=(1-B)^q=\sum_{j=0}^{\infty}\psi_j B^j \tag{7.3.24}$$

则有：

$$y_t=\sum_{j=0}^{\infty}\psi_j B^j x_t$$

我们知道，关于 y 落后 k 的自相关函数可表示为：

$$\begin{aligned}\rho_y(k)&=M\Big[\sum_{j=0}^{\infty}\sum_{h=0}^{\infty}\psi_j\psi_h x_{t-j}x_{t+k-h}\Big]\\&=\sum_{j=0}^{\infty}\sum_{h=0}^{\infty}\psi_j\psi_h\rho_x(k+j-h)\end{aligned}$$

对式(7.2.14)离散化,可得 y 的功率谱表达式:

$$\begin{aligned}E_y(\omega) &= \sum_{k=-\infty}^{\infty}\rho_y(k)\mathrm{e}^{-\mathrm{i}\omega k}\\ &= \sum_{j=0}^{\infty}\sum_{h=0}^{\infty}\Big[\sum_{k=-\infty}^{\infty}\rho_x(k+j-h)\mathrm{e}^{-\mathrm{i}\omega(k+j-h)}\Big]\psi_j\psi_h\mathrm{e}^{-\mathrm{i}\omega(h-j)}\\ &= E_x(\omega)\Big(\sum_{h=0}^{\infty}\psi_h\mathrm{e}^{-\mathrm{i}\omega h}\Big)\Big(\sum_{j=0}^{\infty}\psi_j\mathrm{e}^{\mathrm{i}\omega j}\Big)\end{aligned}$$

若令:$B=\mathrm{e}^{-\mathrm{i}\omega}$,则:

$$\begin{aligned}E_y(\omega) &= E_x(\omega)\Big(\sum_{h=0}^{\infty}\psi_h B^h\Big)\Big(\sum_{j=0}^{\infty}\psi_j B^{-j}\Big)\\ &= E_x(\omega)\Psi(B)\Psi(B^{-1})\end{aligned}$$

可见,$\mathrm{e}^{-\mathrm{i}\omega}$就是算子 B 的一种具体表示。将上式与式(7.3.8)比较,可知频率响应的功率谱为:

$$|H(\omega)|^2 = H(\omega)H^*(\omega) = \Psi(B)\Psi(B^{-1})$$

其对应的谱,即频率响应为:

$$H(\omega)=\Psi(B)=\Psi(\mathrm{e}^{-\mathrm{i}\omega})=(1-\mathrm{e}^{-\mathrm{i}\omega})^q \tag{7.3.25}$$

因此,q 阶差分滤波的频率响应还可表示为:

$$H(f)=(1-\mathrm{e}^{-\mathrm{i}2\pi f})^q \tag{7.3.25$'$}$$

对于上式,当 $f\to0.5$ 时,$H(f)\to2^q$,为满足式(7.3.12),从而保证系统的稳定性,令:

$$H(f)=\Big(\frac{1-\mathrm{e}^{-\mathrm{i}2\pi f}}{2}\Big)^q \tag{7.3.26}$$

可以证明其实部可表示成:

$$H(f)=\Big[\frac{1-\cos(2\pi f)}{2}\Big]^q=(\sin^2\pi f)^q=|\sin\pi f|^{2q} \tag{7.3.27}$$

由上式可知,对于高频振动,$f\to0.5$,$H(f)\to1$,即毫无削弱现象,而对低频振动,$f\to0$,$H(f)\to0$,即削弱很快,且随着阶数 q 的增加,其削弱的速度愈快,滤波效果愈好。

7.3.2.3　带通滤波

当需要滤出某一感兴趣的波段或频带的振动时,一般使用带通滤波器。一种较原始的方法就是用两个低通或两个高通滤波器来构成一个带通滤波器。以例 4 为例,假如我们想得到 5～9a 的周期波动序列,那么,首先要对原序列作 5a 的滑动平均,滤掉 5a 以下的波动而保留 5a 以上的波(见例 4);然后,再对原序列作 9a 的滑动平均,滤掉 9a 以下的波动而保留 9a 以上的波动,最后用 5a 的滑动平均序列减去 9a 的滑动平均序列,就可得到 5～9a 的波动序列。其一般步骤为:

第一次作对应于时间间隔为 m_1 的低通滤波,过滤后的序列为:

$$y_{1,t}=\sum_{j=-N_1}^{N_1}h_{1,j}x_{t+j}$$

其中：$m_1=2N_1+1$。

第二次作对应于时间间隔为 m_2 的低通滤波，过滤后的序列为：

$$y_{2,t}=\sum_{j=-N_2}^{N_2}h_{2,j}x_{t+j}$$

其中：$m_2=2N_2+1$。当 $m_2>m_1$，即 $N_2>N_1$ 时，对 $N_1<j<N_2$ 的带通过滤后的新序列为：

$$y_t=y_{1,t}-y_{2,t}=\sum_{j=-N_2}^{N_2}(h_{1,j}-h_{2,j})x_{t+j}\quad(t=\overline{N_2+1,n-N_2})\tag{7.3.28}$$

其相应的频率响应函数为：

$$H(f)=H_1(f)-H_2(f)\tag{7.3.29}$$

但这种相减的带通滤波方法效果并不十分理想，因为它本身对我们感兴趣的某一频带的波动亦有较大程度的削弱。

为了弥补上述缺陷，我们需要重新设计出较理想的带通滤波器。如果我们想要得到中心频率为 f_0，频带宽度范围在 $f_0/2<f<2f_0$ 内的理想序列，并希望在频率 f_0 上的振动无任何削弱，即 f_0 上的频率响应函数为 1，在 $f_0/2$ 及 $2f_0$ 以外的振动削弱为 0，即其对应的频率响应函数为 0。那么，需要制作的滤波器的频率响应函数可分段设计为：

$$H(f)=\begin{cases}0 & 0<f<f_0/2\\ \dfrac{1}{2}+\dfrac{1}{2}\cos\left(2\pi\dfrac{f}{f_0}\right) & f_0/2\leqslant f<f_0\\ \dfrac{1}{2}-\dfrac{1}{2}\cos\left(2\pi\dfrac{f}{2f_0}\right) & f_0\leqslant f<2f_0\\ 0 & 2f_0\leqslant f<1/2\end{cases}\tag{7.3.30}$$

【例 5】例如在年气象要素序列分析中，常希望了解是否存在与太阳黑子相对数目 11a 周期变化相当的周期现象，即希望了解频率中心在 $f_0=1/11$ 的 $1/22<f<2/11$频带范围内的振动状况（对应的周期为 5.5～22a）。根据式(7.3.30)，得到相应的频率响应函数为：

$$H(f)=\begin{cases}0 & 0<f<1/22\\ \dfrac{1}{2}+\dfrac{1}{2}\cos(22\pi f) & 1/22\leqslant f<1/11\\ \dfrac{1}{2}-\dfrac{1}{2}\cos(11\pi f) & 1/11\leqslant f<2/11\\ 0 & 2/11\leqslant f<1/2\end{cases}\tag{7.3.31}$$

该频率响应函数表明，$f=f_0=1/11$ 时，$H(f)=1$；当 $f=1/22$ 时，$H(f)=0$；当 $f=2/11$ 时，$H(f)=0$；在频带 $f>2/11$ 和 $f<1/22$ 时，$H(f)=0$，即滤波器仅通过了5～22a 的波动，而对中心周期 11a 振动完全通过。

有了频率响应函数的形式，则对于带通滤波后序列对应的脉冲响应 $h(t)$ 可用逆傅氏变换求出：

$$h(t)=\int_{-\infty}^{\infty}H(f)\mathrm{e}^{\mathrm{i}2\pi ft}\mathrm{d}f=2\int_{0}^{\infty}H(f)\cos(2\pi ft)\mathrm{d}f \tag{7.3.32}$$

对离散的气象要素序列 $x_t(t=\overline{1,n})$，只须把上式离散化处理即可得到相应的滑动权重系数 h_j。由于离散点周期至少为 2 个点所经过的时间，故频率最大为 1/2，频率最小应尽可能接近于 0，这个值一般取大于资料总长度 n 的 2～3 倍，即取 $1/2n$ 或 $1/3n$ 作为 $f=0$ 的估计，如：$1/2n,2/2n,3/2n,\cdots,1/2$。以此为基础，将式(7.3.31)离散为如下求和形式：

$$h_j=\frac{1}{2n}\Big[H(0)+2\sum_{f=1/2n}^{1/2}H(f)\cos 2\pi fj\Big] \tag{7.3.33}$$

【例 6】我们以 $n=66$ 为例，说明 h_j 的计算过程。为了研究序列中是否存在 $T=11$a 的周期，我们对资料进行滤波。首先，令 $f_0=1/T=1/11$，则：$f_0/2=1/22$，$2f_0=2/11$，即：$1/22\leqslant f\leqslant 2/11$；其次，取 $1/2n=1/132$ 作为 $f=0$ 的估计，则离散频率点的取值范围又可改写成：$6/132\leqslant f\leqslant 24/132$，超出这一范围的 $H(f)=0$。因为 $f=6/132=1/22$ 及 $f=24/132=2/11$ 时 $H(f)=0$，所以，式(7.3.32)中求和的取值区间变为 $7/132\leqslant f\leqslant 23/132$。最后，根据式(7.3.31)要求计算出各个离散频率点上的 $2H(f)$ 及 $\cos 2\pi fj$（以 $j=1$ 为例）的值，见表 7.8。

表 7.8

f	$\frac{6}{132}$	$\frac{7}{132}$	$\frac{8}{132}$	$\frac{9}{132}$	$\frac{10}{132}$	$\frac{11}{132}$	$\frac{12}{132}$	$\frac{13}{132}$	$\frac{14}{132}$	$\frac{15}{132}$
$\cos 2\pi f$	—	0.954	0.928	0.909	0.899	0.866	0.842	0.815	0.786	0.756
$2H(f)$	0	0.134	0.500	1.000	1.500	1.866	2.000	1.966	1.866	1.707
f	$\frac{16}{132}$	$\frac{17}{132}$	$\frac{18}{132}$	$\frac{19}{132}$	$\frac{20}{132}$	$\frac{21}{132}$	$\frac{22}{132}$	$\frac{23}{132}$	$\frac{24}{132}$	
$\cos 2\pi f$	0.724	0.691	0.656	0.618	0.581	0.542	0.500	0.459	—	
$2H(f)$	1.500	1.259	1.000	0.741	0.500	0.293	0.134	0.034	0	

通过表 7.8 中数据，利用公式(7.3.33)，我们可得到时间 t 点的中心权重 $h_0(j=0)$：

$$h_0=\frac{1}{132}\Big[H(0)+2\sum_{f=1/132}^{1/2}H(f)\cos 2\pi f\cdot 0\Big]$$

$$= \frac{1}{132} \times \sum_{f=7/132}^{23/132} 2H(f) = \frac{18.0}{132} = 0.136$$

又由于滑动权重的对称性，有：

$$h_{\pm j} = \frac{1}{132} \times \sum_{f=7/132}^{23/132} 2H(f)\cos 2\pi fj$$

则由表 7.8 可得到 $h_{\pm 1}$ 之值(见表 7.9)。

$$h_{\pm 1} = \frac{1}{132} \times \sum_{f=7/132}^{23/132} 2H(f)\cos 2\pi f = \frac{14.094}{132} = 0.107$$

用同样的方法，我们可得到 $h_{\pm 2}, h_{\pm 3}, \cdots$，其结果见表 7.9。

表 7.9

j	0	±1	±2	±3	±4	±5	±6	±7	±8	±9	±10
h_j	0.136	0.107	0.034	−0.046	−0.095	−0.098	−0.062	−0.014	0.032	0.038	0.034
j	±11	±12	±13	±14	±15	±16	±17	±18	±19	±20	±21
h_j	0.023	0.013	0.007	0.003	−0.001	−0.006	−0.008	−0.009	−0.006	−0.004	−0.001

根据表 7.9，我们又可得到中心频率为 $f_0=1/11$，频带范围在 $1/22 \leqslant f \leqslant 2/11$ 上的带通滤波后的序列：

$$y_t = \sum_{j=-21}^{21} h_j x_{t-j} \quad (t = \overline{22,45})$$

这一序列就仅对 5.5～22a 周期段的波动有突出表现。

作为一滑动平均序列，滑动长度 N 越长，经滑动平均后的序列长度就越短，那么，如何来选取合适的滑动间隔长度呢？

事实上，滑动间隔不一定对全部权重进行。从上例的表 7.9 中可以看出，权重系数随 j 的增加而迅速减小。这一点从滑动前后的序列方差之比：

$$S_y^2/S_x^2 = \sum_{j=-N}^{N} h_j^2$$

也可以看出。对于 11a 为中心周期，取 $N=21$ 时，有：$\sum_{j=-21}^{21} h_j^2 = 0.060$；而当取 $N=10$ 时，有：$\sum_{j=-10}^{10} h_j^2 = 0.059$，由此可见，其截断方差只有 0.001。所以上例中中心周期为 11a 的带通滑动滤波也可以把权重间隔截断到 $j=\pm 10$，即滑动间隔长度可取为 $N=10$。此时滑动后的序列长度就变为：$t=\overline{11,56}$。

综上可见，滤波与谱分析是密切相关的两个工具，在滤波基础上进一步作谱分析，比较容易揭示我们所需要的周期性变化。

国外有人对印度地区 31 个测站的年降水量序列(大部分约 60 年的资料)，使用高斯低通滤波及差分高通滤波方法，再通过对滤波后序列的谱分析，就可以发现原序列中不易被发现的显著周期。表 7.10 给出了印度地区分区(代号)在过滤前、后序列中所发现周期的比较。表中“＊”为通过 0.05 显著水平的周期，“＊＊”为通过 0.01 显著水平的周期，“—”表示没有明显周期存在。不难发现，经过滤波处理后的序列有明显的准两年振荡的周期存在。

表 7.10

区号	滤波前序列周期(a)	滤波后序列周期(a)
2	60～20	2.8～2.0*
3	6.8～2.6	3.1～2.0*
4	3.4～4.6，3.5～3.1	4.0～3.1*，2.8～2.02*
5	5.0～3.1*，3.1～2.8	4.0～2.6*，2.2～2.0
6	3.1～2.8	3.5～2.8**
7	3.5～3.1**，3.1～2.8*	3.5～2.8*
8	—	3.1～2.8，2.4～2.0*
9	8.5～6.6，6.6～5.4**	2.8～2.4*
10	—	3.1～2.0*
11	12.0～8.5*	3.1～2.0*
12	8.5～6.6	3.1～2.2**
13	∞～60*	2.8～2.2**
14	—	3.1～2.0*
15	12.0～8.5*	3.5～3.1*

也有人对热带地区的测站气压和温度要素作了谱分析。为突出研究这些要素的准两年周期振动现象，针对两年周期作带通滤波，其中心周期为 24 个月，高频端的截止周期为 27/2 个月，低频端的截止周期为 60 个月，使用 55 项的权重平滑。对滤波后的序列作谱分析发现，气压和温度要素两要素也存在准两年周期振动现象；但就比较而言，大多测站气压的准两年周期振动现象不如温度显著。有人认为，滤波后序列中的周期振动是否显著应与同时期的年变化的振幅相比较，他们计算出 1908—1947 年期间的平均年周期振幅，发现滤波后的温度准两年振动的振幅中值约为同期年平均振幅的 1/2，其极大振幅一般都超过年振幅。故可以说明，准两年振动周期是存在于热带地区气象要素的时间序列中的。

国内也有人曾采用滤波中的频率响应函数 $H(f)$ 来分析南亚高压的空间结构。他们把温度场视为线性定常系统的输入序列 x_t，而将高度场视为系统对输入(温度场序列)的响应，即输出序列 y_t，从中考察高度场对温度场的响应特征。以拉萨、成都、武汉、杭州为南亚高压的四个代表站进行谱分析的计算和 $H(f)$ 的计算。结果表

明，南亚高压中高度场对温度场的响应，各测站都相当一致。从表 7.11 中可以看出，各等压面上增益因子$|H(f)|$的峰值所处频率也十分吻合。由此可见，南亚高压作为整体，它对加热场的响应具有短、中、长三种周期(频段)。温度场波动周期越短，高度场响应越及时；温度场波动周期越长，高度场响应滞后时间越长。这个例子充分说明，通过系统动态特征的种种分析，尤其是对 $H(f)$的分析，对于揭示气候规律是一个有力的工具。此外，通过采用交叉谱和凝聚函数分析还可以得到一些常变量相关分析所得不到的信息，有助于我们从频域上揭示相关性的成因。

表 7.11

	500 hPa							100 hPa				
序号	4	7	10	18	22	47	49	4	7	19	35	41
频率 f	0.03	0.06	0.08	0.15	0.17	0.39	0.41	0.03	0.06	0.16	0.29	0.34
周期 T(d)	32	16	12	6.3	5.6	2.6	2.5	32	16	6.5	3.5	3.0
后延时间 τ(d)	9	4	3	1～2	0.5～1	<0.5		9	4	2	0.5～1	<0.5

7.4　交叉谱分析

在气象问题的研究中，不仅要研究单个气象要素的周期变化现象，还要研究不同要素间在同一周期上的相互关系。例如，太阳黑子相对数存在 22a 的准周期变化，而大气中也有某些要素或现象存在约 22a 的周期，那么，它们之间是否存在着某种联系？研究还发现，相互影响的气象要素间的变化存在滞后性，即它们在数据上的关系，并不是在同一时间的相关最好，而是在落后若干时间时的关系最好；还有些现象，就时间序列本身而言，其间似乎并不存在密切相关，但它们在不同周期振动上却有着十分好的相关关系，因为在不同周期中有的是正相关，有的是负相关，其综合表现出并不密切的关系。对上述这些现象的研究，交叉谱分析是一种很重要的工具。

7.4.1　交叉谱的概念

由单个时间函数的总能量我们引出了功率谱的概念，那么，对两个期望都为 0，方差分别为 σ_1^2、σ_2^2 的不同时间函数 $f_1(t)$及 $f_2(t)$，其交叉积和，即其协方差：

$$\int_{-\infty}^{\infty} f_1(t) f_2(t) \mathrm{d}t$$

就反映了它们的交叉能量。根据时间函数与其复谱的一一对应关系，自然考虑将两个时间函数间的交叉能量转换为频率表现形式。假设两时间函数对应的复谱分别为

$F_1(\omega)$、$F_2(\omega)$，则有：

$$\int_{-\infty}^{\infty} f_1(t)f_2(t)\mathrm{d}t = \int_{-\infty}^{\infty} f_1(t)\left[\frac{1}{2\pi}\int_{-\infty}^{\infty} F_2(\omega)\mathrm{e}^{\mathrm{i}\omega t}\mathrm{d}\omega\right]\mathrm{d}t$$
$$= \frac{1}{2\pi}\int_{-\infty}^{\infty} F_2(\omega)\left[\int_{-\infty}^{\infty} f_1(t)\mathrm{e}^{\mathrm{i}\omega t}\mathrm{d}t\right]\mathrm{d}\omega$$
$$= \frac{1}{2\pi}\int_{-\infty}^{\infty} F_2(\omega)F_1(-\omega)\mathrm{d}\omega = \frac{1}{2\pi}\int_{-\infty}^{\infty} F_2(\omega)F_1^*(\omega)\mathrm{d}\omega$$

类似于单个函数功率谱的定义，定义两个时间函数的交叉谱为 $S_{12}(\omega)$，我们有：

$$S_{12}(\omega)=F_2(\omega)F_1^*(\omega) \tag{7.4.1}$$

交叉谱是复谱，可将其写成实部与虚部之和的形式：

$$S_{12}(\omega)=P_{12}(\omega)-\mathrm{i}Q_{12}(\omega) \tag{7.4.2}$$

一般称其实部 $P_{12}(\omega)$ 为协谱，虚部 $Q_{12}(\omega)$ 为正交谱。也有的称它们为共谱与余谱。

交叉谱也可以写成振幅与位相的形式：

$$S_{12}(\omega)=A_{12}(\omega)\mathrm{e}^{\mathrm{i}\theta_{12}(\omega)} \tag{7.4.3}$$

其中：

$$A_{12}(\omega)=|S_{12}(\omega)|=\sqrt{P_{12}^2(\omega)+Q_{12}^2(\omega)} \tag{7.4.4}$$

称为交叉振幅谱，$\theta_{12}(\omega)$ 称为交叉位相谱或位相差谱。

与单个时间函数的研究方法类似，若把时间函数定义在 $(-\infty,+\infty)$ 无限区间上，所得到的交叉谱就是连续交叉谱，其频率域也就定义在 $(-\pi,+\pi)$ 或 $\left(-\frac{1}{2},+\frac{1}{2}\right)$ 上。若把时间函数 $f_1(t)$ 及 $f_2(t)$ 定义在有限区间 T 上，则所得交叉谱就是离散的交叉谱。由式(7.1.6)及式(7.2.4)可得类似结果：

$$\frac{1}{T}\int_{-T/2}^{T/2} f_1(t)f_2(t)\mathrm{d}t = \sum_{k=-\infty}^{\infty} c_{1k}^* c_{2k} \tag{7.4.5}$$

由此可得离散交叉谱为：

$$S_{12}(k)=c_{1k}^* c_{2k} \tag{7.4.6}$$

利用离散复谱与傅里叶系数的关系式(7.1.5)，有：

$$S_{12}(k)=\frac{a_{1k}+\mathrm{i}b_{1k}}{2}\times\frac{a_{2k}-\mathrm{i}b_{2k}}{2}$$
$$=\frac{1}{4}[(a_{1k}a_{2k}+b_{1k}b_{2k})-\mathrm{i}(a_{1k}b_{2k}-a_{2k}b_{1k})]$$

则离散的协谱 $P_{12}(k)$ 与正交谱 $Q_{12}(k)$ 可分别定义为：

$$P_{12}(k)=(a_{1k}a_{2k}+b_{1k}b_{2k})/4 \tag{7.4.7}$$
$$Q_{12}(k)=(a_{1k}b_{2k}-a_{2k}b_{1k})/4 \tag{7.4.8}$$

由于离散交叉谱与连续交叉谱之间只有谱图上的形式不同(线谱与连续谱的差别)，本质上并没有任何区别，为此，我们仅从连续交叉谱的形式上来讨论交叉谱的意义。

为了更好地了解交叉谱的实谱与虚谱部分的意义，我们先从交叉谱与交叉相关函数之间的关系着手分析。

对于定义在(－∞，＋∞)上的两个**标准化的时间函数**或随机过程 $x_1(t)$、$x_2(t)$，定义 $x_2(t)$落后于 $x_1(t)\tau$ 时刻的交叉相关函数为：

$$\rho_{12}(\tau)=\int_{-\infty}^{\infty}x_1(t)x_2(t+\tau)\mathrm{d}t \tag{7.4.9}$$

它的大小表征 $x_2(t)$落后于 $x_1(t)\tau(\tau>0)$时刻的相关关系密切程度。类似地，$x_1(t)$落后于 $x_2(t)\tau$ 时刻的交叉相关函数为 $\rho_{21}(\tau)$：

$$\rho_{21}(\tau)=\int_{-\infty}^{\infty}x_2(t)x_1(t+\tau)\mathrm{d}t \tag{7.4.10}$$

在形式上，落后交叉相关函数与单个随机过程落后 τ 时刻的自相关函数是类似的(当 $x_1(t)=x_2(t)$时即为自相关函数)。在平稳时间序列中，落后 τ 时刻的自相关函数与超前 τ 时刻的自相关函数相同，有 $\rho(-\tau)=\rho(\tau)$，但这种对称性在落后交叉相关函数中并不成立，与之相对应的是具有交叉关系的对称性，即：

$$\begin{cases}\rho_{12}(-\tau)=\rho_{21}(\tau)\\ \rho_{12}(\tau)=\rho_{21}(-\tau)\end{cases} \tag{7.4.11}$$

因为据式(7.4.9)，对超前 τ 时刻的自相关函数有：

$$\rho_{12}(-\tau)=\int_{-\infty}^{\infty}x_1(t)x_2(t-\tau)\mathrm{d}t$$

令 $s=t-\tau$，有：

$$\rho_{12}(-\tau)=\int_{-\infty}^{\infty}x_1(s+\tau)x_2(s)\mathrm{d}s=\int_{-\infty}^{\infty}x_2(s)x_1(s+\tau)\mathrm{d}s=\rho_{21}(\tau)$$

同样可以证明另一个关系式。

利用傅氏变换给出 $f(t)$与 $F(\omega)$的对应关系，可导出落后交叉相关函数与交叉谱的关系：

$$\begin{aligned}\rho_{12}(\tau)&=\int_{-\infty}^{\infty}x_1(t)x_2(t+\tau)\mathrm{d}t\\&=\int_{-\infty}^{\infty}x_1(t)\left[\frac{1}{2\pi}\int_{-\infty}^{\infty}F_2(\omega)\mathrm{e}^{\mathrm{i}\omega(t+\tau)}\mathrm{d}\omega\right]\mathrm{d}t\\&=\int_{-\infty}^{\infty}x_1(t)\left[\frac{1}{2\pi}\int_{-\infty}^{\infty}F_2(\omega)\mathrm{e}^{\mathrm{i}\omega t}\mathrm{e}^{\mathrm{i}\omega\tau}\mathrm{d}\omega\right]\mathrm{d}t\\&=\int_{-\infty}^{\infty}F_2(\omega)\left[\frac{1}{2\pi}\int_{-\infty}^{\infty}x_1(t)\mathrm{e}^{\mathrm{i}\omega t}\mathrm{d}t\right]\mathrm{e}^{\mathrm{i}\omega\tau}\mathrm{d}\omega\\&=\frac{1}{2\pi}\int_{-\infty}^{\infty}F_2(\omega)F_1^*(\omega)\mathrm{e}^{\mathrm{i}\omega\tau}\mathrm{d}\omega\end{aligned}$$

即：
$$\rho_{12}(\tau)=\frac{1}{2\pi}\int_{-\infty}^{\infty}E_{12}(\omega)e^{i\omega\tau}d\omega \tag{7.4.12}$$
其傅氏变换对为：
$$E_{12}(\omega)=\int_{-\infty}^{\infty}\rho_{12}(\tau)e^{-i\omega\tau}d\tau \tag{7.4.13}$$
利用欧拉公式将其展开，可得到相应的协谱与正交谱：
$$E_{12}(\omega)=\int_{-\infty}^{\infty}\rho_{12}(\tau)\cos\omega\tau d\tau-i\int_{-\infty}^{\infty}\rho_{12}(\tau)\sin\omega\tau d\tau=P_{12}(\omega)-iQ_{12}(\omega)$$
即：
$$P_{12}(\omega)=\int_{-\infty}^{\infty}\rho_{12}(\tau)\cos\omega\tau d\tau \tag{7.4.14}$$
$$Q_{12}(\omega)=\int_{-\infty}^{\infty}\rho_{12}(\tau)\sin\omega\tau d\tau \tag{7.4.15}$$
利用式(7.4.11)，可将(7.4.14)、(7.4.15)两式变化为：
$$\begin{aligned}P_{12}(\omega)&=\int_{-\infty}^{\infty}\rho_{12}(\tau)\cos\omega\tau d\tau\\&=\int_{-\infty}^{0}\rho_{12}(\tau)\cos\omega\tau d\tau+\int_{0}^{\infty}\rho_{12}(\tau)\cos\omega\tau d\tau\\&=-\int_{-\infty}^{0}\rho_{21}(-\tau)\cos(-\omega\tau)d(-\tau)+\int_{0}^{\infty}\rho_{12}(\tau)\cos\omega\tau d\tau\\&=\int_{0}^{\infty}\rho_{21}(\tau)\cos\omega\tau d\tau+\int_{0}^{\infty}\rho_{12}(\tau)\cos\omega\tau d\tau\end{aligned}$$
即：
$$P_{12}(\omega)=\int_{0}^{\infty}[\rho_{12}(\tau)+\rho_{21}(\tau)]\cos\omega\tau d\tau \tag{7.4.16}$$
$$\begin{aligned}Q_{12}(\omega)&=\int_{-\infty}^{\infty}\rho_{12}(\tau)\sin\omega\tau d\tau\\&=\int_{-\infty}^{0}\rho_{12}(\tau)\sin\omega\tau d\tau+\int_{0}^{\infty}\rho_{12}(\tau)\sin\omega\tau d\tau\\&=\int_{-\infty}^{0}\rho_{21}(-\tau)\sin(-\omega\tau)d(-\tau)+\int_{0}^{\infty}\rho_{12}(\tau)\sin\omega\tau d\tau\\&=-\int_{0}^{\infty}\rho_{21}(\tau)\sin\omega\tau d\tau+\int_{0}^{\infty}\rho_{12}(\tau)\sin\omega\tau d\tau\end{aligned}$$
即：
$$Q_{12}(\omega)=\int_{0}^{\infty}[\rho_{12}(\tau)-\rho_{21}(\tau)]\sin\omega\tau d\tau \tag{7.4.17}$$
下面进一步讨论 $P_{12}(\omega)$、$Q_{12}(\omega)$的意义。为方便起见，不妨从式(7.4.12)出发：
$$\begin{aligned}\rho_{12}(\tau)&=\frac{1}{2\pi}\int_{-\infty}^{\infty}E_{12}(\omega)e^{i\omega\tau}d\omega\\&=\frac{1}{2\pi}\int_{-\infty}^{\infty}P_{12}(\omega)\cos\omega\tau d\omega+\frac{1}{2\pi}\int_{-\infty}^{\infty}Q_{12}(\omega)\sin\omega\tau d\omega\\&\quad-\frac{i}{2\pi}\int_{-\infty}^{\infty}Q_{12}(\omega)\cos\omega\tau d\omega+\frac{i}{2\pi}\int_{-\infty}^{\infty}P_{12}(\omega)\sin\omega\tau d\omega\end{aligned}$$

由于落后交叉相关函数是实的，不妨仅考虑上式的实部。当 $\tau=0$ 时，有：

$$\rho_{12}(0)=\frac{1}{2\pi}\int_{-\infty}^{\infty}P_{12}(\omega)\mathrm{d}\omega \tag{7.4.18}$$

上式表明，所有频段上协谱的总和恰巧等于两个时间函数同时刻的协方差（或相关函数）。这从协谱与落后交叉相关表达式(7.4.14)中也可以看到，对 τ 求积分过程中，$\rho_{12}(\tau)$ 要乘上一个权重函数 $\cos\omega\tau$，在 $\tau=0$ 时它达到最大值。这说明协谱只反映两个时间函数在某一频率 ω 上的同位相相关程度。这里的协谱是把两个时间函数同时刻的总协方差分配到协谱的各个频率上，反映各个频率上两个振动的协方差关系的贡献，这种关系是同位相的。

关于正交谱的意义，在 $\rho_{12}(\tau)$ 的实部表达式中，若令 $\tau=\pi/2\omega$，有：

$$\rho_{12}(\pi/2\omega)=\frac{1}{2\pi}\int_{-\infty}^{\infty}Q_{12}(\omega)\mathrm{d}\omega$$

又 $\omega=2\pi/T$，故：

$$\rho_{12}(T/4)=\frac{1}{2\pi}\int_{-\infty}^{\infty}Q_{12}(\omega)\mathrm{d}\omega \tag{7.4.19}$$

这表明正交谱在所有频率上的谱值之和等于落后 $\tau=T/4$（四分之一周期）时的交叉相关函数。另外，从式(7.4.15)亦可见，在利用交叉相关系数求正交谱的过程中，在 $\tau=T/4$ 上有最大的权重。因而，正交谱反映在某一频率（或周期上）两序列位相差 90°时的交叉相关关系。

7.4.2　交叉谱的估计

对离散观测资料的时间序列样本 $x_1(t)$、$x_2(t)(t=\overline{1,n})$，其交叉谱估计分离散交叉谱估计与连续交叉谱估计两种。

7.4.2.1　离散交叉谱估计

首先利用式(7.2.19)计算出不同波数 k 的傅里叶系数 a_k、b_k 的估计值，然后再利用公式(7.4.7)、式(7.4.8)就可得到交叉谱的协谱与正交谱的离散谱估计。

【例 7】以北京 12 月份及 1 月份 1951—1976 年月平均气温资料为例。令 $x_1(t)$ 表示 12 月份序列，$x_2(t)$ 表示 1 月份序列。首先利用式(7.2.19)分别计算出 a_{1k}、b_{1k} 及 a_{2k}、b_{2k} 的估计值，计算步骤同【例 1】，计算结果见表 7.12；再将上述结果分别代入式(7.4.7)、式(7.4.8)，得到协谱 $P_{11}(k)$、$P_{22}(k)$ 及 $P_{12}(k)$ 与正交谱 $Q_{12}(k)$ 的估计（结果见表 7.12）。由表中可见，协谱中以波数 2 及 12 最大，反映在 13a 的长周期振动中北京 12 月气温与 1 月气温有较大的同位相相关关系；在短周期 2.2a 亦有较大关系；在 2.4a 周期振动上，则有较大的落后 90°的位相差的相关关系。

表 7.12　离散交叉谱估计

k	a_{1k}	b_{1k}	a_{2k}	b_{2k}	$P_{11}(k)$	$P_{22}(k)$	$P_{12}(k)$	$Q_{12}(k)$	T_k
1	0.086	0.412	0.086	0.274	0.044	0.021	0.030	−0.003	26.0
2	0.006	−0.917	0.115	−0.600	0.210	0.093	0.138	0.026	13.0
3	0.196	0.058	−0.363	0.505	0.010	0.097	−0.010	0.030	8.7
4	0.733	−0.309	−0.285	0.028	0.158	0.021	0.055	−0.017	6.5
5	−0.140	0.596	−0.002	0.105	0.094	0.003	0.016	−0.004	5.2
6	0.418	−0.570	−0.226	0.209	0.125	0.024	0.054	−0.011	4.3
7	0.688	−0.730	0.247	0.277	0.252	0.034	−0.008	0.093	3.7
8	0.161	0.522	0.368	−0.065	0.075	0.035	0.006	−0.051	3.3
9	−0.146	−0.191	0.159	0.468	0.014	0.061	−0.028	−0.010	2.9
10	−0.152	−0.225	0.254	−0.169	0.018	0.023	0.000	0.021	2.6
11	0.295	−0.459	0.719	−0.127	0.074	0.133	0.068	0.073	2.4
12	1.376	−0.597	0.566	−0.123	0.562	0.084	0.213	0.042	2.2
13	0.438	0.000	0.508	0.000	0.048	0.065	0.056	0.000	2.0

值得注意的是,离散协谱与正交谱是双边谱,而上表仅给出正波数对应的谱值。为了方便,我们常常仅求单边谱,即把两时间序列的交叉协方差仅分配在正波数的频率振动上,那么,和离散功率谱相似,表中 $P_{12}(k)$及 $Q_{12}(k)$的数值均乘上 2 倍,有:

$$\begin{cases}\hat{P}_{12}(k)=(a_{1k}a_{2k}+b_{1k}b_{2k})/2\\ \hat{Q}_{12}(k)=(a_{1k}b_{2k}-b_{1k}a_{2k})/2\end{cases}$$

当然,这种不同并不影响不同波数谱值之间的相互比较,所以,有时为了计算方便,甚至不去计较常数 1/2 或 1/4 的差别,而直接用 1 去代替。有时为了使谱估计更接近总体谱,常采取统计上的多样本估计办法取其均值作为代表。

7.4.2.2　连续交叉谱估计

连续交叉谱的估计通常使用交叉落后自相关系数进行估计。仿照连续功率谱估计,对式(7.4.16)、式(7.4.17)进行离散化处理即可得到相应的算式。

为了估计协谱与正交谱,必须先估计交叉落后相关函数:

$$\begin{cases}r_{12}(\tau)=\dfrac{1}{n-\tau}\displaystyle\sum_{t=1}^{n-\tau}\left(\frac{x_1(t)-\bar{x}_1}{\sigma_1}\right)\left(\frac{x_2(t+\tau)-\bar{x}_2}{\sigma_2}\right) & (7.4.20)\\ r_{21}(\tau)=\dfrac{1}{n-\tau}\displaystyle\sum_{t=1}^{n-\tau}\left(\frac{x_1(t+\tau)-\bar{x}_1}{\sigma_1}\right)\left(\frac{x_2(t)-\bar{x}_2}{\sigma_2}\right) & (7.4.21)\end{cases}$$

当取最大落后长度为 m 时,对式(7.4.16)、式(7.4.17)进行离散化处理,得:

$$\begin{cases}\hat{P}_{12}(l)=\dfrac{1}{m}\left\{r_{12}(0)+\displaystyle\sum_{\tau=1}^{m-1}[r_{12}(\tau)+r_{21}(\tau)]\cos\frac{l\pi}{m}\tau+r_{12}(m)\cos l\pi\right\}\\ \hat{Q}_{12}(l)=\dfrac{1}{m}\displaystyle\sum_{\tau=1}^{m-1}[r_{12}(\tau)-r_{21}(\tau)]\sin\frac{l\pi}{m}\tau\end{cases}\qquad(7.4.22)$$

其中 $\hat{P}_{12}(l)$、$\hat{Q}_{12}(l)(l=0,1,\cdots,m)$称为协谱与正交谱的粗谱估计。

对粗谱估计还可用二项系数平滑公式作平滑，得到平滑谱估计：

$$\begin{cases} P_{12}(l)=\dfrac{B_l}{m}\left\{r_{12}(0)+\dfrac{1}{2}\sum_{\tau=1}^{m-1}[r_{12}(\tau)+r_{21}(\tau)]\left(1+\cos\dfrac{\pi\tau}{m}\right)\cos\dfrac{l\pi\tau}{m}\right\} \\ Q_{12}(l)=\dfrac{B_l}{m}\left\{\sum_{\tau=1}^{m-1}\left[\dfrac{1}{2}(1+\cos\dfrac{\pi\tau}{m})\sin\dfrac{l\pi\tau}{m}\right][r_{12}(\tau)-r_{21}(\tau)]\right\} \end{cases} \quad (7.4.23)$$

$$(l=0,1,\cdots,m)$$

其中：
$$B_l=\begin{cases}1 & (l\neq 0,m)\\ 1/2 & (l=0,m)\end{cases}$$

【例 8】仍以北京 12 月份 1 月 1951—1976 年月平均气温资料为例，计算这两个月气温序列的交叉谱。

首先，利用式(7.4.20)、式(7.4.21)计算 $r_{11}(\tau)$、$r_{22}(\tau)$、$r_{12}(\tau)$及 $r_{21}(\tau)$。表 7.13 列出了取 $m=10$ 时的计算结果。

表 7.13　北京 12 月及 1 月气温序列的交叉谱计算值

$\tau(l)$	$r_{11}(\tau)$	$r_{22}(\tau)$	$r_{12}(\tau)$	$r_{21}(\tau)$	T_l	$P_{11}(l)$	$P_{22}(l)$	$P_{12}(l)$	$Q_{12}(l)$	$R_{12}^2(l)$	$\theta_{12}(l)$
0	1.000	1.000	0.328	0.328	∞	0.015	0.016	0.016	0	—	—
1	−0.228	0	−0.082	−0.050	20.	0.062	0.109	0.069	0.023	0.772	0.319
2	0.123	0.076	0.400	0.279	10.	0.086	0.175	0.069	0.039	0.418	0.310
3	−0.302	−0.018	0.016	−0.249	6.7	0.082	0.069	0.006	−0.003	0.005	−0.464
4	0.260	−0.213	−0.022	0.044	5.0	0.090	0.023	−0.016	−0.010	0.071	0.579
5	−0.252	−0.229	0.051	−0.258	4.0	0.115	0.088	−0.014	−0.001	0.021	0.028
6	−0.122	−0.403	−0.259	−0.187	3.3	0.099	0.089	−0.023	−0.030	0.163	0.922
7	0.137	−0.068	−0.297	0.111	2.9	0.032	0.097	−0.007	−0.025	0.225	1.309
8	−0.286	0.062	−0.311	0.037	2.5	0.083	0.124	0.005	0.014	0.317	0.245
9	−0.125	0.194	0.002	0.062	2.2	0.209	0.111	0.111	0.027	0.560	0.236
10	0.127	0.201	0.135	−0.029	2.0	0.128	0.043	0.062	0	—	—

然后，依据式(7.4.23)直接计算平滑后的协谱 $P_{12}(l)$和正交谱 $Q_{12}(l)(l=0,1,2,\cdots,10)$，及 12 月份和 1 月份气温的功率谱。其结果见表 7.13。

从协谱的频率统计可见，所有波数对应的协谱值之和正好等于两时间序列的协方差，即：

$$r_{12}(0)=r_{21}(0)=\sum_{l=0}^{10}P_{12}(l)=0.328$$

由表 7.13 中 $P_{12}(l)$的符号可知，协谱中以波数段 $l=0\sim3$(相当于周期为 6.7a 至无穷大的周期段)及波数段 $l=8\sim10$(相当于周期为 2～2.5a 的周期段)有同位相正相关；另一波数段 $l=4\sim7$(相当于周期为 2.9～5a 的周期段)有同位相负相关。由此可见，在 12 月与 1 月的气温中，各种频率波动有不同的相关关系。对 10～20a 的长周期有较好的同位相正相关，说明控制这两个月气温长期变化的气候因素是相同的。2.2a 的较好关系也说明了这一点。

7.4.3 凝聚谱与位相谱

交叉谱是一个复谱。我们研究两个气象要素时间序列之间的关系，往往感兴趣的主要不是它们在某一周期振动上同位相或位相差 90°时的关系如何，而是想综合地了解某一周期上两种振动的总关系及其间的位相情况。

7.4.3.1 凝聚谱概念

我们先讨论振幅的情况。两个时间函数 $x_1(t)$、$x_2(t)$的复谱分别为：

$$\begin{cases}F_2(\omega)=A_2(\omega)\mathrm{e}^{-\mathrm{i}\theta_2(\omega)}\\F_1^*(\omega)=A_1(\omega)\mathrm{e}^{\mathrm{i}\theta_1(\omega)}\end{cases}$$

由交叉谱定义，得：

$$S_{12}(\omega)=A_1(\omega)A_2(\omega)\mathrm{e}^{-\mathrm{i}[\theta_2(\omega)-\theta_1(\omega)]}$$

而 $S_{12}(\omega)$又可表达为：

$$S_{12}(\omega)=A_{12}(\omega)\mathrm{e}^{-\mathrm{i}\theta_{12}(\omega)}\qquad(7.4.24)$$

比较，得：

$$\begin{cases}A_{12}(\omega)=A_1(\omega)A_2(\omega)&(7.4.25)\\\theta_{12}(\omega)=\theta_2(\omega)-\theta_1(\omega)&(7.4.26)\end{cases}$$

上式表明，交叉谱的振幅是原来两时间函数在某一频率上的振幅之积，反映了两时间函数所分解的某一周期振动的协方差关系。这样，类似于相关系数的形式，我们引入凝聚谱的概念：

$$R_{12}^2(\omega)=\frac{|S_{12}(\omega)|^2}{S_{11}(\omega)S_{22}(\omega)}\qquad(7.4.27)$$

凝聚谱有时也称为相干谱。凝聚谱值反映了两个时间函数在某一频率 ω 上波动振幅的交叉积与各个振动的振幅乘积之比。由于时间函数自身的正交谱为 0，故有：

$$\begin{cases}S_{11}(\omega)=P_{11}(\omega)\\S_{22}(\omega)=P_{22}(\omega)\end{cases}$$

而

$$|S_{12}(\omega)|^2=A_{12}^2(\omega)=|P_{12}^2(\omega)+Q_{12}^2(\omega)|\qquad(7.4.28)$$

所以凝聚谱还可表示为：

$$R_{12}^2(\omega)=\frac{P_{12}^2(\omega)+Q_{12}^2(\omega)}{P_{11}(\omega)P_{22}(\omega)} \tag{7.4.29}$$

由于两时间函数振幅乘积反映了它们的协方差关系，不可能大于它们各自的方差乘积，因而凝聚谱在任何频率下都有：

$$R_{12}^2(\omega)\leqslant 1 \tag{7.4.30}$$

从交叉谱的定义可知，位相谱与正交谱及协谱有如下关系：

$$\theta_{12}(\omega)=\tan^{-1}\frac{Q_{12}(\omega)}{P_{12}(\omega)} \tag{7.4.31}$$

上式与(7.4.26)比较可知，当两序列在某一频率 ω 上同位相时，$Q_{12}(\omega)=0$；当 $\theta_{12}(\omega)=\pi/2$ 时，$P_{12}(\omega)=0$。这一事实表明：协谱反映同位相关系，正交谱反映位相相差 90° 的关系；且交叉谱中的位相谱反映两序列中各种频率波动结构中的位相差关系，故又称为位相差谱。通常 $\theta_{12}(\omega)$ 根据 $Q_{12}(\omega)$ 及 $P_{12}(\omega)$ 的符号变化在 $-\pi/2\sim\pi/2$ 之间，单位是弧度。若 $\theta_{12}(\omega)>0$，表示 $x_2(t)$ 在某一频率 ω 上的位相 θ_2 大于 $x_1(t)$ 的位相 θ_1，在这个频率上的振动 $x_1(t)$ 落后于 $x_2(t)$；反之，若 $\theta_{12}(\omega)<0$，则表示 $x_2(t)$ 在频率 ω 上的振动落后于 $x_1(t)$。由于在分析中一般仅对 $x_1(t)$ 与 $x_2(t)$ 随时间变化的关系感兴趣，因而在计算位相谱 $\theta_{12}(\omega)$ 时，仅考虑其正负值，一般不必再由 $Q_{12}(\omega)$ 及 $P_{12}(\omega)$ 与“＋”、“－”符号的配置关系确定 $\theta_{12}(\omega)$ 为哪个象限的角度。

另外，由于分析中，我们在了解某一频率 ω 上 $x_1(t)$ 与 $x_2(t)$ 的落后位相时，更感兴趣的是落后的时间长度。于是，引入落后时间长度谱 $L(\omega)$[或 $L(T)$]。

我们知道，当位相角差 $\pi/2$ 时，表示 $x_1(t)$ 在频率 ω 上(对应周期为 T)落后于 $x_2(t)$ 四分之一周期；反之，当位相角差 $-\pi/2$ 时，表示 $x_1(t)$ 在频率 ω 上的振动超前 $T/4$。因而有：

$$\theta_{12}(\omega)/\frac{\pi}{2}=L(\omega)/\frac{T}{4}$$

即：

$$L(\omega)=\theta_{12}(\omega)T/2\pi \tag{7.4.32}$$

式中 $\theta_{12}(\omega)$ 用弧度计算，$L(\omega)$ 的单位为时间(与周期一样)。

上例中凝聚谱 $R_{12}^2(\omega)$、位相谱 $\theta_{12}(\omega)$ 及落后时间长度谱 $L(\omega)$ 的计算，可用表 7.13 中的相应数据代入即可。

7.4.3.2　凝聚谱的显著性检验

用样本估计的凝聚谱是作为研究两时间序列样本在某一波数 l 上振动的相关程度的重要统计量。为此就需要对某一波数 l 所对应的凝聚作用是否足够大，用统计的术语来说就是是否显著进行显著性检验，并以此来判断它们之间的关系是否存在。交叉谱的显著性检验常常仅是通过它来实现。

对凝聚谱的显著性检验，是在假设某一频率或波数上两时间函数振动的凝聚期望为零的条件下进行的。在这一原假设 H_0 成立的前提下，构作一统计量：

$$F=\frac{R_{12}^2/2}{(1-R_{12}^2)/[2(\nu-1)]}=\frac{(\nu-1)R_{12}^2}{1-R_{12}^2} \tag{7.4.33}$$

该统计量遵从分子自由度为2，分母自由度为 $2(\nu-1)$ 的 F 分布。其中 ν 与功率谱估计中自由度一样，为：

$$\nu=\frac{2n-m/2}{m} \tag{7.4.34}$$

从表7.13中所列的凝聚谱值可以看到不同周期上两个序列的关系：在10～20a的周期上凝聚是很高的，最大值出现在20a附近；在2.9～5a的周期段上亦有较高的凝聚，最大值出现在2.2a周期附近。这种在高、低频段上的关系是否密切，可以通过显著性检验来确定。该例中，$n=26$，$m=10$，利用式(7.4.34)得：$\nu=4.7\approx5$，若取 $\alpha=0.05$，则查表求得 $F_{0.05}(2,8)=4.46$；由表7.13中的数据，可求出20a及2.2a周期振动对应的 F 值：

$$F_{20}=\frac{(4.7-1)\times0.772}{1-0.772}=12.53>F_{0.05}(2,8)=4.46$$

$$F_{2.2}=\frac{(4.7-1)\times0.560}{1-0.560}=4.71>F_{0.05}(2,8)=4.46$$

显然，北京12月气温与1月气温在20a周期及2.2a周期上的振动是关系显著的。该结果仅回答了这两个月份的时间序列是否存在相关，其间究竟存在什么样的相关关系还要从落后位相谱中去研究。

值得一提的是，在研究不同周期振动关系中，周期仅是一个约估的准周期，而非严格意义上的固定周期。因为实际上，当取不同的最大步长 m 时，与功率谱的计算类似，交叉谱也在发生变化。下表给出了 $m=7$～13时，两个最大的显著凝聚平方值 $R_{12,1}^2$、$R_{12,2}^2$ 及其对应的周期 T_{M1}、T_{M2}。

表7.14　m 的变化对凝聚的影响

m	T_{M1}	$R_{12,1}^2$	T_{M2}	$R_{12,2}^2$
7	14	0.472	2.2	0.409
8	16	0.593	2.2	0.480
9	18	0.703	2.2	0.525
10	20	0.772	2.2	0.560
11	22	0.807	2.2	0.590
12	24	0.844	2.2	0.613
13	26	0.904	2.2	0.632

7.5　时-空谱分析

大气环流是多种空间尺度与多种时间尺度的综合运动，而某种空间尺度又往往与某一特定的时间尺度相联系，从而表征大气运动中某一特定的物理过程。本节将把对大气运动的时间演变特征和它的空间分布结构结合起来研究分析，从而把大气运动按各种不同的时-空尺度加以分离，以便进一步研究和更深入地认识大气运动的规律。

分析研究大气的三维空间运动，就极端复杂，如果还要考虑大气运动时间变化，这就变成四维问题，难度更大。因此，为了便于研究，我们有必要从大气运动的基本特征出发，对问题进行简化。对大尺度的大气扰动而言，由于大气运动的主要特点是准静力平衡的纬向运动，即经向环流和铅直运动相对于纬向环流来说要小得多。所以，作为一级近似，可以首先在经度—时间这两维上来考察大尺度大气的运动特征，也就是说，研究以经度为变量的一维空间气象要素场的时间变化特征。本节要介绍的时空谱分析，主要就是这种一维空间、一维时间的时空二维谱分析方法。

7.5.1　时-空谱的基本原理

利用二维傅氏变换，可导出时空谱。对于任一实数的气象要素场时空序列函数 $f(\lambda,t)$，其中空间变量 λ 表示经度，时间变量为 t，且其定义域已被正规化，即 $0\leqslant\lambda\leqslant 2\pi$，$0\leqslant t\leqslant 2\pi$。类似于一维序列傅氏变换，对二维序列 $f(\lambda,t)$ 作二维傅氏变换，得到它的二维复谱为：

$$F(k,\omega)=\frac{1}{4\pi^2}\int_0^{2\pi}\int_0^{2\pi}f(\lambda,t)\mathrm{e}^{-\mathrm{i}(k\lambda+\omega t)}\,\mathrm{d}\lambda\mathrm{d}t \tag{7.5.1}$$

$F(k,\omega)$ 是复数，而自变量 k 和 ω 分别是纬向波数和正规化的时间频率。

同样，利用傅氏逆变换，可用二维复谱 $F(k,\omega)$ 表示时空序列函数 $f(\lambda,t)$：

$$f(\lambda,t)=\sum_{k=-\infty}^{\infty}\int_{-\infty}^{\infty}F(k,\omega)\mathrm{e}^{\mathrm{i}(k\lambda+\omega t)}\,\mathrm{d}\omega \tag{7.5.2}$$

这里，复谱 $F(k,\omega)$ 相对于整数波数求和。这是因为在地球上 $f(\lambda,t)$ 沿纬圈方向可认为是呈规则波分布的，所以空间波数通常可作离散化处理；而时间上的变化是在无穷大区间内，所以频率在实际上是看做连续量，可进行积分运算。

式(7.5.2)的物理意义是，把代表大气纬向运动的时空序列 $f(\lambda,t)$ 看做是由多个纬向移动的波所构成。这些纬向移动波的振幅、波数及频率分别为 $|F(k,\omega)|$、k 和 ω。

时空序列谱实际上是时间谱与空间谱的一种推广。因为当固定在某一时刻 t_0

时,空间谱可表示成:

$$F(k,t_0)=\frac{1}{2\pi}\int_0^{2\pi}f(\lambda,t_0)\mathrm{e}^{-\mathrm{i}k\lambda}\mathrm{d}\lambda \tag{7.5.3}$$

对应的逆变换为:

$$f(\lambda,t_0)=\sum_{k=-\infty}^{\infty}F(k,t_0)\mathrm{e}^{\mathrm{i}k\lambda} \tag{7.5.4}$$

高度场的谐波展开就是这种形式。

当固定在空间某一点 λ_0 时,时间谱可表示成:

$$F(\lambda_0,\omega)=\frac{1}{2\pi}\int_0^{2\pi}f(\lambda_0,t)\mathrm{e}^{-\mathrm{i}\omega t}\mathrm{d}t \tag{7.5.5}$$

对应的逆变换为:

$$f(\lambda_0,t)=\int_{-\infty}^{\infty}F(\lambda_0,\omega)\mathrm{e}^{\mathrm{i}\omega t}\mathrm{d}\omega \tag{7.5.6}$$

这就是一般时域上的谱分解形式。

由此可见,与一维时间序列的功率谱相似,也可以求二维时空序列的功率谱。仍从能量的角度出发,由时空序列 $f(\lambda,t)$ 的功率引入:

$$\begin{aligned}
&\frac{1}{4\pi^2}\int_0^{2\pi}\int_0^{2\pi}f^2(\lambda,t)\mathrm{d}\lambda\mathrm{d}t\\
&=\frac{1}{4\pi^2}\int_0^{2\pi}\int_0^{2\pi}f(\lambda,t)f(\lambda,t)\mathrm{d}\lambda\mathrm{d}t\\
&=\frac{1}{4\pi^2}\int_0^{2\pi}\int_0^{2\pi}f(\lambda,t)\left[\sum_{k=-\infty}^{\infty}\int_{-\infty}^{\infty}F(k,\omega)\mathrm{e}^{\mathrm{i}(k\lambda+\omega t)}\mathrm{d}\omega\right]\mathrm{d}\lambda\mathrm{d}t\\
&=\sum_{k=-\infty}^{\infty}\int_{-\infty}^{\infty}F(k,\omega)\left[\frac{1}{4\pi^2}\int_0^{2\pi}\int_0^{2\pi}f(\lambda,t)\mathrm{e}^{\mathrm{i}(k\lambda+\omega t)}\mathrm{d}\lambda\mathrm{d}t\right]\mathrm{d}\omega\\
&=\sum_{k=-\infty}^{\infty}\int_{-\infty}^{\infty}F(k,\omega)F^*(k,\omega)\mathrm{d}\omega
\end{aligned}$$

即:

$$\frac{1}{4\pi^2}\int_0^{2\pi}\int_0^{2\pi}f^2(\lambda,t)\mathrm{d}\lambda\mathrm{d}t=\sum_{k=-\infty}^{\infty}\int_{-\infty}^{\infty}F(k,\omega)F^*(k,\omega)\mathrm{d}\omega \tag{7.5.7}$$

其中:

$$F^*(k,\omega)=F(-k,-\omega)=\frac{1}{4\pi^2}\int_0^{2\pi}\int_0^{2\pi}f(\lambda,t)\mathrm{e}^{\mathrm{i}(k\lambda+\omega t)}\mathrm{d}\lambda\mathrm{d}t \tag{7.5.8}$$

为 $F(k,\omega)$ 的复共轭。因而,可类似于一维时间序列功率谱来定义时空序列 $f(\lambda,t)$ 的二维时空功率谱:

$$S_{ff}=F(k,\omega)F^*(k,\omega) \tag{7.5.9}$$

如果把时空序列 $f(\lambda,t)$ 的复谱 $F(k,\omega)$ 的实部记为 $P(k,\omega)$,虚部记为 $Q(k,\omega)$,即:

$$\begin{cases} P(k,\omega)=\mathrm{Re}F(k,\omega) \\ Q(k,\omega)=\mathrm{lm}F(k,\omega) \end{cases}$$

则复谱 $F(k,\omega)$ 又可表示为：

$$F(k,\omega)=P(k,\omega)-\mathrm{i}Q(k,\omega) \tag{7.5.10}$$

那么，式(7.5.9)就可改写成：

$$S_{ff}=P^2(k,\omega)+Q^2(k,\omega)=|F(k,\omega)|^2 \tag{7.5.11}$$

如果我们转换为单边波数谱(k 只能取正值)，而保留双边频率谱，以 $+\omega$ 和 $-\omega$ 分别表示相应于同一频率 ω 而移动方向相反的前进波和后退波，则式(7.5.7)可变换为：

$$\frac{1}{4\pi^2}\int_0^{2\pi}\int_0^{2\pi} f^2(\lambda,t)\mathrm{d}\lambda\mathrm{d}t=\int_{-\infty}^{\infty}[|F(0,+\omega)|^2+|F(0,-\omega)|^2]\mathrm{d}\omega$$

$$+2\sum_{k=1}^{\infty}\int_0^{\infty}[|F(k,+\omega)|^2+|F(k,-\omega)|^2]\mathrm{d}\omega$$

若令：

$$\begin{cases} S_{ff}(0,\pm\omega)=|F(0,\pm\omega)|^2 \\ S_{ff}(k,\pm\omega)=2|F(k,\pm\omega)|^2 \quad (k\neq 0) \end{cases} \tag{7.5.12}$$

则有：

$$\frac{1}{4\pi^2}\int_0^{2\pi}\int_0^{2\pi} f^2(\lambda,t)\mathrm{d}\lambda\mathrm{d}t$$

$$=\sum_{k=0}^{\infty}\int_0^{\infty}[S_{ff}(k,+\omega)+S_{ff}(k,-\omega)]\mathrm{d}\omega$$

$$=\sum_{k=0}^{\infty}\int_{-\infty}^{\infty}S_{ff}(k,\omega)\mathrm{d}\omega \tag{7.5.13}$$

这样，时空功率谱在频域上就定义在 $\pm\omega$ 两个半轴上。

对于 t_0 时刻，空间波数功率谱类似地有：

$$\frac{1}{2\pi}\int_0^{2\pi} f^2(\lambda,t_0)\mathrm{d}\lambda=\sum_{k=-\infty}^{\infty}|F(k,t_0)|^2$$

$$=|F(0,t_0)|^2+2\sum_{k=1}^{\infty}|F(k,t_0)|^2=\sum_{k=0}^{\infty}B(k)|F(k,t_0)|^2 \tag{7.5.14}$$

其中：

$$B(k)=\begin{cases} 1 & (k=0) \\ 2 & (k\neq 0) \end{cases} \tag{7.5.15}$$

对于固定在空间某一点 λ_0 时，时间域的功率谱可表示成：

$$\frac{1}{2\pi}\int_0^{2\pi} f^2(\lambda_0,t)\mathrm{d}t=\int_{-\infty}^{\infty}|F(\lambda_0,\omega)|^2\mathrm{d}\omega=2\int_0^{\infty}|F(\lambda_0,\omega)|^2\mathrm{d}\omega \tag{7.5.16}$$

时空(波数、频率)功率谱与空间(波数)功率谱及时间(频率)功率谱之间的关系，还可以从下面的推导式中看出。

将式(7.5.14)代入式(7.5.13)左边，有：

$$\frac{1}{4\pi^2}\int_0^{2\pi}\int_0^{2\pi} f^2(\lambda,t)\mathrm{d}\lambda\mathrm{d}t$$

$$=\frac{1}{2\pi}\int_0^{2\pi}\left[\frac{1}{2\pi}\int_0^{2\pi} f^2(\lambda,t)\mathrm{d}\lambda\right]\mathrm{d}t=\frac{1}{2\pi}\int_0^{2\pi}\left[\sum_{k=0}^{\infty}B(k)\,|F(k,t)|^2\right]\mathrm{d}t$$

$$=\sum_{k=0}^{\infty}\frac{1}{2\pi}\int_0^{2\pi}[B(k)F(k,t)F(-k,t)]\mathrm{d}t=\sum_{k=0}^{\infty}\frac{1}{2\pi}\int_0^{2\pi}[B(k)\,|F(k,t)|^2]\mathrm{d}t$$

比较上式与式(7.5.13)右边,得:

$$\int_{-\infty}^{\infty} S_{ff}(k,\omega)\mathrm{d}\omega=\frac{1}{2\pi}\int_0^{2\pi}[B(k)\,|F(k,t)|^2]\mathrm{d}t \tag{7.5.17}$$

该式表明,时空功率谱对所有频率的积分值与在波数域上对波数功率谱求的时间平均值相等。这正反映了时空功率谱与波数功率谱之间的关系。

类似地,将式(7.5.16)代入式(7.5.13)左边,有:

$$\frac{1}{4\pi^2}\int_0^{2\pi}\int_0^{2\pi} f^2(\lambda,t)\mathrm{d}\lambda\mathrm{d}t$$

$$=\frac{1}{2\pi}\int_0^{2\pi}\left[\frac{1}{2\pi}\int_0^{2\pi} f^2(\lambda,t)\mathrm{d}t\right]\mathrm{d}\lambda=\frac{1}{2\pi}\int_0^{2\pi}\left[2\int_0^{\infty}|F(\lambda,\omega)|^2\mathrm{d}\omega\right]\mathrm{d}\lambda$$

$$=2\int_0^{\infty}\left[\frac{1}{2\pi}\int_0^{2\pi}F(\lambda,+\omega)F(\lambda,-\omega)\mathrm{d}\lambda\right]\mathrm{d}\omega$$

而式(7.5.13)右边还可以表示成:

$$\frac{1}{4\pi^2}\int_0^{2\pi}\int_0^{2\pi} f^2(\lambda,t)\mathrm{d}\lambda\mathrm{d}t$$

$$=\int_0^{\infty}\sum_{k=0}^{\infty}[S_{ff}(k,+\omega)+S_{ff}(k,-\omega)]\mathrm{d}\omega$$

比较得:

$$\sum_{k=0}^{\infty}[S_{ff}(k,+\omega)+S_{ff}(k,-\omega)]=2\cdot\frac{1}{2\pi}\int_0^{2\pi}F(\lambda,+\omega)F(\lambda,-\omega)\mathrm{d}\lambda \tag{7.5.18}$$

上式表明,对某一频带 ω 的正负域上所有波数的时空功率谱值之和,等于该频带上频率功率谱值在空间(经度)上平均值的两倍。这正反映了时空功率谱与频率功率谱之间的关系。

从式(7.5.17)及式(7.5.18)的时间平均波数谱和经度平均频率谱可以得到时空功率谱的特殊情况。而从式(7.5.13)时空谱得到的频率谱还可以提供关于前进波与后退波的能量分布情况,这在单纯的频率谱中是不可能得到的。时空谱的主要优点就在于它能够提供瞬变波动的情况,即不单给出关于波动尺度(波长)的能量分布情况,而且还能提供波动运动的速度和方向。

7.5.2　时-空谱的计算方法

时-空功率谱的计算方法分两大类。第一类称高仕功法,从时-空功率谱的基本定义出发，直接计算资料的二维傅氏系数，从而求得二维功率谱；第二类是 Hayashi 方法，首先计算资料的时间功率谱和交叉谱，再换算成时-空功率谱。

7.5.2.1　高仕功计算法

因时-空功率谱为：

$$S_{ff}=F(k,\omega)F^*(k,\omega)=|F(k,\omega)|^2$$

而 $F(k,\omega)$ 是时空序列 $f(\lambda,t)$ 的复傅氏系数，$F(k,\omega)$ 与 $f(\lambda,t)$ 的相互关系由式(7.5.1)和式(7.5.2)给出。为了实际计算 $|F(k,\omega)|^2$ 的值，有必要把复数形式的二维傅氏变换改写成实数形式的二维傅氏展开式，并以离散谱的形式加以估计。

对于随经度和时间变化的时空序列 $f(\lambda,t)$，可展开为：

$$f(\lambda,t)=\sum_{k=0}^{\infty}\sum_{l=0}^{\infty}\Big(A_{kl}\cos k\lambda\cos\frac{2\pi l}{T}t+B_{kl}\cos k\lambda\sin\frac{2\pi l}{T}t+C_{kl}\sin k\lambda\cos\frac{2\pi l}{T}t+D_{kl}\sin k\lambda\sin\frac{2\pi l}{T}t\Big)\tag{7.5.19}$$

对于 $f(\lambda,t)$，还可以先在波数域上展开：

$$f(\lambda,t)=\sum_{k=0}^{\infty}[A_k(t)\cos k\lambda+B_k(t)\sin k\lambda]$$

再对波数域上的傅氏系数 $A_k(t)$、$B_k(t)$ 作频率域展开：

$$\begin{cases}A_k(t)=\sum\limits_{l=0}^{\infty}\Big[A_{kl}\cos\frac{2\pi l}{T}t+B_{kl}\sin\frac{2\pi l}{T}t\Big]\\ B_k(t)=\sum\limits_{l=0}^{\infty}\Big[C_{kl}\cos\frac{2\pi l}{T}t+D_{kl}\sin\frac{2\pi l}{T}t\Big]\end{cases}$$

式中 T 为基波周期长度(时间)，l 为时间波数，k 为空间波数。

求式(7.5.19)的系数 A_{kl}、B_{kl}、C_{kl} 和 D_{kl} 有两种途径：一种是间接方法，另一种是直接法。

1. 间接方法

间接法是先对某一固定时刻 t 的要素场，在某一纬度上用公式：

$$\begin{cases}A_k(t)=\frac{2}{m}\sum\limits_{i=0}^{m-1}f_i(t)\cos ki\\ B_k(t)=\frac{2}{m}\sum\limits_{i=0}^{m-1}f_i(t)\sin ki\end{cases}\tag{7.5.20}$$

求出纬向谐波系数 $A_k(t)$、$B_k(t)$(式中 m 为纬圈上所取观测点数)。然后把所研究的时间区间 T 中各时刻 t 上所求出的 $A_k(t)$、$B_k(t)$ 看做两个时间序列，并求出它们在时域上的傅氏系数，即可得到 A_{kl}、B_{kl}、C_{kl} 和 D_{kl}。当 $f(\lambda,t)$ 取距平值时，有：

$$\begin{cases} A_{kl} = \dfrac{2}{n}\sum_{t=1}^{n} A_{k,t}\cos\dfrac{2\pi l}{n}(t-1) \\ B_{kl} = \dfrac{2}{n}\sum_{t=1}^{n} A_{k,t}\sin\dfrac{2\pi l}{n}(t-1) \\ C_{kl} = \dfrac{2}{n}\sum_{t=1}^{n} B_{k,t}\cos\dfrac{2\pi l}{n}(t-1) \\ D_{kl} = \dfrac{2}{n}\sum_{t=1}^{n} B_{k,t}\sin\dfrac{2\pi l}{n}(t-1) \end{cases} \tag{7.5.21}$$

式中 n 为时间点的数目。在实际计算时，空间波数 $k=1,2,\cdots,\dfrac{m}{2}$，时间波数 $l=1,2,\cdots,\dfrac{n}{2}$。$m$、$n$ 皆取偶数。

把式(7.5.20)代入式(7.5.21)，就可直接得到：

$$\begin{cases} A_{kl} = \dfrac{4}{mn}\sum_{i=0}^{m-1}\sum_{j=0}^{n-1} f_{ij}\cos ki\cdot\cos\dfrac{2\pi l}{n}j \\ B_{kl} = \dfrac{4}{mn}\sum_{i=0}^{m-1}\sum_{j=0}^{n-1} f_{ij}\cos ki\cdot\sin\dfrac{2\pi l}{n}j \\ C_{kl} = \dfrac{4}{mn}\sum_{i=0}^{m-1}\sum_{j=0}^{n-1} f_{ij}\sin ki\cdot\cos\dfrac{2\pi l}{n}j \\ D_{kl} = \dfrac{4}{mn}\sum_{i=0}^{m-1}\sum_{j=0}^{n-1} f_{ij}\sin ki\cdot\sin\dfrac{2\pi l}{n}j \end{cases} \tag{7.5.22}$$

值得注意的是，上式的计算条件是：f_{ij} 在时间和纬圈空间上均为距平值，取样离散点均为偶数。若 f_{ij} 为原要素值时，式中的数字 4 可换写为 K，K 的取值为：

$$K=\begin{cases} 1 & \text{若 } k=0,l=0 \\ 2 & \text{若 } k=0 \text{ 或 } l=0 \\ 4 & \text{若 } k>0 \text{ 和 } l>0 \end{cases}$$

2. 直接方法

直接法是对式(7.5.19)用最小二乘法定出系数 A_{kl}、B_{kl}、C_{kl} 和 D_{kl}。对于距平值 $f_{ij}(i=\overline{1,m},j=\overline{1,n})$，$k=1,2,\cdots,\dfrac{m}{2}$，$l=1,2,\cdots,\dfrac{n}{2}$，当 m、n 较大时，要定的系数是很多的。例如，在纬圈上取 18 个观测点，时间上一天取一个，共取 30 天，则系数可以有 1080 个之多。利用最小二乘法中求系数的标准方程中矩阵的阶数则为 $(1080+1)^2$，不易计算。但实际上，利用三角函数在空间域（纬圈）和时间域（一个周期）中的正交性容易得知，矩阵中的非对角线元素为 0。求解系数的最终表达式仍与式(7.5.22)相同。

求出系数后，时空功率谱可用下式估计：

$$\hat{S}_{kl}=A_{kl}^2+B_{kl}^2+C_{kl}^2+D_{kl}^2 \tag{7.5.23}$$

对于粗功率谱值还可以进行各种形式的平滑或过滤。例如一种二维二项系数平滑谱为：

$$\begin{aligned}\overline{S}_{kl}=&\frac{1}{16}(\hat{S}_{k-1,l-1}+\hat{S}_{k-1,l+1}+\hat{S}_{k+1,l-1}+\hat{S}_{k+1,l+1})\\&+\frac{1}{8}(\hat{S}_{k-1,l}+\hat{S}_{k+1,l}+\hat{S}_{k,l+1}+\hat{S}_{k,l-1})+\frac{1}{4}\hat{S}_{kl}\end{aligned}$$

上述计算的是前进波时空谱，即 $\overline{S}(k,+\omega)$；对于后退波的时空谱计算，只需把随时间增加的正向序列变成逆向序列，再进行同样的计算即可。

7.5.2.2　Hayashi 计算法

上述高氏算法在原理上是可行的，但其计算量实在是太大。而 Hayashi 算法，有两个主要优点：其一，该法在计算上把时空二维傅氏变换分开处理，所以它对计算机的要求不高；其二，它要用到的只是时间序列交叉谱的结果，并不关注如何进行谱估计得到这一结果，所以，它的计算还可以不断吸收新发展的时间谱分析技术，从而不断地改善、发展。这样，Hayashi 算法就成为时空谱分析中最主要的方法。

Hayashi 时空谱分析方法的基本步骤分为三步：

第一步，对时空序列 $f(\lambda,t)$ 沿纬圈作空间谐波分析。用实数形式表示如下：

$$\begin{aligned}f(\lambda,t)=&\sum_k\sum_{\pm\omega}U_{k,\pm\omega}\cos(k\lambda\mp\omega t-\phi_{k,\pm\omega})\\=&\sum_k\{A_k(t)\cos k\lambda+B_k(t)\sin k\lambda\}\end{aligned} \tag{7.5.24}$$

式中 k 为空间波数，$A_k(t)$、$B_k(t)$ 为空间傅氏系数，$\pm\omega$ 分别代表前进波和后退波，$U_{k,\pm\omega}$ 为前进波和后退波的振幅，$\phi_{k,\pm\omega}$ 为前进波和后退波的初位相，这里恰好就是波脊。

式(7.5.24)正是式(7.5.2)的实数形式，不过已经转换为单边波数谱(k 只能取正值)，而保留了双边频率谱。另外，与一维傅氏变换类似，二维傅氏变换复数形式下的振幅 $|F(k,\pm\omega)|^2$ 和实数形式下的振幅 $U_{k,\pm\omega}^2$ 亦有如下关系：

$$|F(k,\pm\omega)|^2=\frac{1}{4}U_{k,\pm\omega}^2 \tag{7.5.25}$$

即：

$$|F(k,\pm\omega)|=\frac{1}{2}U_{k,\pm\omega}$$

而在单边波数谱的情况下，由式(7.5.13)可知，时空序列 $f(\lambda,t)$ 的时空功率谱为：

$$S_{k,\pm\omega}(f)=2|F(k,\pm\omega)|^2=\frac{1}{2}U_{k,\pm\omega}^2 \tag{7.5.26}$$

第二步，对空间傅氏系数的时间序列 $A_k(t)$ 和 $B_k(t)$ 进行时间交叉谱分析。其具体计算可用直接傅氏变换法或最大熵谱法等。从而得到 $A_k(t)$ 和 $B_k(t)$ 两个时间序列各自的时间功率谱，记作 $S_\omega(A_k)$ 和 $S_\omega(B_k)$ 以及它们之间的时间正交谱 $Q_\omega(A_k, B_k)$ 和协谱 $P_\omega(A_k, B_k)$。

第三步，利用以上结果，换算为时空功率谱。换算公式如下：

$$S_{k,\pm\omega}(f) = \frac{1}{4}[S_\omega(A_k) + S_\omega(B_k) \pm 2Q_\omega(A_k, B_k)] \tag{7.5.27}$$

上式是时空分析 Hayashi 方法中最基本的公式。其推导过程如下：

由式(7.5.24)可知：

$$f(\lambda,t) = \sum_k \{A_k(t)\cos k\lambda + B_k(t)\sin k\lambda\} = \sum_k f_k(\lambda,t) \tag{7.5.28}$$

上式中的 $f_k(\lambda,t)$ 是 $f(\lambda,t)$ 在波数域分解后的单波序列，波数为 k。

$$\begin{aligned}
f_k(\lambda,t) &= \sum_{\pm\omega} U_{k,\pm\omega}\cos(k\lambda \mp \omega t - \phi_{k,\pm\omega}) \\
&= \sum_\omega \{U_{k,+\omega}\cos(k\lambda - \omega t - \phi_{k,+\omega}) + U_{k,-\omega}\cos(k\lambda + \omega t - \phi_{k,-\omega})\} \\
&= \sum_\omega \{U_{k,+\omega}\cos(\omega t + \phi_{k,+\omega})\cos k\lambda + U_{k,+\omega}\sin(\omega t + \phi_{k,+\omega})\sin k\lambda \\
&\quad + U_{k,-\omega}\cos(\omega t - \phi_{k,-\omega})\cos k\lambda - U_{k,-\omega}\sin(\omega t - \phi_{k,-\omega})\sin k\lambda\} \\
&= \sum_\omega \{U_{k,+\omega}\cos(\omega t + \phi_{k,+\omega}) + U_{k,-\omega}\cos(\omega t - \phi_{k,-\omega})\}\cos k\lambda \\
&\quad + \sum_\omega \{U_{k,+\omega}\sin(\omega t + \phi_{k,+\omega}) - U_{k,-\omega}\sin(\omega t - \phi_{k,-\omega})\}\sin k\lambda
\end{aligned}$$

又：

$$f_k(\lambda,t) = A_k(t)\cos k\lambda + B_k(t)\sin k\lambda$$

所以有：

$$A_k(t) = \sum_\omega \{U_{k,+\omega}\cos(\omega t + \phi_{k,+\omega}) + U_{k,-\omega}\cos(\omega t - \phi_{k,-\omega})\}$$

$$B_k(t) = \sum_\omega \{U_{k,+\omega}\sin(\omega t + \phi_{k,+\omega}) - U_{k,-\omega}\sin(\omega t - \phi_{k,-\omega})\}$$

进一步展开，有：

$$\begin{aligned}
A_k(t) &= \sum_\omega \{U_{k,+\omega}\cos\phi_{k,+\omega}\cos\omega t - U_{k,+\omega}\sin\phi_{k,+\omega}\sin\omega t \\
&\quad + U_{k,-\omega}\cos\phi_{k,-\omega}\cos\omega t + U_{k,-\omega}\sin\phi_{k,-\omega}\sin\omega t\} \\
&= \sum_\omega \{[U_{k,+\omega}\cos\phi_{k,+\omega} + U_{k,-\omega}\cos\phi_{k,-\omega}]\cos\omega t \\
&\quad + [-U_{k,+\omega}\sin\phi_{k,+\omega} + U_{k,-\omega}\sin\phi_{k,-\omega}]\sin\omega t\}
\end{aligned}$$

同理，有：

$$B_k(t) = \sum_\omega \{[U_{k,+\omega}\sin\phi_{k,+\omega} + U_{k,-\omega}\sin\phi_{k,-\omega}]\cos\omega t$$

$$+[U_{k,+\omega}\cos\phi_{k,+\omega}-U_{k,-\omega}\cos\phi_{k,-\omega}]\sin\omega t\}$$

若对 $A_k(t)$、$B_k(t)$ 分别作时间傅氏分析，有：

$$\begin{cases}A_k(t)=\sum_{\omega}[Aa_{k\omega}\cos\omega t+Ab_{k\omega}\sin\omega t]\\ B_k(t)=\sum_{\omega}[Ba_{k\omega}\cos\omega t+Bb_{k\omega}\sin\omega t]\end{cases} \tag{7.5.29}$$

与前式比较，得：

$$\begin{cases}Aa_{k\omega}=U_{k,+\omega}\cos\phi_{k,+\omega}+U_{k,-\omega}\cos\phi_{k,-\omega}\\ Ab_{k\omega}=-U_{k,+\omega}\sin\phi_{k,+\omega}+U_{k,-\omega}\sin\phi_{k,-\omega}\\ Ba_{k\omega}=U_{k,+\omega}\sin\phi_{k,+\omega}+U_{k,-\omega}\sin\phi_{k,-\omega}\\ Bb_{k\omega}=U_{k,+\omega}\cos\phi_{k,+\omega}-U_{k,-\omega}\cos\phi_{k,-\omega}\end{cases} \tag{7.5.30}$$

$A_k(t)$、$B_k(t)$ 的时间功率谱和交叉谱与其时间傅氏系数之间的关系，在只给出正半轴单边谱时如下：

$$\left.\begin{aligned}&\text{功率谱：}\quad S_\omega(A_k)=\frac{1}{2}(Aa_{k\omega}^2+Ab_{k\omega}^2)\\ &\qquad\qquad\quad S_\omega(B_k)=\frac{1}{2}(Ba_{k\omega}^2+Bb_{k\omega}^2)\\ &\text{正交谱：}\quad Q_\omega(A_k,B_k)=\frac{1}{2}(Aa_{k\omega}\cdot Bb_{k\omega}-Ab_{k\omega}\cdot Ba_{k\omega})\\ &\text{协　谱：}\quad P_\omega(A_k,B_k)=\frac{1}{2}(Aa_{k\omega}\cdot Ba_{k\omega}+Ab_{k\omega}\cdot Bb_{k\omega})\end{aligned}\right\} \tag{7.5.31}$$

将式(7.5.30)代入式(7.5.31)，并利用三角公式化简，可得到：

$$\begin{cases}S_\omega(A_k)=\frac{1}{2}(U_{k,+\omega}^2+U_{k,-\omega}^2)+U_{k,+\omega}U_{k,-\omega}\cos(\phi_{k,+\omega}+\phi_{k,-\omega})\\ S_\omega(B_k)=\frac{1}{2}(U_{k,+\omega}^2+U_{k,-\omega}^2)-U_{k,+\omega}U_{k,-\omega}\cos(\phi_{k,+\omega}+\phi_{k,-\omega})\\ Q_\omega(A_k,B_k)=\frac{1}{2}(U_{k,+\omega}^2-U_{k,-\omega}^2)\\ P_\omega(A_k,B_k)=U_{k,+\omega}U_{k,-\omega}\sin(\phi_{k,+\omega}+\phi_{k,-\omega})\end{cases} \tag{7.5.32}$$

且有：

$$S_\omega(A_k)+S_\omega(B_k)=U_{k,+\omega}^2+U_{k,-\omega}^2$$

$$S_\omega(A_k)-S_\omega(B_k)=2U_{k,+\omega}U_{k,-\omega}\cos(\phi_{k,+\omega}+\phi_{k,-\omega})$$

所以有：

$$S_\omega(A_k)+S_\omega(B_k)\pm 2Q_\omega(A_k,B_k)=2U_{k,\pm\omega}^2$$

根据式(7.5.26)，从而得证时空功率谱为：

$$S_{k,\pm\omega}(f)=\frac{1}{2}U_{k,\pm\omega}^2=\frac{1}{4}\{S_\omega(A_k)+S_\omega(B_k)\pm 2Q_\omega(A_k,B_k)\}$$

下面我们进一步讨论式(7.5.27)的物理意义。

(1)式(7.5.27)左边 $S_{k,\pm\omega}(f)$ 是表示时空序列 $f(\lambda,t)$ 按空间波数 k、时间频率 ω

分离的时空功率谱。其中频率 ω 前的符号代表时空序列 $f(\lambda,t)$ 所表示波动的传播方向,"+"代表向东传播的前进波分量,"−"代表向西传播的后退波分量,所以,$S_{k,+\omega}(f)$ 和 $S_{k,-\omega}(f)$ 分别代表 $f(\lambda,t)$ 中东进波分量和西退波分量的时空功率谱。

(2)式(7.5.27)也表明,$f(\lambda,t)$ 的东进波分量和西退波分量的时空功率谱可以用其空间傅氏系数 $A_k(t)$ 和 $B_k(t)$ 的时间功率谱和正交谱来表示,并存在如下确定的定量关系:

$$S_{k,+\omega}(f)=\frac{1}{4}\{S_\omega(A_k)+S_\omega(B_k)+2Q_\omega(A_k,B_k)\}$$

$$S_{k,-\omega}(f)=\frac{1}{4}\{S_\omega(A_k)+S_\omega(B_k)-2Q_\omega(A_k,B_k)\}$$

(3)从式(7.5.27)还可以看到,时空序列 $f(\lambda,t)$ 总的功率谱为东进波分量和西退波分量的功率谱之和。它也可以用 $A_k(t)$ 和 $B_k(t)$ 的时间功率谱表示:

$$S_{k,\omega}(f)=S_{k,+\omega}(f)+S_{k,-\omega}(f)=\frac{1}{2}\{S_\omega(A_k)+S_\omega(B_k)\} \tag{7.5.33}$$

而东进波分量与西退波分量的功率谱之差,正是代表了时空序列 $f(\lambda,t)$ 实际表现出来的移动波的振幅,它也可以用 $A_k(t)$ 和 $B_k(t)$ 的时间正交谱来表示:

$$Q_\omega(A_k,B_k)=S_{k,+\omega}(f)-S_{k,-\omega}(f) \tag{7.5.34}$$

7.5.3　时-空谱的计算举例

Hayashi 的时空谱分析方法是一种分析大气环流演变特征的有效数学方法,因而被广泛使用。下面用春季大气环流演变特征分析这样一个实例来具体介绍其使用方法。

【例 9】资料:1965—1980 年 3—6 月逐日北半球 500 hPa 高度,每年 122d,16 年共计 1952d。一维网格:65°N 一个纬圈,每隔 10 个经度读取一个高度值,共 36 个值。

时空谱分析是逐年进行的,然后对 16 年求平均。其步骤如下:

第一步,对高度场作纬向傅氏展开,逐日进行。使用公式:$L_k=L/k$。即第 k 个波的波长为基波波长的 $1/k$。当取截断波数为 $k=10$ 时,可得到四个时间序列的逐日值:傅氏系数 $A_k(t)$ 和 $B_k(t)$,还有逐日纬圈平均高度 $\overline{H}(t)$ 和逐日纬圈平均高度方差 $\sigma^2(t)$。

这里要注意的是傅氏展开截断波数的选取。因为一个纬圈上有 36 个数据,最多有 18 个谐波,而头几个谐波常占总方差很大部分,因此对于冬半年和高纬地区取前 6 个波就足够了。但是,考虑到波数>6 的短波在下半年和较低纬度常有显著的作用,为减少拟合误差又能滤去一部分高频干扰,故选取截断波数为 $k=10$。

第二步,对 $A_k(t)$ 和 $B_k(t)$ 进行时间交叉谱计算。采用落后相关法,利用公式:

$$\begin{cases} P_{12}(\omega)=\int_{-\infty}^{\infty}\rho_{12}(\tau)\cos\omega\tau\,\mathrm{d}\tau \\ Q_{12}(\omega)=\int_{-\infty}^{\infty}\rho_{12}(\tau)\sin\omega\tau\,\mathrm{d}\tau \end{cases}$$

公式的离散化见式(7.4.23),具体步骤见例 8。计算时,取时间长度 $T=122\text{d}$,最大后延取 $m=20\text{d}$,对波数 $k=1\sim10$,逐一进行。结果得到 $A_k(t)$ 和 $B_k(t)$ 的时间功率谱 $S_\omega(A_k)$ 和 $S_\omega(B_k)$ 以及它们之间的时间正交谱 $Q_\omega(A_k,B_k)$ 和协谱 $P_\omega(A_k,B_k)$,还有凝聚谱 $R_\omega^2(A_k,B_k)$。实际谱值数为 $m+1=21$ 个。另外,还需利用公式:

$$\begin{cases}\overline{U^2}=\overline{U}^2+\overline{(\Delta U)^2}, \quad \overline{U_k^2}=\overline{U}_k^2+\overline{(\Delta U_k)^2} \\ \overline{U^2}=\sum\limits_k \overline{U_k^2}, \quad \overline{U_k^2}=\dfrac{1}{2}(\overline{A_k^2}+\overline{B_k^2}) \\ \overline{A_k^2}=\overline{A}_k^2+\overline{(\Delta A_k)^2}, \overline{B_k^2}=\overline{B}_k^2+\overline{(\Delta B_k)^2} \\ \overline{(\Delta U_k)^2}=\dfrac{1}{2}(\overline{(\Delta A_k)^2}+\overline{(\Delta B_k)^2}) \\ \bar{\theta}_k=\dfrac{1}{k}\tan^{-1}\dfrac{\overline{B}_k}{\overline{A}_k}\end{cases} \tag{7.5.35}$$

算出高度场的总时空方差 $\overline{\sigma^2}=\overline{U^2}$ 以及 $A_k(t)$ 和 $B_k(t)$ 的时间平均值 $\overline{A}_k,\overline{B}_k$ 和时间方差 $\overline{(\Delta A_k)^2},\overline{(\Delta B_k)^2}$,从而求得各单波的准静止波及瞬变波的时空方差 $\overline{U}_k^2$ 及 $\overline{(\Delta U_k)^2}$。注意上式中的符号“Δ”代表时间距平值。

这里要注意的是交叉谱分析中最大后延 m 的选取。m 值的大小直接影响到谱的分辨率和谱估计的误差;若 m 太小,则谱的低频分辨率太低,谱过于平滑;若 m 取得太大,则谱估计误差太大,而且会造成谱的过凝聚现象,即使得以后计算得到的时空功率谱小于 0,这显然是不合理的,一般选取 $m=T/3\sim T/10$。本例样本总长度 $T=122$,最大后延取 $m=20$ 天,约为 $T/6$。

第三步,利用时空谱分析的诸公式和第二步的结果,计算出大气的各种波动。我们用各种波动能量(方差贡献)在波数域上的分布表(见表 7.15)和波数—频率图(见图 7.6)来表征春季大气波动的空间尺度和时间尺度特征。

从表中可以看出:

(1)高度场的总时空方差(即总能量)$\overline{U^2}=\overline{\sigma^2}=151.96$。用 10 个波截断后所得到的 $\sum\limits_{k=1}^{10}\overline{U_k^2}=150.63$,拟合误差非常小;1～6 个波的总能量已达到 146.56,因此对于中高纬大气环流用 6 个波截断就完全足够了。

(2)在总能量中约有 1/6 为准静止波,主要集中在 2 波,其波脊位置为 24.4°E,即表明欧洲高压脊和阿拉斯加高压脊是春季稳定的大型环流系统。

(3)瞬变波动的能量约占总能量的 5/6,其中驻波能量占瞬变波能量的 30%,主要集中于 1～2 波;西退波能量超过 40%,也是以 1～2 波为主;东进波能量稍小,不到 30%,分布不太集中,却以 3 波为最大。

(4)从西退波与东进波在瞬变波动能量中的比例来看,超长波和长波恰好相反,前者以西退波为主而后者主要是东进波。不过,3 波虽然通常划为超长波,但其中西退波和东进波的比例却几乎一样,这一点是值得注意的。

表 7.15

波数 k	单波总能量$\overline{U_k^2}$	准静止波		瞬变波能量$\overline{(\Delta U_k)^2}$	驻波		东进波		西退波	
		能量 $\overline{U_k}^2$	位相		能量 $\overline{U_{STK}^2}$	%	能量 $\overline{U_{+TRK}^2}$	%	能量 $\overline{U_{-TRK}^2}$	%
1	46.96	6.31	26.0	40.64	12.48	30.7	6.67	16.4	21.49	52.9
2	47.49	12.67	24.4	34.82	11.81	33.9	6.24	17.9	16.78	48.2
3	26.89	3.70	118.9	23.19	6.54	28.2	8.23	35.5	8.41	36.3
4	14.35	1.62	56.2	12.73	3.51	27.5	6.59	51.8	2.64	20.7
5	7.21	0.32	32.0	6.90	1.90	27.5	4.11	59.6	0.89	12.9
6	3.66	0.10	30.1	3.56	1.00	27.9	2.16	60.8	0.40	11.3
7	1.93	0.05	6.9	1.88	0.51	27.1	1.09	57.8	0.28	15.1
8	1.07	0.03	7.6	1.04	0.31	29.5	0.53	51.0	0.20	19.6
9	0.63	0.01	39.1	0.62	0.19	30.7	0.29	46.5	0.14	22.8
10	0.43	0.01	34.4	0.42	0.13	31.9	0.17	39.8	0.12	28.3
$\sum$	150.63	24.82		125.81	38.37		36.08		51.36	

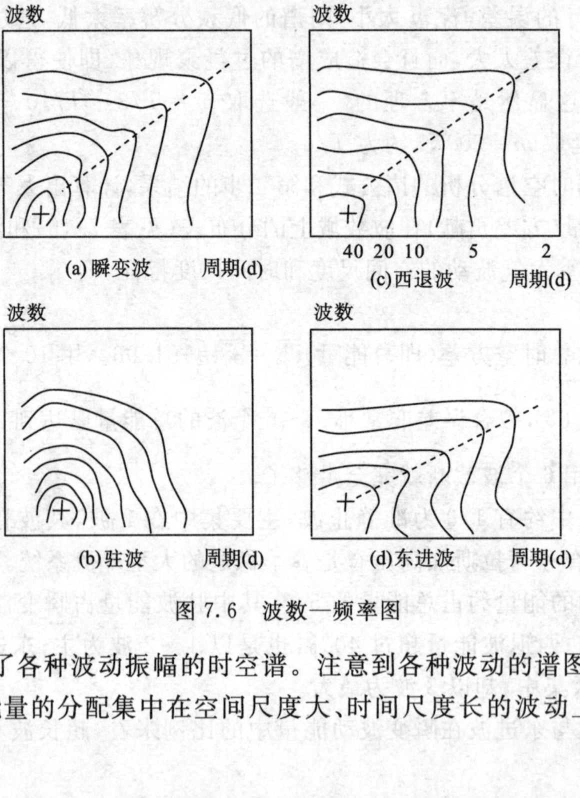

图 7.6　波数—频率图

图 7.6 表示了各种波动振幅的时空谱。注意到各种波动的谱图都有一个明显的特点,就是波动能量的分配集中在空间尺度大、时间尺度长的波动上,随着波数的增

加和周期的缩短，波动振幅也就迅速减小，整个谱的分布呈现出单峰型。这些谱峰中心正表示了春季大气环流中的主要成分，它们是西退超长波（周期为20 d、波数为1～2）、驻波振荡的超长波（周期为40 d、波数为1～2）以及东进波的超长波3波（周期为40 d）。

以上给出的是1965—1980年的平均情况。对每一年来说，虽然波动振幅的具体数值有较大起伏，但能量的时空分布却是十分相似，说明这里揭示的多年平均环流气候特征是很稳定的。当然，在每年的时空谱图上，除了维持主要谱峰中心外，一般都还有新的零散的谱峰中心出现。特别是东进波在长波段常有明显的孤立谱峰中心，周期为6～10 d，波数为4～5波，致使整个时空谱图呈现为双峰型。这种东进长波在春季降水天气过程中起着重大作用，但由于各年之间有很大的不同，所以在多年平均的谱图上就被平滑换掉了。

参考文献

安克武，黄晓，周长江，张春雷．2009．新疆新一代天气雷达加装带通滤波器后激励信号频谱分析[J]．气象科技，**37**(3)：341-344.

陈谋国．1987．统计天气预报原理和方法．空军气象学院教材．

陈新强．1986．波谱分析中期天气预报方法概论[J]．气象，**12**(增刊)：3-16.

邓冰，张铭．2006．海洋内部波动的波谱和谱函数[J]．水动力学研究与进展（A辑），**21**(2)：259-266.

胡洛林，刘梅，濮梅娟，等．2008．梅汛期南亚高压活动的谱特征分析——角动量谱[J]．气象科学，**28**(3)：289-293.

黄忠恕．1983．波谱分析方法及其在水文气象学中的应用[M]．北京：气象出版社．

蒙伟光，陈谋．1998．袭击湛江市热带气旋的谱分析[J]．广西气象，**19**(3)：15-17.

徐建军，朱乾根，施能．1997．近百年东亚季风长期变化中主振荡的奇异谱分析[J]．气象学报，**55**(5)：620-627.

张吉峰．1994．谱分析在测定时间序列周期中的应用[J]．预测，(4)：40-45.

张立凤，张铭．2001．斜压切变基流中横波型扰动的特征波动Ⅱ：谱函数[J]．气象学报，**59**(2)：143-156.

曾庆存，李荣凤，张铭．1991．旋转二维可压缩流动的谱和特征函数Ⅱ：谱和谱函数结构的分析[J]．大气科学，**15**(1)：1-5.

臧增亮，张铭．2004．三层模式背风波的理论研究[J]．气象学报，**62**(4)：395-400.

Denis B J，Cote J，Laprise R．2002．Spectral decomposition of two-dimensional atmospheric fields on limited-area domains using the Discrete Cosine Transform(DCT) [J]．*Mon. Wea. Rev.* ，**130**：1812-1829.

Errico R M．1987．A comparison between two limited-area spectral analysis schemes[J]．*Mon. Wea. Rev.* ，**115**：2856-2861.

Koshyk J N, Hamilton K. 2001. The horizontal kinetic energy spectrum and spectral budget simulated by a high-resolution troposphere-stratosphere-mesosphere GCM[J]. *J. Atmos. Sci.*, **58**: 329-348.

Priestley M B. 1981. Spectral Analysis and Time Series[M]. Academic Press.

Tan Q, Zhao Y C, Tong Q X, *et al*. 2001. Feature extraction model in vegetation spectrum dimension[J]. *Remote Sensing Information*, **1**(1): 14-18.

Vautard R, Ghil M. 1989. Singular spectrum analysis in nonlinear dynamics, with applications to paleoclimatic time series[J]. *Physica D*, **35**(3): 395-424.

Vautard R, Yiou P, Ghil M. 1992. Singular spectrum analysis: A toolkit for short, nosiy chaotic signals[J]. *Physica D*, **58**(1): 95-126

Zhang B, Li C H, Lin A N, *et al*. 2009. Features and comparisons of the quasi-biennial variations in the Asia-pacific monsoon subsystems[J]. *Journal of Tropical Meteorology*, **15**(1): 116-120.

Zhang M H, Zeng Q C. 1997. Discrete and continuous spectra of barotropic quasi-geotropic vorticity model part Ⅰ[J]. *J. Atmos. Sci.*, **54**: 1910-1923.

第 8 章　气象要素场的主分量分析

气象要素场的主分量分析也称主成分分析，又称正交函数分解或特征向量分析。

分析气象要素场的分布特点(如大范围天气形势的环流特点)，是制作天气预报的基础。而气象要素场是由许多空间网格点或不规则的气象观测站点上的数据所组成的，要研究要素场的时间变化，就必须研究这些以空间网格点或测站点为多变量的随时间变化的样本资料。主分量分析正是以这种样本为研究对象，它不同于回归、判别、时间序列分析，它是一种分析方法而非直接可用于预报的方法。

主分量分析能够把随时间变化的气象要素场分解为空间函数和时间函数两个部分。空间函数部分概括场的地域分布特点，它是不随时间变化的；而时间函数部分则由空间点变量的线性组合所构成，它的前几个分量占了原空间点变量总方差的很大部分，所以该时间函数部分称为主分量。通过研究主分量随时间的变化规律，我们就可以了解气象要素场随时间的主要变化特征，从而对大范围大气环流形势的特征及其演变作出更好的描述和分析。

本章分别介绍主分量的概念、意义及要素场的具体分解方法，包括切比雪夫多项式展开、自然正交函数展开(也称经验正交函数展开)。

值得指出，正交函数展开的具体方法还有很多种，如球函数展开、傅里叶展开、混合多项式展开等，在原理上基本一致，在此不予介绍，有兴趣的读者可参阅相关文献。

8.1　主分量

主分量分析的根本目的，就是为了提取要素场中的有用信息，要达到这一目的，可以通过减少变量个数来实现。而减少变量个数的最简单、最便捷的方法就是构作原已知变量的线性组合，当然也可以通过非线性组合方式来解决。

8.1.1　两个变量的主分量

为了能够更容易理解、掌握主分量的概念，同时又能通过比较简洁的方法介绍清楚，我们不妨先来讨论两个变量时的情况。

8.1.1.1　主分量的概念

先来看一个简单的例子。

【例 1】设所研究的要素场仅有两个空间点：x_{t1}，x_{t2}（$t=\overline{1,25}$），具体资料见表 8.1。容易得到各自的方差及它们的协方差：$s_{x1}^2=20.3$、$s_{x2}^2=24.1$ 及 $s_{x12}=15.6$。如果我们能够用某种方法找到原变量的两个线性组合构作的新变量 y_1，y_2：

$$\begin{cases} y_1=0.66x_1+0.75x_2 \\ y_2=0.75x_1-0.66x_2 \end{cases}$$

使其满足：

$$s_{y1}^2+s_{y2}^2=37.9+6.5=44.4=s_{x1}^2+s_{x2}^2$$

即新、老变量的总方差不变。具体计算结果见表 8.1。为了说明问题，我们再引入解释方差的概念。我们把某个单变量的方差与总方差的比，即单个变量的方差在总方差中的比重，称为该变量的**解释方差**。则 x_1，x_2 的解释方差分别为：20.3/44.4＝46％、24.1/44.4＝54％，两变量对总方差的贡献相差无几，相对于总方差而言，两者基本上同等重要；而新变量 y_1，y_2 的解释方差分别为：37.9/44.4＝86％、6.5/44.4＝14％，它们对总方差的贡献相差悬殊，仅一个变量 y_1 的数据特征就基本上反映了原来两个变量的数据特征。新变量 y_1，y_2，就是我们要找的主分量。注意，这里的主分量是两个，而不是一个。

那么，如何找到具有上述性质的主分量，实际上就是如何确定原变量线性组合的系数问题。

表 8.1　变量的主分量

t	x_1	x_2	y_1	y_2
1	3.00	2.00	3.49	0.92
2	4.00	10.00	10.14	−3.64
3	6.00	5.00	7.72	1.18
4	6.00	8.00	9.97	−0.81
5	6.00	10.00	11.46	−2.14
6	7.00	2.00	6.14	3.91
7	7.00	13.00	14.37	−3.38
8	8.00	9.00	12.04	0.02
9	9.00	5.00	9.71	3.42
10	9.00	8.00	11.96	1.43
11	9.00	14.00	16.45	−2.45
12	10.00	7.00	11.87	2.84

续表

t	x_1	x_2	y_1	y_2
13	11.00	12.00	16.28	0.28
14	12.00	10.00	15.44	2.35
15	12.00	11.00	16.19	1.69
16	13.00	6.00	13.11	5.75
17	13.00	14.00	19.10	0.45
18	13.00	15.00	19.85	−0.22
19	13.00	17.00	21.35	−1.54
20	14.00	7.00	14.52	5.84
21	15.00	13.00	19.68	2.60
22	17.00	13.00	21.00	4.10
23	17.00	17.00	24.00	1.45
24	18.00	19.00	26.16	0.87
25	20.00	20.00	28.23	1.70
均值	10.88	10.68	15.21	1.06
方差	20.28	24.06	37.87	6.44

8.1.1.2　主分量的导出原则:极大方差原则

为了最大程度地提取原变量 x_1, x_2 的信息,类似于判别分析,我们构作一个新的变量:

$$y = v_1 x_1 + v_2 x_2 \tag{8.1.1}$$

为了尽可能减少变量个数,同时,从方差的角度,又要保证新变量有尽可能大的解释方差,即有:

$$Q^*(v_1, v_2) = \frac{1}{n}\sum_{t=1}^{n}(y_t - \bar{y})^2 \to \max \tag{8.1.2}$$

这种用保证新变量有尽可能大的解释方差来确定模型式(8.1.1)系数的方法就称为极大方差原则。将式(8.1.1)代入式(8.1.2),有:

$$\begin{aligned} Q^*(v_1, v_2) &= \frac{1}{n}\sum_{t=1}^{n}(y_t - \bar{y})^2 \\ &= \frac{1}{n}\sum_{t=1}^{n}(v_1 x_{t1} + v_2 x_{t2} - v_1 \bar{x}_1 - v_2 \bar{x}_2)^2 \\ &= v_1^2 \frac{1}{n}\sum_{t=1}^{n}(x_{t1} - \bar{x}_1)^2 + v_2^2 \frac{1}{n}\sum_{t=1}^{n}(x_{t2} - \bar{x}_2)^2 \\ &\quad + 2 v_1 v_2 \frac{1}{n}\sum_{t=1}^{n}(x_{t1} - \bar{x}_1)(x_{t2} - \bar{x}_2) \end{aligned}$$

$$= v_1^2 s_{x11} + v_2^2 s_{x22} + 2v_1 v_2 s_{x12}$$

即：

$$Q^*(v_1, v_2) = v_1^2 s_{x11} + v_2^2 s_{x22} + 2v_1 v_2 s_{x12} \tag{8.1.3}$$

为了书写方便，一般将变量 x 的方差符号中的下标 x 省去，即有：

$$Q^*(v_1, v_2) = v_1^2 s_{11} + v_2^2 s_{22} + 2v_1 v_2 s_{12} \rightarrow \max \tag{8.1.4}$$

从上式可以看出，如果对 v_1、v_2 值的大小没有约束，$Q^*(v_1, v_2)$是不可能有极值的，所以，所谓的极大是有前提条件的，其一，解释方差再大，也必须忠实于原变量的方差；其二，如果 $Q^*(v_1, v_2)$的值一定，由于 v_1、v_2 之间没有相互约束，其解有无穷多组，所以也是无意义的；其三，为了不同变量在总方差中的相互比较，也有必要对待定系数 v_1、v_2 进行约束。鉴于上述理由及其他数学计算等方面的考虑，我们规定：

$$v_1^2 + v_2^2 = 1 \tag{8.1.5}$$

根据求函数条件极值的拉格朗日乘数法(见附录 B)，我们将式(8.1.4)的极值问题转化为求如下函数：

$$Q(v_1, v_2) = v_1^2 s_{11} + v_2^2 s_{22} + 2v_1 v_2 s_{12} - \lambda(v_1^2 + v_2^2 - 1) \tag{8.1.6}$$

的极值问题。根据极值原理，有：

$$\begin{cases} \dfrac{\partial Q}{\partial v_1} = 2(v_1 s_{11} + v_2 s_{12} - \lambda v_1) = 0 \\ \dfrac{\partial Q}{\partial v_2} = 2(v_2 s_{22} + v_1 s_{21} - \lambda v_2) = 0 \end{cases}$$

即：

$$\begin{cases} (s_{11} - \lambda) v_1 + s_{12} v_2 = 0 \\ s_{12} v_1 + (s_{22} - \lambda) v_2 = 0 \end{cases} \tag{8.1.7}$$

或改写成矩阵形式：

$$(\boldsymbol{S} - \lambda \boldsymbol{I}) \boldsymbol{v} = \boldsymbol{0} \tag{8.1.8}$$

其中 $\boldsymbol{S}$ 为 x_1、x_2 的协方差阵，$\boldsymbol{I}$ 为单位阵，$\boldsymbol{v} = (v_1, v_2)'$为组合系数向量，$\lambda$ 为矩阵 $\boldsymbol{S}$ 的特征值，$\boldsymbol{v}$ 为对应的特征向量，由式(8.15)的约束下的特征向量为标准化的特征向量。

为了减少量纲对结果的影响，有时采用无量纲化资料 x_{z1}、x_{z2}，则协方差阵 $\boldsymbol{S}$ 变为相关系数阵 $\boldsymbol{R}$，此时式(8.1.8)变为：

$$(\boldsymbol{R} - \lambda_z \boldsymbol{I}) \boldsymbol{v}_z = \boldsymbol{0} \tag{8.1.9}$$

由于 $\boldsymbol{S}$(或 $\boldsymbol{R}$)的秩为 2，故它有两个非零特征值 λ_1、λ_2 以及对应的特征向量 $\boldsymbol{v}_1 = (v_{11}, v_{21})'$，$\boldsymbol{v}_2 = (v_{12}, v_{22})'$。因此，满足式(8.1.6)极值问题的解有两组，用它们分别组成的新变量：

$$\begin{cases} y_1 = v_{11} x_1 + v_{21} x_2 \\ y_2 = v_{12} x_1 + v_{22} x_2 \end{cases}$$

均满足式(8.1.2)极大方差原则。这两个新变量就是要求的主分量。主分量顺序对

应于 $\boldsymbol{S}$ 阵特征值排列顺序，若设 $\lambda_1>\lambda_2$，则称 y_1 为第一主分量，它对应于 λ_1；y_2 为第二主分量，它对应于 λ_2。

对于【例 1】中资料，容易求出其协方差阵 $\boldsymbol{S}$，并根据附录 C 中求特征值及特征向量的方法可求出特征值 $\lambda_1=37.87$、$\lambda_2=6.44$ 及对应的特征向量：

$$\boldsymbol{v}_1=(0.66,0.75)',\boldsymbol{v}_2=(0.75,-0.66)'$$

从而得到例中的两个新变量这一结果。

若将【例 1】中资料作无量纲化处理，则式(8.1.7)变为：

$$\begin{cases}(1-\lambda_z)v_{z1}+r_{12}v_{z2}=0\\ r_{12}v_{z1}+(1-\lambda_z)v_{z2}=0\end{cases} \tag{8.1.7$'$}$$

其相关阵的特征多项式为：

$$\begin{vmatrix}1-\lambda_z & r_{12}\\ r_{12} & 1-\lambda_z\end{vmatrix}=\lambda_z^2-2\lambda_z+1-r_{12}^2=(\lambda_z-1-r_{12})(\lambda_z-1+r_{12})=0$$

容易求出 $r_{12}=0.705$，其特征值为 $\lambda_{z1}=1+r_{12}=1.705$，$\lambda_{z2}=1-r_{12}=0.295$。将 $\lambda_{z1}=1.705$ 代入式(8.1.7)$'$，得 $v_{z11}=v_{z21}$，再由式(8.1.5)，有 $v_{z11}=v_{z21}=\frac{\sqrt{2}}{2}$；同理，由 $\lambda_{z2}=0.295$，得 $v_{z12}=-v_{z22}=-\frac{\sqrt{2}}{2}$。则特征向量可表示为：

$$\boldsymbol{v}_{z1}=\left(\frac{\sqrt{2}}{2},\frac{\sqrt{2}}{2}\right)',\boldsymbol{v}_{z2}=\left(\frac{\sqrt{2}}{2},-\frac{\sqrt{2}}{2}\right)'$$

主分量的性质

(1)主分量的方差与其对应的特征值相等

因为对协方差阵 $\boldsymbol{S}$ 而言，根据式(8.1.7)，其特征值 λ_1 及其对应的特征向量 $\boldsymbol{v}_1=(v_{11},v_{21})'$之间有：

$$\begin{cases}(s_{11}-\lambda_1)v_{11}+s_{12}v_{21}=0\\ s_{12}v_{11}+(s_{22}-\lambda_1)v_{21}=0\end{cases} \tag{8.1.10}$$

该方程组第一式乘以 v_{11}，第二式乘以 v_{21} 后，两式相加，并利用式(8.1.5)，得：

$$v_{11}^2s_{11}+v_{21}^2s_{22}+2v_{11}v_{21}s_{12}=\lambda_1(v_{11}^2+v_{21}^2)=\lambda_1$$

由式(8.1.3)可知：

$$s_{y1}^2=v_{11}^2s_{11}+v_{21}^2s_{22}+2v_{11}v_{21}s_{12}$$

故有：$s_{y1}^2=\lambda_1$。同理，有：$s_{y2}^2=\lambda_2$，即：

$$\begin{cases}s_{y1}^2=\lambda_1\\ s_{y2}^2=\lambda_2\end{cases} \tag{8.1.11}$$

对【例 1】中的标准化结果，根据上述性质，有 $s_{zy1}^2=\lambda_{z1}=1+r_{12}=1.705$，$s_{zy2}^2=\lambda_{z2}=1-r_{12}=0.295$。第一、第二主分量的解释方差分别为$(1+r_{12})/2=0.85$ 和$(1-$

$r_{12})/2=0.15$。由此可见，当原变量 x_1 和 x_2 之间的相关系数越大，此时第一主分量的解释方差也越大，而第二主分量的解释方差随之也就越小。换言之，第一主分量反映了原变量场各变量变化的绝大部分共同信息，也可以反映原变量场总方差的很大部分。

(2)不同的主分量间线性无关，即两个主分量间的协方差为 0

因为：

$$\begin{aligned} s_{y_1y_2} &= \frac{1}{n}\sum_{t=1}^{n}(y_{t1}-\bar{y}_1)(y_{t2}-\bar{y}_2) \\ &= \frac{1}{n}\sum_{t=1}^{n}[v_{11}(x_{t1}-\bar{x}_1)+v_{21}(x_{t2}-\bar{x}_2)]\cdot[v_{12}(x_{t1}-\bar{x}_1)+v_{22}(x_{t2}-\bar{x}_2)] \\ &= v_{11}v_{12}s_{11}+v_{21}v_{22}s_{22}+(v_{11}v_{22}+v_{12}v_{21})s_{12} \\ &= v_{12}(v_{11}s_{11}+v_{21}s_{12})+v_{22}(v_{11}s_{12}+v_{21}s_{22}) \end{aligned}$$

将式(8.1.10)代入上式，得：

$$s_{y_1y_2}=v_{12}\lambda_1v_{11}+v_{22}\lambda_1v_{21}=\lambda_1(v_{12}v_{11}+v_{22}v_{21})$$

由于不同的特征向量之间相互正交这一性质，有：

$$v_{12}v_{11}+v_{22}v_{21}=0$$

故 $s_{y_1y_2}=0$，即主分量间线性无关。

8.1.1.3　主分量的几何意义

将式(8.1.1)改写成矢量的形式为：

$$\boldsymbol{y}=\boldsymbol{V}'\boldsymbol{x} \tag{8.1.12}$$

或：

$$y_k=\boldsymbol{v}'_k\boldsymbol{x} \tag{8.1.13}$$

其中 $\boldsymbol{y}=(y_1,y_2)'$，$\boldsymbol{V}=(\boldsymbol{v}_1,\boldsymbol{v}_2)'$，$\boldsymbol{x}=(x_1,x_2)'$，$\boldsymbol{v}_k=(v_{1k},v_{2k})'$，

$$\boldsymbol{V}=\begin{bmatrix} v_{11} & v_{12} \\ v_{21} & v_{22} \end{bmatrix}$$

如果把(x_1,x_2)看成是二维空间中的一个点，而主分量(y_1,y_2)看成是二维新变量空间中的一个点，则从变量变换的角度看，主分量(y_1,y_2)就是由因子空间作线性变换的结果，而变换矩阵 $\boldsymbol{V}$ 就是由因子协方差阵的特征向量为列向量所组成的矩阵。从坐标系角度看，主分量(y_1,y_2)就是由原变量组成的坐标系经过旋转变换后在新坐标系下的坐标，假如原坐标系旋转角度为 θ，则新、旧坐标间的数量关系为：

$$\begin{cases} y_1=x_1\cdot\cos\theta+x_2\cdot\sin\theta \\ y_2=x_1\cdot(-\sin\theta)+x_2\cdot\cos\theta \end{cases} \tag{8.1.14}$$

此时的变换矩阵 $\boldsymbol{V}$ 为：

$$\boldsymbol{V}=\begin{pmatrix} \cos\theta & -\sin\theta \\ \sin\theta & \cos\theta \end{pmatrix} \tag{8.1.15}$$

无论从变量变换的角度，还是从坐标系旋转的角度，都是纯数学的角度，给出了条件与结果间的几何解释。另外从解释方差的角度，我们发现，坐标轴旋转的角度必须满足这样的条件：对所有抽样样本而言，使得样本点在新坐标系中，对某一坐标轴上的投影，在总体上，具有极大方差。

8.1.2　多变量的主分量

将上述对两变量主分量问题的讨论稍作推广，即可得到多变量的结果。

假设某一气象要素场中有 p 个空间点，其样本容量为 n，记 p 个空间点上的变量为 $x_1,x_2,\cdots,x_p$，其观测值为 $x_{tk}(t=\overline{1,n},k=\overline{1,p})$，则由 p 个变量线性组合的新变量为：

$$y=v_1x_1+v_2x_2+\cdots+v_px_p=\sum_{k=1}^{p}v_kx_k \tag{8.1.16}$$

其矢量形式为：

$$\boldsymbol{y}=\boldsymbol{V}'\boldsymbol{x} \tag{8.1.17}$$

或：

$$y_k=\boldsymbol{v}'_k\boldsymbol{x} \tag{8.1.18}$$

其中：

$$\boldsymbol{y}=(y_1,y_2,\cdots,y_p)'$$

$$\boldsymbol{V}=(\boldsymbol{v}_1,\boldsymbol{v}_2,\cdots,\boldsymbol{v}_p)'$$

$$\boldsymbol{x}=(x_1,x_2,\cdots,x_p)'$$

$$\boldsymbol{v}_k=(v_{1k},v_{2k},\cdots,v_{pk})',k=\overline{1,p}$$

$$\boldsymbol{V}=\begin{pmatrix} v_{11} & v_{12} & \cdots & v_{1p} \\ v_{21} & v_{22} & \cdots & v_{2p} \\ \vdots & \vdots & \vdots & \vdots \\ v_{p1} & v_{p2} & \cdots & v_{pp} \end{pmatrix}$$

对任一主分量 y_k，针对 n 个观测样本 $\boldsymbol{x}_t=(x_{t1},x_{t2},\cdots,x_{tp})'$，$(t=\overline{1,n})$ 而言，亦有 n 个组合值与之对应，即 y_{tk}，$(t=\overline{1,n})$。要使得任一主分量 y_k 在某一坐标轴上的投影，在总体上，具有极大方差，则 y_k 必须满足：

$$s_{y_k}^2=\frac{1}{n}\sum_{t=1}^{n}(y_{tk}-\bar{y}_k)^2\rightarrow\max \tag{8.1.19}$$

式中：

$$y_{tk}=\boldsymbol{v}'_k\boldsymbol{x}_t,\ \bar{y}_k=\boldsymbol{v}'_k\bar{\boldsymbol{x}}$$

而 $\bar{\boldsymbol{x}}=(\bar{x}_1,\bar{x}_2,\cdots,\bar{x}_p)'$ 为 p 个变量的平均值向量。将其代入式(8.1.19)中，有：

$$\begin{aligned} s_{y_k}^2&=\frac{1}{n}\sum_{t=1}^{n}(\boldsymbol{v}'_k\boldsymbol{x}_t-\boldsymbol{v}'_k\bar{\boldsymbol{x}})(\boldsymbol{v}'_k\boldsymbol{x}_t-\boldsymbol{v}'_k\bar{\boldsymbol{x}})' \\ &=\boldsymbol{v}'_k\left[\frac{1}{n}\sum_{t=1}^{n}(\boldsymbol{x}_t-\bar{\boldsymbol{x}})(\boldsymbol{x}_t-\bar{\boldsymbol{x}})'\right]\boldsymbol{v}_k \end{aligned} \tag{8.1.20}$$

若令 p 个变量的协方差阵为：

$$\boldsymbol{S}=\frac{1}{n}\sum_{t=1}^{n}(\boldsymbol{x}_t-\bar{\boldsymbol{x}})(\boldsymbol{x}_t-\bar{\boldsymbol{x}})' \tag{8.1.21}$$

则式(8.1.20)可简写为：

$$s_{y_k}^2=\boldsymbol{v}'_k\boldsymbol{S}\boldsymbol{v}_k \tag{8.1.20$'$}$$

在条件：

$$\boldsymbol{v}'_k\boldsymbol{v}_k=1 \tag{8.1.22}$$

下，式(8.1.19)的极值问题变为函数的条件极值问题(见附录C)，即有：

$$\frac{\partial Q}{\partial \boldsymbol{v}_k}=2\boldsymbol{S}\boldsymbol{v}_k-2\lambda\boldsymbol{v}_k=\boldsymbol{0}$$

整理，得：

$$(\boldsymbol{S}-\lambda\boldsymbol{I})\boldsymbol{v}_k=\boldsymbol{0}(k=\overline{1,p})$$

即：

$$(\boldsymbol{S}-\lambda\boldsymbol{I})\boldsymbol{V}=\boldsymbol{0} \tag{8.1.23}$$

上式非零解的条件：

$$|\boldsymbol{S}-\lambda\boldsymbol{I}|=0 \tag{8.1.24}$$

该式即是矩阵 $\boldsymbol{S}$ 的特征多项式。因而，极值问题又转化为求 $\boldsymbol{S}$ 的特征值及其对应的特征向量问题。

由于矩阵 $\boldsymbol{S}$ 为 $p\times p$ 协方差阵，若它为非奇异阵，则它的秩为 p，且其有 p 个非零特征值(记为：$\lambda_1\geqslant\lambda_2\geqslant\cdots\geqslant\lambda_p$)及对应的 p 个特征向量 $\boldsymbol{v}_1,\boldsymbol{v}_2,\cdots,\boldsymbol{v}_p$。由此并根据式(8.1.18)就可得到 p 个主分量。

8.1.2.1 主分量的性质

(1)各主分量的方差分别为原 p 个变量协方差的特征值，且不同主分量间是彼此线性独立的。

因为 p 个变量的协方差阵为：

$$\frac{1}{n}\sum_{t=1}^{n}(\boldsymbol{y}_t-\bar{\boldsymbol{y}})(\boldsymbol{y}_t-\bar{\boldsymbol{y}})'=\frac{1}{n}\sum_{t=1}^{n}(\boldsymbol{V}'\boldsymbol{x}_t-\boldsymbol{V}'\bar{\boldsymbol{x}})(\boldsymbol{V}'\boldsymbol{x}_t-\boldsymbol{V}'\bar{\boldsymbol{x}})'$$

$$=\boldsymbol{V}'\left[\frac{1}{n}\sum_{t=1}^{n}(\boldsymbol{x}_t-\bar{\boldsymbol{x}})(\boldsymbol{x}_t-\bar{\boldsymbol{x}})'\right]\boldsymbol{V}=\boldsymbol{V}'\boldsymbol{S}\boldsymbol{V}=\boldsymbol{\Lambda} \tag{8.1.25}$$

式中 $\boldsymbol{\Lambda}$ 为矩阵 $\boldsymbol{S}$ 的 p 个特征值组成的对角矩阵。由 $\boldsymbol{\Lambda}$ 的特殊结构得证该性质。

(2)各主分量方差贡献的大小按矩阵 $\boldsymbol{S}$ 的特征值大小顺序排列

由性质(1)可知，p 个主分量的总方差为 $\boldsymbol{S}$ 阵 p 个特征值之和 $\sum_{j=1}^{p}\lambda_j$，那么第 k 个主分量解释方差贡献的大小为 $R_k=\lambda_k/\sum_{j=1}^{p}\lambda_j$。由于特征值 λ_k 按顺序 $\lambda_1\geqslant\lambda_2\geqslant\cdots\geqslant\lambda_p$ 排列，故主分量的方差贡献大小也按此大小顺序排列。

由于作主分量分析的目的是为了提取变量场的主要信息，减少变量数目，故在得到 p 个主分量后不必要全用，又根据性质(2)，我们有必要知道前若干个主分量的方差在总方差中的比例，即百分率。我们称前 m 个（$m<p$）主分量占总方差的百分率为累积方差贡献百分率，或称为累积解释方差，表示为：

$$G(m)=\sum_{k=1}^{m}\lambda_k\Big/\sum_{k=1}^{p}\lambda_k \tag{8.1.26}$$

（3）p 个主分量的总方差与原 p 个分量的总方差相等

由式(8.1.25)，有：

$$\boldsymbol{V}'\boldsymbol{S}\boldsymbol{V}=\boldsymbol{\Lambda}$$

对该方程两边取矩阵之迹，有：

$$Tr(\boldsymbol{V}'\boldsymbol{S}\boldsymbol{V})=Tr(\boldsymbol{\Lambda})$$

又：
$$Tr(\boldsymbol{V}'\boldsymbol{S}\boldsymbol{V})=Tr(\boldsymbol{S}\boldsymbol{V}'\boldsymbol{V})$$

及：
$$\boldsymbol{V}'\boldsymbol{V}=\boldsymbol{I}$$

故有：
$$Tr(\boldsymbol{S})=Tr(\boldsymbol{\Lambda})$$

即：
$$\sum_{i=1}^{p}s_{ii}=\sum_{k=1}^{p}\lambda_k$$

故式(8.1.26)又可写成：

$$G(m)=\sum_{k=1}^{m}\lambda_k\Big/\sum_{i=1}^{p}s_{ii} \tag{8.1.27}$$

所以，在计算中 $G(m)$ 一旦确定，就可以根据需要，求出前 m 个特征值和特征向量，而无需全部求出，这样可以减少很多计算量。

8.1.2.2　主分量的其他形式

在气象要素场的主分量分析中，有时为了突出变量的年际变化脉动特征、消除量纲影响，常对变量的距平值或标准化值进行分析，相应的主分量模型也随之改变。

当变量为距平形式时，主分量的距平形式为：

$$y_d=v_1x_{d1}+v_2x_{d2}+\cdots+v_px_{dp}=\sum_{k=1}^{p}v_kx_{dk} \tag{8.1.28}$$

因为：
$$y=v_1x_1+v_2x_2+\cdots+v_px_p=\sum_{k=1}^{p}v_kx_k$$
$$\bar{y}=\boldsymbol{v}'\bar{\boldsymbol{x}}=v_1\bar{x}_1+v_2\bar{x}_2+\cdots+v_p\bar{x}_p$$

两式比较，故有式(8.1.28)。容易看出，距平主分量的组合系数同原变量。还可以证明，距平主分量的平均值为零；距平主分量的方差与原变量协方差阵的特征值相对应。

当变量为标准化形式时，主分量的标准化形式为：

$$y_z=v_{z1}x_{z1}+v_{z2}x_{z2}+\cdots+v_{zp}x_{zp}=\sum_{k=1}^{p}v_{zk}x_{zk} \tag{8.1.29}$$

将式(8.1.20)′中的 $\boldsymbol{S}$ 阵换成相关矩阵 $\boldsymbol{R}$ 即可得到上述标准化形式。上式中的组合系数即为相关矩阵 $\boldsymbol{R}$ 的特征向量，而标准化的主分量之方差与 $\boldsymbol{R}$ 阵的特征值相对应。一般而言，原变量的协方差阵 $\boldsymbol{S}$ 与标准化变量的相关矩阵 $\boldsymbol{R}$ 的特征值及特征向量是不同的，采用哪种形式及最终结果的表达方式，要看我们具体研究的要求与目的。

8.1.2.3 主分量的计算举例

【例 2】以北京地区 1951—1976 年 12～2 月份月平均气温的距平资料（见表 6.17）为例，有 $p=3,n=26$。试求其主分量及累积方差贡献率。计算过程为：

(1)计算变量的协方差阵：

$$\boldsymbol{S}=\begin{pmatrix} 3.323 & 0.68 & 0.981 \\ 0.68 & 1.322 & 0.355 \\ 0.981 & 0.355 & 3.767 \end{pmatrix}$$

(2)根据附录 C 中求解实对称阵的特征值及特征向量的方法，结果如下：

$$\lambda_1=4.701,\lambda_2=2.604,\lambda_3=1.107$$

其对应的特征向量为：

$$\boldsymbol{v}_1=(0.634\quad 0.208\quad 0.745)'$$

$$\boldsymbol{v}_2=(0.718\quad 0.200\quad -0.667)'$$

$$\boldsymbol{v}_3=(-0.288\quad 0.958\quad -0.022)'$$

(3)计算出三个距平主分量：

$$y_{d1}=0.634x_{d1}+0.208x_{d2}+0.745x_{d3}$$

$$y_{d2}=0.718x_{d1}+0.200x_{d2}-0.667x_{d3}$$

$$y_{d3}=-0.288x_{d1}+0.958x_{d2}-0.022x_{d3}$$

根据 8.1.2.2 中距平主分量的组合系数同原变量的性质，有主分量的表达式：

$$y_1=0.634x_1+0.208x_2+0.745x_3$$

$$y_2=0.718x_1+0.200x_2-0.667x_3$$

$$y_3=-0.288x_1+0.958x_2-0.022x_3$$

(4)计算出前若干个距平主分量的累积方差贡献率：

$$G(1)=\frac{\lambda_1}{\sum_{k=1}^{3}\lambda_k}=\frac{\lambda_1}{\sum_{j=1}^{3}s_{jj}}=\frac{4.701}{8.412}\approx 56\%$$

$$G(2)=\frac{\lambda_1+\lambda_2}{\sum_{k=1}^{3}\lambda_k}=\frac{4.701+2.604}{8.412}\approx 87\%$$

由于前两个主分量的解释方差已占原变量总方差的 87%，说明可取前两个距平主分量代替原三个变量。若将变量原始实况资料值而非距平值代入上述主分量的表达式，即可得到各年份的主分量值，结果见表 8.2。

表 8.2　北京冬季气温主分量

年份	y_1	y_2	年份	y_1	y_2
1951	1.25	4.43	1964	1.20	0.53
1952	−2.82	−1.27	1965	−1.15	−0.89
1953	1.80	−0.20	1966	−2.06	−0.75
1954	−1.04	−2.92	1967	−4.24	−0.78
1955	0.71	2.04	1968	−1.83	2.28
1956	−4.74	0.17	1969	−0.44	−0.85
1957	0.81	0.06	1970	−0.62	0.25
1958	4.01	0.82	1971	−1.96	0.28
1959	3.60	−2.31	1972	0.47	0.73
1960	2.31	−2.79	1973	0.94	0.66
1961	1.23	−0.86	1974	−0.08	−0.53
1962	2.81	1.41	1975	1.97	−1.36
1963	−1.77	2.38	1976	−0.36	−0.40

8.2　气象要素场的切比雪夫多项式展开

对气象要素场作切比雪夫多项式展开，也可提取气象要素场的主成分，分析气象要素场的主要特征。

8.2.1　切比雪夫多项式

所谓切比雪夫正交多项式 $\varphi_k(x)$ 是一种以 x 的幂级数表示的正交多项式，当 k 取值为 1，2，3，…时，它的形式为：

$$\begin{cases}\varphi_0(x)=1\\ \varphi_1(x)=x-\dfrac{n+1}{2}\\ \varphi_2(x)=\varphi_1^2(x)-\dfrac{n^2-1}{12}\\ \varphi_3(x)=\varphi_1^3(x)-\dfrac{1}{20}(3n^2-7)\varphi_1(x)\\ \varphi_4(x)=\varphi_1^4(x)-\dfrac{1}{14}(3n^2-13)\varphi_1^2(x)+\dfrac{3}{560}(n^2-1)(n^2-9)\\ \cdots\cdots\\ \varphi_{k+1}(x)=\varphi_1(x)\varphi_k(k)-\dfrac{k^2(n^2-k^2)}{4(4k^2-1)}\varphi_{k-1}(x)\end{cases} \tag{8.2.1}$$

式中 $k=1,2,3,\cdots$ 为多项式的阶数；n 为分解要素场时所取网格点数；x 为这些网格点的坐标(即 x 方向所取各等距离散点 x_t 的序号)。

式(8.2.1)中的多项式 $\varphi_k(x)$满足正交性:

$$\sum_{x=1}^{n}\varphi_l(x)\varphi_k(x)=\begin{cases}0 & l\neq k\\ \sum_{x=1}^{n}\varphi_k^2(x) & l=k\end{cases} \tag{8.2.2}$$

利用式(8.2.1),可根据 n 的不同取值计算出相应阶数 k 的函数值 $\varphi_k(x)$。如,当 $n=5$ 及 $n=7$ 时,其值见表 8.3 和表 8.4。

表 8.3 $n=5$ 时 $\varphi_k(x)$之值

$\varphi_k(x)$	x					$\sum_{x=1}^{5}\varphi_k^2(x)$
	1	2	3	4	5	
$\varphi_1(x)$	−2	−1	0	1	2	10
$\varphi_2(x)$	2	−1	−2	−1	2	14
$\frac{5}{6}\varphi_3(x)$	−1	2	0	−2	1	10
$\frac{35}{12}\varphi_4(x)$	1	−2	6	−2	1	46

表 8.4 $n=7$ 时 $\varphi_k(x)$之值

$\varphi_k(x)$	x							$\sum_{x=1}^{7}\varphi_k^2(x)$
	1	2	3	4	5	6	7	
$\varphi_1(x)$	−3	−2	−1	0	1	2	3	28
$\varphi_2(x)$	5	0	−3	−4	3	0	5	84
$\frac{1}{6}\varphi_3(x)$	−1	1	1	0	−1	−1	1	6
$\frac{7}{12}\varphi_4(x)$	3	−7	1	6	1	−7	3	154

设某气象要素 $F(x)$在 x 方向 n 个等距点上数值已定,则它在 x 方向上的分布可用切比雪夫多项式的线性组合描述为:

$$\hat{F}(x)=A_0\varphi_0(x)+A_1\varphi_1(x)+A_2\varphi_2(x)+\cdots+A_k\varphi_k(x)$$

式中 $A_0,A_1,A_2,\cdots,A_k$ 称为(一维)展开系数。显然,上式对于描述一维空间气象要素值的变化或分布是有意义的。从上两表不难看出,$\varphi_k(x)$分别代表了各种典型场的分布趋势。

对二维空间分布的气象要素场 $F(x,y)$,同样也可以用切比雪夫多项式来展开。若已知某气象要素场 $F(x,y)$的 $m\times n$ 等距网格点资料值,我们可用两个坐标的切比雪夫多项式 $\varphi_i(x)$和 $\varphi_j(y)$的乘积来描述:

$$\hat{F}(x,y)=\sum_{i=0}^{k}\sum_{j=0}^{s}A_{ij}\varphi_i(x)\varphi_j(y) \tag{8.2.3}$$

式中 k,s 分别为两坐标方向切比雪夫多项式的截断阶数，可分别取 $1,2,\cdots,m-1$ 及 $1,2,\cdots,n-1$。可以证明，当取 $k=m-1,s=n-1$ 时，有：

$$F(x,y)=\sum_{i=0}^{m-1}\sum_{j=0}^{n-1}A_{ij}\varphi_i(x)\varphi_j(y) \tag{8.2.4}$$

该式可对气象要素场 $F(x,y)$ 作出完全无误的描述。这表明，某一时刻的气象要素场可以看成是由切比雪夫多项式这样的正交函数构成的一系列典型场 $\varphi_i(x)\varphi_j(y)$ 各按不同权重 A_{ij} 线性叠加的结果。当典型场取得足够多时，可较好地描述该要素场。为何切比雪夫正交多项式能够做到这一点呢？下面作简要的分析。

作为典型场的 $\varphi_i(x)\varphi_j(y)$，它们部分地反映了常见气象要素的空间分布形式，有明显的天气、气候意义，特别是在 i,j 取较小值，即对于低阶时的情况，其物理意义就更加清楚。图 8.1 至图 8.6 及表 8.5 至表 8.10 分别给出了 $m=7,n=5$ 时典型场的图形和数值。由图可见，若我们讨论的是气压场，则 $\varphi_0(x)\varphi_1(y)$ 代表一种均匀的纬向流场，$\varphi_0(x)\varphi_2(y)$ 代表南北高、中间低的气压分布，流场中存在着气旋性切变；同理，$\varphi_1(x)\varphi_0(y)$ 和 $\varphi_2(x)\varphi_0(y)$ 则分别代表均匀的经向流场和南北向气旋性切变流场。从图中还可以看出，阶数较高的两个坐标方向的切比雪夫多项式之积代表了一些更为复杂的流场，例如 $\varphi_1(x)\varphi_1(y)$ 代表一个鞍形气压场，$\varphi_2(x)\varphi_2(y)$ 代表了一个双鞍形场。当然，更高阶的典型场，因其形式更为复杂，因而也就没有低阶典型场意义那么清楚了。

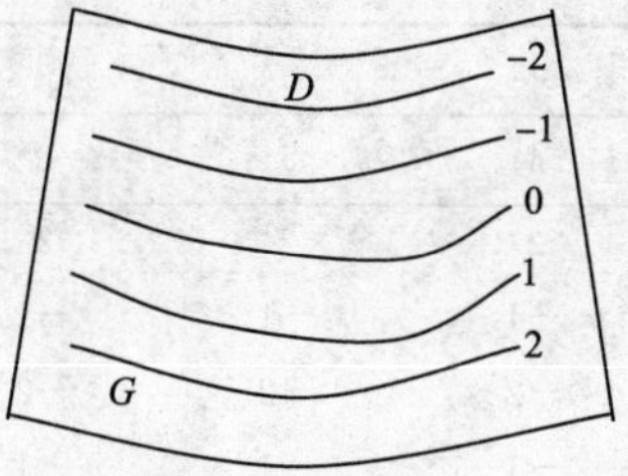

图 8.1　$\varphi_0(x)\varphi_1(y)$

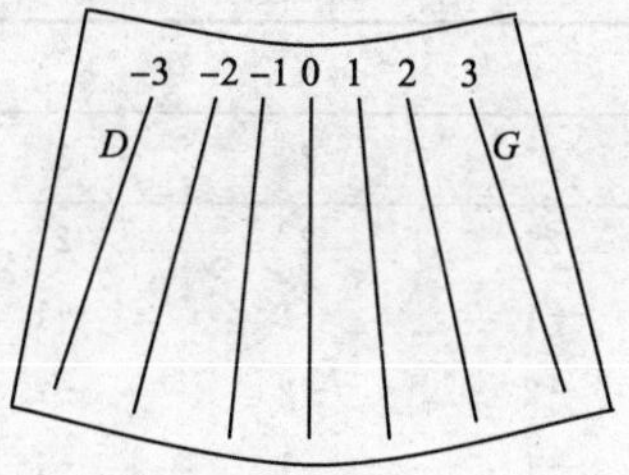

图 8.2　$\varphi_1(x)\varphi_0(y)$

表 8.5　$\varphi_0(x)\varphi_1(y)$ 表示均匀纬向流场

y	x						
	1	2	3	4	5	6	7
1	−2	−2	−2	−2	−2	−2	−2
2	−1	−1	−1	−1	−1	−1	−1
3	0	0	0	0	0	0	0
4	1	1	1	0	0	0	0
5	2	2	2	2	2	2	2

表 8.6　$\varphi_1(x)\varphi_0(y)$表示均匀经向流场

y	x						
	1	2	3	4	5	6	7
1	−3	−2	−1	0	1	2	3
2	−3	2	−1	0	1	2	3
3	−3	−2	−1	0	1	2	3
4	−3	−2	−1	0	1	2	3
5	−3	−2	−1	0	1	2	3

表 8.7　$\varphi_1(x)\varphi_1(y)$表示鞍形场

y	x						
	1	2	3	4	5	6	7
1	6	4	2	0	−2	−4	−6
2	3	2	1	0	−1	−2	−3
3	0	0	0	0	0	0	0
4	−3	−2	−1	0	1	2	3
5	−6	−4	−2	0	2	4	6

表 8.8　$\varphi_0(x)\varphi_2(y)$表示气旋式切变的纬向流场

y	x						
	1	2	3	4	5	6	7
1	2	2	2	2	2	2	2
2	−1	−1	−1	−1	−1	−1	−1
3	−2	−2	−2	−2	−2	−2	−2
4	−1	−1	−1	−1	−1	−1	−1
5	2	2	2	2	2	2	2

表 8.9　$\varphi_2(x)\varphi_0(y)$表示气旋式切变的经向流场

y	x						
	1	2	3	4	5	6	7
1	5	0	−3	−4	−3	0	5
2	5	0	−3	−4	−3	0	5
3	5	0	−3	−4	−3	0	5
4	5	0	−3	−4	−3	0	5
5	5	0	−3	−4	−3	0	5

表 8.10　$\varphi_2(x)\varphi_1(y)$表示双鞍形场

y	x						
	1	2	3	4	5	6	7
1	−10	0	6	8	6	0	−10
2	−5	0	3	4	3	0	−5
3	0	0	0	0	0	0	0
4	5	0	−3	−4	−3	0	5
5	10	0	−6	−8	−6	0	10

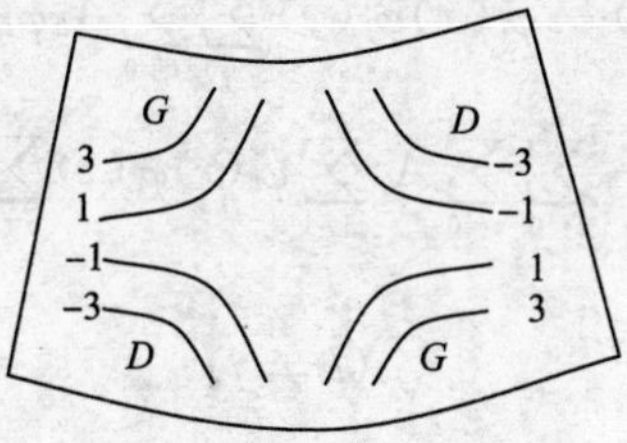

图 8.3　$\varphi_1(x)\varphi_1(y)$

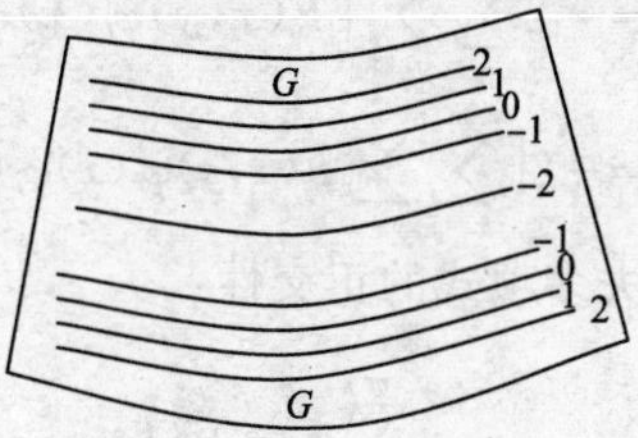

图 8.4　$\varphi_0(x)\varphi_2(y)$

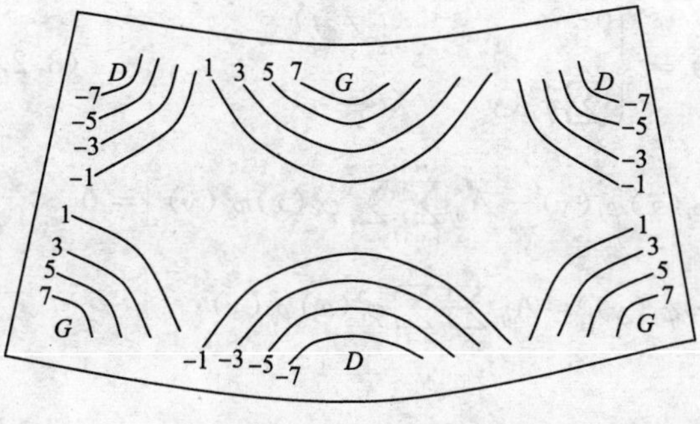

图 8.5　$\varphi_2(x)\varphi_1(y)$

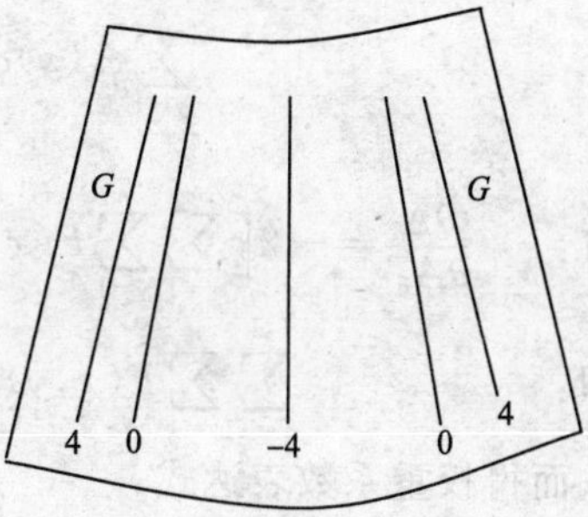

图 8.6　$\varphi_2(x)\varphi_0(y)$

8.2.2　切比雪夫多项式展开要素场的方法

8.2.2.1　展开系数的推导及意义

在用切比雪夫多项式展开要素场时，并不需要将 $\varphi_i(x)$和 $\varphi_j(y)$的阶数取到 $m-1$ 和 $n-1$，在一定的精度要求下，只需取到 $k(<m-1)$和 $s(<n-1)$就行了，此时 $F(x,y)$的拟合值为：

$$\hat{F}(x,y)=\sum_{i=0}^{k}\sum_{j=0}^{s}A_{ij}\varphi_i(x)\varphi_j(y) \tag{8.2.3}$$

和其他拟合问题一样，待定系数 A_{ij} 可由最小二乘法求出。由：

$$\Delta = \sum_{x=1}^{m}\sum_{y=1}^{n}[F(x,y)-\hat{F}(x,y)]^2 \rightarrow \min \tag{8.2.4}$$

及
$$\frac{\partial \Delta}{\partial A_{ij}}=0 \quad \begin{cases} i=0,1,2,\cdots,k \\ j=0,1,2,\cdots,s \end{cases} \tag{8.2.5}$$

有：
$$\begin{aligned}\frac{\partial \Delta}{\partial A_{ij}} &= \frac{\partial}{\partial A_{ij}}\sum_{x=1}^{m}\sum_{y=1}^{n}\Big[F(x,y)-\sum_{l=0}^{k}\sum_{t=0}^{s}A_{lt}\varphi_l(x)\varphi_t(y)\Big]^2 \\ &= \sum_{x=1}^{m}\sum_{y=1}^{n}-2\Big[F(x,y)-\sum_{l=0}^{k}\sum_{t=0}^{s}A_{lt}\varphi_l(x)\varphi_t(y)\Big]\varphi_i(x)\varphi_j(y) \\ &= -2\sum_{x=1}^{m}\sum_{y=1}^{n}\Big[F(x,y)\varphi_i(x)\varphi_j(y)-\varphi_i(x)\varphi_j(y)\sum_{l=0}^{k}\sum_{t=0}^{s}A_{lt}\varphi_l(x)\varphi_t(y)\Big] \\ &= -2\Big[\sum_{x=1}^{m}\sum_{y=1}^{n}F(x,y)\varphi_i(x)\varphi_j(y)-\sum_{l=0}^{k}\sum_{t=0}^{s}A_{lt}\sum_{x=1}^{m}\varphi_l(x)\varphi_i(x)\sum_{y=1}^{n}\varphi_t(y)\varphi_j(y)\Big]\end{aligned}$$

根据切比雪夫多项式的正交性：

$$\sum_{x=1}^{m}\varphi_l(x)\varphi_i(x)=\begin{cases}0 & (l\neq i) \\ \sum_{x=1}^{m}\varphi_i^2(x) & (l=i)\end{cases} \tag{8.2.6}$$

$$\sum_{y=1}^{n}\varphi_t(y)\varphi_j(y)=\begin{cases}0 & (t\neq j) \\ \sum_{y=1}^{n}\varphi_j^2(y) & (t=j)\end{cases} \tag{8.2.7}$$

有：
$$\frac{\partial \Delta}{\partial A_{ij}}=-2\Big[\sum_{x=1}^{m}\sum_{y=1}^{n}F(x,y)\varphi_i(x)\varphi_j(y)-A_{ij}\sum_{x=1}^{m}\sum_{y=1}^{n}\varphi_i^2(x)\varphi_j^2(y)\Big]=0$$

即：
$$\sum_{x=1}^{m}\sum_{y=1}^{n}F(x,y)\varphi_i(x)\varphi_j(y)=A_{ij}\sum_{x=1}^{m}\sum_{y=1}^{n}\varphi_i^2(x)\varphi_j^2(y)$$

从而得权重系数表达式：

$$A_{ij}=\frac{\sum_{x=1}^{m}\sum_{y=1}^{n}F(x,y)\varphi_i(x)\varphi_j(y)}{\sum_{x=1}^{m}\sum_{y=1}^{n}\varphi_i^2(x)\varphi_j^2(y)} \tag{8.2.8}$$

讨论：

(1)当 $i=j=0$ 时：

$$A_{00}=\frac{\sum_{x=1}^{m}\sum_{y=1}^{n}F(x,y)\varphi_0(x)\varphi_0(y)}{\sum_{x=1}^{m}\sum_{y=1}^{n}\varphi_0^2(x)\varphi_0^2(y)}=\frac{\sum_{x=1}^{m}\sum_{y=1}^{n}F(x,y)}{m\times n}$$

即：
$$A_{00}=\frac{1}{mn}\sum_{x=1}^{m}\sum_{y=1}^{n}F(x,y) \tag{8.2.9}$$

显然，A_{00} 就是 $F(x,y)$ 在 $m\times n$ 个网格点上的平均值，可称之为背景指数。

(2) 当 $i\neq 0, j=0$ 时：

$$A_{i0}=\frac{\sum_{x=1}^{m}\sum_{y=1}^{n}F(x,y)\varphi_i(x)\varphi_0(y)}{\sum_{x=1}^{m}\sum_{y=1}^{n}\varphi_i^2(x)\varphi_0^2(y)}=\frac{\sum_{x=1}^{m}\left[\varphi_i(x)\sum_{y=1}^{n}F(x,y)\right]}{n\sum_{x=1}^{m}\varphi_i^2(x)} \tag{8.2.10}$$

(3) 当 $i=0, j\neq 0$ 时：

$$A_{0j}=\frac{\sum_{x=1}^{m}\sum_{y=1}^{n}F(x,y)\varphi_0(x)\varphi_j(y)}{\sum_{x=1}^{m}\sum_{y=1}^{n}\varphi_0^2(x)\varphi_j^2(y)}=\frac{\sum_{y=1}^{n}\left[\varphi_j(y)\sum_{x=1}^{m}F(x,y)\right]}{m\sum_{y=1}^{n}\varphi_j^2(y)} \tag{8.2.11}$$

式中 $\sum_{y=1}^{n}F(x,y)$、$\sum_{x=1}^{m}F(x,y)$ 分别为同一经度及同一纬度上各网格点上气象要素值之和。如果 $F(x,y)$ 是气压场或高度场，则各典型场权重系数之物理意义就十分清楚了：

A_{01} 称为纬向环流指数。当 $A_{01}>0(<0)$ 时，为西(东)风环流。

A_{10} 称为经向环流指数。当 $A_{10}>0(<0)$ 时，为南(北)风环流。

A_{02} 称为纬向切变指数。当 $A_{02}>0(<0)$ 时，为纬向气旋(反气旋)性切变。

A_{20} 称为经向切变指数。当 $A_{20}>0(<0)$ 时，为经向气旋(反气旋)性切变。

A_{11} 称为变形场指数。当 $A_{11}>0(<0)$ 时，有东西(南北)向膨胀轴。

8.2.2.2　计算举例

【例 3】试用下表给出的资料进行切比雪夫多项式展开。

表 8.11　1970 年 1 月 500 hPa 高度值 $F(x,y)$ $(m=7, n=5)$

$x(\lambda)$ / $y(\phi)$	$x=1$ 40°E	$x=2$ 60°E	$x=3$ 80°E	$x=4$ 100°E	$x=5$ 120°E	$x=6$ 140°E	$x=7$ 160°E	$\sum$
$y=1$,65°N	26	14	9	13	17	21	25	125
$y=2$,55°N	40	36	32	31	20	16	18	193
$y=3$,45°N	52	50	50	46	31	18	24	271
$y=4$,35°N	62	61	63	62	51	46	51	396
$y=5$,25°N	75	74	74	74	74	77	80	528
$\sum$	255	235	228	226	193	178	198	1513

【解】(1) 首先计算权重系数：A_{00}，A_{01}，A_{10}，A_{02}，A_{20}。

根据式(8.2.10)，有：

$$A_{00}=\frac{1}{7\times5}\sum_{x=1}^{7}\sum_{y=1}^{5}F(x,y)=\frac{1513}{35}\approx43.2279$$

其他各系数可由式(8.2.11)、式(8.2.12)算出，且需先求 $\varphi_1(x)$、$\varphi_1(y)$、$\varphi_2(x)$ 及 $\varphi_2(y)$。

根据式(8.2.1)，有：$\varphi_1(y)=y-\frac{n+1}{2}$，$\varphi_2(y)=\varphi_1^2(y)-\frac{n^2-1}{12}$

故对经向，即 y 方向有：$\varphi_1(y)=y-\frac{5+1}{2}=y-3$，$\varphi_2(y)=\varphi_1^2(y)-2$

所以：

$$\varphi_1(1)=-2,\varphi_1(2)=-1,\varphi_1(3)=0,\varphi_1(4)=1,\varphi_1(5)=2$$

$$\varphi_2(1)=2,\varphi_2(2)=-1,\varphi_2(3)=-2,\varphi_1(4)=-1,\varphi_1(5)=2$$

$$\sum_{y=1}^{5}\varphi_1^2(y)=(-2)^2+(-1)^2+0+(1)^2+(2)^2=10$$

同理有：

$$\varphi_1(x)=x-\frac{m+1}{2}=x-4,\varphi_2(x)=\varphi_1^2(x)-4$$

具体数值见表 8.4，则：

$$\sum_{x=1}^{7}\varphi_1^2(x)=28。$$

所以：

$$A_{01}=\frac{\sum_{y=1}^{5}\left[\varphi_1(y)\sum_{x=1}^{7}F(x,y)\right]}{7\times\sum_{y=1}^{5}\varphi_1^2(y)}$$

$$=\frac{1}{70}[-2\times125-1\times193+0\times271+1\times396+2\times528]\approx14.4143$$

$$A_{10}=\frac{\sum_{x=1}^{7}\left[\varphi_1(x)\sum_{y=1}^{5}F(x,y)\right]}{5\times\sum_{x=1}^{7}\varphi_1^2(x)}$$

$$=\frac{1}{140}[-3\times255-2\times235-228+193+2\times178+3\times198]\approx-2.2857$$

$$A_{02}=\frac{\sum_{y=1}^{5}\left[\varphi_2(y)\sum_{x=1}^{7}F(x,y)\right]}{7\times\sum_{y=1}^{5}\varphi_2^2(y)}$$

$$=\frac{1}{98}[2\times(528+125)-(396+193)-2\times271]\approx1.7857$$

$$A_{20}=\frac{\sum_{x=1}^{7}\left[\varphi_2(x)\sum_{y=1}^{5}F(x,y)\right]}{5\times\sum_{x=1}^{7}\varphi_2^2(x)}$$

$$=\frac{1}{420}[5\times(198+235)-3\times(193+228)-4\times226]\approx0.2333$$

(2)计算 A_{11},可按式(8.2.9)进行:

$$A_{11}=\frac{\sum_{x=1}^{7}\sum_{y=1}^{5}F(x,y)\cdot\varphi_1(x)\varphi_1(y)}{\left[\sum_{x=1}^{7}\varphi_1^2(x)\right]\left[\sum_{y=1}^{5}\varphi_1^2(y)\right]}$$

$$=\frac{\sum_{y=1}^{5}\{\varphi_1(y)[\varphi_1(1)F(1,y)+\varphi_1(2)F(2,y)+\cdots+\varphi_1(7)F(7,y)]\}}{[\varphi_1^2(1)+\varphi_1^2(2)+\cdots+\varphi_1^2(7)]_x[\varphi_1^2(1)+\varphi_1^2(2)+\cdots+\varphi_1^2(5)]_y}$$

$$=\frac{1}{28\times10}[-360-290-161+0+145+284+429]\approx0.1679$$

其中的数据由表 8.7 及表 8.11 中数据算得,见表 8.12。

表 8.12

x \ y		1	2	3	4	5	$\sum$
1	$F(x,y)$	26	40	52	62	75	
	$\varphi_1(x)\varphi_1(y)$	6	3	0	−3	−6	
	$F\varphi_1(x)\varphi_1(y)$	156	120	0	−186	−450	−360
2	$F(x,y)$	14	36	50	61	74	
	$\varphi_1(x)\varphi_1(y)$	4	2	0	−2	−4	
	$F\varphi_1(x)\varphi_1(y)$	56	72	0	−122	−296	−290
3	$F(x,y)$	9	32	50	63	74	
	$\varphi_1(x)\varphi_1(y)$	2	1	0	−1	−2	
	$F\varphi_1(x)\varphi_1(y)$	18	32	0	−63	−148	−161
4	$F(x,y)$	13	31	46	62	74	
	$\varphi_1(x)\varphi_1(y)$	0	0	0	0	0	
	$F\varphi_1(x)\varphi_1(y)$	0	0	0	0	0	0
5	$F(x,y)$	17	20	31	51	74	
	$\varphi_1(x)\varphi_1(y)$	−2	−1	0	1	2	
	$F\varphi_1(x)\varphi_1(y)$	−34	−20	0	51	148	145

续表

x \ y		1	2	3	4	5	$\sum$
6	$F(x,y)$	21	16	18	46	77	
	$\varphi_1(x)\varphi_1(y)$	−4	−2	0	2	4	
	$F\varphi_1(x)\varphi_1(y)$	−84	−32	0	92	308	284
7	$F(x,y)$	25	18	24	51	80	
	$\varphi_1(x)\varphi_1(y)$	−6	−3	0	3	6	
	$F\varphi_1(x)\varphi_1(y)$	−150	−54	0	153	480	429

(3)其余的权重系数 A_{ij} 均可依式(8.2.9)算得。

由上述计算过程可知，当网格一旦给定（m,n 值给定），$\varphi_i(x)$ 及 $\varphi_j(y)$ 就为已知，则无论对于何种要素场，都可以独立地计算出相应的 A_{ij}，且不受因精度要求不同而改变项数时的影响。权重系数 A_{ij} 给出了各种典型场在实际要素场中所占的比重，因此可以把它们看作是描写要素场主要特征的新的数量指标。某个系数值较大，就说明其对应的典型场在实际要素场中所占的比重就大。所以，我们可通过系数 A_{ij} 的大小比较来了解大气中的某些主要特征。尽管切比雪夫多项式展开不能直接对所分析的场作出预报，但可根据由不同时刻要素场系数 A_{ij} 构成的时间序列的变化来寻找其演变规律，作出系数的预报，从而实现对要素场的预报。

【例 4】根据系数 A_{ij} 之值对环流形势进行分型。

表 8.13 给出的是 1951—1970 年间 25°～60°N、40°～160°E 的范围内 1 月 500 hPa 高度切比雪夫多项式展开的前 5 项系数，展开时取 $m=7,n=5$。试作 1 月 500 hPa 环流分型。

表 8.13　1951—1970 年 500 hPa 高度场 A_{ij} 值及环流分型结果

年份	平均数	纬向指数	经向指数	纬向切变	经向切变	分型
1951	542.7336	14.8285−	−3.1786	2.4081	−0.0786	B_2
1952	542.2851	16.8571+	−3.5857	2.3673	−0.0476	A_2
1953	543.7136	14.8142−	−2.6000	2.5204	−0.4190	B_2
1954	540.4565	15.5285+	−2.7072	2.5612	−0.3786	A_2
1955	⋮	⋮	⋮	⋮	⋮	⋮
1956	⋮	⋮	⋮	⋮	⋮	⋮
1957	A_{00}	A_{01}	A_{10}	A_{02}	A_{20}	⋮
1958	⋮	⋮	⋮	⋮	⋮	⋮
1959	⋮	⋮	⋮	⋮	⋮	⋮
1960	543.1708	15.6714+	−3.0857	2.5000	−0.0143	A_2

续表

年份	平均数	纬向指数	经向指数	纬向切变	经向切变	分型
1961	543.5136	15.7860＋	－3.5500	2.1735	0.1595	A_1
1962	542.8279	15.2432－	－2.8214	0.8877	－0.2024	B_2
1963	⋮	⋮	⋮	⋮	⋮	⋮
1964	⋮	⋮	⋮	⋮	⋮	⋮
1965	⋮	⋮	⋮	⋮	⋮	⋮
1966	⋮	⋮	⋮	⋮	⋮	⋮
1967	⋮	⋮	⋮	⋮	⋮	⋮
1968	⋮	⋮	⋮	⋮	⋮	⋮
1969	540.6851	15.6289＋	－2.6214	3.3673	0.6548	A_1
1970	543.2279	14.4146－	－2.2857	1.7857	0.2333	B_1
平均		15.5201				

【解】因 1 月环流特征的主要差别在于纬向环流的强弱及槽脊位置的不同。所以，根据 A_{ij} 分型时，可以用表征这两个特点的典型场系数 A_{01} 和 A_{20} 为依据。先由 A_{01} 的距平符号分成强纬向型和弱纬向型，再根据展开区域中部的气压场形势（槽或脊）分成两个副型，其具体标准规定如表 8.14 所示。

表 8.14

指标 \ 型名	A_1 槽型强纬向型	B_1 槽型弱纬向型	A_2 脊型强纬向型	B_2 脊型弱纬向型
A_{01}之距平符号	>0	<0	>0	<0
A_{20}之正负号	>0	>0	<0	<0

根据标准，各年型结果见表 8.13 最后一列。显然，从不同的角度给出不同的标准，必有不同的分型结果，这也是多项式分型的不足之处。当然，只要分型标准一旦确定，分型结论也是定量、明确的。由于切氏多项式代表的典型场与气压场，特别是高空气压场的基本结构非常接近，所以在高空气压场（高度场）的展开中应用相当广泛。

8.2.3　展开要素场的精确度指标

用切比雪夫多项式展开要素场时所取项数以多少为宜是我们非常关心的事情，通过估计值与实况值的比较可知，它不仅与场本身的特征有关外，还主要取决于网格点数以及切比雪夫多项式展开的阶数。因为我们可用：

$$\Delta = \sum_{x=1}^{m}\sum_{y=1}^{n}[F(x,y)-\hat{F}(x,y)]^2$$

$$= \sum_{x=1}^{m}\sum_{y=1}^{n}[F(x,y) - \sum_{i=0}^{k}\sum_{j=0}^{s}A_{ij}\varphi_i(x)\varphi_j(y)]^2 \qquad (8.2.12)$$

作为衡量要素场展开精度的数量指标。从该式不难看出，对给定的气象要素场，一旦确定了网格，$F(x,y)$及m,n就是已知量，剩下来的就只受k,s值对精度的影响：

(1)当$k=m-1$,$s=n-1$时，切比雪夫多项式就有$m\times n$个系数。如果由下列$m\times n$个联立方程：

$$\sum_{i=0}^{m-1}\sum_{j=0}^{n-1}A_{ij}\varphi_i(x_l)\varphi_j(y_t) = F(x_l,y_t), \quad \begin{cases} l = 1,2,\cdots,m \\ t = 1,2,\cdots,n \end{cases}$$

来求解系数A_{ij}，可以看出，方程中未知数的个数与方程的个数相等，因此方程有唯一解，这样的解对任意的l和t都有：

$$\sum_{i=0}^{m-1}\sum_{j=0}^{n-1}A_{ij}\varphi_i(x_l)\varphi_j(y_t) - F(x_l,y_t) = 0$$

从而使得：
$$\Delta = \sum_{l=1}^{m}\sum_{t=1}^{n}\left[F(x_l,y_t) - \sum_{i=0}^{m-1}\sum_{j=0}^{n-1}A_{ij}\varphi_i(x_l)\varphi_j(y_t)\right]^2 = 0$$

所以，当$k=m-1$,$s=n-1$时，系数A_{ij}可得到精确解，即理论上误差为零。

(2)当$k<m-1$,$s<n-1$时，有：

$$\Delta = \sum_{x=1}^{m}\sum_{y=1}^{n}[F(x,y) - \sum_{i=0}^{k}\sum_{j=0}^{s}A_{ij}\varphi_i(x)\varphi_j(y)]^2$$

$$= \sum_{x=1}^{m}\sum_{y=1}^{n}\left\{F^2(x,y) + \left[\sum_{i=0}^{k}\sum_{j=0}^{s}A_{ij}\varphi_i(x)\varphi_j(y)\right]^2 - 2F(x,y)\sum_{i=0}^{k}\sum_{j=0}^{s}A_{ij}\varphi_i(x)\varphi_j(y)\right\}$$

根据正交多项式的正交性，得：

$$\sum_{x=1}^{m}\sum_{y=1}^{n}\hat{F}^2(x,y) = \sum_{x=1}^{m}\sum_{y=1}^{n}\sum_{i=0}^{k}\sum_{j=0}^{s}\sum_{l=0}^{k}\sum_{t=0}^{s}A_{ij}A_{lt}\varphi_i(x)\varphi_j(y)\varphi_l(x)\varphi_t(y)$$

$$= \sum_{x=1}^{m}\sum_{y=1}^{n}\sum_{i=0}^{k}\sum_{j=0}^{s}A_{ij}^2\varphi_i^2(x)\varphi_j^2(y)$$

而：
$$\sum_{x=1}^{m}\sum_{y=1}^{n}F(x,y)\sum_{i=0}^{k}\sum_{j=0}^{s}A_{ij}\varphi_i(x)\varphi_j(y)$$

$$= \sum_{x=1}^{m}\sum_{y=1}^{n}\sum_{i=0}^{k}\sum_{j=0}^{s}\sum_{l=0}^{m-1}\sum_{t=0}^{n-1}A_{ij}A_{lt}\varphi_i(x)\varphi_j(y)\varphi_l(x)\varphi_t(y)$$

$$= \sum_{x=1}^{m}\sum_{y=1}^{n}\sum_{i=0}^{k}\sum_{j=0}^{s}A_{ij}^2\varphi_i^2(x)\varphi_j^2(y)$$

又：
$$F^2(x,y) = \sum_{i=0}^{m-1}\sum_{j=0}^{n-1}\sum_{l=0}^{m-1}\sum_{t=0}^{n-1}A_{ij}A_{lt}\varphi_i(x)\varphi_j(y)\varphi_l(x)\varphi_t(y)$$

$$= \sum_{i=0}^{m-1}\sum_{j=0}^{n-1}A_{ij}^2\varphi_i^2(x)\varphi_j^2(y)$$

则：

$$\Delta=\sum_{x=1}^{m}\sum_{y=1}^{n}\Big[F(x,y)-\sum_{i=0}^{k}\sum_{j=0}^{s}A_{ij}\varphi_i(x)\varphi_j(y)\Big]^2$$

$$=\sum_{x=1}^{m}\sum_{y=1}^{n}[F^2(x,y)-\hat{F}^2(x,y)]$$

$$=\sum_{x=1}^{m}\sum_{y=1}^{n}\Big[\sum_{i=0}^{m-1}\sum_{j=0}^{n-1}A_{ij}^2\varphi_i^2(x)\varphi_j^2(y)-\sum_{i=0}^{k}\sum_{j=0}^{s}A_{ij}^2\varphi_i^2(x)\varphi_j^2(y)\Big]$$

即：

$$\Delta=\sum_{x=1}^{m}\sum_{y=1}^{n}\Big[\sum_{i=0}^{m-1}\sum_{j=0}^{n-1}A_{ij}^2\varphi_i^2(x)\varphi_j^2(y)-\sum_{i=0}^{k}\sum_{j=0}^{s}A_{ij}^2\varphi_i^2(x)\varphi_j^2(y)\Big]\quad(8.2.13)$$

该式表示，每增加一个典型场 $\varphi_i(x)\varphi_j(y)$，误差 Δ 就减小：

$$\sum_{x=1}^{m}\sum_{y=1}^{n}A_{ij}^2\varphi_i^2(x)\varphi_j^2(y)$$

经验表明，用切比雪夫多项式展开要素场的收敛速度还是比较快的。

为了对不同要素场展开后进行收敛性比较，还可以采用相对精度指标：

$$R^2=1-\frac{\Delta}{\sum_{x=1}^{m}\sum_{y=1}^{n}[F(x,y)-A_{00}]^2}\quad(8.2.14)$$

该式与回归分析中的复相关系数 $R^2=1-\dfrac{Q}{S_{yy}}$，无论在形式上，还是在意义上，都是极其相似的。

当对 $\varphi_i(x)$ 作标准化处理后，其 Δ 及 R^2 可分别改写成：

$$\Delta=mn\sum_{i=k+1}^{m-1}\sum_{j=s+1}^{n-1}A_{ij}^2\ ;R^2=\frac{\sum_{i=0}^{k}\sum_{j=0}^{s}A_{ij}^2}{\sum_{i=0}^{m-1}\sum_{j=0}^{n-1}A_{ij}^2}$$

切比雪夫多项式展开要素场的应用特点如下：

(1)常应用于有限区域环流特征的定量描述。尤其是具有矩形网格的高度场，通常只要取前十多项就可以将高度场相当精确地表示出来。

(2)各项系数可以相互独立地计算，在计算后面一项系数时，并不影响前面已经计算好的各项系数，这便于气象要素场的逐步逼近。

(3)在研究场的序列及其演变规律时，必须对不同时刻的场分别计算相应的典型场系数，从而组成系数序列。这与下一节介绍的经验正交函数展开方法是不同的，后者的优点之一是能对场序列作出客观的描述。

8.3　气象要素场的自然正交函数展开

用切比雪夫正交多项式展开要素场时，只能处理矩形网格上某一时刻(而非时间序列)的资料,且其典型场是人为给定的,固定不变的,虽然它对气压场、高度场的展开比较理想(特别是低阶时),但对其他要素场的展开,特别是高阶的典型场,其物理意义就很不清楚了,因为其他要素场的基本形式与典型场的基本形式并不一定匹配。由于不同气象要素有不同的数据结构和特点,即使同一个要素,在不同区域、不同时间,其数据分布也有显著区别,所以其基本场也是各不相同的。无论是从要素场提取主要信息,还是分解出基本场,目的都是一个,就是要分析要素场中各种重要程度不一的特征,如果是时间序列资料,还可以进一步研究这些特征随时间的变化,从而更好地为预报服务。

为了达到上述目的,克服切比雪夫正交多项式展开方法的缺点,可采用数学中的自然正交函数展开(也称经验正交函数展开)方法。这种正交函数无固定形式,其函数或数据形式完全由要素场本身决定。此外,自然正交函数展开还能在有限区域内进行,其展开对象,既可以是网格点资料,也可以是若干个不规则分布站点的时间序列资料,所以对降水量场等的分解特别方便,在气象上的应用非常广泛。

本节着重介绍自然正交函数展开的原理及计算方法,并讨论其拟合精度和应用的相关问题。

8.3.1 自然正交函数展开的原理

8.3.1.1 基本思想

假如有某一气象要素场的时间序列 F:

$$\boldsymbol{F}=\begin{pmatrix} F_{11} & F_{12} & \cdots & F_{1j} & \cdots & F_{1n} \\ F_{21} & F_{22} & \cdots & F_{2j} & \cdots & F_{2n} \\ \vdots & \vdots & \vdots & \vdots & \vdots & \vdots \\ F_{i1} & F_{i2} & \cdots & F_{ij} & \cdots & F_{in} \\ \vdots & \vdots & \vdots & \vdots & \vdots & \vdots \\ F_{m1} & F_{m2} & \cdots & F_{mj} & \cdots & F_{mn} \end{pmatrix}$$

其中任一列 j 表示该气象要素在某个任意选定的第 j 个测站的时间序列资料,共有 n 个测站,$j=\overline{1,n}$,这些测站一经选定排序后,其顺序不再改变;任一行 i 表示该气象要素在第 i 个时刻所有测站的实况观测值,共有 m 个观测时次,即 m 个要素场,$i=\overline{1,m}$。F_{ij} 就表示第 i 个场(或 i 时刻)中的第 j 个测站的观测值,显然,$\boldsymbol{F}$ 不一定是对称矩阵。

自然正交函数展开的基本思想是:将气象要素场序列分解成正交的时间函数与正交的空间函数乘积之和:

$$\hat{F}_{ij}=\sum_{k=1}^{p}T_{ki}x_{kj}\quad\begin{cases}i=\overline{1,m}\\ j=\overline{1,n}\end{cases}\tag{8.3.1}$$

或

$$\hat{\boldsymbol{F}}=\boldsymbol{TX}\tag{8.3.1$'$}$$

其中：

$$\boldsymbol{T}=\begin{pmatrix}T_{11} & T_{21} & \cdots & T_{p1}\\ T_{12} & T_{22} & \cdots & T_{p2}\\ \vdots & \vdots & \vdots & \vdots\\ T_{1m} & T_{2m} & \cdots & T_{pm}\end{pmatrix},\boldsymbol{X}'=\begin{pmatrix}x_{11} & x_{21} & \cdots & x_{p1}\\ x_{12} & x_{22} & \cdots & x_{p2}\\ \vdots & \vdots & \vdots & \vdots\\ x_{1n} & x_{2n} & \cdots & x_{pn}\end{pmatrix}$$

由于空间函数 $\boldsymbol{X}$ 与时间的变化无关，仅随空间位置不同而变化，所以常将其视为典型场，而式中的 x_{kj}，是序号为 k 的典型场在 j 点的值；时间函数 $\boldsymbol{T}$ 仅依赖于时间坐标，常把它看作典型场的权重系数，其在形式上与 8.1 节中所称的主分量相对应，式中的 T_{ki} 是序号为 k 的典型场在第 i 个时刻的权重系数。这样，不同时间的要素场序列实际上就是若干个典型场按不同权重线性叠加的结果，各个场之间的差别就在于各个典型场的系数不同而已。由于根据实际资料分解的时间函数与空间函数都没有固定的函数表达式，因而称之为"经验"正交函数。

根据展开的正交性要求，显然有：

$$\sum_{j=1}^{n}x_{kj}x_{lj}=\boldsymbol{x}_k\boldsymbol{x}'_l=\begin{cases}0 & k\neq l\\ \sum\limits_{j=1}^{n}x_{kj}^2 & k=l\end{cases}\tag{8.3.2}$$

$$\sum_{i=1}^{m}T_{ki}T_{li}=\boldsymbol{T}_k\boldsymbol{T}'_l=\begin{cases}0 & k\neq l\\ \sum\limits_{i=1}^{m}T_{ki}^2 & k=l\end{cases}\tag{8.3.3}$$

8.3.1.2　x_{kj} 和 T_{ki} 的计算式推导

由式(8.3.1)可知，将要素场作自然正交函数展开，实质问题就是设法求出典型场 x_{kj} 和它们的权重系数 T_{ki}。

按照通常拟合经验函数的方法，可用最小二乘法来推导两经验正交函数，即令：

$$\Delta=\sum_{i=1}^{m}\sum_{j=1}^{n}(F_{ij}-\hat{F}_{ij})^2\rightarrow\min\tag{8.3.4}$$

由极值原理，得：

$$\begin{cases}\dfrac{\partial\Delta}{\partial T_{ki}}=\dfrac{\partial}{\partial T_{ki}}\Big[\sum\limits_{i=1}^{m}\sum\limits_{j=1}^{n}(F_{ij}-\hat{F}_{ij})^2\Big]=0\\[2ex] \dfrac{\partial\Delta}{\partial x_{kj}}=\dfrac{\partial}{\partial x_{kj}}\Big[\sum\limits_{i=1}^{m}\sum\limits_{j=1}^{n}(F_{ij}-\hat{F}_{ij})^2\Big]=0\end{cases}\tag{8.3.5}$$

其中 $k=\overline{1,p}, i=\overline{1,m}, j=\overline{1,n}$。由上式和式(8.3.1),得:

$$\begin{aligned}\frac{\partial \Delta}{\partial T_{ki}} &= \frac{\partial}{\partial T_{ki}}\Big[\sum_{i=1}^{m}\sum_{j=1}^{n}(F_{ij}-\sum_{l=1}^{p}T_{li}x_{lj})^2\Big] \\ &= 2\sum_{j=1}^{n}(F_{ij}-\sum_{l=1}^{p}T_{li}x_{lj})x_{kj} \\ &= 2\Big[\sum_{j=1}^{n}F_{ij}x_{kj}-\sum_{l=1}^{p}\sum_{j=1}^{n}T_{li}x_{kj}x_{lj}\Big] \\ &= 2\Big[\sum_{j=1}^{n}F_{ij}x_{kj}-\sum_{l=1}^{p}T_{li}\sum_{j=1}^{n}x_{kj}x_{lj}\Big]\end{aligned}$$

由空间函数的正交性,有:

$$\frac{\partial \Delta}{\partial T_{ki}} = 2\Big[\sum_{j=1}^{n}F_{ij}x_{kj}-T_{ki}\sum_{j=1}^{n}x_{kj}^2\Big]=0$$

所以: $$\sum_{j=1}^{n}F_{ij}x_{kj}-T_{ki}\sum_{j=1}^{n}x_{kj}^2=0$$

同理可得:

$$\begin{aligned}\frac{\partial \Delta}{\partial x_{kj}} &= \frac{\partial}{\partial x_{kj}}\Big[\sum_{i=1}^{m}\sum_{j=1}^{n}(F_{ij}-\hat{F}_{ij})^2\Big] \\ &= 2\sum_{i=1}^{m}(F_{ij}-\sum_{l=1}^{p}T_{li}x_{lj})T_{ki} \\ &= 2\Big[\sum_{i=1}^{m}F_{ij}T_{ki}-\sum_{l=1}^{p}x_{lj}\sum_{i=1}^{m}T_{ki}T_{li}\Big] \\ &= 2\Big[\sum_{i=1}^{m}F_{ij}T_{ki}-x_{kj}\sum_{i=1}^{m}T_{ki}^2\Big]=0\end{aligned}$$

即: $$\sum_{i=1}^{m}F_{ij}T_{ki}-x_{kj}\sum_{i=1}^{m}T_{ki}^2=0$$

从而有:
$$\begin{cases}\sum_{j=1}^{n}F_{ij}x_{kj}-T_{ki}\sum_{j=1}^{n}x_{kj}^2=0 \\ \sum_{i=1}^{m}F_{ij}T_{ki}-x_{kj}\sum_{i=1}^{m}T_{ki}^2=0\end{cases} \tag{8.3.6}$$

即:
$$\begin{cases}\sum_{j=1}^{n}F_{ij}x_{kj}=T_{ki}\sum_{j=1}^{n}x_{kj}^2 \\ \sum_{i=1}^{m}F_{ij}T_{ki}=x_{kj}\sum_{i=1}^{m}T_{ki}^2\end{cases} \tag{8.3.7}$$

其中 $k=\overline{1,p}, i=\overline{1,m}, j=\overline{1,n}$。

由式(8.3.6)或式(8.3.7)可知,上述方程组共有 $(m+n)p$ 个方程,刚好与未知数的个数相等，故有唯一解。当指定 k 值时，就可得到一组 $T_{ki}(i=\overline{1,m})$ 即 $\boldsymbol{T}_k$，和 x_{kj} $(j=\overline{1,n})$ 即 $\boldsymbol{x}_k$ 的解，于是由式(8.3.7)中的第一式可改写成：

$$T_{ki}=\sum_{h=1}^{n}F_{ih}x_{kh}\Big/\sum_{h=1}^{n}x_{kh}^2\qquad k=\overline{1,p},i=\overline{1,m}\tag{8.3.8}$$

将上式代入式(8.3.7)中的第二式，得：

$$\sum_{i=1}^{m}F_{ij}\sum_{h=1}^{n}F_{ih}x_{kh}\Big/\sum_{h=1}^{n}x_{kh}^2=x_{kj}\sum_{i=1}^{m}T_{ki}^2$$

$$\sum_{h=1}^{n}x_{kh}\Big(\sum_{i=1}^{m}F_{ij}F_{ih}\Big)=x_{kj}\Big(\sum_{i=1}^{m}T_{ki}^2\Big)\Big(\sum_{h=1}^{n}x_{kh}^2\Big)\tag{8.3.9}$$

上式中，对于指定的典型场序号 k，$\sum_{i=1}^{m}T_{ki}^2$ 与 $\sum_{h=1}^{n}x_{kh}^2$ 是两个常数，若令：

$$\lambda_k=\frac{1}{m}\Big(\sum_{i=1}^{m}T_{ki}^2\Big)\Big(\sum_{j=1}^{n}x_{kj}^2\Big)\tag{8.3.10}$$

$$A_{jh}=\frac{1}{m}\sum_{i=1}^{m}F_{ij}F_{ih}\tag{8.3.11}$$

则式(8.3.9)可改写成：

$$\sum_{h=1}^{n}x_{kh}A_{jh}=\lambda_k x_{kj}\qquad k=\overline{1,p},j=\overline{1,n}\tag{8.3.12}$$

对某个任意指定的序号 k，将其展开，有：

$$\begin{cases}(A_{11}-\lambda_k)x_{k1}+A_{12}x_{k2}+\cdots+A_{1n}x_{kn}=0\\A_{21}x_{k1}+(A_{22}-\lambda_k)x_{k2}+\cdots+A_{2n}x_{kn}=0\\\cdots\cdots\\A_{n1}x_{k1}+A_{n2}x_{k2}+\cdots+(A_{nn}-\lambda_k)x_{kn}=0\end{cases}\tag{8.3.13}$$

对上述线性齐次方程组，它有非零解的条件是其系数行列式为零，即：

$$\begin{vmatrix}A_{11}-\lambda_k & A_{12} & \cdots & A_{1n}\\A_{21} & A_{22}-\lambda_k & \cdots & A_{2n}\\\vdots & \vdots & \vdots & \vdots\\A_{n1} & A_{n2} & \cdots & A_{nn}-\lambda_k\end{vmatrix}=0\tag{8.3.14}$$

由于 k 的任意性，所以对任意一个 λ，都有：

$$\begin{vmatrix}A_{11}-\lambda & A_{12} & \cdots & A_{1n}\\A_{21} & A_{22}-\lambda & \cdots & A_{2n}\\\vdots & \vdots & \vdots & \vdots\\A_{n1} & A_{n2} & \cdots & A_{nn}-\lambda\end{vmatrix}=0\tag{8.3.15}$$

不难看出，λ 就是矩阵：

$$\boldsymbol{A}=\begin{bmatrix} A_{11} & A_{12} & \cdots & A_{1n} \\ A_{21} & A_{22} & \cdots & A_{2n} \\ \vdots & \vdots & \vdots & \vdots \\ A_{n1} & A_{n2} & \cdots & A_{nn} \end{bmatrix}=\boldsymbol{FF}' \tag{8.3.16}$$

的特征值，任意的 λ_k 就是其中一个特征值，其对应的特征向量就是 $\boldsymbol{x}_k$：

$$\boldsymbol{x}_k=(x_{k1},x_{k2},\cdots,x_{kn})' \tag{8.3.17}$$

由式(8.3.11)可知，矩阵 $\boldsymbol{A}$ 是一个实对称阵，当它满秩时，应有 n 个特征值，即 $k=\overline{1,n}$，故有 $p\leqslant n$。若将特征值 λ_k 按从小到大的顺序排列，则有 n 个特征向量与之对应，显而易见，这 n 个特征向量就是展开气象要素场的各个典型场。

当要素场序列资料是距平值时，式(8.3.16)中的矩阵 $\boldsymbol{A}$ 就是协方差矩阵 $\boldsymbol{S}$；当 $\boldsymbol{F}$ 是无量纲化量时，矩阵 $\boldsymbol{A}$ 就是相关系数阵 $\boldsymbol{R}$，所以，有时为了方便，简称矩阵 $\boldsymbol{A}$ 为"相关矩阵"。当然，用不同的资料所得到的结果是不一样的，通常根据实际需要作合适的选择。

综上所述，自然正交函数展开就是以场上各点要素值的"相关矩阵"的特征向量为典型场的正交函数展开。

下面我们将证明，展开误差与所取典型场的特征值之和有关。当 $p=n$ 时，要素场可以得到完全精确的描述。而通常并不需要对全部典型场进行展开，只需取前面几个特征值较大的典型场就可以相当准确地给出场的描述。

当 $p=n$ 时，式(8.3.1)变为：

$$F_{ij}=\sum_{k=1}^{n}T_{ki}x_{kj}\quad\begin{cases}i=\overline{1,m}\\ j=\overline{1,n}\end{cases} \tag{8.3.18}$$

或

$$\boldsymbol{F}=\boldsymbol{TX} \tag{8.3.18$'$}$$

由式(8.3.18)' 和式(8.3.16)，得：

$$\boldsymbol{F}'\boldsymbol{F}=\boldsymbol{X}'\boldsymbol{T}'\boldsymbol{TX}=\boldsymbol{A} \tag{8.3.19}$$

由于 $\boldsymbol{A}$ 是一个 $n\times n$ 实对称阵，据实对称阵分解定理及矩阵 $\boldsymbol{X}$ 的正交性，有：

$$\boldsymbol{A}=\boldsymbol{X\Lambda X}' \tag{8.3.20}$$

故有：

$$\boldsymbol{TT}'=\boldsymbol{\Lambda} \tag{8.3.21}$$

式中 $\boldsymbol{\Lambda}$ 为 $\boldsymbol{A}$ 阵的特征值所组成的对角阵，$\boldsymbol{X}$ 为以其特征向量为列向量的矩阵。

由式(8.3.18)' 及矩阵运算性质可以发现，$\boldsymbol{X}$ 与 $\boldsymbol{T}$ 都不满足唯一性，这给实际应用带来诸多不便。上述分析都是以 $\boldsymbol{X}$ 为典型场，当然，也可以以 $\boldsymbol{T}$ 为典型场，这从公式(8.3.7)及式(8.3.18)' 可以看出。实际应用中，取哪个为典型场，要看研究问题的需要。以 $\boldsymbol{X}$ 典型场为例，作为基本场的典型场，一般要求其具有代表性，尽可能简单化、单位化。这一点在特征向量的性质：

$$\boldsymbol{XX}'=\boldsymbol{X}'\boldsymbol{X}=\boldsymbol{I} \tag{8.3.22}$$

得到体现。为满足该要求，需要对特征向量 $\boldsymbol{X}$ 进行无量纲化处理，而由线性代数可知，无量纲化后的向量仍为原方程特征根所对应的特征向量，故令：

$$\boldsymbol{x}_{zk}=(x_{zkj})'=\left(\frac{x_{kj}}{\sqrt{\sum_{j=1}^{n}x_{kj}^2}}\right)' \tag{8.3.23}$$

称 $\boldsymbol{x}_{zk}$ 为正规化特征向量。若以正规化特征向量 $\boldsymbol{x}_{zk}$ 作为典型场，则时间权重系数的表达式(8.3.8)可改写成：

$$T_{ki}=\sum_{h=1}^{n}F_{ih}x_{zkh}\quad k=\overline{1,p},i=\overline{1,m} \tag{8.3.24}$$

通过计算比较试验发现，以正规化特征向量展开要素场，不仅计算较为方便，而且便于比较各个典型场在要素场中的方差贡献。

设要素场的第 i 个场观测值为 F_{ij}，则其平均值为 $\overline{F}_i=\dfrac{1}{n}\sum_{j=1}^{n}F_{ij}$，其离差平方和为：

$$\sum_{j=1}^{n}(F_{ij}-\overline{F}_i)^2=\sum_{j=1}^{n}F_{ij}^2-n\overline{F}_i^2 \tag{8.3.25}$$

又：

$$\sum_{j=1}^{n}F_{ij}^2=\sum_{j=1}^{n}\Big(\sum_{k=1}^{n}T_{ki}x_{kj}\Big)^2=\sum_{h=1}^{n}\sum_{l=1}^{n}T_{ki}T_{li}\sum_{j=1}^{n}x_{kj}x_{lj}$$

$$=\begin{cases}0 & h\neq l\\ \sum_{k=1}^{n}T_{ki}^2\sum_{j=1}^{n}x_{kj}^2 & k=l\end{cases}$$

对于正规化特征向量，我们有：

$$\sum_{j=1}^{n}F_{ij}^2=\sum_{k=1}^{n}T_{ki}^2$$

则式(8.3.25)变为：

$$\sum_{j=1}^{n}(F_{ij}-\overline{F}_i)^2=\sum_{k=1}^{n}T_{ki}^2-n\overline{F}_i^2 \tag{8.3.26}$$

由此可见，T_{ki}^2 可以看作是第 k 个典型场对第 i 个要素场离差平方和的贡献。

8.3.1.3　要素场展开的拟合精度

与用切比雪夫正交多项式展开要素场时的情况类似，要素场展开的总误差平方和为：

$$\Delta=\sum_{i=1}^{m}\sum_{j=1}^{n}\Big[F_{ij}-\sum_{k=1}^{p}T_{ki}x_{kj}\Big]^2 \tag{8.3.27}$$

将上式展开，得：

$$\Delta=\sum_{i=1}^{m}\sum_{j=1}^{n}F_{ij}^{2}-2\sum_{i=1}^{m}\sum_{j=1}^{n}F_{ij}\sum_{k=1}^{p}T_{ki}x_{kj}+\sum_{i=1}^{m}\sum_{j=1}^{n}\Big(\sum_{k=1}^{p}T_{ki}x_{kj}\Big)^{2}$$

利用正交性，又有：

$$\Delta=\sum_{i=1}^{m}\sum_{j=1}^{n}F_{ij}^{2}-\sum_{k=1}^{p}\Big(\sum_{i=1}^{m}T_{ki}^{2}\Big)\Big(\sum_{j=1}^{n}x_{kj}^{2}\Big) \tag{8.3.28}$$

由 λ_k 及 A_{jl} 的定义式(8.3.10)和(8.3.11)式，得：

$$\Delta=m\Big(\sum_{j=1}^{n}A_{jj}-\sum_{k=1}^{p}\lambda_k\Big) \tag{8.3.29}$$

当 $p=n$ 时，由于 $\sum_{k=1}^{p}\lambda_k$ 和 $\sum_{j=1}^{n}A_{jj}$ 都是矩阵 $\boldsymbol{A}$ 的迹，故有：$\Delta=0$，即展开完全精确；当 $p\neq n$ 时，我们通常用相对指标：

$$R^{2}=1-\frac{\sum_{i=1}^{m}\sum_{j=1}^{n}\Big(F_{ij}-\sum_{k=1}^{p}T_{ki}x_{kj}\Big)^{2}}{\sum_{i=1}^{m}\sum_{j=1}^{n}F_{ij}^{2}}=1-\frac{\sum_{k=p+1}^{n}\lambda_k}{\sum_{j=1}^{n}A_{jj}}$$

即：

$$R^{2}=\frac{\sum_{k=1}^{p}\lambda_k}{\sum_{k=1}^{n}\lambda_k} \tag{8.3.30}$$

来表示展开的精度。

8.3.2 自然正交函数展开的计算方法

用自然正交函数展开要素场，其主要步骤为：

第一步：计算相关矩阵 A；

第二步：从特征方程求解特征值 λ_k 和特征向量 $\boldsymbol{x}_k$；

第三步：计算典型场的权重系数 $\boldsymbol{T}$；

第四步：展开得 $\hat{F}$，并求其精度。

上述四步中最复杂、最麻烦的是第二步求解特征方程，特别当要素场观测点数目较多时尤为如此。最常用的是迭代法或雅可比法求解特征方程。我们在此对这两种方法作一个简述，具体过程详见附录。

8.3.2.1 迭代法

以第一特征值和特征向量，即 $k=1$ 为例说明之。首先将式(8.3.13)改写成：

$$\begin{cases} x_{11}=\dfrac{1}{\lambda_1}(A_{11}x_{11}+A_{12}x_{12}+\cdots+A_{1n}x_{1n}) \\ x_{12}=\dfrac{1}{\lambda_1}(A_{21}x_{11}+A_{22}x_{12}+\cdots+A_{2n}x_{1n}) \\ \cdots\cdots \\ x_{1,n-1}=\dfrac{1}{\lambda_1}(A_{n-1,1}x_{11}+A_{n-1,2}x_{12}+\cdots+A_{n-1,n}x_{1n}) \\ \lambda_1=\dfrac{1}{x_{1,n}}(A_{n,1}x_{11}+A_{n,2}x_{12}+\cdots+A_{n,n}x_{1n}) \end{cases} \tag{8.3.31}$$

因为特征向量可相差一个比例常数，故我们取 $x_{1n}=1$，同时给出初值 $x_{11}^{(0)},x_{12}^{(0)},\cdots,x_{1,n-1}^{(0)}$。则上式即可用迭代法求解：

设经过 l 步迭代后，到第 $l+1$ 步时，有：

$$\begin{cases} x_{1i}^{(l+1)}=\dfrac{1}{\lambda_1^{(l+1)}}\left(\sum\limits_{j=1}^{n-1}A_{ij}x_{1j}^{(l)}+A_{in}\right) & (i=\overline{1,n-1}) \\ \lambda_1^{(l+1)}=\sum\limits_{j=1}^{n-1}A_{n,j}x_{1j}^{(l)}+A_{n,n} & (l=0,1,2,\cdots) \end{cases} \tag{8.3.32}$$

在指定特征值迭代精度 ε 后，当 $|\lambda_1^{(l+1)}-\lambda_1^{(l)}|<\varepsilon$，迭代即宣告结束，从而得到特征向量的解：

$$\lambda_1=\lambda_1^{(l)},\boldsymbol{x}_1=(x_{11}^{(l)},x_{12}^{(l)},\cdots,x_{1,n-1}^{(l)},x_{1n})' \tag{8.3.33}$$

同理，确定第二特征值和特征向量的方程组为：

$$\lambda_2 x_{2i}=\sum_{j=1}^{n}A_{ij}x_{2j}\quad(i=\overline{1,n}) \tag{8.3.34}$$

由特征向量的正交性，有：

$$\sum_{j=1}^{n}x_{1j}x_{2j}=0 \tag{8.3.35}$$

该关系式，对第二特征值 $\boldsymbol{x}_2=(x_{21},x_{22},\cdots,x_{2n-1},x_{2n})'$ 而言，可减少一个未知数，我们不妨假设所求的未知数为 x_{2n}，则由式(8.3.35)可解得：

$$x_{2n}=-\frac{1}{x_{1n}}\sum_{j=1}^{n-1}x_{1j}x_{2j} \tag{8.3.36}$$

将该式代入式(8.3.34)，即可得到除去未知数 x_{2n} 的新方程：

$$\begin{cases} x_{2i}=\dfrac{1}{\lambda_2}\sum\limits_{j=1}^{n-1}A_{ij}^{(2)}x_{2j} & (i=\overline{1,n-1}) \\ \lambda_2=\dfrac{1}{x_{2,n-1}}\sum\limits_{j=1}^{n-1}A_{n-1,j}^{(2)}x_{2j} \end{cases}$$

其中 $A_{ij}^{(2)}$ 为原方程除去未知数 x_{2n} 后新方程的系数。同理，因为特征向量本身可相差一个比例常数，故我们又可取 $x_{2,n-1}=1$。若指定初值 $x_{21}^{(0)},x_{22}^{(0)},\cdots,x_{2,n-2}^{(0)}$，则上式用迭代法求解的方程变为：

$$\begin{cases} x_{2i}^{(l+1)}=\dfrac{1}{\lambda_2^{(l+1)}}\left(\sum\limits_{j=1}^{n-2}A_{ij}^{(2)}x_{2j}^{(l)}+A_{i,n-1}^{(2)}\right) & (i=\overline{1,n-2}) \\ \lambda_2^{(l+1)}=\sum\limits_{j=1}^{n-2}A_{n-1,j}^{(2)}x_{2j}^{(l)}+A_{n-1,n-1}^{(2)} & (l=0,1,2,\cdots) \end{cases} \tag{8.3.37}$$

类似于求解式(8.3.32)，可得到上式的迭代解：特征值 λ_2 和对应的特征向量 $\boldsymbol{x}_2$。以此类推，可求得各个 λ_i 及 $\boldsymbol{x}_i$。

8.3.2.2 雅可比(Jacobi)法

设相关矩阵 $\boldsymbol{A}$ 的上三角中非对角元素绝对值最大者为 A_{st}，通过坐标系的旋转变换，可以将它变为零。将这种转动坐标系的变换过程不断进行下去，最终可将相关矩阵 $\boldsymbol{A}$ 对角化。这个对角化矩阵 $\boldsymbol{D}$ 的主对角线元素就是所要求的特征值。

根据线性代数中相似变换及正交变换的性质，$\boldsymbol{A}$ 的对角化矩阵 $\boldsymbol{D}$ 的第 s 步近似为：

$$\boldsymbol{A}^{(s)}=[\boldsymbol{T}^{(s)}]'\boldsymbol{A}^{(s-1)}\boldsymbol{T}^{(s)}$$

式中变换矩阵为：

$$\boldsymbol{T}^{(s)}=\begin{pmatrix} 1 & \cdots & 0 & \cdots & 0 & \cdots & 0 & \cdots & 0 \\ \vdots & \ddots & \vdots & \vdots & \vdots & \vdots & \vdots & \vdots & \vdots \\ 0 & \cdots & 1 & \cdots & \cdots & \cdots & \cdots & \cdots & 0 \\ \vdots & \vdots & \vdots & \ddots & \vdots & \vdots & \vdots & \vdots & \vdots \\ \cdots & \cdots & \cdots & \cdots & \cos\theta_s & \cdots & \sin\theta_s & \cdots & \cdots \\ \vdots & \vdots & \vdots & \vdots & \vdots & \ddots & \vdots & \vdots & \vdots \\ \cdots & \cdots & \cdots & \cdots & -\sin\theta_s & \cdots & \cos\theta_s & \cdots & \cdots \\ \vdots & \vdots & \vdots & \vdots & \vdots & \vdots & \vdots & \ddots & \vdots \\ 0 & \cdots & 0 & \cdots & 0 & \cdots & 0 & \cdots & 1 \end{pmatrix}\begin{matrix} \\ \\ \\ \\ \text{第 } k \text{ 行} \\ \\ \text{第 } l \text{ 行} \\ \\ \\ \end{matrix}$$

第 k 列　　第 l 列

即 $T_{kk}^{(s)}=\cos\theta_s$，$T_{ll}^{(s)}=\cos\theta_s$，$T_{kl}^{(s)}=\sin\theta_s$，$T_{lk}^{(s)}=-\sin\theta_s$，而其余对角线元素为 1，非对角线元素为 0。其中：

$$\theta_s=\frac{1}{2}tg^{-1}\frac{2A_{kl}^{(s-1)}}{A_{kk}^{(s-1)}-A_{ll}^{(s-1)}} \tag{8.3.38}$$

若令：

$$\begin{cases} \mu=\dfrac{1}{2}(A_{kk}^{(s-1)}-A_{ll}^{(s-1)}) \\ \delta=A_{kl}^{(s-1)} \\ \omega=-sign(\mu)\dfrac{\delta}{\sqrt{\delta^2+\mu^2}} \end{cases} \tag{8.3.39}$$

则有：

$$\begin{cases} \sin\theta_s = \dfrac{\omega}{\sqrt{2(1+\sqrt{1-\omega^2})}} \\ \cos\theta_s = \sqrt{\dfrac{1}{2}(1+\sqrt{1-\omega^2})} \end{cases} \tag{8.3.40}$$

得到 $\boldsymbol{D}$ 的第 s 步近似矩阵 $\boldsymbol{A}^{(s)}$ 后，对其非对角线绝对值最大元素继续采用上述方法定出坐标系的下一个旋转角 θ_{s+1}，即用下面公式得到：

$$\theta_{s+1} = \frac{1}{2}\tan^{-1}\frac{2A_{kl}^{(s)}}{A_{kk}^{(s)} - A_{ll}^{(s)}}$$

并作出相应的变换矩阵 $\boldsymbol{T}^{(s+1)}$，即可得到 $\boldsymbol{D}$ 的第 $s+1$ 步近似矩阵 $\boldsymbol{A}^{(s+1)}$：

$$\boldsymbol{A}^{(s+1)} = [\boldsymbol{T}^{(s+1)}]'\boldsymbol{A}^{(s)}\boldsymbol{T}^{(s+1)}$$

以此类推，有：

$$\begin{gathered} \boldsymbol{A}^{(1)} = [\boldsymbol{T}^{(1)}]'\boldsymbol{A}^{(0)}\boldsymbol{T}^{(1)} \\ \boldsymbol{A}^{(2)} = [\boldsymbol{T}^{(2)}]'\boldsymbol{A}^{(1)}\boldsymbol{T}^{(2)} \\ \boldsymbol{A}^{(3)} = [\boldsymbol{T}^{(3)}]'\boldsymbol{A}^{(2)}\boldsymbol{T}^{(3)} \\ \cdots\cdots\cdots\cdots\cdots\cdots\cdots\cdots \\ \boldsymbol{A}^{(s)} = [\boldsymbol{T}^{(s)}]'\boldsymbol{A}^{(s-1)}\boldsymbol{T}^{(s)} \\ \boldsymbol{A}^{(s+1)} = [\boldsymbol{T}^{(s+1)}]'\boldsymbol{A}^{(s)}\boldsymbol{T}^{(s+1)} \end{gathered}$$

当变换到第 $s+1$ 步时，若所有非对角线元素绝对值都小于某一指定小量 ε 时，则特征值的计算即宣告结束，此时矩阵 $\boldsymbol{A}^{(s+1)}$ 中的对角线元素即是所要求的特征值；而矩阵 $\boldsymbol{X}$：

$$\boldsymbol{X} = \boldsymbol{A}^{(1)}\boldsymbol{A}^{(2)}\cdots\boldsymbol{A}^{(s)}\boldsymbol{A}^{(s+1)} \tag{8.3.41}$$

就是空间函数场，即典型场。其中的第 i 列就是相关矩阵 $\boldsymbol{A}$ 的第 i 个特征向量。

8.3.2.3　展开要素场的计算步骤举例

下面用一组简单的数字示意性地说明自然正交函数展开要素场的计算步骤：

【例】现有三个测站的 10 个时次的某要素场的场序列距平资料如下：

$$\boldsymbol{F} = (F_{ij}) = \begin{pmatrix} -3 & -3 & -3 \\ 1 & 3 & 1 \\ -2 & -2 & -2 \\ -2 & 2 & -2 \\ -3 & 3 & -2 \\ -1 & -3 & 2 \\ 3 & 3 & 3 \\ 1 & -1 & 1 \\ -2 & -2 & -2 \\ -3 & -3 & -3 \end{pmatrix}$$

试将其按自然正交函数展开。

1. 首先计算相关矩阵 **A**

将 F 的值代入式(8.3.11)，即可得到：

$$\mathbf{A}=\begin{pmatrix}5.1 & 2.7 & 4.3\\ 2.7 & 6.7 & 1.9\\ 4.3 & 1.9 & 4.6\end{pmatrix}$$

显然，该矩阵为实对称矩阵。

2. 求解相关矩阵 **A** 的特征值与特征向量

(1)用迭代法求解

①先计算 λ_1 和 $\boldsymbol{x}_1$。此时特征方程可写为：

$$\begin{cases}x_{11}=\dfrac{1}{\lambda_1}(5.1x_{11}+2.7x_{12}+4.3x_{13})\\ x_{12}=\dfrac{1}{\lambda_1}(2.7x_{11}+6.7x_{12}+1.9x_{13})\\ \lambda_1=\dfrac{1}{x_{13}}(4.3x_{11}+1.9x_{12}+4.6x_{13})\end{cases}$$

上式中有四个未知数：x_{11}，x_{12}，x_{13}，λ_1，但只有三个方程，根据特征向量的性质，可令 $x_{13}=1$，由此得迭代公式：

$$\begin{cases}x_{11}^{(k+1)}=\dfrac{1}{\lambda_1^{(k+1)}}(5.1x_{11}^{(k)}+2.7x_{12}^{(k)}+4.3)\\ x_{12}^{(k+1)}=\dfrac{1}{\lambda_1^{(k+1)}}(2.7x_{11}^{(k)}+6.7x_{12}^{(k)}+1.9)\\ \lambda_1^{(k+1)}=4.3x_{11}^{(k)}+1.9x_{12}^{(k)}+4.6\end{cases}$$

取迭代初始值 $x_{11}^{(0)}=1$，$x_{12}^{(0)}=1$；确定迭代误差 $\varepsilon=0.0001$。迭代过程见表 8.15。经过 5 次迭代后，λ_1 已经非常稳定，于是得到第一特征值 $\lambda_1=11.4262$，其对应的第一特征向量为：

$$\boldsymbol{x}_1=\begin{pmatrix}x_{11}\\ x_{12}\\ x_{13}\end{pmatrix}=\begin{pmatrix}1.1257\\ 1.0451\\ 1.0000\end{pmatrix}$$

②求 λ_2 和 $\boldsymbol{x}_2$。

利用特征向量的正交性，有：$\sum_{j=1}^{3}x_{1j}x_{2j}=0$，即：

$$x_{11}x_{21}+x_{12}x_{22}+x_{13}x_{23}=0$$

将①中计算得到的第一特征向量之值代入，并整理，得：

$$x_{23}=-1.1257x_{21}-1.0451x_{22}$$

将该式代入特征方程消去 x_{23}，同时令 $x_{22}=1$，便可得到求解 λ_2 和 $\boldsymbol{x}_2$ 的表达式：

$$\begin{cases}\lambda_2 x_{21}=0.2595x_{21}-1.7939\\ \lambda_2=0.5612x_{21}+4.7143\end{cases}$$

其对应的迭代公式为：

$$\begin{cases}x_{21}=\dfrac{1}{\lambda_2^{(k+1)}}(0.2595x_{21}^{(k)}-1.7939)\\ \lambda_2^{(k+1)}=0.5612x_{21}^{(k)}+4.7143\end{cases}$$

取初值 $x_{21}^{(0)}=1$，迭代四次后 $\lambda_2^{(k)}$ 和 $x_{21}^{(k)}$ 即趋稳定（见表 8.16），得 $\lambda_2=4.4755$，$x_{21}=-0.4255$。再由正交性，得到：

$$\begin{aligned}x_{23}&=-1.1257x_{21}-1.0451x_{22}\\ &=-1.1257\times(-0.4255)-1.0451=-0.5661\end{aligned}$$

故第二特征向量为：

$$\boldsymbol{x}_2=\begin{pmatrix}x_{21}\\x_{22}\\x_{23}\end{pmatrix}=\begin{pmatrix}-0.4255\\1\\-0.5661\end{pmatrix}$$

表 8.15　λ_1 和 x_1 的迭代过程

k	$x_{11}^{(k)}$	$x_{12}^{(k)}$	$\lambda_1^{(k+1)}$	$x_{11}^{(k+1)}$	$x_{12}^{(k+1)}$
0	1.0000	1.0000	10.8000	1.1204	1.0463
1	1.1204	1.0463	11.4057	1.1257	1.0464
2	1.1257	1.0463	11.4287	1.1258	1.0456
3	1.1258	1.0456	11.4275	1.1258	1.0453
4	1.1258	1.0453	11.4270	1.1257	1.0452
5	1.1257	1.0452	11.4264	1.1257	1.0451
6	1.1257	1.0451	11.4262	1.1257	1.0451
7	1.1257	1.0451	11.4262	1.1257	1.0451

表 8.16　λ_2 和 x_2 的迭代过程

k	$x_{21}^{(k)}$	$\lambda_2^{(k+1)}$	$x_{21}^{(k+1)}$
0	1.0000	5.2755	−0.2909
1	−0.2909	4.5510	−0.4108
2	−0.4108	4.4838	−0.4239
3	−0.4239	4.4764	−0.4253
4	−0.4253	4.4756	−0.4255
5	−0.4255	4.4755	−0.4255
6	−0.4255	4.4755	−0.4255

③求最后一个特征值 λ_3 及特征向量 $\boldsymbol{x}_3$

求特征向量 $\boldsymbol{x}_3$ 无需再进行迭代,它可由特征向量的正交性得到:

$$\begin{cases} x_{11}x_{31}+x_{12}x_{32}+x_{13}x_{33}=0 \\ x_{21}x_{31}+x_{22}x_{32}+x_{23}x_{33}=0 \end{cases}$$

再令 $x_{31}=1$,则上式变为:

$$\begin{cases} 1.1257+1.0451x_{32}+x_{33}=0 \\ -0.4255+x_{32}-0.5661x_{33}=0 \end{cases}$$

解之得 $x_{32}=-0.1331, x_{33}=-0.9867$。从而有:

$$\boldsymbol{x}_3=\begin{pmatrix} x_{31} \\ x_{32} \\ x_{33} \end{pmatrix}=\begin{pmatrix} 1 \\ -0.1331 \\ -0.9867 \end{pmatrix}$$

由式(8.3.13),得其对应的特征值 λ_3:

$$\lambda_3=\frac{1}{x_{33}}(4.3x_{31}+1.9x_{32}+4.6x_{33})=0.4983$$

计算结束后,根据特征值与矩阵迹的关系式 $\sum_{k=1}^{3}\lambda_k=\sum_{j=1}^{3}A_{jj}$,可以验证一下计算结果是否有误:

$$\sum_{k=1}^{3}\lambda_k=11.4262+4.4755+0.4983=16.4000$$

$$\sum_{j=1}^{3}A_{jj}=5.1+6.7+4.6=16.4$$

故计算无误。

按式(8.3.23),对三个特征向量正规化处理后,得到:

$$\boldsymbol{x}_{z1}=\begin{pmatrix} 0.6142 \\ 0.5702 \\ 0.5456 \end{pmatrix},\boldsymbol{x}_{z2}=\begin{pmatrix} -0.3473 \\ 0.8163 \\ -0.4621 \end{pmatrix},\boldsymbol{x}_{z3}=\begin{pmatrix} 0.7087 \\ -0.0943 \\ -0.6993 \end{pmatrix}$$

(2)雅可比(Jacobi)法求解

对相关矩阵 $\boldsymbol{A}$:

$$\boldsymbol{A}=\begin{pmatrix} 5.1 & 2.7 & 4.3 \\ 2.7 & 6.7 & 1.9 \\ 4.3 & 1.9 & 4.6 \end{pmatrix}$$

找出其中非对角线绝对值最大元素 $A_{13}=4.3=\max$,故 $k=1, l=3$。代入式(8.3.39),得:

$$\mu=\frac{1}{2}(A_{11}-A_{33})=\frac{1}{2}(5.1-4.6)=0.25, \delta=A_{13}=4.3$$

$$\omega=-sign(\mu)\frac{\delta}{\sqrt{\delta^2+\mu^2}}=-\frac{4.3}{\sqrt{4.3^2+0.25^2}}=-0.9983$$

$$\sin\theta_1=\frac{\omega}{\sqrt{2(1+\sqrt{1-\omega^2})}}=\frac{-0.9983}{\sqrt{2(1+\sqrt{1-0.9983^2})}}=-0.6863$$

$$\cos\theta_1=\sqrt{1-\sin^2\theta_1}=\sqrt{1-0.6863^2}=0.7273$$

$$\boldsymbol{T}^{(1)}=\begin{bmatrix}0.7273 & 0 & -0.6863\\ 0 & 1 & 0\\ 0.6863 & 0 & 0.7273\end{bmatrix}$$

$$\boldsymbol{A}^{(1)}=\begin{bmatrix}0.7273 & 0 & 0.6863\\ 0 & 1 & 0\\ -0.6863 & 0 & 0.7273\end{bmatrix}\begin{bmatrix}5.1 & 2.7 & 4.3\\ 2.7 & 6.7 & 1.9\\ 4.3 & 1.9 & 4.6\end{bmatrix}\begin{bmatrix}0.7273 & 0 & -0.6863\\ 0 & 1 & 0\\ 0.6863 & 0 & 0.7273\end{bmatrix}$$

$$=\begin{bmatrix}9.1573 & 3.2677 & 0.0000\\ 3.2677 & 6.7000 & -0.4710\\ 0.0000 & -0.4710 & 0.5427\end{bmatrix}$$

在 $\boldsymbol{A}^{(1)}$ 中，$A_{12}^{(1)}=3.2677=\max$，故 $k=1,l=2$。故有：

$$\mu=\frac{1}{2}(A_{11}-A_{22})=\frac{1}{2}(9.1573-6.7)=1.2286,\delta=A_{12}^{(1)}=3.2677$$

$$\omega=-sign(\mu)\frac{\delta}{\sqrt{\delta^2+\mu^2}}=-\frac{3.2677}{\sqrt{3.2677^2+1.2286^2}}=-0.9360$$

$$\sin\theta_2=\frac{\omega}{\sqrt{2(1+\sqrt{1-\omega^2})}}=\frac{-0.360}{\sqrt{2(1+\sqrt{1-0.9360^2})}}=-0.5692$$

$$\cos\theta_2=\sqrt{1-\sin^2\theta_2}=\sqrt{1-0.5692^2}=0.8222$$

$$\boldsymbol{T}^{(2)}=\begin{bmatrix}0.8222 & -0.5692 & 0\\ 0.5692 & 0.8222 & 0\\ 0 & 0 & 1\end{bmatrix}$$

$$\boldsymbol{A}^{(2)}=\begin{bmatrix}0.8222 & 0.5692 & 0\\ -0.5692 & 0.8222 & 0\\ 0 & 0 & 1\end{bmatrix}\begin{bmatrix}9.1573 & 3.2677 & 0.0000\\ 3.2677 & 6.7000 & -0.4710\\ 0.0000 & -0.4710 & 0.5427\end{bmatrix}$$

$$\begin{bmatrix}0.8222 & -0.5692 & 0\\ 0.5692 & 0.8222 & 0\\ 0 & 0 & 1\end{bmatrix}=\begin{bmatrix}11.4197 & 0 & -0.2681\\ 0 & 4.4375 & -0.3873\\ -0.2681 & -0.3873 & 0.5427\end{bmatrix}$$

在 $\boldsymbol{A}^{(2)}$ 中，$|A_{23}^{(2)}|=0.3873=\max$，故 $k=2,l=3$。同理可计算得到：

$$\mu=1.9474,\omega=-0.1950,\sin\theta_3=0.0989,\cos\theta_3=0.9952$$

$$T^{(3)}=\begin{pmatrix}1 & 0 & 0\\ 0 & 0.9952 & 0.0980\\ 0 & -0.0980 & 0.9952\end{pmatrix}$$

$$A^{(3)}=\begin{pmatrix}11.4197 & 0.0263 & -0.2668\\ 0.0263 & 4.4753 & 0.0000\\ -0.2668 & 0.0000 & 0.5046\end{pmatrix}$$

在 $A^{(3)}$ 中，$|A_{13}^{(3)}|=0.2668=\max$，故 $k=1,l=3$。同理可计算得到：

$$\mu=5.4576,\omega=-0.0488,\sin\theta_4=0.0244,\cos\theta_4=0.9997$$

$$T^{(4)}=\begin{pmatrix}0.9997 & 0 & 0.0244\\ 0 & 1 & 0\\ -0.0224 & 0 & 0.9997\end{pmatrix}$$

$$A^{(4)}=\begin{pmatrix}11.4262 & 0.0263 & 0.0000\\ 0.0263 & 4.4757 & 0.0006\\ 0.0000 & 0.0006 & 0.4981\end{pmatrix}$$

在 $A^{(4)}$ 中，$|A_{12}^{(4)}|=0.0263=\max$，故 $k=1,l=2$。可计算得到：

$$\mu=3.4753,\omega=0.0076,\sin\theta_5=-0.0038,\cos\theta_5=1.0000$$

$$T^{(5)}=\begin{pmatrix}1.0000 & -0.0038 & 0\\ 0.0038 & 1.0000 & 0\\ 0 & 0 & 1\end{pmatrix}$$

$$A^{(5)}=\begin{pmatrix}11.4293 & 0.0000 & 0.0000\\ 0.0000 & 4.4756 & 0.0006\\ 0.0000 & 0.0006 & 0.4981\end{pmatrix}$$

在 $A^{(5)}$ 中，$|A_{23}^{(5)}|=0.0006=\max$，故 $k=2,l=3$。可计算得到：

$$\mu=1.9987,\omega=0.0003,\sin\theta_6=-0.0002,\cos\theta_6=1.0000$$

$$T^{(6)}=\begin{pmatrix}1 & 0 & 0\\ 0 & 1.0000 & -0.0002\\ 0 & 0.0002 & 1.0000\end{pmatrix}$$

$$A^{(6)}=\begin{pmatrix}11.4263 & 0.0000 & 0.0000\\ 0.0000 & 4.4756 & 0.0000\\ 0.0000 & 0.0000 & 0.4981\end{pmatrix}$$

至此，所有非对角线元素的绝对值均小于 $\varepsilon=0.0001$。由此得到相关矩阵特征值的解分别为：

$$\lambda_1=11.4263,\lambda_2=4.4756,\lambda_3=0.4981$$

其对应的特征向量阵为：

$$\boldsymbol{X}=\boldsymbol{A}^{(1)}\boldsymbol{A}^{(2)}\boldsymbol{A}^{(3)}\boldsymbol{A}^{(4)}\boldsymbol{A}^{(5)}A^{(6)}\text{，即：}$$

$$\boldsymbol{X}=\begin{pmatrix}0.6142 & -0.3472 & 0.7087\\ 0.5692 & 0.8161 & -0.0943\\ 0.5456 & -0.4620 & -0.6992\end{pmatrix}$$

其对应的三个正规化向量分别为：

$$\boldsymbol{x}_{z1}=\begin{pmatrix}0.6142\\ 0.5692\\ 0.5456\end{pmatrix},\boldsymbol{x}_{z2}=\begin{pmatrix}-0.3472\\ 0.8161\\ -0.4620\end{pmatrix},\boldsymbol{x}_{z3}=\begin{pmatrix}0.7087\\ -0.0943\\ -0.6992\end{pmatrix}$$

该结果与迭代法计算结果基本一致，其微小差异属计算中误差所致。

3. 由 $\boldsymbol{F}$ 及 $\boldsymbol{X}$ 求典型场的权重系数阵 $\boldsymbol{T}$，即时间函数场或主分量

由式(8.3.24)：　$T_{ki}=\sum_{h=1}^{n}F_{ih}x_{zkh}\quad k=\overline{1,p},i=\overline{1,m}$

改写成矩阵表达式：

$$\begin{pmatrix}T_{11} & T_{21} & T_{31}\\ T_{12} & T_{22} & T_{32}\\ \vdots & \vdots & \vdots\\ T_{1,10} & T_{2,10} & T_{3,10}\end{pmatrix}=\begin{pmatrix}F_{11} & F_{12} & F_{13}\\ F_{21} & F_{22} & F_{23}\\ \vdots & \vdots & \vdots\\ F_{10,1} & F_{10,2} & F_{10,3}\end{pmatrix}\begin{pmatrix}x_{z11} & x_{z21} & x_{z31}\\ x_{z12} & x_{z22} & x_{z32}\\ x_{z13} & x_{z23} & x_{z33}\end{pmatrix}$$

如：
$$T_{11}=F_{11}x_{z11}+F_{12}x_{z12}+F_{13}x_{z13}=\sum_{h=1}^{3}F_{1h}x_{z1h}=-5.1900$$

$$T_{21}=F_{11}x_{z21}+F_{12}x_{z22}+F_{13}x_{z23}=\sum_{h=1}^{3}F_{1h}x_{z2h}=-0.0207$$

$$T_{31}=F_{11}x_{z31}+F_{12}x_{z32}+F_{13}x_{z33}=\sum_{h=1}^{3}F_{1h}x_{z3h}=0.2547$$

……

$${}_{10}\boldsymbol{T}_3=\begin{pmatrix}T_{11} & T_{21} & T_{31}\\ T_{12} & T_{22} & T_{32}\\ T_{13} & T_{23} & T_{33}\\ T_{14} & T_{24} & T_{34}\\ T_{15} & T_{25} & T_{35}\\ T_{16} & T_{26} & T_{36}\\ T_{17} & T_{27} & T_{37}\\ T_{18} & T_{28} & T_{38}\\ T_{19} & T_{29} & T_{39}\\ T_{1,10} & T_{2,10} & T_{3,10}\end{pmatrix}=\begin{pmatrix}-3 & -3 & -3\\ 1 & 3 & 1\\ -2 & -2 & -2\\ -2 & 2 & -2\\ -3 & 3 & -2\\ -1 & -3 & 2\\ 3 & 3 & 3\\ 1 & -1 & 1\\ -2 & -2 & -2\\ -3 & -3 & -3\end{pmatrix}\begin{pmatrix}0.6142 & -0.3473 & 0.7087\\ 0.5702 & 0.8163 & -0.0943\\ 0.5456 & -0.4621 & -0.6993\end{pmatrix}$$

$$
=\begin{bmatrix}
-5.1900 & -0.0207 & 0.2547 \\
2.8704 & 1.6395 & -0.2735 \\
-3.4600 & -0.0138 & 0.1698 \\
-1.1792 & 3.2514 & -0.2074 \\
-1.2232 & 4.4150 & -1.0104 \\
-1.2336 & -3.0258 & -1.8244 \\
5.1900 & 0.0207 & -0.2547 \\
0.5896 & -1.6257 & 0.1037 \\
-3.4600 & -0.0138 & 0.1698 \\
-5.1900 & -0.0207 & 0.2574
\end{bmatrix}
$$

4. 按不同项数展开得 $\hat{F}$，并定其精度

由式(8.3.1)：

$$\hat{F}_{ij}=\sum_{k=1}^{p}T_{ki}x_{kj}\quad(i=\overline{1,m},j=\overline{1,n})$$

其矩阵式为：

$$
{}_{10}\hat{F}_3=\begin{bmatrix}
\hat{F}_{11} & \hat{F}_{12} & \hat{F}_{13} \\
\hat{F}_{21} & \hat{F}_{22} & \hat{F}_{23} \\
\cdots & \cdots & \cdots \\
\hat{F}_{10,1} & \hat{F}_{10,2} & \hat{F}_{10.3}
\end{bmatrix}=\begin{bmatrix}
T_{11} & \cdots & T_{P1} \\
T_{12} & \cdots & T_{P2} \\
\vdots & \vdots & \vdots \\
T_{1,10} & \cdots & T_{P,10}
\end{bmatrix}\begin{bmatrix}
x_{z11} & x_{z12} & x_{z13} \\
\cdots & \cdots & \cdots \\
x_{zp1} & x_{zp2} & x_{zp3}
\end{bmatrix}
$$

(1)当 $p=3$ 时：

$$
\begin{aligned}
&{}_{10}\hat{F}_3={}_{10}\boldsymbol{T}_3\times{}_3\boldsymbol{X}_{z3}\\
&\hat{F}_{11}=T_{11}x_{z11}+T_{21}x_{z21}+T_{31}x_{z31}=-3\\
&\hat{F}_{21}=T_{12}x_{z11}+T_{22}x_{z21}+T_{32}x_{z31}=0.9998\approx1\\
&\hat{F}_{31}=T_{13}x_{z11}+T_{23}x_{z21}+T_{33}x_{z31}=-2.0000\\
&\hat{F}_{41}=T_{14}x_{z11}+T_{24}x_{z21}+T_{34}x_{z31}=-2.0005\approx-2\\
&\hat{F}_{51}=T_{15}x_{z11}+T_{25}x_{z21}+T_{35}x_{z31}=-3.0007\approx-3\\
&\hat{F}_{61}=T_{16}x_{z11}+T_{26}x_{z21}+T_{36}x_{z31}=-0.9998\approx-1\\
&\hat{F}_{71}=T_{17}x_{z11}+T_{27}x_{z21}+T_{37}x_{z31}=3.0000\\
&\hat{F}_{81}=T_{18}x_{z11}+T_{28}x_{z21}+T_{38}x_{z31}=1.0002\approx1\\
&\hat{F}_{91}=T_{19}x_{z11}+T_{29}x_{z21}+T_{39}x_{z31}=-2.0000\\
&\hat{F}_{10,1}=T_{1,10}x_{z11}+T_{2,10}x_{z21}+T_{3,10}x_{z31}=-3.0000\\
&\cdots\cdots
\end{aligned}
$$

$$
{}_{10}\hat{F}_3=\begin{pmatrix}
\hat{F}_{11} & \hat{F}_{12} & \hat{F}_{13}\\
\hat{F}_{21} & \hat{F}_{22} & \hat{F}_{23}\\
\hat{F}_{31} & \hat{F}_{32} & \hat{F}_{33}\\
\hat{F}_{41} & \hat{F}_{42} & \hat{F}_{43}\\
\hat{F}_{51} & \hat{F}_{52} & \hat{F}_{53}\\
\hat{F}_{61} & \hat{F}_{62} & \hat{F}_{63}\\
\hat{F}_{71} & \hat{F}_{72} & \hat{F}_{73}\\
\hat{F}_{81} & \hat{F}_{82} & \hat{F}_{83}\\
\hat{F}_{91} & \hat{F}_{92} & \hat{F}_{93}\\
\hat{F}_{10,1} & \hat{F}_{10,2} & \hat{F}_{10,3}
\end{pmatrix}
$$

$$
=\begin{pmatrix}
-5.1900 & -0.0207 & 0.2547\\
2.8704 & 1.6395 & -0.2735\\
-3.4600 & -0.0138 & 0.1698\\
-1.1792 & 3.2514 & -0.2074\\
-1.2232 & 4.4150 & -1.0104\\
-1.2336 & -3.0258 & -1.8244\\
5.1900 & 0.0207 & -0.2547\\
0.5896 & -1.6257 & 0.1037\\
-3.4600 & -0.0138 & 0.1698\\
-5.1900 & -0.0207 & 0.2574
\end{pmatrix}\times\begin{pmatrix}
0.6142 & 0.5072 & 0.5456\\
-0.3473 & 0.8163 & -0.4621\\
0.7087 & -0.0943 & -0.6993
\end{pmatrix}
$$

$$
=\begin{pmatrix}
-3 & -3 & -3\\
1 & 3 & 1\\
-2 & -2 & -2\\
-2 & 2 & -2\\
-3 & 3 & -2\\
-1 & -3 & 2\\
3 & 3 & 3\\
1 & -1 & 1\\
-2 & -2 & -2\\
-3 & -3 & -3
\end{pmatrix}
$$

由式(8.3.30)得其展开精度：

$$R_3^2 = \frac{\sum_{k=1}^{3}\lambda_k}{\sum_{k=1}^{3}\lambda_k} = \frac{11.4262 + 4.4755 + 0.4983}{11.4262 + 4.4755 + 0.4983} = \frac{16.4}{16.4} = 100\%$$

(2)当 $p=2$ 时：

$$_{10}\hat{F}_3 = {}_{10}\boldsymbol{T}_2 \times {}_2\boldsymbol{X}_{z3} = \begin{pmatrix} T_{11} & T_{21} \\ T_{12} & T_{22} \\ \cdots & \cdots \\ T_{1,10} & T_{2,10} \end{pmatrix} \times \begin{pmatrix} x_{z11} & x_{z12} & x_{z13} \\ x_{z21} & x_{z22} & x_{z23} \end{pmatrix}$$

$$\hat{F}_{11} = T_{11}x_{z11} + T_{21}x_{z21} = -3.1805$$
$$\hat{F}_{21} = T_{12}x_{z11} + T_{22}x_{z21} = 1.1936$$
$$\hat{F}_{31} = T_{13}x_{z11} + T_{23}x_{z21} = -2.1203$$
$$\hat{F}_{41} = T_{14}x_{z11} + T_{24}x_{z21} = -1.8535$$
$$\hat{F}_{51} = T_{15}x_{z11} + T_{25}x_{z21} = -2.2846$$
$$\hat{F}_{61} = T_{16}x_{z11} + T_{26}x_{z21} = -1.8085$$
$$\hat{F}_{71} = T_{17}x_{z11} + T_{27}x_{z21} = 3.1158$$
$$\hat{F}_{81} = T_{18}x_{z11} + T_{28}x_{z21} = 0.9267$$
$$\hat{F}_{91} = T_{19}x_{z11} + T_{29}x_{z21} = -2.1203$$
$$\hat{F}_{10,1} = T_{1,10}x_{z11} + T_{2,10}x_{z21} = -3.1805$$

……

故：

$$_{10}\hat{F}_3 = \begin{pmatrix} -5.1900 & -0.0207 \\ 2.8704 & 1.6395 \\ -3.4600 & -0.0138 \\ -1.1792 & 3.2514 \\ -1.2232 & 4.4150 \\ -1.2336 & -3.0258 \\ 5.1900 & 0.0207 \\ 0.5896 & -1.6257 \\ -3.4600 & -0.0138 \\ -5.1900 & -0.0207 \end{pmatrix} \times \begin{pmatrix} 0.6142 & 0.5702 & 0.5456 \\ -0.3473 & 0.8163 & -0.4621 \end{pmatrix}$$

$$
= \begin{pmatrix}
-3.1805 & -2.9762 & -2.8221 \\
1.1936 & 2.9752 & 0.8084 \\
-2.1203 & -1.9842 & -1.8814 \\
-1.8535 & 1.9817 & -2.1458 \\
-2.2846 & 2.9065 & -2.7075 \\
-1.8085 & -3.1734 & 0.7252 \\
3.1805 & 2.9762 & 2.8221 \\
0.9267 & -0.9909 & 1.0729 \\
-2.1203 & -1.9842 & -1.8814 \\
-3.1805 & -2.9762 & -2.8221
\end{pmatrix}
$$

其展开精度：

$$
R_2^2 = \frac{\sum_{k=1}^{2} \lambda_k}{\sum_{k=1}^{3} \lambda_k} = \frac{11.4262 + 4.4755}{11.4262 + 4.4755 + 0.4983} = \frac{15.9}{16.4} = 97\%
$$

(3)当 $p=1$ 时：

$$
{}_{10}\hat{F}_3 = {}_{10}\boldsymbol{T}_1 \times {}_1\boldsymbol{X}_{z3} = \begin{pmatrix} T_{11} \\ T_{12} \\ \cdots \\ T_{1,10} \end{pmatrix} \times (x_{z11} \quad x_{z12} \quad x_{z13})
$$

$$
= \begin{pmatrix}
-5.1900 \\
2.8704 \\
-3.4600 \\
-1.1792 \\
-1.2232 \\
-1.2336 \\
5.1900 \\
0.5896 \\
-3.4600 \\
-5.1900
\end{pmatrix} \times (0.6142 \quad 0.5702 \quad 0.5456)
$$

$$
=\begin{pmatrix}
-3.1877 & -2.9687 & -2.8317 \\
1.7630 & 1.6367 & 1.5661 \\
-2.1251 & -1.9729 & -1.8878 \\
-0.7243 & -0.6724 & -0.6434 \\
-0.7513 & -0.6975 & -0.6674 \\
-0.7577 & -0.7034 & -0.6731 \\
3.1877 & 2.9687 & 2.8317 \\
0.3621 & 0.3362 & 0.3278 \\
-2.1251 & -1.9729 & -1.8878 \\
-3.1877 & -2.9687 & -2.8317
\end{pmatrix}
$$

其展开精度：

$$
R_1^2=\frac{\sum_{k=1}^{1}\lambda_k}{\sum_{k=1}^{3}\lambda_k}=\frac{11.4262}{11.4262+4.4755+0.4983}=69.7\%
$$

以上计算结果及其收敛情况可用图 8.7 表示。

$\hat{F}=(\hat{F}_1,\hat{F}_2,\hat{F}_3)$场量是由 3 个分量的时间序列构成，各场分量 $\hat{F}_1,\hat{F}_2,\hat{F}_3$ 的精度是随项数增加而增加的，而 λ_k 则显著减小，$\lambda_1>\lambda_2>\lambda_3$。即使仅取一项时，其精度也将近 70%。由此可见，前几项是反映了场量的某一方面的主要特征。

表 8.17 给出了我国大陆 15 个测站标准化的 1 月、7 月平均气温距平和 6 月降水量距平场自然正交函数展开的收敛情况。从表中可以看出，只要取 3～5 个典型场就能把这些要素距平场相当精确地描述出来。

图 8.8(a)及图 8.8(b)分别给出了 1953 年 1 月气温距平的实际分布和前三个典型场叠加得到的拟合结果。显然，前者的主要特征在后者得到了充分体现。

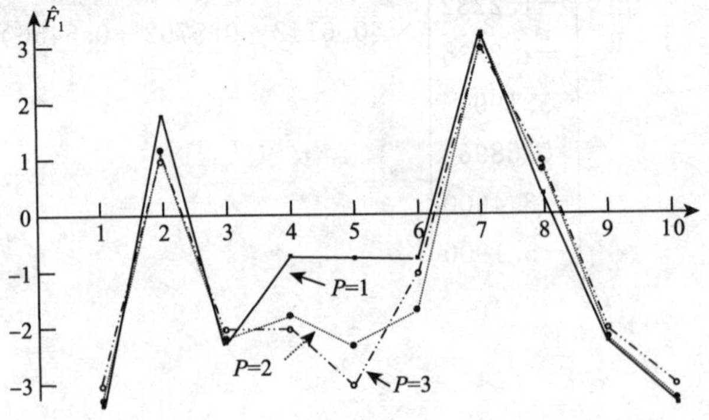

图 8.7(a)

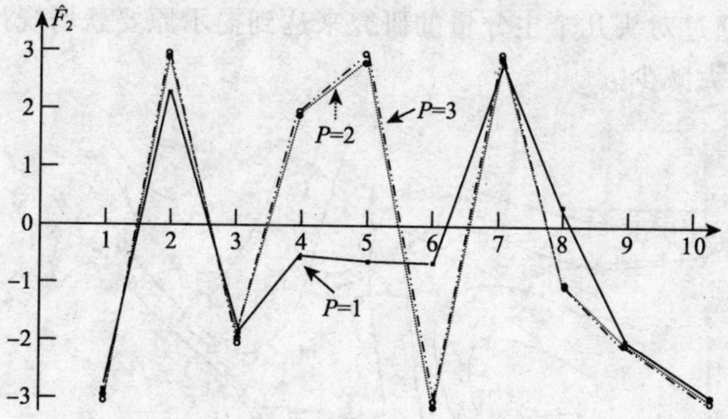

图 8.7(b)

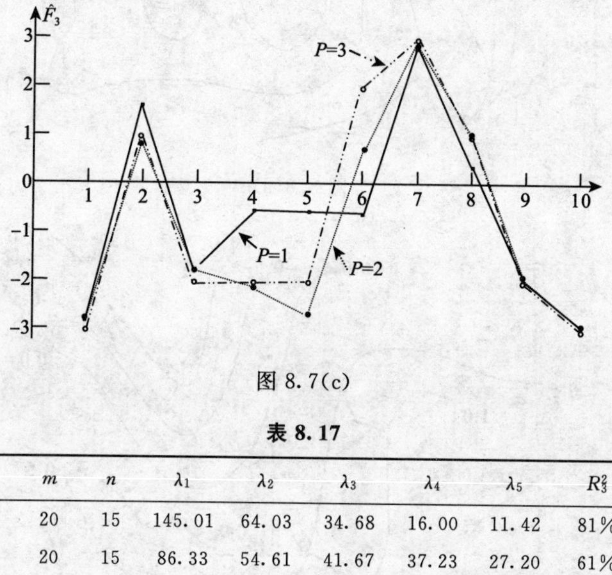

图 8.7(c)

表 8.17

要素场	m	n	λ_1	λ_2	λ_3	λ_4	λ_5	R_3^2	R_4^2	R_5^2
1 月气温距平	20	15	145.01	64.03	34.68	16.00	11.42	81%	87%	90%
7 月气温距平	20	15	86.33	54.61	41.67	37.23	27.20	61%	73%	82%
6 月降水量距平	20	15	83.54	57.52	32.15	26.30	22.90	58%	62%	74%

关于这方面的研究，最先把主分量分析应用到气象要素场的 Lorenz 做了很多工作，如他对美国 64 个测站的海平面气压场作了主分量分析，发现在 64 个主分量中仅前 8 个分量就已描述了该场总方差的 91%，说明用前 8 个分量就可以代替原 64 个变量，这样就大大减少了研究对象的数目。

从上述讨论不难看出，用经验正交函数分解要素场有三个主要的优点：第一，它没有固定的函数形式，它可以用前几个分量的时间函数（主分量）和空间函数（典型场）来反映要素场的主要特征；第二，它能在有限区域上对不规则分布的站点进行分解，这对于降水场、气温场等的分解特别方便，还可用于小区域的要素场分析及天气过程的分析；第三，由于主分量（时间函数）的解释方差大部分集中在前几个主分量上，这样就可以通过对头几个主分量的研究来达到揭示原要素场统计规律的目的，使分析的工作量大大减少。

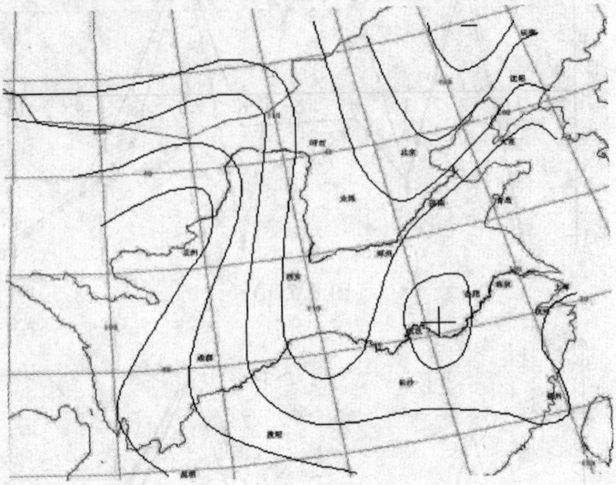

图 8.8(a)

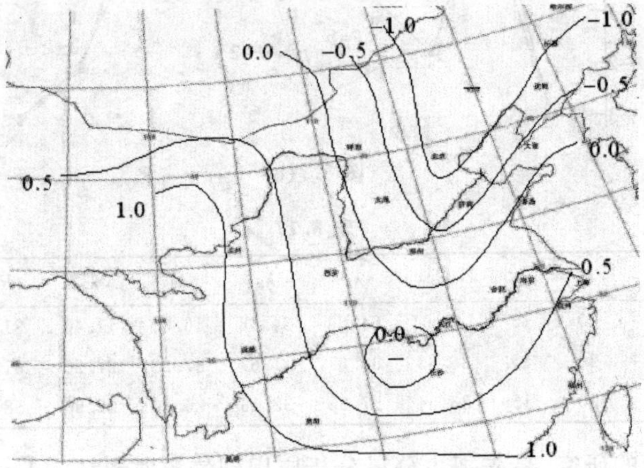

图 8.8(b)

8.3.2.4　关于主分量个数的选取

尽管主分量(时间函数)的解释方差大部分集中在前几个主分量上，但其收敛速度是随分析的对象及其所在地区、所研究的范围等因素的不同而有所变化的。那么，主分量个数的选取由何而定，即其依据又是什么？一般有如下几种处理方法：

①直接取前 2～3 个主要分量作为描述气象要素场的主要模式，这是最简单的方法。

②根据累积解释方差百分率，把达到 80%左右作为选取特征值个数的标准。

③分别用主分量累积解释方差百分率与特征值个数作为坐标作图，考察曲线变化的转折点作为截留主分量标准。

④从标准化变量出发，把特征值大于 1 作为截留主分量标准。

⑤用累积特征值乘积大于 1 作为截留主分量标准。

⑥用 χ^2 检验的方法。设已选取前 k 个主分量，对应的特征值分别为：$\lambda_1,\lambda_2,\cdots,\lambda_k$，未选取的有：$\lambda_{k+1},\lambda_{k+2},\cdots,\lambda_p$，$p$ 为变量个数，则统计量为：

$$\chi^2=-F_0[\ln(\lambda_{k+1}\lambda_{k+2}\cdots\lambda_p)-(p-k)\ln\theta]$$

服从自由度为：$\dfrac{(p-k+2)(p-k+1)}{2}$ 的 χ^2 分布。其中：

$$F_0=n-\frac{2p+4k+7+2}{p-k},\theta=\frac{\lambda_{k+1}+\lambda_{k+2}+\cdots+\lambda_p}{p-k}$$

用 χ^2 值大于某一显著性水平 α 的 χ^2_α 为选取标准；当然，也可通过调整 α 值的大小来确定选取的主分量个数。

8.3.3 自然正交函数展开在天气气候分析、预报中的应用

自然正交函数展开要素场时分解出的典型场是对实际场的概括，从这一意义上讲，它较之其他预先给定典型场的展开方法应能反映更多的天气信息。因此，恰当地应用展开结果，将能提高天气气候分析、预报工作的质量。

8.3.3.1 在天气气候分析中的应用

正是由于典型场较为客观地反映了所研究要素变量的最基本、最典型的场的分布特征，而其系数表示了典型场对实际要素中方差贡献的大小，所以我们可以依据它们在气候分析中对要素场进行客观分型。下面给出一个例子，对我国大陆 15 个测站的 1951—1970 年 1 月气温的标准化距平资料，用自然正交函数进行展开，其前三项展开系数见表 8.18，对应的特征向量见图 8.9，试依此对 1 月气温距平作气候分型。

表 8.18

年	T_{1t}	T_{2t}	T_{3t}	年	T_{1t}	T_{2t}	T_{3t}
1951	−1.6805	2.0967	0.7571	1961	0.5804	−0.8494	0.2186
1952	5.1125	−1.5563	1.3409	1962	−1.6752	−2.9039	0.7492
1953	0.8559	2.4596	−1.3555	1963	−1.9124	−3.1755	−2.1312
1954	3.7457	0.9641	2.2696	1964	2.1190	−1.0301	1.1453
1955	−5.4333	−0.5488	1.4864	1965	4.5758	−1.1879	−0.9742
1956	−2.6061	−0.4593	1.1044	1966	3.7510	−1.1820	−1.0385

续表

年	T_{1t}	T_{2t}	T_{3t}	年	T_{1t}	T_{2t}	T_{3t}
1957	0.1529	2.9920	0.0547	1967	−1.5840	−1.3306	1.3161
1958	−1.6166	−1.2912	−0.7255	1968	−0.2966	0.7067	−1.4242
1959	−0.4900	−1.3704	0.1151	1969	−2.7211	3.6091	0.9045
1960	1.2065	0.6362	−1.1971	1970	−2.0848	0.0574	−2.6160

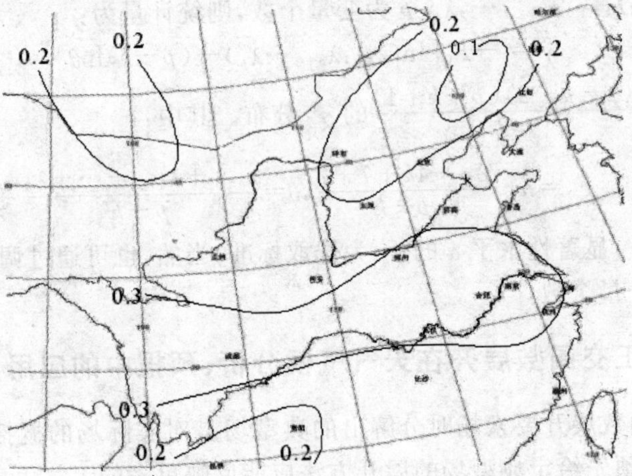

图 8.9(a) 气温距平第一特征向量

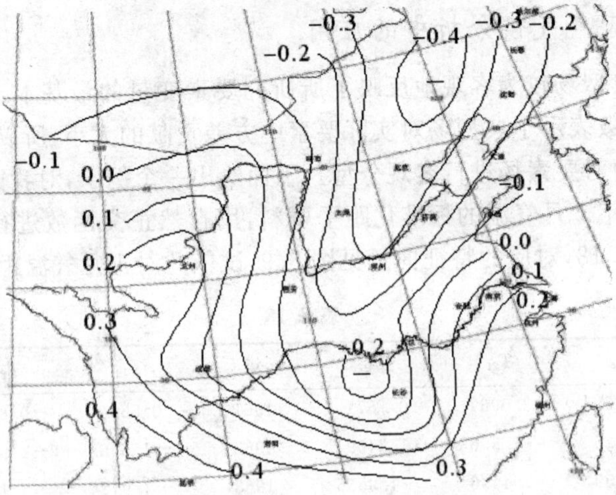

图 8.9(b) 气温距平第二特征向量

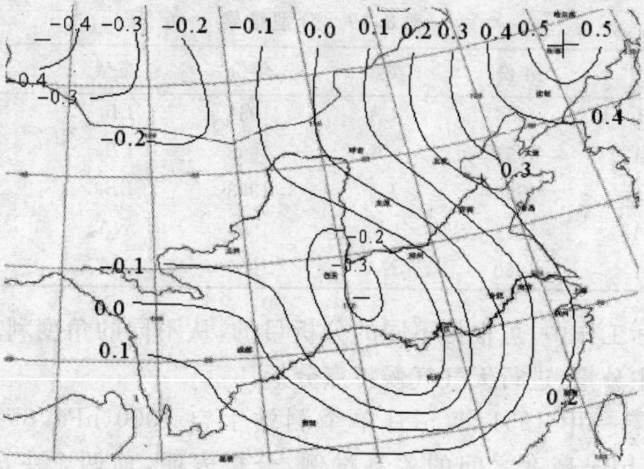

图 8.9(c)　气温距平第三特征向量

从图 8.9 可以看出，前三个特征向量分别代表三个不同类型的气温距平分布。第一典型场表示了全国范围的气温偏高或偏低的分布型，其中长江流域是距平绝对值的高值区，相对低值区位于东北、西北及西南，距平等值线大致呈纬向分布特征；第二、第三典型场的等值线分布具有明显的经向特征，分别在东北和西北有一个距平低值中心，且低值区从中心伸向长江中游和两湖盆地。作为一种简单的分型试验，我们不妨规定第一典型场系数绝对值最大时为一种基本型（A 型），第二、三典型场系数绝对值最大时为第二种基本型（B 型），B 型中又可根据距平中心位置的不同区分为 B_1 和 B_2 两个副型；每种基本型（副型）根据其系数的正、负区分为暖（N）型和冷（L）型，其具体分型标准为：

$$|T_1|=\max \quad T_1>0 \quad NA$$
$$|T_1|=\max \quad T_1<0 \quad LA$$
$$|T_2|=\max \quad T_2>0 \quad NB_1$$
$$|T_2|=\max \quad T_2<0 \quad LB_1$$
$$|T_3|=\max \quad T_3>0 \quad NB_2$$
$$|T_3|=\max \quad T_3<0 \quad LB_2$$

根据以上标准，一月份气温距平场的各年实际分型结果见表 8.19。可以看出，20 年中共出现 A 型 11 次，B 型 9 次。其中，A 型表示全国大范围地区的气温偏高，长江流域为正距平中心；B 型表示全国大范围的气温偏低，长江流域为负距平中心。NB_1 型表明东北有一个负距平中心，负距平区伸向长江中游、两湖盆地，东南沿海和我国西部大部分地区为正距平区；LB_1 型中，东北有一个正距平中心，正距平区伸向长江中下游，我国其他地区为负距平区，而 LB_2 型，我国西北地区为正距平中心，正距平区伸向长江中下游，其他地区则为负距平区。

表 8.19　分型结果

年份	类型	年份	类型	年份	类型	年份	类型
1951	NB_1	1956	LA	1961	LB_1	1966	NA
1952	NA	1957	NB_1	1962	LB_1	1967	NA
1953	NB_1	1958	LA	1963	LB_1	1968	LB_2
1954	NA	1959	LB_1	1964	NA	1969	LA
1955	LA	1960	NA	1965	NA	1970	LB_2

当然,在实际工作中,可根据不同的分析目的,从不同的角度利用场的自然正交展开结果,提取主分量,进行天气气候特点分析。

例如,铃木荣一用 1951 年 5 月单个测站上空 1000 hPa,850 hPa,700 hPa,500 hPa,及 300 hPa 高度之间的关系举例,分析表明,前两个主分量占总方差的 92%,从表 8.20 所列出的特征向量中可以看出,第一特征向量反映的各高度场变化是同符号的,第二特征向量则反映出高层与低层变化的相反关系。

表 8.20　不同高度分析

高度	第一特征向量	第二特征向量
1000 hPa	0.346	−0.695
850 hPa	0.361	−0.329
700 hPa	0.386	−0.142
500 hPa	0.500	0.102
300 hPa	0.592	0.614

对我国 100 个测站在 1951—1974 年间的 6 月、7 月、8 月三个月的夏季降水量资料分别进行分析,得到三个第一特征向量的分布图(见图 8.10)。由图可见,6 月的降

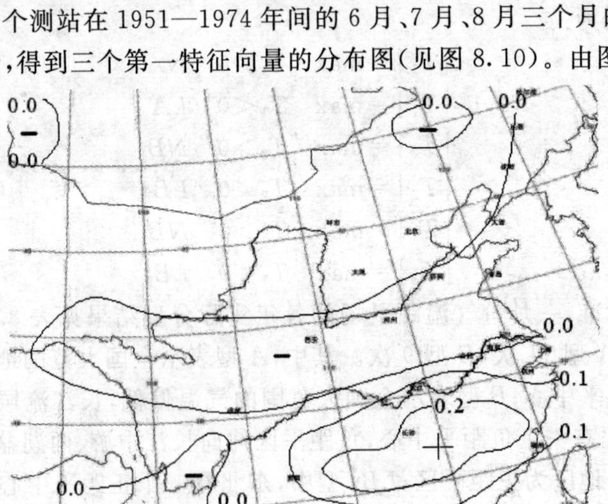

图 8.10(a)　6 月我国降水第一特征向量

水有南北变化相反的特点，且在华南呈纬向分布特征；7 月的降水正距平区跃至长江中下游地区，且在数值上有所增强，范围也有所扩大；8 月的降水正距平区移至黄淮流域，正值区呈南北走向。该结果基本符合我国降水分布的气候特征。

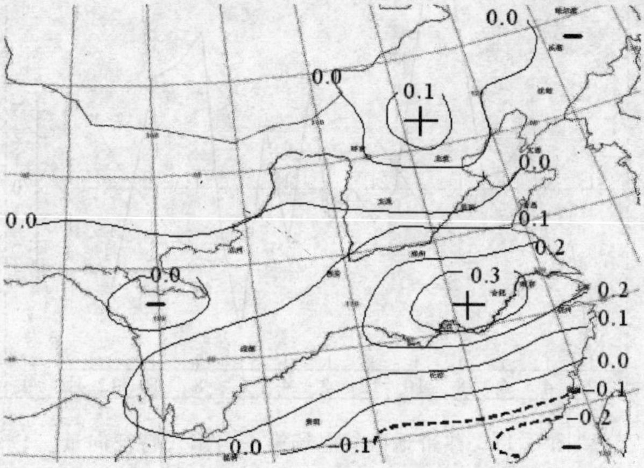

图 8.10(b)　7 月我国降水第一特征向量

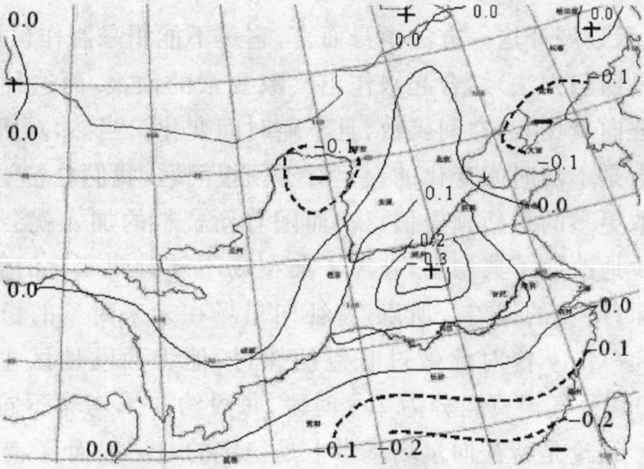

图 8.10(c)　8 月份我国降水第一特征向量

还可以把标准化的时间函数看作典型场，而视空间函数为时间函数的系数来对资料进行分析。

Brier 等选取热带地区位于 35°N～35°S 范围内的 50 个测站，时间从 1951 年 1 月至 1952 年 12 月逐月气温资料进行分析。把 50 个测站作为时间函数，而把 24 个月作为空间点，则对应的特征向量场是 24 个月的分布，从而可反映热带 50 个测站气温随时间分布的主要特征。图 8.11 给出了第一与第二特征向量的分布。从第一特征向量可发现有明显的准两年周期变化特征，这与热带地区普遍存在的准两年周期现象是一致的。

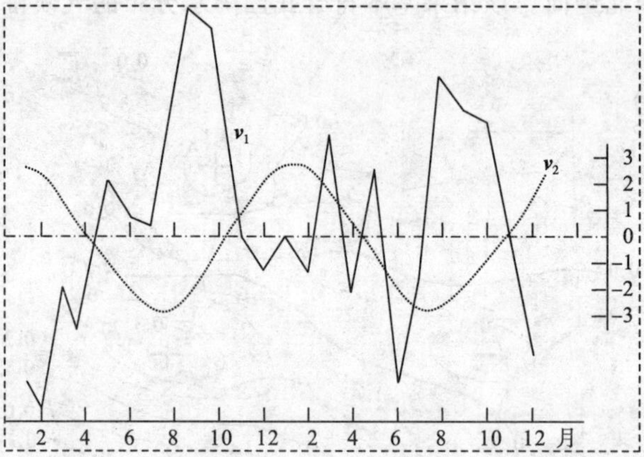

图 8.11 热带地区气温场第一与第二特征向量

8.3.3.2 在天气气候预报中的应用

就自然正交函数展开这一方法本身而言，它是不能用来制作预报的，但它可以和其他方法（主要是回归方法）结合起来作出气象要素的预报，而这种预报的前提是假设典型场（即特征向量场）为空间函数，且不随时间变化。当然，对所取定的要素场资料而言，空间函数是不随时间变化的。但对于预报问题，我们总希望最大限度地利用最新资料，以获取更多的最新预报信息。而随着新资料的加入就会改变原要素场资料，从而或多或少地改变了典型场，破坏了典型场不随时间变化的假设前提，这又必然给预报带来不可避免的误差。所以，特征向量场在未来时刻的稳定性对未来的要素预报至关重要。Gray 曾对此做过有益的探讨，他将西欧地区 17 个测站近 200a（1761—1970 年）逐月气温资料分为 7 个时段，每段约 30a，考察不同时段特征向量的相似性与稳定性，结论是特征向量场基本上是稳定的。一般而言，当要素场的序列相当长时，相关矩阵渐趋稳定，其相应的特征向量场也趋于稳定，即不随序列的增长而明显改变。在空间函数稳定的情况下，如果我们用各种方法（如回归分析法、时间序列分析法等）作出要素场各典型场时间系数的预报，即可求得未来时刻 t 的系数预报值 $\hat{T}_{kt}$，那么，即可得到要素场的预报：

$$\hat{F}_{tj} = \sum_{k=1}^{p} \hat{T}_{kt} x_{kj}$$

此处的 x_{kj} 是根据预报初始时刻已有的场序列求得的。

根据上述思路，Harnack 等作了美国各季降水量预报的试验，选取前期700 hPa

高度场、北太平洋及北大西洋海温场作为预报因子(这三个场的前几个主分量)。利用它们与季降水量的主分量作回归分析,建立时间函数的预报方程,进而制作季降水场的预报。建立回归方程时,还可以考虑其间的非线性关系,建立非线性回归方程,例如 Michaels 等建立雷暴天数与 500 hPa 高度场的主分量非线性回归方程来作雷暴预报。此外,Vining 做的 10 城市最高与最低气温预报及 Paegle 做的 500 hPa 高度场 24 h 预报等试验都是这方面的例子。这种方法还可广泛用于历史资料的恢复工作,如 Briffa 等根据树木年轮恢复英格兰地区的历史降水资料;Wigley 等恢复英国部分地区的历史降水资料以及黄嘉佑等恢复历史时期西太平洋副热带高压资料等。

另外,Wallace 等用主分量分析与相关分析结合对北半球高度场不同地区的遥相关进行研究。Weare 等用主分量分析与自相关函数结合来研究 300 hPa 速度场随时间变化的空间特征(他们称之为扩展经验正交函数法)。还可把主分量分析与谱分析结合起来研究要素场变化的周期性,其做法一般是对提取的主分量再进行谱分析,Mc Guirk 用该方法发现在北美太平洋沿岸的降水有 20 a 和 2 a 的周期性变化。Wallace 等用不同步长时间序列的延拓来反映要素场的不同频率特征;其后,Barnett 通过空间点时间序列的 Hibert 变换,使之包含有不同频率位相差信息,然后再用复 Hibert 矩阵分解,得到复主要分量及其对应的复特征向量,他们把该方法称为复主分量分析法,并用该方法对全球海平面气压分布进行分析,找出与南方涛动和厄尔尼诺现象相对应的模式。

参考文献

陈谋国. 1976. 统计天气预报原理和方法. 空军气象学院教材.

华东水利学院水文系. 1980. 应用自然经验正交分解作富春江流域汛期来水量的多维时间序列预报[C]//长江流域长期水文气象讨论会技术经验交流文集. 2,129-139.

黄嘉佑,2004. 气象统计分析与预报方法[M]. 北京:气象出版社.

铃木荣一. 1968. 气象统计学[M]. 地人书馆.

山东省气象台. 1974. 利用自然正交函数制作大一暴雨日数预报[C]//华北区域 1974 年汛期降水会议材料选,44-53.

中央气象台数值预报科. 1980. 长期天气预报物理量的计算和应用[J]. 气象,**4**:27-29.

Barnett T P. 1983. Interaction of Monsoon and Pacific trade wind system at interannual time scales. Part Ⅰ:The equatorial zones[J]. *Mon. Wea. Rev.* ,**111**:756-773.

Barnett T P. 1985. Variations in near-global sea level pressure[J]. *J. Atmos. Sci.* ,**42**:478-501.

Brier G W,Meltesen G T. 1976. Eigenvector analysis for prediction of time series[J]. *J. Appl. Meteor.* ,**15**:1307-1312.

Briffa K R,Jones P D,Wigley T M L. 1983. Climate reconstruction from tree ring:Part Ⅰ,Basic methodology and preliminary results for England[J]. *J. Climatoloyg*, **3**: 233-242.

Diaz H F, Flubright D C. 1981. Eigenvector analysis of seasonal temperature precipitation and synoptic scale frequency over the contingous United States. Part Ⅰ: Spring, summer, fall, winter and annual[J]. *Mon. Wea. Rev.*, **109**: 1267-1284.

Graddock J M, Flood C R. 1969. Eigenvectors for representing the 500mb geopotential surface over the Northern Hemisphere[J]. *Q. J. R. S.*, **95**: 576-593.

Gray B M. 1981. On the stability of temperature eigenvector pattern[J]. *J. Climatology*, **1**: 273-281.

Harnack R P, Lanzante J R. 1985. Specification of United States seasonal precipitation[J]. *Mon. Wea. Rev.*, **113**: 319-325.

Huang J Y, Wang S W. 1985. Investigations on variation of the Subtropical High in the Western Pacific during historic times[J]. *Climatic Change*, **7**: 427-440.

Kutzbach J E. 1967. Empirical eigenvector of sea-level pressure surface temperature and precipitation complexes over North America[J]. *J. Appl. Meteor.*, **16**: 791-802.

McGuirk J P. 1982. A century of precipitation variability along the Pacific coast of North America and its impact[J]. *Climatic Change*, **4**: 41-56.

Michaels P, Jand S J. 1984. Modification of MOS-derived thunderstorm probabilities over complex terrain with continental scale upper air data[C]//*Preprints 10th Conf. on Weather Forecasting & Analysis*, Amer. Met. Soc., 160-164.

Paegle J N, Haslam R B. 1982. Statistical prediction of 500mb height field using eigenvectors[J]. *J. Appl. Meteor.*, **21**: 127-138.

Vining K C, Griffiths J F. 1985. Climatic variability at ten stations across the United States[J]. *J. Climate and Appl. Meteor.*, **24**: 363-370.

Wallace J M, Gutzler D S. 1981. Teleconnections in the geopotenial height field during the Northern Hemisphere winter, *Mon. Wea. Rev.*, **109**: 784-812.

Wallace J W. 1972. Empirical orthogonal representation of time series in the frequency domain, Part Ⅰ: Theoreical consideration[J]. *J. Appl. Meteor.*, **11**: 887-892.

Weare B C, Nasstron J S. 1982. Example of extended empirical orthogonal function analysis[J]. *Mon. Wea. Rev.*, **110**: 481-185.

Wigley T M L, Lough J M, Jones P D. 1984. Spatial patterns of precipitation in England and Wales and a revised, homogeneous England and Wales precipitation series[J]. *J. Climatology*, **4**: 1-25.

第 9 章　统计天气预报的几种新方法

前面几章介绍的统计天气预报方法大多比较经典，不但早期的统计预报主要使用这些方法，而且一直沿用至今。但经过长期的预报实践后人们发现了一种相当普遍的现象：用传统的统计学方法建立的预报模型，在有些年份（或时间段）有良好的预报能力，而在另一些年份（或时间段）却预报水平明显下降。究其原因，主要是因为传统的统计预报模型通常是静态的、线性的，因此用来对实际上普遍存在非线性相互作用且以随时间演变为基本特征的大气系统的描写和预测，显然有着不可避免的局限性。在另一方面，虽然数值天气预报日益成为天气预报的一种主要方法，但在制作气象要素预报方面的缺陷是显然的。为了解决上述问题，人们将动力学方法（数值天气预报）与统计学方法相结合，发展出动力-统计这一统计天气预报新的学科方向；借鉴现代控制论等新理论中的有关观点和方法并运用相关的数学工具，对传统的统计预报技术加以改进和完善，发展出非线性统计预报模型和动态时变预报模型，为解决天气预报中的大量非线性问题和大气系统这一高度动态、时变的系统的预测问题提供了技术途经。可以说，动力-统计模型、非线性统计模型和动态时变统计模型的出现是近代统计预报技术发展的主要标志，本章就介绍其中的主要方法。

9.1　动力-统计模型

传统的统计预报模型也称经典统计（classical statistics，CS）模型，是用概率统计方法由前期因子推断后期天气状态的预报模型。其重要特点之一是预报因子取自制作预报时及其之前的气象要素值，因此难以考虑预报因子本身的未来变化，使预报效果受到限制。

而动力-统计模型，是一种统计学方法与动力学方法（数值预报）相结合的预报模型。与经典统计模型的根本区别，是应用了数值预报方法算出的未来气象参数作为预报因子。

前言中已指出，在统计天气预报技术的发展过程中，有一个因素起着重要的促进作用，那就是数值预报产品的统计解释应用。一方面，数值天气预报的主要优势在于天气形势预报，而对日常天气预报保障中直接需要的气象要素预报，数值预报的精度难以满足要求甚至不能制作；在另一方面，大气运动既有确定性的一面，又有随机性的一面，数值预报本身主要是以确定性的大气动力学为基础的，而大气运动的随机性的描述则主要靠统计学。因此，把描述大气“行为”的统计学方法和动力学方法结合起来解决气象要素预报问题，就形成了动力-统计预报方法。动力-统计模型的出现，不但使统计学方法成为数值预报产品定量解释应用的基本工具，而且也促进了统计天气预报技术本身的发展。本节介绍的是其中最基本、最常用的，也是最具代表性的几种方法：完全预报(perfect prognosis，PP)法、模式输出统计(model output statistics，MOS)法和把模式输出产品与预报员的经验(experience)、诊断量(diagnosis)相结合的 MED 方法。

9.1.1 PP 法

PP 法也叫完全预报法。它是由美国科学家克莱因(W. H. Klein)于 1959 年提出的，是动力-统计的一种最经典的方法，至今仍在天气预报业务中有着广泛的应用。

它的基本思想是：用历史资料中与预报对象同时间出现的实际气象参数作预报因子，建立统计关系。应用时，假定数值预报的结果是“完全”正确的，用相应的数值预报产品代入到建立的统计关系式中，就可得到关于预报对象的预报结论。

如果记：$Y(t_0)$为预报量在 t_0 时刻的实测值，$X(t_0)$为与预报量 $Y(t_0)$同时出现的预报因子实测值，$\hat{X}(t)$为数值预报作出的 t 时刻的预报因子值，$\hat{Y}(t)$为预报量 t 时刻的估计值(预报值)，则建立的统计关系可形式地表示为：

$$Y(t_0)=f_1(X(t_0)) \tag{9.1.1}$$

相应的预报方程为：

$$\hat{Y}(t)=f_1(\hat{X}(t)) \tag{9.1.2}$$

例如，若式(9.1.1)为由 m 个预报因子组成的以 y 为预报对象的线性回归方程：

$$y(t_0)=a_0+a_1x_1(t_0)+a_2x_2(t_0)+\cdots+a_mx_m(t_0) \tag{9.1.3}$$

则相应的预报方程为：

$$\hat{y}(t)=a_0+a_1\hat{x}_1(t)+a_2\hat{x}_2(t)+\cdots+a_m\hat{x}_m(t) \tag{9.1.4}$$

式(9.1.3)中的预报因子 $x_1,x_2,\cdots,x_m$ 应是与预报对象 y 同时间(t_0)出现的观测(或诊断)值，而且是数值预报模式能够直接输出或经加工可以得到的量，如某(些)层次某(些)格点(或某区域平均)的高度(气压)、气温、风向、风速、温度露点差、涡度、散度、垂直速度等。此处所说的“同时间”则是一个相对的概念，如要作白天 12 小时内有无降水的预报，通常可把当日 08 时的 $x_1,x_2,\cdots,x_m$ 值作为“同时间”的因子值。

式(9.1.4)中的预报因子 $\hat{x}_1(t),\hat{x}_2(t),\cdots,\hat{x}_m(t)$是数值预报作出的 t 时刻的预报值(数值预报产品)。如把数值预报作出的 24 小时因子预报值代入式(9.1.4)中，就可得到预报对象的 24 小时预报结论 $\hat{y}(24)$，而把 48 小时数值预报产品代入，就可得到预报对象的 48 小时预报结论 $\hat{y}(48)$。

至于统计关系式(9.1.1)的建立,可用多种方法实现,前几章介绍的回归分析(包括逐步回归、多元回归)、判别分析、时间序列分析等常用的统计学方法,都可用于 PP 模型的建立。也就是说,PP 法与下述 MOS 法、MED 法一样,强调的是预报因子的性质,而不是建立统计模型的方法。

PP 法由于应用了数值预报结果,其预报精度一般可高于由前期因子报后期状态的经典统计预报法。又因它可利用大量的历史资料进行统计,因此得出的统计规律一般比较稳定可靠。它可以利用不同的数值模式的输出产品进行预报,而且因为是以数值预报"完全正确"为前提的,所以随着数值模式的改进,PP 法会自动地随之提高预报准确率。此外,当数值预报模式改动时,由于事先建立的统计关系不会受到影响,因而不会影响业务工作的连续进行,这一点上明显比下述 MOS 法优越。

PP 法的主要缺点是无法考虑数值预报模式的预报误差(认为其"完全"正确),因而使其预报精度受到一定影响。所以,如果能在了解数值模式性能的基础上,用误差分析和订正方法,对数值预报的结果进行订正后,再代入完全预报统计关系式中,就可使 PP 的预报误差减小。此外,由于 PP 的统计关系不受数值模式的影响,所以可同时使用几种不同的数值预报产品,例如分别使用日本、欧洲中心和我国的预报产品,然后进行综合,这样得到的结果一般比较可靠一些。

9.1.2　MOS 法

MOS 法也叫模式输出统计法。它是 1972 年由美国气象学家格莱恩(H. R. Glahn)和劳里(D. A. Lowry)提出并投入业务预报使用的,是动力-统计的另一种经典的方法,至今仍在美国和世界各国广泛使用。

它的基本思想是:直接把数值预报模式的输出产品作为预报因子,与预报时效对应时刻的天气实况(预报对象)建立统计关系。作预报时,只要把数值预报模式输出的结果代入建立的统计关系式,即可得到关于预报对象的预报结论。即 MOS 法建立的统计关系可形式地表示为:

$$Y(t)=f_2(\hat{X}(t)) \tag{9.1.5}$$

相应的预报方程为:

$$\hat{Y}(t)=f_2(\hat{X}(t)) \tag{9.1.6}$$

类似于 PP 法,若式(9.1.5)的具体形式为:

$$y(t)=a_0+a_1\hat{x}_1(t)+a_2\hat{x}_2(t)+\cdots+a_m\hat{x}_m(t) \tag{9.1.7}$$

则相应的预报方程为:

$$\hat{y}(t)=a_0+a_1\hat{x}_1(t)+a_2\hat{x}_2(t)+\cdots+a_m\hat{x}_m(t) \tag{9.1.8}$$

式(9.1.7)中的预报因子 $\hat{x}_1,\hat{x}_2,\cdots,\hat{x}_m$ 取自数值预报产品历史资料,从形式上

看,应是与预报对象 y 同时间(t)的数值预报值,但此处的时间 t 也是一个相对的概念,如要作次日白天 12 h 内有无降水的 24 h 预报 $y(24)$,预报因子通常既可取 24 h 预报值 $\hat{x}_1(24),\hat{x}_2(24),\cdots,\hat{x}_m(24)$,也可取 36 h 预报值 $\hat{x}_1(36),\hat{x}_2(36),\cdots,\hat{x}_m(36)$,甚至可取 12 h 或 48 h 的预报值。

用式(9.1.8)作预报时,预报因子 $\hat{x}_1(t),\hat{x}_2(t),\cdots,\hat{x}_m(t)$ 也是数值预报作出的,其预报时效 t 要与统计模型式(9.1.7)中的一致。这一点与 PP 法是有区别的,尽管式(9.1.4)在形式上与式(9.1.8)完全相同。

与 PP 法一样,统计关系式(9.1.5)的建立,可用多种常用的统计学方法实现。

MOS 方法的主要优越性在于能自动地修正数值预报的系统性误差。比如,某个数值模式对槽脊系统的预报有规律的偏慢,那么,根据这种预报偏慢了的槽及有关物理量,统计它和实际天气区的关系,用这样建立起来的统计关系式,仍然可以把天气区报在比较接近实际的位置上,而不是报在偏慢了的槽附近。因此,在目前数值预报还不能完全正确的情况下,MOS 的预报精度普遍优于 PP 法。

MOS 方法的不便之处是,它要求有至少 1～2a 的数值预报产品历史资料作为建立 MOS 方程的样本资料;而且数值模式一旦有了改进或变动,就会影响 MOS 预报的效果,因此需要用新的数值模式产品重建 MOS 方程。这对于通常不保存数值预报产品历史资料的基层气象业务单位会带来困难,甚至会影响业务工作的连续性。

9.1.3 MED 法

这是一种把模式输出产品与预报员的经验、诊断量相结合的综合统计预报方法,也可称为天气-动力-统计方法。

PP 和 MOS 预报的实践表明,采用完全以数值预报产品作为预报因子,建立统计预报模型的方法,有许多局限性。例如,许多预报量,如能见度、低云、海浪以及雷暴等对流天气,都明显地和边界层条件有关,而数值预报产品,尤其是基层气象业务单位获取的上级或国外提供的数值预报产品中,可选因子非常有限,特别是边界层预报,除了海平面气压场和部分海面风以外,几乎没有别的物理量可取。为此,人们采用 MOS 预报的基本原理与天气学经验预报以及诊断分析相结合的综合预报方法——MED 法,较好地弥补了 PP 和 MOS 预报的局限性。

如果记 X_{01} 为根据天气学预报经验在预报起始时刻或之前可获得的预报因子实测值;X_{02} 为在预报起始时刻或之前可获得的诊断量因子值,则 MED 法建立的统计关系可形式地表示为:

$$Y(t)=f_3(X_{01},X_{02},\hat{X}(t)) \tag{9.1.9}$$

相应的预报方程为:

$$\hat{Y}(t)=f_3(X_{01},X_{02},\hat{X}(t)) \tag{9.1.10}$$

我们曾经用这种方法作了南京地区 5 月份雷暴的短期预报试验，取得了较好效果。大致做法如下：

(1)在普查历史资料的基础上，根据预报员的经验，经检验提出一组有明确物理意义又具有天气形势分型功能的消空指标。比如，南京当天 17 时如果气温低于 23℃，或黄山当天 14 时风向有偏北分量，则第二天都不会出现雷暴。

只要符合消空指标之一，就预报次日无雷暴发生。否则用逐步回归的方法，建立以下的回归方程来制作预报。

(2)预报方程为：

$$y=-0.34+0.41x_1+0.18x_2+0.39x_3+0.43x_4$$

方程的临界判别值 $y_c=0.49$。四个预报因子中：

x_1：为南京 17 时地面气温和露点温度的 24 h 变量组合因子。这是一个经验因子。

x_2：为南京 08 时 700 与 500 hPa 之间气层的平均温度平流。这是一个诊断量因子。

x_3：为南京 08 时 850 与 500 hPa 水汽通量差动平流的 24 h 变量及 θ_{se} 随高度变化的组合。这也是一个诊断量因子。

x_4：由数值预报作出的地面气压场 24 h 预报值和 36 h 降水量预报组成。这是一个数值预报产品因子。

从这个例子中，我们可以看出 MED 方法的基本思路和方法。

本节介绍的 PP、MOS 和 MED 方法的共同特点是预报模型中都使用了数值预报产品作为预报因子。因此，发挥它们的优势的关键，是选择适当的数值预报产品因子。选择的原则是根据不同的预报对象，针对它们形成的条件和机制，从众多的数值预报产品中，挑选物理意义清楚，与预报对象相关性好而因子之间尽可能相互独立者。这些选因子的原则与经典的统计预报要求是完全一致的，故在此不再细述。

9.2　动态时变统计模型

经典的统计预报模型通常是静态的模型，即非时变的、模型参数固定的统计模型。如用多元回归方法时，预报方程

$$\hat{y}=a_0+a_1x_1+\cdots+a_mx_m$$

一旦建立，方程的系数 $a_0, a_1, \cdots, a_m$ 就成为定值，不能有效地反映大气系统的时变特性，因此其预报准确率和精度都是有限的。

动态统计模型，则是一种时变的、具有自适应能力的预报模型。其主要特点是能充分考虑大气系统的时变特性，从而使预报准确率和预报精度的提高有了可能。本

节介绍的多层递阶预报方法和卡尔曼滤波方法的应用是其中有代表性的两种方法。

9.2.1 多层递阶预报方法

多层递阶预报方法，是运用现代控制论中的系统辨识方法提出的一种新的动态时变系统预报技术，但它仍属于统计学的范畴。

根据控制论中系统辨识的观点，大气系统可看成是一个既含有已知信息又含有未知信息的灰色系统。即大气系统中的各种气象要素都是由许多已知和未知的因素共同作用的结果。这说明，在对某一气象要素的预报中，我们尽管可以找到若干个预报因子，但肯定不是全部影响因子都能找到，甚至由于认识水平或技术条件的限制，还不能保证找出的因子就是最重要的影响因子。在另一方面，由于大气系统是一个非常复杂的随机动态时变系统，因此用传统的固定参数的统计预报方法就有许多局限性。如用多元回归方法时，预报方程一旦建立，因子的系数就成为定值；同时，在资料年代越长(样本越大)越好的观点指导下，根据大量的历史资料进行“回归”后只能预报出气象要素可能出现的平均状态。因此，传统的固定参数的统计预报方法不能有效地反映大气系统的时变特性，其预报准确率和精度都是有限的，建立的预报模型在某些时候预报效果好而在另一些时候却预报能力显著下降，就是很好的例证。

多层递阶方法就是针对上述问题而提出来的。它认为，既然回归方程中各预报因子系数的大小反映了相应因子对预报对象贡献的大小，而预报方程效果的时变性，应是预报因子贡献大小时变性的反映，因此，如果能找出各预报因子贡献大小(系数大小)随时间变化的规律，并事先作出预报，即预报出一个预报方程，再对预报对象进行预报，那么大气系统的时变特性就能得到反映。其基本思想是：将动态时变系统的状态(预报对象)及与其相关联的输入变量(预报因子)组合成随时间变化的数据，用时间序列分析的方法进行多层分析和多层递阶预报，建立输入-输出模型。即把动态时变系统的状态(预报对象)的预报分解成两部分，首先对系统的时变参数(随时间变化的输入变量的系数)进行预报，然后在此基础上再对系统的状态进行预报，形成参数-状态预报的反馈回路，使能充分考虑系统的时变特性，从而提高预报的准确率和精度。

9.2.1.1 多层递阶预报的基本原理

(一)基本数学模型

这里仅以最常用的线性单输出模型作为预报系统的基本数学模型：

$$Y(t)=\alpha_1(t)Y(t-1)+\alpha_2(t)Y(t-2)+\cdots+\alpha_n(t)Y(t-n)+\beta_1(t)u_1(t)+\beta_2(t)u_2(t)+\cdots+\beta_m(t)u_m(t)+e(t) \tag{9.2.1}$$

式中 $Y(t)$ 为一维的输出(预报量)；$\alpha_1(t),\alpha_2(t),\cdots,\alpha_n(t),\beta_1(t),\beta_2(t),\cdots,\beta_m(t)$ 为 $n+$

m 个时变参数；$e(t)$是均值为零的一维白噪声；$u_1(t), u_2(t), \cdots, u_m(t)$为 m 个一维的输入变量(预报因子)；t 为流动时间；n 为 $Y(t)$的自回归阶数，它反映了 $Y(t)$的自身规律，当 $n=0$ 时，说明 $Y(t)$与其前期值无相关关系，完全依赖于各输入变量的作用。若记：

$$\Phi^T(t)=[Y(t-1), \cdots, Y(t-n), u_1(t), \cdots, u_m(t)]$$

$$\theta^T(t)=[\alpha_1(t), \cdots, \alpha_n(t), \beta_1(t), \cdots, \beta_m(t)]$$

则模型式(9.2.1)可写成：

$$Y(t)=\Phi^T(t)\theta(t)+e(t) \tag{9.2.2}$$

在此情况下，模型式(9.2.2)中的时变参数 $\theta(t)$一般可按如下跟踪公式算出：

$$\hat{\theta}(t)=\hat{\theta}(t-1)+\frac{1}{\|\Phi(t)\|^2}\Phi(t)\{Y(t)-\Phi^T(t)\hat{\theta}(t-1)\} \tag{9.2.3}$$

在给定初始值 $\hat{\theta}(0)$后(关于初值 $\hat{\theta}(0)$的选择问题，可以证明：不管如何选取初值，式(9.2.3)都能很快使 $\hat{\theta}(t)$收敛到参数真值 $\theta(t)$，故一般取初值为零即可)，由实际观测数据，用式(9.2.3)即可得到一系列参数估值 $\hat{\theta}(1), \hat{\theta}(2), \cdots, \hat{\theta}(N)$，其中 N 为观测数据组数。然后对参数估值序列$\{\hat{\theta}(t)\}$进行分析，寻其演变规律，并通过适当的数学手段建立相应的预报模型，对时变参数进行预报，即可得到参数预报值 $\hat{\theta}^*(N+1)$，从而有：

$$\hat{Y}^*(N+1)=\Phi^T(N+1)\hat{\theta}^*(N+1) \tag{9.2.4}$$

式(9.2.4)就是最后我们需要的预报模型。

(二)时变参数的预报方法

预报时变参数是多层递阶方法有别于其他预报方法的最核心部分，是在时间序列分析的基础上作出的。目前常用的方法有均值近似法、多层 AR 模型递阶法、周期变量法、定常增量法、定常因子法、多项式最小二乘拟合法、样条函数拟合法等，这里仅介绍前三种方法。

(1)均值近似法

若第 i 个($i=1,2,\cdots,n+m$)参数估值时间序列$\{\hat{\theta}_i(t)\}$为平稳时间序列，且随着 t 的增大，$\hat{\theta}_i(t)$的值只有微小变化时，令 $\mu_i=\frac{1}{N}\sum_{t=1}^{N}\hat{\theta}_i(t)$，对事先给定的一个方差允许值 σ_i^2，只要有 95%以上的 $\hat{\theta}_i(t)\in[\mu_i-2\sigma_i, \mu_i+2\sigma_i]$，就认为 $\hat{\theta}_i(t)$是准非时变的。在此情况下，可取其平均值作为预报值，因此有预报公式：

$$\hat{\theta}_i^*(N+h)=\mu_i=\frac{1}{N}\sum_{t=1}^{N}\hat{\theta}_i(t) \tag{9.2.5}$$

此处 h 为预报步长。

(2)周期变量法

若$\{\hat{\theta}_i(t)\}$满足 $\hat{\theta}_i(t+nT)\approx\hat{\theta}_i(t)$，即时变参数本身有着周期为 T 的变化规律，则

其预报值可取为：

$$\hat{\theta}_i^*(N+1)=\frac{1}{H}\sum_{j=1}^{H}\hat{\theta}_i(N+1-jT)$$

$$\hat{\theta}_i^*(N+2)=\frac{1}{H}\sum_{j=1}^{H}\hat{\theta}_i(N+2-jT)$$

……

$$\hat{\theta}_i^*(N+T)=\frac{1}{H}\sum_{j=1}^{H}\hat{\theta}_i(N+T-jT)$$

$$\hat{\theta}_i^*(N+LT+m)=\hat{\theta}^*(N+m)$$

式中 $L=1,2,\cdots;m=1,2,\cdots,T;H$ 为不大于 N/T 的最大整数。

(3)多层 AR 模型递阶法

当$\{\hat{\theta}_i(t)\}$为时变序列时，可考虑它具有如下自回归形式：

$$\hat{\theta}_i(t)=a_1(t)\hat{\theta}_i(t-1)+a_2(t)\hat{\theta}_i(t-2)+\cdots+\alpha_p(t)\hat{\theta}_i(t-p)+e_i(t) \quad (9.2.6)$$

式中 $e_i(t)$为随机噪声，$a_1(t),a_2(t),\cdots,\alpha_p(t)$皆为时变参数，$p$ 为$\hat{\theta}_i(t)$的自回归阶数。若令：

$$A_i^T(t)=[a_{i1}(t),a_{i2}(t),\cdots,\alpha_{ip}(t)]$$

$$B_i^T(t)=[\hat{\theta}_i(t-1),\hat{\theta}_i(t-2),\cdots,\hat{\theta}_i(t-p)$$

则式(9.2.6)可写成：

$$\hat{\theta}_i(t)=B_i^T(t)A_i(t)+e_i(t)$$

不难看出，上式与式(9.2.2)具有类似的形式，因此可用跟踪公式(9.2.3)即：

$$\hat{A}_i(t)=\hat{A}_i(t-1)+\frac{1}{\|B_i(t)\|^2}B_i(t)\{\hat{\theta}_i(t)-B_i^T(t)\hat{A}_i(t-1)\}$$

来算出时变参数 $A_i(t)$的估值序列$\{\hat{a}_i(t)\}$。对新序列$\{\hat{a}_i(t)\}$进行分析：

①如果$\{\hat{a}_i(t)\}$为准非时变的，那么就按前述的均值近似法处理，得出 $\hat{a}_i^*(N+h)$；

②如果$\{\hat{a}_i(t)\}$仍为时变序列，则可对其重复进行类似上述对$\{\hat{\theta}_i(t)\}$所进行的工作。如此一层一层进行下去，直至一层参数的估值序列全部成为准非时变时为止。然后以“均值近似法”确定最后一层参数的预报值，并以此出发再逐层地预报出各层参数值。

在实际应用中，一般先计算样本方差 E，若 $E<0.0001$ 时，则用“均值近似法”作参数预报；当 $0.0001\leqslant E<0.001$ 时，则用多层 AR 模型递阶法；否则，当 $E\geqslant 0.001$ 时，则用功率谱分析得出周期 T，然后按周期变量法来作参数预报。

9.2.1.2 一个应用实例

以南京地区梅雨量的预报为例，来说明多层递阶方法的应用及需考虑的相关技术问题。取式(9.2.2)：

$$Y(t)=\Phi^T(t)\theta(t)+e(t)$$

为本例的基本数学模型。此处预报量 $Y(t)$ 为南京地区梅雨量(距平值)。

(1)输入变量因子的选取和处理

和建立通常的统计预报模型一样,选取有一定物理意义的天气、气候学因子作为预报系统的输入变量(预报因子),是多层递阶预报的基础。

预报实践和理论研究都表明,大气环流的长期演变是导致天气、气候变化的直接原因(尽管其中的某些物理机制尚未被人们所认识)。我们对有关资料进行分析后找出了与南京地区梅雨量有较好相关关系的 17 个因子,作为预报系统的输入变量 $u_i(t)(i=1,2,\cdots,17)$ 进行试验。它们包括:上年 10 月份 500 hPa 上西太平洋副热带高压(以下简称副高)西伸脊点;当年 1 月份 500 hPa 上的副高强度指数;南京当年 2 月份平均最高气温和当年 2 月、3 月平均最低气温;当年 1 月份 500 hPa 上 30°～40°N平均纬向风速及 20°N 与 40°N 间的平均高度差;35°～40°N,85°～70°W 和45°～50°N,170°E～170°W 范围内的平均高度距平;角动量经向输送、经向扰动动能、波能密度、振幅等各种波谱参数。

为了消除各输入变量的单位差别,用下式分别对它们进行标准化处理:

$$u'_i(t)=(u_i(t)-\bar{u}_i)\Big/\left(\frac{1}{N}\sum_{i=1}^{N}(u_i(t)-\bar{u}_i)^2\right)^{\frac{1}{2}}$$

$$\bar{u}_i=\frac{1}{N}\sum_{i=1}^{N}u_i(t)\quad(i=1,2,\cdots,17)$$

下面仍将 $u'_i(t)$ 写为 $u_i(t)$。

经分析发现,预报量 $Y(t)$(南京地区梅雨量距平值)与其前期值无明显的相关关系,故取其自回归阶数 $n=0$。如果将上述选取的 17 个输入变量全部引入预报系统,那么我们的预报模型中就有:

$$\Phi^T(t)=[u_1(t),u_2(t),\cdots,u_{17}(t)]$$

$$\theta^T(t)=[\beta_1(t),\beta_2(t),\cdots,\beta_{17}(t)]$$

(2)预报模型的输出

如果要预报某年(如 1981 年)的梅雨量(距平值),一般取前期尽可能长的 N 年资料(如取 $N=20$,即用 1961—1980 年数据作历史资料),然后用式(9.2.3)计算出时变参数估值序列 $\{\hat{\theta}(t)\}$,再按前述参数预报方法作出参数预报 $\hat{\theta}^*(N+1)$,即可用式(9.2.4)得出 1981 年的预报值 $\hat{Y}^*(21)$。而要得到 1982 年的预报值 $\hat{Y}^*(22)$,按一般统计预报的观点,为增大样本容量,可取 $N=21$(即用 1961—1981 年数据为样本)。这种做法,称之为增长记忆法。表 9.1 中的 $Y_1^*(t)$ 就是分别取 $N=1,2,\cdots,27$ 后得到的模型输出(为作统一比较,此处只列了 1971 年后的输出结果)。

但按控制论中系统辨识的相应观点，多层递阶技术认为：对于时变系统而言，新获得的观测数据对系统未来变化有着更重要的预示信息。为了不因旧的数据过多而使新数据的信息被“淹没”，一般可采用遗忘因子法（也叫渐消记忆法或实时最小二乘法），即对旧的数据加上适当的遗忘因子，以达到降低旧数据的影响，强调新数据作用的目的。根据这一观点，可采用固定样本数（限定记忆长度）N_0 的方法进行试验：如固定 $N_0=10$，则只取用最接近预报起始时刻的前 10 年资料，这相当于对 N_0 年以前的数据施以遗忘因子“0”，使它们全部被“遗忘”。因此我们除用增长记忆法进行试验外，还采取限定记忆长度 N_0 的遗忘因子法作了试验。

表 9.1 遗忘因子法与增长记忆法输出结果比较（单位：mm）

t	年	$Y(t)$	$Y_1^*(t)$	$Y_2^*(t)$	$Y(t)$级别	$Y_1^*(t)$级别	$Y_2^*(t)$级别
11	1971	133.2	97.2	200.1	4	4	5
12	1972	111.7	17.5	53.8	4	3	4
13	1973	−25.8	−130.6	−125.1	3	2	2
14	1974	247.8	33.4	163.1	5	3	5
15	1975	202.7	68.1	57.8	5	4	4
16	1976	9.2	67.3	31.1	3	4	3
17	1977	−172.7	20.4	−166.5	1	3	1
18	1978	−216.3	2.1	−179.3	1	3	1
19	1979	72.2	−2.0	−0.6	4	3	3
20	1980	197.5	45.3	119.2	5	3	4
21	1981	−10.9	−164.1	−106.4	3	1	2
22	1982	112.1	−60.8	70.7	4	2	4
23	1983	50.3	115.1	70.6	4	4	4
24	1984	−37.9	50.0	−24.1	3	4	3
25	1985	−49.0	−82.1	−69.9	3	2	2
26	1986	−12.3	−2.9	−28.2	3	3	3
27	1987	130.2	−245.7	2.0	4	1	3
28	1988	−25.2	50.2	24.4	3	4	3
	平均误差		125.1	63.1			
	平均 QPF 得分		2.72	3.56			

此外，为了考察输入变量对输出结果的影响，用逐步回归的方法从初选出的 17 个输入变量中逐个筛选，用不同的输入变量分别进行了试验。

图 9.1 为分别取限定记忆长度 $N_0=1,2,\cdots,20$，输入变量数 $m=1,2,\cdots,17$ 的输出结果的平均绝对误差（1971—1988 年共试报 18 年）。图 9.2 为相应的平均 QPF（定量降水预报）得分：

$$QPF = \sum_{k=1}^{m}\sum_{j=1}^{m} W_{jk} Z_{jk}$$

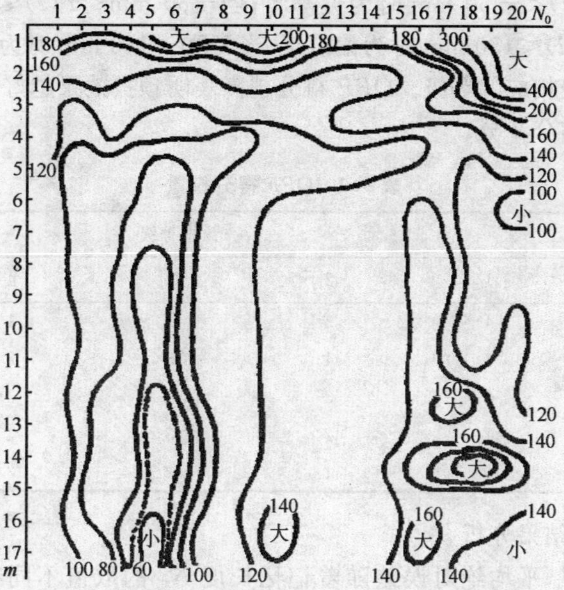

图 9.1　不同 N_0、m 时的平均绝对误差(单位:mm)

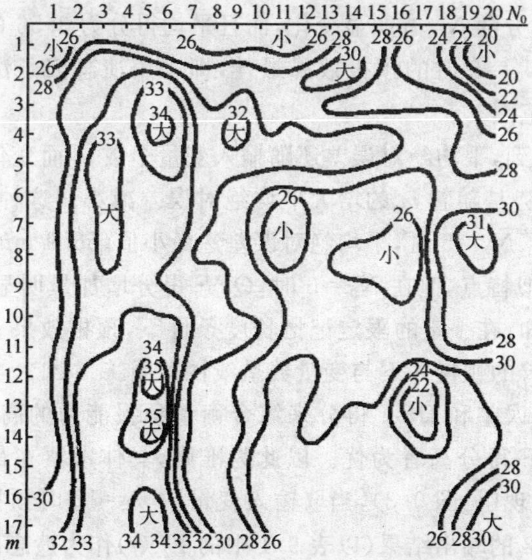

图 9.2　不同 N_0、m 时的平均 QPF 得分

式中 Z_{jk} 为某等级的出现次数;W_{jk} 为相应权重,其值由表 9.2 给出;n 为降水等级数。这里将降水量(距平值)$Y(t)$分为 5 级,即 $n=5$。规定当 $Y(t)\leqslant-150$ mm 时为旱年;当 -150 mm$<Y(t)<-50$ mm 时为偏旱年;当 -50 mm$\leqslant Y(t)\leqslant 50$ mm 时为正常年;当 50 mm$<Y(t)<150$ mm 时为偏涝年;当 $Y(t)\geqslant 150$ mm 时为涝年,并分别用编号 1、2、3、4、5 代表相应的等级。QPF 得分越高表明预报效果越好,当预报等级与实况全部相符时得满分 4 分。

表 9.2　QPF 得分权重

QPF 得分		预报等级				
		1	2	3	4	5
实况等级	1	4	3	2	1	0
	2	3	4	3	2	1
	3	2	3	4	3	2
	4	1	2	3	4	3
	5	0	1	2	3	4

(3)模型输出结果分析

从图 9.1 可见,平均绝对误差随着记忆长度 N_0 的取值不同有着显著的差别。这种差别在输入变量个数 $m>5$ 时尤为明显,误差小值区轴线明显位于 $N_0=5$ 处。且当 $m>7$ 时,$N_0=5$ 的预报误差一致小于取其他 N_0 值的结果。由图 9.2 也可看到,不但平均 QPF 得分随 N_0 有明显变化,而且平均得分为 3.56 的最大值中心亦在 $N_0=5$ 处。可见取 $N_0=5$ 时的预报效果最佳,即采用遗忘因子法的限定记忆长度 N_0 有一个最佳取值范围。

由图 9.1 还可看到,平均绝对误差还随输入变量个数 m 而变化。除 $m>6$,$N_0>15$ 的情况外,总的趋势是随着 m 的增大平均绝对误差减小。这种减小趋势在 $m<5$ 时最明显。在 $m=17$、$N_0=5$ 时,平均绝对误差达最小值(56.9 mm)。图 9.2 中的平均 QPF 得分也有类似特点,但在 $N_0=5$ 时,QPF 得分增加最明显的是 m 由 9 增加到 12 之时。由此可知,在一定的限定记忆长度条件下,预报效果一般可随着变量数的增加而改善,但改善的快慢并不与变量数呈线性关系。

如果用平均绝对误差和 QPF 得分来综合衡量预报能力的高低,则显然平均绝对误差小而同时 QPF 得分高者为优。以此为准则,具体考察在最佳限定记忆长度 $N_0=5$ 的情况可以发现(见图 9.3),当取输入变量数 $m=12$ 时预报效果较好。因此我们以 $N_0=5$、$m=12$ 的输出结果(以表 9.1 中的 $Y_2^*(t)$作为遗忘因子法的代表),并与取 $m=12$ 的增长记忆法进行比较可以看出(见表 9.1),忘记因子法的预报能力明显高于增长记忆法,前者的平均绝对误差仅为后者的 1/2;雨量等级预报误差前者均不超过一个等级，而后者误差≥2 个等级的有 7 次，占总预报次数的 39%。

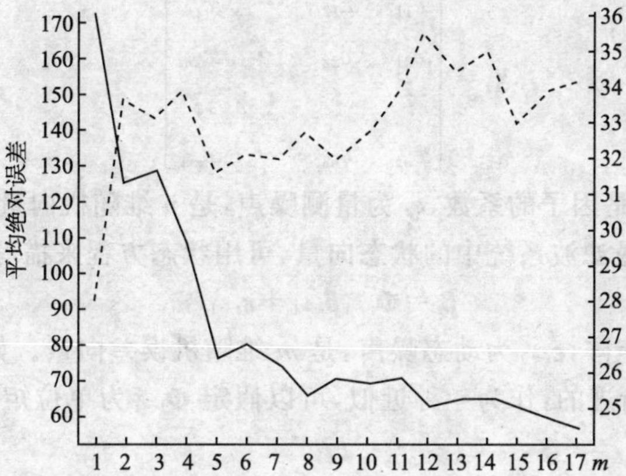

图 9.3　$N_0=5$ 时，不同 m 的平均绝对误差(实线)和平均 QPF 得分(虚线)

综上分析可知，使用多层递阶预报方法时，采用限定记忆长度的遗忘因子法，并适当增加输入变量的个数，可以有效地提高多层递阶方法的预报能力。

在实际应用中，人们对多层递阶预报方法还在不断改进。例如，张万诚等将输入变量按大小排序后分成若干段，对 $Y(t)$ 也作相应的顺序重排，并分段建立预报模型，初步考虑了输入变量的突变性和时变参数的非平稳性。试验表明，该方法比一般的多层递阶预报模型有更高的预报精度。

9.2.2　卡尔曼滤波方法的应用

卡尔曼滤波方法是由数学家卡尔曼(R. E. Kalman)于 1960 年创立，1987 年后开始应用到天气预报领域的，主要可用于制作连续性预报量，如温度、风、湿度等要素的预报。和多层递阶预报方法一样，它也是一种动态、时变、具有自适应能力的统计预报技术。由于用这种方法建立的统计模型能够适应数值预报模式的变化，及时修正数值预报的误差，因而越来越多国家的气象工作者将其作为动力－统计的一种工具，应用于数值预报产品的统计解释。

9.2.2.1　卡尔曼滤波的基本原理和方法

卡尔曼滤波是一种统计估算方法。它通过处理一系列带有误差的实际测量数据而得到所需要的物理参数的最佳估算值。

(一)卡尔曼滤波系统

卡尔曼滤波系统中称之为量测方程的，在形式上和通常的回归方程基本相同：

$$\boldsymbol{Y}_t=\boldsymbol{X}_t\boldsymbol{\beta}_t+\boldsymbol{e}_t \tag{9.2.7}$$

式中 $\boldsymbol{Y}_t=[y_1, y_2, \cdots, y_n]^{\mathrm{T}}$ 是 n 维量测变量(预报量)，$\boldsymbol{X}_t$ 是预报因子矩阵：

$$\boldsymbol{X}_t=\begin{bmatrix} x_{11} & x_{12} & \cdots & x_{1m} \\ x_{21} & x_{22} & \cdots & x_{2m} \\ \vdots & \vdots & \vdots & \vdots \\ x_{n1} & x_{n2} & \cdots & x_{nm} \end{bmatrix}_t$$

$\boldsymbol{\beta}_t=[\beta_1, \beta_2, \cdots, \beta_m]_t^{\mathrm{T}}$ 是因子的系数，$\boldsymbol{e}_t$ 为量测噪声，是 n 维随机向量。

将 β_t 作为卡尔曼滤波系统中的状态向量，可用状态方程来描写其变化：

$$\boldsymbol{\beta}_t=\boldsymbol{\Phi}_{t-1}\boldsymbol{\beta}_{t-1}+\boldsymbol{\varepsilon}_{t-1}$$

式中 $\boldsymbol{\Phi}_{t-1}$ 称为转移矩阵，$\boldsymbol{\varepsilon}_{t-1}$ 为动态噪声，是 m 维随机误差向量。如果假定状态向量 $\boldsymbol{\beta}_t$ 随时间的变化是渐进的，作为一种近似，可以假定 $\boldsymbol{\Phi}_{t-1}$ 为单位矩阵。因此，状态方程可简化为：

$$\boldsymbol{\beta}_t=\boldsymbol{\beta}_{t-1}+\boldsymbol{\varepsilon}_{t-1} \tag{9.2.8}$$

上式表明，从 $t-1$ 时刻到 t 时刻的过程中，因受到动态噪声 $\boldsymbol{\varepsilon}_{t-1}$ 影响，状态向量由 $\boldsymbol{\beta}_{t-1}$ 变化到 $\boldsymbol{\beta}_t$。

值得指出，在这里 $\boldsymbol{\Phi}_{t-1}$ 为单位矩阵的假定不但简化了状态方程，而且在一般的天气过程演变中也是正确的。但是，预报实践表明，当天气变化剧烈，特别当遇到转折性天气过程时，这一假定就成了预报失误的主要原因之一。因此，如何解决转折性天气的预报问题，在很大程度上成了如何解决转移矩阵的构造问题，对此目前还没有令人满意的解决办法。

动态噪声 $\boldsymbol{\varepsilon}_{t-1}$ 与量测噪声 $\boldsymbol{e}_t$ 都是随机向量。假定它们是互不相关的、均值为零、方差分别为 $\boldsymbol{W}$、$\boldsymbol{V}$ 的白噪声，则应用广义最小二乘法，可以得到下面一组公式，构成了整个递推系统：

$$\hat{\boldsymbol{Y}}_t=\boldsymbol{X}_t\hat{\boldsymbol{\beta}}_{t-1} \tag{9.2.9}$$

$$\boldsymbol{R}_t=\boldsymbol{C}_{t-1}+\boldsymbol{W} \tag{9.2.10}$$

$$\boldsymbol{\sigma}_t=\boldsymbol{X}_t\boldsymbol{R}_t\boldsymbol{X}_t^{\mathrm{T}}+\boldsymbol{V} \tag{9.2.11}$$

$$\boldsymbol{A}_t=\boldsymbol{R}_t\boldsymbol{X}_t^{\mathrm{T}}\boldsymbol{\sigma}_t^{-1} \tag{9.2.12}$$

$$\hat{\boldsymbol{\beta}}_t=\hat{\boldsymbol{\beta}}_{t-1}+\boldsymbol{A}_t(\boldsymbol{Y}_t-\hat{\boldsymbol{Y}}_t) \tag{9.2.13}$$

$$\boldsymbol{C}_t=\boldsymbol{R}_t-\boldsymbol{A}_t\boldsymbol{\sigma}_t\boldsymbol{A}_t^{\mathrm{T}} \tag{9.2.14}$$

其中：式(9.2.9)是预报方程，$\hat{\boldsymbol{Y}}_t$ 为预报值，$\boldsymbol{X}_t$ 为预报因子，$\hat{\boldsymbol{\beta}}_{t-1}$ 为因子系数估算值；式(9.2.10)中的 $\boldsymbol{R}_t$ 为外推值 $\hat{\boldsymbol{\beta}}_t$ 的误差方差阵，$\boldsymbol{C}_{t-1}$ 为滤波值 $\hat{\boldsymbol{\beta}}_{t-1}$ 的误差方差阵，$\boldsymbol{W}$ 是动态噪声的方差阵，$\boldsymbol{R}_t$、$\boldsymbol{C}_{t-1}$ 和 $\boldsymbol{W}$ 皆是 m 行 m 列的方阵；式(9.2.11)中的 $\boldsymbol{\sigma}_t$ 是预报误差方差阵，$\boldsymbol{X}_t^{\mathrm{T}}$ 为预报因子 $\boldsymbol{X}_t$ 的转置矩阵，$\boldsymbol{V}$ 是量测噪声的方差阵，$\boldsymbol{\sigma}_t$ 和 $\boldsymbol{V}$ 皆是 n 行 n 列的方阵；式(9.2.12)中的 $\boldsymbol{A}_t$ 是增益矩阵(m 行 n 列)，$\boldsymbol{\sigma}_t^{-1}$ 是 $\boldsymbol{\sigma}_t$ 的逆矩阵；式(9.2.13)为系数 $\hat{\boldsymbol{\beta}}_t$ 的订正方程，$\boldsymbol{Y}_t$ 是预报量的实测值；式(9.2.14)为计算 $\boldsymbol{C}_t$ 的

方程。

上述卡尔曼滤波系统中的量测方程就是通常的预报方程，状态向量就是预报方程中的系数。与一般回归方程不同的是其系数是随时间变化的，不需太多的历史样本，就可求得因子系数的估算值，以后，每增加一次新的量测 $\boldsymbol{X}_t$、$\boldsymbol{Y}_t$ 时，只需利用已算出的前一次滤波值 $\hat{\boldsymbol{\beta}}_{t-1}$ 和滤波误差方差阵 $\boldsymbol{C}_{t-1}$，就可应用上述递推系统推算出新的方程系数的最佳估值，以此适应大气系统的变化。

(二)递推系统的参数计算

(1)递推系统参数初值 $\hat{\boldsymbol{\beta}}_0$ 和 $\boldsymbol{C}_0$ 的确定

要实现递推过程，必须首先确定初值 $\hat{\boldsymbol{\beta}}_0$ 和 $\boldsymbol{C}_0$。

①$\hat{\boldsymbol{\beta}}_0$ 的确定。对比实验证明：递推系统无论从什么初值出发，经一定时间迭代后均趋于系统的回归值。也就是说，初值对系数 $\boldsymbol{\beta}_t$ 真值的确定并不敏感，故可使用人工经验方法确定初值。但我们主张采用一种较为客观易行的方法：用近期样本资料，按通常计算回归系数的办法求得。

②$\boldsymbol{C}_0$ 的确定。$\boldsymbol{C}_0$ 是 $\hat{\boldsymbol{\beta}}_0$ 的误差方差阵，由于 $\hat{\boldsymbol{\beta}}_0$ 可用样本资料精确计算得到，可以假定它与理论值相等，即认为系数的初值为系统真值，则其误差方差为零。所以可取 $\boldsymbol{C}_0$ 为 m 阶的零方阵，即：

$$\boldsymbol{C}_0=[0]_{m\times m}$$

(2)递推系统参数 $\boldsymbol{W}$ 和 $\boldsymbol{V}$ 的计算

①$\boldsymbol{W}$ 的计算。$\boldsymbol{W}$ 是动态噪声 $\boldsymbol{\varepsilon}_t$ 的方差阵，根据白噪声的假定，$\boldsymbol{W}$ 的非对角线元素均为零：

$$\boldsymbol{W}=\begin{bmatrix} w_1 & \cdots & \cdots & 0 \\ 0 & w_2 & \cdots & 0 \\ \vdots & \vdots & \vdots & \vdots \\ 0 & 0 & \cdots & w_m \end{bmatrix}$$

由于 $\boldsymbol{\varepsilon}$ 的均值为零，故取：

$$w_j=E\varepsilon_j^2,j=1,2,\cdots,m$$

因此，有：

$$w_j\approx\Big[\sum_{t=1}^{T}(\varepsilon_j)_{t-1}^2\Big]\Big/T,j=1,2,\cdots,m \tag{9.2.15}$$

这里的 T 是样本长度，即样本数。由式(9.2.8)有：

$$\boldsymbol{\varepsilon}_{t-1}=\boldsymbol{\beta}_t-\boldsymbol{\beta}_{t-1}$$

则：

$$\sum_{t=1}^{T}\varepsilon_{t-1}=\sum_{t=1}^{T}(\beta_t-\beta_{t-1})=\beta_T-\beta_0$$

对 $\boldsymbol{\varepsilon}$ 的每个分量 ε_j，均有：

$$\sum_{t=1}^{T}(\varepsilon_j)_{t-1}=(\beta_j)_T-(\beta_j)_0$$

$$\begin{aligned}[(\beta_j)_T-(\beta_j)_0]^2&=\left[\sum_{t=1}^{T}(\varepsilon_j)_{t-1}\right]^2\\&=\sum_{t=1}^{T}(\varepsilon_j)_{t-1}^2+2\sum_{1\leqslant t<\tau\leqslant T}^{T}(\varepsilon_j)_{t-1}(\varepsilon_j)_{\tau-1}\end{aligned}$$

上式右端第一项是平方和，必为正数；第二项是各交叉项之和，由于 $\boldsymbol{\varepsilon}$ 的均值为零，故该项远小于第一项，可以略去，因此有：

$$[(\beta_j)_T-(\beta_j)_0]^2\approx\sum_{t=1}^{T}(\varepsilon_j)_{t-1}^2 \tag{9.2.16}$$

将上式代入式(9.2.15)，则得：

$$w_j=[(\beta_j)_T-(\beta_j)_0]^2/T,j=1,2,\cdots,m \tag{9.2.17}$$

从上式可见，动态噪声 $\boldsymbol{\varepsilon}$ 的方差阵 $\boldsymbol{W}$ 值可用 $\boldsymbol{\beta}$ 的变化来估算，故有：

$$\boldsymbol{W}\approx\begin{bmatrix}(\Delta\beta_1)^2/\Delta T & 0 & \cdots & 0\\ 0 & (\Delta\beta_2)^2/\Delta T & \cdots & 0\\ \vdots & \vdots & \vdots & \vdots\\ 0 & 0 & \cdots & (\Delta\beta_m)^2/\Delta T\end{bmatrix} \tag{9.2.18}$$

例如，用某年 4 月份的资料为样本，用一般回归方法建立某地某预报对象的回归方程，其回归系数即为 β_0，若：

$$\boldsymbol{\beta}_0=[0.6\quad 0.3\quad -0.4]^{\mathrm{T}}$$

再用同年 5 月份的资料为样本，可得到另一回归方程的系数 $\boldsymbol{\beta}_T$，若：

$$\boldsymbol{\beta}_T=[0.5\quad 0.5\quad -0.3]^{\mathrm{T}}$$

因两月间相差 30 天，即 $\Delta T=30$，故由式(9.2.18)可得

$$\mathrm{W}\approx\begin{bmatrix}(-0.1)^2/30 & 0 & 0\\ 0 & (0.2)^2/30 & 0\\ 0 & 0 & (0.1)^2/30\end{bmatrix}$$

$$=\begin{bmatrix}0.0003 & 0 & 0\\ 0 & 0.0013 & 0\\ 0 & 0 & 0.0003\end{bmatrix}$$

②$\boldsymbol{V}$ 的计算。根据白噪声的假定，量测噪声 e_t 的方差阵 V 的非对角线元素也都为零：

$$\boldsymbol{V}=\begin{bmatrix}v_1 & 0 & \cdots & 0\\ 0 & v_2 & \cdots & 0\\ \vdots & \vdots & \vdots & \vdots\\ 0 & 0 & \cdots & v_n\end{bmatrix}$$

对预报对象 Y 的 n 个分量($y_1, y_2, \cdots, y_n$)建立回归方程后,可以求出 n 个残差($q_1, q_2, \cdots, q_n$),而 $\frac{q_1}{k-m-1}, \frac{q_2}{k-m-1}, \cdots, \frac{q_n}{k-m-1}$ 就分别是 $v_1, v_2, \cdots, v_n$ 的无偏估计值,其中 k 是样本容量,m 是因子个数。因此有:

$$V=\begin{bmatrix} \frac{q_1}{k-m-1} & 0 & \cdots & 0 \\ 0 & \frac{q_2}{k-m-1} & \cdots & 0 \\ \vdots & \vdots & \vdots & \vdots \\ 0 & 0 & \cdots & \frac{q_n}{k-m-1} \end{bmatrix} \tag{9.2.19}$$

(3)递推过程中参数的计算

在 $\hat{\boldsymbol{\beta}}_0$、$\boldsymbol{C}_0$、$\boldsymbol{W}$、$\boldsymbol{V}$ 确定后,就可用(9.2.9)—(9.2.14)式进行递推计算。其中由式(9.2.13)可知,系数 $\hat{\boldsymbol{\beta}}_t$ 的更新是在已知前一时刻($t-1$)的系数($\hat{\boldsymbol{\beta}}_{t-1}$)的基础上,加上订正项 $\boldsymbol{A}_t(\boldsymbol{Y}_t-\hat{\boldsymbol{Y}}_t)$,因此获取该订正项是递推的主要过程。其中 $\boldsymbol{A}_t$ 是通过计算式(9.2.10)得到 $\boldsymbol{R}_t$ 及式(9.2.11)得到 $\boldsymbol{\sigma}_t$,再引入预报因子值 $\boldsymbol{X}_t$ 由式(9.2.12)算得的,而预报误差($\boldsymbol{Y}_t-\hat{\boldsymbol{Y}}_t$)项的计算很简单,用预报方程(9.2.9)得出预报值之后,计算与该预报量观测值之差就可得到。式(9.2.10)中的 $\boldsymbol{C}_{t-1}$ 在递推过程中也是需要更新的参数,可由式(9.2.14)算出。由此可见,系数订正项 $\boldsymbol{A}_t(\boldsymbol{Y}_t-\hat{\boldsymbol{Y}}_t)$ 综合反映了 $\boldsymbol{X}_t$、$\boldsymbol{C}_{t-1}$、$\boldsymbol{W}$、$\boldsymbol{V}$ 及预报误差等因素对系数变化的作用。其中,预报误差对方程系数更新的影响更为重要,一般预报方程,如 MOS 方程或 PP 方程在制作预报的过程中,无法将预报误差反馈到预报方程中,也就无法及时修正预报方程来提高预报精度,卡尔曼递推系统却有这种功能,这正是该方法有广泛应用前景的原因之一。

总之,参数递推计算的过程是在每增加一组新的数据 $\boldsymbol{X}_t$ 和 $\boldsymbol{Y}_t$ 时,利用前一时刻的系数 $\hat{\boldsymbol{\beta}}_{t-1}$ 及预报误差($\boldsymbol{Y}_t-\hat{\boldsymbol{Y}}_t$)推算出下一时刻的系数 $\hat{\boldsymbol{\beta}}_t$,即订正出一个新的预报方程,再用于预报对象的下一次预报,如此反复循环进行。

9.2.2.2　应用实例

卡尔曼滤波方法的应用,在国内外都进行了不少研究和试验。这里以葫芦岛站的地面最高、最低气温的 24 小时预报为例,来说明卡尔曼滤波方法的应用及需考虑的相关技术问题。

(一)资料处理及因子的选取

(1)所用资料及其预处理

预报对象(日最高温度和最低温度)资料取自葫芦岛站地面逐时观测资料,时间为 1992 年 6—10 月;预报因子资料为对应时间欧洲中期天气预报中心(ECMWF)制作的 24 小时数值预报格点资料(分辨率为 2.5°×2.5°),包括 1000 hPa、850 hPa、700 hPa、500 hPa 四层的绝对温度、位势高度、相对湿度、纬向风速、经向风速共 5 个基本量和由这些基本量推导出来的气象上常用的物理诊断量(相对涡度、温度平流、散度、相对涡度平流等),总计 36 个候选预报因子。

为减少计算量,并着重考虑预报站点附近因子对预报对象的影响,需把预报因子格点资料插值到预报站点上,插值方法采用内插公式:

$$V_s = \sum_{i=1}^{N}(V_i \cdot w_i) / \sum_{i=1}^{N} w_i$$

式中 V_s 为站点因子值,V_i 和 w_i 分别为第 i 个网格点的预报因子值和该格点对站点 s 影响的权重函数,N 为可能对站点造成影响的格点总数。考虑离预报站点不同距离的格点对站点所产生的影响各不相同,其影响权重函数采用 Cressman 函数进行计算:

$$w_i = \begin{cases} (R_0{}^2 - R_i{}^2)/(R_0{}^2 + R_i{}^2) & R_i \leqslant R_0 \\ 0 & R_i > R_0 \end{cases}$$

式中 R_i 为第 i 个网格点到插值站点 s 的水平距离,R_0 为对站点 s 插值时的影响半径(实际计算时取 s 周围 9 个格点)。

(2)预报因子的筛选

和建立通常的统计预报模型一样,选取适当的预报因子,是应用卡尔曼滤波方法的基础。

以日最高温度($T_{\max}$)和最低温度($T_{\min}$)作为预报对象,对上述 36 个候选预报因子,采用逐步回归方法筛选因子,在显著性水平 $\alpha = 0.01$ 时,$T_{\max}$ 的入选因子为 1000 hPa绝对温度、500 hPa 位势高度、1000 hPa 相对湿度、850 hPa 温度平流和 1000 hPa 纬向风速;$T_{\min}$ 的入选因子为 850 hPa 绝对温度、1000 hPa 相对湿度、700 hPa温度平流、500 hPa 位势高度和 1000 hPa 纬向风速。

(3)预报模型的建立及预报制作试验

按上述卡尔曼滤波的基本原理和方法,用 1992 年 6 月、7 月的资料和选定的预报因子建立卡尔曼滤波模型,确定了初始预报方程及初值 $\hat{\boldsymbol{\beta}}_0$、$\boldsymbol{C}_0$、$\boldsymbol{W}$、$\boldsymbol{V}$。

接着对 1992 年 8 月、9 月、10 月三个月进行了逐日预报试验。递推预报过程中,由系统本身生成的数据文件(包括预报量的预报值文件、预报方程系数文件及预报方程系数误差的方差文件)的内容随着递推过程而不断更新,唯有随机误差的方差($\boldsymbol{W}$、$\boldsymbol{V}$)在递推起始时被确认之后不再改变。即在 t 时制作下一个时刻 $t+\Delta t$(Δt 为预报时效,本试验中为 24 小时)的预报,要用当时的预报因子、上次预报的预报误差($\boldsymbol{Y}_{t-\Delta t} - \hat{\boldsymbol{Y}}_{t-\Delta t}$)和预报方程系数 $\hat{\boldsymbol{\beta}}_{t-\Delta t}$ 及其误差方差 $\boldsymbol{C}_{t-\Delta t}$ 等最新信息,对 $\hat{\boldsymbol{\beta}}_{t-\Delta t}$ 作出订正而得到 t 时刻的 $\hat{\boldsymbol{\beta}}_t$,而后作出 $t+\Delta t$ 时刻的预报。

(4)效果分析

为对比检验卡尔曼滤波模型的预报效果,用同样的资料和预报因子建立 MOS 方程,并作并行预报试验。

卡尔曼滤波模型和 MOS 方程预报结果的平均绝对误差和预报准确率的对比如表 9.3 所示。其中以预报绝对误差在 2.5℃以内为“准确”。从表中可以看出,与 MOS 法相比,卡尔曼滤波方法的预报结果明显优于 MOS 法。

表 9.3　卡尔曼滤波方法和 MOS 法预报结果比较

	卡尔曼滤波		MOS	
	平均绝对误差(℃)	准确率(%)	平均绝对误差(℃)	准确率(%)
T_{max}	1.63	75.0	2.12	67.4
T_{min}	1.68	72.8	1.96	69.6

图 9.4 为 MOS 预报和卡尔曼滤波方法预报的 24 小时地面最高温度的绝对误差的比较图。从图中可以看出,前者的最大绝对误差超过 7℃而后者均在 3.5℃以内,卡尔曼滤波方法的预报结果具有更好的稳定性和准确性。

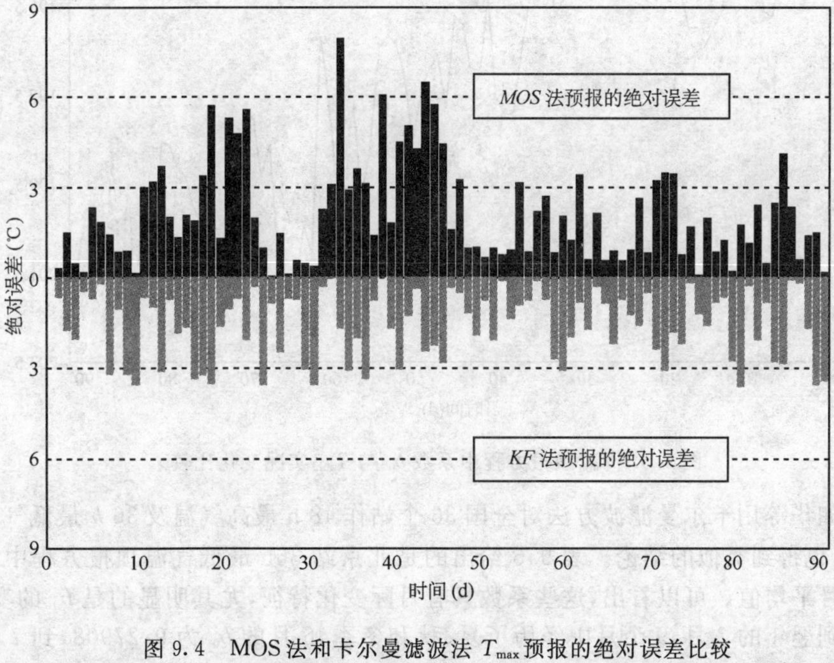

图 9.4　MOS 法和卡尔曼滤波法 T_{max} 预报的绝对误差比较

分析表 9.4 卡尔曼滤波预报方程中各个系数的月平均值可看出,这些系数具有月际变化特征。这说明,不同的因子在不同的月份对预报对象的贡献是不同的,卡尔曼滤波方法之所以有较高的预报能力，关键在于通过预报误差的信息对因子的系数作出及时的订正，因而能反映出因子贡献大小的时变特性。

表 9.4　T_{min} 预报方程系数的月平均值

月份	b_0	b_1	b_2	b_3	b_4	b_5
8	−196.90	0.3131	0.0750	−0.0780	0.0218	1.2962
9	−198.02	0.3490	0.0748	−0.0498	0.0199	2.1465
10	−200.43	0.6092	0.2465	−0.0790	0.0064	1.8574

进一步分析发现，预报方程中的常数 b_0 与气温实况变化趋势一致，具有明显的月际变化特征。如从图 9.5 中可以看出 b_0 与最低气温实况的变化基本一致，均随季节（从 8 月到 10 月）呈减小（降低）趋势。

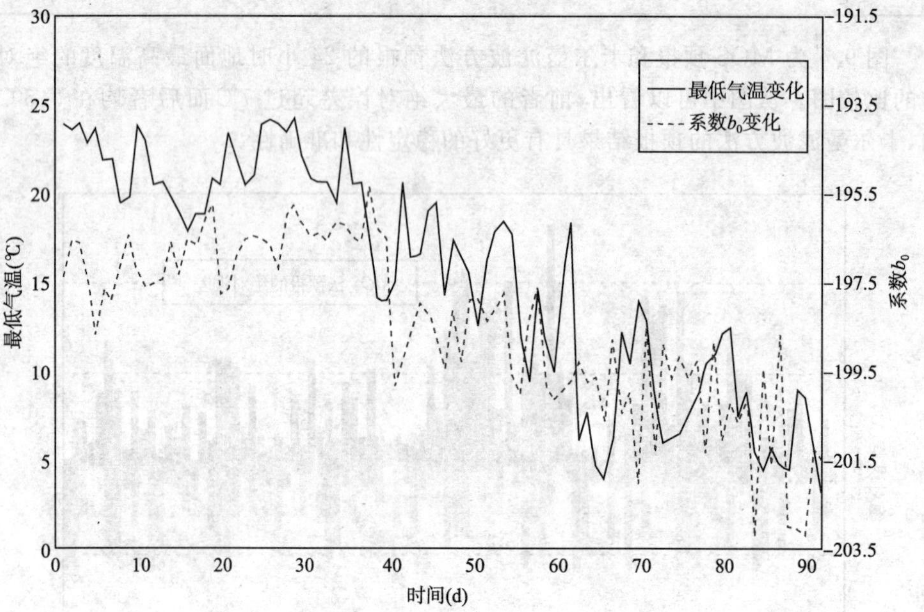

图 9.5　T_{min} 预报方程中系数 b_0 与 T_{min} 实况变化比较

陆如华等用卡尔曼滤波方法对全国 36 个站作 48 h 最高气温及 36 *h* 最低气温预报试验，也得到类似的结论。表 9.5 给出的是北京站 36h 最低气温预报方程中各个系数的月平均值。可以看出，这些系数具有月际变化特征，尤其明显的是 b_0 的变化。从 6 月到翌年的 2 月，9 个月中经历了夏、秋和冬季，6 月的 b_0 为 9.27908，到 7 月上升到最大值 10.19816，8 月开始下降，到 12 月由正值变成了负值，并在 1 月达到最低值（−6.39263），与最低气温实况的变化趋势十分一致，具有明显的季节变化特征。

这说明，卡尔曼滤波系统是通过更新 b_0 来反映气温的气候变化，更新其他系数则是对气候变化的一种补偿，这种系数变化特征与分月建立 MOS 方程制作不同月份的预报在效果上是一致的。可见，卡尔曼滤波方法不但能适应季节的变化，而且预报模型一旦建立后，可以一直连续用下去，而不需要像 MOS 预报那样一般要分月或分季节建立多个预报方程，这也是卡尔曼滤波方法的一种优越性。

表 9.5　北京 36 h 最低气温预报方程系数的月平均值
(1992 年 6 月至 1993 年 2 月)(取自陆如华等，1997)

月份	b_0	b_1	b_2	b_3	b_4
6	9.27908	0.21679	0.39094	−0.19577	0.10930
7	10.19816	0.22045	0.34557	−0.04004	0.08234
8	9.36675	0.21541	0.24129	0.21923	0.65430
9	7.29945	0.20820	0.26753	0.29944	−0.01351
10	5.00603	0.12772	0.32940	−0.17413	0.05062
11	0.57318	0.08368	0.46874	−0.43591	−0.06582
12	−3.91155	0.04737	0.19320	0.52195	−0.12942
1	−6.39263	0.05289	0.24041	1.04232	−0.13281
2	−4.37478	0.01790	0.17948	1.58318	−0.20146

9.3　非线性统计模型

人们越来越清楚地认识到，“大自然是非线性的”，非线性相互作用是一切复杂运动中存在的普遍现象，正是非线性才造成了现实世界的无限多样性。大量事实证明，大气系统就是一个具有耗散结构特征的非线性相互作用明显的极其复杂的动力时变系统。大气科学在非线性理论领域的研究正在深入展开，用非线性理论解释和讨论指数循环、阻塞形势、环流突变、气候变迁及大气运动的可预报性等方面，已取得一系列成果。在统计预报领域，经典的统计预报模型通常是线性的，然而，由于天气演变过程存在大量的非线性相互作用，因而线性模型有着明显的局限性。例如，在使用线性统计模型制作预报时，通常在正常情况下预报效果好，而遇到天气(气候)发生转折性异常变化情况，则往往预报失败。这说明，线性统计模型没有能力完全解决实践中遇到的各种预报问题，这主要是因为线性统计模型难以引入与预报对象关系密切的非线性预报因子，而把有些预报因子和预报对象的非线性关系当作线性关系来处理。非线性统计模型则能反映预报因子与预报对象之间的非线性关系，更准确地描述大气运动的真实情况，故通常具有更强的预报能力。本节介绍非线性统计的基本概念和几种较为常用且有效的非线性统计方法。

9.3.1　非线性统计的基本概念

9.3.1.1　线性统计模型和非线性统计模型的区别

把线性模型与非线性模型相比,犹如空间直线和平面与无数形状千变万化的曲线和曲面相比。曲线和曲面的类型无穷多,因而非线性统计模型也可以有无穷多种类型,而不是像线性模型那样,只有某一种形式。它们的区别主要表现在以下几个方面。

(1)在数学表达上的区别

在线性模型中,因变量(预报量)y 与自变量(预报因子)x 的函数关系 $y=f(x)$ 是一次的,如 $y=a_0+a_1x$。而在非线性模型中,因变量与自变量的函数关系不是一次的,如:

$$y=a_0+a_1x+a_2x^2+\cdots+a_mx^{\frac{1}{2}}$$

(2)在模型参数性质上的区别

在线性模型中,参数与自变量是一一对应的,例如 m 元线性回归方程:

$$y=a_1x_1+\cdots+a_mx_m$$

反映了预报因子 $x_1,\cdots,x_m$ 与预报量 y 之间的线性关系,方程中的参数 $a_1,\cdots,a_m$ 与预报因子 $x_1,\cdots,x_m$ 一一对应,参数的大小反映预报因子对预报量贡献的大小,它们可用线性最小二乘法来估计。线性模型产生的是无偏的、正态分布的、极小方差的参数估计。

而在非线性模型中,参数与自变量可能不是一一对应关系,例如非线性模型:

$$y=\frac{1}{(c_1x_1+c_2x_2)^d}$$

式中参数 d 是对整个模型的所有自变量而言的,不是对应某个自变量的,因而不能用线性最小二乘法来估计。非线性模型产生的是有偏的、非正态分布的、超过极小方差的参数估计,只有当样本量充分大,且选择与实际预报问题最相适应的非线性模型,使模型拟合残差方差达到最小时,非线性模型参数估计才可接近无偏、正态和最小方差的性质。

(3)在模型形式上的区别

线性模型只用一个线性函数即可表示出来,且该函数是一个连续函数。

而非线性模型的形式多样,可以由多个函数组成,有时甚至难以用函数形式来表达,因而不一定具备连续函数的性质,处理方法也多样。

9.3.1.2　非线性统计模型的类型及其求解的一般思路

非线性统计预报模型的形式多种多样,根据它们的主要特点和性质,通常可分为拟线性模式、半线性模式和其他非线性模型三大类。

(1)拟线性模型

拟线性模型由自变量的指数、对数或幂函数等各种初等函数的线性组合而成，只要作适当的变量代换，即可转化为线性模型。如：

$$y=d_1x+d_2x^2+d_3\ln x+d_4e^x+\cdots+d_mf(x)$$

只要令 $x_1=x,x_2=x^2,x_3=\ln x,x_4=e^x,\cdots,x_m=f(x)$就可化为多元线性回归模型。

(2)半线性模型

半线性模型由若干个含有非线性待估参数的非线性函数的线性组合而成。如：

$$y=c_1(d_1)^x+c_2(d_2)^x+\cdots+c_m(d_m)^x$$

$$y=c_1x^{d_1}+c_2x^{d_2}+\cdots+c_mx^{d_m}$$

对这类模型，通常先用非线性参数计算方法求得非线性参数 $D=(d_1,d_2,\cdots,d_m)$，再用上述拟线性模型的处理方法作适当的变量代换，转化为线性模型，最后求解出参数：

$$c=(c_1,c_2,\cdots,c_m)。$$

(3)其他非线性模型

是指不属于以上两类的所有非线性模型，如分段函数模型(也称逐段线性逼近模型)、非函数模型等。这些模型通常不能像拟线性模型那样简单地转化为线性模型，而需要采用有针对性的处理方法。如对于不能用单一函数表达的复杂预报问题，可采用分段函数模型对预报量进行取值分段，用分段的线性化模型来描述总体非线性问题；对难以用函数形式表达的预报问题，可用相似预报等非模型化方法作出预报；等等。

此外，当我们试图用非线性统计方法解决一个实际预报问题时，可能知道预报对象与预报因子的函数关系，也可能根本不知道预报对象与预报因子是何种非线性函数关系，因此，根据预报应用问题和从计算的角度，还可把非线性统计模型分为函数关系已知模型和函数关系未知模型两类。

(1)函数关系已知模型

根据实际预报问题，用一定的方法选取相应的非线性预报因子，把预报模型设为某种形式的拟线性或半线性模型，此时模型已知。这类模型的主要问题是根据观测数据求解模型参数。

(2)函数关系未知模型

当我们面对一个非线性关系复杂的实际预报问题，可能不知道预报因子与预报对象之间是何种非线性函数关系(即无法用拟线性或半线性模型表达)；或预报因子与预报对象间的函数关系不是连续函数，有突变、跳跃等间断点，即函数关系随不同情况会发生变化。对这类情况的处理思路有两种：一是把预报对象分割为 k 个小区间(可以有交叉重叠区间),在每个小区间内用一个线性模型来逼近它,这就是分段线性化模型的处理方法;二是在预报关系函数模型难以建立的情况下,可直接根据预报因子与预报对象间的量值关系,采用插值、相似等方法来进行预报,这就是非函数模型的处理方法。

9.3.1.3 非线性模型参数计算基本方法

显然,非线性模型参数计算主要是在模型已知情况下进行的。

设有 n 个样本,m 个预报因子,非线性模型为:

$$Y=f(X,D)$$

式中 $X=(x_1,x_2,\cdots,x_m)$ 为预报因子,$D=(d_1,d_2,\cdots,d_k)$ 为 k 个待估参数。则应使计算出的参数估值 $\hat{D}=(\hat{d}_1,\hat{d}_2,\cdots,\hat{d}_k)$,有残差平方和:

$$E(\hat{D})=\|Y-f(X,\hat{D})\|=\sum_{i=1}^{n}(y_i-f_i(X,\hat{D}))^2=\min$$

显然,要找到这样的 $\hat{D}$ 的必要条件是:

$$\frac{\partial E}{\partial d_1}=\frac{\partial E}{\partial d_2}=\cdots=\frac{\partial E}{\partial d_k}=0$$

或梯度:

$$\text{grad}\quad \Delta E(D)=\left(\frac{\partial E}{\partial d_1},\frac{\partial E}{\partial d_2},\cdots,\frac{\partial E}{\partial d_k}\right)=0$$

我们知道,在线性模型时,要满足残差平方和达到最小这一条件,用线性最小二乘法即可。而在非线性模型中,难以用线性最小二乘法求解参数,而采用逐步逼近的迭代算法。其基本思路是:从给定 D 的一个初值 $D^{(0)}$ 出发,找到能使其拟合残差减小的 $D^{(1)}$,然后进一步找出使拟合残差更小的 $D^{(2)}$,如此不断进行,就可计算出能使拟合残差达到或接近最小时的参数值。因此,非线性参数的计算也叫非线性参数寻优。下面介绍常用的几种方法。

(一)一维搜索法

一维搜索法主要用于只有一个非线性参数的寻优计算。这里仅介绍较常用的黄金分割法和抛物线逼近法。

(1)黄金分割法

以比例常数 $\tau=0.618$ 作为确定非线性参数在可能取值范围内寻优试验点的方法。计算步骤如下:

①设待估计的非线性参数 d 的可能取值区间为$[a,b]$;

②用以下两式算出$[a,b]$区间内的两个测试点(非线性参数 d 的可能最优取值):

$$d_r=a+0.618(b-a)$$

$$d_l = a + (1 - 0.618)(b - a)$$

③分别计算取值为 d_r 和 d_l 时的拟合残差 $E(d_r)$ 和 $E(d_l)$。

若 $E(d_r) > E(d_l)$，则置 $b = d_r, d_r = d_l$，转②计算新的内点 d_l；

若 $E(d_r) < E(d_l)$，则置 $a = d_l, d_l = d_r$，转②计算新的内点 d_r。

④比较第 k 和第 $k+1$ 步计算结果：

若拟合残差值的下降量已充分小，即：

$$\| E(d^{(k)}) - E(d^{(k+1)}) \| < \varepsilon$$

或，所计算参数的改变量已充分小，即：

$$\| d^{(k)} - d^{(k+1)} \| < \varepsilon$$

则 d_r 和 d_l 中拟合残差 $E(d_r)$、$E(d_l)$ 小者，即为所求的非线性参数估计值，参数寻优过程结束；否则，说明还未找到最优的参数估计值，转③重新调整搜索区间。

(2)抛物线逼近法

假定非线性参数 d 的可能取值区间为$[a,b]$，三个可能取值点为 d_1、d_2、d_3，它们的拟合残差分别为 $E(d_1)$、$E(d_2)$ 和 $E(d_3)$，并满足如下关系：

①$d_1 < d_2 < d_3$

②$E(d_1) > E(d_2) < E(d_3)$，即残差函数 $E(d)$ 是单谷函数。

则这三个点的残差函数值可以拟合一条抛物线：

$$\Psi(d) = a_0 + a_1 d + a_2 d^2$$

使 $E(d)$ 满足：

$$\left.\begin{aligned} \Psi(d_1) &= a_0 + a_1 d_1 + a_2 d_1^2 = E(d_1) \\ \Psi(d_2) &= a_0 + a_1 d_2 + a_2 d_2^2 = E(d_2) \\ \Psi(d_3) &= a_0 + a_1 d_3 + a_2 d_3^2 = E(d_3) \end{aligned}\right\} \tag{9.3.1}$$

对 $\Psi(d)$ 求导数并令其为零：$\Psi'(d) = a_1 + 2a_2 d = 0$，则可得极小点 d_4：

$$d_4 = -\frac{a_1}{2a_2} \tag{9.3.2}$$

由方程组(9.3.1)可求得：

$$a_1 = \frac{(d_2^2 - d_3^2)E(d_1) + (d_3^2 - d_1^2)E(d_2) + (d_1^2 - d_2^2)E(d_3)}{(d_1 - d_2)(d_2 - d_3)(d_3 - d_1)}$$

$$a_2 = \frac{(d_2 - d_3)E(d_1) + (d_3 - d_1)E(d_2) + (d_1 - d_2)E(d_3)}{(d_1 - d_2)(d_2 - d_3)(d_3 - d_1)}$$

代入式(9.3.2)，得极小点计算公式：

$$d_4 = \frac{1}{2} \cdot \frac{(d_2^2 - d_3^2)E(d_1) + (d_3^2 - d_1^2)E(d_2) + (d_1^2 - d_2^2)E(d_3)}{(d_1 - d_2)E(d_3) + (d_2 - d_3)E(d_1) + (d_3 - d_1)E(d_2)} \tag{9.3.3}$$

抛物线逼近法的实质是，在非线性参数 d 的可能取值区间为$[a,b]$内寻找单谷函数 $E(d)$ 的极小值问题。计算步骤为：

①把 d 的可能取值区间的两端点取为 $d_1^{(0)}$、$d_3^{(0)}$，在区间中取一点 $d_2^{(0)}$，计算 $E(d_1^{(0)})$、$E(d_2^{(0)})$和 $E(d_3^{(0)})$，有 $E(d_1^{(0)})>E(d_2^{(0)})<E(d_3^{(0)})$。

②按式(9.3.3)计算出可能的极小点 $d_4^{(0)}$ 和相应的 $E(d_4^{(0)})$。

③判断处理：

若有 $d_1^{(0)}<d_4^{(0)}<d_2^{(0)}$，且满足 $E(d_1^{(0)})>E(d_4^{(0)})<E(d_2^{(0)})$，则令 $d_1^{(1)}=d_1^{(0)}$，$d_2^{(1)}=d_4^{(0)}$，$d_3^{(1)}=d_2^{(0)}$，再重新计算可能的极小点 $d_4^{(1)}$；

若有 $d_2^{(0)}<d_4^{(0)}<d_3^{(0)}$，且满足 $E(d_2^{(0)})>E(d_4^{(0)})<E(d_3^{(0)})$，则令 $d_1^{(1)}=d_2^{(0)}$，$d_2^{(1)}=d_4^{(0)}$，$d_3^{(1)}=d_3^{(0)}$，再重新计算可能的极小点 $d_4^{(1)}$；

若计算结果不属于以上两种情况，则计算不收敛(不能用该方法作非线性参数寻优)，停止寻优计算。否则，进入下一步，判断是否找到最优点：

④经步骤③反复迭代，可依次求得 $d_4^{(0)}$、$d_4^{(1)}$、…、$d_4^{(k)}$。由于在每次迭代计算的三点中，中间点的残差值均不大于两端点的残差值，故迭代计算使搜索区间越来越小，离最优点越来越近。当先后两次计算的参数改变量已充分小，即$||d_4{}^{(k)}-d_4{}^{(k+1)}||<\varepsilon$，或拟合残差值的下降量已充分小，即$||E(d_4{}^{(k)})-E(d_4{}^{(k+1)})||<\varepsilon$，则可终止计算，最后求得的 $d_4^{(k)}$ 即为寻得的参数 d 的估计值。

(二)多个非线性参数的寻优

这里仅介绍等高线法和非线性最小二乘法(高斯一牛顿法)这两种常用的方法。

(1)等高线法

等高线法以一维搜索法为基础，适用于同时有多个非线性待估参数开始寻优时使用。其基本做法是：

①假设各参数之间相互独立，并给出各参数的可能取值范围。

②对其中的一个参数用一维搜索法(如黄金分割法或抛物线逼近法)，找出其“最优”估计值。

③固定已搜索参数的“最优”估计值，对另一个参数作一维搜索，直至所有参数均搜索一遍。

④反复进行步骤②和③，直至所有参数的拟合残差和充分小。

(2)非线性最小二乘法(高斯一牛顿法)

本方法是计算非线性模型待估参数的一种经典方法，其实质是逐次线性化逼近。

设模型为 $y=f(X,d)$，其中有 m 个待估参数 $d=(d_1,d_2,\cdots,d_m)$，n 个样本。

①首先给参数 d 赋一个初值，记为 $d^{(k)}$，设其与真实值之差为 $\Delta=d-d^{(k)}$。则有：

$$d\approx d^{(k+1)}=d^{(k)}+\Delta$$

其中 $\Delta=(\Delta_1,\Delta_2,\cdots,\Delta_m)$，即：

$$\left.\begin{aligned} d_1^{(k+1)} &= d_1^{(k)} + \Delta_1 \\ d_2^{(k+1)} &= d_2^{(k)} + \Delta_2 \\ &\cdots\cdots \\ d_m^{(k+1)} &= d_m^{(k)} + \Delta_m \end{aligned}\right\} \tag{9.3.4}$$

这时确定 $d^{(k+1)}$ 的问题就转化为求解修正值 Δ,然后再用 Δ 来订正 $d^{(k)}$ 的问题。

②为确定 Δ,可对模型函数 $y=f(X,d)$ 在 $d^{(k)}$ 处作 Taylor 级数展开,并略去 Δ 的二次以上的项,得到:

$$f(X,d^{(k+1)}) = f(X,d^{(k)}+\Delta) \approx f(X,d^{(k)}) + \frac{\partial f(X,d^{(k)})}{\partial d_1}\Delta_1 + \cdots + \frac{\partial f(X,d^{(k)})}{\partial d_m}\Delta_m \tag{9.3.5}$$

当初值 $d^{(k)}$ 已给出时,$f(X,d^{(k)})$,$\dfrac{\partial f(X,d^{(k)})}{\partial d_i}$均有确定的值,故可用线性最小二乘法来求解 Δ。记残差函数为:

$$\begin{aligned} E &= \sum_{j=1}^{n}(y_j - f(X_j,d^{(k+1)}))^2 \\ &\approx \sum_{j=1}^{n}\left[y_j - \left(f(X_j,d^{(k)}) + \frac{\partial f(X_j,d^{(k)})}{\partial d_1}\Delta_1 + \cdots + \frac{\partial f(X_j,d^{(k)})}{\partial d_m}\Delta_m\right)\right]^2 \end{aligned}$$

为求解 Δ,对 E 求偏导数,并令其为零:

$$\begin{aligned} &\frac{\partial E}{\partial \Delta_i} \\ &= 2\sum_{j=1}^{n}\left\{\left[y_j - \left(f(X_j,d^{(k)}) + \frac{\partial f(X_j,d^{(k)})}{\partial d_1}\Delta_1 + \cdots + \frac{\partial f(X_j,d^{(k)})}{\partial d_m}\Delta_m\right)\right]\cdot \left(-\frac{\partial f(X_j,d^{(k)})}{\partial d_i}\right)\right\} \\ &= 2\Delta_1\sum_{j=1}^{n}\left(\frac{\partial f(X_j,d^{(k)})}{\partial d_1}\cdot\frac{\partial f(X_j,d^{(k)})}{\partial d_i}\right) + \cdots \\ &\quad + 2\Delta_m\sum_{j=1}^{n}\left(\frac{\partial f(X_j,d^{(k)})}{\partial d_m}\cdot\frac{\partial f(X_j,d^{(k)})}{\partial d_i}\right) \\ &\quad - 2\sum_{j=1}^{n}\left(\frac{\partial f(X_j,d^{(k)})}{\partial d_i}(y_j - f(X_j,d^{(k)}))\right) \\ &= 0 \end{aligned}$$

记:

$$\begin{cases} a_{wi} = \displaystyle\sum_{j=1}^{n}\left(\frac{\partial f(X_j,d^{(k)})}{\partial d_w}\cdot\frac{\partial f(X_j,d^{(k)})}{\partial d_i}\right) \\ a_{wy} = \displaystyle\sum_{j=1}^{n}\left(\frac{\partial f(X_j,d^{(k)})}{\partial d_w}\cdot(y_j - f(X_j,d^{(k)}))\right) \end{cases}$$

则有求解 Δ 的线性方程组:

$$\begin{cases}a_{11}\Delta_1+\cdots+a_{1m}\Delta_m=a_{1y}\\ \cdots\cdots\\ a_{m1}\Delta_1+\cdots+a_{mm}\Delta_m=a_{my}\end{cases}$$

解此线性方程组，即可得 $\Delta=(\Delta_1,\cdots,\Delta_m)$。再把已求得的 Δ 代入式(9.3.4)，即可求得 $d^{(k+1)}$。由于 Taylor 级数展开式(9.3.5)只取一次项近似，所以求得 $d^{(k+1)}$ 也是近似的，但比 $d^{(k)}$ 更接近 d 的真实值。

再令 $d^{(k)}=d^{(k+1)}$，重复上述步骤，又求得新的 Δ 和 $d^{(k+1)}$，如此反复迭代，使 $d^{(k+1)}$ 的值一次比一次更接近最小残差估计值，直到 $||\Delta||$ 的值小到可以忽略时为止，这时得到的 $d^{(k+1)}$ 即为最后所求得的估值。

9.3.1.4　非线性预报因子的构造与筛选

(1)预报因子的构造

统计天气预报效果的好坏，虽然与预报方法有关，但与因子选择的关系更为密切，可以说，统计天气预报的基础是因子的选择。非线性统计预报也是如此，但比线性问题更加复杂和困难。

非线性预报因子的构造是因子选择的基础。通常情况下，对因子 x，可进行各种非线性变换，构造出许多非线性因子。其中最常见的三种基本非线性因子是：

①幂函数型：x^a（常取 $a=-2,-1,2,3,\cdots$）

②指数函数型：e^{ax}（常取 $a=-1,1,\cdots$）

③对数函数型：$\ln x$

在此基础上，还可构造出更复杂的因子，如 $x^a\cdot e^{ax}$ 等。

对于多个因子，如 $x_1,x_2\cdots$，可构造出的非线性因子有 $x_1\cdot x_2,\dfrac{x_1}{x_2},x_1\ln x_2$ 等等。

(2)预报因子的筛选

设预报对象为 y，待筛选的非线性预报因子集为 $X=(x_1,\cdots,x_m)$，其中有因子 m 个。因子筛选的目的是从中选出若干个与预报对象关系密切者，用于建立预报模型。

常用的筛选方法有两种：

①分别将每个因子与预报对象 y 建立一元（单自变量）非线性拟合模型，看其拟合效果是否显著，若显著则认为其间存在好的预报关系。

在建立一元（单自变量）非线性拟合模型时，可同时对不同的非线性模型进行试验，如：

1) $y=cx^a$

2) $y=ce^{ax}$

3) $y=c\ln x$

……

此时，拟合效果最好的那个模型通常还可作为预报模型的形式。

②直接采用逐步回归方法，对这些非线性因子进行筛选，同时建立多因子非线性回归模型。在此过程中，通常首先要对非线性因子进行线性化变换处理，故逐步回归所得的有关参数已不是原来因子意义上的参数最佳估计（最小二乘解）。所以，一般需在用线性逐步回归方法建立多因子非线性回归模型后，再用非线性最小二乘法对回归方程中所有线性和非线性参数重新计算一次，得到最后的回归模型和参数估值。如对于多元半线性回归模型：

$$y = a_0 + \sum_{i=1}^{m} a_i f_i(x_i, d_i)$$

当已求得或估计给出各非线性参数 d_i（如对 x_i^a 取 $a = 2$）后，再作线性化变量替换 $x'_i = f_i(x_i, d_i)$，则可化为线性回归模型 $y = a_0 + \sum_{i=1}^{m} a_i x'_i$。其中，因子 x'_i 的筛选和线性参数 a_0, a_i 的计算，按线性逐步回归方法进行。但最后还应进行用非线性最小二乘法对参数的重估，如最终得到的可能不是 $a = 2$，而是略小于或大于 2。

9.3.2　几种常用非线性模型的处理和应用方法

9.3.2.1　简单非线性模型的线性化方法

将非线性模型转为线性模型的方法。

（一）基本初等函数及其组合模型

仅给出几种常见形式及其处理方法。

（1）$y = ax^b$

$$\lg y = \lg a + b\lg x$$

令：$y' = \lg y, a' = \lg a, x' = \lg x$

则有：$y' = a' + b'x'$

其中：$a = 10^{a'}, b = b'$

（2）$y = ae^{bx}$

$$\ln y = \ln a + bx$$

令：$y' = \ln y, a' = \ln a, x' = x$

则有：$y' = a' + b'x'$

其中：$a = e^{a'}, b = b'$

（3）$y = a + b\ln x$

令：$y' = y, a' = a, x' = \ln x$

则有：
$$y'=a'+b'x'$$
其中：
$$a=a',b=b'$$

(4) $y=\dfrac{1}{a+bx}$

令：
$$y'=\frac{1}{y},a'=a,b'=b,x'=x$$
则有：
$$y'=a'+b'x'$$

(5) $y=\dfrac{1}{a+b\mathrm{e}^{-x}}$

令：
$$y'=\frac{1}{y},a'=a,b'=b,x'=\mathrm{e}^{-x}$$
则有：
$$y'=a'+b'x'$$

(二)多项式展开模型

$$y=a_0+a_1x_1+a_2x_1^2+a_3x_1^3+\cdots a_ix_1^i+a_{i+1}x_2+a_{i+2}x_2^2+\cdots+a_{i+j}x_2^j$$
$$+\cdots+a_kx_1x_2+\cdots+a_lf(x_1,x_2,\cdots,x_m)$$

只要令：
$$x'_1=x_1,x'_2=x_1^2,x'_3=x_1^3,\cdots,x'_i=x_1^i,x'_{i+1}=x_2,x'_{i+2}=x_2^2,\cdots,x'_{i+j}=x_2^j,\cdots,$$
$$x'_k=x_1x_2,\cdots,x'_l=f(x_1,x_2,\cdots,x_m)$$

就有：
$$y=a_0+a_1x'_1+a_2x'_2+a_3x'_3+\cdots a_ix'_i+a_{i+1}x'_{i+1}+a_{i+2}x'_{i+2}+\cdots+a_{i+j}x'_{i+j}$$
$$+\cdots+a_kx'_k+\cdots+a_lx'_l$$

9.3.2.2 非线性问题线性化方法

将一个预报对象与预报因子在全局上呈非线性关系的问题，如何转化为线性问题来处理的方法。主要采用分段逼近的方法。具体方法主要有以下几种。

(一)样条函数拟合和样条函数回归法

此方法适合于解决预报因子 x 在不同取值区间对预报对象 y 有非线性不同影响的问题。

(1)多项式样条函数拟合

在 x 的取值区间 $[a,b]$ 中插入 l 个分点，将其分为 $l+1$ 个小区间：$[a,\xi_1]$，$[\xi_1,\xi_2]$，…，$[\xi_l,b]$。分点的多少，需根据实际问题而定。一般来说，要求拟合精度越高，所需分点数越多，但预报效果不一定就好。分点的确定，可用最优分割法、经验判断、作图分析等方法，还可把分点作为非线性待估参数，用非线性参数计算方法求得。但一般要求在分出的每个小区间上至少有 4～5 个样本。

在每个小区间上，分别用一个 x 的 p(一般取 1～3 即可)次多项式来拟合 y：

$$y=f(x)=\begin{cases} f_1(x)=a_{10}+a_{11}x+\cdots+a_{1p}x^p & x\in[a,\xi_1] \\ f_2(x)=a_{20}+a_{21}x+\cdots+a_{2p}x^p & x\in[\xi_1,\xi_2] \\ \cdots\cdots \\ f_{l+1}(x)=a_{l+1,0}+a_{l+1,1}x+\cdots+a_{l+1,p}x^p & x\in[\xi_l,b] \end{cases} \tag{9.3.6}$$

引入 m 次半截单项式：

$$u_+^m=\begin{cases} u^m & 当\ u>0 \\ 0 & 当\ u\leqslant 0 \end{cases}$$

记 $u_+^m=(x-\xi_t)_+^p$，$t=1,\cdots,l$，则式(9.3.6)可写为：

$$y=f(x)=\begin{cases} f_1(x)=a_0+a_1x+\cdots+a_px^p & x\leqslant\xi_1 \\ f_2(x)=f_1(x)+c_1(x-\xi_1)_+^p & x\leqslant\xi_2 \\ \cdots\cdots \\ f_{l+1}(x)=f_1(x)+c_1(x-\xi_1)_+^p+\cdots+c_l(x-\xi_l)_+^p & x\leqslant b \end{cases}$$

于是有：

$$y=f(x)=f_1(x)+\sum_{k=1}^{l}c_k(x-\xi_k)_+^p \tag{9.3.7}$$

(2)样条函数回归

在 x 的取值区间 $[a,b]$ 确定分点后，作变量替换，令：

$$z_1=x,z_2=x^2,\cdots,z_p=x^p$$

$$z_{p+1}=(x-\xi_1)_+^p,z_{p+2}=(x-\xi_2)_+^p,\cdots,z_{p+l}=(x-\xi_l)_+^p$$

并均作为预报因子，则式(9.3.7)即可转化为如下全回归形式：

$$\hat{y}=a_0+a_1z_1+\cdots+a_{p+l}z_{p+l}$$

若引入逐步回归方法对 z_i 进行筛选，则还可从中自动挑选最优分点，合并某些不必要的分段。例如，若 $(x-\xi_2)_+^p$ 这个因子在逐步回归中未被选入，则可认为分点 ξ_2 可以去掉，可把第 2 个子区间 $[\xi_1,\xi_2]$ 与第 3 个子区间 $[\xi_2,\xi_3]$ 合并。

(二)判别—回归法

本方法适用于降水量、云量、能见度等的预报。

以降水量为例，我们知道，降水量的大小与水汽的多少、上升运动的强弱等基本因子的关系，并不一定呈线性相关关系，而可能具有更多的非线性关系。因此，很难用一个预报方程有效地进行不同量级的降水量预报。在预报业务中，通常先作出有无降水的预报，当预报有降水后，再作小雨、中雨、大雨、暴雨、大暴雨、特大暴雨的等级预报，只有报对了等级，才有可能报出具体的降水量值。

判别—回归法的基本思想是：先用多级判别分析方法对预报对象进行分段(分类、分级)，再对每段(类、级)分别建立线性回归预报方程。其实质是，通过按预报对象的取值进行分类，用分段的线性回归模式来描述总体非线性问题。

(1)预报对象的分段(分类、分级)

有两种最常用的方法：

①根据预报业务需要划分

如在降水量预报中，可划分为无雨、小雨、中雨、大雨、暴雨、大暴雨、特大暴雨等级别；在云量预报中，可划分为少云、多云、阴等级别。

②根据统计学方法划分

设有 n 个样本的预报对象 y 和 m 个预报因子 $x_1, x_2, \cdots, x_m$。先将 y 按从小到大的顺序排列，然后象样条函数回归中对 x 的取值区间 $[a,b]$ 选取 l 个分点 ξ_i 那样，使用最优分割、作图分析、非线性参数寻优等方法，把 y 的取值区间分为 p 段(分别记为 $y_1, y_2, \cdots, y_p$)。其中第 i 段($i=1,2,\cdots,p$)有样本个例 n_i 个。

(2)预报对象的段(类、级)别判别

也有两种方法可用：

①利用 4.2 介绍的多级判别方法，建立判别函数，对预报对象 y 所属的段(类、级)别作出判别。

②首先，分别对 y 的 p 段(类、级) $y_1, y_2, \cdots, y_p$ 作 0/1 化处理。例如，若 y_3 表示中雨，则在样本资料中凡 24 小时降水量为 10～25mm 时 $y_3=1$，否则 $y_3=0$。然后，用 n 个样本建立关于 $y_1, y_2, \cdots, y_p$ 的回归方程组：

$$\begin{cases} \hat{y}_1 = a_{10} + a_{11}x_1 + \cdots + a_{1m}x_m \\ \cdots\cdots \\ \hat{y}_p = a_{p0} + a_{p1}x_1 + \cdots + a_{pm}x_m \end{cases}$$

作预报时，把预报因子实时资料代入方程组，求得 $\hat{y}_1, \hat{y}_2, \cdots, \hat{y}_p$，其中最大值 $\hat{y}_i$ 对应的就是预报对象的第 i 段(类、级)。

(3)预报对象的量值预报

分别取第 i 段($i=1,2,\cdots,p$)中 n_i 个样本个例的预报因子 $x_1, x_2, \cdots, x_m$ 与 y_i，用逐步回归方法建立定量预报模式。

作预报时，根据(2)定性预报出 y 所属的段(类、级)别，然后再作出具体数值的预报。

(三)门限—回归法

预报工作中会遇到这样的情况：在 m 个预报因子 $x_1, x_2, \cdots, x_m$ 中，可能某个因子 x_i 的变化会显著改变预报对象 y 与其他因子 x_j ($j=1,\cdots,m, j\neq i$)的预报关系。即 $x_i < x_i(c)$ 时有 $y=f_1(x_k)$，$k=1,\cdots,m$，而 $x_i > x_i(c)$ 时有 $y=f_2(x_k)$，但 $f_1(x_k)$ 与 $f_2(x_k)$ 却有显著差别。这种现象称为突变或跳跃。如季风爆发、ENSO、副热带高压北跳、平流层爆发性增温等都属于突变或跳跃现象。在突变或跳跃现象发生前后，预报因子 x_k 与预报对象 y 之间的关系显著不同，说明存在非线性关系，但这种关系难以用统一的一个函数来确切地表达。

门限—回归的基本思想是:通过门限变量的判别和控制作用,在不同情况下使用不同的预报方程,来解决突变或跳跃现象引起的非线性预报问题。其实质是,把由突变或跳跃现象引起的预报问题,按状态空间的取值进行分类,用分段的线性回归模式来描述总体非线性问题。

一般的门限—回归模型形式为:

$$y=\begin{cases}a_0^{(1)}+a_1^{(1)}x_1+\cdots+a_m^{(1)}x_m & x_i(\min)<x_i<x_i(c_1)\\ \cdots\cdots & \\ a_0^{(k)}+a_1^{(k)}x_1+\cdots+a_m^{(k)}x_m & x_i(c_{k-1})<x_i<x_i(\max)\end{cases} \tag{9.3.8}$$

式中 x_i 称为门限变量,其取值区间为$[x_i(\min),x_i(\max)]$,$x_i(c_1)$,…,$x_i(c_{k-1})$称为门限阈值。在各段回归方程中,入选的因子可以有所不同(上式中,未入选因子的系数 $a_i=0$)。作预报时,首先根据门限变量 x_i 的实时资料,判断属于哪一段,再用该段回归方程代入预报因子实时资料即可作出预报。

根据门限回归的基本思想,建立门限回归模型的主要步骤为:先找出门限变量和相应的门限阈值;根据找出的门限变量 x_i 和相应的门限阈值 $x_i(c_1)$,…,$x_i(c_{k-1})$,对样本资料进行分组,分段建立线性回归方程。

(1)门限变量及其阈值的确定

这一步是门限回归建模的关键。通常有两种处理方法:

一是物理分析方法。即根据预报问题的物理机制,分析因果关系,经推断确定某变量为门限变量,并给出相应的阈值。如可把上述季风爆发、ENSO、副热带高压北跳、平流层爆发性增温等作为门限变量,而将其发生的日期作为门限阈值。

二是统计分析法。是预报问题的物理机制不十分清楚时,完全依靠统计方法的处理方法。

以只有一个门限阈值,即分为两段回归的简单情况为例,介绍一种处理方法(还可使用最优分割等方法):

①从 m 个预报因子 $x_1,x_2,\cdots,x_m$ 中,任取一个因子 x_i,并在 n 个样本个例中找出 x_i 的最大值和最小值 $x_i(\min)$,$x_i(\max)$。在区间$[x_i(\min),x_i(\max)]$内,给定一个门限初值 $x_i^{(0)}(c_1)$。在 n 个样本个例中挑出 $x_i>x_i^{(0)}(c_1)$的那些预报对象样本个例,组成一组子样本 $y^{(0)}(1)$,剩余的组成另一组子样本 $y^{(0)}(2)$。

②用方差分析方法,求出 $y^{(0)}(1)$与 $y^{(0)}(2)$的差异显著性检验值 $F_i^{(0)}$。

③运用非线性参数寻优方法,调整门限初值为 $x_i^{(k)}(c_1)$,对 y 重新分组为 $y^{(k)}(1)$与 $y^{(k)}(2)$,两者的差异显著性检验值为 $F_i^{(k)}$。不断该寻优过程,使 $F_i^{(k)}$ 达最大值 F_i,对应的最优门限阈值为 $x_i(c_1)$。

④对 m 个预报因子 $x_1,x_2,\cdots,x_m$ 依次进行上述工作,可求得每个因子的 F_i 和 $x_i(c_1)$,$i=1,2,\cdots,m$。

⑤若有 $F_g=\max\{F_i\}, i=1,2,\cdots,m$，则对应的第 g 个因子 x_g 就是求得的门限变量，相应的 $x_g(c_1)$ 为门限阈值。

(2)样本资料分组和分段线性回归方程的建立

根据找出的门限变量 x_g 和相应的门限阈值 $x_g(c_1)$，对样本资料进行分组，即把 $x_{kg}>x_g(c_1)$，$(k=1,2,\cdots,n)$ 的那些样本个例，组成一组子样本，剩余的组成另一组子样本。然后，分别对这两组子样本作线性逐步回归，求得二段门限回归方程：

$$y=\begin{cases}a_0^{(1)}+a_1^{(1)}x_1+\cdots+a_m^{(1)}x_m & x_g<x_g(c_1)\\ a_0^{(2)}+a_1^{(2)}x_1+\cdots+a_m^{(2)}x_m & x_g>x_g(c_1)\end{cases}$$

式中，未入选因子的系数 $a_i=0$。

(3)k 段多元门限—回归模型的建立

将上述建立二段模型的方法加以推广即可。主要步骤为：

①任取一个因子 x_i，并在 n 个样本个例中找出 x_i 的最大值和最小值 $x_i(\min)$，$x_i(\max)$；在区间 $[x_i(\min), x_i(\max)]$ 内取 $k-1$ 个分点（门限初值）$x_i^{(0)}(c_1)$、$x_i^{(0)}(c_2)$、…、$x_i^{(0)}(c_{k-1})$；据此将 n 个样本个例分为 k 组，各组的预报对象样本个例分别记为 $y_i^{(0)}(1)$、$y_i^{(0)}(2)$、…、$y_i^{(0)}(k)$，并用方差分析方法，求出它们的差异显著性检验值 $F_i^{(0)}$

②运用非线性参数寻优方法，调整门限初值为 $x_i^{(j)}(c_1)$、$x_i^{(j)}(c_2)$、…、$x_i^{(j)}(c_{k-1})$，对 y 重新分组为 $y_i^{(j)}(1)$、$y_i^{(j)}(2)$、…、$y_i^{(j)}(k)$，它们的差异显著性检验值为 $F_i^{(j)}$。不断该寻优过程，使 $F_i^{(j)}$ 达最大值 F_i。

③对 m 个预报因子 $x_1, x_2, \cdots, x_m$ 重复①、②步工作，可求得 F_1、F_2、…、F_m。若其中最大者为 F_i，则因子 x_i 即为门限变量，对应的门限阈值为 $x_i(c_1)$、$x_i(c_2)$、…、$x_i(c_{k-1})$。

④根据 $x_i(c_1)$、$x_i(c_2)$、…、$x_i(c_{k-1})$ 把样本资料分成 k 段（组），分别对每一段作线性逐步回归，求得如式(9.3.8)所表述的 k 段门限回归模型。

实际上，门限—回归与前述样条函数回归、判别—回归在基本思路上是一致的，都是采用分段逼近的方法，用分段的线性回归模式来描述总体非线性问题。但在具体做法上有所区别：判别—回归是依预报对象来分段，而门限—回归和样条函数回归是依预报因子来分段，且门限回归实际上是样条函数回归的推广。

(四)秩序统计量回归法

设预报因子 x 与预报对象 y 之间的关系 $y=f(x)$ 为单调函数关系，即在 x 的取值区间内恒有 $\frac{\mathrm{d}y}{\mathrm{d}x}\geqslant 0$ 或 $\frac{\mathrm{d}y}{\mathrm{d}x}\leqslant 0$，则可对 x 的 n 次取样按从小到大的秩序排列，如表9.6所示。

表 9.6 x 的秩序变换表

ξ_x	1,	2,	…,	n
x	$x_{\min}$,	…	…,	$x_{\max}$

表 9.6 中 ξ_x 为 x 的秩序统计量。它是一个无量纲的，最小为 1，最大为 n 的整数序列；它与 x 之间是一对一的映射，并且是单射、满射、全射，是一种单调、可逆的非线性变换。

同样，对预报对象 y 也可得到秩序统计量 ξ_y（在此可看出，本方法不适于预报对象为“0、1”化的“有、无”预报）。

秩序统计量回归就是将 x 的秩序统计量 ξ_x 作为新的预报因子，将 y 的秩序统计量 ξ_y 作为新的预报对象，建立秩序回归方程：

$$\hat{\xi}_y = a + b\xi_x$$

作预报时，根据得到的预报因子 x 的值，首先按秩序变换表转换为秩序统计量 ξ_x，代入秩序回归方程，求得预报对象 y 的秩序统计量预报值 $\hat{\xi}_y$，最后反查 y 的秩序变换表，即求得 y 的预报值。

秩序统计量回归的实质是通过非线性变换，把存在非线性关系的 x 和 y 映射到一个线性空间进行线性统计分析。尽管不能写出 x 和 y 与它们的秩序统计量间所对应的非线性关系的具体函数形式，但通过秩序变换表，可以反映出 x 和 y 之间这种非线性的单调函数关系的基本趋势。

（五）多级回归法

设有 m 个预报因子 $x_1, x_2, \cdots, x_m$ 与预报对象 y 有非线性关系，但难以用一个函数来确切地表达它们之间的非线性关系。解决的办法是：

用前面介绍的某种单自变量非线性预报方法，分别对 $x_i(i=1,2,\cdots,m)$ 建立一元预报方程，从中挑出预报效果最好的那个预报因子，设为 x_j，把它作为第一主因子，相应的预报方程称为第一级预报式，记为 $\hat{y}_1 = f_1(x_j)$，残差记为 $y_1 = y - \hat{y}_1$，它表示用 x_j 所建立的方程不能预报的部分。对 y_1 又重复上述过程，挑选出预报效果最好的因子 x_k，把它作为第二主因子，相应的预报方程称为第二级预报式，记为 $\hat{y}_2 = f_1(x_j) + f_2(x_k)$，残差记为 $y_2 = y - \hat{y}_2$。以此类推，设共选得 r 个因子，建立了第 r 级预报式，使残差减少到允许的范围，则最终预报模式为：

$$\hat{y} = f_1 + f_2 + \cdots + f_r$$

9.3.2.3 复杂非线性模型方法

这里所谓的复杂非线性模型，是指不能简单地用基本初等函数及其组合或多项式表示的非线性模型，可解决不能用分段线性化方法进行处理的非线性问题。仅介绍常用的人工神经网络模型和灰色预测模型。

(一)人工神经网络模型

人工神经网络(artificial neural networks,ANN)是一种非线性知识处理系统,能较好地处理非线性的决策性问题。

1. ANN 的基本工作原理

ANN 的数学模型很多,这里仅以反向传播模型(back propagation, BP)为例来说明。

BP 模型的网络结构由输入层、隐层和输出层组成。工作过程包括信息的正向传播和误差信号的反向传播。在正向传播过程中,输入信息从输入层经隐层逐层处理,并传向输出层,每一层神经元的状态只影响下一层神经元的状态。如果在输出层不能得到期望的输出(误差大于要求的精度),则将误差信号沿原来的连接通道作反向传播,通过修正各层神经元的权重,使误差减小。重复上述过程,直至误差最小或得到期望精度的输出。图 9.6 是输入层为 M 个节点、隐层为 N 个节点、输出层为 L 个节点的 BP 网络示意图。

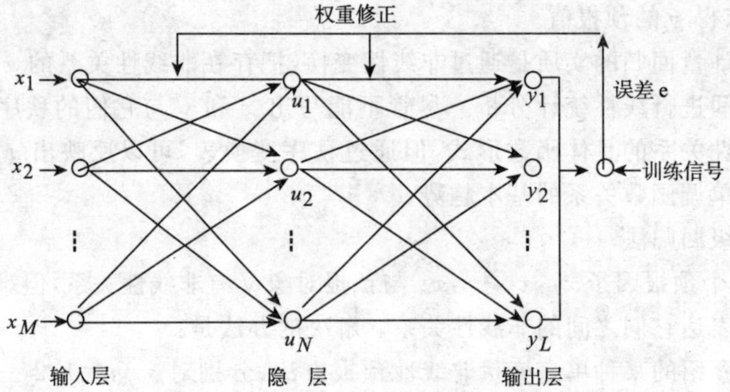

图 9.6　BP 网络基本结构示意图

BP—ANN 把一组样本的输入/输出问题作为非线性优化问题来处理,使用优化中最普通的梯度下降法,用迭代运算求解权重值,并通过引入隐节点的方法增加优化问题的可调参数,从而使得到更精确的解成为可能。下面以图 9.7 所示的简单网络为例说明之。

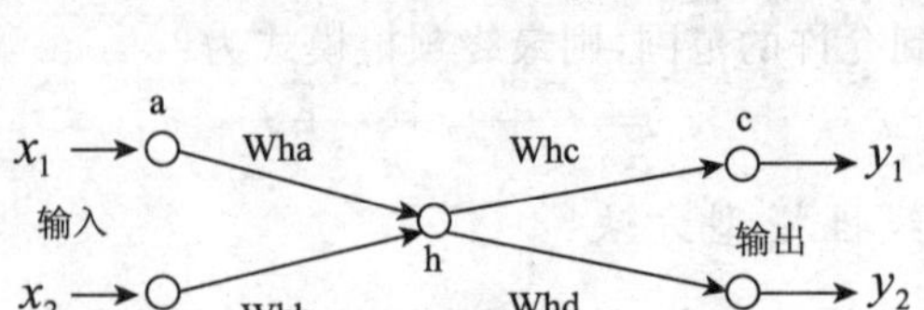

图 9.7　一个简单的网络

在每个神经元上的作用函数为非线性函数(这是将人工神经网络看作非线性模型的主要依据),常用的作用函数取 Sigmoid 型:

$$f(x)=\frac{1}{1+\mathrm{e}^{-x}}$$

记 W_{ji} 为从神经元 U_i 到神经元 U_j 的连接权值,O_i 为神经元 U_j 的当前输入,O_j 为其输出。

在输入层,各神经元的输出与输入相同,即 $O_j=O_i$。而在中间隐层和输出层,神经元的操作特性为:

$$net_i=\sum_i W_{ji}O_i \tag{9.3.9}$$

$$O_j=f(net_j) \tag{9.3.10}$$

如按图 9.7 所示网络,有:

$$net_h=W_{ha}x_1+W_{hb}x_2 \quad O_h=f(net_h)$$

$$net_c=net_{y1}=W_{ch}O_h \quad O_c=O_{y1}=\hat{y}_1=f(net_c)$$

$$net_d=net_{y2}=W_{dh}O_h \quad O_d=O_{y2}=\hat{y}_2=f(net_d)$$

若记 t_j 为神经元 j 的理想输出,则网络在一次训练中的总输出误差为:

$$E=\frac{1}{2}\sum_j(t_j-O_j)^2 \tag{9.3.11}$$

在输入层,由于输入(实况值)与输出相同,故可认为其输出为理想输出,即 $t_j=o_j$。在隐层,理想输出难以衡量,故可直接在输出层以实况值 y 作为理想输出值,来衡量网络输出的误差。在本例中:

$$E=\frac{1}{2}[(y_1-\hat{y}_2)^2+(y_2-\hat{y}_2)^2]$$

对网络进行训练时,若提供的训练样本为 n 个,并有 L 个输出 $\hat{y}_p(p=1,2,\cdots,L)$,则第 P 个输出的误差为:

$$E_p=\frac{1}{2}\sum_{k=1}^{n}(y_{kp}-\hat{y}_{kp})^2$$

网络输出的总误差为:

$$E=\sum_{p=1}^{L}E_p$$

当网络的所有实际输出与其理想输出(实况值)一致时,训练结束。否则,通过修正权值,使网络的实际输出与理想输出逐步一致,即使 $E\to 0$。权值的调整按梯度下降法进行:

$$\Delta W_{ji}=-\eta\frac{\partial E}{\partial W_{ji}} \tag{9.3.12}$$

这里假定了 ΔW_{ji} 与 $\frac{\partial E}{\partial W_{ji}}$ 成正比，而：

$$\frac{\partial E}{\partial W_{ji}}=\frac{\partial E}{\partial net_j}\frac{\partial net_j}{\partial W_{ji}}$$

由式(9.3.9)有：

$$\frac{\partial net_j}{\partial W_{ji}}=\frac{\partial}{\partial W_{ji}}\sum_i W_{ji}O_i=O_i$$

定义：

$$\delta_j=-\frac{\partial E}{\partial net_j}$$

故有：

$$\Delta W_{ji}=\eta\delta_j O_i \tag{9.3.13}$$

为了计算 δ_j，并把输出层表现的误差反向传播到输入层，由式(9.3.10)，有：

$$\delta_j=-\frac{\partial E}{\partial net_j}=-\frac{\partial E}{\partial O_j}\frac{\partial O_j}{\partial net_j}$$

$$=-\frac{\partial E}{\partial O_j}f'(net_j)$$

当 j 为输出节点时，由式(9.3.11)可得：

$$\frac{\partial E}{\partial O_j}=-(t_j-O_j)$$

故有：

$$\delta_j=-(t_j-O_j)f'(net_j)$$

$$=(y_j-\hat{y}_j)f'(net_j)$$

当 j 为非输出节点时，可求得：

$$\delta_j=f'(net_j)\sum_m\delta_m W_{jm}$$

即将所有与隐含神经元 u_j 相连的输出神经元 u_m 输出端的误差 δ_m，乘上对应的权值 W_{jm} 并求和，作为 u_j 的输出误差，所以这个过程也称之为误差的反向传播。

式(9.3.12)中的 η 表示学习速率。η 较大时，权值的修正量就较大，学习的速率就比较快，但有时可能产生振荡，即误差 δ_j 总不能小于某个特定的小值。而当 η 取得较小时，学习的速率虽慢，但一般比较平稳。因此，在实际应用时，可在学习开始阶段取较大的 η 值，然后逐渐减少 η 值，使能平稳完成学习过程，又具有较快的学习速率。

2. BP — ANN 在天气预报中的应用

由上述 ANN 的基本工作原理可知，BP — ANN 的计算过程分为两个阶段：第一个阶段为学习训练阶段，根据提供的样本资料，通过调整各层之间的权值，使之达到预定的拟合精度要求；第二个阶段是应用阶段，通过输入层的输入，依据学习训练阶段得到的权值，给出的输出量即为预报值。可见，学习训练阶段是关键。其具体步骤及注意事项有：

(1)资料的准备

①根据预报对象选取预报因子(系统的输入)。与一般统计预报选择预报因子的

基本思想相同，要求作为系统输入的预报因子应与预报对象有较好的相关性，并具有明确的物理意义。因子数的多少直接关系到学习的速率，而对效果无直接影响，如杨望月等在广西前汛期暴雨预报中用了 34 个因子，王繁强等在青海降雨分区分级预报中用了 9 个因子，效果反而后者优于前者。可见，关键的是要注意因子的质量，通常取 10 个左右为宜。

②选取训练样本。一般要求参加学习训练的样本不少于 100 个。选取的样本要注意代表性：如对降水预报，既要有降水的样本，又要有无降水的样本；要尽可能有各种不同形势的样本；要尽可能采用近期的样本，以减少气候变迁带来的可能影响。

(2)学习训练

①构造神经网络结构。用于天气预报的神经网络多为 3 层，即除输入层和输出层外，常只取一个隐层。而隐层节点数 N(隐单元个数)的选取，一般可通过以下经验公式来确定：

$$N=\log_2 M$$

式中 M 为输入节点数(预报因子数)。如杨望月等在采用 34 个预报因子时，经试验取 6 个隐单元效果较好，训练 200 次左右即可找出最高成功指数的最佳点，而用 8 个隐单元作试验发现，不但训练时间很长，而且不易收敛，效果不及 6 个隐单元的好。

②设置网络的初始权值 W_{ij}。一般可选某一随机小量为初始权值。如王繁强等取 0.4 为初值。

③确定学习精度(如历史概括率>90%)，以决定学习训练结束的时机。

④逐个对输入的 n 个样本(每个样本均有 M 个输入：$x_1,x_2,\cdots,x_M$)，计算 L 个输出(预报对象 $\hat{y}_1,\hat{y}_2,\cdots,\hat{y}_L$)：

$$O_j=1/\left[1+\exp\left(-\sum_{k=1}^{M}x_k W_{jk}\right)\right]$$

$$\hat{y}_i=1/\left[1+\exp\left(-\sum_{j=1}^{N}O_j W_{ji}\right)\right]$$

式中 O_j 为第 j 个隐节点的输出。

⑤从输出层到输入层的后一层(隐层)，计算误差，反向传输修正权值。

在输出层：$\delta_j=(y_j-\hat{y})f'(net_j)$

在隐层：$\delta_j=f'(net_j)\sum_{m=1}^{L}\delta_m W_{jm}$

为了加速学习过程，当前 t 的权值修正值，可在式(9.3.13)的基础上修改为：

$$\Delta W_{ji}(t)=\eta\delta_j O_i+\alpha\Delta W_{ji}(t-1)$$

式中 $\Delta W_{ji}(t-1)$为上一学习周期的权值修正值，α 为相应的学习速率。一般应取$\eta<\alpha$，如王繁强等取 $\eta=0.6$，$\alpha=0.75$。由此得到新的权值为：

$$W_{ji}(t)=W_{ji}(t-1)+\Delta W_{ji}(t)$$

⑥当输出与期望不一致（$\hat{y}_i \neq y_i$）时，重复④、⑤的学习过程，直至达到精度要求或产生振荡（不能收敛）。

学习结束后，权值保持不变。应用过程仅相当于上述学习过程的第④步，每输入一组“实时”资料，输出层的输出值即为预报值，当 y_1、y_2、…、y_L 为某种天气（如降水量）的分类预报对象时，最大输出值所在的节点就是最可能出现的该类预报对象。

下面以武汉暴雨研究所胡江林用神经网络模型作湖北省月降水量的预报为例，进一步说明其做法和效果：

选取 1954 到 1997 年湖北省 7 个代表站 1—6 月的逐月降水量，共 42(7×6)个因子，作为该网络模型的输入（每个代表站有 44 个样本）。输出是各代表站 7 月的降水量。网络的隐层节点取 10，学习速率取 $\eta=\alpha=0.618$，初始权值取 $-0.1\sim0.1$ 之间的随机数。

表 9.7 各代表站 44 个训练样本的误差（胡江林，1999）

代表站	相对误差范围(%)	平均相对误差(%)
郧县	−0.2～0.8	0.0
老河口	0.0～1.6	0.0
恩施	0.0～1.1	0.0
宜昌	−0.2～1.2	0.0
江陵	0.0～1.4	0.0
汉口	−1.8～2.4	0.5
黄石	−3.0～2.7	0.8

表 9.8 各代表站 1998 年 7 月月降水量的预报值和实况值（胡江林，1999）

代表站	实况值(mm)	预报值(mm)	实况距平(%)	预报距平(%)
郧县	131	95	−9	−3
老河口	122	46	3	−60
恩施	417	317	74	33
宜昌	177	266	−15	29
江陵	280	70	90	−52
汉口	759	614	349	263
黄石	847	813	392	373

训练结果（见表 9.7）是令人满意的，7 个代表站的平均相对误差都不超过 1%，误差范围都在−3.0%～2.7%之间。表 9.8 为 1998 年的实际预报情况。由表可见，

7 个站预报距平与实况符号相同的有 4 个站，占 57.1%。其中汉口和黄石的特大洪涝预报得更为成功，在降水实况距平达 3.5 倍以上的情况下，汉口的预报距平为 263%，黄石为 373%，都与实况十分接近，这是一般的线性预报模型很难达到的。

在该模型中，仅使用了各站的降水量前期值作为输入因子，如果引入一些能反映大气运动物理特性的大气环流因子和外强迫因子，也许效果会更好。

(二)灰色预测模型

灰色预测基于我国科学家在 20 世纪 80 年代初提出的灰色系统理论。若把内部信息完全未知的系统称为黑色系统，把信息完全确知的系统称为白色系统，则灰色系统是指既含有已知信息又含有未知信息的系统。显然，在气象领域，由于受到各种条件限制，人们只能从真实大气中获取一部分信息，而且对包括非线性相互作用在内的大气变化规律的认识也还不够全面，有些方面甚至知之甚少，因此，可把大气系统视为灰色系统来处理。

应用灰色系统理论处理预测问题的基本思想是设法使系统由“灰”变“白”。灰色系统的白化过程就是根据对获得的观测资料的分析，用一定的数学方法尽可能消除未知的随机因素的影响，建立能对系统作出预测的灰色模型。

1. 灰色预测模型的建立

灰色预测把一般统计学中的随机量称为是在一定范围内变化的灰色量，而将随机过程称为在一定幅区、一定时区内变化的灰色过程。在对作为灰色量的数据信息的处理上，采用了一定的技巧，用数据“生成”的方法将看似杂乱无章的原始数据整理成规律性较强的生成数列再作研究。因此，灰色预测不以原始数据建立模型，而以“生成”的数据建模，预测值则是模型输出的逆生成还原数据。

建立灰色模型(grey model，GM)使用的是微分方程的动态建模方法。常用的 GM 是一个一阶单变量的线性微分方程模型，常记为 GM(1,1)。它与不同的数据处理方式结合，可用于不同作用的预测，如数列预测、灾变预测、季节灾变预测、拓扑预测等。此处以 GM(1,1)为例，介绍其建模的一般方法。

(1)累加生成和累减生成

①累加生成

累加生成是通过对原始数据序列的累加，使其随机性得以弱化，规律性得到强化。

设有一由 n 个数据构成的预报对象原始序列：

$$\{x^{(0)}(t)\}=\{x^{(0)}(1),x^{(0)}(2),\cdots,x^{(0)}(n)\}$$

则一次累加生成定义为：

$$x^{(1)}(1)=x^{(0)}(1)$$

$$x^{(1)}(t)=x^{(1)}(t-1)+x^{(0)}(t)=\sum_{i=1}^{t}x^{(0)}(i)$$

如有$\{x^{(0)}(t)\}=\{4,2,6,9,3,5\}$，则一次累加得：

$$\begin{aligned}\{x^{(1)}(t)\}&=\{x^{(1)}(1),x^{(1)}(2),\cdots,x^{(1)}(6)\}\\&=\{x^{(0)}(1),\sum_{i=1}^{2}x^{(0)}(i),\cdots,\sum_{i=1}^{6}x^{(0)}(i)\}\\&=\{4,6,12,21,24,29\}\end{aligned}$$

可见，经一次累加后，原序列由振荡型变成了单调递增型，数据的变化规律更清楚了。

按上述方法，可作 m 次累加，有：

$$x^{(m)}(t)=\sum_{i=1}^{t}x^{(m-1)}(i)$$

不难发现，对于非负数数据序列，累加次数越多，则随机性弱化越明显。当累加了足够多次后，可认为原时间序列已由随机变为非随机，由不平稳变为平稳化了。

②累减生成

累减生成的目的是把累加数列还原为原始数列，或把基于累加生成的灰色预测值转化为实际的预测值。累减生成的过程实际上就是求等时距数据列的前后两个数据之差，如：

$$x^{(0)}(1)=x^{(1)}(1)$$

$$x^{(0)}(t)=x^{(1)}(t)-x^{(1)}(t-1)$$

一般地，有：

$$x^{(m-1)}(t)=x^{(m)}(t)-x^{(m)}(t-1)$$

(2)建模原理

设原始数据序列$\{x^{(0)}(t)\}$经一次累加生成得到新序列$\{x^{(1)}(t)\}$，且$\{x^{(1)}(t)\}$满足一阶单变量常微分方程：

$$\frac{\mathrm{d}x^{(1)}(t)}{\mathrm{d}t}+ax^{(1)}(t)=u \tag{9.3.14}$$

式中 a 为常系数，u 视为对系统的常定输入。解此方程可得：

$$x^{(1)}(t)=\mathrm{Ce}^{-at}+\frac{u}{a}$$

当 $t=t_0$ 时，有初值 $x^{(1)}(t_0)$，则有解：

$$x^{(1)}(t)=(x^{(1)}(t_0)-\frac{u}{a})\mathrm{e}^{-a(t-t_0)}+\frac{u}{a}$$

上式也称为时间响应方程。对于等时间间隔取样的离散值，则有：

$$x^{(1)}(t+1)=\left(x^{(1)}(1)-\frac{u}{a}\right)\mathrm{e}^{-at}+\frac{u}{a} \tag{9.3.15}$$

将常微分方程(9.3.14)写成差分形式，并注意到取等时间间隔时 $\Delta t=(t+1)-t=1$，故有：

$$\frac{\Delta x^{(1)}(n)}{\Delta t}=\Delta x^{(1)}(n)=x^{(1)}(n)-x^{(1)}(n-1)=x^{(0)}(n)$$

同时，由于 $\frac{\Delta x^{(1)}(n)}{\Delta t}$ 涉及 $\{x^{(1)}(t)\}$ 中两个时刻的值 $x^{(1)}(n)$、$x^{(1)}(n-1)$，因此对 $x^{(1)}(t)$ 相应地取其两个时刻的等权滑动平均值代替。则按最小二乘估计，可得参数 a,u 的估计：

$$\hat{\boldsymbol{U}}=[\hat{a},\hat{u}]^{\mathrm{T}}=(\boldsymbol{B}^{\mathrm{T}}\boldsymbol{B})^{-1}\boldsymbol{B}^{\mathrm{T}}Y$$

其中：

$$\boldsymbol{Y}=[x^{(0)}(2),x^{(0)}(3),\cdots,x^{(0)}(n)]^{\mathrm{T}}$$

$$\boldsymbol{B}=\begin{bmatrix}-0.5[x^{(1)}(2)+x^{(1)}(1)] & 1\\ -0.5[x^{(1)}(3)+x^{(1)}(2)] & 1\\ \vdots & \vdots\\ -0.5[x^{(1)}(n)+x^{(1)}(n-1)] & 1\end{bmatrix}$$

把估计值 $\hat{a}$、$\hat{u}$ 代入时间响应方程(9.3.15)，则有

$$\hat{x}^{(1)}(t+1)=\left(x^{(1)}(1)-\frac{\hat{u}}{\hat{a}}\right)\mathrm{e}^{-\hat{a}t}+\frac{\hat{u}}{\hat{a}} \tag{9.3.16}$$

此即为建立的灰色预测模型。由于模型是根据一阶单变量微分方程建立的，故称一阶一元灰色模型，记作 GM(1,1)。它描述了预报量 x 随时间 t 的非线性变化关系，因此是一种非线性模型。

模型(9.3.16)中，当 $t=1$、2、…、$n-1$ 时，算得的是历史资料序列的拟合值；当 $t=n$ 时，计算值为第一个预报值，但它们都是一次累加生成值。为了得到预测对象的实际拟合值和预测值，需用累减运算还原：

$$\begin{aligned}\hat{x}^{(0)}(t+1)&=\hat{x}^{(1)}(t+1)-\hat{x}^{(1)}(t)\\&=\left[\left(x^{(0)}(1)-\frac{\hat{u}}{\hat{a}}\right)\mathrm{e}^{-\hat{a}t}+\frac{\hat{u}}{\hat{a}}\right]-\left[\left(x^{(0)}(1)-\frac{\hat{u}}{\hat{a}}\right)\mathrm{e}^{-\hat{a}(t-1)}+\frac{\hat{u}}{\hat{a}}\right]\\&=\left(x^{(0)}(1)-\frac{\hat{u}}{\hat{a}}\right)(1-\mathrm{e}^{-\hat{a}})\mathrm{e}^{-\hat{a}t}\\&=C\mathrm{e}^{-\hat{a}t}\end{aligned} \tag{9.3.17}$$

式中 $C=\left(x^{(0)}(1)-\frac{\hat{u}}{\hat{a}}\right)(1-\mathrm{e}^{-\hat{a}})$ 为常数。

(3)建模步骤

建立 GM(1,1)模型的步骤可归纳为：

①根据原始数据序列计算一次累加序列；

②建立 **B** 矩阵及 **Y** 矩阵；

③根据$[\hat{a},\hat{u}]^{\mathrm{T}}=(\boldsymbol{B}^{\mathrm{T}}\boldsymbol{B})^{-1}\boldsymbol{B}^{\mathrm{T}}\boldsymbol{Y}$，求估计值$\hat{a}$和$\hat{u}$；

④用时间响应方程(9.3.16)计算拟合值$\hat{x}^{(1)}(t+1)$；

⑤用式(9.3.17)累减还原；

⑥计算均方根误差e_s或平均相对误差e_a：

$$e_s=\left[\frac{1}{n-1}\sum_{t=1}^{n}(x^{(0)}(t)-\hat{x}^{(0)}(t))^2\right]^{\frac{1}{2}}$$

$$e_a=\frac{\dfrac{1}{n-1}\sum_{t=1}^{n}\left|x^{(0)}(t)-\hat{x}^{(0)}(t)\right|}{\left|x^{(0)}(t)\right|}$$

若e_s或e_a小于给定精度，则模型可用，并可用式(9.3.16)、式(9.3.17)作外推预测。

(4)建模预测时需注意的问题

①原始序列具有非负性及单调性是用GM(1,1)模型进行拟合与预测获得良好精度的必要条件。但在气象领域，如气温、降水量等预报量的时间序列一般不直接满足非负性或单调性的基本建模条件，因此需要采取一定的方法加以处理。例如，用绝对温度来代替摄氏温度，或在摄氏温度值上加一个足够大的正数，就可保证温度值的非负性。一次或m次累加生成则是生成一个单调递增序列的基本方法，此外还可通过某种变换(或称映射)来实现之，下面将用实例来说明。

②建模所需资料通常不需很长的时间序列。如果序列太长，可能难以达到灰色系统理论所要求序列的光滑度，反而造成预报失败。但若序列太短，参加计算的信息量太少，显然也难有高精度的预测。序列长短的取定目前尚无完善的方法，可行方法之一是采用上述建模步骤⑥中计算并分析误差情况来确定。

③GM(1,1)是连续的时间函数，从理论上说，该模型可从初值$x^{(0)}(1)$一直延伸到未来任何时刻。而实际上，正如数值预报误差的情况，随着时间的推移，未来一些随机扰动和因素，将不断进入系统，因此一般来说，真正有预测意义的仅是$x^{(0)}(n)$以后的一两个预测值，其他更远的预测结果只能作为参考。

为了将不断进入系统的随机扰动和因素考虑进去，应将每一个新得到的数据送入建模序列中，重新建模，重新预测。

2. 灰色预测模型的应用

如果预测对象的等时距观测值满足非负单调特征，则可直接对序列建模、预测，这种预测称为数列预测，如粮食产量、人口的预测。但气象领域的预测对象常不具备此种特征，故一般不能直接建模，而是通过某种数据变换(或称映射)，使预测对象转化为建模所需的非负单调序列。

下面以灾变预测(对某灾变值或超出某阈值的异常值在何时出现的预测)为例，用实例来说明灰色预测的实现方法。

【例 1】1990 年秋亚洲运动会在北京召开。对运动会期间的天气人们最关注的是哪天会下雨，尤其开幕式(9 月 22 日)和闭幕式(10 月 7 日)的天气更引人注目。邱志生等用灰色预测方法在当年 8 月下旬就对亚运会期间的降水过程作出了比较成功的预报。

一般地，若有原始序列 $X^{(0)}(t)=\{x^{(0)}(1),x^{(0)}(2),\cdots,x^{(0)}(n)\}$，且确定灾变阈值为 ζ，则称 $x^{(0)}(k)\geqslant\zeta$ 为上灾变，$x^{(0)}(k)<\zeta$ 为下灾变。假设：

$$X_\zeta^{(0)}(t')=\{x^{(0)}(1'),x^{(0)}(2'),\cdots,x^{(0)}(n')\}(n'<n)$$

是符合上灾变定义的数列。则总可找到某种映射 P，使得：

$$P:X_\zeta^{(0)}(t')\rightarrow\Omega^{(0)}(t')=\{\omega^{(0)}(1'),\omega^{(0)}(2'),\cdots,\omega^{(0)}(n')\}$$

当取 $1'$ 为起始序号，且 $n'=m$ 时，有：

$$\Omega^{(0)}(t')=\{\omega^{(0)}(1),\omega^{(0)}(2),\cdots,\omega^{(0)}(m)\}$$

这里 $\Omega^{(0)}(t')$ 即为灾变日期集。即通过映射，把由原始数据序列 $X^{(0)}(t)$ 产生的灾变值数列 $X_\zeta^{(0)}(t')$ 转变为这些灾变值出现日期序号的数列 $\Omega^{(0)}(t')$。

接下来的工作就是对灾变日期集建立 GM(1,1)模型，并对未来灾变出现时间进行预测。

在本例中，原始序列 $X^{(0)}(t)$ 取北京 1990 年 7 月 1 日至 8 月 21 日的逐日降水量值，共 52 个元素，即：

$$X^{(0)}(t)=\{x^{(0)}(1),x^{(0)}(2),\cdots,x^{(0)}(52)\}$$

由于降水过程持续时间长短不同，降水量大小不等，根据实际应用需要，着重考虑降水过程的开始时间或降水量突增时间，这相当于以此为标准确定了“灾变”阈值 ζ。于是从 $X^{(0)}(t)$ 52 个数据中可选出 13 个符合“灾变”定义的数据，构成灾变值数列：

$$X_\zeta^{(0)}(t')=\{x^{(0)}(1'),x^{(0)}(2'),\cdots,x^{(0)}(13')\}$$

并由此得到由这些“灾变”值出现的日期序号组成的灾变日期集 $\Omega^{(0)}(t')$（简记为 $\Omega_0^{(0)}$）：

$$\Omega_0^{(0)}=\{5,7,13,18,20,23,25,27,32,39,41,43,52\}$$

其中各元素分别对应的实际日期为 7 月 5、7、13、18、20、23、25、27 日和 8 月 1、8、10、12、21 日。

对上述灾变日期集 $\Omega_0^{(0)}$ 作一次累加生成，得：

$$\Omega_0^{(1)}=\{5,12,25,43,63,86,111,138,170,209,250,293,345\}$$

以此为基础，按前述建立 GM(1,1)模型的步骤，可求得参数 a,u 的估计值：

$$\hat{a}=-0.12501,\hat{u}=11.76904$$

故得预测模型为：

$$\hat{\Omega}_0^{(1)}(t+1)=99.14\mathrm{e}^{0.12501t}-94.14$$

用此模型的计算结果经累减运算还原，即可得到未来开始出现降水或降水量突增日的序号及其对应的实际日期。

灰色模型得到的预测值是一个灰区间，也就是说预测的结果具有不确定性。而且原始序列选取的长度或区间不一样，预测结果通常也不完全一致。为了使预测的灰区间具有较好的稳定性，可取不同长度的灾变序列进行多次动态建模，分别得出多个预测值，再根据这些预测值在各未来时刻的频数分布情况，得出预测最终结果。具体做法是：

①首先从灾变日期集 $\Omega_0^{(0)}$ 中依次去掉序列的第一个元素，得出新的灾变日期集 $\Omega_1^{(0)}$、$\Omega_2^{(0)}$、…、$\Omega_9^{(0)}$：

$$\Omega_1^{(0)}=\{7,13,18,20,23,25,27,32,39,41,43,52\}$$

$$\Omega_2^{(0)}=\{13,18,20,23,25,27,32,39,41,43,52\}$$

……

$$\Omega_9^{(0)}=\{39,41,43,52\}$$

②把 $\Omega_0^{(0)}\sim\Omega_9^{(0)}$ 共 10 个灾变日期集，分别建立 GM(1,1)预测模型，并分别预测出 8 月 22 日至 10 月 10 日期间的“灾变”日期。

③计算 8 月 22 日至 10 月 10 日期间 10 个预测模型对各日预测为“灾变”日的频数。认为频数大者发生“灾变”的可能性更大，并作为最终预测结论。

根据以上做法，在上述预测时区内，实况出现 7 次降水过程，预报有 6 次降水过程，报对 5 次，漏报 2 次，空报的 1 次(10 月 5 日)虽未出现降水，但有明显冷空气影响北京，过程降温达 7.3℃。作为时效长达 40 余天的长期预报，其结果还是令人满意的。

【例 2】葫芦岛降水逐日长期预报

以 1998 年 6 月、7 月两个月的资料建立 GM(1,1)预测模型，预测 8 月份逐日有无降水。

①生成灾变日期数列

取 1998 年 6 月 1 日至 7 月 31 日这段时间内降水量不为零的日期序号，并记 1998 年 6 月 1 日为 1，生成的初始数列(灾变日期集)为：

$$\Omega_0^{(0)}=\{2,3,4,5,10,11,\cdots,54,58,59\}$$

$\Omega_0^{(0)}$ 中共有 31 个数，即有 31 个降水日。从 $\Omega_0^{(0)}$ 中依次去掉第一个元素，得出新的灾变日期集 $\Omega_1^{(0)}$、$\Omega_2^{(0)}$、…、$\Omega_{28}^{(0)}$：

$$\Omega_1^{(0)}=\{3,4,5,10,11,\cdots,54,58,59\}$$

$$\Omega_2^{(0)}=\{4,5,10,11,\cdots,54,58,59\}$$

……

$$\Omega_{28}^{(0)}=\{53,54,58,59\}$$

②对 $\Omega_0^{(0)}\sim\Omega_{28}^{(0)}$ 作一次累加生成，得 $\Omega_0^{(1)}\sim\Omega_{28}^{(1)}$

如对 $\Omega_0^{(0)}$，一次累加生成得：

$$\Omega_0^{(1)}=\{2,5,9,14,24,35,\cdots,873,931,990\}$$

③用 $\Omega_0^{(1)}\sim\Omega_{28}^{(1)}$ 分别建立 GM(1,1)预测模型

如对 $\Omega_0^{(1)}$，按 GM(1,1)模型的建模步骤，可求得参数 a,u 的估计值：

$$\hat{a}=-0.0553,\hat{u}=13.8566$$

故得预测模型为：

$$\hat{\Omega}_0^{(1)}(t+1)=252.57e^{0.0553t}-250.57$$

④预报制作

用 $\hat{\Omega}_0^{(1)}(t+1)\sim\hat{\Omega}_{28}^{(1)}(t+1)$ 分别预测出 1998 年 8 月 1—31 日的“灾变”日期（降水日期），并统计 29 个预测模型对各日预测为“灾变”日的频数。认为频数大者发生“灾变”的可能性更大，取频数≥11 时预报为降水日。

1998 年 8 月份该地出现降水 16 天，气候频率为 16/31≈0.516，本次有无降水的预报准确率为 20/31≈0.645，成功指数 CSI 为 10/31≈0.323，作为时效长达 31 天的长期预报总体效果不错。

⑤改进

为了及时考虑新资料提供的信息，建立一个“新陈代谢”的 GM(1,1)模型，即每得到一个新数据（一天新资料），就去掉一个老数据，以此建立一个新的 GM(1,1)模型，并用于预报。用此方法，预报准确率提高到 23/31≈0.742，成功指数 CSI 为 12/31≈0.387。

灰色预测方法简便易行，尤其在资料比较少的情况下有很大的优越性，这是经典的统计预报模型要求有大量资料所不能比拟的。然而，在实践中也发现，有时用 GM(1,1)模型进行预测效果较差，对一些起伏变化很大的预报项目的预报有时甚至会完全失败。此外，对于多个预报因子建立的灰色模型，求解计算比较困难，而常用的 GM(1,1)模型在实质上只考虑预测对象自身的演变规律，却把经典统计预报经常使用的其他影响因子作为“未知”信息排除在模型之外，这可能是造成有时预测失败的极重要原因。因此，预测模型本身及其相关的数据处理技术，都需不断完善与创新，已出现了不少改进的方案，这里不再介绍，有兴趣的读者可参阅有关文献。

9.3.2.4　非模式方法

在统计预报的实践中发现，预报对象与预报因子之间的关系有时是那样的复杂，以至于无法用前述的预报模式方法建立某种效果较好的预报模型，或者根本无法建立预报模型。在此情况下，可用下述相似预报的方法来解决。

1. 相似预报的基本原理和方法

(1)基本原理

相似预报方法所依据的相似原理可一般的表述为：

当两个或两类事物在许多属性上都相同,可断定它们在其他一些属性上也相同。

相似预报过程是一种非线性类比推理过程。若用 A 和 B 分别代表两个或两类不同的事物,用 $a_1,a_2,\cdots,a_n,b$ 分别代表不同的属性,则类比推理可表示为:

A 与 B 有共同属性 $a_1,a_2,\cdots,a_n$,

若 A 有属性 b,则 B 也有属性 b。

将此原理用于天气预报时,可认为,相似的天气形势和天气过程反映了相似的物理过程,因而会出现相似的天气现象。根据这一原理,把当前的天气形势和天气过程与过去曾出现过的历史个例进行比较,从中找出最相似的某个个例,就可把该个例相对应的天气情况作为当前预报的结论。

可见,这是一种非线性预报方法。因为类比推理过程包含了对天气演变过程所有非线性作用的考量。

(2)相似准则

有许多方法可用以衡量 i 和 j 两个样本间的相似程度,常用的主要有相似系数(相关系数)和各种距离:

①相似系数(相关系数)

$$r_{ij}=\frac{\sum_{k=1}^{m}(x_{ki}-\overline{x}_i)(x_{kj}-\overline{x}_j)}{\sqrt{\sum_{k=1}^{m}(x_{ki}-\overline{x}_i)^2\sum_{k=1}^{m}(x_{kj}-\overline{x}_j)^2}}$$

②距离

明考斯基(Minkowski)距离:

$$d_{ij}(q)=\left(\sum_{k=1}^{m}\left|x_{ik}-x_{jk}\right|^{q}\right)^{\frac{1}{q}} \tag{9.3.18}$$

绝对距离:$d_{ij}(1)=\sum_{k=1}^{m}\left|x_{ik}-x_{jk}\right|$[取(9.3.18)式中 $q=1$ 时]

欧氏距离:$d_{ij}(2)=\left(\sum_{k=1}^{m}(x_{ik}-x_{jk})^2\right)^{\frac{1}{2}}$[取(9.3.18)式中 $q=2$ 时]

切比雪夫距离:$d_{ij}(\infty)=\max_{1\leqslant k\leqslant m}\left|x_{ik}-x_{jk}\right|$[取(9.3.18)式中 $q\to\infty$ 时]

相似系数法和各种距离法都有局限性,只能在一定条件下适用。如相似系数主要衡量两个样本间的形相似,可反映环流型之间的位相差异(即槽脊位置的不同),而对同位相波动的强度(振幅)难以区分;各种距离法可很好反映两样本间在数值上的差异程度(值相似),对描述系统的强度很有效,但却不能很好地反映系统形态的相似与否。

【例 3】考察以下由 5 个因子组成的 3 个样本之间的距离和相似情况。数据如

表 9.9所示，相应的图形见图 9.8。

表 9.9　相似分析示意数据表

	$x1$	$x2$	$x3$	$x4$	$x5$
样本 1	1	3	2	4	2
样本 2	6	8	7	9	7
样本 3	2	1	3	2	4

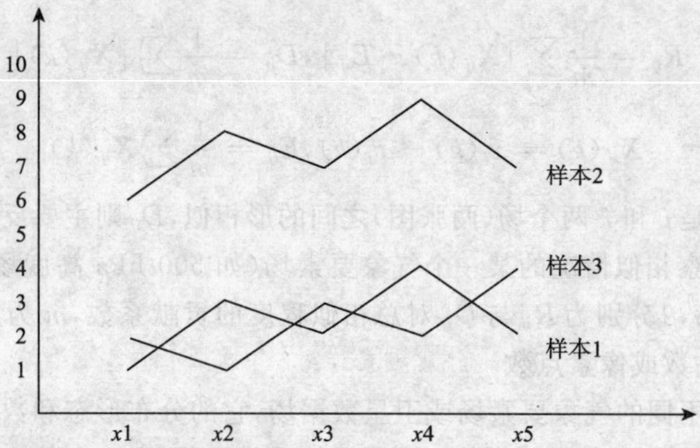

图 9.8　相似性分析示意图

从图上可直观看出，样本 1 与样本 2 在数值上差别大(每个因子均差 5)，而在分布形态上完全一致，即具有形相似特征；样本 1 与样本 3 在分布形态上趋势相反，但在数值上差别不大(每个因子最多相差 2)，即具有值相似特征。

按绝对距离计算：$d_{1,2}=25$；$d_{1,3}=9$；$d_{2,3}=25\rightarrow d_{1,3}$ 最小

按相关系数计算：$r_{1,2}=1$；$r_{1,3}=r_{2,3}\approx-0.35\rightarrow r_{1,2}$ 最大

【例 4】以图 9.9 中所示的数据，来分析气象要素场的相似性。

(a)				(b)				(c)			
0	0	1	1	8	5	3	2	18	15	13	12
1	2	3	2	4	4	3	1	14	14	13	11
1	3	4	4	2	3	2	1	12	13	12	11
2	3	5	8	1	1	0	0	11	11	10	10

图 9.9　气象要素场相似性分析示意图

图 9.9 中(a)为“西北低东南高”与(b)和(c)的“西北高东南低”正好相反，但与(b)在数值上差别小，而与(c)在数值上差别大。

(b)与(c)虽同为“西北高东南低”，但两者在数值上差别大，但(b)与(a)在数值上差别小。

所以,按距离计算时,(a)与(b)相似(值相似);按相关系数计算时,(b)与(c)相似(形相似)。

显然,既可反映形态的相似也能描述数值的相似,应是选择相似准则的基本要求。下述相似离度法就是符合这一基本要求的一种比较客观、合理的描述相似性方法。

③相似离度

$$C_{ij}=\alpha R_{ij}+\beta D_{ij} \tag{9.3.19}$$

其中:

$$R_{ij}=\frac{1}{m}\sum_{k=1}^{m}\left|X_{ij}(k)-E_{ij}\right|, D_{ij}=\frac{1}{m}\sum_{k=1}^{m}\left|X_{ij}(k)\right|$$

$$X_{ij}(k)=x_i(k)-x_j(k), E_{ij}=\frac{1}{m}\sum_{k=1}^{m}X_{ij}(k)$$

式中 R_{ij} 描述的是 i 和 j 两个场(两张图)之间的形相似,D_{ij} 则主要反映它们之间的值相似,X 为要考察相似情况的某一个气象要素场(如 500 hPa 高度场)或卫星数据场(如灰度场)等,α,β 分别为 R_{ij} 与 D_{ij} 对总相似程度的贡献系数,m 为所计算的相似场的格点数或测站数或像素点数。

一般来说,不同的气象要素场或卫星数据场,它的分布形态和数值大小对产生的天气是有不同影响的。比如高度场,槽脊的地理位置(形态),一般比它的强度(数值)对天气有更明显的影响,槽脊的地理位置常决定某天气能否出现,而槽脊的强度则主要影响天气的强度;而对于湿度场来说,干湿的分布形态当然重要,但湿度大小的具体数值的作用,显然也是很重要的。因此,对不同的要素场和物理量场,应该取不同的 α,β 值。如对高度场可取 $\alpha=2$、$\beta=1$,对湿度场则可取 $\alpha=\beta$ 等。

2. 动态相似回归法及其应用

动态相似回归法,是将上述相似预报原理与回归统计相结合建立动态模型的一种非线性方法。可用于气象要素场的插值补缺,也可直接用于预报。

(1)用于气象要素场插值补缺的基本步骤和方法

根据当时获得的一些测站资料有空缺的有限资料(称为当前样本),欲对某(些)空缺的气象要素进行补缺。

①首先用由非空缺数据构成的不完整要素场(相似因子场)和对应的历史样本资料,分别计算出当前要素场与各历史样本的相似离度 C。

②然后根据历史样本数的多少,按一定比例选出 N 个相对“最”相似的个例。

③若这些个例的 C 值相差的不大(说明相似程度相当),则将与空缺要素对应测站的该要素的 N 个历史观测值的平均值作为该空缺要素的初估值;否则,当这些个例的 C 值差别明显时,则取最相似(C 最小)个例对应的观测值作为该空缺值初估值。

④用这 N 个相似个例和有了空缺要素的初估值的当前样本一起构成回归统计

样本，选用相应的非空缺已有数据作为候选因子，对待补缺要素用逐步回归的方法建立动态的回归方程。

⑤代入非空缺的当前实测资料，即可得到最终的补缺值。

(2)应用试验实例

取全国范围北京等 24 个有代表性的测站，以 1981—1985 年 4 月 08 时地面、高空资料为历史样本；以 1995 年 4 月资料为当前样本。

①可行性试验

相似因子场取 850 hPa 位势高度 H_8、700 hPa 温度 T_7、700 hPa 位势高度 H_7，按上述步骤和方法，对 1995 年 4 月 20 日 08 时使其人为空缺的北京、徐州、南昌三站的地面气压 P、850 hPa 温度 T_8 和 700 hPa 位势高度 H_7 进行插补试验。结果见表 9.10。

表 9.10　动态相似回归法插补试验结果

要素/站名	P(hPa)		T_8(℃)		H_7(gpm)	
	实际值	插补值	实际值	插补值	实际值	插补值
北京	1004	1004.38	8.6	8.73	3008	3009.71
徐州	1010	1011.05	10.0	9.19	3078	3082.13
南昌	1009	1009.60	12.4	12.61	3116	3118.62

可见，动态相似回归法具有较高的插补精度。

②采用不同相似因子的对比试验

表 9.11 为采用不同相似因子及其组合，对上述三站的 P、T_8、H_7 和 500 hPa 风场(U_5、V_5)的插补试验结果(平均绝对误差)。

表 9.11　不同相似因子动态相似回归法插补结果的平均绝对误差

相似因子	插补要素				
	P(hPa)	T_8(℃)	H_7(gpm)	U_5(m/s)	V_5(m/s)
H_8	1.11	0.74	13.76	3.15	4.40
T_7	1.38	0.38★	40.90	6.83	6.29
H_7	1.15	2.04	2.82★	4.84	4.43
H_5	2.78	0.65	9.61	1.41★	2.97
H_8+H_7	0.68★	1.00	6.06	1.87	2.13
H_8+H_5	2.08	0.40	4.18	1.59	0.74★
H_7+H_5	3.08	1.39	4.55	1.68	2.25
H_8+T_7	1.14	0.73	21.62	1.94	1.23
H_7+T_7	3.75	1.21	11.04	4.14	3.36
H_5+T_7	2.85	0.46	6.89	1.60	0.74★
$H_8+T_7+H_5$	2.47	0.41	4.23	1.59	0.80
$H_8+H_7+H_5$	1.56	1.12	3.15	2.87	2.10

注：表中带★的为平均绝对误差最小者，下同。

由表 9.11 可见，选取不同的相似因子对插补结果有明显影响：用单因子时，对同层次或相邻层次的同要素效果较好，而对其他层次或性质不同要素的效果不好；采用两个以上相似因子时，效果无明显改善。

③采用不同插值补缺方法的对比试验

取三个不同情况的测站作试验：济南（常规站）、民勤（高山站）、福州（计算区的边缘站）。采用不同方法对 1995 年 4 月 11 日 08 时上述三站的相关要素进行插值补缺试验。相似因子取所要补缺的要素场。表 9.12 给出的是不同方法对不同测站的插补误差（插补值与实际值之差）。

表 9.12　不同方法对不同测站的插补误差

测站	要素场	三角形	有限元	多项式	最优插值	相似回归
济南	P(hPa)	−0.52	−0.34★	−1.65	3.75	0.96
	H_8(gpm)	−6.92	−7.23	−1.73	−6.59	−0.85★
	H_7(gpm)	−18.79	−19.23	−18.47	−20.10	−11.05★
	H_5(gpm)	−15.67	−17.74	−30.98	−11.83	−5.48★
民勤	P(hPa)	−7.67	−8.42	35.02	0.16★	3.18
	H_8(gpm)	−20.52	−29.19	18.54	−6.59	−0.85★
	H_7(gpm)	−2.28	−2.28	−41.41	1.78★	−5.89
	H_5(gpm)	−9.82	−8.93	−32.54	−7.83★	13.64
福州	P(hPa)	∞	∞	−8.70	0.04★	1.40
	H_8(gpm)	∞	∞	−10.56	3.53	−2.64★
	H_7(gpm)	∞	∞	−21.02	−0.56★	3.41
	H_5(gpm)	∞	∞	−12.46	−16.72	4.01★

表 9.13 给出 1981—1985 年及 1995 年共五年 4 月份 08 时对上述三站用不同插补方法得到的平均绝对误差，其中 d_5 和 f_5 分别为 500 hPa 上的风向和风速。

表 9.13　不同插补方法的平均绝对误差

方法	要素					
	P(hPa)	H_8(gpm)	H_7(gpm)	H_5(gpm)	d_5(°)	f_5(m/s)
三角形	6.72	11.80	11.71	13.70	74.03	4.56
有限元	0.84	14.80	11.85	14.14	77.49	4.37
多项式	12.22	9.58	22.45	23.04	56.41	5.98
最优插值	1.46★	4.46	8.84	14.93	60.18	4.14
相似回归	1.80	3.18★	7.70★	9.08★	41.44★	3.49★

由上两表可见，三角形和有限元方法不能对计算区的边缘站（福州）插补；多项式方法总体效果最差；而最优插值和动态相似回归方法均有较好的效果。平均而言，除

地面气压外，动态相似回归均优于最优插值的效果。

从研究试验结果看，用该方法作资料插值补缺，不但明显优于有限元、三角形、多项式、时间序列等插值方法，而且比通常认为效果最好的“最优”插值方法还略胜一筹。

(3)用于天气预报的基本步骤和方法

①首先用当前样本的相似因子场和对应的历史样本资料，分别计算出当前样本与各历史样本的相似离度 C。

②根据历史样本数的多少，按一定比例选出 N 个相对“最”相似(C 值相对最小)的个例。

③对于连续型预报对象(如降水量、气温等)，除了把预报对象的初估值取为相似历史样本次日(若作 24 小时预报)对应的观测值外，其他步骤和方法均同资料插补方法。对于离散型(0、1 化的)预报对象：若该 N 个历史个例对应的预报对象均一致，或一致率大于给定值(如 90%)，则直接作出与相似历史样本一致的预报；否则，用这 N 个历史样本建立回归方程(候选因子在当前样本可获得的相应资料中选取)。

④代入非空缺的当前资料到已建立的预报方程，得到预报结果。

可见，“动态相似回归”所说的动态有三个含义：

一是相似个例的选取是动态的，它们是根据当前资料而定的，一般是逐日而异的；

二是用于挑选相似个例和组建预报方程的历史样本资料是动态的，如可取预报起始日对应的前后各 30 天同期若干年的资料作为历史样本资料；

三是建立回归方程所用的因子及建成的方程是动态的，用于资料插补或预报的方程是随用随建的。

参考文献

陈焱，等. 1996. 暴雨业务预报方法和技术研究——利用 ECMWF 数值产品作 24～72 小时暴雨预报的动力相似方法[M]. 北京：气象出版社.

丑纪范. 2002. 大气科学中的非线性与复杂性[M]. 北京：气象出版社.

胡江林. 1999. 神经网络模型用于湖北省月降水量预报的探讨，暴雨 · 灾害(三)[M]. 北京：气象出版社.

胡守仁，等. 1995. 神经网络导论[M]. 北京：国防科技大学出版社.

华晓朝，孔玉寿，王昌雨. 1999. 战时常规气象资料插值补缺方法[J]. 空军气象学院学报，**20**(4).

黄嘉佑. 1993. 统计动力分析与预报[M]. 北京：气象出版社.

黄嘉佑. 1996. 短期天气的动力统计预报进展[J]. 海洋预报，**13**(4).

黄嘉佑. 2004. 气象统计分析与预报方法[M]. 北京：气象出版社.

黄嘉佑等. 1993. 卡尔曼滤波在天气预报中的应用[J]. 气象，**19**(4).

孔玉寿,章东华.2005.现代天气预报技术[M].北京:气象出版社.
孔玉寿.1988a.多层递阶方法在短期天气预报中的应用试验[J].气象,**14**(1).
孔玉寿.1988b.南京地区梅雨量的多层递阶长期预报模型[J].航空气象科技,(6).
孔玉寿.1989.开发多层递阶方法预报能力的一个技术问题[J].空军气象学院学报,**10**(3).
孔玉寿,等.1993.相似预报方法的人工智能实现[J].空军气象学院学报,**14**(2).
李贤琅.1986.台风路径预报的卡尔曼滤波方法[C]//第二次全国概率统计天气预报会议文集.北京:科学出版社.
柳崇健.1998.天气预报技术的若干进展[M].北京:气象出版社.
陆如华,何于班.1994.卡尔曼滤波方法在天气预报中的应用[J].气象,**20**(9).
陆如华,等.1997.卡尔曼滤波的初值计算方法及其应用[J].应用气象学报,**8**(1).
马开玉,张耀存,陈星.2004.现代应用统计学[M].北京:气象出版社.
任宏利,丑纪范.2005.统计—动力相结合的相似误差订正法[J].气象学报,**63**(6):988-993.
施能.2005.气象科研与预报中的多元分析方法[M].北京:气象出版社.
王繁强,等.1997.B-P算法在青海省降雨分区分级预报中的应用[J].高原气象,**16**(1):105-111.
谢齐强,等.1996.暴雨业务预报方法和技术研究——动力统计模型应用于三峡荆江暴雨落区的试验研究[M].北京:气象出版社.
严华生,谢应齐,曹杰.1998.非线性统计预报方法及其应用[M].昆明:云南科技出版社.
杨望月,等.1994.利用专家神经网络试报广西前汛期暴雨[J].气象,**20**(6):48-50.
张承福.1988.神经网络系统[J].力学进展,**18**(2).
张承福.1994.人工神经网络在天气预报中的应用研究[J].气象,**20**(6):43-47.
张万诚,等.1997.非线性动态系统预报的一种方法初探[J].大气科学,**21**(1).
钟元,李泓.1996.西北太平洋热带气旋中期路径的统计释用综合预报模式[J].海洋预报,**13**(2).
周家斌.1993.关于统计气象学的几个问题[J].大气科学,**17**(增刊).
朱心美,等.1995.动力统计大风预报系统[J].山东气象,**15**(3).
朱正心,等.1995.用T42产品为因子用卡尔曼滤波方法作温度预报[J].气象科学,**15**(1).
朱正心,等.1997.温度客观预报自动化业务系统[J].气象,**23**(3).
Funahasi K. 1989. On the approximate realization of continuous mapping by neural networks[J]. *Neural Networks*, **2**: 183-192.
Glahn H R, Lowry D A. 1972. The use of model output statistics (MOS) in objective weather forecasting[J]. *J. Appl. Meteor.*, **11**:1203-1211.
Glahn H R. 1985. Statistical weather forecasting. Probability, Statistics, and Decision Making in the Atmospheric Sciences[M]. A H Murphy and R W Katz, Eds.. Westview Press, 289-335.
Homleid M. 1995. Diurnal corrections of short-term surface temperature forecasts using the Kalman filter[J]. *Wea. Forecasting*, **10**:689-707.
Kilpinen Juha. 1992. The application of Kalman filter in statistical interpretation of numerical weather forecasts, Preprints 12th conf. Probability and Statistics, *Amer. Meteor. Soc.*, 11-16.

Klein W H. 1965. Application of synoptic climatology and short-range numerical prediction to five-day forecasting. U. S. Weather Bureau Research Paper, Vol. 46, 109.

Kong Y S, Ji L L, Wang C Y, Li L G, Zeng L M. 2008. A new technique of non-linear statistic prediction and its applications in atmospheric system[J]. *Kybernetes*, **37**(9/10).

Majewski D. 1997. Operational regional prediction[J]. *Meteor. Atmos. Phys.*, **63**:89-104.

Persson A. 1991. Kalman filtering-A new approach to adaptive statistical interpretation of numerical meteorological forecasts, WMO Training workshop on the Interpretation on NWP Products in Terms of Local Weather Phenomena and Their Verification Wageningen, Netherlands.

Potukuchi S, Wexler A S. 1997. Predicting vapor pressure using neural network[J]. *Atmospheric Environment*, **31**(5):741-753.

Vislocky R L, Fritsch J M. 1995. Improved model output statistics forecasts through model consensus[J]. *Bull. Amer. Meteor. Soc.*, **76**:1157-1164.

Wilson L J, Vallée M. 2002. The Canadian Updateable Model Output Statistics (UMOS) System: Design and development tests[J]. *Wea. Forecasting*, **17**:206-222.

第 10 章　预报的综合集成和质量评定

随着大气科学的发展，天气预报技术方法不但日趋先进而且更加多样化了。从前面几章介绍的内容也可看出，仅在统计预报这一方向，技术方法也在不断发展和丰富。这为提高天气预报能力提供了有利的条件，同时也带来了新的问题：由于各种预报方法所采用的信息资料不同(统计预报中采用的预报因子不同)，所依据的技术原理不同(统计预报中采用的统计模型不同)，因而作出的预报结果通常是不完全相同，甚至有时是相反的。因此，如何科学地综合各种预报方法的特点和提供的预报信息，使预报准确率得到有效提高，是现代天气预报必须考虑的一个迫切问题。实践表明，综合集成是提高预报水平的一种较为有效的方法。

另一方面，各种预报方法的预报质量必须通过实际的检验，才能真正鉴定其优劣，而这种检验通常是用某种评分的方法来实现的。

本章就介绍预报的综合集成和质量评定的一些常用方法。

10.1　综合集成预报

10.1.1　综合集成预报的基本思路

这里以动力-统计预报为例来加以说明。可用于数值预报产品解释应用的动力-统计预报的具体方法是很多的，如第 9 章介绍的 PP、MOS、MED、相似预报等非线性方法、卡尔曼滤波等；另外我们也知道，制作数值预报的数值模式也很多，如全球模式、区域高分辨率中尺度模式、差分模式、谱模式等，它们可作出 24 h、36 h、48 h、72 h、……、168 h 等不同时效的预报，因此，可用于动力-统计的数值预报产品是多种多样的(包括不同数值模式的产品和不同预报时效的产品)。而不同数值模式或同一模式不同预报时效的产品，预报精度是不同的；各种动力-统计方法也有不同的特点，作出的预报结论也不总是一致。如何充分发挥各种不同的数值预报产品的作用和各种统计方法的优点，使预报准确率得到最大可能的提高，就是可以用综合集成来解决的问题。动力-统计预报中的综合集成，针对不同的数值预报产品和不同的统计方法，可通过预报方法集成、预报模式集成和预报时效集成等途径来实现。下面分别介绍它们的基本思路。

(1)预报方法集成

主要为了解决预报方法多,而预报结果不一致的问题。预报人员面对多种多样的预报方法给出的往往是不一致的结果,哪一种更好、更可靠,常常难以作出判决。除了通过长期实践积累使用经验外,这一问题用预报方法集成的办法可得到较好地解决。

预报方法集成就是将多种预报方法分别作出的预报结果集中在一起,采用一定的集成技术,得出综合结论。参与集成的各种子方法对最终预报的贡献,通过适当的权重来体现。它可以使参与集成的各种子方法的不足得到互相弥补,因而其预报能力一般强于单独的一种预报方法。

(2)预报模式集成

主要为了解决数值预报模式众多,而预报结果不一致的问题。目前,世界上投入业务运行的数值预报模式非常多,日常天气预报业务工作中使用的数值预报产品来自国内外不同的数值预报模式。由于各种数值预报模式描述的物理过程、采用的前后处理技术和参数化方案,以及时空分辨率等,都可能不同,因而预报性能各有差异。甲模式对某类天气系统报得好,乙模式却可能对另一些天气过程有独特的预报能力,这就给预报人员的使用带来了极大的困难。

预报模式集成也叫异模式综合集成,就是把不同的数值预报模式所作出的产品,分别用同一种方法得出解释结论,然后采用一定的集成技术,得出综合结论。参与集成的各种数值预报模式对最终预报的贡献,也通过适当的权重来体现。预报模式集成对不同的数值预报模式的性能,可以起到取长补短的作用,因而其预报能力一般强于单独一种模式的预报。

近些年来广泛开展起来的集合预报(ensemble prediction),从统计学的意义上说,实际上就是一种预报模式集成方法。它每次用十几个甚至几十个不同的扰动初值,用相同的或不同的数值模式进行数值积分,可以给出很多不同的预报结果。实践表明,通过对这些不同预报结果的集成,不但可提高预报的准确性和稳定性,而且可有效延长预报时效。

(3)预报时效集成

我们知道,中长期天气预报(包括中期数值预报)的预报时效通常在 7 天以上。因此,如果今天是 M 月 D 日,那么对于像“M 月 D+1 日”这样特定的时间,从前几天到今天,一定有许多次关于“M 月 D+1 日”的预报。显然,如果连续几天都预报“M 月 D+1 日”有降水,那么“M 月 D+1 日”真有降水的可能性就大;否则,有些天报“M 月 D+1 日”有降水而有些天报没有,则“M 月 D+1 日”降水的可能性就小。长期预报中使用的“阴阳历叠加”或“韵律叠加”的道理类似。

预报时效集成就是将这些不同时间用不同初值制作的关于某一时间的预报信息集中起来，采用一定的集成技术，得出综合预报结论。一般来说，预报的时效越长准确性越差，因此，预报时效集成时，通常给予近期的预报较大的权重。

在做综合集成预报的实际工作中，通常要同时进行预报方法、预报模式和预报时效的集成。如在动力-统计预报中，通常要应用多种数值预报产品（包括不同数值模式的产品和不同预报时效的产品）以及多种解释应用方法分别作出预报，然后再进行综合集成。这种更广泛意义上的综合集成，可以更充分地提取不同预报因子和不同预报方法提供的信息，因而更有利于提高预报精度。

10.1.2 综合集成预报的技术方法

上述实现综合集成的途径中，最本质的是预报方法集成，因为不同的预报模式和不同的预报时效，都可广义地看成为不同的预报方法。因此，下面仅以“预报方法集成”为例，介绍几种比较常用的综合集成预报技术方法。

(1)权重线性集成法

设有 M 种预报方法，对某预报对象作出的预报分别为 $Y_1, Y_2, \cdots, Y_M$，则经权重线性综合集成后的预报结论为：

$$Y = \sum_{i=1}^{M} \omega_i Y_i \tag{10.1.1}$$

式中 $\omega_i (i = 1, 2, \cdots, M)$ 为第 i 种预报方法的权重，且应满足 $\sum_{i=1}^{M} \omega_i = 1$。当各 ω_i 均相等时，就成为算术平均法。有人证明过，算术平均法是一种效果最差的综合集成方法。

权重集成法的关键是各预报方法权重 ω_i 的确定，通常有以下方法：

①用预报值与实况值的相关系数确定权重

一般情况下，预报值与实况值呈正相关关系，相关系数越大，说明该预报方法的预报效果越好，相应的权重系数也应越大。

设第 i 种预报方法的预报值与实况值的相关系数为 $R_i (R_i \geqslant 0)$，则取式(10.1.1)中 $\omega_i = R_i / R$ 即可，其中 $R = \sum_{i=1}^{M} R_i$。

②用预报准确率确定权重

做法与上述相关系数法类似，只是用第 i 种预报方法的预报准确率 f_i 来代替相关系数 R_i 即可。由于预报准确率的计算十分简单，因此该方法的使用很方便。例如，同时用三种不同的预报方法作某地有无降水的预报，统计 100 次预报结果，它们的预报准确率分别为：

$$f_1 = \frac{90}{100} = 0.90 \quad f_2 = \frac{80}{100} = 0.80 \quad f_3 = \frac{70}{100} = 0.70$$

则相应的权重为：

$$\omega_1=\frac{0.90}{0.90+0.80+0.70}=0.375$$

$$\omega_2=\frac{0.80}{0.90+0.80+0.70}=0.333$$

$$\omega_1=\frac{0.70}{0.90+0.80+0.70}=0.292$$

故得综合集成预报方程为：

$$Y=0.375Y_1+0.333Y_2+0.292Y_3$$

③用预报相对误差确定权重

设第 i 种预报方法在 n 次预报中的预报相对误差累积量为：

$$E_i=\sum_{t=1}^{n}\left|\frac{Y_0(t)-Y_i(t)}{Y_0(t)}\right|$$

式中 $Y_0(t)$ 为预报对象的实测值，$Y_i(t)$ 为第 i 种预报方法的第 t 次预报值。依据误差小应权重大的原则，可确定这种预报方法的权重为：

$$\omega_i=\frac{\sum_{j=1}^{M}E_j-E_i}{(n-1)\sum_{j=1}^{M}E_j}$$

(2)投票集成法

投票集成法实际上是权重线性集成法的一种特例。只是在确定权重时，对第 i 种预报方法得出的结论 Y_i 规定一个阈值 Y_c，当 $Y_i \geqslant Y_c$ 时取权重 $\omega_i=1$，否则取 $\omega_i=0$。集成结论为：

$$Y=\frac{1}{M}\sum_{i=1}^{M}\omega_i Y_i$$

显然，投票集成法一般只能用于预报对象是 0/1 化的，也就是说，一般用于作预报对象的有无(出现与否)预报。另外，这里取定阈值的方法是有讲究的。比如取阈值 $Y_c=0.5$，那就是常见的“少数服从多数”的投票法；而如果取 $Y_c=0.3$ 甚至更小，那就是以“宁可空报不能漏报”为原则的“宁空勿漏”投票法，适合于小概率灾害性天气的预报。

(3)多元决策加权法

多元决策加权法是一种概率预报加权集成的方法，它是对简单投票法的一大改进。

设某预报对象划分为 L 个等级(或有 L 个预报对象，下同)，采用 M 种预报方法。记 P_{ij} 为第 i 种方法对第 j 等级(或第 j 个预报对象)的概率预报值，则可用矩阵表示为：

$$\boldsymbol{P}=\begin{bmatrix}\boldsymbol{p}_1\\\boldsymbol{p}_2\\\vdots\\\boldsymbol{p}_M\end{bmatrix}=\begin{bmatrix}p_{11} & p_{12} & \cdots & p_{1L}\\p_{21} & p_{22} & \cdots & p_{2L}\\\vdots & \vdots & \vdots & \vdots\\p_{M1} & p_{M2} & \cdots & p_{ML}\end{bmatrix}$$

再假设用历史资料统计得到第 i 种预报方法的权重为 $\omega_i(i=1,2,\cdots,M)$，且 $\sum_{i=1}^{M}\omega_i=1$。记作：

$$\boldsymbol{W}=(\omega_1,\omega_2,\cdots,\omega_M)$$

于是，由这 M 种方法作出的综合概率预报结果可表示为：

$$\boldsymbol{B}=(b_1,b_2,\cdots,b_L)=\boldsymbol{W}\cdot\boldsymbol{P}$$

其中：

$$b_j=\sum_{i=1}^{M}\omega_i P_{ij}$$

如果 $b_j(j=1,2,\cdots,L)$ 中数值最大者为 b_k，即：

$$b_k=\max\{b_j\}$$

那么，综合集成的结果就是为分级预报对象的第 k 级（或第 k 个预报对象）。

下面以刘勇等研制的安徽省暴雨集成预报方案为例，来看具体的做法。

他们先将安徽全省的预报区域（107°～121°E，25°～39°N）划分成 1°×1°经纬度的网格，采用以下四种方法，按格点逐点地作出可能出现暴雨事件的概率预报，最后进行综合集成。

①数值预报产品释用预报

用欧洲中期天气预报中心（ECMWF）的分析场和 24 h、48 h 预报产品，经计算得到若干再加工产品，再采用距离加权平均法插值到每个格点上。然后，对每个格点计算出下列 8 项指标，并根据历史资料给定有暴雨出现的临界值：

地面 24 h、48 h 与 0 h、24 h 间的平均变压≤0；

500 hPa 24 h、48 h 与 0 h、24 h 间的平均变高≤0；

500 hPa 地转涡度≥$15\times10^{-5}\ \mathrm{s}^{-1}$；

500 hPa 24 h 与 0 h 地转涡度差≥$10\times10^{-5}\ \mathrm{s}^{-1}$；

850 hPa 24 h 与 48 h 平均涡度≥$5\times10^{-5}\ \mathrm{s}^{-1}$；

850 hPa 48 h 与 24 h 涡度差≥$10\times10^{-5}\ \mathrm{s}^{-1}$；

850 hPa 24 h 与 48 h 平均散度≤$-2\times10^{-5}\ \mathrm{s}^{-1}$；

850 hPa 24 h 与 48 h 平均饱和水汽通量散度≤$-2\times10^{-8}\ \mathrm{g/(cm^2\cdot hPa\cdot s)}$。

它们包括地面气压的变化、500 hPa 的变高、地转涡度及地转涡度随时间的变化，850 hPa 的涡度及涡度随时间的变化、散度以及水汽通量散度，都是和暴雨发生条件有关的气象参数或物理量。

制作预报时，在每一格点上，按照每满足一条指标等权重地累加 1/8 的概率，作出该格点出现暴雨的概率预报 p_1。

②物理量诊断分析预报

通过大量的统计，找出了 7 个与暴雨密切相关的物理量及其临界值：

850 hPa 散度 $<-5\times10^{-5}$ s^{-1}；

200 hPa 散度 $\geqslant3\times10^{-5}$ s^{-1}；

700 hPa 垂直速度 $\leqslant-4\times10^{-3}$ hPa/s；

300 hPa 涡度减 850 hPa 涡度 $\leqslant-5\times10^{-5}$ s^{-1}；

850 hPa 水汽通量散度 $\leqslant-3\times10^{-8}$ g/(cm^2 · hPa · s)；

水汽辐合法可降水率 $\geqslant$3 mmm/h；

凝结函数法可降水率 $\geqslant$2 mm/h。

同样，按每满足一条指标累加 1/7 的概率，作出每个格点出现暴雨的概率预报 p_2。

③卫星云图定量分析预报

用 GMS-5 红外云图，按 0.1°经纬度间隔采集数据，再用滑动平均的方法计算出每个格点周围 5°×5°（经纬度）范围内的灰度平均值 A，和该范围内灰度值 $\geqslant$220 的格点数目 B。然后，把二者的乘积"$A\times B$"作为"暴雨云预报因子"，这个因子表明，灰度值越高而且高灰度值的格点数越多，那么就越有利于暴雨的发生。这样，就可以根据卫星云图的灰度特征来定义暴雨的概率预报值为：

$$p_3=[(A_0\times B_0)+(A_0\times B_0-A_t\times B_t)]/300$$

式中下标 0 表示制作预报时所用的最新云图，显然，云图资料越新越好；t 则表示 t 小时前的云图。这里考虑了 t 小时以前的情况，可以反映云图灰度特征随时间的演变情况。用上式，可逐个格点计算出 p_3。同时规定，若计算出的 p_3 值 $>$100 时，仍记 $p_3=100$，因为概率值是不能超过 100% 的。

④预报员经验预报

由预报员根据经验预报出暴雨和大雨的落区，然后取预报的暴雨区中的每个格点的概率预报值为 $p_4=100$，大雨区内各格点 $p_4=60$，其他格点上 $p_4=0$。

按上述四种方法，对历史个例逐个进行计算和统计分析，结果表明，前两种方法的预报准确率稍高于后两种方法，它们的预报准确率分别为 75%，75%，65% 和 65%，即它们的权重分别为 75/280，75/280，65/280 和 65/280。故有：

$$W=(75/280,75/280,65/280,65/280)$$

因此，对每个格点的暴雨综合概率预报方程为：

$$p=(75p_1+75p_2+65p_3+65p_4)/280$$

用这个方程逐点计算出综合预报概率以后，就可以绘制出暴雨的综合概率预报图。为了体现对暴雨这种灾害性天气宁可空报也不能漏报的原则，取概率预报值大于40%的区域为预报的暴雨区，概率预报值在60%以上的区域预报有大暴雨。

(4)线性回归集成法

线性回归集成的原理和方法和一般的多元线性回归方法相同。

设有 M 种预报方法，用容量为 n 的某独立样本对某预报对象作出的预报分别为 $Y_1(t),Y_2(t),\cdots,Y_M(t)$，其中 $t=1,2,\cdots,n$。把这些预报结果作为预报因子，则按最小二乘法，可得到线性回归集成的预报方程为：

$$Y = b_0 + \sum_{i=1}^{M} b_i Y_i$$

式中 Y_i 为第 i 种预报方法的预报结果；回归系数 b_0 为预报对象的平均值，b_i 实际上就是第 i 种预报方法的权重系数，它反映了该预报方法在综合预报中的相对重要性以及与其他方法的相互关系。

当可参与集成的预报方法很多时，可采用逐步回归的方法进行筛选并建立综合集成预报方程。

下面以武汉中心气象台彭春华等研制的短期降水预报方法为例，来说明线性回归集成的应用。他们用以下 4 个单项预报结果作为预报因子：

Y_1：中央气象台 12～36 h(0～24 h，24～48 h 平均)指导预报；

Y_2：日本 12～36 h(12～24 h，24～36 h 合成)数值预报；

Y_3：日本 24～48 h 数值预报；

Y_4：我国 12～36 h 数值预报。

以武汉市 20—20 时的 24 h 降水预报为例，建立的预报方程为：

$$Y=4.247+0.005Y_1-0.067Y_2+0.388Y_3+0.957Y_4$$

从这个方程中我们可以看到，4 种预报方法对武汉降水预报的作用是不同的。Y_1 的系数仅 0.005，小得微不足道；而 Y_2 的系数是负值，与降水成反相关；Y_3 的作用比较大，系数达 0.388；而 Y_4 的系数却高达 0.957，占了绝对优势。当然，这个方程的合理性是值得商榷的，但其思路和方法是可取的。

近些年来随着研究的深入，在一般线性回归集成法的基础上，一些改进的回归集成预报方法相继开发出来，如稳健回归集成、非线性回归集成等，都在某些方面取得不同程度的进展。

(5)人工神经网络集成法

这是一种非线性的综合集成方法。

设有 M 种预报方法，用容量为 n 的某独立样本对某预报对象作出的预报分别为 $Y_1(t),Y_2(t),\cdots,Y_M(t)$，其中 $t=1,2,\cdots,n$。把这些预报结果作为人工神经网络的输入，则按人工神经网络方法（取一个隐层，N 个隐节点）可得到的集成预报方程为：

$$Y = 1/\left[1 + \exp\left(-\sum_{i=1}^{N} O_i W_i\right)\right]$$

$$O_i = 1/\left[1 + \exp\left(-\sum_{j=1}^{M} Y_j W_{ij}\right)\right]$$

式中 Y_j 为第 j 种预报方法的预报结果；W_i 和 W_{ij} 为网络的权值，可通过网络学习得到（详见 9.3）。

（6）多层递阶集成法

由于多层递阶方法是一种动态时变系统预报技术，把这种方法用于综合集成预报时，能较好地反映各种预报方法的预报能力随时间变化的综合情况。

设有 M 种预报方法，在预报时刻 t 之前对连续的 n 个历史样本作出的预报结论分别为 $Y_1(k), Y_2(k), \cdots, Y_M(k)$，其中 $k=t-1, t-2, \cdots, t-n$。把这些预报结果作为多层递阶预报模型中的输入变量，则用多层递阶方法可得到的集成预报方程为：

$$Y(t) = \sum_{i=1}^{M} \hat{\beta}_i^*(t) Y_i(t)$$

式中 Y_i 为第 i 种预报方法的预报结果；$\hat{\beta}_i^*(t)$ 为时变参数，可用多层 AR 模型递阶等方法预报得出（详见 9.2）。

除了上面介绍的 6 种综合集成方法以外，实际上本书前几章介绍的其他一些统计预报方法大多也可以用作综合集成预报，这里就不一一介绍了。

最后值得指出，虽然理论和实践都证明，各种集成预报方法的预报效果和参与集成的单一子方法相比一般都有所改进，综合集成的预报水平可以超过参与集成的子方法中的最高预报水平，但归根到底，集成预报的水平还是取决于参加集成的诸预报方法本身。所以，关键还是在于提高各种具体预报方法自身的预报质量。当然，研究和改进综合集成预报技术，提高集成的效果，也是十分重要的，在这方面还大有工作可做。

10.2　预报质量的评定

天气预报质量的优劣是指预报结果与未来天气实况相符的程度，通常用按某种“评分标准”计算出的评分来衡量。评定预报质量不但是衡量气象保障质量的一个重要手段，也是改进预报技术的重要依据。对预报质量评定方法的研究已有一百多年的历史，现已发展成天气预报领域的一个重要分支。

预报质量评定主要应用统计学方法，但由于预报量（预报对象）不同（如离散型、连续型和形态型），或预报方法不同（如概率预报和其他常规统计预报），相应的预报质量评定方法也有区别。

10.2.1 离散型预报量的预报质量评定

对于有无降水、雷暴（常以 1 表示有，以 0 表示无）或小雨、中雨、大雨、暴雨这类离散型预报量的预报质量评定，常需给出预报和观测列联表（表 10.1），然后应用相应的方法进行计算。

表 10.1 预报和观测列联表

观测		有	无	
预报	有	n_{11}	n_{10}	$n_{1\cdot}$
	无	n_{01}	n_{00}	$n_{0\cdot}$
		$n_{\cdot 1}$	$n_{\cdot 0}$	$n_{\cdot\cdot}$

常用的方法有以下几种。

(1)预报成功率（也称预报准确率）

$$PC=\frac{m}{n}\times 100\%$$

式中 $m=n_{11}+n_{00}$ 为预报正确的次数；$n=n_{\cdot\cdot}=n_{\cdot 0}+n_{\cdot 1}=n_{0\cdot}+n_{1\cdot}$ 为预报总次数。PC 值在 0%～100%之间，PC 越大预报效果越好。

这一方法计算十分简单，因而被广泛使用。但在某些情况下，该方法不能真正反映预报的技术水平。如在冬季的我国大部分地区作逐日有无雷暴预报，由于气候原因，只要“盲目”预报“无雷暴”或进行持续性预报，仍可得到 $PC>90\%$ 的高预报准确率，这样的评分显然是没有意义的。

(2)临界成功指数（也称 TS 评分，风险评分）

临界成功指数（critical success index，CSI）由 Donaldson 于 1975 年提出。公式为：

$$CSI=\frac{A}{A+B+C}$$

式中 $A=n_{11}$ 为报对预报对象出现的次数，$B=n_{01}$ 为预报对象出现但漏报的次数，$C=n_{10}$ 为空报的次数。

例如，某地某月（30 天）实际出现雷暴天数 $n_{\cdot 1}=2$，无雷暴天数 $n_{\cdot 0}=28$。若该月预报中报出其中的 1 次雷暴，而另一次漏报，28 天无雷暴报对 26 次，而空报（报有雷暴而实际没有）2 次，即 $A=B=1$，$C=2$，报对总次数 $m=27$，故：

$$CSI=\frac{1}{1+1+2}=0.25$$

而如果按预报成功率计算：

$$PC=\frac{m}{n}\times 100\%=\frac{27}{30}\times 100\%=90\%$$

看起来似乎准确率不低，但无实际意义。可见，临界成功指数能较好地反映实际的预报水平，尤其适用于小概率事件的预报评分。

但因该评分不考虑报对预报对象未出现的情况，对不同出现概率的预报对象或同一预报对象在不同季节、不同地区的情况难以统一衡量，所以它反映的还不是严格意义上的预报真实技巧水平。

(3)TSS 评分

真实技巧统计法(true skill statistic，TSS)，由 Mason 于 1982 年提出。公式为：

$$TSS=\frac{\mathrm{tr}(R)}{\mathrm{tr}(R_p)}=\frac{\left[n_{11}-\frac{n_{1\cdot}n_{\cdot 1}}{n_{\cdot\cdot}}\right]+\left[n_{00}-\frac{n_{0\cdot}n_{\cdot 0}}{n_{\cdot\cdot}}\right]}{\left[n_{\cdot 1}-\frac{n_{\cdot 1}n_{\cdot 1}}{n_{\cdot\cdot}}\right]+\left[n_{\cdot 0}-\frac{n_{\cdot 0}n_{\cdot 0}}{n_{\cdot\cdot}}\right]}$$

$$=\frac{[n_{11}+n_{00}]-\left[n_{1\cdot}\frac{n_{\cdot 1}}{n_{\cdot\cdot}}+n_{0\cdot}\frac{n_{\cdot 0}}{n_{\cdot\cdot}}\right]}{[n_{\cdot 1}+n_{\cdot 0}]-\left[n_{\cdot 1}\frac{n_{\cdot 1}}{n_{\cdot\cdot}}+n_{\cdot 0}\frac{n_{\cdot 0}}{n_{\cdot\cdot}}\right]}$$

$$=\frac{m-E}{n-E'} \tag{10.2.1}$$

式中 $E=n_{1\cdot}\frac{n_{\cdot 1}}{n_{\cdot\cdot}}+n_{0\cdot}\frac{n_{\cdot 0}}{n_{\cdot\cdot}}$ 为根据气候概率预报正确的次数；$n_{1\cdot}\frac{n_{\cdot 1}}{n_{\cdot\cdot}}$ 为用气候概率 $\frac{n_{\cdot 1}}{n_{\cdot\cdot}}$ 预报对象出现的正确次数；$n_{0\cdot}\frac{n_{\cdot 0}}{n_{\cdot\cdot}}$ 为用预报对象不出现的气候概率 $\frac{n_{\cdot 0}}{n_{\cdot\cdot}}$ 预报正确的次数。所以，$\mathrm{tr}(R)$ 反映的是实际预报技巧。若预报完全正确，则 $n_{12}=n_{21}=0$，$n_{\cdot 1}=n_{1\cdot}=n_{11}$，$n_{\cdot 0}=n_{0\cdot}=n_{00}$，此时 $TSS=1$。同理，$E'=n_{\cdot 1}\frac{n_{\cdot 1}}{n_{\cdot\cdot}}+n_{\cdot 0}\frac{n_{\cdot 0}}{n_{\cdot\cdot}}$ 应为理想预报假设下根据气候概率预报正确的次数。因此，TSS 的含义是实际预报技巧与理想预报技巧之比。

在上例中，$n_{11}=1$，$n_{00}=26$，$m=n_{11}+n_{00}=27$，$n_{\cdot 1}=2$，$n_{\cdot 0}=28$，$n_{1\cdot}=1+2=3$，$n_{0\cdot}=26+1=27$，代入式(10.2.1)可得 $TSS\approx 0.43$。

(4)S 评分

1990 年，Doswell 发现用 TSS 对小概率事件作预报评分时，会导向过分预报倾向。为此，他对 TSS 法作了修改，提出 Hedike Skill Score 法，简称 S 法。在 S 法中，仅把 TSS 中的理想预报假设下根据气候概率预报正确的次数 $E'=n_{\cdot 1}\frac{n_{\cdot 1}}{n_{\cdot\cdot}}+n_{\cdot 0}\frac{n_{\cdot 0}}{n_{\cdot\cdot}}$，改成根据气候概率实际预报正确的次数 $E=n_{1\cdot}\frac{n_{\cdot 1}}{n_{\cdot\cdot}}+n_{0\cdot}\frac{n_{\cdot 0}}{n_{\cdot\cdot}}$：

$$S=\frac{\mathrm{tr}(R)}{\mathrm{tr}(R_p^*)}=\frac{\left[n_{11}-\frac{n_{1.}n_{.1}}{n_{..}}\right]+\left[n_{00}-\frac{n_{0.}n_{.0}}{n_{..}}\right]}{\left[n_{.1}-\frac{n_{1.}n_{.1}}{n_{..}}\right]+\left[n_{.0}-\frac{n_{0.}n_{.0}}{n_{..}}\right]}$$

$$=\frac{[n_{11}+n_{00}]-\left[n_{1.}\frac{n_{.1}}{n_{..}}+n_{0.}\frac{n_{.0}}{n_{..}}\right]}{[n_{.1}+n_{.0}]-\left[n_{1.}\frac{n_{.1}}{n_{..}}+n_{0.}\frac{n_{.0}}{n_{..}}\right]}$$

$$=\frac{m-E}{n-E} \tag{10.2.2}$$

将上例数据代入式(10.2.2)可得 $S\approx 0.35$。

可见,TSS 和 S 评分都是考虑了气候因素的预报质量衡量指标。

(5)HK 评分

$$HK=\frac{(A\times D-B\times C)}{(A+B)\times(D+C)}$$

它考虑了报对预报对象不出现的次数 $D=n_{00}$。HK 评分值在 $-1\sim1$ 之间。HK$=-1$时,预报效果最差,此时 $A=D=0$;反之,当 HK$=1$,预报效果最优,此时 $B=C=0$。如在上例中,$D=26$,故:

$$HK=\frac{(1\times26-1\times2)}{(1+1)\times(26+2)}\approx0.43$$

(6)击中率

$$POD=A/(A+B)$$

式中 $A+B$ 为预报对象实际出现的总次数 $n_{.1}$。如在上例中:$POD=1/(1+1)=0.5$。

(7)空报率(伪警率)

$$FAR=C/(A+C)$$

式中 $A+C$ 为预报预报对象出现的总次数 $n_{1.}$。如在上例中:$FAR=2/(1+2)\approx0.67$。

(8)漏报率

$$DFR=B/(A+B)$$

如在上例中:$DFR=1/(1+1)=0.5$。

(9)偏度

$$BR=\frac{A+C}{A+B}$$

当 $BR>1$ 时,表示空报多于漏报;反之,当 $BR<1$ 时,表示漏报多于空报。如在上例中:

$$BR=\frac{1+2}{1+1}=1.5>1$$

说明空报多于漏报。

10.2.2　连续型预报量的预报质量评定

对于气温等连续型预报量的预报质量评定，常用的方法有以下几种。

记 F 为某预报量的预报值，O 为实况观测值，n 为预报总次数，则各方法可表述为：

(1)偏差

$$DIFF_i = F_i - O_i$$

它直观地给出某次预报的预报值与实况值的偏差情况。

(2)平均误差

$$ME = \frac{1}{n}\sum_{i=1}^{n}(F_i - O_i)$$

计算平均误差时会正负误差抵消，所以它只能反映统计样本的某种系统性误差。

(3)平均绝对误差 MAE 和均方根误差 $RMSE$

$$MAE = \frac{1}{n}\sum_{i=1}^{n}|F_i - O_i|$$

$$RMSE = \left[\frac{1}{n}\sum_{i=1}^{n}(F_i - O_i)^2\right]^{\frac{1}{2}}$$

MAE 和 $RMSE$ 都反映了预报值与实况值的平均偏离程度，因而能反映总的误差情况，它们是衡量预报误差最常用的统计参数。

(4)标准差

$$\sigma = \left\{\frac{1}{n}\sum_{i=1}^{n}[(F_i - O_i) - ME]^2\right\}^{\frac{1}{2}}$$

它表示了预报偏差与平均误差的平均离散程度。显然，若平均误差 $ME=0$，则 $\sigma = RMSE$。

(5)相关系数

$$COR = \frac{\sum_{i=1}^{n}(F_i - M_f)(O_i - M_o)}{\left[\sum_{i=1}^{n}(F_i - M_f)^2\sum_{i=1}^{n}(O_i - M_o)^2\right]^{\frac{1}{2}}}$$

式中 M_f，M_o 分别为预报和实况的平均值。相关系数能反映预报与实况值距平之间的相关程度。

(6)倾向相关系数

$$TEN \cdot COR = \frac{\sum_{i=1}^{n}(F_i - Z_i - ME_{FZ})(O_i - Z_i - ME_{OZ})}{\left[\sum_{i=1}^{n}(F_i - Z_i - ME_{FZ})^2\sum_{i=1}^{n}(O_i - Z_i - ME_{OZ})^2\right]^{\frac{1}{2}}}$$

式中 Z 为预报初值；$ME_{FZ}=\frac{1}{n}\sum_{i=1}^{n}(F_i-Z_i)$ 和 $ME_{OZ}=\frac{1}{n}\sum_{i=1}^{n}(O_i-Z_i)$ 分别为预报值和实况值与初值之间的平均偏差。

倾向相关系数反映了预报值与实况值变化趋势的相似程度。一般情况下，预报时效越长，倾向相关系数越小。

(7)距平相关系数

$$ANO\cdot COR=\frac{\sum_{i=1}^{n}(F_i-M_C-ME_{FM})(O_i-M_C-ME_{OM})}{\left[\sum_{i=1}^{n}(F_i-M_C-ME_{FM})^2\sum_{i=1}^{n}(O_i-M_C-ME_{OM})^2\right]^{\frac{1}{2}}}$$

式中 M_C 为气候平均值；$ME_{FM}=\frac{1}{n}\sum_{i=1}^{n}(F_i-M_C)$ 和 $ME_{OM}=\frac{1}{n}\sum_{i=1}^{n}(O_i-M_C)$ 分别为预报值和实况值与 M_C 之间的平均偏差。

(8)SI 评分

$$SI=\frac{\sum_{i=1}^{n}|F_i-O_i|}{\sum_{i=1}^{n}[\max(|F_i|,|O_i|)]}$$

式中 $\max(a,b)$ 表示取 a 和 b 中较大者。SI 评分反映了预报值与实况值之间的相对误差。

(9)风的预报检验

由于风是矢量，故可按风向和风速分别用上述方法进行预报质量评定，也可用风分量的合成结果来评定，如：

$$ME(\vec{V})=[ME(u)^2+ME(v)^2]^{\frac{1}{2}}$$

$$RMSE(\vec{V})=[RMSE(u)^2+RMSE(v)^2]^{\frac{1}{2}}$$

$$COR(\vec{V})=\{[COR(u)^2+COR(v)^2]\}^{\frac{1}{2}}$$

就分别是风矢量预报平均误差、均方根误差和相关系数的计算式。

10.2.3　形态型预报量的预报质量评定

作某天气现象尤其是强对流天气的落区预报时，常需对天气系统的形态，如卫星云图上的云团、雷达回波、降水区等的位置、形状、强度等作出预报。对这种预报的质量评定可采用以下方法：

(1)相关系数法

$$r=\frac{\sum_{i=1}^{N}(F_i-M_f)(O_i-M_o)}{\left[\sum_{i=1}^{N}(F_i-M_f)^2\sum_{i=1}^{N}(O_i-M_o)^2\right]^{\frac{1}{2}}}$$

(2)均方根误差法

$$RMSE=\left[\frac{1}{N}\sum_{i=1}^{N}(F_i-O_i)^2\right]^{\frac{1}{2}}$$

实际上,这两种方法是上述连续型预报量的预报质量评定中相关系数法和均方根误差法的套用,在表达方式上也基本相同,只是这里的统计量 N 为计算区内的格点数或站点数或卫星云图上的像素点数。而且,预报的“形态”必须是数值化的,如计算区内格点或站点上的降水量;对流云团在各像素点上的灰度值或亮温值;雷达回波区在各坐标点上的强度值(如分贝值等)。

(3)真实技巧法

$$TS=S_{fc}\sqrt{(S_o+S_f-S_{fc})}$$

式中 S_o 为事件出现的覆盖面积,S_f 为预报的事件覆盖面积,S_{fc} 为预报正确的面积。

(4)P 法

1990 年由 Doswell 和丁金才提出,称为形态评分法(pattern verification),简称 P 法。该方法综合考虑了形态预报中 6 个方面的误差情况,如图 10.1 所示。

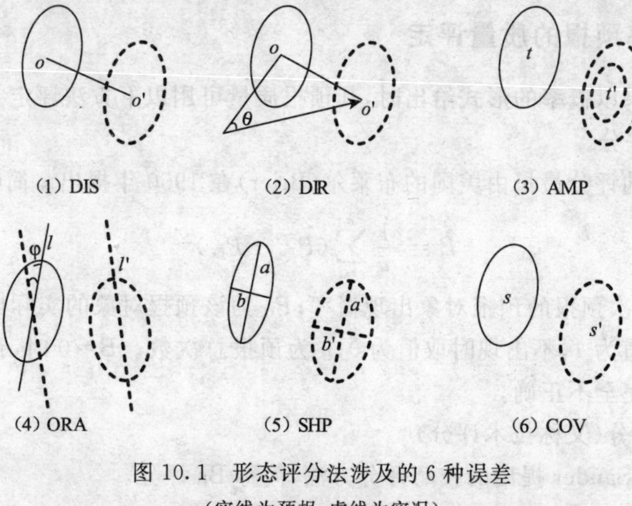

图 10.1　形态评分法涉及的 6 种误差

(实线为预报,虚线为实况)

①距离误差(distance error,DIS),指预报的形态中心 O 到实况的形态中心 O' 的距离。单位用格距或其他长度单位。

②方向误差(direction error,DIR),指预报的形态中心移向与实况形态中心移向的夹角 θ。以度为单位,范围为 0°～180°。

③强度误差或称幅值误差(amplitude error,AMP),指预报的最大值 t 与实况的最大值 t'之差。

④方位误差(orientation error,ORI),指预报的形态长轴 l 与实况的形态长轴 l' 之间的夹角 φ。以度为单位,数值范围为 0°～180°。

⑤形状误差(shape error,SHP),用系统形状的短、长轴之比 $\left(\frac{b}{a}\text{,也称偏心率}\right)$ 来描述。数值范围为 0～1。通常,锋面、飑线等带状系统的偏心率较小,而对流单体、MCC 等云团系统的偏心率较大。

⑥面积误差(coverage error,COV)指预报的形态面积 S 与实况形态面积 S' 之差。单位为覆盖的格点数或其他面积单位。

评分时,先对各项预报误差进行标准化处理(消除单位差异),最后由下式得出形态评分值:

$$P=\frac{1}{6}\sum_{j=1}^{6}\left(\frac{1}{n}\sum_{i=1}^{n}|P_{ij}|\right)$$

式中 P_{ij} 为第 i 次预报中第 j 类误差的标准化值,n 为预报总次数。P 值范围为 0～1。在作台风路径预报评分时,通常只考虑距离(移动速度)误差和方向(移动方向)误差,可认为是简化的形态评分法。

10.2.4　概率预报的质量评定

当预报结果以概率的形式给出时,其预报质量可用以下方法评定。

(1)Brier 评分

概率预报的评分最早由美国的布莱尔(Brier)在 1950 年提出。简称 B 评分。

$$B=\frac{1}{n}\sum_{i=1}^{n}(P_{Fi}-P_{Oi})^2 \tag{10.2.3}$$

式中 P_{Fi} 为第 i 次预报的预报对象出现概率;P_{Oi} 为该预报对象的实际出现概率,预报对象出现时取值为 1,不出现时取值为 0;n 为预报总次数。$B=0$ 时,预报完全正确;$B=1$ 时,预报完全不正确。

(2)技巧评分(又称技术评分)

1963 年由 Sander 提出的技巧评分方法,简称 Bs 评分。

$$Bs=(1-B/B_c)\times 100\%$$

式中 B 为由式(10.2.3)求得的实际预报 Brier 评分,B_c 为用气候概率作预报的 Brier 评分。$Bs>0$ 表示有预报技巧;否则表示无预报技巧。

(3)Bias 评分

1980 年由 Hughers 提出，可用来衡量预报偏多或偏少的倾向。

$$\text{Bias}=(P_F/P_C-1)\times 100\%$$

式中 P_F 为某统计时段对某预报对象的平均预报概率，P_C 为相应的气候概率。Bias >0 表示有过多预报倾向，Bias<0 表示有过少预报倾向。

10.2.5　预报质量的模糊评定方法

以上预报质量评定方法都是以预报结果与天气实况之间“精确”的统计关系为基础而进行的，在有的情况下并不完全合理。例如，在气温的短期预报中，通常规定预报的绝对误差 $AE\leqslant 2$℃时为正确，否则为错误。这就存在很大的不合理性，因为若某次预报 $AE=2.1$℃，而另一预报 $AE=10.1$℃，它们同为“不正确，”但不正确的程度显然是不同的。又如，预报有雾(能见度<1 km)而实际能见度为 1 km，或预报能见度 1～2 km而实际能见度为 900 m，均评定为预报“不正确”，显然也在某种意义上有失公正。在云量、云高的预报及其评分中，也有类似的情况。对于此类问题，可借助模糊数学的工具来加以解决。

模糊数学中，隶属函数 $\mu_{\underset{\sim}{U}}(x)$表示变量 x 隶属于模糊(Fuzzy)集合$\underset{\sim}{U}$的程度，它的值在 0～1 之间。$\mu_{\underset{\sim}{U}}(x)=0$ 表示 x 完全不属于$\underset{\sim}{U}$，$\mu_{\underset{\sim}{U}}(x)=1$ 表示 x 完全属于$\underset{\sim}{U}$。借助这一概念，可把预报“正确”这一模糊的标准用 Fuzzy 集合$\underset{\sim}{U}$来表示，则相应的隶属函数 $\mu_{\underset{\sim}{U}}(F_i)$就描述了某次预报 F_i 属于“正确”的程度。

隶属函数 $\mu_{\underset{\sim}{U}}(x)$的构造有一定的主观性和技巧性。一般以简单和符合实用要求为基本出发点。例如对于上述气温预报的评分，可用如下隶属函数来描述：

$$\mu_{\underset{\sim}{U}}(F_i)=\begin{cases}0 & |F_i-O_i|\geqslant 10℃\\ 1-\dfrac{|F_i-O_i|}{10} & 0.5℃<|F_i-O_i|<10℃\\ 1 & |F_i-O_i|\leqslant 0.5℃\end{cases}$$

在该隶属函数的构造中，认为预报绝对误差$|F_i-O_i|\geqslant 10$℃为“绝对不正确”，而$|F_i-O_i|\leqslant 0.5$℃为“绝对正确”，显然具有主观性，可以根据实际工作需要，改变具体的标准。

若某次预报气温为 20℃，而实际气温是 23℃，按上述隶属函数计算，得：

$$\mu_{\underset{\sim}{U}}(F_i)=1-\frac{|20-23|}{10}=0.7$$

即有 70%的程度认为预报是“正确”的。

对能见度、云量、云高、降水量、风速等预报对象的预报质量评定，均可按此思路构造相应的隶属函数。

参考文献

陈德群,于波.1996.一种新的集成预报法[J].南京气象学院学报,**19**(4).

陈玉春,等.1987.资料诊断分析与预报的评分检验[J].高原气象,**2**(增刊).

丁金才.1995.天气预报评分方法评述[J].南京气象学院学报,**18**(1):143-150.

黄嘉佑.2004.气象统计分析与预报方法(第三版)[M].北京:气象出版社.

金龙,等.1999.基于人工神经网络的集成预报方法研究和比较[J].气象学报,**57**(2):198-207.

刘还珠,等.1992.中期数值预报的统计检验分析[J].气象,**18**(9).

杞明辉,等.2006.天气预报集成技术和方法应用研究[M].北京:气象出版社.

王德隽,史久恩,等.1996.热带气旋路径预报的动态集成方法[J].热带气旋学报,**12**(3).

杨荆安,张鸿雁.1999.短期气候预测多种预报集成方法的比较分析——暴雨·灾害(三)[M].北京:气象出版社.

杨学胜.1997.国外中期数值预报业务模式的性能及发展趋势[J].气象,**23**(1).

钟元,李泓.1996.西北太平洋热带气旋路径的统计释用综合预报模式[J].海洋预报,**13**(2).

Brier G W. 1950. Verification of forecasts expressed in terms of probability[J]. *Mon. Wea. Rev.*, **78**(1):1-3.

Donaldson R J, Dyer R M, Krauss M J. 1975. An objective evaluator of techniques for predicting severe weather events[C]. In: Amer Meteor Soc eds. 9th *Conf Severe Local Storms*. Norman, Oklahoma, 321-326.

Doswell C A, Davies-jones R, Keller D L. 1991. On summary measures of skill in rare events forecasting based on contingency tables[J]. *Weather Forecasting*, **6**: 576-585.

Epstein E S. 1969. A scoring system for probability forecasts of ranked categories[J]. *J. Appl. Meteor.*, **8**(4):985-987.

Flueck J A. 1987. A study of some measures of forecast verification[C]. In: Amer Met Soc eds. 10th *Conf Probability and Statistics in Atmospheric Science*. Edmonton, Alberta, 69-73.

Henry R S, Wilsonand L J, Burrows W R. 1991. Survey of common verification methods in meteorology. Research report No. 89-5, Canada, 43-64.

Leslie L M, Holland G J. 1991. Predicting regional forecast skill using single and ensemble forecast techniques[J]. *Mon. Wea. Rev.*, **119**(2):425-435.

Mason I. 1989. Dependence of the critical success index on sample climate and threshold probability [J]. *Aust Meteor Mag.*, **37**: 75-81.

Mass C F, Ovens D, Westrick K, Colle B A. 2002. Does increasing horizontal resolution produce more skillful forecasts? The results of two years of real-time numerical weather prediction over the Pacific Northwest[J]. *Bull. Amer. Meteor. Soc.*, **83**:407-430.

Murphy A H. 1966. A note on the utility of probabilitic predictions and the probability score in the cost-lost ratio decision situation[J]. *J. Appl. Meteor.*, **5**(5):534-537.

Murphy A H. 1969. On the "ranked probability score" [J]. *J. Appl. Meteor.*, **8**(4):988-989.

Murphy A H. 1971. A note on the ranked probability score [J]. *J. Appl. Meteor.*, **10**(1): 155-157.

Sanders F. 1963. On subjective probability forecasting[J]. *J. Appl. Meteor.*, **2**:191-201.

附录 A　矩阵和向量的微分

设 $\boldsymbol{x}$ 为 $n\times1$ 向量，其元素为 x_i，$\boldsymbol{a}$ 为 $n\times1$ 向量，其元素为 a_i，$f=\boldsymbol{x}'\boldsymbol{a}=\boldsymbol{a}'\boldsymbol{x}$ 为 x_i 的函数，则 f 对向量 $\boldsymbol{x}$ 的偏微分记为：

$$\frac{\partial f}{\partial \boldsymbol{x}}=\left(\frac{\partial f}{\partial x_1}\quad\frac{\partial f}{\partial x_2}\quad\cdots\quad\frac{\partial f}{\partial x_n}\right)'$$

(1)如果 f、$\boldsymbol{x}$ 及 $\boldsymbol{a}$ 如上述定义，则有：

$$\frac{\partial f}{\partial \boldsymbol{x}}=\boldsymbol{a} \tag{A. 1}$$

因为：

$$\frac{\partial f}{\partial x_i}=\frac{\partial\left(\sum_{i=1}^{n}a_ix_i\right)}{\partial x_i}=a_i$$

(2)如果 $\boldsymbol{x}$ 如上述定义，且令：$f=\boldsymbol{x}'\boldsymbol{x}$，则有：

$$\frac{\partial f}{\partial \boldsymbol{x}}=2\boldsymbol{x} \tag{A. 2}$$

因为：

$$\frac{\partial f}{\partial x_i}=\frac{\partial\left(\sum_{i=1}^{n}x_i^2\right)}{\partial x_i}=2x_i$$

(3)如果 $\boldsymbol{A}$ 为 $n\times n$ 对称阵，且令：$f=\boldsymbol{x}'\boldsymbol{A}\boldsymbol{x}$ 为二次型，则有：

$$\frac{\partial f}{\partial \boldsymbol{x}}=\frac{\partial(\boldsymbol{x}'\boldsymbol{A}\boldsymbol{x})}{\partial \boldsymbol{x}}=2\boldsymbol{A}\boldsymbol{x} \tag{A. 3}$$

因为：

$$\frac{\partial f}{\partial x_k}=\frac{\partial\left(\sum_{i=1}^{n}\sum_{j=1}^{n}x_ix_ja_{ij}\right)}{\partial x_k}=\frac{\partial\left(\sum_{i=1}^{n}x_i^2a_{ij}+\sum_{\substack{i=1\\i\neq j}}^{n}\sum_{j=1}^{n}x_ix_ja_{ij}\right)}{\partial x_k}$$

$$=2x_ka_{kk}+2\sum_{\substack{i=1\\i\neq k}}^{n}x_ia_{ik}=2\sum_{i=1}^{n}x_ia_{ik}$$

附录 B　求函数的条件极值

在 $\boldsymbol{x}'\boldsymbol{x}=1$ 的条件下，求函数 $f(\boldsymbol{x})=\boldsymbol{x}'\boldsymbol{A}\boldsymbol{x}$ 的极值问题是统计学上常见的问题。

设 $\boldsymbol{x}$ 为 $p\times 1$ 向量，$\boldsymbol{A}$ 为 $p\times p$ 矩阵，若令 $g(\boldsymbol{x})=\boldsymbol{x}'\boldsymbol{x}-1$，则 $f(\boldsymbol{x})$ 及 $g(\boldsymbol{x})$ 可看成为 p 个变量的多元函数。假设 $f(\boldsymbol{x})$ 及 $g(\boldsymbol{x})$ 有连续的偏导数，等式 $g(\boldsymbol{x})=0$ 表示一个在 p 维空间上有连续切平面超曲面。对 $f(\boldsymbol{x})=c$ 的方程亦可看成为 p 维空间上的曲面。因为这曲面上的任何一点都满足 $f(\boldsymbol{x})=c$，所以称这曲面为等量面，而当参数 c 变化时，我们就得到函数 f 的一族等量面。设曲面 $g(\boldsymbol{x})=0$ 上的一点 $\boldsymbol{x}_0$ 在曲面 $f(\boldsymbol{x})=c_0$ 上，参数 c_0 就是函数 f 在点 $\boldsymbol{x}_0$ 上的数值。故上述条件极值问题就转化为在曲面 $g(\boldsymbol{x})=0$ 上决定这样的点，使得它所对应的曲面族中的曲面参数为最大（或最小），而所对应的参数就是所求的函数 $f(\boldsymbol{x})$ 的极值。

设曲面 $g(\boldsymbol{x})=0$ 上的某点 A 所对应的参数 c^* 最大（或最小），那么，从几何上看在 A 点附近的附近就不再有 $g(\boldsymbol{x})=0$ 上的点。因此，曲面 $f(\boldsymbol{x})=c^*$ 与曲面 $g(\boldsymbol{x})=0$ 必在 A 点上相切，从而有公共法线，即曲面 $f(\boldsymbol{x})=c^*$ 在 A 点上的法向量和曲面 $g(\boldsymbol{x})=0$在 A 点法向量共线，它们仅差一个常倍数 λ。如果记在 A 点曲面 $f(\boldsymbol{x})=c^*$ 及曲面 $g(\boldsymbol{x})=0$ 的法向量分别为 z_f 及 z_g，则有 $z_f=\lambda z_g$，或写为：$z_f-\lambda z_g=0$。这相当于求函数：

$$\phi(\boldsymbol{x})=f(\boldsymbol{x})-\lambda g(\boldsymbol{x})=\boldsymbol{x}'\boldsymbol{A}\boldsymbol{x}-\lambda(\boldsymbol{x}'\boldsymbol{x}-1) \tag{B.1}$$

的极值，即要求$\dfrac{\partial\phi}{\partial x}=0$ 的解。这就是所谓条件极值问题，其方法称为拉格朗日乘数法，式中 λ 称为拉格朗日乘子。

类似地，如果在两个条件下求函数极值问题，例如在 $\boldsymbol{x}'_1\boldsymbol{x}_1=1$ 及 $\boldsymbol{x}'_2\boldsymbol{x}_2=1$ 条件下求函数 $f(\boldsymbol{x}_1,\boldsymbol{x}_2)=\boldsymbol{x}'_1\boldsymbol{A}\boldsymbol{x}_2$ 的极值问题，其中 $\boldsymbol{x}_1,\boldsymbol{x}_2$ 为 p 维空间中的列向量。若令：

$$g(\boldsymbol{x}_1)=\boldsymbol{x}'_1\boldsymbol{x}_1-1=0,h(\boldsymbol{x}_2)=\boldsymbol{x}'_2\boldsymbol{x}_2-1=0$$

则按上述思路，我们有：

$$\phi(\boldsymbol{x}_1,\boldsymbol{x}_2)=\boldsymbol{x}'_1\boldsymbol{A}\boldsymbol{x}_2-\lambda(\boldsymbol{x}'_1\boldsymbol{x}_1-1)-\mu(\boldsymbol{x}'_2\boldsymbol{x}_2-1)$$

并通过求其极值来实现我们上述的双条件极值问题。式中 λ、μ 为拉格朗日乘子。

附录C 求矩阵的特征值及其特征向量

一、矩阵的特征值问题

如果 $\boldsymbol{A}$ 是 $p\times p$ 方阵，$\boldsymbol{v}$ 为 $p\times 1$ 未知向量，对于：

$$\boldsymbol{Av}=\lambda\boldsymbol{v} \tag{C. 1}$$

或：

$$(\boldsymbol{A}-\lambda\boldsymbol{I})\boldsymbol{v}=\boldsymbol{0} \tag{C. 2}$$

求常数 λ 及 $\boldsymbol{v}$ 的问题就是所谓求矩阵 $\boldsymbol{A}$ 的特征值及其特征向量问题。将上式改写成齐次线形方程组的形式：

$$\begin{cases}(a_{11}-\lambda)v_1+a_{12}v_2+\cdots+a_{1p}v_p=0\\ a_{21}v_1+(a_{22}-\lambda)v_2+\cdots+a_{2p}v_p=0\\ \cdots\cdots\\ a_{p1}v_1+a_{p2}v_2+\cdots+(a_{pp}-\lambda)v_p=0\end{cases} \tag{C. 3}$$

式中 $a_{ij},v_i(i,j=\overline{1,p})$ 为 $\boldsymbol{A}$ 及 $\boldsymbol{v}$ 中的元素。上述齐次线形方程组有非零解的充要条件是：

$$|\boldsymbol{A}-\lambda\boldsymbol{I}|=0 \tag{C. 4}$$

该等式即是 $\boldsymbol{A}$ 的特征方程。

若 $\boldsymbol{A}$ 是 $p\times p$ 实对称方阵，由线性代数可知，一定存在一个 $p\times p$ 的正交阵 $\boldsymbol{V}$，满足：

$$\boldsymbol{V}'\boldsymbol{AV}=\boldsymbol{\Lambda} \tag{C. 5}$$

式中 $\boldsymbol{\Lambda}$ 为对角阵，阵中元素 $\lambda_1,\lambda_2,\cdots,\lambda_p$ 为 $\boldsymbol{A}$ 的特征值，$\boldsymbol{V}$ 是由对应的特征向量为列向量组成的方阵。式(C. 5)称为**实对称阵分解定理**。其证明如下：

根据正交阵的性质，对式(C. 4)作变换：

$$\begin{aligned}|\boldsymbol{A}-\lambda\boldsymbol{I}|&=|\boldsymbol{VV}'\boldsymbol{AVV}'-\lambda\boldsymbol{VIV}'|=|\boldsymbol{V}(\boldsymbol{V}'\boldsymbol{AV}-\lambda\boldsymbol{I})\boldsymbol{V}'|\\&=|\boldsymbol{V}|\,|\boldsymbol{V}'\boldsymbol{AV}-\lambda\boldsymbol{I}|\,|\boldsymbol{V}'|=|\boldsymbol{\Lambda}-\lambda\boldsymbol{I}|=0\end{aligned}$$

从而有：$(\lambda_1-\lambda)(\lambda_2-\lambda)\cdots(\lambda_p-\lambda)=0$，即可得到 λ 的 p 个解：$\lambda_1,\lambda_2,\cdots,\lambda_p$。所以 $\boldsymbol{\Lambda}$ 为以 $\boldsymbol{A}$ 的特征值作为对角元素所组成的矩阵。

我们用 $\boldsymbol{V}$ 左乘(C. 5)，有：

$$\boldsymbol{VV}'\boldsymbol{AV}=\boldsymbol{V\Lambda}$$

由于特征向量的不唯一性，为了计算、推导方便，通常令：$\boldsymbol{V}\boldsymbol{V}'=\boldsymbol{I}$，从而有：

$$\boldsymbol{A}\boldsymbol{V}=\boldsymbol{V}\boldsymbol{\Lambda}$$

如果用 $\boldsymbol{v}_1,\boldsymbol{v}_2,\cdots,\boldsymbol{v}_p$ 分别表示正交阵 $\boldsymbol{V}$ 中的各列向量，容易得到：

$$\boldsymbol{A}(\boldsymbol{v}_1 \quad \boldsymbol{v}_2 \quad \cdots \quad \boldsymbol{v}_p)=(\lambda_1\boldsymbol{v}_1 \quad \lambda_2\boldsymbol{v}_2 \quad \cdots \quad \lambda_p\boldsymbol{v}_p)$$

即：

$$\boldsymbol{A}\boldsymbol{v}_1=\lambda_1\boldsymbol{v}_1,\boldsymbol{A}\boldsymbol{v}_2=\lambda_2\boldsymbol{v}_2,\cdots,\boldsymbol{A}\boldsymbol{v}_p=\lambda_p\boldsymbol{v}_p$$

由此式(C.5)得证。

二、用雅可比法求矩阵的特征值及特征向量

根据公式(C.5)，对一个 2×2 的实对称阵 $\boldsymbol{A}$ 一定能找到一个正交阵 $\boldsymbol{V}$，使 $\boldsymbol{A}$ 变成对角阵。因此我们可找形如：

$$\boldsymbol{V}=\begin{pmatrix}\cos\theta & \sin\theta \\ -\sin\theta & \cos\theta\end{pmatrix}$$

的正交阵，问题是如何能确定阵中元素，即 θ 角的大小，使得满足式(C.5)的要求，即要求：

$$\boldsymbol{V}'\boldsymbol{A}\boldsymbol{V}=\boldsymbol{A}^{(1)}$$

其中：

$$\begin{cases}a_{11}^{(1)}=a_{11}\cos^2\theta+a_{22}\sin^2\theta-2a_{12}\cos\theta\sin\theta \\ a_{22}^{(1)}=a_{11}\sin^2\theta+a_{22}\cos^2\theta+2a_{12}\sin\theta\cos\theta \\ a_{12}^{(1)}=a_{21}^{(1)}=(a_{11}-a_{22})\sin\theta\cos\theta+a_{12}(\cos^2\theta-\sin^2\theta)\end{cases}$$

要使 $\boldsymbol{A}^{(1)}$ 成为对角阵，即要使 $a_{12}^{(1)}=a_{21}^{(1)}=0$，于是有：

$$a_{12}^{(1)}=\frac{1}{2}(a_{11}-a_{22})\sin2\theta+a_{12}\cos2\theta=0$$

故有：

$$\tan2\theta=\frac{-2a_{12}}{a_{11}-a_{22}}=\frac{2a_{12}}{a_{22}-a_{11}} \tag{C.6}$$

$$\theta=\frac{1}{2}\tan^{-1}\frac{2a_{12}}{a_{22}-a_{11}} \tag{C.7}$$

实际过程并不需要求出转动角 θ，只需求出正交阵中的元素即可，故令：

$$\delta=a_{12},\mu=\frac{1}{2}(a_{22}-a_{11})$$

则式(C.6)可写成：

$$\tan2\theta=\frac{\delta}{\mu}$$

因为 $|2\theta|\leqslant\frac{\pi}{2}$，即要求 $|\theta|\leqslant\frac{\pi}{4}$，故 $\cos2\theta\geqslant0$，从而由三角公式可得：

$$\cos2\theta=(1+\tan^2 2\theta)^{\frac{-1}{2}}=\left(1+\frac{\delta^2}{\mu^2}\right)^{\frac{-1}{2}}=\frac{|\mu|}{\sqrt{\mu^2+\delta^2}}$$

$$\sin 2\theta=\cos 2\theta\tan 2\theta=\frac{\delta|\mu|}{\mu\sqrt{\mu^2+\delta^2}}=\operatorname{sgn}(\mu)\frac{\delta}{\sqrt{\mu^2+\delta^2}}=\omega$$

其中 $\operatorname{sgn}(\mu)$表示取 μ 的符号。阵 $\boldsymbol{V}$ 中元素则可按下式求出：

$$\sqrt{1-\omega^2}=\frac{|\mu|}{\sqrt{\mu^2+\delta^2}}$$

$$\cos 2\theta=\sqrt{1-\omega^2}$$

$$\cos\theta=\sqrt{\frac{1}{2}(1+\sqrt{1-\omega^2})}$$

$$\sin\theta=\frac{\sin 2\theta}{2\cos\theta}=\frac{\omega}{\sqrt{2(1+\sqrt{1-\omega^2})}}$$

求出正交阵中元素后就可以使 $\boldsymbol{A}$ 阵变成一个对角阵。

对一个 2×2 的实对称阵作正交变换的过程可以施用于 $p\times p$ 的对称阵中任意两行两列所构成的子二阶矩阵。将这一过程反复不断地进行下去，直至矩阵 $\boldsymbol{A}$ 的非对角线元素都达到、接近于零或事先所设定的精度为止。在逐步变换过程中，主对角线上的元素平方和逐步增大，而非对角线上的元素平方和则逐步减小，因而这一过程是收敛的。我们以二阶矩阵为例来说明这一问题。原矩阵 $\boldsymbol{A}$ 的对角线元素的平方和为：$a_{11}^2+a_{22}^2$，经过正交变换后 $\boldsymbol{\Lambda}$ 阵对角线元素的平方和为：$\lambda_1^2+\lambda_2^2$，但 $\lambda_1^2+\lambda_2^2$ 是大于 $a_{11}^2+a_{22}^2$的。其证明如下：

由：
$$\boldsymbol{V}'\boldsymbol{A}\boldsymbol{V}=\boldsymbol{\Lambda}$$
有：
$$\boldsymbol{\Lambda}^2=\boldsymbol{V}'\boldsymbol{A}\boldsymbol{V}\boldsymbol{V}'\boldsymbol{A}\boldsymbol{V}=\boldsymbol{V}'\boldsymbol{A}^2\boldsymbol{V}$$
对上式两边求矩阵之迹，得：

$$\lambda_1^2+\lambda_2^2=\operatorname{Tr}(\boldsymbol{\Lambda}^2)=\operatorname{Tr}(\boldsymbol{V}'\boldsymbol{A}^2\boldsymbol{V})=\operatorname{Tr}(\boldsymbol{A}^2)=a_{11}^2+a_{22}^2+a_{12}^2$$

上式说明在矩阵变为对角阵后，主对角线上的元素的平方和增大，而增大的量正好等于原非对角线上元素的平方和；它还说明矩阵 $\boldsymbol{A}$ 的所有元素的平方和与 $\boldsymbol{\Lambda}$ 阵的所有元素的平方和相等，即**正交变换不改变对称阵所有元素的平方和**。

基于如上事实，我们得到雅可比法计算矩阵特征值、特征向量的步骤如下：

(1)记出发阵 $\boldsymbol{A}^{(0)}$，选 $\boldsymbol{A}^{(0)}$ 中非对角线因素 $a_{ij}^{(0)}$ 中绝对值最大者，并假设其为 $|a_{kl}^{(0)}|$，则设计一个 $p\times p$ 的正交矩阵 $\boldsymbol{V}_0$，且记矩阵中元素 $v_{kk}=v_{ll}=\cos\theta_0$，$v_{kl}=\sin\theta_0$，$v_{lk}=-\sin\theta_0$，其余对角线元素为 1，非对角线因素为 0。而 θ_0 的求解可参照上述式(C.7)。有了正交矩阵 $\boldsymbol{V}_0$，就可以对阵 $\boldsymbol{A}^{(0)}$ 进行第一次正交变换，得到：

$$\boldsymbol{V}'_0\boldsymbol{A}^{(0)}\boldsymbol{V}_0=\boldsymbol{A}^{(1)}$$

(2)找出矩阵 $\boldsymbol{A}^{(1)}$ 中非对角线元素中绝对值最大者，类似(1)的做法，令其为 $|a_{kl}^{(1)}|$，并设计一个 $p\times p$ 的正交矩阵 $\boldsymbol{V}_1$，且记矩阵中元素 $v_{kk}=v_{ll}=\cos\theta_1$，$v_{kl}=\sin\theta_1$，$v_{lk}=-\sin\theta_1$，其余对角线元素为 1，非对角线因素为 0。而 θ_1 的求解可参照上

述式(C.7)。有了正交矩阵 $\boldsymbol{V}_1$，就可以对阵 $\boldsymbol{A}^{(1)}$ 进行第一次正交变换，得到：

$$\boldsymbol{V'}_1\boldsymbol{A}^{(1)}\boldsymbol{V}_1=\boldsymbol{A}^{(2)}$$

(3)如此一直类推下去，直至第 m 步 $\boldsymbol{A}^{(m)}$ 中所有非对角线元素的绝对值都小于预置的精度时，迭代过程才结束。此时矩阵 $\boldsymbol{A}^{(m)}$ 是一对角阵，阵中对角线元素即为矩阵 $\boldsymbol{A}^{(0)}$ 的特征值，而其特征向量组成的正交阵为：$\boldsymbol{V}_0\boldsymbol{V}_1\cdots\boldsymbol{V}_{m-1}=\boldsymbol{V}$。这是因为：

$$\boldsymbol{\Lambda}=\boldsymbol{A}^{(m)}=\boldsymbol{V'}_{m-1}\boldsymbol{V'}_{m-2}\cdots\boldsymbol{V'}_0\boldsymbol{A}^{(0)}\boldsymbol{V}_0\boldsymbol{V}_1\cdots\boldsymbol{V}_{m-1}=\boldsymbol{V'}\boldsymbol{A}^{(0)}\boldsymbol{V}$$

即有：

$$\boldsymbol{V}=\boldsymbol{V}_0\boldsymbol{V}_1\cdots\boldsymbol{V}_{m-1}$$

下面举例来加以说明。

求下列矩阵的特征值与特征向量：

$$\boldsymbol{A}=\begin{bmatrix}2&1&1\\1&2&1\\1&1&2\end{bmatrix}$$

【解】第一步：找出非对角线元素最大者。由于非对角线元素都是1，故任选一个，如：$a_{13}=1$，于是有：

$$\delta=a_{13}=1,\mu=\frac{1}{2}(a_{33}-a_{11})=\frac{1}{2}(2-2)=0$$

所以：

$$\omega=\frac{1}{\sqrt{0^2+1^2}}=1$$

$$\cos\theta_0=\sqrt{\frac{1}{2}(1+\sqrt{1-1^2})}=\frac{1}{\sqrt{2}}$$

$$\sin\theta_0=\frac{1}{\sqrt{2(1+\sqrt{1-1^2})}}=\frac{1}{\sqrt{2}}$$

则：

$$\boldsymbol{V}_0=\begin{bmatrix}\frac{1}{\sqrt{2}}&0&\frac{1}{\sqrt{2}}\\0&1&0\\-\frac{1}{\sqrt{2}}&0&\frac{1}{\sqrt{2}}\end{bmatrix}$$

$$\boldsymbol{A}^{(1)}=\begin{bmatrix}\frac{1}{\sqrt{2}}&0&\frac{-1}{\sqrt{2}}\\0&1&0\\\frac{1}{\sqrt{2}}&0&\frac{1}{\sqrt{2}}\end{bmatrix}\begin{bmatrix}2&1&1\\1&2&1\\1&1&2\end{bmatrix}\begin{bmatrix}\frac{1}{\sqrt{2}}&0&\frac{1}{\sqrt{2}}\\0&1&0\\\frac{-1}{\sqrt{2}}&0&\frac{1}{\sqrt{2}}\end{bmatrix}=\begin{bmatrix}1&0&0\\0&2&\sqrt{2}\\0&\sqrt{2}&3\end{bmatrix}$$

第二步：找出矩阵 $\boldsymbol{A}^{(1)}$ 非对角线元素绝对值最大者，令 $a_{23}^{(1)}=\sqrt{2}$，则有：

$$\delta=a_{23}^{(1)}=\sqrt{2},\mu=\frac{1}{2}(a_{33}-a_{22})=\frac{1}{2}(3-2)=\frac{1}{2}$$

所以：
$$\omega=\operatorname{sgn}(\mu)\frac{\delta}{\sqrt{\mu^2+\delta^2}}=\frac{\sqrt{2}}{\sqrt{\sqrt{2}^2+\left(\frac{1}{2}\right)^2}}=\frac{2\sqrt{2}}{3},\omega^2=\frac{8}{9}$$

$$\cos\theta_0=\sqrt{\frac{1}{2}\left(1+\sqrt{1-\frac{8}{9}}\right)}=\frac{\sqrt{6}}{3}$$

$$\sin\theta_0=\frac{\frac{2\sqrt{2}}{3}}{\sqrt{2\left(1+\sqrt{1-\frac{8}{9}}\right)}}=\frac{\sqrt{3}}{3}$$

则：
$$\boldsymbol{V}_1=\begin{bmatrix}1 & 0 & 0\\ 0 & \frac{\sqrt{6}}{3} & \frac{\sqrt{3}}{3}\\ 0 & -\frac{\sqrt{3}}{3} & \frac{\sqrt{6}}{3}\end{bmatrix}$$

$$\boldsymbol{A}^{(2)}=\begin{bmatrix}1 & 0 & 0\\ 0 & \frac{\sqrt{6}}{3} & -\frac{\sqrt{3}}{3}\\ 0 & \frac{\sqrt{3}}{3} & \frac{\sqrt{6}}{3}\end{bmatrix}\begin{bmatrix}1 & 0 & 0\\ 0 & 2 & \sqrt{2}\\ 0 & \sqrt{2} & 3\end{bmatrix}\begin{bmatrix}1 & 0 & 0\\ 0 & \frac{\sqrt{6}}{3} & \frac{\sqrt{3}}{3}\\ 0 & -\frac{\sqrt{3}}{3} & \frac{\sqrt{6}}{3}\end{bmatrix}=\begin{bmatrix}1 & 0 & 0\\ 0 & 1 & 0\\ 0 & 0 & 4\end{bmatrix}$$

特征向量为：

$$\boldsymbol{V}=\boldsymbol{V}_0\boldsymbol{V}_1=\begin{bmatrix}\frac{\sqrt{2}}{2} & -\frac{\sqrt{6}}{6} & \frac{\sqrt{3}}{3}\\ 0 & \frac{\sqrt{6}}{3} & \frac{\sqrt{3}}{3}\\ -\frac{\sqrt{2}}{2} & -\frac{\sqrt{6}}{6} & \frac{\sqrt{3}}{3}\end{bmatrix}$$

由于 $\boldsymbol{A}^{(2)}$ 已对角化，所以矩阵 $\boldsymbol{A}^{(2)}$ 中的对角线元素即为 $\boldsymbol{A}$ 阵的特征值，选取其中最大者记作 $\lambda_1=4$，其余分别为 $\lambda_2=\lambda_3=1$。为以后计算方便，将对角阵 $\boldsymbol{A}^{(2)}$ 整理，得到由 $\boldsymbol{A}$ 阵的特征值组成的对角阵：

$$\boldsymbol{\Lambda}=\begin{bmatrix}4 & 0 & 0\\ 0 & 1 & 0\\ 0 & 0 & 1\end{bmatrix}$$

其对应的以特征向量为列向量组成的矩阵为：

$$V=\begin{bmatrix}\frac{\sqrt{3}}{3} & -\frac{\sqrt{6}}{6} & \frac{\sqrt{2}}{2}\\ \frac{\sqrt{3}}{3} & \frac{\sqrt{6}}{3} & 0\\ \frac{\sqrt{3}}{3} & -\frac{\sqrt{6}}{6} & -\frac{\sqrt{2}}{2}\end{bmatrix}$$

至此矩阵 $\boldsymbol{A}$ 的特征值和特征向量已全部求出。

三、用幂法求矩阵的最大特征值及相应的特征向量

(1)用迭代法求 p 阶方阵 $\boldsymbol{A}$ 的最大特征值 λ_1 及对应的特征向量 $\boldsymbol{v}_1$。

设一非零初始向量 $\boldsymbol{y}_0$，它可以写成矩阵 $\boldsymbol{A}$ 的所有特征向量的线性组合，或 $\boldsymbol{y}_0$ 在特征向量空间中表示为：

$$\boldsymbol{y}_0=\alpha_1\boldsymbol{v}_1+\alpha_2\boldsymbol{v}_2+\cdots+\alpha_p\boldsymbol{v}_p$$

式中 α_k 及 $\boldsymbol{v}_k(k=1,2,\cdots,p)$ 分别为系数及特征向量。对初始向量 $\boldsymbol{y}_0$ 用矩阵 $\boldsymbol{A}$ 作用后变成一新向量 $\boldsymbol{y}_1$：

$$\begin{aligned}\boldsymbol{y}_1&=\boldsymbol{A}\boldsymbol{y}_0=\alpha_1\boldsymbol{A}\boldsymbol{v}_1+\alpha_2\boldsymbol{A}\boldsymbol{v}_2+\cdots+\alpha_p\boldsymbol{A}\boldsymbol{v}_p\\&=\alpha_1\lambda_1\boldsymbol{v}_1+\alpha_2\lambda_2\boldsymbol{v}_2+\cdots+\alpha_p\lambda_p\boldsymbol{v}_p\end{aligned}$$

对向量 $\boldsymbol{y}_1$ 继续用矩阵 $\boldsymbol{A}$ 作用后又变成另一新向量 $\boldsymbol{y}_2$：

$$\begin{aligned}\boldsymbol{y}_2&=\boldsymbol{A}\boldsymbol{y}_1=\alpha_1\lambda_1\boldsymbol{A}\boldsymbol{v}_1+\alpha_2\lambda_2\boldsymbol{A}\boldsymbol{v}_2+\cdots+\alpha_p\lambda_p\boldsymbol{A}\boldsymbol{v}_p\\&=\alpha_1\lambda_1^2\boldsymbol{v}_1+\alpha_2\lambda_2^2\boldsymbol{v}_2+\cdots+\alpha_p\lambda_p^2\boldsymbol{v}_p\end{aligned}$$

以此类推，对向量 $\boldsymbol{y}_0$ 反复用矩阵 $\boldsymbol{A}$ 作用 m 次后的结果为：

$$\begin{aligned}\boldsymbol{y}_m&=\alpha_1\lambda_1^m\boldsymbol{v}_1+\alpha_2\lambda_2^m\boldsymbol{v}_2+\cdots+\alpha_p\lambda_p^m\boldsymbol{v}_p\\&=\lambda_1^m\left[\alpha_1\boldsymbol{v}_1+\alpha_2\left(\frac{\lambda_2}{\lambda_1}\right)^m\boldsymbol{v}_2+\cdots+\alpha_p\left(\frac{\lambda_p}{\lambda_1}\right)^m\boldsymbol{v}_p\right]\end{aligned}$$

当 m 充分大时，由于特征值具有性质：$\lambda_1\geqslant\lambda_2\geqslant\cdots\geqslant\lambda_p\geqslant0$，故有：

$$\lim_{m\to\infty}\left(\frac{\lambda_k}{\lambda_1}\right)^m\to0\quad(k=2,3,\cdots,p)$$

所以，当 m 充分大时有：

$$\boldsymbol{y}_m=\alpha_1\lambda_1^m\boldsymbol{v}_1$$

同理，有：

$$\boldsymbol{y}_{m+1}=\alpha_1\lambda_1^{m+1}\boldsymbol{v}_1$$

比较，得：

$$\boldsymbol{y}_{m+1}=\lambda_1\cdot\alpha_1\lambda_1^m\boldsymbol{v}_1=\lambda_1\boldsymbol{y}_m$$

又：

$$\boldsymbol{y}_{m+1}=\boldsymbol{A}\boldsymbol{y}_m$$

所以：

$$\boldsymbol{A}\boldsymbol{y}_m=\lambda_1\boldsymbol{y}_m$$

该式说明 $\boldsymbol{y}_m$ 就是特征向量 $\boldsymbol{v}_1$ 的近似，而 λ_1 可根据 $\boldsymbol{y}_{m+1}$ 与 $\boldsymbol{y}_m$ 之比得到。

(2)仍用迭代法求 p 阶方阵 $\boldsymbol{A}$ 的次大特征值 λ_2 及对应的特征向量 $\boldsymbol{v}_2$。

由：$\boldsymbol{A}=\boldsymbol{V\Lambda V}'$ 及 $\boldsymbol{V}=(\boldsymbol{v}_1 \quad \boldsymbol{v}_2 \quad \cdots \boldsymbol{v}_p)$（$\boldsymbol{v}_k$ 为第 k 个特征向量），得：

$$\boldsymbol{A}=\lambda_1\boldsymbol{v}_1\boldsymbol{v}'_1+\lambda_2\boldsymbol{v}_2\boldsymbol{v}'_2+\cdots+\lambda_p\boldsymbol{v}_p\boldsymbol{v}'_p$$

若令：

$$\boldsymbol{A}_1=\boldsymbol{A}-\lambda_1\boldsymbol{v}_1\boldsymbol{v}'_1=\lambda_2\boldsymbol{v}_2\boldsymbol{v}'_2+\cdots+\lambda_p\boldsymbol{v}_p\boldsymbol{v}'_p$$

则在求出 λ_1 及 $\boldsymbol{v}_1$ 后，方阵 $\boldsymbol{A}$ 的次大特征值 λ_2 及对应的特征向量 $\boldsymbol{v}_2$ 就是方阵 $\boldsymbol{A}_1$ 的最大特征值及对应的特征向量，继而又转换为上述(1)的求解方阵最大特征值及对应的特征向量问题，从而得到 λ_2 及对应的 $\boldsymbol{v}_2$。

类似地，可得到 $\lambda_3,\boldsymbol{v}_3;\lambda_4,\boldsymbol{v}_4;\cdots\lambda_p,\boldsymbol{v}_p$。下面我们用一个例子来说明其过程。

已知矩阵 $\boldsymbol{A}$ 如下，试求其特征值及对应的特征向量：

$$\boldsymbol{A}=\begin{bmatrix}3.323 & 0.688 & 0.981\\ 0.688 & 1.322 & 0.355\\ 0.981 & 0.355 & 3.767\end{bmatrix}$$

【解】(1)求最大特征值 λ_1 及其特征向量 $\boldsymbol{v}_1$

首先设初始向量 $\boldsymbol{y}_0$。为加快收敛速度，初始向量取原矩阵各列之和，并令第一个分量为1，即：

$$\boldsymbol{y}'_0=(1 \quad 2.365 \quad 5.103)$$

则：

$$\boldsymbol{y}'_1=(\boldsymbol{A}\boldsymbol{y}_0)'=(9.959 \quad 5.631 \quad 21.047)$$

标准化该向量的第一个分量，有：

$$\boldsymbol{y}'_1=(1 \quad 0.565 \quad 2.114)$$

用同样的方法求 $\boldsymbol{y}'_2$：

$$\boldsymbol{y}'_2=(\boldsymbol{A}\boldsymbol{y}_1)'=(5.786 \quad 2.187 \quad 9.144)$$

及：

$$\boldsymbol{y}'_2=(1 \quad 0.378 \quad 1.580)$$

如此不停地迭代下去，直至迭代次数 k 达到 $k=11$ 时，迭代向量才趋于稳定(其迭代过程见表 C.1)。

表 C.1

k		$\boldsymbol{A}\boldsymbol{y}_k$			$\boldsymbol{y}_k$	
0	9.959	5.631	21.047	1	2.366	5.103
1	5.786	2.187	9.144	1	0.565	2.114
2	5.134	1.75	7.059	1	0.378	1.58
3	4.909	1.629	6.289	1	0.341	1.377
4	4.809	1.582	5.925	1	0.332	1.281
5	4.759	1.562	5.74	1	0.329	1.232
6	4.733	1.551	5.642	1	0.328	1.206
7	4.718	1.546	5.588	1	0.328	1.192

续表

k	Ay_k			y_k		
8	4.711	1.543	5.559	1	0.328	1.184
9	4.706	1.541	5.543	1	0.328	1.18
10	4.704	1.546	5.534	1	0.327	1.178
11	4.703	1.54	5.529	1	0.327	1.177

取最后两个迭代向量中的第一分量比值作为 λ_1 的近似值，即 $\lambda_1=4.703$，其对应的标准化特征向量为：

$$\boldsymbol{v}_1=\begin{bmatrix}1/s_1\\0.3274/s_1\\1.1756/s_1\end{bmatrix}=\begin{bmatrix}0.634\\0.208\\0.745\end{bmatrix}$$

其中 $s_1=\sqrt{1^2+0.3274^2+1.1756^2}=\sqrt{2.489226}\approx1.5777$

(2)求次大特征值 λ_2 及其特征向量 $\boldsymbol{v}_2$

$$\boldsymbol{A}_1=\boldsymbol{A}-\lambda_1\boldsymbol{v}_1\boldsymbol{v}'_1=\begin{bmatrix}1.434&0.070&-1.240\\0.070&1.112&-0.372\\-1.240&-0.372&1.156\end{bmatrix}$$

从 $\boldsymbol{A}_1$ 出发，重复上一步的过程，各次迭代值列在表 C.2 中。为保证 $\boldsymbol{v}_2$ 与 $\boldsymbol{v}_1$ 的正交，所以在选初向量时可用与 $\boldsymbol{v}_1$ 正交的初向量。

本例中仍用 $\boldsymbol{A}_1$ 的列和，但在第二分量上为 1。其非零初始向量 $\boldsymbol{y}_0$ 为：

$$\boldsymbol{y}'_0=(0.264\quad 1\quad -0.456)$$

则：

$$\boldsymbol{y}'_1=(\boldsymbol{A}_1\boldsymbol{y}_0)'=(1.041\quad 1.308\quad -1.123)$$

标准化该向量的第一个分量，有：

$$\boldsymbol{y}'_1=(1\quad 1.289\quad -1.209)$$

用同样的方法求 $\boldsymbol{y}'_2$：

$$\boldsymbol{y}'_2=(\boldsymbol{A}_1\boldsymbol{y}_1)'=(3.023\quad 1.963\quad -3.116)$$

及：

$$\boldsymbol{y}'_2=(1\quad 0.649\quad -1.031)$$

如此不停地迭代下去，直至迭代次数 k 达到 $k=9$ 时，迭代向量才趋于稳定(其迭代过程见表 C.2)。

由表 C.2 我们得到：

$$\lambda_2=2.605,\boldsymbol{v}_2=(0.718\quad 0.201\quad -0.666)'$$

表 C.2

k	$A_1 y_k$			y_k		
0	1.041	1.308	−1.123	0.264	1	−0.456
1	3.023	1.963	−3.116	1	1.289	−1.209
2	2.758	1.180	−2.672	1	0.649	−1.031
3	2.666	0.909	−2.519	1	0.428	−0.989
4	2.630	0.803	−2.459	1	0.341	−0.945
5	2.615	0.760	−2.434	1	0.305	−0.935
6	2.609	0.741	−2.424	1	0.290	−0.931
7	2.606	0.733	−2.419	1	0.284	−0.929
8	2.605	0.730	−2.417	1	0.281	−0.928
9	2.605	0.729	−2.417	1	0.280	−0.928

(3)

$$\boldsymbol{A}_2=\boldsymbol{A}_1-\lambda_2\boldsymbol{v}_2\boldsymbol{v}'_2=\begin{bmatrix}0.090 & -0.305 & 0.005\\ -0.305 & 1.008 & -0.023\\ 0.005 & -0.023 & -0.001\end{bmatrix}$$

$$\boldsymbol{y}'_0=(-0.210 \quad 0.680 \quad 1)$$

则：
$$\boldsymbol{y}'_1=(\boldsymbol{A}_2\boldsymbol{y}_0)'=(-0.221 \quad 0.726 \quad -0.018)$$

标准化该向量的第一个分量，有：

$$\boldsymbol{y}'_1=(1 \quad -3.285 \quad 0.081)$$

用同样的方法求 $\boldsymbol{y}'_2$：

$$\boldsymbol{y}'_2=(\boldsymbol{A}_2\boldsymbol{y}_1)'=(1.092 \quad -3.618 \quad 0.080)$$

及：
$$\boldsymbol{y}'_2=(1 \quad -3.313 \quad 0.073)$$

$$\boldsymbol{y}'_3=(\boldsymbol{A}_2\boldsymbol{y}_2)'=(1.101 \quad -3.646 \quad 0.081)$$

及：
$$\boldsymbol{y}'_3=(1 \quad -3.312 \quad 0.074)$$

$$\boldsymbol{y}'_4=(\boldsymbol{A}_2\boldsymbol{y}_3)'=(1.100 \quad -3.645 \quad 0.081)$$

及：
$$\boldsymbol{y}'_4=(1 \quad -3.314 \quad 0.074)$$

$$\boldsymbol{y}'_5=(\boldsymbol{A}_2\boldsymbol{y}_4)'=(1.101 \quad -3.647 \quad 0.081)$$

及：
$$\boldsymbol{y}'_5=(1 \quad -3.312 \quad 0.074)$$

故：
$$\lambda_3=1.101, \boldsymbol{v}_3=(0.289 \quad -0.957 \quad 0.021)'$$

四、实非对称矩阵的特征值及相应特征向量的求解

(一)求解步骤

我们知道，任何一个实非对称阵都可以转换成两个实对称矩阵的积，若假设 $\boldsymbol{A}$,$\boldsymbol{B}$ 为 $p\times p$ 实对称矩阵，且 $\boldsymbol{B}$ 为非退化阵，此时 $\boldsymbol{B}^{-1}\boldsymbol{A}$ 阵虽不一定为对称阵，但却是一实

非对称阵，那么，其特征值及特征向量的求解问题就转换为如下问题的求解：

$$(\boldsymbol{B}^{-1}\boldsymbol{A}-\lambda\boldsymbol{I})\boldsymbol{v}=0 \tag{C.8}$$

或：

$$(\boldsymbol{A}-\lambda\boldsymbol{B})\boldsymbol{v}=0 \tag{C.9}$$

其求解步骤如下：

(1)求 $\boldsymbol{B}$ 的特征值及特征向量。

由式(C.5)可知，对于 $\boldsymbol{B}$，有：

$$\boldsymbol{B}=\boldsymbol{UKU}' \tag{C.10}$$

式中 $\boldsymbol{K}$ 为 $\boldsymbol{B}$ 的特征值组成的对角阵，$\boldsymbol{U}$ 为其特征向量为列向量组成的正交矩阵。将上式右边分解，有：

$$\boldsymbol{B}=(\boldsymbol{UK}^{\frac{1}{2}})(\boldsymbol{K}^{\frac{1}{2}}\boldsymbol{U}')=(\boldsymbol{UK}^{\frac{1}{2}})(\boldsymbol{UK}^{\frac{1}{2}})'=(\boldsymbol{B}^{\frac{1}{2}})(\boldsymbol{B}^{\frac{1}{2}})'$$

对式(C.10)两边矩阵求逆，有：

$$\boldsymbol{B}^{-1}=(\boldsymbol{UKU}')^{-1}=(\boldsymbol{U}')^{-1}\boldsymbol{K}^{-1}\boldsymbol{U}^{-1}$$

根据正交矩阵性质，有：

$$\boldsymbol{U}'=\boldsymbol{U}^{-1} \tag{C.11}$$

故有：

$$\boldsymbol{B}^{-1}=\boldsymbol{UK}^{-1}\boldsymbol{U}'=(\boldsymbol{UK}^{-\frac{1}{2}})(\boldsymbol{K}^{-\frac{1}{2}}\boldsymbol{U}')=(\boldsymbol{UK}^{-\frac{1}{2}})(\boldsymbol{UK}^{-\frac{1}{2}})'=\boldsymbol{B}^{-\frac{1}{2}}(\boldsymbol{B}^{-\frac{1}{2}})'$$

从而得到：

$$\boldsymbol{B}^{\frac{1}{2}}=\boldsymbol{UK}^{\frac{1}{2}},\boldsymbol{B}^{-\frac{1}{2}}=\boldsymbol{UK}^{-\frac{1}{2}} \tag{C.12}$$

将 $\boldsymbol{B}=(\boldsymbol{B}^{\frac{1}{2}})(\boldsymbol{B}^{\frac{1}{2}})'$ 代入式(C.9)，有：

$$(\boldsymbol{A}-\lambda\boldsymbol{UK}^{\frac{1}{2}}\boldsymbol{K}^{\frac{1}{2}}\boldsymbol{U}')\boldsymbol{v}=0$$

再用 $\boldsymbol{K}^{-\frac{1}{2}}\boldsymbol{U}'$ 左乘上式，得：

$$(\boldsymbol{K}^{-\frac{1}{2}}\boldsymbol{U}'\boldsymbol{A}-\lambda\boldsymbol{K}^{\frac{1}{2}}\boldsymbol{U})\boldsymbol{v}=0$$

$$(\boldsymbol{K}^{-\frac{1}{2}}\boldsymbol{U}'\boldsymbol{AUK}^{-\frac{1}{2}}-\lambda\boldsymbol{I})\cdot(\boldsymbol{K}^{\frac{1}{2}}\boldsymbol{U}'\boldsymbol{v})=0 \tag{C.13}$$

若令：

$$\begin{cases}\boldsymbol{D}=\boldsymbol{K}^{-\frac{1}{2}}\boldsymbol{U}'\boldsymbol{AUK}^{-\frac{1}{2}}=(\boldsymbol{B}^{-\frac{1}{2}})'\boldsymbol{AB}^{-\frac{1}{2}}\\ \boldsymbol{v}_c=\boldsymbol{K}^{\frac{1}{2}}\boldsymbol{U}'\boldsymbol{v}=\boldsymbol{B}^{\frac{1}{2}}\boldsymbol{v}\end{cases} \tag{C.14}$$

则有：

$$(\boldsymbol{C}-\lambda\boldsymbol{I})\boldsymbol{v}_c=0 \tag{C.15}$$

由于：

$$\begin{aligned}\boldsymbol{D}'&=[(\boldsymbol{B}^{-\frac{1}{2}})'(\boldsymbol{AB}^{-\frac{1}{2}})]'=(\boldsymbol{AB}^{-\frac{1}{2}})'(\boldsymbol{B}^{-\frac{1}{2}})\\&=(\boldsymbol{B}^{-\frac{1}{2}})'\boldsymbol{A}'(\boldsymbol{B}^{-\frac{1}{2}})=(\boldsymbol{B}^{-\frac{1}{2}})'\boldsymbol{A}(\boldsymbol{B}^{-\frac{1}{2}})=\boldsymbol{D}\end{aligned}$$

故矩阵 $\boldsymbol{D}$ 为一实对称阵。

(2)求矩阵 $\boldsymbol{D}$ 的特征值及特征向量。

由于矩阵 $\boldsymbol{D}$ 为一实对称阵，故其特征值及特征向量的求解可参照本附录三，从而得到特征值 λ 及其特征向量 $\boldsymbol{v}_d$。此处的特征值 λ 即为(C.8)或(C.9)中的特征值解。

(3)求 $\boldsymbol{B}^{-1}\boldsymbol{A}$ 阵的特征向量。

利用式(C.12)求出 $\boldsymbol{B}^{-\frac{1}{2}}$，并用它左乘(C.14)中的第二项，即得所求特征向量 $\boldsymbol{\nu}$：

$$\boldsymbol{\nu}=\boldsymbol{B}^{-\frac{1}{2}}\boldsymbol{\nu}_d \tag{C.16}$$

(4)与原 $\boldsymbol{A},\boldsymbol{B}$ 阵有如下关系：

$$\boldsymbol{V}'\boldsymbol{A}\boldsymbol{V}=\boldsymbol{\Lambda} \tag{C.17}$$

$$\boldsymbol{V}'\boldsymbol{B}\boldsymbol{V}=\boldsymbol{I} \tag{C.18}$$

式中 $\boldsymbol{\Lambda},\boldsymbol{V}$ 分别为特征值及其特征向量组成的矩阵。因为：

$$\boldsymbol{V}'\boldsymbol{A}\boldsymbol{V}=\boldsymbol{V}'_d(\boldsymbol{B}^{-\frac{1}{2}})'\boldsymbol{A}(\boldsymbol{B}^{-\frac{1}{2}})\boldsymbol{V}_d=\boldsymbol{V}'_d\boldsymbol{D}\boldsymbol{V}_d=\boldsymbol{\Lambda}$$

其中 $\boldsymbol{V}_d$ 为矩阵 $\boldsymbol{D}$ 的特征向量组成的正交矩阵。而：

$$\begin{aligned}\boldsymbol{V}'\boldsymbol{B}\boldsymbol{V}&=\boldsymbol{V}'_d(\boldsymbol{B}^{-\frac{1}{2}})'\boldsymbol{B}(\boldsymbol{B}^{-\frac{1}{2}})\boldsymbol{V}_d=\boldsymbol{V}'_d\boldsymbol{K}^{-\frac{1}{2}}\boldsymbol{U}'\boldsymbol{B}\boldsymbol{U}\boldsymbol{K}^{-\frac{1}{2}}\boldsymbol{V}_d\\&=\boldsymbol{V}'_d\boldsymbol{K}^{-\frac{1}{2}}\boldsymbol{K}\boldsymbol{K}^{-\frac{1}{2}}\boldsymbol{V}_d=\boldsymbol{V}'_d\boldsymbol{I}\boldsymbol{V}_d=\boldsymbol{I}\end{aligned}$$

得证。

(5)非对称矩阵 $\boldsymbol{B}^{-1}\boldsymbol{A}$ 的特征向量矩阵不具有正交性。

$$\begin{aligned}\boldsymbol{V}'\boldsymbol{V}&=\boldsymbol{V}'_d(\boldsymbol{B}^{-\frac{1}{2}})'(\boldsymbol{B}^{-\frac{1}{2}})\boldsymbol{V}_d=\boldsymbol{V}'_d\boldsymbol{K}^{-\frac{1}{2}}\boldsymbol{U}'\boldsymbol{U}\boldsymbol{K}^{-\frac{1}{2}}\boldsymbol{V}_d\\&=\boldsymbol{V}'_d\boldsymbol{K}^{-\frac{1}{2}}\boldsymbol{K}^{-\frac{1}{2}}\boldsymbol{V}_d=\boldsymbol{V}'_d\boldsymbol{K}^{-1}\boldsymbol{V}_d\neq\boldsymbol{I}\end{aligned}$$

而：

$$\boldsymbol{V}\boldsymbol{V}'=(\boldsymbol{B}^{-\frac{1}{2}})\boldsymbol{V}_d\boldsymbol{V}'_d(\boldsymbol{B}^{-\frac{1}{2}})'=\boldsymbol{U}\boldsymbol{K}^{-\frac{1}{2}}\boldsymbol{K}^{-\frac{1}{2}}\boldsymbol{U}'=\boldsymbol{U}\boldsymbol{K}^{-1}\boldsymbol{U}'\neq\boldsymbol{I}$$

显然，特征向量矩阵 $\boldsymbol{V}$ 不具有正交性。

假设特征向量矩阵 $\boldsymbol{V}$ 由 s 个线性无关的特征向量 $\boldsymbol{\nu}_1,\boldsymbol{\nu}_2,\cdots,\boldsymbol{\nu}_s$ 组成，且不具有正交性。但根据线性无关向量组的施密特正交化过程，可以将特征向量 $\boldsymbol{\nu}_1,\boldsymbol{\nu}_2,\cdots,\boldsymbol{\nu}_s$ 进行施密特正交化处理，将其转换为相互正交的标准化特征向量 $\boldsymbol{c}_1,\boldsymbol{c}_2,\cdots,\boldsymbol{c}_s$，再由该标准化特征向量组成具有正交性的特征向量矩阵 $\boldsymbol{C}$。

(二)求解举例

已知对称矩阵：

$$\boldsymbol{A}=\begin{bmatrix}0.305 & 0.400 & 0.244\\0.400 & 0.809 & 0.436\\0.244 & 0.436 & 0.244\end{bmatrix},\qquad \boldsymbol{B}=\begin{bmatrix}3.323 & 0.688 & 0.981\\0.688 & 1.322 & 0.355\\0.981 & 0.355 & 3.767\end{bmatrix}$$

求 $\boldsymbol{B}^{-1}\boldsymbol{A}$ 阵的特征值及特征向量。

【解】

(1)求 $\boldsymbol{B}$ 的特征值及特征向量 $\boldsymbol{U}$。

其特征值：　　$k_1=4.701$，　$k_2=2.604$，　$k_3=1.107$。

其特征向量：

$$\boldsymbol{U}=\begin{bmatrix}0.634 & 0.718 & -0.288\\0.208 & 0.200 & 0.958\\0.745 & -0.667 & -0.022\end{bmatrix}$$

(2)求矩阵 $C=(B^{-\frac{1}{2}})'AB^{-\frac{1}{2}}$ 的特征值及特征向量。

先计算：
$$B^{-\frac{1}{2}}=UK^{-\frac{1}{2}}=\begin{bmatrix}0.292 & 0.445 & -0.274\\ 0.096 & 0.124 & 0.911\\ 0.344 & -0.413 & -0.021\end{bmatrix}$$

再计算：
$$C=(B^{-\frac{1}{2}})'AB^{-\frac{1}{2}}=\begin{bmatrix}0.162 & 0.055 & 0.251\\ 0.055 & 0.024 & 0.065\\ 0.251 & 0.065 & 0.480\end{bmatrix}$$

最后用求对称阵特征值及特征向量的方法求矩阵 C 的特征值，其结果为：

$$\lambda_1=0.630,\quad \lambda_2=0.036,\quad \lambda_3=0.0003$$

其对应的特征向量组成的 V_c 阵为：

$$V_c=\begin{bmatrix}0.482 & 0.671 & -0.564\\ 0.137 & 0.578 & 0.804\\ 0.866 & -0.465 & 0.187\end{bmatrix}$$

(3)求 $B^{-1}A$ 阵的特征向量组成的矩阵。

$$V=B^{-\frac{1}{2}}V_c=\begin{bmatrix}-0.035 & 0.580 & -0.142\\ 0.851 & -0.287 & 0.216\\ 0.091 & 0.001 & -0.530\end{bmatrix}$$

附录 D　统计预报常用 Fortran 程序

本附录给出了统计预报的常用的 Fortran 程序(包括逐个引入因子、一元线性回归、多元线性回归、逐步回归、判别分析、整批修改聚类、逐个修改聚类、一维平稳时间序列分析、谐波分析、方差分析),程序的结构设计和语法语句力求简单明了,并有较详细的注释,便于学生阅读和应用。为配合教学使用,程序以本教材有关章节中的例题为计算样例,变量的定义和计算步骤和例题叙述基本一致,并有必要的注释,输出结果可供对照,这也是本附录与其他参考书中通用(子)程序重要不同之处。

1. 逐个引入因子

本程序对应例题在 2.2 中,总样本数为 20,有 12 个待选因子,用逐个引入因子的方法引入 3 个因子。数据文件 data. txt 中数据存放顺序与表 2.18 类似,每行 11 个数据分别为 $y, x_1, x_2, x_{10}\cdots, x_{10}$,共 20 行,以 ASCII 码格式存放(下同)。程序运行输出结果为选中因子的序号。

```
PROGRAM ONE_BY_ONE_INPUT
IMPLICIT NONE
INTEGER,PARAMETER :: n=20              ! 样本数
INTEGER,PARAMETER :: m=10              ! 因子数
INTEGER,PARAMETER :: k=3               ! 选出因子总数
INTEGER           :: x(n,m)            ! 存放初始数据的数组
INTEGER           :: y(n)              ! 预报量
INTEGER           :: nj(m)             ! 各因子报对的次数
REAL              :: v(m)              ! 经验判据值
REAL              :: f(m)              ! 经验判据式的分母值
INTEGER           :: Ki(k)             ! 已经选入的因子编号
INTEGER           :: max_nj=0          ! 报对次数 nj 最大标记
INTEGER           :: max_v=0           ! 经验判据 v(i)最大标记
INTEGER           :: i,j,L,jk
OPEN(1,FILE='data. txt')               ! 从文件中读取数据到数组
```

```
DO i=1,n
READ(1,*) y(i),(x(i,j),j=1,m)
ENDDO
CLOSE(1)
DO j=1,m                                    ! 计算每个因子报对的次数
  DO i=1,n
    IF(x(i,j).eq.y(i)) then
      nj(j)=nj(j)+1
    ENDIF
  ENDDO
  PRINT *,'第',j,'个因子报对的次数为',nj(j)
  IF(max_nj<nj(j))THEN                      ! 报对次数最多的因子作为第 1 个引
入的因子
    Ki(1)=j
    max_nj=nj(j)
  ENDIF
ENDDO
PRINT *,'引入第',1,'个因子为',Ki(1)
f=1
DO L=2,k
  DO j=1,m                                  ! 计算每个因子的经验判据值
    IF(i/=ki(L-1)) THEN
      DO jk=1,L-1
        DO i=1,n
          IF(x(i,j).ne.y(i).and.x(i,Ki(L-jk)).ne.y(i)) f(j)=f(j)+1
                                            ! 计算待选因子与已选因子同时报错
                                              的次数之和
        ENDDO
      ENDDO
      v(j)=nj(j)/(f(j)+1)
      IF(max_v.lt.v(j))THEN                 ! 比较出最大的 v
        max_v=v(j)
        ki(L)=j
      ENDIF
```

```
    ENDIF
  ENDDO
  PRINT *,'引入第 ',L,' 个因子为 ',ki(L)
  max_v=0
ENDDO
END PROGRAM ONE_BY_ONE_INPUT
```

2. 一元线性回归

本程序对应例题在 3.2 中，以南京冬季西路冷锋移速为预报对象 y，以东胜和锡林浩特两站位势高度差为因子 x，建立一元线性回归方程。读入文件 data. txt 为表 3.2 中的第 2、3 列，程序运行输出结果为回归系数 b_0 和 b。

```
PROGRAM ONE_VAR_REGRESSION
IMPLICIT NONE
INTEGER,PARAMETER :: n=50             ! 样本数量
REAL              :: x(n)             ! 因子 x
REAL              :: y(n)             ! 预报对象 y
REAL              :: avg_x            ! x 的平均值
REAL              :: avg_y            ! y 的平均值
REAL              :: Sxy              ! x 和 y 的协方差
REAL              :: Sxx              ! x 的方差
REAL              :: b                ! x 的回归系数
REAL              :: b0               ! 回归系数的常数项
INTEGER           :: t,j
OPEN(1,FILE='data. txt')
DO t=1,n
  READ(1,*) y(t),x(t)                 ! 读取 x,y
ENDDO
CLOSE(1)
avg_x=sum(x)/n
avg_y=sum(y)/n
Sxy=0
Sxx=0
DO t=1,n
  Sxy=(x(t)-avg_x)*(y(t)-avg_y)+Sxy
```

```
  Sxx=(x(t)-avg_x)* *2+Sxx
ENDDO
PRINT *, 'Sxy=',Sxy,'Sxx=',Sxx
b=Sxy/Sxx                               ! 计算 b
   b0=avg_y-b*avg_x                     ! 计算 b0
PRINT *,'b=',b,'b0=',b0
END PROGRAM ONE_VAR_REGRESSION
```

3. 多元线性回归

本程序对应例题在 3.3 中，预报对象 y 同上例，共有 4 个回归因子。读入文件 data.txt 为表 3.2 中的第 2、3、6、7、8 列，程序运行输出结果为方程的系数以及回归效果参数。由于计算协方差和解线性方程组在后面的程序中还要调用到，这里以函数(子例行)子程序的形式给出。

```
PROGRAM LINEAR_REGRESSION
IMPLICIT NONE
INTEGER,PARAMETER :: m=4                ! 因子的个数
INTEGER,PARAMETER :: n=50               ! 样本的个数
REAL              :: X(n,m)             ! 因子数据矩阵
REAL              :: Y(n)               ! 预报因子数据矩阵
REAL              :: Sxx(m,m)           ! 因子之间协方差矩阵
REAL              :: Sxy(m)             ! X 和 Y 的协方差矩阵
REAL              :: Syy                ! 总离差平方和
REAL              :: b(m)               ! 正规方程的解
REAL              :: b0                 ! 回归方程的常数项
REAL              :: U                  ! 回归平方和
REAL              :: Q                  ! 剩余平方和
REAL              :: r                  ! 复相关系数
REAL              :: Sy                 ! 样本的剩余标准差
REAL              :: COV                ! 计算协方差函数
INTEGER           :: i,j,k,t
OPEN(1,file='data.txt')
DO t=1,n
  READ(1,*)(X(t,j),j=1,m),Y(t)
ENDDO
```

```
CLOSE(1)
DO i=1,m
  DO j=1,m
    Sxx(i,j)=COV(X(:,i),X(:,j),n)
  ENDDO
  Sxy(i)=COV(X(:,i),y(:),n)
ENDDO
Syy=COV(y,y,n)
CALL GUASS(Sxx,Sxy,m,b)
b0=sum(y)/n
DO i=1,m
  b0=b0-b(i)*sum(x(:,i))/n                    ! 计算回归方程的常数项
ENDDO
PRINT *,'回归方程的系数为'
print *,(b(i),i=1,m),'b0',b0
U=0
DO i=1,m
  U=U+b(i)*Sxy(i)
ENDDO
Q=Syy-U
r=SQRT(U/Syy)
sy=SQRT(Q/(n-m-1))
PRINT *,'回归方程的效果参数'
PRINT *,'U=',U,'Q=',Q,'Syy=',Syy,'r=',r,'sy=',sy
END PROGRAM LINEAR_REGRESSION
! ################################
! ###########计算二个变量的协方差子程序###########
!! ##############################
```

[注:概率论教材上的协方差一般要除 n,这里为和课本一致,没有除 n。]

```
REAL Function COV(X,Y,n)
INTEGER                 :: n
REAL                    :: X(n)          ! 变量 X
REAL                    :: Y(n)          ! 变量 Y
REAL                    :: ave_X         ! 变量 X 的平均值
```

```
REAL                    :: ave_Y               ! 变量 Y 的平均值
REAL                    :: k
ave_X=sum(X)/n
ave_Y=sum(Y)/n
COV=0
DO k=1,n
  COV=COV+(X(k)-ave_X) * (Y(k)-ave_Y)
ENDDO
END  FUNCTION COV
! ################################
! #########GUASS 全主元消去法解线性方程组##########
!! ################################
SUBROUTINE GUASS(A,B,m,x)
IMPLICIT NONE
INTEGER                 :: m                   ! 方程组未知数的个数
REAL                    :: A(m,m),B(m),x(m)! AX=B 中各项
REAL                    :: max_a               ! 最大主元绝对值
REAL                    :: max_i               ! 最大主元的行数
REAL                    :: tmp,tmp1(m,m),tmp2(m)
INTEGER                 :: k,i,j
tmp1=A
tmp2=B
tmp=0.0
DO k=1,m-1                                     ! 选取列最大绝对值元素
  max_a=0.0
  DO i=k,m
    IF (abs(A(i,k)) > max_a) THEN
      max_a=abs(A(i,k))
      max_i=i
    ENDIF
  ENDDO
  IF (max_i /= k) THEN                         ! 若不在一行进行换行
    DO j=1,m
      tmp=A(k,j)
```

```
      A(k,j)=A(max_i,j)
      A(max_i,j)=tmp
    ENDDO
    tmp=B(k)
    B(k)=B(max_i)
    B(max_i)=tmp
  ENDIF
  DO i=k+1,m                              ! 消元成一个上三角阵
    DO j=k+1,m
      A(i,j)=A(i,j)-A(i,k) * A(k,j)/A(k,k)
    ENDDO
    B(i)=B(i)-A(i,k) * B(k)/A(k,k)
  ENDDO
ENDDO
x(m)=B(m)/A(m,m)                          ! 最后一行可直接求出 x(m)
DO i=m-1,1,-1
  tmp=0.0
  DO j=i+1,m
    tmp=tmp+A(i,j) * x(j)
  ENDDO
  x(i)=(B(i)-tmp)/A(i,i)                  ! 用上三角阵求解其他 x(i)
ENDDO
A=tmp1
B=tmp2
END SUBROUTINE GUASS
```

4. 逐步回归

本程序对应例题在 3.3 中，预报因子和预报对象同多元回归，运行输出每步选入(或剔除)的因子和转换后的矩阵。程序中共调用了 4 个子程序，其中计算协方差的 COV 子程序见多元回归。

```
PROGRAM STEP_BY_STEP_REGRESS
IMPLICIT NONE
INTEGER,PARAMETER :: m=5                  ! 因子和预报量数目之和
INTEGER,PARAMETER :: n=50                 ! 样本数
```

```
INTEGER,PARAMETER  :: ncycle=4        ! 逐步回归循环步数
REAL,PARAMETER     :: F0=1.0          ! 显著性检验标准
INTEGER            :: ki(m)           ! 已选入因子
REAL               :: X_o(n,m-1)      ! 仅包含预报因子 X 的数据
REAL               :: Y(n)            ! 预报对象 Y 的数据
REAL               :: X(n,m)          ! 因子与预报对象合并后的数据
REAL               :: ave_X(m)        ! X 的平均值
REAL               :: s(m)            ! X 的方差
REAL               :: COV             ! 协方差函数
REAL               :: R(m,m)          ! 方程的相关系数矩阵
REAL               :: R2(m,m)         ! 变换后的系数矩阵
INTEGER            :: numb=0          ! 已引入因子的数目
INTEGER            :: flag1           ! 是否有剔除因子的标识
INTEGER            :: kint            ! 每次引入因子标号
INTEGER            :: kout            ! 每次剔除因子标号
REAL               :: b0              ! 回归方程常数项
REAL               :: b(m-1)          ! 回归方程系数
REAL               :: Syy             ! 离差平方和
REAL               :: Sy              ! 误差标准差
REAL               :: Rxy             ! 复相关系数
INTEGER            :: i,j,t
OPEN(1,file='data.txt')
DO t=1,n
  READ(1,*) (X_o(t,j),j=1,m-1),Y(t)
ENDDO
CLOSE(1)
x(:,1:m-1)=X_o
x(:,m)=Y
s=0
DO j=1,m
  ave_X(j)=SUM(x(:,j))/n
  DO t=1,n
    s(j)=s(j)+(X(t,j)-ave_X(j))**2
  ENDDO
```

```
    s(j)=SQRT(s(j))
ENDDO
DO i=1,m                                    ! 计算R阵
  DO j=1,m
    R(i,j)=COV(X(:,i),X(:,j),n)/(s(i) * s(j))
  ENDDO
ENDDO
ki=0
DO i=1,ncycle                               ! 逐步回归主循环
  CALL INPUT(R,m,n,kint,numb,ki,F0) ! 调用引入因子的子程序
  ki(i)=kint
  IF(kint/=0)THEN
    PRINT *,'第',i,'步变换后的系数矩阵'
    CALL TRANSFORM(R,m,ki(i))               ! 对系数矩阵R进行变换
  ENDIF
  IF(numb>2)THEN                            ! 引入因子数大于2时对引入因子做
                                            剔除检验
    flag1=0
    DO WHILE(flag1==0)
      CALL OUTPUT(R,m,n,ki,numb,flag1,kout,F0)
      IF(flag1==0)THEN
        CALL TRANSFORM(R,m,kout)
        ki(numb)=0
        numb=numb-1
      ENDIF
    ENDDO
  ENDIF
ENDDO
PRINT *,'回归方程的各因子系数为'
b0=ave_X(m)
DO i=1,numb
  b(i)=s(m)/s(ki(i)) * r(ki(i),m)
  write( * ,'(1x,A1,I1,F9.3)') 'x',ki(i),b(i)
  b0=b0-b(i) * ave_x(ki(i))
```

```
ENDDO
PRINT *,'b0',b0
Syy=s(m) * *2
Sy=Syy * SQRT(R(m,m)/(n-numb-1))/n
Rxy=SQRT(1-r(m,m))
PRINT *,'回归方程的复相关系数和剩余标准差'
PRINT *,'Sy',Sy
PRINT *,'Rxy',Rxy
END PROGRAM STEP_BY_STEP_REGRESS
! ####################################
! #############因子引入的子程序################
!! ###################################
SUBROUTINE INPUT(R,m,n,kint,numb,ki,F0)
IMPLICIT NONE
INTEGER              :: m,n
REAL                 :: R(m,m)
REAL                 :: v(m)          ! 因子的方差贡献
INTEGER              :: ki(m),kint
INTEGER              :: flag0         ! 本次筛选因子是否与已选入因子重
复标识
REAL                 :: max_v         ! 最大的因子方差贡献
REAL                 :: F,F0
INTEGER              :: numb,i,j
F=0
max_v=0
flag0=1
DO i=1,m-1
  v(i)=R(i,m) * *2/R(i,i)             ! 比较出方差贡献最大的因子
  DO j=1,numb
    if(i==ki(j)) flag0=0
  ENDDO
  IF(flag0==0) THEN
    flag0=1
    CYCLE
```

```
  ENDIF
  IF(v(i)>max_v) THEN
    max_v=v(i)
    kint=i
    F=V(kint)/(R(m,m)-V(kint))*(n-2)
  ENDIF
ENDDO
IF(F>F0)THEN                                 ! 对方差贡献最大的因子作显著性
                                               检验
  numb=numb+1
  PRINT *,'第',numb,'个选中的因子是第',kint,'个因子'
ELSE
  PRINT *,'没有可以引入的因子'
  kint=0
ENDIF
END SUBROUTINE INPUT
! ##################################
! ############求解求逆紧凑方案的子程序#############
!! ##################################
SUBROUTINE TRANSFORM(R,m,kint)
IMPLICIT NONE
INTEGER                :: m
REAL                   :: R(m,m)        ! 变换前的矩阵
REAL                   :: R2(m,m)       ! 变换后的矩阵
INTEGER                :: kint
INTEGER                :: i,j
DO i=1,m
  DO j=1,m
    IF(i==kint.and.j==kint) THEN
      R2(i,j)=1/R(kint,kint)
    ELSEIF(i==kint) THEN
      R2(i,j)=R(i,j)/R(kint,kint)
    ELSEIF(j==kint) THEN
      R2(i,j)=-R(i,j)/R(kint,kint)
```

```
    ELSEIF(i/=kint.and.j/=kint) THEN
      R2(i,j)=R(i,j)-(R(i,kint)*R(kint,j))/R(kint,kint)
    ENDIF
  ENDDO
ENDDO
PRINT*,((R2(i,j),j=1,m),i=1,m)
R=R2                                    ! 变换后的 R2 取代 R
END SUBROUTINE TRANSFORM
! ##############################################
! ##########对选中的因子做剔除检验的子程序##########
!! ##############################################
SUBROUTINE OUTPUT(R,m,n,ki,numb,flag1,kout,F0)
IMPLICIT NONE
INTEGER              :: m,n
REAL                 :: R(m,m)
REAL                 :: V(m)            ! 因子方差贡献
INTEGER              :: ki(m)
REAL                 :: F0,F
REAL                 :: min_v           ! 最大的因子方差贡献
INTEGER              :: kout,flag1
INTEGER              :: i,numb
min_v=99999.0
DO i=1,numb                             ! 选出方差贡献最小的因子作显著性
                                          检验
v(ki(i))=R(ki(i),m)**2/R(ki(i),ki(i))
IF(v(ki(i))<min_v)THEN
  min_v=V(ki(i))
  kout=ki(i)
ENDIF
ENDDO
F=V(kout)/R(m,m)*(n-1-numb)
IF(F.gt.F0)THEN                         ! 对方差贡献最小的因子作显著性
                                          检验
  flag1=1
```

```
  PRINT *,'因子均通过检验,无剔除'
ELSE
  flag1=0
  PRINT *,'没有通过检验的因子是第',kout,'个因子'
ENDIF
END SUBROUTINE OUTPUT
```

5. 判别分析

本程序对应例题在 4.1 中,以南京历年 8 月降水多寡为预报对象,选择了 3 个因子,用二级判别的原理,建立判别方程。读入文件 data.txt 中的数据即为表 4.1,程序运行输出结果为判别系数因子效能贡献。程序中分别调用了前面的 COV 和 GAUSS 二个子程序。

```
PROGRAM CLASSIFY
IMPLICIT NONE
INTEGER,PARAMETER :: m=3              ! 因子个数
INTEGER,PARAMETER :: n=21             ! 样本数
INTEGER,PARAMETER :: fj=150           ! 预报因子的分类标准
REAL              :: ab0(n,m+1)       ! 原始数据矩阵
REAL              :: Xa(n,m+1)        ! A 类样本的矩阵
REAL              :: Xb(n,m+1)        ! B 类样本的矩阵
REAL              :: S_a(m,m)         ! A 类样本的因子之间的协方差
REAL              :: S_b(m,m)         ! B 类样本的因子之间的协方差
REAL              :: d(m)             ! 两类因子平均值之差
REAL              :: c(m)             ! 方程组的解,即判别方程的系数
REAL              :: S(m,m)           ! 方程组的系数矩阵
REAL              :: g(m+1)           ! 因子判别效能的贡献
REAL              :: ave_a(m),ave_b(m)
                                      ! A 类,B 类样本因子的平均值
REAL              :: y_a(n),y_b(n)    ! A 类,B 类样本代入判别方程得到的值
INTEGER           :: Num_a,Num_b      ! A 类,B 类样本的数
REAL              :: ya,yb            ! A 类,B 类样本代入判别方程得到
                                        值的平均
REAL              :: F,F0             ! 构造统计量的实际值与临界值
REAL              :: YC               ! 判别样本类别的临界值
```

```
REAL                    :: DD                ! 马氏距离
REAL                    :: COV
INTEGER                 :: i,j
OPEN(1,file='data.txt')
READ(1,*)((ab0(j,i),i=1,m+1),j=1,n)
DO i=1,n
  IF(ab0(i,m+1)>=fj)THEN
    Num_a=Num_a+1
    DO j=1,m+1
      Xa(Num_a,j)=ab0(i,j)
    ENDDO
  ELSE
    Num_b=Num_b+1
    DO j=1,m+1
      Xb(Num_b,j)=ab0(i,j)
    ENDDO
  ENDIF
ENDDO
PRINT *,'A 类个数 ',Num_a,'B 类个数 ',Num_b
DO i=1,m
  ave_a(i)=sum(Xa(:,i))/Num_a
  ave_b(i)=sum(Xb(:,i))/Num_b
ENDDO
DO i=1,m
  DO j=1,m
    S_a(i,j)=COV(Xa(:,i),Xa(:,j),Num_a)
    S_b(i,j)=COV(Xb(:,i),Xb(:,j),Num_b)
    S(i,j)=S_a(i,j)+S_b(i,j)                ! 方程组的系数为两类协方差之和
  ENDDO
  d(i)=ave_a(i)-ave_b(i)                    ! 计算方程组右端的项
ENDDO
PRINT *,'方程组的系数为'
DO i=1,m
  PRINT *,(S(i,j),j=1,m),d(i)
```

```
ENDDO
CALL GUASS(S,d,m,c)
PRINT *,'判别方程的系数分别为'
PRINT *,(c(i),i=1,m)
DO i=1,Num_a
  DO j=1,m
    y_a(i)=y_a(i)+c(j) * Xa(i,j)
  ENDDO
ENDDO
ya=Sum(y_a(:))/Num_a
DO i=1,Num_b
  DO j=1,m
    y_b(i)=y_b(i)+c(j) * Xb(i,j)
  ENDDO
ENDDO
yb=Sum(y_b(:))/Num_b
yc=(Sum(y_a(:))+Sum(y_b(:)))/(Num_a+Num_b)
PRINT *,'yc',yc,'yb',yb,'ya',ya
DO i=1,m
  dd=dd+ABS(d(i) * c(i))
ENDDO
DO i=1,m                                    ! 计算三个因子判别效能的贡献
  g(i)=ABS(d(i) * c(i))/dd
ENDDO
PRINT *,'三个因子判别效能的贡献分别为'
PRINT *,(g(i),i=1,m)
F=((Num_a+Num_b-m-1) * (Num_a * Num_b) * dd * (Num_a-2+Num_
b))/((Num_a+Num_b-2) * m * (Num_a+Num_b))
F0=1.7                                      ! 临界值 F0 通过查表得到
IF(F>F0)PRINT *,'方程通过显著性检验'
END PROGRAM CLASSIFY
```

6. 整批修改聚类

本程序对应例题在 5.3 中,以 21 个样本的数据的两个因子为分类依据,用逐步

修改聚类法找到三个凝聚点，将样本分为三类。读入文件 data. txt 中的数据即为表 5.13，程序运行输出结果为三个初始凝聚点以及修改后的坐标和分类情况。

```
PROGRAM CLUSTER
IMPLICIT NONE
INTEGER,PARAMETER :: n=21              ! 样本数
INTEGER,PARAMETER :: m=2               ! 因子个数(样本点维数)
INTEGER,PARAMETER :: n0=3              ! 所分种类数
INTEGER,PARAMETER :: d1=2              ! 组内半径
INTEGER,PARAMETER :: d2=4              ! 组间半径
REAL              :: X(n,m)            ! 原始数据的矩阵
REAL              :: g(n0,m)           ! 每一类凝聚点的坐标
REAL              :: d(n,n)            ! 两个样本距离的矩阵
REAL              :: b(n)              ! 每一个样品密度的矩阵
REAL              :: c1(n0,n)          ! 每一类具体样本序号的矩阵
INTEGER           :: L(n)              ! 每一类的凝聚点对应的样本的序号
INTEGER           :: n1(n0)            ! 每一类的数量的矩阵
INTEGER           :: n2(n0)            ! 下一次聚类后每一类的数量的矩阵
REAL              :: c2(n0,n)          ! 下一次聚类后每一类具体样本序号
                                       的矩阵
REAL              :: flag              ! 比较距离大小的中间值
INTEGER           :: temp1,temp2,temp
INTEGER           :: i,j,k
OPEN(1,fiLe='data. txt')
READ(1,*)((X(i,j),j=1,m),i=1,n)
CLOSE(1)
DO i=1,n                               ! 计算任意两个样本点之间的距离
  b(i)=0
  DO j=1,n
    d(i,j)=0
    DO k=1,m
      d(i,j)=d(i,j)+(X(i,k)-X(j,k))**2
    ENDDO
    IF(d(i,j)<=d1**2)b(i)=b(i)+1       ! 计算样品点的密度
  ENDDO
```

```
ENDDO
DO i=1,n                                ! 通过比较得到三个样品点的密度最
                                          大的样本
  flag=0
  DO j=1,n
    temp=0
    DO k=1,n
      IF(L(k)==j)temp=1
    ENDDO
    IF(temp==1)CYCLE
    IF(flag<b(j))THEN
      flag=b(j)
      temp1=j
    ENDIF
  ENDDO
  L(i)=temp1
ENDDO
k=1
temp2=0
DO i=2,n                                ! 验证三个凝聚点不相互重叠,即之
                                          间距离大于 d2
  DO j=1,i-1                            ! 如果出现重叠则另取凝聚点
    IF(d(L(i),j)>d2)THEN
      temp2=temp2+1
    ENDIF
  ENDDO
  IF(temp2==i-1)THEN
    k=k+1
    L(k)=L(i)
  ENDIF
ENDDO
PRINT *,'初始凝聚点分别为:',L(1),L(2),L(3)! 输出考虑到重叠因素之后的凝
                                          聚点
DO i=1,n0
```

```
  d(:,i)=d(:,L(i))
ENDDO
CALL SORT(d,n,m,c1,n0,n1)
CALL RE_SORT(X,n,m,n0,n1,c1,n2,c2,g)
DO i=1,n0
  PRINT *,'第',i,'类以第',L(i),'个样本作为凝聚点'
  PRINT *,'共有',n1(i),'个样本,分别是'
  PRINT *,(INT(c1(i,j)),j=1,n1(i))
  PRINT *,'聚类点为'
  PRINT *,(g(i,j),j=1,m)
ENDDO
END PROGRAM CLUSTER
! ###############################
! ##############分类的子程序##############
!! ##############################
SUBROUTINE SORT(d,n,m,c2,n0,n2)
IMPLICIT NONE
INTEGER                :: n,m,n0
REAL                   :: d(n,n0)
REAL                   :: c2(n0,n)
INTEGER                :: n2(n0)
REAL                   :: flag
INTEGER                :: i,j,temp1
DO j=1,n0
  n2(j)=0
ENDDO
DO i=1,n
  temp1=1
  flag=d(i,1)
  DO j=1,n0
    IF(flag>d(i,j))THEN
      temp1=j
      flag=d(i,j)
    ENDIF
```

```
  ENDDO
  DO j=1,n0
    IF(j==temp1)THEN
      n2(temp1)=n2(temp1)+1
      c2(temp1,n2(temp1))=i
    ENDIF
  ENDDO
ENDDO
END SUBROUTINE SORT
! ##############################
! ###########改变凝聚点重新分类的子程序###########
!! ##############################
SUBROUTINE RE_SORT(X,n,m,n0,n1,c1,n2,c2,g)
IMPLICIT NONE
INTEGER             :: n,m,n0
REAL                :: X(n,m)
REAL                :: d(n,n0)
REAL                :: c1(n0,n)
REAL                :: c2(n0,n)
REAL                :: g(n0,m)
REAL                :: g1(n0,m)
INTEGER             :: n2(n0)
INTEGER             :: n1(n0)
INTEGER             :: i,j,k,temp
DO i=1,n0                              ! 计算三类样本的重心作为新的凝
                                         聚点
  DO j=1,m
    g(i,j)=sum(X(c1(i,1:n1(i)),j))/n1(i)
  ENDDO
ENDDO
A:DO
    temp=1
    DO i=1,n0                          ! 控制循环,如果计算中相邻两次的
                                         凝聚点
```

```
   DO j=1,m                              ! 相同则循环停止,否则继续聚类
                                           下去
    IF(g(i,j)/=g1(i,j)) temp=2
   ENDDO
  ENDDO
  IF(temp==1)EXIT
  DO i=1,n                              ! 计算所有样本到新的凝聚点之间的
                                          距离
   DO j=1,n0
    d(i,j)=0
    DO k=1,m
     d(i,j)=d(i,j)+(X(i,k)-g(j,k))**2
    ENDDO
   ENDDO
  ENDDO
  CALL SORT(d,n,m,c2,n0,n2)
  DO i=1,n0
   DO j=1,m
    g1(i,j)=sum(X(c2(i,1:n2(i)),j))/n2(i)
   ENDDO
  ENDDO
  DO i=1,n                              ! 重新计算所有样本到新的凝聚点之
                                          间的距离
   DO j=1,n0
    d(i,j)=0
    DO k=1,m
     d(i,j)=d(i,j)+(X(i,k)-g1(j,k))**2
    ENDDO
   ENDDO
  ENDDO
  CALL SORT(d,n,m,c1,n0,n1)             ! 依据新的凝聚点重新分类
  DO i=1,n0
   DO j=1,m
    g(i,j)=sum(X(c1(i,1:n1(i)),j))/n1(i)
```

```
    ENDDO
  ENDDO
ENDDO A
END SUBROUTINE RE_SORT
```

7. 逐个修改聚类(K-means)

本程序对应例题在5.3中，所用数据同上面整批修改聚类法，用逐个修改聚类法将样本分为五类。程序运行输出结果为初次和修改后凝聚点的坐标和分类情况。

```
PROGRAM KMEANS
IMPLICIT NONE
INTEGER,PARAMETER :: n=21              ! 样本容量
INTEGER,PARAMETER :: m=2               ! 因子个数
INTEGER,PARAMETER :: Num=100           ! 最多修改次数
REAL              :: x(n,m)            ! 所有样本的数据
REAL              :: g(n,m)            ! 凝聚点坐标的矩阵
REAL              :: b(n,n)            ! 每一类样本的序号(第几个样本)的
矩阵
INTEGER           :: b3(Num,n,n)       ! 每一次分类结果的矩阵
INTEGER           :: L(n)              ! 每一类样本数量的矩阵
INTEGER           :: i,j,K,k_L,flag
OPEN(1,file='data.txt')
READ(1,*)((x(i,j),j=1,m),i=1,n)
CLOSE(1)
DO j=1,m                               ! 对初始的四个凝聚点赋坐标值
  g(1,j)=x(4,j)
  g(2,j)=x(8,j)
  g(3,j)=x(13,j)
  g(4,j)=x(17,j)
ENDDO
K=4
DO i=1,K
  L(i)=1
ENDDO
b(1,1)=4
```

```
b(2,1)=8
b(3,1)=13
b(4,1)=17                               ! 给定初始分类的凝聚点个数
i=1
CALL ONE_BY_ONE_SORT1(x,g,L,b,b3,m,n,K,Num)
DO WHILE(flag/=2)
  i=i+1                                 ! 通过 i 次分类直至两次分类结果
                                          相同
  CALL ONE_BY_ONE_SORT2(x,g,L,b,b3,m,n,K,i,Num,flag)
ENDDO
END PROGRAM KMEANS
! ####################################
! ############初始聚类的子程序############
!! ####################################
SUBROUTINE ONE_BY_ONE_SORT1(x,g,L,b,b3,m,n,k_L,Num)
IMPLICIT NONE
INTEGER               :: m,n,flag,Num
INTEGER,PARAMETER     :: C=2.5          ! 凝聚点间距离的临界值
INTEGER,PARAMETER     :: r=4.5          ! 样品点与凝聚点间距离的临界值
REAL                  :: x(n,m)
REAL                  :: g(n,m)
REAL                  :: b(n,n)
REAL                  :: d(n,n)         ! 样本与各个凝聚点之间的距离
REAL                  :: dg(n,n)        ! 凝聚点之间的距离
INTEGER               :: L(n)
INTEGER               :: b3(Num,n,n)
REAL                  :: min_d,min_dg
INTEGER               :: k_L            ! 所分种类数
INTEGER               :: i,j,k,j1,j2,temp,temp1,temp2
DO i=1,n
  min_d=100
  min_dg=100
  IF(i==b(1,1).or.i==b(2,1).or.i==b(3,1).or.i==b(4,1))CYCLE
    DO j=1,k_L
```

```
    d(i,j)=0
    DO k=1,m
      d(i,j)=d(i,j)+(x(i,k)-g(j,k))**2
    ENDDO
    IF(min_d>d(i,j))THEN                    ! 比较出与此样本距离最小的凝聚点
      min_d=d(i,j)
      temp=j
    ENDIF
  ENDDO
  IF(min_d<r**2)THEN                        ! 比较最小距离与临界距离的大小
     L(temp)=L(temp)+1
     b(temp,L(temp))=i
     DO k=1,m
       g(temp,k)=(g(temp,k)*(L(temp)-1)+x(i,k))/L(temp)
  ENDDO
  DO j1=2,k_L
    DO j2=1,j1-1
      DO k=1,m
        dg(j1,j2)=dg(j1,j2)+(g(j1,k)-g(j2,k))**2
      ENDDO
      IF(min_dg>dg(j1,j2))THEN              ! 比较出最小的两个凝聚点之间的
                                              距离
        min_dg=dg(j1,j2)
        temp1=j1
        temp2=j2
      ENDIF
    ENDDO
  ENDDO
  IF(min_dg<(C**2))THEN                     ! 比较凝聚点间最小距离与凝聚点间
                                              距离的临界值的大小
    k_L=k_L-1
    DO j=1,m
      flag=0
      g(temp2,j)=(g(temp2,j)*L(temp2)+g(temp1,j)*L(temp1))/(L
```

```
(temp1)+L(temp2))
        L(temp2)=L(temp2)+L(temp1)
      ENDDO
      DO j=temp1,k_L                    ! 将变动之后的凝聚点进行排列
        DO k=1,m
          g(j,k)=g(j+1,k)
          L(j)=L(j+1)
        ENDDO
      ENDDO
    ELSE
      flag=1
    ENDIF
    IF(flag==1)CYCLE
  ELSE
    k_L=k_L+1
    L(k_L)=L(k_L)+1
    b(k_L,L(k_L))=i
    DO j=1,m
      g(k_L,j)=x(i,j)
    ENDDO
    ENDIF
ENDDO
DO i=1,k_L
  DO j=1,L(i)
    b3(1,i,j)=INT(b(i,j))
  ENDDO
ENDDO
PRINT *,'第',1,'次分类结果为'
DO i=1,k_L
  PRINT *,'第',i,'类共有',L(i),'个样本,具体为'
  PRINT *,(INT(b(i,j)),j=1,L(i))
  PRINT *,'此类凝聚点的坐标为',(g(i,j),j=1,m)
ENDDO
END SUBROUTINE ONE_BY_ONE_SORT1
```

```
!＃＃＃＃＃＃＃＃＃＃＃＃＃＃＃＃＃＃＃＃＃＃＃＃＃＃＃＃＃＃＃＃＃＃
!＃＃＃＃＃＃＃＃＃＃＃第二次到多次聚类的子程序＃＃＃＃＃＃＃＃＃＃＃＃
!!＃＃＃＃＃＃＃＃＃＃＃＃＃＃＃＃＃＃＃＃＃＃＃＃＃＃＃＃＃＃＃＃＃
SUBROUTINE ONE_BY_ONE_SORT2(x,g,L,b,b3,m,n,k_L,Num_i,Num,
flag)
IMPLICIT NONE
INTEGER                 :: m,n,flag,Num_i,Num
INTEGER,PARAMETER       :: C=2.5          ! 凝聚点间距离的临界值
INTEGER,PARAMETER       :: r=4.5          ! 样品点与凝聚点间距离的临界值
REAL                    :: x(n,m)
REAL                    :: g(n,m)
REAL                    :: b(n,n)
REAL                    :: d(n,n)         ! 样本与各个凝聚点之间的距离
REAL                    :: dg(n,n)        ! 凝聚点之间的距离
INTEGER                 :: L(n)
INTEGER                 :: b3(Num,n,n)
REAL                    :: min_d,min_dg
INTEGER                 :: k_L            ! 所分种类数
INTEGER                 :: i,j,k,j1,j2,temp,temp1,temp2,temp3,temp4
DO i=1,n                                  ! 对所有因子重新分类
  min_d=100
  min_dg=100
  DO j=1,k_L
    d(i,j)=0
    DO k=1,m
      d(i,j)=d(i,j)+(x(i,k)-g(j,k))**2
    ENDDO
    IF(min_d>d(i,j))THEN
      min_d=d(i,j)
      temp=j
    ENDIF
  ENDDO
  IF(min_d<r**2)THEN
    flag=0
```

```
DO k=1,L(temp)
  IF(i==b(temp,k))flag=1                  ! 如果分类与第一次相同则不做任何
                                            处理
ENDDO
IF(flag==1)CYCLE
DO j=1,k_L                                 ! 否则重新计算凝聚点
  DO k=1,L(j)
    IF(i==b(j,k))THEN
      temp3=j
      temp4=k
    ENDIF
  ENDDO
ENDDO
DO k=1,m                                   ! 本子程序所用变量和过程与第一个
                                            类似
  g(temp3,k)=(g(temp3,k) * L(temp3)-x(i,k))/(L(temp3)-1)
ENDDO
L(temp3)=L(temp3)-1
DO j=temp4,L(temp3)
  b(temp3,j)=b(temp3,j+1)
ENDDO
L(temp)=L(temp)+1
b(temp,L(temp))=i
DO k=1,m
  g(temp,k)=g(temp,k) * (L(temp)-1)+x(i,k)
  g(temp,k)=g(temp,k)/L(temp)
ENDDO
DO j1=2,k_L
  DO j2=1,j1-1
    dg(j1,j2)=0
    DO k=1,m
      dg(j1,j2)=dg(j1,j2)+(g(j1,k)-g(j2,k)) * * 2
    ENDDO
    IF(min_dg>dg(j1,j2))THEN
```

```
        min_dg=dg(j1,j2)
        temp1=j1
        temp2=j2
      ENDIF
    ENDDO
  ENDDO
  IF(min_dg<(C * * 2))THEN
    k_L=k_L-1; flag=0
    DO j=1,m
      g(temp2,j)=(g(temp2,j) * L(temp2)+g(temp1,j) * L(temp1))/(L
(temp1)+L(temp2))
      L(temp2)=L(temp2)+L(temp1)
    ENDDO
    DO j=temp1,k_L
      DO k=1,m
        g(j,k)=g(j+1,k)
        L(j)=L(j+1)
      ENDDO
    ENDDO
  ELSE
    flag=1
  ENDIF
  IF(flag==1)CYCLE
ELSE
  DO j=1,k_L
    DO k=1,L(j)
      IF(i==b(j,k))THEN
        temp3=j
        temp4=k
      ENDIF
    ENDDO
  ENDDO
  DO k=1,m                              ! 本子程序所用变量和过程与第一个
                                          类似
```

```
      g(temp3,k)=(g(temp3,k) * L(temp3)-x(i,k))/(L(temp3)-1)
    ENDDO
    L(temp3)=L(temp3)-1
    DO j=temp4,L(temp3)
      b(temp3,j)=b(temp3,j+1)
    ENDDO
    k_L=k_L+1
    B(K_L,1)=1
    L(K_L)=1
    DO j=1,m
      g(k_L,j)=x(i,j)
    ENDDO
  ENDIF
ENDDO
temp=0
DO i=1,k_L                                        ! 比较相邻两次的分类结果
  DO j=1,L(i)
    b3(Num_i,i,j)=INT(b(i,j))
    IF(b3(Num_i,i,j)==b3(Num_i-1,i,j))temp=temp+1
  ENDDO
ENDDO
iF(temp==n)flag=2
PRINT *,'第',Num_i,'次分类结果为'
DO i=1,k_L
  PRINT *,'第',i,'类共有',L(i),'个样本,具体为'
  PRINT *,(INT(b(i,j)),j=1,L(i))
  PRINT *,'此类凝聚点的坐标为',(g(i,j),j=1,m)
ENDDO
END SUBROUTINE ONE_BY_ONE_SORT2
```

8. 一维平稳时间序列分析

本程序对应例题在 6.2 中，读入数据为表 6.4 中的一维时间序列 x_i，利用选点法建立自回归预报方程，程序运行输出距平乘积、自相关函数和回归方程系数。程序中调用了前面的 GAUSS 求解子程序

```
PROGRAM TIME_SEQUENCE
IMPLICIT NONE
INTEGER,PARAMETER :: n=15              ! 初始数据数
INTEGER,PARAMETER :: m=8               ! 周期最大值数
INTEGER,PARAMETER :: L=3               ! 预报方程需要的
REAL              :: x(n)              ! 存放初始数据的数组
REAL              :: avx               ! 原始数据平均
REAL              :: x0(m,n)           ! 距平序列
REAL              :: x0_2(m,n)         ! 距平乘积序列
REAL              :: r(m-1)            ! 自相关数组
REAL              :: xi(L,L)           ! 存放所求方程组系数
REAL              :: su_x0_2(m)        ! 距平乘积各列之和数组
REAL              :: a(L),ab(L)        ! 方程组的增广矩阵
REAL              :: b(L)              ! 所求回归方程的系数
REAL              :: temp,temp_r(m-1)
INTEGER           :: i,j
OPEN(1,FILE='data.txt')
READ(1,*) (x(i),i=1,n)
CLOSE(1)
avx=sum(x(:))/n
PRINT *, 'average(x)=',avx
DO i=1,n                               ! 四舍五入,得到简化的距平值
  IF(ABS(MOD(INT(x(i)-avx),10))<5)THEN
    x0(1,i)=INT((x(i)-avx)/10)
  ELSE
    x0(1,i)=INT((x(i)-avx)/10)+SIGN(1.,x(i)-avx)
  ENDIF
ENDDO
DO i=1,m-1                             ! 求间隔时间i后的距平值,写入数组
  DO j=1,n-1
    x0(i+1,j)=x0(i,j+1)
  ENDDO
ENDDO
DO i=1,m                               ! 计算距平乘积序列
```

```
  DO j=1,n+1-i
    x0_2(i,j)=x0(1,j) * x0(i,j)
  ENDDO
  su_x0_2(i)=sum(x0_2(i,1:n-i+1))
  PRINT '(6hsum(0,i1,2h)=,f)',i-1,su_x0_2(i)
ENDDO
DO i=1,m-1                                    ! 计算自相关数组
  r(i)=1./(n-i) * su_x0_2(i+1)/(1./n * su_x0_2(1))
  PRINT '(2hr(,i1,2h)=,f)',i,r(i)
ENDDO
temp_r(:)=ABS(r(:))                           ! 查找相关系数中较大的几个并确定
                                              其位置
DO i=1,m-2
  DO j=i+1,m-1
    IF(temp_r(i).LT.temp_r(j))THEN
      temp=temp_r(j)
      temp_r(j)=temp_r(i)
      temp_r(i)=temp
    ENDIF
  ENDDO
ENDDO
PRINT * ,'(The selected are:)'
DO i=1,L
  DO j=1,m-1
    IF(temp_r(i)==ABS(r(j)))THEN
      a(i)=j
      ab(i)=r(j)
      PRINT * ,j,r(j)
    ENDIF
  ENDDO
ENDDO
DO j=1,L
  DO i=1,L
    IF(i==j)THEN
```

```
      xi(i,j)=1
    ELSE
      xi(i,j)=r(ABS(a(i)-a(j)))
    ENDIF
  ENDDO
ENDDO
CALL GUASS(xi,ab,L,b)                    ! 利用 GUASS 法求方程的解
PRINT *,'相应的系数是:',b
END PROGRAM TIME_SEQUENCE
```

9. 谐波分析

本程序对应例题在 6.3 中，以重庆市 20 年累年旬降水量为例，用谐波分析法建立旬降水量的拟合方程。读入数据即为表 6.5 中的原序列 x_t，运行输出结果三角级数的和及拟合方程系数。

```
PROGRAM HARMONIC_ANALYSIS
IMPLICIT NONE
REAL, PARAMETER          :: PI=3.141592  ! PI 值
INTEGER,PARAMETER        :: n=36         ! 初始数据数
INTEGER,PARAMETER        :: m=2          ! 谐波阶数,这里取的是基波和 1/2 波
REAL                     :: wt           ! 弧度序列
REAL                     :: x(n)         ! 存放初始数据的数组
REAL                     :: xc(n)        ! x * coswt 值序列
REAL                     :: xs(n)        ! x * sinwt 值序列
REAL                     :: a(3),b(2)    ! 谐波展开式系数
INTEGER                  :: i,j
OPEN(1,FILE='data.txt')
READ(1,*) (x(i),i=1,n)
CLOSE(1)
a(1)=1./n * sum(x(:))
PRINT '(1x,7hsum(x)=,f)',sum(x(:))
DO i=1,m                                 ! 循环计算 wt 和 2wt 的三角函数值
  DO j=1,n                               ! 求取 coswt 值序列和 sinwt 值序列
    wt=i * (j-1) * 10 * PI/180
    xc(j)=x(j) * cos(wt)
```

```
    xs(j)=x(j) * sin(wt)
  ENDDO
  a(i+1)=2./n * sum(xc(:))
  PRINT '(1x,9hsum(x * cos,i1,4hwt)=,f)',i,sum(xc(:))
  b(i)=2./n * sum(xs(:))
  PRINT '(1x,9hsum(x * cos,i1,4hwt)=,f)',i,sum(xs(:))
ENDDO
PRINT '(1x,3ha0=,f)',a(1)                    ! 输出系数 a 和 b 序列的值
DO i=1,m
  PRINT '(1x,1ha,i1,1h=,f)',i,a(i+1)
  PRINT '(1x,1hb,i1,1h=,f)',i,b(i)
ENDDO
END PROGRAM HARMONIC_ANALYSIS
```

10. 方差分析

本程序对应例题在 6.3 中，以西南季风爆发日期为预报因子，用方差分析的方法对 2—10 年的周期进行显著性检验，找出前三个显著周期分量。读入数据为表 6.8 中的日期 x(t)，运行输出每步检验结果及周期分量。

```
PROGRAM ANOVA
IMPLICIT NONE
INTEGER,PARAMETER :: n=32              ! 样本的个数
INTEGER,PARAMETER :: m=3               ! 拟筛选主周期分量数
REAL              :: g(n,n)            ! 存放周期分量的数组
INTEGER           :: X0(n)             ! 运算中的过渡数组，即原数组减去
                                         周期分量之后的数据
INTEGER           :: X1(n)             ! 初始数据数组
INTEGER           :: X2(n)             ! 根据周期分量得到的预报值的数组
REAL              :: F0(10,n-1)        ! F 检验的临界值
REAL              :: eror              ! 平均误差
INTEGER           :: i,j,k
OPEN(22,file='data.txt')
READ(22,*)(X0(j),j=1,n)
CLOSE(22)
OPEN(11,file='data_f.txt')
```

```
READ(11,*)((F0(i,j),i=1,10),j=1,n-1)
CLOSE(11)
X1(:)=X0(:)
DO i=1,m
  CALL PART_CYC(X0,g,n,F0)                ! 计算第 i 周期分量
  PRINT *,(X0(j),j=1,n)                   ! 输出上一序列减去第 i 周期分量之
后的余差序列
  IF(i==3)THEN
    DO j=1,n                              ! 由课本上公式计算平均误差
      X2(j)=X1(j)-X0(j)
      eror=eror+(X1(j)-X2(j))**2
    ENDDO
    eror=SQRT(eror/n)
    PRINT *,'平均误差',eror
  ENDIF
ENDDO
END PROGRAM ANOVA
! ##################################
! ############计算周期分量的子程序############
!! ##################################
SUBROUTINE PART_CYC(X0,g,n,F0)
IMPLICIT NONE
INTEGER          :: n
INTEGER          :: X0(n)                 ! 待处理的数据(总体样本)
REAL             :: a(n,n,n)              ! X0 转化成的二维数组(便于运算)
REAL             :: g(n,n)                ! 各周期的周期分量
INTEGER          :: num_a(n,n)            ! 按不同的周期处理之后组内资料的
                                            个数
REAL             :: F(n)                  ! 不同周期对应的统计量
REAL             :: ga(n,n)               ! 计算 Q1,Q2 时的过渡值
REAL             :: flag2                 ! Q2 公式中的第一项
REAL             :: flag1                 ! Q1 公式中的第二项
REAL             :: Q1
REAL             :: Q2
```

```
REAL                   :: F0(10,n-1) ! F 检验的临界值
INTEGER                :: temp,temp1,temp2,temp0,max_F
INTEGER                :: i,j,k,k0
max_F=0
flag2=0
DO i=1,n
  flag2=flag2+X0(i) * * 2
ENDDO
flag1=sum(X0(:)) * * 2/n
DO i=2,10
  DO j=1,i
    num_a(i,j)=0
  ENDDO
ENDDO
DO i=2,10                                     ! 计算分别以 2—10 年为周期得到的
                                                F 并求出最大值
  k0=0
  temp1=0
  DO WHILE(temp1<n)
    temp2=0
    k0=k0+1                                   ! 将原始的数据按周期进行分组
    DO j=1,i
      num_a(i,j)=num_a(i,j)+1
      temp1=temp1+1
      a(i,j,k0)=X0(temp1)
      IF(temp1==n)temp2=1
      IF(temp1==n)EXIT
    ENDDO
    IF(temp2==1)EXIT
  ENDDO
  Q1=0
  Q2=0
  DO j=1,i
    ga(i,j)=sum(a(i,j,1:num_a(i,j))) * * 2/num_a(i,j)
```

```
      Q1=Q1+ga(i,j)
      Q2=Q2-ga(i,j)
    ENDDO
    Q1=Q1-flag1
    Q2=Q2+flag2
    F(i)=Q1*(n-i)/(Q2*(i-1))
    PRINT *,F(i),Q1,Q2,i
    IF(max_F<F(i))THEN
      max_F=F(i)
      temp=i
    ENDIF
    DO j=1,i
      g(i,j)=sum(a(i,j,1:num_a(i,j)))/num_a(i,j)
    ENDDO                                   ! 对组内之和求平均以求得周期分量
ENDDO
IF(F(temp)>F0(temp-1,n-temp))THEN ! 对周期做显著性检验
  PRINT *,'本周期显著',F0(temp-1,n-temp)
  DO i=1,n                                  ! 对初始数据减去显著的周期分量以
                                            进行下一步选择
    IF(i-(i/temp)*temp/=0)THEN
      temp0=i-(i/temp)*temp
    ELSE
      temp0=temp
    ENDIF
    IF(ABS(g(temp,temp0)-INT(g(temp,temp0)))>=0.5)THEN
      IF(g(temp,temp0)>0)THEN
        g(temp,temp0)=g(temp,temp0)+1
      ELSE
        g(temp,temp0)=g(temp,temp0)-1
      ENDIF
    ENDIF
    g(temp,temp0)=INT(g(temp,temp0))
    X0(i)=X0(i)-g(temp,temp0)               ! 初始数据减去显著的周期分量
  ENDDO
```

```
ELSE
  PRINT *,'无显著周期'
ENDIF
END SUBROUTINE PART_CYC
```

附录 E　标准正态分布的分布函数

$$\xi \sim N(0,1) \quad \Phi(x) = P\{\xi \leqslant x\} = \frac{1}{\sqrt{2\pi}}\int_{-\infty}^{x} e^{-\frac{t^2}{2}} dt$$

x	0.00	0.01	0.02	0.03	0.04	0.05	0.06	0.07	0.08	0.09
0.0	0.500	0.5040	0.5080	0.5120	0.5160	0.5199	0.5239	0.5279	0.5319	0.5359
0.1	0.5398	0.5438	0.5478	0.5517	0.5557	0.5596	0.5636	0.5675	0.5714	0.5753
0.2	0.5793	0.5832	0.5871	0.5910	0.5948	0.5987	0.6026	0.6064	0.6103	0.6141
0.3	0.6179	0.6217	0.6255	0.6293	0.6331	0.6368	0.6406	0.6443	0.6480	0.6517
0.4	0.6554	0.6591	0.6628	0.6664	0.6700	0.6736	0.6772	0.6808	0.6844	0.6879
0.5	0.6915	0.6950	0.6985	0.7019	0.7054	0.7088	0.7123	0.7157	0.7190	0.7224
0.6	0.7257	0.7291	0.7324	0.7357	0.7389	0.7422	0.7454	0.7486	0.7517	0.7549
0.7	0.7580	0.7611	0.7642	0.7673	0.7704	0.7734	0.7764	0.7794	0.7823	0.7852
0.8	0.7881	0.7910	0.7939	0.7967	0.7995	0.8023	0.8051	0.8078	0.8106	0.8133
0.9	0.8159	0.8186	0.8212	0.8238	0.8264	0.8289	0.8315	0.8340	0.8365	0.8389
1.0	0.8413	0.8438	0.8461	0.8485	0.8508	0.8531	0.8554	0.8577	0.8599	0.8621
1.1	0.8643	0.8665	0.8686	0.8708	0.8729	0.8749	0.8770	0.8790	0.8810	0.8830
1.2	0.8849	0.8869	0.8888	0.8907	0.8925	0.8944	0.8962	0.8980	0.8997	0.9015
1.3	0.9032	0.9049	0.9066	0.9082	0.9099	0.9115	0.9131	0.9147	0.9162	0.9177
1.4	0.9192	0.9207	0.9222	0.9236	0.9251	0.9265	0.9279	0.9292	0.9306	0.9319
1.5	0.9332	0.9345	0.9357	0.9370	0.9382	0.9394	0.9406	0.9418	0.9429	0.9441
1.6	0.9452	0.9463	0.9474	0.9484	0.9495	0.9505	0.9515	0.9525	0.9535	0.9545
1.7	0.9554	0.9564	0.9573	0.9582	0.9591	0.9599	0.9608	0.9616	0.9625	0.9633
1.8	0.9641	0.9649	0.9656	0.9664	0.9671	0.9678	0.9686	0.9693	0.9699	0.9706
1.9	0.9713	0.9719	0.9726	0.9732	0.9738	0.9744	0.9750	0.9756	0.9761	0.9767
2.0	0.9772	0.9778	0.9783	0.9778	0.9793	0.9798	0.9803	0.9808	0.9812	0.9817
2.1	0.9821	0.9826	0.9830	0.9834	0.9838	0.9842	0.9846	0.9850	0.9854	0.9857
2.2	0.9861	0.9864	0.9868	0.9871	0.9875	0.9878	0.9881	0.9884	0.9887	0.9890
2.3	0.9893	0.9896	0.9898	0.9901	0.9904	0.9906	0.9909	0.9911	0.9913	0.9916
2.4	0.9918	0.9920	0.9922	0.9925	0.9927	0.9929	0.9931	0.9932	0.9934	0.9936

续表

x	0.00	0.01	0.02	0.03	0.04	0.05	0.06	0.07	0.08	0.09
2.5	0.9938	0.9940	0.9941	0.9943	0.9945	0.9946	0.9948	0.9949	0.9951	0.9952
2.6	0.9953	0.9955	0.9956	0.9957	0.9959	0.9960	0.9961	0.9962	0.9963	0.9964
2.7	0.9965	0.9966	0.9967	0.9968	0.9969	0.9970	0.9971	0.9972	0.9973	0.9974
2.8	0.9974	0.9975	0.9976	0.9977	0.9977	0.9978	0.9979	0.9979	0.9980	0.9981
2.9	0.9981	0.9982	0.9982	0.9983	0.9984	0.9984	0.9985	0.9985	0.9986	0.9986
3.0	0.9987	0.9987	0.9987	0.9988	0.9988	0.9989	0.9989	0.9989	0.9990	0.9990
3.1	0.9990	0.9991	0.9991	0.9991	0.9992	0.9992	0.9992	0.9992	0.9993	0.9993
3.2	0.9993	0.9993	0.9994	0.9994	0.9994	0.9994	0.9994	0.9995	0.9995	0.9995
3.3	0.9995	0.9995	0.9995	0.9996	0.9996	0.9996	0.9996	0.9996	0.9996	0.9997
3.4	0.9997	0.9997	0.9997	0.9997	0.9997	0.9997	0.9997	0.9997	0.9997	0.9998
3.5	0.9998	0.9998	0.9998	0.9998	0.9998	0.9998	0.9998	0.9998	0.9998	0.9998
3.6	0.9998	0.9998	0.9999	0.9999	0.9999	0.9999	0.9999	0.9999	0.9999	0.9999
3.7	0.9999	0.9999	0.9999	0.9999	0.9999	0.9999	0.9999	0.9999	0.9999	0.9999
3.8	0.9999	0.9999	0.9999	0.9999	0.9999	0.9999	0.9999	0.9999	0.9999	0.9999

附录 F　t 分布表

$$P(|t| \geqslant t_\alpha) = \frac{2}{\sqrt{n}B\left(\frac{1}{2}, \frac{n}{2}\right)} \int_{t_\alpha}^{\infty} \frac{1}{\left(1+\frac{t^2}{n}\right)^{\frac{n+1}{2}}} \mathrm{d}t$$

n	α							
	0.80	0.60	0.40	0.20	0.10	0.05	0.02	0.01
1	0.325	0.727	1.376	3.078	6.314	12.706	31.821	63.657
2	0.286	0.617	1.061	1.886	2.920	4.303	6.965	9.925
3	0.277	0.584	0.978	1.638	2.353	3.182	4.541	5.841
4	0.271	0.569	0.941	1.533	2.132	2.776	3.747	4.604
5	0.267	0.559	0.920	1.476	2.015	2.571	3.365	4.032
6	0.265	0.553	0.906	1.440	1.943	2.447	3.143	3.707
7	0.263	0.549	0.896	1.415	1.895	2.365	2.998	3.499
8	0.262	0.546	0.889	1.397	1.860	2.306	2.896	3.355
9	0.261	0.543	0.883	1.383	1.833	2.262	2.821	3.250
10	0.260	0.542	0.879	1.372	1.812	2.228	2.764	3.169
11	0.260	0.540	0.876	1.363	1.796	2.201	2.718	3.106
12	0.259	0.539	0.873	1.356	1.782	2.179	2.681	3.055
13	0.259	0.538	0.870	1.350	1.771	2.160	2.650	3.012
14	0.258	0.537	0.868	1.345	1.761	2.145	2.624	2.977
15	0.258	0.536	0.866	1.341	1.753	2.131	2.602	2.947
16	0.258	0.535	0.865	1.337	1.746	2.120	2.583	2.921
17	0.257	0.534	0.863	1.333	1.740	2.110	2.567	2.898
18	0.257	0.534	0.862	1.330	1.734	2.101	2.552	2.878
19	0.257	0.533	0.861	1.328	1.729	2.093	2.539	2.861
20	0.257	0.533	0.860	1.325	1.725	2.086	2.528	2.845
21	0.257	0.532	0.859	1.323	1.721	2.080	2.518	2.831
22	0.256	0.532	0.858	1.321	1.717	2.074	2.508	2.819
23	0.256	0.532	0.858	1.319	1.714	2.069	2.500	2.807
24	0.256	0.531	0.857	1.318	1.711	2.064	2.492	2.797

续表

n	α							
	0.80	0.60	0.40	0.20	0.10	0.05	0.02	0.01
25	0.256	0.531	0.856	1.316	1.708	2.060	2.485	2.787
26	0.256	0.531	0.856	1.315	1.706	2.056	2.479	2.779
27	0.256	0.531	0.855	1.314	1.703	2.052	2.473	2.771
28	0.256	0.530	0.855	1.313	1.701	2.048	2.467	2.763
29	0.256	0.530	0.854	1.311	1.699	2.045	2.462	2.756
30	0.256	0.530	0.854	1.310	1.697	2.042	2.457	2.750
40	0.255	0.529	0.851	1.303	1.684	2.021	2.423	2.704
60	0.254	0.527	0.848	1.296	1.671	2.000	2.390	2.660
120	0.254	0.526	0.845	1.289	1.658	1.980	2.358	2.617
∞	0.253	0.524	0.842	1.282	1.645	1.906	2.326	2.576

附录 G　χ^2分布表

$$P(\chi^2 \geqslant \chi_\alpha^2) = \frac{1}{2^{\frac{n}{2}}\Gamma\left(\frac{n}{2}\right)}\int_{\chi_\alpha^2}^{\infty} e^{-\frac{u}{2}} u^{\frac{n}{2}-1} du$$

n \ α	0.70	0.50	0.30	0.20	0.10	0.05	0.02	0.01	0.005
1	0.143	0.455	1.074	1.642	2.706	3.841	5.412	6.635	7.879
2	0.713	1.386	2.408	3.219	4.605	5.991	7.824	9.210	10.597
3	1.424	2.366	3.665	4.642	6.251	7.815	9.832	11.345	12.838
4	2.195	3.357	4.878	5.989	7.779	9.488	11.668	13.277	14.860
5	3.000	4.351	6.064	7.289	9.236	11.070	13.388	15.086	16.750
6	3.828	5.348	7.231	8.558	10.645	12.592	15.033	16.812	18.548
7	4.671	6.346	8.383	9.803	12.017	14.067	16.622	18.475	20.278
8	5.527	7.344	9.524	11.030	13.362	15.507	18.168	20.090	21.955
9	6.393	8.343	10.656	12.242	14.684	16.919	19.679	21.666	23.589
10	7.267	9.342	11.781	13.442	15.987	18.307	21.161	23.209	25.188
11	8.148	10.341	12.899	14.631	17.275	19.675	22.618	24.725	26.757
12	9.034	11.340	14.011	.15.812	18.549	21.026	24.054	26.271	28.300
13	9.926	12.340	15.119	16.985	19.812	22.362	25.472	27.688	29.819
14	10.821	13.339	16.222	18.151	21.064	23.685	26.873	29.141	31.319
15	11.721	14.339	17.322	19.311	22.307	24.996	28.259	30.578	32.801
16	12.624	15.338	18.418	20.465	23.452	26.296	29.633	32.000	34.267
17	13.531	16.338	19.511	21.615	24.769	27.587	30.995	33.409	35.718
18	14.440	17.338	20.601	22.760	25.989	28.869	32.346	34.805	37.156
19	15.352	18.338	21.680	23.900	27.204	30.144	33.687	36.191	38.582
20	16.266	19.337	22.775	25.038	28.412	31.410	38.020	37.566	39.997
21	17.182	20.337	23.858	26.171	29.615	32.671	36.343	38.932	41.401
22	18.101	21.337	24.939	27.301	30.813	33.924	37.659	40.289	42.796
23	19.021	22.337	26.018	28.429	32.007	35.172	38.968	41.638	44.181
24	19.943	23.337	27.096	29.553	33.196	36.415	40.270	42.980	45.559

续表

n \ α	0.70	0.50	0.30	0.20	0.10	0.05	0.02	0.01	0.005
25	20.867	24.337	28.172	30.675	34.382	37.652	41.566	44.314	46.928
26	21.792	25.336	29.246	31.795	35.563	38.885	42.856	45.642	48.290
27	22.719	26.336	30.319	32.912	36.741	40.113	44.140	46.963	49.645
28	23.647	27.336	31.391	34.027	37.916	41.337	45.419	48.278	50.993
29	24.577	28.336	32.461	35.139	39.087	42.557	46.693	49.588	52.336
30	25.508	29.336	33.530	36.250	40.256	43.773	47.662	50.892	53.672

附录 H　F 分布表

$$P(F \geqslant F_\alpha(\nu_1, \nu_2)) = \int_{F_\alpha}^{\infty} f(F) \mathrm{d}F = 20\%$$

其中，α：$F=\dfrac{S_1^2}{S_2^2}$的置信水平；ν_1：分子自由度；ν_2：分母自由度。

ν_2 \ ν_1	1	2	3	4	5	6	12	24
1	9.5	12.0	13.1	13.7	14.0	14.3	14.9	15.2
2	3.6	4.0	4.2	4.2	4.3	4.3	4.4	4.4
3	2.7	2.9	2.9	3.0	3.0	3.0	3.0	3.0
4	2.4	2.4	2.5	2.5	2.5	2.5	2.5	2.4
5	2.2	2.3	2.3	2.2	2.2	2.2	2.2	2.2
6	2.1	2.1	2.1	2.1	2.1	2.1	2.0	2.0
7	2.0	2.0	2.0	2.0	2.0	2.0	1.9	1.8
8	2.0	2.0	2.0	1.9	1.9	1.9	1.8	1.8
9	1.9	1.9	1.9	1.9	1.9	1.8	1.7	1.7
10	1.9	1.9	1.9	1.8	1.8	1.8	1.7	1.7
11	1.9	1.9	1.8	1.8	1.8	1.8	1.7	1.6
12	1.8	1.8	1.8	1.8	1.7	1.7	1.7	1.6
13	1.8	1.8	1.8	1.8	1.7	1.7	1.6	1.6
14	1.8	1.8	1.8	1.7	1.7	1.7	1.6	1.6
15	1.8	1.8	1.8	1.7	1.7	1.7	1.6	1.5
16	1.8	1.8	1.7	1.7	1.7	1.6	1.6	1.5
17	1.8	1.8	1.7	1.7	1.7	1.6	1.6	1.5
18	1.8	1.8	1.7	1.7	1.6	1.6	1.5	1.5
19	1.8	1.8	1.7	1.7	1.6	1.6	1.5	1.5
20	1.8	1.8	1.7	1.7	1.6	1.6	1.5	1.5
22	1.8	1.8	1.7	1.6	1.6	1.6	1.5	1.4
24	1.8	1.8	1.7	1.6	1.6	1.6	1.5	1.4
26	1.7	1.7	1.7	1.6	1.6	1.6	1.5	1.4
28	1.7	1.7	1.7	1.6	1.6	1.6	1.5	1.4
30	1.7	1.7	1.6	1.6	1.6	1.5	1.5	1.4

F 分布表

$$P(F \geqslant F_{\alpha}(\nu_1, \nu_2)) = \int_{F_{\alpha}}^{\infty} f(F)\mathrm{d}F = 10\%$$

其中，α：$F=\dfrac{S_1^2}{S_2^2}$的置信水平；ν_1：分子自由度；ν_2：分母自由度。

ν_2 \ ν_1	1	2	3	4	5	6	7	8	9	10	12	15	20	24	60	120
1	39.8	49.5	53.6	55.8	57.2	58.2	58.9	59.4	59.9	60.2	60.7	61.2	61.7	62.0	62.8	63.1
2	8.53	9.00	9.16	9.24	5.29	9.33	9.35	9.37	9.38	9.39	9.41	9.42	9.44	9.45	9.47	9.48
3	5.54	5.46	5.35	5.34	9.31	5.28	5.27	5.25	5.24	5.23	5.22	5.20	5.18	5.18	5.15	5.14
4	4.54	4.32	4.19	4.11	4.05	4.01	3.98	3.95	3.94	3.92	3.90	3.87	3.84	3.83	3.79	3.78
5	4.06	3.78	3.62	3.52	3.45	3.40	3.37	3.34	3.32	3.30	3.27	3.24	3.21	3.19	3.14	3.12
6	3.78	3.46	3.29	3.18	3.11	3.05	3.01	2.98	2.96	2.94	2.90	2.87	2.84	2.82	2.76	2.74
7	3.59	3.26	3.07	2.96	2.88	2.83	2.78	2.75	2.72	2.70	2.67	2.63	2.59	2.58	2.51	2.49
8	3.46	3.11	2.92	2.81	2.73	2.67	2.62	2.59	2.56	2.54	2.50	2.46	2.42	2.40	2.34	2.32
9	3.36	3.01	2.81	2.69	2.61	2.55	2.51	2.47	2.44	2.42	2.38	2.34	2.30	2.28	2.21	2.18
10	3.29	2.92	2.73	2.61	2.52	2.46	2.41	2.38	2.35	2.32	2.28	2.24	2.20	2.18	2.11	2.08
11	3.23	2.86	2.66	2.54	2.45	2.39	2.34	2.30	2.27	2.25	2.21	2.17	2.12	2.10	2.03	2.00
12	3.18	2.81	2.61	2.48	2.39	2.33	2.28	2.24	2.21	2.19	2.15	2.10	2.06	2.04	1.96	1.93
13	3.14	2.76	2.56	2.43	2.35	2.28	2.23	2.20	2.16	2.14	2.10	2.05	2.01	1.98	1.90	1.88
14	3.10	2.73	2.52	2.39	2.31	2.24	2.19	2.15	2.12	2.10	2.05	2.01	1.96	1.94	1.86	1.83
15	3.07	2.70	2.49	2.36	2.27	2.21	2.16	2.12	2.09	2.06	2.02	1.97	1.92	1.90	1.82	1.79
16	3.05	2.67	2.46	2.33	2.24	2.18	2.13	2.09	2.06	2.03	1.99	1.94	1.89	1.87	1.78	1.75
17	3.03	2.64	2.44	2.31	2.22	2.15	2.10	2.06	2.03	2.00	1.96	1.91	1.86	1.84	1.75	1.72
18	3.01	2.62	2.42	2.29	2.20	2.13	2.08	2.04	2.00	1.98	1.93	1.89	1.84	1.81	1.72	1.69
19	2.99	2.61	2.40	2.27	2.18	2.11	2.06	2.02	1.98	1.96	1.91	1.86	1.81	1.79	1.70	1.67
20	2.97	2.59	2.38	2.25	2.16	2.09	2.04	2.00	1.96	1.94	1.89	1.84	1.79	1.77	1.68	1.64
21	2.96	2.57	2.36	2.23	2.14	2.08	2.02	1.98	1.95	1.92	1.88	1.83	1.78	1.75	1.66	1.62
22	2.95	2.56	2.35	2.22	2.13	2.06	2.01	1.97	1.93	1.90	1.86	1.81	1.76	1.73	1.64	1.60
23	2.94	2.55	2.34	2.21	2.11	2.05	1.99	1.95	1.92	1.89	1.85	1.80	1.74	1.72	1.62	1.59

续表

ν_2 \ ν_1	1	2	3	4	5	6	7	8	9	10	12	15	20	24	60	120
24	2.93	2.54	2.33	2.19	2.10	2.04	1.98	1.94	1.91	1.88	1.83	1.78	1.73	1.70	1.61	1.57
25	2.92	2.53	2.32	2.18	2.09	2.02	1.97	1.93	1.89	1.87	1.82	1.77	1.72	1.69	1.59	1.56
26	2.91	2.52	2.32	2.17	2.08	2.01	1.96	1.92	1.88	1.86	1.81	1.76	1.71	1.68	1.58	1.54
27	2.90	2.51	2.30	2.17	2.07	2.00	1.95	1.91	1.87	1.85	1.80	1.75	1.70	1.67	1.57	1.53
28	2.89	2.50	2.29	2.16	2.06	2.00	1.94	1.90	1.87	1.84	1.79	1.74	1.69	1.66	1.56	1.52
29	2.89	2.50	2.28	2.15	2.06	1.99	1.93	1.89	1.86	1.83	1.78	1.73	1.68	1.65	1.55	1.51
30	2.88	2.49	2.28	2.14	2.05	1.98	1.93	1.88	1.85	1.82	1.77	1.72	1.67	1.64	1.54	1.50
40	2.84	2.44	2.23	2.09	2.00	1.93	1.87	1.83	1.79	1.76	1.71	1.66	1.61	1.57	1.47	1.42
60	2.79	2.39	2.18	2.04	1.95	1.87	1.82	1.77	1.74	1.71	1.66	1.60	1.54	1.51	1.40	1.35
120	2.75	2.35	2.13	1.99	1.90	1.82	1.77	1.72	1.68	1.65	1.60	1.55	1.48	1.45	1.32	1.26
∞	2.71	2.30	2.08	1.94	1.85	1.77	1.72	1.67	1.63	1.60	1.55	1.49	1.42	1.38	1.24	1.17

F 分布表

$$P(F \geqslant F_{\alpha}(\nu_1, \nu_2)) = \int_{F_{\alpha}}^{\infty} f(F)\mathrm{d}F = 5\%$$

其中，α：$F=\dfrac{S_1^2}{S_2^2}$的置信水平；ν_1：分子自由度；ν_2：为分母自由度。

ν_2 \ ν_1	1	2	3	4	5	6	7	8	9	10	12	15	20	24	60	120
1	161	199	215	225	230	234	237	239	241	242	244	246	248	249	252	253
2	18.5	19.0	19.2	19.2	19.3	19.3	19.4	19.4	19.4	19.4	19.4	19.4	19.4	19.5	19.5	19.5
3	10.1	9.55	9.28	9.12	9.01	8.94	8.89	8.85	8.81	8.79	8.74	8.70	8.66	8.64	8.57	8.55
4	7.71	6.94	6.59	6.39	6.26	6.16	6.09	6.04	6.00	5.96	5.91	5.86	5.80	5.77	5.69	5.66
5	6.61	5.79	5.41	5.19	5.05	4.95	4.88	4.82	4.77	4.74	4.68	4.62	4.56	4.53	4.43	4.40
6	5.99	5.14	4.76	4.53	4.39	4.28	4.21	4.15	4.10	4.06	4.00	3.94	3.87	3.84	3.74	3.70
7	5.59	4.74	4.35	4.12	3.97	3.87	3.79	3.73	3.68	3.64	3.57	3.51	3.44	3.41	3.30	3.27
8	5.32	4.46	4.07	3.84	3.69	3.58	3.50	3.44	3.39	3.35	3.28	3.22	3.15	3.12	3.01	2.97
9	5.12	4.26	3.86	3.63	3.48	3.37	3.29	3.32	3.18	3.14	3.07	3.01	2.94	2.90	2.79	2.75
10	4.96	4.10	3.71	3.46	3.33	3.22	3.14	3.07	3.02	2.98	2.91	2.85	2.77	2.74	2.62	2.58
11	4.84	3.98	3.59	3.36	3.20	3.09	3.01	2.95	2.90	2.85	2.79	2.72	2.65	2.61	2.49	2.45
12	4.75	3.89	3.49	3.26	3.16	3.00	2.91	2.85	2.80	2.75	2.69	2.62	2.54	2.51	2.38	2.34
13	4.64	3.81	3.41	3.18	3.03	2.92	2.83	2.77	2.71	2.67	2.60	2.53	2.46	2.42	2.30	2.25
14	4.60	3.74	3.34	3.11	2.96	2.85	2.76	2.70	2.65	2.60	2.53	2.46	2.39	2.35	2.23	2.18
15	4.54	3.68	3.29	3.06	2.90	2.79	2.71	2.64	2.59	2.54	2.48	2.40	2.33	2.29	2.16	2.11
16	4.49	3.63	3.24	3.01	2.85	2.74	2.66	2.59	2.54	2.49	2.42	2.35	2.28	2.24	2.11	2.06
17	4.45	3.59	3.20	2.96	2.81	2.70	2.61	2.55	2.49	2.45	2.38	2.31	2.23	2.19	2.06	2.01
18	4.41	3.55	3.16	2.93	2.77	2.66	2.58	2.51	2.47	2.41	2.34	2.27	2.19	2.15	2.02	1.97
19	4.38	3.52	3.13	2.90	2.74	2.63	2.54	2.48	2.42	2.38	2.31	2.23	2.16	2.11	1.98	1.93
20	4.35	3.49	3.10	2.87	2.71	2.60	2.51	2.45	2.39	2.35	2.28	2.20	2.12	2.08	1.95	1.90
21	4.32	3.47	3.07	2.84	2.68	2.57	2.49	2.42	2.37	2.32	2.25	2.18	2.10	2.05	1.92	1.87
22	4.30	3.44	3.05	2.82	2.66	2.55	2.46	2.40	2.34	2.30	2.23	2.15	2.07	2.03	1.89	1.84
23	4.28	3.42	3.03	2.80	2.64	2.53	2.44	2.37	2.32	2.27	2.20	2.13	2.05	2.01	1.86	1.81

续表

ν_2 \ ν_1	1	2	3	4	5	6	7	8	9	10	12	15	20	24	60	120
24	4.26	3.40	3.01	2.78	2.62	2.51	2.42	2.36	2.30	2.25	2.18	2.11	2.03	1.98	1.84	1.79
25	4.24	3.39	2.99	2.76	2.60	2.49	2.40	2.34	2.28	2.24	2.16	2.09	2.01	1.96	1.82	1.77
26	4.23	3.37	2.98	2.74	2.59	2.47	2.39	2.32	2.27	2.22	2.15	2.07	1.99	1.95	1.80	1.75
27	4.21	3.35	2.96	2.73	2.57	2.46	2.37	2.31	2.25	2.20	2.13	2.06	1.97	1.93	1.78	1.73
28	4.20	3.34	2.95	2.71	2.56	2.44	2.36	2.29	2.24	2.19	2.12	2.04	1.96	1.92	1.77	1.71
29	4.18	3.33	2.93	2.70	2.54	2.43	2.35	2.28	2.22	2.18	2.10	2.03	1.94	1.90	1.75	1.70
30	4.17	3.32	2.92	2.69	2.53	2.42	2.33	2.27	2.21	2.16	2.09	2.01	1.93	1.89	1.74	1.68
40	4.08	3.23	2.84	2.61	2.45	2.34	2.25	2.18	2.12	2.07	2.00	1.92	1.84	1.79	1.64	1.58
60	4.00	3.15	2.76	2.53	2.37	2.25	2.17	2.10	2.04	1.99	1.92	1.84	1.75	1.70	1.53	1.47
120	3.92	3.08	2.68	2.45	2.29	2.18	2.09	2.02	1.96	1.91	1.83	1.75	1.66	1.61	1.43	1.35
∞	3.84	3.00	2.60	2.37	2.21	2.10	2.01	1.94	1.88	1.83	1.75	1.67	1.57	1.52	1.32	1.22

F 分布表

$$P(F \geqslant F_{\alpha}(\nu_1, \nu_2)) = \int_{F_\alpha}^{\infty} f(F)\mathrm{d}F = 2.5\%$$

其中，α：$F=\dfrac{S_1^2}{S_2^2}$的置信水平；ν_1：分子自由度；ν_2：分母自由度。

ν_2 \ ν_1	1	2	3	4	5	6	7	8	9	10	12	15	20	30	60	120
1	648	799	864	900	922	937	948	957	963	969	977	985	993	1001	1010	1014
2	38.5	39.0	39.2	39.2	39.3	39.3	39.4	39.4	39.4	39.4	39.4	39.4	39.4	39.5	39.5	39.5
3	17.4	16.0	15.4	15.1	14.9	14.7	14.6	14.5	14.5	14.4	14.3	14.3	14.2	14.1	14.0	13.9
4	12.2	10.6	9.98	9.60	9.36	9.20	9.07	8.98	8.90	8.84	8.75	8.66	8.56	8.46	8.36	8.31
5	10.0	8.43	7.76	7.39	7.15	6.98	6.85	6.76	6.68	6.62	6.52	6.43	6.33	6.23	6.12	6.07
6	8.81	7.26	6.60	6.23	5.99	5.82	5.70	5.60	5.52	5.46	5.37	5.27	5.17	5.07	4.96	4.90
7	8.07	6.54	5.89	5.52	5.29	5.12	4.99	4.90	4.82	4.76	4.67	4.57	4.47	4.36	4.25	4.20
8	7.57	6.06	5.42	5.05	4.82	4.65	4.53	4.43	4.36	4.30	4.20	4.10	4.00	3.89	3.78	3.73
9	7.21	5.71	5.08	4.72	4.48	4.32	4.20	4.10	4.03	3.96	3.87	3.77	3.67	3.56	3.45	3.39
10	6.94	5.46	4.83	4.47	4.24	4.07	3.95	3.85	3.78	3.72	3.62	3.52	3.42	3.31	3.20	3.14
11	6.72	5.26	4.63	4.28	4.04	3.88	3.76	3.66	3.59	3.53	3.43	3.33	3.23	3.12	3.00	2.94
12	6.55	5.10	4.47	4.12	3.89	3.73	3.61	3.51	3.44	3.37	3.28	3.18	3.07	2.96	2.85	2.79
13	6.41	4.97	4.35	4.00	3.77	3.60	3.48	3.39	3.31	3.25	3.15	3.05	2.95	2.84	2.72	2.66
14	6.30	4.86	4.24	3.89	3.66	3.50	3.38	3.29	3.21	3.15	3.05	2.95	2.84	2.73	2.61	2.55
15	6.20	4.77	4.15	3.80	3.58	3.41	3.29	3.20	3.12	3.06	2.96	2.86	2.76	2.64	2.52	2.46
16	6.12	4.69	4.08	3.73	3.50	3.34	3.22	3.12	3.05	2.99	2.89	2.79	2.68	2.57	2.45	2.38
17	6.04	4.62	4.01	3.66	3.44	3.28	3.16	3.06	2.98	2.92	2.82	2.72	2.62	2.50	2.38	2.32
18	5.98	4.56	3.95	3.61	3.38	3.22	3.10	3.01	2.93	2.87	2.77	2.67	2.56	2.44	2.32	2.26
19	5.92	4.51	3.90	3.56	3.33	3.17	3.05	2.96	2.88	2.82	2.72	2.62	2.51	2.39	2.27	2.20
20	5.87	4.46	3.86	3.51	3.29	3.13	3.01	2.91	2.84	2.77	2.68	2.57	2.46	2.35	2.22	2.16
25	5.69	4.29	3.69	3.35	3.13	2.97	2.85	2.75	2.68	2.61	2.51	2.41	2.30	2.18	2.05	1.98
30	5.57	4.18	3.59	3.25	3.03	2.87	2.75	2.65	2.57	2.51	2.41	2.31	2.20	2.07	1.94	1.87
40	5.42	4.05	3.46	3.13	2.90	2.74	2.62	2.53	2.45	2.39	2.29	2.18	2.07	1.94	1.80	1.72
60	5.29	3.93	3.34	3.01	2.79	2.63	2.51	2.41	2.33	2.27	2.17	2.06	1.94	1.82	1.67	1.58
120	5.15	3.80	3.23	2.89	2.67	2.52	2.39	2.30	2.22	2.16	2.05	1.94	1.82	1.69	1.53	1.43
∞	5.02	3.69	3.12	2.79	2.57	2.41	2.29	2.19	2.11	2.05	1.94	1.83	1.71	1.57	1.39	1.27

F 分布表

$$P(F \geqslant F_\alpha(\nu_1, \nu_2)) = \int_{F_\alpha}^{\infty} f(F) \mathrm{d}F = 1\%$$

其中，α：$F=\dfrac{S_1^2}{S_2^2}$的置信水平；ν_1：分子自由度；ν_2：分母自由度。

ν_2 \ ν_1	1	2	3	4	5	6	7	8	9	10	12	15	20	24	60	120
2	98.5	99.0	99.2	99.2	99.3	99.3	99.4	99.4	99.4	99.4	99.4	99.4	99.4	99.5	99.5	99.5
3	34.1	30.8	29.5	28.7	28.2	27.9	27.7	27.5	27.3	27.2	27.1	26.9	26.7	26.6	26.3	26.2
4	21.2	18.0	16.7	16.0	15.5	15.2	15.0	14.8	14.7	14.5	14.4	14.2	14.0	13.9	13.7	13.6
5	19.3	13.3	12.1	11.4	11.0	10.7	10.5	10.3	10.2	10.1	9.89	9.72	9.55	9.47	9.20	9.11
6	13.7	10.9	9.78	9.15	8.75	8.47	8.26	8.10	7.98	7.87	7.72	7.56	7.40	7.31	7.06	6.97
7	12.2	9.55	8.45	7.85	7.46	7.19	6.99	6.84	6.72	6.62	6.47	6.31	6.16	6.07	5.82	5.74
8	11.3	8.65	7.59	7.01	6.63	6.37	6.18	6.03	5.91	5.81	5.67	5.52	5.36	5.28	5.03	4.95
9	10.6	8.02	6.99	6.42	6.06	5.80	5.61	5.47	5.35	5.26	5.11	5.96	4.81	4.73	4.48	4.40
10	10.0	7.56	6.55	5.99	5.64	5.39	5.20	5.06	4.94	4.85	4.71	4.56	4.41	4.33	4,08	4.00
11	9.65	7.21	6.22	5.67	5.32	5.07	4.89	4.74	4.63	4.54	4.40	4.25	4.10	4.02	3.78	3.69
12	9.33	6.93	5.95	5.41	5.06	4.82	4.64	4.50	4.39	4.30	4.16	4.01	3.86	3.78	3.54	3.45
13	9.07	6.70	5.74	5.21	4.86	4.62	4.44	4.30	4.19	4.10	3.96	3.82	3.66	3.59	3.34	3.25
14	8.66	6.51	5.56	5.04	4.70	4.46	4.28	4.14	4.03	3.94	3.80	3.66	3.51	3.43	3.18	3.09
15	8.68	6.36	5.42	4.89	4.56	4.32	4.14	4.00	3.89	3.80	3.67	3.62	3.37	3.29	3.05	2.96
16	8.53	6.23	5.29	4.77	4.44	4.20	4.03	3.89	3.78	3.69	3.55	3.41	3.26	3.18	2.93	2.84
17	8.40	6.11	5.19	4.67	4.34	4.10	3.93	3.79	3.68	3.59	3.46	3.31	3.16	3.08	2.83	2.75
18	8.29	6.01	5.09	4.58	4.25	4.01	3.84	3.71	3.60	3.51	3.37	3.23	3.08	3.00	2.75	2.66
19	8.19	5.93	5.01	4.50	4.17	3.94	3.77	3.63	3.52	3.43	3.30	3.15	3.00	2.92	2.67	2.58
20	8.10	5.85	4.94	4.43	4.10	3.87	3.70	3.56	3.46	3.37	3.23	3.09	2.94	2.86	2.61	2.52
21	8.02	5.78	4.87	4.37	4.04	3.81	3.64	3.51	3.40	3.31	3.17	3.03	2.88	2.80	2.55	2.46
22	7.95	5.72	4.82	4.31	3.99	3.76	3.59	3.45	3.35	3.26	3.12	2.98	2.83	2.75	2.50	2.40
23	7.88	5.66	4.76	4.26	3.94	3.71	3.54	3.41	3.30	3.21	3.07	2.93	2.78	2.70	2.45	2.35
24	7.82	5.61	4.72	4.22	3.90	3.67	3.50	3.36	3.26	3.17	3.03	2.89	2.74	2.66	2.40	2.31

续表

ν_2 \ ν_1	1	2	3	4	5	6	7	8	9	10	12	15	20	24	60	120
25	7.77	5.57	4.68	4.18	3.86	3.63	3.46	3.32	3.22	3.13	2.99	2.85	2.70	2.62	2.36	2.27
26	7.72	5.53	4.64	4.14	3.82	3.59	3.42	3.29	3.18	3.09	2.96	2.82	2.66	2.58	2.33	2.23
27	7.68	5.49	4.60	4.11	3.78	3.56	3.39	3.26	3.15	3.06	2.93	2.78	2.63	2.55	2.29	2.20
28	7.64	5.45	4.57	4.07	3.75	3.53	3.36	3.23	3.12	3.03	2.90	2.75	2.60	2.52	2.26	2.17
29	7.60	5.42	4.54	4.04	3.73	3.50	3.33	3.20	3.09	3.00	2.87	2.73	2.57	2.49	2.23	2.14
30	7.56	5.39	4.51	4.02	3.70	3.47	3.30	3.17	3.07	2.98	2.84	2.70	2.55	2.47	2.21	2.11
40	7.31	5.18	4.31	3.83	3.51	3.29	3.12	2.99	2.89	2.80	2.66	2.52	2.37	2.29	2.02	1.92
60	7.08	4.98	4.13	3.65	3.34	3.12	2.95	2.82	2.72	2.63	2.50	2.35	2.20	2.12	1.84	1.73
120	6.85	4.79	3.95	3.48	3.17	2.96	2.79	2.66	2.56	2.47	2.34	2.19	2.03	1.95	1.66	1.53
∞	6.63	4.61	3.78	3.32	3.02	2.80	2.64	2.51	2.41	2.32	2.18	2.04	1.88	1.79	1.47	1.32

附录I　相关系数检验表

$\nu=n-2$	$\alpha=0.05$	$\alpha=0.01$	$\nu=n-2$	$\alpha=0.05$	$\alpha=0.01$
1	0.997	1.000	24	0.388	0.496
2	0.950	0.990	25	0.381	0.487
3	0.878	0.959	26	0.374	0.478
4	0.811	0.917	27	0.367	0.470
5	0.754	0.874	28	0.361	0.463
6	0.707	0.834	29	0.355	0.456
7	0.666	0.798	30	0.349	0.449
8	0.632	0.765	35	0.325	0.418
9	0.602	0.735	40	0.304	0.393
10	0.576	0.708	45	0.288	0.372
11	0.553	0.684	50	0.273	0.354
12	0.532	0.661	60	0.250	0.325
13	0.514	0.641	70	0.232	0.302
14	0.479	0.623	80	0.217	0.283
15	0.482	0.606	90	0.205	0.265
16	0.468	0.590	100	0.195	0.254
17	0.456	0.575	125	0.174	0.228
18	0.444	0.561	150	0.159	0.208
19	0.433	0.549	200	0.138	0.181
20	0.423	0.537	300	0.113	0.148
21	0.413	0.526	400	0.098	0.128
22	0.404	0.515	1000	0.062	0.081
23	0.396	0.505			